甲骨文
oracode

让我们一起追寻

The Quality *is moderately Hot.*

The Drink is Declared to be most Wholsome, Preserving in Perfect Health until Extreme Old Age.

## The Perticular Vertues are these:

active and lusty, strengthning the Muscles and Sinnews.
d-ach, Giddiness and Heaviness thereof.
bstructions of the Spleen.
nst the Stone and Gravel, cleansing the Kidneys and Ureteries.
difficulty of breathing, opening Obstructions.
lpitude, Distillations, and cleareth the Sight.
ude, and cleanseth and purifieth adust Humors, and a Hot Liver.
rudities.
weakness of the Ventricle or Stomack, and causeth a good Appetite and Digestion.
avie Dreams, easeth the Brain, strengthneth the Memory.
erfluous Sleep, and prevents Sleepiness in general, a draught of the Infusion being taken, so that without trouble whole Nigh
n Study, without hurt to the Body, in that it moderately heateth and bindeth the mouth of the Stomack.
Surfets, and Fevers, by infusing a fit quantity of the Leaf, thereby provoking a most gentle Vomit, and breathing of the Pores.
inward Parts, and prevents Consumptions.
ains of the Bowels.
ropsies, and Scurveys, by a proper Infusion, purging the Blood by Sweat and Urine, and expelleth Infections.
pains in the Collick proceeding from Wind.
he Gall.

s and Excellencies of this Leaf and Drink are many and great, is evident and manifest by the high esteem
g the Physicians and knowing men both in *France*, *Holland*, and other Parts of Christendome; and in
d, and somtimes for ten pounds the pound weight, and in respect of its former scarceness and dearness
tments and Entertainments, and Presents made thereof to Princes and Grandees, till about the yee
g in *Sweeting*'s Rents neer the *Royal Exchange*, did purchase a quantity thereof, and there first publiqu the said *Tea* in Leaf
ding to the Directions of the most knowing Merchants and Travellers into those Eastern Countries: And upon Knowledge and
*Garways* continued Care and Industry in obtaining the best *Tee*, and making the Drink thereof, very many Noblemen, Physi-
Gentlemen of Quality, have ever since sent to him for the said Leaf, and daylie resort thither to drink the Drink thereof.
r Envie may have no Ground or Power to Report or Suggest that what is herein asserted of the Vertues and Excellencies of
k hath more of Designe then Truth; for the Justification of my self, and Satisfaction of others, I have here enumera

通过对茶进行无限延伸的历史考察，我们获知茶在古代多个不同族群中原始的使用方式。这些说着古老语言的族群最早地处中原王朝疆界之外。然而，不久之后，茶叶种植就成为中国文化的核心内容之一。事实证明，这一历史发展对全人类都大有裨益，因为正是在中国，茶才获得了当今世界所有人都熟悉的形态和样式。茶从中国出发传播到了日本，最终抵达全球各个角落。茶不过是中国文化多样性的一个侧面而已，但茶也恰恰成为中国多元文化中的一项重要内容，这一中国文化元素至今还在被全球人类愉快地分享着。

無我（乔治·范·德瑞姆）

2022年5月1日于瑞士伯尔尼

The Tale of Tea:
A Comprehensive History of Tea from Prehistoric Times to the Present Day

By George van Driem

# 中文版序

作为一名茶叶种植及其全球化进程的历史研究者，拙著 *The Tale of Tea: A Comprehensiv*
*of Tea from Prehistoric Times to the Present Day* 的中文版《茶：一片树叶的传说与历史》得以
学文献出版社出版，我倍感荣幸。这归功于邓泳红女士的垂青及其对茶叶史的热情，一并
的编辑团队，还有甲骨文工作室（分社）的董风云和张金勇为本书更好出版所做的工作。

我十分感谢中国人民大学茶道哲学研究所所长李萍教授及其所带领的翻译团队谷文
王巍，这些坚韧不拔的译者也得到我的两位最亲密同行——北京大学中文系汪峰先生和
协助。

中文译者们告诉我，他们已经付出了最大的努力以便尽可能保持中文译本忠实于
和准确性，我对他们在翻译这本用复杂且松散的英文文风写就的大部头著作上所做出
达万分的崇敬。在伯尔尼大学讲授符号学和语言进化的课程时，我费尽心力向学生
单的翻译也会遇到许多根本性的困难。自皮埃尔·德·莫培督（Pierre de Maupertuis
国圣马洛，1759 年逝于巴塞尔）影响深远的系列著作出版之后，西方已经发展出
论成果。这一语言学相对主义学派有众多声名赫赫的支持者，例如埃蒂耶纳·博
（Étienne Bonnot de Condillac，1714~1780 年）、威廉·冯·洪堡（Wilhelm von Hu
年）、爱德华·萨丕尔（Edward Sapir，1884~1939 年）、本杰明·李·沃尔夫（B
1897~1941 年）、大卫·胡贝特·格林（David Hubert Greene，别名 Dáithní ó H
年）和乔治·威廉·格雷斯（George William Grace，1921~2015 年）。鉴于本书
性，不难想象，中文译者们在整个翻译过程中肯定遭遇了来自理论和实践两个方

# 目录

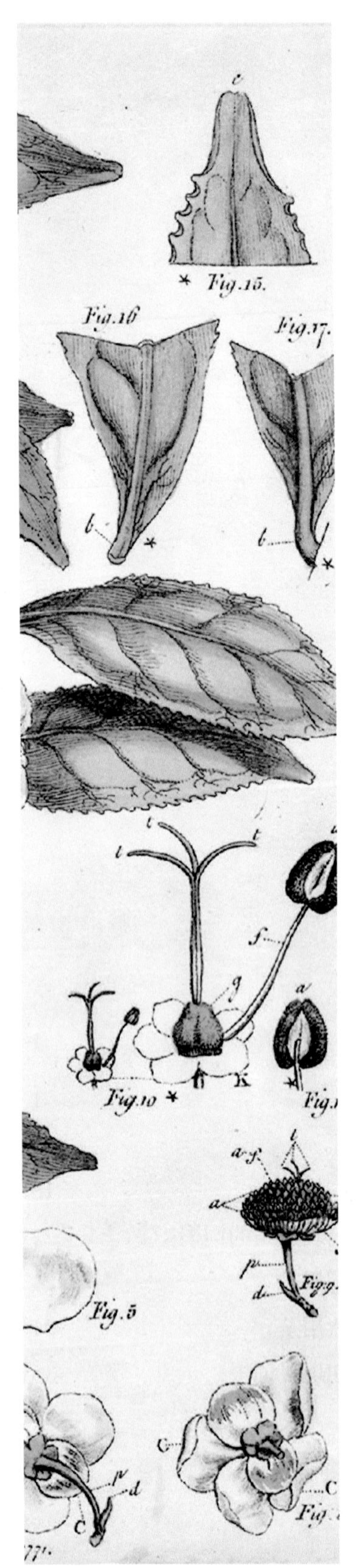
Fig.15.
Fig.16
Fig.17.
Fig.10
Fig.5

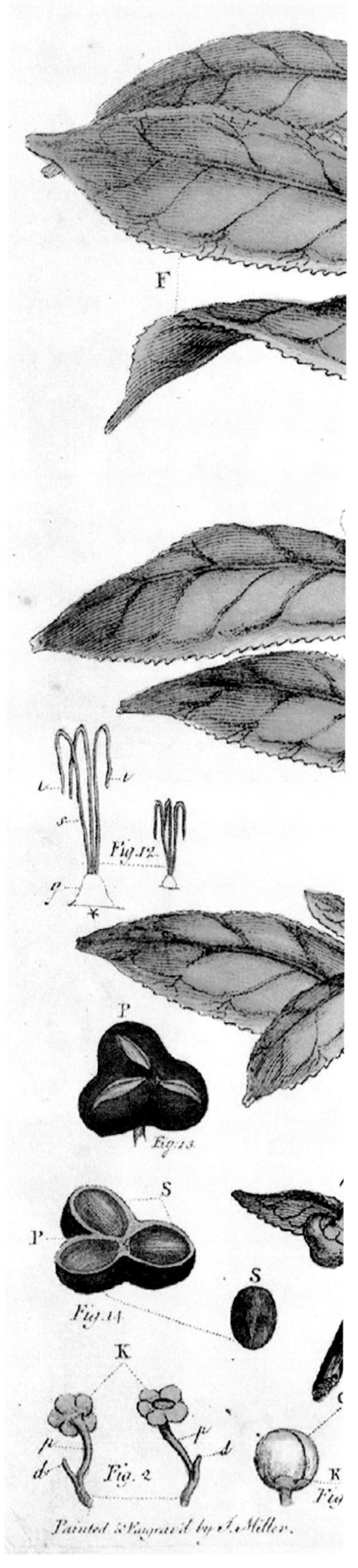
F
Fig.12
P
Fig.13
S
P
Fig.14
S
K
Fig. 2
Painted & Engraved by J. Miller.

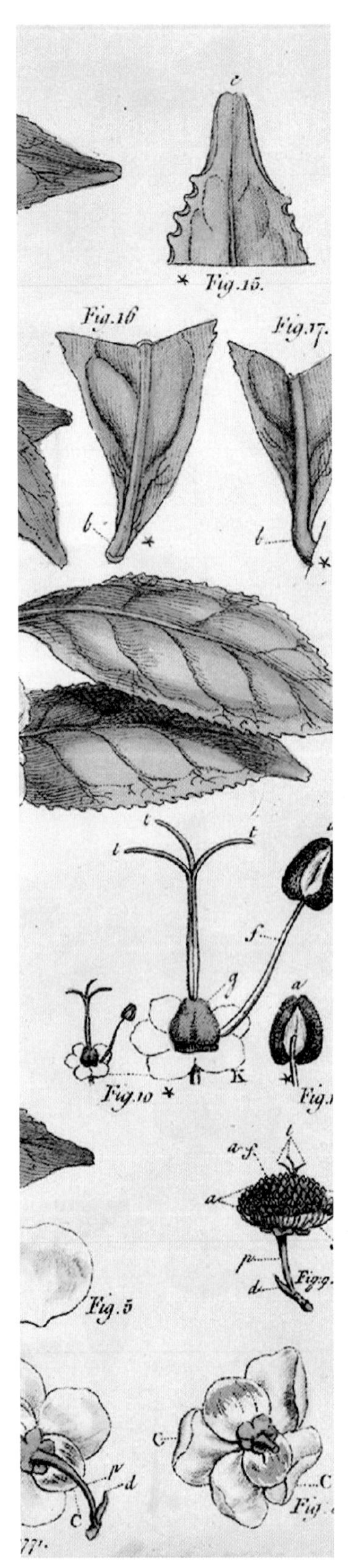
Fig.15.
Fig.16
Fig.17.
Fig.10
Fig.5
Fig.9.

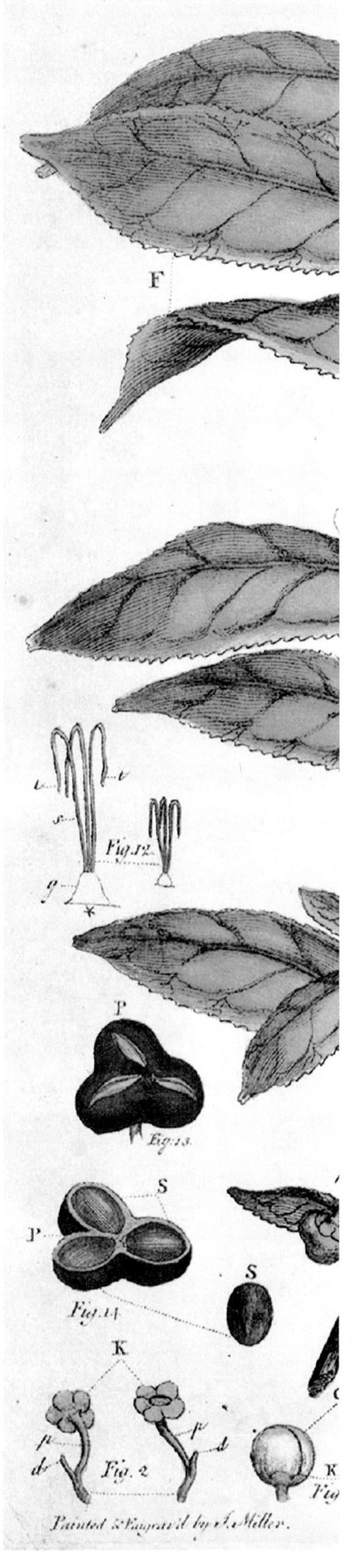
F
Fig. 12
P
S
S
K
Fig. 2
Painted & Engrav'd by J. Miller.

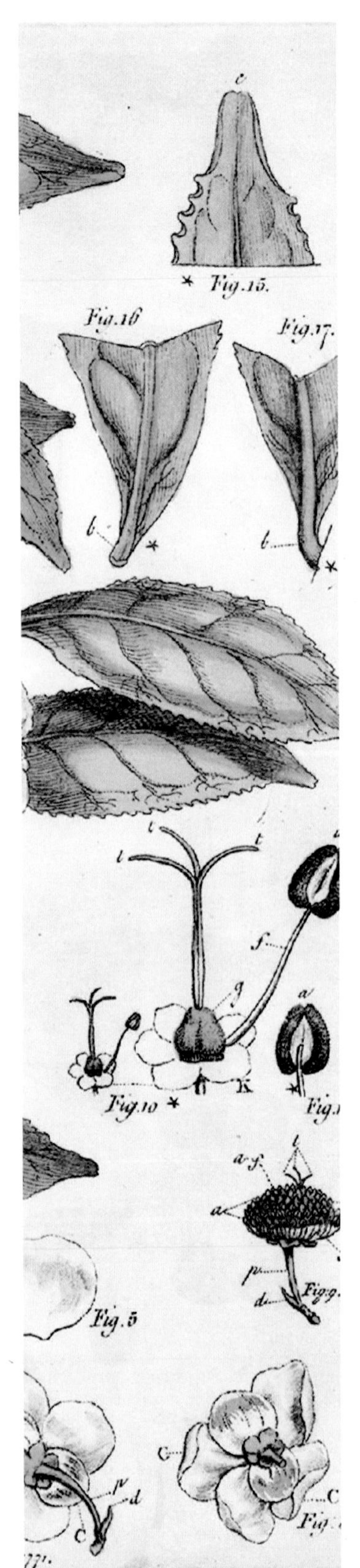

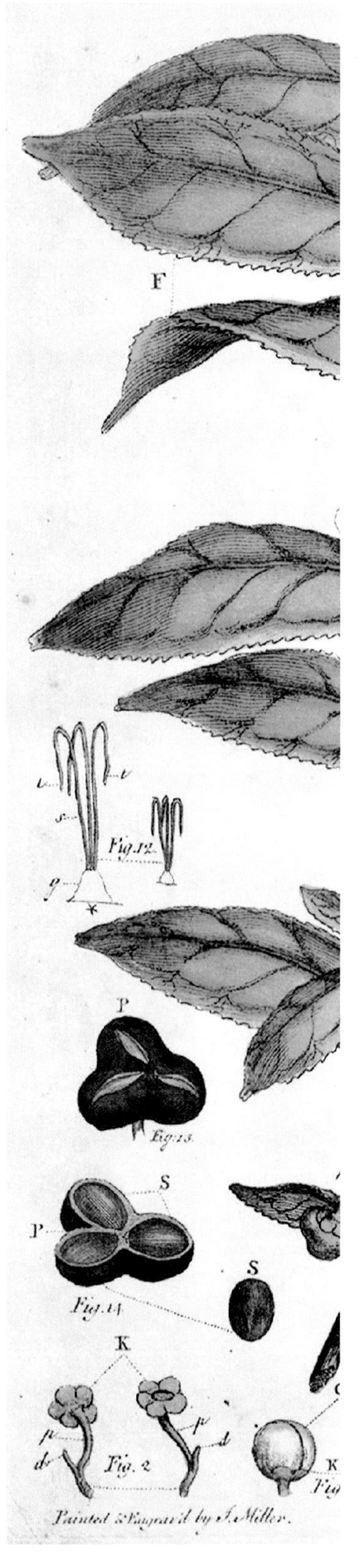
F
Fig.12.
P
Fig.13.
S
P
S
Fig.14
K
Fig.2
Painted & Engrav'd by J. Miller.

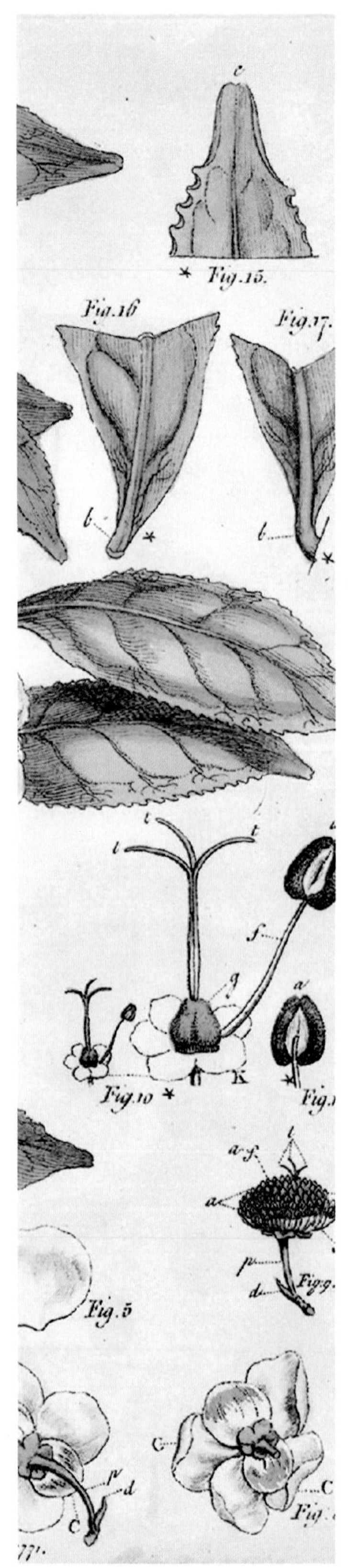
Fig.15.
Fig.16
Fig.17.
Fig.10
Fig.5

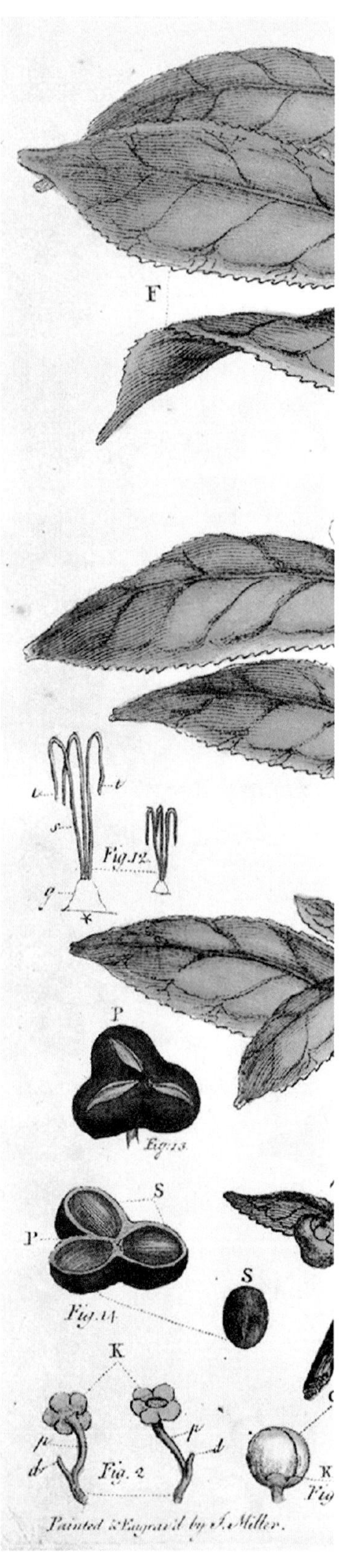
F
Fig. 12
P
Fig. 13
S
P
S
Fig. 14
K
Fig. 2
Painted & Engrav'd by J. Miller.

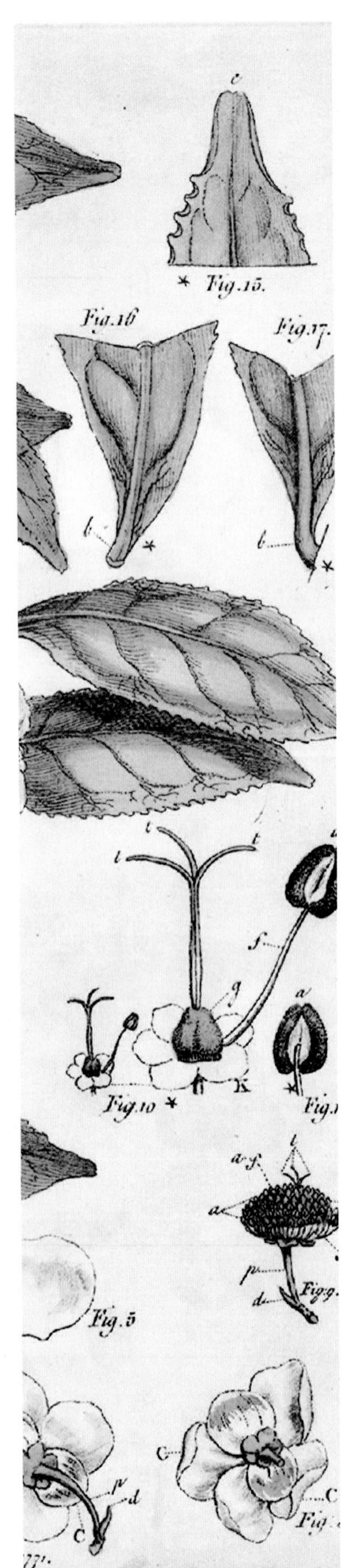


# 地图和图例

## 地图



## 图例

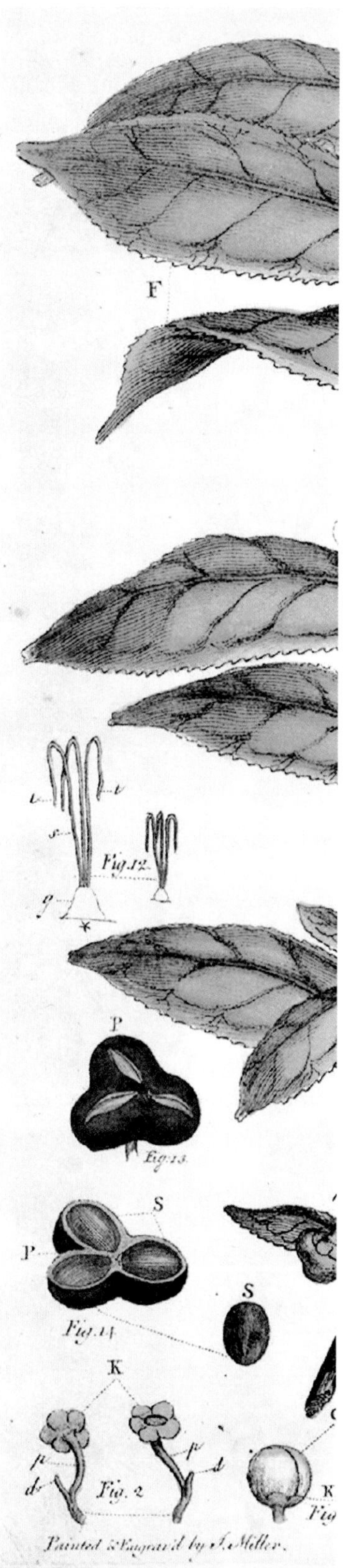
F
Fig.12.
P
Fig.13.
S
P
S
Fig.14
K
Fig. 2
Painted & Engrav'd by J. Miller.

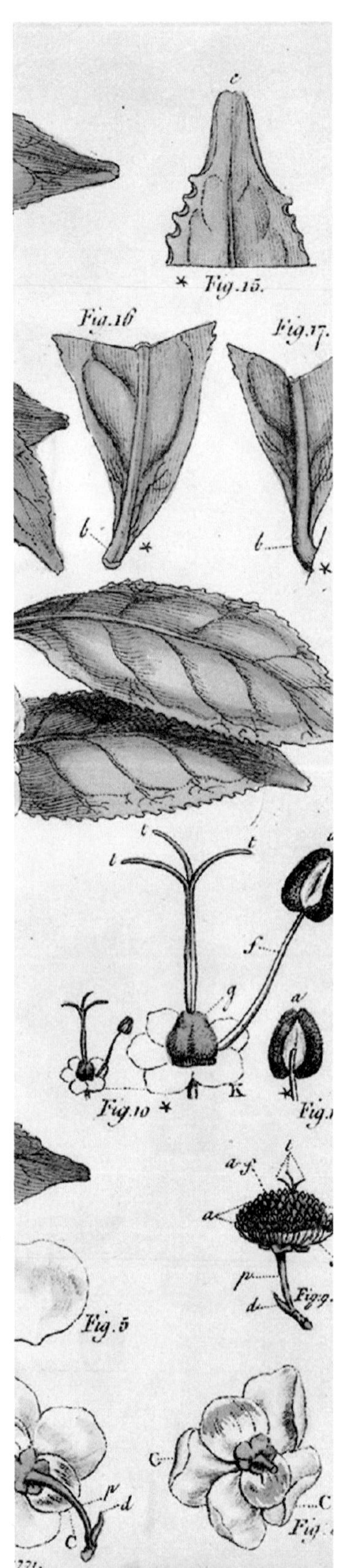

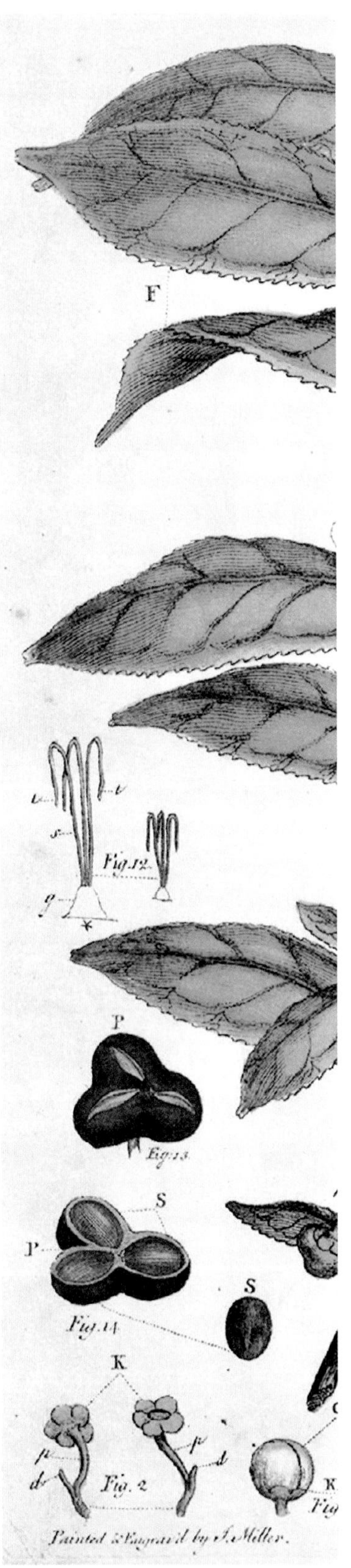
F
Fig.12.
P
Fig.13
S
P
S
Fig.14
K
Fig. 2
Painted & Engrav'd by J. Miller.

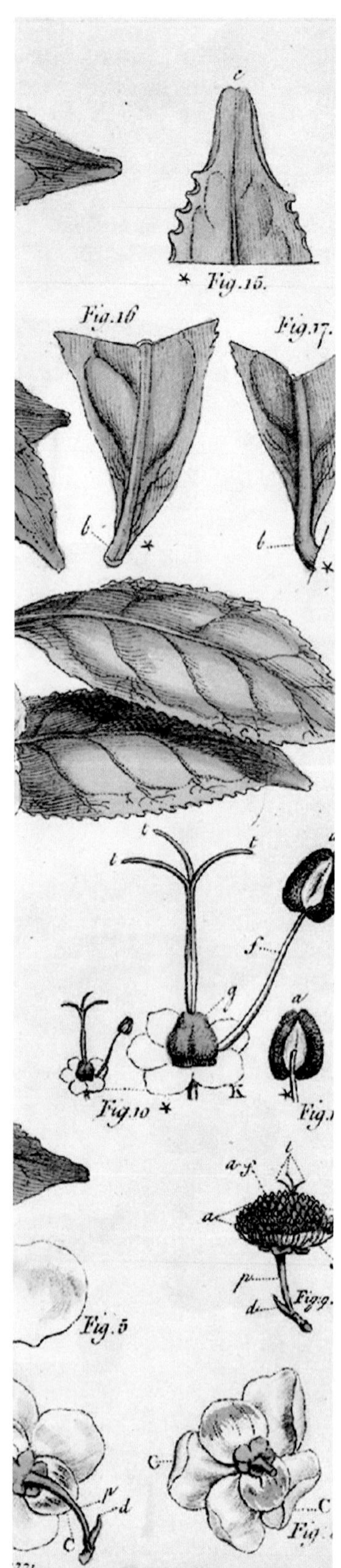
Fig.15.
Fig.16
Fig.17.
Fig.10
Fig.9.
Fig.5

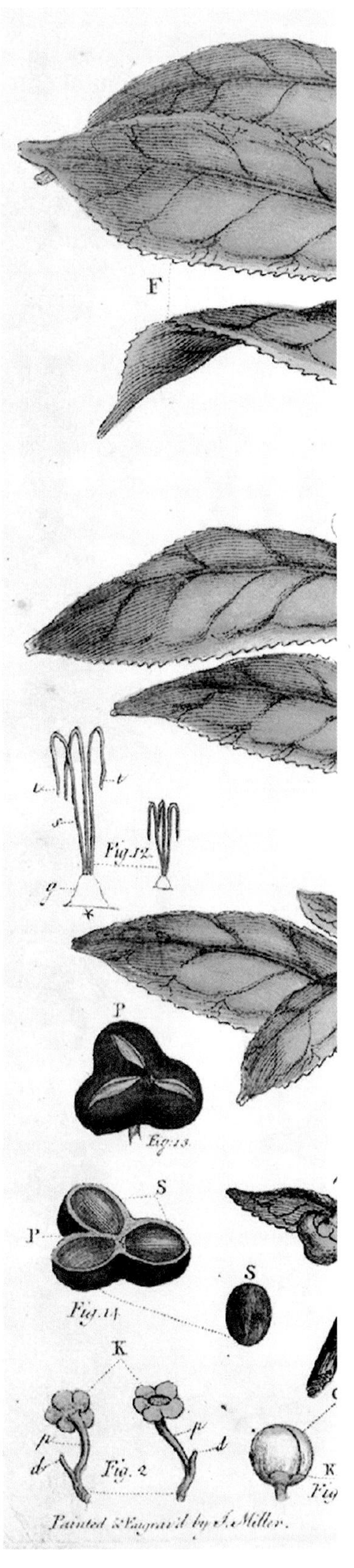
F
Fig.12
Fig.13
P
S
Fig.14
K
Fig.2
Painted & Engrav'd by J. Miller.

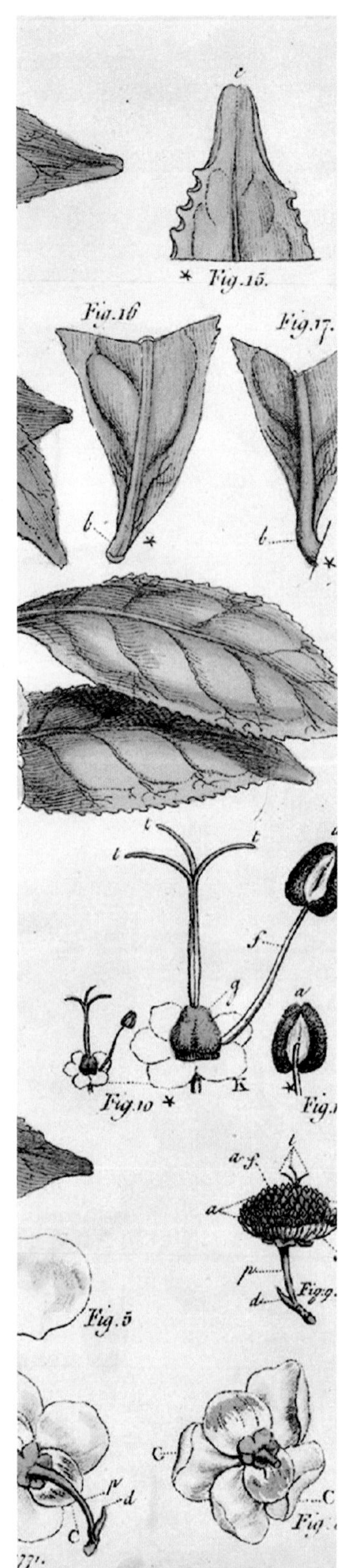
Fig.15.
Fig.16
Fig.17.
Fig.10
Fig.5

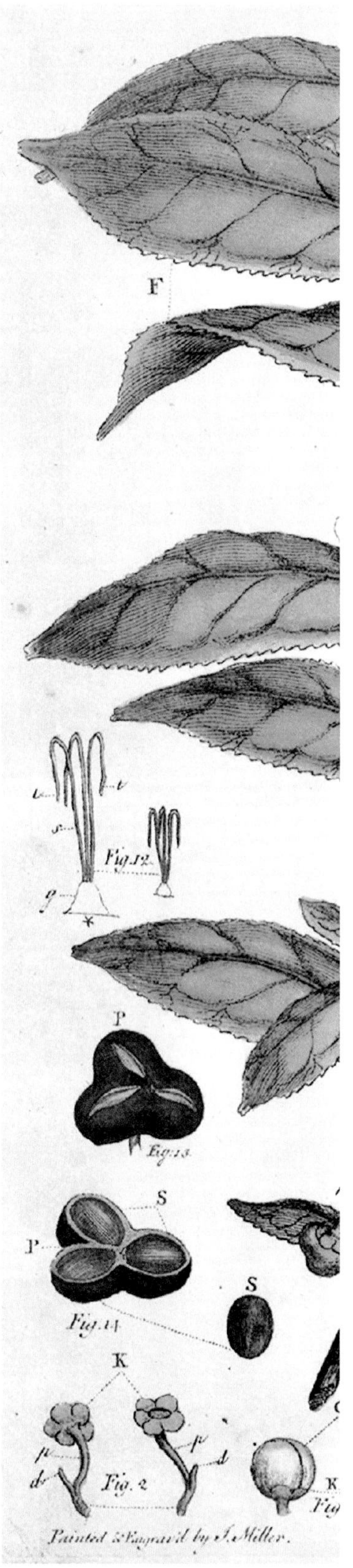
F
Fig.12
Fig.13
P
S
Fig.14
K
Fig.2
Painted & Engrav'd by J. Miller.

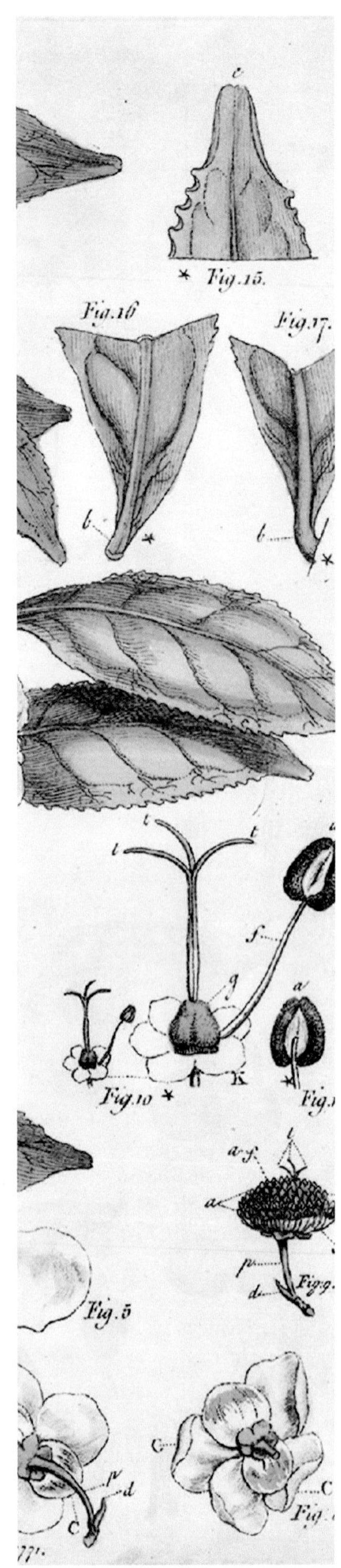
Fig.15.
Fig.16
Fig.17.
Fig.10
Fig.5

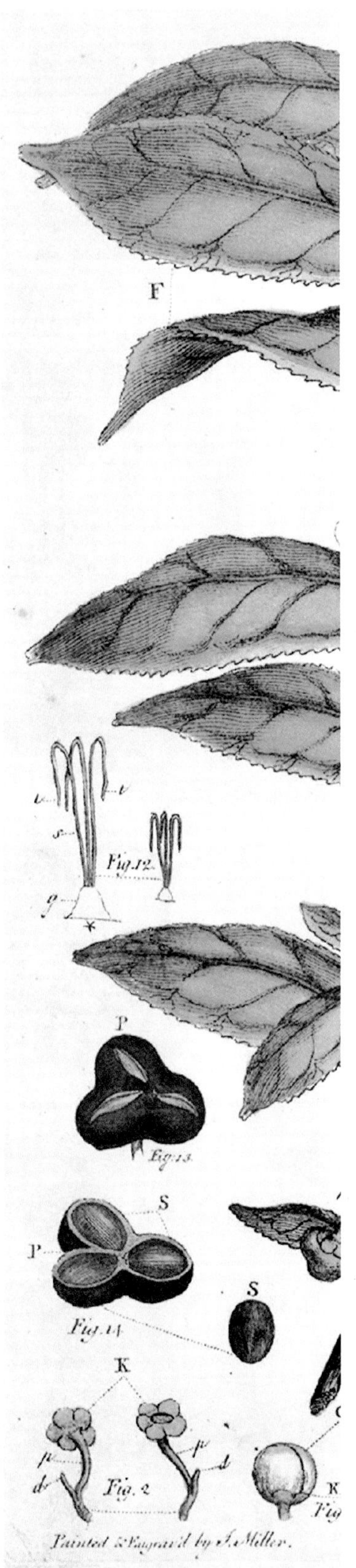
F
Fig.12
Fig.13
P
S
Fig.14
K
Fig.2
Painted & Engrav'd by J. Miller.

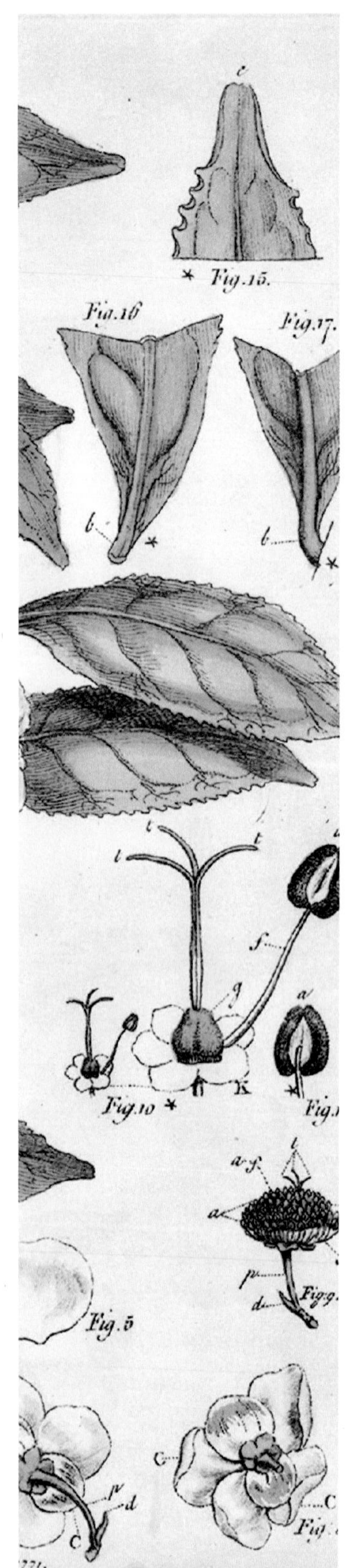
Fig.15.
Fig.16
Fig.17.
Fig.10
Fig.5

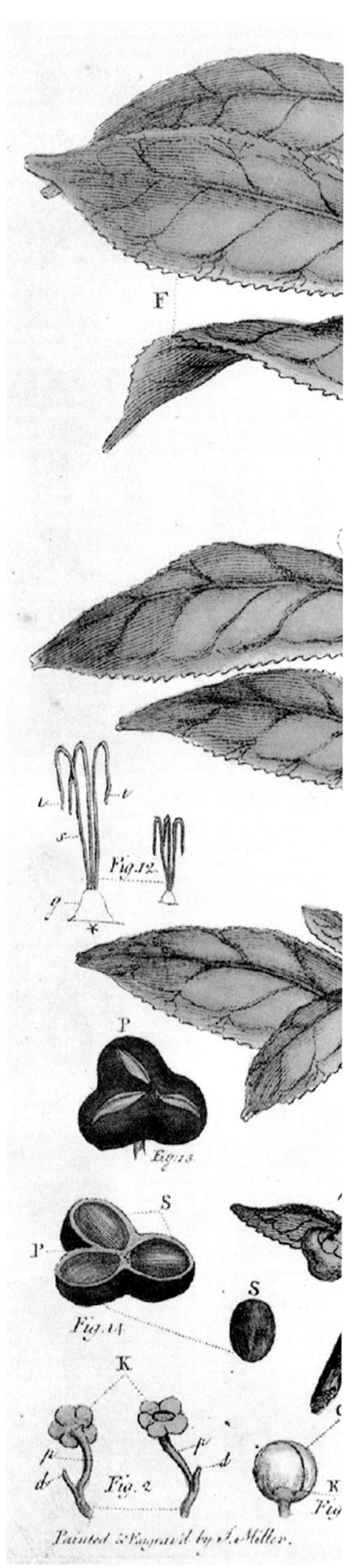

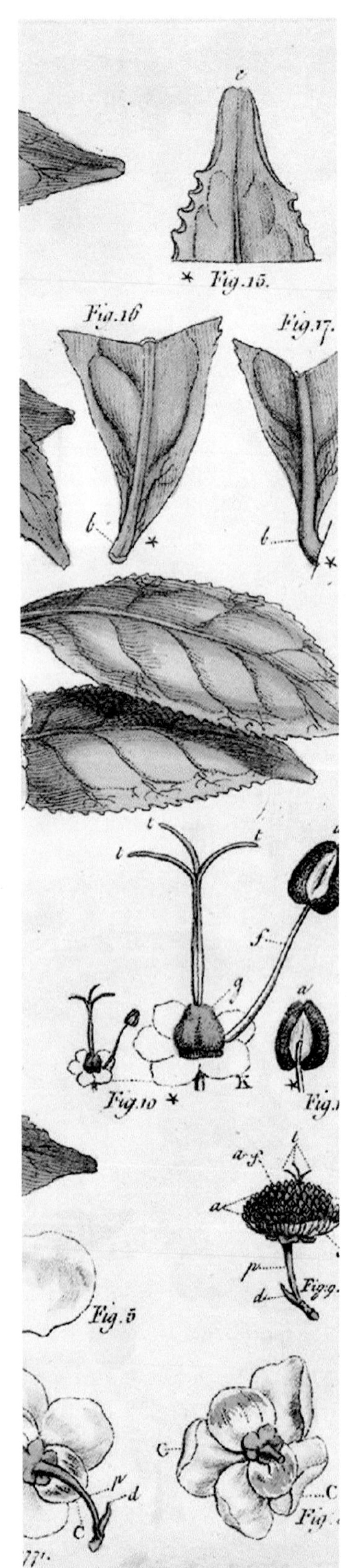
Fig.15.
Fig.16
Fig.17.
Fig.10
Fig.5

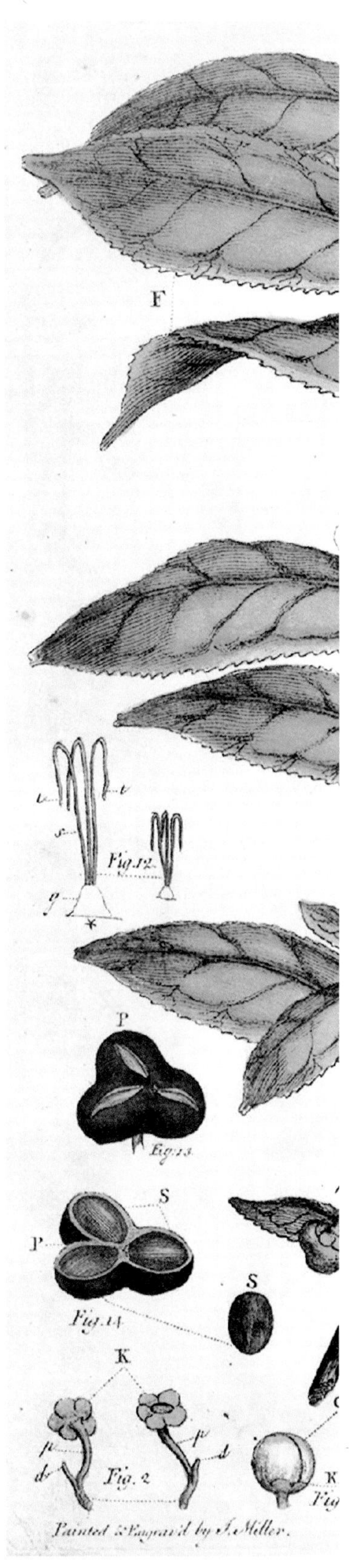
F
Fig.12
Fig.13
S
P
Fig.14
K
Fig.2
Painted & Engrav'd by J. Miller.

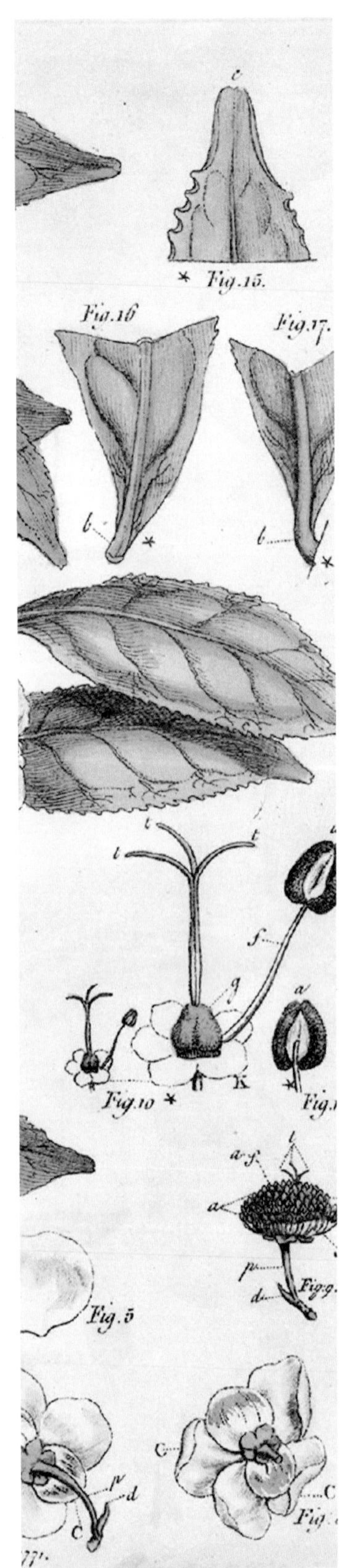
Fig.15.
Fig.16
Fig.17.
Fig.10
Fig.9.
Fig.5

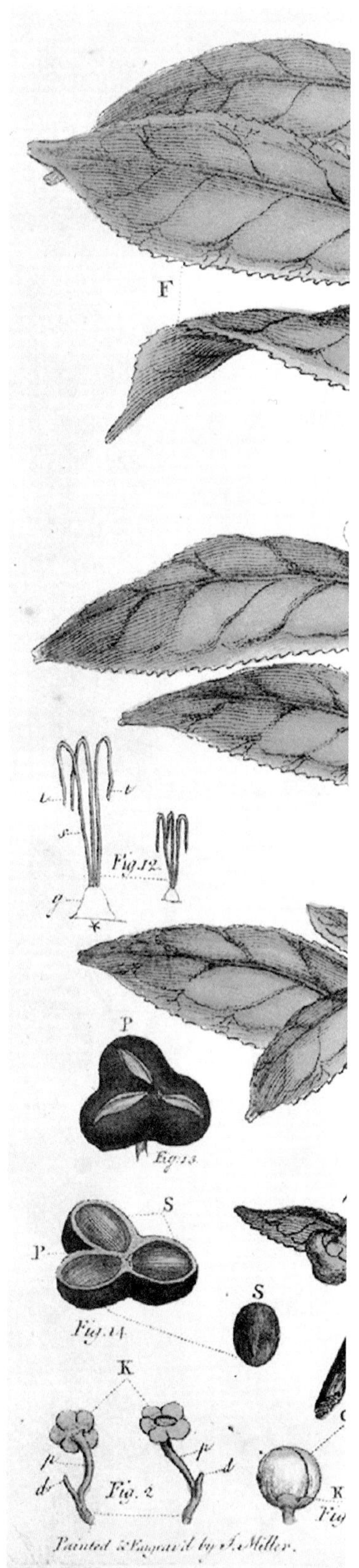
F
Fig.12.
P
Fig.13.
S
P
S
Fig.14
K
Fig.2
Painted & Engrav'd by J. Miller.

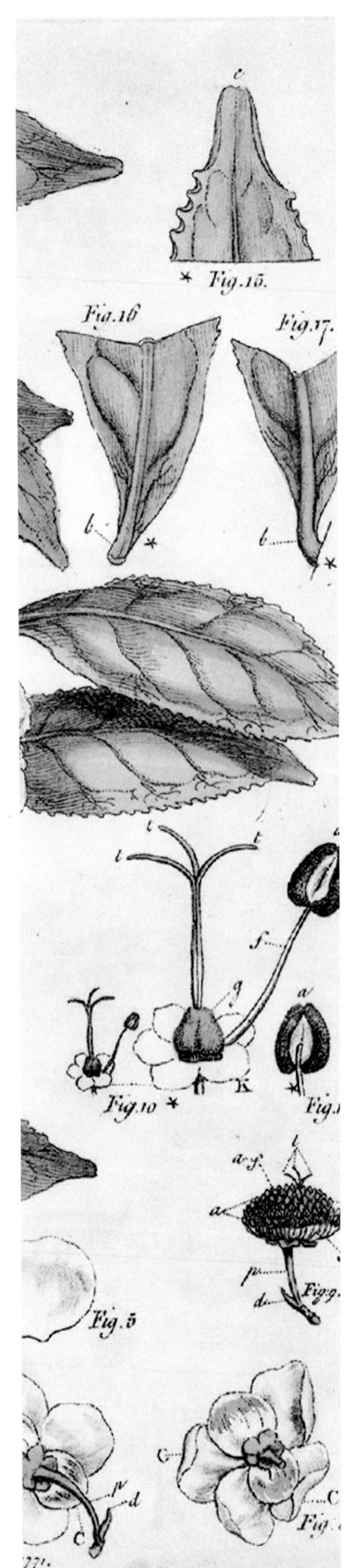
Fig.15.
Fig.16
Fig.17.
Fig.10
Fig.5

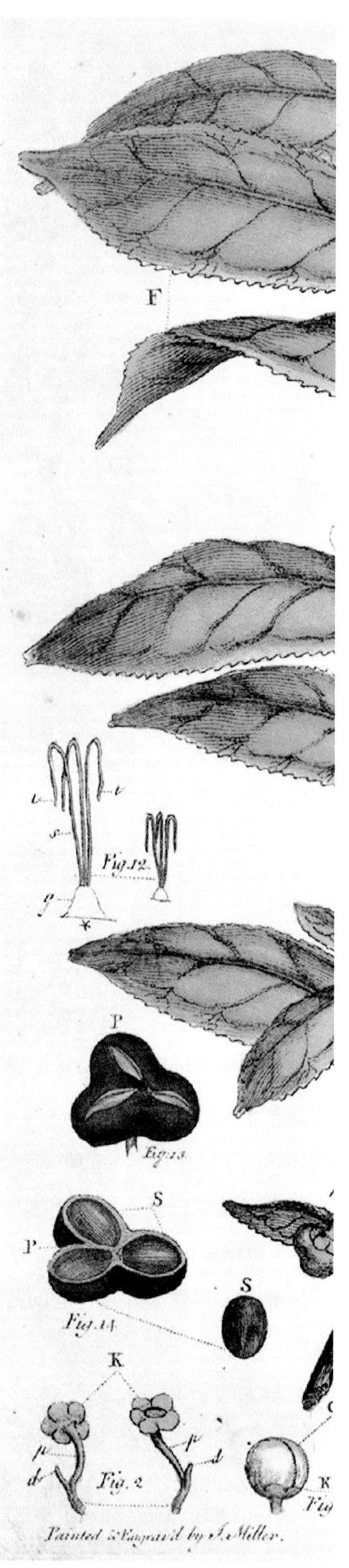

# 前 言

可以说，茶叶贸易与纸币、鸦片战争和香港关系深远。茶叶也是多部航海法案、数次英荷战争和美国独立战争的一个决定性因素。茶业经济曾左右了中国唐宋时期的经济发展和军事防备，并推动了中国艺术和文化的演进。与西方的茶叶贸易也播下了中国现代变革的种子：它引发了太平天国运动，最终导致了孙中山领导的革命以及后来取而代之的毛泽东率领的民主革命。

全球茶叶产量每年都远远超过了 400 万吨，除了水之外，茶已经是我们这个星球上喝得最多的饮料。① 地球表面多达 350 万公顷的土地被茶园覆盖，茶叶贸易中大约三分之二是红茶，还有约三分之一是绿茶。尽管茶叶是古老的商品，但占据今日全球茶叶市场绝大多数份额的红茶是一个相对新近的发明。

最大的三个红茶生产国是印度、肯尼亚和斯里兰卡，三国的产量占据了世界红茶总产量的约 70%，

① 在印刷文字中第一次明确做出这样判断的可能是 1911 年在第十一版《大不列颠百科全书》关于茶的一节中，约翰·麦克尤恩（John McEwan）在这节中大胆断言："仅次于水，茶叶是整个世界最普及的饮料，茶叶既有无数的爱好者，还有被消费掉的液体量的巨大总和" (John McEwan. 1911. *Encyclopaedia Britannica; A Dictionary of Arts, Sciences, Literature and General Information, 11th Edition*. Cambridge: University Press, Vol. 26, p.483)。

然而，当荷兰人和英国人在17世纪第一次围绕茶叶征税爆发战争时，这三个国家都不曾有哪怕一家茶园。日本因其绿茶而闻名，但世界上最大的绿茶进口国是位于北非的摩洛哥王国。在今天，一些人喝茶时会添加柠檬，还有一些人会将牛奶加入茶中，不过，藏族人喝加盐的茶的习俗却非常古老，缅甸人吃茶叶的习惯则是一个更为古老的实践，这两种方式在历史上是相互关联的。

茶的历史也是一场关于全球化的传奇。不可否认，有很多常见的关于茶的思考和不少关于茶历史的流行看法充满了神话传说或不确切的内容。因此，正文即将展开的历史叙述涉及了许多深奥晦涩的知识，希望有一天这些知识能够更广泛地为人们所洞悉熟知。这本关于茶的书讲述了隐藏在喜马拉雅东麓山地的茶的起源故事，它带着我们跨过大海、穿越沙漠，解开被众多现代的外衣包装了的、作为今日全球饮料的茶的真相。

2018年2月4日

于尼泊尔博卡拉

## 第一章

# 原始茶的起源

### 人种语言学角度的简序

茶的确切起源早已被遮蔽在时间的迷雾中，如今只能在喜马拉雅山东麓地区的人们使用的语言 1
中找到蛛丝马迹，这些语言形成于十分古老的历史时期。该地区曾被荷兰植物学家科恩·斯图亚特（Combertus Pieter Cohen Stuart）于 1916 年确认为茶的发源地，他用 Camellia theifera 这一种名来命名茶。他认为，野生茶树分布在“中南半岛和缅甸的腹地”，还有中国的“边境地区，如神秘的西藏山林地区、尚未被开发的云南南部丛林地区和中南半岛北部（Upper Indochina）地区”，毫无疑问的是，喝茶习惯始于“卫藏山系所环绕的中国内陆若干省份。”① 当代研究告诉我们，不只是茶，起源于这一狭长

① Combertus, Pieter Cohen Stuart. 1919. ‘A basis for tea selection’, *Bulletin du Jardin Botanique de Buitenzorg* ( Trosième Série), 1(4): 193-320。上述引文引自他用英语撰写的论文第 209 页、第 228~229 页，该论文直接取自他本人于 1916 年在乌得勒支大学撰写的博士学位论文 *Voorbereidende onderzoekinger ten dienste van de selektie der theeplant* (Amsterdam: J. H. de Bussy)XL:1-328, 该博士学位论文在同年以 *Mededeelingen van het Proefstation voor Thee* 为书名于波格尔出版。为了完成他在乌得勒支的研究，科恩·斯图亚特放弃了位于爪哇的波格尔植物园茶叶试验站负责人的职务，于 1913 年 12 月 31 日乘船返回荷兰。

地带的极有可能还有稻谷、[①] 芋头、[②] 香蕉、柑橘类水果和其他栽培植物。

喜马拉雅山脉南麓和东麓植被茂盛的土地被称为东喜马拉雅走廊。这一由亚洲东半部高地组成的富饶地区包括了尼泊尔、锡金、不丹、阿萨姆、印度东北部、中国藏东南、缅甸北部、中国云南和四川、泰国北部、老挝、越南河内，此地区也为解剖学意义上的现代人类提供了极其多样的古老栖息地。高耸的喜马拉雅山脉本身为喜马拉雅走廊提供了北部分界线。原始茶的故乡范围如地图 1 所示。

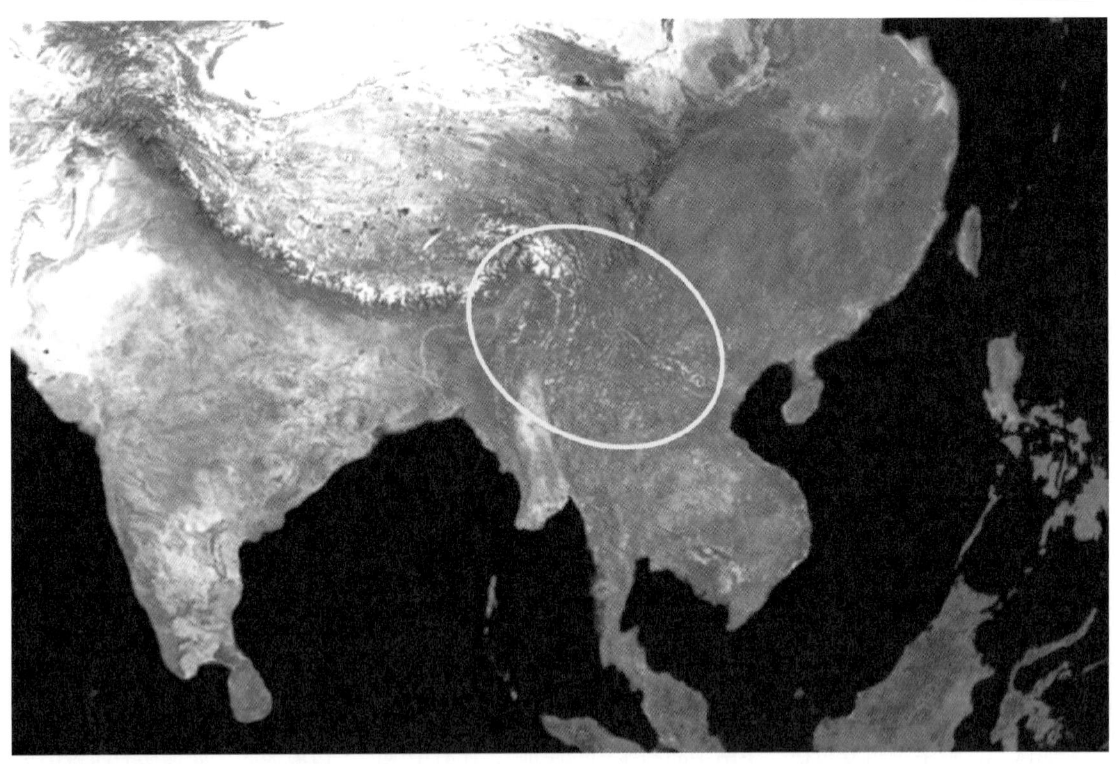

地图 1　原始茶的故乡

① George van Driem, 2012. ‘The ethnolinguistic identity of the domesticators of Asian rice’, *Comptes Rendus Palevol*, 11(2): 117-132; George van Driem 2017. ‘The domestications and the domesticators of Asian rice’, pp.183-214. In Martine Robbeets and Alexander Savelyev eds., *Language Dispersal Beyond Farming*, Amsterdam: John Benjamins; Wensheng Wang, Ramil Mauleon, Zhiqiang Hu, Dmytro Chebotarov, Shuaishuai Tai, Zhichao Wu, Min Li, Tianqing Zheng, Roven Rommel Fuentes, Fan Zhang, Locedie Mansueto, Dario Copetti, Millicent Sanciangco, Kevin Christian Palis, Jianglong Xu, Chen Sun, Binying Fu, Hongliang Zhang, Yongming Gao, Xiuqin Zhao, Fei Shen, Xiao Cui,Hong Yu, Zichao Li, Miaolin Chen, Jeffrey Detras, Yongli Zhou, Xinyuan Zhang, Yue Zhao, Dave Kudrna, Chunchao Wang, Rui Li, Ben Jia, Jinyuan Lu, Xianchang He, Zhaotong Dong, Jia bao Xu, Yanhong Li, Miao Wang, Jianxin Shi, Jing Li, Dabing Zhang, Seunghee Lee, Wushu Hu, Alexander Poliakovi, Inna Dubchak, Victor Jun Ulat, Frances Nikki Borja, John Robert Mendoza, Jauhar Ali, Jing Li, Qiang Gao, Yongchao Niu, Zhen Yur, Ma. Elizabeth B. Naredo, Jayson Talag, Xueqiang Wang, Jinjie Li, Xiao dong Fang, Ye Yin, Jean-Christophe Glaszmann, Jianwei Zhang, Jiayang Li, Ruaraidh Sackville Hamilton, Rod A. Wing, Jue Ruan, Gengyun Zhang, Chaochun Wei, Nickolai Alexandrov, Kenneth L., McNally, Zhikang Li and Hei Leung. 2018. ‘Genomic variation in 3010 diverse accessions of Asian cultivated rice’, *Nature*, 557:43-49.

② Peter J. Matthews, Peter L. Lockhart and Ibrar Ahmed, 2017. ‘Phylogeography, ethnobotany and linguistics: issues arising from research on the natural and cultural history of tarto, *Colocasia esculenta*(L) Scgott’, *Man In India*, 97(1):353-380.

“喜马拉雅”一词来源于梵语“Himalaya” हिमालय（雪的故乡），由词根“hima” हिम（雪）和“alaya” आलय（住所）组成。该词最早进入英语是在威廉·柯克帕特里克（William Kirkpatrick）对“山脉链”（Himma-lehchain）的观察记录中，该记录写于 1793 年他 2
对尼泊尔的一次访问。[①]1791 年 9 月，廓尔喀第二次入侵中国西藏，但第二年就出现了严重的问题。之后，这位英国上校应廓尔喀政府的邀请，到达了中国西藏。因为有无数的高峰耸立于雪线之上，在喜马拉雅山脉雪线大概是在海拔 5500 米，“喜马拉雅”一词很快在英语中成为一个复数词，就像“裤子”（trousers）或“剪刀”（scissors）这样的词一样。外行人和学者们都曾尝试确定这座我们星球上最大山脉的范围，一些人试图界定或者武断地以不同方式区隔喜马拉雅山脉，然而，如果根据这个巨大山脉群的构造式造山运动来区分，答案是非常清楚的。

地图 2　跨喜马拉雅语系的地理分布。地图 2 至地图 9 都是由乔治·范·德瑞姆于 2015 年绘制的，得到了科林·佩德里和乔治·米厄两位的慷慨许可。

在西侧，喜马拉雅山脉分别被 7708 米的兴都库什山脉的蒂里杰米尔峰和喀喇昆仑山脉（Qaraqoram）的乔戈里峰在 8661 米处所阻断；在东侧，喜马拉雅被 7556 米的贡嘎雪山（Mi-nag Gans- 3
dkar）、[②]6740 米的梅里雪山（Gans-dkar-po）[③]（历史上的东藏就位于此）、5881 米的北缅甸的开加博峰

① William Kirkpatrick, 1811. *An Account of the Kingdom of Nepaul, being the Substance of Observations made during a Mission to that Country in the Year 1793.* London: William Miller (p.57 et seq.).

② Modern standard Central Tibetan pronunciation is provided in the notation of the International Phonetic Association between square brackets, whereby a macron above the vowel represents a high register tone [ā ē ī ō ū ɛ̄ œ̄ ȳ], a macron below the vowel a low register tone [a̱ e̱ i̱ o̱ u̱ ɛ̱ œ̱ y̱], a circumflex accent a high falling tone [â ê î ô û] and a grave accent a low falling tone [à è ì ò ù]. The contour tones are less frequent and tend to occur on syllables which, in their traditional orthographic representations, end in ⟨-gs⟩ or -n̂s, e.g. ljags [a][tɕà] ‘tongue’ (honorific). Tibetan spelling in the traditional script is transliterated using the conventional Roman symbols: k, kh, g, n̂, c, ch, j, ñ, t, th, d, n, p, ph, b, m, ts, tsh, dz, w, ź, z, ḥ, y, r, l, ś, s, h, a, i, u, e, o. The practice of representing the Tibetan letter with an apostrophe, introduced by Turrell Wylie, whose system of transliteration was qualified by Robert Shafer as ‘provincial’, is eschewed as a linguistically unfortunate choice, because an apostrophe suggests a glottal stop, whereas the Tibetan letter in question actually signals a relaxed state of the glottis, and because Wylie chose a diacritic to represent a speech sound that the Tibetan script represents with a full letter (cf. Robert Shafer. 1963. *Bibliography of SinoTibetan Languages*. Wiesbaden: Otto Harrassowitz, Vol. 2, p. 124).

③ 梅里雪山（白雪覆盖着的山顶）还有另外一个名称，卡瓦博格（积满了白雪）。

4 ခါကာဘိုရာဇီ所分割。① 喜马拉雅山脉横跨 3600 公里，从西部的哈扎拉贾特 هزاره‌جات 高地到东部的川南凉山山系。喜马拉雅山脉没有形成自然的分水岭，却形成了许多比山峰古老得多的大江河。卡利甘达基河（KaliGandaki）काली गण्डकी 从喜马拉雅山脉流出，漫游于达乌拉吉山（Dhaulagiri धौलागिरी，该山的海拔为 8167 米）的山下，冲刷出地球表面最深的河谷。这一喜马拉雅山脉中心地区的内陷处，任何一位飞越恒河平原的乘客都可以非常清楚地看到它。该内陷处将喜马拉雅山脉切分为长度近乎相等的两半，其中的东半部分构成了东喜马拉雅山脉走廊的狭长脊柱。

在某些人类学学术圈中，近年来将东喜马拉雅走廊称为“佐米亚”（Zomia）变得非常流行。Zomia 一词由威廉・范・申德尔（William van Schendel）于 2002 年提出，他基于米佐 - 库基 - 钦（Mizo-Kuki-Chin）一词的词根（zo 意指“高山”、mi 意指“人”）创造了这个新词。他撰文的一个目的就是批评人文学科之间的界限，这样的界限存在于荷兰的大学机构重组的过程中，人文学科在这一过程中不断受到来自海牙的干预。② 他的另一篇论文被一位名叫詹姆斯・斯科特（James Scott）的美国政治人类学家从被遗忘的境地中拯救出来，正是詹姆斯・斯科特使 Zomia 一词流行开来，他还促进了东喜马拉雅山地民族语言的多样性发展，使之成为独立的族群，并走向此区域的主体地位，避免了民族国家内中央权威的管制。③

在历史过程中，虽然这些偏僻之地的诸多共同体有时也会逃跑以躲避来自强大国家和独裁政体施加的压迫或避免沦为奴隶，但是历史语言学和人口基因学的研究都表明：东喜马拉雅走廊的种族语言之丰富具有十分久远的历史，而此地出现国家则是一个相当晚近的历史现象。

与孤立的佐米亚人（Zomian）避难所式田园诗形成鲜明对比的是，地形复杂、生态多样的东喜马拉雅走廊不仅仅为史前解剖学意义上的现代人类，同时也为在我们之前生活过的直立人以及比直立人

---

① 过去，缅甸（Burma）并没有改称为 Myanmar。事实是，1989 年当时执政的军人集团以为那些讲英语的人们称他们的国家为 Myanmar。Burma 来自书写体的缅甸语 [mʲãma] မြန်မာ，但在日常口语中这个国家的名字写作并读为 [bəma] ဗမာ，书写体的缅甸国名 [mʲãma] မြန်မာ，是用两个有明显的间断的中音调代表的。在 1634~1680 年荷兰东印度公司占领缅甸时期，荷兰人试图借助口语体的缅甸语发音拼写为荷兰语的“Birma”，然而，ဗမာ [bəma] 中的二合字母“ir”代表了一种取代非重读央元音 [bma] 的发音。相应地，法语写为 Birmanie、俄语写为 Бирма（例如 Birma）。自 17 世纪以后，德国人通常写成 Birma，就跟荷兰人一样，但一些德国学者选择写成 Barma，捷克模仿德国采纳了 Barma（缅甸）、Burmese（缅甸人）这样的名词。泰国人称他们的西部邻居为 [bəma] พม่า，尼泊尔则称缅甸 Burma 为 barmaबर्मा、缅甸人 Burmese 为 barmeli बर्मेली。英国在 17 世纪后期接续荷兰占领了缅甸，选择了 Burma 这一拼写方式来表达他们所听到的这个国家的名称，在接近缅甸人实际所说的表达中，这个拼写显然不是最糟糕的一个。在英语的拼写中，二合字母 ur 取代了荷兰语的 ir 和德语的 ar 来代表非重读央元音。具有讽刺意味的是，新奇的德语拼写 Burma 和 Burmesisch 是由民主德国于 1970 年代后期发明的。这些新的拼写引入了德语的“u”这一发音，就像德语 Dschungel 一词中那个华而不实的元音，它折射了德语对英语 jungle 一词的稚拙书面体式发音，而英语的 jungle 一词反过来则来自印地语的 jangal。在军人集团所拼写的 Myanmar 一词中，最后一个字母 r 既不代表过去或当时缅甸语指代自己国家时的辅音，也不是缅甸语书写体系中任何一个书写要素。不像英国人，法国人和俄国人都较少因它们的语言被外国人作为官方语言使用而受到侵蚀，法语和俄语仍然分别使用 Birmanie 和 Birma。在英国，有不少作者沿用传统的英语名称来称呼缅甸（Burma）和缅甸人（Burmese）。

② Willem van Schendel, 2002. ‘Geographies of knowing, geographies of ignorance: jumping scale in Southeast Asia’, *Environment and Planning D: Society and Space*, 20: 647-668.

③ James C. Scott. 2009. *The Art of Not Being Governed: An Anarchist History of Upland Southeast Asia*. New Haven: Yale University Press.

更早的其他古人类（直立人）的迁徙提供了行进的通道和进化的舞台。① 在全新世时期，即离我们最近 5
的新世时期，东喜马拉雅走廊这个繁茂、湿润的山地栖息地，不只是一条畅通的大道，同时也是一个
种族起源的主要摇篮。②

当我们的祖先走出非洲，地理条件限制了行进方向。非洲出现了多次移民浪潮，古代人种携带了多种不同的基因，这些基因一直延续到了我们身上，包括尼安德特人和杰尼索瓦人（Denisovans）的基

---

① 摩洛哥挖掘出的人类化石时间可以追溯到 19.5 万年前，这些化石证实了古生物学家们很早就做出的猜测，因为这些化石填补了一个地理鸿沟，也就是说人类不只在一个地方存活，这些化石也表明曾经存在多种人类。纳勒迪人（Homonaledi）约 30 万年前生活在南非，小型人种 Homofloresiensis 的祖先可能早在 70 万年前就抵达了弗洛里斯岛（Flores），他们自己则一直存活到约 6 万年前，最后是像我们今天这样的人类来到了该岛（Peter J. Brown, Thomas Sutikna, Michael J. Morwood, Raden Paden Panji Soejono, Jatmiko, E. Wayhu Saptomo and Rokus Awe Due. 2004. 'A new small-bodied hominin from the Late Pleistocene of Flores, Indonesia', *Nature*, 431:1055-1061; Adam Brumm, Fachroel Aziz, Gert D. van den Bergh, Michael J. Morwood, Mark W. Moore, Iwan Kurniawan, Douglas R. Hobbs and Richard Fullagar. 2006. 'Early stone technology on Flores and its implications for Homo floresiensis', *Nature*, 441:624-628; Dean Falk, Charles Hildebolt, Kirk Smith, William Jungers, Susan Larson, Michael J. Morwood, Thomas Sutikna, Jatmiko, E. Wahyu Saptomo and Fred Prior. 2009. 'The type specimen(LB1)of Homo floresiensis did not have Laron syndrome', *American Journal of Physical Anthropology*, 140 (1): 52–63; Leslie C. Aiello. 2010. 'Five years of Homo floresiensis', *American Journal of Physical Anthropology*,142(2):167-179; Thomas Sutikna, Matthew W. Tocheri, Michael J. Morwood, E. Wayhu Saptomo, Jatmiko, Rokus Due Awem Sri Wasisto, Kira E. Westaway, Maxime Aubert, Bo Li, Jian-xin Zhao, Michael Storey, Brent V. Alloway, Mike W. Morley, LLanneke J.M. Meijer, Gerrit D. van den Bergh, Rainer Grün, Anthony Dosseto, Adam Brumm, William I. Jungers and Richard G. Roberts. 2016. 'Revised stratigraphy and chronology for *Homo* floresiensis at Liang Bua in Indonesia', *Nature*, 532:366-369; Anne Dambricourt Malasse, Anne-Marie Moigne, Mukesh Singh, Thomas Calligaro, Baldev Karir, Claire Gaillard, Amandeiep Kaur, Vipnesh Bhardwaj, Surinder Pal, Salah Abdessadok, Cécile Chapon Sao, Julien Gargani, Alina Tudryn and Miguel Garcia Sanz. 2016. 'Intention cut marka on bovid from the Quranwala zone, 2.6 Ma, Siwalik Frontal Range, northwestern India', *Comptes Rendus Palevol*, available online from 28 January 2016; Gerrit D. van den Bergh, Yousuke Kavifu, Iwan Kurniawan, Reiko T. Kono, Adam Brunn, Erik Setiyabudi, Fachroel Aziz and Michael J. Morwood. 2016. '*Homo floresiensislike* fossils from the early Middle Pleistocene of Flores', *Nature*, 534(7606):245-248; Adam Brumm, Gerrit D. van den Bergh, Michael Storey, Iwan Kurniawan, Brent V. Alloway, Ruly Setiawan, Erick Setiyabudi, Rainer Grün, Mark W. Moore, Dida Yurnaldi, Mika R. Puspaningrum, Unggul P.Wibowo, Halmi Insani, Indra Sutisna, John A. Westgate, Nick J.G. Pearce, Mathieu Duval, Hanneke J.M. Meijer, Fachroel Aziz, Thomas Sutikna, Sander van der Kaars, Stephanie Flude and Michael J. Morwood. 2016. 'Age and context of the oldest known hominin fossils from Flores', *Nature*, 534 (7606): 249–253; Lee R. Berger, John Hawks, Paul H.G.M. Dirks, Marina Elliott and Eric M. Roberts. 2017. '*Homo naledi* and Pleistocene hominin evolution in subequatorial Africa', *eLife*, 6: e24234; Jean-Jacques Hublin, Abdelouahed Ben-Ncer, Shara E. Bailey, Sarah E. Freidline, Simon Neubauer, Matthew M. Skinner, Inga Bergmann, Adeline Le Cabec, Stefano Benazzi, Katerina Harvati and Philipp Gunz. 2017. 'New fossils from Jebel Irhoud, Morocco and the pan-African origin of *Homo sapiens*', *Nature*, 546 (7657): 289–292; Daniel Richter, Rainer Grün, Renaud Joannes-Boyau, Teresa E. Steele, Fethi Amani, Mathieu Rué, Paul Fernandes, Jean-Paul Raynal, Denis Geraads, Abdelouahed Ben-Ncer, Jean-Jacques Hublin and Shannon P. McPherron. 2017. 'The age of the hominin fossils from Jebel Irhoud, Morocco, and the origins of the Middle Stone Age', *Nature*, 546 (7657): 293–296)。

② George van Driem. 2015. 'Health in the Himalayas and the Himalayan homelands', pp. 159–192 in Charles Ramble and Ulrike Roesler, eds., *Tibetan and Himalayan Healing*. Kathmandu: Vajra Publications; SophieHackinger, Thirsa Kraaijenbrink, Yali Xue, Massimo Mezzavilla, Asan, George van Driem, Mark A. Jobling,Peter de Knijff, Chris Tyler-Smith and Qasim Ayub.2016. 'Wide distribution and altitude correlation of anarchaic high altitude adaptive *EPAS1* haplotype in the Himalayas', *Human Genetics*, 135 (4): 393–402.

因。[①]尽管我们的一部分祖先经小亚细亚分流进入欧洲，还有一些人冒险进入西伯利亚，但最大部分的移民浪潮流向了南亚，并继续往东前行。那些穿越东喜马拉雅走廊和渡过雅鲁藏布江的人类祖先继续行走，最后定居在东亚、南亚、大洋洲、西伯利亚，有的甚至抵达了更远的美洲和拉普兰。

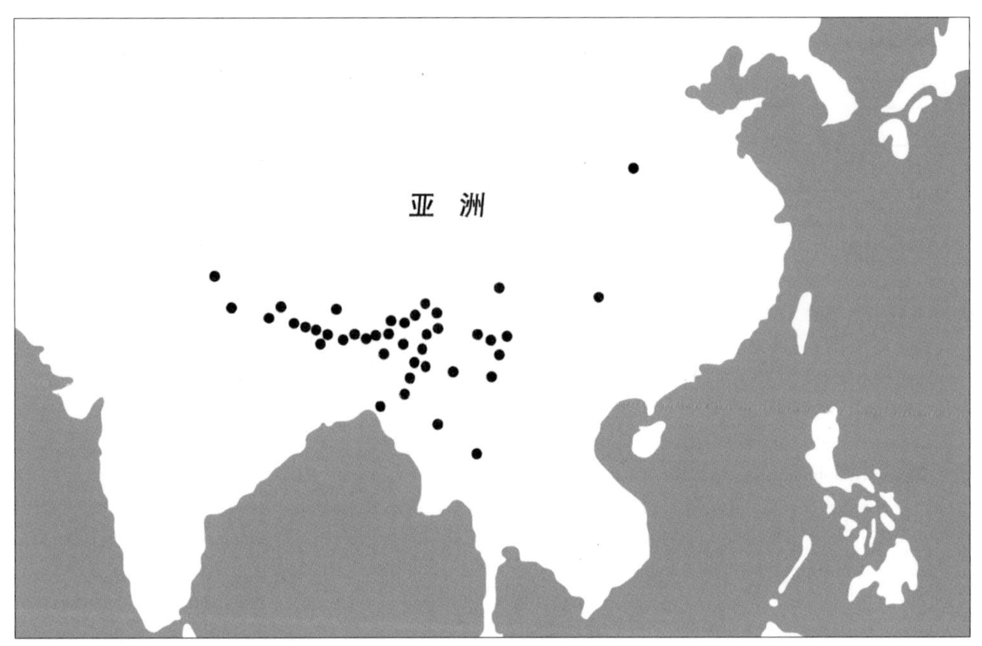


地图 3　跨喜马拉雅语系的主要语族的地理分布。每一个黑点代表的不只是一种语言，通常包括了一种至几十种紧密相关的语言，而且每个黑点代表的是 41 个主要语族的各自历史地理学上的中心地区。

为了准确理解茶的历史，记住这样一点非常重要：语种的多样性表明定居在东喜马拉雅走廊的
6 诸多人群都是非常古老的，而今天的中国、老挝、缅甸和印度都是现代民族国家。茶的古老故乡中只有很小一部分被划入今日中国版图，就是这样的很小一部分之中又只有一部分地区处于今天中国人所讲的古代中国文明所影响到的区域之内。历史上的大部分时期，中国人所控制的范围不过是今日中国这样广阔的现代政治实体所占领土的一部分。即便在古代中国人控制的区域，他们也经常被入侵的邻族所统治或者驱逐，这些少数民族通常较少具备中国古代宫廷发展出来的优雅生活方式。这点在唐朝和宋朝尤其明显。唐宋跨越了公元 7 世纪到 13 世纪，也正是这个时期茶开始演变为我们今日所饮用的饮料。

① Morten Rasmussen, Xiaosen Guo, Yong Wang, Kirk E. Lohmueller, Simon Rasmussen, Anders Albrechtsen,Line Skotte, Stinus Lindgreen, Mait Metspalu, ThibautJombart, Toomas Kivisild, Weiwei Zhai, Anders Eriksson, Andrea Manica, Ludovic Orlando, Francisco de la Vega, Silvano Tridico, Ene Metspalu, Kasper Nielsen,María C. Ávila Arcos, J. Víctor Moreno-Mayar, CraigMuller, Joe Dortch, M. Thomas P. Gilbert, Ole Lund,Agata Wesolowska, Monika Karmin, Lucy A. Weinert,Bo Wang, Jun Li, Shuaishuai Tai, Fei Xiao, TsunehikoHanihara, George van Driem, Aashish R. Jha,François-Xavier Ricaut, Peter de Knijff, Andrea B. Migliano,Irene Gallego-Romero, Karsten Kristiansen, David Lambert, Søren Brunak, Peter Forster, Bernd Brinkmann,Olaf Nehlich, Michael Bunce, Michael Richards,Ramneek Gupta, Carlos Bustamante, Anders Krogh,Robert A. Foley, Marta Mirazón Lahr, François Balloux,Thomas Sicheritz-Pontén, Richard Villems, Rasmus Nielsen, Wang Jun, Eske Willerslev. 2011. 'An aboriginal Australian genome reveals separate human dispersals into Asia', *Science*, 334 (6052): 94–98.

著名的华裔考古学家张光直（Kwang-chih Chang，1931~2001 年）提醒我们要谨慎使用“中国人”这个标签来指称遥远古代的文化和人群。[①] 称呼某些新石器时期考古学意义上的复杂族群为“中国人”是不合适的，就好像我们不会把拉斯科（Lascaux）大洞穴墙上的旧石器时期的艺术都视为早期法国绘画的古代标本，我们也不会把巴克特里亚·马尔吉阿纳文化 [the Bactria Margian，也称作阿克瑟斯文明（Oxus civilization），是中亚地区青铜时代的一个定居型文明，年代为公元前 2300~ 前 1700 年，分布范围东至帕米尔，西达土耳其，北到乌兹别克斯坦，南及阿富汗，其中心区域是阿姆河流域。——译者注 ] 的复杂性等同于某个苏联中亚地区青铜器时期的文化。还有一个事关史前文明必须谨记的警告：过去的历史已经存在了如此久远甚至超乎想象的时间，其中的某些内容显然很可能被完全遗忘或忽略了。因此，我们必须谨慎地区分同一时期相隔甚远的不同历史碎片。

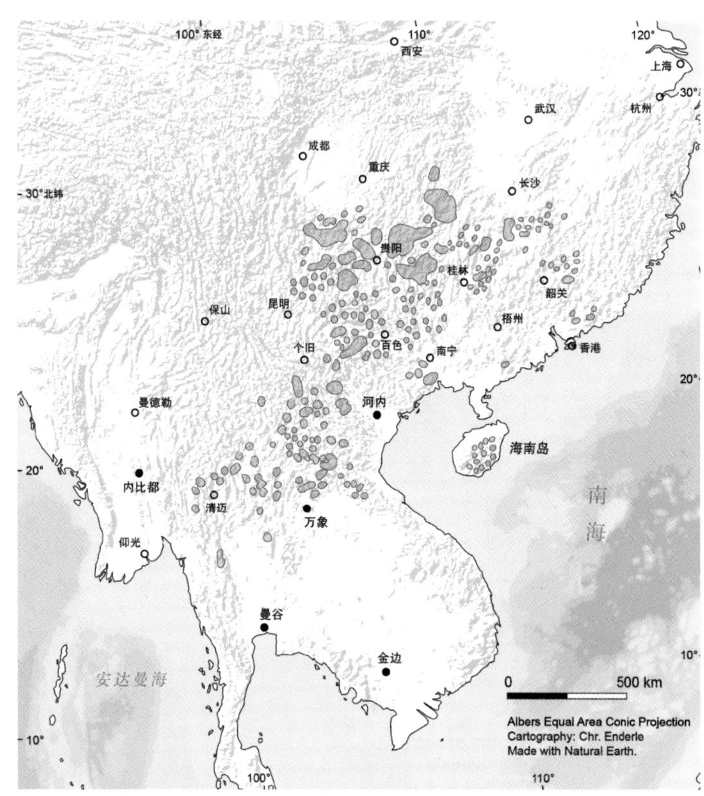

地图 4　苗瑶语族的地理分布。苗瑶人直到相对晚近时期才迁居至东南亚的中心地区。但在历史上，苗瑶人生活在今日长江以南的地区，即今日中国的南部地区。

但在上述警告的基础上，我们还是应认识到，严格来说，中国在历史上确实孕育了这种饮料，这
就是今天世人所知的茶。然而，原始茶的起源很可能来自那些构成了古代中国文化核心区域之外的地 7
区。原始茶的故乡很大程度上与东喜马拉雅走廊重叠。另外，有关佐米亚的精确地理轮廓总是随着变
幻莫测的人类学潮流不断被重新界定。

茶的故乡可以被定义为这样一个地区：与历史的偶然因素导致的现代政治疆界不同，它广泛分布于从尼泊尔中部开始，跨越锡金、不丹、阿萨姆、印度东北、上缅甸、中国西南（包括藏东南）、泰国北部、老挝，并远及河内的地区。[②] 这片葱翠的、遍布山地的、语言种类极其复杂的地区是野生茶自由生长的地区，同时也是在这片地区最早发展出了茶树人工栽培。

---

① Chang Kwang-chih (i.e. Zhāng Guāngzhí). 1986. *The Archaeology of Ancient China* (4th edition). New Haven, Connecticu: Yale University Press(p.242).

② Maria Candida Liberato, 2012. O chazeiro: Sistmatica e distribugao geografica, *Revista Oriente*, 21: 88-98.

该地区为古代移民浪潮发挥了通道的作用，移民潮在过去的各个历史时期都出现过，这些移民流向了亚洲的各个区域。早在 19 世纪，历史语言学家朱利叶斯·冯·克拉普罗特（Julius von Klaproth）和麦克斯·缪勒（Max Muller）就强调，人类种群在语言上的密切关系和生物学祖先是相互独立的两个
8 体系，然而，面对每个时代占据主导地位的知识界潮流，上述学者的告诫总是被充耳不闻。[①] 同样是在 19 世纪，缪勒就指出，所有推测都应当借助历史语言学的研究结果和体质人类学的发现加以比较、相关联和对照，特别是体质人类学在今天主要采取了分子遗传学的方式，只有在多个学科分别独立地介入并准确解释了上述发现之后，推测才有可能被证实。

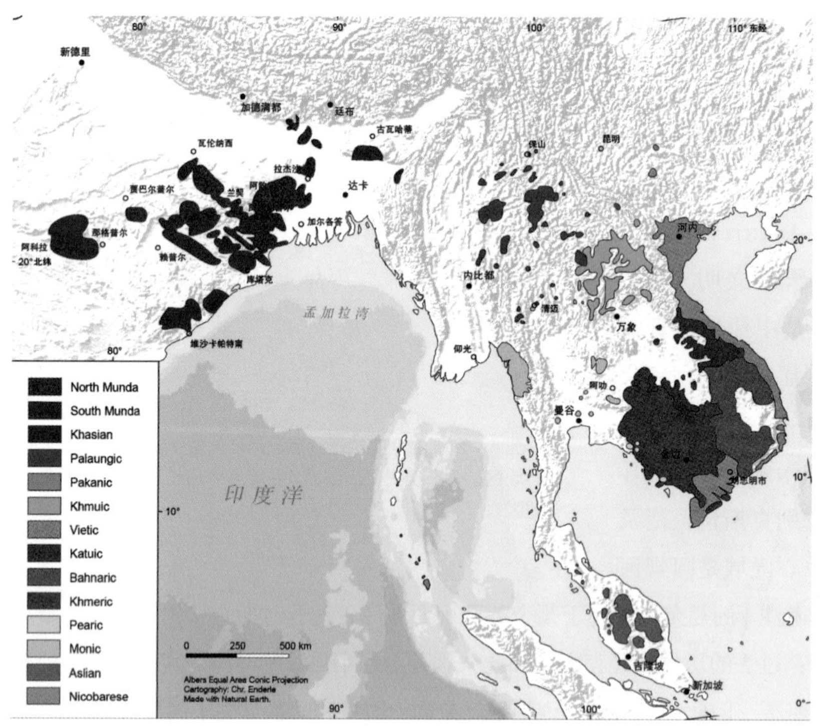


地图 5 澳亚语系的地理分布。

历史语言学、人口基因学和考古学，每一个学科都展示出对过去历史研究的不同景像。基因标记并不能作为语言学的证据，动词词根的音系学意义上的重构也不会告诉我们任何有关使用关联性语言的某些特定分支的人群之间具有生物学上的密切关系。不但我们碰巧使用的语言完全独立于我们的父辈们曾经碰巧使用的语言，也根本独立于我们的祖先们曾经拥有的物质文化或者维持生计的策略，而且我们每一个人都拥有多个祖先，这些祖先象征了无数基因的融合。更为重要的是，语言
9 学意义上可重构的历史从属于更为接近今天的时代，而非我们史前的久远传说，后者是遗传学家们研究的对象。尽管如此，我们仍然要牢记上述忠告，试图将主要的亚洲语言的地理分布和今天讲这

① Julius Heinrich von Klaproth. 1823. *Asia Polyglotta*. Paris: J. M. Eberhart; Friedrich Max Muller. 1872. *Über die Resultate der Sprachwissenschaft: Vorlesung gehalten in der kaiserlichen Universitaet zu Strassbury am XXIII*. Mai MACCCLXXII: strassburg: Karl J. Trübner, und London: Trubner & Co.

些语言人群的种系发生学、特定基因标记的产生关联起来的探索，已经在很多实例中得到证明并取得了令人震惊的丰硕成果。

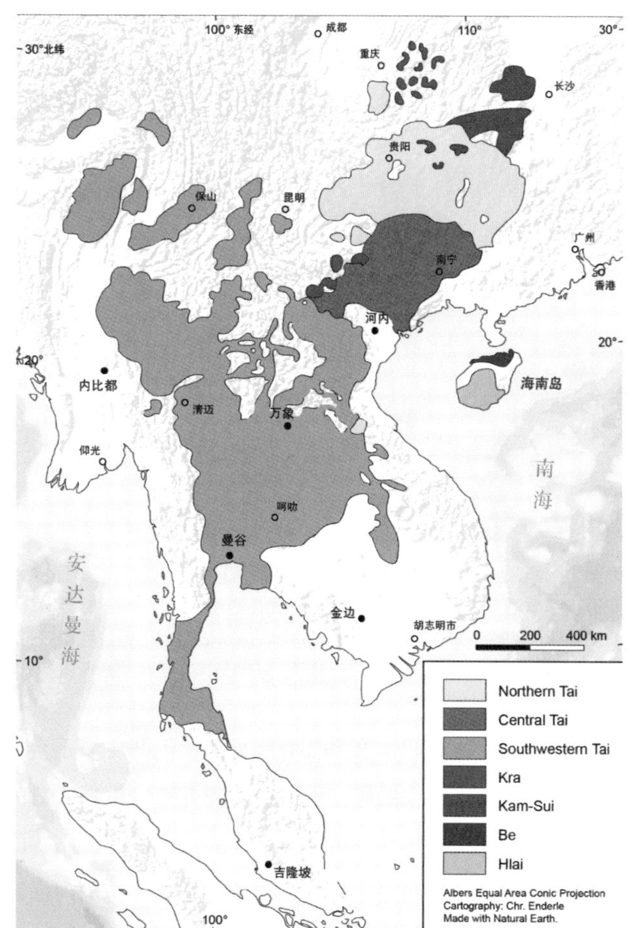


地图 6　壮侗语族的地理分布。西南部泰语向东南亚传播最初发生在古代，是澳亚语系的孟语族 (Monic)，一直被陀罗钵地（Dvaravati）王国时期的人们使用，直到公元 13 世纪该语还被今天泰国中部的人们广泛使用。

自从弗朗西斯·克里克（Francis Crick）、詹姆斯·沃森（James Watson）和罗莎琳德·富兰克林（Rosalind Franklin）于 1953 年在剑桥的卡文迪什（Cavendish）实验室发现了基因的分子特性之后，生物学家们开始努力寻找讲某个语言的人种是否碰巧在他们的语言祖先上也存在关联。1997 年，一个由瑞士和意大利基因学家组成的研究团队发现，在有基因关联性的人种的语言关系上，与父系祖先的关联度要明显强于母系祖先。[①] 这个全球模型，后来被命名为父系语言关联图， 10
已经被证明是广泛存在的，但它并非普遍存在，还有一些不能列入其中的例外，例如巴尔蒂语和匈牙利语。[②]

Y 染色体的单倍体群系的种系地理学特征反映了人种的父系遗传信息，这些特征在全球的大多数地区都表现出了更为晚近的特点，反映了人口的母系线粒体分布则要更古老。其过程和机制可能包括以男性为主的移民、精英统治、高攀婚姻，尤其是还包括这样一个因素，在剑桥大学的爱沙尼亚裔基因学家托马斯·基维西尔德讽刺地将 Y 染色体描述为与病理学有关，例如，男性对财富和控制的偏好。父系语言的关联在全球范围占据优势，这引导我们推断：母亲教孩子父系语言的语言学现象在语言的前历史时期一定普遍且多发。

---

① Estella Simone Poloni, Ornella Semino, Giuseppe Passarino, A. S. Santachiara-Benerecetti, I. Dupanloup, André Langaney and Laurent Excoffier. 1997. 'Human genetic affinities for Y chromosome P49a,f/*Taq*l haploptypes show strong correspondence with linguistics', *American Journal of Human Genetics*, 61:1015-1035 (cf. the erratu published in 1998 in the *American Journal of Human Genetics*, 62:1267); Estella Simone Poloni, Nicolas Ray, Stefan and André Langaney.2000. 'Languages and genes: Modes of transmission observed through the analysis of male-specific and female-specific genes', pp.185-186 in Jean-Louis Dessalles and Laleh Ghadakpour, eds., *Proceedings: Evolutions of Language, 3rd International Conference 3-6 April 2000*. Paris: École Nationale Supérieure des Télécommunications.

② George van Driem. 2007. 'The diversity of the Tibeto-Burman language family and the linguistic ancestry of Chinese', *Bulletin of Chinese Linguistic*, 1(2):211-270; George van Driem. 2007. 'Austroasiatic phylogeny and the Austroasiatic homeland in light of recent population genetic studies', *Mon-Khmer Studies*, 37:1-14; George van Driem. 2008. 'The Shompen of Great Nicobar Island: New linguistic and genetic data, and the Austroasiatic homeland revisited', *Mother Tongue*, XIII;227-247.

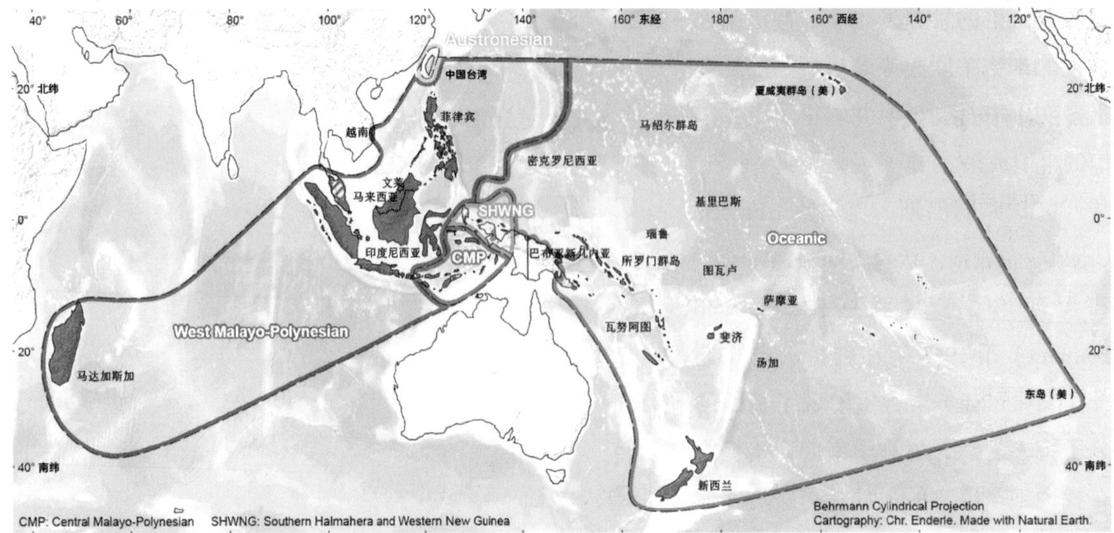


地图 7　澳亚区域的地理分布。缩略语 CMP 和 SHWNG 分别指代的是中部马来 - 波利尼西亚语族和南部哈尔马赫拉的西新几内亚语族两个语族。台湾的少数民族语分属该语系中的 9 个亚种，所有其他的图中标识出来的语群都是一个单一分支，马来 - 波利尼西亚语的晚近地理扩散分裂出了西部马来 - 波利尼西亚语和中东部马来 - 波利尼西亚语。其中，中东部马来 - 波利尼西亚语又进一步分化成中部语和西部语，最后，东部马来 - 波利尼西亚语族分成了南部哈尔马赫拉、西部新几内亚和大洋洲几个语支。

11 纯粹的父本和母本家系都有所显现，但两支家系会从构成每一个个体的基因组成的无数生物学先祖中得到体现，未来的研究也许会发现并充分解释人口的语言近似关系和显著的常染色体标记之间的相互关联。种群遗传学与历史语言学的发现之间的整齐的相关性和不一致都促使我们去重构人类定居东喜马拉雅走廊的历史。原始茶的故乡在很大范围内横跨了该区域，但是，茶的故乡的重要核心区比东喜马拉雅走廊中心点往东数百里格（陆地及海洋的古老的测量单位，约等于 3 英里。——译者注）。

该地区深藏着多个亚洲主要语言的发源地，例如澳亚语系、跨喜马拉雅语系①、苗瑶语族②和壮侗语族。③这些语系（族）的分布远远早于人们对茶和谷物的驯化，在其他地方广泛流传的民间传说已经告

① Trans-Himalayan, the world's second most populous language family, was recognised by Julius von Klaproth in 1823 and was originally known as Tibeto-Burman. Proponents of an empirically unsupported family tree model have for several decades adhered to a mistaken phylogeny called 'Sino-Tibetan', but as of today no evid ence has ever been adduced for that particular phylo genetic model. The new term Trans-Himalayan, with its agnostic phylogeny incorporating only recognised and newly validated subgroups, has been rendered into Chinese as 跨喜馬拉雅語系 *Kuà xǐmǎlāyǎ yǔxì* (George van Driem. 2014. 'Trans-Himalayan', pp. 11–40 in Nathan Hill and Thomas Owen-Smith, eds., *Trans Himalayan Linguistics*. Berlin: Mouton de Gruyter; Wú Wǒ [ 無我 ]. 2015. 'Kuà xǐmǎlāyǎ yǔxì: Jiān lùn běn pǔxì shuō duì shǐqián rénqún qiānyí zhī qǐfā' ["The Trans Himalayan language family: A neutral name based on the geography of prehistoric migrations of subgroups"], *Hàn Zàng Yǔ Xuébào*, 8: 10–20).

② The Hmong-Mien language family is known by the Chinese name Miáo-Yáo 苗瑶 in the older literature. This label was abandoned in the 1980s, since the two Chinese ethnonyms making up the language family name were said historically to convey a pejorative connotation.

③ The name *Kradai* is composed of the reconstructed root denoting the ethnonym by which the language communities designated themselves in combination with the appropriate prefix. An old name for this language family in the linguistic literature is 'Daic'. The most prominent language in this family is Thai, in which the language family is known known as Kradai กระได [kràdai]. The eminent linguist Weera Ostapirat วีระ โอสถาภิรัตน์ ( 許家平 ) once proposed the name [kʰâ:tʰai] ข้าไท in Thai, since this Siamese form is composed of the modern Thai reflexes by regular sound change of the two roots contained in the linguist's label *Kradai*, and this name would therefore have represented a natural Siamese *tadbhava* form, albeit a newly created one. However, the Thai term Kradai กระได has already established itself as the Thai name for the language family.

诉了我们很多细节。[①]这些主要语系（族）在现代地理上的分布已经显示在地图 2 至地图 7 中。[②]斯坦利・斯塔罗斯塔（Stanley Starosta）提及了苗瑶语族，就是地图 4 中以扬子江命名的“扬子语”。苗瑶语族相对有限的内在语言多样性表明该语族可能是某支曾经庞大的语系[③]唯一存续的分支。

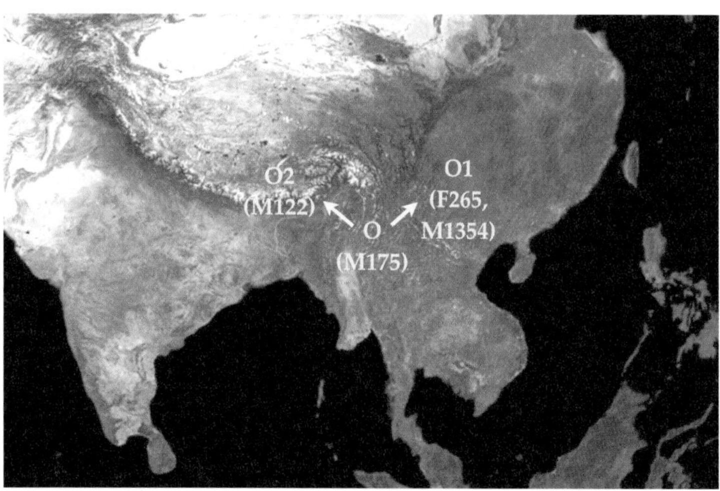


地图 8　在最后的冰川高峰结束前的数千年，Y 染色体单倍体群系 O（M175）分裂为亚进化枝 O1（F265，M1354）和 O2（M122）。分子标记物可以作为追溯父系祖先迁移的依据。因为 Y 染色体谱系的解决方案已经得到了增强，单倍体群系标志物得到揭示以证明我们对种系发生学的理解不断深化。突变种的数量倾向于保持不变，只要研究中的分子标记物在所定义的单倍体群系中被证明是可靠的。此处所给出的严密推理是在 2017 年 5 月 12 日做出的。Y 染色体配对的正式单倍体群系标志物已经被更新的标志物所取代。本处采用的最新标志物是由国际基因系谱学会提供的。

壮侗语族和澳亚语系分别被标示在地图 6 和地图 7 中，构成了澳泰语系。壮语和澳亚语系可能有 12
关联的假设最先由古斯塔夫・施古德（Gustave Schlegel）提出。[④]许家平[⑤]借助了规则的语音对应和有

① George van Driem.2014. ‘A prehistoric thoroughfare between the Ganges and the Himalayas’, pp.60-98 in Tiatoshi Jamir and Manjil Hazarika. Eds., *50 Years after Daojali-Hading: Emerging Perspectives in the Archarology of Mortheast India*. New Delhi: Research India Press; George van Driem.2015, ‘The Himalayas as a prehistoric corridor for the peopling of East and Southeast Asia’, pp.318-325 in Georg Miehe and Colin Pendry, eds., *Nepal: An Introduction to the Natural History, Ecology and Human Environment in the Himalayas*. Edinburgh: Royal Botanic Garden Edinburgh.

② 尼古拉斯・迈克尔・舍勒（Nicolas Michael Schorer）在去杜拉语（Dura）的故乡——尼泊尔中部做田野调查之前，在伯尔尼收集并研究了有关杜拉语的所有现存的数据资料。接续他对该语言的语法和词典编撰学方面所做的工作，舍勒已经找到了证据将杜拉语放入马加伊语（Magaric）（印度俄特纳和格雅等地区说的一种比哈尔语方言。——译者注）的分支之中，因此，就减少了已被确认的跨喜马拉雅语系的语族，从 42 减至 41，这也体现在上述新绘制的语言地图中（Nicolas Schorer,2016. *The Dura Language: Grammar and Phylogeny*. Leiden: Koninklijke Brill）。

③ Several editorial misrepresentations in Starosta's proposed posthumously published phylogeny of the East Asian linguistic phylum were rectified in one of my publications in 2005. My own recension of Starosta's East Asian family tree was presented in Benares in 2012 and appeared in print in 2014. (Stanley Starosta. 2005 [posthumous]. Proto-East-Asian and the origin and dispersal of languages of East and Southeast Asia and the Pacific, pp. 182–197 in Laurent Sagart, Roger Blench and Alicia Sanchez-Mazas, eds., *The Peopling of East Asia: Putting Together Archaeology, Linguist ics and Genetics*. London: Routledge Curzon, p. 183; George van Driem. 2005. ‘Sino-Austronesian vs. Sino Caucasian, Sino-Bodic vs. Sino-Tibetan, and Tibeto Burman as default theory’, pp. 285–338 in Yogendra Prasada Yadava, Govinda Bhattarai, Ram Raj Lohani, Balaram Prasain and Krishna Parajuli, eds., *Contem porary Issues in Nepalese Linguistics*. Kathmandu: Lin guistic Society of Nepal, p. 322; van Driem (2014: 69)).

④ Gustave Schlegel.1901. ‘Review: Elements of Siamese Grammar by O. Frankfurter, Ph.D., Bangkok: Printed at the American Presbyterian Mission Press, Leipzig, Karl W. Hiersemann,1900’,*Toung Pao*(série II)11:76-87; Gustave Schlegel.1902.*Siamese Studies*(*T'oung Pao*, New Series II, Volume II, Supplement ).Leiden:Brill.

⑤ Weera Ostapirat. 2005. ‘Kra-Dai and Austronesian: Notes on phonological correspondences and vocabulary distribution’, pp.107-131 in Laurent Sagart, Roger Blench and Alicia Sanchez-Mazas, eds., *The Peopling of East Asia: Putting Together Archaeology, Linguistics and Genetics*. London: Routledge Curzon; Weera Ostapirat. 2013. ‘Austro-Tai revisited’, 23rd Annual Meeting of the Southeast Asian Linguistic Society, Chulalongkorn University, 29 May 2013.

13 序的元音法则提出了第一个可信的历史语言学证据。Y 染色体的单倍体群系不断重构式扩散，恰好与这些语群史前时期的扩展一致，这一点体现在地图 8 和地图 9 中。

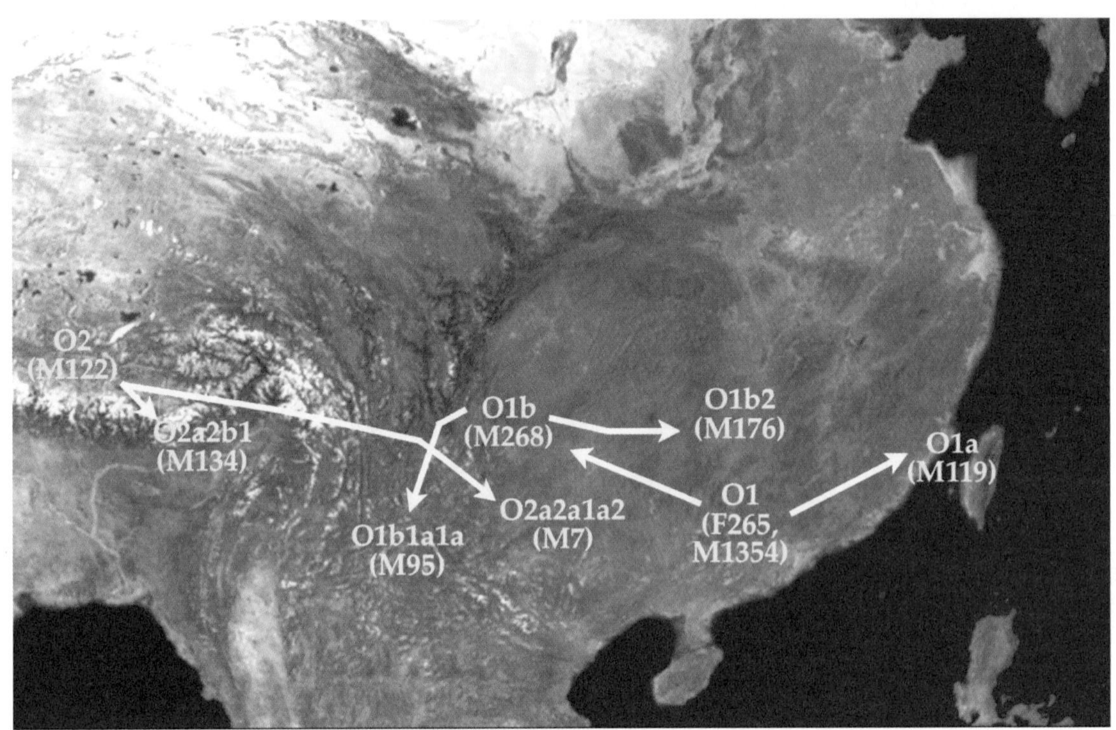


地图 9 最后的冰川高峰之后，温度和湿度都有所提高。父本家系开始分化出新的亚进化枝，每个亚进化枝都牵涉一个语言学的瓶颈口，形成了至今仍作为独立的语言语群并处于不断重构中的语族。O1（F265，M1354）父本家系分裂成 O1a（M119）和 O1b（M268）亚进化枝。前者向东迁移进入福建山区，并横渡海峡进入台湾地区，台湾于是成为南岛人故地。父本家系 O1b（M268）的继承者们最先种植了亚洲水稻，分化为亚进化枝 O1b1a1a（M95）和 O1b2（M176）。单倍体群系 O1b1a1a（M95）是最原初的澳亚语系父本家系，副澳亚语族异卵双生的进化枝 O1b2（M176）向东扩散，沿途播种。单倍体群系 O2（M122）产生了父本亚进化枝 O2a2b1（M134）和 O2a2a1a2（M7）。O2a2b1（M134）的分子标记物从东部喜马拉雅的扩散可以作为那些使用跨喜马拉雅语系的人们如何迁移的追踪痕迹，而父本家系 O2a2a1a2（M7）[ 此处原文有误，英文是 O3a3b（M7），经与作者确认，更改为正确的拼写格式。——译者注 ] 可以作为使用苗瑶语的人们迁移的追踪痕迹。

## 茶树的多样性及其部分近亲

茶树是一种常绿植物，它的种名是 Camellia sinensis，其原生地大致为北纬 20 度至北纬 30 度的葱翠山地，包括印度东北部、崎岖的印缅边境丘陵、缅甸北部、老挝北部、泰国北部，中国藏东南以及云南省和四川省的山区。生长着茂盛植被的高地、崎岖的丘陵、亚热带的高温和规律的降雨，这些都
14 构成了东喜马拉雅这个庞大且无序蔓延扩展地带的共同特点。原始茶的故乡很可能处于这一地区，该地区也可能是稻谷、香蕉、芋头、柑橘类水果的原产地。

学界公认的是，茶树（Camellia sinensis）这个种名被分成了两个主要的亚种：

中华亚种（Camellia sinensis，var. sinensis）；

阿萨姆亚种（Camellia sinensis，var. assamica）。

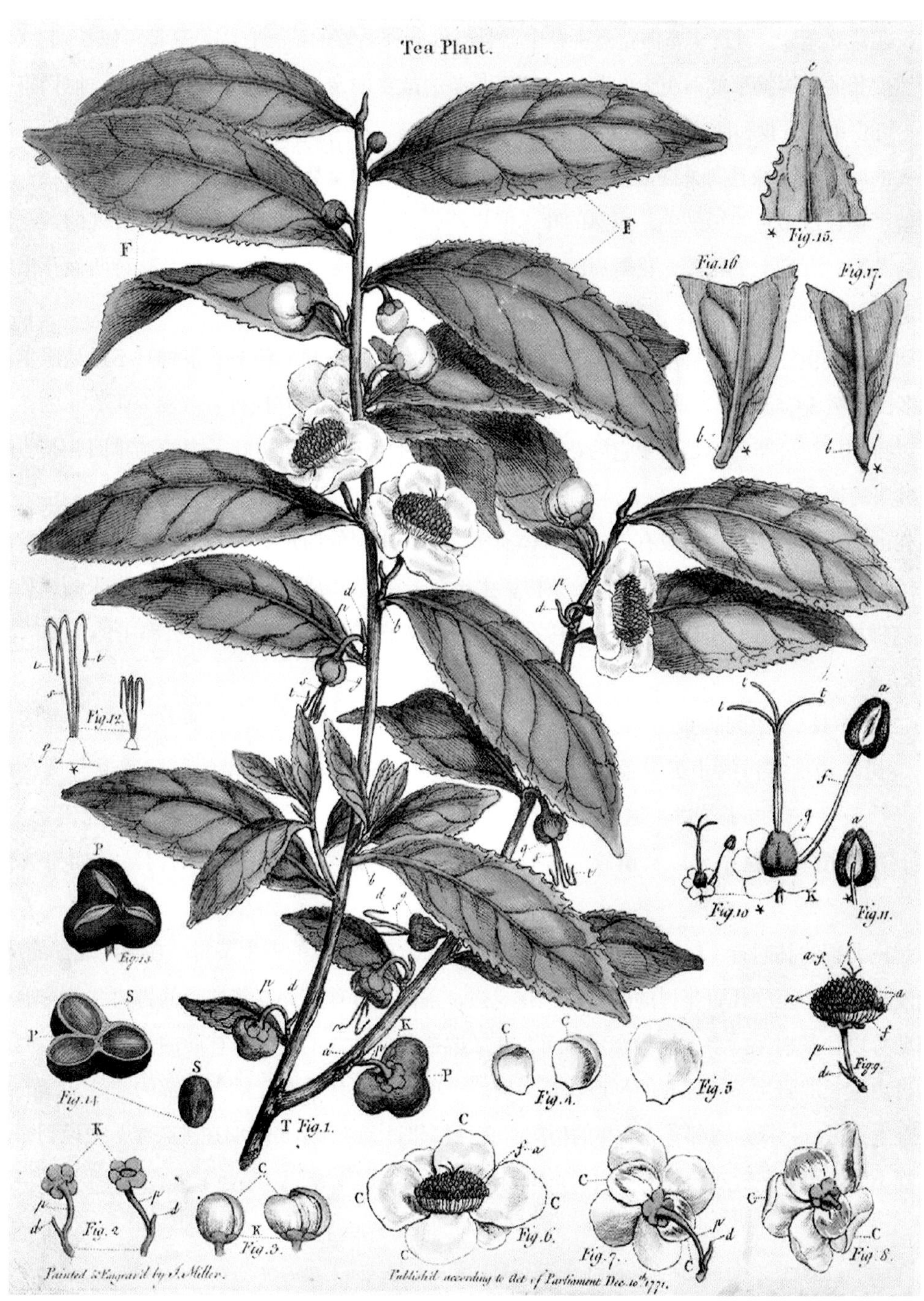


图 1.1　莱特森于 1769 年在莱顿（Leiden）大学用拉丁文写的一篇为茶辩护的学位论文受到了高度关注。该论文 1772 年被翻译成了英语。此图为英译本扉页插图，是关于茶的植物学图解。

阿萨姆亚种有着更大的树叶，如果不修剪，通常可以长到 15 米高；同样，中华亚种在野生的状态下也可以长到如此高度，10 米甚至更高。事实上，这两个亚种的茶树如果不加修剪放回到荒野中，当它们生长在营养充分、种群丰富的自然森林中，且气候条件适宜的话，它们最高都可以长到 20 米。从这些自然生长的茶树摘下相对更大的茶叶，这正是茶的故乡的定居者们所做过的事情，他们将茶叶当作药材、可食用的食物和调味品。

茶树的叶子是深绿且向外逐渐变窄的，较厚、光滑，叶边交替生长呈尖锐状和轻锯齿状。嫩叶的背面覆盖了银色或金色的短绒毛，成熟的叶子像皮革，具有光滑而润泽的质感。有香气的茶花包括一个白色的花冠、五到七个花瓣，花瓣周围是一个黄色的雌蕊和多个黄色的雄蕊。这种两性花借助一个由五个萼片组成的、紧实的绿色花萼挂在树枝上。

茶树的果实由三个木质棕色外壳果子组成，内含深棕色的扁圆形种子。茶树只不过是原生于此地区的众多山茶树（Camellia）属下的一个种而已。一些山茶树属中的其他种有散发夸张香味的花，但茶树之所以得到广泛分布并不是由于它的花香，而主要是因为包含在茶树叶子中的咖啡因、茶氨酸和其他有益健康的物质。

茶树的历史非常久远，但没有人知道具体有多久。在中国的四川省和云南省发现了中国境内最古老的茶树。一棵被认为至今存活最古老的茶树，生长在云南省镇沅县千家寨海拔 2450 米的森林中。人们估计这棵树的树龄是 2700 年。这棵茶树高 25.6 米，树干直径是 89 厘米，根部主体部分的直径是 120 厘米。[①]

2012 年 5 月，《中国日报》（英文版）报道了在云南省临沧市凤庆县的中缅边境发现了或许更古老的茶树。这棵茶树的主干直径是 1.84 米，据称已经有 3200 年的树龄。报道说，从这棵茶树摘下了一斤茶叶并做成了茶饼，这块茶饼卖到了 4 万美元。该地区居住的民族是澳亚语系的佤族、布朗族，藏缅语族的拉祜族以及苗族。[②] 不过，该报道没有解释这些茶树的树龄是如何被精确测定的。

在越南北部的林同省（Lam Dong），人们发现了树龄千年以上的野生茶树；在泰国北部的丛林中，人们也发现了一些至少几百年树龄的茶树；在老挝，茶树与那些有 400 年树龄的古树共处一地。经常性的修剪可以让茶树保持灌木的形态。然而，在最适合它们生长的、带有林荫的丛林中，人们通常认为那些自由生长的野生茶树原有的形态就是大树。一项研究发现：在云南省南部的一处常绿的森林中有十棵野生茶树，每棵茶树都有 200 年的历史，直径都超过了 1 米。[③] 陆羽在《茶经》中说到，两个男人几乎都不能够用伸开的双臂合抱一棵古茶树的树干。

---

① Liu Feng and Cheng Qikun. 2001. 'Rapid development of Chinese tea culture', *Proceedings of the 1st Inter national Conference on O-cha (Tea) Culture and Sci ence*〈held at Shizuoka Convention and Arts Centre, 5–8 October 2001), 1 (i): 68–71; (http://chapin. blog.163 .com/blog/static/2802142120094312253563/〉, accessed October 2010. [The International Conference on *O-cha* (Tea) Culture and Science (icos) is operated by the *O cha* Festival Executive Committee Secretariat and the World Green Tea Association under the Tea and Agri cultural Production Division of the Shizuoka prefec tural government. References to the *Proceedings of the International Conferences on O-cha (Tea) Culture and Science* in the footnotes are henceforth abbreviated as icos.]

② （http://www.chinadaily.com.cn/photo/2012-05/04/content_15214596.htm），2014 年 11 月浏览了此网页。

③ Fulian Yu and Liang Chen.2001. 'Indigenous wild tea Camellias in China',*ICOS*,1(JS):J1-J4.

这两个有区别的亚种，中华亚种和阿萨姆亚种，代表了在一个自然的领域内基因多样性的两个演
进方向。一些茶叶研究者对将这两个亚种放入一个种名（Camellia sinensis）之中的做法非常不满意，
提议将阿萨姆亚种划为单独的种。[①] 同样，香花茶（waldenae）最初曾被认为代表的是山茶树属下的一
个独立的种，然而，现在它被视为一个独特的亚种，该亚种零星分布在广西到香港之间的区域内。还 16
有一些茶树研究者努力识别出其他的变种或亚种，以补充当前两个广为人知的中华亚种（sinensis）和
阿萨姆亚种（assamica）。例如，某个中华亚种已经被命名为毛叶冬青（pubilimba）。[②] 在云南省中南
部，已经确认了苦茶亚种（kucha），但是，该亚种是否正好是阿萨姆亚种的一个部分，是否确实是一
个独立的亚种，或者在分类中它是否被正确认定为一个有显著特征的亚种，这些问题看起来依然是不
明确的。[③] 之前已经有学者建议增设两个新的中华亚种——布瓦桑尼亚种（buisaniensis）[④] 和德宏亚种
（dehungiensis）。[⑤]

不得不重新评估早期的研究，因为过去山茶树属的种和亚种的分类主要基于形态学的证据，但种系发生学的研究越来越强调不应只依据解剖形态，还要依据遗传物质的分子多态性。[⑥] 山茶树的人工栽培种的基本染色体数量是 15 个。在所有的山茶树的人工栽培种中，超过三分之二的是二倍体，三倍体克隆种在人工栽培茶树种中也很常见，这归功于人类对更大片的茶叶的人为选择。[⑦] 第六章和第九章的部分节将会讨论作为一个植物种类的茶树问题。

当我们思考茶树的时候，将茶树的各种系列与狗的培育做类比，可能是非常有帮助的，因为两者的所有变种都来自一个单一种。当然，不可否认的是，一条吉娃娃狗与一条拉布拉多狗之间的区别也是明显的。所有的狗都是狼的后代，即便今天，狗和狼仍然可以杂交繁殖。同样的，中华亚种（Camellia sinensis，var. sinensis）很可能事实上只是阿萨姆亚种（Camellia sinensis，var. assamica）的驯化种。驯化就是借助人工选择修改基因组的过程，就好像狗起源于人工驯化对狼的基因组的修改。中

① W. Wight. 1962. ‘Tea classification revised’, *Current Science*, 31:298-299; Suresh Chandra Das, Sudripta Das and Mridul Hazarika. 2012. ‘ Breeding of the tea plant（Camelliasinensis）inIndia’, pp.69-124 in Liang Chen, Zeno Apostolides and Zong-Mao Chen, eds., *Global Tea Breeding: Achievements, Challenges and Perspectives.* Hangzhou and Heidelberg: Zhèjiāng University Press and Springer Verlag.

② Beryl M. Walden and Shiu Ying Hu. 1977. *Wild Flowers of Hong Kong around the Year: Paintings of 255 Flowering Plants from Living Specimens.* Hong Kong: Sino-American Publishing Company; Shiu Ying Hu and Hung Ta Chang. 1981. *Acta Scientiarum Naturalium Universitatis Sunyatseni*, 20(1):87-99; Hung Ta Chang. 1981. ‘A taxonomy of the genus Camellia’, *Acta Scientiarum Naturalium Universitatis Sunyatseni, Monograph Series*, 122:1-180.

③ Hung Ta Chang and He Sheng Wang. 1984. *Theaceae Camellia sinensis var. kucha*, *Acta Scientiarum Naturalium Universtitatis Sunyatsene*, 1984(1):10; Hung Ta Chang and He Sheng Wang. 1998. *Theaceae Camellia assamica(Masters) var. kucha;, Flora Reipublicae Popularis Sinicae* (Peking). 49(3):136; Hung Ta Chang. 2008. ‘Theaceae Camellia kucha’, *Acta Scientiarum Naturalium Universitatis Sunyatseni*, 47(6):129-136.

④ S.Y.Lu and Y.P.Yang. 1987. ‘Theaceae Camellia sinensis subsp. Buisanensis(Sasaki)’, *Quarterly Journal of Chinese Forestry* (Taipei), 20(1):106.

⑤ Hung Ta Chang and He Sheng Wang. 1984. ‘Theaceae *Camellia sinensis var. kucha', Acta Scientiarum Naturalium Universitatis Sunyatseni*, 1984 (1): 10; Hung Ta Chang and He Sheng Wang. 1998. ‘Theaceae *Camellia assamica* (Masters) var. *kucha*’, *Flora Reipublicae Popularis Sinicae* (Peking), 49 (3): 136; Hung Ta Chang. 2008. ‘Theaceae *Camellia kucha', Acta Scientiarum Naturalium Universitatis Sunyatseni*, 47 (6): 129–136.

⑥ Liang Chen, Fulian Yu, Luhuan Lou and Qiqing Tong. 2001. ‘Morphological classification and phylogenetic evolution of the section *Thea* in the genus *Camellia*’, *ICOS*,1(11): 29-32.

⑦ Katsuhiko Kondo. 1977. ‘Chromosome numbers in the genus *Camellia*’, *Biotropica*, 9:86-94.

华亚种内的人工栽培种的独特性并没有大到足以进化成一个独立亚种的程度，中华亚种很容易跟野生的阿萨姆亚种杂交。

将茶树跟水稻类比也许更为恰当，因为人们发现了古老的野生稻（Oryza fufipogon）是一种自然生长且包含众多系列的水稻种群，从生态型的尼瓦拉野生稻（nivara）系列到经典的高州野生稻系列，自然变种广泛存在。与此同时，驯化的水稻能够跟野生稻系列异花传粉，并进一步产生更为复杂的水稻家族。同样的情景也发生在茶树上。出于很多实用目的，区分茶树种中的两个主要亚种是有用的，那些被称为中华亚种的品种，最早被到达日本的欧洲人鉴别出来，阿萨姆亚种则是最先在印度东北部被欧洲人发现的。在自然界中，这两个亚种可以自由地异花传粉，而且这两个亚种以及它们的杂交种构成了整个地球上茶树种植的主体部分。

在山茶树属中有超过 200 个种。如果我们继续拿狗做类比，这次我们不再说吉娃娃与拉布拉多，取而代之的是，在山茶树属内的其他种中可能会有类似丛林狼、侧纹胡狼、亚洲胡狼、埃塞俄比亚狼、黑背胡狼等的差异。然而，山茶树属内的一些种与茶树的关联如此亲密以至于我们可能会将这种关系类比为灰狼和澳洲野犬，它们都是人
17 类最好的朋友的近亲。

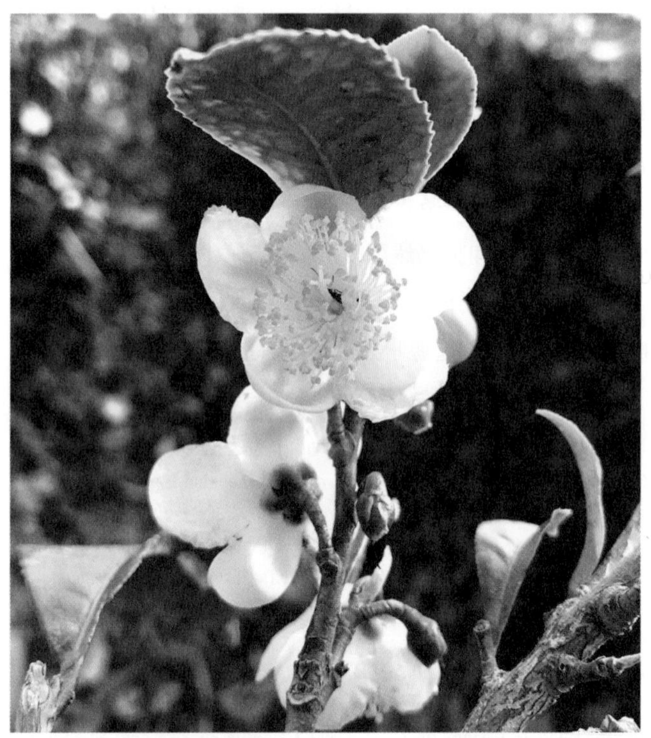

图 1.2　在北大西洋中部的亚速尔群岛（the Azores）的圣米格尔岛（Sao Miguel）北部海岸盛开的一朵茶树花。

山茶树属中的一些野生种在基因表现上跟茶树高度接近，尤其是跟阿萨姆亚种。这些十分接近的野生种包括生长在上缅甸的伊洛瓦底安山茶（Camellia irrawadiensis），一些学者主张它实际上就是茶树，[1] 属于几乎灭绝的山茶属大理茶种（Camellia taliensis），人们在缅甸北部、泰国北部和云南西南部位于 1300~2700 米海拔的山地常绿阔叶林中发现了它。[2]

最近有人发现山茶属大理茶种的叶子中不含有咖啡因，该茶种引起了一些有志于在未来制作出不含

① Anonymous. 1956. ‘Theaceae Camellia irrawadiensis Barua’, *Camellian*, V11(4):18.

② Adolf Engler, Karl Prantl and Hermann Harms. 1925. *Die naturlichen Pfanzenfamilien*, Band 21, Parietales und Opuntiales. Leipzig: W. Engelmann(p.131); Yang Liu, Shi-xiong Yang, Peng-zhang Ji and Li-zhi Gao. 2012. ‘Phylogeography of Camellia taliensis(Theaceae) inferred from chloroplast and nuclear DNA: ingights into evolutionary history and conservation’, *Biomed Central Evolutionary Biology*, 12:92.

咖啡因茶叶的茶树种植者们的兴趣，对他们来说该茶种具有巨大的吸引力。[①] 那些主张保护古老茶树原味、持有保守主义立场的基因学家们将山茶属大理茶种的基因组和山茶属阿萨姆系列进行对比，他们报道说阿萨姆系列的茶树比大理茶种体现了更高水平的基因多样性，而且他们还发现阿萨姆种群之间的个体性基因差别要比大理茶种种群内的水平更低。[②]

在中国南方的部分地区，当地人会将毛叶茶（Camellia ptilophylla）调制成茶品饮用，它是一个跟 18
茶树归于相同属的不同种。用这个跟茶树非常接近的种的树叶调制并冲泡的汤水同样不含咖啡因，与此同时，内含的香气虽然相似却完全不同于真正的茶。毛叶茶的茶汤中占据主导地位的儿茶素不含 EGCG（表没食子儿茶素没食子酸酯），但含有 GCG（没食子儿茶素没食子酸酯）。[③]

最后，我们不能将可加工出茶叶的茶树以及山茶树属中的其他近亲跟两个完全无关的澳大利亚种相混淆，这两个澳大利亚种都属于桃金娘科的香桃木系。澳大利亚土著们过去使用澳大利亚茶树互叶白千层（Melaleuca alternifolia）的叶子制作一种药泥敷剂用于治疗伤口。从互叶白千层叶子中提取出的茶树油至今仍被用于化妆品，因为它具有表面抗菌药的特性。库克船长在他最后一次环游世界时获悉这种树具有可以治病的功能，它被称为“茶树”是因为库克船长的船员们将该树的叶子冲泡后饮用。另一个澳大利亚种是金雀花澳洲茶（Leptospermum scoparium），又叫新西兰茶树、金雀花茶树或麦卢卡香桃木。该树原产于澳大利亚的东南部，之所以得此名是因为当时的囚犯们习惯喝用该树的树叶冲泡的水作为茶的替代品。[④] 然而，这两种植物跟真正的茶树都没有任何关系。

悲剧的是，许多山茶树属内的种由于两个原因正处于危险境地：一个是猖獗的滥砍滥伐，另一个，非常讽刺的是在原始茶树的核心产区及周边日益增长的单一型茶树工业化栽培。有时这些野生种类确实产生了可饮用的野生茶叶，野生种桑树（Camellia gymnogyna）就出现在广东西部、广西北部、贵州南部和云南东南部。青海山茶树（Camellia crassicolumna）最接近茶树，它是云南东南部的地方种，其叶子含有益于健康的苯酚成分，这些成分在茶树中也有，但它不含咖啡因或茶碱。[⑤] 茶花树（Camellia tachangensis）是茶树的另一个近亲，它曾经被当地人作为茶的替代品，尚未被商业化开发。[⑥] 该树生

---

① Akiko Ogino, Fumiya Taniguchi, Junichi Tanaka, Masayuki P. Yamamoto and Kyoji Yamada. 2010. ‘Detection and characterization of the breeding material for caffeine-less tea cultivars’, *ICOS*, 4,PR-P-07.

② Liu Yang, Yang Shixiong and Gāo Lìzhì (高立志). 2010. ‘Comparative study on the chloroplast $RPL_{32}$-TRNL nucleotide variation within and genetic differentiation among ancient tea plantations of Camellia sinensis var. assamica and Camellia taliensis(Theaceae) from Yūnnán’, *Acta Botanica Yunnanica*, 32(5):427-434.

③ Xiu-juan Wang, Dongmei Wang, Chuanxing Ye and Kikue Kubota. 2007. ‘Flavour compositions of various teas made from cocoa tea(Camellia ptilophylla Chang) leaves’, *ICOS*, 3, PR-P-121; Xiao-rong Yang, Yuan-yuan Wang, Kai-kai Li, Jing Li, Cheng-ren Li, Xiang-gang Shi, Chun-Hay Ko, Ping-chung Leung, Chuang-xing Ye and Xiao-hong Song. 2011. ‘Cocoa tea(Camellia ptilophylla Chang), a natural decaffeinated species of tea—Recommendations on the proper way of preparation for consumption’, *Journal of Functonal Foods*, 3(4):305-312.

④ A Tea Dealer. 1826. *Tsiology; a Discourse on Tea being an Account of that Exotic; Botanical, Chymical, Commercial, & Medical, with Notices of Its Adulteration, the means of Detection, Tea Making, with a brief History of the East India Company.* London: William Walker(p.8).

⑤ Q. Liu, Y. J. Zhang, C.R. Yang and M. Xu. 2009. ‘Phenolic antioxidants from green tea produced from Camellia crassicolumna var. multiples’. *Journal of Agricultural and Food Chemistry*. 57(2):586-590; Tien Lu Ming. 1992. ‘Theaceae Camellia crassicolumna var. multiplex’, *Acta Botanica Yunnanica* (Kūnmíng), 14(2):121.

⑥ Fang Szu Zhang. 1980. ‘Theaceae Camellia tachangensis’, *Acta Botanica Yunnanica*(Kūnmíng), 2(3): 341; Tien Lu Ming. 1999. ‘Theaceae Camellia tachangensis var. remotiserrata’, *Acta Botanica Yunnanica* (Kūnmíng), 21(2):152.

长在广西西北部、贵州西北部、重庆、四川东南部和云南东北部海拔 900~2300 米的常绿阔叶林和针叶林中。

山茶树属中还有很多其他不同的种，有不少跟其他动物和植物种群一样，正面临着绝种的危险，因为它们的栖息地正以疯狂的速度被毁灭和滥砍滥伐。山茶属东京金花茶（Camellia tonkinensis），曾
19 经被认为已经绝迹了，最近人们却在越南的和平省昂国荣自然保护区发现了仅存的一棵，但它仍然是即将灭绝的高危种。[①] 山茶树属茶种的数量在缅甸北部、印度东北部、云南南部、老挝北部和泰国北部都异常丰富。在原始茶的故乡，坚持设立没有人类活动的森林栖息地从而维持种群多样性，将使我们的星球受益，也将有益于茶的未来发展。原始茶的故乡应该得到保护，要反对过度砍伐，更要反对现代工业化茶树种植的单一栽培模式。

## 拨开时间迷雾，寻踪原始茶

做出如下的推理完全不需要想象力：从茶的叶子中提取咖啡因的最快且最有效的方式，不是通过喝下一杯用干茶叶冲泡调制的饮料，而只是简单地咀嚼或吃掉它。早在 17 世纪，就有传到欧洲的报告提到，在东印度的荷兰人实际上是以拌沙拉的方式食用茶叶的。菲利普斯・巴尔德乌斯（Philippus Baldæus）提到在东方的荷兰船只的膳食中就有茶沙拉。

> 茶叶，在被制成冲泡的饮品之前，常常是被我们船上的海员们用醋、油、胡椒凉拌成沙拉吃，而且味道一点都不差。[②]

荷兰人很长一段时间都因他们的节俭而受到挖苦，因此，我们就可以理解 1685 年法国人菲利普・西尔维斯特・杜福尔（Philippe Sylvestre Dufour）将荷兰人嚼食茶叶的做法归因于生活在东方的、节约的荷兰船员们是为了吸收茶叶的全部营养成分。

> 如果他们吃茶叶是为了吸收茶叶的所有营养，他们当然就会以拌沙拉的方式吃下整片茶叶，就像在东印度的荷兰人一样加上油和醋然后食用茶叶。[③]

包含在茶叶中的维生素 C 或许帮助了荷兰海员们，他们可能就是通过嚼食茶叶避免了坏血病。直至

① Yang Shi-Xiong, Nguyue Hieu, Zhao Dong-Wei, Shui Yu-Min. 2014. 'Rediscovery of Camellia tonkinensis(Theaceae) after more than 100 years', *Plant Diversity and Resources*, 36(5):585-589.

② Philippus Baldæus. 1672. *Naauwkeurige Befchryvinge van Malabar en Choromandel, der zelver aangrenzend Ryken, en het machtige Eyland Ceylon, nevens een omftandige en grondigh doorzochte ontdekking en wederlegging van de Afgoderye der Ooft-Indifche Heydenen*. Amsterdam: Johannes Janssonius van Waasberge en Johannes van Someren (p. 184). The bilingual quotes in the book are provided not just for the sake of historical co mpleteness, but also for the delectation of readers who can appreciate the subtletie s contained in the original and who need not to rely on my English rendering.

③ Philippe Sylvestre Dufour. 1685. *Traitez Nouveaux & curieux du Café, du Thé et du Chocolate: Ouvrage également neceffaire aux Medecins, & à tous ceux qui aiment leur fanté*. La Haye: Adrian Moetjens (p. 217).

今日，喀麦隆撒哈拉地区的人们依然将茶叶煮过后直接食用，该地一直受绿色蔬菜极度短缺的困扰。①

因此，尽管在杜福尔的推测中可能包含了部分真相，但事实上，将茶叶作为沙拉的荷兰海员们只是恰巧观察到了保持了这个古老习惯的缅甸人并单纯模仿了他们。荷兰东印度公司（又名 The Vereenigde Oost-Indische Compagnie）1634 年来到缅甸，46 年之后（1680 年），荷兰东印度公司放弃了缅甸，同时他们也削弱了在柬埔寨的影响力。毫无疑问，吃掉茶叶的做法也可以在暹罗看到，荷兰东印度公司分别在 1608~1622 年、1624~1629 年、1634~1765 年三个时期在当时的暹罗首都大城府 20
（Àyútthá ya: อยุธยา）建立了商行。②然而，即便是在暹罗，荷兰东印度公司也缩减了规模，以便集中精力跟日本、中国、印度尼西亚、印度和锡兰进行利润更为丰厚的贸易活动。③

图 1.3　缅甸人的腌渍茶，名为 *ləphɛʔ* လက်ဖက်。通常腌制几个月到一年之久。每年产生数百万英镑的工业产值。图片由卢克·达格利比（Luke Duggleby）拍摄。

最初，冲泡而非吃掉茶叶的方式就成为有幸买到中国茶和日本茶并模仿他们的东印度公司的荷兰人和其他西方人消费茶的主要方式。虽然食用腌渍过的茶叶的做法最早由在缅甸的欧洲人观察到，但这个做法可以追溯到非常遥远的古代。在那些成为原始茶树栖息地的亚洲常绿地带，当地的土著们一开始并不是将茶叶作为饮料而调制的。

① K.V.S. Krishna, P.S. Ramaswamy and N.K.Jain. 2004. ‘Eating infused tea leaves in Saharan Africa’, *ICOS*,2:692-693.

② Dhiravat na Pombejra, Han ten Brummelhuis, Nandana Chutiwongs and Pisit Charoenwongsa, eds., 2007. *Proceedings of the International Symposium ‘Crossroads of Thai and Dutch History’*. Bangkok: Southeast Asian Ministers of Education Organization and Regional Centre for Archaeology and Fine Arts; Bhawan Ruangsilp. 2007. *Dutch East India Company Merchants at the Court of Ayutthaya: Dutch Perceptions of the Thai Kingdom c.1604-1765*. Leiden: Brill.

③ Daniel George Edward Hall. 1939. ‘The Daghregister of Batavia and Dutch Trade with Burma in the seventeenth century’, *Journal of the Burma Research Society*, XXIX” (3):139-150; Wil O. Dijk. 2001. ‘The VOC in Burma’, Journal of Burma Studies, 6:1-110; Wil O. Dijk. 2006. *Seventeenth-century Burma and the Dutch East India Company 1634-1680*. Singapore: Singapore University Press.

茶树的叶子原本就是被人咀嚼、腌渍或者剁碎后作为蔬菜食用的，后来茶才开始进入汤用的阶段。阿萨姆的土著部落，印度和缅甸的边境地区，上缅甸，中国藏东南、云南、四川、贵州，老挝北部和泰国北部的人，很长一段时间都因此习惯而闻名。他们将茶叶放进竹筒、竹篮中腌渍、发酵后装入罐里或者用大蕉叶包裹后埋进地里，之后像吃调味品一样吃茶叶，或者就好像咀嚼烟草块一样咀嚼茶叶。

在抵达缅甸之前，英国人就已经非常熟悉将茶叶作为饮料的饮用方式，因此，当他们在缅甸看到当地人食用腌渍过的茶叶一定印象非常深刻。1795 年访问缅甸的迈克尔·西姆斯（Michael Symes）就提到“这些缅甸人尤其喜欢 Læpac，或者说腌制茶叶”。[①] 西姆斯描述了缅甸人怎样将煮过了的茶叶埋进放好大蕉叶的洞里，在洞里茶叶会自然腌制几个月。在缅甸语中，作为植物的茶树和腌制茶叶都用
21 *ləpʰɛʔ* လက်ဖက် 来表达。[②]

在缅甸的礼仪文化中，腌渍过的茶叶作为一道菜品扮演着十分重要的角色。在遥远的古代，诉讼当事人都穿上传统服装，通常坐在一起，以一种名为 *ləpʰɛʔsâ* လက်ဖက်စား（字面意思就是“吃茶”）的仪式食用腌制的茶叶。不仅如此，腌制的茶叶还会被放进一种叫作“茶捆”（*ləpʰɛʔʈʰouʔ* လက်ဖက်ထုပ်）的小茶盒中，分配茶盒中的腌制茶叶是一项非常重要的习俗，名叫“将腌制的茶放进盒子里”（*ləpʰɛʔʈʰoʔtɕʰà* လက်ဖက်ထုပ်ချ），这种习俗通常是为了邀请人们参加一场婚礼或其他典礼。

图 1.4　经过 4 个月的腌制，一个装有数吨紧压茶的巨大盒子被打开，有人取样检测其品质。图片由卢克·达格利比拍摄。

---

① Michael Symes. 1800. *An Account of the Embassy to the Kingdom of Ava Sent by the Governor-General of India in the Year 1795*. London: W. Bulmer & Co.(Ch.XI, p.273).

② 缅甸语根据音系学的转写规则会发生转写变化，这一点在该书的第 94-95 页有阐述（George van Driem. 1996. ‘Lexical categories of homosexual behavior in modern Burmese’, Maledicta, XII:91-110），此外，缅甸语的近似于音位 [J] 的腭音在本书中都被转写为字母 y。

在婚礼和宗教性节日里，以“敬礼、供奉”（obeisance，oblation）闻名的祭碗会被展示出来以取悦和抚慰神灵 နတ် nat。这个碗中会装上三个香蕉、一个带茎的绿色椰子（它被绑住以便形成一个尾巴）、番樱桃叶子和一个茉莉花编织的花环。制作这个花环的材料是放在碗上的一片香蕉叶缠绕着的生茶 *ləpʰɛʔ* လက်ဖက်。① 众所周知，在缅甸被用于装腌制茶叶的大篮子叫 *ləpʰɛʔtoẽ* လက်ဖက်တွန်，还有一个词“湿的茶叶”（*ləpʰɛʔso* လက်ဖက်စို），专门用来指这种自然腌制的茶叶，这样的茶叶是制作缅式茶 ləpʰɛʔ 的主要成分。

在缅甸文化中，腌渍的茶叶很关键，缅式茶 *ləpʰɛʔ* 可以被简单吃掉或者像口嚼烟草块一样咀嚼，但是，腌渍的茶叶也可以像“凉拌茶”（*ləpʰɛʔθouʔ* လက်ဖက်သုပ်）一样被食用，还可以制成一道腌茶沙拉，因季节的不同分别添加辣椒和大蒜，还可以用晒干的鱼或其他调味品做配料，有时也会用油调制。一些荷兰海员记录下来的是 17 世纪缅甸人食用茶叶的方式，这种方式的出现不过是将古代缅甸人吃腌渍茶的方式改造成了茶沙拉。长期以来，缅甸人也将纯绿茶作为饮料喝掉，但从缅甸语词汇的变迁来看，这种喝茶的历史显然更为晚近，因为所有缅甸语中指茶像饮料一样喝掉的词都是后来出现的、从属性的词。

茶作为饮料最基本的缅甸语单词是 *ləpʰɛʔye* လက်ဖက်ရည်（*ləpʰɛ* 水）或茶水。用来冲泡的缅甸绿茶被称 22
为 *ləpʰɛʔ tɕʰauʔ* လက်ဖက်ခြောက်（干茶）。普通的未掺杂其他东西的缅甸绿茶，单纯作为一种饮料的话，被称为 *ləpʰɛʔyedʑã̃* လက်ဖက်ရည်ကြမ်း（粗糙的茶水）。更常用的缅甸语绿茶的名称是口语词 *ye nwêdʑã̃* ရေနွေးကြမ်း（粗温茶水）和 *ədʑã̃ ye* အကြမ်းရည်（白水）。前一种表达方式在仰光和缅甸南部可以听到，后一种则在曼德勒和缅甸北部更为常见。泡得很浓的茶，特别是当茶叶被浸泡在滤茶器中时，就被称为 *ətɕàye* အကျရည်（浓茶），印度式加奶和糖的茶则被称为 *ləpʰɛʔye ətɕʰo* လက်ဖက်ရည်အချို（甜茶）。

图 1.5　凉拌茶（*ləphɛʔθouʔ* လက်ဖက်သုပ်）。缅甸人的腌渍茶被当作沙拉一样食用，依季节不同配以辣椒、洋葱，也可以加入坚果、鱼干和其他调味料，有时还会用油调制。图片由卢克·达格利比拍摄。

① Than Than Myint. 2015. ‘“La-pet”: Part of Myanmar people’s lives, tradition and culture’, pp.125-132 in Vol. 1 in Winai Dahlan, ed., *Asian Food Heritage: Harmonizing Culture, Technology and Industry*. Bangkok: Institute of Thai Studies, Chulalangkorn University.

## 一个源于古跨喜马拉雅语系的表达茶的词根

缅甸人并不是唯一具有食用腌渍茶习惯的族群。对茶的起源历史的考察一定会注意到：缅甸人的祖先是在公元 1 世纪末期从今中国云南启程的。当缅甸人祖先进入缅甸时，他们也带去了茶，这反映在一个他们的茶种最早是从一只神鸟那里获得的传说中。表面上茶是被蒲甘的阿隆希图国王 [ALaungsithu of Pagan，အလောင်းစည်သူ（əlausiðu），1112~1167 年在位 ] 带入缅甸中部的，事实要比这个传说复杂得多。因为古代腌渍茶叶的行为不仅比预想的久远，而且它还广泛分布在原始茶的核心地带。

有很多不同的部落和使用不同语言的社群定居在东喜马拉雅走廊。其中一些民族讲的语言跟缅甸语有关，另一些则无关。有四个主要的、明显相互独立的语族被原始茶核心地带的众多土著部落所分别使用，这些语言分属澳亚语、跨喜马拉雅语、苗瑶语和壮侗语。[①] 在原始茶的核心地带，我们发现了
23 两种以腌渍的方式加工茶的古老实践，以及出于它们各自独立的历史和不相干的起源而出现的用于描述茶的不同词根。

与缅甸语相关的语言都是跨喜马拉雅语系的成员。有一个操跨喜马拉雅语的语言共同体且世居在茶的核心地带的族群，即景颇人（Jinghpaw 或 Singpho）。定居在今印度阿萨姆邦东北部大部分地区的景颇人，仅仅在 1843 年被英国人征服过。景颇人将新收获的茶鲜叶用手揉捻后塞进竹筒，然后将密封的竹筒放在火上烟熏数周。罗伯特・布鲁斯（Robert Bruce）在 1823 年发现野生茶树是沿着阿萨姆东部的雅鲁藏布江的上游河岸生长的，该区域十分靠近缅甸边境。罗伯特・布鲁斯和他的兄弟查尔斯・布鲁斯（Charles Bruce）都观察到，景颇人腌渍煮过的茶鲜叶并放进地下的洞里，然后又将发酵了的茶叶装进竹筒里，拿到集市出售。[②]

在印度东北部、缅甸北部和云南西南部的景颇人的语言中，指腌渍茶的词是 $p^{h}aʔ^{31}lap^{31}$，这个词很像缅甸语单词的引介转换，或者如同语言学家们所倾向于主张的，这个词是由缅甸语的词素重新排列后转换而成的。[③] 在景颇语的单词中，上标字符的数量多少构成并表示了音系学中声调的大致轮廓，这样的声调包含了多达五层的音调阶梯。对使用该语言的人来说，声调是发音非常重要的特征，对那些希望重构该语言历史发音规则的语言学家来说，声调显然也很重要，语言学家们借此可以确认相关语言的词汇之间的精确关系。

在这两种语言中，景颇语的 $p^{h}aʔ^{31}$ 一词和缅甸语的 $p^{h}ɛʔ$ 一词都是指代“叶子”的词素，这也和载瓦语（属于藏缅语族缅语支，有超过 10 万人使用，分布在中国云南省和缅甸克钦邦。——译者注）的

---

① 我已经在一篇论文中解释了这样一个理论，该理论认为这四个语群在过去非常长的时间跨度内可能都是彼此相关的并且构成了一个更大的语群——众所周知的东亚语群。参见 George van Driem. 2013. ‘East Asian ethnolinguistic phylogeography’, *Bulletin of Chinese Linguistics*, 7(1):135-188。

② Charles Alexander Bruce. 1838. *An Account of the Manufacture of the Black Tea, as Now Practised at Suddeya in Upper Assam by the Chinamen sent Thither for that Purpose, with Some Observations of the Culture of the Plant in China, and its Growth in Assam*. Calcutta: G.H.Huttmann, Bengal Military Orphan Press.

③ Dài Qìngxià, Huáng Bùfán, Xù Shòuchūn, Chén Jiāyīng & Wáng Huìyín. 1992. *A Tibeto-Burman Lexicon*. Peking: Central Institute for Nationalities.

词素 [*p$^{h}$ɔʔ˞$^{55}$*] “叶子” 是同源词，载瓦语表示茶叶的单词是 *se$^{5}$poq$^{5}$* [sə˞$^{55}$p$^{h}$ɔʔ˞$^{55}$]。① 另外，还有一个表示茶的词素，景颇语是 *lap$^{31}$*、缅甸语是 *lə*，这反映了意指山茶树属这一原始的本地植物的词源。景颇语 *lap$^{31}$* 的构词成分中的最后一个辅音 -p 保存了可能的证据。然而，在缅甸语中，*ləp$^{h}$ɛʔ* လက်ဖက်单词中的 *lə* 成分在书写中最后以 *-k* က်结尾。但其他缅甸方言中还缺乏相反的语音学证据，这样的拼写很可能只不过是一种拼写习惯。

基诺族（Jino，普通话称之为 Jinuo），云南境内跨喜马拉雅语系中彝语社群中的一员，同样也保留了腌渍茶的做法。基诺语中意指茶和茶叶的单词是 *lɔ$^{55}$po$^{44}$*，而用另一个并无关联的词 *ɲa$^{42}$* 指称由茶叶冲泡后作为饮料的茶。② 跟基诺语一样，云南其他彝语支族群或彝族（缅甸人的祖先起源于此）也拥有与该词源有关的词语，但没有证据表明在他们表示“茶”的同源词中存在最后一个音节 -k。

我们发现，拉祜族（分布在普洱市澜沧县）有 *la$^{31}$* 一词，哈尼族（分布在普洱市墨江县）有 24
*lɔ$^{31}$khɛ$^{55}$* 一词，阿佧人（分布在红河州绿春县，被归为哈尼族——译者注）有 *la$^{31}$be̱$^{33}$* 一词，撒尼族（分布在云南省的中北部石林县，被归为彝族——译者注）有 *lɒ$^{11}$* 一词，四川省喜德县的彝族（Lolo）有 *la$^{55}$zɨ$^{33}$* 一词，南华县的彝族（分布在云南省北部的楚雄州）有 *lo$^{21}$phe̱$^{55}$* 一词，武定县的彝族（分布

图 1.6　基诺人采集的茶叶。基诺人是云南省境内的一个彝语支民族。照片由林范彦（Norihiko Hayashi，神户市立大学外国研究所）友情提供。

① 载瓦语的词素 poq5 [p$^{h}$ɔʔ˞$^{55}$] 并不是以 sek$^{5}$haq$^{5}$ [səʔk˞$^{55}$xɐʔ˞$^{55}$]（树叶）的形式出现的，后者明显不同于载瓦语中的“茶”（se$^{5}$poq$^{5}$）和“茶树叶”（[sə˞$^{55}$p$^{h}$ɔʔ˞$^{55}$]）的单词，尽管这两个单词都在第一个音节上包含了载瓦语中的“树”〈sek5 ~ se5〉词素的一个变体。卢斯蒂希（Lustig）进一步比较了载瓦语单词“叶子”（poq$^{5}$ [p$^{h}$ɔʔ˞$^{55}$]）的词素与词源上相关的载瓦语“叶子”单词的前缀〈pe5-〉，发现该前缀也以多种形式出现，例如，“韭菜”（pe$^{5}$mung$^{11}$[p$^{h}$ə˞$^{55}$muŋ$^{11}$]）等单词。（作者对这条注释有订正，第一句话的动词原文是“also occurs”，后更改为“doesnot occur”，中译本按照作者的订正做出了翻译。——译者注）

② 笔者与林范彦的个人访谈，时间是 2012 年 7 月 19 日。

在楚雄州）有 *lu*$^{55}$*tɕe*$^{33}$ 一词，维西县的傈僳族（分布在云南省西北部的迪庆州）有 *la*$^{21}$*tɕa*$^{55}$ 一词，巍山县的彝族（分布在云南省西部的大理州）有 *la*$^{21}$*phɪ*$^{21}$ 一词。①

该地区另一些比彝语支各语言距离缅甸语更遥远的藏缅语言，同样也没有在他们表示“茶”的同源词中保留明显的词根 -p，然而，词根 -p 是否可能被重构，就像景颇语所表现出来的情形一样，一旦彝语音节的音律发声能够得到清楚的理解，这个问题就可以迎刃而解，而这样的理解将建立在高水平的研究和历史比较语言学工作之上，迄今为止这个领域的工作仍然停滞不前。摩梭人或者说纳西族（分布在丽江市）有一个词 *le*$^{55}$，怒人或者说怒族人有一个词 *la*$^{31}$*tɕa*$^{55}$，阿依人（怒人和阿依人都生活在云南西北部，靠近缅甸边境的怒江。阿依人为自称，属于怒族一支。——译者注）有一个词 *la*$^{31}$*tɕa*$^{55}$，缅甸北部的克伦人（Karen）的语言中有一个词 *la*$^{31}$*pha*$^{55}$。

土家族讲的也是跨喜马拉雅语言，他们是湖南、湖北和重庆地区的世居民族。土家语在表示“茶树叶”的单词 *ra*$^{2}$*gu*$^{1}$ 和表示“茶”的单词 *ra*$^{2}$*ce*$^{3}$ 的第一个音节中也保留了同样的词根。② 跨喜马拉雅语系壮侗语族中的泰泐语（Tai Lue）也借用了同样的词根，他们用 ไทลื้อ [tʰai lɯ́ː] 来表示“茶” ③*lɑ̰ɑ̰*$^{33}$。泰
25 泐人定居在泰国北部、缅甸掸邦和中国云南南部的西双版纳这些原始茶的核心地区之中。在澜沧江中游灌溉农业区域定居的傣族将喝的茶称作 *náːmlaː* น้ำหล้า，该词的意思是“茶水”，该词包括了壮语“水”的单词，也反映了跟跨喜马拉雅语言“茶”有关的词源。

汉语族也是跨喜马拉雅语系的成员。在东汉时期至公元 601 年《切韵》（*Cutrhymes*）④ 成书期间，“茶”这个字据说读作 do 或 da。“茶”字，甚至更早的古汉语的发音，即在周朝的初期，被重构为 dla 或 la。很有可能古汉语“茶”字的形成是借鉴了某个彝 - 缅语或者同为原始茶核心地带的另一个跨喜马拉雅语发音的词。这个特定的汉字的字形也许跟缅甸语单词 ləpʰɛʔ（腌渍的茶）的第一个部分 lə、景颇语 *pʰaʔ*$^{31}$*lap*$^{31}$ 的第二个部分 *lap*$^{31}$，以及其他上文提到过的跨喜马拉雅语系的相关同源词有关，是转形后而成的。我们将在下一章回到古汉字“茶”这个字形上来。

## 一个源于古澳亚语系的茶字词根

在东亚还有一个非常不同且古老的语族，这就是澳亚语系。例如越南语、高棉语、尼科巴语和印度的蒙达语都属于澳亚语系。原始茶的核心地带完全可能就是原始澳亚语的故乡，古代澳亚语人极可能是最早利用野生茶叶的人，就如同他们很可能是本地区第一个驯化水稻、芋头和其他栽培作物的人。该地区的澳亚语言，特别是其中的巴朗语和克木语，都有它们自己的意为茶的词，这个词根尤指腌渍的茶。

---

① Dài et al. (1992:152); Sun Hongkai and Liu Guangkun. 2009. *A Grammar of Anong: Language Death under Intense Contact*. Leiden: Brill(p.305); David Bradley. 1994. *A Dictionary of the Northern Dialect of Lisu*. Canberra: Pacific Linguistics.

② Philip Brassett, Cecillia Brassett and Lu Meiyan. 2006. *The Tujia Language*. Munich: Lincom Europa.

③ William J. Hanna. 2012. *Dai Lue-English Dictionary*. Chi: ang Mài: Silkworm Books(p.95).

④ Shu-Fen Chen. 2003. 'Vowel length in Middle Chinese based on Buddhist Sanskrit transliterations', *Language and Linguistics*, 4(1):29-45(esp.p.39); Axel Schuessler. 2007. *ABC Etymological Dictionary of Old Chinese*. Honolulu: University of Hawai'I Press(p.178).

在缅甸，巴朗人是最主要的茶叶种植者，有一个当地的传说讲了茶树是怎么进入上缅甸的巴朗山地的，詹姆斯·乔治·斯科特（James George Scott）和约翰·珀西·哈迪曼（John Percy Hardiman）于1900年记录了这个传说。这是一个有关缅甸语“茶”（*ləpʰɛʔ*）单词的词源学传说，该单词与缅甸语“手”的单词 *lɛˀ* လက် 的第一音节 *lə* 直接相关。这种词源上的关系看来并没有得到历史语言学的支持以确认这种古代转化方式与现代存续之间的关联，事实上，这个传说清楚地表明，我们所要处理的只是一个单纯的传说中的词源。然而，这个传说的其余部分包括了两个有趣的要素。

茶（树）种植是汝买人（即德昂人）的伟大事业，下文传说告诉了我们它的起源。

许多年以前，在某条河上比鲁人（Bilus）举行庆典时，一个年轻人掉进了河里，要不是领主麻提—介—祖（Yamadi-kye-thu）救了他，他就淹死了。这个男孩的母亲出于感激向这位领主赠送了一只死鸟的尸体，这只死鸟在适宜的条件下存放了数年。Yamadi 检查这只死鸟，发现在它的喉部有个肿块。他切开鸟的尸体，看到有颗种子扎在它的喉部并杀死了它。当他取出这粒种子，鸟的尸体立马就腐烂了。据说 Yamadi-kye-thu 保存了这粒种子，他去不同的地方查找，直到找到适合种下它的土壤。

大约360年前，他乘坐一艘巨大的魔船前往唐木县的莱盛山（Loi-seng），随行的有10万名官员和仆从。他在离山还有大约五百码的达芒撒（Tat-mang-sa）村子停下来，骑着一头白象去拜访莱盛山。

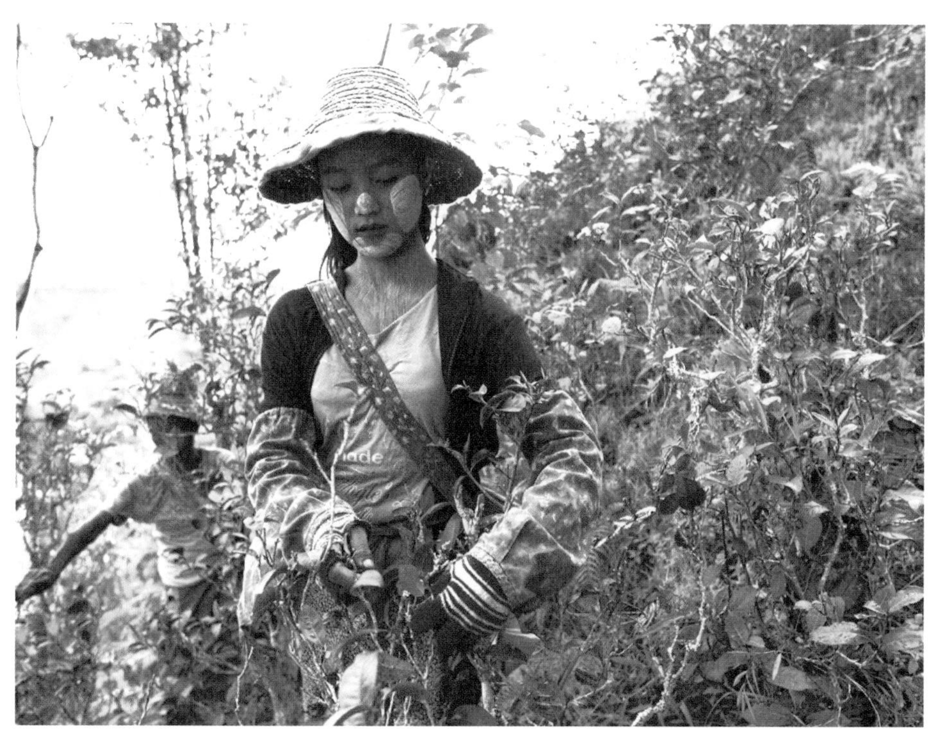

图 1.7　澳亚语系的巴朗人在靠近南散 နမ့်ဆန် [na sʰã] 的陡峭山地采茶。采茶者在脸颊上涂上了得纳喀粉（*θənəkʰâ* သနပ်ခါး），这是一种从木苹果树较好质地的树皮中提炼出的化妆品。图片由卢克·达格利比拍摄。

26 当象走到了山脚，它就跪下行礼，这表明佛陀的某些遗物现身了。领主命人打探，在一个废墟里发现了一些骨头。这些骨头又被重新埋葬，领主在这座骨冢上建了一个贴了金箔的佛塔，并宣布这座山是所有人都要敬拜的地方。然后，他叫来了两个勃欧族的猎人（据说是两个山人），名字是拉撒（LaSan）和拉依（LaYi），给了他们他在死鸟喉咙里发现的种子并让他们种下去。领主在达芒撒村又待了七天，留下三个官员照看这粒种子的生长情况。这两个猎人当时是伸出一只手接的种子，因此，这个植物就被叫作“Let-tit-pet”（或者说“一只手”），这个词后来被错误地读作了“Let-hpet”。领主告诉这两个人，如果他们伸出两只手（出于礼貌和尊重都要求这么做），他们就将会变得富裕，但现在他们只会变穷。莱盛山至今仍然被巴朗人视为神山，每年的3月都会在山上举行庆典。

以后的不同时期人们又在这座山上修建了很多小佛塔，其中一个涂上了金漆。一棵很大的茶树，据说就是麻提—介—祖种下的种子长成的植物，依然能被看到。然而，有人说第一棵树已经被缅甸士兵砍掉了。

尽管如此，这棵大树受到了巴朗人的敬重。①

27 在这个神话中有两个值得注意的要素，一个是今天的巴朗人依然崇敬上述神话提到的位于拉威盛山（Lawi Seng）或者莱盛山的最古老的茶树；另一个是这个十分流行的神话的主题是一只神奇的鸟带来了最早的茶树种子，这个主题在该神话中多次出现。

巴朗人相信，将茶树种在曾经种过水稻的地里会比直接种在由丛林开垦出来的地里长势更好。茶叶的第一次采摘是在3月末4月初，5月又有第二次采摘，人们会看到从6月末到8月中旬还有一个更长时间的第三次采摘，最后一次采摘是从9月中旬持续到10月末或者11月初。据莱斯利·米尔恩（Leslie Milne）的记录，腌渍茶是巴朗人的主要产业，表示一等品质腌渍茶的单词是Sa-u；表示二等品质的腌渍茶的单词是sa-chap，它更粗糙、更便宜；三等品质的腌渍茶叫作lot-nai（远离薄雾），巴朗人自己食用。

茶叶可以放在坑里腌渍。每到采茶季，村庄几乎空无一人，米尔恩描述了20世纪初期巴朗茶叶种植工人们的艰辛生活。②巴朗采茶工人所遭受的伤害主要来自飞虫，这些飞虫可能跟不丹南部黑山山脉（Black），尤其是黑山山脉的门巴人（Monpa）定居区祸害人的飞虫是同一类。赫伯特·霍普·里斯利（Herbert Hope Risley）在1894年③描述了不丹语叫pipsa的飞虫，1924年莱斯利·米尔恩提供了下面详细的陈述：“还有一种小的咬人的苍蝇（斑虻属Chrysops falvocincta，Ricardo），虻的一种——一种吸血的虻，比马蝇小，有时它会给那些采茶工人带来小麻烦。它被叫作pan-ga（咬人的东西）。它咬人时，

① James George Scott and John Percy Hardiman. 1900. *Gazetteer of Upper Burma and the Shan States, in Five Volumes*. Rangoon: Superintendent, Government Printing, Burma(Part 1. Vol. 1. pp.491-492). The Gazettee also records: ‘In Loi Long Tawng Peng very little, but tea is grown, and this is also the main cultivation of the Pēt Kang district of Kēng Tūng and of a few circles elsewhere’(p.275).

② Leslie Milne. 1924. *The Home of An Eastern Clan: A study of the Palaungs of the Shan States*. Oxford: The Clarendon Press(pp.227-238).

③ Herbert Hope Risley, ed. 1894. *The Gazetteer of Sikhim*. Calcutta: Bengal Secretariat Press(p.xiv).

人还没有什么感觉，但一个小的猩红的印记出现在皮肤上，第二天，就会红肿，奇痒难耐，皮肤的炎症会持续几天。”①

任何有幸能在不丹黑山山脉美丽而葱茏的定居点待上一段时间的人，都会对这种祸害再熟悉不过了。

根据米尔恩的叙述，缅甸的掸人没有巴朗人那么擅长腌渍茶，他们也不是采茶能手。他们把采摘下的茶树叶子按照七磅一份放进一个大的木甑里蒸，该木甑是由直径 12-18 英寸、18-24 英寸高的树干凿成的，还用篾丝做底。木甑被放在煮着水的大铁锅上。茶需要蒸五分钟，然后再被放在垫子上用手轻轻揉捻以免破坏叶子。

揉过的叶子被匀称地放在大小不等像井一样的坑中，坑有 6~12 英尺深。通常还会有一个虚掩的木头底，为排水留出空间，坑壁都密排着竹子、香蕉叶或香蕉茎，防止茶叶被土壤污染。每个坑都在顶部用茅草覆盖住以防雨水。茶叶被木板做成的盖子罩着。茶叶至少要腌三个月，或者再加水使其保持 28
一定湿度，这样的话就可以腌渍长达一年的时间。尽管一个月的腌渍就足够了，但人们通常认为这个时间长度只能制作出劣质的腌茶。

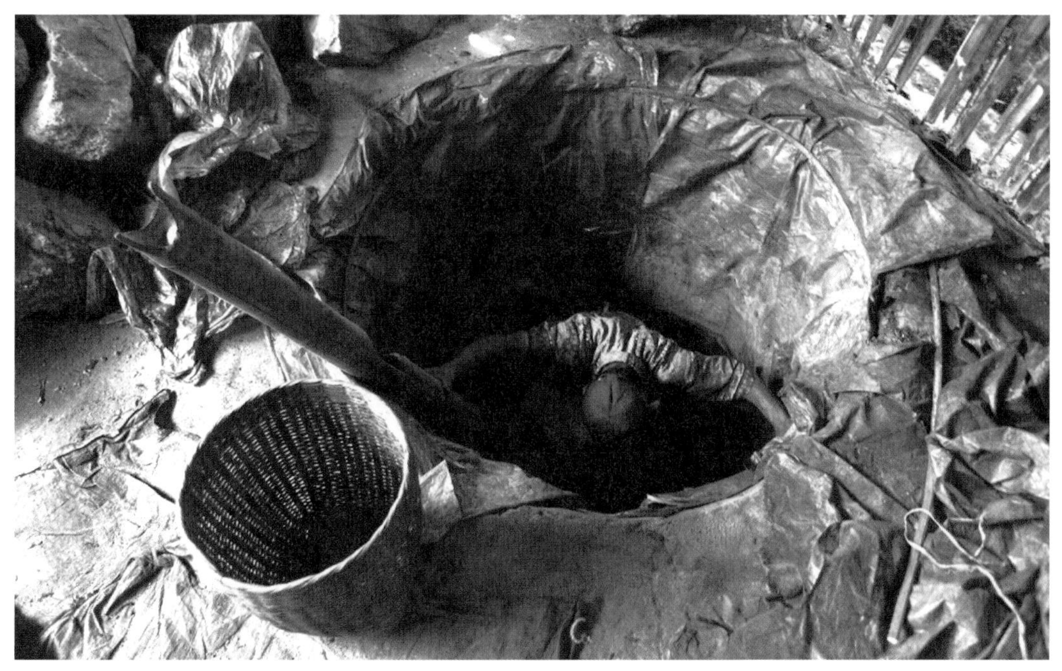

图 1.8　茶被放进大盒子或者像这样的坑里腌渍。一个男子正在从坑的最底部掏出最后残留的 *ləphɛʔ* လက်ဖက်. 的渣滓。图片由卢克·达格利比拍摄。

① Milne(1924:230). 在 1921 年，欧内斯特·爱德华·奥斯汀上校（Ernest Edward Austen）提供了有关 Chrysops falvocincta 的下述说明：“它们的攻击完全是任意的，从后面接近受害者，很少攻击人脸。它们飞起来的时候有点像食蚜蝇，无声地接近并停在耳朵、脖子的后面、腿、手背和暴露在外的手肘上。只有咬得很疼时受害者才会注意到它们的攻击。只要受害者有哪怕最轻微的动作，它们马上就会逃跑。它们咬人留下的伤口非常疼，在很多人身上都会引起严重的肿胀。如果刺破就会形成疱疹，虽然喷药通常会减轻炎症，但是疼痛和难耐的痒总要持续好几天。如果这些伤口被感染，孩子身上通常会发生这种情况，而且孩子总会不由自主地去抠挠伤口，他们的伤口愈合就会非常慢。”(pp.432-433 in Ernest Edward Austen. 1921. ‘Some Siamese Tabanidae’, *Bulletin of Entomological Research,* 12:431-455)。

在20世纪的初期，缅甸以及中缅交界地区的掸人是巴朗人腌渍茶的主要购买者，缅甸人只排在第二位。腌渍茶被紧紧码放进内侧铺了大叶子、外侧涂抹了牛粪的编织篮子中，并用竹垫覆盖，然后运到曼德勒的市场。每头牛驮运两个编织篮子。巴朗人也会做干茶用来冲泡茶汤，尽管与腌渍茶相比，制作出来的用于冲泡的干茶数量要少得多。米尔恩记录到，英国人通常不会喝这样的腌渍茶以避免它的副作用，因为腌渍茶咖啡因的含量明显偏高。

> “巴朗人运来了大量的腌渍茶到镇上，在那里它被掸人、缅甸人、华人甚至那些长久居住在缅甸的印度人购买，而英国人，毫无例外地喝过腌渍茶后都不能入睡，因此几乎都不会买腌渍茶。”[1]

巴朗人做的茶也有多个品质或者说等级。米尔恩记载有四个等级，按照降序排列四个等级的名字
29 分别是：king ru-pi、ru-pi、i-ang-ru-pi、i-ang myam。[2] 巴朗的叶茶等级通常区分为七个级别，按照降序排列如下，我在此提供对应的缅甸语词汇和一个几年前才提出的更新的分类表。[3]

巴朗语词汇是：

*kiŋ rupi* ကိင်ရှုပိ

*rupi* ရှုပိ

*yiəŋ rupi* အျိင်ရှုပိ

*kʰɔʔ raklaŋ* ခါဝ်ရကလံရ်

*raklaŋ* ရကလံရ်

*yiəŋ raklaŋ* အျိင်ရကလံရ်

*kʰahɔʔ* ခါဟာဝ်

*kʰan̥ãĩ* ခါနိူင့်

缅甸语词汇是：

*ɕwepʰi û 'top golden thrust'* ရွှေဖီဦး

*ɕwepʰi 'golden thrust'* ရွှေဖီ

*nãũ ɕwepʰi 'after golden thrust'* နောင်ရွှေဖီ

*kʰâkã û 'top bitter grade'* ခါးကန်ဦး

*kʰâkã 'bitter grade'* ခါးကန်

*nãũ kʰâkã 'next bitter grade'* နောင်ခါးကန်

*kʰâhɔ̀* [< Palaung] 'bitter hot' ခါးဟော့

*kʰân̥ãĩ* [< Palaung] 'bitter itself' ခါးနိူင့်

---

① Milne（1924：237）

② 巴朗人关于茶叶等级的名词，由米尔恩于1924年记录下来，2012年卢克·达格利比对此做了确证。

③ 这些名词都是卢克·达格利比友情提供的，他在2012年收集了这些词汇的书写形式和发声录音。

新式分类的缅甸语词汇是：

*ɕwe lɛʔkauʔ* ‘gold bracelet’ ရွှေလက်ကောက်

*ətʰûɕɛ* ‘extraordinary weft’ အထူးရှယ်

*ɕɛ* ‘weft’ ရှယ်

*tʰeiʔsà* ‘top grade’ ထိပ်စ

*əlàʔtʰeiʔsà* ‘medium top grade’ အလတ်ထိပ်စ

*əlàʔsà* ‘medium grade’ အလတ်စ

*auʔsà* ‘low grade’ အောက်စ

卡尔·古斯塔夫·伊兹科维茨（Karl Gustav Izikowitz）在1951年描述了拉棉人，生活在老泰边境的另一支巴朗人族群，会几小时地咀嚼腌渍茶叶，根据季节的不同，他们会加一点盐。他还提及，佤族人也是另一支操巴朗语的人，会将腌渍茶放进墓里作为献给死者的祭品。①

巴朗语“腌渍茶”的单词 *miəm* မျံမ် 也由米尔恩于1931年记录下来。② 在巴朗语中，*miəm* 表示“茶”，而且在绝大多数上下文中都被解释为腌渍茶。因为茶现在也作为饮料饮用，现代巴朗语就有了不同的词汇 *miəm hɔŋ* မျံမ်ဟောင်（干茶）和 *miəm om* မျံမ်အိုမ်（湿茶）来区分用于冲泡的干的绿茶叶和腌渍茶。巴朗语关于茶有丰富的词汇，这特别归功于茶叶种植。米尔恩记录了三个不同的词表示茶叶的不同采摘或收获方式，分别是 *dŭ̃k*、*gō̆p*、*kạr-lāh*，还有很多专门的词跟茶的制作有关，例如 *rōh*（放在火上的浅盘里的干茶叶）。

巴朗语茶单词的形式 *miəm* မျံမ် 似乎反映了广泛分布的澳亚语系的同源性。该词的词根也广泛表现在各种巴朗语言中。戈登·汉宁顿·卢斯（Gordon Hannington Luce）记录了这些形式 *miam*$^2$（茶）和 *miam*$^2$*niak*$^1$（腌渍茶）存在于日昂语（Riang）的萨（Sak）方言中，这个形式 *mæm*$^2$（茶）存在于日昂语的朗（Lang）方言中，这两个方言都被缅甸和中国云南边境的人们使用，达脑语（Danaw）中则是这个单词——*miːn*$^2$（茶），它也是一种巴朗语，掸邦境内还有约一千人使用。③ 老挝泰国边境的拉棉人 30
所使用的拉棉语的相应单词是 *mɪːŋ*（茶叶）。④

约根·里舍尔（Jorgen Rischel）在马拉比记录了老泰边境的两种克木伊语“腌渍茶叶”的形

① Karl Gustav Izikowitz. 1951. *Lamet, Hill Peasants in French Indo-China* (Etnologiska Studier 17). Göteborg: Etnografiska Museet.

② Milne recorded the form *myām* for ‘tea’ in Leslie Milne.1931. *A Dictionary of English-Palaung and PalaungEnglish*. Rangoon: Superintendent of Government Printing and Stationery, Burma. However, this transcription and other forms taken from Milne’s data are interpreted phonemically in accordance with Harry Leonard Shorto. 1960. ‘Word and syllable patterns in Palaung’, *Bulletin of the School of Oriental and African Studies*, xxiii: 544–557.

③ Gordon Hannington Luce. 1964. *Comparative Lexicon (typeset with corrections in red and green) English-Danaw-Riang Sak-Rianglang*. In Luce Collection, MS 6574-6577, 001-125. National Library of Australia[incorporated into the Mon-Khmer Database(http://sealang.net/monkhmer/)].

④ Izikowitz (1951), phonologically retranscribed in accordance with Charoenma Narumol. 1980. *The Sound Systems of Lampang Lamet and Wiangpapao Lua*. Nákhɔːn Pàthǒm: Mahidol University M.A. thesis.（原文此处列出的参考文献是 Charoenma Narumol. 1980. The Sound Systems of LampangLamet and Wiangpapao Lua. Nákhɔːn Pàth ŏ m:Mahidol University M.A. thesis. 中文翻译时听从作者建议做了更换。——译者注）。

式 *miʌŋ*，[①] 大卫·菲尔贝克（David Filbeck）在马尔记录了“腌渍茶叶”的形式 *mhiaŋ*，[②] Theraphan Luangthongkum 记录了尼亚库尔语（Nyah Kur）——这是一种在泰国仍被使用的语言——“解开揉捻的叶子”一词在词源学上的关联形式 *miəm*，这表明了在陀罗钵地王国时期曾经广为通用的孟语支（Monic）的语言学残迹，该王国在公元 6~13 世纪统治了泰国中部。[③]

图 1.9 在掸邦以及从仰光到曼德勒的巴朗人地区，每年都销售数千吨的腌渍茶。图中是曼德勒的茶贩们正在将发酵茶分成不同等级并定价。图片由卢克·达格利比拍摄。

有中国茶学者提出最先咀嚼腌渍茶的古代澳亚语系的人可能是古代中国文献提到的濮人。[④] 巴朗语“腌渍茶”的形式 *miəm* [illegible] 体现了原始的澳亚语系同源的痕迹，并作为古代的舶来词之一进入汉语中，
31 用来代指茶，即茗。这个词原本指作为调味料的腌渍茶，后来该词的含义才转变为采摘茶叶并加工成作为饮料的茶。

人们发现，这个古老的澳亚语系里茶的单词、词根不只以这种方式进入了汉语之中，而且也进

① Jørgen Rischel. 1995. *Minor Mlabri: A Hunter-Gatherer Language of Northern Indochina*. Copenhagen: Museum Tusculanum Press.

② David Filbeck. 2009. *Mal (Thin)-Thai-English Lexicon*.Unpublished manuscript [incorporated into the Mon-Khmer Database (http://sealang.net/monkhmer/)].

③ Theraphan Luangthongkum. 1984. *Nyah Kur (Chaobon)-Thai-English Dictionary* (Monic Language Studies,Volume 2). Bangkok: Chulalongkorn University Printing House.

④ Cao Jin, Cao Zidan and Liu Jianwei. 2004. ‘The tea and associated tea culture that were originated from the Meng-Khmer[sic] language system tribe-ethnics in territory of China’, *ICOS*, 2:706-707.

入了壮侗语族之中，例如泰语。单词 *miəm*，在巴朗语和佤语中都指腌渍茶，这也是泰语 *mî:ang* เมียง [mî:aŋ] 一词[①]的来源，同样它也有腌渍茶的含义。[②]在数百年前壮人进入该地区之前，泰国的中部和北部主要是使用澳亚语系语言人群的领地，尼亚库尔语的单词 *mìəm*（解开揉捻的叶子）使人想起了一种当地人的古老技艺，该技艺过去也被语言学上同样操澳亚语的人使用，至今还在泰国流传，不过，在今天的泰国主要是作为一种烹饪手法。

---

① I hereby propose a phonologically complete and consistent representation of Thai in Roman script which I call Swiss Thai Roman. The new system improves upon the Royal Thai General System and can be considered a linguistic refinement of the older royal system. Thai phonology distinguishes 20 initial consonants: k, kh, c, ch, t, th, d, p, ph, b, f, s, h, ŋ, n, m, y, r, l, w. Thai distinguishes 8 final consonants: k, t, p, ŋ, n, m, y, w. The Thai phoneme /ŋ/ is written in Swiss Thai Roman as〈ng〉. Both the Swiss and the royal system avoid the quirky Hànyǔ Pīnyīn graphemes devised for Mandarin in the 1950s. The facultative final glottal stop [ʔ] in open syllables after a short vowel is left unwritten in both the Swiss and royal systems, whereas in Swiss Thai Roman the final offglide consonants /y/ [i̯] and /w/ [u̯] are, for aesthetic reasons, written with the letters〈i〉and〈u〉respectively. Thai distinguishes 9 vowel timbres, each occurring as ashort and long vowel phoneme. The elegant letter〈ɛ〉is chosen for the vowel that might otherwise be transcribed phonetically as [æ], and the letter〈ə〉is used in preference to the symbol [ɤ]. Similarly, the optically salient letter〈ɯ〉is chosen above the messy barred grapheme〈ʉ〉. The international phonetic length mark [:] is used in Swiss Thai Roman to indicate vowel length: i:, i, ɯ:, ɯ, u:, u, e:, e, ə:, ə, o:, o, ɛ:, ɛ, a:, a, ɔ: and ɔ.Thai phonology distinguishes five phonemic tones. Based on Fromkin's 1978 phoneticstudy, the contours of the five tones could be expressed in terms of the five-tiered numerical values devised by Yuen Ren Chao in 1930 as mid 3–3, low 2-1-1, falling 4-5-1, high 3-4- 4 and rising 2-1-5. The five distinctive tones are represented in Swiss Thai Roman using four diacritic marks. The mid tone is indicated by no mark〈ɛ〉, high tone by an acute accent〈ɛ́〉, low tone by a grave accent〈ɛ̀〉, falling tone by a circumflex accent〈ɛ̂〉and rising tone by a caron〈ɛ̌〉. Showing both capital and lower case letters, the Thai vowel phonemes in the five tones (mid, high, low, falling, rising) are therefore written in Swiss Thai Romans script as: I, i, Í, í, Ì, ì, Î, î, Ǐ, ǐ, E, e, É, é, È, è, Ê, ê, Ě, ě, Ɛ, ɛ, Ɛ́, ɛ́, Ɛ̀, ɛ̀, Ɛ̂, ɛ̂, Ɛ̌, ɛ̌, Ɯ, ɯ, Ɯ́, ɯ́, Ɯ̀, ɯ̀, Ɯ̂, ɯ̂, Ɯ̌, ɯ̌, Ə, ə, Ə́, ə́, Ə̀, ə̀, Ə̂, ə̂, Ə̌, ə̌, A, a, Á, á, À, à, Â, â, Ǎ, ǎ, U, u, Ú, ú, Ù, ù, Û, û, Ǔ, ǔ, O, o, Ó, ó, Ò, ò, Ô, ô, Ǒ, ǒ, Ɔ, ɔ, Ɔ́, ɔ́, Ɔ̀, ɔ̀, Ɔ̂, ɔ̂, Ɔ̌, ɔ̌. Phonetically speaking, a Thai long vowel tends to be two to four times longer in duration than the corresponding short vowel, whereby the duration contrast is maximal for the peripheral vowels /i/, /a/ and /u/, and the least accentuated for the central vowels /ɯ/ and /ə/. Relative frequency studies support the rendering of Thai long vowels as the orthographically marked member of each vowel pair. The relative frequency between short and long vowels is observed to vary somewhat for each vowel pair as a function of the initial after which they occur, but no appreciable distinction in spectrum can be measured between the long and short member of any vowel pair. Phonetically, final /k/, /t/ and /p/are glottalised and not released. The post-vocalic codas /a, an, aŋ, am, ai, au, e/ are written as: a, an, ang, am, ai, au, e. (Chao Yuen Ren [Zhào Yuánrèn ´].ش1930. 'ə sistim əv toun letəz', Le maître phonétique, troisième série, 30: 24–27; Arthur Seymour Abramson. 1962. *The Vowels and Tones of Standard Thai: Acoustical Measurements and Experiments* [Indiana University Research Center in Anthropology, Folklore, and Linguistics, Publication Twenty]. Bloomington: Indiana University; Victoria Alexandra Fromkin.1978.*Tones:A Linguistic Study*. London: Academic Press; Arthur Seymour Abramson and NianqiRen.1990. 'Distinctive vowel length:Duration vs. spectrum in Thai', *Haskins Laboratories Status Report on Speech Research*, 101/102: 256–268; Vaishna Narang and Deepshikha Misra. 2010. 'Acoustic space, duration and formant patterns in vowels of Bangkok Thai', *International Journal on Asian Language Processing*, 20 (3): 123–140; Adirek Munthuli, Ploypailin Sirimujalin, Charturong Tantibundhit, Krit Kosawat and Chutamanee Onsuwan. 2013. 'A corpus-based of phoneme distribution in Thai', *The Tenth International Symposium Symposium on Natural Language Processing*, Phuket, 28– 30 October 2013, 8 pp.). 78 Frank M. LeBar. 1967. '*Miang*, fermented tea in north Thailand', *Behaviour and Science Notes*, 2 (2): 105–121.

② Frank M. LeBar. 1967. 'Miang, fermented tea in north Thailand', Behaviour and Science Notes, 2(2):105-121.

32

图 1.10 在泰国北部，一位妇女在采摘茶叶，用来做泰式茶 *mî:ang* เมียง。图 1.11 用绑在食指上的剪刀将茶叶剪下。图 1.12 通常只切下每片茶叶的一半或三分之二。图 1.13 将茶叶用竹子捆成大小不同的茶捆以便腌渍。

33 在泰国北部，腌渍茶用 *pai mî:ang* ใบเมียง 这个单词来指代，它的字面意思是“包起来的茶叶”，这指明了腌渍茶制作和出售的具体方式。当茶鲜叶被采摘下来，它们马上就会被一根根细长的、劈开的篾丝捆住，然后放进竹篮里，这个篮子用带子固定在采茶者的肚子上。现在茶叶是用一种绑在食指上的长剪刀来采摘的。在泰国，本地野生阿萨姆栽培品种产出的成熟大叶茶通常被用来制作腌渍茶。成捆的茶叶被蒸青一个半小时，然后放进用香蕉叶盖着的竹篮里腌渍三四个月甚至一年。有时还会在这些叶子上喷水，为了保持湿度以便继续腌渍。

因为腌渍的茶叶仍然保持着它们最初被单独捆扎时的样子，这个单词 *mî:ang* เมียง 也慢慢演变用来指“包着的小吃”（*mî:ang kham* เมียงคา）。像这样的小吃类食物通常都用胡椒藤叶子（bai chaphlu）或者紫珊瑚树的叶子（*thɔ:ng lă:ngná:m* ทองหลางน้ำ）又或者紫花刺桐（Erythrina fusca）包着。如果以地道的泰国北部泰泐人的方式准备这些包着的小吃的话，每个包裹里都会放发酵茶或 *mî:ang* เมี่ยง 作为调味品。尽管在新式曼谷风味料理中，腌渍茶这道经典特色菜已经变得稀少。

决定腌渍茶复杂风味的生化成分既来自茶鲜叶本身自然酶解的过程，也来自微生物的活动。进入自然发酵过程中的微生物包括 18 种同向发酵的、6 种异型发酵的乳酸杆菌属中的乳酸菌，例如泛酸乳杆菌、戊糖乳杆菌、苏伊比乳杆菌以及两个最新确认的泰国乳杆菌和茶花乳杆菌。此外，在腌渍过程中还有一种新近确证的球菌——同向发酵乳酸菌，它被命名为暹罗片球菌（Pediococcus siamensis）。[①] 有 20 多种乳酸菌从“包着的小吃”中分离出来，这些都显示了各种促进有益微生物生成的成分在帮助阻止致病的细菌在这种传统的咀嚼性食物中存活。[②]

图 1.14　在清迈市场上出售的腌渍茶，又叫“掰命”（*pai mî:ang* ใบเมี่ยง）。

参与 *mî:ang* 腌渍过程中的各类不同种类的微生物种类过于复杂，致使每一批 *mî:ang* 的成品在口感、香味、手感以及药用特性等方面各有不同。[③] 成品中的芳香异质性化学成分包括至少 56 种不同的、易挥发的成分构成的多样芳香组合，从沉香醇和乙酸到 3- 甲基 -2- 丁烯 -1- 醇（3-methyl-2-buten-

① S. Tanasupawat. A. Pakdeeto, C. Thawai, P. Yukphan and S. Okada. 2007. 'Identification of lactic acid bacteria from fermented tea leaves(miang) in Thailand and proposals of Lactobacillus thailandensis sp. Nov. Lactobacillus Camelliae sp. Nov., and Pediococcus siamensis sp. nov.'*Journal of General and Applied Microbiology*, 53(1):7-15.

② Srikanjana Klayraung and Siriporn Okonogi. 2009. 'Antibacterial and antioxidant activities of acid and bile resistant strains of Lactobacillus fermentum isolated from miang', *Brazilian Journal of Microbiology*, 40:757-766.

③ Apinum Kanpiengjai, Naradorn Chui-Chai, Siriporn Chailaew and Chartchai Khanongnuch. 2016. 'Distribution of tannin-tolerant yeasts isolated from miang, a traditional fermented tea leaf(Camellia sinensis var. assamica) in northern Thailand', *International Journal of Food Microbiology*. 238: 121-131.

1-ol）和苯甲醛。[①] 尽管茶叶在腌渍过程中经历了极其复杂的生化变化，*mî:ang* 仍然保持了很高比例的有益健康的酚类化合物，包括表没食子儿茶素没食子酸酯（EGCG）、表没食子儿茶素（EGC）和其他儿茶素、咖啡因。[②]

34 可见，*mî:ang* 已经清楚地表明：它保留了跟绿茶类似的抗氧化成分，与此同时，它能抑制酪氨酸酶和玻尿酸酵素，还有抗糖化作用。[③] 为了进一步研究 *mî:ang* 的复杂生物化学特性并更深入地理解其有益健康的诸多成分，清迈大学于 2017 年获得泰国皇室赞助成立了“多学科泰式茶（*mî:ang*）研究中心”。

## 腌渍的食用茶转变为发酵的饮用茶

今日仍然存在的饮茶方式、历史上曾经存在的行为以及被证实了的有关茶的文字，都保存了一系列的茶作为饮料的起源线索和痕迹。最早的茶叶消费看起来可能会有各种不同，但大多数时候茶是腌渍后直接食用或咀嚼的，与此同时茶也被做成菜汤，或者炖汤时作为佐料加入，如炖短粗的竹笋。腌渍了的茶叶或烟熏过的茶叶通常保存在细长的竹筒里。这些最早由茶叶故乡土著们使用的做法却被同一区域语言学上无甚关联的其他族群的人们所保留，不管他们今天是否操澳亚语系的语言，例如巴朗语、佤语或者克木语；跨喜马拉雅语言，例如景颇语、傈僳语或阿佧语（Akha）；还是壮侗语，例如掸语或傣艮语（TaiKhun，傣艮人一般认为来自缅甸景栋。——译者注）。

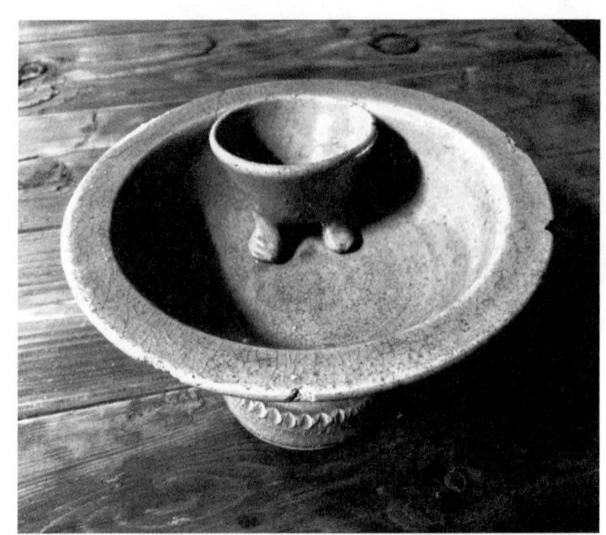

图 1.15　一个陶瓷的兰纳腌渍茶盘，叫作 *thuài mî:ang* ถ้วยเมี่ยง，它的典型特点是装饰了一个小盐碗。

布朗人会做酸茶，傈僳人会做咸茶，普米人会做油茶，而苗瑶人会做包裹蔬菜的茶。爱尼人用土罐煮，撒尼人（Shani）用铜壶煮茶。很多彝族人将茶叶放进一个土罐中架在火坑上烤，烤茶时他们会不断摇晃土罐以保证茶叶烤得均匀，当茶叶的香味从罐子里飘出时，他
35 们就往罐子中倒入开水。哈尼人泡茶时会首先将茶叶放进竹筒里烤至黄色，然后沏上开水。

13~18 世纪，兰纳王国占据了今天泰国北部的绝大部分地区、现代缅甸的掸邦和与之毗邻的中国云南省境内的狭

① Michiko Kawakami, Griangsak Chairote and Akio Kobayashi. 1987. ‘Flavour constituents of pickled tea’, *Agriculural and Biological Chemistry*, 51(6):1683-1687.

② Sumalee Phromrukachat, Nathachai Tiengburanatum and UaPrunee Meechui. 2010.’Assessment of active ingredients in pickled tea’, *Asian Journal of Food and Agro-Industry*, 3(3):312-318.

③ Panee Sirisa-Ard, Nichakan Peerakam, Supadarat Sutheeponhwiroj, Tomoko Shimamura and Suwalee Kiatkarun. 2017.’Biological evaluation and application of fermented miang[Camellia sinensis var. assamica (J.W.Mast.)Kitam.] for tea production’, *Journal of Food and Nutrition Research*,5(1):48-53.

长土地。兰纳王国的居民们用一种被称为 *thuài mî:ang* ถ้วยเมี่ยง（腌渍茶盘）的瓷盘或浅陶碗盛放腌渍茶（*mî:ang* เมี่ยง）。这种容器是在一个基座之上放置一个圆形的浅碗，这个碗的外侧边缘装饰了一个光滑的圆形唇边，或者波浪状弯曲的唇边。在这个茶碗的边上，有一个连接着内侧边缘的极小的圆形碗，它带有两条腿站立在大茶盘上。

这个小碗的外侧边缘与它所立在其中的那个大盘子的外侧边缘齐平。小碗的内侧边缘由立在大茶盘里的两条腿支撑着。这个微型碗用来装盐，盐曾是昂贵的商品，大盘子装腌渍茶（*mî:ang* เมี่ยง）。给腌渍茶加点盐，是一个流行的习惯。这种腌渍茶盘至少从 12 世纪就开始使用了，直到最近十年清迈的窑里还在烧，但泰国人制作的陶罐取代了它们，并迫使这些窑搬走甚至停止生产。这些容器所拥有的绿色光泽并不是青瓷工艺所致，而是因为混合了猪眼栎树的灰烬。①

从兰纳王国即清迈北部穿过掸人的 36
城市景栋到中国境内普洱市有条古老的大篷车商队路线。掸邦东部城市景栋地区定居着掸人或泰泐人，最主要的是傣艮人（TaiKhun），佤人和他们的军队今天还有效地控制着这些地区的高海拔范围。

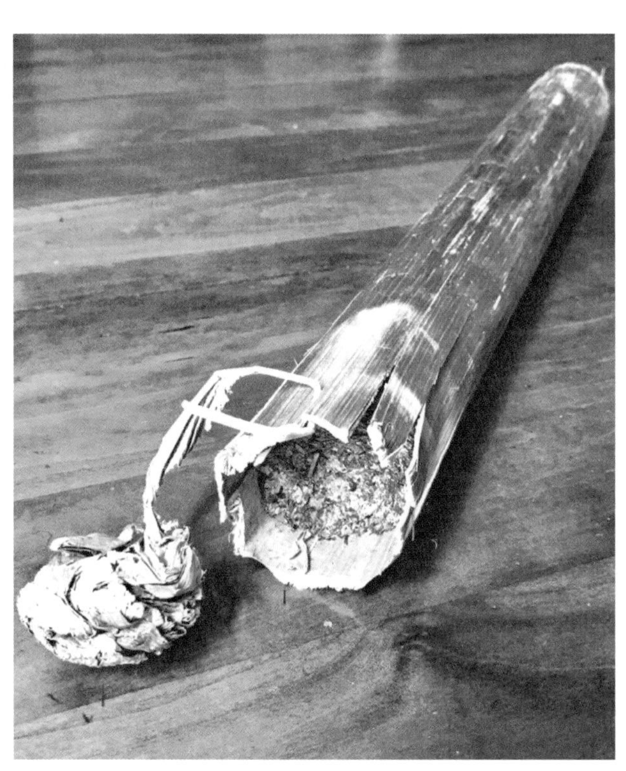

图 1.16　景颇人的腌渍茶，叫作 $p^{h}aʔ^{31}lap^{31}$，它可以作为调味品，也可以像本图所示，被印度东北部的克钦人塞进竹节中干燥后用于冲泡汤饮。

另一条陆路大篷车商队路线是沿着云南到缅甸八莫，然后顺着雅鲁藏布江到达印度的古瓦哈提市（গুৱাহাটী *Guvāhāṭī*），历史上称为普拉吉尤提斯布林（प्राग्ज्योतिषपुर *Prāgjyotiṣapura*）或塔贡（Tagaung），继续前行就到了孟加拉国锡莱特市（历史上叫শিলহট্ট *Śilahaṭṭa*）以及更远。② 茶沿着这些路线以食物的形式传播开来，茶主要以直接食用的方式传播，不过，其他用途也很多，比如用来炖汤。这个地区的语言社群仍然像古代那样具有丰富性，这些古老的生活

① 猪眼栎这个名字在当地还被用来指代泰国的多个不同种的植物，即毛叶杯锥（Castanopsis cerebrina）、裂斗锥栗或无刺锥栗、石栎（Lithocarpusl indleyanus）、石栎属（Lithocarpus tenunervis）截果柯（Lithocarpus truncatus）、毛叶青冈（Quercus kerrii）、栓皮栎（Quercus mespilifolioides）和半锯橡栎（Quercus semiserrata ）[〈http://t-fern.forest.ku.ac.th〉, **เค-รือข่ายการวิจัยนิเวศวิทยาป่าไม้（ประเทศไทย）คณะวนศาสตร์มหาวิทยาลัยเกษตรศาสตร์จตุจักร** Forest Ecology Research Network（Thailand）, Forestry, Department of ForestBiology Building, Faculty of Forestry, Kasetsart University, Chatuchak, 本人于 2015 年 9 月浏览了此网页 ]。

② GunnelCederlöf. 2014. *Founding an Empire on India's North-Eastern Frontiers 1790-1840: Climate, Commerce, polity*. New Delhi: Oxford University Press(pp.80-85).

方式在原始茶的故乡早在遥远的过去就产生了。

在澜沧江中游灌溉区域生活的掸人所喝的茶叫作 *ná:mla:* น้ำหล้า（茶水）。掸人用宽口的茶碗喝腌渍茶，每个人各自泡茶，往大碗茶汤里放一小撮盐，这反映了传统而古老的饮用发酵茶 *mî:ang* เมียง 方式。同样，巴朗人和佤人会泡烟熏茶和发酵茶喝，也会食用发酵茶。掸人用圆形的漆盒盛放他们的发酵茶 *mî:ang* เมียง，这种漆盒是竹编的，然后涂上了漆。这些盛放茶的盒子有两个服帖的部件，这些盒子除了装发酵茶 *mî:ang* เมียง 也会被用来盛放其他各种物品。

最初，原始茶的核心地带最主要的定居者之一是澳亚语系部落。跨喜马拉雅语言共同体也定居在原始茶故乡的其他地区，这些地区同样广泛分布了野生茶树。尽管茶可能最开始就是腌着吃的，但茶
37 还会有其他各种各样的食用形式，并且它持续地被世居在原始茶故乡的人们以其他不同的方式食用。我们通过罗伯特和查尔斯·布鲁斯写于 1823 年的报告得知，腌渍茶叶被放进竹筒中然后带到集市卖掉。印度东北部、缅甸北部和云南西南部的景颇人所使用的词是 $p^{h}a\text{ʔ}^{31}lap^{31}$，这个词不仅指腌渍茶，还指未腌渍的茶叶，这些未腌渍的茶叶同样也会被塞进竹筒中然后放在火上烤炙烟熏，制作出一种带有烟香味的绿茶。

今天，缅甸掸邦东部的掸人所喝的茶都是未经发酵的，但绝大多数都是用某种烟熏的方式，或者用腌渍茶叶做成的黑茶。著名的普洱茶（Puer，或者 Pu-erh）也带有某种特殊的霉味，就是由原始茶故乡的人们以这种自然方式处理茶鲜叶而来的。茶最初都是以腌渍和未发酵的方式制作处理后食用或喝掉的，有时也会采取上述二者之间的方式，例如以菜汤和炖汤的方式食用。

直至今天，除了普洱茶，云南的一些民族还会制作烟青色的茶 $p^{h}a\text{ʔ}^{31}lap^{31}$，就像印度东北部的景颇人和缅甸掸邦的掸人一样。茶叶被使劲塞入新鲜的绿色竹筒中，然后将竹筒放在壁炉上烤。云南人和缅甸以及泰国北部的澳亚语系、跨喜马拉雅语系的人一样，继续做以茶叶菜汤为底汤的浓汤和比较稀的炖汤，汤里面会加辣椒、青葱、生姜、其他香料，甚至还会加入鸡肉这样丰盛的食材。① 这些菜汤或高汤的锅直接架在火塘上，锅下烧的是大且短的竹节。

## 茶的原初故乡中茶字的古代和现代词根

茶的古代词汇已经被保存在原始茶的故乡。最知名的大概就是一个古老的跨喜马拉雅语词根，它反映在缅甸语 $l\text{ə}p^{h}\text{ɛʔ}$ လက်ဖက် 的第一个音节上、景颇语 $p^{h}a\text{ʔ}^{31}lap^{31}$ 的第二个音节上、汉字“茶”上。同样，一个有关茶的古老的澳亚语系词根反映在巴朗语的 *miəm* မျံမ် 中，这个词根又被借入壮语和跨喜马拉雅语言中，例如泰国的 *mî:ang* เมียง、汉语的“茗”字中。因此，在某种程度上，基于某些语言学知识推断，我们很可能可以通过缩小种系语言身份判断原始茶的故乡中最早使用茶的是哪些古老民族。

然而，无论是茶字的古代词根还是现代词根都可以在今天的原始茶的故乡找到。有时候，一些

① Jiahun Gong, Rongbo Xu, Dongmei Qi and Qinjin Liu. 2001. ‘Reseach on the origin and evolution of the tea eating culture of ethnic minorities in the three-gorges area of China’, *ICOS*, 1(1):8-11.

更新的词根实际上不过是起源于原始茶的故乡的古代词根，以不同的伪装来表达同一个意思。解开这样的精心伪装有助于我们了解操哪种语言的祖先第一个驯化了茶。在今天的中国，云南一些地区的腌茶被现代普通话转述为“云南腌茶”（Yunnan pickled tea）。但是，在茶树种植的早期年代，即在云南被纳入中国版图之前的无数个世纪，云南不过是原始茶的故乡的一个组成部分，原始茶的故乡横跨了缅甸北部、泰国北部、老挝西部、中国西藏东南部和印度东北部的大部分地区。

一些语言社群并没有保存古代茶的词根或其他类似的词根。在唐朝茶作为一种饮料普及之后，中国北方的“茶”字得到了传播，这个新出现的词看似区别于反映在景颇语单词 *lap*$^{31}$ 这一古老得多的跨喜马拉雅语言。四川的某些跨喜马拉雅语言也以跨音系学的形式借用了汉语有关茶的词汇，例如白族的 *ʦo*$^{42}$，傈僳族的 *dʐœ*$^{35}$、*Mi-ñag ʨœ*$^{24}$，土家族的 *a*$^{21}$*ʦ*$^{h}$*ie*$^{55}$。羌语支也有同样的形式指称作为饮料的茶，例如羌语的 *tʂ*$^{h}$*a*、普米语的 ʤɯ$^{13}$、纳木依语（Namuyi，纳木依人人口约 6000 人，说纳木依语，分布 38
在四川省西南部的部分地区，使用不同于藏语的纳木依语。——译者注）的 ji$^{55}$。缅语支中的阿昌语 *tʂ*$^{h}$*aʔ*$^{31}$ 一词也有这个形式，甚至依族语的 *la*$^{31}$*ʨa*$^{33}$ 一词也以类似的形式指代茶，看来这个茶字反映了它是将古老的跨喜马拉雅语茶的词根跟从汉语借入的新成分相组合的产物。

印度东北部也是原始茶的故乡之一，但是，并非这个广袤的次大陆的所有地区都是原始茶的故乡。同样，众多的语言共同体都没有保留古老的茶的词根或将古代茶的使用方式保留下来。有时候，一个借用的词汇如此流行以至于发生了严重的音系学上的融合，这个词并非直接来自中国，而是以印度语言为中介。

在中国的藏南地区，加洛语中茶的单词是 aalii，它是由 aa（茶）和 lii（红色）两个部分组成的，这个加洛语的第一个词素 aa（茶）来源于阿萨姆语 [sa] *cāh*，传入加洛语中是 haa，以后又变成了特定的词根 aa。这个特定的词根也存在于再借用的现代加洛语中，形式有 /saa-haa/，然而，这些再借用的词不能产生复合双词根。① 现代加洛语是该地区众多语言中的一种，这些语言到今天已经没有保留古代茶叶种植的语言学痕迹了。

同样，在一些纳迦（Naga）语中与茶相关的词语的起源，也是一个值得讨论的问题。忠利奥（Chungli Ao）语表示茶的词是 *su*$^{L}$*ŋu*$^{L}$，该词的上标字符 $^{L}$ 意指一个低音调音节。② 须米（Sümi）语中茶的单词 *sü*$^{L}$*ni*$^{L}$*zü*$^{L}$ 看来是由词根 sü~azü（树）、ni~anika（叶子）和 zü~azü（水）三个部分组成的。对该词的词源学考察发现它是由须米语文学委员会（the Sumi Literature Board）制造出的新词语。③ 科希马的安加米语（Kohima Angami）中茶叶一词是 seikranyu（参见 nhanyu，意思是“叶子”），作为一种饮料的茶的单词则是 seikradzu，该单词的最后一个音节 dzu 再次与安加米语表示水的单词产生了关联。④ 纳迦语有关水的单词成分也表明这些单词是新造的，指的都是作为一种饮料的茶。

然而，以现代的形式把茶作为饮料推广是近代发生的事情。这种表达已经证明都是新词，它们出

---

① Mark William Post, 本人于 2013 年 9 月 10 日进行的个人访谈。

② T. Temsunungsang. 2013. ‘Tonotactic constraints in Tibeto-Burman languages’, paper presented at the 19$^{th}$ Himalaya Languages Symposium, Australian National University, Canberra, 7 September 2013.

③ Amos Teo, 本人于 2013 年 9 月 17 日进行的个人访谈。

④ Sekhose, Menuokhrielie. 2001. *English-Tenyidie* [i.e. Kohima Angami] *Self Taught.* Kohima: Good News Book Centre(pp.33. 139).

现在英国人将他们理解的、某种特殊的饮茶方式引入了上述地区之后，而且也是英国人在 19 世纪将这样的饮茶方式推向了世界。事实上，操须米语和科希马的纳迦语（Kohima Naga）的人更经常使用印地语的单词 *cāh* চাহ [sa] 来指代茶。另外，在印度和缅甸交界地区和中国藏南的某些语言中缺乏茶一词的古代词根，这并不是说这些语言在古早时期绝对没有这样的词，因为这些语言是到非常晚近才开始有文字记录的。这还需要语言学更多的深入研究。当原始茶故乡的初民们制作出了腌茶、茶菜汤、茶高汤，还要经过很多个世纪，茶才成为一种饮料，这个发展进程成了下一章的主题。

# 第二章

# 茶在中国的传播

## 关于茶的文字记载

故事是这样开始的，从前，在古老的中国有一个皇帝在一棵树下煮开水，而他坐的那棵树恰好是 39
一棵茶树。几片树叶从树枝上掉进他大锅的沸水里，喝过茶后，他发现茶是一种令人精神振奋和有益健康的补品。当然，像大多数传说一样，这个故事完全是虚构的。

据推测，这一事件发生在公元前 2737 年 ~ 前 2698 年，即中国始祖神、古代皇帝神农统治时期。实际上，关于神话中皇帝神农的最早史料只能追溯到 2000 多年以后，记载于公元前 109 年至前 91 年由司马谈开始编纂而后由他的儿子司马迁继续完成的《史记》之中。（此处有争议。国内史学界一般认为《史记》编纂于公元前 104~ 前 91 年，共计 14 年。——译者注）在这一来源中，神农是古代统治中国的五位无可挑剔的贤明皇帝“五帝”之一（实际上“五帝”具体指哪五人在中国古代有不同的说法，此为说法之一。——译者注），而“五帝”中的每一位皇帝都与一个主要的方位相关联。神农与方位中的西方有关，人们认为他发明了药物和针灸，尊称他为“炎帝”。另一位“五帝”之一的黄帝与相对方位中的中央有关，被认为在位于公元前 2697 年至前 2598 年。汉人视炎帝和黄帝为先祖，因此他们有时诗意地称自己为“炎黄子孙”。

在公元前 3000 年，还没有现代民族语言学意义上的中国人。作为今天中华民族祖先的古代中国语言部落，还只是现代中国领土的一小部分。中国最早有史料记载的王朝是商朝（应是夏朝，《史记·夏本纪》中记载的夏朝世系与《殷本纪》中记载的商朝世系一样明确。——编者注），它从公元前 1600 年前后持续到公元前 1100 年前后，位于黄河下游部分地区。商朝之前，夏朝从公元前 2100 年前后延续到公元前 1600 年前后。

根据史学家司马迁记载，包括茶叶的神奇发现者神农在内，传说中的“五帝”所处时间甚至比夏朝还要早。人们一般认为神农是《神农本草经》的作者，并普遍认为该书提及了茶，但实际上并非如此。[①]“荼茗”一词出现在《神农本草经集注序例》中，被描述为一种用来预防困倦的药物，但这是一部在敦煌发现的唐代文献。[②]这部神农药典的文本内容本身可以追溯到基督教起始时代，因此，它比泰・弗拉斯托斯（Theophrastus，约前 371~ 前 288）撰写的《植物志》（*Περὶ φυτῶν ἱστορία*）和《植物之生》（*Περὶ Φυτῶν Αἰτιῶν*）要晚大约 3 个世纪。

然而，上述神农神话的问题还在于，人们认为这位传奇作者在中国古老的药典真正问世之前就已
40 经活了 2500 多年。但即使是到了汉代，在此书真正写作时，也没有指代茶叶的文字出现。意大利耶稣会传教士利玛窦（Matteo Ricci）就已经注意到，汉字中的“茶”字本身并不十分古老。利玛窦从 1583 年开始生活在中国，直到 1610 年在北京去世，[③]他是第一个得到朝廷准许在北京下葬的外国传教士。在

图 2.1　神农，传说中的“炎帝”，郭诩绘于 1503 年，上海博物馆。

① Yang Shou-zhong. 1998. *The Divine Farmer's Materia Medica: A Translation of the Shen Nong Ben Cao Jing*. Boulder, Colorado: Blue Poppy Press; Éric Marié. 2008. 'Introduction aux propriétés thérapeutiques du thé chinois', pp. 109–122 in Martine Raibaud et François Souty, eds., *Le commerce du thé, de la Chine à l'Europe, xviie-xxie siècle*. Paris: Les Indes savantes (pp. 111–112).

② Machiko Iwama. 2004. 'About the Chinese characters meaning tea',*ICOS*, 2: 654–657.

③ 北京的传统英文名称来源于广东话（粤语），在广东话中，北京的汉语发音为 pɐk$^1$kiŋ$^1$，两个音节都是高声调，调值为 155。有的地方规定在英语中使用汉语普通话形式 Běijīng，尽管这个城市有一个使用数百年的英文名。汉语拼音标注的 Běijīng 引出了一个英语读音 [beɪˈʒɪŋ]，就好像这个词与 Bay Zhing 的发音一样，但和普通话的读音不一样。法国人和德国人不太倾向于让外国人规定自己的语言，他们仍然分别将北京说和写为 Pékin 和 Peking。

他之前，所有已故的外国传教士都必须运到澳门安葬。

利玛窦的日记被带到澳门的传教所，1614 年又从那里被带到了罗马，在那里由金尼阁（Nicolas Trigault）编辑和翻译成拉丁文，并于 1615 年在奥格斯堡出版。利玛窦日记的意大利文原版直到 1911 年才出版。[①] 从利玛窦在北京的见闻来看，中文的“茶”字并不是很古老。

然而，我不能也不应该遗漏我们完 41
全不知道的这两三件事。首先，有一种灌木，它的叶子很著名，被中国人、日本人及周边民族用来制作饮料，被称为“茶”（Cia）。“茶”字的使用应该不是很古老，因为在他们的古籍中，找不到任何与“茶”字有关的符号（例如构成所有汉字的笔画）。因此，我们完全可以想象，在我们自己的林地和牧场上，可能
并不缺乏这种药草。 42

他们在春天采摘叶子，在阴凉处晾干，然后用它们制作日常饮料，这些叶子不仅仅是在吃饭的时候被加入羹汤之中，而且每当有人被邀请到朋友家中作客时，他就会被邀请喝这种饮料。如果谈话较长，主人还会请他喝第二杯，乃至第三杯茶。人们总是趁热喝这种饮料，或者说是小口啜饮，喝的时候味蕾会感受到一种苦味，但这种苦味并不会令人不快，反而是一种身心愉悦的体验——越喝感觉越好。[②]

图 2.2　来自意大利马切拉塔的耶稣会传教士利玛窦，从 1583 年开始便一直生活在中国，直到 1610 年在北京去世。这幅肖像画（120×95 厘米）是由一名叫游文辉的信徒在利玛窦去世的这一年以油画的方式创作的，并在油画布上签上了他的教名曼纽尔·佩雷拉（Manuel Pereira），存放于意大利罗马耶稣教堂（Chiesa del Santissimo Nome di Gesù），现为宗教建筑基金的资产，由罗马内政部宗教建筑基金中央管理委员会管理。

① Pietro Tacchi Venturi, ed. 1911, 1913. *Opere storiche del P. Matteo Ricci S.I.* Macerata: Filippo Giorgetti. In Ven-turi's edition, Ricci's spelling has been entirely modern-ised to conform to modern Italian orthography. Direct quotes from the original manuscript are rendered in italics, however, and Ricci's mention of tea is given as *cià* (Venturi 1911: 12), which corresponds closely to Trigault's Latin translation.

② Nicolas Trigault [i.e. 'auctore P. Nicolao Trigavtio Belga ex eadem Societate']. 1615. *De christiana expeditione apud Sinas suscepta ab Societate Jesv, ex P. Matthæi Ricij eiuſ-dem Societatis commentarijs, Libri V, ad S.D.N. Paulum V. in quibus Sinenſis Regni mores, leges atq. inſtituta & nouæ illius Eccleſiae difficillima primordia accurate & ſumma fide describuntur.* Augustæ Vind. [i.e. Augsburg]: apud Chris-toph. Mangium (Liber i, Capvt Tertivm, p. 16.)

1652 年，阿姆斯特丹内科医生尼古拉斯·杜普（Nicolaes Tulp）再次发现了关于“茶”这一表意汉字的新奇之处。

> 然而，由于没有任何古代表意文字来表示这种植物的名称或性质，中国人似乎很长时间都不知道这种植物，也不可能经常食用。①

另一名阿姆斯特丹内科医生威廉姆·皮索（Willem Piso）在 1658 年对雅各布·德·邦德（Jacob de Bondt）死后出版的著作进行修订时，也提出了同样的发现。雅各布·德·邦德同样是一名内科医生，他从 1627 年起一直在荷属东印度群岛工作，直到 1631 年在巴达维亚（巴达维亚港是印尼首都和最大商业港口雅加达的旧称。——译者注）去世。

> 关于这种高贵植物的使用是否具有如此悠久的历史，作者之间的争议不断，因为在中国古籍中找不到任何指代这种植物的文字（比如他们的字符 ）。我们在印度的一些官员曾向我表达过这样的观点：这种植物本身很可能已经在中国的领土上存在了很长时间，但是它的栽培、卓越的功效、饮用方法以及相关的仪轨和仪式，似乎是在后来日复一日中逐渐流行起来的，并没有那么古老。②

杜普和皮索都直接引用了利玛窦死后出版的北京日记。1685 年，杜福尔（Dufour）借鉴了杜普的研究成果，再次重申了这一观点。

> 在中国，茶的使用似乎并不是非常古老，因为他们的古书中没有任何用来表达茶的文字，而长期以来他们对所有熟悉的其他事物都会有相关文字记载。③

这些 17 世纪的西方茶学者所指出的是这样一种现象，即用来证明茶早就存在的表意文字“茶”
43 在中国的古籍中并没有出现。事实上，茶这个字第一次出现是在陆羽（733~804 年）的名作《茶经》中，所以很可能这个字是为这部作品而新造的。因此，中国文化中茶的历史就变得有些晦涩了，汉字是象形文字，而直到公元 8 世纪才出现了明确指代现代饮料意义上的茶的汉字。

---

① Nicolaus Tulpius. 1652. *Observationes Medicæ. Editio nova Libro Quarto auctior, et ſparſim multis in locis emendatior.* Amstelredami: Ludovicus Elzevirius (p. 402).

② Iacobus Bontius. 1658 [posthumous]. *Hiſtoriæ Naturalis et Medicæ Indiæ Orientalis libri sex*, appended to the fourteen volumes of Willem Piso. 1658. *Guilelmi Pisonis medici Amstelædamensis de Indiæ utruiusque Re Naturali et Medica libri quatuordecim.* Amstelædami: apud Ludovicum et Danielem Elzevirios (Lib. vi, caput i, p. 87).

③ Dufour (1685: 206–207).

图 2.3　2007 年 6 月 10 日在萨普科特拍摄的苦菜，由格雷厄姆·卡洛（Graham Calow）提供。

## 汉字“荼”到“茶”的演变

即使是没有受过教育的西方人也能通过肉眼发现“荼”和“茶”两个字在结构上的相似之处。现在已经失去其原初词义的汉字“荼”，在过去可能指代的是一系列的苦味药草。《诗经》中提到的荼，可以追溯到公元前 1000 年初期，指的是一种苦苣菜。[1] 学者郭璞（276~324 年）指出，《诗经》中提到的荼是一种吃着有苦味的蔬菜，即“苦菜”。[2] 在《楚辞》中，“荼”指的也是苦菜。[3]  44

正如利玛窦 1610 年在北京去世前所仔细指出的那样，“茶”这个汉字本身并不古老，因为无法证实这个汉字在唐朝中期之前就已存在，茶作为一种冲泡饮料的风尚当时突然在中国各地流行开来。我们不能确定这个字是不是陆羽或他的朋友皎然（720~804 年）创造的，因为《茶经》的原稿已不复存在，而现存最古老的版本则可以追溯到明朝（1368~1644 年）。[目前国内《茶经》一般以南宋咸淳刊

① James Legge. 1876. *The She King; or, The Book of Ancient Poetry, translated in English Verse with Essays and Notes*. London: Trübner & Co. (p. 85); Arthur David Waley. 1937. *The Book of Songs translated from the Chinese* (two volumes). London: George Allen and Unwin (p. 100, line 13 in ode 108 by Waley's numbering); 瑞典汉学家高本汉（Bernhard karlgren）并没有冒险以自己的翻译来确认这种“苦味草药”(1950. *The Book of Odes: Chinese Text, Transcription and Translation.* Stockholm: The Museum of Far Eastern Antiquities, pp. 21–22, 188–190), 但他曾在著作《中日汉字分析字典》(*Analytic Dictionary*, 1923）中明确且草率地讨论过这个话题。详见下文。

② Emil Bretschneider. 1893. *Botanicon Sinicum: Notes on Chinese Botany from Native and Western Sources,* Part II (*Journal of the China Branch of the Royal Asiatic Society for the year 1890–1891,* Shanghai, New Series, xxv), p. 33.

③ Huang Hsing-Tsung 黄兴宗 [Huáng Xīngzōng]. 2000. *Part V: Fermentations and Food Science*, in Joseph Needham, ed., *Science & Civilisation in China, Volume 6: Biology and Biological Technology*. Cambridge: Cambridge University Press (pp. 457, 507), henceforth cited as Huáng (2000).

《百川学海》本为底本，参校明代以来多种版本。参见（唐）陆羽《茶经》，沈冬梅编著，中华书局，2010，前言 7。——译者注］

然而，石碑上的刻文提供了一个保存已久的记录，使我们能够了解文字变化的时间脉络。在 779 年和 798 年的石碑中，茶以“荼”的形式出现，但公元 841 年和 855 年的石碑以及后来的石碑则都写作“茶”。[1] 也就是说，已经成为现代汉字的“茶”字，在陆羽《茶经》之前，并没有出现的证明。

高本汉（Bernhard Karlgren）知道“荼”这个字最初有两个不同的读音，而“茶”这个新字是在很久以后才创造出来的，专用以指代“荼”的第二个读音。根据高本汉的重现，“荼”这个字在指称“苦菜”时，在中古汉语中存在“d’uo”的读音。高本汉由此设想，当中国古人在读“荼”字发出类似“dʻa”的读音时，则代表这个字的意思已经转向了现在的“茶”。[2] 斯塔罗斯汀（Starostin）认为这种独特的两种读音是能够通过华严经华严字母（Arapacana）中“ḍa”音的抄写来证明的，这是对 5 ～ 6 世纪早期的汉字“荼”的转写。[3]

显而易见的是，在中古汉语中，两个语音上截然不同的字是同时存在的，它们由同一个表意文字来指代和表示。唐朝时，人们创造了一些新的文字来明确地表示第二种意思，即茶。这些新的表意文字是：

𣗪 梌 茶

第一个字是在“荼”字左边加上“木”字旁。[4] 这一罕见的带有“木”字旁的字出现在古老的汉语辞书《尔雅》中。[5] 第二个表意文字同样有“木”字旁，但去掉了右上角的“艹”字头。这个字出现在《新修本草》中。[6]

第三个字“茶”是通过精简更古老的表意文字“荼”而产生的。表意文字“荼”和“茶”的上半部分都是由草根“艸”构成的，“艹”字头在“人”之上，但“人”下方的字形不一样。“荼”字
45 下部代表果实和茎元素的“禾”被替换为“木”，以创造新的茶叶象形文字“茶”。

结合对同一个汉字的两种不同的解读，可以认为这种文字的变异和不同表意文字之间的竞争表明，中国的文字系统仍在寻找方法来适应这个词，对当时的中国人来说，（茶叶）显然是一种较新的、不太

---

[1] Huáng (2000: 512).

[2] Bernard Karlgren. 1923. *Analytic Dictionary of Chinese and Sino-Japanese*. Paris: Librarie Orientaliste Paul Geuthner (p. 373).

[3] Starostin—Сергей Анатольевич Старостин. 1989. Ре-конструкция древнекитайской фонологической сис-темы. Москва: Главная редакция восточной лите-ратуры «Наука» (pp. 133, 203).

[4] Quí Xīguī 裘锡圭. 2000. *Chinese Writing* (Early China Special Monograph Series, No. 4 [English translation by Gilbert Louis Mattos and Jerry Norman of *Wénzì-xué Gàiyào* 文字学概要 ‘Essentials of Grammatology’ (Taipei, 1994 revised edition)]). Berkeley: Society for the Study of Early China (p. 326).

[5] Huáng (2000: 510).

[6] Huáng (2000: 512, fn. 38).

熟悉的物品。这三个新的表意文字中的前两个已经不再使用，在后来的文本中也没有出现。精简的第三个新字不仅保留了下来，而且最终从与旧字“荼”的博弈中脱颖而出，到了唐朝，这个新字“茶”彻底取而代之，成为茶的现代字符。

高本汉和斯塔罗斯汀认识到，对“荼”字的两种语音上的不同解读反映了两个不同的汉语词，并为这些词提供了不同的对应重构。阿克塞尔·舒斯勒（Axel Schuessler）重建了古汉语“dlâ”字，这个字现在用“茶”字来表示。[①] 舒斯勒（Schuessler）还重建了古汉语的发音“lâ”，包含“余”元素的三个不同字符的表示形式，并展示了现代语音形式“tú”。[②] 一个字符曾经代表两个不同的单词，这一事实导致一些人简单地将两个潜在的词根等同起来，一些汉学家把旧的表意文字“荼”和陆羽专门用来表意的新的汉字“茶”混淆了，这个汉字在音韵学上与“荼”所表示的字是不同的。

白一平（Baxter）和沙加尔（Sagart）混淆了字符“荼”和“茶”，把现代汉语拼音的“chá”转抄成了字符“荼”。[③] 为了展示表意文字“荼”所代表的形式，这两位汉学家重建了古汉语形式“*lˤra*”。沙加尔曾经设想，在“*lˤra*”中的假想元素〈*r*〉可能是一些古老的“中缀”，表示“干茶叶的粗糙面”，[④] 从而将这一声音象征（sound symbolism）归因于古汉语的派生词法（derivational morphology）。白一平和沙加尔重建了五个由四个不同的汉字所代表的古汉语字符，其中包含了“余”这一部首，并在其中四个案例中用现代语音形式的“tú”来指代古汉语里的“*lˤra*”，在第五个案例中指代“*lˤra*”。[⑤]

总而言之，“茶”这个词反映了一种形式，这种形式在古汉语中一定曾经发过类似“*lˤra*”的音。高本汉、斯塔罗斯汀和舒斯勒的研究表明，在古汉语中，“茶”是一个与“荼”完全不同的词，两者发音通常不同，但可能有时也接近。正如前一章所指出的，这两个古老的汉语词根中的一个可能与缅甸语“腌渍茶”（*ləpʰɛʔ*）中的“*lə-*”，或者和景颇语“腌渍茶”（*pʰaʔ*$^{31}$*lap*$^{31}$）中的“*lap*$^{31}$”的词源元素有关。再或者，这个词可能是周代（约前1046~前256年）时从一种古老的彝缅语群（Lolo-Burmese）中借用到汉语中的，那时汉人可能第一次了解到茶是一种药草，尽管此时的中国文化核心区仍然处于 46
茶叶种植区之外。

汉字的变幻莫测几乎掩盖了这样一个事实，即“荼”和“茶”是不同历史时期的不同文字。从唐朝以前的文本中对茶的明显提及可以推断，茶叶的词义在汉字“荼”的后面隐藏了很久。然而，“茶”

① Axel Schuessler. 2007. *ABC Etymological Dictionary of Old Chinese*. Honolulu: University of Hawai‘i Press (p. 178).

② Schuessler (2007: 501).

③ William Hubbard Baxter and Laurent Sagart. 2014a. *Baxter-Sagart Old Chinese Reconstruction, Version 1.1* (20 September 2014) at（http://ocbaxtersagart.lsait.lsa .umich.edu）（p. 10 out of 161）.

④ Laurent Sagart. 1999. *The Roots of Old Chinese*. Amsterdam: John Benjamins (p. 189).

⑤ 白一平和沙加尔（Baxter, Sagart, 2014a:111），在他们同年晚些时候出版的1.1版的手册中，列出了四种古老的汉字形式，其中有一种是以含有“余”的字符来表示的，具有现代读音的tú同样也被重新构建为*lˤa*。William Hubbard Baxter and Laurent Sagart. 2014b. *Old Chinese: A New Reconstruction.* Oxford: Oxford University Press (pp. 27, 363); cf. Ho Dah-an 何大安 . 2016. ‘Such errors could have been avoided: Review of *Old Chinese: A New Reconstruction* by William H. Baxter and Laurent Sagart’, *Journal of Chinese Linguistics*, 44 (1): 175–230; Christoph Harbsmeier. 2016. ‘Irrefutable conjectures. A review of William H. Baxter and Laurent Sagart, *Old Chinese. A New Reconstruction*’, *Monumenta Serica,* 64 (2): 445–504; Johann-Mattis List, Jananan Sylvestre Pathmanathan, Nathan Wayne Hill, Eric Bap-teste and Philippe Lopez. 2017. ‘Vowel purity and rhyme evidence in Old Chinese reconstruction’, *Lingua Sinica,* 3 (5): 1–17。

这个词并不仅仅用来表示苦菜，而是在唐代时就似乎已成为带有苦味的药草的通称。

“荼”这个词已被确定为表示不同环境中的一系列苦味植物，例如苦苣（Lactuca versicolor）（也称为中国苦豆科植物 Ixeris chinensis）、印度苦豆科植物（Lactuca indica）（也称为白豆科植物 Lac-tuca squarrosa，又称为印度蕨菜 Pterocyp-sela indica）和黄花蓼（Polygonum macu-losa）（也称为波斯蓼 Polygonum persicaria）。[①] 唐朝时期引入三个新的表意文字，取代了“荼”字不同读音下对其他山茶科类植物（Camellia sinensis）的同形异义字符，只有“茶”字保留至今。这三个新的表意文字都试图表达木字旁的语义含义，旨在为一种实际上生长在树上的苦味药草创造一个特定的汉字。

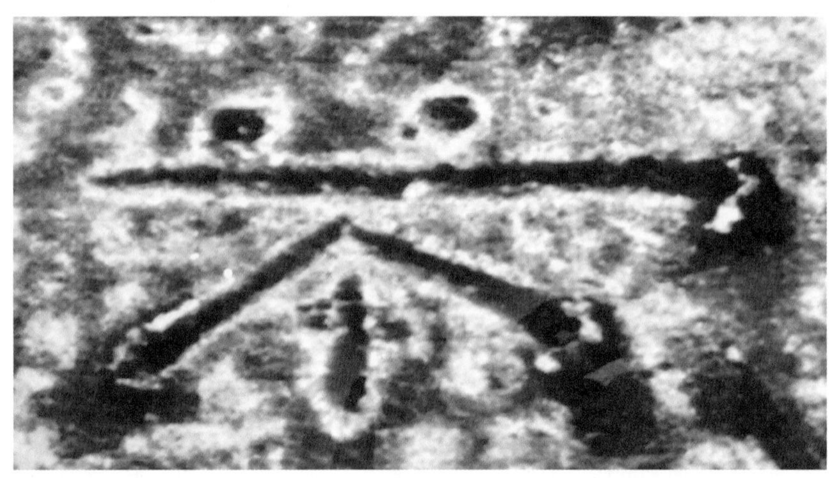

图 2.4　湖州一座东汉时期（25~220 年）的坟墓里出土的土罐，面上的表意汉字为“荼”。保存在湖州市博物馆。

## 从汉代到隋代

巴国和蜀国位于今天四川的东部，直到公元前 316 年被秦国所灭。然而，没有证据表明，泡茶作为一种饮料的习俗在这个时候就已经发展起来。这个地区的原住居民以缅甸人的方式将茶叶作为小食品咀嚼食用，而这个地区的少数民族今天仍这样食用茶叶。中国本土的茶叶史学家早就知道，茶叶最初是被咀嚼、腌制或切碎作为蔬菜来食用的。

直到公元前 109 年汉武帝征服了西南夷之后，云南东部地区才归入中国版图，然而尽管政治和文化已纳入中华文化系统，但直到汉代（前 206~220 年）灭亡后的一千多年里，云南最东部地区也仍然维持着相当分散的状态。[②] 汉朝时期，中国内地和边疆各民族之间的商业往来日益频繁，这些民族广泛分布于如今属于云南的中国边境地区。由此带来的结果之一是中国内地对这个地区的商品越来越熟悉，其中一种商品就是茶叶。

① 勃列茨奈德（Bretschneider, 1893:3, 33–34, 177–179）认为，张仲景（名机，字仲景，150~219 年）的《伤寒论》就是这样一篇文章，即在文章中提到的“荼”是否指今天的茶仍是不确定的。

② Francis Allard. 2015. ‘China’s early impact on eastern Yúnnán: Incorporation, acculturation and the convergence of evidence’, *Journal of Indo-Pacific Archaeology*, 35: 26–35.

在早期中国文献中，用“荼”来表示苦味药草源自医药文献，而这个字符所代表的另一个可能 47
的含义显然是茶。汉代时，出现把蒸好的茶叶压成砖块运输和保存的做法，但在这个时候，茶通常是和葱、姜、薄荷、枣、山茱萸和橘子皮一起调用的。茶叶在四川西部和长江以南的广大地区尤其受欢迎，[①] 这些地区在中国被称为“江南”。

第一个被证实的以“荼”这一统称来专指茶叶的用法，出现在《僮约》中，这是王褒在公元前 59 年写的一篇和男仆的契约。这份协议草案是由王褒和一个厚颜无耻的男仆在成都订立的，当时王褒从一个想要脱手这名男仆的寡妇手中买下了这名男仆。由于这个难以管束的男孩只会履行合同中明确列出的职责，王褒列出的两项家务就是“烹荼”，以及当客人到达时要男仆去武阳买荼。武阳是当时一个茶叶生产地，位于成都西北约 30 公里处。

虽然到了汉代，饮茶已经成为士绅日常生活的一部分，但这种习俗在中国北方几乎还是不为人所知。然而，在这一时期，饮茶的习俗逐渐开始向东传播，并在 4 世纪开始在南方人中流行起来。[②] 茶树在其他树木的荫翳下茁壮成长，而长江以南的森林地区为茶树繁殖提供了良好的环境。

《说文解字》是一部由许慎（58~147 年）编撰的汉代辞书，于 121 年被上贡给皇帝。该书中包含“茗”一词，可能表示与苦味（“荼”）有关的芽、叶或其他相关植物。尽管“荼”这个词在旧文献中的使用方式模棱两可，但这个特定的字“茗”可能代表了对茶叶的早期称呼，因为今天，“茗”字仍然被用来指代茶叶。正如前一章所指出的，中国的“茗”一词很可能起源于借用了广泛存在的澳亚语系词根的巴朗语 *miəm* မျမ်，该词最初用来指代一种作为调味品的可以食用的腌茶。

茶在汉代便已为学者和特权贵族所知，但当时的茶绝不是下层人士的用品，甚至也不像今天一样是中国人广泛饮用的饮料。8 世纪晚期，陆羽称传说中的周公旦、汉朝文学家司马相如（前 179~前 127 年）和扬雄（前 53~18 年）是古代茶文化的代表人物，这些说法的历史真实性至今难以评估。这些人物与茶的联系可能就像关于神农等“五帝”的神话一样充满想象。

汉代的证据确实表明，在某些情况下，“荼”显然指茶，对于那些知道这种知识并有特权获得这种商品的人来说，“荼”已经被视为药草。早在公元前 2 世纪的典籍《周礼》中就提到了一位名叫“掌荼”的人，即“荼”的看守官，他的职责是确保皇室的随葬仪式中有“荼”（作为祭品）。[③] 在湖州一座 48
东汉时期（25~220 年）的陵墓中发现的一个琉璃罐上，刻有看似“荼”的表意象形文字（也有人认为是“茶”字。——编者注），这显然代表了这种容器中以前盛放的物品。[④]

---

① 这条河的中文名字叫“长江”。在汉语中，无论是古汉语还是现代汉语，这条河通常被简单地称为“江”，源于古汉语的“江”字，是南方对河的指代词。一般西方对这条河的称呼 Yangtze 源于一个当地的名字“扬子”。这个地方最初是指长江三角洲的一部分，位于江苏省扬州下游，是以一处战略要塞“扬子”来命名的，该要塞距离目前的长江航道有一定距离。在一些英文出版物中可以看到用汉语拼音“Yangzi”来指代的做法，这一灵感大概来源于“扬子”，这也是避免矫枉过正的最好做法。

② Quí (2000: 326); Huáng (2000: 507–508, 513).

③ Huáng (2000: 507).

④ 2007 年 7 月 4 日在杭州中国茶叶博物馆展出。

尽管黄兴宗曾声称：“据我们所知，没有迹象表明茶曾是中国古代丧葬仪式不可分割的一部分”[①]，但类似上文的考古发现似乎表明了相反的情况。在湖北江陵的汉代陵墓中发现了一处提及“荼”的地方。在1972年发掘的湖南马王堆三座陵墓之一的随葬品清单中也发现了一处提及“槚”的地方，而“槚”是一个现在已经废弃的词汇，可能同样也是指茶。[②]这些来自公元前2世纪的证据似乎表明，至少在贵族圈子里，茶在这个时候已经传播到了湖南。

在最近的考古发现中，位于西安的公元前1世纪的汉阳陵和位于西藏西部阿里地区噶尔县公元2世纪的阿里故如甲木墓地都发现了茶叶，这些茶叶与大麦和其他植物混合，进一步证实了当时中原和西藏的贵族持续广泛地使用药用茶作为祭品。[③]这些发现也表明，此时用于皇家葬礼仪式的“荼”就是茶，而不是其他苦味药草。

最近，有些考古学家声称这些随葬品表明茶叶的种植是为了“迎合西汉的饮酒习惯”（从后文提及茶叶浸泡的饮用方式来看，这里作者原意是指有考古学家提出茶在西汉是用来泡酒的奇谈怪论。——译者注），从而试图在现代读者中产生轰动效应。相反，在这些墓地发现的成捆的干枯植物还不能说明茶是以浸泡方式来饮用的，茶叶的浸泡饮用方式只是在后来的历史流变中才开始形成的。检测表明，上述成捆植物中的物质含有咖啡因，然而考古学家的报告却说，“既有的诊断性的形态学特征并不能够将这些部分腐烂的叶子和芽确定为茶。”[④]

人们找不到方法来判断变质的标本是绿茶还是腌茶，但这座坟墓里的茶叶似乎含有很高比例的茶叶尖，它们被认为具有最高的药用价值，正如我们今天所知，它们的咖啡因含量也最高。茶最初是一种具有药用价值的可食用的腌渍食品，但在成为一种受欢迎的饮料之前很久，它就可做成一种药用羹汤。无论是在中原还是藏地，茶作为祭品的习惯都可能源于原始茶叶的故乡，在那里，佤族人至今仍把腌渍茶放进坟墓里，作为供奉逝者的祭品。[⑤]

茶在中国北方的一部著作《博物志》中被提及，该书的作者是张华（232~300年）。在一个专门讨论食物禁忌的章节中，作者警告说，“饮真茶”会导致失眠。该著作写于275~289年，显示出当时人

① Huáng (2000: 507–508).

② Huáng (2000: 513).

③ Houyuan Lu, Jianping Zhang, Yimin Yang, Xiaoyan Yang, Baiqing Xu, Wuzhan Yang, Tao Tong, Shubo Jin, Caiming Shen, Huiyun Rao, Xingguo Li, Hongliang Lu, Dorian Q. Fuller, Luo Wang, Can Wang, Deke Xu and Naiqin Wu. 2016. 'Earliest tea as evidence for one branch of the Silk Road across the Tibetan Plateau',*Nature Scientific Reports*, (6:18955 | DOI: 10.1038/srep18955), pp. 1–8.

④ Lu et al. (2016).

⑤ Izikowitz (1951).

们对茶叶的不信任，也表明当时中国北方对茶叶这一商品并不熟悉。“饮真茶”的提法提醒我们，“荼” 49
这个字符也可能表示其他药草。[1] 这一时期的文献支持了目前的观点，即茶在当时仍然主要用作草药。特权阶层对这种草药的嗜好最终导致了茶从腌渍食品到羹汤和浸泡饮料的转变。

《尔雅》是一部从汉代流传下来的词典，收录了公元前 3 世纪早期的古汉语词汇。[2] 在该词典第十三章中提到“荼，苦菜”，这一提法很可能再次表明了“荼”是指苦菜。然而，在第十四章专门讨论木本植物时，该词典又提到了另一种叫作“槚”的事物，称为“苦荼”。[3] 正是在后一种情况下，以木为偏旁的茶的表意文字“le”被证实，这是前一节讨论过的一个罕见的字符。今天，无论是“槚”和“荼”，还是带有木字旁的罕见的茶叶表意文字“le”，都不常用。然而，还有另外两个论据支持这样的观点，即《尔雅》中的第二个条目可以解读为对茶的早期论述。

第一个论据是郭璞（276~324 年）在对《尔雅》的评注中，把“槚”描述为一种在冬天叶子仍保持绿色的常青树，并把这种植物和栀子做对比。第二个论据是，郭璞继续解释说，“槚”的叶子是煮成饮料或汤饮用的。最早这些采摘的叶子被称为“荼”，而在采摘季后期采集的叶子被称为“茗”。这种植物本身的另一个名字是“荈”，而在当时的蜀国即今天的四川，当地人称这种植物为“苦荼”。[4] 几个世纪后，陆羽在《茶经》中对这段重要的文字做了全面彻底的解释。

从郭璞的描述中我们知道，在东晋（317~420 年）时，茶也可以作为饮料来冲泡，而且可以推测其越来越多地作为药草来冲泡饮用。从 493 年起，北魏都城洛阳就已经开始喝茶，人们从茶砖上敲下小块捣碎后冲泡饮用。这些茶叶产自中国西南部，人们将茶叶压成砖并烤成褐色进行存储和运输销售。随着佛教的日益普及，喝茶习俗也传播开来。在这个时期，茶已经和浙江的瓷器联系在一起，因为这种饮料已经被装在精美的陶瓷器皿中饮用。由此，茶作为一种醒脑和有益健康的饮品，成为古老神圣的酒精饮料的替代物。

从一些文献的上下文中，有时候也可了解其所指的草药可能是茶。[5] 张揖在《广雅》中记录了一个看似明确的“荼”的早期实例，该书同样可以追溯到公元前 3 世纪。根据文献资料记载，在巴、荆地区，即现代四川和湖北省的部分地区，人们将采摘后的茶叶与米粥混合，然后制成茶饼，并烘烤至黄褐色。在食用的时候，人们会将茶饼捣成粉末，炖成浓稠的热汤，配上葱、姜和橘皮等一起饮用。这种汤喝了能提神醒脑。[6]

其他一些早期提及“荼”的例子也被认为是茶，但有时这一提法并不完全明确。生活在三国时期 50
（220~280）的名医华佗给一个病人开了“荼”的处方，给另一个病人开了“荈”的处方。[7] 这一例子显

① Derk Bodde. 1942. 'Early references to tea drinking in China', *Journal of the American Oriental Society,* lxii: 74–76.

② Bernard Karlgren. 1931. 'The early history of the Chou Li and Tso Chuan texts', *Bulletin of the Museum of Far Eastern Antiquities*, 3: 1–59 (esp. p. 49).

③ Huáng (2000: 508).

④ Bretschneider (1893: 130).

⑤ Terada Takashige. 2001. 'Some usages of the 荼 word meaning tea or some bitter vegetable in the Tenpyo period (mid 8th century)', ICOS, 1 (i): 48–49.

⑥ Huáng (2000: 520).

⑦ William Harrison Ukers. 1935. *All About Tea* (two volumes). New York: Tea Trading and Coffee Trade Journal Company (Vol. 1, p. 3).

然将“荼”和“茻”进行了区分，但两者本质上的区别以及“荼”的具体指称仍然并不清晰。作为一名古代医生，华佗更大的名望可能在于他发明了麻沸散。[1]

另一个可能涉及茶的文献是成书于公元3世纪的《三国志》。一个名叫韦昭[2]的不幸者进入了东吴孙皓的宫廷，孙皓于公元264年继承了东吴的王位。这位放荡的君主经常举办酒会，每次酒会上他都会强迫每个客人喝七升酒。[3]一个好心人给韦昭倒了一瓶“荼”代替了酒。这种酒精替代品很可能是茶，但也可能是另一种草药汁，这种草药在颜色上和国君的酒接近。这样一来，韦昭就避免了被迫喝太多酒。然而，由于这种无伤大雅的欺骗和其他违法行为，韦昭于273年被孙皓监禁并处死。[4]

西晋学者杜育（？~311年）写了著名的《荈赋》。这篇文采飞扬的茶作被收录在624年由儒家学者欧阳询（557~641年）编纂的唐朝文学选集《艺文类聚》中。在这篇赋文中，杜育描述了采茶的过程，并指出茶是盛在光亮的碗中用长柄勺子来饮用的泡沫状饮料，饮茶能给人以精神上的愉悦。然而，在这首颂歌中，指称茶的词不是“荼”而是“荈”。[5]

东晋（317~420年）时，《华阳国志》中提到了巴地和蜀地进贡给朝廷的“贡荼”。在5世纪下半叶，南朝齐武帝萧赜（440~493年）颁布法令，命令百姓不得再屠宰牲口进行祭祀，而以饼、水果、茶、干饭和酒等来代替。

在杨衒之于公元547年撰写的《洛阳伽蓝记》中，有关于菩提达摩的最早记载，这个来自帕拉瓦王国（Pallava）的刹帝利（Kṣatriya）云游僧及瑜伽修行者（*jogī* जोगी），于公元475年从印度来到华南沿海，在490年前后继续北上，渡过长江在（北魏）都城洛阳定居，直到公元528年去世。即使在今天，许多来自印度的瑜伽修行者（*jogī* जोगी）和传道者（*ṛṣi* ऋषि）仍然设法徒步进入不丹，但是这一传奇人物可能像传说中那样，是从海上到达中国的。

菩提达摩在中国被称为“达摩”（Dharma），在日本被称为“Daruma”。在日本，达摩因与茶提神醒脑的特性相关而备受尊崇。民间围绕着这个传奇人物的许多传说，产生了一个富有想象力的故事：因为在冥想时无法集中注意力，达摩便割下了自己的眼皮以保持清醒，而他撇下的眼皮落到地
51 上，茶树就从眼皮上生根发芽了。

《洛阳伽蓝记》中还记述了一个名叫王肃的人从南齐逃到北魏都城洛阳的故事。王肃带来了南方人喝茶（茗）的习惯，这在当时的北方仍然被视为一种奇特的外来习俗。当洛阳的绅士们看到新来的南方人王肃能一口气喝完一加仑茶时，给王肃取名为“漏卮”。他还像其他南方人一样吃大量的鱼。此后，王肃融入洛阳的原因是，他逐渐戒掉了这些喝茶和吃鱼的外来习惯，转而适应了北方人喜欢喝马奶酒、发酵马奶、羊奶和吃羊肉的习惯。根据文中叙述，虽然北魏朝廷在某些特定仪式

---

① Ch'en Shou. 1994. 'The biography of Hua-t'o, from the History of the Three Kingdoms', translated by Victor Henry Mair, pp. 688–696 in Victor Henry Mair, ed., *The Columbia Anthology of Traditional Chinese Literature*. New York: Columbia University Press. 历史学家陈寿生于233年，卒于277年。

② 他的名字也被记载为“韦曜”。

③ 今天在公制中，“升”被重新定义为“公升”，但是中国古代“升”的指称容量在不同时期不同地方都有所不同。

④ Bodde (1942: 74–75).

⑤ Julius von Klaproth. 1833. 'Sur l'usage du thé en Chine, et règlement concernant cette marchandise', *Nouveau Journal Asiatique*, XII: 82–90.

场合的宴会饮用茶，但北方人仍然避免将其作为日常饮料。[①]

另一种可能但更可疑的说法是，茶起源于南北朝时期。在陶弘景（456~536 年）编撰的中国古代药典《本草经集注》中提到的“苦菜”可能是茶。[②] 据说这种植物在人喝醉时可以用来缓解疲劳 52
和醒酒，捣成糊涂抹在患处可以减轻风湿性疼痛。尽管可以相信这种植物就是茶树，但是至今还没有找到完整的《本草经集注》原稿来加以证实。

图 2.5 贤江祥启在室町时期绘制的菩提达摩，93.4 × 45.8 厘米，水墨纸画，是保存在日本京都南禅寺的重要文化遗产。

后来，随着佛教在隋代（581~618 年）短暂地流行，饮茶的习俗开始从贵族和佛教僧侣传播到普通民众。此时，茶已经被佛教僧侣作为纯粹的饮料饮用，但他们的饮料仍然是煮沸的砖茶，其中大部分仍然来自四川部分地区。隋朝第一次贯通了大运河，连接经济中心扬州和洛阳。大运河在历史长河中延伸到北方的北京和南方的杭州，也成为促进茶叶从南向北传播的通道之一。

最后，两个可能涉及茶的有趣的考据资料出现在初唐时期。公元 659 年，在苏敬编撰的《新修本草》中提到“茗”是一种寒性草药，无毒、有刺激性、利尿、清热化痰、治痔疮、有良好的消渴祛病作用。[③] 在这个文本中，还出现了在前一节讨论

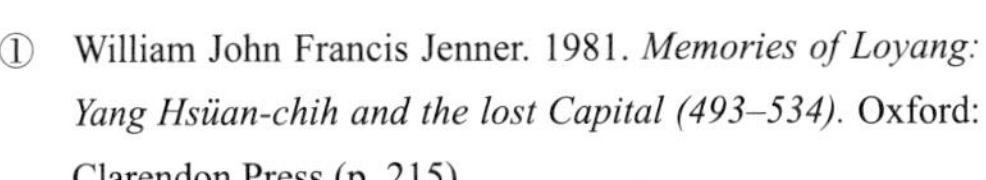

① William John Francis Jenner. 1981. *Memories of Loyang: Yang Hsüan-chih and the lost Capital (493–534)*. Oxford: Clarendon Press (p. 215).

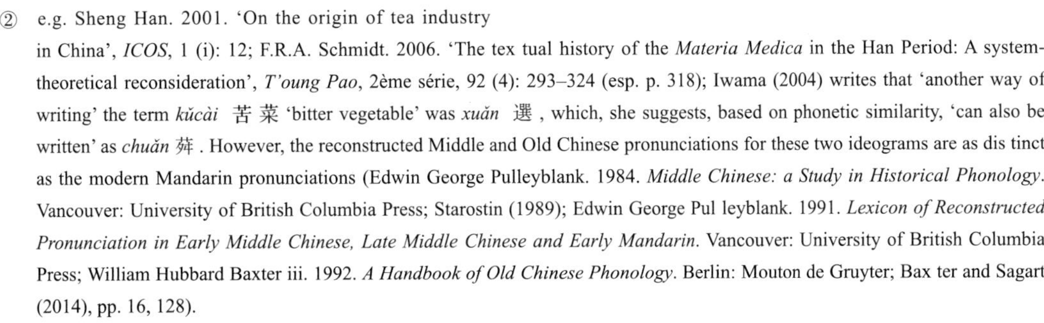

② e.g. Sheng Han. 2001. ‘On the origin of tea industry in China’, *ICOS*, 1 (i): 12; F.R.A. Schmidt. 2006. ‘The tex tual history of the *Materia Medica* in the Han Period: A system-theoretical reconsideration’, *T’oung Pao*, 2ème série, 92 (4): 293–324 (esp. p. 318); Iwama (2004) writes that ‘another way of writing’ the term *kŭcài* 苦菜 ‘bitter vegetable’ was *xuăn* 選, which, she suggests, based on phonetic similarity, ‘can also be written’ as *chuăn* 荈. However, the reconstructed Middle and Old Chinese pronunciations for these two ideograms are as dis tinct as the modern Mandarin pronunciations (Edwin George Pulleyblank. 1984. *Middle Chinese: a Study in Historical Phonology*. Vancouver: University of British Columbia Press; Starostin (1989); Edwin George Pul leyblank. 1991. *Lexicon of Reconstructed Pronunciation in Early Middle Chinese, Late Middle Chinese and Early Mandarin*. Vancouver: University of British Columbia Press; William Hubbard Baxter iii. 1992. *A Handbook of Old Chinese Phonology*. Berlin: Mouton de Gruyter; Bax ter and Sagart (2014), pp. 16, 128).

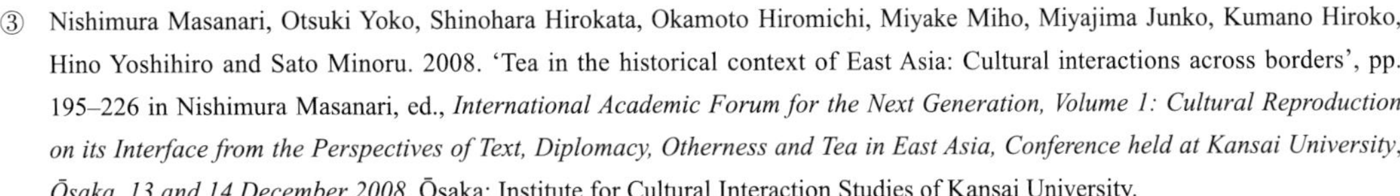

③ Nishimura Masanari, Otsuki Yoko, Shinohara Hirokata, Okamoto Hiromichi, Miyake Miho, Miyajima Junko, Kumano Hiroko, Hino Yoshihiro and Sato Minoru. 2008. ‘Tea in the historical context of East Asia: Cultural interactions across borders’, pp. 195–226 in Nishimura Masanari, ed., *International Academic Forum for the Next Generation, Volume 1: Cultural Reproduction on its Interface from the Perspectives of Text, Diplomacy, Otherness and Tea in East Asia, Conference held at Kansai University, Ōsaka, 13 and 14 December 2008*. Ōsaka: Institute for Cultural Interaction Studies of Kansai University.

的三个新表意文字中的第二个字“梌”，带有“木”字旁，但在字符右上方少了“艹”字头。

公元670年前后，孟诜在《食疗本草》中写到，可以将茶叶煮沸，制成适宜熬粥的食材，具有清热化痰和通便的功效。他在书中还说，“樣”能缓解肠胃胀气、疖子和瘙痒，[1]可见书中使用的是前一节讨论过的三个新字中的第一个字，带有木字旁，这个字现在已经弃用。[2]如果书中的“樣”指的是山茶属植物，那么该书所描述的止痒作用可能是首次提到茶的抗组胺（antihistamine）功效。

公元739年，陈藏器（681~757年）在十卷本的《本草拾遗》中将茗描述为可以治愈许多疾病和不适病症的灵丹妙药。这些唐朝早期的作品和古老文本，有一些如今已散失，但当时它们必定影响了
53 茶圣陆羽，而且也预示了许多世纪后荷兰人将会为赞扬茶的疗效而写下颂词。

## 茶在唐代走向兴盛

古汉字“荼”有两种不同的解读，陆羽（733~804）在《茶经》第一章中解释了新汉字“茶”的结构，这个字明确地指称茶叶。陆羽告诉我们，第一批次入季（作者原文多处使用“flush”一词，意指茶叶不同的生长、成熟、采摘等时间样态，对应通俗中文可翻译为“茬”“拨”“批次”“波”“季”“绽放”“潮”等，为统一翻译，笔者综合中文语境翻译为“入季”并标注英文原文flush供读者参考。——译者注）采摘的茶叶称为“茶”，而一年中后来入季采摘的称为“茗”和“荈”。他还提到了一个现在已经废弃的汉字“蔎”，代表了蜀地人对茶叶的称呼。陆羽在《茶经》中的这段话基本上重复了郭璞（276~324年）在《尔雅》评注中的说法。

根据《茶经》记载，“茶”实际上是指第一批次入季采摘的茶叶，公元4世纪初期的郭璞和8世纪后期的陆羽都认同这样的说法。“入季”一词是什么意思呢？在英语中，一般指的是植物发出新芽（尤其是在春季），比如在“我们的玫瑰丛已开始入季”这样的说法中，将不及物动词“入季”用作对植物发出新芽时的描绘。作为茶术语，“入季”表示茶叶进入最顶端一芽两叶的可采摘期。对于另外一些人来说，“入季”则表示茶叶顶端一芽三叶。换句话说，“入季”表示茶叶可以收获或采摘，就像我们所说的“第一季”或“第二季”一样。

在人们心中，陆羽被尊为“茶圣”，但在许多方面，他其实只是所处时代的代名词。我们今天所知道的饮茶之风是从唐朝（618~907年）开始兴起的，在陆羽的时代，茶叶的受欢迎程度直线上升，他及时把握住了这一新兴时尚的时代脉搏。陆羽的研究和著作集中体现了他对茶的丰富了解和酷爱，然而在这个时候，他并不是唯一一个写茶的人。在756年出版的《封氏闻见记》的第六卷中，作者封演和他同时代的陆羽一样，记录了在早期采摘的茶叶称为“茶”，在晚期采摘的茶叶称为“茗”。封演还观察到，喝茶之风已经蔓延到山东和长安，禅宗僧侣为了让自己在冥想时保持清醒，直至深夜都在煮茶喝，全国各地的人都急于到商店买茶，喝茶之风甚至已经蔓延到西藏，回鹘人也逐渐养成了喝茶

① Huáng (2000: 512, 519).

② Marié (2008) in Raibaud and Souty (op.cit., p. 114).

的习惯。[①]

尽管张华在 3 世纪下半叶提到“真茶”时，北方人对茶这种陌生的东西还有一种明显的恐惧感，但据封演记载，到了 756 年，喝茶的习俗已经广泛流行和传播，在唐朝时整个北方也已经流行开来。历史上更为鲜活的记载见于唐朝末期王敷的《茶酒论》，在这场茶与酒的拟人对话中，茶和酒围绕彼此的优缺点进行了激烈的争论。最后，水介入，指出其自身的不可或缺性，并主张自己的优越性。[②]水的介入使得茶和酒不再争吵，而是成为最好的朋友。[③]

在唐代，《茶酒论》开启了一种新范式，即从以酒待客逐渐转变为以茶待客。在商代（前 16- 前 11
世纪）和周代（前 11~ 前 3 世纪），中国人奢侈地饮用发酵酒和蒸馏酒。考古记录中存有一整套精致的 54
青铜礼器，供饮酒之用。这些华美的酒器陈列于许多中国博物馆中，考古学家给它们贴上了各种各样的标签，有觚（烧杯）、壶（酒器）、樽（酒杯）、觯（酒杯）、觥（动物形酒器）、杯（酒碗）、卣（五香小米酒器）、斝（祭奠祖先的容器）、盉（混合酒的容器）、彝（大型酒容器）、罍（酒容器）、罐（酒容器，改自罍）、角（分酒、温酒器）和爵（分酒、温酒器）等。

这些容器用于储藏、混合、盛放用谷子和黍酿制的发酵酒和蒸馏酒，这些酒不仅对中国人的祖先来说是神圣的，对其他相近语系民族的祖先来说也是神圣的，比如尼泊尔东部的克拉底人（Kiranti）和不丹中部的贡都克人（Gongduk）。当唐代时的中国人经历了一个从饮烈酒到饮茶的渐进而彻底的转变时，他们在东喜马拉雅的远亲们在宗教仪式和日常典礼中仍然保留了祖先的祭祀传统和祭酒仪式。

正如唐代茶开始取代酒一样，许多考古发现也反映了这一重大转变。晚近的发现包括刻在浙江长兴县顾渚山金沙泉石头上的茶叶故事，这些石刻可以追溯到唐代。在福建建瓯，还保存着一段 80 个字的宋代北苑茶事摩崖石刻。1987 年 5 月，陕西法门寺地宫中发现了一批唐代茶具，其中包括镀银的皇家茶箱、用金丝编织的茶罐、镀银的龟形茶罐、茶碾、勺子、镊子和银茶炉。人们还在辽代（907~1125 年）古墓中，发现了茶具和茶事活动的壁画。[④]

## 石桥下的弃婴，日后的茶圣

茶圣陆羽（733~804 年）是茶史上最著名的人物，他撰写了《茶经》，并告诉了我们关于茶的一切。可以说，陆羽在茶史上扮演了关键的角色。与此同时，他也赶上了在他出生之前就已经开始的茶文化发展浪潮。众所周知，禅宗在唐朝兴盛一时，而茶则被认为是 5 世纪在长江流域的佛教寺院院庭园中种植的。据封演从 756 年开始的记载，在开元年间（713~741 年），山东有一位名叫降魔的禅师（这里提及的禅师名“藏”，因降魔而闻名，世称降魔藏禅师。——译者注）经常给他的弟子们喝茶，

---

① Paul Jakov Smith. 1991. *Taxing Heaven's Storehouse: Horses, Bureaucrats and the Destruction of the Sichuan Tea Industry, 1074–1224.* Cambridge, Massachusetts: Council of East Asian Studies, Harvard University (pp. 53, 358); Nishimura et al. (2008: 211).

② 阿兹特克人同样反对饮用有益健康的巧克力来替代当地人用发酵的龙舌兰制成的烈酒 (Sophie Dobzhansky Coe and Michael Douglas Coe. 1996. *The True History of Chocolate*. London: Thames & Hudson, pp. 77–80)。

③ Wáng Fū 王敷 . 2013. *Dialogue du thé et du vin* 茶酒论 (avant-propos de Tseng Yu Hui et Gil Delannoi). Paris: Berg International.

④ Liu Feng and Cheng Qikun (2001).

图 2.6　杭州中国茶叶博物馆花园里神情欢快的茶圣陆羽雕塑，由大卫・里昂（David Lyons）提供。

以帮助他们在距离泰山西北约 12 公里的灵岩寺中进行冥想时保持警醒的状态。

我们知道陆羽也是在寺院里首次习茶的。他的重要性在于，他在世俗世界普及了多样的寺院茶事活动，甚至吸引了皇帝的注意。陆羽既是一位茶叶专家，也是一位唯美主义者。陆羽是孤儿出身，其充满酸甜苦辣四处漂泊的童年是在今天的湖北省度过的，但最终在浙江苕溪边终老。在那里他与文人、书法家和诗人交朋友，并写下了著名的《茶经》。

陆羽还写了一篇《陆文学自传》，于 761 年完成，因此并未能细述他的生平。关于陆羽生活的其他资料，在欧阳修（1007~1072 年）和宋祁（998~1061 年）所著的《新唐书》以及辛文房在 13 世纪末 14 世纪初编撰的《唐才子传》中都有记载。

据通俗说法，陆羽于公元 733 年被父母遗弃在一座石桥下。他的哭声惊起了大雁，一
55 位路过的禅师在河岸上发现了他。这位名叫
智积的禅师住在竟陵龙盖寺，而竟陵是湖北省的一个城市，在 1726 年时更名为天门。智积禅师查阅了《易经》，占得第 53 卦“䷴”渐卦，“渐”是渐进的意思，表示进步或发展，这也与一群大雁飞向陆地的画面形象有关。因此，禅师给男孩取名为“陆羽”，字“鸿渐”，将象征土地和翅膀的字符组合在一起，暗含着一只优雅降落的大雁的形象。

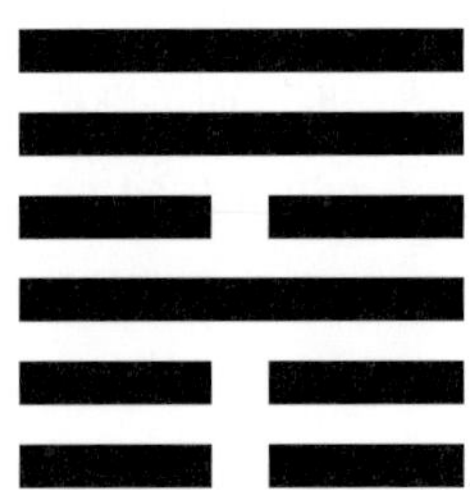

陆羽九岁就开始在寺院里学习佛经，也在那里习茶。他公开宣称对儒家等非佛教的经文感兴趣，
56 这显然违背了智积禅师的意愿。作为对此的惩戒，禅师让他做一些繁重的杂务，比如清扫厕所、粉刷
墙壁和照料牲畜，在他 12 岁的时候，他离开寺院，成为巡游杂戏班的一名伶人。

公元 746 年，在一出名为《假官》的戏剧中演出时，陆羽的才华受到了竟陵太守李齐物的注意，李齐物收养了陆羽，并把他带回了自己的家中。随后，李齐物把少年陆羽送到火门山上的隐士邹夫子那里学习儒家经典。在那里，陆羽用在寺庙里学会的茶艺为这位隐士泡茶。公元 752 年，经过几年的学徒生活后陆羽决定回到太守李齐物那里。然而回到竟陵后，他却发现他的老朋友李齐物已经在 746 年被贬职离任，太守由一个名叫崔国辅的人接任。

新任太守也对陆羽很感兴趣。尽管年龄不同，他们发现彼此对茶和诗歌有着共同的爱好，并成为亲密的朋友。两年后，即 754 年，在崔国辅的资助下，陆羽考察了四川巴山峡川的茶区。在这一山川纵横的地区，陆羽采集茶叶样品，对不同水源进行取样。与此同时，陆羽也开始熟悉茶叶生产制作的方法，这是一个他将持续从事几十年的研究项目。

## 茶圣长大成人

755 年夏天，陆羽回到了湖北。公元 755 年 10 月，安禄山，一位父亲是粟特人、母亲是突厥人的将军，发动了对唐王朝的叛乱。起初，玄宗皇帝逃到了成都，在那里他和他的宫室以及军队从 756 年待到了 757 年。在这场持续到 763 年的叛乱中，许多北方人逃难到了南方。

756 年，陆羽搬到了太湖南岸的湖州，在杼山妙喜寺与诗人皎然（720~804 年）成为朋友。年轻的陆羽留在年长的皎然身边，皎然成了他的良师益友，在茶和其他学问上给予他指导。两年后，即 758 年，陆羽和皎然一起前往升州，这个小镇今天归入了南京辖域。在那里，他们一起居住在栖霞山上的栖霞寺。

图 2.7　公元 1~2 世纪东汉时期玉制的四柄浮雕印花越器罐，用陆羽推崇的陶瓷釉料为材料，以展现茶的真实自然颜色。六田知弘（Muda Tomohiro）摄，存放于大阪市立东洋陶瓷美术馆。

和皎然一起生活和云游了四年后，陆羽开始了更加隐居的生活。公元 760 年，他在顾渚山定居，这是一座位于湖州以西可以俯瞰太湖的小山。据说他在那里写下了《茶经》的初稿。后来，他在 764 年和 775 年两次修改了这部作品，最终扩展和提炼成他著名的《茶经》。

最初，陆羽搬进了成熟、睿智、高产的士者吴筠的家里，在那里他可以进入一个大型的私人图书馆。人们经常在森林里看到陆羽，在这段时光里，他过着无忧无虑、异想天开的生活。与此同时，陆羽继续保持着他和皎然的亲密友谊，经常与皎然一起喝茶和探访新的水源。陆羽还考察了许多地方的茶园并继续他的研究。作为一个茶（艺）大师，他还经常接受人们的专业咨询，并作为一个文士、学者、编撰者和茶（艺）专家而受到官府招募。

陆羽在湖州结识了许多诗人和文人，其中包括著名的书法家怀素（725~785 年）和文学家颜真卿（709~785 年）。公元 778 年，颜真卿推荐陆羽到长安朝廷任职，为唐代宗（762~779 年在位）效力。然而，陆羽断然拒绝了这个报酬丰厚的职位。因为他虽然在童年时就离开了佛寺，但仍然保持着僧侣出
57 世的人生价值观。陆羽一生未婚，也没有留下任何后代。他从不饮酒，也不贪慕名利。相反，他选择了一种与自然和谐相处的自由和隐居的生活。人们认为陆羽传播了茶的泡饮法，使得饮用茶汤成为习惯，而不是把茶作为调料加入羹汤来食用。

在陆羽的时代，茶叶的制作流程仍然是蒸青、捣碎、压入铁模（具）成形、低温烘干，再将茶饼挂起来进一步晾干，然后用竹叶或纸包装，最后用篾丝或芦苇捆起来。（此处《茶经》原文为："晴，採之，蒸之，捣之，拍之，焙之，穿之，封之，茶之干矣。"参见《茶经校注》，沈冬梅校注，中国农业出版社，2006：17。——译者注）唐代宗时征召贡茶，其中既包括皇室专贡茶，也包括官焙茶。"官焙茶"的字面意思是"官府烘焙"，是指来自官府种植园被烤成茶砖的茶。阳羡紫笋茶是这一时期的著名贡茶，于早春时节从江苏采摘，而到 3 月下旬即清明节前后，新茶会进贡帝国都城长安以供品尝。唐代宗还专门下诏指示湖州和常州的地方官监督贡茶的采摘和加工。

直到公元 779 年，唐代宗的长子李适继位成为德宗（779~805 年在位）之后，陆羽才最终完成了他的《茶经》，而此时距离他的第一稿已经 20 年。该书于公元 780 年由皎然资助出版。在《茶经》问世的同一年，德宗皇帝颁布了对茶叶的第一次征税法令，随后在公元 784 年唐德宗对茶叶贸易实行了政府垄断。当欧洲陷入黑暗时代的时候，唐朝时的中国迎来了一个文化繁荣期，尽管当时好事的政府总是试图在各方面严格控制经济活动。

图 2.8　五代青瓷窑碗，直径 15.9 厘米，碗身呈典型橄榄绿釉色，图片由伦敦苏富比拍卖行提供。

## 陆羽的著作及晚年

陆羽在《茶经》中对越窑十分推崇，这种青瓷像玉一样带有翡翠绿的色调，以展现茶的真实自 58
然之色。[①] 他将喝茶描述为一种由美主导的审美体验。“玉液”和“琼浆”这两个现在已经有点儿老套的表达方式所包含的液态美玉的比喻无疑给陆羽带来了灵感，这些词语有时在中国早期诗人作品中以“琼浆玉液”的结合形式出现，在过去这些词语搭配描述的不仅仅是茶。一千多年后，冈仓[②]（Okakura Kakuzo，1863~1913 年，日本近代著名的美学评论家、思想家，曾撰写《茶之书》向西方世界介绍日本茶道文化。——译者注）也在西方普及了这个比喻。

《茶经》涉及茶的传说起源、茶园种植、采摘、蒸煮、干燥和压制茶叶的工具、茶叶的适当储存方法以及压制茶饼等制作工序。该书还接着讨论了备茶的茶器茶具，并详细介绍了冲泡和品饮的方法。此外，《茶经》还描述了茶叶的品种和主要产地。全书内容结构如下：

一之源（茶树的起源）
二之具（处理和收集茶叶的工具）
三之造（茶叶采制）
四之器（二十四件制茶用具）
五之煮（茶的烹煮）
六之饮（鉴茶、喝茶）
七之事（茶的历史记载）
八之出（茶叶的主要产区）
九之略（非必需用具）
十之图（茶具插图）

陆羽喜欢野生茶树的口感，而不喜欢喝种植园的栽培茶。相对而言，他更推崇喝新茶。他还主张在晴天采茶，因为此时树叶上仍有晨露，而不是在阴天或下雨时采茶。

在陆羽所处的时代，人们仍然视来自巴蜀的茶为最上等，而喝茶的习俗也是在那里发端的。然而，《茶经》第八章也充分说明，到唐朝时，茶叶生产已经向东扩散到江南地区。在陆羽的时代，东部沿海省份已经开始在茶叶的产量和质量上超过原来西部的茶叶之乡。

此外，在陆羽时代，茶叶是绿色的而不是黑色的，但也大多被压缩成砖块形状。唐朝时，茶叶往
往蒸过后又压成茶砖，用于储存和贸易。陆羽描述了采摘的茶叶是如何在陶器或木制蒸笼中蒸煮，然 59
后在灰浆中捣碎，随后用模具压缩成形的。成形茶饼会被搁置在坑上方的架子上进行干燥。有时候，

① 对于大阪市立东洋陶瓷美术馆藏品的图片，我衷心感谢出川哲郎（DegawaTetsurō）馆长；对于苏富比重要的东方艺术品图片，我衷心感谢伦敦苏富比中国陶瓷及艺术品负责人罗伯特 · 布拉德洛（Robert Bradlow）和纽约的杨为信（Harold Yeo）。

② Okakura Kakuzō. 1906. *The Book of Tea*. New York: Fox Duffield & Co. (p. 29).

图 2.9 北宋越器瓷碗，在温润的青瓷釉中刻有三条鱼和旋转的装饰性水纹，直径 13.3 厘米，由伦敦苏富比拍卖行提供。

人们也会把茶饼穿孔后挂在竹竿上，或者用纸包装茶饼。这些茶饼是经过烘烤干燥的，喝茶的时候会先敲下一小块茶饼，将茶叶碾碎成粉，然后将由此得到的茶粉煎制饮用。当然，有时人们也会在煮茶时加入一撮盐，这也是陆羽推荐的煎茶方法。

公元 783 年，陆羽迁至江西上饶，789 年从洪州前往广州游历。794 年，陆羽去了苏州，在虎丘山的北坡上他建造了一间简陋的小屋，并凿石挖井成泉，人们今天仍以他的名字命名，称之为陆羽泉。799 年，陆羽回到了他深爱的湖州，在他名为"青塘别业"的居所里快乐而平静地生活。804 年，陆羽去世，享年 71 岁。陆羽去世后被埋在杼山，这是他 23 岁时初遇皎然并相识相交之处。

陆羽死后名声大振，成为中国历史上的文化标杆之一。在唐朝，他就已经被称为"茶神"。尽管他在各个领域都是有名的学者，但他主要以对茶的研究而闻名。《茶经》有三卷，全书只有 7000 多个字，其原版已散佚。现存最古老的版本收录在明朝后期编撰的《百川学海》中，该选集最初由左圭在 1273 年编纂完成。[①]《茶经》虽然篇幅不长，但包含了大量有关茶叶、土壤和茶叶种植的翔实材料。陆羽还就他几十年来游访以及居住过的各地的土壤特质进行了论述。

陆羽的《茶经》常被誉为与儒释道精神融为一体。尽管这三家传统在茶文化中可以说是显而易见的，但老子、佛祖（释迦牟尼）或孔子（他们都生活在陆羽之前的一千多年）不太可能尝过茶，甚至不知道茶是什么。一些学者被诱导去做关于茶和早期道教的哗众取宠的推断，然而这样的推断是不符合史实的。陆羽《茶经》中确实提到了一位名叫丹丘子的道教茶道大师，陆羽视他为古代的仙人，[②]但是这个道教人物似乎主要在唐朝被提及。而在唐朝，道教享有皇室的庇护，由此，茶文化引入古老的道教哲学内容后，饮茶这一新兴生活方式才得以在唐朝时发展起来。在一千多年后的 1905 年，冈仓天心认为日本茶道代表了历经几个世纪流传下来的哲学思想的累积，他由此写道："茶道曾经是伪装的道教"。[③]

---

① （唐）陆羽《茶经》、（清）陆廷灿《续茶经》（两卷本），姜怡、姜欣译，湖南人民出版社，2009 年，第 1 卷第 1 章第 35 页。

② Francis Ross Carpenter. 1974. *The Classic of Tea by Lu Yü.* Boston: Little, Brown & Company (p. 127).

③ 冈仓天心 (1906:44)。在日本茶道的特定语境中，冈仓对过去时态的选择是精确而明智的，因为它体现了茶文化之前就存在的古老的哲学传统。1905 年出版第一版时，在对这本小册子的一篇评论中，"茶道就是伪装的道教"被错误地引述，评论者将动词的过去时态转换为现在时态 [e.g. 'Teaism and Taoism', *San Francisco Call*, 97 (131): 22（Sunday 9 April 1905）]。即使没有时态的转换，冈仓试图将日本茶道的文化起源追溯到中国早期的道教，仍未能避免了时代错误的陷阱。旧金山报纸评论中错误引用时态的转换预示了一些不和谐的时代错误，这些错误大量出现在有关茶和道教的通俗文章中 (e.g. Aaron Fisher. 2010. *The Way of Tea.* North Clarendon, Vermont: Tuttle Publishing)。

生活在公元前 6 世纪的守藏室之史老子撰写了一部八十一章的《道德经》。这部著作与公元前 3 世 60
纪庄子的著作《庄子》一起成为道教的基础性文本。孔子生活在公元前 551 年至公元前 479 年的鲁国，鲁国是周王朝的诸侯国。历史上的佛陀，也就是迦毗罗卫的释迦牟尼，来自一个今天位于蓝毗尼地区的村庄。公元前 6 世纪末到公元前 5 世纪初，释迦牟尼在印度北部传教。传说公元 5 世纪时，达摩将禅宗引入中国，但是佛教的教义实际上在公元 1 世纪就已经传入中国。

在人们的记忆中，陆羽是一位完美的茶学大师，他毕生致力于有关茶学的事业。陆羽的茶文化遗产激发了日本茶道大师们的灵感，他们的茶道体现了一种叫作“侘寂”（wabi sabi）的彰显自然秩序和
瞬息万变的美学，据说这种唯美主义起源于《茶经》。[①] 唐德宗称陆羽为茶医、茶博士，他很快就被尊 61
为茶圣，被誉为茶界第一人。在他去世 1 个世纪后，一些茶商会向小型的陆羽塑像献祭拜酒，以求生意兴隆。来自陕西扶风的考古发现似乎为那些倾向于主张陆羽茶道的人提供了证据，其最基本的饮茶形式可能在唐代时就已经被采用了。

## 茶与沏茶之水

陆羽笃定地认为，制茶所用水的质量、纯度和口感非常重要。在阿姆斯特丹的罗洛夫·哈斯特拉特（Roelof Hartstraat）有一家水商店，除了来自世界各地的矿泉水外，什么也不卖。许多买家被来自太平洋岛屿或极地冰川等异国他乡的昂贵瓶装水吸引。然而，许多非常有趣的水无需来自遥远的地方，仅仅是来自欧洲不同地区的天然泉水在口味和质地上的差异，就已经让真正的品水师们忙不过来了。

尼泊尔和不丹最下层的农民也是名副其实的鉴水大师，因为他们的水是来自喜马拉雅山脉的天然泉水，他们还热衷于讨论和分享不同来源地的水的口感和品鉴经验。尼泊尔人和不丹人在水质如此优良的环境中长大，他们经常对美国一些城市的水质表示惊讶和恐惧，因为从水龙头里流出的氯化液体对他们来说是不可饮用的，尽管大多数当地人已经完全习惯了这种难闻的味道。

显然，水的质地和味道是决定茶汤质量的主要因素。水的质量因国而异、因城而异，甚至在

---

① English translations include: Ukers. (1935, i: 14–22), the handsomely produced translation by Carpenter (1974), and Jiāng and Jiāng (2009, i: 1–89). An Italian translation directly from the Chinese was provided by Marco Ceresa (1990. *Lu Yu—il Canone del tè*. Milano: Leonardo). Carpenter's English translation was translated into French by sœur Jean-Marie Vianney (1977. *Le classique du thé par Lu Yu*. Paris: Robert Morel), and a French translation directly from the Chinese was later done by Véronique Chevaleyre (2004. *Lu Yu— Le Cha Jing ou Classique du thé*. Paris: Jean-Claude Gawsewitch). A Czech translation was published by Olga Lomová (2002. *Místr Lu Jü—Klasická kniha o čaji*. Praha: Spolek milců čaje a DharmaGaia). Olga Lomová's original Czech translation is special because, before the commercial hardcover book appeared and quickly sold out in book stores in Bohemia and Moravia in 2002, just one hundred numbered copies were released that had been printed on hand-made paper, bound in a traditional Chinese binding and adorned with the beautiful calligraphy of Jiří Strak. The first numbered copy of this lovely limited edition was presented by the Czech *Spolek milců čaje* 'com pany of tea devotees' to the former Czech president Václav Havel, and nine copies were presented to out standing personalities in Czech modern life, such as Pavel Tigrid, Josef Škvorecký, Svatopluk Karásek, David Vávra and Marek Eben. Hungarian and Russian transla tions are: Nyiredy Barbara és Tokaji Zsolt. 2005. *Lu Jü: Teáskönyv—A teázás szent könyve a nyolcadik századi Kínából*. Budapest: Terebess Kiadó; А.Т Габуев и Ю.А. Дрейзис. 2007. Лу Юй—Канон чая. Москва: Гумани- тарий.

图 2.10　12 世纪南宋早期的越窑，雕花卷轴图案玉制青瓷碟，六田知弘（Muda Tomohiro）摄，存放于大阪市立东洋陶瓷美术馆。

纽约这样的地方，据说水质也有了很大的改善。今天，许多荷兰茶艺鉴赏家都足够精细，用瓶装的泉水来沏茶，而这种泉水不像荷兰的自来水那么硬。与此同时，世界上有些地方天然就有着优质的水源。

《煎茶水记》是张又新在陆羽死后十年于 814 年撰写的。这一文献记录了一个关于陆羽独特的品水能力的传说。同样的传说在后来的《三百六十行祖师爷传奇》中被再次提及。

据说湖州刺史李季卿（此处原文错误，原文为“李秀”，但据《煎茶水记》载，应为李季卿，时任湖州刺史。该错误在与作者沟通后，作者予以接受。故下文所有出现“李秀”处均改为“李季卿”。——译者注）和 30 位州府长官曾向陆羽请教如何挑选煮茶用水。陆羽说，煮茶用最好的水是扬子江旁南零山的泉水。李季卿于是命令他最能干的两个军士去打水。两名军士便去江边之地取清凉的山泉水，但两人从南零回来的路上不小心把半桶水打泼掉了。为了弥补损失，他们在途中从一些流动的溪流中又加了些水。

62 在李季卿的注视下，陆羽尝了一瓢水桶里的水，然后突然宣称：“这不是南零水，而是加了附近的河水。”两名军士都惊慌失措，立即说：“我们都是从南零凉爽的山泉中取水的，有百余人能够证实这一点。”陆羽什么也没说，只是默默地倒掉了半桶水，然后说：“现在桶里只剩下南零水了。”两名军士被责问到底怎么回事。听说了前后缘由后，李季卿惊呼道：“各位，这个人是个真正的大师啊！”

这则轶事令人难以置信，但事实上，水的味道对茶的味道而言至关重要，只是也许有些人的味蕾并不像其他人那样敏感罢了。一部名为《泉品》的著作，有时也被认为是陆羽所作，尽管该作品的实际出处和作者身份令人怀疑，① 该书列举了 20 处最清澈和最甘甜的制茶水源。这张最佳水源的名单今天肯定已经过时了，因为水源的质量随时间而变化，而水质名单则更适合作为对直接从河流中所取之水的即时性考察。②

① James A. Benn. 2015. *Tea in China: A Religious and Cultural History.* Honolulu: University of Hawai‘i Press (pp. 114, 226).

② 今天这份清单更多具有历史价值而不是实际价值，清单如下：第一，庐山康王谷帘泉水；第二，无锡惠山寺石泉水；第三，蕲州（今湖北浠水）兰溪石下水；第四，峡州（今湖北宜昌）扇子山下的虾蟆口水；第五，苏州虎丘寺石泉水；第六，庐山招贤寺下方桥潭水；第七，扬子江南零（今江苏镇江一带）水；第八，洪州（今江西南昌）西山西东瀑布水；第九，唐州（今河南泌阳）柏岩县淮水源；第十，庐州（今安徽合肥）龙池山岭水；第十一，丹阳县观音寺水；第十二，扬州大明寺水；第十三，汉江金州（今陕西石泉、旬阳）上游中零水；第十四，归州（今湖北秭归）玉虚洞下香溪水；第十五，商州（今陕西商县）武关西洛水；第十六，吴淞江水；第十七，天台山西南峰千丈瀑布水；第十八，郴州圆泉水；第十九，桐庐严陵滩水；第二十，雪水。

## 茶文化和瓷器的繁荣

唐朝时，茶文化在中国兴起。饮 63
茶习俗在中国北方得到了广泛的普及和发展。唐朝之前，最好的茶一直被认为来自今天四川省东部的巴蜀地区。然而到了唐朝，茶叶生产的中心已经东移到东南沿海，陆羽认为，他那个时代最好的茶来自他深爱的可以俯瞰太湖的顾渚山。

在唐朝，茶仍然是按照陆羽的描述来制备的。茶叶被煮熟压制成模具形状，在阳光下晒干，然后在火上烘烤，宫廷贡茶则被制成茶砖。在中亚、西藏和蒙古地区，茶砖还被当作货币，在一些地区，纸币很难成为快速便利的流通 64
货币。一些老茶饼至今仍被当作钱币来收藏。

准备喝茶的时候，人们先从茶砖上敲碎一块下来，把这一块在研钵中磨成粉末，然后将磨碎的茶浸泡在沸水中。回顾历史，很容易理解这一过程是如何成为日本抹茶的发展源头的。然而，唐朝的这一程序首先要经过相当多的关键性改进，才能演变成为成熟的抹茶制作技术。文献资料所记载的唐代饮茶情况，得到了考古学证据的支持，从装饰华丽的镀金筛子到精美的茶匣，还包括了研磨、筛选、贮存、烹煮和上茶的特定工具和器皿。

陆羽有许多同时代的同道中人和追随者，他们和陆羽一样迷恋茶。伟大的茶诗人卢仝（790~835 年）主要以茶 65

图 2.11　唐代诗人卢仝席地喝茶，其两侧置有三条腿的朱砂陶器茶壶，由宋代画家钱选（1235~1305 年）（一说卒于 1301 年。——编者注）绘制，台北故宫博物院馆藏。以“七碗茶”而闻名的卢仝，在公元 835 年的“甘露之变”中死于一家茶馆。

诗闻名，他的“七碗茶”诗（七言古诗《走笔谢孟谏议寄新茶》。——译者注）被奉为圭臬，随着一碗接一碗的茶推动着诗人进入更高层次的满足境界，直到他应接不暇、心满意足，不得不放弃喝第七碗茶。这首诗捕捉到一种宁静的精神氛围，我们今天仍然把这种精神与茶联系在一起。具有讽刺意味的是，这首新奇茶诗的作者在“甘露之变”的血腥屠杀中惨死于一家茶馆。

诗人白居易（772~846年）也在诗中赞美茶的美德，在这一时期，中国诗歌中对茶的颂扬逐渐取代了对酒的颂扬。白居易在唐朝都城长安接受教育，长安自明朝开始被称为“西安”，而白居易后来曾在茶区杭州和苏州担任刺史。

公元814年，张又新在其经典著作《煎茶水记》中提到了八处水源（此处有误，应为七处水源。——编者注），称赞它们为制茶提供了最清澈、最甘甜的优质水。这八处水源包括四处寺庙泉水源和三处河流水源。此外，860年，温庭筠撰写了《采茶录》。

唐朝时，原名俱文珍的宦官刘贞亮，撰写了一篇《饮茶十德》。这十大美德是：“以茶散闷气，以茶驱腥气，以茶养生气，以茶除病气，以茶利礼仁，以茶表敬意，以茶尝滋味，以茶养身体，以茶可雅志，以茶可行道”。这种列举性的工作后来被其他人所仿效，茶十德在中国和日本受到广泛认可。

伴随着茶一起发展起来的是喝茶的陶瓷茶具。在851年关于中国和印度的见闻中，商人苏莱曼（Sulaimān al-Tājir）在游历广州港时记录了中国的海上贸易，提到了茶叶和瓷器商品。苏莱曼在描述精致瓷杯的薄度和结实度时，把这归功于它们是用某种上等的黏土制成的。这些瓷器盛放的透明液体是一种用中草药制成的热饮，他将这种药草的名字记录为“sākh”，这是一种闻起来有芳香味但喝着有苦味的草药，对治疗各种疾病都很有效。[①] 显然，这个阿拉伯商人听到的是粤语发音的“茶”，[②] 这是一种降调发音，也可以说是广东话的第四声。

直到9世纪，中国所有海上瓷器贸易都包含粗陶，苏莱曼提到的不仅仅是第一份关于茶叶向西漂洋过海的报告，也是第一次由中国之外的人提到了中国的瓷器。在苏莱曼的描述中，这可能是一种绿白色的青白瓷器，也可以供平民使用。[③] 第二种著名的唐代瓷器是来自越州的越瓷，它产于今天长江以南的绍兴附近，这种绿釉由黏土、木灰和石灰石制成，是宋代著名的青瓷源头。还有一种著名的唐朝釉器是河北的白色陶瓷，名为“邢瓷”。为了突出茶的色泽，陆羽喜欢用泛绿的越瓷茶具。

最古老的陶瓷文化出现在东亚，那里制造瓷器的历史已经超过一万年，这些早期的器皿是在新石器时代农耕革命之前制造的，当时制作它们的陶工仍然以狩猎的方式生存。几千年后，瓷器于公元前2世纪在中国产生，而釉面陶瓷是在东汉（25~220年）时发展起来的。真正的瓷器是从公元3世纪开始

---

① Gabriel Ferrand. 1922. *Voyage du marchand arabe Sulaymân en Inde et en Chine rédigé en 851 suivi de remarques par Abû Zayd Ḥasan (vers 916), traduit de l'arabe avec introduction, glossaire et index.* Paris: Éditions Bossard (pp. 54, 58).

② 粤语拼音是由香港语言学学会于1993年发明的“九平”拼音中的斜体字组成的，方括号中的读音是由国际音标符号标出的，声调等高线由所谓的声调字母表示。像 [˩] 这样的音调字母最早是由袁仁超 (op.cit.) 设计的。Wiedenhof 使用了一种改进的表示法，在这种表示法中，除了频率外，还以图解的方式表示音量、持续时间和变调 (Jeroen Maarten Wiedenhof. 2015. *A Grammar of Mandarin*. Amsterdam: John Benjamins Publishing Company, p. 14)。广东话的多音节变调比较复杂，在语言学上尚未得到充分的阐释 (f. Stephen Matthews and Virginia Yip. 1994. *Cantonese: A Comprehensive Grammar*. London: Routledge; Robert Stuart Bauer and Paul King Benedict, eds. 1997. *Modern Cantonese Phonology*. Berlin: Mouton de Gruyter)。

③ Brian McElney. 2006. *Chinese Ceramics and the Maritime Trade Pre-1700.* Bath: Museum of East Asian Art (p. 17).

生产的，但从 6 世纪后期开始才有可观的规模。①

图 2.12 1565 年塞巴斯蒂昂·洛佩斯（Sebastião Lopes）的地图集上描绘的葡萄牙卡拉克帆船。

瓷器是由白色高岭土制成的，之所以称这种土为“高岭土”是因为它最初是在江西省著名的瓷都景德镇②附近的高岭悬崖上被发现的。高岭 66
土含有层状硅酸盐材料，又称为高岭石。中国人既有原料，也有技术，可以在非常高的温度下烧制陶瓷，并生产出坚硬的玻璃化的薄而半透明的瓷器。

直到 13 世纪末，才有证据表明中国陶瓷通过丝绸之路进行贸易。由于这些贸易路线在元朝（1271~1368 年）时被蒙古人控制，陶瓷出口也就像茶一样，绕道通过海上路线进行贸易。从唐朝到明朝，中国货物主要出口到菲律宾、印度尼西亚群岛、中南半岛国家，以及印度、锡兰等地，那些出口到马尔代夫和东非沿岸的货物则主要由暹罗人、锡兰人、马来人、印度人，特别是阿拉伯人的船只来完成。然而，在公元 878 年由黄巢 67
领导的叛军在广州屠杀波斯、阿拉伯和犹太商人之后，苏莱曼等来自近东的阿拉伯商人便停止了贸易往来。

在公元 10 世纪的十国时期，位于福建的闽国（909~945 年）和南部沿海的南汉（917~971 年）作为独立的政权繁荣了数十年。海上贸易蓬勃发展，其中泉州港尤为繁荣，福建和广东的船民经常在中国南海水域游荡。在 878 年（黄巢）广州大屠杀之后，阿拉伯人主要通过东南岛屿和大陆与中国进行商品贸易，直到 1291 年中国再次开放了面向近东商人的直接贸易。从这一时期起，阿拉伯商人在海上贸易中发挥了首要作用，直到葡萄牙人于 1511 年占领马六甲为止。③1371 年明太祖洪武皇帝颁布禁海令，明令开展海外贸易的中国海员将被判处死刑，要求他们返回国内，至此中国人在海上贸易中的作用就基本结束了。

自从宋真宗（997~1022 年在位）在 1004 年至 1007 年派遣官员监督景德镇御用瓷器的生产以来，该镇就成为朝廷 9 个多世纪的供应商，直到 1912 年清朝灭亡。当欧洲人从明朝开始进口中国瓷器时，这个地区的瓷器就获得了全球性的赞誉。当茶在欧洲受到欢迎时，西方也开始进口瓷器，甚至干脆把瓷器称为“中国”（China）。茶和瓷器一直是齐头并进的，茶叶是瓷器生产的主要推动力。随着钴蓝色

① He Li. 2006. *La céramique chinoise*. Londres: Thames & Hudson; McElney (2006: 13).

② 与中国许多地方一样，江西著名的瓷都景德镇是地名学家的噩梦。最初，这个城镇在东晋时期（317~420 年）被命名为平镇。在唐朝（621 年）改名为新平，但是在 716 年就被称为新昌或者景南镇。在北宋时期，当宋真宗（997~1022 年在位）派帝国官员监督宫廷瓷器的生产时，该镇以宋真宗景德年号（1004~1007 年）被重新命名为景德镇。宋真宗在位期间共有五个年号。

③ McElney (2006: 6).

图 2.13　在伊曼纽尔・范・梅特伦（Emanuel van Meteren）死后于 1613 年出版的《历史》中，雅各布・范・希姆斯柯克（Jacob van Heemskerck）（1567-1607）的版画。

颜料的出现，青花瓷于 1340 年左右开始生产，在欧洲船只接管全球瓷器贸易之前，这种瓷器一直向西传到东非海岸。

在万历皇帝（1572~1620 年在位）统治时期，青花瓷生产并出口到荷兰，在那里被称为克拉克（kraak）。从 1602 年起，很多瓷器也被荷兰船只运到荷兰各地，到 1614 年时，阿姆斯特丹家庭中已经普遍使用瓷器。[1] 从 1614 年起，荷兰代尔夫特青花瓷就努力模仿成本更高的克拉克瓷器，然后用荷兰船只销售到欧洲。[2]“克拉克”（kraak）或“卡拉克”（carrack），是“克拉克瓷器”（kraak porselein）或“卡拉克瓷器”（carrack porcelain）的简称，自 1602 年葡萄牙圣蒂亚戈号（São Tiago）和 1603 年圣卡塔琳娜号（Santa Catarina）货船被劫持以后，人们就一直以“克拉克”或“卡拉克”来命名瓷器。[3]

当葡萄牙货船圣蒂亚戈号满载财富从印度返回时，科内利斯・巴斯蒂安松（Cornelis Bastiaenszoon）指挥的两艘荷兰船只西兰蒂亚号和兰格马克号在西兰（Zealand）劫持了这艘货船。1602 年 3 月 14 日，佛罗伦萨商人弗朗西斯科・卡莱蒂（Francesco Carletti）目睹了葡萄牙
68 船队在圣赫勒拿（St.Helena）海岸附近被劫持的全过程。[4] 那些在残酷的袭击中幸存下来的葡萄牙水手后来滞留在费尔南多・迪诺罗尼亚群岛（Fernando de Noronha），虽然卡莱蒂（Carletti）曾在托斯卡纳（Tuscany）大公手下服役，但他被西兰人带回米德尔堡（Middelburg），在那里待了三年多之后

① Charles Ralph Boxer. 1976. *Zeevarend Nederland en zijn wereldrijk 1600–1800* (tweede druk). Leiden: A.W. Sijt-hoff (p. 247).

② William Pitcairn Knowles. 1913. *Dutch Pottery and Porcelain.* London: George Newnes Ltd.

③ Tijs Volker. 1971. *Porcelain and the Dutch East India Company as Recorded in the DaghReghisters of Batavia Castle, those of Hirado and Deshima and other Contemporary Sources.* Leiden: E.J. Brill; Christiaan Jan Adriaan Jörg. 1978. *Porselein als handelswaar: De porseleinhandel als onderdeel van de Chinahandel van de V.O.C. 1729–1794.* Groningen: Kemper [available in English as 1982. *Porcelain and the Dutch China Trade.* The Hague: Martinus Nijhoff]; Maura Rinaldi. 1989. *Kraak Porcelain. A Moment in the History of Trade.* London: Bamboo Publishing; Teresa Canepa. 2008. '*Kraak* porcelain: The rise of global trade in the late 16th and early 17th centuries', pp. 17–64 in Luísa Vinhais and Jorge Welsh, eds., *Kraak Porcelain: The Rise of Global Trade in the Late 16th and Early 17th Centuries.* London: Jorge Welsh Books.

④ Franceſco Carletti. 1701. *Ragionamenti di Franceſco Car-letti Fiorentino ſopra le coſe da lui vedute ne' ſuoi viaggi ſi dell'Indie Occidentali, e Orientali come d'altri Paesi.* Firenze: Stamperìa da Giuſeppe Manni (ii: 316–329 et passim).

他得到了一笔赔偿金，并带着赔偿金返回了佛罗伦萨。

图2.14　25岁的胡果（Hugo de Groot），米歇尔·简斯·范·米耶雷夫特（Michiel Jansz. van Mierevelt）于1608年绘制的帆布油画，62×50厘米，存放于荷兰鹿特丹的历史博物馆（'t Schielandshuis）。

1603年2月25日，雅各布·范·希姆斯柯克（Jacob van Heemskerck）在马六甲海峡劫持了吨位达1500吨的葡萄牙圣卡塔琳娜号货船，夺走了船上珍贵的黄金、丝绸和瓷器。[①] 众所周知的是，希姆斯柯克仁慈地释放了葡萄牙船长塞巴斯蒂昂·塞尔朗（Sebastião Serrão）及其船员，尽管在投降时已有70名葡萄牙海员在荷兰人的袭击 69
中丧生，但剩下的海员和许多乘客都举起了白旗。葡萄牙货船被抢的赃物在荷兰被拍卖，共卖出了350万荷兰盾的巨款。一些荷兰人对出售抢劫战利品所得感到良心不安，[②] 但是来自代尔夫特（Delft）的荷兰法学家胡果（Hugo de Groot），化名胡果·格劳秀斯（Hugo Grotius，1583~1645年），在1609年写了一篇题为《海洋自由论》（*Mare Libervm*）的论文，其中他不仅为荷兰对葡萄牙的这种一本万利的海盗行为辩护，同时他还提出国际法中规定了所有国家使用国际海上航道进行畅通贸易的权利。[③]

根据荷兰东印度公司在巴达维亚总部的高层们与台湾热兰遮城荷兰总督的通信内容，从1634年
起，中国瓷器制造商开始仿照荷兰木制模型制作碗和其他器皿，从1632年开始还在上面绘制由荷兰 70
商人提供的风景、人物和图纹。1638年4月12日，在巴达维亚总督接到的订单中，很大一部分是由"17绅士董事会"直接从位于阿姆斯特丹的荷兰东印度公司总部向安东尼·范·迪门（Anthonie van Diemen，1636~1645年在位）总督下达的命令，即要求他供应克拉克瓷碗和瓷碟。[④]"克拉克瓷器"

① 在1595年和1596~1597年，范·希姆斯柯克（van Heemskerck）曾在威廉·巴伦茨（Willem Barentsz）的第二次和第三次航行中前往北冰洋。在1598年开始前往东印度群岛之前，他在Nova Zembla度过了一个冬天，为早期的荷兰东印度公司或其前身voorcompagnieën服务，该公司后来合并成立了荷兰联合东印度公司。1607年4月25日，他在直布罗陀战役中阵亡，当时荷兰舰队歼灭了西班牙舰队，并迫使统治伊比利亚（Iberian）半岛和南部尼德兰（Netherland）地区的哈布斯堡（Habsburg）王朝签订了《特瓦夫贾里格·贝斯特朗协议》（*Twaalfjarig Bestand*）或《十二年停战协定》（*Twelve Years' Truce*）（1609-1621）。

② Dirk van der Cruysse. 2002. *Siam and the West 1500–1700.* Chi:ang Mài: Silkworm Books (p. 39).

③ Hugo de Groot. 1609. *Mare Libervm ſive de Jvre quod Batavis competit ad Indicana commercia Dissertatio [Impreſſa primùm].* Lugduni Batavorum [Leiden]: in officinâ Ludovici Elzeverij.

④ H.E. van Gelder. 1924. 'Gegevens omtrent den porcelein-handel der Oost-Indische Compagnie', *Economisch Historisch Jaarboek,* x: 165–193.

（craecq porceleijn）这一拼写，就出现在 1639 年 5 月 2 日从巴达维亚发送给位于热兰遮城的台湾总督约翰·范·德·勃尔格（Johan van der Burg，1636~1640 年在位）的命令之中，该项命令要求他确保荷兰东印度公司在这些商品贸易中有稳定的瓷器和丝绸供应。

> ……再次请求阁下尽最大努力满足我们的主要附加订单，特别是在采购精美稀有的瓷器和器皿方面，以便能够满足对瓷器这一优雅品味的需求，维护我们能够从中国获取并供应克拉克瓷器和精美织物的声誉。[①]

图 2.15　由詹姆斯·希拉德（James Hillard）拍摄的克拉克（kraak）瓷盘。

图 2.16 位于有田町（Arita）的深川（Fukagawa）瓷器公司生产的克拉克瓷盘，这是件现代手绘复制品，印有荷兰东印度公司的徽章。

71 从 17 世纪初到 1647 年，荷兰中国餐具和碗的销售市场远远好于花瓶、罐子和瓶子的市场，后者从 1635 年到 1641 年进口的数量也较小。1647 年，在明朝垮台后的动荡期，中国船运进出口贸易便停止了。在 1654 年的一次小规模运输之后，从 1658 年开始第一批大规模的日本瓷器运输自有田町发出，而中国瓷器贸易也在大约 20 年后得以恢复。[②] 1673 年，“克拉克韦尔克”（kraeckwerck，即 kraak porcelain vessels，克拉克瓷器）和“克拉克科曼”（craeck commen，即 kraak porcelain bowls，克拉克瓷碗），当然还有“蒂波提耶”（teepottjes，即 teapot，茶壶）等词出现在伯爵夫人阿玛莉亚·范·索尔斯·布罗菲尔斯（Amalia van Solms Braunfels）的家庭物品清单中。她是奥兰治公主，也是“城市之

① Cynthia Viallé. 1992. ‘De bescheiden van de VOC betref-fende de handel in Chinees en Japans porselein tussen 1634 en 1661’, *Aziatische Kunst, Mededelingenblad van de Vereniging van Vrienden der Aziatische Kunst*, 22 (3): 7–34.

② Viallé (1992).

王”弗雷德里克·亨德里克·范·奥兰治·拿骚（Frederik Hendrik van Oranje Nassau）的妻子。[1]

荷兰人试图用代尔夫特制造的青花瓷（faïence）来模仿中国瓷器，这对莱顿大学的学生埃伦弗里德·沃尔特·冯·齐恩豪斯（Ehrenfried Walther von Tchirnhaus，1651~1708年）来说是一个启发。冯·齐恩豪斯回到他的家乡萨克森（Saxony）后，于1705年至1707年在德累斯顿（Dresden）独立开发了瓷器制造技术。在他死后，约翰·弗里德里希·布特格（Johann Friedrich Bóttger，1682~1719年）利用这一技术从1710年开始在德累斯顿生产著名的梅森瓷器。[2]

有人声称，冯·齐恩豪斯（von Tschirnhaus）和布特格（Böttger）的信息来源于法国耶稣会会士弗
朗索瓦·泽维尔·德恩特雷科尔斯（François-Xavier d'Entrecolles）关于以高岭土和松脂为原料的瓷器 72
制造的详细书信。然而，问题在于时间顺序上的先后性。弗朗索瓦·泽维尔·德恩特雷科利斯1664年生于利摩日（Limoges），1698年34岁赴华，1741年在北京逝世，享年77岁。他于1712年9月1日和1722年1月25日写了两封详细的书信，[3]其中有关瓷器制造的内容被提炼出来，并于1735年第一次发表在法国耶稣会会士让·巴蒂斯特·杜哈尔德（Jean Baptiste du Halde）撰写的四卷本描述中国的书的第二卷中。[4]等于说，在德累斯顿已经开发出瓷器制造技术几十年后，这些所谓的信息来源才出现。

最近，有证据表明，生产瓷器的技术可能在更早的时候就在英国被开创出来了，但这个问题目前仍是一个学术争议话题，因为所谓的白金汉瓷器的化学成分与中国配方不同。[5]尽管荷兰克拉克瓷器贸易使英国在17世纪早期就可以买到精美的青花瓷，但在不列颠群岛，精美的中国瓷器拥有一位有影响力的支持者，那便是玛丽二世女王[6]，1689年，她从荷兰带回了大

图2.17 由阿姆斯特丹凡·尼（van Nie）古董店弗兰
斯·凡·尼（Frans van Nie）提供的代尔夫特蓝色古董盘。 73

---

① Sophie Wilhelmina Albertine Drossaers en Theodoor Herman Lunsingh Scheurleer. 1974, 1974, 1976. *Inventarissen van de inboedels in de verblijven van de Oranjes en daarmede gelijk te stellen stukken, 1567–1795* (three volumes). 's Gravenhage: Martinus Nijhoff (Vol. I, pp. 308, 309, 310).

② Klaus Biener. 2005. 'Ein Mathematiker erfand das euro päische Porzellan', *CMS-Journal*, Nr. 26 (15. März 2005): 73–74.

③ William Burton. 1906. *Porcelain: Its Nature, Art and Manufacture.* London: B.T. Batsford Ltd. (pp. 84, 110 et passim).

④ Jean-Baptiste du Halde. 1735. *Description géographique historique, chronologique, politique et physique de l'em-pire de la Chine et de la Tartarie chinoise.* Paris: Chez P.G. le Mercier (Tome ii, pp. 177–204).

⑤ Morgan Wesley. 2008. 'The earliest English porcelains Part 1, The Burghley House Buckingham porcelains as documentary objects', *Transactions of the English Ceramic Circle*, 20 (1): 169–182; J.V.G. Mallet. 2008. 'The earliest English porcelains Part 6, the place of Bucking-ham porcelain in ceramic history', *Transactions of the English Ceramic Circle*, 20 (1): 211–230.

⑥ 政治等级，如伯爵、公爵、国王、女王、总督等，不被视为一个人的正式名称的一部分，因此在本书中也没有大写。在通俗的英国散文中，可以观察到一种无意识的现象，即上述等级被大写，例如，伊丽莎白女王（Queen Elizabeth）和肯尼迪总统（President Kennedy），而非盎格鲁-美国的皇帝、当权者和官员的等级常常没有大写。因此，在我们谈及“伯爵茶”这一流行茶的正确名称时，例如第一和第二伯爵茶，则使用大写。

图 2.18 埃伦弗里德·沃尔特·冯·齐恩豪斯（Ehrenfried Walther von Tschirnhaus，1651~1708），马丁·弗里德里希·伯格罗斯（Martin Friedrich Berngeroth）的铜版雕刻画，德国德累斯顿（Dresden）柏林版画与素描博物馆（Kupferstichkabinett）。

量中国瓷器和精美的代尔夫特瓷器。[①]

“瓷器”（porcelain）这个词最早是由马可·波罗（Marco Polo）在他的旅行回忆录中使用的，当时
74 他把在泉州（即“Zayton”或“Tyunju”）观察到的这种有光泽的陶瓷制成的器皿称为“porcellana”，[②]
这是当时在亚洲尤其是在印度次大陆的部分地区被用作货币的一种贝壳的意大利语名称。在喜马拉雅

① Markman Ellis, Richard Coulton and Matthew Mauger. 2015. *Empire of Tea: The Asian Leaf that Conquered the World*. London: Reaktion Books (p. 152).

② Burgerbibliothek Bern, Sammlung Bongarsiana Codices, Codex 125: Marco Polo, Jean de Mandeville, Pordenone, Pergament i + 287 Bl., 32.5 × 23.5cm, 1401–1450:(f. 73v) «··· si a vne autre cité qui a anom tuangiu, la ou ſe font mouſt de eſcuelles de pourcelaine qui ſont moult bellez, et nulle autre part ne ſe font, fors que en ceſte cité»; Luigi Foscolo Benedetto. 1928. *Marco Polo: Il Milione. Prima edizione integrale* (Comitato Geografico Nazionale Italiano, pubblicazione n. 3). Firenze: Leo S. Olschki (references to porcelain vessels at 'Tiungiu' (*Quánzhōu* 泉州): p. 160, Cap. clviii « en une cité que est apellé Tiungiu, se font esquelle de porcellaine, grant et pitet, les plus belles que l'en peust deviser »; references to porcelain shells or cowries: p. 115, Cap. cxix « Car il espendent porcelaine blance—celle que se trovent en la mer et que se metent au cuel des chienset vaillent les lxxx porcelaines un saje d'argent, que sunt deus venesians gros », p. 116, Cap. cxx « Et encore en ceste provence se spendent les porcelaine que je vos contai desovre por monoi », p. 119, Cap. cxxi « et encore hi se espenent les porcelaines », p. 127, Cap. cxxx « La monoie qu'il espendent a menue est de porcelaine », p. 169, Cap. clxv « toutes les porcelaine que s'espenent en toutes provences »); Henry Yule and Henri Cordier. 1903. *The Book of Ser Marco Polo, the Venetian concerning the Kingdoms and Marvels of the East, translated and edited with Notes by Colonel Sir Henry Yule, R.E., C.B., K.C.S.I., Corr. Inst. France (Third Edition, Revised throughout in the Light of Recent Discoveries by Henri Cordier of Paris), in Two Volumes*. London: John Murray (references to porcelain vessels at 'Tyunju' (*Quánzhōu* 泉州): Vol. ii, pp. 235–236; references to porcelain shells or cowries: Vol. ii, pp. 66, 76, 123, 276; Book ii, Ch. xlviii, xlix, lvii, Book iii, Ch. vii); Elise Guignard. 1983. *Marco Polo: Il Milione. Die Wunder der Welt. Übersetzung aus altfranzösischen und lateinischen Quellen und Nachwort von Elise Guignard*. Zürich: Manesse Ver-lag (p. 270, Kap. clviii; p. 190, Kap. cxix, p. 192, Kap. clvii, p. 197, Kap. cxxi, p. 211, Kap. cxxx, p. 291, Kap. clxv).

山中使用尼泊尔语的人们甚至保留了过去使用这些贝壳作为货币的记忆："我连一个破贝壳都没得花"，意思就是"我没有一个铜钱"。[①] 贝壳有一个坚硬的光泽釉面，类似于瓷器。porcellana 这个词也是猪这个词的小称词，这个词与一枚贝壳的形状联系在一起，使早期在印度旅行的意大利人产生了联想记忆。

## 西藏人饮茶始于唐朝

茶叶最初作为药物传入西藏、新疆和蒙古等地区。人们将茶叶蒸过后压缩成砖块，然后沿着陆路网络进行运输，这一交通网络被云南大学教授木霁弘和陈保亚命名为"茶马古道"，即从云南穿过四川到达西藏和更远的地方。[②]

图 2.19　永乐皇帝（1403~1424 年在位）统治时期烧制的景德镇青花瓷器，六田知弘（Muda Tomohiro）摄，大阪市立东洋陶瓷美术馆。

这种"边销茶"的质量标准低于在汉地消费的茶叶，运输也较为困难。茶商们不得不沿着险峻的悬崖，走弯弯曲曲的小路。青藏高原上并没有茶树，事实上也几乎没有长得很高的树。很明显，藏人从向他们提供茶叶的人那里借用了"茶"这个词。藏语书面语中有 *ja* ཇ་ 的形式，拉萨中央区域方言的 75
低声调发音为 [tɕʰa̱]，再往东到甘孜（dKar-mdzes དཀར་མཛེས་）的巴塘（ḥBaḥ-thaṅ འབའ་ཐང་）等地区则发音为 [tɕa̱]。

由于唐太宗（626~649 年在位）将唐朝边疆的稳定性提高到了战略高度，因此唐朝时西藏边茶贸易得到了进一步发展，以满足政府对马匹的需求。一方面唐朝政府需要骑兵来保护边境免受好战的游牧部落的袭击，以安抚西部边境、巩固领土利益和统一国家。另一方面，西藏也需要茶来补充调剂青藏高原的单调饮食。

为了安抚尚武的藏人，公元 641 年，（唐太宗）把文成公主赐给藏王松赞干布（605~650 年在

① 与这一古老的表达方式相反，今天很少有尼泊尔年轻人会使用尼泊尔语单词"kampanī"这一代表印度卢比的词来指代东印度公司卢比。20 世纪 80 年代，尼泊尔东部村庄的六旬老人和七旬老人仍然保留"rupaiyā̃"一词，用于表示尼泊尔卢比，并将印度卢比称为"kampanī"。现在，人们将尼泊尔和印度货币的英文缩写为 N.C. 和 I.C。年长的尼泊尔人仍使用 cārānā（4 个安娜，annas）、āṭhānā（8 个安娜）和 bāhrānā（12 个安娜）这一说法，分别为 25 印度铜币（pice）、50 铜币和 75 铜币。(annas 为英属殖民地印度时期货币单位。——译者注）

② 最近，有几本很受欢迎的书讲述了通往西藏的茶马古道，例如 Jeff Fuchs. 2008. *The Ancient Tea Horse Road: Travels with the Last of the Himalayan Muleteers.* Toronto: Viking Canada; Michael Freeman and Selena Ahmed. 2011. *Tea Horse Road: China's Ancient Road to Tibet.* Bangkok:River Books。

位）（应为 629~650 年在位。——编者注）作为配偶。在后来宋代编纂的《新唐书》中，记载了一个可能是虚构的传说故事，即把将茶叶引入西藏宫廷归功于文成公主。据说茶叶是她嫁妆的一部分。
76 然而，西藏本土文献却将茶传入西藏归因于松赞干布的孙子。[①] 这些历史资料中记载的传说可能只是反映了茶作为饮料被引入西藏的史实，因为茶在西藏原本肯定是作为药使用的，或者更早时就被认为是可以食用的，这一点可以从西藏西部发现的公元 2 世纪时的阿里故如甲木墓地得到证实，在那里，人们发现茶叶与大麦和其他植物混合在一起。[②]

茶丰富了青藏高原的单调饮食，并为人们带来了许多营养。藏族人用盐和黄油调制后喝茶，他们经常在茶中加入松子和一种被称为“糌粑”（rtsampa）的烤大麦和小麦粉的混合物，制成一种叫作“斯巴格”（spags）的美味淀粉食物。虽然后者更类似于粥，但藏人也用“ja-ldur”这个词来表示一种以茶为基础的麦粥，这种粥往往比较稀。上述两种食物都可能含有沏茶时不经意间倒出的茶叶。在评估阿里地区噶尔县的考古发现时，必须始终思考一点，那就是古代的“糌粑”是否可能与从茶叶之乡引入的腌茶混合食用的问题。为了满足与西藏茶叶贸易的需要，唐朝还特意在四川设立官办茶叶种植园来生产茶叶。茶马之路过去常由华北和华东
77 进入西藏。

图 2.20　在锡金、不丹、中国西藏以及受藏文化影响的中亚和东亚地区，盐渍酥油茶是通过搅拌制成的。在锡金北部的拉冲（Lachung），Künzang Namgyal Lachungpa 的母亲在演示酥油茶搅拌。其中粗红茶包括大的干碎茶叶和茎，用来搅拌咸味的黄油茶，在德仁宗克（Drenjongke）语中它被称为“中国茶”。

一条主要的贸易干道经由雅州（自 1729 年以来一直被称为雅安，靠近现在的成都）进入西藏，另一条更靠南的路线从普洱经由昆明到西藏。具有历史讽刺意味的是，近年来，茶叶开始在西藏东部历史上的康区（Khams）种植，而散茶和砖茶则在泸定、九龙和雅江生产，这些地方自 1950 年重新划定西藏和相邻省份的边界后，分别隶属于今天的四川、（西藏的）察隅和墨脱地区。[③]

在晚唐和宋朝时期，西藏为了从中原获

① Sir Charles Alfred Bell. 1924. *Tibet: Past and Present*. Oxford: The Clarendon Press (p. 25).

② Lu et al. (2016).

③ Patrick Booz. 2006. *Tea for Tibet: Tea, Trade and Transport in the Sino-Tibetan Borderlands*. Oxford University: M.Phil. thesis (p. 42). With respect to the loss of aspiration in non-initial syllables and the rules govern ing tonal assimilation and dissimilation in polysyllabic words in central Tibetan dialects, cf. Felix Anton Haller. 2000. *Dialekt und Erzählungen von Shigatse* (Beiträge zur tibetischen Erzählforschung, 13). Sankt Augustin: Vereinigung für Geschichtswissenschaft Hochasiens Wissenschaftsverlag (pp. 36, 39); Felix Anton Haller und Chungda Haller. 2007. *Einführung in das moderne Zentraltibetische auf Basis des Dialektes von Shigatse, westliches Zentraltibet (Tsang)*. Bern: unveröffentlichtes Manuskript (pp. 28–31).

得茶叶而开展茶马贸易。茶叶可以在运输途中保存长达 4 个月，牦牛和骡子在茶马古道通过的部分地区被用作役畜，即使如此，许多小路也只有在某些季节才能通过。贸易路线经过许多民族和操不同语言族群的领地，其中一些古道比中国的茶马贸易还要古老得多，但在唐朝，这些贸易要道获得了新的意义。这些古道甚至一直使用到第二次世界大战，作为从印度进入中国的货物通道。

当时唐朝政府饲养了超过 76 万头的马群，放牧在陕西、宁夏以及甘肃河西走廊，这一地区在 8 世纪中叶被统一后的吐蕃所夺取。唐玄宗（712~756 年在位）时唐朝处于鼎盛时期，但帝国军队于公元 751 年在锡尔河（Jaxartes）流域的阿特拉赫（Artlakh）战役中被阿拉伯人击溃。后来，帝国还遭到了来自西方的吐蕃人、突厥人以及来自东北方的高丽人和来自西南部的南诏王国的袭击。

直到 9 世纪，唐朝仍然经常遭受吐蕃人的袭击，政府被迫每年向拉萨进贡，以安抚好战的藏人。当唐朝政府大胆地拒绝向吐蕃朝廷进贡时，吐蕃军队于 763 年攻占了长安，并一度将赤松德赞（Khri-sron lDe-btsan，755~797 年在位）的姐夫封为唐朝皇帝。[ 此处应为作者考证错误。实际上，公元 763 年第 37 任藏王赤松德赞趁唐朝安史之乱攻入长安时，所立伪皇帝为广武王李承宏（李治之孙、李守礼之子），从血缘亲属关系来看，李承宏是金城公主李奴奴（798~739 年）的弟弟，金城公主和亲时嫁与第 36 任藏王赤德祖赞，赤松德赞极有可能是金城公主之子，从辈分来看，李承宏是他的舅舅，而不是姐夫（brother-in-law）。但是，由于金城公主和亲前，被唐中宗李显（李治第七子）收为养女，而李显又是金成公主的生父李守礼（李治第六子李贤的次子）的叔叔，所以在礼法来看，金城公主和其生父李受礼变成了同辈，而作为李守礼儿子的李承宏则从弟弟变成了侄子。赤松德赞生母是否为金城公主不可考，但如以金城公主儿辈来论，则李承宏算是他的表哥也说得过去。——译者注 ]

茶对货币史产生了持久的影响。首先，压缩的茶砖，藏语叫 ja-sbag，过去本身就是当作货币使用的。传统上用纸或竹叶包装的茶砖是为了便于商队运输而设计的。此外，不仅茶砖被作为货币单位，连最早的纸币也起源于茶叶贸易。[①] 在 8 世纪，这种繁荣的贸易中没有一种方便的货币来支付大量款项，为了促进中国东南部与都城长安之间的茶业贸易，“飞钱”被创造发展出来。这些便于交换的票据 78
作为茶商之间的本票，有效地发展成为纸币，[②] 半个世纪后马可·波罗将是第一个观察到这一现象的西方人。[③]

茶马贸易在唐代占有重要地位，这种贸易在随后的宋代变得更加重要。除了盐铁税外，茶叶税

① The fiction of money as such is not a Chinese invention, however. Collective fictions such as gods, games, stories and myth, nation states such as the United Provinces or the Union of Soviet Socialist Republics, corporations such as the Dutch East India Company or Rolex and other game realities which sustain the fabric of our societies are essentially semiotic constructs. The dynamics and dimensions of make-believe and cooperation in our ancestors changed fundamentally and forever with the emergence of language. The behaviour of human language stems directly from the nature of the linguisticsign, the propensities of meanings as non-constructible sets and the way in which we humans have evolved to use them (George van Driem. 2001. *Languages of the Himalayas: An Ethnolinguistic Handbook of the Greater Himalayan Region, containing an Introduction to the Symbiotic Theory of Language* (two volumes). Leiden: Brill, pp. 39–97).

② Julius von Klaproth. 1822. *Sur l'origine du papier-monnaie (Mémoire lu à la Séance de la Société Asiatique du 1er. Octobre 1822)*. Paris: Imprimerie de Dondey-Dupré; Stefan Balázs. 1931, 1932, 1933. ‘Beiträge zur Wirtschaftsgeschichte der T'ang-Zeit’, *Mitteilungen des Seminars für Orientalische Sprachen an der Friedrich-Wilhelms-Universität zu Berlin*, XXXIV: 1–92; XXXV: 1–73; XXXVI: 1–62.

③ Benedetto (1928: 136, Cap. CXLIII); Yule and Cordier(1903, II: 152; Book II, Ch. LXVII); Guignard (1983: 232, Kap. CXLIII).

为中国政府带来了最大的收入。尽管中国人从汉朝开始就使用骑兵，但他们从来没有成为非常熟练的骑兵。同样，中国人从来没有像草原游牧民族那样擅长养马，而后者依靠马维持日常生活。此外，为了采购组建骑兵用的马匹，唐朝政府依赖于潜在的敌对政权供应商，比如吐蕃和回鹘。回鹘汗国（Uighur khaganate，744~840 年）也与唐朝开展茶马贸易。

然而，与回鹘人和藏人不同，西夏人和契丹人不会把马卖给宋朝。西夏位于今天中国北部，西夏曾与宋朝作战。这一藏缅语民族的领地覆盖了今天的广大地区，包括宁夏、甘肃、青海东部、陕西北部、新疆东北部、蒙古西南部。843 年，西夏城市兰州曾被唐朝占领，但后来又回到了西夏人手中。（此段涉及的“西夏”在唐宋时历经“党项”“夏”“大夏”等称呼，对于兰州归属的史实也存疑。——译者注）

## 茶税的征收始于唐朝

由于茶叶贸易突然兴旺起来，公元 782 年，在唐德宗皇帝（779~805 年在位）统治下挥霍无度的政府中，一位有权势的官员赵赞提议对茶叶生产征收 10% 的税。然而，唐朝政府很快发现自己无法有效地实施这一税收政策，因为尽管四川地方权贵官员会向百姓精确征税，但随后上交朝廷时却经常扣缴收入或仅仅支付一部分。[1] 然而德宗皇帝依然非常乐于引入这一新的税种，因为这成为他加强对地方军政控制的策略之一。

德宗皇帝不只征收农田税，还对房屋和商业交易征收新税，然而，这也导致了叛乱，并造成了朝廷宦官权力的壮大。783 年，长安的士兵因伙食太差而叛变，叛军袭击了皇宫，迫使德宗皇帝逃到奉天（今陕西咸阳），由此各项税收才得以暂停。尽管叛乱最终被平息，但代价惨重。

十年后，也就是 793 年，唐朝在德宗皇帝的统治下开始对茶叶征收 10% 的新税，这项新的消费税是政府针对茶叶贸易而不是茶叶生产征收的。在福建、安徽、浙江、四川和山南道，这项税收的管理
79 很快导致地方官员滥用权力，他们对强制使用特别设立的中转仓库收取极高的储存和过境费。

唐穆宗（820~824 年在位）继位后，茶叶税税率在 821 年提高到 15%，而茶商则通过提高每斤茶叶的标准重量来对抗税赋，政府则随即又将茶叶税提高到 25%。于是，茶商提高斤的标准来对抗高税收，而政府提高对每斤茶叶的税率进行遏制，这就形成了一个恶性循环。对每斤茶叶的税率在 835 年再次增加，然后在唐武宗（840~846 年在位）统治时于 840 年再一次增加。到 865 年，淮河、长江地区茶叶贸易的标准斤的重量增加了 300% 以上，直到政府干预下才恢复了原来的度量标准，政府还对茶叶征收了附加税。

许多茶园成为皇室的财产，这些茶园主要为皇帝和他的朝臣们生产茶叶，私人茶园也继续蓬勃发展。然而，唐朝政府突然着手将茶叶生产国有化。835 年，唐文宗（827~840 年在位）时期贪婪的宰相王涯和政府官员郑注建立了一个垄断茶叶的部门名为“榷茶使”，并下令将私有茶园中的所有茶树移植到官办种植园，并销毁所有私人储备的待制茶叶。

---

[1] Denis Crispin Twitchett. 1970. *Financial Administration under the T'ang Dynasty* (second edition). Cambridge: Cambridge University Press (p. 62); Smith (1991: 86–87).

在随后发生的动乱中，王涯和郑注都下台了，死于“甘露之变”的血腥阴谋之中，宦官们在那次阴谋中重新执掌政权。以“七碗茶”诗闻名的诗人卢仝也被杀害，因为他和他的朋友宰相王涯在逃亡避难的永昌茶馆里被一起抓获。于是，茶叶生产国有化的措施实施不到两个月就被废除了。

然而，骚乱仍在继续，茶叶生产也由此中断。尽管唐朝政府试图在836年恢复旧的税收制度，但直到840年才恢复对税收的控制。839年，宰相崔郸（839~840年在任）甚至建议彻底废除茶叶征税制度。由于这一提议没有得到落实，从840年开始，茶农们便经常直接将产品送到茶商手中，从而绕开征税官。随着政府一次次提高茶叶税率，这种做法变得越来越普遍。848年和852年，政府对茶叶征税制度进行了改革，但茶叶非法自由贸易持续繁荣。与此同时，贪婪的税收制度继续被各省权贵滥用，各地政府常未经中央政府授权就进一步加征地方税费。①

## 包围圈中的宋朝

唐朝灭于907年，经过55年（应为53年。——编者注）的动乱，宋朝于960年由开国皇帝宋太祖赵匡胤建立。宋代是一个文化高度发达的时期，然而宋朝仍然处于危机四伏之中。当西夏国和辽国统治着长城沿线的北部边境时，金国则把宋朝驱赶到了南方，但南渡的宋朝也最终灭于蒙古铁骑之下。宋朝的前半段时期被称为北宋，一直持续到1127年。当时宋被操通古斯语的（Tungusic）金人从位于黄河南岸的汴梁（这座城市今天被称为开封）驱赶南下。

公元965年，宋朝统一了产茶的后蜀国。973年以后，政府对茶叶的税收逐渐减少。然而，从980年到1059年，宋朝政府在财政上限制了四川省内的茶叶贸易，同时也限制了面向西藏边境部落以及南部、西南部的蛮夷部落的茶叶贸易。在中国东南部，宋朝实施了茶叶垄断，由政府负责从东南部向利润丰厚的西北边疆市场销售茶叶。
与此同时，四川的茶叶生产商主要坚持使用茶饼，80
即使东南部的茶叶生产商已经开始大量转向散茶。10世纪70年代，西藏成为四川的主要顾客，来自名山县（现为雅安市名山区。——译者注）的

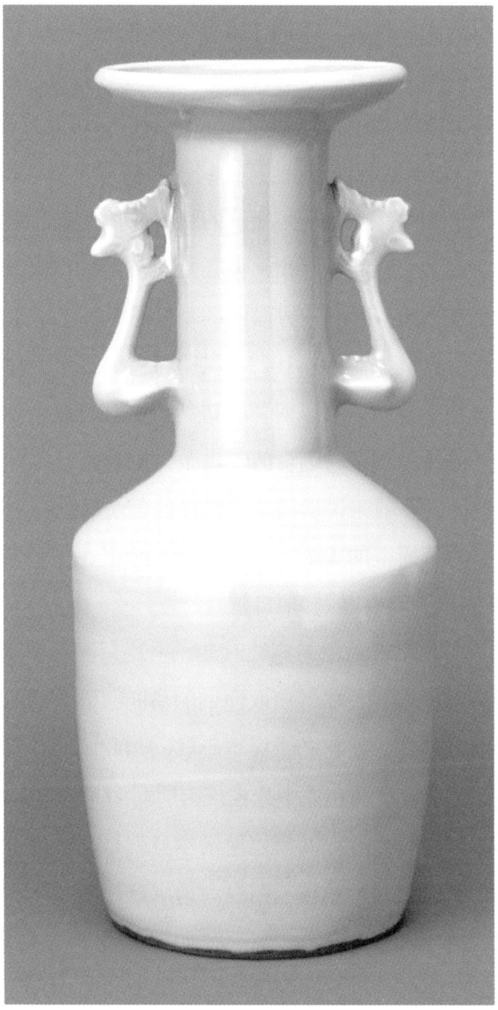

图2.21　凤凰柄青瓷龙泉花瓶，使用了13世纪南宋时期的新式陶瓷釉料。由六田知弘拍摄，大阪市立东洋陶瓷美术馆。

① Twitchett (1970: 62–65, 285–289).

茶是藏族商人的最爱。

从宋代开始一直到清代，由于在运输保存上的持久实用性，茶饼是四川卖到西藏的茶叶的主要样式，那时四川每年向西藏销售 1200 万斤茶叶。在明代，茶马交易中的马匹从 50 斤茶叶一匹的低端役马到 120 斤茶叶一匹的高端种马不等，平均每匹马的价格在 70 斤茶叶左右。以一斤茶叶约 600 克为计，马匹的价格在明朝等值于 30~72 公斤茶叶。直到 20 世纪初，茶砖一直作为有效货币单位与西藏当
81 地货币一起使用。[①]

宋朝被西夏、金、辽、回鹘和蒙古包围，宋朝在有防御工事和长城保护的边疆地区保持着超过 125 万人的常备军。宋朝号称拥有钢铁武器和使用火药的燃烧弹。然而，在 11 世纪，宋朝人几乎输掉了他们对西夏的所有主要战役。面对机动性很强的骑兵，宋朝的技术优势被证明是有限的，西夏人在开阔的草原上可以消灭十倍于自身数量的步兵。由草原游牧骑兵发动的机动灵活的骑兵战证明，宋朝的敌人在对抗由步兵保护的、脆弱的农耕定居人群方面具有决定性的军事优势。

在 1003 年，西夏攻占了灵州。后来，他们又在 1011 年占领了凉州周围地区，1028 年占领甘肃边境的更多地区，关闭了大部分的马匹贸易。西夏人攻占甘肃越是深入，宋朝政府就越要依靠青海湖地区的藏人来养马。青海湖在蒙古语中名为“青色的湖”（Köke Nur）。这个内湖通常出现在较为古老的西方地图集中，被称为 Koko Nor，汉语名“青海”也是依照藏语起的名字。

宋朝朝廷敏锐地意识到，西夏与吐蕃结盟可能会对其安全造成危害。在 1040 年至 1044 年的西夏战争期间，宋朝马匹短缺的情况非常严重，需求量远远超过了供给量。虽然宋朝在 1041 年成功地从西夏人手中夺回了兰州，但在 1044 年战争结束时，宋朝与西夏达成了和平协议，宋朝被迫每年向西夏进贡 3 万磅茶叶。一方面宋朝政府需要这些草原民族的马匹，另一方面宋朝也容易受到这些民族的攻击。

宋真宗（997~1022 年在位）为政府干预和控制茶叶贸易奠定了基础，他在位时，当局设立了贸易站和中转站，可以对货物进行检查和征税，对茶叶贸易的管制也变得严厉起来。在北宋时期，即便是常被作为贡茶的名贵的蒙山茶，也一度只允许用于边境贸易，以换取朝廷保护帝国北疆所急需的马匹。然而，一般来说卖给草原民族的茶是最差、最苦的含茎和枝的茶叶。从某些方面而言这是合乎逻辑的，因为草原上的人们把茶和黄油、盐混在一起食用，除了最浓郁的香气和最苦的涩味，这种食用方法会破坏任何东西的其他口感。

在北宋的贸易高峰时期，平均每匹马要卖到 60 公斤茶叶。茶叶被打包好并从四川雅州运到拉萨。汉人从吐蕃人那里换取他们的马匹，因为金人并不准备把马卖给宋朝从而武装对手。宋朝政府需要数十万匹马，茶叶产量根本不够。与此同时，马和茶的贸易也不平等，因为茶饼在旅途中可以保存得很好，但许多马在途中死亡或因孱弱而无法投入战斗。

当时，青海湖周边地区本身就是一个独立政权，11 世纪中叶，青海湖王国的藏人在与西夏人多次交锋失利后，站在了西夏一边。这切断了宋朝大部分的马匹供应来源，为了应对这一危险局面，宰相

① Wolfgang Bertsch. 2009. ‘The use of tea bricks as cur-rency among the Tibetans’, *The Tibet Journal*, XXXIV (2): 35–80 [ursprünglich erschienen als Wolfgang Bertsch. 2006. ‘Der Gebrauch von Teeziegeln als Zahlungsmittel bei den Tibetern’, *Der Primitivgeldsammler, Mitteilungsblatt der Europäischen Vereinigung zum Sammeln, Bewahren und Erforschen von ursprünglichen und außergewöhnlichen Geldformen* (Rüsselsheim), 27 (1): 19–51].

图 2.22　宋真宗（997~1022 年在位）为宋朝政府干预和控制茶叶贸易奠定了基础。台北故宫博物院藏画。

图 2.23　一个南宋时期的八角斜边青瓷官窑花瓶，六田知弘拍摄，大阪市立东洋陶瓷美术馆。

王安石于 1069 年制定了一项全面的社会经济和军事改革方案，史称“新法”。

最初，新法的实施使得持续了 80 年的东南茶叶垄断地位中止，迎来了此后 15 年的茶叶自由贸易。
新法在整个宋神宗（1068~1085 年在位）时代系统铺开，包括针对束缚私人商业的财政举措，用以推 82 
动宋朝开疆拓土，试图促进经济增长来持续维持日益四面楚歌的帝国防御体系。

到 11 世纪中叶，宋朝政府每年需要购进 2.2 万匹马来补充减少的战马，此时宋朝的马匹中只有一部分是能够用于作战的战马。由于北部的官办草原被侵占，宰相王安石意识到宋朝政府自己的牧马计划无利可图。到 1065 年，马匹和茶叶贸易占政府税收的 43%。与此同时，在 1008 年仍有 20 万匹马的官办牧群，到 1069 年时已减少到 15.3 万匹。[①]

尽管汉朝、唐朝以及后来的明朝政府都能够从一个并未统一的草原上获得马匹，但是宋朝政府不得不从敌对的大一统帝国统治下的草原牧民那里购买马匹。其结果是茶马贸易过度，草原游牧民族经
常喝到最差的茶，而宋朝人经常得到质量最差的战马。[②] 地缘政治局势是造成四川茶叶质量下降，以及 83
宋朝政府为了支撑长期战争而采取的税收政策的罪魁祸首。

随后，宋朝政府再次转向茶叶税这一经过时间检验的策略，1070 年，第一个茶叶税务机构 [ 此处

① Smith (1991: 1).

② Smith (1991).

图 2.24　宋代龙泉青瓷荷叶碗，17.4 厘米。图片由伦敦苏富比拍卖行提供。

应为熙宁二年（1069）北宋政府在四川成都府设立的“市马务”。——译者注］在四川成立。1074 年，茶马司成立，政府成为市场上唯一的合法买家，在四川形成了茶叶垄断。用保罗·史密斯（Paul Smith）的话来说，在茶马司成立后的 10 年内，四川“本地化的高品质茶产业，已经转变为面向远程国营市场的低质量茶的批量生产商”。[①]

这一系列举措恢复了四川的茶叶贸易，但对茶产品质量产生了不利影响。茶叶税所得款项被转用于资助政府与青海湖藏人的马匹贸易，宋人从青海湖藏人那里获得的马匹随后主要被饲养在陕西的牧场上。宋朝政府利用了四川茶叶贸易的突然繁荣，实际上使得聪明的官僚取代了私商成为四川茶叶的主要销售商。

公元 1085 年宋神宗去世后，一批反对新法的官员在新听政的宣仁太后领导下团结起来。但在四川，政府系统中贪婪的茶叶贸易代理人长期有效地控制着贸易，直到旧改革者于公元 1094 年重新掌权，四川茶马贸易便迅速恢复如常。当时，由于政府垄断对茶叶种植户产生了不利影响，打击茶叶走私的法律被视为不公正的，而且市场的衰退，没收、税收的负担加剧以及茶叶种植户无法自由进出茶产业市场等问题，都使得政府对茶叶自由市场的扼杀日益严重。

因此，茶马司不仅在随后 1086 年的改革逆转和 1103 年陕西东部的失利中幸存了下来，甚至在 1127 年金朝征服了中国北部、兰州落入西夏人之手、北宋王朝放弃了都城汴梁而南逃等一系列状况下，依然得以维系。1127 年北方的都城被金人攻破沦陷后，宋朝于 1132 年迁都到了临安，这个城市如今被称为杭州，就在美丽的西湖边上。

茶马司于公元 1137 年恢复运作，但政府茶叶经纪人滋生的官僚作风使得茶马贸易进一步衰落。茶马贸易之所以繁荣，是因为它满足了骑兵对战马的需求，而且在货币危机之际，以物易物也满足了贸易双方对商品耐用性和可运输性的要求。[②] 然而，随着政府对自由市场的破坏，茶马司的作用持续减弱。

84

图 2.25　金代（1115~1234 年）一个巨大的钧瓷碗，碗口呈乳白淡蓝色，名为“月白釉”，六田知弘摄，大阪市立东洋陶瓷美术馆。

12 世纪下半叶，由于政府财政政策的局部影响以及随之而来的茶叶产业萧条，茶匪团伙猖獗。从 1074 年建立这一垄断到 1204 年有记录的结束，这段时间内，根据每 100 磅茶叶的“长引”（长期许可证）来计算，茶马司共监管了 3000 万磅茶叶。[③]

① Smith (1991: 76).
② Booz (2006: 16).
③ Smith (1991: 69).

为了建立税收国家，宋朝将唐朝时的前地方贵族和乡村贵族招募为新的国家官僚。在唐朝时期，世袭贵族掌握着最大的权力和社会影响力，有唐一代，四川当地精英阶层通过这种方式成功地对抗了政府的控制。从 11 世纪开始，由于新的市场管制，当地人转而接受政府的控制，而在唐朝灭亡后，精英家族转而派他们的儿子在新的宋朝官僚机构中担任官吏。

公元 1235 年，蒙古人占领了兰州。尽管骑兵变得越来越重要，但是宋朝骑兵的马匹战斗力变得越来越弱。直到 1279 年，宋朝都未能发展和维持一支与其竞争对手战斗力相当的骑兵，而他们的竞争对手则获得了宋朝最初超越草原游牧民族的许多先进的武器技术。忽必烈的军队在 1279 年征服了宋朝。1279 年 3 月 19 日，南宋宰相和年幼的皇帝于崖山之役中在珠江三角洲投水殉国。蒙古人接管并统治中原，建立了元朝（1271~1368 年）。

## 宋朝的精致之道

宋朝以其精致的审美艺术著称。精美的上釉青瓷在各种玉石般光泽的笼罩下极其完美，[①] 其中淡色的橄榄灰陶瓷器被称为越瓷，产自越州，越瓷还只是宋朝前期的简单制品。令人叹为观止的还有带有青金色、天青色、紫色以及绿松石色釉面的钧瓷，其色泽光彩夺目。宋朝时，中国山水画和书法在追 85
求自然表现的过程中达到了新的高度，佛教禅宗也获得了极大的发展。与这一时期艺术的崇高之美相匹配的，还有加工、生产和调制上等茶叶的技术水平的提升。

图 2.26　金代（1115~1234 年）饰有薰衣草花纹的天青色钧瓷碗，由纳斯利 · 蒙切尔萨 · 赫拉马内克（Nasli Munchersa Heeramaneck）捐赠给洛杉矶县立艺术博物馆。

在 11~12 世纪，茶叶出现了从紧压茶转向散茶和抹茶的变化发展趋势。社会上层人士更喜欢散茶的自然味道，而不喜欢茶饼加工对茶味的改变。根据诗人刘禹锡（772~842 年）的说法，我们知道唐朝时就已经煎制散茶，就其重要性而言，散茶在南宋末期就已经取代了茶饼。[②] 在这一时期，写于约 1060 年的《本草图经》包含了现存的第一幅茶树插图，并将茶描述为一种药用之物。[③] 与此同时，随着散茶在宋朝精英阶层中的流行，在 11 世纪 70 年代和 80 年代，引入了用于加工

① The western name celadon is taken from the name of the amorous protagonist of the novel *L'Astrée* by Honoré d'Urfé (1567–1625), published in five parts in the years 1607, 1610, 1619, 1627 and 1628. The precise authorship of the posthumous parts of the novel con tinues to form a topic of scholarly controversy. The main character *Celadon* was a shepherd who wore a dull green robe, whence the chromatic association with the porcelain. The name *celadon* still served as a byword for amorousness when *Qīngcí* 青瓷 porcelain first acquired this name in the West. In later editions, the name of the shepherd appeared in the modern French orthography *Céladon* (Honoré d'Urfé. 1607. *L'Astrée de messire Honoré d'Urfé, Les Douze Livres d'Astrée où, Par plusieurs Histoires et sous personnes de Bergers et d'autres, sont déduits les divers effets de l'honneste amitié* [I[re] partie]. Paris: Chez Toussaincts du Bray).

② Huáng (2000: 523, 528).

③ Marié (2008) in Raibaud and Souty (op.cit., pp. 113–114).

茶叶的石磨，水磨磨成的茶粉在北宋都城汴梁变得非常流行。但从某种意义上来说，这一繁盛时期是中国茶史上缺失的一环，因为宋朝代表了茶文化发展过程中一个有影响力却被遗忘的篇章。

宋朝茶文化不仅塑造了后来的形态，而且对日本茶文化产生了深远的影响。日本人保留着对粉末状绿茶的喜爱，并将其升级成抹茶，而这种做法在中国被废弃和遗忘了。[①] 因此，当荷兰海员来到东方时，他们并没有观察到在中国喝粉末茶的情况，因为在中国这种做法早就被抛弃了。相反在日本，粉末茶在当时已经成为饮茶的主要方式。

公元 1655 年，荷兰东印度公司向顺治皇帝（1644-1661 年在位）派遣了使节团。荷属东印度驻巴
86 达维亚总督约安·马特索科尔（Joan Maetsuycker）派遣了皮埃特·德·豪伊尔（Pieter de Goyer）和雅各布·德·凯瑟尔（Jacob de Keyser）[②] 两位大使以及使节约翰·纽霍夫（Johan Nieuhof）经广州前往北京。纽霍夫在中国一直待到了 1657 年，1665 年他的哥哥亨德里克（Hendrick）在阿姆斯特丹出版了他的旅行记录。约翰·纽霍夫第一次提到茶，是关于鞑靼人制作茶饮料的方法。

图 2.27　刘松年（1174~1224 年）描绘宋代茶叶研磨过程的画作，台北故宫博物院收藏。

① 自过去的几年起，杭州周边地区的中国茶叶生产商才再次开始生产抹茶。今天，吴裕泰公司销售粉状绿茶，装在 15 个单独包装的小盒子里。如包装盒上所示，每包装 1.5 克绿茶粉，足够做一碗日本抹茶或作为冰沙饮料的配料。这种新产品，在一些中国茶店有售，它能制作出一碗可以饮用但口感粗糙的抹茶，因此它目前的状态更适合制作泡沫丰富的绿茶奶昔。

② 这个使节的名字由约翰·纽霍夫（Nieuhof）拼写成 Jakob de Keyzer、Jacob de Keyser 和 Iakob de Keizer（Johan Nieuhof. 1665. *Het Gezantſchap der Neêr-landtſche Ooſt-Indiſche Compagnie, aan den grootenTar-tariſchen Cham, den tegenwoordigen Keizer van China: waar in gedenkwaerdighſte Geſchiedeniſſen, die onder het reizen door de Sineeſche Landtſchappen, Quantung, Kiangſi, Nanking, Xantung en Peking, en aan het Kei-zerlijke Hof te Peking, ſedert den jare 1655. tot 1657. zijn voorgevallen, op het bondigſte verhandelt worden: beneffens Een Naukeurige Beſchryving der Sineeſche Steden, Dorpen, Regeering, Wetenſchappen, Hantwerken, Zeden, Godsdienſten, Gebouwen, Drachten, Schepen, Ber-gen, Gewaſſen, Dieren, &c. en Oorlogen tegen de Tarters.* Amsterdam: Jacob van Meurs）。

用餐之初，豆汤就被准备好给使节们饮用，或者有时候是一种中国人称之为“cha”或“the” 87
的饮料（因为这片土地上的名流和有头衔的贵族们习惯于在任何时候都以此来作为待客之道）。这
种饮料是用药草制成的，我们稍后将更详细地讨论它：他们抓半把这种药草或茶投入洁净的水中 88
剧烈地沸腾，然后在浸泡过的药水中加入温热的香甜牛奶，并使之尽可能地热，这样牛奶就占了
饮料的四分之一，再加入少许盐，然后他们一起啜饮。中国人赞美这种饮料，就像炼金术士赞美
预言家的水晶石或可饮用的黄金一样。[①]

在第二卷的一个段落中，纽霍夫对比了他在中国、日本和北方鞑靼人中观察到的饮茶方式。

中国人和日本人在泡茶方法上也有很大的不同。日本人把叶子捣成非常细的粉末，和沸水在一个小碗里混合，在小碗里加入大约两到三勺混合后的液体，然后他们以一种吸食的方式趁热啜饮。中国人则把一把叶子扔进一个装有热水的小碗里，在叶子的活力溶入水中之后，他们就开始趁热饮用，同样他们还会发出啧啧的啜饮声。一些鞑靼人拿出一把这种茶叶，把它们扔进沸水中，按照四份热水一份牛奶的比例进行混合，然后加入一点盐，同样他们以啜食的方式饮用这种温茶，但用的是镶有银边的木杯。[②]

纽霍夫提到喝茶的鞑靼人使用的衬银木碗，这种碗对于在不丹喝茶的任何人来说都是耳熟能详
的，因为同样的传统器皿，即银衬杯至今仍在不丹被用来饮用酥油茶，这是高原藏族和草原鞑靼人
共有的古老传统。[③]不丹宗卡语（Dzongkha）中的“酥油茶”（sûja）一词似乎与藏语对茶的一般敬语 89
“gsolja”是同源的，尽管在不丹宗卡语中这个词的拼写方式似乎是从藏语“搅茶”（ja-srub）中获得
的灵感。[④]纽霍夫在顺治年间所访问和观察到的鞑靼人，可能是中国北方的蒙古人或满族人。

① Nieuhof (1665, Vol. I, blz. 46).

② Nieuhof (1665, Vol. II, *Algemeene Befchryving van 't Ryk Sina*, blz. 123–124).

③ In the context of Bhutan and Sikkim, Dzongkha is romanised in the phonological transcription called Roman Dzongkha (Karma Tshering of Gaselô and George van Driem. 1998. རྫོང་ཁ། Dzongkha. Leiden: School of Asian, African and Amerindian Studies). The Dränjongke language is romanised in a phonological system called Roman Dränjongke, which is consist ent and compatible with the conventions of Roman Dzongkha, but which respects the particularities of Sikkimese phonology. In Bhutan and Sikkim, the silver lined cups are used not just for drinking tea, but also serve as receptacles for the side dish of vegetables or meat that is eaten with the rice. One or two of these cups are traditionally wrapped in a cloth and placed inside the personal two-part disc-shaped rice dish made of woven bamboo and called a b'angcu བང་ཅུང་།, which is taken along when travelling from village to village, characteristically carried inside one's g'ô. In Sikkim, a b'angcu is referred to by the Dränjongke term pelung. It may be taken as a sign of the times that the author has misplaced his own b'angcu and silver lined cups, though these were constantly in use during his linguistic work in Bhutan from1989 throughout the '90s and noughties. Many of the author's friends have evid ently misplaced their own b'angcu and silver lined cups. Nowadays, phôp 'ngöshecem ཕོབ་དངུལ་ཤན་ཅན། are avail in Thimphu and Gangtok mainly from handicrafts and antique dealers.

④ The written Tibetan gSol-ja གསོལ་ཇ [soētɕɑ̄] explains the vowel length in the first syllable in the corresponding Dzongkha and Dränjongke forms. In Dzongkha, a long vowel in the first syllable is not suggested by the innov ative Bhutanese orthography, but apophonic vowels such as /ö/ are treated in Dzongkha phonology as long vowels. However, the timbre of the vowel in the first syl lable has come to differ in Dzongkha and Dränjongke from the Tibetan. In Sikkim, the Dränjongke form *sûj'a* differs from the Dzongkha form in having the expected 'soft' devoiced initial in the second syllable.

图 2.28　约翰・纽霍夫（1618~1672 年）刻版肖像画，简・沃斯（Jan Vos，1610~1667 年）绘制，鲁汶大学中央图书馆。

纽霍夫观察到的是 17 世纪的情景。在此之前的 500 年，如果一位游客来到北宋都城汴梁，他将见到一种完全不同的中国茶文化，这个繁荣而迷人的中国艺术和文明时期后来因被蒙古人征服而消失。1279 年崖山之役后，中国文化逐渐衰落，而其中一项失传的优秀艺术就是制备新鲜的粉末状绿茶。在随后的元朝，这种艺术也被中国人所遗忘。1378 年，明朝初期，叶子奇（1327~1390 年）在他的《草木子》中观察到，以前来自江西的粉茶已经不复存在，人们都已改用叶茶。[①]

为了制作这种粉末茶，茶叶首先要蒸熟，阻止天然植物化学物质的氧化，以密封茶叶的本真味道和香味。然后把绿叶晒干，磨成非常细的粉末。传统的抹茶是在一个茶碗里用一点热水，然后用竹制的搅拌器搅成泡沫状的绿色饮料。这种搅拌器，在中国被称为"竹筅"，是由一小段圆形的竹子做成的。竹节的一端完好无损，作为竹筅的柄，其余部分则被纵向劈成细丝，形成一束柔韧的细尖用来搅拌茶汤。端上来的茶被盛放在精致的青瓷碗里，青瓷高贵的绿色调与绿茶的颜色相得益彰。

在宋朝时，点茶的方法是先精心制备粉状绿茶，需要将茶叶磨成细粉，最后搅拌成泡沫饮料。点茶
90 通常采用游戏比赛的形式进行，通过比较不同技艺之下的点茶结果来评估茶叶的质量，并品评茶汤。点茶由几个不同的阶段组成，如烤茶、磨茶、筛茶、煮水、冲茶和搅茶。比赛的这些阶段或单独评比或总体评估，每个阶段都提供了展示制茶最优秀技艺的机会。"点茶"一词的产生要归功于 11 世纪任福建路转运使的蔡襄。[②] 这个游戏很好地反映了宋代中国的时代精神，并成为日本茶道的灵感来源之一。

佛教僧侣被要求过午不食，即在每天中午之后的其余时间禁食，而茶能帮助他们在冥想时保持清醒。由此，冲泡和饮用茶粉便成为禅宗僧侣的一项重要仪式。成书于 1103 年的禅宗律典《禅苑清规》就描述了北宋时期在寺院进行茶事时应遵守的礼仪。《碧岩录》的作者圆悟克勤禅师（1063~1135 年）曾写过一幅著名的书法卷轴，上面写着"茶禅一味"。在日本，这位著名的禅师被称为 Engo Kokugon。

① Stephen D. Ouwyang. 2009. 'Tea in China: From its mythological origins to the Qing dynasty', pp. 10–53 in Beatrice Hohenegger, ed., *Steeped in History: The Art of Tea*. Los Angeles: Fowler Museum at the University of California at Los Angeles (p. 49).

② Huáng (2000: 559).

虽然制作散茶和茶粉在宋朝贵族和僧侣生活中广为流行，但很大程度上出于茶马贸易需要，宋朝时大多数茶仍然被压制成茶饼，而且大多数茶饼都不是最高品质的，因为它们只是专门用于马匹贸易。然而，在宋朝时，即使是压缩成茶饼和茶砖的茶，也更多地以冲泡而非煎煮的方式来饮用。 91

图 2.29 银衬杯照片由普尔巴·策林·布提亚（Phurba Tshering Bhutia）拍摄，承蒙锡金甘托克的纳姆贾尔藏学研究所（courtesy of the Namgyal Institute of Tibetology，Gangtok，Sikkim）提供。

在蜀地彭州的茶叶种植区，茶叶生产商采用了一种可能源自云南的技术，即在阳光下短暂地使茶叶枯萎以产生毛茶。然后将茶叶用蒸或烤的方法加热以降低茶叶的水分含量，也进一步固化茶叶防止其氧化。这种茶可以被压缩成茶砖，这样可以更好地保存茶的味道，而且这种过程据说产生了有史以来最好的茶砖。

图 2.30 “茶禅一味”这句古语的三种书法表现形式，出自禅师 Engo Kokugon 之手，他的中文名字是“圆悟克勤”（1063~1135 年）。

压缩茶也逐渐呈现出艺术样态，随着人们追求时尚和口味的变化而变化。比如，龙凤团茶在太平兴国年间（976~983 年）开始流行，大龙珠茶在咸平年间（998~1003 年）开始流行，而在庆历年间（1041~1048 年），小龙珠茶则被认为优于大龙珠茶。

宋朝时，作为公众聚集场所的茶馆数量激增。品茶斗茶也在学者、文人、僧侣和教士中流行。斗茶是起源于唐朝的一种风俗，但在宋朝尤其是宋徽宗（1100~1126 年在位）统治时期才真正流行起来。在这些比赛中，对茶叶的外观、茶汤的颜色和浑浊度、香气和味道等标准都要进行仔细评判，以评定哪种茶最好，其中一些以鉴赏家“茗战”形式进行的大型比赛甚至要持续好几天。各种精美的茶具都是为了保暖而设计制作的，尽管没有任何文献记载证明，但这些茶具很可能为 17 世纪扬·德·哈托格（Jan de Hartog）在海牙开发的第一把俄式茶炊（samovar）提供了灵感。

宋朝时有许多茶学家撰写了有助于我们了解宋朝制茶方法、栽培类型和奉茶流程，且具有开创性意义的论著。北宋第一部关于茶的技术性论著是由伟大的书法家蔡襄（1012~1067 年）于 1049 年撰写的

图 2.31　宋徽宗（1100~1126 年在位），茶鉴赏家、艺术爱好者、绿茶粉（点茶）大师，台北故宫博物院藏品。

《茶录》。在这部论著中，蔡襄反对在茶里添加调味品，反对用香樟木包装茶饼，因为这些添加剂破坏了茶的固有风味，掺入了杂味。蔡襄自行研制了品质优良的小龙团贡茶。蔡襄还推崇福建西北部的建安茶（现在的建瓯），该茶后来迅速被指定为宋朝宫廷的贡茶之一。

公元 1064 年，另一位诗人宋子安写了一篇名为《东溪试茶录》的著名论作，描述了福建地区茶园的不同位置。另一部主要文献是黄儒于 1075 年撰写的《品茶要录》，讨论了茶叶加工过程中可能会出现和应避免的问题。[①]

最值得注意的是，著名的宋徽宗是一位伟大的茶鉴赏家和爱好者。宋徽宗赵佶是宋神宗的第十一个儿子，公元 1100 年，他的哥哥宋哲宗去世后即位。他最喜欢的散叶茶据说是经过精心加工的白茶，这种白茶还保留着白毫，是从森林悬崖上的野生茶树上采摘制成的。应该记住的是，在宋朝时被称为白茶的茶，可能并不完全符合几个世纪后清朝对茶叶分类的严格定义。宋徽宗还是绿茶粉（点茶）大师。在 1107 年，他撰写了《大观茶论》，作为皇帝，他精辟论述了北宋时期的茶学和茶艺。他强调
92 说，以嫩芽来制备的茶具有独特的风味和有益健康的功效。

作为一位茶叶品鉴大师，宋徽宗将第一泡茶称为乳，他建议使用色泽最深的接近黑色的午夜蓝陶瓷茶碗。他断定，在建瓷茶碗的深色釉面衬托下，冒着泡沫的粉茶郁郁葱葱的绿色将显得格外有生气。他建议茶碗要薄之又薄，但也要深而宽，以便于用竹筅搅拌。这样的碗在今天的中国很少见到，但在日本仍然很受欢迎，在那里，人们仍然经常饮用抹茶。这种黑瓷茶碗有一个显著的特点，就是黑釉上经常装饰和烧制有类似兔毛纹（兔毫盏）、龟壳纹（玳瑁盏）、鹧鸪羽纹（鹧鸪斑）或油滴纹（油滴）的特殊标记。宋徽宗表达了对兔毛纹饰的审美偏好，这种釉料现在主要在日本才能找到。

93 在公元 1127 年金人进犯之前，宋徽宗一直是汴梁茶道的积极践行者。即使没有把茶道作为一种彻底的仪式来实行，一种精致的茶道也已经发展起来，并在贵族圈子里持续了几个世纪。宋徽宗统治时期发展起来的礼仪和仪式在中国将继续传承下去。500 年后，耶稣会会士李明（Louis le Comte）会注意到，文官之间的交往总是伴随着饮茶，而饮茶也遵循着严格的礼仪：

① Huáng (2000: 517-518).

在拜访时，总是奉茶两到三次。此外，还有各种各样的仪式，当一个人端着茶杯，或把茶杯端到嘴边，或是把茶杯交还给仆人时，他都必须遵守这些礼仪。[①]

然而，中国在茶道延续了500年后，经历了近一个世纪的蒙古人统治，由此可能失去了宋徽宗时代茶道的许多特征。事实上，在日本，许多宋朝的行茶法比在中国保存得更为真实完整。尽管宋代行茶法的实践无疑对日本茶道礼仪产生了直接的影响，但日本茶道在其古典形式下的后续发展，似乎是日本本土文化的一大创新。

在中国，宋代茶文化受到了冲击，并且这种对茶文化的冲击一直持续着。1126年，宋徽宗退位给儿子宋钦宗，但一年后，当都城被金人攻占时，他和儿子以及他的几乎整个家族、后宫和朝廷都成了俘虏。他的第九个儿子设法逃走了，在经历了许多挫折之后，这位皇子设法在一个遥远的城市，即长江以南的临安，[②]新建了南宋王朝，史称宋高宗，这个城市就是今天的杭州。 94

学者熊蕃在《宣和北苑贡茶录》中，详细描述了作为贡品的各类茶饼及其名称、包装和尺寸。熊蕃所指的北苑是福建西北部的茶叶种植区建安的一个精致的茶园。此时的北苑茶，常常以龙凤团茶的形式出现，在福建武夷山上精心制作。

下一部著名的作品，可以追溯到南宋时期审安老人的《茶具图赞》。从泡叶茶，到用竹筅把磨细的绿茶粉末搅成泡沫来饮用，这部写于1269年的书描述了宋代茶事的各种器具和方法。

宋朝也出现了大量的茶诗，这一传统在唐朝时已经开始蓬勃发展。著名的茶诗人包括王禹偁（954~1001年）、范仲淹（989~1052年）、梅尧臣（1002~1060年）、欧阳修（1007~1072年）、王安石 95
（1021~1086年）、苏轼（1037~1101年）和他的弟弟苏辙（1039~1112年）、黄庭坚（1045~1105年）、陆游（1125~1210年）等。此外，一个高大的长胡子契丹学者耶律楚材（1190~1244年），也成为茶诗人。这位辽国皇室的后裔后来成为成吉思汗的顾问，并试图对这位伟大的可汗施加文化影响。高傲的宋朝学者传统上对这位契丹诗人采取一种轻蔑的态度，认为他不如宋朝诗人有成就。

图2.32　宋徽宗推崇的一种宋代黑瓷茶碗，用以呈现抹茶泡沫的葱绿颜色，烧制后产生带有兔毛斑纹的釉面，即宋徽宗喜欢的“兔毫盏”，产自南宋时期，1891年爱德华·钱德勒·摩尔（Edward Chandler Moore）遗赠纽约大都会艺术博物馆收藏。

优美的诗歌和精湛的艺术技巧无法抵挡无数马背上残忍的敌人。北宋灭亡后，宋朝都城于1132年迁到了美丽的西湖边的临安（杭州）。新都城位于一个以龙井茶闻名的主要茶叶种植区中央，宋朝文化得以继续繁荣，直到1279年其灿烂的文化之灯熄灭。

---

① Louis-Daniel le Comte. 1696. *Nouveaux Memoires sur l'état present de la Chine* (three volumes). Paris: chez Jean Anisson, Directeur de l'Imprimerie Royale (vol. II, p. 62).

② Patricia Buckley Ebrey. 2014. *Emperor Huizong*. Cambridge, Massachusetts: Harvard University Press.

图 2.33　茶大师、鉴赏家宋徽宗的《文会图》(台北故宫博物院，184.4 × 123.9 厘米)

## 中国茶文化在明代的中兴

蒙古人一般喝的是加盐、黄油或马奶煮成的黑砖茶，但也有一些蒙古人喜欢用汉人的方式沏茶。经过近一个世纪的元朝统治（1279~1368 年），中国经济和行政混乱，政府处于崩溃状态。1368 年，朱元璋夺取并烧毁了元大都，并将其更名为“北平”。朱元璋在长江下游的建康（南京）建立了明朝，在那里建立了新的首都，并将这座城市改名为“应天府”。后来在永乐皇帝（1402~1424 年在位）统治初期，明朝的都城实际上又从应天府北移到了北平，北平也随即成为北京。北京的新地位于 1421 年正式确立，因此，旧都应天府也就被称为南京。

征服蒙古人的朱元璋被尊为“明太祖”，他是明朝（1368~1644 年）的第一任统治者，也就是著名的洪武皇帝（1368~1398 年在位）。直到朝廷完全北移到北京，中国的艺术和文学在气候宜人的长江流域更加繁荣。宋朝时，茶叶种植栽培行业对精细的叶茶和粉末茶的偏好，与茶马贸易时对大量砖茶消费的助长优势之间存在巨大的差异。到明朝时，粉茶在中国已经开始被遗忘，但是当洪武皇帝到了 63 岁高龄时，他迈出了决定性的一步来解决压缩茶和散茶的纷争。

公元1391年，即明太祖朱元璋在位第24年的农历九月十六日，这位明朝的第一位皇帝颁布法令，茶叶必须以散茶的形式向朝廷进贡，不能再以砖茶的形式出现。由此，被压缩成砖块或饼形的茶叶不再被认为适合帝国消费，与此同时，明朝还以散茶为标准，建立了茶叶分级制度。砖茶也在继续生产，被销往西藏，几个世纪后还出口到了俄罗斯。实际上，砖茶后来仍然是某些茶的首选样态，比如普洱茶，而且始终有人喜欢砖茶。然而，从明初开始，人们普遍偏爱散茶，导致不同类型的茶叶大量涌现。作为皇室贡品的散茶，则以芽茶或叶茶的形式出现。①

图2.34　1391年明朝洪武帝（1368~1398年在位）颁布法令，向朝廷进贡的茶叶必须是散茶，不再是茶砖的形式。悬挂卷轴丝绸画，270×163.6厘米，台北故宫博物院收藏。

在明朝时，唐朝采摘嫩芽制作散
茶的方式得到认可。人们用锅煎烘茶 96
叶以阻止茶叶发酵，烘烤的时候会加入几滴茶籽油以润泽茶叶，尽管这些油原本就是由一种油茶树的种子榨出来的。茶叶摊晾、揉捻和烘干的过程变得更加严格。明朝时，茶壶变得越来越重要，人们开始偏爱小型茶壶和茶杯，避免使用大茶壶，因为茶叶在大量冲泡时会变得苦涩。

洪武皇帝本人也有一个公开的偏好，那就是喜欢白瓷茶杯和茶壶，在这些茶杯和茶壶中，绿茶的颜色可以得到最佳的感官欣赏体验。得到皇室钟爱的富有光泽的精致德化白瓷可以视为明朝瓷器发展的巅峰，取代了唐代河北邢瓷以及宋代景德镇青白瓷的地位。德化白瓷实际上不是纯白色的，而是一种泛着半透明绿色的带有光泽的白。

与此同时，在宋朝时就被开发出来的表面粗糙的江苏宜兴陶瓷，在明朝时逐渐流行起来。这些 97
陶瓷茶壶是由太湖周围地区的紫色黏土（紫砂）制成的，它们以保温性能好而闻名。这种无铅的黏土具有多孔透气性，因此在壶里冲泡的茶随着时间推移会使茶壶具有茶香味。茶壶主人通过持续冲泡适合的某种茶叶的方式来养壶。因此，这种类型的茶壶通常首选用于冲泡乌龙茶或普洱茶，而不

① Huáng (2000: 529).

图 2.35 邢瓷常常表现出一种白垩质地，这是后来德化白瓷精神先驱的代表，这只碗的边缘有唇边，是 9 世纪末、10 世纪初唐末或五代制品，直径 21.3 厘米，由伦敦苏富比拍卖行提供。

图 2.36 洪武皇帝偏爱白色茶杯和茶壶，被称为德化瓷，在这
98 种瓷器中，绿茶的颜色可以呈现最佳的感官欣赏效果。图中所示的茶杯是在康熙皇帝（1661~1722 年在位）统治期间烧制的，由比利时布鲁日（Brugge）的罗勃·迈克尔斯拍卖行（Rob Michiels Auctions）提供。

图 2.37 来自江苏宜兴的亚光瓷泥是制作茶壶的理想材质。

是冲泡绿茶或白茶。

一旦一个宜兴茶壶被开封冲泡一种特定类型的茶，它便最好是专门冲泡这种茶。16 世纪时期的宜兴瓷是由红色黏土制成的，标志性的宜兴紫砂壶就呈现出这种赤色。17 世纪初，宜兴瓷使用棕色黏土；17 世纪下半叶开始，宜兴瓷也会使用黄色或米色黏土，偶尔也使用黑色黏土。有些富有艺术性的宜兴茶壶在外形和装饰上都很精美。①

明朝时，天然简单和口味纯正再次成为茶叶品质最重要的标准。明朝文人认为茶可以陶冶情操，明初文人诗词一味模仿初唐文风，但后期表现出了较大的创造性。著名的享乐主义茶美学家之一是朱权（1378~1448 年），他是洪武皇帝的第 17 个儿子。他没有待在充满政治阴谋权力漩涡中心，而是远居南方，喜好音乐、弹弄古琴、喝茶、读写诗词，过着田园生活。

由于选择了隐居的生活，朱权不需要强迫自己去关注世俗事务。他主张工艺简单，以保持茶的自然和纯净，1440 年他撰写了《茶谱》，对制茶和品茶进行简要的论述。该书共分为十六章，内容涉及茶叶的选择、贮藏、搅制、香味、制茶工具、水的处理和选择。他对白色茶碗的偏爱与他父亲一脉相承，他建议用铸铁水壶来煮水。他还写了一篇《神奇秘谱》，记录了大量的古琴乐谱。

一个世纪后的 1541 年，出现了一篇与《茶谱》同名的茶道文章，一说作者是钱椿年，也有说是顾元庆（1487~1565 年）（实际上，一般认为《茶谱》是由钱椿年撰写的，由顾元庆删校。——译者注），作者在文中详细说明了制备好茶的必要条件，并讨论了人参等调味品的

① Patrice Valfré. 1999. ‘La redécouverte des théières de Yixing’, pp. 209–223 in Greet Barrie and Jean-Pierre Smyers, eds., *Tea for 2: Les rituels du thé dans le monde*. Bruxelles: Crédit Communal.

使用。正是在这一时期，即嘉靖皇帝 99
（1521~1567 年在位）统治时期，茶具开始转向使用新的五彩瓷进行制作。1554 年，田艺蘅（1524~1574 年）仿效前人撰写了《煮泉小品》，论述了饮茶及茶叶分类等内容（其实该书内容主要是论述煎茶的水质问题，这从书名即可看出。——编者注）。

公元 1570 年，陆树声写下了他著名的《茶寮记》。1590 年，屠隆（1542~1605 年）在他的《茶说》中论述了茶的种类以及茶的制备、储存和品鉴方式。1591 年，高濂撰写了《遵生八笺》，其中有关于茶美学的段落，包括园林建筑和盆景栽培。陈师在 1593 年写了一本关于茶的评论集《茶考》，主要涉及茶叶加工和品鉴。陈继儒（1558~1639 年）撰写了《茶董补》（夏树芳作《茶董》，一般认为《茶董补》是陈继儒于 1612 年前后编撰。——译者注），并于 1595 年左右撰写了《茶话》。

图 2.38　文徵明（1470~1559 年）的《品茶图》描绘了由洪武帝的第 17 个儿子、茶美学家朱权（1378~1448 年）引领的田园忘忧生活，台北故宫博物院馆藏。 100

明朝关于茶的研究也强调了水质在决定茶的味道方面的重要性，其中包括 1595 年张源写的《茶录》和 1597 年许次纾写的《茶疏》。这两篇文章还讨论了茶叶合理加工、储存和饮用的问题。特别是许次纾在 1597 年撰写的《茶疏》中，严厉批评了宋朝生产价格过高的茶饼的做法，他认为这种茶饼没有保留任何天然的香气或色调，从而产生劣质茶叶。相反，他告诫说，在福建西北部建安著名的北苑，只应使用新芽或雀舌来制作散叶茶。[①]

① Huáng (2000: 534).

图 2.39　嘉靖皇帝（1521-1567 年在位）统治时期带有鱼和水草图案的五彩瓷器，六田知弘摄，大阪市立东洋陶瓷美术馆。

1598 年，张谦德在他的《茶经》中对茶叶品质和茶具进行了概述。大约在 1621 年，文震亨（1585~1645 年）撰写了《长物志》，其中他建议退休的人为自己的花园茶室雇一个男童当茶仆，这样无论是招待客人还是独自沉思饮茶，都可以享受最好的茶。1630 年，闻龙写了一篇关于茶叶加工方法的文章，题为《茶笺》。明朝时关于茶的作品，无论是严肃论著还是偶得随笔都有很多。

1405 年至 1433 年，宦官郑和横渡印度洋前往非洲，这是中国在明朝时期仅有的短暂航海经历。从理论上讲，郑和可以把茶传播到他去的任何地方，他航行到中南半岛、婆罗洲、爪哇、苏门答腊、缅甸、印度、锡兰、波斯、阿曼、也门、非洲之角和红海，也许还到过蒙巴萨。然而，似乎没有证据表明他的七次航海传播了中国的茶文化。在南京设有一座郑和的衣冠冢，里面有一些他的遗物，但实际上 1433 年他本人被海葬在印度卡利卡特（Calicut）附近的水域。[1]65 年后正是在这里，第一艘葡萄牙船在亚洲水域登陆，也正是在明朝时期，欧洲人第一次了解到茶叶。

101 ## 宝岛台湾

台湾茶是中国最精致的茶之一，台湾也生产着目前世界上最好的乌龙茶。了解中国茶最初是如何在台湾岛上种植的，是一件极具历史意义的事情，而这一段中国历史始于明朝到清朝的过渡时期。台湾最初居住着操南岛语的人民，如凯达格兰语（Ketagalan）、巴赛语（Basay）、龟仑语（Kulon）、赛夏语（Saisiyat）、巴宰语（Pazih）、邵语（Thao）、鲁凯语（Rukai）、道卡斯语（Taokas）、拍瀑拉语（Papola）、巴布萨语（Bubuza）、洪雅语（Hoanya）、邹语（Tsou）、西拉雅语（Siraya）、排湾语（Paiwan）、普悠玛语（Puyuma）、阿美语（Amis）、布农语（Bunun）、泰雅语（Atayal）、太鲁阁语（Taroko）、撒奇莱雅语（Sakizaya）、赛德克语（Seediq）和噶玛兰语（Kavalan），以及偏远的兰屿（Orchid Island）上的雅美语（Yami）或达悟语（Tao）。

1595 年，荷兰人扬·惠更·范·林索登（Jan Huygen van Linschoten）在他关于这个岛屿及其位置的记录中，首次将台湾岛的葡萄牙语名称记录在一份公开资料中，称为“美丽的岛屿”（ilha formosa）。

① Louis Levathes. 1996. *When China Ruled The Sea: The Treasure Fleet of the Dragon Throne 1405–1433*. New York: Oxford University Press (p. 172).

台湾岛（美丽的岛屿）……台湾岛，美丽的岛屿，这是一块狭长而空旷的土地……①

在1542年前往日本的途中，葡萄牙海员第一次从这里驶过，因为从海上可以看到植被葱郁高耸的台湾山峦的美丽风景，他们不久就开始把台湾岛称为“美丽的岛屿”。1582年，大约200名葡萄牙海员因船只失事在岛上停留了10周，自此后，葡萄牙人用这个名字来称呼该岛的习惯变得根深蒂固。②

1582年，西班牙耶稣会会士阿隆索·桑切斯（Alonso Sanchez）从马尼拉航行到澳门，带来消息说，菲利普二世于1580年成为葡萄牙哈布斯堡王朝首位国王，从而统一了葡萄牙和西班牙的王权。这一伊比利亚联盟持续了60年，直到1640年在布拉干萨王朝统治下葡萄牙恢复君主制。在桑切斯的说
服之下，尽管心里不情愿，在澳门的葡萄牙人也默许了他们的新宗主。此后，桑切斯乘坐张扬的澳门 102
富商巴托洛梅乌·瓦兹·兰德耶罗（Bartolomeu Vaz Landeiro）的帆船经日本驶往马尼拉。

7月17日拂晓前，这艘帆船的船长安德烈·菲奥（AndréFeio）在掌舵时睡着了，从而使船搁浅在了台湾西南海岸的一个沙洲上。几天后船就解体了。在这段时间里，船员们设法带着一些货物和木材上岸。一些误入丛林的船员被台湾原住居民猎人的箭射杀，但是到9月底，遭遇海难的幸存者已经成功地建造了一艘小船。搁浅的葡萄牙海员和西班牙耶稣会会士在海上航行8天后抵达澳门。③

台湾原住居民采取谨慎的军事策略，彼此防范保卫各自的领地，同时也一致对外保护他们的岛屿不受外来的侵犯。远离其他遇难船员而误入丛林的葡萄牙人，因好奇心而失去了生命。由于台湾人以这种坚定的决心和凶猛的手段阻止外来者进入他们的岛屿，所以尽管来自福建的渔民在澎湖甚至台湾海岸都布下了渔网，在岛上却没有永久性的定居点。

1603年6月，伊拉斯谟号（Erasmus）和拿骚号（Nassau）成为首批开往中国的两艘荷兰船只，在

① Ian Hvyghen van Linschoten. 1595. *Reysgheſchrift Vande Navigatien der Portugaloyſers in Orienten, inhoudende Zeevaert, ſoo van Portugael naer Ooſt Indien, als van Ooſt Indien weder naer Portugael; Inſgelijcx van Portugaels Indien, nae Malacca, China, Iapan, d'Eylanden van Iava ende Sunda, ſoo in't heen varen, als in't wederkeeren; Item van China nae Spaenſchs Indien, ende wederom van daer nae China; Als oock van de gantſche Cuſten van Braſilien, ende alle die Havens van dien; Item van't vaſte landt, ende die voor Eylanden (*Las Antillas *ghenaemt) van Spaenſchs Indien, met noch de Navigatie vande Cabo de Lopo Gonſalues, naer Angola toe aen de Cuſte van Æthiopien; Mitſgaders alle die Courſen, Havens, Eylanden, diepten ende ondiepten, ſanden, drooghten, Riffen ende Clippen, met die gheleghentheydt ende ſtreckinghe van dien. Deſghelijcks die tyden vanden jare dat dewinden waeyen, met die waerachtighe teeckenen ende kenniſſe van de tyden, ende het weer, wateren, ende ſtroomen, op alle die Orientaelſche Cuſten ende Havens, ghelijck ſulcks alles gheobſerveert ende aen gheteyckent is, van de Piloten ende s'Coninghs Stuerluyden, door de gheſtadighe Navigatie, ende experientie byde ſelfde ghedaen ende bevonden. Alles ſeer ghetrouvvelijcken met grooter neerſticheyt ende correctie by een vergadert, ende uyt die Portugaloyſche ende Spaenſche in onſe ghemeene Nederlandtſche Tale ghetranſlateert ende overgheſet*. t'Amſtelredam: Cornelis Claeſz. op't VVater, in't Schrijf-boeck, by de oude Brugghe (pp. 85, 87, *passim*).

② «··· una ysla que llaman hermosa por la linda aparien-cia que tiene desta parte de montañas altas y verdes por entre la qual y la costa de la china a ya quarenta años poco mas o menos que los portugueses á xapon sin nunca haberla reconocido ni llegado a ella ···» (Pablo Pastells. 1900. *Labor Evangélica: Ministerios Apostólicos de los Obreros de la Compañía de Iesvs, Fvndación, y Pro-gressos de su Provincia en las Islas Filipinas, historiados por el padre Francisco Colin, Provincial de la misma Com-pañia, Calificador del Santo Oficio, y sv Comissário en la Governación de Samboanga, y su Distrito*. Barcelona: Imprenta y Litografia de Henrich y Compañía, Tomo I, p. 299, fn. 1).

③ Charles Ralph Boxer. 1959. *The Great Ship from Amacon: Annals of Macao and the Old Japan Trade, 1555–1640*. Lisboa: Centro de Estudos Históricos Ultramarinos (pp. 41–44).

那里他们袭击了一艘驶向日本而临时在澳门停泊的葡萄牙大帆船。荷兰人纵火焚烧了这艘船并带走了货物，而葡萄牙人为了保卫他们的船只，则设法杀死了相当数量的荷兰水手。[①] 尽管荷兰人的战利品里有很多丝绸和黄金，但由于这两艘荷兰船只选择与葡萄牙人交战，所以他们无法与中国人进行贸易。第二年，即 1604 年 6 月，荷兰海军上将韦麻郎（Wijbrant van Waerwijck）从帕塔尼（Pàtta:ni:）起航前往中国，于 7 月抵达珠江口的万山群岛（Anſeado dos Ladrones），然后他和他的船员们在 1604 年 8 月被一场风暴吹到了“Peho”，即澎湖列岛（Pescadores）的澎湖。[②]

20 年后，荷兰人在台湾建立了自己的殖民据点。1624 年，马丁努斯·桑克（Martinus Sonck，1590-
103 1625）在一个小沙洲上建立了热兰遮城，这个沙洲被台湾人用当地的西拉雅语（Siraya）称为 Taioan。这个西拉雅地名在这一时期的荷兰资料中曾被记录为 Taioan、Teyouvan、Teyoan、Tayouan、Taiyouhan 和 Taiyouan。[③] 第二年，桑克在他建立的堡垒附近溺水身亡，但荷兰人从 Taiyouan 开始，控制了整个台湾岛，一直控制到 1662 年。后来海底流沙涌入沙洲，进入台湾海岸，形成了地峡，这个沙洲也成为今天台南安平地区的一部分。

然而，在 1626 年，即荷兰人建立热兰遮城两年后，西班牙人在圣西马·特立尼达湾（Santísima Trinidad）建立了圣·萨尔瓦多堡（San Salvador），福建渔民称特立尼达湾为基隆，荷兰人也按照闽南语发音称之为 Quelong。三年后，西班牙人于 1629 年在今天台湾的淡水区建立了第二个堡垒，称为圣多明戈（Santo Domingo）。西班牙人的存在对荷兰人是一种威胁，在 1641 年第一次尝试失败后，1642 年这些操伊比利亚语的西班牙人最终被台湾总督保卢斯·特拉德纽斯（Paulus Traudenius）驱逐出境。[④]

---

① Isaac Commelin. 1646. ‘Historiſche Verhael Vande Reyſe gedaen inde Ooſt-Indien, met 15 Schepen voor Reeckeninghe vande vereenichde Gheoctroyeerde Ooſt-Indi-ſche Compagnie: Onder het beleydt van den Vroomen ende Manhaften Wybrandt van Waerwijck, als Admirael, ende Sebaldt de Weert, als Vice-Admirael. Wt de Nederlanden ghevaeren in den Iare 1602’, *Begin ende Voortgangh, van de Vereenighde Nederlantſche Geoctroyeerde Oost-Indiſche Compagnie Vervatende de voornaemſte Reyſen, by de Inwoonderen der ſelver Provincien derwaerts gedaen. Alles Nevens de beſchrijvinghen der Rijcken, Eylanden, Havenen, Revieren, Stroomen, Rheeden, Winden, Diepten en Ondiepten; Mitſgaders Religien, Manieren, Aerdt, Politie ende Regeeringhe der Volckeren; oock meede haerder Speceryen, Drooghen, Geldt ende andere Koopmanſchappen met veele Diſcourſen verrijckt: Nevens eenighe Koopere Platen verciert. Nut ende dienſtigh alle Curieuſe, ende andere Zee-varende Liefhebbers* (two volumes). Amsterdam: Johannes Janssonius (p. 72 in the 88 numbered pages which constitute the final instalment in the first volume).

② Commelin (1646, Vol. 1, last instalment, pp. 71–76). The many islets and reefs to the west of the Philippine island of Paragoa, now called Palawan, which comprise the Spratlys were well known to Portuguese seamen from the first half of the 16th century and to Dutch mariners ever since the voyages to China in 1603 and 1604 under admiral Wybrandt van Waerwijck. On a set of seventeenth-century Dutch maps kept at the National Archive in The Hague, including a 1687 map by Joan Blaeu, catalogued as ‘Kaart van de Chineesche Zee en Kust, van Straat Drioens tot Nanquin, en de eilanden van Borneo tot Japan en de Ladrones’, the islets labelled *Princen Eylanden* ‘Prince Islands’ correspond to Itu Aba Island, the Sin Cowe islet group, Lawak Island, Thitu or Pagasa Island, Loaita Island and Likas or West York Island. The more northerly *Pruijssen Bank* ‘Prussia Bank’ on the maps appears to correspond to Parola Island or Northeast Cay and Pugad Island or Southwest Cay. The southwesterly island group that is labelled *Vigia* on these maps marks Spratly Island and Amboyna Cay.

③ Willem Pieter Groeneveldt. 1898. *De Nederlanders in China: De eerste bemoeiingen om den handel in China en de vestiging in de Pescadores (1601–1624) (Bijdragen tot de Taal-, Land- en Volkenkunde van NederlandschIndië,* zesde volgreeks, vierde deel oftewel deel xlviii der geheele reeks, blz. i–xii, blz. 1–598). ’s Gravenhage: Martinus Nijhoff (blz. 102, 170); Viallé (1992: 18, 19).

④ J. Leonard Blussé van Oud-Alblas, Wouter E. Milde and Ts’ao Yung-Ho 曹永和. 1986, 1995, 1996, 2000. *De Dag-Registers van het Kasteel Zeelandia, Taiwan 1629–1662* (four volumes). ‘s Gravenhage: Martinus Nijhoff (first volume), and Den Haag: Instituut voor Nederlandse Geschiedenis (second, third and fourth volume).

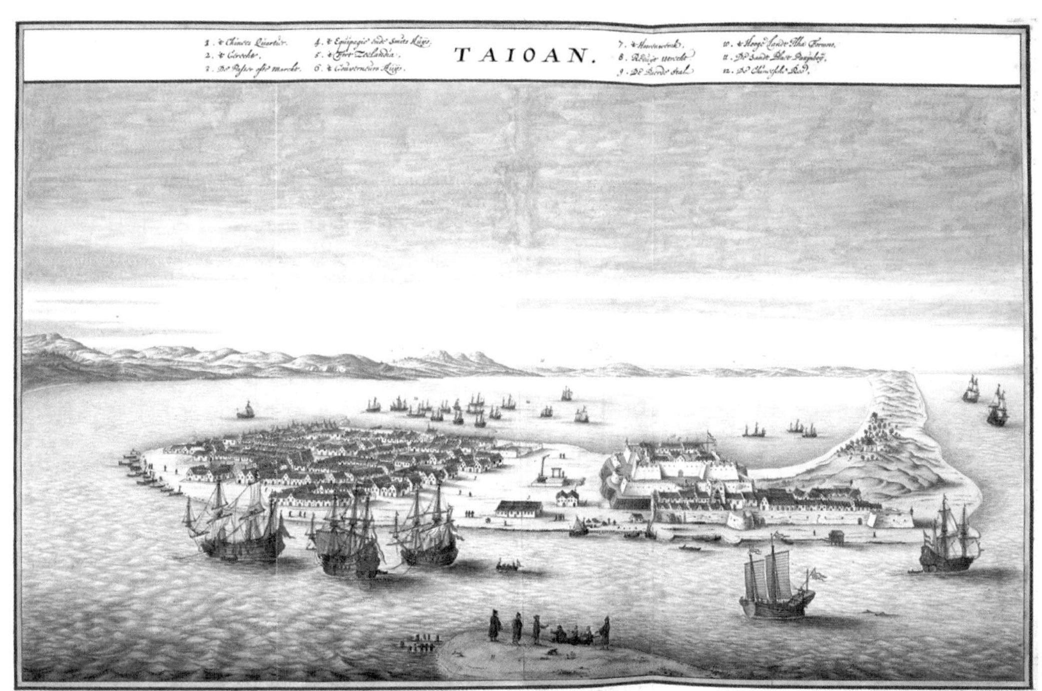


图 2.40　1624 年，荷兰的热兰遮城建在当地西拉雅语（Siraya）称为 Taioan 的沙洲上，就在台湾岛西南海岸附近。

台湾原住居民从事自给自足的狩猎、采摘和农耕活动，因此，殖民政府虽然确实试图从农耕、捕 104
鱼和狩猎等活动中收取 10% 的生产税，却无法对这些操南岛语（Austronesian）的居民征收利润税来为荷兰东印度公司创收。因此，荷兰政府承诺在台湾安置数以万计的福建移民，从而启动了该岛常住居民的中国化。回顾过去，这一重新安置方案可以被视为荷兰迁移殖民政策的第一次实施，在马来语中被称为 transmigrasi，后来荷兰又在印度尼西亚荷属东印度群岛的其他岛屿上安置了爪哇人。这项计划背后的目的是想让中国大陆来的商人和农民在台湾定居，因为他们的商业贸易将提供一个可持续的税收基础，以便从中获利。与此同时，荷兰传教士也努力在南岛语居民中传播基督教。

1662 年 2 月 1 日，荷兰人被郑成功驱逐出台湾岛和澎湖列岛，郑成功另一个更出名的称号是“国姓爷”。1624 年，国姓爷出生于长崎（Nagasaki）附近海岸的平户（Hirado），他是福建人和日本人的混
血儿。他最初在福建沿海做海盗，但后来成为明朝的效忠者，与新兴的清王朝作战。1661 年 3 月，为 105
保卫作为摇摇欲坠的明朝抵抗军的最后防御堡垒，郑成功进攻了台湾。在占领了热兰遮城后，他将传教士安东尼乌斯·韩布鲁克（Antonius Hambroek）斩首，杀死城中的大多数其他荷兰人，然后将他们的妻子和女儿卖为终身妓女。

1662 年 6 月 23 日，在热兰遮城被攻占后不到 5 个月郑成功便去世了，享年 37 岁（应为 38 岁。——编者注）。许多在热兰遮城地区由荷兰人管辖的汉人支持郑成功将他们的欧洲统治者赶出该岛。1664 年定都北京的明朝垮台后，明朝的忠诚追随者们在新皇帝弘光皇帝的领导下团结起来，弘光皇帝曾在南京登基，但只统治了一年就被清朝军队俘虏。在南方，南明的抵抗运动通过迁往东宁国而得以持续，东宁国是国姓爷郑成功的孙子在台湾岛上建立的一个政权，以前是热兰遮城管辖的地区，

图 2.41　17 世纪从景德镇被带到荷兰的青花瓷花瓶。

大约在今天的台南。

1664 年，荷兰东印度公司夺回了基隆（Quelong），然而在 1668 年又再次溃败放弃。荷兰人与清朝结盟，1683 年，在荷兰人的军事资助和海军援助下，福建省的清朝总督在台湾东北部靠近基隆的海岸地区站稳了脚跟。随后，1683 年 9 月 5 日，荷兰和清朝军队从郑成功的孙子郑克塽手中夺取了该岛。此时，热兰遮城原址是一块沙地，本土西拉雅语名为“Taiyouan”，后来这又成为整个岛屿全新的中文名称——台湾。台湾岛逐渐中国化，到 1990 年，台湾岛约有 33.2 万原有居民与 2000 万汉人移民一起生活。

汉人在岛上定居后，农民开始小规模种植茶树，并从 1697 年开始建立小茶园。茶园主从福建武夷山把茶树插条和树苗带到了台湾。不久，位于南投县的鹿谷就成为台湾乌龙茶种植区的中心地带。从 1865 年到 1894 年，台湾茶叶的出口开始被外国商人所接管和控制，比如 1860 年从英国来到台湾的约翰·多德（John Dodd）。1864 年，多德通过厦门商人李春生（1838~1924 年）的斡旋和专业知识建立了多德公司。其他外国茶商很快也在台湾开设了店铺，其中包括泰特公司（Tait & Company）、怡和公司（Jardine & Matheson）和海利尔公司（Hellyer & Company）。这些西方企业一直压制茶叶出口贸易，直到 1869 年，台湾茶叶才被运往欧洲和美洲。

甲午战争（1894~1895 年）后，日本人接管了台湾，从 1895 年一直持续到 1945 年第二次世界大战结束。在日本殖民统治时期的台湾，茶和糖是最大的出口创收物。具有讽刺意味的是，正是在日本统治时期，阿萨姆（assamica）这一茶叶品种首次引入岛上，用于生产英属印度风格的红茶。事实上，即使在日本本土，阿萨姆品种也是在 1868 年明治维新后，在日本高歌猛进的现代化进程中引进的，其普及度超过了西方殖民地区。这导致了日本生产和出口的茶叶中有一些红茶是用阿萨姆或阿萨姆杂交种的茶叶生产的。

106 1912 年，孙中山先生（1866~1925 年）① 领导的辛亥革命推翻了清王朝建立了中华民国，1911 年这位国民党领导人在一家上海茶馆的后屋策划了中国革命。② 作为中华民国第一任总统，孙中山刚上任几个月便被排挤到一边。孙中山 1924 年创办的广州中山大学，于 1936 年第一次开设了茶叶科学的大学

① 孙中山先生是广东客家人，他的英文名字为粤语孙逸仙 syun'jat$^6$sin' 的拼写。

② Maguelonne Toussaint-Samat. 2008. *A History of Food*(second edition). Chicester: Wiley-Blackwell (p. 536).

课程。[①]茶文化在民国统治下继续繁荣，吴觉农于1940年在迁往重庆的复旦大学成立了茶学系。第二次世界大战结束后，中国爆发了内战（1946~1949年），从1927年到1937年一直以农村为根据地的共产党人推翻了民国政府，最终共产党领导人毛泽东于北京宣布中华人民共和国成立。

图2.42　伦敦苏富比拍卖行提供的高40.8厘米、带有鲤鱼和水草图案的五彩瓷器罐子。

第二次世界大战后，台湾茶业发展的重点是出口本土茶叶。由于有着各种各样精致芳香的茶叶， 107
大约40年来，台湾出口了许多优质的台湾茶，使得台湾茶的美誉闻名遐迩。1965年，台湾红茶的出口量超过13000吨，但到了1976年下降到386吨。[②]自20世纪80年代后期以来，台湾岛内需求已大大超过了其茶叶产量，因此台湾成为茶叶净进口地区。

由于岛内需求量很大，所以从1986年起，台湾茶叶的出口量就一直减少，仅出口一小部分给台湾茶叶鉴赏家，他们中的一些人从诸如天仁茗茶等大型台湾供应商那里购买茶叶。日本是台湾茶的主要进口国，日本游客是台湾茶的主要外国买家，台湾本地茶品质很高，相关茶企有着种类齐全的中国传统茶生产技术。

① Shana Zhang & J.T. Hunter. 2015. *The Wild Truth of Tea*.Kūnmíng: Wild Tea Qi and International Tea Academy Publishing (p. 17).

② Denys Mostyn Forrest. 1985. *The World Tea Trade: A Survey of the Production, Distribution and Consumption of Tea.* Cambridge: Woodhead Faulkner (p. 62).

108 台湾盛产著名的龙井茶，该茶原产于西湖四周的山地，在新北市被称为三峡龙井。知名的台湾三峡碧螺春是江苏太湖著名绿茶碧螺春的强劲对手。同样，珍贵的珍眉和珠茶也有它们的台湾绿茶对手。原产于福建武夷山的冻顶乌龙，现在成为台湾的高山乌龙而蓬勃发展。茶园在台湾几乎随处可见，但大多数茶叶产自宜兰、新竹、苗栗、云林、南投、嘉义、台东等地，甚至桃园市范围内也产茶。

台湾出产世界上最好的茶，而著名的台湾乌龙茶则在岛上一枝独秀。有 8000 多家工厂和公司在台湾生产和加工茶叶，为高度复杂和对品质要求苛刻的岛内市场带来了丰富多样的茶叶。自 20 世纪 70 年代以来，台湾人自己消费了岛上 85% 以上的乌龙茶。现在台湾的乌龙茶大多是用望月式揉捻机生产的，揉捻机把茶叶紧紧地包在一个球形的布袋里，在施加一定压力的同时来回滚动。传统的用脚揉捻茶的方法逐渐被手动揉捻机所取代，这种茶叶揉捻机通过转动带有手柄的轮子来保持旋转。这些机器最初是日本开发出来的，1912~1927 年被引进台湾，当时台湾仍在日本的殖民统治之下。

在对之前引进台湾岛的几千台日本设备进行模仿的基础上，台湾人发明了新的更先进的茶叶揉
109 捻机。李氏兄弟的铁厂仿照 20 世纪 50 年代改进的日本原型机，从 1964 年开始制造现代风格的台湾茶叶揉捻机。20 世纪 70 年代，这些机器开始自动化运行，并已出口到中国大陆和泰国。[①] 除了台湾本地绿茶外，台湾自 1974 年以来甚至通过引进日本绿茶蒸制技术生产出日式绿茶。在最初的十年里，日式绿茶出现了短暂的繁荣，今天仍有四家公司生产日式绿茶，其中一些日式绿茶还出口到日本。

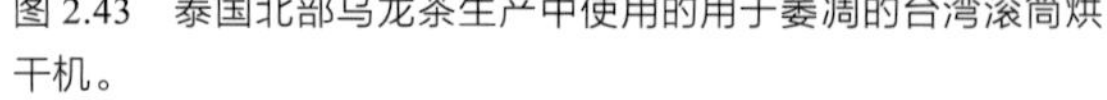

图 2.43 泰国北部乌龙茶生产中使用的用于萎凋的台湾滚筒烘干机。

图 2.44 泰国北部一家小茶厂内的台湾老式茶叶揉捻机。

① Nimoru Satoru and Goto Osamu. 2007. ‘The presentconditions and a new fact of *mochizuki*-style tea roller made in Japan in Taiwan: A study of an innovation of the tea industry’, *ICOS*, 3, CH-P-005.

包种茶产于台湾北部的文山区。这种茶状似条索，有些人认为它是绿茶。实际上，包种茶是轻微
发酵的，发酵度为 10%~20%，不像真正的绿茶完全没有发酵。包种茶的茶汤呈金黄色，香气比成熟的
乌龙茶要温和，但比绿茶更具花香。包种茶的制作方法于 19 世纪初由福建省的王义程首度完善，1881
年茶商吴福老将包种茶制作工艺引入台湾。包种茶的制作要比乌龙茶复杂得多。[①] 在制作包种茶时，茶
鲜叶会经历一个短暂的萎凋过程，包括几分钟的日光萎凋，然后是 12~15 个小时的室内萎凋，分为 110
4~5 个搅拌和停歇阶段。在萎凋过程中，多酚氧化酶活性开始增加，乙烯开始产生。萎凋后，茶叶变
得扁平。

图 2.45　泰国北部同一家茶厂使用的台湾新式茶叶揉捻机。

图 2.46　为了达到预期的效果，用机器轻轻地将圆形袋装茶叶揉卷数小时。

然而，台湾岛内消费的茶 90% 属于乌龙茶的三个主要品种：翠玉乌龙（Jade oolong）、白毫乌龙（White Tip oolong）和琥珀乌龙（Amber oolong）。中国台湾地区向越南、泰国、印度尼西亚等国出口茶树、输出制茶师，甚至还输送回中国大陆。目前，台湾茶叶年产量为 20000 吨，其中出口 3000 吨，进口 13000 吨。20 世纪 30 年代，在日本统治下，中国台湾开始举办一年一度的茶叶比赛。自 1976 年以来，规模最大的比赛是南投县鹿谷农民协会举办的一年一度的茶叶比赛，该大赛每年 6 月都会对大约 6000 种最好的茶叶进行集中品评。

2003 年，台湾种植茶叶约 19342 公顷，主要的茶叶种植区是台北、新北和嘉义。[②] 茶在台湾的化妆品、食品和日常用品中都有使用。珍珠奶茶，是一种色彩鲜艳、甜美时尚的茶饮料，与传统茶汤的味道和香味没有多大关系，这是台湾的一项特色发明。[③] 综上所述，本章节我们从南明退守抵抗的明

---

① I. Tanabe. 1924. ‘Tea industry in Formosa’, pp. 110-118 in Abraham Arnold Lodewijk Rutgers, red., *Handelingen van het Thee-Congres met Tentoonstelling, gehouden te Bandoeng van 21 tot 26 juni 1924.* Weltevreden: G. Kolff & Co.（我要特别感谢我在台北的朋友黄宗富（Jason Huang），他帮我确认了正确的名称拼写法，这些名称曾被田边（Tanabe）用日文做了改写。）

② Hsueh Fang Wang, Yung-Sheng Tsai, Mu-Lien Lin and Andi Shau-mei Ou. 2004. ‘Comparison of bioactive components in gaba tea and green tea produced in Taiwan’, *ICOS*, 2: 653.

③ Jackson Huang. 2001. ‘Taiwan teas and the relationship with Japan’, *ICOS*, 1 (IV): 53–54.

朝暮光中走来，穿过台湾海峡到达了台湾岛。现在，是时候在清朝的曙光中，将我们的叙述带回到我
111 们曾离开的中国大陆。

图 2.47　伦敦苏富比拍卖行提供的 36 厘米高、印有鲤鱼和水草图案的五彩瓷器罐。

## 清代及中国六色茶系的形成

满族是北方的通古斯人（Tungusic）。然而，迁都北京、建立清朝（1644~1912 年）的满族（Jürchen clan）在 17 世纪成为中国的统治者之前，就已经在文化上开始了广泛的中国化。满族皇帝，包括康熙（1661~1722 年在位）和雍正（1722~1735 年在位），都是著名的嗜茶者，正是在康熙帝统治时期，广州的镶金彩瓷广彩开始被用于制作茶具。

乾隆皇帝（1735~1796 年在位）写下了 200 多首茶诗，每年在大年初三举办“新华宫茶宴”庆典活动，这样的庆典活动清朝共举行了 60 次。后来，在清朝末期，实际上从 1861 年开始到 1908 年去世前一直实际上统治着中国的慈禧太后，更以夏天喝龙井茶、冬天喝普洱茶而闻名。明朝精心发展的制茶法在清朝时并未停滞下滑，反而受到了清廷的热烈支持。

1735 年，曾于 1717~1720 年担任过崇安县知县的陆廷灿写下了《续茶经》，这是一部仿照陆羽《茶经》而撰写的具有高度艺术价值的作品。该书同样分为十章，但无论是在茶的做法上还是在审美情趣上都经过了彻底革新以反映历史的发展。这本清朝时期的书是陆羽《茶经》篇幅的十倍。[1] 欧洲人最早在明朝末期就发现了茶叶，但正是在清朝时期，中西茶叶贸易才得以发展和繁荣。这一贸易在第一

① 2009 年，姜欣和姜怡提供了这部作品的英文翻译版。

次和第二次鸦片战争中达到高潮，这两次战争分别发生于 1839 年至 1842 年、1856 年至 1860 年，正如本书将在第九章中论述的，这两次战争爆发的原因，与其说是鸦片，不如说是茶。

清朝时，出现了一种将茶分为六种不同颜色的茶叶分类体系。同一棵茶树上两片不同的茶叶可以 112
产生迥异的口味，而加工方式的不同更会生产出完全不同的茶叶产品。西方的普通饮茶者把茶分为绿茶和红茶，而中国人则有一个更为复杂的茶叶区分方法。在最基本的层面上，中国人将茶叶按六种基本颜色区分开来，它们在味道、香气和药食价值上都有根本的不同。这些颜色有绿色、青色、红色、黄色、白色和黑色。这些区别和生产它们的技术在大多数情况下都比清朝本身要古老得多，当时编制的命名法至今仍在使用。

在欧洲，人们通常所说的“武夷茶”，据说是在明朝（1368~1644 年）的崇安县发展起来的。这个位于福建北部曾经充满田园风光的县城，现在已经改为南平市所辖的武夷山市。有两种茶色基本上是在清朝时期被发明出来的，或者至少是经过精选和进一步区分的，这就是青色和红色。事实上，尽管清朝时期与西方的海上贸易主要是传统的绿茶，但中国人已经开始区分青茶和红茶这两种新产品。这 113
两种新颜色的茶都产于福建的武夷山脉。这些山在福建当地的汉语方言中称为“武夷”。这个当地的闽南语发音被罗马化拼写为 *bú-î*，并被国际语音学协会（International Phonetic Association）标记为 [bu ˥˧ i ˧˥] 或者 [bu ˥ i ˧˥]。[①]

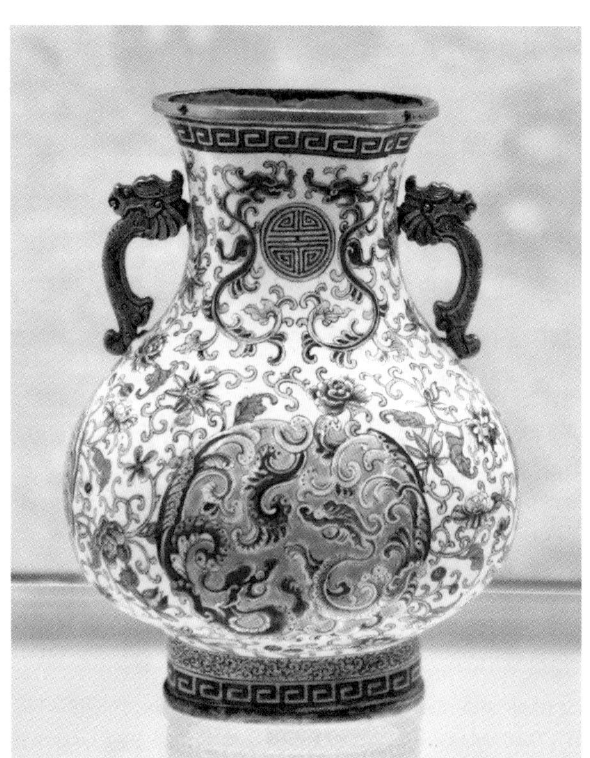

图 2.48　香港艺术馆的广彩花卷瓶。

① 厦门话（Amoy）和潮州话（Chinchew）中第一个音节的声调各不相同。

第一批欧洲贸易商同时进口绿茶和武夷茶。一些欧洲人由此被误导，认为绿茶和武夷茶来自两种不同的植物。有一个欧洲人确信有两种不同的树木与此有关，他就是弗朗索瓦·瓦伦汀（François Valentyn）。瓦伦汀所宣称的绿茶及武夷茶之间的区别，到16世纪70年代已经得到欧洲商人和学者的广泛认可。当时以武夷茶之名进口到欧洲的大部分茶叶都是由各种类型的部分发酵茶组成的，也就是后来清朝茶系命名法中的青茶。

中国每年生产超过90万吨的茶叶，其中大约70%是绿茶，大约20%是黑色的茶（black tea），即中国人所称的“红茶”（red tea）（由于历史原因，中国的红茶最初被翻译为black tea，而黑茶则一般被翻译为dark tea。此处本书作者的“black tea”即指红茶，但是本段落最后作者又区分了红茶、黑茶，并分别用red tea、black tea来指称红茶、黑茶。故在翻译过程中，译者根据原文语境语义进行翻译，并尽量标出原文用词供读者参考。——译者注），只有10%的茶叶产品归属于色谱中的其他颜色。茶叶的颜色是由茶叶的制备方式决定的，或是通过日晒干燥以固定茶叶深青色调的晒青，或是通过炒锅烘焙来停止茶叶氧化过程的炒青、烘青。绿茶和黄茶是没有被氧化的茶，但白茶本质上也是一种未经氧化的茶，只是在其生产过程中实际上经历了一点氧化。青茶是另一大类不同的茶系，乌龙茶可以从非常轻微的氧化到完全氧化，具体视其品种而定。红茶（red tea）和黑茶（black tea）则通常倾向于完全氧化。

清朝灭亡后半个世纪的时间里，茶文化等中华文化以及茶学研究都陷入了可悲的衰落期。从20世纪50年代到70年代，中国政府一直主导着整个茶行业。1958~1962年，在许多地方，砍伐森林的灾祸加快，一些生产性茶园也被砍伐，以便为粮田腾出空间，同时规划建立大型集体茶园。中国茶文化在“文化大革命”期间（1966~1976年）进一步衰落。茶叶种植的面积越来越大，但每公顷产量下降，中国大陆此时的茶叶产量停滞在通常水平的10%以下。[①]

1978年，邓小平成为国家最高领导人，1979年至1984年实行了家庭联产承包责任制，以取代之
114 前的计划经济。从1985年起，农业逐步放开，国营经济开始向市场经济转变，价格和数量由供需关系决定，自此中国的茶产业摆脱了国营经济的束缚，主要由第一代私营茶人掌握。[②]从1994年12月起，中国允许茶叶国际贸易，茶商可自由出口。

从1984年起，中国开始允许私人种茶叶，茶叶产量迅速增长。到1990年，中国茶叶短缺问题得到解决。[③]直到过去的25年里，中国大陆的茶树培育和茶叶种植加工水平才得以恢复，再次达到清朝时的水准。[④]20世纪80年代，中国政府通过降低茶叶税来刺激茶产业的发展。[⑤]根据国际茶叶委员会2011年的统计数据，2005年中国终于超过了印度，再次恢复了世界最大茶叶生产国的地位。2010年，中国茶叶产量占世界总产量的35%多，茶园面积达186万公顷，占世界茶园总面积的近一半。中国

---

① Ming-Zhe Yao and Liang Chen. 2012. ‘Tea germ plasm and breeding in China’, pp. 13–68 in Chen, Apostolides and Chen (op. cit.); Frank Dikötter. 2017. *The Cultural Revolution: A People’s History, 1962–1976*. London: Bloomsbury.

② Zhang和Hunter（2015）将这代人描述为“贪财的一代”，并描绘了中国茶叶未来的黯淡前景，茶叶的多样性减少，更大的机械化和生态剥削行为将导致更多的森林砍伐。

③ Wu Xiduan. 2004. ‘Situation and projection in present China tea economy’, ICOS, 2: 724–727.

④ Liu Feng and Cheng Qikun (2001).

⑤ Xiaochun Wan. 2004. ‘Present production and research of tea in China’, ICOS, 2: 43–46.

茶产量超过 140 万吨，是仅次于肯尼亚的第二大茶叶出口国，也是全球最大的绿茶出口国。①

图 2.49 明朝流行的蓝白相间的中国盖碗。

图 2.50 多彩中国盖碗。

然而，考虑到中国是茶作为一种饮料在历史上首次亮相的地方，中国的人均饮茶量却低得离谱。原因在于，好茶是贵的，而中国最好的茶叶价格超出了中国普通工薪阶层荷包的能力。因此，今天数
以亿计的中国饮茶者每天早上都会把一大撮茶叶倒进装有热水的保温瓶里，然后一整天都不停地喝， 115
不断地续水。茶叶中约 80% 的咖啡因在第一次泡茶时就溶进了水里。同样的道理也适用于茶叶中所含的其他物质。另外，中国的茶要比西方的好得多，中国众多的茶鉴赏家都有很高的水准。事实上，普通的西方饮茶者对中国最好绿茶的味道几乎一无所知，因为在西方很难买到这样的茶，而且更为精致和昂贵的茶叶价格也会让不熟悉茶叶的西方买家感到惊讶。

最初的喝茶容器是一个茶碗，它让人想起了过去把茶作为羹汤来食用的日子。这种容器至今在日本仍用于饮用粉茶，但在中国很少使用。在明朝流行的一种优雅的饮茶方式是用有盖的碗即盖碗来啜饮。这个中国术语也可以指有盖的汤碗，但一种特殊的有盖陶瓷茶杯在明朝的饮茶者中很受欢迎，它由三部分组成：茶杯、茶杯盖和放置茶杯的浅圆形瓷底座（杯托）。这种精致的容器特别适合喝绿茶、白茶和黄茶。当饮用时，盖子可以保持虚掩方式，以防止浸泡的茶叶被喝入口中。

此外，还有一种广受欢迎且更加结实的带盖茶杯，这种茶杯带有一个可拆卸的陶瓷茶筛，可以放在茶杯盖和杯身之间，这是广东最近的一项创新。当茶汤达到适宜的色泽深度时，就可以拿掉装有茶叶的茶滤子，而在更为实用的有盖茶杯的设计中，还可以把盖子倒置作为支撑茶滤的支架，将茶滤置于其上。最近，这种三件套的带盖茶杯以一种完全透明的钢化玻璃杯形式出现，这使得饮茶者能够欣

① Zong-Mao Chen and Liang Chen. 2012. 'Delicious and healthy tea: An overview', pp. 1–11 in Chen, Apostolides and Chen (op. cit., p. 2).

赏茶汤的颜色，并对浸没在茶滤中一直展开的茶叶进行观察，而无需打开盖子就可以确定茶叶是否达到了最佳浸泡度。不过，在中国，现在的茶一般都只是简单地直接投入茶杯或普通杯子里喝。

图 2.51　一个结实的中国白瓷（blanc de Chine）带盖茶杯，内置一个活动的陶瓷茶滤杯，放在倒置的杯盖上。

中国现代茶道的出现相对较晚近，其中包括使用一系列的品茗杯（一般至少配备三个）、一个茶滤、
116 一方茶巾，以及一个陶瓷或竹制的茶荷用于测量投入茶壶中的茶叶的正确分量。最常用的器具是一个宜兴紫砂壶，以及茶夹和茶匙。所有这些茶具[1]都盛放在一个木制茶盘上，茶盘的面上有一个木格子，以便让溢出的水漏到茶盘的底部。有时也会用带排水孔的圆形或矩形陶制茶盘来代替。

日本茶道起源于唐朝仪式化的禅宗寺院茶道，并在日本本土得到了进一步的发展，而中国现代茶道则在 18 世纪广东与福建之间的潮州地区才得以创新。中国的这一茶道仪式一般俗称为“工夫茶”，尽管有时也可以看到“功夫茶”的写法。

典型的工夫茶包括七个步骤:（1）准备器具并点火;（2）将较细的颗粒从较大的叶子中分离出来，将较大的叶子放在壶底，将较细的颗粒放在上面;（3）熟练地将热水倒入茶壶;（4）用茶壶盖刮去茶壶上冒出的泡沫;（5）盖上茶壶盖，将热水倒在壶身上;（6）用热水冲洗杯子，使杯子升温;（7）最后均匀地将茶汤倒进茶杯中，将壶里的茶汤沥尽。茶汤要趁热饮用，其间杯底闻香三次。当然，这个程序在实际操作中会有很多不同。

在有些富有特色的创新做法中，会将沸水倒在松散的茶叶上进行洗茶，然后将茶汤倒掉。其实，除非茶叶含有很多尘土或比较脏，否则这种做法毫无意义，而且这是对任何好茶的无理由冒犯和浪费。尽管如此，这种装模作样的“哑剧”还是在今天的中国盲目地传播开来，甚至超出了中国茶道的范畴。一个奇特的现象是，倒掉第一泡茶汤这种画蛇添足的步骤，其本身可能已经成为一种仪式。这也为弗里

① 我的一位在北京大学的同事汪锋喜欢把这个短语翻译成英语“茶玩具”（tea toys），开玩笑地指代普通话中的“玩具”。

茨·斯塔尔（Frits Staal）教授关于仪式性质的一些观点提供了一个引人注目的例证。① 斯塔尔教授认为，仪式是为了自身而存在的，它们更多的是关于支配行为的规则，而不是行为的结果或功能。②

这种奇怪的做法，基本上是用热水冲洗茶叶，并倒掉第一次浸泡的茶汤，不管这一过程多么短暂，将从茶叶中去除大量的天然咖啡因和茶味。化学家已经试验并量化了有鉴赏力的饮茶者已经知道的东西，即第二次冲泡的绿茶明显不如第一次冲泡，而对同一绿茶的第三次冲泡则完全没有意义了。③ 当一些饮茶者漫不经心地做着这些动作时，那些更懂茶的茶商们却选择按照以下步骤来做——只是轻轻地湿润茶叶，然后倒掉几滴茶汤即可。

与此同时，如果茶叶被迅速移开或被迅速过滤，则在第一次冲泡时也就不必倒入过多热水而将茶 117
叶完全浸泡。当最新鲜的茶叶以恰到好处的温度和时间正确冲泡时，中国最高级的绿茶实际上可以冲泡品尝好几次，而每一次浸泡的时间则是不一样的。茶叶被浸泡后，用茶漏迅速倒出茶汤，再倒入杯中品尝，这样在冲泡几次后茶叶变得芳香馥郁。然而，这种连续冲泡鲜嫩绿茶的时间毕竟是短暂的，而这种精致的茶最好是与好朋友一起悠闲地慢慢品尝。

一杯上好的中国绿茶只会略带一点淡淡的色泽，一个没有经验的饮茶者可能在一开始会将其误认为白开水。然而这种微妙的颜色骗不过一个有着灵敏嗅觉的老茶客，当他抿一口下去，就会被一种浓郁的茶香味淹没。精明的茶商并不会痴迷于仪式化的程序，而是会着迷于味蕾和嗅觉的感官结果，通过精心专业的准备和服务，他们能够从一小撮茶叶中分辨出所有的味道，慢慢地闻香品茗。事实上，一些以这种方式泡茶的中国茶商声称，他们并没有采用"工夫茶"的泡茶仪式，因为这个术语只用来指代那些最规范、最程式化的泡茶流程。

虽然工夫茶仪式缺乏日本茶道的风格化、象征性和肃穆感，但它同样要求时间和专注，因此对于一些人来说，这种仪式带有一种神秘的氛围。事实上，相比之下，工夫茶的流程还有些混乱，更多时候只是茶商为潜在买家提供理想品茶方式的说辞，或者是在与朋友分享优质茶的时候作为一种享受彼此陪伴和交谈的绝佳方式。20 世纪 70 年代，这一来自潮州的仪式在台湾开始流行，在新兴的茶艺馆里，这种仪式还被注入了一些日本茶道哲学和美学的主题。1979 年，中国经济开始改革开放，这种新的仪式又被输回大陆，在那里，工夫茶开始作为一种示范表演和销售的噱头，特别是从 1993 年开始，当时台湾天仁茶业公司开始在大陆进行投资，他们以天福茗茶连锁店的名义在大陆开办了自己的茶叶
公司。④ 118

---

① Johan Frederik 'Frits' Staal. 1982. The *Science of Ritual*. Poona: Bhandarkar Oriental Research Institute; Johan Frederik Staal. 1989. *Rules Without Meaning: Ritual, Mantras and the Human Sciences*. Bern: Peter Lang.

② 然而，与斯塔尔的形式主义框架相反，即使是无言的仪式也不是天生毫无意义。仪式是复杂的，可能充满了象征意义和哲学的深刻性，但往往是社会寄生的性质，其许多个别组成部分是不定的（George van Driem. 2015. 'Symbiosism, Symbiom-ism and the perils of memetic management', pp. 327– 347 in Mark Post, Stephen Morey and Scott Delancey, eds., *Language and Culture in Northeast India and Beyond*. Canberra: Asia-Pacific Linguistics）。

③ Jeehyun Lee, Delores Chambers, Koushik Adhikari and Youngmo Yoon. 2007. 'Flavour and volatile compound changes of green tea when infused multiple times', *ICOS*, 3, PR-P-116.

④ Lawrence Zhang. 2016. 'A foreign infusion: The forgotten legacy of Japanese *chadō* on modern Chinese tea arts', *Gastronomica*, 16 (1): 53–62.

图 2.52　一套自用的工夫茶品茶套装，这套精致的浅绿色瓷器包括一个细长的闻香杯和一个品茗杯。

图 2.53　品茗杯和公道杯。

在来自潮州的工夫茶仪式中，台湾人的一项创新是使用了一种高而细长的闻香杯。有些人用源自明代的盖碗，然后也会用鼻子闻盖子的内面。另一个创新是小型公道杯，用于将茶汤均分倒入各个杯子中。茶通常不会以如此精致的冲泡方式准备和端上来，而且并非所有练习这种技艺的人都擅长此种方式。这样的仪式既适合正式品茶，也适合热衷于此的茶客们社交聚会，但这个过程比较费时，因此会妨碍许多其他活动。近年来在昆明，刘荻自称“中国第一位茶艺师”，她改编了潮州和台湾的茶道仪式，现在她用普洱茶来表演她自己的中国茶道变体样式。①

① Liú Dī. 2004. ‘The value of Pu-erh tea ceremony: Contemporary graceful work’, *ICOS*, 2: 694–697.

无论是在中国国内还是国外，一些饮茶者都会将茶叶多次浸泡饮用，尤其是在饮用高档茶叶的时候。以乌龙茶为例，多次浸泡是完全合理的，因为在第二次和第三次浸泡时，香气才会逐渐形成。但是如果茶叶浸泡的时间太长，以至于在第一次浸泡时其内含物就被耗尽了，那么多次浸泡则是没有意义的。这在很大程度上取决于茶叶的种类、品质、投茶量以及这些茶叶适合浸泡的时长和冲泡方式。显然，当绿茶被简单地浸泡在水中，并且在第一次就浸泡至内含物耗尽时，那么投入少量的茶叶就够了。

经验和实践都是必需的，因为缺乏经验和知识储备则完全有可能破坏美味、精致和昂贵的茶叶。在中国，六色茶系的茶叶种类繁多，每一种都有不同的品质等级。茶是高度多样化的，因为有那么多种类的茶，冲泡就需要一些相应的技能和经验。 119

图 2.54　和缅甸德昂人一样，在缅甸边境另一侧的云南布朗山布朗族人也生产茶叶，主要是生产普洱茶。正如瓦伦汀在 1726 年所描述的那样，这里的茶叶被放在锅里烘干。然而，在杭州生产龙井绿茶时，只使用最好的茶尖，而且烘焙过程比这里显示的更加精细和可控。摄影：卢克・达格利比（Luke Duggleby）。

近年来，编制“中国十大名茶”排行榜已成为一些地区的时尚。虽然有一些茶叶确实经常出现在大多数类似的排行榜中，但仍然不可避免地会存在着不同的名单列表。本书不提供此类人为列表，相反，本章其他部分将讨论一些著名的中国茶，涵盖大多数名单上的名茶。在茶叶的问题上，陆羽注意到“对任何茶叶质量的最终评估都来自亲口品尝”，[①]（此处作者引用的是威廉・乌克斯《茶叶全书》中

① Ukers (1935, Vol. i, p. 17), Jiāng and Jiāng (2009, Vol.i, p. 17), in Carpenter's translation: 'Its goodness is a decision for the mouth to make' (1974: 74).

的文字，对应陆羽《茶经》原文应是“六之饮”中“嚼味嗅香，非别也”一句，用以说明对于茶叶的品质主要应在实际品茗时来判断。——译者注）或者，正如古英语谚语所说，“布丁好不好吃只有吃了以后才知道”。[①]

## 中国绿茶家族

120 绿茶是通过抑制氧化酶活性来停止发酵过程而生产的。这是通过把茶叶放在炒锅里烤或蒸来完成的，这一过程称为“杀青”。中国的颜色术语“绿”指代春天的绿色，“青”指代蓝色、蓝绿色或深绿色，而“杀青”实际上意味着停止氧化酶的活性，从而保持叶子的深蓝绿色。如果采摘后把茶叶晾干，那么茶叶及其内含物就会迅速氧化。迅速的烘烤或蒸煮可以防止这种情况发生，从而封存了茶叶中所有健康的天然植物化学成分。

许多国际茶叶公司和当今不少敢于制造和销售绿茶的茶叶企业家，仍然惊人地忽视了采摘后立即“杀青”这一关键步骤的重要性。此外，许多茶叶生产商显然缺乏正确执行这一程序所需的专门知识和技能。因此，现在在西方，很多被称为绿茶的茶叶实际上都不是绿茶，相比之下，现在中国 74% 的茶叶是绿茶。[②] 如今，在西方单独包装的立顿茶包中的绿茶通常是质量不好的不完全氧化茶，而且尽管标签上写得像模像样，却通常不符合绿茶的标准。然而，在中国单独包装的立顿茶叶袋中的绿茶反倒是真正的绿茶，尽管其品质中等。当然，它们是在 CTC 生产线［英国人威廉・迈克尔彻 William Mckercher 发明了 CTC 机器，这种机器可以将萎凋后的茶叶一次性切碎（crushing or cutting）、撕裂（tearing）和揉卷（curling）。这种茶叶加工的方法被缩写为 CTC 生产方法，实际上是一种茶叶的大量标准化生产模式，主要用于红茶制作。——译者注］中被切碎后放入茶袋的。1930 年，英国在印度、锡兰和非洲的茶叶工厂首次引进了用自动化机器对茶叶进行机械化切碎、撕裂和揉卷的 CTC 生产线。

今天西方的饮茶者在大多数情况下从未品尝过中国的绿茶，许多人实际上不知道如何品尝这种茶，甚至不知道该品尝些什么。如果一个西方人只对红茶和西方普通绿茶或冒牌绿茶很熟悉，那么在他访问中国时，应该让专业的绿茶商为他准备绿茶。中国最好的绿茶在冲泡后，水的颜色只有轻微的变化。泡得太浓不仅会有涩味，还会掩盖嫩茶的微香、细腻的口感和柔软的质感，尤其是那些仅由芽尖制成的上等绿茶，因为西方饮茶者的味觉通常已经被其所能接触到的劣质茶破坏了。正确泡茶、认识不同类型的绿茶以及每种绿茶的不同品质需要经验和实践。对于茶来说，保养和适当的储存非常重要，对

① William Camden. 1623. *Remaines concerning Britaine: But efpecially England, and the Inhabitants thereof: Their Languages, Names, Surnames, Allufsions, Anagrammes, Armories, Moneys, Emprefes, Apparell, Artillary, Wife Speeches, Prouerbs, Poefies, Epitaphs. The third Impreffion, Reviewed, corrected, and encreafed.* London: Nicholas Okes for Symon Waterson (p. 266: ‘All the proofe of a pudding, is in the eating’); William Camden. 1629. *Remaines concerning Brittaine: But efpecially England, and the Inhabitants thereof: Their Languages, Names, Syrnames, Allufsions, Anagrammes, Armories, Moneys, Empreffes, Apparell, Artillerie, Wife Speeches, Prouerbes, Poefies, Epitaphes. The Fourth Impreffion, reuiewed, corrected, and increafed.* London: Symon Waterson (p. 262: ‘All the proofe of a Pudding is in the eating’).

② Chen and Chen (2012) in Chen, Apostolides and Chen (op.cit., p. 2).

于上等绿茶来说更是如此。绿茶的保存时间不如其他茶长。中国的高档茶商经常把绿茶储存在严格保管的冰箱里，同时又不让茶叶过冷。新鲜绿茶必须当季饮用，这只能由那些能够喝到各种各样最好和最新鲜的绿茶的人来品赏。

绿茶主要在春季采摘。在中国，春茶的采摘分为三季。最嫩最好的一季是早春或清明前采摘的茶叶，采摘时间为 3 月下旬至清明，中国人祭祖的清明是农历二十四节气中的第五个节气，当太阳在黄经 15° 时，也就是春分后大约两周。下一季春茶采摘时间则从清明持续到谷雨，后者是二十四节气中的第六个节气，当太阳在 4 月 20 日或 21 日前后到达黄经 30° 时。第三季也是最后一季春茶是谷雨后采摘的茶叶，一直持续到立夏，即大约在 5 月 6 日前后的第七个节气，此时离夏 121
至还有 45 天。

中国许多最著名的绿茶来自长江口附近的江苏、浙江和安徽。碧螺春是江苏的一种绿茶，一般早春时采摘，呈紧密的螺旋状，看起来像是从壳里取出来的蜗牛肉。这种茶传统上种植在洞庭山区。在苏州西南部的太湖中有一个岛屿，还有一个半岛伸入湖中与之紧挨在一起。这个岛就是洞庭西山，半岛就是洞庭东山。传说西山上盘踞着一条雄性巨蛇，东山上则盘踞着一条雌性巨蛇。这两条神秘的大蛇会引发洪水。据说最好的茶叶来自东山。这个地方的名字也反映在茶的全名上，即“洞庭碧螺春”。在当地方言中，这种茶过去被称为“嚇煞人香”，意思是“吓死人的香味”。据说，康熙皇帝（1661~1722 年在位）觉得起初的名字不雅，便将其改为了现在的名字。

碧螺春非常嫩，以其精致的外观、果味、花香和芽尖白毫而闻名。今天，碧螺春也生长在浙江省和四川省。在台湾种植的一种极其优良、充满芳香的碧螺春，被浪漫地对应称为“台湾碧螺春”。江苏的其他绿茶还包括生长在南京附近的雨花茶、生长在金坛附近的雀舌茶和生长在太湖周围的白云茶。

浙江著名的龙井茶生长在南宋都城杭州附近的西湖山区。人们将新鲜采摘的绿叶用铁锅进行手工“炒青”。[①] 即在一个加热的锅里揉捻茶叶，直到叶子变干，停止其所有的发酵过程，保护具有药效的植物化学物质免受氧化，封存茶叶所有的天然优点，使绿色的叶子具有独特的扁平外观。人们还会在锅中加入某种神秘的配料以方便烘焙茶叶。炒锅看起来干燥而有光泽，有时加入几滴在室温下是固体的茶籽油，可以在炒锅表面形成一层看不见的油层。我在杭州见过一些老年制茶工，他们用平底锅手工炒了多年的茶叶后，右手上有一层厚得惊人的老茧。现在，年轻的制茶工炒青时会戴上厚厚的保护手套。[②]

1726 年，弗朗索瓦 · 瓦伦汀生动地描述了中国人用铁锅炒青的方法。 122

---

① 在这里提供的这一普通话的茶术语，并不具备普遍性。塞缪尔 · 鲍尔（Samuel Bal）(1848. *An Account of the Cultivation and Manufacture of Tea in China: Derived from Personal Observation during an Official Residence in that Country from 1804 to 1826: and illustrated by the best authorities, Chinese as well as European: with remarks on the experiments now making for the introduction of the culture of the tea tree in other parts of the world*. London: Longman, Brown, Green and Longmans, pp. 109–114.）记录了一些用于制作茶叶的粤语术语，这些术语在普通话中是不为人知的，其中一些传统的粤语术语已经被黄兴宗（2000：547，fn.85）指出，汉族不同的民系似乎使用不同的茶术语，然而普通话的影响力不断扩大，使得这些术语越来越受到威胁。

② 英语“炒锅”wok [wɔːk ˧] 来源于广东话的“镬”，就像荷兰语中的炒锅一词“*wadjang*”来源于马来语。

图 2.55　元代精美的龟裂纹钧瓷碗，18.2 厘米，图片由伦敦苏富比拍卖行提供。

> 然后，他们把叶子扔进一个非常干净、光滑、闪闪发光的铁锅里，这是他们中国人特别为炒青而制造的。锅架在火上加热，但要保持一定的角度，因为茶叶必须用手工进行特殊的摩擦，然后持续翻炒，直到叶子变软，之后放在干净的垫子或类似的器具上，在那里茶叶被不断地翻动，直到冷却。
>
> 冷却后，它们再次被放到小篮子里，在篮子里滚动和摩擦，直到它们开始卷曲，然后它们再次被扔到一个干净的锅里，锅里保持适宜的温度，在锅里它们再次以和之前一样的方式被翻炒，直到它们开始变得稍微有点硬，然后再铺上几块垫子，像之前一样用风扇再次冷却。
>
> 再次冷却后，又一次将茶叶放入加热的锅中，再次加热，再次冷却，然后放入第四个锅中，唯一的区别是第三个和第四个锅的加热强度不如第一个锅，所有这些活动都必须非常小心和专注，并且有必要的特殊处理，这不是随便某个人都能做到的。
>
> 用这种方法制备好茶叶后，将茶叶倒进光滑的罐中，密封牢固，静置 16 天，然后打开。此
> 123 后，制茶大师们挑选最小、最嫩、最有活性的茶叶，并将这些茶叶放入第五个锅中，像之前一样
> 处理，然后将茶叶妥善密封，这可以保存数年，然后送到任何有需要的地方。①

这项技术至今仍用于制作龙井茶，但今天许多中国绿茶是把茶叶放进特制的圆筒形烤箱中烘制的。这些烤箱舒缓地烘烤茶叶，只是为了阻止茶叶氧化，有一些烤箱还可以翻滚或旋转。然而，在茶叶制作的大部分历史中，这种复杂的机械装置还没有开发出来。因此，手工技能和制茶知识必须精练。另一种阻止氧化的方法是蒸，这种技术是在之后才被使用的，特别是在日本得到广泛使用。

还有一种著名的绿茶是珠茶（gunpowder tea），它是一种紧密卷曲的小叶绿茶颗粒。“珠茶”这个中文名字在法语中相当直白地被称为“珍珠茶”，② 这与现代珍珠奶茶不可混淆。这种茶最古老的西方名称

① François Valentyn. 1726. *Oud en Nieuw Ooſt-Indiën, vervattende Een Naaukeurige en Uitvoerige Verhandelinge van Nederlands Mogentheyd in die Geweſten. Deel IV: Beſchryving van Groot Djava, ofte Java Major, behelzende een zeer fraaje Landbeſchryving van dit magtig Eyland, benevens een aanwyzing der Landen onder den Keyzer van Java, onder den Koning van Bantam, onder Soerapati, en den Prins van Balamboang, behoorende, met de Zaaken tot alle die Vorſten betrekkelyk, en voornamentlyk een Verhaal van het Koninkryk Jakatra, of van de Landen onder de E. Nederlandſche Maatschappy behoorende; mitsgaders een omſtandige Beſchryving der Stadt Batavia, haare Verovering, en Grondveſting, benevens de Levens der Opperlandvoogden van Indien, als ook een Beſchryving van het Nederlands Comptoir in Suratte, en van de Levens der Groote Mogols; mitsgaders een Verhaal der Zaaken van China, nevens een Beſchryving van 't Eyland, Formoſa, ofte Tayouan, en de Zaaken daar toe behoorende; waar agter gevoegd zyn des Schryvers Uyt- en 't Huys-Reyzen, met verſcheide Teekeningen, en Landkaarten, daar toe dienende*. Dordrecht: Joannes van Braam, and Amsterdam: Gerard onder de Linden (*Derde Boek: Beſchryvinge van den Handel, en Vaart der Nederlanders op Tſjina*, blz. 14–15).

② Alexandre Dumas. 1873 [posthumous]. *Grand dictionnaire de cuisine.* Paris: Alphonse Lemerre (p. 1026).

是荷兰语“Joosjes”，荷兰东印度公司的海员和商人都知道这个名字。把每片叶子卷成一个小圆球的方法最常用于绿茶或乌龙茶。珠茶的生产可以追溯到唐朝，直到19世纪才传入台湾。

珠茶制作还需要经过萎凋、卷曲和烘干等流程。尽管以前每一片茶叶曾用手工卷制，但如今只有最高等级的茶叶才是手工制作的。今天大多数的珠茶都是用机器卷制的。卷曲使叶子不易受损，并使它们保留更多的味道和香气。最有名的珠茶也许是“平水珠茶”——一种来自浙江的绿茶。几个世纪以来，珠绿茶一直在摩洛哥被贪婪地消费着，它与新鲜薄荷混合制成著名的摩洛哥甜薄荷茶，这通常由家族首领或长子来调制。

除了传说中的龙井茶和珠茶之外，浙江省的其他绿茶还包括惠明茶（这是以景宁县城附近一座寺
庙来命名的茶）、开化龙顶茶、天台山华顶云雾茶以及天目青顶茶。 124

黄山毛尖是一种产于安徽黄山的绿茶。“毛尖”是指覆盖在叶子上的小白毛。只有芽和芽旁边的一片叶子被采摘下来制作毛尖。安徽有众多的绿茶品种，包括熙春茶，实际上熙春是一类相当普及的标准绿茶，产于中国许多地区；著名的雾里青茶自宋代以来就广为人知；六安瓜片有瓜子形状的椭圆形小叶，产于六安周边地区；大方茶有类似龙井茶的尖扁叶；比较独特的新品种是产自太平县的太平猴魁茶，它有两片直叶，包裹着一个白毫嫩芽。此外，还有来自屯溪地区的屯绿茶和来自泾县的火青茶。

江苏、浙江、安徽等绿茶生产大省的南部是江西和福建两省。江西九江的庐山上生长着一种叫云雾茶的绿茶。另外两种来自该省的著名绿茶是珍眉茶和狗牯脑茶。福建出产本地品种的毛尖茶、翠剑茶和雪芽茶。顾渚紫笋茶是一种产自浙江长兴县的绿茶，曾作为皇室贡茶，在陆羽时代就已名扬天下，而陆羽曾于公元760年到访顾渚山。普陀山佛茶是佛教僧侣在浙江沿海普陀山寺院的周围用传统方式种植和加工的绿茶。

许多绿茶产于四川省靠近古老的茶叶中心带的地方。蒙顶甘露是一种精致的绿茶，生长在蒙山上（海拔1456米）。蒙山位于青藏高原的东部边缘，今天属于四川西北部，靠近现代化城市雅安。从724年到1911年，蒙山曾在不同时期生产皇室贡茶，但随着时间推移，从精致的绿茶到粗糙的压缩砖茶，蒙山也生产了一系列的其他茶叶。

另一种产于蒙山的绿茶是由小而精致的绿
茶叶制成的，叫作蒙顶石花茶。在蒙山上生产的 125
其他绿茶品种还有万春银叶、玉叶长春和蒙顶雪芽。竹叶青是在峨眉山（海拔3099米）上生长和生产的，峨眉山是中国佛教圣地。还有一种四川绿茶是百美绿茶。除了这些著名的四川绿茶之外，还有许多标榜为龙井的茶也产自四川，在市场上被当作产自浙江的龙井茶来售卖。

图2.56　宋代钧瓷碗，14.5厘米，图片由伦敦苏富比拍卖行提供。

许多遥远的内陆省份也生产绿茶，而这些省份通常与绿茶无关。陕西汉中生产一种称为“仙毫”的绿茶，湖北省也生产一种名为“玉露”的

蒸青绿茶，其制备方法与日本玉露茶（gyokuro）相同。在河南省信阳市附近，种植了一种叫作信阳毛尖的绿茶；在贵州省的都匀市周围还种植了另一种都匀毛尖茶。此外，重庆永川附近地区生产一种叫作永川秀芽的绿茶。

## 白茶及白化栽培种

白茶是中国六大茶类之一，自清朝（1644~1912 年）以来中国茶就一直沿用这一分类方式。因此，这种分为六种颜色的茶叶分类体系并不是十分古老。事实上，有人声称，白茶本身似乎是一个相对较为晚近的创新，历史不过几个世纪。与 19 世纪初一个不了解植物学知识的西方人所认识的相反，茶树本身并不是茶叶种类的主要决定因素。更重要的决定因素是人的手工艺，它决定了茶是白的、绿的、青的、红的、黄的还是黑的。

中国茶学者认为，生产白茶的技术很可能是在明朝发展起来的。[①] 然而，最初白茶可能并没有严格地与绿茶区分开来，或者也许中国商人在 1726 年还没有感到有必要花大力气让外国人理解这种区别，因为弗朗索瓦·瓦伦汀的报告说，中国人把这两者等同起来，把绿茶称为“白茶或绿茶”或“绿茶，也称为白茶”。[②] 无论如何，在清朝时，这两种茶才被分成了单列的颜色茶类。

制作白茶的一项关键技术是对细小的茶芽只进行轻度氧化发酵。与绿茶不同的是，白茶不会被晒干或卷曲起来，而是茶鲜叶通过烘烤在高温下迅速干燥，这样嫩芽就不会受损，也不会失去白色的绒毛。在传统工艺里，白茶要在竹箩筛里晒上一到三天，这种方法直到今天还在使用。

然而，现在一些生产商希望通过消除这些不可控因素来实施更稳固的质量控制。因此，取而代之的是，他们将软化的芽和叶置于人工暖气流中加热。然后，将晒干或经人工暖流加热的叶子进行一到几个小时的渥堆。当达到所需的氧化程度时，再将茶叶在低温下烘干。茶叶的这些处理过程要保持温和，这样它们就不会被破坏，而好白茶的一个基本特征就是细胞结构基本保持完整。

126 这些流程是福建省的一个特色，特别是在福鼎市和政和县。著名的白毫银针茶是用第一季的芽茶制作的，而著名的白牡丹茶则是以一芽两叶来制作的。还有一些精致的银针茶也在其他地区生产，例如在台湾南部的鼓山，同样是以第一季采摘的芽茶来制备的。白茶也生长在大吉岭、泰国北部以及尼泊尔东部。

在 80℃水温中浸泡时，白茶茶汤会泡为淡黄色，这种茶汤可能会因含有白色的毫毛而闪烁发光。较老的白茶或煮得很浓的白茶也可能会产生橙色的茶汤。早晨太阳晒干露水后采摘的茶叶最好，而第一季成熟采摘的茶鲜叶是生产白茶的最佳选择。另一种叫作寿眉的白茶生长在福建省和广西壮族自治区，因其采摘时间较晚所以颜色较深。这种茶叶的茶汤可能呈现出深金黄色，伴有浓郁芳香，这会让人想起乌龙茶。在白茶系列的茶叶中，一个更为精细的变体被称为贡眉茶。

2006~2009 年在西安进行的考古挖掘中，考古学家在 11 世纪的北宋墓穴中发现了千年前加工过的

---

① Huáng (2000: 551).

② Valentyn (1726, *Derde Boek*, blz. 14).

茶叶和茶具。这些墓穴属于蓝田吕氏贵族，就在现在的西安城外。吕氏一族有四个人曾担任宰相职务（蓝田吕氏中著名者为“四吕”，即吕大忠、吕大防、吕大钧、吕大临兄弟，皆进士及第并授官，但官至宰相的只有吕大防。——编者注），正是在这些墓穴中，发现了大约 30 片经过加工的干茶叶。由于土壤湿度低，这些干茶叶没有腐烂，保存了下来。此外，墓葬中还发现了青铜器、瓷器和陶制茶具。

在宋朝贵族圈子里，抹茶和散茶都很流行，实际上直到宋朝时散茶才成为普遍的饮茶方式。[实际上，宋朝主要为片茶和散茶，《宋史·食货志》载：“茶有两类，曰片茶，曰散茶”。片茶就是龙凤饼（团）茶，散茶即蒸青散茶。——译者注] 从墓葬中发现的茶叶外观来看，有些人认为它们是像白茶一样被加工过的。然而，这一明显不合常理的发现可能表明，在南宋时期生产的一些绿茶就已经类似今天所称的白茶，而白茶可能确实存在了很长一段时间，最初只是绿茶的一个未命名的子类别，或许一直到明朝晚期或清朝时才被按照茶的颜色进行分类而得以明确。

如今有些“白茶”，严格地说根本不是白茶，基本上是由白化的普通茶株制成的绿茶。这个品种显然是在 20 世纪 80 年代首次在日本和中国被发现的。在日本，这种白化品种被称为“白叶茶”，还有两个不同的白化栽培种星野绿茶（hoshino-midori）和新香茶（kiraka，きら香），分别于 1981 年和 2006 年注册。在中国，安吉白茶是由 1982 年首次发现的茶叶新品种制成的。这些新品种是由天然的白化突变茶树培育而来的，这种突变茶树是长三角地区一种冷敏感茶树，在温度低于 23℃时就会变成白色。在春天采摘时，这些茶可产出一种白色的绿茶，而在夏天收获的则只是普通绿茶。这种茶拥有黄色的窄叶片，沿叶长边有明显的褶皱。来自江苏省的天目湖白茶是一种绿茶，是由著名的天目湖附近的一个白化品种茶制成的，茶圣陆羽就曾在天目湖地区游历过。

第一份白化茶品种的科学报告是 2006 年发表的关于中国“小雪芽”和“白茶 1 号”这两个茶树品种的描述报告。[1] 这两个白化茶品种的叶色为乳白色，儿茶素含量较低，而它们的游离氨基酸含量要高得多。这两个品种的茶叶含有大量茶氨酸， 127
比任何普通绿茶品种都多。茶叶 18 种氨基酸中有 6 种在白化突变体中的含量高于其他普通绿茶品种，而 4 种含量处在较低水平。热敏型茶树品种“小雪芽”在 20℃以下产生白化幼苗，在该温度下，叶绿素 a/b 结合蛋白基因编码、二磷酸核酮糖羧化酶和末端氧化酶的基因被抑制，而紫黄质深度氧化酶（violaxanthin de-epoxidase）的活性被抑制。这些反应也影响着类胡萝卜素的生物合成和叶绿体的微结构。[2]

图 2.57　宋代钧瓷茶碗，带有天青色、薰衣草釉色和蘑菇色调的边缘，22.5 厘米，图片由伦敦苏富比拍卖行提供。

① Y.Y. Du, Y.R. Liang, H. Wang, K.R. Wang, J.L. Lu, G.H. Zhang, W.P. Lin, M. Li and Q.Y. Fang. 2006. ‘A study on the chemical composition of albino tea cultivars’, *Journal of Horticultural Science and Biotechnology*, 81 (5): 809–812.

② Y.Y. Du, C. Lin, J. Jin, J.H. Ye, J.L. Lu, J.J. Dong and Y.R. Liang. 2007. ‘Studies on gene expression and chloroplast structure in albino tea’, *ICOS*, 3, PR-P-008.

2010 年对四个日本白化栽培种的分析中发现了相似的结果，白化栽培种茶叶中的游离氨基酸含量是广受欢迎的薮北茶（yabukita）的两倍。日本白化茶系的两个栽培种在静冈县当地也被称为诸子泽（morokozawa）和山吹（yamabuki，やまぶき）。在诸子泽的栽培品种中，白化性状表现为对强烈阳光的反应，而不是对寒冷的反应。在中国，其他白化茶新品种还包括千年雪和四明雪芽。①

近年来，中国人对千年雪、黄金芽、郁金香三个白化品种进行了大量研究。② 在对郁金香白化栽培种进行研究后，遗传学家发现了 1196 个差异表达基因能影响叶绿体组织，导致在遮荫光照条件下叶绿素和类胡萝卜素含量增加。这类白化栽培种对强光的反应明显，就好像受到严重胁迫而优先积累了更有效的抗氧化剂一样，尤其是其含有的类黄酮、槲皮素（quercetin）和类胡萝卜素玉米黄质在保护植物
128 免受强烈阳光照射方面发挥了作用。在阳光下生长的白化栽培种，其山奈酚（kæmpferol）含量也有所增加。

槲皮素而不是儿茶素（catechin）生物合成的增强与黄酮醇合酶（flavonol synthase）、黄酮黄酮醇羟化酶（flavonone hydroxylase）和黄酮醇羟化酶（flavonol hydroxylase）的增强转录呈正相关性，而参与儿茶素生物合成的无色花色素还原酶（leucoanthocyanidin reductase）、花青素还原酶（anthocyanidin reductase）和花青素合酶（anthocyanidin synthase）的活性被抑制。在普通茶树品种中，当它们被遮荫时比被太阳晒伤时会产生更多的茶氨酸和更多的酯型儿茶素水解酶（galloylated cat-echins）、表没食子儿茶素没食子酸酯（EGCG）和表儿茶素没食子酸酯（epicatechin gallate，ECG），以及较少的非烯醇化儿茶素（non-galloylated catechins）、表没食子儿茶素（epigallocatechin，EGC）和表儿茶素（epicat-echin，EC）。然而，无论是遮荫还是被太阳晒伤，白化品种的儿茶素（catechins）和茶氨酸（theanine）的产量和相对含量似乎并没有显著差异。③

图 2.58　南宋建瓷茶碗，有光泽的黑色釉上有银色兔毫条纹，边缘有金属镶边，12 厘米，图片由伦敦苏富比拍卖行提供。

① Aya Kunihiro, Takashi Ikka, Toshikazu Suzuki, Yoriyuki Nakamura and Akio Morita. 2010. ‘Chemical composition of the first crop of “white leaf tea” plants in Japan’, *ICOS*, 4, PR-P-11; K.R. Wang, Y.Y. Du, S.H. Shao, C. Lin, Q. Ye, J.L. Lu and Y.R. Liang. 2010. ‘Development of specific rapd markers for identifying the albino tea cultivars *qiānniánxuě* and *xiǎoxuěyá*’, *African Journal of Biotechnology*, 9 (4): 434–437; Takashi Ikka, Aya Kunihiro, Megumi Ohshio, Eiji Kobayashi, Toshikazu Suzuki, Yutaka Koizumi, Yoriyuki Nakamura and Akio Morita. 2013. ‘Chemical and physiological analysis of the high amino acid containing tea “white leaf tea” in Japan’, *ICOS*, 5, PR-S-5.

② For example, Wáng Kāiróng 王开荣 , Dù Yǐngyǐng 杜颖颖 , Lǐ Míng 李明 , Liáng Yuèróng 梁月荣 and Lù Jiànliáng 陆建良 . 2007. 白化茶树特异性 RAPD 分子标记研究 ‘Báihuà cháshù tèyì xìng rapd fēnzǐ biāojì yánjiū’ [ “Research on specific DNA molecular markers in albino tea cultivars by RAPD analysis” ], *Zhèjiāng Nóngyè Kēxué* 浙江农业科学 , 1 (1): 1–55.

③ Guo-Feng Liu, Zhuo-Xiao Han, Lin Feng, Li-Ping Gao, Ming-Jun Gao, Margaret Y. Gruber, Zhao-Liang Zhang, Tao Xia, Xiao-Chun Wan and Shu Wei. 2017. ‘Metabolic flux redirection and transcriptomic reprogramming in the albino tea cultivar ‘Yu-Jin-Xiang’ with an emphasis on catechin production’, *Nature Scientific Reports*, 7: 45062 <doi: 10.1038/srep45062>.

## 中国黄茶

黄茶是一种半氧化茶。黄茶的制法与绿茶相似，但干燥过程较慢。在一个封闭的空间里，潮湿的茶叶堆在一起发酵 3 天。这种黄变过程（闷黄）是黄茶制作所独有的。根据潮湿度和持续时间的不同，这个过程产生各种不同的黄茶。黄茶一般经过 20%-30% 的发酵，外观呈黄绿色，其浓郁的植物香味与白茶或绿茶有明显的区别。黄茶比较醇厚，其茶汤呈淡黄色。

黄茶主要产于安徽省和湖北省，可能在唐宋时期就已经开始生产。[①] 茶学家在这个问题上存在分歧，关于这一点，我们有必要记住的是，和白茶的情况一样，直到清代倾向于将茶分为六个明确颜色的类别之前，各种未发酵或轻度发酵的茶最初可能并没有如此严格的分类。

君山银针是一种黄茶，种植在与湖南岳阳市区隔水相望的君山半岛上。霍山黄芽茶是一种有名的 129
略带辛辣味道的黄茶，生长在安徽霍山，唐朝时曾作为皇家贡茶。另一种唐朝贡茶蒙顶黄芽茶是一种产自四川蒙山的优质黄茶，只用一芽一叶制成。它经过烘烤散发出来的果香和金黄色的茶汤让人想起龙井茶，但这种茶因少有涩味而更加顺滑可口。一般说来，只有在蒙山高处的阳坡 3 月下旬采摘的嫩芽，才能用来制作蒙山黄芽。

一些稍次的黄茶也同样精致，因为它们很稀有。大叶青茶产于广东省，是一种由当地品种的茶叶制成的黄茶，在清明前采摘。北港毛尖茶是来自湖南岳阳附近北港地区的一种黄茶。银猴茶是一种罕见的具有花果香的黄茶，是产于浙江省松阳县的一芽一叶茶。黄汤茶是浙江省另一种稀有的黄茶。来自安徽省的黄大茶是由一个大叶品种的一芽三叶或一芽四叶茶笼统采摘制备而成的。黄小茶同样来自安徽，但这种黄茶只用一芽两叶的茶来制作。

## 青茶、乌龙茶和岩茶

青茶是一种轻微发酵或部分氧化的茶。许多说英语的人可能不太熟悉青茶这个名字。然而，法国的茶叶鉴赏家们对这个词非常熟悉。最著名的青茶是乌龙茶，字面意思是“黑色的龙茶”。人们有时声称，乌龙茶可能是为了改善清代松罗茶的品质，在福建经过反复试验后发明出来的。[②] 另一些人甚至声称，乌龙茶可能早在 16 或 17 世纪的明代就已发展出来了。[③] 然而，施鸿保的《闽杂记》在 1857 年才首次提到“乌龙”一词，将该词作为一种特定的茶名。他注意到，在武夷山以南的沙县，出产一种名为“乌龙”的优质茶叶。在 19 世纪 60 年代，这个名字很快便在台湾茶商中泛指轻度发酵的芳香茶叶。[④]

这种类型的茶是用平底锅煎制或者烘烤来停止发酵过程的，但是只有当发酵的茶叶边缘开始变成

---

① Huáng (2000: 552).

② Zijin Zhan and Biao Xu. 2004. ‘The origin of oolong tea’, *ICOS*, 2: 673–675.

③ e.g. Yokichi Matsui. 2004. ‘The origin of oolong tea’, *ICOS*, 2: 669–672; Yokichi Matsui. 2007. ‘The historical background of oolong tea origin’, *ICOS*, 3, CH-P-002.

④ Huáng (2000: 541).

黄褐色，而茶叶的中心部分仍然是绿色的时候，茶叶才会被放入锅中烘烤。因此，青茶在大多数情况下是部分氧化的。精心控制的发酵过程使得茶叶产生绿茶中所没有的花香。青茶包括从非常轻微发酵的茶到重度发酵茶，甚至也包括一些完全氧化的茶。因此，在谈论青茶或乌龙茶时，有必要区分福建乌龙茶（其中又有轻型和深型两种）、台湾芳香乌龙茶和完全氧化的岩茶，至少，这三种青茶的前两个品种似乎主要是在清朝才发展起来的。

130 乌龙茶是由发育成熟的大叶茶制成的，其叶子被揉捏成蜻蜓脑袋的形状，呈深绿色。这种茶在冲泡时茶汤呈琥珀色。乌龙茶的单片叶子通常被卷成一个小圆球。这种制茶的方法起源于唐代的珠茶。珠状的茶叶不容易破碎，得以保持更好的味道和芳香。精致的乌龙茶会散发出独特的香味，这是在精细的萎凋过程中形成的。多酚氧化酶的酶活性产生乙烯，从而启动一系列化学过程，产生一系列芳香族化合物。当茶叶被烘干时，这个精心控制的萎凋过程就停止了。一项研究表明，乌龙茶的最佳相对湿度为 75%，这时乌龙茶的芳香特性得以保留，香气增强。①

最著名的乌龙茶品种无疑是铁观音，这种茶产于福建省厦门市的北部和泉州市的西部地区。铁观音在清朝（1644~1912 年）的某个时期才出现，也有些人声称直到 19 世纪才发明。这种茶据说是献给观世音菩萨的，观世音菩萨在中国被称为“观音”，采用了一个女性化的外形相貌，而这个菩萨在印度和中国西藏仍然是男性，在那里他被称为“持莲者”。“铁”这个前缀修饰语是指加工过的茶叶具有金属光泽。茶叶被轻轻地卷成小块，在浸泡时才展开。这种茶以其苹果等水果香、花香和金绿色的茶汤而闻名。有些人建议用多孔黏土制成的宜兴紫砂壶来冲泡乌龙茶，然后用小茶杯啜饮。由于陶器会吸收茶的味道，所以用来泡某种乌龙茶的壶最好不要再用来泡其他茶。

乌龙茶的采摘季多种多样。春茶采摘是在农历新年和 5 月之间进行的。春茶的三个采摘季实际上是 3 月下旬到 5 月上旬。这段时间也被认为是绿茶采摘最好的时节。秋茶也适合制作乌龙茶，因为秋叶更香，在萎凋过程中能释放出更多的芳香物质。茶叶对气候的依赖度很高，因此每一季采摘的茶叶特性是不同的。在叶子生长过程中，天气起着一定的作用，采摘过程中的实际条件也影响着最终的口感和品质。

图 2.59　一件建瓷茶碗，棕色兔毫从腰口向下辐射，带有透过黑色釉料的蓝黑色光泽，图片由伦敦苏富比拍卖行提供。

131 秋茶采摘大约在 10 月 8 日或 9 日
二十四节气中的第 17 个节气寒露前后。秋茶采摘一般为从寒露前三天到后四天，几天后茶叶就可以出售了。寒露秋茶被称为“正秋茶”，与“早秋茶”相呼应。早秋茶是指 9 月初至 10 月初的满月之夜，在中秋节前后收获的夏茶。春季采摘的铁观音茶味道更浓、香气更淡，而秋季采摘的铁观音茶则茶味更

① Fangzhou Zhang, Rongbing Chen, Yuanqin Li and Fuying Jiang. 2001. ‘The effect of different humid condi-tions on the making of aromatic constituents in oolong tea’, *ICOS,* 1 (II): 256–259.

淡、香气更浓。

另一种产自安溪县的乌龙茶是鲜为人知的黄金桂茶，因为它的茶叶采摘时间早于那些准备用来制作铁观音的茶叶。金针梅是产于武夷山脉的另一种乌龙茶。这两款都是来自大陆的可爱精致的乌龙茶。然而，最香、最精致的乌龙茶产自台湾，台湾消费的大部分茶叶都是乌龙茶。台湾乌龙茶已在上文有关台湾岛的一节中讨论过。鉴于其复杂程度，各种各样的台湾乌龙茶应该专门作为一个类别来梳理。除了许多芳香乌龙外，台湾北部出产的包种茶基本上代表了一种温和发酵的乌龙茶。这种精美的茶叶创新产品仍然保留着绿茶的许多特性。

金萱茶是 20 世纪 80 年代台湾茶叶改良场开发的一个品种。制作乌龙茶时，这种近似椭圆形的叶子有时会被轻轻烘烤，以赋予其乳脂状的香气，被称为奶香。绿茶轻微烘烤也可以产生这种香味。金萱茶品种被用来制作传统的乌龙茶，也被用来制作产自台湾北部文山区的轻发酵包种茶。台湾深冬时节采摘的茶叶常被制成美味的乌龙茶。有时，这些茶叶是以采摘它们的山头来命名的，例如著名的阿里山或其他山的高山茶。

除了种类繁多的乌龙茶和各种各样的台湾香型乌龙茶外，还有一类茶通常也被归类为青茶，甚至也被一些人笼统地称为“乌龙茶”。然而，这些深色和美味的茶是完全氧化的，其特点是有强烈的木质气味，因此人们不禁要问，为什么有些人把这些茶归类为与乌龙茶一样的青茶呢？

这些茶便是来自武夷山脉安溪县的岩茶，这些茶最好以“岩茶”来单独分类命名，或者重新归类为中国人所称的红茶。除了每种类型少数稀有的手工生产批次外，要识别出这些岩茶与乌龙茶的相似之处，即使对于习惯了福建和台湾产的乌龙茶的花香和微果香的茶客们来说也是一种挑战。然而，相对于过高的销售价格而言，这些茶却显得寡淡。最著名的武夷岩茶是从最初的“五大名枞”发展出来的，这种茶自宋代以来就一直存在。

岩茶的主要原料仍然来自生长在武夷山脉岩石峭壁上的茶树。市场上一些著名的岩茶号称来自“五大名枞”，但是其中有一些是从名枞嫁接剪枝上长出来的克隆品种，因此只是在基因上与名枞品种完全相同。土壤是茶味的重要决定因素，但是更重要的决定茶味的因素是茶叶的生产工艺以及发酵完成程度，它们使茶具有木质味和较深的颜色。岩茶近年来越来越受欢迎。2006 年，岩茶加工工艺被认 132
定为中国国家级非物质文化遗产传承项目。2010 年春天，洪水严重影响了岩茶的夏季采摘，但自那以后产量一直在上升。

大红袍茶宣称代表着武夷茶的顶峰。当明朝洪武帝的妻子马皇后服用了这种古老的岩茶后，她的病痊愈了，大红袍也因此声名大噪。为了表示感谢，四件红袍被送到福建，披在采摘茶叶的茶树上。从那以后，迷信的人们就认为岩茶具有神奇的药用功效。这四株传说中的茶树在武夷山的一块巨石上被参拜。1998 年，一包来自其中一株母树的 20 克大红袍以 15.68 万元人民币的价格售出，这意味着当年这种茶叶每公斤的价格达到了约 1000 万美元。2006 年，每斤大红袍的售价为 1800 元。就像鱼子酱一样，这些岩茶受益于一种排他性的氛围，传统的炒作将这些传说中的茶树按照它们在这里出现的顺序排位，大红袍位居榜首。

铁罗汉茶是由另一种传说中的茶树制成的。罗汉是赤脚的佛教神，他已脱离六道轮回（实际上，不管是永住世间护持正法的十六大阿罗汉、十八阿罗汉还是五百声闻罗汉，这些罗汉并非全是赤脚的，在相关塑型中也有穿鞋的。大概只是因为赤脚罗汉形象较为亲近底层百姓，所以该形象已经深入人心。——译者注）。传说这种茶是由一位武功高强的武僧创制的，因此得名“铁罗汉”。市面上许多以这个名称出售的茶叶已经完全氧化了，但是也有些茶叶是深绿色的。2006 年，用古树茶的叶子制成的茶叶卖到了每斤 1200 元。

排名第三的是白鸡冠茶，它有一种较为温和的口感和色泽明显较淡的外观。这个名字的贡茶在明代就存在了。据说是由传说中的名枞之一制成的，一些热心的农民从 20 世纪 80 年代中期开始推广这个本地品种。然而，这种茶的产量很少，2006 年，这种茶叶卖到了每斤 2800 元。

排名第四的是水金龟茶，它的茶汤呈深色或浅翠绿色，2006 年，每斤水金龟茶卖到了 1000 元。第五个著名的岩茶是半天腰茶。这款罕见的武夷乌龙茶具有矿物质的味道，并带有轻微炭烤所带来的烘烤香气。2006 年，这种茶每斤卖到了 800 元。除了这些名头响亮的名茶外，小众岩茶也同样因茶树的古老而受到珍视。除了用古树名茶的叶子沏茶的诱惑外，陈化茶也早就有了拥趸。想喝尽可能新鲜的茶叶时，最好饮用绿茶，而像普洱茶这种著名黑茶则通常是饮用陈化茶。

出于同样的原因，特定品种的乌龙茶有时会被储存和陈化，有时甚至会存放几十年，实际上这些茶叶在生产时就已经陈化了。据说，在制作乌龙茶的过程中，茶叶的滚动会使茶叶更易于陈化。水仙茶是一种氧化了的乌龙茶，有轻微的焦煳味。这种茶叶通常已经过陈化处理，然后时不时会被小心翼翼地拿出来重新翻滚和烘烤。肉桂茶和八仙茶是另一些完全氧化的茶，有时候也会这样处理。重新烘焙茶叶的做法可能起源于一种预防措施，即定期轻轻地复焙长期储存的茶叶，以防止它们在长江以南
133 潮湿的气候中发霉。这种做法最早在 1440 年朱权的《茶谱》中就被提及。[①]

## 中国红茶

在西方和国际茶叶贸易中，black tea（黑色茶）在中国被称为红茶（red tea）。19 世纪由荷兰人发明并由英国人进一步发展的黑色茶，在本质上代表了中国人称为红茶的一种西方新风格。如今，全世界约 60% 的茶消费涉及红茶，其余主要是乌龙茶和绿茶。在日本、中国和摩洛哥，绿茶是首选。尽管红茶是当今世界上最普遍的一种茶，但在中国与欧洲开展茶叶贸易之前，这种茶似乎并不存在。西方和国际茶叶贸易中人们所说的黑色茶不应该与中国人所说的黑茶混淆。中国的黑茶完全是另一回事，这种黑茶是下一节的主题。

那么，究竟什么是西方所说的黑色茶，或者中国所说的红茶呢？这种茶又是从哪里来的呢？正如我们将在第九章中看到的，历史上这是一个有点尴尬的问题，因为答案在几个方面令人不安。准确地说，红茶既不像西方人说的那样是黑色的，也不像中国人说的那样是红色的。这些叶子实际上是杂有各种颜色的棕色，甚至有些品种的茶可以说是黑褐色的。用红茶的叶子冲泡出来的茶同样不是黑色的，而是棕色的。茶汤的颜色可能会有所不同，从橙红色——这印证了其中国名“红茶”——橙褐色到非

① Huáng (2000: 529–530).

常深的墨色，这取决于茶叶品种及其制作工艺。简言之，黑和红的名字听起来不错，但事实上茶的颜色是棕色的。

在谈到红茶的历史或中国人所说的红茶之前，让我们先来定义一下红茶是什么。这种棕色茶的制作方式与绿茶、白茶或乌龙茶的制作方式截然不同。采摘茶叶后，茶叶既不加热也不干燥，而是在滚压或揉捻之前先进行萎凋，任茶叶自然氧化。实际上发酵过程也是听之任之，直至叶子完全自行干燥枯萎为止。红茶因此被完全氧化。在茶业行话中，所谓的发酵实际上是由天然酶活性而导致的氧化，因此严格地说，在茶业术语中的发酵根本不涉及发酵。

早在 1893 年，在英属印度一本关于茶叶种植的教科书中，蒙塔格·凯尔韦·班伯（Montague Kelway Bamber）就首次明确阐述了一种即使在那时也早已被植物学家和化学家称许了半个多世纪的见解。

氧化过程："发酵"这个术语通常用于这个过程，但"氧化"更准确地描述了叶片在相对较短的时间内发生的变化。①

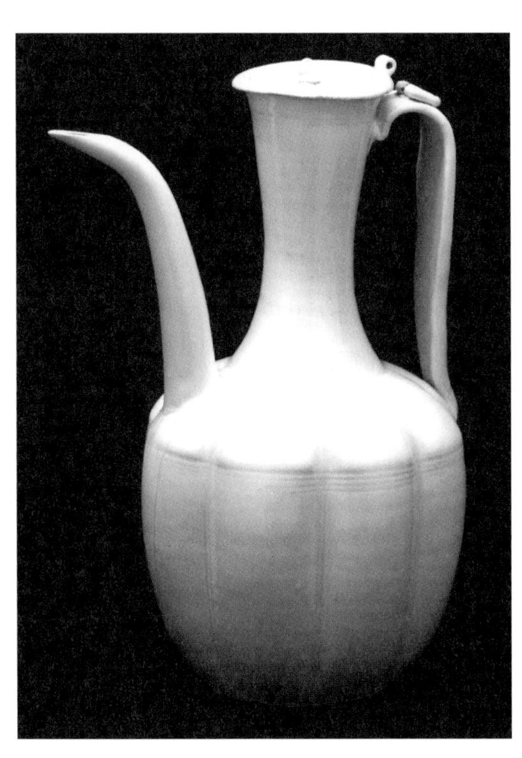

图 2.60　一个瓜形光滑的青白瓷水壶，带有其特有的半透明泛绿光泽，产自 11 世纪北宋时期的景德镇。由大阪市立东洋陶瓷美术馆的六田知弘拍摄。

1900 年，班伯报告说他从茶叶中分离出一种氧化酶。②次年，来自东京的麻生庆次郎（Asō Keijirō）研究报告说，红茶中的黑色素可以归因于"氧化酶对茶叶单宁的作用"。正如他推断的那样，"茶叶的氧化酶在 76°C~77°C 的时候被破坏"，日本绿茶之所以呈绿色"归因于制备的第一步就破坏了氧化酶"，当时茶叶经过了短暂轻微的蒸制。③尽管如此，在实践中，用许多茶人 134
的行话来说，将"氧化"称为"发酵"的言语习惯一直延续到今天，即使这些人完全理解氧化和发酵之间的技术差异。然而，清楚地记住这一区别仍然是有益的。

通常意义上的发酵是指借助细菌、酵母或其他微生物，对物质进行化学分解和转化的过程。例如，葡萄酒、啤酒和酸奶都是通过发酵生产的。

① Montague Kelway Bamber. 1893. *A Textbook on the Chemistry and Agriculture of Tea, including the Growth and Manufacture*. Calcutta: Law-Publishing Press (p. 225).

② Montague Kelway Bamber. 1900. *Report on Ceylon Tea Soils and Their Effects on the Quality of Tea*. Colombo: Times of Ceylon Press (p. 90).

③ Asō Keijiro 麻生慶次郎. 1901. 'On the rôle of oxydase in the preparation of commercial tea', *Bulletin of the College of Agriculture, Tōkyō Imperial University*, IV: 255–259.

相比之下，红茶并没有真正意义上的发酵。相反，这些叶子被放任氧化，并通过自然酶活性进行生化降解。虽然淡香型乌龙茶只经过部分氧化，但红茶、黑茶和岩茶等颜色较深的乌龙茶的制备，是允许进行完全氧化的。“发酵”一词在茶行业已经根深蒂固，用来表示茶叶中含有的许多天然化合物伴随着酶分解而发生的氧化过程，因为有一段时间，人们错误地认为萎凋过程中的这种转化是由酵母菌和其他微生物进行的。

“红茶”（black tea）一词较晚才在西方文学作品中出现，因为所有早期的文学作品都强调绿茶和武夷茶的区别。（自此处以下所有提及“红茶”的地方，在原文中都是“black tea”的西语用词，这点和前一节中作者区分国外用“black”和中国用“red”不同，为免累赘，翻译时不再单独在译文每个词汇后单独标注“black”，特此说明。——译者注）武夷茶历史上包括一系列由浅至深的半发酵茶，这些茶不仅来自福建武夷山，还来自中国东部的邻近地区。当时在东印度群岛消费或进口
135 到西方的武夷茶不是现代意义上的红茶，而是后来清朝命名法中被归类为青茶的半发酵茶品种。在瓦伦汀的时代，西方消息人士还没有提到“红茶”。我们今天所知道的红茶还没有发明出来。红茶既是一种商品，也是一种名称，起源于荷属东印度群岛，当时荷兰殖民政府试图在爪哇种植和生产茶叶。

在 19 世纪二三十年代，在荷属东印度群岛经营的茶商中，区分红茶和绿茶已成为标准做法。这时，菲利浦·冯·西博尔德（Philipp von Siebold）也谈到了绿茶和红茶（此处的红茶原文为“brown tea”，棕色的茶，与他处“black tea”、“red tea”均不同，特注明。——译者注）。[①]1832 年 6 月 14 日，荷属巴达维亚政府通过决议，派遣雅各布斯·雅各布森（Jacobus Jacobson）从爪哇到中国，将中国茶艺师带回爪哇，还特别提到了“红茶的制备者”和“绿茶的制备者”，当这项决议通过时，这种两分法已经在荷兰政府的专用术语中得到了明确的认定。[②]这种对红茶和绿茶区分的提法，贯穿于雅各布森的三卷本《爪哇茶叶种植手册》之中，该手册于 1843 年在巴达维亚出版。[③]

当阿萨姆邦的英国人试图复制荷兰人在爪哇种植茶叶的实验时，他们采用了荷属东印度群岛茶商和种植者使用的术语。1838 年，查尔斯·布鲁斯（Charles Bruce）记下了英国人第一次尝试在英属印度生产红茶的事，这是在“为这一目的而被派往那里的中国人”的帮助下进行的。[④] 1804~1826 年，塞缪尔·鲍尔（Samuel Ball）为英国东印度公司工作而居住在中国。回到英国后，他学习了雅各布森的三卷本《爪哇茶叶种植手册》，并对之十分推崇。伦敦一位名叫布鲁格迈耶（Bruggermeyer）的荷兰职员为了让鲍尔个人使用而提供了这三卷本的英文译本。鲍尔在自己 1848 年的论文中采用了荷兰政府官方术语“红茶”一词来称呼除绿茶以外的所有茶，并将这种荷兰人的区分呈现给英语世

① Philipp Franz von Siebold. 1832. *Nippon: Archiv zur Beschreibung von Japan.* Leyden: ausgegeben unter dem Schutze Seiner Majestät des Königs der Niederlande … bei dem Verfasser. (*Nippon Vi: Landwirtschaft u.s.w.: Anbau des Theestrauches und Bereitung des Thee's auf Japan*, p. 12).

② Jacobus Anne van der Chijs. 1903. *Geschiedenis van de Gouvernements Thee-Cultuur op Java, zamengesteld voornamelijk uit Officëele Bronnen*. Batavia: Landsdrukkerij (pp. 14–17).

③ Jacobus Isidorus Lodewijk Levien Jacobson. 1843. *Handboek voor de kultuur en fabrikatie van thee* (three volumes). Batavia: ter Lands-Drukkerij.

④ Bruce (1838).

界，代表了茶的基本二分法：

> 外国人普遍知道的茶可以分为两类——红茶和绿茶。[①]

爪哇的荷兰人和阿萨姆邦的英国人在没有中国茶叶生产商专业知识的情况下开始生产茶叶后，“红茶”一词便开始适用于荷兰人和英国人设法生产的全氧化茶。

早在1726年，瓦伦汀就已经提到过茶叶生产需要精工细作，而有志于自己制茶的欧洲人深知，相关工艺能力是西方人特别缺乏的关键要素。荷兰人和英国人试图招募中国的茶叶制作专家，但往往徒劳无功，而西方几百年来都无法掌握这门技艺的事实，正是红茶产生的根本原因。荷兰人在爪哇开发的茶，以及后来英国人在印度和锡兰开发的茶，在本质上都是一种新产品，在此之前还没有人见过或喝过。

中国很快便了解到西方人自己制备饮用经过不受控氧化过程而制成的茶，而这种制法几乎不需要技巧，也不需要投入大量的时间和精力，于是，广东茶商便开始向西方茶商提供这种商品，而关于 136
“红茶”（red tea）的提法也开始出现在中国的资料文献中。尽管“红茶”这个词本身一定是在更早时就被创造出来了，但已知最早提到红茶的印刷品出现在1866年湖北省东南部崇阳县的《崇阳县志》中，被用于指称制造茶叶的方法，即允许茶叶直接萎凋而不用平底锅煎制茶叶，因此在雨天时，其干燥过程则需在室内闷烧的木炭上继续进行。中国人所说的“红茶”最初是应广东茶商的要求在广东省腹地制作的，只用于出口。

在这一时期的中国文献中，其他关于红茶的记载也提到，这种茶的制造是在广东茶商的鼓动下进行的，他们想要向欧洲人供应这种茶叶。以下是著名茶学家黄兴宗的研究成果：

> “发酵”产生的香味显然吸引了西方饮茶大众的味蕾。对这一趋势的进一步利用开发则导致19世纪下半叶出现了完全发酵的“红茶”。[②]

在中国茶叶市场上，这种发展最初是广东人对茶在爪哇和阿萨姆发展做出的回应，但满足这种不断变化的需求的趋势很快蔓延到中国其他省份。茶叶，特别是绿茶，在长途海运中容易失去一些新鲜口感，这可能有助于塑造西方人对茶的品味印象，但红茶的真正出现是西方人试图制茶的结果。作为回应，中国满足了其对“红茶”的需求。在茶叶贸易早期，完全氧化的茶叶还不太容易出口到欧洲。卡姆弗（即 Engelbert Kæmpfer，恩格尔伯特·卡姆弗，德国博物学家和医生，在下文中还将提及。——译者注）在17世纪90年代访问了中国，他提到“大量”粗老而干枯的茶叶从中国送到印度的古吉拉特（Gujarat）和苏拉特（Surat），却被用作棕色染料，因为这些茶叶已经“失去了太多

① Ball (1848: 40).

② Huáng (2000: 550).

的茶性”。[①]

福建同时期的史料中没有提到过红茶，所以认为红茶起源于福建是一种误解。[②] 尽管这个词在现存的中国文献中很晚才被证实，但 1848 年鲍尔已经报告说在广东有“一种叫作红茶的独特类型的大众
137 普及茶”。[③] 鲍尔听到的形式大概是广东话的“红茶”。“正山小种”似乎是福建省现存最古老的红茶品种，西名取自粤语“立山小种”。这种产于武夷山脉的茶是将茶叶放在竹席上，用松针或松木熏制的。它独特的烟熏味使得好这口的人对它十分喜爱。较好的正山小种只有微微的烟熏味，而质量较差的则充满了松烟味。在一些正山小种的老工厂里，茶叶被堆放在抛光的石板上，石板上面有通风口，下面有用来熏制茶叶的松木火炉。

同样，Ankoi、Ankoy 或 Ankay 这三个名称也列在英国的贸易记录中（根据后文可知，这三个词都只是安溪的不同发音对应的音译词。——译者注），比如在 1863 年 6 月 30 日厦门港上半年出口贸易申报表中就曾出现。[④] 此时，源自粤语“安溪”[⑤] 发音的 Ankay 茶已经用来指称来自福建安溪的一种红茶了，这种红茶是一种低质量的红茶，欧洲商人可以用低价购得，但最初的 Ankay 茶可能并不起源于此。在荷兰人和英国人试图自己制茶之前，早期欧洲茶叶贸易中的棕色武夷茶根本不是现代意义上的红茶，而是部分发酵的茶，其中许多在今天被称为乌龙茶。雅各布森和鲍尔提供的描述非常清楚地表明，出现在早期荷兰商人名单上的最初的“小种”（Souchong）茶也是一种乌龙茶。[⑥]

从 19 世纪 40 年代起广东茶商开始开发和生产“红茶”，以应对欧洲在荷属东印度群岛和英属印度生产的新红茶在全球流行的挑战。祁门红茶是一种产于安徽黄山附近祁门县的红茶。这种茶是在 1875 年光绪帝（1871~1908 年在位）统治初期开发的。[⑦] 祁门红茶分为各种不同的等级：祁门毛峰由早采的茶叶制成；祁门新芽由早采的茶芽制成，涩度较低；祁门毫芽是一款中档茶；祁门工夫这一级别的茶则适合在中国茶道仪式上冲泡。利润丰厚的广东红茶贸易在 19 世纪 80 年代达到顶峰，此后爪哇、印

---

① Engelbert Kæmpfer. 1727. *The History of Japan, giving an Account of the ancient and prefent State and Government of that Empire; of Its Temples, Palaces, Caftles and other Buildings; of its Metals, Minerals, Trees, Plants, Animals, Birds and Fifhes; of The Chronology and Succeffion of the Emperors, Ecclefiaftical and Secular; of The Original Descent, Religions, Cuftoms, and Manufactures of the Natives, and of their Trade and Commerce with the Dutch and Chinefe. Together with a Description of the Kingdom of Siam. Written in High-Dutch by Engelbertus Kæmpfer, M. D. Phyfician to the Dutch Embaffy to the Emperor's Court; and tranflated from his Original Manufcript, never before printed* (two volumes). London: J.G. Scheuchzer (Vol. 2, 'The Appendix to the His-tory of Japan', p. 16); Engelbert Kæmpfer, M.D. Geneesheer van het Hollandsche Gezantschap na 't Hof van den Keyzer. 1729. *De Beschryving van Japan, behelsende een Verhaal van den Ouden en Tegenwoordigen Staat en Regeering van dat Ryk, van deszelfs Tempels, Paleysen, Kasteelen en andere Gebouwen; van deszelfs Metalen, Mineralen, Boomen, Planten, Dieren, Vogelen en Viffchen, van de Tydrekening, en Opvolging van de Geeftelyke en Wereldlyke Keyzers, van de Oorfpronkelyke Afstamming, Godsdienften, Gewoonten en Handwerkfelen der Inboorlingen, en van hunnen Koophandel met de Nederlanders en de Chineesen, benevens eene Beschryving van het Koningryk Siam*. 's Gravenhage en t' Amsterdam: P. Gosse & J. Neaulme, respectievelijk Balthasar Lakeman.

② Huáng (2000: 542, 548).

③ Ball (1848: 114).

④ Andrea Eberhard-Bréard. 2003. 'Invention of foreign trade statistics in China at the turn of the 20th century', in Jérôme Bordieu, Martin Bruegel and Alessandro Stanziani, eds., *Nomenclatures et Classifications: Approches historiques, Enjeux économiques (colloque organisé à l'École normale supérieure économique de Cachan, 19–20 juin 2003)—Actes et Communications de l'Institut National de la Recherche Agronomique,* No. 21 (novembre 2004): 25–56 (esp. pp. 34, 48).

⑤ 普通话是“安溪红茶”。

⑥ Jacobson (1843); Ball (1848: 103–153).

⑦ Huáng (2000: 544).

度和锡兰的红茶产量超过了中国。[①]

与此同时，中国继续开发新的红茶。宜宾早白尖工夫茶是在四川省宜宾市附近生产的一种红茶。在河南信阳附近，种植着一种叫信阳红的新品种红茶，这种红茶一年可以采三期茶，而以前信阳附近的茶只有在春茶期三季才可以采摘，以便生产当地著名的绿茶信阳毛尖。因此，此前夏秋两期采摘的潜力并未开发。信阳红茶是最近的一项创新，代表着通过创造一种全新类型的茶来提升产量及多样性的尝试。然而，可持续发展茶叶论者认为，无休止的采摘对茶树、土壤以及茶叶质量都没有好处，但信阳的茶树并不是唯一一种一年采摘多期次的茶树，实际上今天大多数茶树都是多期采摘的。 138

## 中国发酵茶或黑茶

如果那种在我们西方人口中称为“黑色茶”（black tea）的棕色茶（brown tea）在中国被认为是红色茶（red tea），那么中国人所说的黑色茶（black tea）又是什么呢？（在本段落文字中，涉及大量的black、brown、red、dark 作为红茶、黑茶的英文修饰词，如果都翻译为“红茶”会让读者不知所云，故译者在本段落中都统一仅根据英文原文的字面意思来翻译，并增加“色”字以示区分，且同时括号标注英文原文。——译者注）中国人口中的“黑茶”（hēichá）与西方的黑色茶（black tea）是完全不同的。在中国，“黑茶”（hēichá）是指乳酸发酵茶。许多英语人士已经开始把这些黑色的发酵茶称为 dark tea（黑茶），以避免与西方和国际茶叶贸易中称为 black tea（黑色茶）的商品混淆。中国人把这种茶称为黑茶（black tea）是完全正确的，因为它的叶子往往是接近黑色的，而西方所说的 black tea（黑色茶）实际上却是棕色的（brown）。最早提到中国黑茶（dark tea）的一份西方文献可以追溯到 1756 年。除了绿茶和红茶（black tea），乔纳斯·汉威（Jonas Hanway）还提到：

> ……有一种属于第三类的主要茶类，我们只能给出一个不完美的解释，因为陌生人不允许进入它生长的地方。它叫普洱，来自云南省普洱村，那些到过山脚下的人告诉我们，这种茶树又高又密，并未经规律地种植，未经栽培就能生长。叶子比前两种更长更厚。[②]

汉威所说的普洱实际上就是普洱茶，是最著名的黑茶（dark tea）。

这些黝黑色的茶的另一个英文名称是“发酵茶”，因为这些黑茶（dark tea）在字面意义上是真正发酵的茶。在英语中，黑茶（dark tea）还有第三个名字，因为在茶叶生产中，“发酵”一词是一个令人

① Huáng (2000: 548).

② Jonas Hanway. 1756. *An Essay on Tea: Considered as pernicious to Health; obstructing Industry; and impoverishing the Nation: with A Short Account of its Growth, and Great Consumption in these Kingdoms with Several Political Reflections, in Twenty-Five Letters, Addressed to two Ladies (being the second volume of A Journal of Eight Days Journey from Portsmouth to Kingston upon Thames; through Southampton, Wiltshire &c. with Miscellaneous Thoughts, Moral and Religious in a Series of Sixty-Four Letters: Addressed to two Ladies of the Partie. To which is added An Essay on Tea, considered as pernicious to Health, obstructing Industry, and Improverishing the Nation: With an Account of its Growth, and Great Consumption in these Kingdoms, with Several Political Reflections; and Thoughts on Public Love, In Twenty-five Letters to to the same Ladies).* London: H. Woodfall (p. 211). [A second edition appeared in 1757, published in London by H. Woodfall and C. Henderson.]

困惑的词，正如前一节关于红茶是用 black 还是 red 的解释。在茶产业中，英语单词“发酵”传统上被用来指氧化（oxidation），而不是通常意义上的发酵（fermentation）。在这种折中用法中，“发酵”一词通常表示乌龙茶或红茶受人为控制的氧化。因此，当真正发酵的黑茶（dark tea）也被称为“发酵”茶时，就有点令人困惑了。所以，这些黑茶有时也会被称为后发酵茶。后发酵实际上是指在氧化过程停止或自然停止后，借助微生物进行真正的发酵。

黑茶（Dark tea）是乳酸发酵茶。在制造黑茶的过程中，大的茶叶被加热以停止其氧化过程，具体方法是通过蒸制，现在通常是在手工制作黑茶时在锅中翻炒加热。这种茶不是像龙井茶那样烤干的，而是留有一点湿度，然后把茶叶卷起晒干，制成一种大叶绿茶，称为“毛茶”。在介绍发酵的中国茶制作背景前，我们有必要回顾一下古老的传统，古法是将茶腌渍作为调味品食用，是为了制作德昂族人所说的“发酵茶”和泰国人所说的“泡茶”。这一习俗似乎首先激发了饮用发酵茶的灵感，因为发酵茶起源于中国的亚热带西南部省份云南，它与缅甸、老挝和越南接壤。也就是说，黑茶起源于
139 原始茶的故乡。

这一地区的世居民族，尽管有着不同的语言和文化，但多年来都有吃发酵茶的饮食习惯。唐朝时，将茶作为饮料来饮用的做法开始流行，与此同时，这一地区的茶砖开始卖到西藏、新疆和蒙古，直到今天，大多数发酵茶仍然被制成紧压砖茶。当茶被煎煮和腌制时，将干茶浸泡饮用的想法一定也曾在脑海中浮现过。黑茶，如缅甸的腌茶 *ləpʰɛʔso* လက်ဖက်စို、泰国的腌渍茶 *mî:ang* เมี่ยง 和西双版纳的酸茶都是经过后期加热的发酵食品，吃起来像发酵茶。普洱茶在本质上就是绿茶发酵后变成了黑色。

图 2.61　7 世纪至 8 世纪早期的邢瓷瓶，芭芭拉（Barbara）和威廉·卡拉茨（William Karatz）为纪念詹姆斯·C. 瓦特（James C.Y.Watt），买下了这一唐代邢瓷瓶作为礼物赠送给纽约大都会艺术博物馆。

因此，云南普洱茶起源于一种饮料，通常由作为交换物品食用或咀嚼的发酵茶制成。在西双版纳地区，这种茶的贸易在 1368~1850 年被汉族商人商业化。特别是在这一时期之初，来自江西负债累累的商人移居到云南，期望在贸易中发家致富。到了万历年间（1572~1620 年），汉族茶商的贸易已经把这种茶推广到了云南以外的地方。清朝时，这种普洱茶已经作为一种地方特产茶在中国各地进行贸易。[①]

后来隔着大海，来自德岛的日本阿波番茶（awa bancha）也像普洱茶一样冲泡后作为茶汤饮用。日本的阿波番茶是在厌氧条件下生产的，如缅甸的腌

① Masuda Atsushi. 2008. ‘Tea as a commodity in southwest Yúnnán Province: Pǔ’ěr and the Sipsongpanna in Qīng China’, pp. 243–266 in Nishimura (op.cit.).

茶、泰国的泡茶和西双版纳的酸茶，而高知县的碁石茶（goishi cha）和爱媛县的石锤黑茶（ishizuchi kurocha）的发酵，很大程度上是在有氧条件下进行的。普洱茶中所含各种氨基酸的组成比例在陈化
过程中随着时间推移而进行着复杂的变化。陈化普洱茶中含有大量的没食子酸，却丧失了所有的儿 140
茶素。①

这种茶中的霉菌增加了氨基酸亮氨酸（amino acids leucine）、酪氨酸（tyrosine）、组氨酸（histidine）和赖氨酸（lysine）的含量。②泰国北部泡茶和日本乳酸发酵黑茶的研究表明，无论是腌制食用还是晾干浸泡饮用，同样的挥发性芳香物质赋予了这种乳酸发酵茶特有的风味。③一旦发酵茶作为茶饮料在当地流行起来，人们几乎不需要什么想象力就可以将其增强的药用价值归功于茶的陈化。

云南人也仍然喝未陈化的发酵茶，这种茶只经过轻微发酵，有时还被冠以“绿色普洱”的雅名，仿佛是某种著名的陈化茶一样。特别是少数民族，常喝轻度发酵的黑茶。传统的发酵茶或“生茶”是在没有人工引入微生物培养的情况下生产的。茶叶在特定的条件下储存，这样发酵过程自然地吸收周围的微生物，并开始缓慢地自然发酵。

晒干的毛茶可以稍微蒸一下，使其柔韧到可以压缩成茶砖的形状。生茶也可以作为散叶茶制备，在这种情况下，陈化过程能够以更快的速度展开。然后在潮湿条件下，将茶放在有盖的竹篮中陈化，以促进某些真菌生长。让黑茶成熟的传统办法是让它自然陈化，这就需要时间。生产于清朝的最古老的成熟发酵茶，在黑茶爱好者市场上价格最高。因此，一些茶商热衷于待价而沽，有时他们把黑茶砖储存在温暖潮湿的环境中，这样茶叶成熟得更快。经过发酵的黑茶，年代越久，越受追捧。

普洱茶鉴赏家对自然发酵和陈化发酵的普洱茶进行了严格的区分，自然发酵的普洱茶没有经过一些人工加速的陈化过程，而是保存在相对湿度小于 80% 的干燥仓库中；而陈化普洱茶则在湿度超过 80% 的人工条件下渥堆发酵，即由曲霉菌加速发酵，特别是对渥堆的茶叶定期浇水。压缩后的普洱茶砖也可以在过度潮湿的条件下进行人工加速发酵。经过人工加速发酵的茶被称为熟茶，或者，在不太文雅的英语中被称为“经过烹制（Cooked）的茶”。

发酵、后发酵是通过自然存在的微生物（如传统方法）或通过有意二次引入的细菌或真菌培养物进行的。从 20 世纪 70 年代开始，茶厂开始实施工业规模的渥堆新技术，将湿茶堆积成 1~1.5 米高的茶叶堆。

茶叶保持在一定的温度和湿度条件下，并用湿布覆盖，以加速真菌和细菌生长。茶叶大约每两天
翻动一次。以这种方式将茶叶堆制发酵 30~40 天，生产商就可以在几个月内获得成品，一些茶客认为 141
这种成品尝起来像是经过自然陈化发酵 10 年或更长时间的黑茶。发酵后的茶叶变成棕色后，将茶叶晾干，然后可以变成散叶黑茶，或者在稍潮湿的情况下，压成传统的茶砖。

---

① Miyuki Kato, Mie Inoue, Lin Zhe and Masashi Omori. 2004. 'The effects on the flavour components of Pǔ'ěr tea during the ageing period', *ICOS*, 2: 245–248.

② Miyuki Kato, Asako Tamura, Hiromi Saitō, Masashi Omori, Atsuko Nanba, Kinjiro Miyagawa. 1995. 'Changes of flavour during manufacturing process of Japanese fermented tea (*ishizuchi-kurocha*) and its characteristic', *Journal of Home Economics of Japan*, 46 (6): 525–530.

③ Kawakami et al. (1987).

传统的发酵黑茶是深棕色的，有很强的木质味，散发出浓郁的陈腐香。事实上，这种描述并不适用于所有的黑茶。我们已经注意到了生茶和熟茶之间的区别。黑茶也因其年代、产地、所用茶叶的大小、采摘茶叶的茶树类型、制茶方式以及茶是用传统方法还是现代方法陈化而有很大的不同。

最后，也许决定茶叶最终味道的最关键因素是茶叶中碰巧存在的霉菌和细菌种类。发酵涉及在细菌和真菌的帮助下对茶进行化学分解和转化，因此不同类型的发酵茶之间存在重大差异，这取决于在特定批次的茶中出现的霉菌。这种制作过程赋予了一种令人愉悦的土地的气息，并且常常使茶叶具有极为复杂的芳香。黑茶的味道以及香气的多样性是制备方法、陈化时间和霉菌种类不同的自然结果。

图 2.62　砖茶有各种形状和大小。1939 年，云南勐海茶厂以佛海茶厂的名义开业，在这里，最好的普洱茶仍然是用手工制作的，并用重石压形，生产出这里所说的“方茶”和“饼茶”。卢克·达格利比（Luke Duggleby）拍摄。

142　最有名的发酵茶是云南普洱茶。在普洱茶的微生物发酵过程中产生了一种叫“陈香”的气味，这种气味将散发着淡淡干果味的棕黄色叶子转变为散发出带有金属发霉味的暗褐色叶子。在这一过程中，普洱生茶中的主要芳香化合物有苯乙酸（phenylacetic acid）、二氢猕猴桃内酯（dihydroactinidiolide）和香兰素（vanillin）等，普洱熟茶中的主要芳香化合物有 1, 2, 3- 三甲氧基苯（1, 2, 3-trimethoxybenzene）；反式芳樟醇 -3, 7 氧化物（trans-linalool-3，7-oxide）；顺式芳樟醇 -3, 7- 氧化物（cis-linalool-3，7-oxide）和 1, 2, 4- 三甲氧基苯等。转化产生一种发霉的气味，其中主要挥发物为：1- 辛 -3- 酮（1-octen-3-one）；芳樟醇（linalool）；2- 甲基壬烷 -2, 4- 二酮（2-methylnonane-2,

4-dione）；β- 大马士革酮（β-damascenone）；麦芽酚（maltol）；2, 5- 二甲基 -4- 羟基 -2H- 呋喃 -3- 酮（2, 5-dimethyl-4-hydroxy-2H-furan-3-one）；香芹醇（carvacrol）；4- 乙烯基愈创木酚（4-vinylguaiacol）；2- 苯乙醇（2-phenylethanol）；香兰素（vanillin）；苯乙酸（phenylacetic acid）；己酸（exanoic acid）；1, 2- 二甲氧基苯（1, 2-dimethoxybenzene）；丁香酚（eugenol）；愈创木酚（guaiacol）；脱氢芳樟醇（hotrienol）；香叶醇（geraniol）；冰片（borneol）；β- 紫罗兰酮（β-ionone）；香豆素（coumarin）；杨梅酮（rasberry ketone）；（2E）- 己烯醛 [（2E）-hexenal]；壬醛（nonanal）；癸醛（decanal），（2E, 4Z）- 七烯醛 [（2E, 4Z）-heptadienal]，二甲基硫醚（dimethyl sulfide）；3- 甲基壬烷 -2；4- 二酮（3-methyl-nonane-2, 4-dione）；二氢猕猴桃内酯（dihydroactinidiolide）和吲哚（indole）。[1]（本段落含有大量的化学成分英文名，为便于读者对照，将原英文也都在括号中标注出来。——译者注）

在普洱茶中，绿茶中著名的儿茶素已基本消失。许多多酚呈复杂的聚合形式，许多其他复杂的化合物在普洱茶的制造和陈化过程中形成。[2] 在普洱茶中健康的儿茶素的损失并不令人惊讶，因为大多数霉菌，如镰刀菌属、玫瑰茄属和青霉属的霉菌，都能迅速、方便地降解与其酯酶的酯键联系。[3] 除了绿茶中的儿茶素和黄酮醇含量较少外，在普洱茶中还发现了大量的化合物，包括司他宁；绿原酸；1'-6-O- 二甘醇 -β-D- 吡喃葡萄糖；没食子酸；芦丁；3α，5α- 二羟基 -4α- 咖啡酰奎宁酸；松柏素；葛根素 A；葛根素 B；1, 2, 4- 苯三醇；辛可奈因 Ib；2, 2', 6, 6' - 四羟基二苯；1, 3- 苯二醇；4- 甲基 -1，2- 苯乙二醇；8- 氧可可碱；脱氧嘧啶；洛伐他汀；胸腺嘧啶；尿嘧啶；1, 2- 二甲氧基苯；1, 2- 二甲氧基 -4- 甲苯；1, 2- 二甲氧基 -4- 乙苯；1, 2, 3- 三甲氧基苯；1, 2, 3- 三甲氧基 -5- 甲苯和 1, 2, 3- 三甲氧基 -5- 乙苯，而研究人员对普洱茶内含化合物的探究才刚刚开始。[4]

新中国成立后，普洱县于 1950 年更名为思茅县。在 2009 年之前的几年里，对普洱茶的大肆炒作和市场投机导致了年份陈化茶价格的虚高。2006 年年产普洱茶约 23000 吨，其中 90% 以上来自人工茶园。一些更为珍贵的野生株乔木状普洱茶生长在小型私人茶园中，例如云南南部西双版纳地区，沿着澜沧江郁郁葱葱的亚热带风土区。普洱茶，特别是野生普洱茶，通常是由大中型茶树的大叶子制成的，有时甚至是由非常大的叶子制成的，采茶旺季在三四月。

1988 年售价为 3 元或 40 美分的紧压普洱茶砖在 2008 年很容易以 200 元或 25 美元的价格售出。有些批次的茶叶价格非常高。2007 年，泡沫最严重的时候，思茅又热情地将名字改回普洱。和大多数泡沫一样，它们在某一点上会破裂。很多被当作乔木普洱茶出售的东西并不是它表面所宣称的那样。 143
而且，许多据说已经陈化多年的茶，其实并没有人们所宣称的那么老。2009 年，当潮流淡出市场时，价格下跌了。随后，云南、贵州和四川的降雨量不足，导致 2010 年收成不佳。同年，寒冷的天气影响

① Aki Baba, Naoto Omotani, Hisae Kasuga and Toshikazu Sugunuma. 2007. 'Aroma components in brewed Pǔ'ěr tea (ripened Pǔ'ěr and raw Pǔ'ěr)', *ICOS*, 3, PR-P-123; Hisae Kasuga, Yutaka Kajitani, Di Liu, Kanzo Sakata, Yoko Kasahara and Kazutoshi Sakurai. 2010. 'Quantification and differences of aroma compounds in Pǔ'ěr tea', *ICOS*, 4, HB-P-12.

② Ying-Jun Zhang, Gai-Mei She, Zhi-Hong Zhou, Xiang-Lan Zhang and Chong-Ren Yang. 2007. 'Chemical constituents of Pǔ'ěr tea, a special post-fermented tea', *ICOS*, 3, HB-P-003.

③ Sumei Huang, Kiyohiko Seki, Takashi Tanaka, Isao Kouno and Kanji Ishimaru. 2007. 'Chemical constituents of green tea extracts fermented with *Penicillium, Fusarium and Rosellina*', *ICOS*, 3, PR-P-101.

④ Lin Zhi and Lv Hai-Peng. 2007. 'Advances in the study of the chemical composition and biological activity of Pǔ'ěr tea', *ICOS*, 3, MI-S-01.

了福建和浙江的茶园。在意识到21世纪头十年早期的过度采摘之后，政府实行了管控。在普洱市周边山区，最古老的野生茶树受到保护，严禁采摘茶叶。

自2008年开始，普洱茶的生产受到地理标志的限制。允许使用“普洱茶”名称的地区均位于中国南部的云南省境内：普洱、昆明、保山、临沧、玉溪、楚雄彝族自治州、文山壮族苗族自治州、西双版纳傣族自治州、大理白族自治州和德宏傣族景颇族自治州。

发酵茶也在云南省以外的地方生产。因此，并不是所有的发酵茶或黑茶都是普洱茶。例如，六堡茶是来自广西壮族自治区的发酵茶，经常作为散茶出售；六安篮茶是来自安徽的发酵黑茶。在重庆市附近生产的发酵茶并没有这样诗意的名字，因此常常被简单地称为重庆沱茶。然而，严格地说，沱茶并不代表一类茶，相反，沱茶是任何被压缩成环锥形砖茶的名字，这种茶类似鸟巢的形状。普洱茶经常被制成这个形状，但也并非都如此。所以，不是所有的普洱茶都是沱茶，也不是所有的沱茶都是普洱茶。

砖茶有各种形状，沱茶只是其中一种。这里还有小鸟巢形状的小沱茶，每个2~5克，这样一个小小的鸟巢就足够泡一壶茶了。还有方形砖茶和铁饼形的饼茶，通常成堆出售时被称为“七子”茶，方形的方茶、蘑菇形的紧茶、在西藏很流行的金瓜茶（这种形状原本是作为贡茶而使用）以及球形茶砖，它们的直径可能从乒乓球大小到人类头骨大小不等。

其他类型的发酵茶，通常以砖块的形式出现，包括来自四川的边路茶、边销茶以及来自湖北的青砖茶。湖南黑茶，是以著名的花砖的形状出现的。这些扁平的茶砖装饰有花卉图案或其他浮雕图案，是在茶砖表面模压而成的。

除了个别熟茶作为清代传家宝茶而被高价出售外，20世纪80年代末普洱茶流行度突然普遍下降，其原因可能是人们发现一些普洱茶含有真菌毒素，尽管这些发现没有被广泛宣传。事实上，一些普洱茶样品被发现含有黄曲霉毒素。[①]黄曲霉毒素是由黄曲霉和寄生曲霉菌产生的天然真菌毒素，是人类已
144 知的最具致癌性的物质之一。黄曲霉毒素除了会引起肝癌这一全球第三大癌症之外，还与儿童免疫系统功能障碍和生长发育迟缓有关。[②]

一些研究人员还在普洱茶中发现了B1伏马菌素、A赭曲霉毒素和T-2真菌毒素。[③]然而，并非所有被测试的普洱茶都含有毒素或致突变物质。[④]一项研究表明，正确发酵的普洱茶中的某些物质甚至可能抑制黄曲霉毒素的合成，但即使是这些研究人员也承认，普洱茶中没有任何物质能阻止黄曲霉的生

---

① Jinyin Wu, Guangyu Yang, Jianling Chen, Wenxue Li, Juntao Li, Chuanxi Fu, Gaofeng Jiang and Wei Zhu. 2014. ‘Investigation of Pu-erh tea contamination caused by mycotoxins in a tea market in Guangzhou’, *Journal of Basic & Applied Sciences*, 10: 349–356.

② John D. Groopman, Thomas W. Kensler and C.P. Wild. 2008. ‘Protective interventions to prevent aflatoxin-induced carcinogenesis in developing countries’, *Annual Review of Public Health*, 29: 187–203; Pornsri Khlangwiset, Gordon S. Shephard and Felicia Wu. 2011. ‘Aflatoxins and growth impairment: A review’, *Critical Reviews in Toxicology*, 41 (9): 740–755.

③ Chen Jianling, Li Wenxue, Yang Guangyu, Zhou Zhitao, Chen Wen, Zhu Wei and Liu Huazhang. 2011. ‘Biological contamination of Pǔ’ěr tea in a Gu ǎ ngzhōu tea mar ket’, *Carcinogenesis, Mutagenesis and Teratogenesis*, 23 (1): 68–71.

④ Gong Jiashun, Chen Wenping, Zhou Hongjie, Dong Zhaojun and Zhang Yifang. 2007. ‘Evaluation on the function and toxicity of extraction of characteristic components in Yunnan Pu-erh tea’, *Journal of Tea Science*, 27 (3): 201–210; Jesper Mølgaard Mogensen, Janos Varga, U. Thrane and Jens C. Frisvad. 2009. ‘*Aspergillus acidus* from Puerh tea and black tea does not produce ochratoxin A and fumonisin $B_2$’, *International Journal of Food Microbiology*, 132 (2–3): 141–144.

长，而黄曲霉会产生黄曲霉毒素。[①]极少数情况下，在中国人所说的红茶中也会发现黄曲霉毒素，因为红茶是在有利于霉菌扩散的条件下长期储存的。

在砖茶中，黄曲霉毒素形成的可能性更大，因为砖茶储存时间长，而在运输途中或在不同湿度的储存条件下不得不忍受恶劣的天气。偶尔在受感染的奶酪、坚果、杏仁、无花果和香料中也会检测到黄曲霉毒素，当牛和家禽食用黄曲霉毒素污染的饲料时，它们也能进入牛奶和鸡蛋中。然而，黄曲霉毒素污染风险最高的食品是发霉的玉米、棉籽，尤其是花生。

然而，我们显然不能指望普洱茶和其他黑茶没有霉菌，因为这些茶本身就是发酵产品。这种发酵过程主要也必然涉及细菌，尤其是负责催熟茶叶的各种霉菌。几项研究表明，黑曲霉霉菌是普洱茶发酵的主要微生物。[②]一项研究表明黑曲霉可能是安全的[③]，但黑曲霉已知能产生 A 赭曲霉毒素、B2 和 B4 伏马菌素。另一项研究未能从普洱茶中分离出黑曲霉，相反，在测试的样品中，人们发现了危害较小的酸曲霉菌，又称胎曲霉菌，这是一种变种酸曲霉菌。[④]这些发现之间的差异也突出了问题的复杂性。

在曲霉属中发现了许多不同种类的霉菌，目前已分成 8 个亚属 22 个科。该属的所有种对氟康唑和 5- 氟胞嘧啶类抗真菌药物均具有抗药性。[⑤]此外，黑曲霉属中的黑曲霉现在包括 26 个种群，而且在随 145
意给定的样本中确定可能出现某个特定种类将非常麻烦。[⑥]最近，研究人员通过细致的研究得出结论，在普洱茶中发现的琉球霉菌（luchuensis）、白曲霉菌（kawachii）和酸曲霉菌（acidius）这三种曲霉菌实际上是同一种。他们认为，基于优先性原则这种无害的菌种应该命名为绿曲霉菌。[⑦]

然而，没有同一种霉菌负责普洱茶的发酵。每批都含有一套不同的霉菌和细菌，其中一种或两种可能占有优势。一项研究发现黑曲霉菌（Aspergillus niger）和食腺嘌呤芽生葡萄孢酵母（Blastobotrys adeninivorans）是某一批普洱茶中的主要微生物。[⑧]而在另一批普洱茶中，一组研究人员发现了霉菌黑曲霉菌、青霉菌、根霉菌、格劳科斯曲霉菌、酵母菌、土曲霉菌和白曲霉菌，此外还有大量的各种细

---

① Haizhen Mo, H. Zhang, Q.H. Wu, L.B. Hu. 2013. 'Inhibitory effects of tea extract on aflatoxin production by *Aspergillus flavus*', *Letters in Applied Microbiology,* 56 (6): 462–466.

② X. Xu, M. Yan and Y. Zhu. 2005. 'Influence of fungal fermentation on the development of volatile compounds in the Puer tea manufacturing process', *Engineering in Life Sciences*, 5 (4): 382–386; Jia Shun Gong, Chun Xiu Peng, Xiang He, Jun Hong Li, Bao Cai Li and Hong Jie Zhou. 2009. 'Antioxidant activity of extracts of Pu-erh tea and its material', *Asian Journal of Agricultural Sciences*, 1 (2): 48–54.

③ E. Schuster, N. Dunn-Coleman, Jens C. Frisvad and P. van Dijck. 2002. 'On the safety of Aspergillus niger: A review', *Applied Microbiology and Biotechnology*, 59 (4–5): 426–435.

④ Mogensen et al. (2009).

⑤ Walter Buzina. 2013. '*Aspergillus*: Classification and antifungal susceptibilities', *Current Pharmaceutical Design*, 19 (20): 3615–3628.

⑥ Janos Varga, Jens C. Frisvad, S. Kocsubé, B. Brankovics, B. Toth, G. Szigeti and Robert A. Samson. 2011. 'New and revisited species in *Aspergillus* section *Nigri*', *Studies in Mycology*, 69: 1–17.

⑦ Seung-Beom Hong, Mina Lee, Dae-Ho Kim, Janos Varga, Jens C. Frisvad, Giancarlo Perrone, Katsuya Gomi, Osamu Yamada, Masuyuki Machida, Jos Houbraken and Robert A. Samson. 2013. '*Aspergillus luchuensis*, an industrially important black *Aspergillus* in East Asia', *Public Library of Science One*, 8 (5): e63769.

⑧ Michiharu Abe, Naohiro Takaoka, Yoshito Idemoto, Chihiro Takagi, Takuji Imai and Kiyohiko Nakasaki. 2008. 'Characteristic fungi observed in the fermentation process for Puer tea', *International journal of Food Microbiology*, 124 (2): 199–203.

菌，而黑曲霉菌为其中的优势菌，酵母菌次之。[①]

但在另一批普洱茶中，一组研究人员没有发现黑曲霉菌，而是观察到了酸曲霉菌、烟曲霉菌、接合菌和青霉菌。[②]另一个研究小组发现普洱茶含有担子菌属。[③]有一组研究人员发现了花色曲霉菌和聚多曲霉菌，[④]还有一组研究人员则发现普洱茶中的主要微生物包括烟曲霉菌、青霉属菌、木霉属菌、镰刀菌和其他种类，其中一些会释放有毒代谢物。[⑤]

隐藏在普洱茶及其生化制品中的各种霉菌需要进一步的科学研究。有时，潜伏在发酵茶中看起来相当无害的物质是可怕的致癌物，而一些令人不安且显眼的霉菌可能是无害的，甚至是有益的。有时，发酵茶的砖块被观察到呈现亮黄色的变色，这是由一种十字花属的真菌引起的。这种蛋黄色的霉菌被称为“金花”。[⑥]在一些批次的发酵茶中发现的由冠突散囊菌（Erotium cristatum）分泌的某些代谢物被
146 证明可以激活胰腺酶和调节血脂，并且可能对高血脂有治疗作用。[⑦]

一些茶叶研究人员试图将冠突散囊菌孢子悬浮液引入发酵茶。[⑧]另一些研究人员则将灰链霉菌引入普洱茶，以引导发酵过程。[⑨]有人认为，茶叶发酵过程中产生的一些物质可能具有潜在的抗菌性能，[⑩]但迄今为止对这些物质进行精确测试被证明是无望的。[⑪]然而，在砖茶发酵过程中产生的一些物质，其中以散囊菌为优势菌，被发现具有一定的抗菌作用。[⑫]

最后，在绿茶以及红茶中有许多名副其实的有益健康的物质，如茶多酚、儿茶素、茶红素、类黄酮和茶溴，在黑茶如普洱茶的发酵过程中被大量消耗，并转化为其他物质。[⑬]普洱茶中儿茶素的消耗可

---

① H.J. Zhou, J.H. Li, L.F. Zhao, J. Han, X.J. Yang and W. Yang. 2004. 'Study on main microbes on quality formation of Yunnan Pu-erh tea during pile-fermentation process', *Tea Science*, 24 (3): 212–218.

② Doris Haas, Bettina Pfeifer, Christoph Reiterich, Regina Partenheimer, Bernhard Reck, Walter Buzina. 2013.'Identification and quantification of fungi and mycotoxins from Pu-erh tea', *International Journal of Food Microbiology*, 166 (2): 316–322.

③ Zhengli Gong, Naoharu Watanabe, Akihito Yagi, Hideo Etoh, Kanzo Sakata, Kazuo Ina and Qinjin Liu. 1993. 'Compositional change of *Pu-erh* tea during processing', *Bioscience, Biotechnology and Biochemistry*, 57 (10): 1745–1746.

④ James H. Clarke, Janet M. Naylor, John N. Banks and Keith A. Scudamore. 1994. 'The mycofloras and potential for mycotoxin production of various samples of green, fermented and late fermented tea', *Tea Research Journal*, 79: 31–36.

⑤ Z.J. Zhao, H.R. Tong, L. Zhou, E.X. Wang and Q.J. Liu. 2010. 'Fungal colonisation of Pu-erh tea in Yunnan', *Journal of Food Safety*, 30 (4): 769–784.

⑥ Chen Guimei, Huang Yaya, Liang Yan, Deng Yongliang, Ji Xiaoming, Zhou Xingchang and Hu Xin. 2013. 'Identification and analysis of "golden flower" fungus from Fu brick tea in Shǎnxī province', *Húběi Agricultural Science*, 2013 (2): 345–348.

⑦ Donghe Fu, Elizabeth P. Ryan, Jianan Huang, Zhonghua Liu, Tiffany L. Weir, Randall L. Snook, Timothy P. Ryan. 2011. 'Fermented Camellia sinensis, Fu Zhuan tea, regulates hyperlipidaemia and transcription factors involved in lipid catabolism', *Food Research International*, 44 (9): 2999–3005.

⑧ Wei Xiaohui. 2010. 'Effect of different inoculation dosage of Eurotium cristatum on quality of green tea by solid-state fermentation', *Guìzhōu Agricultural Sciences*, 2010 (6): 82–84.

⑨ C.W. Hou, K.C. Jeng and Y.S. Chen. 2010. 'Enhancement of fermentation process in Pu-erh tea by tea-leaf extract', *Journal of Food Science*, 75 (1): H44–H48.

⑩ Haizhen Mo, Yang Zhu and Zongmao Chen. 2008. 'Microbial fermented tea: A potential source of natural food preservatives', *Trends in Food Science &Technology*, 19 (3): 124–130.

⑪ Zhenmei Luo, Tiejun Ling, Lixiang Li, Zhengzhu Zhang,Hongtao Zhu, Yingjun Zhang and Xiaochun Wan. 2012. 'A new norisoprenoid and other compounds from Fuzhuan brick tea', *Molecules*, 17: 3539–3546.

⑫ Zhang Hao, Li Hua and Mo Haizhen. 2010. 'Microbial population and antibacterial activity in Fuzhuan brick tea', *Bioengineering Food Science*, 31 (21): 293–297.

⑬ Gong Jiashun, Zhou Hongjie, Zhang Xinfu, Song Shan and An Wenjie. 2005. 'Changes of chemical components in Pu'er tea produced by solid state fermentation of sun-dried green tea', *Journal of Tea Science*, 4: 126–132.

能是由于普洱茶发酵得太过彻底，也可能是因为它在发酵干燥后又储存了太长的时间，抑或这些因素都有。无论如何，泰国北部的泡茶或腌茶，与普洱茶相比，显然仍然保留许多有益健康的酚类化合物，比如儿茶素。[①]

图 2.63　带有光滑半透明白釉的邢瓷碗，产于 9 世纪末或 10 世纪初晚唐或五代时期，直径 16.5 厘米，图片由伦敦苏富比拍卖行提供。

普洱茶据称对健康有益的一个方面是，它能降低血液中的低密度脂蛋白或“有害”胆固醇，而有利于“有益”胆固醇。一项研究表明，与绿茶相比，普洱茶能更有效地降低实验室老鼠的甘油三酯水平和缩小脂肪组织体积。[②] 与细胞损伤有关的一氧化氮的过度产生，可能与某些形式的致癌有关。人们已观察到普洱茶可降低实验室老鼠体内的一氧化氮水平，而这种作用是通过一种特定的受体发挥的，但是目前还不清楚普洱茶中所含的哪种特定物质与此有关。[③]

这类研究的结果仍需要进一步深入研究和证实，今后的调查还必须考虑的一项因素是——研究已经表明没有任何两批黑茶是相同的。[④] 因此，不同类型的黑茶以及同一类型不同批次的黑茶在生化特性上是不同的，它们含有不同发酵过程产生的不同化合物和代谢物。147

## 花茶、草本代茶饮、潘趣酒和鸡尾酒

陆羽主张禁止掺杂，摒弃往茶叶中添加调味品的做法。他所宣扬的品茶法，使得人们摆脱了茶粥的烟熏味和黑茶的霉味，享受到纯正的茶味。在他的《茶经》问世之后，陆羽力推的品茶法持续发展，对气味敏感性的进一步改善最终在最纯净的绿茶和精细的宋代粉末绿茶中达到了高潮。这些制茶技术被移植到了日本，在日本，绿茶制茶艺术达到了它的巅峰，最纯正的茶味是通过蒸馏获得的。相比之

① Phromrukachat et al. (2010).

② Mitsuaki Sano, Yasuharu Takenaka, Reiko Kojima, Shinichi Saito, Isao Tomita, Masaru Katou and Shigeo Shibuya. 1986. ‘Effects of pu-erh tea on lipid metabolism in rats’, *Chemical and Pharmaceutical Bulletin*, 34 (1): 221–228.

③ Yang Xu, Guan Wang, Chunjie Li, Min Zhang, Hang Zhao, Jun Sheng and Wei Shi. 2012. ‘Pu-erh tea reduces nitric oxide levels in rats by inhibiting inducible nitric oxide synthase expression through toll-like receptor 4’, *International Journal of Molecular Sciences*, 13 (6): 7174–7185.

④ Tao Wang, Xinliang Li, Haichao Yang, Feng Wang, Jiang-ping Kong, Dong Qiu, Zhen Li. 2018. ‘Mass spectro-metry-based metabolomics and chemometric analysis of Pu-erh’, *Food Chemistry*, 268: 271–278.

下，在最初的茶叶之乡（云南）及其周边地区，用茶叶做汤的做法作为一种古老的烹饪法得以保留。一些现代制茶和奉茶的方式依然可以追溯到这些传统做法，代表着现代对传统的延续。

在大理，今天的白族人以“三道茶”待客。据说这一传统可以追溯到南诏时期（649~902 年），据描述，当时的南方人会在茶汤中放入姜、花椒、肉桂、胡椒和龙眼等配料。[①] 但是，白族人的三道茶饮茶方式代表了对传统的革新，即将茶作为一种饮料与过去仅仅作为调味品的方式相融合。在每年的元宵节期间，三道茶都会供应给包括外国政要在内的所有人。徐霞客（1587~1641 年）在他的游记中描述到，大理三道茶中的第一道茶是清淡的，第二道是含有香料和盐的，第三道是加了蜂蜜的。

如今，在宴会、婚礼或生日时，通常会供应一种典型的三道茶，先是苦茶，然后是甜茶，最后是提神茶。苦茶通常是用红茶煮成的，茶叶会先在陶罐里烤好。在大理，这种烘烤茶叶的做法据说是非常古老的。第二道甜茶含有芝麻、核桃、红糖和乳扇。第三道茶在倒入杯子前，杯子里已经装了一些
148 胡椒、几片新鲜生姜、几粒龙眼干和一点蜂蜜或红糖。[②]

添加调味品和调制茶菜汤的做法不同于发酵茶和储存在竹节间的熏茶。甚至在茶作为饮料出现之后，还有人继续往茶里添加调味品饮用。作为茶菜汤食用之初，茶也常伴以大蒜和各种香料调味。据陆羽记载，唐朝时逐渐开始将纯茶叶（不含添加配料）浸泡茶汤饮用。在《茶经》的第六部分中，陆羽直言不讳地批评了掺杂其他调味品的饮茶方式。

> 有时加入洋葱、生姜、红枣、橘皮、川椒（花椒）或薄荷，将茶大火煮沸，然后将煮沸的茶汤中的泡沫撇去。由此煮泡的茶汤并不比流经下水道的污水好多少。[③]（陆羽《茶经·六之饮》：“或用葱、姜、枣、橘皮、茱萸、薄荷之等，煮之百沸，或扬令滑，或煮去沫，斯沟渠间弃水耳。”——译者注）

当然，陆羽的谴责之词可能仍然会被用到今天许多西方超市里绝大多数口味的茶式饮料之中，这些茶是由质量一般的完全氧化的红茶制成的，然后混合着令人难以抗拒的草莓或其他水果味，但这些茶饮料并不是陆羽所批判的。

被陆羽比作沟渠水和泔水的，是他那个时代仍然作为羹汤和其他辛辣调味品一起煮的茶。这种做法在陆羽之后很长一段时间内仍然存在。许多世纪之后，最初汉代蒸煮茶叶的烹茶法，以及宋代精心

① In territorial terms, the Dàlǐ kingdom (937–1253), based in Dàlǐ 大理 and covering most of today’s Yúnnán province and adjacent portions of Sìchuān and Guìzhōu provinces and neighbouring portions of Burma, Laos and Vietnam, succeeded the earlier Nán zhào kingdom (649–903), which arose in Wēishān 巍山, with the capital later moving to Tàihé 太和, the site of which is now located within greater Dàlǐ. Des pite a turbulent interregnum and the transition from a Nánzhào elite, probably speaking one or more Loloish languages, to a Bái speaking elite at Dàlǐ, the veneration of Mahākāla and numerous Buddhist traditions in this area evince considerable cultural continuity (Megan Bryson. 2012. ‘Mahākāla worship in the Dali kingdom (937–1253): A study and translation of the *Dahei tian shen daochang yi’, Journal of the International Associ ation of Buddhist Studies*, 35 (1–2): 3–69; Megan Bryson. 2017. ‘Between China and Tibet: Mahākāla worship and esoteric Buddhism in the Dali kingdom’, pp. 402–428 in Yael Bentor and Meir Shahar, eds., *Chinese and Tibetan Esoteric Buddhism*. Leiden: Brill).

② Dali Cangshan Gangtong Tourist Cable Car Company.2001. ‘Introducing three-course tea culture’, *ICOS*, 1 (I): 78–82.

③ Carpenter (1974: 116); Chevaleyre (2004: 67); Jiāng and Jiāng (2009, I: 44–45).

制备粉茶的仪式化的点茶法，才被用纯茶叶浸泡的泡茶法所取代，泡茶法在明朝时得到普及。[1] 最初，煮过的茶叶最常被用作菜羹食用，或者用茶叶来煮粥。南宋时期（1127~1279 年）的一本食品典籍对在茶汤中添加盐、水果、大葱和李子的流行做法表达了不满和遗憾之情。（作者原文未注明是哪一本南宋著作，也未出现直接的文字引用。有可能是指南宋吴自牧的《梦粱录》，其中第“卷十六·茶肆”有：“四时卖奇茶异汤，冬月添卖七宝擂茶、馓子、葱茶，或卖盐豉汤，暑天添卖雪泡梅花酒，或缩脾饮暑药之属。”然而即使是《梦粱录》，也并未有对茶中添加其他配料的做法表达不满和遗憾之意。——译者注）元朝（1271~1368 年）时一本后来的食品法典提供了添加绿豆、大米、花或果实、芝麻和四川花椒的茶粥配方，以及用婆罗洲樟脑或麝香调味茶叶的配方。[2]（作者虽然加了脚注引用自黄兴宗，但并未明确提及是元代时哪一本饮食法典，从内容来看，有可能是指元代李杲编的《食物本草》，李时珍参订，也有学者考证此书可能为姚可成编撰而托名于李时珍。该书中记载有各类豆类可泡茶，反映了金元时期人们饮茶添加配料物的风俗。——译者注）

在中国，用或粗或细的香料来对茶进行调味的传统是十分古老的，并且这种做法在被陆羽所鄙视和摒弃后很长一段时间内仍然存在。在禅宗寺院将茶叶制成一种浸泡饮用的纯饮料后，这种做法在唐朝时被陆羽普及，不久宋朝就可以创新出用花香来熏染纯茶叶的更加精致的艺术。这种做法在元朝统治时期特别流行，从这一时期可以找到用桂花、橙花、茉莉花、橘皮、莲花、兰花、栀子和李子调味的茶的配方。[3] 在茶汤有了香味之后，人们通常会把茶汤里的花或皮去掉后饮用，但也不总是这样。对于花茶和调味茶，通常建议使用玻璃茶壶，因为玻璃不会残留任何香味。

桂花茶是一种传统的用桂花熏染的花茶。这些花赋予茶叶一种微妙的香味，常与优质乌龙茶和谐共融，在中医学上也被认为具有调节月经或缓解更年期症状的药用价值。中国最有名的花茶无疑 149
是茉莉花茶，有时它的名字也叫香片茶。[4] 茉莉花茶是一种产自福建的用茉莉花窨制的绿茶。这种茶据说能清热降火。人们相信茉莉花茶能延年益寿，但是显然，这并不是唯一一个声称能延年益寿的品种。

许多调味茶都有兰花的香味。在这种类型的绿茶中，一种很可爱的茶是蒙顶雪兰，它带有淡淡的兰花香味。菊花做的茶在欧洲的中餐馆和点心小吃店都很常见，广东话叫菊花茶。人们认为菊花茶可以预防发烧、水泡或口腔溃疡，缓解压力和焦虑。

并非所有的花茶都是用花做的。人们将人参根须与乌龙茶粉混合，挤压成颗粒，制成人参乌龙茶。台湾版的人参乌龙茶使用优质的乌龙茶叶，而不是用质量中等的茶碎渣，在制作时首先用桂花给茶叶熏染香味，然后用细碎的人参根覆盖茶叶。有些人甚至在日本抹茶粉中加入精细的人参粉。有些人还在茶中加入山茱萸浆果（茱萸茶），但这种古老的做法并不普遍。荔枝茶是一种可爱的甜味茶，由红茶和荔枝皮制成。

花茶制造商很快意识到茉莉花、玫瑰花或桂花的强烈味道可以掩盖劣质茶叶的味道。八宝茶由绿

① Huáng (2000: 555, 559, 560).

② Huáng (2000: 561–562, 553).

③ Huáng (2000: 553).

④ Huáng (2000: 554).

茶和八种干品组成：茉莉花、菊花、大枣、银耳、枸杞子、龙眼、葡萄干和冰糖。这种杂乱搭配的调味茶据说能很好地防止宿醉。

20 世纪 90 年代，瑞典茶企业家肯尼斯·里姆达尔（Kenneth Rimdahl）和佩尔·森德尔马姆（Per Sundalmam）将西班牙从一个对茶叶兴趣不大的国家转变为一个拥有比以前更多茶叶消费者的国家。他们用有香味的茶来吸引现代西班牙人的味蕾，让他们敢于尝试更优质的茶叶，从而逐渐地向许多西班牙茶客介绍高质量的纯品茶。他们的东西方茶叶公司（East West Company）现在拥有 50 多家商店，每年进口 10 多万公斤茶叶到西班牙。如今，里姆达尔（Rimdahl）的公司总部位于泰国北部，他巧妙地混合了天然风味的茶，避开质量一般的茶叶而只使用最好的茶叶，包括可爱的新式暹罗乌龙茶。他不仅用传统的桂花和茉莉花等天然香料来增加茶叶的香味，也尝试了意想不到的微妙香味。他制作的一款混合茶让人想起了日本三宅一生（Issey Miyake）的经典款香水“一生之水”（L’eau d’Issey）。[ Issey Miyake（三宅一生）是日本著名服装设计师创立的和自己的同名服装和香水品牌。“一生之水”（L’eau d’Issey）是三宅一生于 1994 年推出的经典香水作品。——译者注 ] 里姆达尔（Rimdahl）不断演变的花茶系列似乎在模拟一个香水画廊。

在巴黎，玛黑兄弟（Mariage Frères）（法国最古老的茶叶店品牌。——译者注）除了提供精致的纯品茶外——从芳香的红茶（如他们温馨而微辣的法式早餐茶）到清香的绿茶（如他们的日本绿茶“樱花”，带有强烈的日本樱花和玫瑰花瓣的香味）——还提供各种各样的调味茶。这种新型的香茶当然不是陆羽所鄙视的那种阴沟里的泔水。然而，调味茶仍然常常被茶叶纯粹主义者所鄙视。

与调味茶和花茶不同的是，一旦涉及茶饮料的调制，潘多拉的魔盒就被打开了。水果茶可以像西方的果茶一样，用红茶和一些水果一起窨制而成。然而，更强劲的中国式调味茶的模仿肯定是不含酒
150 精的水果潘趣酒，由绿茶、乌龙茶或红茶与果汁和少量新鲜水果混合而成。

让我们来回顾一下潘趣酒本身的历史。在 17 世纪，当荷兰人向欧洲进口茶叶时，英国人从印度引入了喝潘趣酒的习惯。“潘趣”（punch）一词源于印地语数字“五”（pāñc पाँच），因为原来的饮料包含五种成分，即烈酒、水、柑橘类果汁、糖和香料。1691 年，法国驻大城府（Àyútthája）领事西蒙·德·拉·卢贝尔（Simon de la Loubère）报告说，即使在暹罗，英国人也喝他们的潘趣酒，而对暹罗朝臣喝的茶不感兴趣。

> 居住在暹罗的英国人确实会喝一种他们称为“潘趣”的饮料，而印度人确实觉得这种饮料非常美味。他们把半品脱白兰地放在一品脱柠檬汁里，加入肉豆蔻和一点烘烤后碾碎的海鲜（Sea Bisket），搅拌均匀。法国人把这种饮料叫作“波尔旁奇”（Boule Ponche），而“Bonne Ponche”由两个英文单词组成，意思就是一碗潘趣酒。①

① Simon de La Loubère. 1693. *A new Hiftorical Relation of the Kingdom of Siam, by Monfieur De La Loubere, Envoy Extraordinary from the French King, to the King of Siam in the Years 1687 and 1688* (two volumes). London: Printed by F.L for Tho. Horne at the Royal Exchange, Francis Saunders at the New Exchange and Tho. Bennet at the Half-Moon in St. Pauls Church-yard (Vol. I, p. 23).

18 世纪初，烈酒被朗姆酒取代。茶在英国出现后，这种当时仍然相当昂贵的商品才逐渐成为冲泡潘趣酒的配料，然后潘趣中的香料完全被茶替代。在柠檬和柠檬片上，先倒上一份朗姆酒，然后把糖和九份浓热茶加到潘趣酒杯中。法国人也在他们的波尔旁奇（bolle-ponche）中加入了白兰地，从那时起，各种各样的潘趣酒就流传至今。这种朗姆酒可以用各种谷物酿制的酒精来代替，还可以加入各种果汁。茶有时甚至完全省略不添加，就像最初的潘趣酒一样。

一种叫格罗格（grog）的酒是朗姆酒、柠檬汁和热水的混合物，据说是由海军上将爱德华·弗农（Edward Vernon）于 1740 年引入皇家海军的，目的是将水手们定量供应的朗姆酒转化为一种预防坏血病的方法。弗农穿着一件格罗格兰姆呢斗篷，因此被称为老格罗格。用热茶代替热开水的做法在比利时和法国出现，在那里一些人在寒冷的冬天使用浓茶配格罗格来作为提神饮料。

晚唐时，王敷撰写了著名的《茶酒论》，茶与酒在对话中为各自的优缺点争论不休。正如查尔斯·狄更斯（Charles Dickens）在《匹克威克外传》中描述的那样，禁酒联盟中禁止饮酒的妇女本身就是过度饮茶者。[①]19 世纪，“禁酒者”（teetotaler）和“禁酒主义”（teetotalism）这两个词进入英语，既表示那些坚决戒酒的人，也表示他们所信奉的思想流派。那么，那些禁酒者们又该如何看待把茶和酒精混合在一起的潘趣和格罗格呢？

其实，市场早就开始迎合那些既喜欢喝酒又喜欢喝茶的人了。三得利（Suntory）公司生产了一种
叫作“禅宗”的绿茶酒、一种叫作“爱马仕”的（Hermes）绿茶酒和一种叫作“抹茶香”的花茶酒。 151
在日本，“夜半绿”[②]（yowa no midori）是用宇治（Uji）抹茶和纯米酒，或是用抹茶和青谷（Aoya）李子酒组合酿造的绿茶酒。在和京都丹波酒厂的合作中，他们还生产了一种叫温奥特维特（vin au thévert）的酒，用最好的宇治抹茶与白葡萄酒调合制成。

图 2.64　京都火车站正门对面一家商店中出售的绿茶酒。

① Charles Dickens. 1836. *The Posthumous Papers of the Pickwick Club*. London: Chapman and Hall.

② 在日本，人们通常将标签上的“夜半”这个词读作やはん *yahan*，但制造商坚持よわ *yowa* 这一较少使用的拼读方式。

巴黎的馥颂（Fauchon）（法国顶级奢华美食品牌。——译者注）在大吉岭名茶的基础上生产出一种茶酒，大吉岭茶酒由第戎（Dijon）的加布里埃尔·布迪尔（Gabriel Boudier）生产，而乔西（Josie）则生产大吉岭、格雷伯爵和茉莉花香的茶饮料（Gabriel Boudier，Josie，都是法国酒品牌。——译者注）。在荷兰，波尔斯（Bols）生产绿茶和甜红茶酒。蒂芬（Tiffin）茶酒是由安东·里默施密德（Anton Riemerschmid）在慕尼黑附近的尔丁（Erding）生产的。在旧金山，Qi 公司生产一种正山小种（Lapsang Souchong）红茶酒，还有一种甜茶酒是由肯塔基州的耶利米·威德（Jeremiah Weed）生产的。

来自路易斯安那州的萨泽拉克（Sazerac）公司销售一种甜茶伏特加，叫作甜卡罗莱纳，这种酒要么是纯的要么是添加了薄荷、桃子、覆盆子或柠檬等味道。在新南威尔士州的亨特谷（Hunter），亨特酒厂出售一种从锡兰红茶中蒸馏出来的红茶伏特加，名为长叶。坦佩斯特（Tempest）生产一种植物苦艾酒，绿茶和红茶只是其中两种成分，还有艾草、茴香、鼠尾草和桉树调味料。

茶鸡尾酒中最为著名的是长岛冰茶，其看起来像一杯高高的冰红茶，但其实根本不含任何茶。
152 这种饮料起源于美国禁酒时期（1920~1933 年），目的是制造一种可以伪装成冰茶的鸡尾酒。不过，真正的茶鸡尾酒也是存在的，比如罗马冰茶，由柠檬、茉莉花茶和生姜调成；狂野之花由红茶、伏特加和接骨木调成；还有冰绿茶莫吉托酒。一些酒吧还创新鸡尾酒，将浓烈的格雷伯爵茶与杜松子酒混合，或将波旁威士忌与普洱茶或加糖红茶混合。1979 年成立的薇娜（Wina）公司声称推出了五种茶鸡尾酒。[①]

曾将公司设在西班牙马德里，如今在清迈的肯尼斯·里姆达尔（Kenneth Rimdahl）提供了一种美妙的香槟乌龙茶潘趣酒。先注入半升芳香的乌龙茶，待其冷却后，加入两小匙红糖，再加入一份甜橙子汁或酸橙汁，然后将茶搅拌后放在冰箱里冷藏。在用香槟酒杯盛酒之前，冰镇的乌龙茶酒和香槟酒混合在一起。这种酒可供一大群人饮用，人们只需记住：一份冷冻乌龙茶酒配两份香槟酒。在巴黎，玛黑兄弟（Mariage Frères）供应添加各种茶精油的香槟供一些早午餐饮用。

一些茶爱好者反对使用 herbal tea（草药茶）这一英文表述，因为从字面看来像是一种由草药制成的冲剂，而看不出是茶，他们由此认为这根本不是茶的正确说法。[②] 对于这种语言纯粹主义者来说，法语单词 tisane（草本茶）或许可以在英语中使用。由于 tisane 一词的第一个音节 ti 的发音方式，英语使用者可能会认为这一法语单词来自英语单词 tea，或者至少在词源上与英语单词 tea 有关。事实上，这两个词是毫不相关的。法语单词 tisane 起源于拉丁语单词“ptisana”或“tisana”，该拉丁语单词又源自希腊语单词 ptisánē πτισάνη（字面意为“大麦粒”）。

在古希腊，一种热的药酒是用磨碎的大麦制成的，用于退烧。希腊语“大麦粒”一词来源于动词 ptissô πτίσσω（本意为“簸谷”，在古希腊哲学、西方艺术史中该词有极为丰富的意涵。——译者注），

① ‘Recepten met thee’, blz. 146–154 in Johannes Rein ter Molen. 1979. *Het goede leven: Thee*. Utrecht: Het Spectrum.

② 即使是天然的草药茶也会引起关注。今天，在工业化国家，含有茴香、蜜饯、茯苓和其他草药的沙拉、蜂蜜和泰桑或草药茶经常被吡咯里西啶生物碱污染。这类天然存在的次生植物代谢物作为防御化合物，对草食动物具有高毒性和遗传毒性，近年来已成为研究热点 (Inga Mädge, Luise Cramer, Ines Rahaus, Gerold Jerz, Peter Winterhalter and Till Beuerle. 2015. ‘Pyrrolizidine alkaloids in herbal teas for infants, pregnant or lactating women’, *Food Chemistry*, 187: 491–498)。

意为“在研钵中去皮捣碎”，也用来指用大麦粒制成的温热的大麦水。① 早在 1658 年出版的著作中，鲍欣（Bauhin）（加斯帕德·鲍欣，Gaspard Bauhin，1560~1624 年，瑞士医生、解剖学家、植物学家，在解剖学和植物学两个领域中引进了科学的双名法分类系统。——译者注）就描述了大麦粒（ptisana）在古代医学上的应用。② 无论古人认为这种温热的营养饮料具有什么药用价值，现代研究至少已经证实，大麦茶有助于减少口腔表面的变形链球菌膜，从而改善牙齿健康，甚至可能改善心血管健康。③

然而，有时甚至连中文的“茶”字也会被随意地用来指代某一种草药汤，而不是指茶树类的茶。比如苦丁茶就不是茶，尽管其中文名称中错误地包含了“茶”字。这种药汤是由与冬青同属的苦丁的叶子制成的。扭曲干燥的叶子看起来像钉子或短树枝。这种树可以长到 8 米高，除了生长
在中国外，也生长在越南高平省等其他地区。在日本，扩展女贞（Ligustrum expansum）的叶子被 153
用来制造无咖啡因的草药汤。据称，这种混合药物能增强记忆力，缓解牙痛和头痛，对其他疾病也有很好的预防作用。苦丁茶中含有具有抗氧化作用的类黄酮，因而也被认为可以抗高胆固醇血症（hypercholesterolaemia）和动脉粥样硬化症（atherosclerosis），④ 但事实上，真正的绿茶在降低胆固醇水平方面更为有效。⑤ 关于这种冬青叶汤剂更为有趣的说法是，它所含的三萜皂苷（triterpenoid saponins）具有所谓的抗癌活性。⑥

在中国，还有一种用月桂属木姜子（Litsea coreana）的嫩枝和嫩叶制成的茶汤，被称为老鹰茶。这种茶汤在传统上是一种抗寄生虫和解热的中药，但这种草药茶在中国南方作为一种提神饮料被饮用。这种草药汤剂不是严格意义上的茶，而是一种草药茶。老鹰茶含有可清除自由基活性的黄酮类化合物。⑦ 更通俗地说，药用植物的汤液可以称为“药茶”。⑧

另一种很受欢迎但根本不是茶的“茶”是南非红茶（rooibos），用于生产该茶的阿司帕拉托斯线形草本植物（Aspalathus linearis，该类植物用于制作南非红茶，后来就直接成为南非红茶的代称，为区分植物本身，此处音译。——译者注）生长在南非凡波斯（Fynbos，非洲最南端独有的硬叶树木和灌木林。——译者注）天然灌木丛中。商业种植的南非红茶主要生长在希德伯格（Cederberg）。南非红茶不含咖啡因，原本是穷人喝的，因为他们买不起昂贵的进口茶。

同样，有益健康的名头也被加到南非红茶身上。据称饮用这种茶汤对皮肤有好处。南非红茶中含

① 希腊语 ptisánēπτισάνη 代表“大麦粒”以及由此衍生出的热饮料，与阿提卡语单词 krīthḗκρῖθή“大麦”不同。

② Casparus Bauhinus (1658: 449–453).

③ Monica Stauder, Adele Papetti, Maria Daglia, Luigi Vezzulli, Gabriella Gazzani, Pietro E. Varaldo, Carla Pruzzo. 2010. ‘Inhibitory activity by barley coffee com-ponents towards *Streptococcus mutans* biofilm’, *Current Microbiology*, 61 (5): 417–421.

④ Li Li, Li J. Xu, Gui Z. Ma, Yin M. Dong, Yong Peng, Pei G. Xiao. 2013. ‘The large-leaved Kudingcha (*Ilex latifolia* Thunb and *Ilex kudingcha* C.J. Tseng): A tradi tional Chinese tea with plentiful secondary metabol ites and potential biological activities’, *Journal of Natural Medicines*, 67: 425–437; Ting Hu, Xiaowei He, Jian-guo Jiang and Xilin Xu. 2014. ‘Efficacy evaluation of a Chinese bitter tea (*Ilex latifolia* Thunb.) via analyses of its main components’, *Food and Function*, 5: 876–881.

⑤ Luo Xianyang, Li Nana and Liang Yuerong. 2013. ‘Effects of *Ilex latifolia* and *Camellia sinensis* on cholesterol and circulating immune complexes in rats fed with a high-cholesterol diet’, *Phytotherapy Research*, 27: 62–65.

⑥ Xin Zhao, Qiang Wang, Yu Qian and Jiale Song. 2013. ‘*Ilex kudingcha* C.J. Tseng (Kudingcha) has in vitro anti-cancer activities in MCF-$_{7}$ human breast adenocar-cinoma cells and exerts anti-metastatic effects *in vivo*’, *Oncology Letters*, 5: 1744–1748.

⑦ Yang Jian, Xie Jinping and Huang Youyi. 2001. ‘Flavonoid compounds in Laoying tea (*Litsea coreana* Levl. var. Lanuginosa 〈Migo〉Yang et P.H. Huang)’, *ICOS*, 1 (II): 319–322.

⑧ Éric Marié. 2008. ‘Introduction aux propriétés thérapeutiques du thé chinois’, pp. 109–122 in Raibaud and Souty (op.cit., p. 110).

有锌、镁、铜等矿物质，甚至还有少量的维生素C。然而，大多数维生素C在热水中并不能保持完整。抗氧化的功效也被归于南非红茶。这种南非红茶的存在不应该让人们误认为南非不生产真正的茶叶，因为南非实际上也生产茶叶，尽管规模并不是很大。

马黛茶（Yerba maté）由一种苦涩的拉丁美洲雨林中的草本植物制成，含有咖啡因。在巴拉圭、乌拉圭、巴西、智利和阿根廷，这种饮料用手工雕刻的葫芦盛放，并用一种叫作bombilla的银色吸管饮用，这种吸管底部有一个过滤器，用来过滤树叶。马黛茶通常是由巴拉圭冬青（Ilex paraguariensis）的树叶制成的。在厄瓜多尔，马黛茶则是用番石榴的叶子制成的。在秘鲁和玻利维亚，也可以用红木古柯树（Erythroxylon coca）的古柯叶酿制马黛酒，这种酒在19世纪90年代在法国被称为印加酒。一些来自19世纪的银质和玻璃质的bombilla吸管可以说是精美的艺术品，但这种南美传统尚未得到全球的广泛认可。[①] 马黛茶含有少量的维生素B1，还包括一些蛋白质、碳水化合物和脂肪酸，但人们喝马黛茶主要是因为它含有咖啡因。

① Virginie de Borchgrave. 1999. 'Un art de vivre méconnu: Le thé en Amérique latine', pp. 189–205 in Barrie and Smyers (op.cit.).

# 第三章

# 茶传播至日本和朝鲜半岛 154

## 茶初入日本

在日本，据说茶第一次作为饮料饮用是在奈良朝时期（710~784 年），但茶最早种在日本却是平安朝的后期（794~1185 年），这两个时期都与中国的唐朝处于同一个时代。一份可追溯至 729 年的古代文献记载，来自唐朝宫廷的一份茶作为礼物送给了日本圣武天皇（701~756 年在位），圣武天皇将这种新奇的冲泡水供养给来到位于奈良的皇宫诵读《大般若经》（*Mahāprajñāpāramitā Sūtra*）的百余位僧人。以后又有多部文献记载了被称为“院茶”（cloister tea）的喝茶行为，这些行为都涉及将茶供养给僧人们，时间是贞观年间（859~876 年）在宫廷举办第四次诵经活动的第二天，这样的习惯始于圣武天皇时期的 729 年。[①]

陆羽于 804 年在中国去世，同一年，日本僧人最澄（767~822 年）乘船到了中国，他是在宁波登陆的。最澄到位于浙江省天台山的佛教寺院游历，拜在道邃的门下学习。身怀天台宗的佛教教义，最澄在 805 年返回日本后创立了日本佛教的天台宗。据说，除了携带大量相关的佛教文献，最澄还从中国带回了茶籽。在他去世后，最澄以“传教大师”（great preceptor of the doctrine）的谥号闻名天下。

804 年，在载着最澄的船驶向中国的同时，年轻的和尚空海（774~835 年）也乘船前往中国。然而，空海所坐的船在更靠南的福建省登陆，空海由此前往当时的都城长安，他在长安的青龙寺跟随惠

① Sen Sōshitsu xv. 1998. *The Japanese Way of Tea from Its Origins in China to Sen Rikyū* (translated by V. Dixon Morris). Honolulu: University of Hawai‘i Press (p. 48).

果法师、在西明寺跟随来自犍陀罗国的般若圣者（the Gandhāran paṇḍit Prajñā）学习佛教典籍。两年后，即806年，空海返回日本，同样，他也带回了茶籽。空海创立了日本佛教的真言宗，809年他成为嵯峨天皇（809~823年在位）的国师。

根据一本皇室委托编纂的中国诗歌选集《凌云集》（814年编纂）和成书于840年的日本史书《日本后纪》（*Notes on Japan*）[①]记载，时年72岁的永忠和尚（743~816年）也于815年从中国带回了茶叶，他带回日本的是一种叫作团茶（dancha）的茶叶，就像那种发酵了的砖茶。永忠是近江藩梵释寺的一位住持，在梵释寺他为到访的嵯峨天皇敬奉过茶。嵯峨天皇最后喜欢上了茶，因为嵯峨天皇在他本人亲自写下的多首诗里都提到了茶，[②]816年嵯峨天皇下旨京都附近的近畿地区都必须种植茶树。这样，茶园就建立起来了，茶叶开始供皇室的御医们制药使用。那时的茶叶消费仍然仅仅局限于皇宫和寺院的仪式之中，茶还没有成为普通人的饮品。而且，那时的茶叶加工工艺只是蒸青、切碎，然后挤压成茶砖。

155

图3.1 日本和尚最澄（767~822年），平安朝，11世纪，兵库县加西市法华山一乘寺的收藏画。

① Franziska Ehmcke. 1991. *Der japanische Teeweg: Bewußtseinsschulung und Gesamtkunstwerk*. Köln: Dumont (p. 15).

② Sen（1998:49）

在丹波康赖（Tamba no Yasuyori）于 982 年写成的日本最古老的医学文献《医心方》中，[1]使用了一个在今天的日语中已经弃用的表意文字“荼”（*kyō*）来指代专门用于药物的茶。该医典保存了很多之前已经失传了的文献所提到的医学传说，包括失传了的唐代文献《神农食经》。[2]《医心方》当时也只有很少的几份原件，以后又被秘密收藏，但有一份手抄本被半井家保存。这个特殊的、用于指代作为一种药材的茶的汉字“荼”，在任何尚存的中文文献中都未发现，尽管如此，在日文文献中这个临时造出的表意文字与图 2.4 所描绘的汉字之相似，让人无法忽视。

图 3.2　空海和尚（774~835 年），通常被称为弘法大师（伟大的佛教教义传播者），这幅画，作于 1314 年，挂轴，绢本，彩色，东京国立博物馆。

平安朝的宫廷文化以优雅（みやび）和物哀（物の哀れ）为典型特征，当时的茶会 156
通常伴有音乐，宫廷中喝的茶有时还会加上香料或糖。9 世纪下半叶，随着中国的唐朝走向衰落，模仿中国文化的风气也在日本减弱了。日本于 894 年停止向中国派出遣唐使，只是在平清盛（1118~1181 年执政）统治后期偶尔还有与中国的联系。茶树种植完全消失了，仅仅在寺院并且只是作为一种治疗性的补药，茶还发挥着边缘性的作用。茶树还在皇室所属的庄园里继续种植，在三河藩药王寺的花园里也有种植。

## 茶再入日本

明菴荣西和尚 1141 年出生在吉备津，该地现在属于冈山县。他的名字荣西，通常读作 Eisai（えいさい），更流行的读法是 Yōsai（ようさい）。1168 年，在他 27 岁的时候，荣西第一次到了中国，他在浙江省天台山的禅寺学习了六个月，荣西还两次走访了径山寺，这是由法钦法师在浙江省天目山脚下修建的寺院，他在天台山逗留一段时间后，回到日本去传播天台宗。1187 年，荣西 46 岁时第二次 157
来到中国，待了四年多，他在苏州的景德禅寺继续学习禅宗，正是荣西将禅宗正式传入日本。

① Iwama（2004）.

② 这本失传的中文文献在明代李时珍（1518~1593 年）所写的《本草纲目》中也被提及，出现在讨论茗的一节中（Marié 2008 in Raibaud and Souty, op.cit., p. 113）。

图 3.3　嵯峨天皇（809~823 年在位），14 世纪绘制，128 × 68.7 厘米，“帝国御物”，东京。

禅的日语词“禪”（zen）来源于汉字“禅”，“禅”是梵文 dhyāna（注意，聚焦，聚精会神）一词的汉语音译。日语的“禪”字指的是中观佛教（Madhyamaka Buddhism）的一种形式，该形式自 7 世纪以来一直在中国得到实践。该派佛教受到了般若密多（Prajñāpāramitā）文献和瑜伽修行的影响。日本禅宗中最大、最有影响的一支是临济宗，该宗最早是由法名为临济义玄的和尚（据说他是在搬进临济寺之后才取了这个法名）在今天的河北省正定县临济寺创立的。日本人将他的名字译为 Rinzai Gigen。这位和尚来自曹州，曹州不过是靠近今日山东省菏泽市的一个嘈杂的小镇。经过一
158 段时间的学习和探寻，他在 851 年搬到了临济寺，并在那里传播佛法直到 866 年圆寂。

足足 3 个世纪以后，荣西在 1187~1191 年到了苏州学习临济宗的教义。临济宗在唐代和宋代一直是一个边缘的派别（此处原文有误，因为在唐代，特别是宋代，临济禅宗十分昌盛，也有很大的影响。——译者注），然而，在荣西 1191 年从中国回日本后，他使临济宗最终成为日本最大的禅宗派别。1200 年，寿福寺成为镰仓的第一座禅宗寺院，它由北条政子（1157~1225 年）（此处原文有

误，原文标注的生卒年是 1156~1125 年，经与作者确认，更改为公认的时间。——译者注）以纪念她的亡夫——镰仓幕府的第一任将军源赖朝（1192~1199 年执政）的名义而建，荣西被指定为该寺的建造师。此后在 1202 年，荣西又被指定为建仁寺的建造师，该寺是京都的第一座禅宗寺院，该寺的建设得到了镰仓幕府第二任将军源赖家（1202~1203 年执政）的资助。建仁寺于 1205 年最终建成，此时源赖家的弟弟源实朝成为镰仓幕府的第三任将军（1203~1219 年执政）。

图 3.4　建于 1202 年的建仁寺是茶的传播者明菴荣西（1141~1215 年）在日本建造的第一座禅宗寺院，荣西的名字既可读作 Eisai，又被广为流传地读作 Yosai。

因其寺院兴建工作上的成就，荣西后来得到了后鸟羽天皇（1183~1198 年在位）授予的荣誉称号，但荣西的实际庇护人是镰仓幕府的武士统治者们。镰仓时期（1185~1333 年）日本茶树种植的兴盛是与临济宗的兴起和发展紧密相连的，因为茶是从事坐禅冥思修行的和尚们饮用的，他们在坐禅
时需要时刻警醒同时又需要保持专注。荣西将茶的幼苗从中国带回了日本，他将这些茶苗种在了平 159
户附近的富春园（位于肥前藩的脊振山），[①] 以及位于九州的筑前藩博多的圣福寺，还有京都市内和京都附近的地方，正是在京都，荣西建造了雄伟的建仁寺。可以说，正是荣西第二次到中国且顺利返

① 脊振山，通常读作せぶりやま，也读作せふりさん。

回日本之事给人类带来了巨大的福气，因为在荣西返回日本时他不仅带回了禅宗，还带去了粉末状的绿茶，即抹茶（matcha）。

结果，中国宋代品饮粉末状茶叶即抹茶（mocha）的做法因这位杰出的禅宗和尚而得以保存，这是荣西对茶文化史做出的巨大贡献，这种粉末状绿茶在日本以 matcha（抹茶）闻名于世。在制作抹茶时，氧化过程被蒸汽加热方式而非干燥方式所阻断，这样的制作工艺至今在日本仍然广泛使用，不但
160 用在抹茶的加工中，而且也被用在其他更多日本叶状绿茶的加工中。与用炒锅炒制出来的绿茶相比，通过蒸汽处理茶叶制作出来的绿茶，似乎保存了更多的综合抗氧化能力。①

这一绿茶加工的精妙工艺传入日本后，带来了茶叶保存方式和这一传统茶叶加工工艺的不断创新，而这样的做法在它的起源国家却被弃而不用失传了，中原被尚武的阿尔泰语系民族征服，先后被契丹人、女真人和蒙古人所统治，分别建立了辽代（907~1125 年）、金代（1115~1234 年）和元代（1271~1368 年）。而在日本的同一时期，闪着黑色光泽的天目茶碗，以著名的宋代建窑所产最为驰名，在日本成为价值连城的私藏品。这类黑色光泽的中国茶碗被日本人称为天目碗，这让人回想起
161 浙江的天目山，它是荣西在 12 世纪学习禅宗的地方。

图 3.5　从建仁寺方丈殿往南看所见的枯山水（the rock garden）景色。

图 3.6　从建仁寺方丈殿往西看所见的枯山水景色。

162 荣西鼓励种植茶树，而且他还写了一本名叫《喫茶养生记》的书，该书以两卷本的形式于 1211

① Young-Kyung Kim, Seok-Hwan Kim and Joo-Hyun Baik.2007. 'Evaluation of the total antioxidant capacity and catechinsduring the processing of green tea', *ICOS*, 3, HB-P-105.

年、1214 年刊行。这本书应该是写给镰仓幕府第三任将军源实朝的，将军一直很苦恼，且经常宿醉，荣西在 1214 年借助茶汤治愈了他的顽疾，让他恢复健康。在荣西的影响下，将军戒掉了饮酒，开始转变成为一位饮茶者。荣西绝不只是将茶描绘成一种促使坐禅者沉思时保持清醒的兴奋剂，他还断言茶是一种补药，可以促进全身的协调，荣西教导人们喝茶可以长寿。他的《喫茶养生记》一书还对茶叶种植、加工和保存等都给出了许多实用的建议。除了将茶再次带入日本，荣西在给神道的神祇奉茶（被称为“献茶”）、佛教中的佛祖奉茶（被称为“供茶”）之奉献仪式的规范化方面也厥功甚伟。

荣西的贡献是将武士阶层的审美感受定型化，提升了“侍”（samurai）和“武士”（bushi），这些做法后来被冠以茶道（teaism）之名。荣西的著作表明他关于茶的思考总体上是强烈主张茶的药用性，他认为茶所关联的身体器官是心脏，主张苦味正是茶最宝贵、最有益于健康的味道。[1] 自然地，荣西引用了很多中文文献。他的
两个著名的弟子行勇和荣朝推进了禅宗在 163
日本的传播。在荣西 1215 年去世后的一个世纪，日本禅宗的两个最卓越的中心在京都建立了。大德寺由宗峰妙超，又名大灯国师（1282~1337 年）于 1325 年兴建；妙心寺则由关山慧玄（1277~1361 年）于 1342 年兴建。几个世纪之后，这两个中心在白隐慧鹤（1686~1769 年）领导的禅宗复兴运动中再次发挥了关键作用，最为现

图 3.7　明菴荣西和尚（1141~1215 年），由绝海中津绘制（室町幕府时期，93×38.5 厘米，绢本），保存于京都两足院，据推测这可能是现存最早的荣西画像。

① Sen（1998：69）.

代式的临济宗传统由此产生。[①]

图 3.8　这只独一无二的建盏黑瓷茶碗或者叫茶杯已经被认定为日本的国宝，镰仓幕府时期（1185~1333 年）由中国带到日本。这个建盏茶碗有金色、银色和蓝色的变色式油滴（yuteki），杯口边沿是金色镶边，曾为丰臣秀吉（1568~1595 年执政）所有。中国南宋时期出产。照片由六田知弘拍摄，大阪市立东洋陶瓷美术馆。

图 3.9　有兔毫条纹的建盏茶碗，又叫“兔毫盏”，日语称为“禾目”（nogime），仿佛它们不断往下掉颜色，从淡棕色到银蓝色变化，中国南宋时期出产，12.2 厘米，原本是 17 世纪在京都开设道正庵药铺的药剂师私人所藏，承蒙苏富比拍卖公司提供照片。

图 3.10　黑色的天目（tenmoku）茶碗，因油斑或油滴式样而发光，12 至 13 世纪的南宋时期在福建北部的水吉烧制的，被认定为重要文化财产，九州国立博物馆。

图 3.11　带有铜色油点或油滴的建盏茶碗，日语称为“油滴”，异变为蓝色的兔毫（又叫“禾目”），因为这些条纹沿着变色的黑色光泽往下掉，碗口的边缘下方开有浅槽，用一条白色的金属丝缠绕，产于中国南宋时期，12.4 厘米，原为日本私人收藏品，承蒙苏富比拍卖公司提供照片。

在荣西第二次访问中国回国之后，他极具远见地给了诗人和尚明惠（1173~1232 年）三颗茶籽，明惠将它们种在了京都栂尾山的高山寺，[②]装这些茶籽、底色为深色苔藓绿柿子形状的盒子至今还保存在高山寺，被命名为“柿蒂茶入”。明惠和尚将茶籽种在寺院里的花园中，他向人推荐茶并说到了
164 “茶的十德”，认为茶包含了所有神灵给予的祝福、有助于孝、可驱走恶灵、减弱昏睡、保持人体五

① Martin Collcutt. 1981. *Five Mountains: The Rinzai Zen Monastic Institution in Mediaeval Japan*. Cambridge, Massachusetts: Harvard University Press.

② 在日语中，高山寺有两个发音，一个是こうざんじ，一个是こうさんじ，两个都被用来指高山寺。现在的高山寺执事田村裕行和尚，更倾向于使用こうさんじ这个发音。

脏的协调、防病、增进友谊、训导身心、调节情绪和助人获得平静的死亡。显然，他上述的列举是对中国唐代作品的附和，例如刘贞亮关于“饮茶十德”的说法。

比其诗歌更具有长久价值的是，明惠种茶的行为促成了日本著名茶园在宇治的大规模建立。一开始，来自栂尾山的茶被视为最原初、最纯正且最上等的茶，只有从这个茶园出产的茶才被看作“本茶”（true or principal tea），以后栂尾山作为茶叶之源的重要性有所下降，京都东南 10 公里的宇治的茶园逐渐获得了第一的地位。[①]

欧洲有关日本的早期文献中对这些茶园都有所提及。在一篇写于 16 世纪 70 年代后期的文章中， 165
著名的耶稣会会士陆若汉（João Rodrigues）关于宇治的茶园做了如下报告。

图 3.12　明惠和尚（1173~1232 年），挂轴，绢本，由高山寺保存。

在中国和日本这两个国家的几乎所有地方都可以获得茶叶，所有与茶相关的物件都非常精良，得到了贵族、富人和绅士们的高度认可，茶叶会提供给尊贵的客人，并用于“茶之汤”的仪

① Sen（1998：89）.

图 3.13　柿子形状的茶罐，又叫“柿蒂茶入”，它曾经装的是荣西（1141~1215 年）送给明惠（1173~1232 年）的茶籽，承蒙高山寺执事田村裕行提供照片。

图 3.14　上林三入还在使用传统的石磨，以手工方式磨制他家的上等抹茶。然而，石磨是用一只机械手而非人手推动的。

式中，大名们也在他们的家庭中饮用茶。在中国和日本都有那么一些地方，特别是那些位于特定地区的专门地方，在这些地方种植并收获了最好的茶（特别要指出的是，被普通人饮用的劣质茶并不会被高看，也不会被用于正式仪式中）。在中国，所有茶中最好的茶仅仅产自南直隶省的某个地方（地名不详），这些茶制作后特供皇帝和达官贵人，而且在福建省，特别是在建宁府（今天的建瓯市），这里也产好茶。在日本则只有一个名叫宇治的镇，它在距离皇都（今天的京都府）三里格的地方，它所产的茶叶供应全日本。可加工饮用的茶都是纤细和新鲜的叶子，它们最早在每年三月的春季旺盛地生长发芽，此时人们把它们摘下，收获茶叶，就好像我们在果园里采摘葡萄一样，一大群能够分辨好品质、新鲜叶子的人快速摘下茶鲜叶，略过那些老的和品质差的叶子。①

三星园上林三入本店是日本也是世界上现存最古老的茶店，至今还在宇治开店营业。这家茶店是由上林三入创办的，根据记载明确的家谱，上林三入因喝茶而结识了千利休，这家精致的茶店现在由家族的第 16 代传人经营，他同样也叫上林三入。该店精致的手工制玉露茶和极富工匠精神的抹茶，至今仍然用传统的石臼仔细研磨，具有无与伦比的高品质。②

① Pinto (1954: 439–440).

② 与此相对，宇治的通元家是从一个武士传承下来的，该武士退休后，被授予了一个闲职，在宇治桥的东侧收取通行费，因此他的后人就得到了一个姓氏——通元。这个家族充满自豪且言之凿凿地将他们的家系追溯至 1160 年。以上资料来自其网站（www.tsuentea.com）的表述，维基百科（https://ja.wikipedia.org/wiki/ 通圓）不过是从上面做了摘抄。通元茶屋的商业活动可以追溯到这一年，这就比荣西第一次到中国的时间还早了 8 年，这显然是有违历史事实的。今日通元茶屋所在的建筑很可能历史上有过多次修复和重建，却仍然标榜可追溯到 1672 年，通元茶屋的官网上未经考证的叙述还说足利义政、丰臣秀吉、德川家康可能都到此建筑内喝过茶，这些一派胡言的时间错误引起了其他多个网站的反击，它们说这家茶店自称“日本最古老的茶店”或者“世界上最古老的茶店”都是不符合历史事实的。在宇治确实还是有很多家族长久以来从事茶业经营，并且具有很高的声誉。

除了禅宗的临济宗把茶带入日本，曹洞宗也把茶带入日本。1214 年，荣西治疗了源实朝将军的酒精依赖症，也是在这一年，荣西在建仁寺接受了一位 14 岁的和尚道元的拜访。与荣西的见面给了道元巨大影响，在 1215 年荣西去世后，道元回到建仁寺接受荣西的继承人明全和尚的教导。以后，道元渡过东海于 1223~1227 年在浙江学习禅宗。道元成为曹洞宗的一名传人，返回日本后他传播禅宗的曹洞宗。在他撰写的大量著作中，道元详细阐述了茶在佛教寺院日常生活中的作用，他的一本著作《永平清规》（*Rules of Purity*）论证了禅宗的茶礼（Zen tea rituals），正是在这个时候确立起了有章可循、程序固定的寺院茶礼。①

另一位和尚也是茶的传人，他就是奈良西大寺的叡尊（1201~1290 年），他专长于强调佛教戒律（vinaya）的真言宗晦涩的仪式，但讨厌做公案，以及猜谜似地理解深奥经文的思考方式，相反，他主张直接诵读佛经。② 根据他游学关东地区经历的记述（《关东往还记》），叡尊于 1262 年拜访了八个地方，在每个地方他都将茶叶分发给了一起诵读佛经的众人。③ 叡尊发明了著名的茶礼（tea ceremony）"分茶汤"（日语叫作"御茶盛り"），在今天这个茶礼还在奈良以面向众多公众奉茶的方式举办，使用一只直径 40 厘米的巨大茶碗和一个巨大的茶筅。

关于御茶盛仪式是如何起源的，有两个不同的说法。一个说法是，1281 年，中国元代的忽必烈可汗率领蒙古入侵者攻打日本却被"神风"刮翻了全部船队，叡尊向八幡致谢，八幡是神道中的射箭神。作为向神致谢这个庞大仪式的一个环节，就是向一大群参加人员奉茶，这个做法至今还可见到。④ 另一个说法却是这个茶礼起源于叡尊在 1235 年担任西大寺的住持后决定为西大寺扳回好运。1239 年的第一个月，西大寺的和尚们去位于奈良的八幡神宫公开奉茶。在接下来的数年中，每次举办（奉茶活动）都会有无数的人员受邀参加。⑤ 关于御茶盛仪式如何起源的第二个版本明显预设了该茶礼最初是在八幡神宫举办的，这座神宫坐落在手向山，在西大寺东侧 13 公里左右的地方，如果是这样，那么一定是在某个历史时点茶礼举办地被移到了西大寺，因为至今正是西大寺每年还都举办该茶礼。

另一个著名的日本茶俗（tea tradition）——大福茶——是在寺庙中喝下代表幸运的茶以便为新的一年带来吉祥，大福茶要用新年里烧开的第一桶水冲泡。951 年，全京都流行一种传染病，空也和尚用

① Sen（1998：78-80）.

② Lori Rachelle Meeks. 2010. 'Vows for the masses: Eisonand the popular expansion of precept conferral ceremoniesin pre-modern Japan', pp. 148–177 in JamesA. Benn, Lori Meeks and James Robinson, eds. *Buddhist Monasticism in East Asia: Places of Practice*. Abingdon:Routledge; David Quinter. 2015. *From Outcasts to Emperors: Shingon Ritsu and the Mañjuśrī Cult in Mediaeval Japan*. Leiden: Koninklijke Brill.

③ Theodore M. Ludwig. 1981. 'Before Rikyū: Religious andaesthetic influences in the early history of the tea ceremony', *Monumenta Nipponica*, XXXVI (4): 367–390.

④ Sen（1998：80-81）.

⑤ Murai Yasuhiko. 1989. 'The development of chanoyu:Before Rikyū', pp. 3–32 in Paul Varley and Kumakura Isao, eds. *Tea in Japan: Essays on the History of Chanoyu*.Honolulu: University of Hawai'i Press (pp. 9–10).

茶汤治愈了村上天皇（946~967 年在位），因此，村上天皇首倡在新年用一杯特殊的茶祈福。空也和尚
是一名游僧，他维持生计的方式就是制作搅拌茶的茶筅。[①] 一些学者认为这个传说是杜撰的，这些学者
168 指出大福茶的制作人实际上是在更晚的时候才出现的，起源于向佛祖供茶后跟同行的人分享茶的习惯，
而且他们还提出大福茶的起源跟御茶盛仪式的相关做法几乎同时出现。[②]

图 3.15　店主上林三入与本书作者在宇治的三星园上林三入本店合影。

重要的茶文献《喫茶往来》记载，禅宗的茶礼实际上早在 14 世纪上半叶就被位于京都的建仁寺、妙心寺践行，该文献还记载了“茶禅一味”（tea, Zen, one taste）这句格言，并将它归到中国北宋禅宗导师圆悟克勤（1063~1135 年）的名下。禅宗的喝茶礼仪有一个正式的程序，表达的是庄严的氛围。在同一时期，茶也被融合进了神道神社所举办的仪式中。[③]

## 斗茶和俗界中的茶

在禅宗寺院中，以禅修作为辅助手段而举办的朴素、庄严的正式茶礼，催生了茶的消费，并很快演变为一种氛围轻松的公众娱乐。在镰仓时期（1185~1333 年）和南北朝时期（1336~1392 年），中国宋代流行的斗茶习俗传到了日本，出现了日式斗茶（日本汉字是“鬭茶”）。然而，日本的斗茶最先是

① Sen（1998：81-82，93）.
② Murai（1989：10）.
③ Sen（1998：80-81，86）.

平安时期作为“物合”（鉴物）的宫廷消遣而被接受的，是判断力的竞争，以验证专业性和眼力，比赛的对象覆盖从海贝到诗歌等各类东西。

需要指出的是，中国的斗茶目的集中在最后判定谁的茶是最好的茶，日本的斗茶则起源于一种为 169
了识别哪种茶来自京都拇尾山的一流茶园的辨别力竞争，因此，就区分出了“本茶”（true tea）和“非茶”（false tea），“非茶”是指那些不是产自拇尾山茶园而是其他茶园的茶，在此类竞争出现后不久，来自宇治茶园的茶也被认为属于“本茶”。

为了与“四种十服茶”（four kinds of tea and ten cups）这一“鉴物”赛给出的程式相符合，斗茶的竞争会让参加者喝十杯之多的茶，它的做法是：三款不同的茶，每种茶泡出三杯茶汤，再泡上一杯第四种品质完全不同的茶。在有些竞技式的斗茶表演中，只有那些仅凭口感就可以最精准地判断出各类茶的产地的鉴赏家方可拔得头筹。在一些情况下，斗茶者们会通过口感比拼更多种类的茶，也会喝到更多杯的茶汤，甚至会整晚都在竞争，结果喝了过多的茶汤，这就是“百服茶”（one hundred cups of tea）。这个时期为了斗茶，人们明确并划分出了茶汤的七种不同等级。为了这样的茶会目的，最初的斗茶场所（meeting place）都被设计成透亮的亭子，这与以后出现的用于茶道的装饰风格形成了鲜明的对比。①

在试图恢复天皇直接统治的建武中兴（1333~1336 年）失败后，足利朝的第一位将军足利尊氏（1338~1358 年执政）一开始就在 1338 年禁止所有的皇室娱乐活动，包括斗茶和吟诵连歌。② 在整个室町幕府时期（1336~1573 年），侍或武士阶层开始获得权力，成为一个新的暴发户阶层（nouvean riche）。这个社会新贵阶层（parvenu）中的很多人缺乏皇室贵族式的既定传统，最初，他们举办茶会（tea gatherings）的时候极力模仿以前禅宗和尚们的做法，依照茶礼来喝茶，试图建立一种严肃、谨慎的饮茶方式，但很快武士们举办的茶会就变得奢华起来，再也看不到寺院茶礼的影子了。《太平记》保存了对这样的奢华茶会的完整记述。该茶会是大名佐佐木道誉组织的，这样的奢侈茶会成为当时新兴精英阶层逸乐行为的典型代表。

在这个时期，斗茶的风尚开始包括了各类事件的多重光谱，光谱的一端是高超的鉴赏家对旧的斗茶这一品茶方式的完善，光谱的另一端却是各种淫秽和卖弄式的消遣，出现了一个词“婆娑罗”（basara，不受约束的放荡行为）来指代这类现象。该词很可能来自梵语 Sanskrit vajra（原义是“雷电”或“钻石”），意指炫耀的花花公子和淫荡的、自我沉迷的纨绔子弟，这打上了新兴权力阶层——武士们的特征，他们热衷这些娱乐活动。除了茶，他们在一些肆无忌惮的场合还会酗酒，为了赌博也会一掷千金，甚至会雇请舞伎，参加者还可以得到轻佻舞伎们的皮肉服务。③

上述行为也受到了当时一些作品的批评，在 15 世纪中叶之前，随着茶道的兴起，上述行为被视为赌博类享乐主义娱乐的粗浅形式。然而，即便到了今天，最初的斗茶式竞争仍然保留在东京北部群马县山区一个叫白久保的小村里，在当地它被叫作“お茶講”（评茶赛），每年的 2 月 24 日，在白雪覆盖的群山之中的一个茅草顶木屋里举办，作为祭拜菅原道真的神灵活动的一部分。所有参加这项活动的

① Murai（1989：11）；Sen（1998：91-115）.

② Ehmcke (1991:21).

③ Ludwig (1981:381).

人都会被起个名字，例如月亮、太阳、鸟，还会给一些评分表，开始品尝并记下某种茶的味道，然后
品尝其他七杯茶，其中六杯茶是刚才喝过的茶，还有一杯是之前没有喝过的茶。[①] 另外一种严肃且古老
的斗茶，从德川幕府时期（1603~1868 年）一直保存到了现在，它今天以“茶歌舞伎”之名存在。这些
170 与当初大不相同的斗茶仍然采取了最初经典的方式，即用四种不同的绿茶泡上十杯来品鉴。不过，在
斗茶活动中还有为了提高效率而简化的版本，例如在各种抹茶品鉴中就是这样，这一点在今天也能看
到。如今，人们还可以看到评茶赛被当作一种磨炼某人的感知力从而培育一种叫作“侘”（わび）的精
神性审美的特定感觉的方式，人们发现，这套美学学说最早是在一封落款为绍鸥（1502~1555 年）的
信中明确提出来的。

图 3.16　能阿弥于 1469 年绘制的一幅花鸟屏风，重要文化财产，东京出光美术馆收藏。

## 能阿弥将茶从茶亭引入室内

北山时期（1358~1408 年）“婆娑罗”式茶会的风尚达到了顶峰，但“婆娑罗”并不是这个时期茶会（日语称为“茶寄合”）的唯一形式。一些北山时期的茶会据说打上了“风流”（elegant refinement）的特征，还有一些茶会则卷入了对唐物（中国物品）的崇拜，这样的崇拜持续了一段时间，另外还有以连歌为主题的茶会。作为现代俳句的前驱，连歌是一种互动式的口头诗歌，一小群参加者接续句子创造性地完成一首诗。连歌聚会通常吟诵的是一种以 5-7-5 或者 7-7 为音节而形成的系列诗，每位参加者都贡献一小节，由某个主题将这些诗句串联起来，最后组成了长而有序的诗歌。参加者被期

① Isao Kumakura, 2007. ‘The origin and history of tea culture in Japan’, *ICOS*, 3, plenary lecture.

望展示出诗歌方面的卓越天赋和对正在吟诵的主题的准确感知以及深度的精神把握。佛教法师心敬（1406~1475 年）和他的学生兼朋友宗祇（1421~1502 年）成为连歌的领导者，无论是在连歌的表达形式上还是在相关的主题内容上，他们都是有影响的人物。

在“五山”（five mountain）系统的经典禅寺所具有的严谨佛教茶礼和“婆娑罗”式散漫奢华的茶会这两个极端之间，还有大量相对克制的茶会。例如，有“云脚茶会”（plain tea gatherings），一些庶民为喝茶而聚，但他们喝的茶都不是特供给上流社会的顶级茶；还有放松的“淋汗茶会”（淋汗の 171
茶，tea with summer bath）。这个时候还发生了一个重要的变化，品鉴名茶的茶会举办地点从茶亭移入了某个上流阶层武士布置了榻榻米垫子的起居室或者书院之中。移入室内后的茶会少了很多喧嚣，这种改变据说来自一位叫能阿弥（1397~1471 年）的日本画家、诗人，他发明了这样一种新的茶会形式。

图 3.17　建于 1486 年的东求堂是足利义政退隐后的住所，模仿京都的银阁寺而建。

能阿弥是足利氏第六、第七、第八任将军的导师，这三位将军分别是足利义教（1429~1441 年执政）和他的两个儿子足利义胜（1471~1473 年执政）、足利义政（1449~1473 年执政）。作为一位彬彬有礼的至交（日语叫作“同朋众”），能阿弥的任务就是在有关感知类的事务上为将军提供建议。能阿弥的儿子艺阿弥（1431~1485 年）和孙子相阿弥（卒于 1525 年）也都是将军的“同朋众”，以后他们接替了能阿弥的职位成为有关茶美学方面的品鉴权威。能阿弥的声望主要来自他给予了将军足利义政在茶的雅 172
趣和礼节方面的建议，以及他对年轻时的珠光施加的影响，珠光日后被誉为日本茶道（tea ceremony）的奠基人。

图 3.18　名叫“马蝗绊”的龙泉瓷茶碗，曾为平重盛（1138~1179 年）所有，后被足利义政将军（1449~1473 年执政）打破，因这只碗无与伦比的光泽和式样，他命令用外形像一只大蝉（日语叫作“马蝗”）的夹子修复了这只茶碗。重要文化财产，东京国立博物馆。

能阿弥和他的孙子相阿弥（此处原文有误。原文写的是“儿子相阿弥”，经与作者确认，做出更改。——译者注）在美学感受力上的影响到了室町时期的东山文化阶段（1436~1490 年）依然能够被强烈感受到。在关于茶的文献中，直到道陈（1504~1562 年）时代出现的饮茶方式之首倡都与此有关，有时还使用一个集体性名词

“东山文化学派”来指它。在1489年足利义政退位并立他的侄子为继承人后，他就搬到他著名的隐居处——东求堂。东求堂1486年为足利义政而建，位于京都银阁寺的正前方，在这个隐居处里面有个茶室“同仁斋”，被认为再现了“书院”的原型：它有一个隐蔽的凹处，即“床の間”（用于挂画或放置花瓶的装饰台），还有“違い棚”（梯形的置物架）、“付書院”（固定的台子）、倾斜的坚固的墙、“襖”（门廊）、障子（木框式纸制推拉门）。茶道的室内举办场地撤除了禅院富丽堂皇的墙，这些墙被称为“造り”（structure），其式样以“寝殿造”（宫殿式建筑）最为著名，它模仿了平安时代皇宫的主要建筑式样，即“寝殿”，在建筑内设计起居室和内部结构的茶室被称为“書院造”（drawing room or writing alcove structure），这样的结构在安土桃山时期（1573~1603年）和江户时期（1603~1868年）普及程度日益提高，它装饰了极具形式主义的空间，这预示着茶道还会继续进化。

图3.19　临济宗法师梦窗疎石（1275~1351年），画像由南北朝（1336~1392年）的无等周位绘制，119.8×63厘米，重要文化财产，存于京都妙智院。

能阿弥的另一个主要发明是在书院内放置了用来装茶器皿的台子，这是将茶礼从寺院式向室内式转变从而创立茶道的一个环节。早在能阿弥的时代之前，第一个台子就被南浦绍明（1235~1308年）于1267年从杭州的径山寺带回日本。在位于福冈县博多市的圣福寺使用了几年后，南浦绍明带回的台子被移入大德寺，大德寺的临济宗和尚梦窗疎石（1275~1351年）使用了这个装茶器皿的台子，他创立了使用台子的茶仪的样板，日本茶道的正式礼仪都由此发展而来。[①]

这个茶台子的下层叫“地板”（即底层），它用来放置便携的木制煤火炉（风炉）和茶壶，还有一个支架放长柄勺和用来调整煤球火力的拨火钳，盛干净和备用水的水瓶（日语叫“建水”或者“水翻”）以及茶壶盖子（日语写作“蓋置”）都放在这一层。茶台子的上层叫“天板”（即顶层），在这层放置的是包在系有拉绳、

① 他还被后醍醐天皇（1318~1339年在位）授予了“梦窗国师”的称号。

日语叫“仕覆”的小袋子里的茶罐（日语叫“茶入”）、茶杯（日语叫“茶碗”）、茶则（日语叫“茶
柄”）、茶筅和一块茶巾。[1] 水装在一个带盖子的陶器中，或者一个叫“水指”的木制储罐中，还有一个 173
竹制的水勺或者叫“柄杓”，用来舀水倒进铁釜或铁壶中。

## 战乱时代的宁静绿洲

日本历史上的战国时期（1467~1568 年）被不断发 174
生的军事冲突、政治阴谋和社会叛乱打上了鲜明的印记。正是在这个不平静的时期，日本茶道作为寻求宁静的避难所得到发展。在还是一名十岁的男孩时，村田珠光（1423~1502 年）就进入奈良的称名寺成为一名侍童。他出生在奈良的一个普通家庭，他的名字“珠光”有两个不同的发音，一个读作 Jukō，一个读作 Shukō，两者都被广泛使用。静默沉思和诵读佛经令珠光昏昏欲睡，在 20 岁时他离开寺院过上了四处漂泊的生活。数年的游荡之后，珠光在京都定居下来，在这里他学会了饮茶，据说还拜见了能阿弥，学习了日本插花，即“活け花”，他也体验过在贵族书院举办的室内茶道。[2]

图 3.20　信乐烧带盖储水罐，安土桃山时期（1568~1600 年），重要文化财产，东京国立博物馆。

珠光曾在一休宗纯（1394~1481 年）和尚的指导下学习过禅宗，一休教导他掌握了一种典型的与佛法（dharma，natural order）相符合的习茶式佛教生活方式。从他的老师那儿，珠光还懂得了有云遮住的月亮要比澄净天空中的满月显得更完美，因此珠光声称：

有月无云枯无味（月も雲間のなきは嫌にて候）[3]

自然和不规则开始成为理想的化身。能阿弥采用从中国进口的最上乘的瓷器（唐物），提倡一种将茶道移入精致的起居室的革新，这些茶道中的唐物被足利义政推崇，他本人就收藏了大量的珍贵唐物。然而，珠光力主采用日本风格的本土瓷器（和物）。珠光描述了这些质朴、原始得多的瓷器所具有的独特的冷色调（冷え）和枯萎感（枯れ），并且认为它们远远强于几何工整、完美的中国瓷器。这两个主题对珠光来说十分重要，它们取自心敬和尚（1406~1475 年）所做的连歌诗句，心敬用冷色（冷え）、枯萎（枯れ）和瘦削（痩せ）这些词来描绘自然美崇高的神秘性和感染力。

珠光为他的茶道所选择的场所要比书院式起居室更具有乡村情调。与贵族式室内建的用于茶会从

---

① Charly Iten. 2004. *Der Teeweg und die Welt der japanischen Teeschalen: Zur Töpferkunst der von Sen no Rikyū und Furuta Oribe geschätzten Brennöfen*. University of Zürich doctoral dissertation (p. 55). 一些参加过抹茶一日体验的人可能倾向于思考：今天的 Toraysee 牌手绢，由东求工业公司制作，有各种尺寸和颜色，或许不是一种对传统茶巾的高明式取代。

② Ludwig (1981:385), Sen（1998：124-129）

③ 对西田文信就此诗翻译做出的指正，本人致以非常诚挚的感谢。

175

图 3.21　村田珠光（1423~1502 年）绘的风景画，京都野村美术馆。

图 3.22　珠光的老师一休宗纯，又名一休和尚（1394~1481 年），自称“狂云”。室町时期，纸本，设色，43.6 × 26.3 厘米，重要文化财产，东京国立博物馆。

而可以容纳很多客人的宽大会所相比，珠光对茶空间进行改造，使之成为一个只有四张半榻榻米大小（四畳半）的茶室（tea hut）。为了与优雅的书院风格建筑（書院造）内举办茶会的起居室空间相竞争，珠光发明了一种“雅士聚会建筑”（数寄屋造），“数寄屋”从字面上看，是指数寄（追求风雅，refined taste，elegant pursuits）的场地，具体指在一个小小的空间内为喝茶提供一个简单而且严肃的场所。

珠光的这个设想很可能是从鸭长明（1155~1216 年）所写的《方丈记》（*An account of my hut*）一书中得到的启示，而鸭长明又可能是从《维摩经》（*Vimalakīrti Sūtra*）所描述的圣人维摩诘或维摩罗诘（Vimalakīrti）的小草屋得到的灵感。[1]珠光避免了奢华，创造了一种简单且自然的氛围，这带来了一种谦恭、纯净、安宁和反省的态度。珠光使用了“茶の湯”这种表达形式，从字面上看，它的意思是为沏茶而备好的热水，但这个词的转喻为他的茶道做了新的命名。

177　对珠光的茶空间内部细节的描述被保存在《南方录》中，这是一本由南坊宗启和尚于 1686~1690 年撰写的书（南坊宗启是千利休的弟子，《南坊录》是他师从千利休时所做的笔录，但他在世时并没有公开出版。现在能看到的版本是立花实山 1690 年的手抄本，题名为《南方录》。因此，本书作者说编撰于 1686~1690 年，这指的不是南坊宗启，而是立花实山。关于书名，学界也有争议。因为一开始发现时就是手抄本，1918 年京都细川开益堂出版时取名《南坊录》，1952 年久松真一等经考察认为圆觉

① Ehmcke (1991:33).

寺所藏《南方录》才是原本，里千家在 1963 出版《日本茶道古典全集》时统一称《南方录》，沿用至今。本书的作者在下文中也用了《南坊录》的书名。——译者注），但目前仅有残篇存世。[①] 在珠光的新式草屋茶室中，梯形的置物架（違い棚）和固定的台子（付書院）消失了，水是架在嵌入地面中的煤火炉上加热的。珠光的茶室中的花是简朴的，仅仅作为一种审美的格调，绝不喧宾夺主。如果使用香，也只允许在沉思时使用气味淡的香以提供一种淡雅的香气，参加茶会的人数也减少了。他的茶室开始建成一种茅草覆盖的小木屋，即草庵。凭着这样的温和建筑式样，珠光能够在京都的上流社会和寺院的圈子中普及他的茶道。

图 3.23　一只 15 世纪后期或 16 世纪初期的茶碗，名叫“白雨”，展示了“冷色调”和“枯萎感”的特征。

在后来的德川时期（1603~1868 年），教茶道的老师们倾向于将珠光和他的学生绍鸥所传授的茶道哲学概括为“わび茶”（严肃的茶）或者“侘数寄”（荒寂的审美），然而，这样的思想体系不可能是珠光的，因为他本人从未使用过“侘び”（荒寂）这个词。这个词可能最早是由珠光的学生绍鸥提出的，后来被绍鸥的学生千利休全盘接受了。对简单的事物给予精神性的审美并将之评价为严肃、荒凉、不规则和不完美，用一个词来表述就是“侘び”（荒寂），该词来自一个动词侘ぶ，意思是“哀叹、受苦”。“侘び”这个词表明的是，要从严肃和安静的优雅举止中找到一种美学感知，以及从荒凉的简单性中读出美好。[②]

此后，据说诗人松尾芭蕉（1644~1694 年）的俳句经常充满了荒寂的感觉。他生活和去世的时间 178
都在村田珠光之后的两个世纪。[③] 下面就是一首脍炙人口的俳句。

蜻蜓
挂在草上
小憩
（蜻蛉やとりつきかねし草の上）[④]

在芭蕉的诗中，酒这一话题出现的频率比茶更高，但在下面三首芭蕉的俳句中，每一首都展现了

① Iten (2004:95).

② Ludwig 提出了这样一个问题，是否能够在茶的历史中找到明确的线索从而将传统的早期内容跟“侘茶”的出现关联起来 (Ludwig 1981:368,386)。关于わび一词英文翻译的一个微妙且平衡的阐述请参见 Haga Koshiro. 1989. ‘The wabi aesthetic through the ages’, pp. 195-230 in Varley and Isao(op.cit.)。

③ Japanese Culinary Academy. 2015. *Introduction to Japanese Cuisine: Nature, History and Culture*. Tokyo: Shuhari Initiative (pp. 88–90).

④ Bashō 芭蕉 seigneur ermite. 2012. *L'intégrale des haïkus,édition bilingue, traduction, adaptation et édition* établies *par Makoto Kemmoku et Dominique Chipot*. Paris: La Table Ronde (p. 258).

茶荒寂的形象，令人印象深刻。

骏河路上
橘子花
散发茶的芳香
（駿河路や花橘も茶の匂ひ）①

新茶会上
堺市的庭院
油然浮现
（口切に堺の庭ぞなつかしき）②

朝茶
僧静
菊花开
（朝茶飲む僧静かなり菊の花）③

上文的每一首俳句都描绘了某个瞬间，即诗人从一个特定的透视视角做出审美评价。

芳贺幸四郎认为，在珠光的时代，禅宗的茶传统已经融入了足利义政去世后爆发的应仁之乱（1467~1477 年）这一严酷的历史事实，应仁之乱催生了一种逃离贵族起居室举行的奢华的书院式茶文化的美学需求，由此逃离斗茶活动的喧嚣以便发现一片宁静之境，在此可以任意沉思美和珍视生命中流逝的诸多瞬间。④ 芳贺提出，除了来自上述两个方面的影响，珠光还受到了大众化的茶歇文化（淋汗の茶）的影响，这种茶歇文化风行于奈良，兴福寺的古市胤荣——他的兄弟是珠光的第一个学生——将它光大、推进。⑤

最为重要的是，珠光的老师一休宗纯是一位很有独立见解的影响者，他将自己比作狂云。一休是禅宗实践者中一位不墨守成规的叛逆者，他反对大德寺中的精英阶层，并认为他们是贪赃枉法的造假之徒，他从不试图服从寺院的稳重规矩或常规要求。⑥ 然而，正是一休费心获得了堺市商人们的慷慨赞助，大德寺才得以在应仁之乱后在奢华的重建中复兴。珠光本人也是其中一位捐助者，除了来自堺市商人阶层的资金，大德寺尤其受益于武士们的庇护和茶头们的慷慨捐赠。

① Bashō 芭蕉（2012: 329），骏河藩位于今天静冈县的中心地带。
② Bashō 芭蕉（2012: 301）.
③ Bashō 芭蕉（2012: 261）.
④ 芳贺幸四郎的观点（1978）被 Ludwig 多次引用（Ludwig 1981:367, 369）。
⑤ （Ludwig 1981:386）.
⑥ （Ludwig 1981:386-390）.

## 武野绍鸥接续珠光未竟的事业

1502 年，武野绍鸥出生于一个皮革商人家庭，尽管他的祖辈也是武士阶层的后代，但他们定居在堺市的港口。珠光 79 岁在京都去世的那一年，绍鸥也到了京都，在这里他最先是跟山口的贵族大内义兴学习诗歌，成为一名天赋甚高的连歌诗人。1525 年，绍鸥又跟随博学的贵族三条西实隆（1455~1537 年）继续学习诗歌，三条西实隆在 179
70 岁时陷入贫困的境地。更重要的是，绍鸥在京都逗留期间还跟随珠光的弟子宗悟和十四屋宗陈学习禅宗和研习茶。①

图 3.24　武野绍鸥（1502~1555 年），圆山应拳（1713~1795 年）绘，奈良国立博物馆。

在日本的茶艺术史中，绍鸥的风格通常被认为是珠光所发展出来的茶艺术（the tea art）的继承和进一步完善。在这个问题上，值得注意的是，绍鸥的茶艺跟珠光自己的养子村田宗珠所继承的路线形成了鲜明的对比。村田宗珠
在京都下京地区町众（商人）阶层的富裕城市 180
绅士间普及了茶道（tea ceremony），其优雅的仪式、精致且昂贵的茶具，都跟绍鸥的茶艺术所包含的质朴自然主义构成了明显不同的风格差异。②

1537 年，绍鸥返回堺市，在那里他倡导茶道（the tea ceremony），并且进一步完善了荒寂的理念。绍鸥在堺市向那些希望变得优雅的商人们普及茶道，教导他们茶道并不会在一个人离开茶室时就结束。践习茶道、在自家花园建造山村情调隐居地的堺市富商们以“数寄者”（风雅之士）之称号闻名世间，这个修饰词开始被广泛使用，既指茶头，也指各类艺术及优美事物的狂热爱好者。③

绍鸥规定为茶道客人提供的餐食应当限定

① Sen（1998：146-147）.

② Ehmcke (1991:62).

③ “者”这个表意文字还有另外一个读音 mono，今天“数寄者”这个词，当它拼写并读作 sukimono 时，它也被用来表达“色鬼、淫荡的人、女性瘾者、自我沉迷的人”之类的含义。

为汤和三盘其他小菜。以后在天文时期（1532~1554 年）这样的餐食就被简单地叫作“振舞”（提供食物的服务），这样的适度餐食就是后来以“会席料理”（kaiseki ryori）闻名的烹调法前身，“会席料理”原本是在正式茶会开始之前为先到的客人在接待室提供的餐食。结果，这个词却被写成了“怀石”（kaiseki），这样的拼写法归功于千利休（1522~1591 年）。“怀石”这两个字分别是“胸口的口袋”和“石头”的意思，这与苦行的寺院惯习直接相关。和尚们会怀抱着“温热的石头”，它是这样一块石头，在火上加热后包在布里，然后压住胸部或腹部以减轻人的饥饿感。尽管最初是在茶道之前享用的一道轻便餐食，但今天的“怀石”或者说“茶怀石”经常指的是在茶道活动结束时以烹饪的形式来表达活动的高潮。今天，这样的餐食通常采取了一种优雅定制菜单形式，并且由奢侈的传统料亭店（高档餐厅，只提供日式饭菜，或者日本传统风味的饭菜。——译者注）或者割煮店以符合茶道传统的方式提供。

依照珠光所创立的草庵风格，绍鸥也在其位于堺市的花园中建了一个自己的茶室。绍鸥给他的茶室命名为“山里庵”，这致敬了宫廷笙演奏家、茶道继承人丰原统秋（1450~1524 年），他在位于京都的自家花园里建了一个茶室并命名为“山里庵”。[①] 绍鸥阐述了花园内通向茶庵——茶道参加者将被带进茶庵——的小路的象征意义，走在这条路上参加者就要放弃关于世俗的全部想法和各种庸俗的先入为主的妄想，将自己导入一种沉静思考的精神状态。根据《南方录》的记载，我们知道在绍鸥的时代通向茶庵的花园小路还仍然只是被叫作“路地”（path），还未获得“露地”（dewy ground）这一同音异义的名字，后者得名自《妙法莲华经》所提到的一个神圣之地。[②] 绍鸥的两个最有名的学生分别是他自己的富裕的女婿今井宗久（1520~1593 年）和著名的千利休（1522~1591 年）。就像“怀石”一词的象征性拼写方式，用汉字“露地”来表达某个神圣之地，这个关联同样也出自一种拼写上的奇思妙想，传统上人们也将此归功于千利休。

## 千利休

181 日本茶道史上最悲惨的人物无疑是千利休（1522~1591 年）。他出生在堺市贩鱼的商人家庭，在儿童时代，他的名字是与四郎。[③] 16 岁之后，与四郎跟随北向道陈（1504~1562 年）学习茶道（the way of tea），即能阿弥传承下来的书院式茶道。他们之间的传承系列直接来自绍鸥。绍鸥将习茶法（tea instructions）教给了他的年轻助理右京。长大以后，右京给自己取名“空海”——这很容易让人想到历史上的空海，他于 806 年将茶籽带到了日本——并搬到了堺市，在堺市他遇到了年轻且隐居的道陈，并传授了茶道（the way of tea）。[④] 多年以后，道陈作为一名成熟的茶道研习者，又将茶道（the tea ceremony）传授给了年轻的与四郎。

---

① Iten（2004：68）.

② Iten（2004：68）.

③ Dennis Hirota. 1995. *Wind in the Pines: Classic Writings of the Way of Tea as a Buddhist Path*. Fremont, California: Asia Humanities Press (p. 364).

④ Theodore M. Ludwig. 1989. '*Chanoyu* and momoyama: Conflict and transformation Rikyu's art', pp. 71-100 in Varley and Isao (op. cit., pp. 74-75), Ehmcke (1991:30), Hirota (1995:219).

图 3.25 一条花园小路，又叫“露地”，引向一间茶庵，此为京都的高桐院。

1540 年在他的父亲去世后，与四郎跟随京都大德寺的大林宗套（1480~1568 年）学习禅宗，
在那里他被赐予法名宗易。以后，在道陈的推荐下，宗易开始成为绍鸥的一名学生，正是绍鸥推
广了起源于珠光的“侘茶”式茶道。[①] 到 1579 年 57 岁的时候，宗易成为有实力的大名织田信长 183
（1534~1582 年）的茶头（the tea master），这不过是宗易取得名声之后几年时间之内的事。宗易在这
之前的 30 多年间到底做了什么、遇到了什么，文字记载非常少，但众所周知的是，在成为茶头后他
给自己取了一个新的名字，他提供的茶道服务成为当时人们梦寐以求的事情。

宗易所生活的时代正是战国末期这一变革和冲突的时代，追捧他的茶道所提供的严肃艺术服务的人都是当时日本最有权势的男人们。强势的织田信长开启了将日本引向统一的过程，他努力将日本超过一半的国土都纳入控制之下。在他的军事征服过程中，织田信长到处搜寻并获得了珍贵的茶器和宝物，例如价值连城的茶罐，这种行为被称作“狩猎宝物”（名物狩）。织田信长在堺市这个富裕的港口

① Jennifer Lea Anderson. 1991. *An Introduction to Japanese Tea Ritual*. Albany: State University of New York Press (pp. 35, 51); Sen (1998:161-162); Iten (2004:86-87).

图 3.26 千利休（1522~1591 年），儿童时代叫作与四郎，以后有了法名宗易。长谷川等伯绘，收藏于表千家不审庵。

城市得到了上述很多宝物，之后他要求能够为这些珍贵茶物件给出正式评定并恰当使用它们的茶头们为他服务。他在 1579 年征招了三位茶头，他们是津田宗及、今井宗久和千宗易，这三位茶头都为织田信长提供了三年的服务直到他突然去世。[①] 今井宗久和千宗易都是绍鸥的学生，津田宗及是津田宗达的儿子，后者也是绍鸥的一名学生。

织田信长死于 1582 年 6 月 21 日的一场大火，可能是被烧死的，也可能是自己切腹而死，当时他正在京都本能寺享受茶道却受到了袭击。[②] 袭击他的人是他手下的一位将军明智光秀（1528~1582 年）率领的士兵们。或者出于织田信长对他的封臣羽柴秀吉——后来他以丰臣秀吉之名闻名天下——的偏爱之嫉妒，或者出于对织田信长坚持跟助手森成利（Mori Ranmaru，1565~1582 年）结成的特殊“众道”关系（即男宠）的不满，明智光秀的动机永远不会被人知道了。这位不忠的将军也在此事件之后的两周内死了，织田信长的位置被丰臣秀吉（1537~1598 年）继承，他将日本统一成为一个国家，宗易继续做丰臣秀吉的茶头。

宗易在为丰臣秀吉提供服务的过程中得到了巨大的名声，他是丰臣秀吉亲近圈子中唯一一个非武士。宗易于 1585 年 10 月 7 日在丰臣秀吉授令下举办的茶会上第一次获得了“利休”这个称谓，这是宗易第一次正式地为正亲町天皇展示茶道。在皇宫中丰臣秀吉为天皇奉茶，得到了天皇赐予的姓“丰臣”，天皇也授予了宗易一个佛教法名“利休居士”。“利休”（rikyū）的实际含义是什么，存在许多争议，但这个词的字面意思是“墨绿色”，而“居士”（koji）一词，表示“家主”（grhapati），意指居家修行的佛教信徒。在这个时期，利休成为丰臣秀吉的密友，并对他产生了无以复加的影响。

到了 1587 年，丰臣秀吉准备在京都北野的一处松树林举办一场为期十天的茶宴（tea fair）。这个宏大的茶宴只举办了一天，尽管原计划是举办十天。丰臣秀吉要求所有侘茶的学习者必须参加，那些不参加的人将会从侘茶群体除名。在这次茶宴上，丰臣秀吉将自己收藏的茶罐和各种各样的茶具都展

① Kumakura Isao. 1989. ‘Sen no Rikyu: Inquiries into his life and tea’, pp. 33-69 in Varley and Isao (op.cit., pp. 34-35).

② Anderson (1991:37).

示出来。丰臣秀吉、千利休、津田宗及和今井宗久为超过八百位客人提供了茶道服务。大概在这个时期，丰臣秀吉和千利休之间曾经的亲密关系开始恶化。四年后，即 1591 年，千利休重修了京都大德寺
的门，他将自己的木制画像装进草鞋中放在这个门的高处，每个进入大德寺的人都不得不从这个草鞋 184
下步入。这种张扬的虚荣心惹怒了丰臣秀吉，他命令千利休自裁。1591 年 4 月 21 日，在举办完最后一场茶会后，千利休用刀切腹自尽。

千利休仪式般的自裁成为吸引众多学者撰文讨论的话题。他象征性的手势构成了井上靖写于 1981
年的历史小说《本觉坊遗文》的主题。[①] 尽管将木制画像置于大德寺的门上包含了明显的自负，实际 185
上千利休的简朴和他对“侘”精神的鲜明阐释还是与织田信长和丰臣秀吉的炫耀式物质主义构成了完全不同的对比。陶匠长次郎（1516~1589 年）制作的粗制乐烧茶碗，可能会打动某个观众，但这些现代人完全无法意识到这些器具在当时的日本通常被认为是毫无艺术性可言的。乐烧茶碗受到千利休的喜爱，他把它们跟他的武士主人们所拥有的可爱、奢华的“名物”之浮夸进行强烈的对比。在茶道千家流的支持下，乐烧这种陶瓷样式被长次郎的孙子道入（1574~1656 年）永久继承，他以艺术家能光（のんこう）之名而广为人知，道入的朋友本阿弥光悦（1558~1637 年）也大力传播乐烧。将此式样传播出京都的最著名的人物是道入的儿子，富有创新的匠人乐一入（1640~1696 年），他实际的姓可能是田中。乐一入很喜欢人们用一个通俗的名字“吉左卫门”（きちざえもん）来称呼他，这个名字后来作为一个绰号传给了后代的乐烧大师们。

图 3.27　丰臣秀吉（1537~1598 年），狩野光信（1565~1608 年）绘，挂轴，纸本，重要文化财产。

① 井上靖的小说由 Ursula Gräfe 翻译成了德文（Yasushi Inoue. 2007. *Der Tod des Teemeisters*.Frankfurt am Main: Suhrkamp Verlag）。

图 3.28　一只名为“无一物”的乐烧茶碗，长次郎（1516~1589 年）制作，桃山时期出品。重要文化财产，西宫市颖川美术馆收藏。

人们都认为千利休更欣赏用未加工的竹子制成的简单的茶具，而千利休本人确实设计了一把知名的茶则（tea scoop）。这把茶则采用了一种优雅而奢华的逐渐变窄的流线型，至今还保存在东京的畠山集藏室，但千利休本人使用的却是深色的象牙茶则。千利休缩小了茶庵规模，去除了一些装饰，也简化了茶庵的建筑，他将茶庵的门廊置于朝南的连接花园小道的位置，花园小道边还种了树，以便为茶庵提供尽可能间接的、隐约的光亮。他将茶室的大小从绍鸥的四张半榻榻米减至仅有两张榻榻米大小，最为著名的茶庵就是位于京都附近大山崎妙喜庵境内的“待庵”。千利休还为茶庵增加了两个内容，他引入了“出入口”（躙り口）和“挂刀架”（刀懸け）。出入口是一个 66 厘米宽、60 厘米高大小的入口，每一位客人都必须由此俯身甚至爬行才能进入茶室内，因此这就为所有参加茶道的人提供了象征性的平等。挂刀架是在茶室入口处外墙上放置的一个或两个挂刀的架子，在茶庵入口处武士不得不取下他的刀，对武士来说刀不只是致命的武器，更是其地位的象征。

上述建筑方面的设计都是特意用来引导茶道的参加者们抹消差别、怀揣谦卑参加茶道活动的。千利休还在花园通往茶室的半道上放置了一个装满水的石盆，这象征着净化。与千利休在妙喜庵建立的幽闭恐怖式隐秘庵室形成鲜明对照的是，他的主人丰臣秀吉用黄金建造了一个便携茶室，一个金光闪闪的“黄金茶室”，它是可以移动的，从而可以满足这位霸主随时随地奢靡地享受一场豪华的茶道的需求。这个有三张榻榻米大小的“隐者之家”完全是用黄金打造的，除了竹制掸帚、木制长茶

186 则和亚麻质地的茶巾，这个黄金茶室充分显示了这位成为整个日本霸主的农民儿子对自己毫不掩饰的夸耀。

有关千利休的记述、他的教诲、他对茶礼所做的改进和他的秘传文字都保存在了《南方录》一书中，该书大概编撰于 1686~1690 年，传说作者是名为南坊宗启的禅宗法师。下面是公认的千利休所写的众多诗歌中的三首。①

茶道何所谓
不过搅汤和奉茶
应知不外饮茶事
（茶の湯とは
ただ湯をわかし茶をたてて
飲むばかりなる事と知るべし）

茶道是寂寥

① Bertrand Petit et Keiko Yokoyama. 2005. *Poèmes du thé*. Paris: Éditions Alternatives (pp. 64, 70, 77).

真心诚意待客

茶具只要相宜时

（茶はさびて

心はあつくもてなせよ

道具はいつも有合にせよ）

目视耳听兮

闻香静气中

问道频点头

（目にも見よ耳にもふれよ

香を嗅ぎて

ことを問ひつつよく合点せよ）

茶礼（the tea ceremony）和侘茶的艺术（the art of wabi cha）据说在千利休名下形成了最权威的形态，从而以“茶道”（the way of tea）之名为世人所知。除了《南方录》，堺市的山上宗二所写的名为《山上宗二记》的记述也提供了有关千利休本人、他的生活和死亡等方面的辅助文字资料。这个时期有关茶的部分古典文献已经有弘田（Dennis Hirota）翻译的细致入微的英文版。[①]

## 由“利休七哲”发展出的茶道流派

千利休去世后，他的七个最亲近的弟子成为知名的“利休七哲”（seven sages of Rikyu），在理论上他们成为日本茶道的主要源头（tea preceptors）。千利休的两个弟子改宗了天主教，高山右近（1552~1615 年）早在 1564 年，即千利休去世前 27 年，就已经取了教名“Justo”，在德川家康禁止天主教并驱逐了大部分天主教徒的时候，高山于 1614 年离开日本前往马尼拉。千利休的另一个弟子牧村兵部（1546~1593 年）在高山的影响下也改信了天主教，但牧村在千利休去世后两年也离世了。另外两个弟子，蒲生氏乡（1566~1595 年）和濑田扫部（1548~1595 年）也很快在千利休去世后的四年里分别离世了，第五名弟子芝山监物不太为人所知。

最后，第六位弟子，细川三斋（1564~1645 年）活到了老年阶段，并且作为茶道的传人提供了很多年的服务。细川三斋在 1600 年 10 月的关原之战中站在德川家康一边，战役结束后，细川三斋被赐
予了巨大领地，横跨了现在的福冈县和大分县。如今被命名为三斋流的茶道流派——该流派以岛根县 187
的出云市为总部——的拥护者们将自己的传承源头追溯到细川三斋。

利休七哲中最有名的是古田织部（1543~1615 年）。作为利休的主要继承者，织部连续 24 年都是日本的核心茶头，但他的最终命运并没有细川三斋那么鲜亮，相反，更像他的老师。织部侍奉丰臣秀

① Hirota（1995）.

吉到他 1598 年过世，然后继续成为德川家康、第二代德川将军德川秀忠的茶头。家康于 1603 年获得将军的职位，从此直到 1867 年，日本在德川家族统治下，进入持续两个半世纪的相对和平时期。然而，在 1615 年的大阪夏之阵中，织部被怀疑是丰臣家的奸细，被命令自尽，因此，他最后也是被迫自我了断，就像他的老师之前所做的那样。[1]

图 3.29　古田织部（1543~1615 年）像，保存在大阪城天守阁内。

这个建立在身份区别严明的封建社会基础上的长期的军事统治时期又被称为江户时期（1603~1867 年）。1739 年，陆廷灿于 1735 年撰写的《续茶经》一书输入日本。1758 年以后，加上最初的日文注释
188 的陆羽《茶经》一书的增补本不断印刷，变得非常流行。[2] 从能阿弥开始，经过珠光、绍鸥和利休，直到织部，在这样一个日本茶头的谱系下，日本的茶文化已经发展出自身特有的方式和细腻的美学。茶的礼仪不仅在禅宗寺院得到实践，还被武士精英阶层所推崇，他们将“茶之汤”的仪式视为他们的政治主体地位和阶级身份的象征。

---

① Kumakura Isao. 1989. ‘Kan’ei culture and chanoyu’, pp. 135-160 in Varley and Isao (op. cit.).

② Patricia Jane Graham. 1998. *Tea of the Sages: The Art of Sencha*. Honolulu: University of Hawai’I Press (p.12); Jiang and Jiang (2009:1:38).

织部的审美偏好并不像他的老师那样阴郁和压抑，织部对于一些怪癖、不对称和不规则成分的喜好，还影响了以后的陶瓷艺术。他更加喜欢陶瓷和插花中的丰富颜色，作为一种装饰，他将它们更多地引入茶室和茶庵所在的花园。他的先驱者，从珠光到利休，在培育他们的侘茶样式时，都十分喜欢使用一种数量最少、只有显著简素特征的装饰，例如只是白花，或者根本就不饰以任何花。织部对颜色的偏爱或许要归功于“南蛮”的影响，那个时候正值向葡萄牙文化的开放。织部通过增设毗邻的房间（即“鎖の間”）扩大了草庵，他还为茶室增加了窗户以便让更多的自然光照进来。以织部流为名的茶道流派总部设在今天的千叶县，该流派的支持者们将他们的谱系追溯到了古田织部。

图 3.30　江户（今天称为东京）港和江户入海口的风景，从隅田川上的永代桥望过去的远景（冯·西博尔德绘于 1823 年）。

织部自尽后，他的弟子小堀政一，又名小堀远州（1579~1647 年）继承了他的衣钵，远州推进了 189
老师在茶道仪式上的创新，发展了一种物质上更精致的茶道艺术形式，被称作“奇丽式寂茶”，这种茶道取悦了富裕的武士阶层。结果，织部和远州的茶道美学倾向通常被命名为“大名茶”（tea of the feudal lords）。在江户时期的整个宽永年间（1624~1644 年）充斥着这样一种艺术文化，即讨好贵族和富裕的绅士阶层的审美感受力。织部和远州的茶道哲学也做出改变以符合那个时代德川军事统治者们的精神，该精神还融合了儒学强调的对上级的忠诚这一理想。

为了社会和教化的目的以便抵制一种非正式的茶聚（chakai），“茶事”（chaji）开始成为一种为事先遴选出来的客人准备一顿正餐的完全式茶会（tea gathering）。在江户时期，茶道通常是在“广间”

（茶室内面积较大的房间。——译者注）举办的，高贵的客人和有身份的人不必俯身，因为他们可以从“贵宾口”（日语为“贵人口”）进入茶室，贵宾口是一个有两扇障子门的入口。这样的茶室通常都安置了一个嵌入地下的炉子（日语为“围炉里”）。以远州流为名的茶道流派，以今天的东京为总部，该流派的支持者们将他们的茶道源流追溯到了小堀远州。

图 3.31 苔藓植物铺成的葱绿的地毯，这解释了西芳寺为什么通常被叫作“苔寺”，库尔·帕拉萨德·克里斯那·西瓦柯提拍摄。

## 通过千氏家族传承的茶道流派

190 利休有个儿子名叫道安，还有一个继子名叫少庵。在利休于 1591 年切腹自尽后，他的儿子道安（1546~1607 年）离开京都，数年后投奔到利休的门徒细川三斋的庇护下生活，细川三斋那时已经是一位很有影响力的大名。几年后，道安才获准回到堺市千氏的家宅。道安将茶道（the way of tea）教授给了桑山贞晴（1560~1632 年），后者成为茶头时将自己更名为桑山宗仙，人们也以更富有学者意味的名字桑山佐近称呼他。

桑山将茶道传给了片桐石州（1605~1673 年），片桐将绍鸥视为自己历史角色的样板并努力模仿绍鸥，此后片桐成为小堀远州的亲密同僚，片桐将小堀远州的多项创新进一步推进发展成为自己的体系。1633 年，片桐监督了被地震和大火损坏的知恩院的复建。今天，以石州流而知名的茶道流派的追随者将他们的传承追溯至片桐。就像古田织部和小堀远州，片桐石州也服务于封建贵族的趣味，成为一位所谓的大名茶风格体系的大师。

另一个由道安的一名学生开启的茶流道派叫宗和流茶道。金森宗和（1584~1656 年）的祖父曾经是利休的一名学生，他的父亲则是利休儿子道安的一名学生。金森宗和吸收了许多小堀远州茶道体系
的创新内容，此外，他极力使用装饰有图画的瓷器，这是他的朋友，工匠野野村仁清制作的以御室烧 191
闻名的瓷器。金森的茶道风格具有这样的特征，它引导人们乘舟远行，愉快地外出进入山林和田野之中。石州流以及宗和流的茶道就以这样的方式明显偏离了道安曾经寻求并教授给他们的严肃的侘茶风格。利休的亲生儿子道安一直住在堺市千氏家宅里直到过世，但道安没有留下后代，也没有直接的传承人。

相反，利休的传统被他的继子同时也是他的女婿少庵（1546~1614 年）所接续。少庵是利休的第二任妻子跟前夫宫王三郎所生下的儿子，宫王三郎是一名日本手鼓的鼓手，在少庵七岁左右时就去世了。少庵跟利休的亲生女儿御龟结了婚，1588 年少庵派他的儿子宗旦（1578~1658 年）去京都的大德寺修行。在他的继父 1591 年自尽后，少庵为躲避丰臣秀吉的愤怒寻找避难所，他离开京都去了他继父的门徒大名蒲生氏乡的领地，位于今天福岛县的津若松市。数年后，少庵返回京都，重建位于京都的家宅，并且要求他的儿子宗旦离开大德寺，脱离僧团，回家经营家族事业。此时少庵自己退居二线，在京都西侧一个长满苔藓的庭院建了一个木制的茶屋，取名为“湘南亭”，这个庭院位于苔寺（moss temple），它更为知名的称呼是“西芳寺”。

千宗旦跟他的第一任妻子生有两个儿子，跟他的第二任妻子又生了两个儿

图 3.32　被极其仔细维护的西芳寺的苔藓庭院，库尔·帕拉萨德·克里斯那·西瓦柯提拍摄。

图 3.33　苔寺内充满青翠的宁静，库尔·帕拉萨德·克里斯那·西瓦柯提拍摄。 192

子，他迫不及待要为他的四个儿子寻找出路。他派他的大儿子去统治加贺（今天的金泽）且实力雄厚、富裕的前田家的领地谋职，这位大儿子自此在文字记载中消失了。当宗旦的第二个儿子一翁宗守（1593~1675 年）还是一个小孩子的时候，就入赘到了一位漆匠的家庭，在他的后半生，于 1649 年将他的漆器事业转让给了中村宗哲，中村宗哲建立起了著名的漆匠家系。得到他年迈父亲的许可，一翁宗守去服侍一个富裕的武士家族——松平家，宗守在京都的武者小路街上建造了一个茶室（tea house），他的茶道仪礼和教导发展成了武者小路千家流派。

图 3.34　茶杯、竹茶筅、竹茶则和涂漆的木制茶罐。

宗旦也为他的第三个儿子江岑宗左（1619~1672 年）做了安排，让他为德川家做茶头。宗旦打算让这个儿子做千家的继承人，后者创立了茶道的表千家流派。宗旦让他的第四个儿子仙叟宗室（1622~1697 年）入赘到一名医生家，但这位医生几年后就去世了，于是宗旦就强迫他的儿子回家，又安排他到统治加贺藩的富有大名前田利常（1594~1658 年）家做茶头。这第四个儿子仙叟宗室创立了著名的茶道里千家流派。

三千家（three Sen family schools）在本质上是一种家元制流派。“表”（前面）和“里”（后面）最初只是指千氏位于京都的家宅的不同位置，千氏家宅分别被第三、第四个儿子继承，而武者小路不过是京都一条街道的名字，第二个儿子一翁宗守在此建造了著名的茶室官休庵，他发展出了一种用亭子做装饰的同名风格典范。在这三个千家的流派中还有一些点缀性的差别。例如，表千家流派的大师们
193 使用的竹制茶筅或茶则，有时是用煤竹（一种用煤烟子上色了的竹子）做的，而里千家流派的倡导者

们使用的是未经过任何处理的竹子，武者小路千家流派的践行者们更加倾向于采用绿色的或者自然偏紫色的竹子。里千家流派的倡导者们会热情地搅动茶汤以便产生更多汤沫，而表千家流派的大师们用柔和的动作搅动茶汤。据说，里千家流派的推崇者更愿意采用有 160 个细小分叉的竹茶筅。[①]

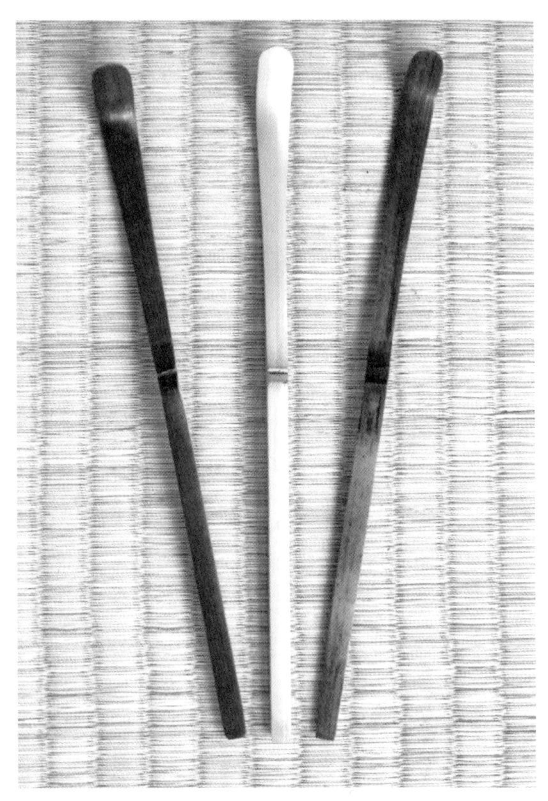

图 3.35　对大多数抹茶饮者而言，竹茶则的选择完全属于个人的偏好，但一些茶道流派要求或者倾向使用一种特殊形状的竹制茶杓。

宗旦建造了三个著名的茶室（tea hut），第一个是“今日庵”（hut of this day），之后建造了“又隐”（retiring again）和他取名为“寒云亭”（cold cloud arbour）的书院式茶室以便接待客人。值得一提的是，“又隐”茶室以象征着茶道的权威原则而闻名遐迩，这个茶室有半个三角墙的屋顶，屋顶上铺着灯芯草，在茶室内的北侧设计了四张半榻榻米大小的茶空间，在与榻榻米区域相邻的两面墙的较低部分安装了白纸做的护墙板，在南面和西面的墙上则安装了深蓝色纸做的护墙板，竹木交错的格栅装饰了只有 1.75 米高的天花板，在天花板的靠南位置开了一个天窗，在客人等待的出入口（躙り口），客人需要爬着进入南侧墙的西边角落，在南侧墙入口处的上方安装了一个格子框架铺着芦苇秆的倾斜窗户。

图 3.36　德川家光将军（1623~1651 年执政），他在 1635 年颁布了锁国令，这是根据一幅江户时期他的画像而绘制的，藏于德川纪念基金会。

宗旦于 1646 年退隐，此时江岑宗左已经成为千氏家业的继承人。宗旦以 81 岁高龄于 1658 年去世。当宗旦将他的祖父创立的严格的侘茶形式传授给他的儿子们时，他对茶道的理解必然受到了江户时代宽永年间（1624~1644 年）成为时尚的风雅审美观念的影响。这样的茶道仪式已经偏离了利休原本推崇的茶道中体现的肃穆的荒凉感，这样的偏离在宗旦的其他门徒所创立的茶道流派中也可以非常明显地感 194

① Gretchen Mittwer. 1999. ‘Le chanoyu, l’art du thé au Japon’, pp. 115–137 in Barrie and Smyers (op.cit.); Genshitsu Sen and Sōshitsu Sen. 2011. *Urasenke Chadō Textbook*. Kyōto: Tankosha.

受到。宗偏流是由山田宗偏（1627~1708 年）创立的，它的本部通常在镰仓。藤村庸轩（1613~1699 年）在他生活的时代，作为诗人的名声远远大于作为茶头，他创立了庸轩流流派。严谨、冷峻的杉木普斋（1628~1706 年）创立了普斋流流派。

还有很多其他茶道流派（tea schools）。例如，有乐流流派是由织田有乐斋（1548~1622 年）创立的，他以织田长益之名而广为人知，他正是织田信长的弟弟。他在 1588 年改信天主教，受洗后取了教
195 名“约翰”，但他仍然是一位茶头。尽管德川家光（1623~1651 年执政）有意识地结束了 1638 年早期天主教在日本的活动，但织田有乐斋创立的茶道仪式仍然持续到了今天。一些茶道流派，例如石州流，又分化出了很多分支，每个分支都以自己的专有名称而为人所知。[①]

众多的日本茶道流派都将自己的流派视为不同于其他茶道大师的独立谱系，例如，江户千家流流派是从川上不白（1716~1806 年）创立的表千家流派中分离出来的，川上是天然宗左（1705~1751 年，又名如心斋）的一名学生，是表千家流派的第七代传承人。在川上成为一名茶头后，他在江户建造了自己的茶室，他的这个茶室一直都非常出名。在他编写的题为《不白笔记》的茶道手册中，他强调在研习茶道（tea ceremony）时，一个人的“业”（action）和“心”（heart or mind）应该合一。[②]

## 茶道的固化

亚瑟·林赛·萨德勒（Arthur Lindsay Sadler）在他写于 1933 年的著名著作中极其细致地记录了从能阿弥（1397~1471 年）时代到他写作时的日本茶道大师们的谱系，他还非常惊人地细述了茶道的所有特殊细节。[③] 当今不断附加上去的内容和偶尔的细节规定基本上都被编辑进了佐佐木三味（Sasaki Sanmi）于 1960 年撰写的指南中。[④] 日本茶道大多数延伸出来的流派都将自己大师的系谱追溯到能阿弥，或者利休所生活时代的某个人，里千家流派在出版通俗书册和对他们自己流派的茶道仪式的注解指南方面都是非常高产的。[⑤] 茶道的全部仪式都充满了象征性，当它们被正确践行时，就展现了在精神净化、意识沉淀和禅式修习等方面合一的练习。[⑥]

然而，在江户时期的宽永年间（1624~1644 年），茶道（the tea ceremony）就已经被仪式化并进而制度化了。与此同时，出现了很多茶道流派和茶道仪式，茶道开始固化成为仪式性艺术化的形态，诸

---

① 最近，真冈和三中已经对十三个茶道流派画出了各自的谱系（Testuo Maoka and Nobuhiro Minaka. 2004. ‘The phylogeny of the tea ceremony procedure’, *ICOS*, 2:666-668）。运用种系发生学展开富有深度的研究，就像这个主题，但是，如果以巨量的历史细节记录不同流派的进化，这将引起历史编纂学的广泛兴趣。

② Hakūn Yoshino and Ako Yoshino. 2001. ‘The spirit of tea in the Japanese tea ceremony’, *ICOS*, 1(1):57-60.

③ Arthur Lindsay Sadler. 1933. *Cha-no-yu: The Japanese Tea Ceremony*. Kōbe: J.I. Thompson & Co.

④ Sasaki Sanmi. 2002. *Chado, the Way of Tea: A Japanese Tea Master's Almanac* (translated from the Japanese by Shaun McCabe and Iwasake Satoko). Tokyo: Tuttle Publishing [第一版是 1960 年出版的日文版，书名为《茶道岁时记》]。

⑤ 大量日语版的手册非常容易获得。可以获得的英语翻译手册包括：Sen Soshitsu XV. 1979. *Chadō: The Japanese Way of Tea*. Kyōto: Tankosha; Sen Sōshitsu XV, ed. 1988. *Chanoyu: The Urasenke Tradition of Tea* [translated by Alfred Birnbaum]. Tōkyō: Tankosha; Naya Yoshito. 2004. *Tearoom Conversation in English*. Kyōto: Tankosha; Sen Sōshitsu XVI. 2017. *Urasenke Tea Procedure Guidebook 1: Introductory Level*. Tōkyō: Tankosha; Sen Sōshitsu XVI. 2018. *Urasenke Tea Procedure Guidebook 2: Usucha Tea Procedure*. Tōkyō: Tankosha。

⑥ Ehmcke (op.cit.); Randy Channel Soei. 2016. *The Book of Chanoyu*. Kyōto: Tankosha.

多茶道流派也只有某些表面差别而已。[①] 用小泉八云（Lafcadio Hearn，拉夫加多·赫恩，他的父亲是爱尔兰人，母亲是希腊人，他后来定居日本，以“小泉八云”为笔名撰写了很多著作。——译者注）的话来说，现代日本茶道包括了多种仪式形态和……

> 要求多年的练习和实践才能逐渐掌握的茶
> 道的艺术内容。茶道艺术的整体，就其细节而
> 言，不过是冲泡和奉出一杯茶。然而，它却是 196
> 一门真正的艺术——一门最精致的艺术。调制茶汤的实际过程是一件本身并没有什么目的的事；最为重要的事情是要尽可能以最完美、最礼貌、最优雅、最迷人的姿态来完成这件事。所有做出的动作——从点着炭火到向每位客人奉茶——都必须按照最高的礼节规则执行。这些规则要求保持自然而然的优雅以及以最大的耐心完美地掌握并熟记于心。因此，在茶道仪式方面的训练同时也被认为是对礼貌、自我克制、典雅行为——在仪态上的约束——等方面的训练。[②]

图 3.37　一只装有抹茶汤泡沫的新式茶杯，它是瓷器大师竹村繁男制作的清水烧瓷茶杯，在京都的大日窑柴烧而成。

1867 年，即德川幕府的最后一年，在巴黎的世界博览会上，一些日本的艺术形式和日本茶道第一次在日本馆中展出，引发了一次被称为“日本风”（japonisme）的艺术潮流。20 多年后，在 1889 年的世界博览会上，田中芳男子爵在巴黎亲自表演了日本茶道。众所周知，乔治·克里孟梭（Georges Clemenceau）和爱米尔·吉美（Emile Guimet）二人都参加了其中的一些茶道活动。[③]

在德川幕府时期，茶道越来越向其他人热切追求的生活形式靠近。茶道最初是一个排他性的男性领域，同样，连歌的诗歌比赛和插花的花艺布置最开始也只是精英阶层的男性从事的活动。在德川幕府期间，这些艺术形式都逐渐地成为公共的活动，再也不是只有特权阶层才有资格进行的。随着这些艺术扩大到社会的中产阶层，茶道的仪礼化形式变得更加固化，这样一种根本性的范例转换影响到了茶道，尤其影响到了插花。这些传统上唯男性专属的领域不仅向女性研习者开放，[④] 而且茶道和插花同 197

① Contemplative discussions of the tea ceremony in clude: Sen Sōshitsu xv. 1979. *Tea Life, Tea Mind*. Kyōto: Tankosha; Sen Sōshitsu xv. 1989. ‘Reflections on cha noyu and its history’, pp. 233–242 in Varley and Isao (op.cit.); JohnWhitney Hall. 1989. ‘On the future history of tea’, pp. 243–254 in Varley and Isao (op.cit.); William H. McNeill. 1989. ‘The historical significance of the way of tea’, pp. 255–263 in Varley and Isao (op.cit.).

② Lafcadio Hearn. 1904. *Japan: An Attempt at Interpretation*. New York: Macmillan Company (pp. 390–391).

③ Barrie and Smyers (1999: 258–259).

④ Reiko Tanimura. 2009. ‘The sacred and the profane: The role of women in Edo period tea culture’, pp. 106–125 in Hohenegger (op.cit.).

时开始越来越成为几乎为女性专属的领域，就像今天它们经常所表现出来的那样。

不过，最近几年，茶道又开始在新的方向上迈进了一步，它超出了为女性休闲提供业余生活内容的范畴，成了在礼节上的预备训练以及婚前的自我修行活动。今天，茶道也开始作为男性办公室同事们的一项放松技术而得到传播，这将会减轻大脑思考的压力和缓解工作压力。与此同时，里千家流派捐赠一千万日元资助小学开设一部分的茶道课程作为必修课。在当代日本，茶道已经被理解为一种对自然的优雅和每日生活中日常环境及美的欣赏。茶道所带来的美育拥抱的是一种包含了美和精致的生活方式，这超越了唯美主义，因此，茶道所激活的精神已经跟环境保护、反消费主义以及“慢食”运动[①]结合了起来。

## 碾茶和抹茶的生产与制作

抹茶（matcha）是绿色粉末状茶叶，它由“碾茶”（日语读作 tencha）制成。日本自 13 世纪开始就通过碾碎茶叶来制作碾茶和抹茶，就像它们的名称所表明的，“碾茶”是碾压过的茶，通常被认为是一种半成品，碾茶主要是用在阴凉处生长的茶叶制作的，这种茶叶先被干燥，并被平展摊开，以便拣去干枝和大的叶子，更容易获得高品质的半成品茶。传统上，用石碾将碾茶碾碎成为滑石粉一样的粉末。据说，跟那些用不那么高品质的碾茶或者用晚于应收获季节采摘的茶叶制成的抹茶相比，品质更好的抹茶有更多“鲜味”（旨味），因而就有更好的滋味和令人赏心悦目的内在韵味。

准备抹茶茶汤时，要用竹茶则给每个茶碗（tea bowl）放入一两勺抹茶粉，茶则这个优雅的器具是由一端弯曲的、纤细的一片竹子制成的。一个倾斜的茶则顶部的茶勺可以准确称量出所需茶粉，如果足够完美的话，多出一勺半的茶勺顶部的量，或者再多些，都被认为将会有更丰富的韵味和口感。加水之后，用一个竹制的茶筅（tea whisk）搅拌茶汤使其成为一种有泡沫的绿色饮料。茶筅是一种用竹节手工制作的圆形工具，有着非常细密的分叉。茶粉保存在一种上了漆的木制茶罐（tea caddy，日语写作“棗”）中，在茶道仪式中，还有一块小茶巾（tea cloth）用来随手擦拭茶器皿。当抹茶按照通常的黏稠度来调制时，即上面漂浮着一层薄薄的搅拌击打出来的泡沫时，就被叫作“薄茶”（thin tea）；当它为仪式特意调制出一种厚的、黏稠的饮料时，就被称为“浓茶”（thick tea），制作浓茶需要三勺茶粉或更多。因为浓茶通常采用品质更佳的抹茶，而人们通常认为薄茶是不那么正式的，利休对此有着自相矛盾式的独特感觉，他断言：薄茶包含了一种严格的、正规的要素，而浓茶——它被视为是正规的——却包含了一种非正规的要素。[②]

日本茶史上这一转型时期的大量珍贵信息都被保存在了一位德国自然学家、医生所撰写的报告中，他名叫恩格尔伯特·卡姆弗（Engelbert Kæmpfer），受雇于荷兰东印度公司。1690~1692 年，他滞

① Satoko Tachiki. 2004. ‘Teaism in pursuit of modern Japan’, *ICOS*, 2: 658–661. The ‘slow food’ movement against the industrialisation of the food supply and the erosion of food quality began in 1986, when Carlo Petrini organised a protest against the opening of a McDonalds in Piazza di Spagna in Rome. The movement became international when a manifestation in defence of raw milk cheeses culminated in the present ation of a manifesto in Paris on the 10th of December 1989, signed by delegates from fifteen countries.

② Hirota (1995:25 ).

留在日本，他写下的作品帮助茶学知识进一步普及到西方世界。198 他的宏大的五卷本巨著《海外奇谈》(*Amoenitatum Exoticarum*)于 1712 年在他的故乡威斯特伐利亚的莱姆戈出版，拓展性地包括了有关茶的一章。卡姆弗的作品不过是那个时代欧洲大陆可以获得的学者们和文人雅士们众多记述性文字材料之一，但是，卡姆弗对英国的影响被证明是非常深远的。

卡姆弗死于 1716 年，在 1727 年，他的两卷本著作《日本史》在伦敦出版了英译本。这部遗作是他 1712 年出版著作的一个删减版，在半个世纪之后，这个删减版的德文版才第一次发行。《日本史》附录的第一节有关茶的内容出现在了英译本中，这些内容在他 1712 年出版的《海外奇谈》第三卷中都是用拉丁文撰写的。那些用来标注茶这种植物和日本茶具的插图都已经出现在他 1712 年出版的同一本书中。

在当时，几乎所有从亚洲，绝大部分是从中国，到达英国的茶叶都来自荷兰船只，卡姆弗对日本茶的讨论越发激起了英国人的想象，因为日本对英国人来说完全是一个禁区，但卡姆弗作为 199 荷兰东印度公司的一名职员却拥有进入日本的特权。在 1639 年驱逐了葡萄牙人之后，荷兰人是唯一被允许跟日本贸易的西方人，因此，直到 1853 年之前，荷兰人保持了长达两个世纪以上在日本的出入特权。卡姆弗对日本茶的介绍产生了广泛的影响。他区分了日本茶的三个基本类型，即粉末茶、高品质的叶茶

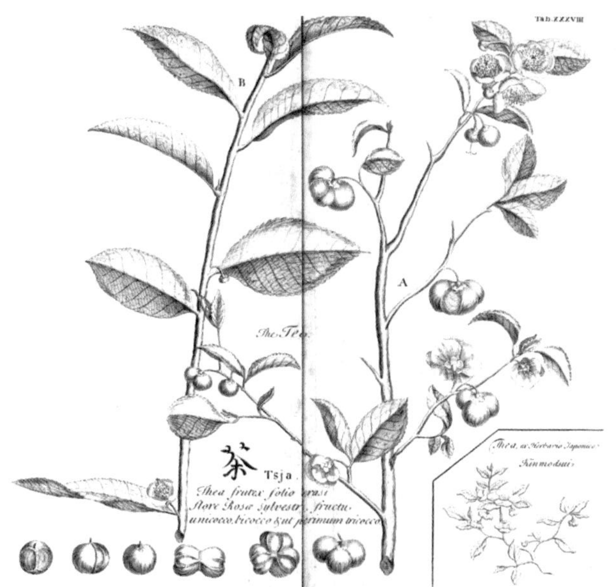


图 3.38 “茶”字和图，引自卡姆弗著作中的图 38 (1727,Vol. 2. Appendix)。

图 3.39 静冈县七屋店内的极品抹茶冰激凌，抹茶味有七种不同浓度。

和劣质的日本茶。

卡姆弗将抹茶或粉末茶称为“Ficki Tsjaa”，这实际上可能是“挽茶”（挽き茶，hikicha，抹茶的古称，也指一种品质更佳的抹茶。——译者注），一种高等级的抹茶，当然，它是由碾茶制成的。卡姆弗将这种茶描绘成“由最嫩的和最细的鲜叶，或者是最开始长出的芽苞制作的……只有通过磨碎，它才能缩小为粉末”。卡姆弗将几种不同的茶叶做了对比，他注意到制作抹茶的要求特别细致。

> 抹茶的叶子必须被烤炙、干燥到非常充分的程度，以便之后更容易碾碎、压制成粉末状。其
> 200 中那些非常嫩和非常薄的茶叶则被放进热水中，然后捞出摊在一张厚纸上，在煤火上烘干，但不
> 要变形卷起，因为这样会使茶叶变得极小。①

图 3.40 抹茶浓度为 5 和 7 的七屋店抹茶冰激凌。

我们根据这个时期日本人和葡萄牙人留下的文献信息可以确证，卡姆弗提及他那个时代最好的挽茶来自“Udsi”，就是宇治（Uji）。

在世界范围内，都可以发现许多狂热爱好者们热衷制备和饮用抹茶，然而，今天所生产的抹茶绝大部分被用在冰激凌和其他绿茶味的调味剂中。抹茶鉴赏家们对于上好的手工制抹茶和机器加工的抹茶之间的区别非常敏感，事实上任何一个有正常嗅觉的人都可以很快区分出一碗用高等级的手工制抹茶冲泡出来的茶汤和用机器加工的抹茶搅拌击打出来的泡沫是不同的，即便如此，就好像在用石磨仔细研磨出来的手工制抹茶被分成了许多等级一样，机械制作的抹茶也有多个等级差别。最著名的绿茶冰激凌，用一款高等级的抹茶制作的冰激凌，是静冈县名为“七屋”（Nanaya）的店铺售卖的。这家冰激凌店的名字可以粗略地翻译为“七字店”或者“七种香味的店”，该店出售的冰激凌，除了其他口味，还有七种不同的抹茶浓度供客人选择，浓度范围从令人愉悦的轻微型一号提高到最为浓烈的“藤枝抹茶意式冰激凌优质七号”。除了在藤枝开设的旗舰店外，七屋在静冈的核心地区两替町开设了一家小但忙碌的冰激凌店。对抹茶冰激凌爱好者来说，非常不幸的是，在静冈县之外，七屋只在东京开设了两家分店，分别在浅草和涉谷。

## 日本的烘青绿茶，又叫釜炒茶

上好的抹茶曾是践行茶道的社会上流阶层们的饮料，这样的茶道是由千利休和他的继承者们在贵族和武士支持下传播开来的。普通的日本人喝的是砖茶（brick tea），通常也是磨碎并煮沸后喝，

① Kæmpfer (1727, Vol. 2, ‘The Appendix to the History of Japan’, p. 12).

此外，他们也喝松散的叶茶，这些叶茶也分成了各种等级。卡姆弗不仅描述了绿色的抹茶，还描述了被大量消费、冲泡的叶茶，并把它当作第二类日本茶，他称之为“叶茶”，201
“Tootsjaa，即 Chinefe Thea，因为它是以中国的方式冲泡的”。与卡姆弗记录为“挽茶”（挽き茶，hikicha）、实为高等级的抹茶形成对照的是，他还提到了“唐茶”（Chinese tea），它包含的是松散的叶子，浸泡在热水中喝，他还写到为了制作散茶，采摘的叶子都是“某种程度上要比第一等级的茶叶更老，而且都是完全长熟了的。”

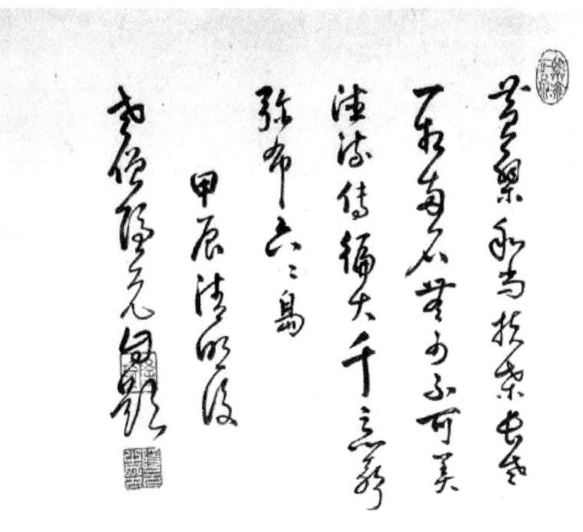

绿色叶茶在日本的普及，传统上认为受益于一位叫隐元隆琦（1592~1673 年）的禅宗法师，他于 1654 年从他的出生地——中国福建来到了日本。在宇治这个产茶的地方，他在一个名叫黄檗山的小山丘建造了万福寺，相应地，他所创立的禅宗流派就被命名为黄檗宗。
隐元还因在品饮细密的粉末茶和煮泡磨碎的砖 202
茶之外推广了饮用叶茶而受到极高赞赏。极富象征性的日本茶瓶（日语叫“急须”，teapot），一侧有一个男阳崇拜式的突出把手，是从由隐元带到日本的某个茶瓶转化而来的。这样的茶瓶在中国仍然还被使用，主要用于熬煎草药。[①]在 17 世纪的日本，这样的茶瓶已经典型化为带有一侧把手的优雅茶壶，在今天日本各地都还可以大量看到这样的茶壶。

图 3.41　禅宗法师隐元隆琦（1592~1673 年），喜多元规绘于 1664 年至 1671 年的某个时候，纸本，133 × 50 厘米，重要文化财产，保存在法林院。

隐元普及到日本的绿色叶茶是一种干燥加工的绿茶，即放进锅里炒，茶鲜叶在噼哩啪啦的爆炒中停止了发酵。卡姆弗描述了在日本用锅炒制叶茶的准备工作，因为 1690~1692 年他在日本生活。

① 近些年来，中国已经出现了急须这一日本茶瓶的宜兴翻版，并被视为一种新型的茶具（tea implement），尽管实际上急须代表的是一种日本式主题，对它的考察可以追溯到中国。此种发源于中国台湾的类似影响浪潮兴起于 20 世纪 70 年代，在大陆则以“工夫茶”茶道的普及为开端。

图 3.42 一把清水烧茶壶。

炉子上的火必须被调整到炒茶人的双手正好可以承受的程度，叶子必须被不断翻动，直到叶子全部变热，炒茶人不再翻动茶叶，然后他马上用一个铁铲将茶叶从锅中取出，用扇子铺开，将茶叶倒在垫子上，以便让茶叶卷起来。[①]

日本绿茶的加工方式不同于中国龙井绿茶，因此，日本的绿茶通常不是扁平的而是有点卷。这种传统的用锅炒制绿茶的方式至今还在日本存在，这种加工方式被命名为釜炒茶（釜炒茶，wok-roasted tea）。

卡姆弗将粗劣的日本式叶茶列为第三等的茶：

第三种叫作 Ban Tsjaa（例如番茶，bancha）。这种茶的叶子是第三茬也是最后一茬采摘的，这些叶子在茶树上时就已经太粗、太差，不太适合以中国方式来加工成品茶了（也就是在火上放个盘子，将茶叶倒进盘子里烤干和卷曲），这样的茶鲜叶只能用来做给下人、劳工和村民饮用的粗茶，他们不会在乎以什么方式加工。

203 卡姆弗时代的番茶（bancha）不同于今天的“番茶”。今天的番茶经常被视为比煎茶（sencha）低一些等级的茶，然而，在卡姆弗旅居日本的那个时代，今天所说的煎茶还没有发明出来，尽管煎茶是今天日本绿茶中最广为人知的种类。相反，卡姆弗时代的番茶是一种比釜炒茶低了一个等级的茶，那时普通的番茶是在采摘季节的后期采下完全成熟的叶子加工制成的。日本制茶技术自 17 世纪以来一直在不断改进，卡姆弗时代的番茶或釜炒茶都十分不同于今天更为精致的加工产品。卡姆弗记录了当时的游客在随地可见的售茶棚里看到的这种制茶过程：

在这些地方出售的茶只是一种粗劣的种类，通常是用最大的叶子制作的，这些叶子是在两个不同的采摘季节将最嫩的芽、最软的叶都采摘过后还挂在茶树上的那些大叶子，这类茶叶是为那些习惯饭前、饭后都要喝茶的人们准备的。这些较大的叶茶不像高品质的茶那样卷曲或者弯曲，但也会在平板锅上简单烘烤，在烘烤时也要不断搅动以免烤焦。制成后，再将这些茶放入一个草编的篮子里，挂在靠近炊烟升腾的位置——房子的顶柱上。冲泡程序也比较粗略，因为人们通常会取出一大撮叶茶，放进装满水的一个大壶里煮茶。这些叶茶有时也被包成一个小包，如果没有包成小包的话，就会在茶壶里放进一个很小的篦子将叶茶压到壶底，这样的做法让人们想到了是

① Kæmpfer（1727，Vol.2, Appendix, p. 10）.

为了取出没有茶渣的、干净茶汤。[①]

最令人感兴趣的是，卡姆弗观察到的用铁锅炒茶的方式曾经在日本也有不同的等级，这类似于中国曾经的茶叶等级划分方式。最初采摘的生机勃勃的头道鲜茶评价最高，秋天长出的鲜叶制成的茶叶就被划分为最低等级。

> 日本的茶叶店小贩和茶叶商人通常将茶叶分成四类，它们在品质和价格上都不同。第一等茶叶是这样的：它们是在初春时采摘下来的，那时在茶树上刚刚长出来，每一个嫩枝上都只有两片或三片叶子，这些叶子通常还没有长开，也没有达到成熟的阶段……第一等的茶制好后在日本的售价大概是一斤（a Catti）1.25荷兰镑……或者卖到十至十二个银马斯（silver Maas，一种荷兰近代早期的货币。——译者注），也就是70~84个荷兰银币（stuyvers，荷兰地区流行的银币。——译者注）……第二等的茶叶包含了较老的、长开了的叶子，它们是在第一次采摘后不久采摘的……第三等的茶叶就更大、更老了，售价是一斤卖到四五个银马斯。从中国出口到欧洲的最大量的茶就是第三等的茶，它在荷兰要卖到一磅五六个或七个荷兰盾。制作第四等茶的鲜叶都是杂乱采摘的，不分大小和品质，此时每一个嫩枝上至多长出了十或十五片叶子……这个等级的茶通常在国内消费。[②]

在上述引用的文字中，卡姆弗观察到，最低等、最便宜的茶通常也是荷兰船只从中国出口到欧洲的主要茶类。与中国茶叶相比，日本茶很少出口到欧洲，因为日本茶要比中国茶贵得多，在品质上也比中国茶得到了更高的评价。

尽管这个加工技术曾经传遍了整个日本，但在今天只有很小范围的生产者使用釜炒方式干燥以阻
止鲜叶的发酵。这个技术只在九州南部的岛屿上得到了保留，特别是长崎县的世知原町、佐贺县的嬉 204
野市、宫崎县的熊本市。釜炒茶类包括玉绿茶（coiled green tea）、卷茶（ぐり茶，curled tea）。不像煎茶，釜炒茶在日本之外几乎不为人所知，但釜炒茶具有一种独特的柔软度和无法复制的芳香。在某些方面，釜炒茶的味道总是要比煎茶更会激起一些人强烈得多的意愿，然而，非常矛盾的是，冲泡一壶量的釜炒茶对温度的要求更温和。

在今天的九州，釜炒茶的较低产量正在被引入的新自动化设备大大提升，例如“温叶机”（葉温め機，leaves warming machine）和重压机（pressure machine）。在借助生产过程的机械化，复活并普及这一传统茶类的现代尝试中，温叶机预先将鲜叶加热到60℃，然后将鲜叶送进茶叶干燥筒中，部分干燥就可以减少茶叶的总体积到50%，这一新的步骤提高了将更多茶叶装进干燥筒的容量，从而将茶叶干燥筒的生产能力提升180%。重压机将茶叶送进一个滚筒（它的直径是150毫米、长度是300毫米，每分钟的转速为300次）和一个履带（它的宽度为300毫米）之间，在干燥的过

① Kæmpfer（1727，Vol.2, p. 428）.

② Kæmpfer（1727，Vol.2, Appendix, pp. 8-9）.

程中将一个适当的压力作用在茶叶上，这将减少茶叶 30%~50% 的电阻力，从而加快蒸发，提高茶叶的质量。[1]

基于菲利普·冯·西博尔德（Philipp von Siebold）于 19 世纪 20 年代收集并带回莱顿的茶叶标本，研究者们推断，19 世纪的上半叶，日本生产了同等数量的烘青茶和蒸青茶。[2] 今天日本的绿茶制作绝大多数采取的是蒸青鲜叶的方式，通过灭活鲜叶中的多酚类氧化酶和其他酶以中止茶叶发酵，阻止氧化作用。这个过程就制成了闻名世界的被称作煎茶的日本绿茶，已经证明这一生产技术要比釜炒茶的制作工艺更容易机械化。

有项研究指出，釜炒茶冲泡后要比煎茶更清亮，也不那么苦，因为煎茶的自然混浊度要比透明的釜炒茶大得多。而且，釜炒茶微苦口感的减弱也得益于 EGCG（表没食子儿茶素没食子酸酯）的较低集中度，[3] 这个观察似乎也得到了其他研究的证实。然而，这样普遍化的结论掩饰了进行类似比较的复杂性，因为煎茶有很多不同的等级，釜炒茶同样也有不同的等级，不同等级之间都有很大的差别。例如，许多茶行家已经观察到，嬉野市制作的釜炒茶有一种强烈的香味，这与世知原町出产的釜炒茶更柔和的香味形成了对比。

尽管中止氧化过程的两种方式存在显著的差异，釜炒茶和煎茶在口感和香味上都有一个绝不会被错认的日本特征，干燥加工的日本釜炒茶在口感上完全不同于中国干燥加工的绿茶。釜炒茶显著的日本特征也许跟茶树生长的风土条件，或者跟制作工艺和日本独特的茶叶处理方式，或者跟上述二者都有关。风土条件这一影响因素的问题，将在第十章讨论。如果以一种理想的方式摇晃茶叶来加工，那
205 么，去酶后的叶子中残留的湿度可以帮助加快滚动的效果，温度被控制在 60~110℃，滚动通常要花费近一个小时。21 世纪之初，一种新的自动烘烤茶机被研制出来，以满足人们对这种古老干燥方式借助自动化复兴从而得到普及的愿望。[4]

约翰·科克利·莱特森（John Coakley Lettsom）从英属维京群岛来到荷兰，他在维京群岛释放了其亡父甘蔗种植园里的奴隶，去荷兰莱顿药学院完成其有关茶的学位论文。[5] 他后来将他于 1769 年完成的博士学位论文从拉丁文翻译成了英文，并且于 1772 年在伦敦出版了这一著作。对莱特森来说，在莱顿完成他有关茶的药学博士论文，是一个合乎情理的决定，因为他已经从卡姆弗和其他荷兰文献收集了有关茶和日本茶的大量信息。

---

① Hirofumi Matsuo, Susumu Fujita and Kazuhiko Takashima.2004. 'Improvement of productive capacity andquality for *kamairicha*', *ICOS*, 2: 298–299.

② Isao Kumakura. 2001. 'A study of the tea used 170 years ago collected by Philipp Franz von Siebold', *ICOS*, 1 (I):94.

③ Kazuhiko Takashima, Susumu Fujita, Hideki Horieand Katsunori Kohata. 2001. '*Kamairi-cha*, traditional Japanese green tea', *ICOS*, 1 (Ⅱ): 292–295.

④ Shouhei Eguchi and Ayumi Eguchi. 2001. 'Methods of manufacture of Japanese tea and the newly developed automatic leaf roasting *device*', *ICOS*, 1 (Ⅱ): 260–263.

⑤ John Coakley Lettsom 1769. *Dissertatio inauguralismedica, sistens Observationes ad vires theae pertinentes.Quam annuente summo numine Ex Auctoritate MagnificiRectoris Bavii Voorda J.U.D. Juris Civilis et HodierniProfessoris Ordinarii nec non Ampliſſimi SenatusAcademici Conſenſu, & Nobiliſſimæ Facultatis MedicæDecreto, pro gradu Doctoratus Summisque in MedicinaHonoribus & Privilegiis, ritè ac legitimè conſequendis,Eruditorum examini ſubmittit Joannes Coakley Lettsom, Tortola-Americanus. Ad diem XX. Junii MDCCLXIX. H.L.Q.S.* Lugduni Batavorum: apud Theodorum Haak.

> 在大约 7 年的时间里，这个灌木长到了一个人高，接着它就不再长出茂盛的叶子，生长也变慢了，它的旁枝就会被砍掉，这样到第二年的夏天就会在新长出的旁枝上长满茂盛的新叶，仿佛是对茶园所有者之前的失去和困难予以补偿。也有人直到茶树长到十年时才修枝……
>
> 正月中旬，通常在春季的春分之前，这也是日本年的第一个月，开始了第一次采摘，一直持续到 2 月底或者 3 月初……这些嫩的幼芽长出来没有几天就会被摘掉，因为它们很稀少和珍贵，这些鲜叶制作出来的茶叶只献给皇族们和富人，所以，这类茶又被称为皇家茶（即明茶）。
>
> 第二个采摘季节是在日本年的第二个月，大概是在 3 月下旬或者 4 月初。
>
> 第三个也是最后一个采摘季节是在日本年的第三个月，正好是我们的 6 月，鲜叶长势茂盛，长满了树枝。这些鲜叶制成的茶叶被称为番茶（Ban Tsjaa），是最劣质的，主要供下层百姓饮用。[①]

在 1773 年，他英文版茶学论文出版之后的次年，莱特森创立了伦敦医学会（the Medical Society of London），这是现存历史最久远的英国医师们的学会。莱特森于 1772 年出版了关于茶的著作，在此书的扉页上装饰了茶的植株彩图，以描述茶在植物学上的美丽形态，该书被英国博学的茶叶爱好者们广泛阅读，1799 年出版了一个新的版本。[②]

## 煎茶、新茶和番茶

售卖釜炒茶的最著名人物，也就是后来将煎茶普及到今天随处可见的人就是卖茶翁（tea peddling sage，1675~1763 年）。他出生在肥前藩一个叫莲池的村庄，在孩童时代，他的名字叫柴山菊泉。今天，莲池这个地方已经被全部并入九州佐贺县佐贺市内。在他八岁的时候，父亲就去世了。1686 年，在他
11 岁的时候，他接受了化霖道龙（1634~1720 年）的剃度，来到毗邻莲池城堡的龙津寺。他的老师化霖 206
是隐元的一名学生，后来成为龙津寺的住持，为他取了一个法号——月海元昭。在 12 岁时，卖茶翁作 207
为化霖的随从拜访了位于宇治的万福寺，因靠近京都，他还拜访了位于栂尾的高山寺，五个世纪之前明惠法师在那里首次种下了茶籽。

1696 年，他 21 岁，在一次严重的痢疾痊愈后，卖茶翁开始了到陆奥藩（就是今天的日本东北地区）的朝圣之旅。在他前往北本州的长途旅行中，他再次拜访了栂尾的高山寺。到仙台后，他在安养寺停留了四年，安养寺位于今天仙台市中心火车站以西 9.5 公里的地方。在仙台，他跟随月光道念（1628~1701 年）学习，月光道念是卖茶翁的老师化霖的一位同窗和老友。1702 年，即月光去世后的第二年，卖茶翁返回莲池跟随化霖。翌年，卖茶翁再次作为化霖的随从去了京都，但之后当化霖返回莲池时，卖茶翁留在了宇治的万福寺，跟随黄檗宗师父学习禅宗四年，1707 年，他回到了莲池的龙津寺，陪伴年迈的化霖，直到化霖 1720 年去世。1723 年，卖茶翁的母亲也去世了，1724 年，在他 49 岁时，

---

① Lettsom（1772：15-16，17，18，19）.

② John Coakley Lettsom. 1799. *The Natural History of the Tea-Tree, with Observations on the Medical Qualities of Tea and the Effects of Tea-Drinking. A New Edition*. London: Printed by J. Nichols for Charles Dilly.

图 3.43　卖茶翁（售茶的圣人，1675~1763 年），伊藤若冲（1716~1800 年）绘于 1757 年，93.3×41.6 厘米，绢本，水墨。

卖茶翁离开莲池去了京都。[①]

在接下来的十年中，卖茶翁过着一种四处游历的生活，他对寺院里的生活生出了日益增长的幻灭感。在他 57~60 岁的某个时候，他开始了兜售茶这样的异教徒似的生活方式，因此他受到了年长的师父们的厌恶，卖茶翁却认为这些师父们不过是贪赃枉法的马屁精，他们让寺院里充满了散漫、无聊的气息，却对慷慨的施主表现出令人作呕的巴结逢迎。正是在这个时期，他给自己取了“卖茶翁”（tea peddling sage）这个名字，他本人就是以这个名字而被今天的人们所铭记。他的茶货摊，取名为“通仙亭”（connoisseur hermitage），位于鸭川的西侧，靠近通往东福寺所在街区最繁华大道的一座桥边。

1742 年，卖茶翁 67 岁，他宣布放弃寺院的修道生活，开始采用一个在俗信徒的名字——高游外。这一年，他拜访了汤屋谷的茶农永谷宗元（1681~1778 年），汤屋谷位于宇治东南 10 公里之处。这位茶农在此地经过 15 年的实验，于 1738 年 57 岁时完善了一种改良的中止茶叶氧化的方式，他的方式是先蒸绿色的茶鲜叶，然后用滚动的方式挤压茶叶。实质上，永谷已经改进了过去主要用来制作抹茶的工艺，这样，他就使叶茶获得了一种改善了的新形态，该茶被称为煎茶。从字面上说，“煎茶”（decocted or infused tea）的“煎”字来自动词“煎じる”，意思是“冲泡”“熬煎”（infuse，decoct）。

① Graham (1998: 68–75); François Lachaud. 2004. ‘Lesommeil de l’intellectuel: Quelques réflexions sur lamodernité’, pp. 75–93 in Haruhisa Kato, ed., *La modernité française dans l’Asie littéraire—Chine, Corée, Japon*.Paris: Presses Universitaires de France; Norman Waddell.2008. *The Old Tea Seller: Life and Zen Poetry in 18th Century Kyōto by Baisaō*. Berkeley, California: Counterpoint.

图 3.44　两杯由茶瓶冲泡出的煎茶茶汤，这两个茶杯是萩烧式瓷杯，它们都有特别显著的柔和色彩以及在底部刻意设计的一个不完美的 V 形槽口。

在品尝了永谷的茶之后，卖茶翁对该茶的香味和自然滋味欣喜若狂，他马上开始宣传这种新的改良了的叫作煎茶的绿茶。事实上，“煎茶”这个词要比永谷推出的更精致的制作过程更为古老，该词在广义上指代所有类型的绿茶，因为它就来源于冲泡茶叶这个词义，这与绿茶粉刚好相反。然而，自从永谷的技术发明被推广之后，“煎茶”这个词在今天最常指代新近出现的狭义的通过蒸、压、卷方式加工的绿茶。就像日本保存并改良了中国宋代制作和品饮茶粉的做法，日本后来也接受了中国明代冲泡叶茶的喜好，在接受的过程中日本优化了绿叶茶的制作工艺，达到了无与伦比的纯粹和精品的程度。

这一新种类的茶正是卖茶翁在其暮年用心推广的产品。卖茶翁被人铭记，不只是因为他普及了煎 208 
茶，还有他的诗。在 1763 年他故去的那个月，他的诗集由他的朋友和拥趸们整理并通过出版商小川源兵卫在京都出版，书名为《卖茶翁偈语》( *verses of the old tea peddlar* )。[①] 他那些非常著名的诗，是他在 1743 年 68 岁时写的，题为《卖茶偶成三首》( *Three impromptu stanzas on selling tea* )。

非僧非道又非儒
黑面白须穷秃奴
孰谓金城周卖弄

① Graham (1998: 72–73); François Lachaud. 2014. ‘The scholar and the unicorn: Antiquarians, eccentrics and connoisseurs in eighteenth-century Japan’, pp. 343–371in Alain Schnapp, ed., *World Antiquarianism: Comparative Perspectives*. Los Angeles: Getty Publications.

乾坤都是一茶壶

209 十岁辞亲谢世荣
颓龄立姓遁僧名
此身堪笑同蝙蝠
依旧卖茶一老生

祖道无功垂古稀
风狂被发脱缁衣
世间出世放过去
唯此卖茶足拯饥[①]

卖茶翁放弃僧籍，在一定程度上不过是名义上的，尽管他作为一个卖茶者过着离经叛道的生活，在他 70 岁时他偶尔还会劝告那些寻求精神指南的年轻和尚们，他也会不定期地逗留在寺院里。1755 年，他 80 岁的那年，他不再卖茶，引人注意的是，他将他的茶器（tea utensils）扔进火里，将它们全部烧掉。通过这种反叛性的行为，他表达了对无比珍视的茶具（tea implements）的狂热崇拜的失望之情，同时也阻止了自己的茶具落入被他视为炫耀者的势利小人之手。之后，卖茶翁靠卖字维生，直至他在 1763 年以 88 岁高龄谢世。[②]

卖茶翁去世后，煎茶被木村蒹葭堂（1736~1802 年）和上田秋成（1734~1809 年）继续传播，他们俩都沉迷于那些冲泡煎茶所使用的茶器（tea utensils）之中，他们尤其钟爱卖茶翁最初使用的茶器。考虑到他们二人的这种物质主义倾向，卖茶翁将他最珍贵的茶器付之一炬以对抗仅仅出于偏爱茶器的壮举，似乎并没有产生作用。煎茶被用在以“书画会”为名——其字面意思是“欣赏书法和绘画作品的聚会”（calligraphy and painting gatherings）——来招待贪财的名人们的活动中，这样的招待活动在江户时代后期用来款待特邀观摩即将开场的书画会来宾。有人认为正是木村蒹葭堂举办了第一场“书画会”，广为人知的是他在 1783 年的春天就承办了一场这样的盛会。[③] 然而，有一个更早的书画会是在 1782 年夏天举办的，看来获利才是这些活动举办者们最主要的动力。[④] 书画会成为这样的场所：参加者去看人，被别人看，因为参加者还被要求支付入场费。

一代人之后，一种名副其实的煎茶道（senchado）作为一种美学实践发展起来了，士或者文人借助煎茶道享受冲泡绿茶。与煎茶道产生相关的一个背景是，早在卖茶翁时代之前的一个世纪，就有

---

① 馬叢慧，2014 年 12 月：「壳茶翁研究」，長崎大学大学院。感谢西田文信的帮助，请参见此文：「癸亥仲春賣茶翁游外書于雙丘寓舍」。

② Graham (1998); François Lachaud. 2005. ‘Le vieilhomme qui vendait du thé: Excentriques de Kyōto au XVIIIE siècle’, *Comptes rendus des séances de l’Académiedes Inscriptions et Belles-Lettres*, 149 (2): 629–654; Waddell (2008).

③ Graham (1998: 116).

④ Andrew Markus. 1993. ‘*Shogakai*: Celebrity banquets ofthe late Edo period’, *Harvard Journal of Asiatic Studies*, 53 (1): 135–167, esp. p. 139.

人撰文严厉批评抹茶道（茶之汤的仪式）。儒学者太宰春台（1680~1747 年）来自信浓藩的饭田市，过去的信浓藩几乎覆盖了今天的整个长野县。春台公开谴责抹茶道的仪式是做作的和奢靡的，他将抹茶道的茶室空间描述为令人窒息的，通过低矮和狭小的出入口（躙り口）爬进去，这一做法是屈辱的。[1] 与此相对，煎茶道被赞成者视为一种品茶的简易方式，不必受到“茶之汤”茶道要求的礼节的约束。

在大家尽情批评了“茶之汤”茶道之后的一个世纪，煎茶道的仪式被赖山阳（1780~1832 年）一
派的艺术家和审美家们发展出来。然而，煎茶道也很快堆积起了各种装备、虚饰和仪式内在的形式 210
主义特征。尽管如此，跟传统的抹茶道类似，煎茶道所使用的器具都是非常实用的。例如，“冷却水杯”（湯冷まし）是煎茶道中一种用于冷却热水的器皿，因为上等的煎茶最好用温度较低——通常低于 80℃——的热水冲泡。事实上，最高等级的煎茶可能会用接近 50℃的热水冲泡，冷却水杯就是以审美的方式服务于将热水拿到手里的目的，让热水在手的端持中冷却到理想的温度。

图 3.45　一种用在煎茶道中叫作“湯冷まし”的冷却水杯，旁边是配了煎茶茶则的两个茶罐，一个是铜和锡镴制成的，另一个是用传统的樱桃木制成的，后者有明显的樱桃树皮的多个皮孔。

富裕的商人田中鹤翁（1782~1848 年）将煎茶普及到大阪，他也是第一个将煎茶的固定备茶环节记录下来的人，从而创立了煎茶道第一个正式组织起来的流派，该流派广为人知的名字是“化月庵”。田中从黄檗宗师父闻中净复——他是卖茶翁的嫡传弟子——那里学到了煎茶的备茶要领。在同一个时期，武士医生小川可进（1786~1855 年）将煎茶普及到了京都，并且建立了煎茶道的小川流派。

① Paul Varley. 1989. '*Chanoyu*: From the Genroku epochto modern times', pp. 161–194 in Varley and Isao (op.cit., pp. 174–176).

一些人认为煎茶道这一新的实践不过是中产阶级外行们的一种时尚，煎茶道的践习者们主要追求的是“风流”（elegance），田中在一本名为《浪华风流繁昌记》（*Records of the elegant pleasures of life*）的书中对此做了阐述。[①] 茶之汤的传统之传承始终由男性家元或家主人（headmaster）牵头，即便在很
211 多茶之汤的践习者都已经是女性的今天也是如此，与此不同，煎茶道是由众多自治的流派自行实践的，一些流派就是由女性家元掌管的。[②]

狭义上，只有通过蒸、压和卷加工成的绿茶，才叫作新煎茶，这样的新煎茶之前得到了万福寺僧人们的加持，禅宗导师隐元隆琦从 1654 年开始第一次将叶绿茶推广到了万福寺。到了 19 世纪中期，煎茶的制作和消费已经成为很多人日常生活的一部分。1970 年大阪世博会上举办了煎茶道的集会，这标志着煎茶的茶道仪式也被视为一种传统的日本艺术得到了官方的认可。今天，全日本最流行的茶就是煎茶（decocted or infused tea）。

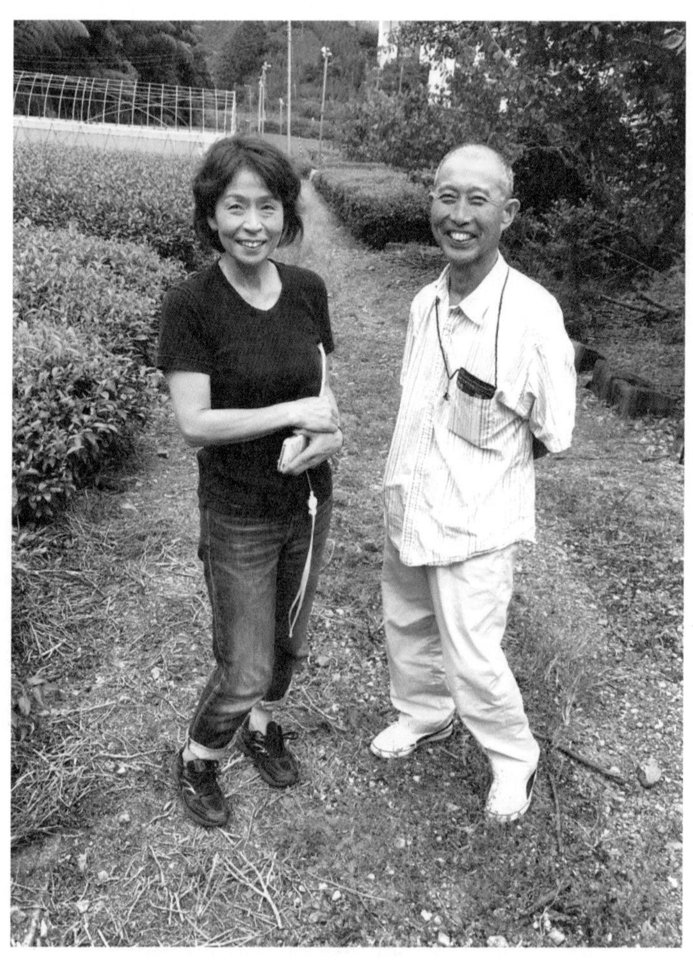

图 3.46　森内真澄和森内吉男在位于静冈县的自家茶园中。

① Patricia Jane Graham. 1996. ‘Searching for the spirit of the sages: Baisaô and sencha in Japan’, *Sino-Japanese Studies*, 9 (1): 34–46, esp. pp. 44–45; Graham (1998: 148,155).

② Graham (1998: 6).

从字面上来说，釜炒茶也是浸泡后饮用的，然而，自从 1738 年永谷将煎茶制作工艺加以改进作为新发明问世以来，在普及范围上，煎茶的多样性很快就超过了传统的釜炒茶。因此，今天的煎茶基本上就成为日本绿茶——卷曲蒸青后的叶子制成，以浸泡的方式冲饮——的通用术语。一般来说，煎茶是用第一茬或第二茬采摘的茶青制作的，至少当煎茶这个词被用在严格的意义上时，它通常指的是用未设置遮阳棚的茶园采摘的茶青制作的。

很好理解的一点是，煎茶的叶子必须蒸青，用恰好的时间快速蒸青，以免叶子和梗变黄，不然最后制成的茶叶质量也会急剧下降。根据蒸青的程度产生了不同的类别：浅蒸（浅蒸，lightly steamed），不超过半分钟，遮阳下栽种的茶青 20 秒的蒸青时间就足够了；中蒸（中蒸，medium steamed），蒸青时长为 40 秒，最长不超过一分半；最后是深蒸（深蒸，deeply steamed），通常是 2 分至 2 分半的时间，深蒸的工艺尤其适合在酷热的太阳下生长出来的较大茶青。程度更甚的深蒸制作出来的煎茶只在 1960 年前后的静冈尝试过，这是第一次，也是最后一次，煎茶的狂热爱好者们认为，这样的程度更重的深蒸煎茶味道已经完全改变，甚至可以说是颠覆。[1]

每年第一茬长出的茶青制作的煎茶，又被叫作“新茶”。在春天开始之后生长直到第八十八晚之内的茶青采摘后制作出来的煎茶，又被称为“八十八夜煎茶”（sencha of eighty-eight nights）。仲夏和秋季采摘的茶青，按时间先后顺序排列的话，分别是第三次和第四次采摘，制作出来的是一种等级低得多的茶，它被归类为“番茶”（coarse or common tea）。最后就是“秋番茶”（autumn bancha），它不全是用茶叶子，还包括了修剪掉的无用的细枝茶梗。今天的番茶并非卡姆弗到访日本期间被称为番茶的那个茶类，卡姆弗是在煎茶发明出来之前半个世纪抵达日本的。今天的日本，大约 40% 的茶是在静冈县生产的，如果是在卡姆弗时期，静冈县就包括了从前的远江、骏河和伊豆等藩。特别是骏河藩，构成了今天静冈县中心地带的大部分区域，此地一直以来都产茶。

这些地区以一望无际的绿色茶丛而闻名四方，这些充满生机的茶树丛构成了迷人的风景。茶树被修剪得十分整洁，而且呈现出完美的圆形，远处若隐若现的美丽富士山成为天然的背景。茶园管理者会以最佳的时间间隔操纵机器沿着茶树丛修剪，以保证每次采摘下来的都是最新长出来的嫩叶。有一些激情饱满的茶园主人依然坚持手工生产出高品质的日本茶，这些幸福的日本采茶人团队——绝大多数是女人——用他们的双手小心翼翼地采摘下茶青。有一个这样的茶园隐藏在内牧公，地处静冈县的山林地带，茶园的名字是“森内茶农园”，由一对举止优雅的夫妇森内吉男和森内真澄经
营。这对夫妇亲手用最好的、手工采摘的茶青制作煎茶，他们的茶树施的是有机肥，主要由油菜籽 212
混合物和鱼混合物组成，也都是他们自己家制作的。在他们的茶园里，很多地方都是非常陡峭的斜坡，这对种茶的夫妇栽种了近 50 种不同的茶树品种，他们的煎茶，特别是他们最高等级的煎茶，都是用露光和香骏这两个栽培种制作出来的，在茶行家中得到了很高的评价，也被煎茶的鉴赏家们所珍藏。

---

① Seiji Konita, Ako Yoshino and the Shizuoka cha culture and history research group. 2013. 'The history of *fukamushi-cha*', *ICOS*, 5, PR-P-66.

## 冠茶、玉露茶和鲜味

人们在绿茶中要寻找的诸多特性之一，就是一种被称为“鲜味”的味道。尼泊尔语区分出了六种基本的味道，例如，甜（guliyo）、酸（amilo）、咸（nunilo）、苦（tīto）、辣（piro）和涩（ṭarro）。令人深思的是，在美洲发现的辣椒由葡萄牙人传播到亚洲之前，尼泊尔语中的词辣（piro）很可能是
213 指来自喜马拉雅地区的胡椒（Zanthoxylum）[①] 给人带来的口腔发麻的感觉。[②] 如果咬到一个新摘的核桃的外层果皮或者它的绿色外壳，再或者咬到一个还没有成熟的柿子，就会有一种像 ṭarro 一样的涩味。人类对味道的感知实际上大部分是通过嗅觉，气味、香味和芳香构成的复杂香型可通过鼻子感知，但这些基本的味道主要还是被口腔内的味蕾感觉出来的。

图 3.47　生物化学家池田菊苗。

1908 年 4 月，生物化学家池田菊苗发现了一种新的基本味道，即被称为第七种味道的鲜味。鲜味不仅通过嘴被人体感知，而且还是人体的舌头作为唯一感受器——舌头内的味觉杯状结构或者味蕾——可感受到的第五种味道，就如同它感受到了甜、酸、咸和苦。1907 年，池田在比较添加了昆布和没有添加昆布的豆腐汤的味道差别中发现了鲜味这种味道。他发现，添加了昆布的豆腐汤所具有的味道来自昆布这种海藻包含的某种化合物，他很快就将该化合物分离出来并确认出了单钠谷氨酸。他为这个化合物申请了专利，最后以“味素”（日语叫“味の素”）这一商品名卖给了商家，他使用“鲜味”或“旨味”“うま味”（字面的意思大体是“好吃的”）这些词来指代该化合物所包含的味道。[③]

鲜味这一味道通过分离出谷氨酸、肌苷酸二

① 今天，在任何程度上，“麻”的刺痛感觉都是用一个动词来表示的，也就是 parparyāuncha，“它刺痛、它引起了一种麻的感觉”。

② 在亚洲，由于烹饪需要，开发出了胡椒（Zanthoxylum）的多个亚种。尼泊尔语中的 ṭimur 指的是一种明显有别于中餐中使用的四川胡椒（花椒）的味道。在东亚，Zanthoxylum 这一种中的不同亚种都被人们利用了。不丹宗卡语指代喜马拉雅胡椒的单词是 thi-nge，藏语指代喜马拉雅胡椒的单词是 gYer-ma，后一个单词在不丹发生了一种语义学的转换。不丹宗卡语用于指代辣椒，它或者被混合在融化的奶酪中，或者搭配在干牦牛肉中。辣椒在不丹烹饪方法中占据了一个中心地位。辣椒可能是由两位葡萄牙人耶稣会会士，41 岁的埃斯泰瓦·卡瑟拉（Estêvão Cacella，1585~1630 年）和他的 27 岁的同伴若昂·卡布拉尔（João Cabral，1599~1669 年）带到了不丹。他们俩从孟加拉出发途经不丹，在 1626 年底和 1627 年初到达中国西藏。辣椒已经成为不丹料理的标志性配料。

③ Japanese Culinary Academy (2015: 104).

钠和鸟苷酸而得到了确认，[1]这些物质大量存在于含有这类好闻的香味——日语称为“旨味”——的 214
食物中，例如昆布类海藻或者放置时间较长的奶酪。[2]池田的一个学生小玉晋太郎，于 1913 年在对鲣鱼干或柴鱼干进行生物化学分析时第一次确认，肌苷酸二钠——一种从肌酐酸中衍生的肌酐酸盐，也会产生一种鲜味。[3]1957 年，国中明（Kuninaka Akira）提出，香菇中发现的鸟苷酸是可以产生鲜味味道的另一种物质。[4]

绿茶中的茶氨酸恰巧也是一种特殊的鸟苷酸衍生物，人们已经发现绿茶中的茶氨酸可以提高一些人类细胞组织的鸟苷酸水平。[5]在千利休和他的继承者们身处的时代，据说用稻子杆做成的草垫盖住茶树丛的做法最早来自宇治，是为了保护茶树丛免受频繁发生的地震带来的火山喷发后的火山灰的侵害。然而，陆诺汉（João Rodrigues）给出了另外一个解释，他在 1577~1610 年游历日本时观察到，在茶树丛之上竖立起竹子或草编织的保护顶棚，是为了保护茶树免受寒冷和冰雹的袭击。[6]不过，人们也发现，用遮阳的茶树丛中的茶青制作出来的碾茶可以提升抹茶品质，给茶树叶子遮阳可以让茶叶在味道上更柔和。

为茶树丛遮阳可以生长出更高品质的茶叶，这是因为遮阳减慢了叶子的生长速度，叶子会变得颜色更深、产生出更多的叶绿素以回应减少的光照。[7]遮阳还会导致叶子变薄，遮阳在茶青生长程度、叶子颜色和内含物质等方面的作用，依据遮阳的程度有非常大的变化。85% 的遮阳将使叶子的颜色变得更深、更绿，98% 的遮阳将导致叶子变得浅绿，完全遮阳或者 100% 的遮阳将使叶子衰弱至白色。在这些新长出的嫩枝中的自由氨基酸也会随遮阳比例的增加而增加，尤其值得一提的是，被置于 100% 遮阳之下的茶树丛将比没有遮阳的茶树丛产生两倍多的自由氨基酸含量，精氨酸含量增加三倍，丝氨酸含量增加接近四倍，天冬素含量增加近五倍。[8]

遮阳提高了茶叶中的自由氨基酸的含量，人们发现茶叶中的茶氨酸物质占据了自由氨基酸成分
的 40%。今天，人们已经清楚了，茶氨酸含量的增加正是增强了茶叶的美味这一味道特性的原因， 215

① Takashi Yamamoto. 2015. ‘Umami: A critical role inpalatability of food’, pp. 151–162, Vol. 1 in Winai Dahlan,ed., *Asian Food Heritage: Harmonizing Culture, Technology and Industry*. Bangkok: Institute of Thai Studies, Chulalangkorn University.

② 在 1957 年，木下祝郎和他的助手们一道观察了谷氨酸微球菌（Micrococcus glutamicus），该名称后来演变为棒状杆菌（Corynebacterium glutamicus），他们发现该菌可以碾碎，产生具有工业利用价值的 L- 谷氨酸（L-glutamicacid）(Kinoshita Shukuo, Udaka Shigezo and Shimon ō Masakazu. 1957. ‘Studies on the amino acid fermentation: Part I. Production of L-glutamic acid by various microorganisms’, *Journal of General and Applied Microbiology*,3 (3): 193–205)。

③ Kodama Shintarō 小玉晋太朗 . 1913. ‘On the isolationof inosinic acid’, *Journal of the Chemical Society of Tokyo*, 34: 751–757.

④ Kuninaka Akira. 1960. ‘Studies on taste of ribonucleicacid derivatives’, *Journal of the Agricultural Chemical Society of Japan*, 34: 487–492; Selamat Jinap and Parvaneh Hajeb. 2010. ‘Glutamate: Its applications in food and contribution to health’, *Appetite*, 55: 1–10; Kenzo Kurihara. 2015. ‘Umami the fifth basic taste: History of studies on receptor mechanisms and role as a food flavour’,*BioMed Research International* (http://dx.doi.org/10.1155 /2015/189402), pp. 2–3.

⑤ Tomomi Sugiyama and Yasuyuki Sadzuka. 2004. ‘Theanine,a specific glutamate derivative in green tea,reduces the adverse reactions of doxorubicin by changing the glutathione level’, *Cancer Letters*, 212 (2): 177–184.

⑥ Michael Cooper, S.J., ed. 2001. *João Rodrigues’s Account of Sixteenth-Century Japan*. London: Hakluyt Society(Livro i, cap. 32, pp. 272–276).

⑦ Yasuo Niwa, Hiroshi Nishikawa, Takenori Saito, Kazuhiro Ozawa, Ryotaro Seki, Yuji Moriyasu, Ryoko Kuroto-Niwa and Yukinori Tani. 2007. ‘Greening of immature tea leaf by covering culture tea’,*ICOS*, 3, PR-P-204.

⑧ Eiji Kobayashi, Yoriyuki Nakamura, Toshikazu Suzuki,Tetsuya Oishi, Kiyofumi Inaba and Yumiko Kaneko.2010. ‘The influence of strong shading by direct covering on the colour and the ingredients of tea leaves’,*ICOS*, 4, PR-P-24.

但茶氨酸的增加同时意味着儿茶素和维生素 C 水平的下降。[①] 除了它们有益健康的特性，各种儿茶素也是茶叶中涩味和苦味的主要决定因素。在遮阳条件下生长起来的茶叶，例如球形的醇香玉露茶，与那些在完全的阳光下生长的茶叶相比，含有较低水平的 EGCG（没食子儿茶素没食子酸酯）、ECG（表儿茶素没食子酸酯）、GCG（没食子酸儿茶素没食子酸酯）、EC（表儿茶素）和 C（儿茶酸），然而，在 EGC（没食子儿茶素）水平上没有观察到显著的变化。在遮阳条件下生长出来的茶青还包含了更多的咖啡因。[②] 遮阳条件下生长出来的芽苞含有比非遮阳茶树的芽苞更少的单萜合成酶、更多的脂氧合酶。[③]

图 3.48　宇治附近的一处茶园。建在茶树丛上的棚架上铺着合成的黑色薄纱棉布，需要时可打开。

---

① Yasutaka Suzuki, Kanae Yamamoto, Hideyuki Katai andKenta Kamiya. 2010. 'The effects of covering in tea cultivar tsuyuhikari', *ICOS*, 4, PR-P-25.

② Yasuo Niwa, Takehiko Terashima and Yukio Kosugi.2004. 'An analysis of the RNA expression level in tealeaves using a heterologous membrane array', *ICOS*, 2:258–259.

③ Keiko Sakai, Taku Fuchita, Takeshi Ogawa, Eiji Koba-yashi, Sohei Ito and Hiroshi Sakai. 2010. 'Gene expression profiling of some aroma relating enzymes in tea leaves', *ICOS*, 4, HB-P-62.

在日本，最主要的遮阳生长的茶类是抹茶、玉露和冠茶。传统上，人们把一种竹制的罩子（一个芦苇制的罩子，在芦苇罩子上铺满草）盖在茶树上从而为茶树遮阳。这个技术被称为“本簀”（真正的草编床席），在今天的京都府和静冈县那些传统的茶农们依然在使用这个技术。较不昂贵且较少花费人力的技术是在茶树上铺上两层黑色的薄纱棉布这一现代做法。遮阳也提高了茶叶中维生素 U 的含量，这是一种茶青被加热后就会转化为二甲硫的化合物。[1] 竖立在茶树上的草制罩盖式小屋，在宇治及其周边地区被称为“覆小屋”（おおいごや）。[2] 216

1836 年，在生物化学的研究结果被人们接受之前的几十年，山本嘉兵卫，江户时代的茶叶公司山本山[3]——一家成立于 1690 年的公司——的第六代所有者，实验性地给茶树遮阳，希望能够生产出一种可制作煎茶，即具有高档碾茶的诸多品质的叶茶，碾茶就是用遮阳长大的茶青制作的。在采摘之前的一到三周给茶树遮阳（被せる，kabuseru）的技术产生了一种不同于煎茶、有着更柔和叶边缘的绿茶。他发展出了今天玉露茶的雏形，他将新生产出来的茶叫作“圆形的露珠”（orbs of dew，玉の露）。这类茶在今天通常被称为冠茶（covered tea），冲泡方式跟过去的煎茶类似。在采摘之前，冠茶要被遮阳一段时间以便挡住 45%~80% 的直射阳光，时间长度从一周到三周不等。

最深切介入这一发展过程的是一位名叫江口茂十郎的宇治茶农。在 1841 年之前，江口就已经完成了这项技术，成功地制作出一种更高等级的遮阳茶，他持续一周到十天挡住 55%~60% 的直射阳光，在采摘前十天继续挡住 95%~98% 的直射阳光，然后用人工采摘最佳的芽苞。他将这种新研制出来的茶命名为诗意的“玉露”，这个词由“宝玉”（precious green jade）和“露珠”（dew）两个部分组成。

在 1905 年，葡萄牙驻日领事文塞斯劳·德·莫雷斯（Wenceslau de Moraes）在神户写下了如下关于玉露茶的评价。

> 日本茶通常既不加牛奶也不加糖，牛奶和糖都只会损害茶的香味。日本茶是最温柔、最 217
> 令人愉快的饮料，它可以充分调动起人们的味觉（尽管不是每个人的味觉，而是富有激情的味觉，某种程度上可以说是梦幻般的味觉……在这个味觉中我们的某个感觉被赋予了温度、有区别的充满情感的技能……）例如，玉露茶，它是日本所有茶类中最受欢迎的，它逐步培养了饮茶者丰富和细腻的香味感知，这种香味类似一种香水。可以说，它包含了某些神奇的魔术，将花园里鲜花、自然中野花的香味溶解其中，然后将一种令人愉悦的香味传达到人的味觉。[4]

---

① Maho Kanda. 2010. ‘The production techniques of shade-grown high-quality tea in Japan: Matcha tea cultivation and production’, *ICOS*, 4, PR-S-06.

② Bōgoshi Asami, Nimoru Satoru, Goto Osamu and Nimura Kazumi. 2007. ‘An associated institution and tencha factory of the severe shading tea field of Uji: A study of an innovation in the tea industry’, *ICOS*, 3, CH-P-006.

③ 该公司的名称，用日语拼写的话，就是非常知名的回文词，可以从正反两个方向读。

④ Venceslau de Morais. 1905. *O culto da chá*. Kōbe: Kōbe Herald.（该原件于 2007 年由 Frenesi 于里斯本第二次印刷，本次印刷了 1000 册）。

在冠茶和玉露这两类茶中，遮阳导致茶青中的氨基酸、茶氨酸和咖啡因富集并增加，相应地，茶青中的儿茶素减少，结果，减少了茶的苦味。今天，玉露是用同样的过去主要用来制作碾茶的遮阳茶青制作的，唯一的区别在于，制作玉露的茶青在干燥时就被卷形，就跟通常的煎茶一样，而碾茶是在干燥后摊开。直到 1868 年江户时代末期，好的绿叶茶主要是被日本社会的更高阶层所消费的。

今天，理论上说，所有的人都可能获得最好的日本绿茶，然而毫无疑问更昂贵和较少见的最高等级的最好绿茶，主要是被一些茶叶鉴赏家们所持有和购买，因为他们更愿意为品质更佳的茶支付更高的价格，而且他们也随时准备为获得这些茶出征寻找。不过，这些更好的茶最后被行家们所垄断从而提高了价格，但价格并不是唯一的因素。许多西方的饮茶者，他们的味觉已经被严重破坏了，他们必须戒除由茶包冲泡出来的切碎的 CTC 红茶，还有一些饮茶者在接触较好品质的叶茶之前首先要逐步地适应，最后才可以品尝上好的煎茶和玉露。即便是普通的日本饮茶者，他们也已经习惯了用机器采茶制作出来的日本煎茶，他们也需要得到一些美食方面的教育，之后才能逐步上升，最后接受最高等级的茶之奢侈享受，以便领略其中的香气、口感和味道。

最上等的玉露茶冲泡出来后，只是给水添加一点最淡的碧绿色，以至于一位习惯喝红茶的人乍一看可能会误以为只是倒了一杯白开水。一杯玉露茶或者一杯上好的煎茶内在地充满了香气十足的味道，对有些人来说，茶的香味或许代表了一种可能感觉得到的味道，但事实上，对更高等级绿茶的细微香气的评价自然地需要每个人有一副灵敏的鼻子。为了产生出玉露茶和上好的煎茶未受伤害的丝丝香味，要以较低的温度冲泡茶。普通的煎茶一般是用 80℃左右的水冲泡，较好品质的煎茶则要用低至 60℃的热水冲泡，而玉露茶则用 50~60℃的温水冲泡，在夏季，好的且柔嫩的玉露茶甚至要用冰过的水冲泡。

在日本，2006 年茶的总产量是 9 万吨，其中煎茶占据了 71%，番茶占 18%，冠茶占 4%，而玉露茶，几乎可以说是日本最好的茶，只占全国总产量的 0.2%。玉露茶的珍贵并不只是因为它的独特香气和好喝的味道，作为商品它也是很昂贵的，因为它的制作是劳动密集型工作。茶青要摘下后趁新鲜尽快加工，就像加工抹茶一样，树枝和粗叶都必须从每一份茶青中挑出以保证产品的内含物质拥有所希望的香气。生产玉露茶的三个主要中心分别是京都府东南地区的宇治、福冈县的八女和静冈县的朝比奈。

最为知名的一位玉露茶生产者是朝比奈的前岛东平，他是位制茶大师，但他不只种茶，他还是
218 水稻种植者。前岛需要这些水稻，并不只是为了可见的收获，他这种坚持为的是对他来说更为重要的水稻秸秆。他是日本逐渐消失的一类茶农之一，这些茶农使用水稻秸秆制作的罩子为茶树遮阳，而大多数玉露茶和抹茶的生产者都是使用化学合成的薄纱棉布，这样保证只要需要就可以轻松地展开放在茶树丛上搭建的棚架上的罩子。不仅如此，这种合成的黑色盖布可被精确使用从而让预期比例的阳光进入。但是，玉露茶的制作大师前岛却邀请人们去尝试站在人工的黑色薄纱棉布下，然后站在他用稻秆制作的自然遮阳棚下，比较合成罩子下的闷热潮湿、不透气和传统的稻秆罩子下的舒适凉爽之不同。

图 3.49　茶树由传统的“真正的草编床席”（本簀）遮阳技术——在木制棚子上铺稻秆提供遮阳，京都府茶协同组合授权提供照片。

前岛指出，茶树是有知觉的生命，我们要像对待其他所有有知觉生命那样怀抱深切的同理心对待茶树。稻秆罩子不只是花费相当高昂，每年准备稻秆罩子还要付出很多天的艰苦劳动。在茶园里的劳作，如果都用手工完成，将费时 10 倍以上，然而，前岛依然主张，这样做的效果更好。2017 年，在 79 岁高龄的时候，这位男孩般敏捷的玉露茶主人用他的双手搭起了用自家稻秆制作的稻秆罩子。这同样也适用于采摘茶叶，前岛坚持只能用手采摘茶叶。最佳的收获季节只持续三到四天，用手采摘下茶叶后的茶树保留着它们自然的树形而非某种人为强制性的几何形状。不过，实际上，由于迫切的经济方面压力，全日本 90% 以上的茶叶是使用摘茶机从茶树上机械剪下的，当然，最好的茶叶还是手工采摘的。

前岛家茶园所生产的玉露茶的茶树栽培种类主要是冴绿（さえみどり，saemidori）、后光（ご 219 
こう，goko）和奥绿（おくみどり，okumidori），他家的茶树只有 15% 是普及品种薮北（やぶきた，yabukita）。每年，最先采摘的是冴绿种和薮北种的茶树，接着是后光种的茶树，最后才是奥绿种的茶树。10 月以后，前岛不会再使用杀虫剂，这样就可以保证茶叶在收获之前至少有完整的 180 天不被暴露在杀虫剂的危害中，他家制作玉露茶的全部原料都来自经过一个冬天后发出新芽的嫩茶青。前岛强调，在日本，整个冬天完全没有必要使用杀虫剂，只要在秋天时轻轻地喷洒一遍就可以获得健康的母本叶子，而它们可以长出健康的子本嫩芽。修剪下来的茶枝还可以放在茶树的根部作为茶树的肥料。在笔者撰写这本书时，这种激动人心、具有极高理想主义色彩的极品玉露茶产品已经大部分卖到了巴黎的玛黑兄弟茶店（Mariage Freres）。

## 其他各种日本茶

还有三种日本茶，它们主要是作为煎茶制作过程的副产品而出现的。茎茶（Kukicha），它的字面意思就是“梗茶”或者“枝条茶”，是用生产煎茶时残留下来的茶茎、梗、枝制作的。该茶也被称为棒茶（bar or baton tea）。茎茶中较好的种类是雁音茶（雁ヶ音，小白额雁，或者被称为“白折”，白色的机会），它也是玉露制作过程中的副产品。一些人喝这种茶并将它作为一种延年益寿的补品。茶梗和茶枝冲泡后会产生一种十分不同于叶茶的香味，而且它们都含有少得多的咖啡因。不能将茎茶混同于荒茶（rough tea），荒茶是制作煎茶中间阶段的残留物，因此，荒茶会有很多叶杆和破碎的叶子粉末。

制作煎茶时产生出来的第二种副产品是芽茶（shoot tea）。尽管主要是一种筛选过程中的副产品，包含了粗糙的破碎茶叶子和圆的小芽苞，芽茶还是要以独特的正确方式像茶一样喝下。芽茶可能相对不那么贵，但它的味道可能跟煎茶有一拼，因为它含有较大比例的细小芽苞。不仅如此，芽茶比多数煎茶更涩、更苦，因此，它特别适合在吃过寿司后饮用以清理味觉，日本人通常就是这么做的。也可以制作出品质上好的玉露芽茶。

煎茶制作过程中产生的第三种副产品是弄碎了的茶，又叫粉茶，它的字面意思是“粉末状的茶”。从根本上说，粉茶是茶粉尘，它包含了地板上的尘土和制作玉露、煎茶的些许残留物，因此，粉茶并不是被捣碎后像抹茶那样均匀的粉末茶，粉茶比煎茶便宜得多，跟芽茶一样，粉茶也经常用在寿司餐厅。虽然，粉茶被标榜为基本上拥有跟煎茶一样的高品质，但它不过是煎茶的一个副产品，在冲泡时需要非常快速地出汤，因为这一点，粉茶的性状已经得到充分体现了。实际上，粉茶可以用来制作极好的袋泡绿茶，但迄今为止，还没有袋泡绿茶具有煎茶类似的味道和香味。

粉茶以各种各样的商品名称被出售。例如，著名的京都批发商一保堂（Ippodo），它专注上等的日本茶，创立于 1717 年，有时还是日本皇室的供应商。一保堂以“花粉”（flower powder）为名在市场销售它自己的粉茶。取出两汤匙的好粉茶放入滤网中，用滚烫的水浇到茶叶上，就可以得到 400 毫升的绿茶汤。只用玉露茶渣磨碎制作的粉茶被称为“玉露粉”（gyokuro powder）。这种饮料以同样方式冲泡，用 80℃的热水浇到放在滤网中的两汤匙玉露粉上，就可以得到 400 毫升美味且有益健康的绿茶，必须马上喝下。

在日本，还有三种烘烤的茶，其中一种并不是茶。这三种烘烤茶的每一种都跟其他两种非常不同。玄米茶（brown rice tea）是一种将绿茶跟烘烤过的糙米混合后制作出来的茶，里面的绿茶通常是番茶，
220 但有时也会用较高等级的煎茶，这取决于需要怎样品质的玄米茶。最初，它只是穷人喝的茶，用烘烤过的稻米替代上好的茶叶，这样的饮料即便在今天的日本也被很多饮茶者广泛接受，作为标准绿茶一种偶尔的替代品。玄米茶在烘烤过程中，总会有一些糙米粒爆裂，这个过程十分类似爆米花，但是爆裂的糙米要比玉米小得多。烘烤的糙米的质量是一个比茶叶还重要的决定因素，它决定了玄米茶的品

质和香味，尽管更好的玄米茶确实是用更好的绿茶制作的。冲泡玄米茶的技巧是使用沸腾的开水，但茶叶的浸泡时间不能超过半分钟，当然，浸泡时间总体上也是一个跟个人偏好有关的事情，尽管有广为人知的最佳的浸泡时长。

铜色的烤茶（ほうじ茶，roasted tea）在被放在带手柄的瓷壶里——日本人称为“焙烙”（horoku），也是一种茶的名称——然后架在火上烤炙之前，也是绿色的。因此，这种茶闻起来有点烘焙的味道，但是，烤茶含有较低的咖啡因，因此非常适合晚上喝或者作为睡觉前的茶饮。由于茶叶已经在壶里被烤炙成了褐色，所以它可以不断添加沸水冲泡。

在大多数地方，烤茶是用番茶而非较好的煎茶来制作的，但也有用煎茶制作出来的烤茶。日本人认为烤茶是在 1920 年代的京都发明的。跟绿茶非常不同，甚至也跟玄米茶完全不同，好的烤茶的味道会带来一种温暖的感觉，因而是一种令人十分满足的美味。在日本和其他地方，人们喝什么类型的茶，是一个个人偏好，但是，一种关于咖啡因作用的传统智慧给出了一个建议，煎茶和碾茶适合在早上喝，玄米茶适合在下午喝，烤茶是在晚上喝比较好。

最后一类是麦茶（barley tea），它完全不是茶，而是一种烘烤的大麦制成的花草茶。事实上，麦茶主要是地方性花草茶的现代代表，因为古代该地的花草茶就是 ptisánē，一种由磨碎的大麦制成的温性药饮。这种饮料中国（被称作“大麦茶”）和朝鲜（被叫作 porich'a）也有。烘烤谷物的做法很古老，分布也很广泛。烘烤过的谷物和豆类做成的面粉用印地语叫作 sattū，尼泊尔语用的词是 sāt，有时 sattū 也指大麦制作的饮料，sattū 经常也被添加进各类饮料中。

依循同样的工艺，在日本，人们也会喝用烘烤后的荞麦制作的饮料，被称为そば茶，在韩国，被称为 memilch'a。冲泡烘烤过的谷物在韩国很常见，韩国人还会饮用糙米茶（hyŏnmich'a）和玉米茶（oksusuch'a）。在这个可以无止境开列下去的热饮名单中，实际上都不含茶。一种由叫作菌茶（しいたけ茶）的蘑菇提取物做成的热的日本肉汤，也可以做成一种可口开胃的饮料，有时甚至会带来一种别有一番风味的口感。

因此，远东还保留着喝热饮的习惯，特别是由磨碎的、烘烤过的大麦制成的热饮，古希腊曾经也饮用这样的热饮。[①] 喜欢大麦茶的人很多，但在现代日本发现，每公斤各类麦茶所使用的烘烤大麦中包含 200~600 毫克的丙烯酰胺。[②] 自古代以来，麦茶已经被广泛歌颂为一种健康的金汤力，但丙烯酰胺却不是一种有益健康的成分，丙烯酰胺含量可能源于某些日本大麦茶被深度烘烤这一点。这或许证明了对大麦茶的酷爱者来说如下的做法将是更健康的：更轻度烘烤的大麦茶也可以再现更高水平的品质， 221
因此，培育这样一种口味，将产生一种更大的商业需求。

几乎所有的日本茶叶产品都是绿茶，然而，在四国岛上开发了两种乳酸菌发酵的或者真正的红茶（dark teas），这种重度发酵的碁石茶（goishi cha）是一种颜色很深的茶，是用位于四国高知县的番茶发酵后制作的。发酵程度轻得多的发酵茶——阿波番茶同样也是一种乳酸菌发酵的茶，但保留了一些未

① 另一个地中海式古风做法已经在西方失传却在东方得到保存的是发酵鱼酱的食用，它曾是广受欢迎的调味品，拉丁语词是 garum，非常明显的是，它十分近似于泰国的鱼酱（nám pla:）。

② H. Ono, Y. Chuda, M. Ohnishi-Kameyama, H. Yada,M. Ishizaka, H. Kobayashi and M. Yoshida. 2003. 'Analysis of acrylamide by LC-MS/MS and GC-MS in processed Japanese foods', *Food Additives & Contaminants*, 20 (3): 215–220.

发酵的绿茶成分。阿波番茶作为一种适宜晚上品饮的茶，是在四国德岛县制作的。从阿波番茶中分离出来的细菌和真菌种类包括胚芽乳杆菌、戊糖乳杆菌、肠球菌和明串珠菌属、链球属、杆菌属、绿脓杆菌属以及曲霉菌属的各种菌类。①

1971 年，日本在美国的压力下被迫采取自由化贸易政策、降低关税，日本规模不大的红茶工业受阻以至最终停产，但在鹿儿岛县的枕崎有个传统红茶生产中心，它为日本保留了红茶制作工艺。21 世纪以来，“和红茶”（Japanese-style black tea）已经有了些微的回潮，被一些小众生产商制作，例如三国屋善五郎。② 这些红茶不但用日本技术制作，这些具有麦芽香味的茶叶还具有日本本土独有的味道。日本的茶叶生产者制作了很多小批量的手工茶，其中有不少还使用手工采摘茶青。与红茶相反，宫崎县五濑市还生产出了有机白茶，特意用的是冬天时长出的茶青。静冈县则生产出了一种用轻微蒸青、嫩且软的茶青制作出来的白茶。

传统的日本抹茶不应该混淆于一种新牌子的速溶茶，叫作“粉末绿茶”（fine powder green tea），前者含有磨得非常细致的茶叶粉末。粉末绿茶不是用上等碾茶磨碎后制作的，是用遮阳后成长、成熟的普通茶青制作的。结果，抹茶含有更大量的茶氨酸，释放出一种温和的环绕式香味，粉末绿茶闻起来更像煎茶。粉末绿茶的涩味部分因为儿茶素更高程度的集中，因此，粉末绿茶受到了那些希望饮用以粉末形态保留了完整的茶叶本身有益健康成分的人们的欢迎，而且它也更方便冲泡。粉末绿茶也被称作“溶けるお茶”（tokeru o-cha），简单地说就是“可溶解的茶”。此外，今天的日本饮料市场中有许多瓶装茶，瓶装绿茶和瓶装乌龙茶是销量最好的两种。每年从福建出口到日本的大量茶青，都变成了瓶装茶。

## 日本茶文化走出国门

1853 年，美国海军准将佩里（Matthew Calbraith Perry）率领四艘美国军舰驶进了东京湾展示武力，侵略性地强迫日本人接受具有攻击特征的西方人入境，这样的做法完全不同于过去 253 年里日本与荷兰基于平等和相互尊重而达成的关系。1854 年，美国又强迫日本接受《神奈川条约》（*Kanagawa*
222 *Convention*），接着在 1858 年，日本与汤森德·哈里斯（Townsend Harris）谈判签订了《友好通商条约》（*the Treaty of Amity and Commerce*），该条约规定了不平等的期限，明确要求给在日本领土上的外国人最优惠待遇和免受日本管辖的治外法权。然而，这些条约的一个结果就是，日本茶被运到横滨港交易，所有西方商人而非只是荷兰人都可以直接买到日本茶。

截至 1859 年，日本茶的出口量已经达到了 180 吨，其中很大一部分出口到了美国，煎茶和烘青绿茶深受美国消费者的喜爱。上述强加给日本的条约的后果之一是，日本国内的骚乱频繁发生，1868 年

① Tamura Asako, Kato Miyuki, Omori Masashi, Nanba Atusko and Miyagawa Kinjiro. 1994. ‘後発酵茶に存在する微生物の特徴’ [“Characterisation of microorganisms in post heating fermented teas in Japan” ],*Journal of Home Economics of Japan*, 45 (12): 1095–1101;Miyuki Katoh, Mie Inoue, Yoshinobu Katoh, Hiroko Nagano and Masashi Omori. 2010. ‘Characterisation of microorganisms in post heated fermented tea (awabancha)’,*ICOS*, 4, PR-P-61.

② Hiroshi Takano, Tadashi Goto and Yuko Umemori. 2013. ‘The amount of waste tea (*chashibu*) in the process of making green tea and its catechin content’, *ICOS*, 5, PR-P-22.

德川幕府的倒台结束了内乱。1868 年开启明治维新之后，权力被转移到皇室，日本开始手忙脚乱地实施现代化事业以便破解西方殖民势力的威胁。1868 年，神户港开放用于国际贸易，很快就削弱了长崎在对外贸易中的重要性和占比。

茶叶生产受到了政府的鼓励，一些过去的武士转向设立大型茶叶种植园，茶叶种植从山区扩大到巨大的平原地带。在山区生长的茶现在标榜为“山茶”（yama-cha），一些人说这些山茶树龄很老，具有非常久远的历史，很多这种关于茶树的断言毫无疑问都是可疑的。根据日本政府的调查结果，甚至有阿萨姆变种被引进到日本和曾经受日本殖民统治的台湾，以便按照盎格鲁—印度方式制作红茶，这样的红茶在日本和台湾都有生产及出口。

从卖茶翁时代开始的煎茶制作，最初还只是渐进地，后来就快速且不可阻挡地取代了碾茶和抹茶的生产，结果在今天，煎茶占据了日本全部茶产量的 80%。自 1859 年横滨港开放以来，从日本进口的煎茶在美国也得到了极大的普及。直到 1914 年第一次世界大战爆发，美国消费了几乎一半的日本绿茶和大部分更柔和的日本红茶。日本茶叶出口的数量在一战期间有所下降，因为日本茶工的成本上升了，一战以后，日本绿茶在美国的普及程度再也没有回到 19 世纪末的水平。[①] 然而，美国人对煎茶相关事物的喜爱只持续到 1941 年 12 月，日本海军的一支飞行中队对位于珍珠港的美国海军基地进行了突袭。

为出口而生产的绿茶不是完全蒸青的煎茶，也不是铁锅加火蒸制或者在釜中烤炒的绿茶。1876 年，用火烤茶青的程序是将茶青放入一个巨大的圆形凹面竹篮中，竹篮放置于烧热的煤火上，这样的制作工艺是静冈县茶农发明的。[②] 热度必须足够温和以免烧坏竹篮。竹篮也只能使用几天，就不得不更换新的。1882 年，日本颁布了一条法律，禁止在出口到美国的茶叶中掺假，在此之前一些来自日本的茶叶被人工颜料上了色，尽管美国的人均茶叶消费量并没有达到非常高的水平，美国却在 19 和 20 世纪之交成为日本茶最大且唯一的买家，1898 年，日本茶叶贸易沙皇——大谷嘉兵卫（1844~1933 年）前往美国拜会威廉·麦金莱总统（William McKinley），向他抱怨美国对日本茶征收了过高的关税。

在与茶叶生产者和茶叶经销商人建立起联盟的过程中，里千家茶道流派成为明治维新之后最大的茶道流派。在今天已经很少有从前的武士家族后人还投身巨大的茶叶种植园，因为各类企业家和商人们都已经涌入茶叶市场，将茶叶生产引向与时俱进的理性化过程，并在种植和制作方面展开了从未停止的技术革新和工艺改进，这些都使得日本茶叶工业持续地走向现代化。第二次世界大战期间，日本茶的出口自然中止了，但二战后出口重新开启，就像过去一样，日本产品比其他地方制作的茶都要贵 223
得多。[③]

1905 年，茶的爱好者文塞斯劳·德·莫雷斯（Wenceslau de Moraes）——他还有一个更为人所知的名字 Venceslau de Morais——曾试图向西方再次激起传播有关日本茶文化知识的兴趣。在神户，这是他作为葡萄牙领事生活过的地方，他出版了一本有关日本茶文化的艺术方面的著作《茶的崇拜》（*O*

---

① Ukers (1935, ii: 212).

② Ukers (1935, ii: 216).

③ Junichi Tanaka. 2012. ‘Japanese tea breeding history and the future perspective’, pp. 227–239 in Chen,Apostolides and Chen (op. cit., p. 228).

*culto da cha*），该书使用了漂亮的印刷做装饰，在出版时只印刷了1800册，其中1000册被运到里斯本销售，这个最初的版本现在已经进入了收藏家的目录。1933年，第二版问世，1987年在澳门出版了一个影印本。[①]莫雷斯在日本期间的生活和工作持续地引起了一些作家的关注，甚至他72岁时在德岛去世的各种事项都提供了病态文学式焦点的来源。[②]莫雷斯关于日本茶文化的书在葡萄牙知识分子圈子中掀起了一阵浪花，但在葡语世界之外则几乎没有引起什么注意。在莫雷斯的书出版一年后，一本博学的、充满激情且使用美丽的诗歌般语言写作的作品用英语出版了，它产生了极大的影响。

1906年，日本学者、艺术史学家冈仓觉三出版了《茶之书》（*The Book of Tea*），波士顿的上流社会和美国的艺术圈子都为他和这本书倾倒。冈仓游历过欧洲、美国、印度和中国，当他的这本关于茶的书在纽约出版的时候，他才44岁。在他的祖国日本，他更加被公众熟知的名字是冈仓天心。他用英语撰写的书向西方读者优美地解释了日本茶文化美学的、精神的内容。[③]在这本受人欢迎的作品中，冈仓描述了日本茶文化对中国唐代煮茶的偏爱、中国宋代点茶风尚、中国明代泡茶爱好的历史接续，上述过程正反映了从古典式经过浪漫主义达到自然主义形态的进步过程。一些与他同时代的西方读者之前从未有机会喝到上等的日本茶，但他的作品将西方读者想象中的有关禅宗的神秘感觉灌注到茶中，激起西方读者对日本的美好记忆，其实，早在16世纪，茶就开始了它成为一种全球性饮料的旅程。《茶之书》是用著名的茶头千利休在1591年的切腹自尽结尾的。

## 日本茶树的栽培品种及茶叶生产

茶不只生长在著名的宇治茶园中。产量最大的地区可能是静冈县，还有其他重要的茶产区，包括本州的三重县和九州的福冈县、佐贺县、熊本县、鹿儿岛县。在日本，茶被种植在北纬40度的秋田县和北纬26度的冲绳县之间的地区，著名的最北茶树种植地是新潟县村上，该地冬日被雪覆盖的茶园恰好位于北纬38度。这个茶园是为了试验而建造的，这个茶园表明茶可以经受低至零下18℃的温度，过去茶在日本所有地区都有种植，包括北海道。

从历史上看，1877年的日本茶园在地理分布上比今天要延伸到更北的地方，茶叶种植占主导地
224 位，但绝非排他性的地区是在静冈县和关西地区，以及九州，特别是北九州。[④]年均产量32200吨、占全日本38%的茶叶种在了静冈县。鹿儿岛县占据第二位，年均产量是25600吨，约占了日本茶叶总产量的30%。与此相对照的是，京都和宇治附近是传统的茶叶种植地区，今天却大约只占总产量的

① de Morais (1905).

② Maria Manuela Silva e José Marinho Álvares. 1986. 'Ouniverso enigmático de Wenceslau de Moraes' (pp. 45–66), 'Moraes e a visão mítica do Nippon' (pp. 67–74),'A visão do Oriente em Wenceslau de Moraes' (pp. 75–81) in *Ensaios Luso-Nipónicos*. Lisboa: A. Coelho Dias,Lda.; Helmut Feldmann. 1987. *Wenceslau de Moraes(1854–1929) und Japan. Münster*: Aschendorffsche Verlagsbuchhandlung.

③ The original 1905 and 1906 editions are collector's items. A handsome modernedition containing a valuable foreword and afterword by Soshitsu Sen xv is: Okakura Kakuzo. 1g8g. The Book of Tea.Tokyo: Kodansha International.

④ Naomi Mizuno and Namiko Ikeda. 2007. 'Tea plants(*Camellia sinensis*) in Japanese cold climate regions',*ICOS*, 3, PR-P-209.

3.5%，通常的年均收获量是3020吨，然而，宇治保留了它出产名副其实的极品抹茶、煎茶和上等玉露的声誉。在日本，每年在45400公顷的专用于茶树种植的土地上生产了大约84800吨的茶叶。今天，98%的日本茶叶成品是绿茶，其中的75%是煎茶。每年的碾茶产量只有500吨。

图3.50　冈仓天心，又名冈仓觉三，印在1952年11月3日发行的面值十日元的日本邮票上的人像。

直到1970年代，一些茶农依然追求更多的种类以便生产出适合制作红茶的品种，但红茶和发酵茶只是一个很小的专业性市场。日本生产出来的煎茶绝大部分都是用薮北（やぶきた，bamboo north）这一栽培种的茶青制作的，另一些栽培种，朝日（あさひ，morning sun）、奥绿（おくみどり，deep green）、山开（やまかい，mountain open）和冴绿（さえみどり，clear green），通常被用来制作玉露茶。还有其他的一些主要栽培种也用来制作煎茶，包括丰绿（ゆたかみどり，rich green）、金谷绿（かなやみどり，Kanaya green）、狭山香（さやまかおり，Sayama green）、茗绿（めいりょく，late picked tea）。

最受制作抹茶的日本茶农追捧的两个栽培种是朝日和早绿（さみどり，early green）。京都府农业试验站推行的茶叶培育计划的目标就是发展出更多更适合制作抹茶的品种。制作釜炒茶最受欢迎的栽培种是云海（うんかい，sea of clouds）、峰香（みねかおり，scent of the peak）、泉（いずみ，spring，fountain）、高千穗（たかちほ，Takachiho）。

栽培种的名字中，如果前缀有“红”（beni，scarlet）字，代表的是日本红茶栽培种，例如，红光（べにひかり，scarlet light）、红誉（べにほまれ，scarlet honour）和红富贵（べにふうき，scarlet wealth and nobility）。茶树栽培种的名字中，如果前缀有“奥”（oku，late crop，inner）字，代表的是
晚收获的品种，例如，奥丰（おくゆたか，modest richness）。栽培种的名字中，如果后缀有“早生” 225
（wase，early pick）两个字，表明它是早采摘的品种，例如，近藤早生（こんどうわせ，Kondo early picked tea）。在日本还有超过40个较小众的茶树栽培种，它们都在1953年之后得到官方的确认和登记，例如，朝露（あさつゆ，morning dew）、后光（ごこう，aureole）、奥丰，等等。

日本茶叶培育者们早在19世纪就开始从日本本土的茶树扩展支系中选育优秀的无性繁殖系品种。1932年，日本政府推进了现存栽培种之间的交叉培育。1908年，杉山彦三郎（1857~1941年）开始私下里发展薮北（やぶきた）栽培种，这个栽培种在1953年被政府确认登记，在1970年代突然就在全日本得到普及，渐渐地取代了静冈县甚至全日本其他的很多传统茶树栽培种。薮北栽培种具有很强的

适应性，也能制作出优质的茶叶，一年里从 5 月到 9 月可以采摘多次。今天，这个栽培种占据了日本茶叶种植面积的 80%。与茶树从种子生长起来不同，这个无性繁殖系栽培种拥有同步发芽的特点，这就使得该品种非常适合机器采摘。

1970 年代日本发生了茶叶种植的机械化革新，在这一新的机械化的管理体制下，薮北种因其出色的品质和无可比拟的高产量而得到广泛推广。到了 20 世纪末，90% 的日本茶园种植的都是这个栽培种。今天，超过 92% 的日本茶叶栽培种都是无性繁殖系。无性繁殖的培育涉及茶树的营养成分再生产，它通过截取的茶枝而非茶籽来培育茶苗，这就可以确保茶树长得更整齐、产量更高。然而，薮北栽培种极易受到害虫的侵扰。一个新的名叫南明（なんめい）的栽培种于 2012 年培育出来，它对桑白盾蚧（Pseudaulacaspis pentagona）具有抗性，该栽培种是利用核酸分子标记（DNA marker）辅助选择技术培育出来的。一种用红富贵栽培种茶叶制作出的新的半发酵茶——带有一种新鲜的绿色——已经试制成功。使用栽培种太阳胭脂（Sun Rouge）的茶叶——在它的年轻嫩芽中含有很高的花青素——制作出了新的食品系列。①

尽管日本栽培种被过细地登记在册，核酸分子量标准的分析却显示：日本茶树具有比中国茶树低得多的基因多样性。这个发现与相对晚近的有关茶从中国传到日本的历史文献记载是一致的。在日本的本地品种与中国宁波和浙江一带的茶树栽培种之间有一个共享的遗传标识，这表明浙江是许多日本茶树栽培种的原产地。② 今天，基因芯片技术已经能做可靠的全基因型扫描，这将增强对单核苷酸多态性（SNPS）的识别水平。人们已经仔细绘制出了茶树栽培种胚质的基因图谱，以便挖掘等位基因和选择人工基因组。

一些借助分子标记辅助选择的常规育种实验努力寻找加倍的基因抵抗力以便抵抗桑白盾蚧，这是在日本危害茶树的主要昆虫。③ 在过去的几十年，静冈县已经培育出了一些很早就可以发芽的栽培种，这些栽培种还显示出了更强的抗植物炭疽病和其他疾病的能力，这些新栽培种包括露光（つゆひかり，dew light）、山岚（やまのいぶき，breath of the mountains）、先绿（さきみどり，early green）、香骏（こうしゅん，scent prodigy）和冴绿或冴翠（さえみどり，clear green）。在有机茶叶种植中越来越多选择使用这些栽培种，因为它们只需要很少的杀虫剂和杀菌剂。不同的栽培种制作出不同的茶叶，
226 不同的栽培种也要求不同的生长条件、拥有不同的产量和茶青中不同的自由氨基酸含量。例如，朝露（あさつゆ）要求更肥沃的或者富氮的土壤，而朝香（あさのか）则不需要施肥，因为它本身就可以提高固氮能力并产生高氨基酸成分。④ 对更加可持续的农业来说，为了获得低氮投入，其他一些类似的栽

① Fumiya Taniguchi. 2013. 'Recent advances in tea breeding and the development of Japanese tea products from new cultivars',*ICOS*, 5, PR-S-4; Fumiya Taniguchi, Katsuyuki Yoshida, Hiroshi Yorozuya, Akiko Ogino, Testuji Saba and Atsushi Nesumi. 2013. 'The use of marker assisted selection to develop a new tea cultivar nanmei,resistant to mulberry scale', *ICOS*, 5, PR-P-30.

② Satoshi Yamaguchi and Liang Chen. 2010. 'The origin and spread of tea plants of Japan', *ICOS*, 4, PR-P-02.

③ Junichi Tanaka. 2012. 'Japanese tea breeding history and the future perspective', pp. 227–239 in Chen, Apostolides and Chen (op. cit.).

④ Tetsuji Saba, Atsushi Nesumi and Yoshiyuki Takeda.2004. 'Cultivar differences in amino acids content in the xylem sap of tea',*ICOS*, 2: 308–310; Toyomasa Anan.2004. 'Varietal differences in the growth and the chemicals constituents of tea plants grown under the conditionof a low amount of nitrogenous fertiliser', *ICOS*, 2:331–332.

培种正在培育之中。①

栽培种红富贵（べにふうき）碰巧含有极其丰富的抗变异性组合物表没食子儿茶素没食子酸酯[epigallocatechin-3-O-（3″-Omethyl）gallate]，它是较晚采摘的，这也提高了它所含有的甲基化的儿茶素成分，它的抗组胺作用也强得多。这个栽培种的培育者相信，用这种表面上看似红茶的栽培种制作绿茶将对季节性过敏鼻炎早期治疗有积极作用。② 有时人们培育某个栽培种只是为了增强绿茶在茶汤中的绿色和活性，例如梦骏河（ゆめするが）就是奥光（おくひかり）和薮北的杂交产物。③

一个新培育出来的绿茶栽培种冴明（さえあかり，clear bright），于 2010 年 7 月第一次确认登记，它是由日本国立蔬菜和茶科学研究中心位于枕崎市的茶叶研究站于 1997 年培育出来的，是将栽培种 Z1 和栽培种冴绿幼苗进行嫁接而获得的。这个新栽培种发芽相对较早，年内的第一季采摘时间要比薮北提早了四五天。这个产量较高的栽培种也能抵抗植物炭疽病和灰色病，该栽培种的支持者们明确主张“希望冴明将来会取代薮北”。④ 另一个可抵抗植物炭疽病的新栽培种是南沙也香（みなみさやか）。枕崎市正在培育的一个新栽培种是俊太郎（しゅんたろう），它跟栽培种栗田早生（くりたわせ）非常像，也是一个采摘时间相当早且能有更高产量的栽培种。俊太郎可以抵抗植物炭疽病和灰色病，它很可能将在鹿儿岛县种子岛市这样的温暖地区取代栗田早生的地位。⑤

## 日本茶的创新和怀旧式复归

日本是一个不断创新茶叶研究的国度，它在机械化实验方面和茶叶特性、茶叶品质的评估方面都 227
处于最前列，它对易变的各种成分采用了红外线光谱学、毛细血管电泳技术和固相微萃取技术予以确认。与中国相比，日本茶叶采摘的机械化程度也要高很多，尽管日本的茶叶专家们争辩说为了得到更高质量的茶青，人工和“更加智能的机器人”都将被采用。⑥ 甚至还有梦想发展出机器人茶叶品鉴家，这样的机器人品鉴家装置将被植入脂类聚合物膜的味道感应器和电子鼻吸收管。

然而，在日本的多个地方还有许多古老的茶传统（tea traditions）仍然得到了保留。奈良县橿原市

① Katsuyuki Yoshida. 2007. ‘Development of tea breedingfor low-input sustainable cultivation in Japan’, *ICOS*, 3, PR-S-02.

② Tsuyoshi Okamoto, Izumi Hayashi, Mari Maeda-Yamamoto and Yoshiyuki Takeda. 2007. ‘A delayed pluckingmethod enhanced yield and content rate of Omethylated catechin in *benifūki* tea cultivation’, *ICOS*, 3, PR-P-205; Mari Maeda-Yamamoto, Kaori Ema, Yoshiko Tokuda, Manami Monobe, Hisako Hirono, Yuki Shinoda,Takao Fujisawa, Yoichi Sameshima, Hirofumi Tachibana and Shinichi Kuriyama. 2010. ‘The efficacy of earlytreatment of seasonal allergic rhinitis with benifūki green tea containing O-methylated catechin and the absorption’, *ICOS*, 4, HB-P-27; Mari Maeda-Yamamoto,Kaori Ema, Mamami Monobe, Yoshiko Tokuda and Hirofumi Tachibana. 2012. ‘Epicatechin-3-O-(3″-O-methyl)-gallate content in various tea cultivars (*Camellia sinensis L.*) and its *in vitro* inhibitory effect on histamine release’, *Journal of Agricultural and Food Chemistry*, 60 (9): 2165–2170.

③ Hikaru Sato, Hideyuki Katai, Yoriyuki Nakamura, Yoichi Aoshima and Yasutaka Suzuki. 2013. ‘The cultivationof *yumesuruga* for green tea which has excellent greencolour in both the manufactured tea and the brewed liquor’, *ICOS*, 5, PR-P-27.

④ Katsuyuki Yoshida, Atsushi Nesumi, Junichi Tanaka,Fumiya Taniguchi, Akiko Ogino, Tetsuji Saba and AkikoMatsunaga. 2010. ‘The breeding of a new green tea cultivarsaeakari with resistance to anthracnose and grey blight’, *ICOS*, 4, PR-P-03.

⑤ Atsushi Nesumi, Katsuyuki Yoshida, Junichi Tanaka, Fumiya Taniguchi and Akiko Ogino. 2010. ‘The breedingof extremely early tea cultivar *shuntaro*’,*ICOS*, 4, PR-P-06.

⑥ Yu Han, Hongru Xiao, Guangming Qin, Zhiyu Song,Wenqin Ding and Song Mei. 2014. ‘Developing situations of tea plucking machine’, *Engineering*, 2014 (6):268–273.

西北的中曾司村是一个被护城河环绕的村庄，在每年的 5 月，人们开始采摘种在稻田边和房屋周围的茶树上的茶青，然后将这些茶青磨成茶粉，放一小撮盐，撒上桐子谷物薄脆饼干，搅拌后饮用。这个村子的 15 户家庭，为了准备这样的茶汤，每家都还保留了他们自己的古老石磨。①

1987 年，津志田藤二郎和他的同事们一道推出了一种新型的茶，他们将干燥中的茶叶暴露在纯氮气中——氮气也是自然空气中的主要成分，而不是暴露在含有氧气的空气中。② 以厌氧的方式处理茶叶这一科学发明提高了茶叶终端产品中的氨基酸和麸胺酸衍生物自然合成的数量，后者就是著名的氨基丁酸（γ-aminobutyric acid，缩写为 GABA）以及丙氨酸。与此形成对照，普通绿茶含有很高的麸胺酸和天冬氨酸，但氨基丁酸含量则较低。氨基丁酸是一种抑制性的神经递质，仅仅存在于高等动物的中枢神经系统之中，该物质在如下区域的三分之一触突中发挥调解作用，这些区域包括大脑皮层、海马、丘脑、基底神经节、小脑、下丘脑和脑干。③

2007 年，注明日期的、随机性食谱调查的研究表明，进食茶叶似乎对血压没有什么作用，④ 这也许是因为咖啡因的作用将茶氨酸和其他茶叶中所含的具有相似功能的化合物的作用中和了。氨基丁酸这种合成物却可以降低血压。实验中的组合茶类每 100 克包含了 150 毫克的氨基丁酸，这类茶被称为金乌龙茶和金绿茶。⑤ 金绿茶含有跟普通绿茶一样多的儿茶素。⑥ 在多项研究中都发现，金绿茶对循环系统有益，可控制高血压和缓解焦虑，因此，有人主张将这类茶向在校学生推广。⑦ 在 21 世纪的头十年，氨基丁酸茶已经成功地在台湾制作出来，台湾的茶农将制作乌龙茶的多种台湾驰名工艺组合在一起，生产出了一种具有独特香味的台湾金茶（Taiwanese gabaron tea）。⑧

228 茶树需要常规性的剪枝以刺激新的、营养物质的生长，提高茶树的健康水平，保证树形维持在一个理想的高度，调节茶叶的产量。剪枝中激进得多的形式被称为飞剪式。例如，在静冈县，秋季的茶树飞剪一直持续到 10 月底。修剪固定在茶树休眠期进行，因为茶青中保存的糖类水平在这个时候达到了最高值，此时茶树更能够承受这一必要的伤害。在制茶的很多环节都被机械化取代之前，茶园会雇佣很多劳动力和工匠完成采摘、制作和最后的提纯等各个环节。

茶歌这一类型的音乐曾经在日本的采茶工中十分流行，采茶工们通过唱茶歌摆脱他们工作中的单调乏味。这类民歌的主题十分宽泛，包括如何采茶，有社会的、哲学的或者历史的主题，还有夸耀家

---

① Akiko Ito, Yuka Ikarashi, Kiyoshi Yoshinaga and Takashige Terada. 2004. 'The folk ways of making and whisking hand-made powdered green tea in Nakazoshi town, Nara',*ICOS*, 2: 676–679.

② Seiichiro Hagiri. 2001. 'Marketing, industry and appearance of gabaron tea',*ICOS*, 1 (IV): 139.

③ P. Brambilla, J. Perez, F. Barale, G. Schettini and J.C. Soares. 2003. 'gabaergic dysfunction in mood disorders', *Molecular Psychiatry*, 8: 721–737.

④ Dirk Taubert, Renate Roesen and Edgar Schömig. 2007.'Effect of cocoa and tea intake on blood pressure: Ameta-analysis', *Archives of Internal Medicine*, 167: 626–634.

⑤ Reiji Sekiguchi, Takashi Shibuya, Ikue Takeoka, Noriko Saito and Masashi Omori. 2001. 'Near infrared analysis for the determination of γ-aminobutyric acid in gabaron tea', *ICOS*, 1 (IV): 79–80.

⑥ Wang, Tsai, Lin and Ou (2004).

⑦ Lin Zhi and Masashi Omori. 2001. 'Effects of gabaron teacomponents on angiotensin I converting enzyme (ace) activity in rats', *ICOS*, 1 (IV): 81–84.

⑧ Hsueh-Fang Wang, Yung-Sheng Tsai, Mu-Lien Lin and Andi Shau-mei Ou. 2004. 'Comparison of amino acids in Taiwan gaba tea with different variety, production, area and season', *ICOS*, 2: 267–268.

乡、文字游戏、劳工生活的艰辛以及情歌这一类永恒的主题。由于日本茶工业的进步，茶歌这类歌曲本身衰弱了，但幸运的是，茶歌中的音乐和歌词都被记录下来，并得到了深入的研究。[①]

“茶泡饭”（茶漬け）是一种有趣的日本餐食，它被普遍认为对解除宿醉非常有好处。它的制作方法是将一碗冷绿茶汤倒进米饭中，上面再撒点刺身或烤干了的鱼片。我个人对这种餐食起源的猜测是在和许多朋友纵酒欢宴之后的第二天早上，将前一晚剩下的米饭和刺身简单地倒进一个碗里，然后浇上头天晚上就冲泡好但已经冷了的煎茶汤。几年前在日本，当我第一次看到这种非常美味的茶泡饭作为早餐摆在我面前时，我就产生了这个想法。茶泡饭更为恭敬的说法是“御茶泡饭”（お茶漬け），这种餐食的产生与吃米饭这一饮食习惯有关，不管我本人对此的猜测是否正确，早在 17 世纪末在日本就已经出现了供应茶泡饭的餐馆。

在日本，一旦茶叶开始被提纯以获得它最纯粹的形式，本质上，把这样的纯绿茶作为一种原料使用就产生了，这第一次带来了现代意义的茶烹饪。这项日本发明完全不同于原始茶故乡曾经出现的烹饪实践，在茶故乡，茶原本是一种发酵调味品，后来成为一种令人愉快的药草汤，而日本的新式烹饪法产生于将绿茶视为一种纯粹且提纯了的饮料这一基础上。在日本出现茶泡饭这一发明之前的一千年（茶成为饮料），陆羽标记下了这个历史时刻，（而今）茶走过了一个完整的循环。不仅如此，好的绿茶还被用来做例汤（出し），或者作为汤的备料倒入美味的荞麦面（そば）和乌冬面（うどん）之中。如果炖肉不需要太高的温度，有时也会用好的玉露茶做日式高汤，以便跟其他食物微妙的香味相匹配。

茶又回到了烹饪世界，烹饪茶这一利用方式在 18 世纪的法国也独立地达到了完美的水平。除了茶泡饭和例汤，许多新的餐食被日本新式茶餐厅的经营者们开发出来。[②] 新鲜的茶叶子也可以食用。在我去拜访居住在静冈县朝比奈市的极品玉露茶的知名生产者前岛东平时，他为我冲泡他本人亲手制作的精致的玉露茶，在用温吞的、适量的水轻轻地浸泡后，这位令人尊敬的制茶大师为这杯充满活力的绿茶添加了佐料，他放入了少量的鲣鱼干（dried bonito curls）和一点上等的日本酱油，
我们享受了绝佳的新鲜玉露茶叶沙拉。[③] 在第十章，我们将返回考察法国、泰国和斯里兰卡的新式茶 229
烹饪法。

## 一种有日文名却非日本的茶饮料

康布治（Kombucha）是一种由茶、糖、蘑菇（有时也可不用蘑菇）和多种微生物发酵而成的饮料。此饮料源自中国或日本，据说是由沙俄士兵在日俄战争之后将制作和饮用方法带回俄罗斯的，是格瓦斯（kvass）的一种，它是通过将红茶甜化处理制作出来的，于 20 世纪的初期在俄罗斯

① Shigehiro Kodomari, Itiji Morizono and Malcolm W. Adams. 2001. ‘O-cha songs’, *ICOS*, 1 (II): 78–82.

② Toshimi A. Kayaki. 2011. *À l’heure du thé vert: Un art devivre au Japon*. Tokyo: Éditions de Tokyo (pp. 57–80).Kayaki 提供的礼物清单包括：三份制备精致的茶泡饭的食谱、五个时尚茶碟、五份绿茶饮品、四种绿茶冷盘和七种绿茶点心。

③ 同样，德尔马斯也记录了在 2010 年 8 月他去拜访一位知名的玉露茶制作大师时的经历，他被招待品尝一种沙拉，不过，这种沙拉是用新鲜的、更嫩的冠茶的茶青制作的，茶青已被浸泡处理过。(François-Xavier Delmas. 2011. *Chercheur de Thé*. Paris: Le Palais des Thés, pp. 68–69)。

发展起来。最初，这种饮料被称为真菌茶（tea fungus）或者茶格瓦斯（tea kvass）。传统的俄罗斯格瓦斯（kvass）是一种冒着小气泡的饮料，是用一种深色的俄罗斯黑麦面包（black bread）——面包通常需要干燥以便切片（又叫 suxari сухари）——发酵后制作的。

这种干燥后的面包被放进一个装水的巨大玻璃罐中去发酵，用一块布紧紧盖住玻璃罐的罐口并紧紧封口。在发酵的过程中，可以加入一些浆果、苹果、葡萄干或者白桦树汁给格瓦斯添加味道。为了保证最终产品的口感一致，需要在一开始就加入酵母（starter culture），但有时仅仅依靠周围自然环境中微生物的作用。格瓦斯已经商业化生产，很容易购买到，不过，多数格瓦斯还是家庭自制或者本地制作。刚刚制作出来的新鲜的格瓦斯饮料包含了大量维生素 B1 和维生素 E，可以在任何场合饮用，或者在一次俄罗斯桑拿（parilka парилка）出了淋漓大汗后休息时喝。格瓦斯的酒精含量在 1% 左右。

图 3.51　前岛东平调制出的新鲜的玉露沙拉，撒上了少量的鲣鱼干和上等的日本酱油。

用糖化处理过的红茶制作格瓦斯，这个念头可能是很偶然出现的。各种各样自然存在的酵母和细菌都可以参与发酵过程，就像传统的格瓦斯，它的发酵过程是在家里的巨大玻璃罐中完成的，玻璃罐的罐口用一块布紧紧盖住并封口。茶格瓦斯在质量上更为参差不齐，因为自然微生物的含量总是经常变化，占据主导地位的微生物群落的特殊组合可能会产生质量上或高或低的康布洽，康布洽中已经确认存在的微生物包括红茶菌（Medusomyces gisevi）、酵母属（Saccharomyces）内的多个不同菌种，以及其他酵母菌种（yeast species）。葡萄醋杆菌属的真菌（bacterium Gluconacetobacter xylini），另一个常用称呼是醋酸杆菌（Acetobacter xylinum），是一种常见的真菌种。

康布洽的英语词汇来自对昆布茶（Konbucha，kelp tea）的一种错误指认，昆布茶是一种不发酵的日本饮料，是将热水倒在完全磨成粉末的昆布上调制出来的饮料，为了丰富其本身就有的咸味，有时会将玉露茶添加进去。另外，这种饮料也可以作为一种汤，还可以放入一些干的梅子肉从而做成另一种汤。

因此，在西方被称为康布洽的饮料，跟日本人叫作昆布茶的饮料根本就不是一回事。在英语世界已经广为人知的康布洽这种饮料，其实指的是用日语表达的另一个词“紅茶キノコ”（真菌红茶，black tea fungus）。在日本，这种饮料在20世纪50年代和60年代成为一种流行的健康食品，它主要在一个小圈子中口口相传，到了20世纪70年代中期，这个热潮伴随着许多热情的追捧者们在家里自制（此处原文有误。原文是“康布洽”，这与上下文意思不符，经与作者确认，更改为“真菌红茶”。——译者注）而达到顶峰。康布洽被吹捧为具有不同寻常的健康益处，但是，研究发现，一些批次的康布洽是有益健康的，包含了无害的酵母和共栖的细菌，但也有一些批次的康布洽被发现包含了致病的微生物。

在美国，康布洽在各类风味餐厅都有出售，康布洽成为一种商业化的产品，人们将它视为一种标准的餐前开胃小吃，今天，制作康布洽有时也加入绿茶。关于康布洽有益健康的疯狂断言，并没有得到有确切出处的核实。然而，质量较好的康布洽，就像好的传统的俄罗斯格瓦斯一样，是一种美味的和令人焕发活力的饮料。二者有一个显著的区别：康布洽在健康食品商店以高价出售，而格瓦斯传统
上是你总能在俄罗斯买到的最便宜的饮料。此外，传统的格瓦斯喝起来口感要比康布洽好很多。一直 230
以来我非常失望的是在俄罗斯境外的桑拿房买不到上好的冰镇的格瓦斯，尽管据报道现在可以在中国的超市买到格瓦斯。

## 茶抵达朝鲜半岛

根据一个传说，一位来自阿约提亚的印度公主，她的朝鲜名字被记录为许黄玉①（Hŏ Hwang'ok），于公元48年从印度带来了茶籽，她到朝鲜来是为了跟首露（Suro）国王成婚，首露国王是伽耶国或

① Korean names appear in the traditional McCune Reischauer romanisation in use since 1937. Alternative transcriptions in the Revised Romanisation introduced by the Korean Ministry of Culture and Tourism in 2000 are provided in the footnotes. In the new transcription, the name Hŏ Hwang'ok would be Heo Hwang-ok. In 1954, Samuel Elmo Martin of Yale University developed an alternative transliteration of Korean orthography in Roman script, which some linguists employ instead of the more well-established McCune-Reischauer romanisation.

图 3.52　高丽国时期的花瓶状水壶，饰有生长的竹子图案，12 世纪，全罗南道，由六田知弘拍摄，收藏于大阪市立东洋陶瓷美术馆。

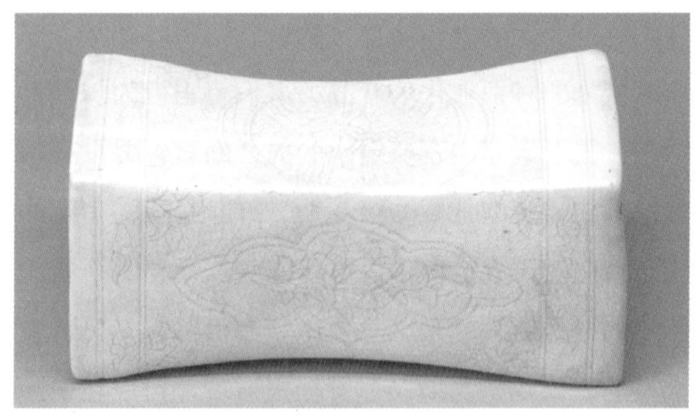

图 3.53　高丽国时期的长方形青瓷枕，由六田知弘拍摄，收藏于大阪市立东洋陶瓷美术馆。

者说驾洛国（the Kaya，或者 Karak）的神
231 秘创建者。[①] 这个传说最早被记录在一本 13 世纪的编年体史书中。实际上，亚热带性的茶树是在相对晚得多的时间传入有着严酷气候的朝鲜半岛的。在朝鲜半岛将茶作为商品，第一个确切的历史记载可以追溯到公元 661 年，那时茶被列入祭品的目录之中，新罗国（Shilla）文武（Munmu）国王命令在祭奠早就去世的首露（Suro）国王的传统仪式上供奉茶。[②] 跟中国一样，第一次提到茶是将茶作为一种药草，而且与一种贵族仪式相关。

茶叶种植第一次被使节金大廉（Kim Taeryŏm）引入朝鲜半岛是在 828 年，在新罗国第 42 任国王兴德（Hŭngdŏk）的命令下，茶籽被种植在了智异山（Mt. Chiri），由双蹊寺（the Ssanggye temple）的和尚们栽培这种新的植物。[③] 在 840 年，冥思大师真鉴禅师（Chinkam Sŏnsa）将茶树从双蹊寺移植到了玉泉寺（the Okch'ŏn temple），接着，茶树又被移植到了其他寺院。一个基于形态测定法的孢粉学研究获得的发现支持了这个传统说法，即被带到智异山的第一批茶籽来自中国浙江省台州市的天台山。[④]

随后出现了两位著名的朝鲜茶学者，或者叫作“茶人”（ta-in），他们是崔致远（Ch'oe Ch'iwŏn，
232 生于 857 年）和忠湛（Ch'ungdam，869–940）。在高丽时期（918~1392 年），茶作为一种饮料在朝鲜是由禅宗和尚们普及开来的，他们将饮用茶作为冥思时保持清醒的刺激物，也正是在高丽时期，佛教广

---

① Yang-Seok (Fred) Yoo. 2007. *The Book of Korean Tea: A Guide to the History, Culture and Philosophy of Korean Tea and the Tea Ceremony*. Seoul: Myung Won Cultural Foundation (pp. 22, 51–53). 用新版罗马字符拼写法的话，Kaya、Karak 和 Shilla 分别是 Gaya、Garak 和 Silla。

② An Sonjae (brother Anthony of Taizé) and Hong Kyeong-Hee (Hong Kyŏnghŭi). 2007. *The Korean Way of Tea: An Introductory Guide*. Seoul: Seoul Selection (pp. 90–91).

③ Byeong-Choon Keong and Young-Goo Park. 2012. 'Teaplant (*Camellia sinensis*) breeding in Korea', pp. 263–288 in Chen, Apostolides and Chen (op.cit., p. 264); 用新版罗马字符拼写法的话，Kim Taeryŏm、Hŭngdŏk、Chiri 和 Ssanggye，则分别写作 Gim Daeryeom、Heungdeok、Jiri 和 Ssanggye。

④ Eunkyung Lee, Yaoping Luo and Qiqing Tong. 2001. 'Study on the comparative morphology of pollen between the Chinese Mt. Tiāntái and the Korean Mt. Jiritea plants', *ICOS*, 1 (II): 33–36.

为传播，茶的普及也由此确立，同样，也有了使用青花瓷之类的上好茶具的做法。甚至在皇宫里，还设有专门的茶室，又叫“茶房”（tapang）。朝鲜学者李奎报（I Kyubo，1168–1241）写了著名的茶诗（Tea Verses）。[①]

朝鲜半岛的茶道（tea ceremony），又叫“茶礼”或“茶俗”（tarye，tea custom），最早是在1474年的《国朝五礼仪》（the Kukcho Oryeŭi，*Five Rites of State*）中被提到的，具有讽刺意味的是，正是在朝鲜国时期（1392~1897年）儒学占据了统治地位，普遍的饮茶习惯开始在朝鲜半岛衰落。朝鲜半岛的茶叶种植逐渐减少到了接近绝种的程度。饮茶在佛教寺院和皇宫中仍然有所保留，被指派给国王奉茶的仆人叫作“尚茶”（sangda），给政府高级官员奉茶的仆人则被叫作“茶色”（tasaek）。[②]茶也曾是学者文人们和“两班”（the yangban）这样的上流社会人士的一个追求目标，但如果女人喝茶或者写茶诗则被当时的人们认为是不雅的，除非是被称为“茶母”（tamo）的女性奉茶仆人。这些茶母在宫廷、政府机关以及私人聚会场所提供奉茶服务。一段时间以后，茶母的地位下降了，她们渐渐地也被称为茶伎（tagi，tea prostitute, teapot）、茶婢（tahŭi，tea concubine）或者茶仆（tabi，tea slave）。在城市之外的广大农村地区，“茶母”这个词简单地成为娼妓的代名词，在朝鲜国时代的后期，男性卖 233
淫者也同样被称为茶母。[③]

图3.54　朝鲜国时期带盖的细颈酒瓶，16世纪，由六田知弘拍摄，收藏于大阪市立东洋陶瓷美术馆。

---

① Yoo (2007: 60, 62, 72); 用新版罗马字符拼写法的话，Chinkam Sŏnsa、Okch'ŏnsa、tapang、Ch'oe Ch'i-wŏn、Ch'ungdam和I Kyubo分别是Jingam Seonsa、Okcheonsa、dabang、Choe Chiwon、Cheongdam和I Gyubo。

② 这两个朝鲜语单词的翻译，我要感谢李胜勋（Seanghun Jalio Lee）提供的帮助。

③ Nishimura et al. (2008: 222).

在朝鲜国时代，朝鲜人在日用陶瓷上的偏好也从青瓷持续地转向了白瓷，在朝鲜，人们喝的茶主要是从中国进口的。[①] 在 19 世纪，有几位杰出的学者在努力恢复这种饮茶潮流中发挥了重要影响。丁若镛（Chŏng Yakyong，1762–1836）和金正喜（Kim Chŭnghŭi，1786–1856）都因被视为“大茶人”（great ta-in，tea scholars）而被人们铭记。朝鲜第一本论茶的主要著作《茶神传》（Tashinjŏn，*Chronicle of the Spirit of Tea*）写于 1830 年,《东茶颂》（Tongdasong，*Encomium on KoreanTea*）写于 1837 年。这两本著作都是禅宗和尚艸衣（Ch'o-ŭi，1786–1866）写的，他直接受到了明代中国文献的影响。在接受圣职成为和尚之前，艸衣原来的名字是张意恂（Chang Ŭisun)，他将茶礼在朝鲜大力推广。[②]

在 1969 年，韩国政府采取了许多措施振兴工业。茶叶种植地被设立在南部的庆尚南道、全罗南道和济州岛，采用的是从日本进口的薮北栽培种系列。今天，既使用韩国“野生”栽培种，也使用日本静冈县培育出来的薮北栽培种。由于新的栽培种的广泛传播将破坏朝鲜半岛珍贵的原生种茶树的多样性，野生的韩国茶树栽培种引起了人们极大的关注，基因学家、茶农以及茶叶鉴赏家们都对这个问题抱有兴趣。[③] 从 1970 年代直到去世，金美熙（Kim Mihŭi，1920–1981）在她命名的茶园“茗园”
234 （Myŏng Wŏn）里，发起了韩国茶树栽培复兴行动，她在 1979 年举办了有关韩国茶树栽培的首场论坛。最近一些年来，茶礼开始在韩国复兴。[④]

---

① 自 1653 年到 1666 年，因船搁浅滞留在朝鲜半岛的荷兰船员，依据他们的观察，尼古拉·威特森（Nicolaes Witsen）写到“这里的茶大多从中国转运而来”（1705:47）。在 1653 年 8 月，一场风暴将荷兰帆船“雀鹰号”吹到济州岛的海岸边，岩石将帆船击得粉碎，64 名船员中只有 36 人被冲到了岸上，在朝鲜滞留 13 年后，八名幸存者于 1666 年乘坐他们设法买到的船逃到了日本长崎，1668 年，又有七名幸存者从朝鲜逃离。亨德里·哈梅尔（Hendrick Hamel）和他的七名一同逃出的同伴又从长崎返回到了巴达维亚（Batavia)，乘坐“自由号”（Vrijheid）回到了他们的故乡。他们于 1668 年 7 月抵达荷兰，登陆荷兰后亨德里·哈梅尔的日记很快就出版了，该日记讲述了他们的冒险和对当时的朝鲜王国的描述。亨德里·哈梅尔的两个一道逃出的同伴马提乌斯·艾博肯（Mattheus Eibocken）和本笃·科内克（Benedictus Klerck）也为尼古拉·威特森提供了素材，他在之后出版的著名的《 鞑靼地方的北部与东部》（pp. 42–63）一书中谈到朝鲜的部分时就使用了这两位的回忆材料。在威特森之后，菲利普·弗兰兹·冯·西博尔德（1832）也提供了另一个主要的西方世界关于朝鲜信息的来源。(Hendrick Hamel.1668. *Journael van de ongeluckige voyagie van 't jachtde Sperwer van Batavia gedeftineert na Tayowan in 'tjaar 1653, en van daar op Japan; hoe 't felve Jacht doorftorm op't Quel-Paerts Eylant is gheftrant, ende van 64.personen maar 36. behouden aan't voornoemde Eylantby de Wilden zijn gelant, Alsmede een pertinente Befchryvingeder Landen, Provintien, Steden ende Fortenleggende in't Coninghrijck Coeree*. Rotterdam: JohannesStichter; Hendrick Hamel. 1668. *'t Oprechte Journael,Van de ongeluckige Reyfe van't Jacht de Sperwer, varendevan Batavia na Tyowan en Fermofa, in 't Jaer 1653. en vandaer na Japan, daer Schipper op was Reynier Egbertfz.van Amfterdam. 't* Amsterdam: Gillis Joosten Saagman;Nicolaes Witsen. 1705. *Noord en Oost Tartarye,ofte Bondig Ontwerp van eenige dier Landen en Volken,welke voormaels bekent zijn geweeft, beneffens verfcheidetot noch toe onbekende, en meeft nooit voorheen befchreve Tarterfche en Nabuurige Geweften, Landftreeken,Steden, Rivieren, en Plaetzen, in de Noorder en OostelyksteGedeelten van Asia en Europa* (2 volumes). Amsterdam:François Halma; Vibeke Roeper and Boudewijn Walraven, eds. 2003. *Hamel's World: A Dutch-Korean Encounter in the Seventeenth Century*. Amsterdam: SunPublishers; Sung Hee Choi, Young Gul Kim and KeunHyung Park. 2001. 'Tea culture and the use of tea in Korea', *ICOS*, 1 (IV): 34–36). 用新版罗马字符拼写法的话，Koryŏ、tarye、Kukcho Oryeŭi 和 Chosŏn 分别是 Goryeo、darye、Gukjo Oryeui 和 Joseon。

② Yoo (2007: 76, 78–80); An Sonjae (brother Anthony ofTaizé), Hong Keong-Hee (Hong Kyŏnghŭi) and Steven D. Owyoung. 2010. *Korean Tea Classics*. Seoul: Seoul Selection (pp. 59–64); 用新版罗马字符拼写法的话，Sangda、tasaek、yangban、tamo、tagi、tahŭi、tabi、Chŏng Yakyong、Kim Chŏnghŭi、Tashinjŏn、Tongdasong、Ch'o-ŭi 和 Chang Ŭisun 分别是 sangda、dasaek、yangban、damo、dagi、dahui、dabi、Jeong Yakyong、Gim Jeonghui、Dasinjeon、Dongdason、Cho-ui 和 Jang Uisun。

③ Choi, Kim and Park（2001）; 用新版罗马字符拼写法的话，Kyŏngsang、Chŏlla 和 Cheju 分别是 Gyeongsang、Jeolla and Jeju。

④ Yoo（2007：181）；用新版罗马字符拼写法的话，Kim Mihŭi 和 Myŏng Wŏn 分别是 Gim Mihui 和 MyeongWon。

## 朝鲜半岛茶的复兴

绿茶，用朝鲜语表示的话，用的词是녹차（nokch'a）。最著名的韩国绿茶之一是被命名为“雀舌”（chaksŏl）的茶，使用的是一个比喻式表达，形容初开的茶叶芽苞的外形。跟中国和日本相似，韩国也有多个采摘时节或者收获季，通常是依据二十四节气中若干最重要的节气来确定最佳的采摘时节。最珍贵的、第一次采摘下的茶叶叫作雨前（uchŏn），大概是在韩国雪刚刚融化的时候，此时的茶叶味道柔和，茶树一长出新芽就要被迅速摘掉。第二次采摘的茶叶叫细雀（sechak），这种叶子很薄，没有完全长开，在谷雨（kogu）（大概在 4 月 20 日前后）和立夏（ip'a）（大概是 5 月 5 日左右）之间采摘。这个词的第一个音节“se”代表的是“薄的”，“chak”是 chaksŏl（雀舌）的缩写，意思是“雀的舌头”。

接着采摘下来的叶子叫中雀（chungjak），更硬也更涩，通常是 5 月中旬采摘。最后一次采摘的叶子叫大雀（taejak），它是在第三次采摘之后马上摘下的叶子，大概是 5 月下旬。Chungjak、taejak 和 chung 这些词指的是已经长到了中等大小的叶子，tae 的意思是大。在 6 月和 7 月采摘下来的叶子叫作 yŏpch'a，意思是“粗劣的茶叶”，它是完全长开了的夏天的叶子，用这些叶子制作出来的茶叶被认为在质量上差了很多。[①]

与多数日本栽培种相比，传统上韩国培育茶树栽培种倾向于保留这样的茶叶子——相对更长和更窄。外形上，韩国茶树的雌蕊要比雄蕊长 235
得多。有一些人宣称，茶从中国传到日本的路线是取道朝鲜半岛，因为在位于朝鲜半岛和日本九州之间的对马岛上发现的茶树显示出了明确的朝鲜半岛的特征。就像茶树的阿萨姆亚种，“野生的”朝鲜式中华亚种的栽培种表明它比日本的中华亚种栽培种对茶树的茶炭疽病（Colletotrichum theaesinensis）和灰色病（Pestalotiopsis longiseta）的自然抵抗力总体上更强。日本的栽培种在抵抗力程度上显示了一种较大的变异性，特别是流行的薮北变种易受虫害。[②]

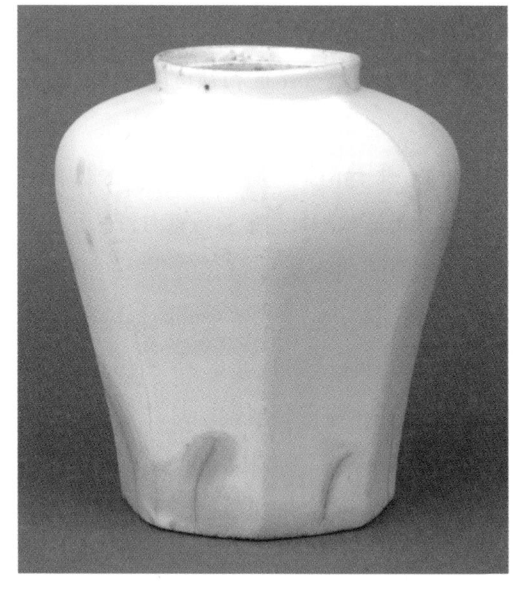

图 3.55　18 世纪早期有斜面的白瓷罐，光州（Kwangju）窑烧制，由六田知弘拍摄，收藏于大阪市立东洋陶瓷美术馆。

然而，对苯丙氨酸和脱氨酸之标记的雌蕊形态学和 DNA 研究支持了如下观点：最早的日本茶

① 这些单词，nokch'a、chaksŏl、tŏkkŭm、chŭngje、uchŏn、sechak、kogu、ip'a、chungjak、taejak 和 yŏpch'a 用新版罗马字符拼写法表示，分别是 nokcha、jakseol、deokkeum、jeungje、ujeon、sejak、gogu、ipha、jungjak、daejak 和 yeopcha。

② Yoshiyuki Takeda. 2001. 'Evaluation and genetic analysis of the resistance to tea grey blight in tea genetic resources in Japan', *ICOS*, 1 (II): 140–143.

树都是9世纪初期从中国杭州地区移栽过去的，这些茶树跟同一时期被独立引入朝鲜半岛的茶树是同种类的。朝鲜半岛的茶树种植主要得益于禅宗寺院，似乎也发生了一些微小的变化，从而有别于当时由中国输入的茶树，尽管有一个茶树品系后来从朝鲜半岛被带到了日本。比较而言，在最初引入茶树之后，朝鲜半岛和中国不仅在茶树的种质，而且在（种茶的）和尚之间都有紧密得多的相互交流。[①]

变种间的差异已经得到了深入的研究，在过去几百年间，许多杂交种也被培育出来。韩国茶树的
236 古“野生”茶树群落和寺院茶园显示了在叶子形状方面的形态学多样性，但依然缺乏日本那样已经占据主导地位的、新培育出来的变种。[②]在最近的几十年内，在日本占压倒性地位的最新薮北栽培种也被引进到韩国，并得到推广。[③]韩国传统培育出来的抗性栽培品种中有两个基因已经被确认，它们被分别标记为PL1和PL2，它们可以赋予茶树抵抗灰色病的能力，却使茶树易于感染茶炭疽病，这可能是因为采摘茶叶的损伤内在地伤害了茶树。在第三茬采摘之后，这一易感染性似乎也显著增强了，但在第二茬采摘后茶树炭疽病的感染范围却可以帮助茶农决定是否有必要喷杀真菌剂。[④]

在味道和香气方面，由保存在寺庙大院内以及邻近树林中的韩国“野生”茶树制作出来的寺院茶呈现出了一种独具特色的水果气味和鲜花香味。在许多韩国寺院中，绿茶和半发酵的茶都是手工制作的，他们依然还使用烤炙（tŏkkŭm，parching）和蒸青（chŭngje，steaming）的方式，以保证茶叶在最佳状态中停止氧化。人们发现在绝大多数韩国变种茶树中都含有如下香味构成成分：甲基丁烷（3-methylbutanal）、2-甲基丁醛（2-methylbutanal）、乙烯醛（trans-2-hexenal）、苯乙醛（phenylacetaldehyde）、2-苯乙醇（2-phenylethanol）、紫罗兰酮（β-ionone）、橙花椒醇（nerolidol）。在测量茶叶的成分比例和强度时，人们发现梵鱼寺（Pŏmŏ）的手工半发酵茶具有一种“令人非常舒服的”“甜蜜的”类似花香的香气，而用位于灵峰茶园（Yŏngpong Tawŏn）和丙院寺（Naewŏn temple）——这两个寺院都是高丽国时期以来的著名茶园所在地——茶园中的茶树制作出来的茶，被人们描述为流露出一种甜蜜的巧克力和丁香香味。[⑤]

在韩国，有多达5244位的茶农在3692公顷的土地上栽培了茶树，主要的种植地区位于全罗南道（South Chŏlla），它生产了全韩国超过53%的茶叶，茶树又主要是种在全罗南道的宝城郡（Posŏng）、河东郡（Hadong）和康津郡（Kangjin）等地。第二个最重要的地区是庆尚南道（South Kyŏngsang），它生产的茶叶约占韩国茶叶总产量的43%，面积较小的种植地区包括济州岛（Cheju）、全罗北道（North Chŏlla）、京畿道（Kyŏnggi）和忠清南道（South Ch'ungch'ŏng）。

1960年到1992年，韩国茶叶生产量从50吨上升到500吨，在其后的五年里，茶叶生产量增加了

---

① Satoru Matsumoto. 2001. 'Analysis of the differentiationof Japanese green tea cultivars using dna markers', *ICOS*, 1 (JS): J13–J16; Satoshi Yamaguchi. 2001. 'Summarised remarks on the origin of Japanese tea by the genetic resources study in Eastern Asia and Japan', *ICOS*, 1 (JS): J17–J20.

② Park Young-Goo and Lim Changsook. 2004. 'Genetic variation of tea populations in Korea', *ICOS*, 2: 222–223.

③ Namiko Ikeda and Young-goo Park. 2001. 'Morphological and physiological characteristics of Korean wild tea populations', *ICOS* 1 (I): 170–173.

④ Akihito Ozawa and Takuya Nishijima. 2001. 'Tolerable injury level and control threshold of the anthracnose *Colletotrichium theaesinensis* Miyake et al., on the tea crop', *ICOS*, 1 (II): 217–220.

⑤ Sung Hee Choi. 2001. 'Characterisation of the flavour of tea made from the tea found at some temples in Korea', *ICOS*, 1 (IV): 37–40.

两倍，到 1998 年达到了 1500 吨。自 2008 年开始，韩国的茶叶生产实现了又一次井喷式发展，现在每年的产量都超过了 4000 吨。但是，韩国每年人均茶叶消费量只有 104 克。[①] 大多数的韩国茶叶都是绿茶，尽管如今也有一些韩国生产商会制作红茶。今天，种植在朝鲜半岛和济州岛上的许多绿茶都被认为是品质很好、口感极佳的上等茶叶。

在 1982 年，朝鲜的前领导人金日成（Kim Il-sŏng）决定朝鲜应该生产自己的茶叶，茶树就被种植
在了朝鲜北海岸黄海南道（South Hwanghae）的康翎郡（Kangryŏng），该地处于朝韩军事边界线的正
北边。康翎郡地处黄海之滨，几乎完全被东部的海州（Haeju）湾、南部和西部的西朝鲜湾（the West 237
Korean Bay）所包围，在这个气候严寒的地方，环其四周的海岸线上形成了众多水湾和山谷，据报道，
这里所生产的绿茶和红茶品质也非常好。[②]

① Hong-Jae Kim, Ki-Ho Shin and Chang-Yong Yoon. 2007.'Green tea production and marketing in Korea', *ICOS*,3, JS-02; 用新版罗马字符拼写法的话，Pŏmŏ、Naewŏn、Yŏngpong Tawŏn、Chŏlla、Posŏng、Kangjin、Kyŏngsang、Kyŏnggi 和 Ch'ungch'ŏng 分别是 Beomeo、Naewon、Yeongbong Dawon、Jeolla、Boseong、Gangjin、Gyeongsang、Gyeonggi 和 Chungcheong。

② John Bickel. 2016. 'Mission Impossible: Reviewing teas from North Korea', 29 March 2016 (http://www.tching.com/2016/03/mission-impossible-reviewing-teas-from-north-korea/).

238

## 第四章

# 东西方的相遇：勇敢的葡萄牙人

### 陷入困境

1542年，第一批葡萄牙海员在日本登陆。1546年，商人区华利（Jorge Álvares）在鹿儿岛（Kagoshima）待了数月。一年后，也就是1547年，即沙勿略（Francis Xavier）和耶稣会传教士们抵达日本的前两年，区华利记录下了欧洲人对茶的首个模糊的提法。从他用西班牙语书写的描述中可以清楚地看出，他并不完全清楚茶是什么。

> ……他们喝大米酿制的烧酒，还有另一种不管老少人人都喝的常见饮料……在夏天是大麦水、冬天是加入某种草药的饮料。不过，我从来没有找出它们是什么草药。他们在冬天和夏天都不喝冷水。①

“大麦水”（mugicha）的提法表明日本大麦茶第一次被一位欧洲旅行者提及。

在关于印度的著作中，沙勿略投入了相当大的精力让皈依者做出忏悔，并鼓励他们揭露玷污自己的邪恶私欲。在日本，沙勿略同样对某些特定的话题表现出着迷的专注，例如“他们普遍的鸡奸行为……当时日本人的主要恶习”和“非自然的欲望在日本如此普遍”，对此他直言不讳地表示了道德

① Jeronymo Pinheiro de Almeida da Camara Manoel. 1894. *Missões dos Jesuit as no Oricnte nos séculos XVI e XVII: trabalho destinado à X sessão do Congresso lllternacional dos Oricntalistas*. Lisboa: lmprcnsa Nacional (p.115).

上的义愤。[①]然而，沙勿略显然沉浸在对日本一些风俗的尊重与好奇之中，却缺乏足够的坚韧和毅力。1549 年，在印度总督加西亚·达·萨（Garcia da Sa，1548~1549 年在任）的要求下，沙勿略撰写了一本关于印度和日本所有事物的书，书中再次提及了日本人的这种饮料：

> ……在冬天，有一种药草的水，我无法确定它们是什么药草。[②]

但是，沙勿略的其他一些更加坚持不懈的同行们所进行的调查，产生了更多内容丰富的报告。

耶稣会传教士们保持了频繁的通信，他们在通信中报告了对印度和远东国家的经验和观察。[③]在两 239
封来自日本的信件中，路易斯·阿尔梅达（Luís d'Almeida）首先描述了饮用抹茶的习惯，但给西方人留下最深刻印象的是日本人饮用热水的报告。1564 年 10 月 14 日，阿尔梅达用葡萄牙语写道，日本人会把……

> ……这种细细磨碎的草药粉末放在一个陶瓷容器里，把它和非常热的水混合，然后饮用。[④]

就在一年后的 1565 年 11 月，阿尔梅达用拉丁文写到：

> 他们喝这种高度稀释后的热水。[⑤]

路易斯·弗洛伊斯（Luis Frois）向他在中国和印度的耶稣会同僚们发送了一份类似的报告。[⑥]在 1565[⑦]年 2 月 20 日从都城（当时以“京都”闻名）发出的信件中，他写到：

---

① George Schurhammer. 1928. *St. Francis Xavier, the Apostle of India and Japan, written from authentic sources.* St Louis, Missouri: Bartholomäus Herder Book Company(pp. 220, 222); Henry James Coleridge. 1872. *The life and Letters of St. Francis Xavier*(two volumes). London: Burns and Oates (Vol. 11, pp. 116, 320 ); George Schurhammer and Joseph Wicki, eds. 1944, 1945. *Epis tolae S. Francisci Xavierii aliaque eius scripta: Nava editio ex integror, reflecta textibus, introductionibus, notis, appendicibus aucta ediderunt George Schurhammer et losephus Wicki* (two volumes). Roma:Monumenta Historica Societatis lesu;São Francisco Xavier.2006. *Obras Completas*(two volumes). Braga: Sccrctariado Nacional do Apostolado da Oracao.

② Adelino de Almeida Calado, ed. 1957. *Livro que trata das cousas da India e do Japão: Edição crítica do Códice quinhentista 5/381 da Biblioteca Municipal de Elvas*. Coimbra: Universidad de Coimbra (p. 105).

③ A two-volume compendium of this correspondence was published at Évora in 1598 by archbishop Theotonio de Bragança. An integral *fac-símile* was published in 1997: Garcia,JoséManuel, ed.,1997. *Cartas que os padreseIrmãos da Companhia de Iefus efcreuerão dos Reynos de Iapão & China aos da mefma Companhia da India, & Europa, des do anno de 1549. atè o de 1580. (Edição fac-similada da edição de Évora, 1598) (two volumes)*. Maia: Castoliva Editora.

④ Garcia, ed. (1997, 1° tomo, f.163).

⑤ Giovanni Pietro Maffei. 1588. *loam1is Petri Maffeii Bergomatis e Socictate lesv Historiarvm indicarvm libri XVI. Sclectarvm item ex India epstolarum eodem interprete libri IV. Accessit Iganatii loiolae vita postremo recognita. Et in opera singula copiosus index*. Florentiae: Apvd Philippvm lvnctam (pp. 424-425).

⑥ Garcia, ed. (1997, 1° tomo, f. 172): 'De hũa que o padre Luis Frões efcreueo da cidade do Miáco aos padres, & irmãos da Companhia de lefu, da China, & da India 20. de Feuereiro de 1565'.

⑦ 根据当时使用的儒略历（Julian calendar），在本书中，1582 年以前的文献如作为原始资料引用，其日期没有转换成公历。

为了达到这个目的，我们必须找到一个合适的人选。[①]

在冬天和夏天，他们总是喝热水，只要能承受便喝尽可能热的水。

在 1580 年[②]或之前，东方耶稣会会长范礼安（Alexandro Valignano）写到，日本的行为方式与欧洲的风俗习惯大相径庭，他们的行为方式几乎超出了人们的想象：

图 4.1　范礼安（Alexandro Valignano，1539~1606 年），他于 1581 年组织了日本第一个访欧洲使节团，这里提供的是他在 1600 年出现在一幅蚀刻版画中的介绍，标题是“*ALEXANDER VALIGNANVS SOC: IESV GENERALIS INDIARVM VISITATOR，ALTER A XAVERIO ORIENTIS APOSTOLVS. An Dni.M.D.C*”。

他们还有许多不同于其他民族的仪式和习俗，以至于他们似乎刻意特立独行以有别于其他民族。很难说这是怎么发生的，可以说日本是一个在处理事务的方式上与欧洲相反的世界，因为他们所有的行事规则都与我们如此相异，以至于他们几乎与我们的生活方式完全不同……[③]

关于喝茶，范礼安写到：

240 饭后，他们总是喝热水，不管是冬天还是夏天，因为水太烫以至于只能小口啜饮。[④]

早期如区华利、弗洛伊斯的报道和范礼安的来信，在欧洲掀起了轩然大波，在那里，茶、咖啡和可可等热饮料仍然鲜为人知。从 1584 年西班牙哈布斯堡王朝国王菲利普二世接见日本第一批访西班牙使节团时的反应可以看出，日本人喝热水的消息传开后引起了广泛的好奇心。[⑤]

日本第一个派遣至葡萄牙、西班牙和觐见罗

① Garcia, ed. (1997, 1° tomo, f. 172v).

② Josef Franz Wicki, ed. 1944. *Alessandro Valignano S.I.,Historia del Principio y Progresso de la Compañía de Jesús en las Indias Orientales (1542–1564).* Rome: Institutum Historicum (Vol. i, p. 86).

③ Wicki(1944,Texte, Cap.18:142).

④ Wicki（1944, Texte,Cap.18:146）.

⑤ Guido Gualtieri. 1586. *Relationi della Venvta degli Ambasciatori Giaponesi a Roma fino alla partita di Lisbona.* Roma: Franceſco Zannetti (p. 10: '… nel fine del mangiare coſi l'eſtate, come l'inuerno, beono vn buon bicchiero d'acqua tanto calda, che non fatica, & non altrimente che à poco à poco ſipuo inghiottire'); Eduardo de Sande. 1590. *De Missione Legatorvm Iaponenſium ad Romanam curiam, rebuſq; in Europa, ac toto itinere animaduerſis Dialogvs.* Macau 'In Macaenſi portu Sinici regni': in domo Societatis iesv; cf. 1593. *Cartas do Iapam nas qvaes se trata da chegada a quelles partes dos fidalgos Iapões que vierão, da muita Chriſtandade que ſe fez no tempo da perſeguição do tyrano, das guerras que ouue, & de como Quambacudono ſe acabou de fazer ſe-nhor abſoluto dos 66. Reynos que ha no Iapão, & de outras couſas tocantes às partes da India, & au grão Mogor.* Liſboa: Em caſa de Simão Lopez.

马教皇格列高利十三世（Gregory XIII）的使团（embassy）①出访活动是由意大利耶稣会士范礼安 241
策划的，于 1581 年 12 月由他与大友义镇（daimyo Ōtomo Yoshishige，1530~1587 年）、大村纯忠（daimyo Omura Sumitada，1533~1587 年）联合组建。大友义镇也被称为大友宗麟（Ōtomo Sorin），葡萄牙名为 Francisco、Francesco；大村纯忠的葡萄牙名为 Bartholomeu。日本使团人员是受耶稣会士影响皈依基督教的年轻人。这群少年使节的首领是伊东祐益（Ito Sukemasu），受洗名为伊藤曼乔（Itō Mancio），12 岁，是大友义镇的侄子；另一人是千千石清左卫门（Chijiwa Seizaemon），受洗名为米格尔，14 岁，作为大村纯忠和贵族有马晴信（Arima Harunobu ，1567~1612 年）——葡萄牙名为 Protasio——的使者；还有两名学生，即 12 岁的中浦吉利安（Nakaura Julião）和 13 岁的原马蒂斯（Hara Martinho），作为九州岛耶稣会教会学校的代表出使。

图 4.2　范礼安的签名。

使团于 1582 年 2 月 20 日在长崎登船，首先经澳门、马六甲和科钦到达果阿，再从那里经圣赫勒拿到塔古斯河口。1584 年 8 月 1 日，特使们在里斯本登陆时，距他们在日本登船起航已有两年半之久。当他们终于在 1590 年 7 月回到长崎时，这些日本贵族们比他们离开日本时长大了 8 岁。鉴

① In the article 'The tale of tea', which appeared in *The Magazine* (January 2014, issue 3, pp. 246–257), editorial intervention changed the author's formulation 'when the first *embassy* from Japan to the West arrived in Europe on the 14th of November 1584' into the factually incorrect 'when the first Japanese embassy in the West opened in Europe on November 14th, 1584'. Whereas the original formulation used embassy in its historical sense of a deputation or mission sent from a foreign state, the editor's rewording anachronistically suggested the existence in 16th century Spain of a building permanently housing a Japanese ambassadorial representation. By the same token, to say that 'Jan Huygen van Linschoten, had sailed on Portuguese ships to Japan' is not quite the same thing as saying 'Jan Huygen van Linschoten, had sailed on Portuguese ships, which plied the seas between Europe and Japan'. Historical records indicate that van Linschoten did not travel further east than Goa. However, at Goa he did meet his countryman Dirk Gerritsz. Pomp, who likewise hailed from Enkhuizen and who had sailed under the Portuguese flag to both Japan andChina, and whose observations were incorporated by van Linschoten into his *Reysghefchrift*, published in 1595, and in the *Itinerario*, published in 1596, alongside all the knowledge that van Linschoten had gleaned from the Portuguese. A more general issue is the trend whereby modern editorial boards attempt to destroy the orthography of European proper names and tamper with historical spellings by enforcing semi-literate guidelines, an Americanised use of punctuation marks or monstrosities such as the *Chicago Manual of Style*. The practice of *verschlimmbessern* by less erudite editors has become so widespread that even some editors of Oxford handbooks sometimes ineptly tamper with good English spellings, replacing them with Americanised orthographies. At this juncture, I consider myself most fortunate to be able to thank Paddy Booz for his meticulous copy editing.

图 4.3　在日本京都大学图书馆，有一幅由迈克尔・马格纳（Michæl Manger）于 1586 年在奥格斯堡印制的 37 x 30.7 厘米的彩色画像，名为“来自日本岛的新消息”，描述了 1585 年 3 月由四名使节组成的日本使团觐见教皇格列高利十三世的场景。

于这一旅程所耗费的时间之久，范礼安选择年轻小伙子作为特使的决定是一个审慎的选择。当这些年轻贵族们回到日本时，他们的变化如此之大，以至于他们的母亲都认不出他们了。[①] 在欧洲印刷
242 术使用早期，日本使者在西方的到访和逗留引起了媒体的轰动，1585~1593 年出版了超过 78 本关于他们出使的书，其中超过一半是 1585 年他们到访罗马 [②] 当年出版的。

1584 年 11 月 14 日，菲利浦二世国王首次在埃斯科里亚尔（Escorial）接见这四位日本使节时，年轻的贵族们向伊比利亚宫廷赠送了各种礼物，并为由于启程仓促而未能准备更为高档珍贵的礼物而道歉。他们的礼物之一是一只瓷杯。护送这些人进宫廷的耶稣会神父迪奥戈・德・梅斯基塔（Diogo de

① Michael Cooper, S.J. 1974. *Rodriques the Interpreter: An Early Jesuit in Japan and China.* New York: John Weath-erhill (pp. 70–72); Maria Manuela Silva e José Mar-inho Álvares. 1986. ‘A primeira embaixada japonesa à Europa, 1582–1586: Significado epocal da viagem’, pp. 25–44 in *Ensaios Luso-Nipónicos*. Lisboa: A. Coelho Dias, Lda.

② Adriana Boscaro. 1973. *Sixteenth Century European Printed Works on the First Japanese Mission to Europe: A Descriptive Bibliography.* Leiden: E.J. Brill.

Mesquita）向西班牙国王解释说，这个杯子是用来喝米酒的。①

> 国王回答说："这是怎么回事？他们不喝热水吗？"牧师回答说："他们喝热水，但他们也酿酒。"国王继续回问他们是否只在冬天喝热水。神父回答说，他们总是喝热水，这使国王大吃一惊。国王感到惊讶是有理由的，因为他们在夏天喝热水，在冬天却喝用雪冰镇的水。②

243

欧洲人对热饮的惊讶可能会让现代读者感到意外。然而，即使在今天，当欧洲游客到达尼泊尔，被提供一杯普通的热水饮用时，仍然会有一种惊讶的感觉，因为欧洲人已经养成了在寒冷季节喝冷水的习俗。如今，在喜马拉雅山区，许多西方人仍然对白开水这种饮料感到惊讶，因此不难想象16世纪欧洲人对茶、咖啡和可可一无所知时的惊讶之情。

图4.4　日本使节伊东祐益15岁时接受了曼乔（Mancio）的洗礼，多明尼克·丁托列托（Domenico Tintoreto）绘于1585年。在这幅画的背面刻着："D. 曼西尼波特·德尔·雷·迪·菲根加·安布西亚托尔 . 德尔·弗朗西斯。BVGnocingvaa Sva San（Tit.），MDXXCV"'，54×43厘米，米兰：特里武尔齐奥基金会。

在埃斯科里亚尔的宣讲结束后，日本使节团从阿利坎特（Alicante）航行到里窝那（Leghorn），使节们于3月1日下船，从那里经比萨、佛罗伦萨和锡耶纳前往罗马，并于1585年3月23日在罗马与教皇格列高利十三世会面。1585年6月3日，使节们离开罗马，访问了阿西西、洛雷托、安科纳、博洛尼亚、费拉拉、威尼斯、维罗纳、米兰和热那亚。他们在威尼斯潟湖的逗留从1585年6月26日持续到7月2日。在威尼斯，多明尼克·丁托列托（Domenico Tintoretto，1560~1635年），即雅格布·罗布斯提·丁托列托（Jacopo Robusti Tintoretto，1518~1594年）之子绘制

① 耶稣会神父迪奥戈·德·梅斯基塔在29岁时从长崎出发陪同日本使节团前往罗马。一名耶稣会的兄弟是来自日本谏早的年轻人，上船时只有20岁，只记得他的欧洲名字叫豪尔赫·罗耀拉（Jorge Loyola），陪同这些年轻的使者担任秘书和翻译。在返程途中，罗耀拉于1589年8月在澳门死于肺痨，享年27岁。在旅途中，德·梅斯基塔辅导这四个男孩的拉丁语，罗耀拉则辅导他们日语。被葡萄牙人叫作康斯坦蒂诺·杜拉多（Constantino Dourado）和阿戈斯蒂尼奥（Agostinho）的两个日本男孩让人记忆犹新，他们还作为随行人员全程陪同使团。（João do Amaral Abranches Pinto, Yoshitomo Okamoto et Henri Bernard. 1942. *La Première Ambassade du Japon en Europe, 1582–1592, Première Partie: Le traité du père Fróis (texte portugais)* [Monumenta Nipponica Mono-graph № 6]. Tokyo: Sophia University; Michael Cooper. 2005. *The Japanese Mission to Europe, 1582–1590.* Kent: Global Oriental）。

② do Amaral Abranches Pinto, Okamoto et Bernard(op.cit., p. 88).

了一幅日本代表团团长的肖像。① 从热那亚航行到巴塞罗那后，他们经由马德里返回里斯本。最后，日本使节团于 1586 年 4 月 13 日从里斯本启程，向东经莫桑比克、梅林德（马林迪）、果阿、科钦、马六甲和澳门返航。四年后，也就是 1590② 年 7 月 21 日，使节们在长崎下船。

当我们读到诸如日本使团在埃斯科里亚尔（西班牙）相关经历的文献时，激起我们兴趣的并不是当时关于日本的文字内容，因为对日本的描述对于现在我们所有人来说已经比较熟悉。相反，当时欧洲人对东方事物的反应倒是让我们感到很好奇。1585 年 6 月，在九州（Kyūshū）堀川（Horikawa）河口的加津佐（Kazusa）村，弗洛伊斯写了一篇关于日本人和欧洲人差异的论文。在他长长的列表中，每一章的对比都有编号。例如，第六章的开头如下：

> 吃东西的时候我们都是直接用手，但是日本人不管男人、女人还是孩子，都用两根“木棍”夹着东西吃。③

244 今天大家都知道日本人用筷子吃饭。然而，今天许多人并不知道，在欧洲殖民扩张之初，大多数西方人仍然用手吃饭。与饮食习惯等外部行为相比，欧洲人发生的心理变化更为引人注目，而弗洛伊斯对这种变化描述得十分精准。对于现代欧洲人来说，阅读弗洛伊斯是一种时间旅行。然而，弗洛伊斯文章的目的是用对日本的描述让他的西方同时代人感到惊讶，而不是用自己那个时代的欧洲方式来让未来的读者感到惊讶。诺贝特·埃利亚斯（Norbert Elias）敏锐地记录了西方人心理和情感的变化，他在这方面的著作值得大力推荐。④

## 245 丝绸之路上的茶

在西方文献中，最早提到茶的是两名阿拉伯旅行者，他们听到的茶的名字源自尤塞贝·雷诺多（Eusebe Renaudot）的法语手抄本，茶以“Sa”或“Cha”的形式流传下来。这两次到中国的旅行发生在伊斯兰历 237 年和 264 年（即公元 851 年和公元 877 年），也就是马可·波罗之前的 4 个世纪，旅

① Paola di Rico. 2014. “L’ambasciatore giapponese di Domenico Tintoretto”, pp. 83-94 in Sergio Marinelli, ed., *Aldebaran II, Storia dell’Arte.* Milano: Fondazione Trivulzio.

② The Italian port of Livorno is traditionally known in English as *Leghorn*. The Portuguese colony of Macau is conventionally written as *Macao* in English as well as in French, where this orthography yields a lovely trisyllabic Gallic pronunciation.

③ Josef Franz Schütte, ed. 1955. Luís Fróis S.J.—Kultur-gegensätze Europa-Japan (1585): *Tratado em que se contem muito susinta e abreviadamente algumas contradições e diferenças de custumes antre a gente de Europa e esta provincia de Japão.* Tokyo: Sophia University (Cap. 6: 1, p. 170). In addition to Schütte’s priceless 1955 edition of the deteriorating manuscript which they found in the library of the Académia de la História in Madrid, a popular Portuguese edition is now also available: Luís Fróis. 2001. *Tratado das Contradições e Diferenças de Costumes entre a Europa e o Japão* (Rui Manuel Loureiro, ed.). Macao: Instituto Português do Oriente.

④ Norbert Elias. 1939. *Über den Prozess der Zivilisation: Soziogenetische und psychogenetische Untersuchungen* (two volumes). Basel: Verlag Haus zum Falken. 埃利亚斯的这部作品于 1969 年再版，后来被翻译成法语、英语、荷兰语和其他语言。来自卡塞尔和不莱梅的目空一切的汉斯·彼得·杜尔（Hans Peter Duerr），用五卷本的长篇大论，从其 1988 年的《赤裸与羞耻》（*Frankfurt Ammain:Suhrkamp Verlag*）开始，就自以为是地故意曲解和质疑埃利亚斯的理论，可悲的是他从来就没有抓住埃利亚斯思想的真正主旨。

行记录保存在查尔斯·埃列诺尔·科尔伯特·德·塞涅利伯爵（Charles Éléonor Colbert de Seignelay，1689~1747 年）私人图书馆一份晚近的手稿中，雷诺多将这份手稿的日期判定为伊斯兰历 569 年（即公元 1573 年）之前。[1] 这两次记录中的两名阿拉伯人是横渡公海航行到中国的。

然而，西方首次提到茶的出版资料，却不是通过公海到达欧洲的。现存最早的印刷证明可以追溯到公元 1559 年，这份记录了茶的报告表明，茶是通过丝绸之路到达威尼斯亚得里亚海港口的。然而，威尼斯的马可·波罗（Marco Polo，1254~1324 年）在他现存最古老的作品中似乎没有提到茶。[2] 这可能是因为他觉得这种饮料太琐碎平常了，[3] 也可能是因为当时建立元朝的蒙古人没有像之前的汉人那样嗜好茶。同样，方济各会传教士威廉·范·鲁布鲁克（Willem van Rubroeck）[4] 在 1253 年至 1255 年从佛兰德斯（Flanders）由陆路前往喀喇昆仑山脉（Qaraqoram）地区的金帐汗国（khan of the Golden Horde），他经常提到饮用发酵的马奶和酸奶，以及大量饮用大米或小米酿造的酒，但也同样从未提及茶。[5]

1271 年到 1295 年，马可·波罗的陆路旅行使他沿着一个古老的陆路贸易路线网络前行，这个贸易路线网络自从古希腊罗马时代以来就一直在中国和地中海盆地之间延伸。1877 年，费迪南·冯·李希霍芬（Ferdinand von Richthofen）首次将陆路贸易路线网统称为“丝绸之路”。[6] 他还用更古老的名字“Sererstrasse”来指代这些贸易路线，Serer 是德语中拉丁语 Seres 或希腊语 Σῆρες 的译名，意思是生活在天山东部的一个民族。帕提亚人从他们称为“赛里斯人”（Seres）的地盘上把丝绸带到了希腊和罗马。但“赛里斯人”一词究竟是指中原汉人，还是指吐火罗人（Tocharians）、回鹘人（Uighur）等陆上贸易的中间人，目前还没有定论。

丝绸在希腊语中被命名为“σηρικόν”，在拉丁语中被命名为“sericum”，而这种商品的原产地被称为“塞里卡”（Serica）。“塞里卡”这个名字是中国最古老的西方名字，虽然这个名字可能严格意义上指的只是今天中国的西北部地区。早在茶叶出现之前，中国就以生丝、丝绸制品和其他商品而闻名于西方，这些商品从东方沿着丝绸之路传播到拜占庭和威尼斯。丝绸之路的贸易在汉唐时期兴盛起来，在宋朝开始走向衰落，然后到 16 世纪晚期变成了涓涓细流逐渐消失。有人认为，不仅欧洲海运贸易的 246
竞争发挥了作用，而且陆路贸易的绝对成本和新的风险上升也是当时丝绸之路式微的主要原因。明清时期，中国与波斯和中亚的贸易也比较少。[7]

当第一份关于茶叶的报告抵达威尼斯时，这个繁荣富强的城市拥有一支庞大的舰队，并且作为一个主要的艺术和学术中心而蓬勃发展。然而，作为一个地中海帝国，威尼斯因奥斯曼人的到来而陷入

① Abbé Eusèbe Renaudot 1718. *Anciennes Relations des Indes et de la Chine, de deux Voyageurs Mahometans, qui y allerent dans le neuviéme ſiecle; traduits d'arabe avec Des Remarques ſur les principaux endroits de ces Relations.* Paris Chez Jean-Baptiste Coignard, Imprimeur ordinaire du Roy (pp. XXX-XXXJ, 222–227).

② Guiznard( 1983, op.cit. ) .

③ Igor de Rachewiltz. 1997. ‘Marco Polo went to China’,*Zentralasiatische Studien*, 27: 34–92.

④ Rubroeck 小镇现在位于卡塞尔附近的法国西弗兰德斯，在法语中小镇的名字叫 Rubrouck。

⑤ William Woodville Rockhill, trans. & ed. 1900. *The Journey of William of Rubruck to the Eastern Parts of the World 1253–55, as narrated by himself.* London: The Hakluyt Society.

⑥ Ferdinand Freiherr von Richthofen. 1877. *China: Ergeb nisse eigener Reisen und darauf gegründeter Studien (Erster Band, einleitender Theil)*. Berlin: Verlag von Diet-rich Reimer.

⑦ Morris Rossabi. 1990. ‘The “decline” of the central Asian caravan trade’, pp. 351–370 in James D. Tracy, ed., *The Rise of Merchant Empires: Long-Distance Trade in the Early Modern World, 1350–1750.* Cambridge: Cambridge University Press.

衰落，这种在 15 世纪末和 16 世纪初的衰落是两个因素共同导致的。其中一个因素早在 10 世纪就已开始了，当时中亚大草原上的乌古斯人分裂，向南迁移到雅克萨特河岸。在这里，今天操土库曼语和阿塞拜疆语的这些人的祖先皈依了伊斯兰教。在塞尔柱帝国统治时期，他们又通过伊朗迁移到黎凡特，身后留下了一片废墟。11 世纪，土耳其人在小亚细亚东部拜占庭帝国的安纳托利亚地区获得了一个立足点，到 12 世纪时，他们扩张到今天土耳其的大部分地区。

13 世纪，蒙古人的入侵瓦解了塞尔柱帝国，但在 1291 年，土耳其人在奥斯曼一世的统治下重新团结起来，奥斯曼一世在小亚细亚西北部建立了一个酋长国。1453 年，他的继任者之一，穆罕默德二世征服了君士坦丁堡。1461 年，特里比松也落入土耳其人手中。奥斯曼的征服封锁了通往东部的陆上商队路线的主要出口。作为海军强国崛起的奥斯曼帝国从 1463 年到 1479 年对威尼斯人发动了战争，并从威尼斯人那里夺取了当时被称为埃维亚岛（Euboea）的尼葛洛庞帝（Negroponte）的爱琴海诸岛（Aeaean islands），以及利姆诺斯岛（Lemnos）和阿尔巴尼亚（Albania Veneta）。威尼斯继续与撒拉逊人在大马士革、提尔、安提阿和亚历山大进行贸易，并在 1479 年后恢复与君士坦丁堡的贸易。每年大约有十几艘威尼斯圆形帆船和六七艘大型帆船在地中海和威尼斯之间运送货物。[①]

与此同时，第二个促使威尼斯成为欧亚贸易商业中心的发展进程是在 15 世纪上半叶由恩里克开始的。几十年后，在西班牙王室的资助下，热那亚水手克里斯托弗·哥伦布（Cristoforo Colombo）——他的英文名叫作“Chrsitopher Columbus”，西班牙名叫作“Cristóbal Colón”——发现了新大陆，并于 1492 年 10 月 12 日在巴哈马群岛登陆。1498 年 5 月 20 日，瓦斯科·达·伽马（Vasco da Gama）绕过好望角抵达印度，于是葡萄牙成为一个与远东开展贸易的海上强国。在他们第一次登陆卡里卡特（Calicut）的 10 年内，葡萄牙人开始主导非洲和亚洲的海上贸易。

1499 年至 1503 年，威尼斯与奥斯曼帝国就爱琴海、爱奥尼亚海和亚得里亚海展开了第二次战争，威尼斯失去了对爱琴海中几个岛屿和莫拉要塞的控制，这一地区就是威尼斯人所熟知的伯罗奔尼撒半岛。1516 年，奥斯曼帝国取代了马穆鲁克（Mamluk）王朝占领了埃及大部分地区，使得马穆鲁克王朝沦为傀儡统治者。随后，1517 年奥斯曼人占领了亚历山大和黎凡特，这条热门的海上航线对欧洲贸易商关闭。威尼斯和奥斯曼帝国之间的第三次战争于 1537 年至 1540 年爆发，伯罗奔尼撒半岛上最后的据点基克拉底斯、斯波拉底斯和威尼斯被土耳其人占领。

247 具有讽刺意味的是，正是在 1559 年威尼斯人与亚洲贸易下降的时期，茶首次在威尼斯人的一份出版物中以“中国茶”（Chiai Catai）的名字被提及。这一最早的证明出现在乔瓦尼·巴蒂斯塔·拉穆西奥（Giovanni Battista Ramusio）的《航海旅行记》第二卷。[②] 地理学家拉穆西奥为威尼斯共和国十人委员会工作，该委员会统治了包括威尼斯在内的亚得里亚海沿岸的大部分地区，这些地区通过贸易往来繁荣起

① Carla Rahn Phillips. 1990. ‘The growth and composition of trade in the Iberian empires, 1450–1750’, pp. 34–101 in James D. Tracy, ed., *The Rise of Merchant Empires: Long-Distance Trade in the Early Modern World, 1350–1750*. Cambridge: Cambridge University Press.

② 意大利商人尼科洛·德·孔蒂（Niccolo de' Conti）1414~1439 年由陆路到达亚洲，然后乘船到苏门答腊和爪哇，而后到达中南半岛的占城，他没有提到过茶。[Geneviève Bouchon, Anne-Laure Amilhat-Szary et Diane Ménard. 2004. *Le voyage aux Indes de Nicolò de' Conti (1414–1439)*. Paris: Chandeigne].

来，被称为“威尼斯共和国”或“最宁静的威尼斯共和国”。[①] 拉穆西奥收集了探险家和旅行者的第一手资料，并在《航海旅行记》第三卷中将这些资料翻译成意大利语。第一卷和第三卷分别于 1550 年和 1556 年出版，其中第二卷手稿在第一次出版时提到了茶，却在一场大火中被毁，以至于第二卷在拉穆西奥去世两年后的 1559 年才出版。

下面的段落，包含在第二卷的说明中，讲述了波斯商人查吉・梅梅特（Chaggi Memet）的故事，他将茶称为“Chiai”。

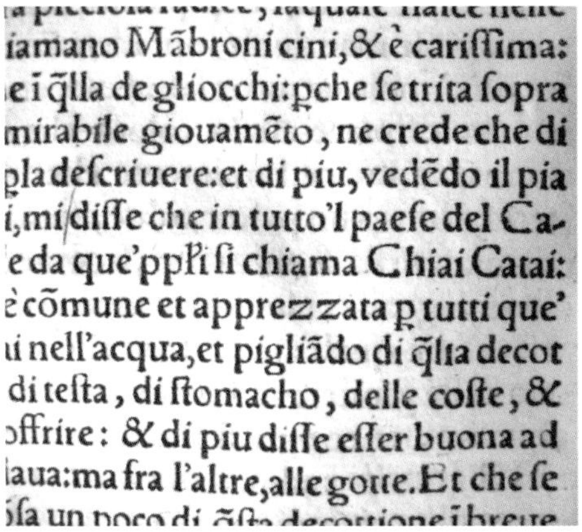

iamano Mābroni cini, & è cariſſima:
e i q̃lla de gliocchi: pche ſe trita ſopra
mirabile giouamẽto, ne crede che di
pla deſcriuere: et di piu, vedẽdo il pia
i, mi diſſe che in tutto'l paeſe del Ca-
e da que'ppli ſi chiama Chiai Catai:
è cõmune et apprezzata p tutti que'
i nell'acqua, et pigliãdo di q̃lla decot
di teſta, di ſtomacho, delle coſte, &
offrire: & di piu diſſe eſſer buona ad
aua: ma fra l'altre, alle gotte. Et che ſe

图 4.5　1559 年在威尼斯出版的乔瓦尼・巴蒂斯塔・拉穆西奥的《航海与旅行记》第二卷中的“中国的茶”，这是第一次提到茶叶的西方文献。

他告诉我一些新奇又令人愉快的事情。他 248
说，在整个中国，人们用另一种药草，或者更确切地说是使用它的叶子，这些叶子被称为“中国茶”。它生长在中国被称为“河间府”（Cacianfu）[②] 的部分地区，并在全国范围内受到欢迎和使用。他们把这种药草，不管是干的还是新鲜的，都放在水里煮。空腹喝一到两杯这种汤可以缓解发烧、头痛、胃痛、腰痛或关节痛，同时尽可能地趁热喝这种水。他说，此外，这种草药水对无数其他的疾病都有疗效，比如痛风就是其中之一，而其他大多数疾病的名称他甚至都不记得了。如果由于吃得过多，胃感到发胀和沉重，那么喝一点点这种汤将有助于在短时间内消化食物。它被如此珍视，没人在旅行时能缺少它，人们会很乐意用一袋大黄（即干的药用大黄）换取只是一盎司的中国茶叶。中国人说，如果波斯人或法国人知道还有这种东西，商人们会毫无疑问地停止购买他们所谓的大黄（转而买茶叶）。

波斯商人查吉・梅梅特把中国茶叶称为 čā-ye khatāi。在中亚的突厥语族，比如维吾尔语、乌兹别克语或哈萨克语，现在世界上茶的名字分别是 čāī、čoi̯ 和 šai̯。然而，这个突厥语单词传统上是用波斯文 čāi چای 书写的，而在罗马拼字法中，这个单词写作 çay，用西里尔字母写作 чай。不过，这个中亚单词似乎并非一开始属于突厥语，而是从波斯语重新引入突厥语和其他语言的，波斯语的第一部分 čā-ye khatāi 即 tea of cathay，被借作“茶”的单词，波斯语所有格的结尾 eẓāfe 被误认为是茶的一部分。[③] 中亚土耳其人用这种迂回的方式接纳了波斯语，然后把他们写作 čāi چای 的茶字传回给了波斯人。结

① 在同时期的资料中，威尼斯共和国也被称为“最宁静的威尼斯共和国”，或者更多地被称为“最宁静的共和国”。

② 乔瓦尼・巴蒂斯塔・巴尔德利・博尼伯爵将马可・波罗的 Caianfu 和陕西省的华州联系起来，而朱利乌斯・冯・克拉普罗思将 Cacianfu 确定为“河中府”的蒙古语原名，现为山西省的蒲州府（Giovanni Battista Baldelli Boni. 1827. *Il Milione di Messer Marco Polo Viniziano secondo la lezione Ramusiana*. Firenze: da'Torchi di Giuseppe Pagani, Vol. 2, pp. 243–245; Julius von Klaproth. 1828. 'Remarques géographiques sur les provinces occidentales de la Chine décrites par Marco Polo', *Nouveau Journal Asiatique*, 2e Série, 1: 97–120, esp. p. 102）。

③ João Teles e Cunha. 2002. 'Chá—A sociabilização da bebida em Portugal: séculos XVI–XVIII', pp. 289–329 in Luís Filipe F.R. Thomaz, ed., *Aquém e Além de Taprobana: Estudos Luso-Orientais à Memória de Jean Aubin e Denys Lombard*. Lisboa: Centro de História de Além-Mar, Faculdade de Ciências Sociais e Humanas, Universidade Nova de Lisboa (p. 297).

图 4.6 圣·文森特（St.Vincent）祭坛多联屏风画中描绘的航海家亨利形象。

果，俄国人发明了他们的单词 чай čai̯，而说印地语的人发明了单词 cāy चाय。阿拉伯语 šāī شاي（茶）来自同一个词源，首字母 š 代替音素 č，这在阿拉伯语拼音中原本是不存在的。

在接下来的几十年里，有关茶的新闻在意大利北部的知识界开始传播。1583 年，乔瓦尼·博特罗（Giovanni Botero）在都灵撰文指出茶有益健康，并将茶有益健康的特性与西方的饮酒习惯进行了对比。然而，博特罗却没有提到这种当时人们还不熟悉的商品的实际名称。

249 他们还从一种药草中提取一种精致的汁液，用它来款待自己而不是饮酒，这能使他们保持健康，远离那些因过度饮酒而在我们身上引起的疾病。①

## 起航前往日本

欧洲的殖民扩张始于被称为航海家亨利的阿维斯亲王唐·恩里克（Dom Henrique de Avis），英文名“Prince Henry”。亨利于 1394 年出生在波尔图，是葡萄牙国王约翰一世和英国国王亨利四世的妹妹兰开斯特王后菲利帕的
250 第四个儿子。② 亨利献身于基督教信仰而进行反伊斯兰运动。1415 年，亨利和他的父亲及兄弟们成功地袭击了穆斯林的休达港，亨利在那里富有激情和凶猛的武装战斗使他声名远扬。

亨利从未结过婚，他鄙视与女人为伍。他从宫廷青年人中挑选船长，进行他那著名的探险之旅。在家里，他还蓄养着北非奴隶，这些奴隶是他定期在北非海岸采购的。在一篇对王子的颂文中，戈梅斯·埃亚内斯·德·祖拉拉（Gomes Eanes de Zurara，1410~1474 年）赞扬了亨利的贞洁，并记录了他对女人的厌恶，以及他把年轻男人和男孩们作为奴隶关在自己房间里的偏好。③1506 年，航海家杜阿尔特·帕切科·佩雷拉（Duarte Pacheco Pereira，1460~1533 年）在他的手稿《世界概览》（*Esmeraldo de*

① Giovanni Botero. 1583. *Delle Cavse della Grandezza delle Citta, Libri III*. Roma: Apreſſo Giouanni Martinelli (p. 61).

② The first elder brother Afonso, born in 1390, died in infancy. Most extant books on Portuguese history falsely depict Henry the Navigator using what is evid ently the image of his elder brother Duarte or king Edward of Portugal (*regnabat* 1433–1438), wearing a large dark headdress or *chapeirão*, as portrayed on the third panel of the polyptych of the veneration of St. Vincent, kept in the *Museu Nacional de Arte Antiga*. In fact, the only known contemporaneous depiction of Henry is contained in the same painting, with the famous nav igator shown as a kneeling bareheaded blond knight in the fifth of the six panels of the polyptych (Dagoberto Lobato Markl. 1988. *O retábulo de São Vicente da Sé de Lisboa e os documentos*. Lisboa: Caminho).

③ Gomes Eanes de Zurara. 1978, 1981. *Crónica dos feitos notáveis que se passaram na conquista da Guiné por mandado do Infant D. Henrique* (two volumes). Lisboa: Academia Portuguesa da História.

*Situ Orbis*）中同样记录了亨利王子对女性伴侣的嫌弃，他在萨格里斯风沙弥漫的圣·文森特海角建立了他的海员之家，还从马略卡岛请来了一位名叫杰克姆的制图师担任制图和航海方面的老师。

> ……在休达（Ceuta）被他的父亲（国王）攻克后的几年，亨利为自己在圣文森特角的海军建造了这座别墅，这个神圣的海角曾以另一个名字为人们所熟知。别墅坐落在萨格里斯的海湾，在这里他可以远离世界的痛苦和邪恶，一直过着崇高而纯洁的生活。他从来不结识女人，也从来不喝酒，从来没有人看到他沉迷于任何其他可能受到谴责的恶习…… 他从马略卡岛请来了一位海军航海图大师杰克姆，这种地图就是在马略卡岛上第一次被制作出来的。他送去了许多礼物，因为他听说在这些领域里杰克姆是真正的开创者和大师，是杰克姆教会人们生活在这个时代所需学习的所有东西……①

一个多世纪后，即1625年，塞缪尔·普恰斯（Samuel Purchas）在一部长篇著作中用英语重复了这一说法。

> 这位赫赫有名的亨利，以他在塞普塔（Cepta）对抗异教徒的英勇充分证明了自己的勇气。作为基督骑士团（该骑士团的建立曾被用于维持对摩尔人的战争，后来被驱逐出葡萄牙）的首领，亨利征服了其
> 他人从未征服过的地域，并发现了当时人 251
> 们尚未发现的国度，由此提升了自己的荣誉和权威。此后，他在自己的独栋庄园里度过了余生，并致力于研究数学：为此，他选择了来自圣·文森特海角的智者艾尔（Ayre）……他也从马略卡岛（Maiorca）请来了一位叫伊姆斯（Iames）的大师，此人擅长航海，精于使用纸牌（占卜）和航海仪器。此人被请到了葡萄牙，负责建造一所海军舰船学校，并在传授航海技艺上

图4.7　在贝伦（Belém）的航海家亨利雕像。

① Duarte Pacheco Pereira. [posthumous copy of manu script made after 1750, kept in the Biblioteca Nacional de Portugal]. *Principio do Esmeraldo de situ orbis, feito e composto por Duarte Pacheco, caualeiro da Caza del Rey Dom João o Segundo de Portugal* (ff. $3^{1r}$, $48^{v}$); Raphael Eduardo de Azevedo Basto, ed. 1892. *Esmeraldo de Situ Orbis por Duarte Pacheco Pereira*. Lisboa: Imprensa Nacional (pp. 37, 58); cf. Duarte Pacheco Pereira. 1954. *Esmeraldo de situ orbis, com introdução e anotações his tóricas por Damião Peres* (3a edição). Lisboa: Academia Portuguesa da História.

指导国民。①

编年史家祖拉拉把亨利的出生在星盘中的重大意义归因于火星在第十一宫的显著位置，即秘密和野心的宫位。无论这位王子的星盘命运如何，可以肯定的是在启动欧洲殖民扩张的过程中亨利的个性和癖好起到了至关重要的作用，这种扩张随后改变了地球的面貌，并在全球化中留下了持久的西方印记。②

252 公元 77 年，老普林尼（Pliny the Elder，23~79 年）在他的《自然史》（*Naturalis Historia*）中记录了腓尼基人很久以前在直布罗陀西部水域遇到的岛屿潮汐。然而，随后的两千多年里，这些岛屿栖息地显然没有受到任何人类活动的干扰。马德拉群岛和亚速尔群岛以前没有人类居住，加那利群岛上却居住着关契斯（Guanches）人，他们似乎讲着与柏柏尔（Berber）语有关的口语。自从老普林尼提到金丝雀之后，欧洲人可能就再也没有去过加那利群岛。直到 1312 年热那亚水手兰塞洛托·马洛切罗（Lancelotto Malocello）再次发现它们。马洛切罗在兰萨罗特岛上居住了十多年，但最终被当地的关契斯居民赶走了。③

图 4.8　圣·文森特（St.Vincent）祭坛多联屏风画全貌。

① Samuel Purchas. 1625. *Haklvytvs Posthumus or Purchas his Pilgrimes, Contayning a History of the World, in Sea Voyages, & Lande Trauells, by Englishmen & Others* (four volumes). London: by William Stansby for Henrie Feth erftone (The fecond Booke, Chap. I, § 2, p. 5). 这样的历史见证值得仔细审视，因为一位现代葡萄牙史学家尖锐地宣称，著名的海员学校——萨格里斯的特萨海军，代表着一个与历史无关的神话。(Sérgio Luís de Carvalho. 2015. *Equívocos, enganos e falsificações da história de Portugal*. Lisboa: Planeta, pp. 86–88).

② 罗素只是间接地提到亨利的自然人性倾向，而约翰逊在一篇短文和一篇长论文中明确地讨论了王子的倾向，后者则是对詹姆·科特索关于葡萄牙哥伦布在新世界探索的史学立场的批判 (Peter Edward Russell 2000. *Prince Henry The Navigator: A Life*. New Haven: Yale University Press; Harold B. Johnson. 2003. 'O carater do infante D. Henrique: uma abordagem freudiana', *Textos de História*,11(u/2): 217-244; Harold B. Johnson. 2004. *Dois estudos polémicos*. Tucson, Arizona: Fenestra Books).

③ José Juan Suárez Acosta, Felix Rodriguez Lorenzo, Carmelo L. Quintero Padrón. 1988. *Conquista y Colonización*. Santa Cruz de Tenerife: Centro de la Cultura Pop ular Canaria (p. 23).

1341 年夏天，佛罗伦萨海员安吉利诺・安杰利努斯・德尔特吉亚・德尔科比齐（Angiolino ‘Angelinus’ del Tegghia de’ Corbizzi）和热那亚海员尼科罗奥・达雷科（Niccoloso da Recco）为葡萄牙阿方索四世国王（Afonso IV）（1325~1357 年在位）效命，率领佛罗伦萨、热那亚和西班牙海员远征加那利群岛。他们观察到关契斯人才刚刚达到新石器时代的技术发展水平。[①] 因此，90 年后，当两名法国水手让・德・贝当古（Jean de Bethencourt）和加迪弗・德・拉・萨勒（Gad if er de la Salle）在 1402 年代表卡斯蒂利亚王国（Catillian，西班牙古代王国，也译为卡斯提尔王国，西班牙语 “Reino de Castilla”，是中世纪时伊比利亚半岛上的一个王国，曾隶属于莱昂王国，后与前者以及阿拉贡王国合并，形成现代西班牙。——译者注）向关契斯人发动进攻时，关契斯人的装备极差，以至于那些印第安人部落受到了西班牙人的反复攻击和残酷屠杀。1479 年 9 月，葡萄牙根据《阿尔卡索瓦斯条约》（*Treaty of Alcasovas*）承认了卡斯蒂利亚对这些岛屿的主权。到 1496 年，整个群岛都被卡斯蒂利亚征服了。

14 世纪中期的热那亚地图显示，没有被记录的海上探险发现了更多的岛屿。[②] 历史上葡萄牙 253
人有文献记载的发现始于 1419 年，当时亨利麾下的两名侍从，若昂・贡萨尔维斯・扎尔科（Joao Goncalves Zarco）和特里斯托・瓦兹・特谢拉（Tristao Vaz Teixeira）偶然发现了无人居住的马德拉群岛（Madeira）。大约在 1425 年，这两位海员目睹了葡萄牙对马德拉的殖民统治。巴尔・特洛梅奥・帕拉斯特雷利（Bartolomeo Pallastrelli）是伦巴第骑士菲利波的儿子，他移民到葡萄牙，成为亨利家族另一位年轻的骑士，在葡萄牙语中被称为 Bartolomeu Perestrelo，他对波尔图桑托岛进行了殖民。

亚速尔群岛在 1427 年 [③] 首先被迪奥戈・德・锡尔维什（Diogo de Silves）发现，1431 年又被另一名来自亨利麾下的年轻水手贡萨洛・韦略（Gonsalo Velho）发现。在此之前，贡萨洛曾参加过休达之围的战斗，并随后在亨利的一艘海盗船上担任指挥官。1434 年，亨利家族的另外两名侍从，吉尔・埃内斯（Gil Eanes）和阿方索・贡萨尔维斯・巴尔迪亚（Afonso Gonçalves Baldaia），各自驾驶着卡拉维尔帆船沿北非海岸南下，并成为第一批越过博哈多角（Cape Bojador）的欧洲水手。博哈多角位于今天西撒哈拉海岸线的北部。由航海家亨利组织的最后一次航行发生在 1456 年，当时年轻的威尼斯水手阿尔维德・达卡・达莫斯托（Alvide da Ca’ da Mosto）发现了佛得角，并为葡萄牙王室探索了塞内加尔海岸。[④]

---

① Sebastiano Ciampi. 1826. ‘Lettera de prof. Sebastiano Ciampi, sulla scoperta dell’Isole Canarie, fatta l’anno 1341, dai navigatori Fiorentini, Genovesi e Spagnuoli’, inc. *De Canaria et de insulis ultra Hispaniam in Oceano noviter repertis*, pp. 133–147 in Giovan Pietro Vieusseux, ed., *Antologia*, XIV (ottobre, novembre dicembre 1826) Firenze: Luigi Pezzati; Sebastiano Ciampi. 1827. *Monumenti d'un Manoscritto Autografo di Messer Gio. Boccacci da Certaldo, trovati ed illustrati da Sebastiano Ciampi*. Firenze: Giuseppe Galletti (pp. 18–19).

② Charles Raymond Beazley and Edgar Prestage, transl. 1896, 1899. *The Chronicle of the Conquest and Discovery of Guinea, written by Gomes Eannes de Azurara* (two volumes). Cambridge: The Hakluyt Society (Vol. II, pp. lxxxv–lxxxvii).

③ Russell (2000:100).

④ Purchas (1625, Vol. I, The ſecond Booke, Chap. I, § 2, pp. 4–6); Jean-Paul Alaux. 1931. *Vasco de Gama ou l’épopée des Portugais aux Indes*. Paris: Éditions Du chartre; Geneviève Bouchon. 2005. ‘Les navigateurs portugais, pionniers de la découverte de l’Inde: Vasco de Gama (1469–1524)’, pp. 9–29 in Hugues Didier, ed., *Découvertes de l’Inde: de Vasco de Gama à Lord Mount batten (1497–1947)*. Paris: Kailash Editions.

图 4.9　1502 年约奥・塞拉奥（João Serrão）绘制的"无敌舰队的卡拉维尔帆船"，这是一种具有典型后帆的葡萄牙帆船，参见 1566 年《军事知识》(*Livro das Armadas*)，保存于里斯本科学院。

一旦亨利和他的水手们驶入了公海，欧洲的海上探险就不会停止。如今，日本火车站的地名不仅用日本汉字和平假名表示，而且总是用罗马字体或罗马字表示。罗马字母表在世界各国的全球化使用，以及西方文化在世界范围内的影响，都是亨利和他的水手们发起的进程的结果。这些探险既源于基督教文明与伊斯兰教的竞争，也根植于亨利喜欢在宫廷中安置年轻海员和在家里蓄养年轻北非奴隶的嗜好。1460 年，亨利死后，葡萄牙水手于 1462 年到达塞拉利昂，1471 年到达赤道，1484 年到达刚果，三年后，在 1487 年至 1488 年的航行中，葡萄牙人绕过非洲南端进入印度洋。

葡萄牙人并不是第一个绕过非洲南端的人。腓尼基人就环绕好望角航行了三年，从印度洋到大西洋，以纪念埃及法老尼科二世（前 610~ 前 595 年）的统治。希罗多德（前 484~ 前 425 年）在他的《历史》(*The Histories*) 一书中记载了环球航行的情况，但是他不相信腓尼基人自己提供的关于他们航行的记载，因为"这些人说了令人无法相信的话，尽管其他人可能会信，大意是当他们绕着利比亚的南端向西航行时，他们的右边——即北边是太阳"。[①] 希罗多德以其特有的客观性和彻底性，讲述了一件事情的所有已知版本，包括那些他自己都不相信的版本，却恰恰为腓尼基人关于他们自己在非洲的迂回航行提供了最强有力的论据，当他们向西驶向大西洋时，太阳就在他们的右舷。这种现象超出了希腊人的经验，因此不可能是凭空捏造的。

在葡萄牙人之前，也有人试图从大西洋一侧绕行非洲。1291 年 5 月，一支热那亚探险队出发，在乌戈里诺（Ugolino）和瓦迪诺・维瓦尔多（Vadino Vivaldo）兄弟俩的带领下，乘坐两条大帆船绕行非洲。他们希望通过海路到达印度，沿着摩洛哥海岸航行，最远到达"不归角"（Cabo de Nao），那里是他们最后一次露面的地方。古老的葡萄牙语名字 Cabo de Nao 就是为了纪念这一时期，并在"不归"意涵上象征着有去无回的"不归海角"。经过了"不归角"之后，维瓦尔多兄弟便再也没有露面。[②] 这个海角与一个葡萄牙谚语有关，这个谚语在航海家亨利王子时代就已经流行——"人过不归角，断头不归人"（葡萄牙语原文"Quem passar o cabo de Não, ou tornará ou não"。——译者注）。[③] 在现代地图上，摩洛哥南部海岸的这一部分被标记为"德拉亚角"（Cap Drâa）。

---

① Aubrey de Sélincourt. 1986. *Herodotus: The Histories*. Harmondsworth: Penguin Books (p. 284, Book 4, § 42).

② Hugh Chisholm, ed. '*Vivaldo, Ugolino and Sorleone de*', *Encyclopædia Britannica* (11th edition). Cambridge: Cambridge University Press (Volume XXVIII 'Vetch to Zymotic Diseases', p. 152).

③ Alexandre Magno de Castilho. 1866. *Descripção e Ro-teiro da Costa Occidental de África desde a cabo de Espar-tel até o das Agulhas*. Lisboa: Imprensa Nacional (Tomo i, pp. 57, 62–65).

1486年10月10日，葡萄牙国王约翰二世命巴托洛缪·迪亚斯（Bartolomeu Dias，1450~1500年）率领一支远征队向非洲南端航行，希望能找到一条通往印度的贸易路线，绕过穆斯林的土地，找到由中世纪传奇人物祭司王·约翰（Prester John）统治的东方王国。在亚洲，葡萄牙人希望西方基督教能够与祭司王·约翰的会众联合起来，祭司王·约翰在葡萄牙语中被称为Preste Joao，在拉丁语中被称为Presbyter johannes。这个神话般的基督教教父被认为统治着东方的一个基督教教堂，在那里信徒们在异教徒中保持着基督信仰。这个传说无疑源自对亚洲的聂斯托里安基督徒、近东的犹太基督教教堂以及在东方幸存下来的其他早期基督教形式的杂乱收集。①

图4.10　格雷戈里奥·洛佩斯（Gregorio Lopes）于1524年绘制的橡木油画的瓦斯科·达·伽马肖像（1490~1550），里斯本国家古代艺术博物馆。 255

1487年夏末，两艘卡拉维尔帆船和一艘小型横帆补给船从塔古斯河口驶出。迪亚斯（Dias）是主船“圣·克里斯托旺”号的船长，第二艘“圣·潘塔莱奥”号则由乔·因凡特（João Infante）指挥，而迪亚斯的兄弟佩罗·迪亚斯（Pero Dias）担任补给船船长。他们沿着非洲海岸向南航行。当他们在1488年1月绕过非洲的南端时经历了一场可怕的风暴，这场风暴把他们带到了遥远的南部。在经受了这场风暴之后，他们继续向北航行，直到再次看到非洲海岸。因此，迪亚斯于1488年2月4日将非洲大陆的南部海角命名为“风暴角”。他们到达今天在南非被称为莫塞尔贝（Mosselbaai）的阿瓜达德索布里斯（Aguada de Sao Bris），然后于1488年3月12日到达夸伊霍克（Kwaihoek），在那里竖起了一根被称为帕德罗（Padrao）的石柱，用来彰显葡萄牙皇家海军的力量。这时候，唯恐再也看不到他们心爱的葡萄牙的水手们恳求迪亚斯回航，焦虑的水手成功说服了他们的船长。

图4.11　路易斯·瓦兹·德·卡莫斯（Luis Vaz de Camoes），路易斯·德·雷森德（Luis de Resende）直接从费纳奥·戈梅斯（Fernao Gomes）于1577年根据现已丢失的原作复制描绘而成。当时卡莫斯还活着。

① Charles Ralph Boxer. 1969. *The Portuguese Seaborne Empire 1415–1825*. New York: Alfred A. Knopf; Charles Ralph Boxer. 2012. *O império marítimo português 1415–1825* (revista e corrigida). Lisboa: Edições 70.

在他们返回葡萄牙后，巴托洛缪·迪亚斯（Bartolomeu Dias）监督建造了两艘新船，即“圣·加布里埃尔”号和“圣·拉斐尔”号，这两艘船后来驶往印度，但已不受他的指挥。1497 年 7 月 8 日，瓦斯科·达·伽马率领一支由四艘船组成的船队从里斯本的莱斯特洛比出发，驶入塔古斯河口。达·伽马是吨位 200 吨的“圣·加布里埃尔”号（São Gabriel）的船长，而他的弟弟保罗（Paulo）是“圣·拉斐尔”号（São Rafael）的船长，尼古拉·科埃略（Nicolau Coelho）是“贝里奥”号（Bérrio）的船长，而“圣·米格尔”号（São Miguel）卡拉克供给帆船由贡萨罗·努内斯（Gonçalo Nunes）担任船长。葡萄牙国王约翰二世后来将“风暴角”改名为“好望角”，尽管这位满怀希望的君主本人从未去过那里。瓦斯科·达·伽马的船队在莫塞尔贝停泊。他们沿着非洲东部海岸，从莫塞尔贝向北，经莫桑比克（Moçambique）到达蒙巴萨（Mombasa）、马林迪（Malindi）和摩加迪沙（Mogadishu），然
256 后横渡印度洋 23 天，于 1498 年 5 月 20 日在卡利克特（Kōḻikkōḍe）以北的卡普亚（Kāppāṭ）登陆。

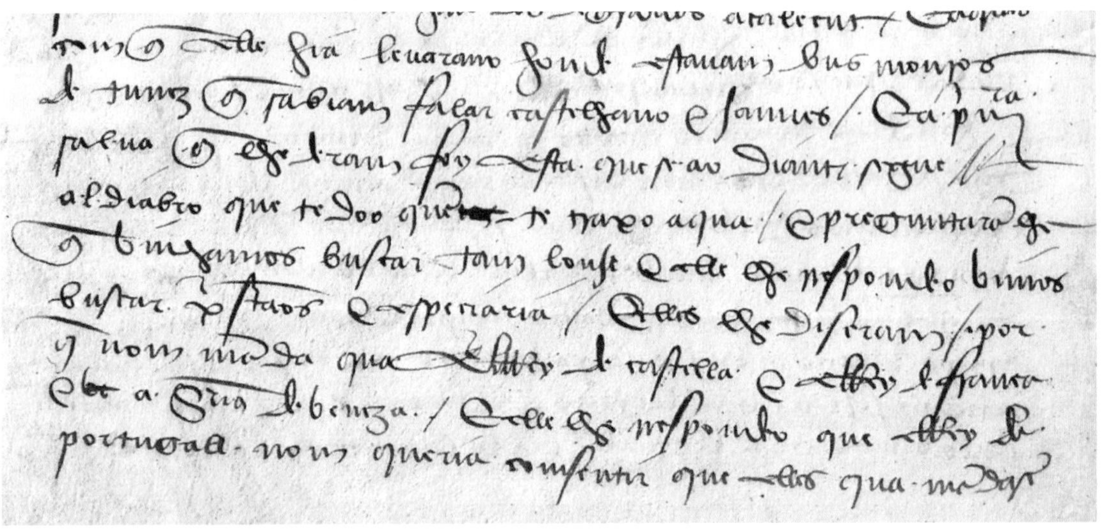

图 4.12　葡萄牙人到达印度后被告知的第一句话“魔鬼会带走你们”，波尔图市公共图书馆，第 804 号手稿。

## 受到意外欢迎

航海家亨利王子曾与穆斯林作战，他是寻求通往印度海上航线的主要推动力量，以便在不经过穆斯林地盘的情况下直接进入印度。葡萄牙人心中的宗教仇恨很是强烈，这种情绪将继续在他们与所有在旅途中遇到的人打交道时起着至关重要的作用。[①] 正是在这种心态下，葡萄牙人绕过非洲，越过印度

① 路易斯·瓦兹·德·卡莫斯（Luís Vaz de Camões，1524~1580 年）在亚洲长期旅居后，于 1553 年至 1555 年在果阿和马拉巴尔（Malabar）逗留两年，又前往红海沿岸逗留，然后于 1556 年再次到达果阿，随后驻留在马六甲，从那里他多次进入印度尼西亚，然后于 1561 年至 1568 年再次在果阿创作了史诗《路济塔尼亚人之歌》（*Os Lusiades*）。但丁·阿利吉耶里（Dante Alighieri，1265~1321 年）在 1306 年后到他去世前的一段时间里，在其《神曲》中把穆罕默德和阿里描绘成了被囚禁的地狱居民，他们被永远囚禁在那里，而路易斯·德·卡莫斯在《路济塔尼亚人之歌》中则认为先知穆罕默德就是撒旦。(Dante Alleghieri. 1472. *La Divina Commedia*. Foligno:Johannes Numeister, *Inferno*, canto XXVIII; cf. Miguel Asín Palacios. 1919. *La escatología musulmana en la «Divina Comedia»*. Madrid: Imprenta de Estanislao Maestre; Luís de Camões. 1572. *Os Lvsiadas*. Impreſſos em Lisboa, com licença da ſancta Inquiſição, & do Ordinario: em caſa de Antonio Gõçaluez Impreſſor, f. 178v)。

洋，以便能够避开他们的撒拉逊死敌的地盘。

在非洲东海岸与穆斯林或摩尔人（Moors）的几次敌对交锋中幸存下来之后，瓦斯科·达·伽马和他的部下一定会有些懊恼地发现，当他们最终到达印度时，第一个甚至是唯一他们能听得懂其所说语言的人是来自突尼斯的穆斯林商人，而这些商人见到他们所说的第一句话却是“魔鬼会带走你们”。①

> 第二天，这些小船只（从沿岸边）靠近我们的帆船，摩尔人的船长把其中一个囚犯（我们 257
> 船上的船员）送到了卡利卡特，在那里，有两个来自突尼斯的摩尔人会说卡斯蒂利亚语和热那亚语，他们（见到囚犯）说的第一句话是：“魔鬼会带走你们——是谁带你们来的？”然后他们向这个囚犯打听我们在离家这么远的地方寻找什么。这个囚犯回答说：“我们是来寻找基督徒和香料的”……后来……这个囚犯被送回到我们船上，和他一起来的是这两个摩尔人中的一个，那个摩尔人一上船就开始说这些话：“好运，好运：这里有许多红宝石，许多绿宝石，你们必须感谢上帝把你们带到了一个这么富有的地方。”当我们听到他说话时我们感到非常惊讶，我们简直不敢相信在离葡萄牙这么远的地方竟然有一个人能听懂我们的语言。②

瓦斯科·达·伽马在喀拉拉海岸登陆后，自然找不到会说葡萄牙语的人，唯一能用葡萄牙语交流的两个人原来是来自突尼斯的穆斯林商人。

对这次遭遇及穆斯林商人所说的第一句话中对魔鬼的提及，我们不禁感到讽刺意味十足。要知道，这群葡萄牙人原本就是为了躲开穆斯林，才开始了一场旨在绕开撒拉逊土地的长途航行，最终抵达这里。然而，葡萄牙水手碰巧遇到了这些穆斯林商人，对于他们来说又是幸运的。葡萄牙人的手稿清楚地表明，那名突尼斯人所说的第一句话提及魔鬼，只是由于惊讶才脱口而出，我们也许不应将其解释为不祥的预兆。根据手稿，这位惊讶的突尼斯商人登上葡萄牙船只后，其善意的话语很快便被记录在案了。手稿显示，惊讶的突尼斯商人对在亚洲水域遇到的外国朋友表示了热情的欢迎。三个月后，两名突尼斯人中的一人甚至在葡萄牙人在马拉巴尔海岸的第一次逗留结束后，与达·伽马一起返回了欧洲。③

两名突尼斯商人对卡斯蒂利亚西班牙语和热那亚意大利语的掌握，是哈西德王国与阿拉贡宫廷
和意大利城市威尼斯、热那亚保持密切联系的自然结果。虽然葡萄牙人只能通过翻译员与马拉巴尔 258
海岸的居民交流，但他们立即着手艰苦地记录这种语言。公元前 5 世纪尼多斯（Cnidos）的塞特西亚

---

① 按字面翻译更确切的是：“我为魔鬼驱逐你。”

② 这本手稿可追溯到 1500 年至 1550 年，是现存最古老的一本，据信是瓦斯科·达·伽马 1497 年至 1499 年的原始稿。这份手稿共 45 页，保存在波尔图市图书馆，原稿编号为 № 804 Roteiro da primeira viagem de Vasco da Gama à Índia, 1497–1499。引用的段落可在第 36~37 及以后各页找到。这段文字的抄本在赫库拉诺（Herculano）1861 年版手稿 (Alexandre Herculano e o Barão de Castelo de Paiva. 1861. *Roteiro da viagem de Vasco da Gama em MCCCC-XCVII (Segunda Edição)*. Lisboa: Imprensa Nacional)。马拉雅拉姆语（Malayalam）词汇可以在波尔图手稿第 89~90 页及以后各页和赫库拉诺版本中的第 116~119 页中找到。

③ Sanjay Subrahmanyam. 1997. *The Career and Legend of Vasco da Gama*. Cambridge: Cambridge University Press.

斯（Ctesias）在印度见闻中记录了早期希腊描述印度的梵语词汇表，而达·伽马日记中的卡利卡特（Calicut）语词汇是这之后第一次西方记录的印度语。实际上，葡萄牙人在印度听到并被达·伽马记录的第一种印度语言是马拉雅拉姆语（Malayalam）。

与此同时，另一件讽刺的事很快就出现了。出于对宗教信仰的热忱，葡萄牙水手犯了一个奇怪的错误，他们把当地的印度教徒误认为基督徒，这种误解持续了很长一段时间。华丽多彩的印度教寺庙让他们想起了家乡的教堂，由此他们认为马拉巴尔人显然都是基督徒。葡萄牙人把寺庙里的印度教圣像误认为装饰基督教教堂的圣徒雕像，后来才把喀拉拉的印度教徒视为偶像崇拜者。事实上，礼仪和仪式显然是如此重要，以至于同样的错误在两个世纪后再一次出现——藏传佛教僧侣的仪式、圣器和圣歌，曾经使得喜马拉雅地区的葡萄牙和意大利牧师们相信，藏传佛教一定是一种堕落腐败的基督教形式。

推动欧洲经济扩张的不仅仅是基督教与撒拉逊人之间的宗教对抗以及土耳其人的到来。正如达·伽马在 1498 年 5 月抵达印度时所宣称的那样，他们也是来这里寻找东方的香料和奢侈品的。中世纪的欧洲饮食是清淡的，口味挑剔的人喜欢亚洲香料。三个月后，葡萄牙人带回了丝绸、缎子、胡椒、肉豆蔻、丁香、生姜和印度工匠的产品。然而，甚至在他们还没到达印度之前，许多水手就已经患上了坏血病。回程的航行更加艰难，1499 年 4 月 20 日，170 名船员中只有 54 名返回葡萄牙，其他人都死了。他们中很多死于坏血病，包括在返回亚速尔群岛途中死去的小保罗·达·伽马。

图 4.13　大航海探索时代的葡萄牙国旗，由努诺·阿尔瓦雷斯（Nuno Alvares）绘制。

尽管在第一次航行中经历了艰难困苦和生命危险，但许多人还是会追随这一次的成功之旅。从欧洲绕过好望角，通过海路到达亚洲水域，而亚洲水域迄今主要是阿拉伯和印度的航海商人的领地。[①] 葡萄牙于 1501 年在科钦、1505 年在科伦坡、1510 年在果阿和 1511 年在马六甲建立了商馆，并于 1511 年派遣了由杜阿尔特・费尔南德斯（Duarte Fernandes）率领的第一个外交使团前往暹罗首都大城府。

在第三次前往马拉巴尔海岸的航行中，瓦斯科・达・伽马在 1524 年的平安夜于科钦去世。他去世两周后，他的继任者多姆・恩里克・德梅内塞斯（Dom Henrique de Meneses）开始征服坎纳诺尔（Cannanore）、卡努尔（Kaṇṇūr）和整个马拉巴尔海岸。1513 年至 1547 年，葡萄牙人在印度次大陆海岸、香料群岛和马来群岛的多个地方驻军。最终在 1542 年，第一批葡萄牙水手在马可・波
罗称为 Cipangu[②]（即日本。——译者注）的神话之地登陆。随着葡萄牙人的到来，茶叶全球化的传 259
奇开始了。

## 要的是丝绸、白银而非茶叶

1452 年 6 月 18 日，教皇尼古拉五世颁布了名为《关于不同的事物》（*Dum Diversas*）的诏书，授予了葡萄牙从异教徒和非基督徒手中夺取土地，并进行有利可图的奴隶贸易的权利。1454 年 3 月 13 日，他发布了第二份诏书，将整个东方作为阿方索五世国王及其继任者的主权财产永久授予葡萄牙。1456 年，教皇加里斯都三世（Callixtus III）发布的《在其余事物之间》（*Inter Cætera quæ*）诏书和 1481 年教皇西克斯图斯四世发布的大敕书《永恒之王》（*Æterni regis*）都重申了上述尼古拉五世两份诏书的一些主张。1479 年 9 月 4 日，葡萄牙和西班牙又试图通过《阿尔卡索瓦斯条约》（*Treaty of Alcasovas*）解决两国间关于世界的分割问题。然而，这些文件并没有提供足够的地理清晰度和精确性。

1493 年 5 月 4 日，博尔吉亚教皇亚历山大六世以教皇的身份介入，通过颁布诏书将地球分为两部分，一部分是卡斯蒂利亚王国，包括分界线以西所有新发现的土地，另一部分是葡萄牙，从此以后，

① 除了阿拉伯和印度的海上贸易商外，亚美尼亚人与欧洲人的海上贸易也迅速扩大。亚美尼亚人在印度洋的贸易是亚美尼亚古老而更大的贸易网络的一部分，但新的贸易商将他们的网络从阿姆斯特丹扩展到广州和马尼拉。 1606 年在伊斯法罕（Isfahan）附近的新朱尔法建立了一个重要枢纽，这里居住着来自阿拉克斯河流域的难民，他们为了躲避 1603 年到 1605 年沙阿巴斯一世对奥斯曼人发动的迫害和战争而逃离奥斯曼帝国 (Denys Lombabard et Jean Aubin, eds. 1988 *Marchands et hommes dàƒjaires asiatiques dans Océan Inden et la merde Chine, 13ᵉ-20ᵉ siecles.* Paris: Éditionsde I'Ecole des Hautes Études en Sciences Sociales: Frédéric Mauro 1990 Merchant communities, 1350-1750, pp. 255-286 in James D. Tracy, ed., *The Rise of Merchant Empires: Long-distance Trade in the Early Modern World, 2350-1750.* Cambridge: Cambridge University Press)。

② Burgerbibliothek Bern, Sammlung Bongarsiana Co dices, Codex 125: Marco Polo, Jean de Mandeville, Pordenone, Pergament I + 287 Bl., 32.5 × 23.5cm, 1401–1450: (f. 3[r]) « Qu deuiſe de liſle de ſypangu » (f. 74[v]) « Qu nous deiuſe de liſle de Sypangu. Sypangu heſt vneiſle en levant, qui est en la hauſte mer, lonig de terre ferme m et v cens milles, et ſi eſt mouſt grant iſles, et les gens ſont blans et de mouſt belle maniere »; Benedetto (1928: 163–166, Cap. CLX, CLXI; « Ci devise de l'isle de Cipangu. Cipangu est une isle a levant, qui est longie de tere en aut mer md milles. Elle est mout gradismes ysles. Les jens sunt blances, de beles maineres e biaus. Il sunt ydules e se tienent por elz et ne ont seignorie de nuls autres homes for que d'eles meisme »); Yule and Cordier (1903, ii: 253–263; Book III, Ch. II, III); Guignard (1983: 277–283, Kap. CLX, CLXI 'Cipangu').

葡萄牙有权拥有这条分界线以东所有新发现的土地。这条粗略定义的纵线自北向南穿过大西洋，当时被解释为绕过我们今天所知的西经 35 度，或许最远可达西经 36 度。由于这种安排基本上只让葡萄牙拥有巴西沿海地区的一小部分，大致从纳塔尔（Natal）延伸到累西腓（Recife），因此必须在一年内谈判达成一项新的条约。

1494 年 6 月 7 日谈判达成的《托德西拉斯条约》（*Treaty of Tordesillas*）被认为是在这两个雄
260 心勃勃的伊比利亚小国之间分配世界的一种更为公平的方式。新条约给葡萄牙分配了更大的一块巴西领土，大致包括贝伦和圣保罗之间纵向线以东的所有领土。事实上，新线位于佛得角以西 370 里格。葡萄牙里格的长度并不统一，因为有几个标准在同时使用，而且可以在不同纬度测量佛得角以西的距离，因此，在 16 世纪上半叶，不同的地理学家把这条线划在西经 42 度 30 分和西经 49 度 45 分之间。

1498 年，情况再次发生变化，葡萄牙绕过非洲成功抵达印度。由于地球是球形的，葡萄牙人和西班牙人不可避免地相遇了，前者向东穿过海洋，后者向西扩张。1529 年 4 月 22 日，《萨拉戈萨条约》（*Treaty of Saragossa*）[①]缔结，以解决围绕摩鹿加群岛和菲律宾的主权争端。东方的新分界线是在摩鹿加群岛以东 297.5 里格划出的，因此葡萄牙王国对日本拥有所有权利和特权。尽管如此，西班牙人后来还是殖民了菲律宾，这个由西班牙殖民地发展起来的现代国家是以哈布斯堡王朝的菲利普二世（1556~1598 年在位）命名的。远东最遥远的地方是日本，而最早到达日本的欧洲人则是葡萄牙人。

在最早的地图上，日本被称为“Sypangu”、“Cipangu”或“Zipangu”，这些是现存最古老的手稿副本中的各种形式的名字，这些手稿是马可·波罗在热那亚监狱中向一个名叫鲁斯蒂切洛·皮萨（Rustichello da Pisa）的狱友口述的。1295 年，马可·波罗到达故乡威尼斯一年后，在亚历山大勒塔和阿达纳之间伊苏斯湾附近的一次小规模冲突中，被热那亚人从一艘威尼斯船只上掳走。在热那亚监狱里受尽折磨两年后，他口述了自己的旅行经历，鲁斯蒂切洛则用他在自己家乡比萨学习的法语写下了这些故事。很明显，Cipangu 的形式代表了马可·波罗对日本的闽南语（Hokkien）发音——“jit-pun-kok”（日本国）的诠释，这是马可·波罗 1291 年离开中国之前在福建听到的。[②]

1542 年第一个到达日本的葡萄牙人纯属偶然，当时他们搁浅在种子岛上。三个葡萄牙水手发现自己在港口城市大城（Àyútthá ya）陷入困境，这个城市位于曼谷市中心以北大约 70 公里的湄南河上游地区。昔日的泰国首都大城以印度古城阿约提亚（Ayodhy ā）命名，这就是泰国在缅甸仍被称为“Yôdàyâ”的原因。在大城，那三名葡萄牙逃兵试图逃离他们的上级迪奥戈·德·弗雷塔斯（Diogo de Freitas），所以他们登上了一艘中国的帆船，船主是一名海盗，在文献中他的名字被记录为“汪直”或

① 英文名萨拉戈萨取自葡萄牙语萨拉戈萨，而这座城市则以西班牙语命名为萨拉戈萨。

② 这个考证最初是由亨利·科迪尔提出的，但后来被保罗·佩利奥质疑其可靠性。Henri Cordier. 1895. *L'Extrême-Orient dans l'atlas catalan de Charles V, roi de France*. Paris: Imprimerie Nationale (p. 9); Paul Pelliot. 1959, 1963, 1973. *Notes on Marco Polo: Ouvrage posthume publié sous les auspices de l'Académie des Inscriptions et Belles-Lettres et avec le concours du Centre national de la Recherche scientifique* (three volumes). Paris: Imprimerie Nationale, Librairie Adrien-Maisonneuve (Vol. 1, pp. 608–609)。

“王直”。他们起航前往中国宁波，却因台风而偏离了航线。[①]

宁波在葡萄牙语中被称为 Liampo，在其他欧洲语言中被称为 Ningpo。葡萄牙人用这个城市 261
的闽南语发音 Leng pho 来称呼它，[②] 而其他西方语言则在很长一段时间后才采用了北方的汉语发音 Ningbo。

对于他们航行的描述是由安东尼奥·加尔沃（1490~1557 年）记录的，他曾担任摩鹿加群岛特尔纳特的总督，相关记录在他死后于 1563 年在里斯本出版。据加尔沃记载，这三名葡萄牙水手的名字分别为安东尼奥·达·莫塔（António da Mota）、弗朗西斯科·泽莫托（Francisco Zeimoto）和安东尼奥·佩克索托（António Peixoto）。在随后的记录中，加尔沃将日本与西班牙群岛联系起来，在欧洲这是从马可·波罗的描述中得知的。这个名字在 1601 年理查德·哈克卢伊特（Richard Hakluyt）所做的英文翻译中以 Zipangu 的形式出现，并在下面引用了加尔沃的原文。在加尔沃死后出版的印刷文本中，Dodia——即大城的葡萄牙语翻译名，被错印为 Dodra，这个错误也被复制到英文文本中。[③]

偶然被发现的日本

1542 年，在主的指引下，一个叫迪奥戈·德·弗雷塔斯（Diogo de Freitas）的人在暹罗王国的多德拉（Dodra）当上了船长，有三个葡萄牙人从他船上逃走，乘着一艘 Iunco（一种船）逃往中国。他们的名字是安东尼·德·莫塔（Antony de Mota）、弗朗西斯·泽莫罗（Francis Zeimoro）和安东尼·佩克索托（Antony Pexoto）[④]，他们的船沿着北纬 30 度的诡异纬度朝着宁波航行。有一场暴风雨落在他们的船舷上，使他们偏离了陆地。不久，他们看见东边有个小岛立在北纬 32 度处。他们给这个岛起名叫 Japan（日本），似乎是保卢斯·维尼特斯（Paulus Venetus）提到过的遍

① 英语“台风”来自广东话“大风”[ta:i ˧ fʊŋ ˥]（Gustaaf Schlegel. 1896. ‘Etymology of the word *taifun*’,T’oung Pao，1ère série，VII:581-585）。客家的形式是“大风”tʰai ˥ fuŋ ˧˥] 或 [tʰai ˩ fuŋ ˥˧] 。不同的声调轮廓分别代表了四县的客家方言和海陆的客家方言的发音。白话字最初是 19 世纪巴塞尔福音传教士为客家人编写的，1904 年由上海长老会编纂 (Donald MacIver. 1904. *A Hakka Index to the Chinese-English Dictionary of Herbert A. Giles, Ll.D. and to the Syllabic Dictionary of Chinese of S. Wells Williams, Ll.D.* Shanghai: American Presbyterian Mission Press; Donald MacIver. 1905. *A Chinese-English Dictionary: Hakka-Dialect as Spoken in Kwang-tung Province*. Shanghai: American Presbyterian Mission Press). Schlegel（1896）驳斥了一个来自福建的葡萄牙语单词“台风”(tufão) 的说法。然而，葡萄牙语单词中的第一个音节暗示了闽南语的 [ta ~ tuā ~ tāi] 三种发音中的一种。

② 闽南语的声调轮廓代表厦门话的发音，而部分音位在漳州方言和泉州方言中有不同的语音现象。

③ Dodia 的这个印刷错误是由耶稣会会士乔治·舒哈默（Georg Schurhammer）在 1943 年发现的 (Georg Schurhammer. 1946. ‘O descobrimento do Japão pelos Portugueses no ano de 1543’. *Anais da Academia Portuguesa de Historia*, 2.ª serie, 1: 1-172 [reprinted as ‘Kapitel 29: 1543-1943: O descobrimento do Japão pelos Portugueses no ano de 1543’, pp. 485-580 in George Schurhammer S.l. 1963. *Gesammelte Studien heraursgegeben zum 80. Geburtstag des Verfassers II (Orientalia: Bibliotheca Instituti Historici S.I., Volumen XXI)*. Rom: Institutum Historicum S.I., und Lisboa: Centro de Estudos Historicos Ultramarinos(p.531, footnote 63)])。并非所有出现在早期葡萄牙语来源的暹罗地名都能如此容易地被识别，编年史家门德斯·平托（Mendes Pinto）引用的许多泰国地名还没有被识别，参见 Michael Smithies. 1997. ‘The Siam of Mendes Pinto’s travels’, *Journal of the Siam Society*, 85 (1–2): 59–73。

④ 此处提及的三人即前文提到的三名葡萄牙水手。因在记录中拼写不同，故翻译不同——译者注。

地是财宝的 Zipangu 岛。这个日本岛上确实有金银财宝。[①]

262 一年后，即 1543 年，一群葡萄牙水手，其中可能包括安东尼奥·达莫塔、迪奥戈·泽莫托、弗朗西斯科·泽莫托、安蒂尼奥·佩克索托，也许还有克里斯托沃·博拉略，[②] 回到种子岛上教当地居民如何制作火绳枪。

历史学家杰米·祖扎特·科尔特索（Jaime Zuzarte Cortesao）有力地指出，葡萄牙关于保密文化的传统是其缺乏详细书面记录的原因之一，但这并不是唯一的因素。[③] 葡萄牙水手第一次意外到达日本，
263 在很大程度上是命运的安排。即使在定期航行中，生存也是最重要的。在葡萄牙水手出海航行的早期远洋船只上，讲究的航海记录不可能总是最优先考虑的事项。此外，任何可能致力于写作的记录也必须经受住时间的拷问。

15 世纪 70 年代，根据历史学家加斯帕尔·弗鲁托索（Gaspar Frutooso）记录，水手若昂·瓦兹·科尔特·雷尔（Joao Vaz Corte Real）于 1472 年穿越北大西洋，发现了“鳕鱼新大陆”，从这次航行的细节来看，这片大陆很可能是纽芬兰。这次到纽芬兰的早期航行使葡萄牙对新世界的发现比 1492 年由西班牙皇室资助的热那亚水手克里斯托弗·哥伦布率领的第一次到达巴哈马的海上航行早了 20 年。[④] 纽芬兰海域的鳕鱼干和腌制鳕鱼从此成为葡萄牙美食中的标志性项目。在里斯本市中心的利伯达大街上，镶嵌的铭文“Descoberta da America 1472”（1472 年发现美洲）就是为了纪念若昂·瓦兹·科尔特·雷尔可能于 1472 年到达美洲。

在远东，葡萄牙人于 1515 年第一次到达广州，1516 年到达厦门。这时，葡萄牙国王曼努埃尔一世派使团到中国，由费尔诺·皮雷斯·德·安德拉德（Fernao Pires de Andrade）率领的舰队于 1517 年抵达广州。1520 年，由托米·皮雷斯（Tome Pires）带领的葡萄牙使团前往觐见正德皇帝（1505~1521 年在位）。从 1548 年起，由于行为失当，葡萄牙与厦门和宁波港口的贸易被禁止。1555 年，葡萄牙人在澳门附近的广东沿海建立了据点。1557 年，明朝嘉靖皇帝（1521~1567 年在位）将澳门租借给葡萄牙人，葡萄牙人在 1563 年巩固了在澳门的地位，使澳门在 1999 年 12 月 20 日回归中华人民共和国之前，一直在葡萄牙的掌控之下。直到 1596 年荷兰人第一次进入东亚水域，葡萄牙船只都是东方唯一的

---

① 哈克卢伊特（Hlakluyt）在 1601 年的文本中引入了一个新的印刷错误，其中把 Zipangu 错印为 zipangri，还重复了将 Dodia 印刷为 Dodra 的错误，该错误首次出现在加尔沃（Galvao）死后出版的葡萄牙语遗作中。（António Galvão. 1601. *Discoveries of the World, from their firſt originall vnto the yeere of our Lord 1555, Briefly written in the Portugall tongue by Antonie Galvano, Gouernor of Ternate, the chiefe iſland of the Molucos: Corrected, quoted and pub-liſhed in Engliſh by Richard Hakluyt, ſometimes ſtudent of Chriſtchurch in Oxford.* London: Impenſis G. Biſhop, p. 92)。

② The precise identities of the mariners of the second journey and the details of the first and second Portuguese voyages will have to be reconstructed on the basis of an analytical comparison of the accounts by the chroniclers António Galvão (1490–1557) and Fernão Mendes Pinto (1510–1583) with Japanese sources (*pace* Schurhammer 1946, 1963; pace Olof G. Lidin. 2002. *Tanegashima: The Arrival of Europe in Japan*. Copenhagen: The Nordic Institute of Asian Studies; cf. Pedro Lage ReisCorreia. 2004. 'Review essay of Murai Shōsuke (2002) and Olof G. Lidin (2002)', *Bulletin of Portuguese Japanese Studies*, 8: 93–106).

③ Jaime Zuzarte Cortesão.1975-1976. *Os descobrimentos portugueses* [six volumes]. Lisboa: Livros Horizonte.

④ Gaspar Frutuoso [1522–1591]. 1998. *Saudades da terra: livro vi, com palavras prévias de João Bernardo de Oliveira Rodrigues*. Ponta Delgada: Instituto Cultural de Ponta Delgada, esp. livro 6, capítulo 9; cf. also Kirsten Andresen Seaver. 1996. *The Frozen Echo: Greenland and the Exploration of North America ca. AD1000–1500*. Stanford: Stanford University Press.

西方船只。

图 4.14　里斯本自由大道上的人行道马赛克，纪念 1472 年葡萄牙发现美洲。

菲利普二世于 1580 年为哈布斯堡王朝获得了葡萄牙王位，使得西班牙和葡萄牙的王权统一了 60 年，葡萄牙直到 1640 年在布拉甘萨公爵若奥（若奥四世）(house of Bragansa）统治下才恢复独立。在此期间，澳门的葡萄牙人保留了对日贸易的垄断地位。葡萄牙与日本的贸易主要以日本白银和中国丝绸这两种商品为基础。尽管葡萄牙耶稣会士对茶和茶的仪式很着迷，并对日本茶文化进行了细致的记录，但在葡萄牙的贸易记录中，茶却不见踪影。

日本和福建的海盗勾结在中国海岸劫掠，扰乱了东海的航运。这些海盗被称为"倭寇"，意思是"矮子强盗"，在葡萄牙资料中被称为"wakõ"。为了应对这种威胁，嘉靖皇帝禁止中国商人与日本进行贸易。于是葡萄牙人进入了一个利润丰厚的市场，在那里他们没有竞争，直到 1609 年荷兰人在雅各布·斯派克斯（Jacob Speckx）的领导下在平户岛（Hirado）上建立了他们的贸易据点（原文为"factorij"，兼有商品贸易中转、仓储、生活社区等功能。——译者注）。[①]

① 雅各布·斯派克斯 (Jacob Speckx) 或被称为雅克·斯派克斯（Jacques Specx）曾担任平户（Hirado）的商馆总领（opperhoofd），直至 1612 年 8 月。此前，他曾于 1604 年被韦麻郎（Wybrandt van Waerwijck）上将选为荷兰东印度公司派往中国的使者。据安排，斯派克斯将和大城府暹罗皇室使团一起前往中国。然而，斯派克斯一直未成行，因为国王纳黎萱英年早逝。在他后来的职业生涯中，从 1629 年到 1632 年，斯派克斯最终在巴达维亚担任荷兰东印度群岛总督。(Commelin 1646, Vol. 1, last instalment p. 73; Jonkheer mr. Johan Karel Jakob de Jonge, red. 1865. *De Opkomst van het Nederlandsch gezag in Oost-Indië (1595–1610): Verzameling van onuitgegeven stukken uit het Oud-Koloniaal Archief. Derde Deel.* 's Gravenhage: Martinus Nijhoff, blz. 25).

264 1613 年，英国的第一艘船，即约翰·萨里斯（John Saris）率领的“丁香”号到达了平户岛。在那里，一个英国的贸易据点在理查德·考克斯（Richard Cox，又作 Cocks）的领导下运作，但是英国人很快在 1623 年被迫撤退。

图 4.15　葡萄牙语单词 azulejo 表示瓷砖，其中包含 azul“蓝色”一词，但该词来自阿拉伯语单词 alzalaij“釉面瓷砖”，代表着伊比利亚半岛摩尔马赛克传统的延续，该传统仿效了更古老的罗马传统。因此，葡萄牙人对蓝色和白色的偏爱早于 16 世纪卡拉克帆船在中国开展克拉克瓷器贸易，这种卡拉克帆船类似于瓷砖上的这张一度流行的葡萄牙明信片上的帆船。即使在今天，蓝白釉面瓷砖仍然是葡萄牙在中国澳门、果阿、巴西和其他前葡萄牙据点建筑的显著特征。

16 世纪上半叶，葡萄牙人用在北欧矿山开采出的铜和银购买东方的香料和丝绸。从 1501 年开始，船只在里斯本和安特卫普之间航行，用香料交换黄金，[①] 而返回的葡萄牙货物的四分之三有时仅仅是胡椒。[②] 后来，葡萄牙发现并利用了日本的白银贸易，在那里，过剩的白银使白银能够以欧洲价格购得。与此同时，中国人对白银的渴望则是永无止境的，他们对白银的重视程度不亚于黄金。像石见

① Herman van der Wee. 1990. ‘Structural changes in European long-distance trade, and particularly the re-export trade from south to north, 1350–1750’, pp. 14–33 in James D. Tracy, ed., *The Rise of Merchant Empires: Long-Distance Trade in the Early Modern World, 1350–1750.* Cambridge: Cambridge University Press.

② Niels Steensgaard. 1990. ‘The growth and composition of the long-distance trade of England and the Dutch republic before 1750’, pp. 102–152 in James D. Tracy, ed., *The Rise of Merchant Empires: Long-Distance Trade in the Early Modern World, 1350–1750.* Cambridge: Cam-bridge University Press.

（Iwami）大银矿这样的新银矿在日本市场上造成了白银过剩。因此，日本金银的相对价值接近欧洲比率。葡萄牙人通过在日本和中国之间的廉价银和贵价银贸易赚取了大量黄金。与此同时，日本人愿意为中国丝绸付出高昂的代价，因为中国丝绸比日本丝绸要精致得多。

图 4.16　1541 年，在若昂·德·卡斯特罗（João de Castro）率领下的葡萄牙帆船舰队（包括一艘大舰船、几艘桨帆船和小型卡拉维尔帆船）前往苏伊士湾的情景，此地位于今天的苏丹萨瓦金（Sawakin）附近的酋长湾（bay of the sheikh），该画出自《印度航线表，红海航海日志》，现由科英布拉（Coimbra）大学保存。

西班牙人最早是从 1571 年开 265
始通过驶往马尼拉的中国帆船与中国进行贸易往来的。后来西班牙人并没有试图强行插足葡萄牙与日本的贸易，因为西班牙人已经把马尼拉作为新西班牙和福建之间丝绸和白银贸易的中转站。西班牙人在今天被称为墨西哥和秘鲁的地区获得了比在日本所能获得的更大的银矿储量。此外，西班牙人和日本人之间的关系也遇到了互不信任的困扰。[①] 荷兰人在日本出现几十年后的 1600 年，葡萄牙人被迫退出白银贸易。当时荷兰人可以用日本银器来交换香料、茶和丝绸。与此同时，来自美洲的白银和金条在全球流动，也开始推动亚洲茶叶和香料的贸易，这种情况持续了几个世纪。黄金的主要来源是新西班牙，从那里流向马尼拉和欧洲，尽管缺乏幸存的详细记录妨碍了对这一时期的定量历史研究。[②]

## 一杯茶

葡萄牙语单词 chá 直接取自日语单词 cha，葡萄牙语单词 chávena（茶杯）则改自日语单词茶碗（chawan）。现存最古老的西方对日本茶的描述是葡萄牙耶稣会士路易斯·阿尔梅达提供的。阿尔梅达 1525 年出生于里斯本一个犹太皈依者家庭，他在接受了两年的培训后于 1546 年获得了外科医生执照，在皇家托多斯桑托斯医院当上了外科医生。他以商人的身份前往果阿和澳门，1552 年到达九州。后来

① Boxer（1959:2-4）.

② Ward Barrett. 1990. ‘ World bullion flows, 1450-1800 ‘.

266 在山口，他会见了瓦伦西亚的科斯梅·德·托雷斯（Cosme de Torres），后者是沙勿略的继任者、耶稣会驻日本使团团长。

1555 年第二次访问日本时，阿尔梅达成为一名耶稣会会士。1566 年，他在府内经大名大友义镇的许可修建了一所医院。这位大名后来在 1578 年被葡萄牙人称为“丰后的弗朗西斯科”，还因此接受了弗朗西斯科·卡布拉尔（Francisco Cabral）的洗礼。1561 年，阿尔梅达在博多、平户和鹿儿岛进行传教活动。1562 年，他在现在是堺市一部分的横濑浦（Yokoseura）为葡萄牙人的系泊权进行谈判。1563 年，阿尔梅达在岛原（Shimabara）和口之津（Kuchinotsu）建立了教堂，第二年他还游历了关西地区。1580 年，他在澳门被授予神职。1583 年，他在现在是天草市（Amakusa）一部分的河内浦（Kawachiura）去世。

阿尔梅达在 1564 年 10 月 14 日从日本丰后（Bungo）[1] 写给他在印度的耶稣会兄弟的一封信中，[2] 首次向西方描述了日本的绿茶粉——抹茶。

> 日本贵族和有钱人的习俗是，当他们接待一位重要的客人时，他们会在他离别时把他们最珍贵的东西给他看，作为最后一次表示亲密关系的方式：这些都是他们用来喝某种细碎的药草的器皿，这些药草很好喝，叫茶，他们有喝茶的习俗。喝这种药草的方法是，把半个果壳分量的细磨药草粉末放在一个瓷杯里，然后用很热的水混合后再饮用。为此，他们有很旧的铁壶和瓷杯，还有一个罐子，里面放着用来冲洗瓷杯的水，还有一个小架子，上面放着铁壶的盖子，这样就不必把它放在地板上的垫子上了。他们存放茶粉的罐子、舀茶粉的勺子、舀茶壶里的热水用的勺子，
> 267 还有炉子，所有这些东西都被日本人视为珍宝，就像我们保存非常珍贵的红宝石和钻石戒指、宝石和项链一样。有类似于宝石匠的专家了解并评估这些器具，也有经纪人通过他们买卖这些器具。而且，为了用这种药草款待客人，一磅好茶的花销为 9~10 克鲁扎多（cruzados，旧葡萄牙币，万葡元），在他们第一次宴会时，就会依据各自的财力摆上相应的珍品。[3]

在这篇关于茶的报道中，阿尔梅达明确地提到了日本绿茶粉（抹茶），并对其制备流程做了粗略的描述。他还注意到了精美抹茶的高昂价格，以及日本人十分珍视他们的瓷器器皿和铸铁壶，这些壶
268 的顶部有浇口、盖子和把手，被称为“铁瓶”。在同一封信中，阿尔梅达报告说，一个精心制作的茶壶铁架的价格高达 1030 克鲁扎多。他还提到，宫古岛（Miyako）这个地方有一名男子拥有一个陶制抹茶罐，据说价格高达惊人的 3 万克鲁扎多。这远远高于名贵抹茶罐的正常价格。根据阿尔梅达的报告，即使定价在 3000~5000 克鲁扎多区间，抹茶罐的价格也已经过高。[4]

---

① 历史上的丰后位于九州（Kyushu）东北角，行政上大致隶属于今天的大分（Oita）。

② Garcia, ed. (1997, 1° tomo, f. 154v): ‘Carta di irmão Luis Dalmeida, pera os irmãos da Companhia de iesv da India, efcrita em Búngo, a 14 de Outubro, de 1564’.

③ Garcia, ed. (1997, 1° tomo, f. 163).

④ Garcia, ed. (1997, 1° tomo, f. 163v).

图 4.17　千叶县露天博物馆的一个铸铁壶，悬挂在日本传统地炉（irori，囲炉裏）的上方，田中十洋拍摄。

第二年，也就是 1565 年年底，[①] 阿尔梅达在一封信中提供了类似的叙述。1588 年，意大利人文主义者乔瓦尼·皮埃特罗·马菲（Giovanni Pietro Maffei）在佛罗伦萨市以拉丁文翻译出版了第二封信，同时出版的还有耶稣会会士在印度和远东的其他信件。在该书中，路易斯·德·阿尔梅达（Luis d' Almeida）以卢多维库斯·阿尔梅达（Ludovicus Almeida）的笔名出现。在这本佛罗伦萨出版物中，茶的日本名称不是“Chà”，而是稍微有点意大利风格的“ Chià”。

沉浸在名流和财富交际中的日本人有一个习俗，就是用最昂贵的装备来款待尊贵的客人，这些装备包括用来制作一种名为茶（Chia）的美味药草酿造的饮料所需的每一种器具。鉴于对这种饮料的珍视，哪怕是只有核桃壳那么一点点粉末，都会被十分珍视地存放进陶瓷容器里，这种陶瓷容器通常被称为瓷器。他们以稀释的形式喝这种热饮。他们使用最古老的陶瓷器皿、

① 'in septimo Cal. Nouemb mdlxv', to be precise, according to the Julian calendar then in use. “儒略历 9 月，公历 11 月中”，准确地说，是根据当时正在使用的儒略历计算的。

杯子、勺子、一个带壶嘴的茶壶来准备这种饮料，茶壶里的饮料在三脚架上加热，下面是木柴。这些器具在日本被视为珍宝，在日本人当中，这些物品的价值不亚于我们看待宝石镶嵌的戒指和钻石项链的价值。由专家和专业人士准备这种饮料并提供服务。但是，这种草药粉本身的价格相当高，他们在隆重的宴会上才会提供这种粉末制成的饮料。此外，还有一些别无他用、专门举办这些优雅宴会的场所。①

图 4.18　南部铁瓶公司制作的现代铸铁壶。

## 269 茶道、乌龙茶与基督教的传播

更多关于茶的记载，保留在多产的耶稣会作家路易斯·弗洛伊斯的著作之中。弗洛伊斯 1532 年出生于里斯本，并在若昂三世（1521~1557 年在位）的宫廷中长大。受西芒·罗德里格斯·德·阿泽维多

① 1614 年，在一篇文章中，英语单词 furniture 的意思更接近于法语 fourniture，而不是现在的英语意思，塞缪尔·普恰斯（Samuel Purchas）引用了路易斯·德·阿尔梅达（Luis d'Almeida）的英语翻译如下："他们大量使用了一种名为 Chia 的某种草药的粉末，取一粒核桃大小的粉末，放进一瓷碗里，用热水喝。在朋友们离开时，他们将展示所有最珍贵的器具，以及他们烧水时所用的器具，或这草的其他用途，他们非常珍视这些。(Samuel Purchas. 1614. *Pvrchas his Pilgrimage, or Relations of the World and the Religions Obsered in all Ages and Places discouered, from the Creation unto this Present*. London: Printed by William Stansby for Henrie Fetherstone (The sist Booke, Chap. 15. P.524). 这段话在 1613 年的早期版本中没有出现过。

（Simao Rodrigues de Azevedo）启发，弗洛伊斯作为一名年轻的耶稣会成员踏上了东方之旅，并于 1548 年 10 月他 16 岁那年抵达果阿。阿泽维多是伊纳爵·罗耀拉（Ignatius Loyola）的同事，也是耶稣会的创始人之一。1554 年，梅尔基奥尔·努内斯·巴雷托（Melchior Nunes Barreto）选定当时 22 岁的弗洛伊斯作为旅伴前往澳门。1555~1557 年，努内斯·巴雷托离开弗洛伊斯去担任一所学校的校长。在此期间，弗洛伊斯还担任过邮政抄写员，其职责是抄写来自日本的信件，然后送往果阿和葡萄牙。弗洛伊斯及其同僚的许多原创作品都没有经受住混乱黑暗历史的洗礼，但作为邮政抄写员，他现存的作品中既有日本茶叶，也有在他亲自踏上日本土地之前至少三年就提及的茶道（chanoyu）。1558 年，他回到果阿，并于 1561 年被任命为神父。后来，弗洛伊斯乘船前往日本，并于 1563 年 7 月 6 日在横濑浦（Yokoseura）登陆。[①] 同年，他得以亲眼见到了茶叶。[②]

> 她心甘情愿地接受了这个诡计，并且，由于和多姆·乔（Dom Jiao）的一位朋友很熟，她请 270
> 那人喝了一杯茶……[③]

弗洛伊斯很快掌握了日语，并从 1572 年开始为京都的耶稣会会长弗朗西斯科·卡布拉尔担任翻译。多年来，弗洛伊斯一直驻留在京都，并以此为基地游历日本。1580 年到 1582 年，弗洛伊斯担任“行者”范礼安的日语翻译。1581 年到 1590 年，弗洛伊斯担任副总督加斯帕·科埃略（Gaspar Coelho）的翻译。1586 年 5 月，加斯帕·科埃略和路易斯·弗洛伊斯拜访了丰臣秀吉。微妙的谈判并没有达到他们所希望的成功，1587 年丰臣秀吉颁布了一项法令，禁止基督教和驱逐耶稣会会士。然而，当他的耶稣会会士同伴被从日本驱逐流放时，路易斯·弗洛伊斯并没有离开日本，而是退休到了长崎附近的度岛（Takushima）。1592 年，范礼安把弗洛伊斯带回澳门，弗洛伊斯在那里住了三年。当他在澳门生病时，他要求返回日本，以便在那里度过余生。1597 年 7 月 8 日，他在长崎去世。

图 4.19 路易斯·弗洛伊斯的签名，包含了那个时期一些耶稣会会士装饰签名的特征。

---

① José [i.e. Josef Franz] Wicki. 1976. *P. Luís Fróis, S.J. Historia de Japam. Edição anotada por José Wicki S.J., I Volume (1549–1564).* Lisboa: Biblioteca Nacional de Lis-boa (e.g. Vol. 1, p. 172).

② Wicki (1976, Vol. 1, p. 43 et seq.).

③ Wicki (1976, Vol. 1, p. 349).

与此同时，在弗洛伊斯后来关于日本的著作完成和传播之前，另一处西方文献中关于茶的记录来自中国。1569 年埃弗拉（Evora）的多明我会修士（Dominican friar）加斯帕·达·克鲁兹（Gaspar da Cruz）在他关于中国商品的专著中记载了这一点。[1]1548 年，20 多岁的加斯帕·达·克鲁兹启程前往印度，并于 1565 年返回葡萄牙。他在亚洲的大部分时间是在印度次大陆和马六甲的不同地方度过的。

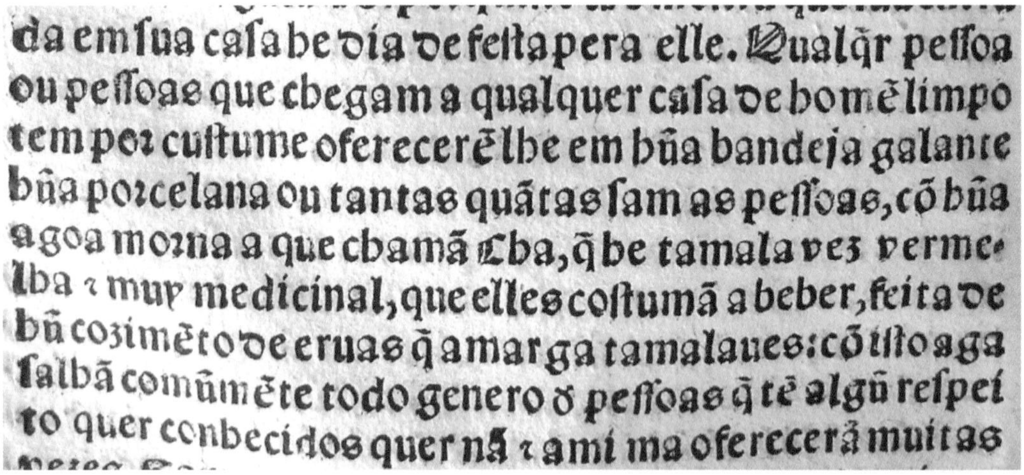

da em ſua caſa he dia de feſta pera elle. Qualq̃r peſſoa
ou peſſoas que chegam a qualquer caſa de homẽ limpo
tem por cuſtume oferecerẽlhe em hũa bandeja galante
hũa porcelana ou tantas quãtas ſam as peſſoas, cõ hũa
agoa morna a que chamã Cha, q̃ he tamala vez verme-
lha ⁊ muy medicinal, que elles coſtumã a beber, feita de
hũ cozimẽto de eruas q̃ amarga tamalaues: cõ iſto aga
ſalhã comũmẽte todo genero d peſſoas q̃ tẽ algũ reſpei
to quer conhecidos quer nã ⁊ ami ma oferecerã muitas

图 4.20　加斯帕·达·克鲁兹（Gaspar da Cruz）提到的茶，可能是武夷茶。

从 1556 年到 1557 年，克鲁兹只在中国待了几个月。这段时间大部分是在珠江三角洲的白澳岛
271 （Lampacau，澳门东面岛屿。——译者注）度过的，位于圣若昂（Sao Joao）岛东北方约 115 公里处。在此期间，他还游历了广州市。圣若昂是中国沿海最早的葡萄牙贸易港口之一，沙勿略于 1552 年在该岛去世。1557 年，当葡萄牙人获准在澳门建立永久贸易据点时，圣若昂的重要性相形见绌。这个作为贸易据点的岛屿有一个汉化的葡萄牙名字，其在粤语中被称为“上川”（soeng⁵cyun¹），这是当地人如今对这座岛屿的称呼。

与路易斯·德·阿尔梅达和路易斯·弗洛伊斯在日本描述的绿色抹茶粉不同，加斯帕·达·克鲁兹（Gaspar da Cruz）描述的茶明显是一种深色的乌龙茶，这种茶他在珠江三角洲和广州都喝过。许多颜色较深的半发酵武夷茶产生赤褐色或甚至黄褐色的茶汤。在这里，克鲁兹一定听到了广东话形式的低沉的去声“茶”（caa⁴，[tsʰa: ˩]）。在葡萄牙人听来，茶的粤语名字听起来与日语中的“cha”非常相似，克鲁兹一定听他的耶稣会会友们使用过“cha”这个词。

每当一个人或几个人来到一个有地位的人的家里，他们都有这样的习俗：给他们每人一个可爱的盘子和一个瓷杯，每人都会接到一种他们称为茶的温暖的饮料，这种饮料是淡红色的，具有

① Gaspar da Cruz. 1569. *Tractado em que ſe cõtam muito por eſtẽſo as couſas da China, cõ ſuas particularidades, et aſſi do reyno d'Ormuz.* Evora: Andre de Burgos.

药用功效，他们习惯喝这种有点苦的草药浸泡出的饮料。①

与此同时，茶也继续成为弗洛伊斯作品的主题之一。1569 年，也就是加斯帕・达・克鲁兹在广州 272
发出报告的同一年，弗洛伊斯将日本茶室描述为一个洁净的地方，并建议耶稣会会士应该在这里举行弥撒，接待基督徒：

> 为了向天父显示他的知足和喜乐，他整日待在他的茶室里，基督徒和外邦人都非常珍视这个地方，以便在这个洁净的地方消遣娱乐，这里也是基督徒聚会和做弥撒的地方。②

由于日本仪式的严肃性，茶道向耶稣会会士提供了他们认为最合适的本土文化载体，这将有助于传播基督教教义和礼拜仪式。③

为了记录基督教信仰在这个群岛上的传播，弗洛伊斯很快开始记录日本的教会历史。 在他的长篇巨著《日本史》中，最初的几篇文章中有一篇是：

图 4.21　日本 17 世纪早期的木制圣餐盒，上面镶嵌着珍珠母和耶稣会会标 IHS，这是“救世主耶稣”的缩写，尽管一些 17 世纪的资料将这个符号解读为“持有圣十字符，你将无往而不胜”（In hoc signo vinces），俯视图，转载自小林（Kobayashi）和松永（Matsunaga）（2013:90）。

图 4.22　镶有珍珠母的木制圣餐盒，侧面图。

① da Cruz(1569,Xiii:80).

② José [i.e. Josef Franz] Wicki. 1981. *P. Luís Fróis, S.J. Historia de Japam. Edição anotada por José Wicki S.J., II Volume (1565–1578).* Lisboa: Biblioteca Nacional de Lis-boa (Vol. 2, p. 265).

③ See also the discussion in: Ichiz ō Kobayashi and Yasuzaemon Matsunaga. 2013. *Companionship Record of Tea Ceremony—Noted Article Collection* 茶の湯交遊録　小林一三と松永安左ヱ門　逸翁と耳庵のコレクション . Fukuoka: Hankyū Cultural Foundation and Fukuoka City Art Institute.

273 关于日本的气候、特质和习俗，关于他们的偶像、宗教和崇拜的起源，还有他们的人数、教派以及持有的观点。

和许多弗洛伊斯早期的作品一样，这篇论文也不幸地散失了。只有目录部分保存了下来。其中，第 12 章的目录是：

茶道中使用的茶具是从哪里来的，它们的来源、价格及价值[①]

图 4.23　随着时间的推移，观音菩萨逐渐被女性化，变成了中国的观音女神。16 世纪末，日本观音被葡萄牙耶稣会会士巧妙地利用，打扮成玛利亚观音，成为耶稣的母亲玛利亚。这尊德化玛利亚观音瓷器，是曾经众多的观音像中最古老的一个，因此被视为国宝，藏于东京国立博物馆。

① Wicki (1976,Vol.1,pp.11-13).

## 关于茶礼的更多记录

1539年2月7日，范礼安出生于那不勒斯王国阿布鲁佐的基耶蒂。1574年，他和40名传教士第一次在里斯本登上了前往果阿的卡拉克帆船。在印度生活了三年后，范礼安于1577年到达马六甲，1578年到达澳门，1579年到达日本。范礼安于1579年至1582年、1590年至1592年，以及1598年至1603年，以官方身份三次访问日本。早在他第一次逗留期间，他就已经向耶稣会会士们介绍了他们应该如何操作茶道仪轨以及利用其来做弥撒。

在范礼安第一次逗留期间，他于1581年 274
3月拜访了大名织田信长（1534~1582年）。陪同他一起前往的是一名来自莫桑比克的身材修长的黑奴，当时那名黑奴20多岁。织田信长对这名年轻人完美的体格和肤色印象深刻。信长试图把这个黑奴的颜色洗掉，以确定这个年轻人的身体是否用墨水涂过，但没有成功。信长喜欢这名来自非洲的年轻人，并且，正如他对于获取特定地理来源的名物或手工艺品贪得无厌的嗜好一样，他要求范礼安把这个黑人年轻人交给他。信长给这名黑奴取名为“弥助”（Yasuke）。第二年，这个非洲人在本能寺之变中参加了保卫信长的战斗，在战败和大火中幸存下来，并向胜利者投降。他幸免于难，但他随后的命运没有任何记载。

1582年，在织田信长遭遇叛乱死亡的几个月前，范礼安组织了第一个从日本到西方
的使团。他本打算陪同这四名年轻的日本贵 275
族（即前文提及的12岁的伊东祐益、14岁的千千石清左卫门、12岁的小佐佐甚五、13岁的原。——译者注）前往欧洲，但在印度时范礼安收到了宣布他为果阿省省长的任命状，于是他前往果阿任职一直到1587年。此后，他于1588年到达澳门，1590年返回日

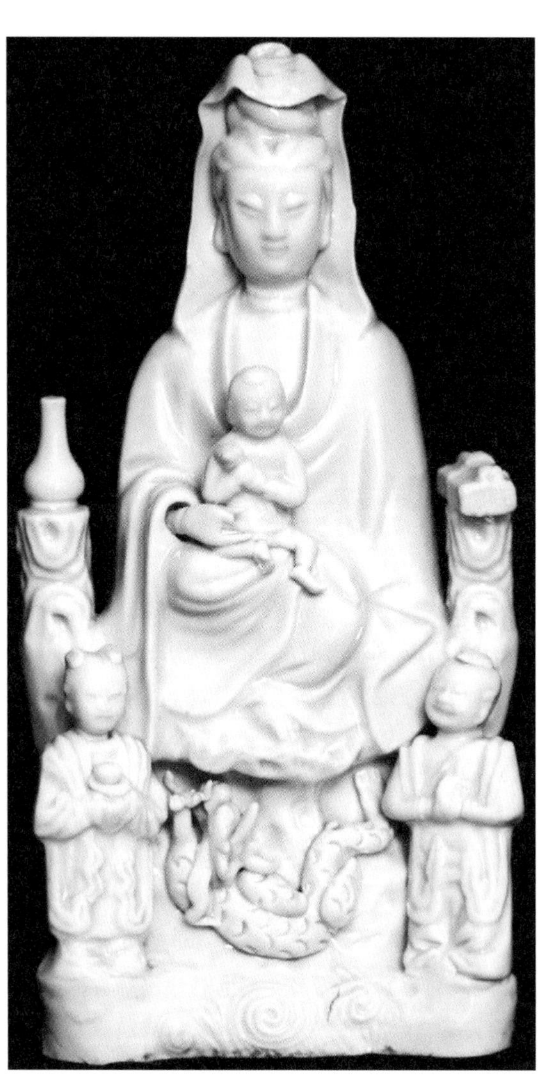

图4.24　这尊玛利亚观音（Mariya Kannon）雕像烧制于17世纪福建德化窑，1856年在长崎县的浦上（Urakami）被扣押。最初保存在长崎县知事的办公室，现存于东京国立博物馆。正如耶稣会会士们把观音当作圣母玛丽亚来供奉一样，他们立刻认识到茶道是一种宁静的、精神化的仪式，他们高度赞赏并将茶室作为弥撒的最佳场所。

本。在日本待了两年后，他又回到澳门，从那里他第三次也是最后一次访问日本，时间是 1598 年到 1603 年。1606 年 1 月 20 日，范礼安在澳门逝世。

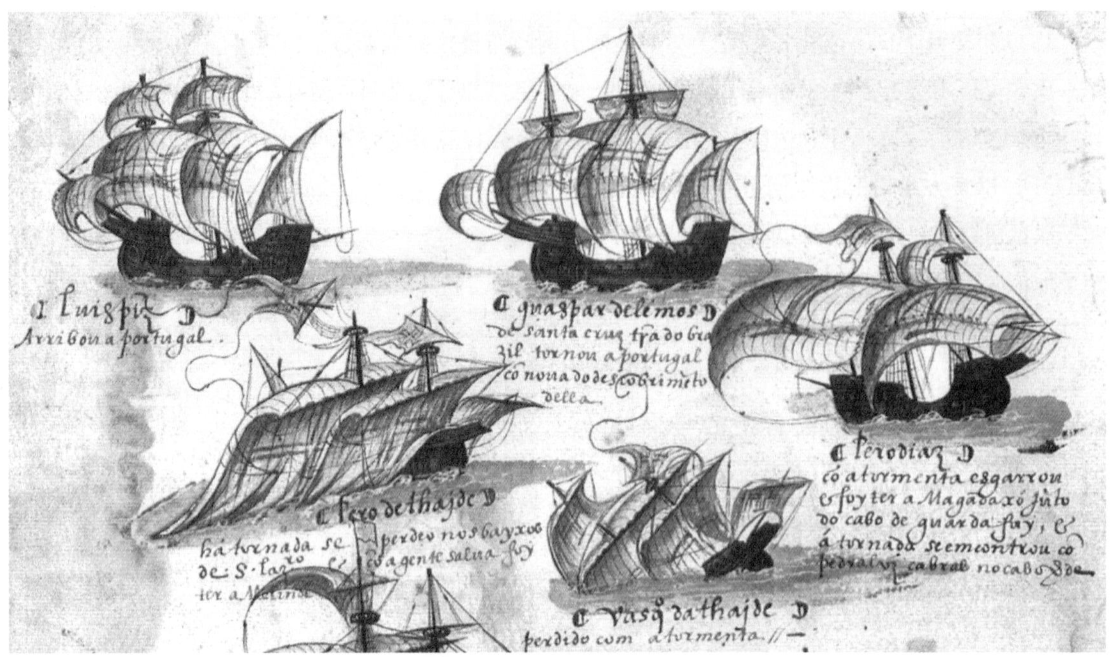

图 4.25　1500 年 4 月抵达巴西的佩德罗·阿尔瓦雷斯·卡布拉尔（Pedro Alvares Cabral）船队中的葡萄牙帆船，其详细资料来自印度帕萨拉姆（约 1568 年）的《阿玛达斯舰队备忘录》，其中展示了大多数仍在航行的船只，也有几艘失事船只。里斯本葡萄牙国家图书馆。

在 1580 年或之前，范礼安记录“汤”（yu）这个字的字面意思是用来泡茶的热水。他提到，作为另一种表述形式的“茶之汤”（cha no yu，茶の汤）一词是用来指称进行茶道仪式的房间。

> 因为我们应该知道，在日本，人们普遍习惯于喝一种草药粉末制成的热饮，他们称之为“茶”（chàa）。茶受到他们的高度重视，所有的绅士们都会在自己的房子里保留一个特定的房间来准备
> 277 这种饮料。这种泡茶的热水在日本被称为“汤”（yu），这种草药被称为“茶”（chàa），而他们把专门用于喝茶的房间称为“茶之汤”，这是日本最有价值和最受尊敬的东西，因此绅士们在如何准备他们的饮料方面受到良好的训练，他们经常亲手准备这些饮料来招待客人，并以此向他们的客人表达情谊。①

1583 年，范礼安作为果阿省省长的第一年，在总结其第一次逗留日本期间观察到的文化习俗时提到了茶及其重要性。

① Wicki (1944: 147); cf. Josef Franz Schütte, S.J. 1951, 1958. *Valignanos Missionsgrundsätze für Japan* (two volumes). Roma: Edizioni di Storia e Letteratura; José Luis Álvarez-Taladriz. 1954. *Alejandro Valignano S.I. Su-mario de las Cosas de Japon (1583) Adiciones del Sumario de Japon (1592)* (Monumenta Nipponica Monograph No. 9). Tokyo: Sophia University.

> 除了其他东西之外，日本人最喜欢、最重视和珍爱的东西，就是一种加了他们称之为“茶”的有助于消食的药粉的热饮。这既是因为茶所具有的药用功效，也是因为茶是最早被人们用来款待客人、展示热情好客的最受推崇的东西。[①]

在他的著作中，范礼安采纳了弗洛伊斯的思想，把茶道和茶道场地作为举行弥撒和传播信仰的理想场所。

> 同样，如果这些房子要被用于进行他们的宗教仪式，就必须有茶之汤（他们放在水里喝的草药粉末）和一个正式的日本榻榻米座位（zashiki）的房间，所有的家具都是日式装修，最好连房子都必须在日本建造。因为如果座位（zashikis）不是日式的，那么受到接待的客人和神父本人都会觉得受到了侮辱和轻视。[②]

与此同时，路易斯·弗洛伊斯继续创作他的《日本史》，该著作主要创作于 1583 年至 1597 年。这名葡萄牙耶稣会会士从 1563 年 7 月 31 岁时起，直到 1597 年 7 月去世，除了中间 1592 年至 1595 年在澳门度过的三年，几乎在日本度过了他的一生。在 1585 年 6 月居于九州岛的岛原半岛所写的《茶道》（*Tratado*）中，弗洛伊斯描述了用竹制茶筅搅打磨成粉末的绿茶，以及日本茶道。

图 4.26　狩野元秀（1551~1601 年）于 1583 年绘制的织田信长肖像，保存在东京大学历史学研究所。

---

① Álvarez-Taladriz (1954, Vol. I, Part II, p. 43, fn. 109); cf.Alexandro Valignano. *Libro Primero del Principio y Pro-gresso de la Religion Christiana en Jappon*. British Lib-rary (Add. mss. 9875), cap. 7, f. 36.

② Giuseppe Francisco [i.e. Josef Franz] Schütte, ed., 1946. *Il Cerimoniale per i Missionari del Giappone, «Adver-timentos e Avisos acerca dos Costumes e Catangues de Jappão» di Alexandro Valignano S.J.* Roma: Storia e Let-teratura (p. 136).

278 在我们中间，我们白天喝的水必须凉爽清澈，而日本人喝的水必须是热的，含有茶粉，用竹刷搅打……我们的房间通常有窗户和明亮的光线，而日本进行茶道仪式制备茶汤的榻榻米房间没有窗户，漆黑一片…… 我们洗手是为了触摸珍贵的东西，而日本人洗手则是为了鉴赏用于茶道的器皿——茶具。①

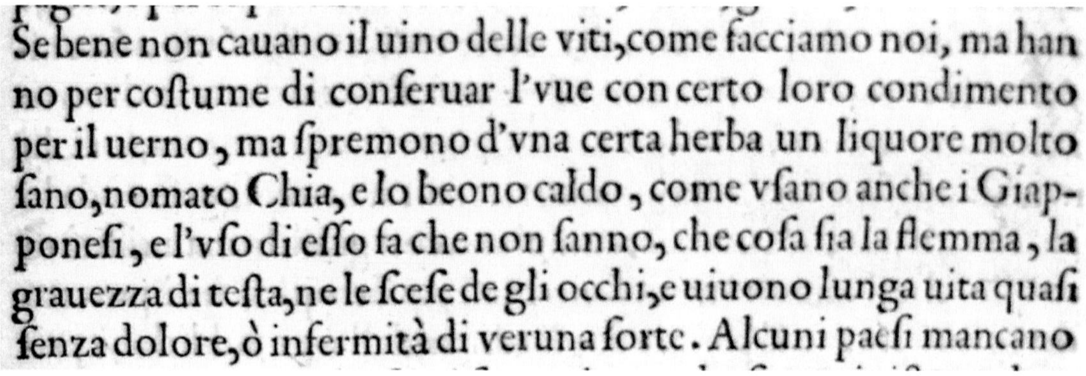

Se bene non cauano il uino delle viti, come facciamo noi, ma hanno per coſtume di conſeruar l'vue con certo loro condimento per il uerno, ma ſpremono d'vna certa herba un liquore molto ſano, nomato Chia, e lo beono caldo, come vſano anche i Giapponeſi, e l'vſo di eſſo fa che non ſanno, che coſa ſia la flemma, la grauezza di teſta, ne le ſceſe de gli occhi, e uiuono lunga uita quaſi ſenza dolore, ò infermità di veruna ſorte. Alcuni paeſi mancano

图 4.27　根据对葡萄牙耶稣会信徒通信的了解，乔瓦尼·皮埃特罗·马菲（Giovanni Pietro Maffei）早在 1589 年，即利玛窦（Matteo Ricci）的日记到达意大利的前几年，就在带有“h”的“Chia”这一单词中提到了意大利语的茶。

1589 年，意大利佛罗伦萨出版的一本书描述了日本茶，书中收录了乔瓦尼·皮埃特罗·马菲编撰的东印度群岛历史。

他们不像我们那样用葡萄酿制葡萄酒，但他们有用一些调味品保存葡萄过冬的习俗。他们就像日本人一样，从一种叫“茶”的草药中榨出一种非常有益健康的液体，这种液体他们在加热后饮用，喝这种饮料使他们不知道什么是迟钝、沮丧或困倦，他们几乎没有任何严重的疼痛或虚弱，也因此长寿。②

后来，西班牙人贝纳迪诺·德阿维拉·吉隆（Bernardino de Avila Giron）也对日本的茶室、茶树种植和采摘进行了简要描述，他曾在 16 世纪 90 年代和 1607 年访问日本。③

① Schütte, ed. (1955, 6: 33, p. 176; 11: 8, p. 222; 14: 21, p. 254).

② Giovanni Pietro Maffei. 1589. *Le istorie delle Indie Ori-entali del rev. P. Giovan Pietro Maffei della Compagnia di Giesv con una scelta di lettere scritte dell'Indie, fra le quali ve ne sono molte non più stampate, tradotte dal medesimo con indici copiosi tradotte di latino in lin-gua toscana da Francesco Serdonati.* Fiorenza: Filippo Giunti (p. 217).

③ Dorotheus O.F.M. Schilling and Fidel de Lejarza, eds. 1933, 1934, 1935. 'Relacion del Reino de Nippon por Bern-ardino de Avila Giron', *Archivo Ibero-Americano*, XXXVI (1933): 481–531; XXXVII (1934): 5–48, 259–275, 392–434, 493–554; XXXVIII (1935): 103–130, 216–239, 384–417 (esp. vol. XXXVII, p. 29).

## 传教士利玛窦和陆若汉 279

意大利耶稣会会士利玛窦在他的日记中描述了中国的茶，日记的拉丁文译本在他去世后于1615年在奥格斯堡（Augsburg）出版。利玛窦于1552年10月6日出生于马切拉塔（Macerata）。成年后他去了罗马，成为范礼安的信徒，范礼安后来在1573年前往远东。利玛窦于1571年在罗马成为一名耶稣会会士，在那里他继续学业直到1577年。随后，利玛窦前往葡萄牙的科英布拉参加印度使团。他从里斯本启程前往果阿，并于1578年9月13日抵达果阿。利玛窦曾在果阿和科钦担任过四年的修辞学教授。然后，范礼安派他去中国执行任务，利玛窦由此从1583年一直生活在那里，直到1610年去世。

利玛窦立足于中国视角进行的观察值得注意，因为他记录到，日本茶叶在中国的价格远远高于中国茶叶。他还观察到，中国人知道日本人把茶做成粉末状的绿茶来冲泡饮用，而中国人则把茶作为浸泡之物来饮用茶汤。

> 这种叶子也不是只有一种品质，而是有好几种等级，因此一磅茶叶可以卖1枚金币，如果质量好，通常可以卖到2枚甚至更多金币，而日本最好的茶叶可以卖到10枚甚至12枚金币。日本人喝茶的方式和中国人有些不同，因为在日本，茶叶被压成粉末，然后混入一杯沸水中，加入两到三勺茶叶，混合后就可以饮用了。中国人则把一些茶叶放在一锅沸水中，然后当茶叶内含物的效力溶入水中，茶汤被喝掉，茶叶则被留下。[①]

据利玛窦记录，中国人喝茶是为了延年益寿，他把中国人的长寿归功于饮茶的习惯。他描述了中国的筷子，并且详述了喝热饮的话题，这对于欧洲人来说还是相当陌生的。

> 吃饭的时候，他们既不用叉子，也不用勺子和刀，而是用大约手掌长度1.5倍的圆棍，通过
> 这种方式，他们能够以惊人的技巧把任何食物送到嘴里，而不用手指碰任何东西。然而，应该注 280
> 意的是，所有的食物都被切成一口大小的小块，除了那些较软的食物，如鸡蛋、鱼之类。这样，
> 这些食物就被用同样的棍子分成小块（夹送食用）。他们喝热饮，即使是在炎热的夏天，不管是
> 酒还是叫作茶（Cia）或水的酿造品。可以看出，这对胃的好处并不是微不足道的，因为中国人
> 的平均寿命稍微长一些，而且人们常常活到七八十岁，活力都丝毫没有减弱。正是出于这个原
> 因，我认为没有一个中国人患有肾结石，而这种疾病经常折磨着我们欧洲人，这大概是因为我们
> 总是喝冷饮。[②]

① Trigault (1615,Liber I, Capitum III,pp.15,16-17).

② Trigault (1615,Liber I, Capitum III,pp.70).

1610 年，利玛窦在北京逝世的同一年，另一位著名的耶稣会会士从日本被驱逐到澳门。

陆若汉（Joao Rodrigues）大约 1562 年出生在葡萄牙贝拉（Beira）地区的塞南塞尔赫（Sernancelhe）镇或附近村镇。13 岁时，他踏上了前往印度的旅程。1577 年，陆若汉来到了日本，当时他才 15 岁。他在长崎的耶稣会住所住了 33 年，按照日本的习俗，他在那里打理着一个特别的茶室，他与著名的大名丰臣秀吉和大名大友义镇交上了朋友，后者从 1578 年起也被称为丰后的多姆・弗朗西斯科（Dom Francisco）。陆若汉还结识了后来的幕府将军德川家康。①

陆若汉是《日语词汇》的主要作者，该书于 1603 年在长崎出版，是欧洲语言中最古老的日文词典。②他还编撰了最古老的日语语法书，标题为《日语艺术》，该书 1604 年至 1608 年分成三部分出版。③在他的信件中，他署名为“若昂・罗伊斯”（Joao Roiz），这一时期的耶稣会会士用其特有的样式来装饰自己的签名，但作为一名作家，他的姓氏全称为“伊奥姆・罗德里格斯・特苏佐”（Ioam Rodrigvez Tsuzzu）。日本人为表彰他精通日文，给他起了个绰号叫“全通”（Tsuzzu），是“通事伴天连”（翻译教士）的缩写形式。④

在日本待了 33 年后，陆若汉在 1610 年 3 月被流放到澳门，当时日本政府驱逐耶稣会传教士，以报复发生在澳门的一次事件，该事件涉及安德烈・佩索阿（Andre Pessoa）船长和他的“诺萨・森霍拉・达・格拉萨”号（Nossa Senhora da Grasa）的船员，这艘帆船通常被记作“马德雷・德・迪乌斯”号（Madre de Deus）。在这次事件中，日本水手被囚禁，一些人在“马德雷・德・迪乌斯”号进入长崎港时被杀害。该船后来遭到报复性袭击和纵火。四年后，德川家康禁止基督教并驱逐所有葡萄牙神职人员。

281 在澳门的岁月里，陆若汉游历了广州和北京，在澳门，他编写了一份修订版的语法书，名为《简明日语艺术》，于 1620 年出版。⑤随后，陆若汉还编写了日本罗马天主教会早期的历史，题为《日本教会史》。⑥在中国生活了 23 年后，陆若汉于 1633 年 8 月 1 日去世，安葬在澳门著名的圣保罗教堂。

---

① George Schurhammer S.I. 1963. ‘Kapitel 31: P. Johann Rodrigues Tçuzzu als Geschichtsschreiber Japans’, pp. 605–618 in *Gesammelte Studien herausgegeben zum 80. Geburtstag des Verfassers II (Orientalia: Bibliotheca Instituti Historici S.I., Volumen XXI)*. Rom: Institutum Historicum S.I., und Lisboa: Centro de Estudos Históricos Ultramarinos.

② João Rodrigues. 1603. *Vocabvlario de Lingoa de Iapam com adeclaraçao em Portugues, feito por algvns padres e irmaõs da Companhia de iesu.* Nagasaki [Nangaſaqui]: Collegio da Companhia de iesus.

③ João Rodrigues. 1604. *Arte da Lingo a de Iapam com-poſta pello Padre Ioão Rodriguez Portugues da Cõpanhia de iesv diuida em tres livros.* Nagasaki [Nangaſaqui]: Collegio de Iapão da Companhia de iesu.—In a letter from Bungo, dated 14 October 1565, however, Luís d’Almeida reported that the Jesuit brother Duarte da Sylva had written a sketch of Japanese grammar in 1564 (Garcia, ed. 1997, 1° tomo, f. 156v). Duarte da Sylva’s sketch has not survived. What has also not survived is a preliminary grammatical sketch prepared by Luís Fróis and João Fernandez, reported in Doi Tadao. 1939. ‘Das Sprachstudium der Gesellschaft Jesu in Japan im 16. und 17. Jahrhundert’, Monumenta Nipponica, ii: 437– 465.

④ Doi（1939:464）. 这一绰号也有助于将他与另一位名叫若昂・罗德里克斯・吉拉姆（João Rodriquez Jiram）的耶稣会会士区分开来，后者的名字也被记录为若昂・罗伊斯・吉拉姆（João Roĩs Jirão）。

⑤ João Rodrigues. 1620. *Arte Breve da Lingoa Iapoa Tirada da Arte Grande da meſma lingoa, pera os que começam a aprender os primeiros principios della, pello padre Ioam Rodrigvez da Companhia de iesv, Portugues do Biſpado de Lamego, diuidida em tres livros.* Macau [Em Ama-cao]: Collegio da Madre de Deos da Companhia de iesv (Biblioteca do Palácio da Ajuda a Lisboa, 50-xi-3).

⑥ The manuscript is preserved in the library of the Palácio da Ajuda in Lisbon as Códice 49-IV-53.

图 4.28　狩野内膳（Kano Naizen，1570~1616 年）绘制在“南蛮”艺术风格的屏风上的葡萄牙帆船，保存于神户市立博物馆。

《日本教会史》部分章节涉及日本茶、茶礼、茶仪、茶具、茶品等级等内容。陆若汉对日本茶文化的描述涉及第 32 章到第 35 章，包括《日本教会史》第一卷的最后四章，也包括第 12 章第 9 节。①陆若汉写于澳门的原稿丢失了，幸存的抄本是由抄写员若昂·阿尔瓦雷斯（Joao Alvares）在 1746 年前后 282
抄写的。1954 年，若昂·阿玛若·阿布兰彻斯·品托（Joao do Amaral Abranches Pinto）在澳门出版了一本可用但并非完美的抄本。②同年，阿尔瓦雷斯·塔拉德里兹（Alvarez-Taladri）在东京用西班牙语翻译出版了一本长篇茶评。③19 年后，英国耶稣会会士迈克尔·库珀（Michael Cooper）对手抄本进行

① Cap. 12— § 9 *Da caza onde dao' abeber o chã aos hofpedes, chamada Su Ky* [f. 63]; Cap. 32—*De modo come se convida abeber chã, e que couza seja a chã, e deste ceremonia tao' eftimada entre os Japoẽs* [ff. 121$^{v}$], § 1 *Das qualidades do chã* [f. 124$^{v}$], § 2 *Do modo como os Chi-nas, e Japoens preparao' o chã, e o dão a beber* [f. 125$^{v}$], Cap. 33—*Do modo geral de convidar com a Chã entre os Japoẽs* [f. 127], § 1 *Da origem deste convite do chã e cauza por que os vazos que nelle seuzão vierão a tanto preço* [f. 128], § 2 *Do modo moderno de Chanoyu que agora corre chamado Su Ky e da sua origem, e fim em geral* [ff. 130$^{v}$–131], § 3 *Dos gastos grandes que fazem no Su Ky, e pessoas que principalmte sedão a elle* [f. 133], § 4 *Das cabeças e mestras do Su Ky chamado Sukynoyoxǒ* [f. 135], Cap. 34—*Como se convida em particular ao Chã na Caza de Su Ky* [f. 137], Cap. 35—*Do fim que fe pretendem no Su Ky, e proveitos que delle fe feguem* [f. 139].

② João do Amaral Abranches Pinto, ed. 1954, 1956. *História da Igreja do Japão pelo padre João Rodrigues Tçuzzu S.J., 1620–1633: Transcrição do Códice 49-iv–53, ff. 1 a 181, da Biblioteca do Palácio da Ajuda, Lisboa* (two volumes). Macau: Notícias de Macau (with the passages on tea to be found in vol. 1, pp. 226–233, 437–507). 一些抄写者特殊的拼写习惯使得这个抄本被现代化了。例如，chã 被改编成 chá，verao' 被改编成 verão。迈克尔·库珀（Michael Cooper）认为 50 年代几乎没有有用的版本，因为“没有注释和不准确”(Michael Cooper. 1989. ‘The early Europeans and tea’, pp. 101–133 in Varley and Isao (op.cit., p. 133))。

③ José Luis Álvarez-Taladriz. 1954. *Juan Rodríguez Tsuzu S.J., Arte del Cha* (Monumenta Nipponica Monograph No. 14). Tokyo: Sophia University.

了部分注释，随意做了点英文翻译。[①] 28 年后，库珀创作了一本对陆若汉作品深入研究的英文著作。[②] 直到 1933 年，萨德勒（Sadler）在神户和伦敦出版了介绍详细的《茶道》一书，陆若汉对日本茶文化和茶道的记述才被取代。

在陆若汉的《日本教会史》一书对茶进行描述之前，有一段文字记录了当时欧洲人对东方人饮用热水情况持久的兴趣。

> 在王国所有地方都有最好的泉水，由于他们通常不喝凉水，所以这种泉水被日本人珍视为泡茶用的好水，描述茶的用途时我们将涉及这一点。无论是在夏天还是在冬天，日本人通常都不喝冷水，特别是在近畿（Kinki）地区（即历史上的五畿内，Gokinai）和西部地区。尽管在关东及其东部地区，人们在冬天也会喝冷水，但同时还是会饮用热水。[③]

陆若汉在字面上把日本的茶馆或数寄屋（sukiya）描述为 suki，这是一个日语词汇，陆若汉把它记录为“Su Ky”，在英语中大致可以理解为优雅的情感或优雅的追求。陆若汉描述了踏脚石、水池、修剪整齐的花园、地板上榻榻米垫子的排列、木制品等细节，甚至还有墙上精美的书法或花瓶的位置。他还在《日本教会史》中用了两章对茶树、各种等级的茶叶、茶的价格、茶的制作、茶的优点、日本人和中国人制茶和奉茶方式的差异，以及日本茶道仪式等做了描述。

就像在他之前的弗洛伊斯和范礼安一样，陆若汉用茶道仪式的通俗叫法“Cha no yu”来记录茶道
283 的名称。在他的《日语词汇》一书中，陆若汉也指出日语术语“cha no yu”的字面意思是：与茶一并饮用的热水。[④]

尽管“cha no yu”字面上指的是沏茶用的热水，但陆若汉解释说，这个词用来转喻茶道，甚至是举行茶道仪式的茶室。更为正式的是，茶礼在日语中被称为“chadō”或“sadō”（茶道）。

陆若汉在讨论茶的德性时，呼应了他从日本资料中搜集到的可以追溯到唐朝刘贞亮论著（唐代刘贞亮的《茶十德》。——译者注）的部分经典茶智慧，这些内容都是日本茶道实践者所熟知的。[⑤] 陆若汉描述了日本人以茶待客的习俗，以及茶事器皿的高昂价格。

> ……以茶待客时的隆重仪式，在日本人心目中是一件非常重要、事关荣誉和尊敬的事情，为此他们不惜重金购买珍贵的器皿和器物，这些器皿和器物是他们非常珍视的，其中一些可能要花费 2 万克鲁扎多，在请人喝茶时使用……[⑥]

---

① Michael Cooper, S.J. 1973. *This Island of Japon: João Rodrigues' Account of 16th-Century Japan.* Tokyo: Kodansha International.

② Cooper (2001).

③ João Rodrigues. *Historia da Igreja do Iapão,* Códice 49- iv-53 da Biblioteca do Palácio da Ajuda, folio 42 verso (transcribed in Pinto 1954: 149–150).

④ Álvarez-Taladriz (1954: 99).

⑤ Códice 49-IV-53, ff. $124^{v}$, 125 and $125^{v}$ (transcribed in Pinto 1954: 447–451), although Rodrigues only enumerates six of the ten virtues.

⑥ Códice 49-IV-53, f. 116 (transcribed by Pinto 1954: 416–417).

除了茶和茶道仪式，欧洲人还惊奇地发现茶器和茶罐的价值。

## 东方的瑰宝

阿尔梅达在 1564 年 10 月 14 日的信中报告了大友义镇拥有的昂贵的陶瓷抹茶罐，对此，范礼安在 1580 年或更早之前描述如下：

> 一个小小的陶罐，在我们看来除了放在一个鹦鹉笼里，好让鸟儿们喝到里面的水之外，没有别的用处。他却花了 9000 两银子买了这个陶罐，折算大概是 14000 达克特（ducat，旧时在多个欧洲国家通用的金币。——译者注）。换了是我，但凡要价超过两个金币我就不会买。①

图 4.29　安土桃山时期（1568~1600 年）的吕宋壶，存于和歌山县立博物馆（Wakayama Prefetural Museum）和东照宫神社（Toshogu shrine）。 284

几年后，弗洛伊斯在 1585 年 8 月 20 日从长崎寄出的信中提到了同一个抹茶罐，但并没有给予更多的溢美之词，②他在信中写到：

> 这是一种石榴大小的釉面陶器，用来保存一些细碎的药草叶子，这种叶子被制成粉末，通常人们在任何场合都用热水来冲泡饮用。

弗洛伊斯继续写道，这只陶瓷抹茶罐的主人在经济困难时期将其出售，获得了 15000 克鲁扎多的丰厚回报。③

用于储存茶叶的菲律宾吕宋壶是葡萄牙人进口的，在日本卖出了高得离谱的价格。佛罗伦萨商人弗朗西斯科·卡莱蒂（Francesco Carletti）和安东尼奥·德·莫尔加（Antonio de Morga）分别于 1597 年 6 月和 1609 年记载了丰臣秀吉实施的进口禁令。1594 年，弗朗西斯科·卡莱蒂从加的斯（Cadiz）出发前往亚洲。8 年后，即 1602 年 3 月，他乘坐葡萄牙船返回欧洲，却被圣赫勒拿岛（St.Helena）附近的西兰人劫持。他被西兰人带到了米德尔堡（Middelburg），在那里他得到了一些赔偿，尽管这些赔偿是在 3 年的诉讼之后获得的。随后，他于 1606 年 7 月返回了佛罗伦萨。

卡莱蒂写下了以下关于茶叶和菲律宾吕宋壶的描述：

---

① Álvarez-Taladriz (1954: 45).

② Garcia, ed. (1997, 2° tomo, f. $120^{v}$): ‘Carta di padre Luis Froes, de Nangaçáqui a vinte de Agofto de 1585. pera o padre geral da Companhia de Iefus’.

③ Garcia, ed. (1997, 2° tomo, ff. 135, $135^{v}$).

> 285 在我们下船上岸的前一天早晨，由当地知事指挥的司法大臣登上船，在所有的水手、商人和旅客中搜寻某些陶器，这些陶器往往是从菲律宾群岛和其他海岛运来的。根据日本国王的法令，这些船只必须出示陶器，否则就会被判处死刑，因为国王希望买下所有陶器。谁会相信呢，但这是千真万确的……1615 年，在去往佛罗伦萨的路上，弗朗西斯修道会的一名西班牙神父路易吉·萨特洛（Luigi Sattelo）告诉我，这样的一件器具曾在这个国家以 13 万埃斯库多的价格出售……这些器具之所以值高价是因为它们能够保持某种叶子新鲜，这些叶子他们称为 Cia 或者
> 286 The，这些叶子保存在陶器茶罐中 10 年或 20 年都不会坏。这些叶子是从一种类似黄杨木的植物上长出来的，只不过叶子比黄杨木叶大三倍，而且全年都保持绿色，其芳香的花朵呈大马士革玫瑰的形状。
>
> 他们把这些叶子做成粉末，然后放入热水中，为此他们总是把热水放在火上备用。他们喝这种水更多是因为它的药用价值而不是味道，因为尽管这种混合物口感清新但具有相当苦涩的味道，它对有饮用习惯的人产生有益健康的作用。对于那些胃不舒服的人来说，它是一种很好的消化剂，尤其是它是最好的消解湿气和阻止湿气上升到头部的东西，事实上饭后喝它可以缓解困倦。因此，人们通常会在吃完饭后立即饮用，尤其是在喝了很多酒之后。在日本人中，喝茶的习俗是如此普遍，以至于如果没人以最热情的方式来奉茶款待，你就永远不会去任何人家里做客。而且，似乎从他们受到的教育来看，他们习惯于向来访的朋友奉茶表示敬意，就像佛兰德人和德国人为客人提供葡萄酒一样。关于茶，他们提到的一件事是它的叶子越老越好，但是没有比把它们存放在上述陶罐里更好的保存方法了。因为无论是黄金、白银还是任何其他金属的容器，都不能像它们所需要的那样保存它们。尽管这似乎纯粹只是迷信，但实际上，他们通过经验观察到，这些叶子除了储存在这些简单的陶罐里之外，并不能保存得很好。尽管这种材质的器皿很罕见，但是在这个国家，它们可以立刻被某些标志和古老的字符所识别，这些标志和字符表明它们的制造年代较久远。今天，除了几个世纪前制造的器具之外，再也找不到这种器具了，这些器具是从柬埔寨王国、暹罗王国、越南南部或菲律宾群岛和其他海岛运来的。有许多水手很幸运，他们能够带来一些罐子，这些罐子一看就知道价值三四个夸特里尼（quattrini），不管这种价值是现实还是迷信的结果，他们都因此而富足。① 这是千真万确的事，这个国家的国王和这个国家的所有王子拥有大量这样的器皿，他们高度重视这些器皿，认为这些器皿是他们最宝贵的财富，高于其他任何可以被珍视的东西。而且，他们以虚荣和傲慢之心互相争夺这些器皿中的绝大多数陶罐，并通过向彼此展示以求得最大的满足感和虚荣心。②

1593 年，来自塞维利亚的安东尼奥·德·莫加（Antonio de Morga）前往菲律宾群岛担任马尼拉副省长，并在奥利维尔·范·诺特（Olivier van Noort）领导下与荷兰海盗作战。然后他于 1603 离开马尼拉，在新西班牙总督辖区的墨西哥城担任总督顾问，并于 1609 年出版了他的著作。德·莫加博士把

① Carletti (1701, Vol. ii: 11–16).

② 夸特里尼（Quattrini）是一种价值 4 第纳尔的硬币，直到 19 世纪，在意大利的许多政治活动中仍在使用。

茶的名字记为“Cha”，指出茶是作为热饮来喝的，但是却错误地报告说茶饮料是用茶树的根部酿制的。这虽然不是一个可靠的茶叶信息来源，但德·莫加博士却为菲律宾吕宋壶之所以在当时的日本如此昂贵提供了另一个有趣的信息来源。他同样记录了这样一种信念：这些容器对于保持茶叶的良好品质是必不可少的。 287

> ……一些颜色为棕色，看起来不太好看的古老陶瓷罐，有些大小适中，有些则很小，上面有标志和封条，这些标志和封条没有提供任何关于它们来自哪里或产自何时的确切信息，因为它们不再从（它们曾经生产的）那些岛屿进口，也不再在那些岛屿上制造。人们认为这种被称为茶的东西，是日本国王和贵族们用来当药和娱乐休闲用品的，这是一种用草药根制作的热饮。茶只有存储在陶罐中才是最适宜的，因此茶罐在日本全国受到珍视，是人们家里最珍贵的宝物。一个罐子可以卖一大笔钱，他们用纯金装饰罐子的外部，精心雕琢装饰，然后用织锦袋轻轻地把它们包起来。有很多价格昂贵的罐子可以卖到 2000 两（taels）到 11 雷亚尔（reals）左右，这取决于它们自身的状况，只要它们没有裂纹或者缺口而影响茶叶的存放。[①]

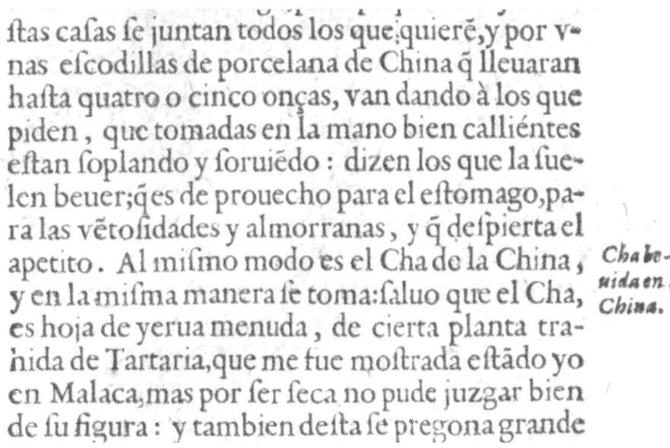

ſtas caſas ſe juntan todos los que quierẽ,y por v-
nas eſcodillas de porcelana de China q̃ lleuaran
haſta quatro o cinco onças, van dando à los que
piden, que tomadas en la mano bien callientes
eſtan ſoplando y ſoruiẽdo: dizen los que la ſue-
len beuer;q̃es de prouecho para el eſtomago,pa-
ra las vẽtoſidades y almorranas, y q̃ deſpierta el
apetito. Al miſmo modo es el Cha de la China, *Cha beuida en la China.*
y en la miſma manera ſe toma:ſaluo que el Cha,
es hoja de yerua menuda, de cierta planta tra-
hida de Tartaria,que me fue moſtrada eſtãdo yo
en Malaca,mas por ſer ſeca no pude juzgar bien
de ſu figura: y tambien deſta ſe pregona grande

图 4.30　在 1610 年印刷的西班牙文文本中，佩德罗·特谢拉（Pedro Teixeira）提到了中国的茶以及咖啡和巧克力。

在 1610 年发表的一篇西班牙文文章中，佩德罗·特谢拉（Pedro Teixeira）报告说在马六甲见过干茶叶，他写到中国人用干茶叶准备了饮料。这个西班牙人还提到了咖啡和巧克力。 288

> 土耳其、阿拉伯、波斯以及叙利亚还有另外一种饮料叫作“Kaoàh”，[②] 它是一种从阿拉伯半岛带来的类似小豆子的种子，在专门指定的房子里准备和供应。冲泡的汤汁浓稠，几乎呈黑色，平淡无味，略苦，但有人成群结队地聚集在这些房子里喝这种饮料。他们把价值 4~5 盎司的中国瓷碗拿出来盛热饮，他们手捧着热瓷碗，一边吹着热气一边小口啜饮。他们声称，他们喝这种饮料通常是为了健胃生津，防止胀气和痔疮，并减少食欲。中国的茶也是这样，它是一种草药，由从鞑靼带来的

---

① Antonio de Morga. 1609. *Svcesos de las Islas Filipinas,dirigido a Don Cristoval Gomez de Sandoual y Rojas, Duque de Cea.* Mexico: Geronymo Balli.

② *Kaoàh* and the various other early European renditions of the Arabic word for coffee, *qahwah*, are not to be confused with kava (*Pipermethysticum*). Despite the phoneticsimilarity in the names, the kavaloctones contained in theroots of the kava plant exert an effect quite unlikethat of the beans of the coffeetree.Kavaroots are used to prepare a foul tastingsedative drink with anaesthetic properties, which relieves anxiety and appears to be conducive to relaxed and good-natured socialising throughout Polynesia. The cool water infusion can be prepared either from dried shredded roots or, ideally, from freshly pounded fresh roots.

某种植物的短叶制成，我在马六甲的时候看到过，但是由于已经烘干，很难确定叶子的原始形状。他们从喝茶中受益良多，但是也会受到一些不良的影响，比如，喝茶可能是中国人暴食的原因。[①]

特谢拉（Teixeira）的记述忠实地再现了来自近东的早期报道，咖啡降低了食欲，起到了健胃补药的作用，但是他在喝茶方面的知识不是很丰富。这份西班牙语文本是在葡萄牙人报道茶叶近半个世纪之后出版的，特谢拉的报告在第一批茶叶从日本运往荷兰东印度公司阿姆斯特丹总部的同一年出版。西班牙是巧克力进入欧洲的第一个口岸，但不是茶叶的进口港。

1610 年茶叶传入荷兰，1636 年荷兰茶叶首次在法国亮相。1641 年，英国著名的热饮专著提到了古人喝的热饮，比如去皮大麦饮料，并且对马菲（即前文提及的乔瓦尼・皮埃特罗・马菲，Giovanni Pietro Maffei。——译者注）的报告表现出了一定的兴趣：“中国人大部分时间都在喝一种叫作茶（Chia）的草药的浓缩热饮。”这样的例子促使作者发表观点：“我认为喝冷饮的人是不明智的。”[②] 尽管
289 作者狂热地提倡热饮，但喝这种热饮的乐趣并不十分明显。1645 年，在这部奇特的英文著作出版四年之后，荷兰人第一次开始将茶叶运往英国。咖啡和巧克力的历史将在第七章中进行讲述。

---

① Pedro Texeira. 1610. *Relaciones de Pedro Teixeira d'el Origen Defcendencia y Svcceffion de los Reyes de Perfia, y de Harmuz, y de vn Viage hecho por el mismo autor dende la India Oriental hafta Italia por tierra.* Amberes [Antwerpen]: En cafa de Hieronymo Verduffen (Vol. 1,p.19).

② F.W. 1641. *Warm Beere, or a Treatife wherein is declared by many reafons, that Beere fo qualified is farre more wholefome then that which is drunke cold. With a con-futation of fuch objections that are made againft it; pub lifhed for the prefervation of health.* Cambridge: Printed by R. D. for Henry Overton (p. 142, last unnumbered page before page 1).

## 第五章

# 荷兰资本主义与茶叶的全球化 290

荷兰人通过他们在日本和中国的贸易打开了世界的大门。

——菲利普·西尔维斯特·杜福尔（1685）

## 果阿邦的荷兰人和波尔多的旱鸭子

1596年，扬·惠更·范·林索登（Jan Huygen van Linschoten）在荷兰的一份资料中首次用“Chaa”一词指代茶的日文名“Cha”。扬·惠更1563年出生于哈勒姆（Haarlem），1579年来到塞维利亚与同父异母的兄弟们团聚。第二年他去了里斯本，在那里他成为若昂·维森特·达·丰塞卡（João Vicente da Fonseca）的秘书，丰塞卡1582年被任命为东印度群岛主教，这是果阿和达曼大主教的最高头衔。他们于1583年4月8日启航（前往东印度群岛），直到1589年1月，扬·惠更一直住在果阿，在那里他采用“范·林索登”这一姓氏。

大主教去世后，他乘船返回欧洲，在圣赫勒拿岛（St.Helena）待了一段时间，之后又因英国海盗袭击造成的海难在亚速尔群岛上度过一年多的时间。他于1592年回到里斯本，后来回到荷兰定居在恩克赫伊曾（Enkhuizen）。1596年，他将在果阿逗留期间从葡萄牙人那里了解到的见闻记录出版，书名为《旅行日记》（*Itinerario*）。在关于日本的一章中，有对日本抹茶（绿茶粉）的描述，以及关于珍贵的茶壶、茶碗和茶罐的报告。

291

图 5.1　1596 年出版的《旅行日记》卷首插图中的扬・惠更・范・林索登。

与其他国家不同的是，上述热饮是用一种叫作“茶”（Chaa）的草药粉末制备的，这种草药在这些国家受到高度重视，所有有钱或有社会地位的人都将这种被称为“茶”的草药保存在某个秘密的地方，有地位的绅士们甚至自己制备这种饮料，随时用这种热饮来款待客人或朋友。他们非常珍惜那些用来泡茶的罐子，以及用来喝茶的陶碗，就像我们珍惜钻石、红宝石和其他珠宝一样。它们的价值不在于新，而在于它们是古董，同时他们非常重视对这种陶器进行鉴别的能力，鉴赏家和专家对这些物品价值的评价就像我们的金匠对金银的评价、珠宝商对珠宝和宝石的评价一样，因为它们是由一位年迈而有名的官员或工匠制作的，一件作品可能价值四千或五千个金币。丰后的藩国大名曾经花一万四千个金币来买这样一个三只小脚的罐子。①

① Jan Huygen van Linschoten. 1596. *Itinerario, Voyage ofte Schipvaert van Jan Huygen van Linſchoten naer Ooſt ofte Portugaels Indien inhoudende een corte beſchryvinghe der ſelver Landen ende Zee-cuſten met aenwyſinge van alle de voornaemde principale Havens, Revieren, hoecken ende plaetſen, tot noch toe vande Portugeſen ontdeckt ende bekent: Waer by ghevoecht zijn, niet alleen die Conterfeytſels vande habyten, drachten ende weſen, ſo vande Portugeſen aldaer reſiderende, als vande ingeboornen Indianen, ende huere Tempels, Afgoden, Huyſinge, met die voornaemſte Boomen, Vruchten, Kruyden, Speceryen, ende diergelijcke materialen, als ooc die manieren des ſelfden Volckes, ſo in hunnen Godts-dienſten, als in Politie ende Huijſ-houdinghe: maer ooc een corte verhalinge van de Coophandelingen, hoe eñ waer die ghedreven eñ ghevonden worden, met die ghedenckweerdichſte geſchiedeniſſen voorghevallen den tijt zijnder reſidentie aldaer. Alles beſchreven ende by een vergadert, door den ſelfden, ſeer nut, oorbaer ende oock vermakelijcken voor alle curieuſe ende Lieſhebbers van vreemdigheden.* t' Amstelredam: By Cornelis Claeſz. op't VVater, in 't Schrijfboeck, by de oude Brugghe (p. 36).

292

36 Vant Eylandt Ja

Manier van spijs en dranc te bereyden/ dat seer wert geacht wert.

in als contrarie van alle ander natien/ dat
boven-ghenoemde heet water dat toebereyt
is met een seecker pulver/van een cruyt ghe-
naemt Chaa, t'welcke seer gheacht werdt/
ende is in soo groote estimatie by haer/so dat
alle die van vermogen ende staet zijn/ hebben
dit water op een seeckere ende secrete plaetse
bewaert/ ende die Heere maken t selver toe/
ende wanneer sy eenich vrient oft gast groote-

haer va
Toms d
met ha
altesam
derdani
eyghen
derhoui
dat hen
ghenoe

图 5.2　在出版于 1596 年的荷兰文献中第一次提到了“茶”（Chaa）。

在范・林索登私人的葡萄牙信件中涉及的众多话题之一，就是铸铁茶壶、手工茶碗以及存放抹茶粉的小茶罐的高昂价格。

日本抹茶有浓有淡。喜欢抹茶的人有时会随着时间的推移把抹茶泡得越来越浓。绿茶粉有两种类型的茶罐。一种是“茶入”（chaire），用来装冲泡浓茶（koicha）的茶粉。茶入很小，通常高度大于宽度，由陶瓷制成，象牙色的盖子下面通常装饰着金色的叶子图案。茶入被放在一个漂亮的丝绸袋子里，这个袋子叫作“仕覆”，上面有拉绳。

图 5.3　“茶入”（茶罐），用于存放泡制浓茶的抹茶粉。

图 5.4　“茶入”（茶罐）放在一种叫作“仕覆”的上面有拉绳的丝绸袋子里。

另一种抹茶罐则是必不可少的茶具，俗称“枣”（jujube）。小枣形状的茶罐用漆木制成，用来储存茶叶粉末，以便制作薄茶，因此它们有时也被称为“薄茶器”（usucha-ki）。林索登不仅对早期葡萄牙作家描述的茶具价值表示赞同，还在其文章中提到了大名大友义镇所收藏的知名抹茶罐，大友义镇被视为“丰后之王”，也被称为丰后的多姆・弗朗西斯科。

图 5.5　一个镶嵌着珍珠母图案的黑漆“裹”（茶罐），用于储存泡制薄茶的抹茶粉。

图 5.6　同一件“裹”（茶罐），放在一个叫作“仕覆”的上面有细绳的丝绸袋子里。

前面这篇文章是荷兰语文献中第一次出现“茶”一词的证明，这个词被写作“Chaa”。两年
293 后，在 1598 年林索登荷兰语原著的英译本中，首次出现用英语描述的茶：“上述热水是用一种叫茶（chaa）的粉末泡制成的。”[①] 因此，不仅葡萄牙语中的“茶”一词最早出现在该植物的日文名称下，而且荷兰语和英语中第一次提到的茶也是日本“茶”（cha）的缩影。[②] 1615 年，在与日本的贸易成为荷兰人两个多世纪专属特权的 24 年前，在平户的英国东印度公司合伙人理查德·威克姆（Richard Wickham）于 6 月 27 日写信给在京都的伊顿（Eaton）先生，请求为其购买“一罐最好的茶”。

> 伊顿先生，请您为我买一罐京都最好的茶叶，两箱火药和箭头，用大约六个京都镀金方盒装好以便放入木桶中，不管花多少钱，我都会从您那买下它们。[③]

---

① Iohn Hvighen van Linschoten. 1598. *Iohn Hvighen van Linschoten, his Difcours of Voyages into ye Easte & West Indies, Deuided into Foure Bookes.* London: Iohn Wolfe.

② 1564 年，阿尔梅达同时写到了“Chà”和“Chá”，1589 年，这些葡萄牙语拼法被马菲（Maffei）翻译成意大利语，成为“Chia”。在意大利语中，早在 1559 年就有中亚语形式的“Chiai”出现在印刷品中，1583 年至 1610 年，利玛窦在他的意大利语日记中记录了茶的中文单词“Cià”。

③ 这段威克姆写给伊顿的信的原稿片段被乌克斯（Ukers，1935 年，第一卷，第 72 页）和福里斯特（Forrest，1973 年，第 20 页）用摄影本复制。乌克斯和福里斯特咨询过的笔迹学家都将其读为“pot”，而尤尔（Yule）和伯内尔（Burnell）（1903 年，第 906 页）读的是“pt”，如果它是正确的，可以被解释为“pint”。然而，对笔迹的仔细研究表明，乌克斯和福里斯特咨询的笔迹学家的阅读一定是正确的 (Ukers. 1935; Denys Mostyn Forrest. 1973. *Tea for the British: The Social and Economic History of a Famous Trade.* London: Chatto & Windus; Col. Henry Yule and A.C. Burnell. 1903. *Hobson-Jobson: A Glossary of Colloquial Anglo-Indian Words and Phrases, and of Kindred Terms, Etymological, Historical, Geographical and Discursive.* London: John Murray).

半个多世纪后，茶在1671年的英语词汇表中仍然以“cha”的形式出现，[①]尽管此时英国人已经接 294
受了从荷兰人那里学来的闽南语“茶”（tea）一词。

在法国出版的资料中，第一次提到茶的可能是皮埃尔·杜·贾里克（Pierre du Jarric），他1582年出生于图卢兹（Toulouse），16岁时成为耶稣会士，在波尔多（Bordeaux）教授了15年的道德神学，1617年在圣特斯（Saintes）去世。这个倒霉的耶稣会士一生都渴望到东方旅行，但不幸的是他注定要留在欧洲。因此，杜·贾里克整理了其他有幸到东印度群岛旅行的耶稣会士写的各种资料，比如卢伊斯·德·古兹曼（Luís de Guzmán）[②]和费恩·盖尔—雷罗（Fernão Guer-reiro）。[③]皮埃尔·杜·贾里克在他记录东方万物的三卷本中以“chia”一词简短地提到了茶，1600年以前，亚洲的耶稣会士就已经对茶有所见闻。在描述中国习俗时，他写道：

> 当人们互相拜访时，他们会对来访者给予最殷勤的款待……在他们互相说了些寒暄话之后，
> 便会迅速端上一杯由开水做成的饮料，里面有一种他们称之为“茶”（Chia）的药草。没有这种饮 295
> 料，就是严重的失礼。这种饮料在客人离开前至少要供应两到三次，通常还要配上一点水果或甜食。这种饮料是用小汤匙舀取的。[④]

皮埃尔·杜·贾里克的三卷本图书被译成拉丁文，并于1615年在科隆面向北欧读者出版。[⑤]因此，英语中最早记载的“chaa”和法语最早保存下来的“chia”都是证据之一。在茶这一单词的传播中，法语是伊比利亚语的翻版，英语直接取自荷兰语，荷兰语则基于来自日本的葡萄牙语报告，而这些报告收集自果阿。因此，在所有主要的西欧语言中，最早被证实的“茶”一词都源自日文的“茶”（cha）字。

## 资本主义的诞生

一些人认为扬·惠更·范·林索登是一名荷兰间谍，因为他是在荷兰开始取代葡萄牙成为东亚海域霸主的过渡时期进行写作的。在某种程度上，这种看法不合时宜，因为林索登人生的起伏必然应该在时代背景下来看待。在葡萄牙王位继承战争（1580~1583年）后，葡萄牙先后被三位哈布斯堡王

① James Dyer Ball. 1892. *Things Chinese, being Notes on Various Subjects Connected with China.* Hong Kong, Shanghai, Yokohama and Singapore: Kelly & Walsh Co. (p. 374).

② Luís de Guzmán. 1601. *Historia de las Missiones qve han hecho los religiosos de la Compañia de Iesús, para predicar el sancto Euangelio en la India Oriental, y en los Reynos de la China y Iapon.* (two volumes). Alcala: la Biudade Iuan Gracian.

③ Fernão Guerreiro. 1603. *Relaçam Annal das Covsas qve fizeram os Padres da Companhia de Iesvs na India & Japão nos annos de 600. e 601. & do proceſſo da conuerſão, & Christandade daquelleas partes* (two volumes). Em Evora: Manoel de Lyra.

④ Pierre dv Jarric. 1610. *Seconde Partie de l'Hiſtoire des Choses plvs memorables advenves tant ez Indes Orientales, que autres païs de la deſcouuerte des Portugais en l'eſtabliſſement & progrez de la foy Chreſtienne & Catholique: Et principalement de ce que les Religieux de la Compagnie de Iesus y ont faict, & enduré par le meſme fin. Depuis qu'ils y sont entrez iusqu'à l'an 1600.* Bordeavs [i.e. Bordeaux]: Simon Millanges, Imprimeur ordinaire du Roy (tome ii, livre iiii, chapitre xviii, pp. 529–530).

⑤ Nicolaes Tulp's fleeting mention of Iarricus evidently refers to the three-volume Latin translation published in Cologne, i.e. Petrus Iarricus. 1615. *Thesaurus Rerum Indicarum.* Coloniæ Agrippinæ: Petri Henningij [i.e. Peter Henning].

朝的国王统治，他们也是卡斯蒂利亚（Castille）和阿拉贡（Aragon）的国王。[①] 这一时期葡萄牙和西班牙在哈布斯堡王朝统治下的王国联盟一直持续到 1640 年，直到布拉干萨王朝的若昂四世登上葡萄牙王位，因此，哈布斯堡王朝在葡萄牙的统治很大程度上与形成荷兰共和国的联合行省和哈布斯堡王朝之间的八十年战争重合，该战争从 1568 年一直延续到 1648 年，直到达成《明斯特和约》（*Peace of Münster*）。

反对哈布斯堡家族统治的战争爆发 11 年后，即 1579 年 1 月 23 日，“七省共和国”在乌得勒支（Utrecht）宣布成立。联合省的名称也出现在这个时期的荷兰地图上，以拉丁语“Fœderata Belgica”或“Fœderatae Belgii Provinciæ”标注。1579 年，扬·惠更在其 16 岁的时候去了塞维利亚，而 1592 年当他 29 岁回到荷兰时，世界看起来已经完全不同了。1595 年，第一家荷兰航海公司在东方成立。1596 年，荷兰人在科内利斯·德·霍特曼（Cornelis de Houtman）的带领下，代表范·维尔公司（Compagnie van Verre）进入东亚海域。与范·林索登不同的是，科内利斯·德·霍特曼在 1592 年至 1594 年期间，为了尽可能了解葡萄牙通往东方的贸易路线，确实与他的兄弟弗雷德里克（Frederick）在里斯本为荷兰人进行间谍活动。1595 年 4 月，德·霍特曼从荷兰启航，1596 年 6 月在班塔姆（Bantam）建立了一个交战据点，在那里荷兰人立刻与葡萄牙人开始了贸易争夺战。[②]

296

图 5.7 《第二次远征东印度群岛后返回阿姆斯特丹》，帆布油画，99.5×216 厘米，由亨德里克·科内利什·弗鲁姆（Hendrick Cornelisz. Vroom）1599 年绘制，存放于荷兰国立博物馆。1599 年 7 月 19 日，在雅各布·科内利松·范·内克 (Jacob Corneliszoon van Neck)、韦麻郎（Wybrandt van Waerwijck）和雅各布·范·希姆斯柯克（Jacob van Heemskerck）的指挥下，“特威德·斯奇普瓦特”号（Tweede Schipvaart）返回阿姆斯特丹，该事件被誉为香料贸易的一大成功，但第一批茶叶在 11 年零 2 天后才抵达荷兰。图中，在阿姆斯特丹港，“毛里求斯”号（Mauritius）、“荷兰特”号（Hollant）、“奥维耶塞尔”号（Overijssel）和“维列斯兰”号（Vrieslant）被小型船只包围着。

---

① 1581 年至 1598 年，卡斯蒂利亚的腓力二世，同时还是葡萄牙和阿拉贡的腓力一世。1598 年至 1621 年，他的儿子是卡斯蒂利亚和莱昂的腓力三世，也是葡萄牙和阿拉贡的腓力二世。1621 年至 1640 年，他的孙子是卡斯蒂利亚和莱昂的腓力四世，也是葡萄牙和阿拉贡的腓力三世，在西班牙一直统治到 1665 年去世。

② G.P. Rouffaer en J.W. IJzerman. 1915, 1925, 1929. *De Eerste Schipvaart der Nederlanders naar Oost-Indië onder Cornelis de Houtman 1595–1597: Journalen, Documenten en andere Bescheiden* (three volumes). 's-Gravenhage: Martinus Nijhoff.

1597 年，一个叫“新阿姆斯特丹公司”的竞争者诞生了。一年后，五家新的荷兰公司成立了，即“麦哲伦公司”，同时另一家新公司在鹿特丹（Rotterdam）、费勒（Veere）和米德尔堡（Middelburg）建立了三家分公司——鹿特丹公司、费勒公司和米德尔堡公司，不久后第五家“新布拉邦特公司”加入其中。为了应对所有这些新的竞争，两家历史最悠久的公司在同一年合并，成立了新的“欧德公司”（Oude Compagnie）。

1598 年 5 月，在雅各布·科内利松·范·内克、韦麻郎和雅各布·范·希姆斯柯克的指挥下，由两家荷兰公司 8 艘船组成的联合舰队从特克塞尔（Texel）启航前往中国。其中 4 艘属于新布拉邦特公司，4 艘属于欧德公司。这些船在东印度群岛的香料贸易中取得了非常大的成功，这样的成功在与中国的贸易中他们从未有过。这支舰队只是 1598 年出发前往亚洲的 22 艘荷兰船中的 5 支探险队之一。到 1600 年，荷兰船只已经抵达过安邦（Ambon）、巴厘（Bali）、安南（Annam）——越南（Vietnam），以及位于今天泰国南部的帕塔尼。

297

图 5.8　约伯·阿德里安·伯克海德（Job Adriaenszoon Berckheyde）于 1670 年左右创作的一幅阿姆斯特丹证券交易所内部的标志性画作，展示了 1668 年完成的扩建工程，贸易之神墨丘利雕像的双蛇双翼节杖在左侧两个拱门之间的阳光下熠熠生辉，该画作收藏于博伊曼斯·范伯宁恩美术馆。

1600 年荷兰人还在澳门与葡萄牙人作战，1601 年雅各布·范·内克就已经在广州开展贸易。[①] 这

① Isaac Commelin (1646, Vol. i); J. Keuning. 1938, 1940,1942, 1944, 1947, 1949, 1951. *De Tweede Schipvaart der Nederlanders naar Oost-Indië onder Jacob Cornelisz. van Neck en Wybrant Warwijck, 1598–1600* (five volumes, the fifth volume in three parts, the third part of which was edited by C.E. Warnsinck-Delprat rather than J. Keuning). 's-Gravenhage: Martinus Nijhoff.

些荷兰公司之间的竞争常常演变成恶性竞争。1600年，新布拉邦特公司与欧德公司合并，成立了“阿姆斯特丹联合公司”。大约在同一时间，两家在新西兰的公司也进行了合并，成立“大不列颠联合公司”。1595年至1601年，至少有14支荷兰舰队（包括65艘船）前往东方，而荷兰公司之间的这种竞争有时甚至导致荷兰人内部的交火。然而，令联省议会（States General）更加关切的一个问题是，这种向东方的竞争性抢购导致亚洲胡椒和香料的价格上涨，同时由于供过于求，荷兰市场上这些商品的价格受到抑制。[①] 因此，1602年，这些公司都被合并，成立了荷兰东印度公司。参与合并的还有新成立的“范·德·穆切伦公司”（Compagnie van de Moucheron）和“德尔夫切·文诺查普公司”（Compagnie Delftsche Vennootschap），这两家公司都是前一年刚成立的。

荷兰东印度公司是世界上第一家由股东拥有的法人实体型公司。该公司的股票是世界上
298 第一支在股票市场上自由交易的股票，该市场于当年在阿姆斯特丹开放。这家新的股票交易和结算所与欧洲迄今存在的任何一家股票交易所的前身都截然不同。第一个股票市场在数量和种类上都不同于14世纪在维罗纳、热那亚和威尼斯进行的规模不大的地中海远期国家贷款和期货交易，也不同于随后在欧洲其他地方偶尔进行的零星股票和市政贷款交易。

在随后的几年里，荷兰东印度公司创办
299 的这家广为人知的证券交易所因其他上市企业的竞争而变得更加富有。阿姆斯特丹交易所的股票和期货交易量之大前所未有。同样史无前例的是，在一个高度流动的公开市场上，自由进行投机交易是这家证券交易所的特点。在这里，交易已经以股票和金融工具的形式进行，这些工具后来被称为期货和期权。

图5.9 长崎出岛的加农炮上醒目的荷兰东印度公司VOC标志。

将所有在亚洲交易的荷兰公司统一为垄断企业，使荷兰人能够在亚洲与葡萄牙人竞争，而不必互相内斗。[②] 然而，荷兰人和葡萄牙人之间的竞争仍然是激烈和血腥的，双方都有许多丑陋之处。从1602年起，荷兰东印度公司和荷兰西印度公司在美洲、非洲和印度跨太平洋地区对葡萄牙人发动了战争。

① Christine van der Pijl-Ketel. 2008. ‘*Kraak* porcelain ware salvaged from shipwrecks of the Dutch East Indies Company (VOC)’, pp. 65–76 in Luísa Vinhais and Jorge Welsh, eds., *Kraak Porcelain: The Rise of Global Trade in the Late 16th and Early 17th Centuries*. London: Jorge Welsh Books.

② Groeneveldt (1898).

## 爱战胜一切

在经历了充斥无数苦难的痛苦旅程后，1600 年 4 月 19 日，荷兰“慈爱”号大帆船以饱受蹂躏的状态抵达了位于臼杵湾（Usuki）的黑岛（Kuroshima）。这次航行是从鹿特丹附近的古勒斯赫航道乘船前往九州的，在那里，一支由四艘命运多舛的大帆船和一艘属于麦哲伦公司的游艇组成的船队于 1598 年 6 月 27 日经麦哲伦海峡启航前往日本。他们计划穿越太平洋的西行路线，这在当时是一个被严格保守的秘密。

这五艘被虔诚命名的船是旗舰“希望”号、大帆船“慈爱”号、“忠诚”号、“信仰”号和游艇“喜讯”号，而最终抵达目的地日本的唯一一艘船是“慈爱”号。这艘船在九州岛登陆，船上有 24 名幸存者，但只有 6 个人能从船上走下来，而其他人是被抬着走的。其中 6 名幸存者在登陆后不久死亡。来自代尔夫特市的商人扬・乔斯顿・范・洛登斯廷（Jan Joosten van Lodensteyn）和来自肯特郡吉林厄姆的英国人威廉・亚当斯（William Adams）从此在日本定居再未离开。[①]

在他们的船加入来自鹿特丹的不幸船队之前，“慈爱”号曾被命名为“伊拉斯谟”号。荷兰人文主义学者德西德里乌斯・伊拉斯谟（Desiderius Erasmus）的木制雕像，也被称作鹿特丹的格哈德・葛哈德斯（Gerhard Gerhards），曾经被用于装饰船尾的横框，不知怎么地，被从丰后藩 300
国的臼杵带到了东北方近千公里外的下野藩国佐野的竜江院神社里面。在这个意想不到的圣地，也就是今天的栃木县（Tochigi），伊拉斯谟受到了几个世纪的定期祭拜，直到 1926 年，在意大利举办的一次关于基督教在东方传播史的展览上，一位荷兰人认出了这尊雕像。这个雕像现在保存在东京国立博物馆。1600 年 4 月 19 日，“慈爱”号上病重的船员在臼杵登陆，他们中的几名幸存者最后遇到了伟大的德川家康。

图 5.10　人文主义学者德西德里乌斯・伊拉斯谟的木制雕像装饰在慈爱号的横梁上，神奈川县横须贺市按针（Anjin）燃气设备和管道公司的田口义明（Taguchi Yoshiaki）和田口纯（Taguchi Jun）在参观东京国立博物馆时拍摄的“伊拉斯谟雕像”，摄于 2015 年 9 月 5 日。

在“慈爱”号成功登陆后，荷兰船只将可以绕过好望角，通过东印度群岛的常规航线抵达日本。“慈爱”号由此

① Dirk Jan Barreveld. 2001. *The Dutch Discovery of Japan*.Lincoln, Nebraska: Writers Club Press.

开辟了一个尴尬但令人难忘的入口，因为荷兰人试图通过东线和西线从低地国家到达传说中的“日出之国”。他们在日本是为了长期发展，但只有攻破葡萄牙的海上防御之后，荷兰人才能在雅各布·斯派克斯带领下于 1609 年在九州岛西侧的平户岛建立第一个“商场”。

1604 年，就在荷兰在日本建立业务的五年前，荷兰人到达厦门，开始与福建进行贸易。1609 年，荷兰东印度公司最高的“17 绅士董事会”（the Lords Seventeen）在阿姆斯特丹成立了“印度理事会”，总部设在雅加达，以集中管理荷兰东印度公司在亚洲的商行和商馆。皮特·博斯（Pieter Both，1568~1615 年）被从阿默斯福特（Amersfoort）派往爪哇，1610 年到 1614 年担任第一任总督，任期四年。[①] 雅加达成为
301 亚洲茶叶、香料和瓷器贸易的荷兰总部，来自中国和印度的货物被运往阿姆斯特丹、恩克赫伊曾、霍恩、米德尔堡和鹿特丹等港口。

图 5.11 《1609~1641 年在平户的荷兰商馆》，冯·西博尔德（von Siebold）绘于 1823 年。

1619 年 2 月 1 日，当英国东印度公司的海军上将托马斯·戴尔（Thomas Dale）占领了位于雅加达的荷兰要塞时，荷兰总督扬·皮特尔松·科恩（Jan Pieterszoon Coen）正驶往摩鹿加群岛（Moluccas）。雅加达的庞格兰人（pangeran）或埃米尔人（emir）站在英国人一边，侵吞了堡垒内所有的钱、珠宝和商品。三天后，当班塔姆苏丹的一位支持荷兰人的地方总督带着增援部队出现时，戴尔被迫撤退。3 月 12 日，荷兰指挥官皮埃特·范·雷（Pieter van Raay）挑衅地将巴达维亚堡（fort Batavia）改名，这是荷兰的旧拉丁名称。5 月 28 日，科恩回来了，带着 18 名荷兰士兵在巴达维亚海岸登陆。5 月 30 日，

① 此前，两人都曾在 1599 年代表新布拉邦特公司率领一支由 4 艘船组成的舰队前往班塔姆从事香料贸易，并于 1601 年返回荷兰。

剩下的 15 艘英国船被赶走。在重新占领期间，为了报复庞格兰人对英国人的纵容，雅加达的大部分地区都被付之一炬。这座城市在 1621 年正式更名为巴达维亚。当时，科恩还试图迫使中国商人和福建的舢板船船长与荷兰人进行独家贸易。①

在此期间，荷兰人试图从葡萄牙人手中夺取澳门，然而四次进攻均未成功，最后一次尝试是在 1622 年 6 月由科内利斯·雷杰森（Cornelis Reijersen）率军发动的。这次进攻失败后，雷杰森指挥的船只改为驶往澎湖，在那里建立了一座堡垒，可以控制台湾海峡和与福建的贸易。②1624 年，荷兰人在一个小沙洲上建立了热兰遮城，这个沙洲被当地的少数民族称为台尤安（Taiyouan）。后来，流沙将这个岛连接到台湾海岸，成为今天台南市安平区的一部分。荷兰人从台南开始，逐步控制了整个台湾岛，一直持续到 1662 年。1664 年，他们重新占领基隆，1668 年再次放弃基隆。清朝 302
初年，台尤安是热兰遮城遗址的当地地名，这是现在已经灭绝的西拉雅语（Siraya）发音，现在整个岛屿取名为“台湾”。

图 5.12　德川幕府的创始人德川家康（1603~1616 年在位），由 303
狩野探幽（Kanō Tan'yū，1602~1674 年）绘制的卷轴挂画，大阪城收藏。

与此同时，在日本的耶稣会士及其日本皈依者曾得到织田信长的青睐，信长甚至从范礼安（Valignano）那里收到了一个莫桑比克青年作为礼物，并为其起名为弥助（Yasuke），然而，日本的基督徒在织田信长继任者的统治下遭受了巨大的苦难。1597 年，丰臣秀吉下令千利休剖腹自杀六年后，在日本发动了对罗马天主教徒的迫害，将 26 名皈依者处死。从此以后，基督教徒普遍失宠。在台湾，荷兰人对岛上居民的布道传教对其贸易没有影响，但荷兰人在日本却非常谨慎地避免传教。在日本官方对“南蛮”不断上升的猜疑浪潮中，荷兰人与其勾结起来对付葡萄牙人。

受荷兰的影响，1635 年德川家光将军颁布了锁国令，禁止罗马天主教传教，这是一项专门针对葡萄牙人的措施，日本的对外贸易仅限于荷兰东印度公司通过琉球群岛和朝鲜与中国进行。该法令还禁

① Groeneveldt (1898: 67).

② Groeneveldt (1898: 83–92).

止居住在巴达维亚、澳门或日本以外其他地方的日本人返回日本，否则将被处以死刑。除了荷兰东印度公司的代理人之外，欧洲人进入日本后也将面临死刑，而日本和外国混血儿则被驱逐出境。

1637 年 12 月，日本爆发了以天主教皈依者为首的岛原起义，他们长期忍受着勒索性的财政压迫和邪恶的宗教迫害。在这场持续到 1638 年 4 月的起义中，菲兰多（Firando）——平户的商馆总领尼可拉斯·库克贝克（Nicolaes Couckebacker）试图进一步确保荷兰人占葡萄牙人的上风，支持德川幕府反对日本基督教徒。这一联盟实际上最终导致了荷兰人袭击和屠杀天主教皈依者的可耻行径。叛乱后，基督教在日本的活动被迫转入地下，直到 1639 年葡萄牙人被迫离开日本。

两个多世纪以来，直到 1853 年，荷兰人是唯一被允许在日本生活和贸易的西方人，在日本，他们被称为“红毛人”，这个贬义词也被福建和台湾的中国人，以及爪哇人和马六甲人用来指称荷兰人。锁国令成为一项国家孤立政策，在这期间，日本人通过荷兰语资料学习西方科学，由此产生了“兰学”（rangaku）一词用来表示西方科学知识。后来著名的荷兰语学校之一即位于船场（Senba）、为武士学习医学而设的适塾（Tekijuku），由绪方洪庵（Ogata Kōanin）于 1838 年创建。在这所学校学习医学并精通荷兰语的学生中，有一位来自中津（Nakatsu）的福泽谕吉（Fukuzawa Yukichi），他后来在 1858 年创办了庆应义塾大学，成为一所兰学学校。

佛莱芒（Flemish）的罗马天主教海员卡罗鲁斯·范·德·海格（Carolus van der Haeghe）于 1702 年离开位于巴达维亚的荷兰东印度公司，逃到马尼拉，他生动地记录了这一时期琉球人和出岛上的日本人是如何执行锁国令的。当这名佛莱芒海员和五名同伴乘坐一艘偷来的只有 10 米长的菲律宾帆船逃离西班牙人的时候，他们试图驶往广州。然而，他们往北走时，稍微偏东而不是向西，因此错过了台湾岛，并通过西表岛（Iriomote-jima）进入了琉球群岛。幸运的是，这些逃亡者不确定他们向北航行时应该转向东方还是西方，所以也并没有过分偏离笔直北向的路线。1704 年 7 月 6 日，日本人在琉球发现了他们，并把他们绑在帆船上押送给日本官方进行拷问。

> 304 ……（其）带我们上了一艘绘有王子旗（即荷兰三色旗）[1] 的模型船，问我们那（王子旗）是什么。我立刻认出了它，告诉他们那是荷兰东印度公司，他们听得懂。然后他们表示将带我们去那里，我们很高兴。[2]

当卡罗鲁斯·范·德·海格到达荷兰东印度公司在日本的总部出岛时，他就没那么高兴了。这座

① 15 世纪 70 年代起，“王子旗”就是一种三色旗，由三个基本色带组成，颜色为“橙色、白色、蓝色”。橙色染料是由 madder Rubia tinctorum（荷兰语称为 meekrap）和 weld Reseda luteola（荷兰语称为 wouw）制成的，前者提取红色染料，后者提取黄色染料。黄色的成分在阳光下容易褪色。早在 1596 年，三色旗就被证明是红白蓝三色旗，到了 17 世纪中期，大多数三色旗的顶部都已经有了一个红色的条纹。1794 年法国军队的入侵预示着原王子旗的最终消亡。1796 年 3 月，巴达维亚共和国的联省议会颁布法令，明确红色、白色和蓝色是荷兰三色的官方颜色。然而，代表国旗颜色的“橙、白、蓝”的历史记忆从未消退。从 1928 年到 1994 年，南非统一共和国（1961 年后的南非共和国）的国旗忠实地遵循了荷兰起义中三色的原始配色。这种挥之不去的模糊性促使荷兰首相亨德里克·科林（Hendrik Colijn）在 1937 年 2 月让威廉明娜女王 (Wilhelmina) 签署一项皇家法令，明确规定荷兰国旗的颜色为红、白、蓝。

② Jan Parmentier en Ruurdje Laarhoven. 1994. *De avonturen van een VOC-soldaat: Het dagboek van Carolus van der Haeghe 1699–1705*. Zutphen: Walburg Pers (p. 133).

占地 1.5 公顷的弧形人工岛通过一座小桥连接着长崎市的海滨，该岛的名字在西方早期资料中被写成“Desima”、“Desjima”、“Decima”，如今被写作“Dejima”，这是广为人知的现代日语的罗马化表述。[1]

荷兰人立即把他作为逃犯监禁起来。作为荷兰东印度公司的一名逃兵，范·德·海格本应被判处死刑，但他却设法逃脱了。事实上，在他那本被幸运地没收和保存下来的日记中，记述了一个又一个非凡好运的故事。8 月在出岛的诉讼过程中，他们调查了他的私人物品，发现三本用荷兰语书写的罗马天主教书籍，里面有耶稣受难记、十字架、圣母玛利亚和各种圣徒的图片，包括男性和女性。日本当局也研究了这些私人物品，日本人感到震惊，他们认为这个天主教叛徒早应该在巴达维亚就被处决。[2]

1641 年 1 月，自 1511 年以来就一直被葡萄牙人占据的马六甲被荷兰人夺走。此前，1606 年荷兰人曾在科内利斯·马泰利夫·德·琼格（Cornelis Matelieff de Jonge）率领下围攻马六甲而未果，1613 年葡萄牙人报复性地袭击了新加坡，这是一个原本信奉印度教的马来小王国，荷兰人将其作为贸易站。这个小小的印度教王国是由 14 世纪初来自苏门答腊岛上三佛齐王国巨港（Palembang）的一位王子建 305
立的。[3]1622 年，荷兰东印度公司的船队甚至在东印度群岛保留了一艘名为“新加坡”的游艇。[4]1641 年对马六甲的占领使联合省控制了马六甲海峡，在拿破仑战争之前它们一直在马六甲海峡维持着最强大的军事力量。直到 1825 年，荷兰人一直占领着马六甲，但 1795 年到 1818 年马六甲被英国占领，拿破仑战争期间，还阻止法国人占领这座具有重要战略意义的荷属港口城市。

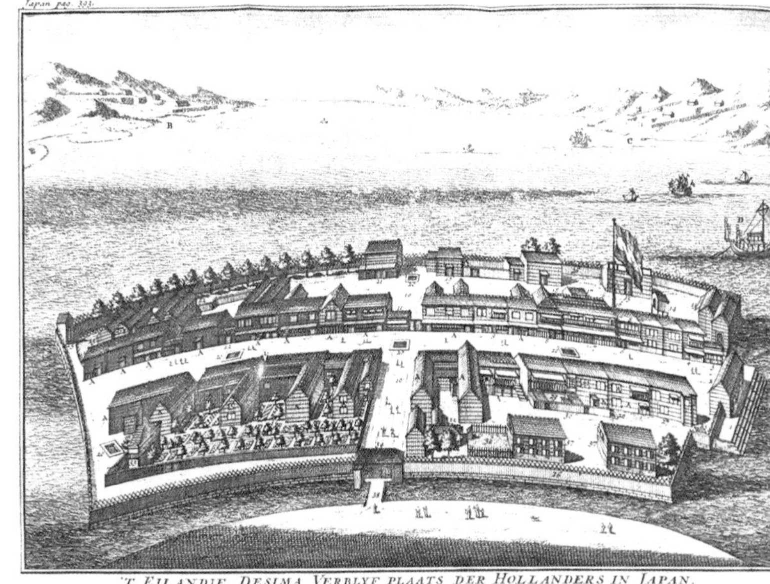

图 5.13 《出岛小岛，荷兰人在日本的寄居地》（萨蒙 Salmon 绘于 1729 年）。

1652 年，荷兰人在扬·范·里贝克（Jan van Riebeeck）的领导下，在非洲南端建立了开普殖民地。在锡兰，荷兰人于 1656 年从葡萄牙人手中夺取了科伦坡（Colombo），1658 年完全取代了葡萄牙人在锡兰的统治。荷兰人同样把葡萄牙人赶出印度南部，并在 1662 年占领了纳加帕特南（Nagapatnam）、克

① Thomas Salmon. 1729. *Hedendaegsche Historie, of Tegenwoordige Staet van alle Volkeren; in opzigte hunner Landsgelegenheit, Perfonen, Kleederen, Gebouwen, Zeden, Wetten, Gewoontens, Godsdienft, Regering, Konften en Wetenfchappen, Koophandel, Handwerken, Landbouw, Landziektens, Planten, Dieren, Mineralen en andere zaken tot de natuurlyke Hiftorie dienende*. Amsterdam: Isaak Tirion.

② Parmentier en Laarhoven (1994: 156–157).

③ Jean E. Abshire. 2011. *The History of Singapore*. Santa Barbara, California: American Bibliographic Center Clio (pp. 18–19).

④ Groeneveldt (1898: 364).

图 5.14 1662 年，荷兰人攻占科钦。

兰加诺（Cranganore）和科钦（Cochin）。尽管葡萄牙人设法维持了澳门、果阿、达曼和第乌以及其他
306 一些亚洲据点，但荷兰人在印度洋和远东地区基本上取代了他们。荷兰人于 1608 年在大城府、1609 年在平户，1613 年在科罗曼德尔海岸的普利卡特、1616 年在古吉拉特邦的苏拉特，以及 1616 年在也门的摩卡、1619 年在苏门答腊的巨港、1624 年在台湾、1625 年在设拉子和伊斯法罕都建立了工厂和仓库。

几十年后，即 1700 年 12 月 1 日，荷兰西印度公司雇用的商人威廉·博斯曼（Willem Bosman）在荷属黄金海岸（Dutch Gold Coast）(即今天的非洲加纳。——译者注）写道：

> 在过去，葡萄牙人对其他国家和列强的作用似乎就是充当侦察兵，追踪和洗劫猎物，其他列
> 307 强出现时，他们可以卸下葡萄牙人的职务，自己取而代之。[①]

在亚洲海域，荷兰在巴达维亚的据点占据着印度洋和东方之间的战略位置。1604 年，也就是葡萄

① Willem Bosman. 1704. *Nauwkeurige beschryving van de Guinese Goud- Tand- en Slave-Kust: Nevens alle desſelfs Landen, Koningryken, en Gemenebesten, Van de Zeeden der Inwoonders, hun Godsdienſt, Regeering, Regtspleeging, Oorlogen, Trouwen, Begraven, enz. mitsgaders De geſteldheid des Lands, Veld-en Boomgewaſſen, alderhande Dieren, zo wilde als tamme, viervoetige en kruipende, als ook 't Pluim-gedierte, Viſſen en andere zeldzaamheden meer, tot nog toe de Europeërs onbekend.* t'Utrecht: Anthony Schouten (p. 3 in 'Eerste Brief ··· den eerſten December 1700. Gedagteekent').

牙人第一次到达厦门的 88 年之后，荷兰人在厦门下了船，这是标志着荷兰替代葡萄牙统治地位的一系列事件中的决定性事件，它决定了为什么茶被称为“Tea”。

图 5.15　在科钦一处荷兰要塞的房子大门上，有一个常见的荷兰东印度公司 VOC 标志。

## 闽南语取代日语

1604 年，韦麻郎抵达澎湖列岛，试图获准在葡萄牙人于 1516 年首次访问的厦门港进行贸易，但徒劳无功。在厦门，他的船只遇上了一支帆船船队，被要求撤离。1622 年 6 月，荷兰人试图将葡萄牙人从澳门驱逐出去，但未能成功，于是他们占领了澎湖并修建了一座要塞。1622 年至 1624 年，荷兰东印度公司突袭福建港口，企图迫使明朝政府将葡萄牙人从澳门驱逐出境，并向荷兰东印度公司的船只开放福建港口。最终，荷兰人被迫从澎湖列岛撤回台湾岛。1624 年到 1662 年，荷兰人就在台湾海峡隔海相望的位置，设法在热兰遮城的基地进行茶叶贸易，那里的茶叶是由直接从福建来的船只提供的。 308

从 1662 年起，荷兰人获准在福州建立一家从事茶叶、丝绸和瓷器贸易的“商行”。英国东印度公司于 1678 年在厦门开展贸易，并在那里建立了一家工厂。从 1681 年开始，清朝政府实施了各种限制，有效地阻碍了欧洲人在厦门有利可图的贸易，从而使得贸易转移到了福州。1685 年，清朝政府再次向欧洲商人开放了厦门港。[①] 清朝政府继续对欧洲贸易商实施各种限制，1690 年，荷兰东印度公司放弃了在清朝的港口争取令其满意的条件，将中国和巴达维亚之间的贸易留给了中国船只和葡萄牙船只。[②]

直到今天，当厦门的一个茶商用他家乡的闽南方言说“茶”这个词时，荷兰人听到他发“tê”的音，就像荷兰语中的“thee”一样。这一点也不奇怪，因为荷兰人的“thee”就是直接来自中文“茶”

① Philip Wilson Pitcher, missionary of the Reformed Dutch Church at Amoy. 1893. *Fifty years in Amoy or A History of the Amoy Mission, China, founded February 24, 1842.* New York: Board of Publication of the Reformed Church in America (pp. 31–32).

② John E. Wills, Jr. 1993. ‘European consumption and Asian production in the seventeenth and eighteenth centuries’, pp. 133–147 in John Brewer, Roy Porter, eds., *Consumption and the World of Goods.* London: Rout-ledge (p. 144).

的厦门方言发音“tê”[te ˧˥]。[①]厦门这个城市最初的名字“下门”在荷兰语“Emoi”[②]中的字面意思是“低的门”，因为它位于“九龙江”[kau ˥˧ liŋ ˧˥] 的河口。如今，福建省厦门市在地图上更多地以其北方方言——普通话[③]的名称“xiàmén”出现，但该城市的原名是当地人所说的“Ē-mn̂g”[e ˧ mŋ̍ ˧˥]，就像罗马化白话字“Pe̍h–ōe-jī”发音。[④]

图 5.16　荷兰西印度公司的 GWC 标志，位于 1642 年阿姆斯特丹格拉文海克（Gravenhekje）仓库的山墙上。弗拉丁根·贾普·霍夫斯特（Vlaardingen Jaap Hofstee）摄。

厦门市和金门岛的西方名称直接来自“厦门”[e ˧ muĩ ˧˥] 和“金门”[kim ˧˥ muĩ ˧˥] 的漳州闽南语，因为漳州闽南语不仅在厦门以南地区使用，而且在印尼群岛和马来半岛的许多华人聚居地也使用。厦
309 门语是一种闽南方言，[hɔk ˥˧ kɪɛn ˨˩] 或 [hɔk ˥ kɪɛn ˨˩][⑤]是中国福建省的当地名称发音。福建沿海所说的
闽南方言是南方汉语系历史上一个经济地位突出的重要分支，在汉语中统称为“闽语”。

---

① 方括号之间的语音记录用国际语音协会（IPA）的符号表示，声调字母是基于赵元任（1930）发明的传统五层图式。闽南语的形式从罗马化白话字中演化而来。(Rev. John MacGowan. 1883. *English and Chinese Dictionary of the Amoy Dialect.* Amoy, China: A.A. Marcal; Rev. Carstairs Douglas. 1899. *Dictionary of the Vernacular of Spoken Languages of Amoy, with the Principal Variations of the Chang-Chew and Chin-Chew Dialects.* London: Publishing Office of the Presbyterian Church of England;《台湾闽南语常用词辞典》〈http://twblg.dict.edu.tw/holodict_new/ index.html〉)，2014 年 12 月访问。

② 荷兰语拼写 Aymuy 也在 1729 年的《海牙决议》中得到证实 (Jonkheer mr. Johan Karel Jakob de Jonge, red. 1877. *De Opkomst van het Nederlandsch gezag over Java: Verzameling van onuitgegeven stukken uit het Oud-Koloniaal Archief. Zesde Deel.* 's Gravenhage: Martinus Nijhoff, blz. 126)。

③ 北方汉语方言已成为中国的官方语言，在英语中称为“Mandarin”，在中华人民共和国称为“普通话”。这个词源于葡萄牙语的名字 mandarim，指的是在中国南方讲北方方言的官员。葡萄牙语单词源自印度语 mantrī（即“minister”大臣、部长）一词，该词又源于马来语“manteri”。

④ 按照传统的声调类别排列，用于指示罗马化白话字中七个声调的变音符号说明如下：1 阴平 'dark level'（如 tang“东”），5 阳平 'light level'（如 tâng“铜”，或者书面的“tăng”），2 阴上 'dark rising'（如 táng 董），6 阳上 'light rising'（没例子）（闽南语的声调中没有阳上，所以实际上只有七个声调。——编者注），3 阴去 'dark departing'（如 tàng“冻”），7 阳去 'light departing'（如 tāng“动”），4 阴入 'dark entering'（如 tak“触”），8 阳入 'light enter-ing'（如 ta̍k“逐”）。

⑤ 第一个音节的两个不同的声调轮廓分别代表厦门和泉州的发音。

葡萄牙人和荷兰人并不是唯一进入厦门港的海上贸易商。阿拉伯商人到东方来的时间要早得多，虽然福建水手的海上贸易有一段曲折的历史，但他们本身就是伟大的厦门海上贸易商。1371年，洪武帝朱元璋（1368~1398 年在位）颁布了海禁令，禁止中国人出海，否则在其回国后将被判处死刑。因此，福建商人的海外社区成为永久的商人定居点，分别位于爪哇岛的泗水和班塔姆、苏门答腊岛的巨港、暹罗的大城府、帕塔尼的苏丹国、占婆王国的法伊福（即现在的越南会安）以及马来半岛的马六甲和苏鲁群岛。①

1547 年，提督朱纨解除了对福建商人的禁 310
令，从而激活了一度强大的横跨东南亚岛屿和大陆的闽南语贸易网络。②闽南语社群分别于 15 世纪 70 年代在马尼拉和 1600 年在长崎建立，后来又在荷属东印度群岛首府巴达维亚建立。在 17 世纪下半叶和 18 世纪上半叶茶叶贸易的全盛时期，厦门贸易网络触及整个中国海岸线，并在整个南海乃至荷属东印度群岛和暹罗保持着一个充满活力的海上贸易网络。③

图 5.17　第一艘运茶到欧洲的船被命名为“带箭红狮”，这是联合省“联邦狮子”盾形纹章的通用说法，尽管事实上红色的只是盾形纹章本身，而不是那张狂的狮子。

除了厦门和漳州的闽南方言外，第三种同样突出的闽南方言是在厦门北部、曾经是荷兰重要贸易站的泉州的方言。④马可·波罗在 13 世纪末访问了这座城市，以阿拉伯语的名字“Zaytun”提到了它。这个阿拉伯名字来自闽南语“刺桐”的发音[tɕʰi ˨˩ tɔŋ ˧]或[tɕʰi ˥˧ tɔŋ ˧]，⑤这是印度语中“珊瑚树”（Erythrina variegata）

① Wang Gungwu. 1990. ‘Merchants without Empire: The Hokkien sojourning communities’, pp. 400–421 in James D. Tracy, ed., *The Rise of Merchant Empires: Long-Distance Trade in the Early Modern World, 1350–1750*. Cambridge: Cambridge University Press.

② Dahpon David Ho. 2011. *Sealords Live in Vain: Fujian and the Making of a Maritime Frontier in Seventeenth-Century China*. University of California at San Diego Ph.D. thesis.

③ Hugh R. Clark. 1990. ‘Settlement, trade and economy in Fukien to the thirteenth century’, pp. 35–62 in Eduard B. Vermeer, ed., *Development and Decline of Fukien Province in the 17th and 18th Centuries*. Leiden: Brill; Chang Pin-Tsun. 1990. ‘Maritime trade and local economy in late Ming Fukien’, pp. 63–82 in Vermeer (op.cit.); Lin Ren-Chuan. 1990. ‘Fukien’s private sea trade in the 16th and 17th centuries’, pp. 163–216 in Vermeer (op.cit.); Ng Chin-keong. 1900. ‘The South Fukienese junk trade at Amoy from the 17th to the early 19th centuries’, pp. 297–316 in Vermeer (op.cit.); Ng Chin-keong. 2014. *Trade and Society: The Amoy Network on the China Coast, 1683–1735* (2nd edition). Singapore: National University of Singapore Press.

④ 泉州这座城市的名字在罗马化白话字中叫作 Chôanchiu，在台湾白话中被称为 Tsuântsiu。这座城市在 17 世纪的荷兰资料中被称为 Chincheeuw、Chincheo、Chinchieu 或 Chinchou（Groenveldt 1898:16，35，37，127，139）。

⑤ “刺桐”（Erythrina variegata）在罗马化白话字中被称为 chhì-tông，在台湾称作 tshì-tông。第一个音节的两个声调轮廓分别代表厦门和泉州的发音。漳州的音调轮廓是 [tɕʰi˨˩tɔ˧](Helen T. Chiang. 1967. ‘Amoy Chinese tones’, *Phonetica*, 17 (2): 100–115; Alan Lee. 2005. *Tone Patterns of Kelantan Hokkien and Related Issues in Southern Min Tonology*. Philadelphia: University of Pennsylvania doctoral dissertation; Ching-ting Chuang, Yueh-chin Chang, Feng-fan Hsieh. ‘Complete and not-so-complete tonal neutralisation in Penang Hokkien’, pp. 54–57 in *Proceedings of the International Conference on Phonetics of the Languages in China*. Hong Kong: City University of Hong Kong)。

的名字，在那里珊瑚树曾经十分丰富。与闽南语有着明显且密切联系的另外两种重要的语言是——
311 潮州方言，这是因讲潮州话的人在世界各地散居而闻名的，以及在珠江三角洲沿岸的中山地区使用的香山方言。

作为拼字法的一部分，1982 年厦门大学为闽南方言发明的一种罗马化系统“闽南方言拼音方案”（Bbánlám Pìngyīm）中引入了一种新的闽南语“茶”的罗马化拼写“té”，这种新拼字法替代了旧闽南教会罗马化的“白话字”。在台湾，这种用于厦门汉语罗马化的新系统通常被称为“普闽典”。相比之下，在台北发展起来的台湾现代书面语系统中，使用的是“tee”的拼写 。白话字闽南语中的茶是“tê”。白话字罗马化是在 1830 年代发展起来的，没有任何新的替代系统像这个系统一样成功，也没有其他的罗马化系统像这个传统一样长期使用。然而，由于与基督教改宗有关，白话字的使用在历史上曾多次遭到阻止或明令禁止，尤其是台语转录系统正在迅速取得进展。

结果就是，从音韵学的角度来看，尽管闽南语在历史和经济上都很重要，但它基本上仍然是一种非书面语言，只是人们可以在有限和不完美的程度上把书面中文用闽南语来读。在音韵学方面，厦门闽南语有五种独特的声调，其中两种可以缩写的形式出现在以咬合结尾的闭音节中。无论是选择元音的锐音、扬抑音还是“h”的双音来表示音调，“tea”这一单词中的元音都是在“阳平”音类中发音的，在厦门和泉州闽南语中，这种类型有一个上升的音调轮廓，可以用˨˦（24）或˧˥（35）来表示。在广东沿岸东部的潮州方言中，tea 的发音与厦门方言相近，但音调较高，① 即潮州话“$te^{55}$ 茶 [te ˥]”。

图 5.18　这幅名为《荷兰东印度公司霍恩办公室的董事们》的画作，向人们展示了阿姆斯特丹“17 绅士董事会”的大体形象。这里描绘的是奥特格·克拉普（Outger Crap），德克·范·苏切特伦（Dirk van Suchtelen），科内利斯·门特（Cornelis Ment），弗朗索瓦·范·布雷德霍夫（François van Bredehoff），雅各布·范·桑德（Jacob van Sander），科内利斯·德·格鲁特（Cornelis de Groot）和尼古拉斯·卡巴西乌斯（Nicolaes Carbasius），帆布油画，342×283 厘米，1682 年由扬·德·巴恩（Jan de Baen）绘制，位于霍恩的西弗里斯兰博物馆（Westfries Museum）。

① 1960 年代广东省教育厅受汉语拼音启发开发了“潮语拼音”系统，其中潮语发音的“茶”被罗马化为“dê$^{5}$”。

对于不熟悉音韵学音调的 17 世纪荷兰人来说，清晰发音的厦门闽南语音调，听起来一定就像现代荷兰语的“thee”。Thee（茶）并不是唯一一个进入西方语言的闽南语词。欧洲人对日本的称呼也来源于闽南语的“jit-pún”[ʥit ˧ pun ˥˧]，荷兰语的“loempia”（春卷）、“taugè”（豆芽）、“tahoe”（豆腐）则直接来源于闽南语的“lūn-piánn”[lun ˨ piã ˥˧]、“tāu-gê”[taʊ ˨ ge ˨˦]和“tāu-hū”[taʊ ˨hu ˨]。[①]在东印度群岛的泗水、新加坡和棉兰，许多中国贸易商和商贩今天依然讲闽南语。

闽南语也是 17 世纪被荷兰东印度公司从福建输送到台湾的中国人所说的语言，荷兰人试图将他们 312
与可征税的闽南语商人和农民一起安置在岛上定居，因为荷兰人无法从原住居民的狩猎、捕鱼和自给自足的农业中获得可观的收入。

1604 年，荷兰海员在厦门第一次听到闽南语中的“茶”一词。1596 年，范 · 林索登报告了日语中的“Cha”，但在取而代之的闽南语“茶”的发音[te ˨˦]中，不管是罗马化的“tê”还是更近一点的“tee”或“té”，荷兰海员们从他们的闽南语贸易伙伴口中一次次听到的这些“茶”的发音很快就变成了荷兰语中的“thee”。

## 茶在低地国家开始流行

1609 年荷兰在平户建立茶商馆，1610 年，少量茶叶和装在陶罐里的绿茶粉末便经由班塔姆运到荷兰。[②]1609 年 7 月 4 日，第一
批在平户停泊的荷兰商船是“格里芬”号和 313
“带箭红狮”号。后者载着第一批茶叶从日本驶向欧洲，于 1609 年 10 月 2 日启航前往班塔姆，并最终于 1610 年 7 月 21 日抛锚在特克塞尔。[③]

从日本运送第一批茶叶到欧洲的船的名字源自荷兰共和国的盾徽。在尼德兰联省（Netherlands）荷兰省（Holland）这一沿海大

图 5.19　东印度公司大楼，位于阿姆斯特丹的欧德 · 胡斯特拉特街（Oude Hoogstraat）的荷兰东印度公司总部，这是资本主义的历史堡垒和第一家跨国公司，图片由皮恩 · 威尔布林克（Pien Wilbrink）提供。

① 来自荷兰东印度殖民地家庭说荷兰语的人，对豆腐很熟悉，他们使用传统的荷兰语“tahoe”一词。荷兰人最近才熟悉豆腐，例如通过其他西方国家的保健食品商店，现在有时使用英语单词“tofu”（如“日本豆腐”Japanese tōfu），因为他们的家庭并没有食用豆腐等东亚菜肴的传统。闽南语的音调轮廓代表厦门话的发音，而部分音位在漳州方言和泉州方言中有不同的语音表现形式。

② William Milburn. 1813. *Oriental Commerce; Containing a Geographical Description of the Principal Places in the East Indies, China and Japan, with Their Produce, Manufactures and Trade, including the Coasting or Country Trade from Port to Port; also The Rise and Progress of the Trade of the Various European Nations with the Eastern World, Particularly that of the East India Company, from the Discovery of the Passage Round the Cape of Good Hope to the Present Period; with an Account of the Company's Establishments, Revenues, Debts, Assets &c. at Home and Abroad* (two volumes). London: Black, Parry & Co. (esp. 'Rise, Progress and Present State of the Tea Trade', Vol. ii, p. 528); ter Molen (1979: 19).

③ 〈http://www.vocsite.nl/schepen/detail.html?id=10593〉,consulted December 2015.

省的古老盾徽上有一头张狂的红色狮子。相比之下，1579 年乌得勒支统一后，联合省的红色盾形纹章上出现了一头张牙舞爪的狮子，它右爪拿着剑，左爪握着一串箭。七支箭象征着组成共和国的七个省的联邦制统一。虽然在两种纹章上图案的颜色是相反的，即在共和国的盾徽上实际是盾面底色而不是狮身是红色的，但这两种狮子通常都被称为“红狮”。向欧洲运送第一批茶叶的船只，即“带箭红狮”号，由于印在联邦各省的盾徽上，因此也被称为“联合省的狮子”。

315 这些首批运往低地国家的日本茶叶样本被提交给“17 绅士董事会”审查，“17 绅士”是该公司的老板们，公司总部位于阿姆斯特丹的克洛文尼斯堡街（Kloveniersburgwal）与欧德・胡斯特拉特街的交叉处。[①]16 世纪，他们在安特卫普（Antwerp）仿照意大利北部的案例，建立了以几家合伙商人集资为基础的股份公司，但荷兰东印度公司是第一家在政府保护下建立的从事远距离贸易的大型股份公司。

图 5.20 莱顿大学的皮特・鲍尔教授建立了大西洋解剖学实验室，中间站着举有一根旗杆的骨架，旗杆上打着著名的横幅，这个实验室位于莱顿大学图书馆。

尽管对茶叶进行所有精彩的开创性研究和报告的是勇敢的葡萄牙人，但关于茶叶在西方市场适销性的决议是由荷兰东印度公司董事会在阿姆斯特丹运河边的公司总部高层会议上做出的。从 1611 年起，荷兰人获得了在日本进行贸易的帝国授权，中国茶叶的样品也很快随来自日本的第一批茶叶和抹茶粉样品到来。

在莱顿大学，皮特・鲍尔（Pieter Paauw）教授于 1597 年建立了解剖讲堂。解剖和尸检在他的“解剖学实验室”进行。一具举着旗杆条幅的人类骷髅在这个著名的讲堂正中伫立。这里也展出解剖标本和一些奇怪的东西。1620 年，收藏品中还包括一种茶叶标本。由奥托・休尼乌斯（Otto Heurnius）教授手写的收藏品目录中列出了一个标签为“Teae”的物品上写着“从日本寄来的茶”，另一个标签上

① L.J.M. Feber. 1931. *De groote Indische cultures.* Nijmegen: Zeepfabrieken ‘Het Anker’ (p. 12); J.A.B. Plomp. 1993. *De theeonderneming: Schets van werk en leven van een theeplanter, voor en na de oorlog.* Breda: Warung Bambu (p. 9).

写着“1618年从爪哇岛上的班塔姆镇寄来的源自中国的茶叶”。[①]

几年后，一份单独的存货清单显示了1622年至1628年购买的物品：

> 一个大壶或罐子，顶部用泥土密封，里面装着日本送来的茶叶，外面刻着日本使用的文字。[②]

茶叶贸易开始时只是涓涓细流，在荷兰东印度公司的一系列贸易品中，茶叶只是一种具有异国情调的商品。在接下来的几十年里，茶叶贸易迅速膨胀，并很快成为世界贸易和全球资本流动的一个主要部分。茶叶的全球化始于荷兰东印度公司将这种新商品引入荷兰，并开始引起富裕阶层的好奇心。海牙法院的法官们开始喝茶。然而，诗人、作家、音乐家和艺术家在荷兰普及茶方面的影响力要比海牙的法官们更大。

1615年至1645年，“穆登文化圈”定期在阿姆斯特丹郊外的穆登城堡举行文学晚会和音乐晚会。这座城堡是著名的历史学家、诗人和剧作家皮埃特·科内利松·霍夫特（Pieter Corneliszoon Hooft）的住所，他是穆登的行政官。从1615年起，霍夫特的文化圈朋友开始定期到访城堡，从1630年代早期 316
到1645年，这些聚会成了固定活动。[③]

穆登文化圈的其他成员还包括康斯坦丁·惠更斯（Constantijn Huygens）、约斯特·范·登·冯德尔（Joost van den Vondel）、格布兰德·阿德里安佐恩·布雷德罗（Gerbrand Adriaenszoon Bredero）、胡果·格罗特斯[Hugo Grotius，化名为胡果·德·格罗特（Hugo de Groot）]、杰拉德斯·沃西乌斯（Gerardus Vossius）、卡斯帕鲁斯·巴勒乌斯[Casparus Barlaeus，化名为卡斯帕·范·贝尔（Caspar van Baerle）]、德克·詹森·斯威林克（Dirk Janszoon Sweelinck），还有玛丽亚·泰塞尔查德·罗默斯·维舍尔（Maria Tesselschade Roemers Visscher），维舍尔是伟大的文学人物，其名字为所有优秀的荷兰学生和荷兰文学爱好者所熟知。穆登堡的这些生动活泼的活动不仅仅是由葡萄酒推动的，众所周知，在1640年

① Jacobus Heinsius, red. 1934. *Woordenboek der Nederlandsche Taal, zestiende deel STRI-TIEND.* ’s-Graven-hage: Martinus Nijhoff, en Leiden: A.W. Sijthoff’s Uitgeversmaatschappij N.V., blz. 1761–1771.

② ter Molen (1979: 39).

③ 19世纪，在荷兰北部建立的后拿破仑君主制的社会背景下，试图定义一种新的国家认同感，荷兰作家将“穆登文化圈”浪漫化，画家如扬·亚当·克鲁斯曼（Jan Adam Kruseman）和路易斯·莫里茨（Louis Moritz）创造性地对其进行了重新想象(Mieke B. Smits-Veldt. 1998. ‘De Muiderkring in beeld. Een vaderlands gezelschap in negentiende-eeuwse schilderijen’, *Literatuur*, 15: 278–289)。1986年，在后现代主义的法美风潮中，斯特朗霍尔特（Strengholt）试图解构穆登文化圈的“神话”(Leendert Strengholt. 1986. ‘Over de Muiderkring’, blz. 265–277 in Jos Andriessen, August Albert Keersmaekers en Piet Lenders, red., *Cultuurgeschiedenis in de Nederlanden van de Renaissance naar de Romantiek: Liber amicorum.* Leuven: Uitgeverij Acco)。20世纪80年代，“后现代主义”的特点是解构已获得的知识，但在实践中，往往与真正的神话破灭几乎没有什么关系。相反，“解构”常常涉及挑战性地编造新的神话。对于那些还不清楚情况的人来说，社会科学中这种沾沾自喜的趋势在20世纪90年代被索卡尔（Sokal）和布里克蒙特（Bricmont）所揭露(Alan David Sokal. 1996. ‘Transgressing the boundaries: Toward a transformative hermeneutics of quantum gravity’, *Social Text*, 46/47: 217–252; Alan David Sokal et Jean Bricmont. 1997. *Impostures intellectuels*. Paris: Éditions Odile Jacob)。事实上，更具挑战性、更费时费力的是从不同来源获取和核实事实细节的长期劳动，这些细节只有付出相当大的努力才能获取，然后将事实编织成一幅紧密的挂毯，就像一块精美的克什米尔真丝地毯，以便凭借事实本身的迷人本质，将故事自然而然地铺陈开来。

8 月 9 日写给密友卡斯帕·范·贝尔的信件中，康斯坦丁·惠更斯本人对葡萄酒和其他酒精饮品相当反感，[①] 称圈内其他成员都是“杰出的茶客”。

图 5.21　穆登城堡，历史学家、诗人和剧作家皮埃特·科内利松·霍夫特和他的“穆登文化圈”富人朋友们饮茶的地方。

318 我们已经很久没见面了，我的巴勒乌斯，我们有多长时间没有互通消息了？这就像安菲特律翁（Amphitryon）之夜，我们费力地睡了一觉。我不知道你有多容易醒来。我现在醒了，我把这种从睡意中复活的功劳归于我们经常一起喝的神奇的茶的力量。到现在为止，我爱这片高贵的叶子，我珍视着它。然而，现在我崇拜它，怀着更大的崇敬，正如在尘世的生活中这被认为是恰当的一样，为了让你给我茶喝，我以应有的谦虚，起草了像这样的抑扬格三重奏，最后还包括一个扬扬格（spondee）[ 西方传统韵律诗有六种，即抑扬格（Iambus）、扬版抑格、抑抑扬格（Anapaest）、扬抑抑格（Dactyl）、抑扬抑格（Amphibrach）及扬扬格。——译者注 ]，由我赋词来表达我对茶和你的赞美，在某种程度上，（是茶）将这种智慧和表达的能力赋予了我。向霍夫特、沃修斯、卡彭特里、斯佩克斯这几位杰出的茶客致意，（让我们）在午休时喝茶，在日落

① Jacob Adolf Worp. 1911. ‘Het leven van Constantijn Huygens’, blz. xxvii-lv in *De Briefwisseling van Constantijn Huygens (Eerste Deel 1608–1634)*. ’s-Gravenhage: Martinus Nijhoff; Frans Richard Edwin Blom. 2003. *Constantijn Huygens: Mijn leven verteld aan mijn kinderen in twee boeken, ingeleid, bezorgd, vertaald en van commentaar voorzien* (two volumes). Amsterdam: Uitgeverij Prometheus/Bert Bakker.

时喝茶，也向茶与你致以我的问候。

1640 年 8 月 9 日，写于瑞金伯克（Rhijnberk）。[①]

惠更斯的信中包含了维吉尔对乔治亚人的戏谑典故，就像他写给巴勒乌斯的诗一样，这首诗的标题是《神奇药草“茶”上的神奇的巴勒乌斯》，这是他四天前写给巴勒乌斯并随信寄来的，惠更斯使用双关语，这是因为闽语单词 tè（“tea”）与拉丁语第二人称单数代词 te（“you”）的宾语形式谐音。虽然许多典故和文学上的微妙之处在翻译中丢失了，但原文可提供给大家鉴赏，双关语和至少一部分文字游戏可以通过想象名词 tea 和代词 thee 在阅读英文译文时的互换性来欣赏。

图 5.22　1640 年 8 月 9 日，康斯坦丁·惠更斯（1596~1687 年）向穆登文化圈的同仁们发表演说，称他们为“杰出的茶客”。1627 年，这幅惠更斯和他的贴身男仆的肖像画，由托马斯·德·基泽（Thomas de Keyser）绘制，92.4×69.3 厘米，油版画，伦敦，英国国家美术馆。

A Gange noſtro non diù petitum Te
Te ſobrium, Te providum, diſertum Te
Suaue Te, ſubtile Te, eruditum Te,
Te glorioſum, nobiliſſimum Te, Te,
Tecum, τιθεῖον, eſca cœlitum Te,
Jentaculum, promulſis et caput cænæ,
Fertur potenti, quodque per leves fruſtra
Pæti vapores, quodque per graves fruſtra
Bacchi liquores quæritur, ſacros œſtro
Afflare vates, arduumque potis Tê
Nil repperiri, prona cuncta diti Te
Proferre venâ, bis valere potum Tê
Quod ſobrius valebat; ut ſtupeat cum Tê

① Jacob Adolf Worp, red. 1914. *Briefwisseling Constantijn Huygens. Deel 3: 1640–1644.* 's Gravenhage: Martinus Nijhoff (blz. 81–82). 作为弗雷德里克·亨德里克（Frederik Hendrik）亲王的私人秘书，惠更斯这些年经常待在瑞金伯克，就如埃默里克、奥索伊、布里克、韦泽尔和里斯镇一样，这些地方都被荷兰共和国军事控制，作为抵御哈布斯堡王朝统治下的西班牙侵略的边防要塞。在今天的德国，这些地名已成为莱茵伯格、埃默里克、奥索、比德里奇、韦斯尔和里斯。

Seſe eſſe factum quisque quod ſine Tê non eſt
Genio nec arte. Si fidem meretur Te
Præco penès te, ſi quod eſſe produnt Te
Te teſte Te ſit; Teſte te, et bonis Te ac te
Amantibus, me teſte, me diligenti Te
Ac te, diſertè de Te dixit ac de te,
Barlæe, qui te dixit eſſe totum Te.[①]

319 Tea acquired not long ago from our Ganges
Sober tea, providential tea, eloquent tea
Pleasant tea, delicate tea, erudite tea
Glorious tea, most noble tea, tea …
With you, something divine, tea, heavenly food
Breakfast, hors d' oeuvre and main dish
It is taken strong, which does not suit the fickle
[It exudes] languid vapours, which does not suit the serious
The liquors of Bacchus are sought, sacred to inspiration
To inspire the soothsayers, an accomplishment of the most able Tea
Nought to be found out, yet all stoop down over their sumptuous Tea
To bring forth talent, the drink Tea is doubly efficacious
A sober man may well be full of vim and vigour, only to be stupefied by Tea.
Then anything can be done that without tea could
be accomplished neither by art nor by ingenuity.
If tea merits trust, then as a herald of tea, if it be that they bring forth any tea
If tea be witnessed by thee, with you as a witness, for the good of tea and thee
For the lovers of tea, with me as a witness, me

① Caspar van Baerle. 1644. *Constantini Hvgenii, Equit. Toparchæ Zulichemii &cc. Principi Auriaco à Conſil. & Secretis. Momenta Desultoria. Poëmatum Libri XI edente Casparo Barlæo.* Lugd. Batavor. [i.e. Leiden]: Typis Bonaventuræ & Abrahami Elzevirii (Liber iv, p. 151). A slightly different version of the same poem was transcribed from Huygens' own manuscripts, with the fifth and sixth lines reading 'Cum te, τι θεῖον, esca coelicolûm Te / Et Nectar, et jentaculum, et caput coenae', the form *quodque* in lines 7 and 8 appearing as *quidque*, and with line 18 showing the word *peramanti* in stead of *diligenti*. Moreover, the location and date at the end of the poem were recorded as: In caſtris aenden Reurderberg 5. Aug. (Jacob Adolf Worp, red. 1893. *Constantijn* Huygens—*Gedichten Deel 3: 1636–1644.* Groningen: J.P. Wolters, blz. 136). This particular poem and many of Huygens' other Latin poems and writings have not yet received sensitive translations with explanatory commentary. Noteworthy Dutch translations of some of Huygens' poems from the Latin include: Jan Bloemendaal, red. 1997. E*en handvol Huygens. Vijf Latijnse gedichten van Constantijn Huygens vertaald en toegelicht.* Voorthuizen: Florivallis; Tineke L. ter Meer. 2004. *Constantijn Huygens, Latijnse gedichten 1607–1620* (Monumenta Neerlandica xiv). Den Haag: Constantijn Huygens Instituut.

as an aficionado of
both tea and of thee, and speaking of tea he
spoke also of thee
Barlaeus, who told you to be all tea?

这是不久前从栅栏茶园中采来的茶
清醒之茶，天赐之茶，神奇之茶
怡人之茶，精致之茶，博学之茶
光荣之茶，最高贵之茶，茶……
和你一起，一些神圣的东西，茶，天堂般的食物
早餐、开胃菜和主菜
它很浓烈，不适合变化无常的人
[ 它散发 ] 慵懒的蒸汽，而不适合
严苛无趣之人
酒神之酒被用于追求，神圣的灵感
鼓舞占卜者，则归功于
最能干的茶
不知为何，他们都弯腰
享用他们奢华的茶点
对于孕育才华，喝茶有双倍的成效
清醒的人很可能充满活力
精力充沛，却为茶痴迷
如果什么离开茶
能够
仅靠艺术和聪明才智达成
如果茶值得信赖，那么作为茶的信使，人们只需
端出茶来
如果茶有你的见证，以你为见证，为了茶和你的增益
为爱茶者做见证，包括我
作为一个茶的狂热仰慕者
茶和你，说到茶
也便是谈到了你
我的巴勒乌斯，我满眼是茶，满心是你

后来，惠更斯在1665年1月4日写给巴黎驻荷兰共和国特命大臣科恩拉德·范·布宁根（Coenraad van Beuningen）的对仗诗文中也使用了同样的双关语：

De Té te moneo, et de me te credere posco
Me te, vel sine Té, plus quam Té diligere et me①
我要提醒您不要喝茶，我恳求您
相信我所言之茶
否则一旦您喝了茶，在珍贵的茶和我之间
您将陷入二选一的困境

从1615年开始，效仿穆登城堡文艺风的文学唯美主义者们在阿姆斯特丹以外的地方聚会喝茶，荷兰共和国的其他精英阶层也同样喜欢喝茶，因此荷兰人对茶的需求迅速增长。作为对来自阿姆斯特丹的命令的回应，1629年12月5日来自巴达维亚的一封信中写道：

日本茶或中国茶目前已经没有了，我们希望明年能够提供。②

320 日本茶是传入欧洲的第一种茶。耶稣会士利玛窦去世后于1615年出版的日记中就指出日本茶叶的优越性，日本最好的茶叶即使在中国也能卖到中国最好茶叶十倍的价格。在低地国家，日本茶吸引了第一批西方饮茶者，但更便宜的中国茶也不甘落后。

1634年，一批96磅的中国茶被送到阿姆斯特丹，以征求“17绅士董事会”的评估意见。

由于中国茶叶的销路很好，而且很容易就能得到足够的供应，因此非常感谢诸位大人的评审。③

当时到达荷兰的茶叶量仍然很少。1635年7月26日，平户商馆的总领尼古拉斯·库克贝克（Nicolaes Couckebacker）收到一份订单，订购6罐日本茶以供应给“祖国”。

六罐日本茶……每罐含2～3磅普通日本茶，因为许多人已经开始密集交易这种商品。④

在这一时期，《荷兰信使报》（*Hollandtsche Mercurius*）中记录的商业交易一般区分为“Potten

① Jacob Adolf Worp, red. 1897. *Constantijn Huygens—Gedichten Deel 7: 1671–1687.* Groningen: J.P. Wolters (blz. 73).
② ter Molen (1979: 19).
③ ter Molen (1979: 19).
④ ter Molen (1979: 19).

Chia”（日本茶罐）和“Catty Thee”（中国茶罐）。[①] 日本装粉状绿茶的小罐子被描述为顶部有一个狭窄的开口，这表明粉状茶可能被密封在日本茶罐（茶入）里。此时荷兰人对茶叶的需求迅速增长，1637年1月2日，阿姆斯特丹的“17绅士”向巴达维亚管理委员会发出以下指示：

> 由于喝茶已在一些人中流行起来，因此所有船只都应带一些中国罐茶和日本罐茶。[②]

一份可以追溯到1643年的货单显示，中国船只在台湾岛向荷兰人运送了1400磅茶叶和7675个茶杯，然后运往巴达维亚，在那里茶叶被荷兰的殖民地社群贪婪地消费着。与此同时，当茶叶被运往荷兰时，贸易就变得更加有利可图了。1667年，一批运往市场供应已经饱和的巴达维亚的货物被急切地抢走，随后就被送往阿姆斯特丹。[③]

## 一位荷兰医生开出茶处方，一名葡萄牙耶稣会传教士推崇东方风俗 321

雅各布·德·邦德（Jacob de Bondt）1592年出生于莱顿，后来在那里学习医学。1627年，他随扬·皮特尔松·科恩领导的荷兰东印度公司航行到巴达维亚，1631年在那里去世。在爪哇的四年里，德·邦德进行了研究并留下大量的文字，他的作品在其死后的1642年出版，[④]1658年又出版了增订版，补充了美国热带地区的新发现和阿姆斯特丹医生威廉·皮索的注释。皮索曾于1637年至1644年在荷属巴西进行过研究。雅各布·德·邦德和威廉·皮索被视为热带医学的奠基人。

关于茶的讨论是以雅各布·德·邦德和他的同事安德烈亚斯·杜拉乌斯（Andreas Duræus）之间的对话形式呈现的，后者是巴达维亚的一名外科医生。

> 邦提乌斯（Bontius，Bondt“邦德”的昵称。——译者注）：……所以，在这一点上，我们会用一种叫“The”的中国饮料来结束这场盛宴，这种饮料被日本人称为“Tchia”……
>
> 杜拉乌斯：你还记得中国人叫“Thee”的饮料么，你觉得怎么样？
>
> 邦提乌斯：这种药草可以唤起人们对紫草叶或雏菊叶的记忆，叶子边缘有小的凹痕，人们将一把干叶子放进一个指定的锅里煮，让它们有足够的时间被煮沸，然后趁热时饮用，喝起来味道有点苦。我注意到，在中国，人们把茶视为神圣的饮料，他们把茶提供给来往的客人，除非他们给你端上茶，否则他们不相信自己已经尽到了款待客人的职责，就像穆斯林以咖啡待客一样。茶

① 例如，“32罐日本茶”和“600罐中国茶”列在1658年12月14日离开巴达维亚并于1659年7月抵达北美殖民地的八艘船的货物清单的不同项目中（*Thiende Deel van de Hollandtſche Mercurius: Brenghende een kort Verhael van d'alderghedenckwaerdigſte Voorvallen in EUROPA, binnen 't ganſche Iaer onſes Zaligmakers Jeſu Christi, 1659.* Haerlem: Abraham Caſteleyn, blz. 111）。

② Gustaaf Schlegel. 1900. ‘First introduction of tea into Holland’, *T'oung Pao*, 2ème série, i: 468–472.

③ ter Molen (1979: 20).

④ Iacobus Bontius. 1642. *De Medicina Indorṽ, Lib. iv.* Lugdunum Batavorum [Leiden]: Franciſcus Hackius.

有利尿排液的作用，能提神除困，还能消除从胃部上升到大脑的气体，从而减轻哮喘。[①]

德·邦德的笔记和手稿并没有全部编入他1642年出版的遗作中。威廉·皮索后来拥有了德·邦德的作品，并在1658年增订版中引用了他的手稿。在这个增订版中，第六卷以一个标题为“关于草药：中国人称之为‘茶’，并从中制作一种同名饮料”的章节开始。

在这里，皮索引用了德·邦德未曾发表的作品。

322 我以前很不愿意谈论这种植物，因为中国人对此十分保密，如果有人问他们从哪里获得茶叶
或茶叶在哪里生长，他们会避免直接回答，有时说这是一种草，有时说这是一丛灌木，所以我至
今仍然无法推断出任何东西，直到雅各布·斯派克斯指挥官说服我放下疑虑。几年前，斯派克斯
一直是我们日本商馆最杰出的代表和监督人，他说这种茶就是一种灌木，因为他经常亲眼看到它
在那里生长。我自己从来没有机会观察过这种植物的新鲜叶子。然而，当干燥的叶子在热水中浸
323 泡时，我发现它们与紫草叶子非常相似，但它们的叶子外围有一个锯齿状的边缘。而且，人们用
开水冲泡这种中草药，然后啜饮热的液体，以利于身体健康，当液体过苦时还可以加一点糖。在
中国，人们对这种草药赞不绝口，认为茶是一种神圣的植物，对各种疾病都有很好的抵抗力，是
抵御疾病的良药。事实上，我确实承认，可以肯定地说它最有利于健康。它是一种消除胸膜炎和痰的有效药物。茶可以承受干燥和炎热，由于它的苦味，人们已经可以很好地辨识出茶来。

这种饮料也有很好的缓解哮喘和肿胀的作用，对于肾结石也是一种最有效的药物，因为它是强效的利尿剂。中国人对这种饮料的赞誉丝毫不亚于穆斯林对于咖啡，正如我们已经叙述过的，穆斯林的习惯是喝滚烫的咖啡。雅各布·德·邦德的话到此为止。[②]

图5.23 在荷兰医生雅各布·德·邦德（Jacob de Bondt, 1658, Lib. vi, caput i, p. 88）死后出版的笔记中描绘的“茶树”，他于1631年在巴达维亚去世。

这位荷兰医生通过一个有趣的观察发现，在中国或荷属东印度群岛富裕的中国饮茶者中，据说每当茶汤变得太苦时，都会在茶中加入一点糖。

1642年，就在德·邦德的茶叶遗作出版的同一年，阿尔瓦罗·塞梅多（Álvaro Semedo）也提到了茶。与巴达维亚的荷兰医生不同，这位葡萄牙耶稣会士在中国逗留26年后，于1636年设法返回欧洲，但

① Bontius (1642, Lib. ii, Dial. vi, pp. 95, 97). 在这里，1642年版中出现的“astruaticis”这个词在1658年版中被更正为“Asthmaticis”(Bontius, 1658, Lib. ii, Dial. vi, pp. 11–12).

② Bontius (1658, Lib. vi, caput i, p. 87).

塞梅多并没有告诉我们茶本身的情况。相反，他在向客人端茶的过程中所观察到的事实是，亚洲的热情好客与西方经常用“赛科”（secco）酒接待客人的习惯明显不同。塞梅多还指出，在东方，老年人比在西方受到更多的尊重。塞梅多的葡萄牙语原稿丢失了，他的文本在1642年和1643年分别以卡斯蒂利亚语和意大利语翻译出版。下面的译文是1655年在伦敦出版的。

> （客人们）按他们的年龄就座，如果他们不知道另一个人的年龄，便会事先询问。主人总是坐在最末座。他们就座后，很快就端来了一种叫“茶”的饮料，他们也按照同样的顺序喝下去。
>
> 在一些省份，这种饮料在待客时经常出现并被认为是一种更大的荣誉：但在杭州（即浙江省杭州市），如果已经上了三次茶，这就是在告诉来访者，是时候离开了。如果来访者是一位朋友， 324
> 并且愿意留下来，那么主人就会在桌子上摆满甜肉和水果，他们一般不会赶客人走，这几乎是整个亚洲的习俗，而欧洲的习俗则与此相反。①

## 一位更著名的荷兰药剂师开出茶处方，茶风靡暹罗宫廷

雅各布·德·邦德死后出版的《医学手册》并没有像荷兰著名医生尼古拉斯·杜普的作品那样引起人们的关注，后者的作品在整个欧洲广受赞誉。这一来自当时医疗机构内部的权威评价，意外地推动了荷兰东印度公司的茶叶贸易。杜普的名声在1641年已经建立，因为他撰写了一本厚重的医疗手册，描述了从乳腺癌、脊柱裂到糖尿病和心悸等多种疾病。②他的手册中还包含了第一个基于解剖学的“猩猩”或“丛林人”的描述。③

杜普首先描述了吸烟对肺部的有害影响。西班牙人最早从美洲引进烟草和烟草种子，但荷兰人在欧洲推动了烟斗和烟草的商业化。杜普还首次描述了安慰剂效应，他的《医学图书馆观察》（*Observationum Medicarum Libri Tres*）非常权威和流行，1652年出版了第二版，更名为《医学观察》（*Observationes Medicæ*）。这本扩展的手册是后续医学手册的前身和模型，从《医学法典》（*Codex Medicus*）到《默克手册》（*Merck Manual*），④最终为如今基于互联网的诊断参考工具提供了原始模型。

杜普用拉丁文写的名字是尼古拉斯·图尔皮乌斯（Nicolaus Tulpius），但他1593年出生时的名字是克莱斯·彼得松（Claes Pieterszoon）。1622年，他被任命为阿姆斯特丹市议员后，改名为尼古拉斯·杜普，并采用郁金香作为他的徽章。在伦勃朗的画作《尼古拉斯·杜普教授的解剖学课》中，杜

① Álvaro Semedo. 1655. *The History of That Great and Renowned Monarchy of China.* London: E. Tyler for Iohn Crook (p. 62).

② Nicolaus Tulpius. 1641. *Observationum Medicarum Libri Tres.* Amstelredami: Ludovicus Elzevirius.

③ 马来语中猩猩的名字，字面意思是“丛林人”，正确的发音是 [ɔraŋ utan]。英语词汇来源有时规定猩猩的发音为 [əˈræŋuːtæn] 或 [əˈræŋətæn]，但 [əˈræŋətæŋ] 和 [əˈræŋuːtæŋ] 的发音，事实上经常更多地被人听到。马来语发音的偏差毫无疑问可以追溯到殖民地时期，如图尔皮乌斯 (1641, Lib. iii, p. 275, Tab. xiiii) 首次出版的作品中的拼写“Orang-outang”。如今，受过更多教育的荷兰语使用者遵循马来语发音，并相应地用荷兰语拼字法书写为“orangoetan”，但“orangoetang”的拼写以及以“velar”鼻音结尾的发音在荷兰语中也同样存在。

④ Tulpius (1652).

普博士得以不朽。杜普于1652年出版的扩充版医疗手册，结束于第59章（LIX），其专门以“草药茶”（Herba Theé）为题论述了茶。该章开头如下：

325 在东印度群岛，没有什么比中国人称之为“Thée”和日本称之为“T’chia”的药草浸泡的饮料更常见的了，关于这种饮料，我把那里最高当局告诉我的话原原本本地转达给后人，例如这种植物有长而尖的叶子，有锯齿状的边缘和微小的纤维根，以及它不仅生长在中国和日本，也生长在暹罗。此外，中国茶的叶子是墨绿色的，而日本茶的叶子是浅绿色或淡绿色的并且有一种更宜人的香味，因此日本茶比中国茶更贵重，这样一磅茶叶的售价往往高达一百磅银子。①

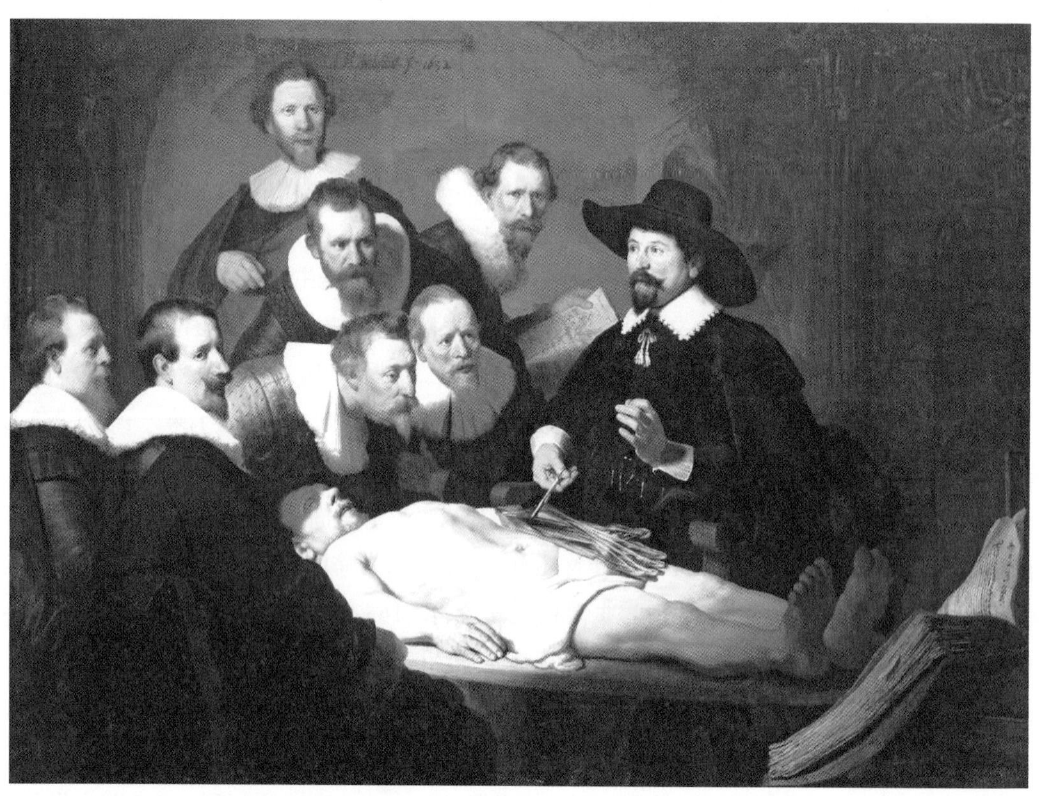

图5.24 《尼古拉斯·杜普教授的解剖学课》，伦勃朗·哈尔曼松·范·莱因1632年受阿姆斯特丹外科医生协会委托创作的油画，169.5×216.5厘米，海牙莫里茨皇家美术馆（Mauritshuis te’s Gravenhage）。

杜普报告说，茶不仅在日本和中国种植，还在暹罗王国种植。1652年关于暹罗茶树种植的报告在1658年由皮索再次提及，1726年瓦伦汀又一次提到。事实上，杜普收集的信息似乎融合了这两条线索。当时，在今天泰国东北部的兰纳 [lá:nna:] 王国和缅甸的掸邦（Shan State）种植茶树，在暹罗首都大城府可能会听到关于茶树种植和一种叫作“腌茶”的商品的报道，荷兰人在那里建立了一个据点。

① Tulpius (1652: 400).

1604 年 5 月，韦麻郎上将从卡里马塔岛（Karimata）航行到婆罗洲的苏卡达纳（Sukadana），
然后又在到达林加岛（Lingga）和民丹岛（Bintan）后前往柔佛（Johor）。从那里启航到帕塔尼 326
（Patane）苏丹国后，韦麻郎给暹罗国王纳黎萱（Nárɛsuǎ:n）写了一封信，这封信是科内利斯·斯派克斯和上将的侄子扬·沃尔克次佐恩（Jan Volkertszoon）于 1604 年 6 月从帕塔尼送出的。[①] 在帕塔尼，韦麻郎成功地使苏丹国与荷兰东印度公司结成联盟对抗葡萄牙人，并向几位识字的中国人发放了通行证，在前往中国的旅途中由这些人为其提供翻译。1604 年 9 月，暹罗国王从科内利斯·斯派克斯那里得到了有利的答复。不幸的是，国王纳黎萱在对缅甸人的远征中病倒，于 1605 年 4 月去世。王位由其兄弟厄迦陀沙律（Ɛka:thótsàrót，1605~1620 年在位）接任。1606 年，科内利斯·斯派克斯被召回，并带着暹罗国王给毛里特·范·奥兰治·拿骚（Maurits van Oranje Nassau）王子的礼物返回了帕塔尼苏丹国。

1606 年底，荷兰东印度公司贸易站的负责人维克多·斯普林克尔（Victor Sprinckel）派遣了两名荷兰特使——雅克·范·德·佩尔（Jacques van der Perre）和威廉·彼得森·托内曼（Willem Pietersen Tonneman）前往大城府。这两个笨手笨脚的使者各自索要了一个金槟榔盒，却不知道这样的容器是留给最高级别的暹罗官员的，他们的上级斯普林克尔不得不为此发了一封道歉信。尽管如此，荷兰人在与葡萄牙人以及西班牙人作战中的英勇精神还是鼓舞了厄迦陀沙律国王，他允许荷兰东印度公司于 1608 年 2 月在大城府建立一个“商行”和仓库，由兰伯特·雅各布松·海伊恩（Lambert Jacobszoon Heijn）担任负责人。[②]

在大城府，荷兰人可能已经收集到了关于在湄公河中游流域喝过的“腌茶”和“烟熏掸茶”的报告。然而，在大城府以及曼谷下游定居点的苦力和商人喝的茶是中国茶，它们是从海上运来的，就像泰语中的茶一样。泰语单词“茶”的发音为中文发音，是源自广东话“*caa*[4]”[tsʰa: ˩] 的外来词。

法国驻暹罗宫廷大使西蒙·德·拉·卢贝尔（Simon de la Loubère）于 1687 年 10 月至 1688 年 1 月在暹罗停留，他报告说，暹罗的日常饮料是水，特别是调味水。

> 纯净水是他们日常的饮品，他们只喜欢喝有香味的水，而对我们的味觉来说，没有气味的水是最好的。[③]

虽然暹罗普通人的日常饮品是水或调味水，但茶在首都大城府已被认可，在那里茶的使用仅限于暹罗宫廷。法国大使所作的长篇大论生动地描述了茶是如何烹调和饮用的，迄今仍是对当时大城府宫廷茶文化的一个有价值的描述。

> 为了消遣和交谈，暹罗人喝茶，我是说暹罗市里的暹罗人。因为茶的用途在王国的其他地方 327
> 都是未知的。但在暹罗市，这一习俗是完全规定好的，其中有一种必要的礼仪，就是可以向所有

① 海军上将韦麻郎写给暹罗国王的信的正文记录在科梅林（Commelin,1646, Vol. i, final instalment. pp. 73–74）。

② van der Cruysse (2002: 44).

③ de La Loubère (1693, Vol. i, pp. 21).

> 来访的人敬茶。他们称之为“Tcha”，就如同中国人那样……
>
> 暹罗人确实认为有三种茶。第一种是“武夷茶”（Tchaboui，也叫 Boui），这是种略带红色的茶，有些人说它会使人发胖，而且很涩，暹罗人认为茶还可以治愈流感。第二种是“松罗茶”（Somloo），与第一种茶相反，它比较温和澄净。第三种茶据我所知没有特别的名字，既不松散也不紧结。
>
> 他们的沏茶方法如下，在镀锡的铜壶里把水烧开，水很快就会沸腾，因为壶身的铜很薄。如果我没记错的话，这种壶是日本产的；这种铜制品很好用，但我怀疑欧洲是否有这么韧性的铜。
> 328 这些壶被称为“Boulis”；另外，也有红泥做的“Boulis”，无味，且表面不涂漆。他们先用开水把泥壶浇热，然后投入用食指和拇指能夹起来的尽可能多的茶叶，随后注满开水；盖好壶盖后，他们仍然在壶身表面倒开水，也不像我们那样堵住壶的出水口。当茶叶被充分浸泡后，也就是说当茶叶沉淀下来后，他们把茶汤倒进陶瓷碗碟中；起初，他们只装了一半，到最后，如果茶看起来太浓或颜色太深，他们可能会用纯净水来调和它，而纯净水也始终在铜壶里沸腾着。如果还愿意喝，他们会再次用这沸水把泥壶装满，这样就可以不加茶叶喝好几次，直到他们看到茶汤已经变得很稀薄了为止。他们并不把糖放进碗碟里，因为他们没有糖果，而且糖果融化得太慢了。然而，他们在喝茶的时候，确实会把一点糖放进嘴里。当不再喝茶的时候，他们把茶杯放回到茶碟上，如果他们把茶杯放回茶碟上，就意味着不必再给他们倒茶了，这是因为拒绝是最不礼貌的，如果被人奉茶（在礼节上）他们是无法拒绝的。主人不会给客人的茶杯倒满，除非他们想向客人表达，正如有人所说，他们不希望客人再回来。
>
> 最有经验的人确实说过，对于泡茶而言，水越清澈越好，地下泉水最为纯净因而最好，世界上最好的茶在不好的水里也会变差，好茶需配好水。[①]

这位法国大使报告说，虽然在大城府的法国人和英国人喜欢他们的烈酒，但穆斯林和葡萄牙人却沉迷于不那么有害的饮料。

> 一句话，暹罗的摩尔人喝来自阿拉伯的咖啡，葡萄牙人食用他们从菲律宾的首领（原文如此）[此处，作者引用了法国人西蒙·德·拉·卢贝尔（Simon de La Loubère）的《暹罗国纪》，引用的是“首领”（chief），而不是我们现在认为的菲律宾首都（capital）马尼拉，大概作者在引用时也发现了这个问题，所以作者特地括号标注了“原文如此”。——译者注] 马尼拉那获得的巧克力，那里的巧克力则是从西班牙属西印度群岛带来的。[②]

有一个德国的博物学家和医生，名叫恩格尔伯特·卡姆弗（Engelbert Kæmpfer），1690 年至 1692 年受雇于出岛的荷兰东印度公司，在德·拉·卢贝尔离开暹罗后不久也到访大城府。把卡姆弗从欧洲

① de La Loubère (1693, Vol. i, pp. 21–22).
② de La Loubère (1693, Vol. i, p. 23).

带到荷属东印度群岛首府巴达维亚的那艘船，在途中首先在暹罗进港。在此期间，卡姆弗在大城府待了三个星期。基于这段逗留，卡姆弗能够详细记录 1688 年国王帕碧罗阇（Petraatia）登上暹罗王位的血腥继承之路。一直统治到 1703 年的帕碧罗阇因其恶毒而被人们记住，卡姆弗关于他登基的记录载于著作《异域采风录》之中。

大城府王国自 1350 年开始繁荣，随后于 1767 年被缅甸吞并。国王达信（Tà:ksǐn）（即“达信大帝”郑信，其父郑庸是中国人，雍正年间从广东潮汕偷渡至暹罗大城定居，娶当地女子为妻而生郑信。郑信从缅甸手中夺回大城府并迁都至吞武里府建立泰国历史上第三个王朝吞武里王朝。——译者注）在湄南河西岸的吞武里府建立了新首都。1782 年达信死后，昭披耶却克里（Phrá Phútthá Yɔ̂:tfá: Cùla:lô:k，1782~1809 年在位）成为目前统治的却克里（Cúkkri）王朝的第一位君主，其将首都跨河迁至东岸的拉塔纳克信（Ráttànáko:sǐn），并给这个暹罗首都正式更名为“天使之城”（Krungthê:p Mahǎ:nákhɔ:n），即今天的泰语中为人所知的曼谷（Bangkok），其名称的第二部分是梵语外来词 329
“mahānagar”（首府）。[①]

然而，在其他语言中，这座城市仍然主要以其旧名曼谷而闻名，在曼谷名“Bangkok”中，“ba:ng”表示河岸上的定居点，“kɔ̀k”表示泰国的“橄榄”或“水杨树”。[②] 这种树曾经在这条河（此处应指的是泰国的母亲河湄南河，曼谷位于湄南河东岸。——译者注）的流域长得很茂盛。从吞武里迁往曼谷，使当地的中国人流离失所，在此之前，中国人一直定居在皇宫和寺庙建筑群所在地。因此，中国人搬到了今天雅瓦拉提（Yauwárâ:t）的唐人街。无论是在旧曼谷，还是后来在雅瓦拉提，在“茶馆”工作的声名狼藉的女孩都被称为“茶女”。[③] 茶作为饮料在大城府和曼谷的流行肯定促使杜普报告的形成。然而，目前还没有当时从暹罗进口茶叶到西方的记录。

1691 年，法国驻暹罗大使西蒙·德·拉·卢贝尔绘制的地图显示，这条河的西岸有“Bancok”（即水杨树），他还报告说，“曼谷地区”被各种花园植被覆盖了“四个里格的范围”，并为大城府提供了“大量水果”。[④] 然而，1693 年法国大使这本书英译本中的地图似乎显示了“曼谷”（Bancok）在河流东侧，而在湄南河的河道地图上它又被标注为“拉塔纳克信”，或在湄南河南部位置被标注为“Bankoc”岛。[⑤]

两张荷兰地图上的暹罗河路线，可追溯到 1690 年左右，今天保存在位于海牙的荷兰国家档案馆，其中一张地图显示曼谷在吞武里遗址的防御工事上，也显示了拉塔纳克信对岸沿河的定居点，而另一张地图所示的“曼谷的老城堡”位于吞武里遗址，“新城堡”则被描绘成一个覆盖拉塔纳克信大部分地

---

① Daniel George Edward Hall. 1955. *A History of Southeast Asia*. London: Macmillan Limited; David Kent Wyatt. 1982. *Thailand: A Short History*. New Haven: Yale University Press.

② 显然，有许多物种都结出有用的果实，比如，被命名为毛叶榄（其果实常被当作祛痰剂食用）、水生杜英（在市场和便利商店出售的可食用的水果）、大果山香圆等 (Boonchoo Sritularak, Nopporn Boonplod, Vimolmas Lipipun and Kittisak Likhitwitayawuid. 2013. ‘Chemical constituents of Canarium subulatum and their anti-herpetic and DPPH free radical scavenging properties’, *Records of Natural Products*, 7 (2): 129–132; T. Smitinand. 2014. *Thai Plant Names* [revised edition, R. Pooma and S. Suddee, eds.]. Bangkok: Bangkok Forest Herbarium and Department of National Parks, Wildlife and Plant Conservation)。

③ 该信息收集于 2015 年 8 月 30 日与泰国清迈大学艺术学院泰国艺术系名誉教授 Vithi Phanichphant 的私人对话。

④ de La Loubère (1691, Vol. i, p. 8 and map facing p. 8).

⑤ de La Loubère (1693, Vol. i, map facing p. 3, p. 4, map facing p. 5).

区的有围墙的城镇。[①] 法国和荷兰的消息来源表明，原来的曼谷在河西岸。这些来自西方的观察得到了这样一个事实的支持："黎明寺" [②]（Wàt Àrun，The Temple of Dawn，又名郑王庙，是泰国皇家寺庙之一，通称郑王寺。始建于大城王朝，庙宇为纪念泰国第 41 代君王、民族英雄郑昭所建。——译者注）最初被命名为"暹罗水杨树神庙" [③]（Wát Mákɔ̀:k）。

1691 年，西蒙·德·拉·卢贝尔同样将曼谷定位于湄南河距离入海口上游七里格的河畔处。[④]
330 半个世纪前，荷兰旅行家吉斯伯特·希克（Gijsbert Heeck）也曾报告过同样的情况，他在日记中写道：

> 曼谷是这条河上最著名的景点之一，距离阿姆斯特丹仓库上游 7 荷兰里处（在海岸线上）。[⑤] [按照原文脚注说明，17 世纪 1 荷兰里为 7.4 公里，那么 7 荷兰里就是 51.8 公里，约 52 公里。但是，前文作者又说西蒙·德·拉·卢贝尔记载是距离海边 7 里格，按作者脚注说明，17 世纪 1 海上里格为 5.5 公里，7 里格就是 38.5 公里。所以，此处的距离由于计量单位变化，实际上连作者本人也存疑，这可能是作者在原文引文时加脚注的原因。——译者注]

从希克于 1655 年 9 月 7 日写的日记来看，此时曼谷已经成功地横跨了湄南河两岸。

> 我们一大早就到了曼谷，那里天气很好。曼谷原来是一个很大的地方，两边都是房子，虽然都是用粗陋的高跷建造，柱子、横梁、墙壁和其他相关的部分都是用竹子做的。竹子是一根很粗的印度藤条，上面覆盖着椰子叶或芦苇，许多墙壁只用草席或用这些叶子做成的草帽装饰。尽管其中的牧师住在铺着屋顶瓦的木屋里，但由于地面松软潮湿，这些屋子也矗立在高跷上。[⑥]

希克还观察到，黄貂鱼鲨革作为一种来自曼谷的优质皮革已经贸易流通，尤其是出口到日本。

> 这是一种从鳐鱼（即黄貂鱼，它是一种与鲨鱼有很近亲缘关系的鳐鱼。——译者注）中提取

---

① Barend Jan Terwiel. 2008. *A Traveler in Siam in the Year 1655: Extracts from the Journal of Gijsbert Heeck.* Chi:ang Mài: Silkworm Books (fold-out maps between pp. 26 and 27, and between pp. 74 and 75).

② [< Sanskrit अरुण Aruṇ 'dawn, the red colour of sunrise, the charioteer of the sun'].

③ Sujit Wongthes สุจิตต์ วงษ์เทศ. 2012. Bangkok: A Historical Background กรุงเทพฯ มาจากไหน? Bangkok: Dream Catcher (p. 37).

④ de la Loubère (1691: 7).

⑤ 17 世纪，15 荷兰里相当于横跨地球表面 1 度（degree）的中间弧度，因此 1 荷兰里的长度为 7.4 公里。当时，1 度相当于 17.5 英里，因此西班牙里的长度为 6.34 公里。20 英里或法里，构成了 1 度的中间弧度，因此 17 世纪航海图上的英里长度为 5.5 公里，相当于 1 个海上里格（league at sea）或 3 个现代海里（nautical miles）。具有讽刺意味的是，在两个世纪后的拿破仑时代的荷兰，19 世纪发明的"荷兰英里"（Holland mile）同样被定义为 5.5 公里，因此相当于古代英国的海洋英里 (Gijsbert Heeck. 1655. *Journael ofte Dagelijcxsz Aenteijkeninge wegens de Notabelste Geschiedeniszen voorvegavellen ende gepaszeert op de Derde Voyagie van Gysbert Heeck naer Oost Indijen,* reproduced as transcribed from the original manuscript by Renée Hoogenraad in Barend Jan Terwiel. 2008. *A Traveler in Siam in the Year 1655: Extracts from the Journal of Gijsbert Heeck.* Chi:ang Mài: Silkworm Books, p. 85)。

⑥ Heeck (1655: 91).

> 的鲨革（在日本很受欢迎），用于制作刀柄和其他用途。[①]

这篇关于暹罗宫廷中茶的文章提供了暹罗宫廷所在的整个大城府历史面貌的重要部分。从暹罗首都大城府到当时仍然很小但已经热闹的曼谷河畔定居点，从暹罗朝臣、中国商人到平民都在饮用茶。杜普 1652 年发表的关于暹罗茶叶种植的声明是一份独立报告，尽管 1658 年皮索和 1726 年瓦伦汀也都 331
重复了这一声明。沿着湄南河下游的一些特定群体消费的茶似乎是中国茶，但那时茶树肯定已经生长在湄南河上游的山丘上了。

兰纳王国当时覆盖了今天泰国北部和西北部以及缅甸西北部的大片地区，过去和现在一直持续种植茶树，以生产腌茶。一直延伸到印度东北部的各个北方语言区，还会在竹子间隔区域种植茶树以供饮用，比如掸邦人制作饮用的烟熏掸茶。这两种茶文化，即古老而原始的佐米亚茶文化［原文是 “Zomian tea”，“佐米亚” 是由荷兰学者威廉・范・申德尔（Willem van Schendel）杜撰的术语，指由喜马拉雅山西麓、青藏高原向东一直到中南半岛的高山地带，它跨越了传统东亚、中亚、南亚和东南亚的区域划分。——译者注］和从海外带来的新的符号化的茶文化（此处应指的是中国茶文化。——译者注），在暹罗王国这个伟大的文化十字路口相遇并融合。

杜普还证实了早先的报道，即日本茶比中国茶好，绿茶比部分氧化的品种更有价值。杜普又用三页雄辩的篇幅赞扬了茶的优点，从而为他著名而有影响力的医学手册 “加冕” 颂歌。有人猜测，杜普可能有既得利益，或是从荷兰东印度公司董事会那里收到了一笔称颂茶叶的润笔费，该公司是欧洲茶叶的唯一供应商。杜普不仅借鉴了通过荷兰东印度公司到达荷兰的报告，还列出了他研究过的关于茶的早期作者，比如乔瓦尼・皮埃特罗・马菲、路易斯・达・阿尔梅达、路易斯・弗洛伊斯、皮埃尔・杜・贾里克、利玛窦、扬・惠更・范・林索登和雅各布・德・邦德。[②]

杜普生动地描述了在东方的荷兰人观察到的日本和中国泡茶方式的不同。

> 各国泡茶的方式大不相同，日本人泡制的茶是粉末状的，在石磨上磨碎，然后用热水充分搅拌，而中国人则用同一种植物浸泡，加入少许盐或大量糖，然后以最礼貌的方式将这种饮料热乎乎地端给共进晚餐的客人或来拜访的人，他们泡茶时如此认真专注，即使是地位显赫的人也不会因为把这种饮料端给客人而感到有失身份，反倒以亲手为朋友准备饮料为荣，在他们的宫殿和沙龙聚会中，有用最珍贵的石头和精致的木头做成的小炉子，特别是专门用来泡茶的炉子，帮助他们以适当的方式混合和准备茶水。最奇妙的是，他们把用数千荷兰盾的价格购买的茶器皿、三脚 332
> 架、茶罐、漏斗、杯子、勺子，以及其他专门为泡茶而精心制作的工具小心翼翼地包裹保存在层层丝绸中，只展示给他们的亲密朋友，这些泡茶工具在他们眼里比我们的钻石、宝石或最昂贵的珍珠项链都要珍贵。[③]

① Heeck (1655: 100).

② Tulpius (1652: 403).

③ Tulpius (1652: 402–403).

杜普报告说，一些中国人在茶中添加了大量的糖。记录这一做法的两个来源是德·邦德和杜普，这表明，加糖喝茶的至少是一些在爪哇城镇定居的福建茶客，也可能是其他地方的中国茶客。

杜普用最强烈的措辞高度赞扬了茶的药效功能，在他那本很有影响力的医学手册的末尾，他对茶的颂歌占据了突出位置，确保了茶的名声传播得越来越广，远远超出了低地国家。杜普医学手册最后一章的标题是“茶的荷兰语单词是‘herbata’，这个词直接取自‘Herba Theé’”。

> 中国人的共识是，没有什么比这种药草更有益健康的了，因为它能延年益寿，对抗任何可能妨碍身体健康的疾病。茶不仅能使身体更强壮，而且还能减轻结石的疼痛，因为在茶的产地没人遭受结石病痛困扰。此外，茶还可以缓解头痛、感冒、眼睛或胸部发炎、呼吸急促、胃痛、肠胃不适、乏力和困倦，这些（症状）都可以通过茶得到强效抑制，有些人为了整夜不睡保持清醒而喝这种饮料，免受不可阻挡的睡意影响。由于茶会让身体适度升温，关闭下食道括约肌，抑制诱发睡眠的气体产生，因此能够消除那些晚上写作或冥想之人的困意。①

杜普作为市议会的一名议员，还活跃在地方政治活动中。1654 年，杜普从医生的职业生涯中退休两年后，被选为阿姆斯特丹市市长，并连任四届。后来在 1679 年，科内利斯·邦特科虽然声称自己是茶的支持者，但依然猛烈抨击将茶作为对抗所有疾病的万能药的趋势，这似乎呼应了杜普富有先见之明的趣言——“取悦所有人是困难的！”杜普用这句格言结束了他关于“草药茶”的章节和他著名的医学手册。

## 第三位盛赞茶益处的荷兰医生

333 1658 年，阿姆斯特丹医生威廉·皮索称赞杜普是“共和国的医学名人”，他在自己的作品中密切关注杜普。皮索重复了一个值得注意的观察，即茶树不仅在中国和日本种植，而且在暹罗种植。1692 年，法国一本关于如何保持家庭秩序的手册中有关于如何准备茶的说明，也出现了“来自暹罗王国的茶”的说法。② 皮索区分了日本和中国福建的茶名，并断言日本绿茶和颜色更深的福建茶都来自同一种植物。

> 不足为奇，许多人错误地认为“The”和“Tsia”是不同的植物种类，而事实上，中国人所说的“The”的液体就是日本人熟知的“Tsia”，而当后者由切碎的叶子浸泡而得并且汤色呈现深黑色的时候，也被称为“The”。所以，日本人的 Tsia 口感更细腻，药效更好，售价也更高。③

从第一次进入日本和中国福建时起，荷兰人就很清楚茶的两个不同术语，日本语“cha”和闽南语

① Tulpius (1652: 401–402).

② Audiger. 1692. *La Maison reglée, et l'art de diriger la maison.* Paris: chez Nicolas le Gras (p. 262).

③ Bontius (1658, Lib. vi, p. 87).

"thee"，也都知道绿茶和深色茶起源于同一种植物。人们误以为有两种截然不同的茶，一种产绿茶，另一种产红茶，这似乎源于弗朗索瓦·瓦伦汀，他后来的编撰工作既包含了新的信息，也包含了旧的信息，其中那些旧信息的来源相当混乱。瓦伦汀甚至误导了林奈。

关于日本茶的相对价值和质量，皮索的看法与北京的利玛窦和阿姆斯特丹的杜普是一致的，即日本茶比中国茶更好也更贵。不过，他显然也借鉴了雅各布·德·邦德未发表的部分著作。[①] 皮索报告说，茶树的大小和周长都和欧洲玫瑰一样。他列举了不同等级的茶叶，这些茶叶产自灌木的不同部位，在制作茶叶的工艺和技巧上也有所不同。他举例说明了每磅茶叶的荷兰盾价格，以及不同品级茶叶的美元价格，说明了茶叶价格的巨大变化取决于茶叶的质量。日本的粉末状绿茶代表了最好的茶，而中国的泡茶则涵盖了一系列不同等级的茶。

皮索将茶树的白花与甜蔷薇的白花进行了气味之外的全面比较。他还提到了茶的黑色圆形种子、须根和植物的大体解剖结构。皮索表示，荷兰和日本一样也有飘雪的冬天，只要种子能够安全运达和发芽，荷兰就可以种植茶树。皮索推荐使用铅制胶囊，这种胶囊可以很好地密封以保存茶叶。当时，这种合金在荷兰语中被称为"茶箔"，是铅、锡和铜的混合物，在某些情况下，只是锡和锌的混合物。皮索断言，茶能净化呼吸，排出不良气体。他记录说，根据雅各布·德·邦德的说法，茶的清醒品质与鸦片的催眠效果恰恰相反，这一事实在日本和中国得到了普遍认可。

## 在越南的米兰耶稣会传教士 334

克里斯托福罗·博里（Cristoforo Borri）1583年出生于米兰，1601年成为耶稣会士。1616年，博里从澳门航行到越南（本节标题及此处的"越南"原文都是"Cochin China"，下文多处也是如此，原指交趾支那，越南语为Nam Kỳ，中文"南圻"，意思是南部。位于越南南部、柬埔寨东南方。法国殖民地时代，该地的法语名称是Cochinchine，首府是西贡。本节涉及之处主要指的是越南南部西贡地区。——译者注），并于1618年至1622年居住在会安（Hội An）。回到欧洲后，他在科英布拉（Coimbra）教授数学，于1632年去世。在去世的前一年，他在罗马出版了《交趾支那记》，去世一年后，该书的英译本在伦敦出版。与弗洛伊斯几十年前对日本的报道和利玛窦几十年前对中国饮食技术的描述相呼应的是，博里也描述了交趾支那的越南人是如何用筷子吃饭的。

> 他们桌上既没有刀叉，也不需要刀叉。不需要刀，因为他们的食物是先在厨房切好的；他们用一些小棍代替叉子，这些小棍打磨得很好，被抓在他们的手指之间，这样他们就能用灵巧的双手使用棍子夹起任何东西。他们几乎不需要餐巾纸，因为他们总是使用这些棍子夹肉，而双手不会弄脏。[②]

① Piso (1658, Lib. vi, caput i, p. 89).

② Cristoforo Borri. 1633. *Cochin-China containing many admirable Rarities and Singularities of that Countrey. Extracted out of an Italian Relation, lately prefented to the Pope, by Christophoro Barri, that liued certaine yeeres there.* London: publifhed by Robert Ashley. Printed by Robert Raworth; for Richard Clutterbuck, and are to be fold at the figne of the Ball in Little-Brittaine (9th unnumbered page of Chapter v).

博里还报告说，交趾支那的越南人喝茶，就像中国和日本的人们一样。然而，即使在会安逗留了四年，这位米兰耶稣会士仍然误认为茶叶是植物的根，尽管他很清楚地知道，茶汤在中国是由茶的叶子浸泡制成的，而在日本是用粉末茶泡制的。

> 他们一整天都在喝一杯热腾腾的水，这是一种他们称之为“茶”（Chia）的草根水，它的味道非常醇厚，有助于分散胃里的不良气味，促进消化。在日本和中国也有类似的情况；在中国，人们用树叶代替树根，在日本则用粉末浸泡，但效果是一样的；他们都称之为“Chia”。①

我们不禁要问，博里关于茶的报告的不准确性是否应该归因于他在会安所能买到的茶叶质量太差，
335 或者这位耶稣会士在会安逗留期间，是否对这种饮料没有兴趣而了解不深。另一位耶稣会士很快就做
出了更可靠的报道，而他本人对喝茶有着真正的热情。

## 一名法国传教士在越南东京疯狂饮茶

1591 年生于阿维尼翁（Avignon）的亚历山大·德·罗德斯（Alexandre de Rhodes）曾受耶稣会教育，1619 年前往印度支那。他在印度支那和中国待了 30 年，但主要生活在越南东京（Tonkin）[ 主要指越南北部大部分地区，越南人称之为北圻，意为“北部边境”。“东京”在越南语中写作 Đông Kinh，也是越南首都河内的旧名。越南建国之初，丁部领建都于华闾峒（丁氏故里），后来李公蕴建立李朝，迁都大罗城（唐代安南都护府治所），改名升龙。后来黎利迁回东都升龙，受到中国影响，改首都升龙为“东京”。法国人控制越南北方以后，便用这个名字称呼整个越南北方地区。作者此处或许是指今天的越南首都“河内”。——译者注 ]，他在那里编纂了著名的《安南、葡萄牙、拉丁语词典》（*Dictionarivm Annnamiticvm, Lvsitanvm et Latinvm*）。② 这本越南语、葡萄牙语和拉丁语三种语言的词典，在罗德斯返回欧洲两年后，即 1651 年在罗马出版。他的词典引入了越南语的语音系统，1910 年法国殖民政府将其定为越南语的正式拼字法，因为语音系统使越南人能够在几周内学会书写自己的语言，今天这个系统被称为“国家语言文字”。越南东京在公元前 111 年至公元 939 年是中国统治范围内的一个省份，以前越南语是在 8 世纪发展起来的一个系统中使用汉语表意文字和新式表意文字写成的，称为“国音”（country sound）或“㝉南”（southern script），现在一般称为“㝉喃”（vernacular script，白话文）。

1644 年，在经历两次流放之后，亚历山大·德·罗德斯最终被查姆省（Cham）省长判处斩首，原因是他坚持皈依基督教。③ 通过一位友好的、懂中文的文士的善意辩护，德·罗德斯的死刑得以免除，于 1645 年流亡国外。1646 年，他去了马六甲，在那里徒劳地等了 40 天，等着一艘荷兰船只带他去荷兰。然后他决定启航前往巴达维亚，在那里待了 8 个月。对于今天经常往返于欧洲和东亚之间的航空

---

① Borri (1633: 11th unnumbered page of Chapter v).

② Alexandre de Rhodes. 1651. *Dictionarivm Annnamiticvm, Lvsitanvm et Latinvm*. Rome: Sacra Congregatio (p. 99).

③ 亚历山大·德·罗德斯称他为罗伊的“国王”。

旅客来说，雅加达实在是太偏僻了，无法成为交通枢纽。然而，对于那些几个世纪前登上木船往返于东西方的人来说，这个世界看起来很不一样。对于在古代海上航线上航行的旅行者来说，巴达维亚是一个非常重要的枢纽。

图 5.25　亚历山大·德·罗德斯，法国耶稣会士，他在越南东京开发了一个越南语书写系统，在那里他尽情喝茶。

在爪哇岛，荷兰当局以宣扬弥撒和信奉天主教的罪名判处德·罗德斯入狱。在被监禁 3 个月后，荷属东印度群岛总督科内利斯·范·德·利金（Cornelis van der Lijn）释放了德·罗德斯，并用葡萄牙船只将他送回欧洲。[①] 然而，他利用机会游历马卡萨、波斯、亚美尼亚和安纳托利亚后，于 1649 年才抵达欧洲。大概是命运的安排，从 1636 年起，正如尼古拉斯·德·拉·马雷（Nicolas de la Mare）所记录的那样，从荷兰运来的茶叶已经开始抵达巴黎。[②] 在巴黎，荷兰人的茶叶贸易早在德·罗德斯在亚洲逗留 30 年后回到祖国的 13 年前，就已经形成了一个奇特而容易被接受的市场。

喝茶在权贵阶层中成为时尚，也引起了医疗机构的注意。1648 年初，有抱负的医生阿尔芒-让·德·莫维兰（Armand-Jean de Mauvillain，1620~1685 年）在巴黎医学院在由菲利伯特·莫里塞特（Philibert Morisset）主持的陪审团面前为一篇自由主义论文辩护。由于受到 1642 年巴达维亚的雅各布·德·邦德医学工作的启发，莫维兰将他论文的题目设为《中国人的茶对大脑有益吗？》。1648 年 3 336
月 22 日，两年后即将成为巴黎医学院院长的盖伊·帕廷（Guy Patin，1601~1672 年）写信给里昂的朋友查尔斯·斯珀斯（Charles Spons），谴责博士评审团主席菲利伯特·莫里塞特赞成德·莫维兰这篇他认为很可笑的论文，指出该论文致力于研究“本世纪无关紧要的新奇事物”这样琐碎轻浮的东西。[③] 然而，18 年后，这位德·莫维兰成为医学院院长以及莫里哀（Molière）的密友和顾问，茶也不再只是一时的风潮。

在 1654 年描述他在亚洲旅行 30 年的一节中，亚历山大·德·罗德斯用了整整一章的篇幅来描述中国，题为“中国人日常生活中的茶”。这位法国耶稣会士将东方人民的长寿归功于茶，但在巴达维亚

---

① 亚历山大·德·罗德斯把名字错记成“科内尔·范德林”（Corneille Vandeclin）。

② Nicolas de la Mare. 1705, 1710, 1719, 1738. *Traité de la Police, où l'on trouvera l'histoire de son établissement, les fonctions et les prérogatives de ses magistrats, toutes les loix et tous les reglemens qui la concernent* (quatre tomes). Paris: Jean & Pierre Cot. The *locus classicus* reads as follows: 'Le thé ſont les feüilles d'un arbriſſeau qui nous viennent de la Chine; l'uſage commença d'en être connu à Paris, environ l'an 1636' (de la Mare 1719, tome iii, p. 797, col. 1).

③ Christian Warolin. 2005. 'Armand-Jean de Mauvillain (1620–1685), ami et conseiller de Molière, doyen de la Faculté de médicine de Paris (1666–1668)', *Histoire des sciences médicales,* xxxix (2): 113–129; Armand Brette, réd. 1901. *Correspondance de Gui Patin.* Paris: Librairie Armand Colin (p. 1).

337 的不愉快经历之后，他对荷兰人茶叶贸易的不满显而易见。

> 在我看来，茶对远东各国人民的健康影响最大，他们往往比较长寿。茶的消费遍及整个东方，在荷兰人的影响下，我们在法国对它的了解才刚刚开始，荷兰人把它从中国带到巴黎，以每磅30法郎的价格出售，而荷兰人在那个国家只花8到10苏（sou）的价格购买。而且，我经常看到他们卖的茶很粗很陈，并且已经变质了。正是通过这种方式，我们彬彬有礼的法国人在与东印度群岛的贸易中填满了外国人的钱包，如果法国人也像他们的邻国那样采取有力的行动，他们就能从中获得世界上最大的财富，因为这些邻国实际上没有法国人那么有能力……
>
> 当茶叶收获后，在烤箱中充分干燥，然后放入密封良好的锡瓶中，因为如果茶叶变质，它就没有效力了，就像葡萄酒已经过了最佳状态一样。我要让你们自己判断：荷兰人在法国出售货物时，是否妥善处理好这些货物的问题。判断是不是好茶，就应该看其是否形整色绿、味涩叶干，这样才能用手指把茶弄碎。如果茶是那样的，那就是好的。倘若与之相反，那么请放心，它不值钱。

在过去的荷属东印度群岛上，茶叶在跨越两大洋的运输过程中并没有达到最佳的运输速度，最昂贵的茶叶也不是荷兰贸易商以散装货物的形式购买推销到欧洲的，尽管荷兰东印度公司确实进口了各种品级和类型的茶叶。毫无疑问，亚历山大·德·罗德斯曾在越南东京喝过好茶，那里的茶至少从10世纪开始就通过中国式的茶碗饮用。[①] 然而，从他的描述来看，德·罗德斯似乎主要熟悉饮用黄褐色茶
338 汤的半发酵茶，这种茶叶可被多次冲泡饮用。

图5.26 “东印度人”号的特点是船体更宽，比普通荷兰商船的吨位更大。“东印度人”号装备着大炮，其外形类似于荷兰的帆船战舰（man-o’-war），如1622年的油画《霍恩之景》（View of Hoorn）所示，油画，105×202厘米，亨德里克·科内利斯·弗鲁姆（Hendrick Cornelisz. Vroom），西弗里斯兰博物馆。

① Nishimura et al. (2008: 198–199).

> 茶叶是一种和我们的石榴树叶一样大小的叶子，它来自类似于香桃木（myrtle）的小树。世界上除了中国的两个地区外，没有别的地方能找到这种茶，第一个是南京，那里有最好的茶，那里的茶叫“chà”，另一个是泉州（福建泉州）。在这两个地区，采摘这片叶子的过程与我们采摘葡萄园葡萄的过程一样小心翼翼，采摘的茶叶足够供应中国其他地区以及日本、越南东京、交趾支那等，那里的茶叶饮用非常规律，每天只喝 3 次最温和的茶，而其他许多人一天喝 10 ~ 20 次，或者，有人可能会说，在任何时候都喝茶……
>
> 中国人就是这样喝茶的。他们把水放在一个很好的容器里煮。当水煮沸后，将其从火中取出，投入适量的茶叶，茶叶的分量应与容器中水的重量成一定比例。他们将盖子盖好，当叶子沉淀到水底，此时正是喝茶的最佳时机，因为此时茶会在水中舒展，使水色泛红。他们尽可能地趁热喝 339
> 茶。如果茶汤变冷，就不再有那么好的功效了。留在茶壶底部的叶子可以再次使用，但需用水重新煮沸后冲泡饮用。

虽然亚历山大·德·罗德斯在巴达维亚待了 8 个月，但他并没有采用荷兰语拼字法“thee”，而是即兴创作了自己的法语拼字法“Tay”。“Tay”的拼字法显然代表了一种试图呈现中国泉州闽南语发音的尝试，罗德斯报告说，茶来自那里，荷兰人从 1604 年开始就在那里开展贸易。除了茶的闽南语发音外，在上述引文中，德·罗德斯还将南京饮用的茶的北方发音记为“Chà”。

尽管德·罗德斯在亚洲的 30 年中大部分时间都在如今属于越南北部的东京地区度过，但他的“Tay”并不是越南语中茶的两个单词之一。在他的越南语词典中，亚历山大·德·罗德斯用葡萄牙语将越南语“chè”注释为“cha de beber”，即“饮茶”；用拉丁文将其注释为“herba apud ſinas cuius iuſculum paſſim ſumitur”，即“中国人中一种经常服用的草药”。[①]“chè”是越南语中常用的一个指代茶的单词，例如，“cây chè”的意思是“茶树”。“chè”是一个古老的外来词，在中古中国（Middle Chinese period，中国的中古时期，一般认为指从中晚唐到 14 世纪约六个世纪的中国历史时期。——译者注）以前的某个时期，由平话方言（Pínghuà Chinese）（福建省东部沿海闽东地区，把当地方言自称为“平话”，字面意思是“平常说的话”。语言学上把它叫作闽东语或闽东方言，是闽语的一个支系，属于汉语族。在中国，使用该语言的人主要分布在福建东部的福州市和宁德市，主要分为福州话、福宁话、蛮讲话这三种口音。——译者注）或广东话口头传播。这类汉语外来词叫作“古中越语”（âm Hán cổ）。还有一个更文学化的茶的越南语单词，就是“trà”。越南语的“trà”是一个通过文献传播的中古汉语外来词，在罗德斯的词典中并未出现。这一类汉语外来词被称为“中越语”（âm Hán-Việt）。

德·罗德斯对日本茶的了解完全基于传闻。他从未到访过日本，不知道那里也种植茶树，认为茶树只生长在中国东南部，并从那里供应给日本。尽管如此，他还是准确地报告了日本存在抹茶粉，并证实了德·邦德和杜普的报告，大意是，一些中国饮茶者在喝茶时如果茶太苦，有时会用点糖。

> 日本人以不同的方式喝茶，因为他们把茶做成一种粉末，然后把这种粉末投进沸水里，混合

---

① de Rhodes (1651: 99).

在一起喝下。我不知道这种喝茶方式是否比第一种更有益健康。我总是用中国的方法沏茶。有些人在茶里加一点糖来缓和它的苦味，但这种苦味并没有让我感到不愉快。

这位著名的法国耶稣会士对喝茶的有益特性的描述表明，他不仅是一位嗜茶者，而且经常用茶来
340 整夜保持清醒，甚至有一次为了连续保持六天清醒，而疯狂饮茶。

> 茶的作用有三个方面。首先是治愈和缓解头痛。每当我偏头痛的时候，喝茶都让我感到非常轻松，好像有人用手把我的整个头痛病根都拔出来了。因为茶的主要作用是驱除上升到头部并引起不适的大量气体，所以如果在晚饭后喝茶，通常能驱除困意。不过有些人喝茶依然会昏昏欲睡，因为茶只除去最粗糙的气体，可能留下适合睡觉的气体。至于我，我经常经历这样的事情，当我不得不整晚倾听我那些虔诚的基督徒的忏悔时，这种事情便经常发生，我所要做的就是在我本来要睡觉的时候喝点茶，然后可以整晚不睡觉而不感到困意，第二天我还会像平常一样精神焕发。我可以 周做一次而不会感到不舒服。我曾经连续六个晚上都试着这样做，但是坚持到了第六个晚上，我就彻底筋疲力尽了。
>
> 茶不仅对头部有好处，还具有健胃助消化的神奇功效，所以很多人都有饭后喝茶的习惯，不过如果想睡觉，通常晚饭后就不再喝茶。茶的第三个作用是清除肾脏中的痛风和肾结石，这可能是这些国家没有像我已经提到的那样出现这种疾病的真正原因。

亚历山大·德·罗德斯在结束他关于茶的一章时，从法国国家利益的角度论证了其茶的篇幅的合理性，并向读者介绍了茶的情况，以便王国中重要的大人物们可以为了祖国的利益而喝茶，保障他们的健康。

341 
> 我对茶的事讲得很详细，因为自从回到法国以后，我有幸见到了几位身份显赫、位高权重的大人物，他们的健康生活对法国来说是十分必要的，他们从饮茶中受益，对我能叙述自身30年经验证明的这个伟大的饮茶疗法感到十分高兴。①

德·罗德斯的论文是在法国饮茶风潮最盛的时候发表的。三年后，也就是1657年，医生丹尼斯·乔奎特（Denis Jonquet）将茶赞扬为神圣之物，“它是一种包含所有神奇汁液的神圣药草”。②同年，皮埃尔·格拉塞（Pierre Grassé）在巴黎写了一篇题为《肌腱关节炎》的博士论文，该论文探讨了用茶来缓解关节疼痛的问题。与时代精神相一致，他的博士论文答辩是一件摩登事件，格拉塞甚至让罗伯

① Alexandre de Rhodes. 1654. *Divers Voyages et Miſſions du pere Alexandre de Rhodes en la Chine, & autres Royaumes de l'Orient, avec ſon retour en Europe par la Perſe & l'Armenie. Le tout diuiſé en trois Parties.* Paris: chez Sebaſtien Cremoiſy et Gabriel Cramoiſy (pp. 62–67).

② J.-G. Houssaye. 1843. *Monographie du thé: Description botanique, torréfaction, composition chimique, propriétés hygiéniques de cette feuille.* Paris: chez l'auteur (p. 8); Martine Acerra. 2008. 'Le modes du thé dans la société française aux xviie et xviiie siècles', pp. 55–62 in Raibaud and Souty (op.cit., p. 57).

特·南蒂尔（Robert Nanteuil）为他画了幅肖像。[①]

在罗马，德·罗德斯请求被派遣回越南，但他被遣返到了波斯，1660年在伊斯法罕去世。在亚历山大·德·罗德斯的描述近半个世纪后（那时茶甚至已经到达英国，在那里喝茶开始流行起来），游历四方的威廉·丹皮尔（William Dampier）报告说，越南供应的茶实际上与中国或日本的茶相比质量相当低。关于越南的相关段落如下：

> 这个国家存有大量的糖和茶叶，在越南东京（Tunquin）（依然指越南东京，即今天的河内，它有Tunquin、Tonquin、Tongking、Tongkin、Tonkin等变体。越南后来改东京为河内，但欧洲人依然沿用Tonkin，最后还引申指越南北部。——译者注）和交趾支那（Cochin-china）（此处应指以越南南部西贡为主的地区。——译者注）茶被当作普通的饮品广泛饮用；妇女坐在街上卖新沏的茶或现成的茶，她们称茶为“Chau”，即使最穷的人也会喝茶。不过，在东京或交趾支那的茶似乎不太好，既不太苦，也没那么好的汤色，没有在中国的那种茶性，因为我在这些国家喝过，除非是沏茶的方式错了。因此，我在那（越南街头）从不喝茶：这些街头的茶汤呈高红色，看起来好像是掺杂了其他东西，或者是已经腐坏了。但我被告知，在日本有很多货真价实的纯正好茶。[②]

值得注意的是，丹皮尔的描述似乎也与许多早期的报告相呼应，即最好的茶来自日本。

## 一位来自杭州的意大利耶稣会士和一位来自暹罗的法国牧师

就在亚历山大·德·罗德斯的著作出版一年后，另一位耶稣会士关于茶的讨论也出版了。而且，这位耶稣会士与东方的荷兰人有着更为愉快的经历，他甚至选择在阿姆斯特丹出版他的作品。马蒂诺·马蒂尼（Martino Martini）1614年出生于特伦托（Trento），1634年至1637年在罗马师从阿塔纳修斯·基歇尔（Athanasius Kircher），1637年至1639年在里斯本学习神学，并在那里被授予神职。1640年，他从里斯本航行前往澳门，1642年抵达澳门。

1643年到1651年，马蒂尼一直在杭州居住，也在中国各地旅行。1651年，他乘坐荷兰船只离开亚洲，经挪威卑尔根返回罗马，然后前往阿姆斯特丹，于1653年提交手稿供出版，并参观了莱顿大 342

① Sabine Yi, Jacques Jumeau-Lafond et Michel Walsh.1983. *Le Livre de l'amateur de thé.* Paris: Robert Laffont (pp. 65–66).

② William Dampier. 1697. *A New Voyage round the World.Deſcribing particularly, the Iſthmus of America, ſeveral Coaſts and Iſlands in the Weſt Indies, the Iſles of Cape Verd, the Paſſage by Terra del Fuego, the South Sea Coaſts of Chili, Peru and Mexico, the Iſle of Guam one of the Ladrones, Mindanao, and other Philippine and Eaſt-India Iſlands near Cambodia, China, Formoſa, Luconia, Celebes, &c., New Holland, Sumatra, Nicobar Iſles, the Cape of Good Hope, and Santa Hellena: Their Soil, Rivers, Harbours, Plants, Fruits, Animals, and Inhabit-ants. Their Cuſtoms, Religion, Government, Trade, &c.* London: Printed for James Knapton, at the Crown in St. Pauls Church-yard (p. 409).

图 5.27　马蒂诺·马蒂尼（1614~1661 年），1654 年在荷兰逗留期间，由西班牙裔荷兰女肖像画家迈克丽娜·沃蒂埃（Michaelina Woutiers）描绘，马蒂尼在杭州学习了所有关于茶的知识。

学。[①] 在罗马待了几年后，他于 1658 年回到杭州，1661 年死于那里的霍乱。

马蒂诺·马蒂尼的中国地图集于 1655 年由琼·布莱欧（Joan Blaeu）出版，标题为《马蒂诺·马蒂尼中华地图绘本》，收录在布莱欧《新地图集》的第六部分。马蒂尼关于茶的报告包含在他列出的中国主要城市名单的第 14 个城市相关章节中，这个城市便是“Hoeichev”，即杭州。

343 一种被称为“茶”的叶子

这片被称为“茶”的著名叶子在其他任何地方都没有比这里（杭州）的更好，为了让好奇的读者和植物学学生能够获益，我将简要地对其进行描述：

这种小小的叶子与西西里漆树的叶子很相似。但是，我相信它们不是同一个种类。它不是野生的，而是栽培的，不是树，而是一种可以分枝成许多枝干的灌木，它的花与西西里漆树也没有太大的区别，只是白色有点偏黄。夏天，它长出了第一朵带着淡淡香味的花。接着是一个很快变黑的绿色浆果。为了制作这种饮用的“茶”，他们小心翼翼地逐一用手采摘春天的第一片嫩叶。然后他们把叶子放在铁锅里，用慢火把它们轻微加热，随后把它们放在一块质地好的平滑的垫子上，用手揉卷它们。然后，他们再次开火，再次滚动茶叶，直到它们卷曲和完全干燥。他们把茶放在许多锡制的容器里，这样就可以小心地防止茶叶因水汽蒸发受潮。即使保存了很长一段时间，加入沸水后，叶子也会舒展膨胀开来，恢复到原来的绿色，如果茶的质量很好，冲泡后的香气就会变甜，味道温和怡人，无论在哪里冲泡都会变成绿色。尽管许多人怀疑这种热饮料的优点和功效，但中国人每天喝它，并用它招待客人。此外，由于茶叶品种繁多，而且不同等级的茶叶质量不同，即使在中国人中间，一磅茶叶的价格也可能从一德拉克马（drachma，希腊货币单位，于 2002 年为欧元所取代。——译者注）到两枚以上的金币不等。由于茶叶具有如此强大的力量，中国人既不知道痛风，也不知道结石。即使吃得多，也能减轻消化不良和胃灼热。它有助于促进消化和缓解醉酒，恢复和唤起人的新活力，缓解宿醉，还可以作为利尿剂并排出不需要的气体，防止那些希望保持清醒的人昏昏欲

① 1654 年在莱顿时，马蒂尼说服雅各布·戈利乌斯 [Jacob Golius，化名为雅各布·范·古尔（Jacob van Gool）] 相信马可·波罗的“契丹”（Cathay）与中国是同一个国家，戈利乌斯随后在他附在布莱欧《新地图集》中题为“ De Regno Cathayo Additamentum”的注释中阐明了这一观点 [Jan Julius Lodewijk Duyvendak. 1936. ‘Early Chinese studies in Holland’, *T'oung Pao* (Série ii) xxxii: 293–344)]。

> 睡，并驱除那些希望继续学习的人的困意。在中国，茶的名字因产地而异，这个城市最精致、最有名的茶通常被称为“松罗茶”。①

马蒂尼让他的读者们参考一年前由亚历山大・德・罗德斯撰写的关于越南东京王国的著作，以 344
获取更多关于“茶”的信息，但他一定使用的是他每天都在杭州听到的“茶”一词，并没有提到闽南语词。马蒂尼还描述了用平底锅煎茶叶的过程，并将杭州著名的绿茶“松罗茶”誉为最好的茶。与德・罗德斯不同，马蒂尼的证词并不是基于在越南东京的观察和对中国的访问，而是基于在中国最著名的茶叶种植区之一的中心城市杭州多年的居住经验。

就在十多年后，1666 年雅克・德・布尔热（Jacques de Bourges）牧师在法国出版的一份资料中提到了茶，他在 1662 年访问了暹罗。他写道，尽管其他饮料会损害人们理性思考的能力，但“茶会强化它”（le Thé la fortifie）。② 这是现代法语“茶”（thé）拼写法的一个早期例子，是在一个正式出版的作品中对荷兰语“茶”（thee）的模仿。法语拼字法的起源显然是荷兰语，但法国牧师是从位于大城府的荷兰东印度公司商行，还是从荷兰医生的拉丁医学文献中学习到这一拼字法的呢？还是说这一拼字法当时在荷兰对法国大约已有 30 年的茶叶贸易史中已经很好地确立了呢？ 1671 年，雅克・德・布尔热在里昂发表了一篇题为《咖啡、茶和巧克力》的论文，在该论文中他提出了新法语拼字法“thé”，不过，该论文的作者更多地被认为是菲利普・西尔维斯特・杜福尔。

杜福尔后来于 1685 年出版的书似乎是其 1671 年同一篇论文的扩展版，但还有些人将 1671 年的这篇论文归于雅各布・斯彭（Jacob Spon，1647~1685 年）。1671 年的论文和 1685 年杜福尔的书都是以杜普和其他荷兰的茶文献为来源的。杜福尔还引用了亚历山大・德・罗德斯关于茶的一章（即前文曾提及的“中国人日常生活中的茶”一章。——译者注）中的几段话，但杜福尔一直沿用杜普的拼字法作为他的资料来源之一，将德・罗德斯原来的法语拼写从“Tay”改为“Thé”。③1671 年这篇论文的作者声称，他相信自己的研究是第一次用法语撰写的茶论文。

> 因为到目前为止，我还不知道有任何一篇专门论述茶的专著……④

杜福尔的新拼法很快确立了自己作为茶的法语标准拼法的地位，它也出现在更具影响力的 1685 年的扩展版中，在这一版本中，他能够利用更多的资料，同时致力于研究咖啡、茶和巧克力。关于茶的名称，杜福尔于 1685 年写道：

---

① Joannis Blaeu. 1655. *Theatrvm Orbis Terrarvm ſive Novus Atlas. Pars Sexta. Novus Atlas Sinensis a Martino Martinio S.I. descriptvs.* Amstelodami [Amsterdam]: Joan Blaeu (pp. 106–107).

② Jacques de Bourges. 1666. *Relation dv Voyage de Monſeignevr l'Evéqve de Beryte vicaire apostoliqve dv Royavme de la Cochinchine par la Turquie, la Perſe, les Indes &c., juſqu'aux Royaume de Siam et autres lieux.* Paris: Denys Bechet (p. 156).

③ Philippe Sylvestre Dufour. 1671. *De l'Vsage du Caphé, dv Thé et du Chocolate.* Lyon: chez Iean Girin & Barthélemy Rivière (p. 56); also quoted by Dufour (1685: 199–200).

④ Dufour (1671: 48).

> 茶是一种产自中国和日本的叶子。中国人称之为“Thée”，日本人和印度人分别称之为“Cha”或“Tcha”，鞑靼人和波斯人称之为“Tai”或“Tzai”，欧洲人称之为“Thé”。[1]

345 因此，当让·巴普蒂斯特·塔弗尼耶（Jean Baptiste Tavernier）1679年的游记在他去世24年后的1713年被重新出版时，编辑们将塔弗尼耶对“Té”的所有原始引用都改成了“Thé”。[2] 杜福尔采用并普及了雅克·德·布尔热的拼字法，从而确立了目前法语“thé”的拼写。然而，1694年，皮埃尔·波密特（Pierre Pomet）在他的《法国药理学概要》中提供了一个迟来的例子，即在法语中使用“Thee”的拼写来模仿杜普的原始拼字法。[3]

## 日饮茶汤一百次

1667年，《中国图说》（*China Illustrata*）在阿姆斯特丹出版，作者是阿塔纳修斯·基歇尔。这位著名的德意志耶稣会士整理了从其他耶稣会士寄回罗马的信件和报告中挑选出来的信息，然后在阿姆斯特丹出版了他的大汇编。下面这段话是基歇尔收集到的关于茶的知识。

> 对这种名为“Chà”或者我们称之为“Cia”的植物的使用，不仅限于中国境内，而且已经逐
> 346 渐扩散至欧洲。这种植物在中国地区被广泛种植并带来了丰厚的利润，其也被种植于鞑靼，它在一些省份表现出比其他省份更出色的品质，特别是在江南的“Hoeicheu”（即Hángzhōu“杭州”的印刷错误）以它制作的饮料闻名于世，喝起来热乎乎的，不仅在整个中华帝国，而且在印度、鞑靼、蒙古的居民中都有消费，不是一天一次，而是可以随心所欲地喝。这种饮料真的很有好处，如果不是耶稣会的牧师们催促我去了解他们对这种植物的发现，我自己也很难相信，因为这种植物起到利尿剂的作用，可以打开肾脏的所有导管和通道，释放出所有的有害气体。因此，对于有文化的人和那些从事正经生意的人来说，大自然没有提供任何比喝茶更合适的补救办法，茶可以帮助他们更好地保持警觉，一次又一次地集中精力继续工作。虽然一开始可能尝起来有点苦涩味，但在习惯性地饮用这种饮料后，它不仅没有令人不快的不适，而且会激起人们想喝更多的欲望，因此一旦人们习惯了它，就很难戒掉。尽管土耳其人的咖啡和墨西哥人的巧克力发挥着同样的作用，但是“Cià”（有些人也称之为“Te”）远远超过了这两者，因为它的性质更温和，更何况巧克力在热的时候会引起上火，而咖啡则会刺激胆汁，茶则是无害的，且有很多益处。另外，正如我

[1] Dufour (1685: 195).

[2] Jean Baptiste Tavernier. 1713. *Recüeil de Plufieurs Relations et Traitez finguliers et curieux de Mr Tavernier, Ecuyer Baron d'Aubonne, qui n'ont point efté mis dans fes fix premiers Voyages.* Paris: Pierre Ribou (pp. 256–257).

[3] Pierre Pomet. 1694. *Histoire Generale des Drogues, traitant des Plantes, des Animaux et des Mineraux; Ouvrage enrichy de plus de quatre cent Figures en Taille-douce tirées d'aprés Nature; avec un difcours qui explique leurs différens Noms, les Pays d'où elles viennent, la manière de connoître les Véritables d'avec les Falfifiées, & leurs proprietez, où l'on découvre l'erreur des Anciens et des Moderne Le tout tres utile au Public.* Paris: chez Jean-Baptiste Loyson & Augustin Pillon（在关于茶的章节中，正字法“Thée”的使用相当一致，然而，“Thé”的拼写至少出现了两次，而印刷错误“Thee”在章节标题中出现一次；'Le Thèe', Livre v, chapitre v, pp. 143-145).

图 5.28 阿塔纳修斯·基歇尔在他 1667 年出版的《中国图说》第 179 页中描绘的被称为“茶”（Cia）的药草。

> 所说，它不是必须日饮一次，而是甚至可以一天喝一百次。①

基歇尔在记录北方汉语中的“茶”一词时，既使用了“Chà”，也使用了更为意大利语拼字法化的“Cià”，他还记录了茶的闽南语形式“Te”。基歇尔的百科全书式作品中偶尔也会出现不准确的地方，并且会被奇怪的幻想所干扰，比如当他写下一个人一天可以喝一百杯茶时，可能有点夸张了。中国的一些茶杯尺寸很小，据了解，欧洲人早期喝茶的进口茶杯尺寸就很小，且没有把手。然而，基歇尔的
夸张可能是间接地借鉴了亚历山大·德·罗德斯关于他自己承认的六日茶狂欢的证词，因为这位可敬 347
的耶稣会士被迫在第七天休息，而不能继续喝完他所有的茶。

许多享乐主义者和茶鉴赏家都信奉一句格言：“好东西多多益善”，但事实上，正如阿肯色州的一名男子发现的那样，喝太多茶实际上有可能是不利的。2014 年 5 月，一名 56 岁的男子在小石城约翰·麦克莱伦退伍军人纪念医院急诊室就诊，身体虚弱，疼痛难忍。负责治疗的医生测量了他的血清

① Athanasius Kircher. 1667. *China Monumentis, qua Sacris quà Profanis, nec non variis Naturæ & Artis Spectaculis, Aliariumque Rerum Memorabilium Argumentis Illustrata, auspiciis Leopoldi Primi* [frontispiece title: China Illust[r]ata]. Amsterdam: Johannes Janssonius van Waesberge（同年，雅各布斯·范·梅尔斯在阿姆斯特丹和安特卫普以缩减版出版）(pp. 179–180).

肌酐水平达 4.5 毫克每分升，发现他患有尿毒症，肾衰竭需要透析。然而，这名男子以前的所有病历都显示，他肾功能正常，没有肾结石，也没有肾病家族史。肾活检显示了大量草酸结晶，间质炎症伴嗜酸性粒细胞和间质水肿。据证实，这起几乎致命的草酸肾病病例是由于最近这名男子采用了自认为良好的习惯，即每天喝不低于 16 杯 8 盎司的冰茶。[①]

在美国，另一个不寻常的过量喝茶的案例导致一名 47 岁妇女患了氟骨症。她 17 年来“习惯性地每天喝掉 100 到 150 袋（袋泡茶）茶叶”，从而连续 17 年她的体内每天产生超过 20 毫克的氟摄入量。[②]氟骨症是在饮用水中氟化物浓度高的地区的地方性疾病，摄入天然氟化物会造成骨骼中的钙流失。尽管与其他饮料相比，茶的氟化物含量只是相对较高，但美国妇女每天喝 150 袋茶叶的情况却已经不是一般的过量了。这个故事告诉我们，即使像茶这样有益健康的东西，过量也可能是有损健康的。适量节制有助于防止长期饮茶的人在生理上溺死于茶中。在这方面，有必要回顾一下，陆羽就曾推荐只喝三碗适当冲泡的茶作为一次品饮的最佳摄入量。[③]

在西藏、四川、青海、甘肃和内蒙古，传统上人们饮用砖茶，他们从孩提时代开始就有较高的氟摄入量，相关的研究已经发现，50% 至 80% 的藏族、维吾尔族和哈萨克族人口中，氟牙症和氟骨症都与从小饮用砖茶有关。[④]在中国，江苏的茶叶中氟含量最高，为每千克 95 毫克，而北京附近的茶叶中氟含量最低，为每千克 28 毫克。中国大部分产区的茶叶氟含量在每千克 40 至 45 毫克之间。来自湖北、河南和浙江的茶叶氟含量超过每千克 60 毫克，而上海和广西的茶叶氟含量大约为每千克 30 毫克。[⑤]不过，值得注意的是，英国超市提供的茶叶中氟化物含量普遍更高，在每千克 93 至 820 毫克之间，因为英国超市的茶叶一般是由成熟的叶子制成的，而不是由早季嫩叶制成的。这一发现促使研究人员得出结论，从英国超市购买“经济品牌茶”会导致过量摄入氟，从而导致氟牙症和氟骨症。[⑥]

348

## 一位在锡兰和东印度群岛的荷兰传教士

来自代尔夫特的荷兰大臣菲利普斯·巴尔德乌斯（Philippus Baldæus，1632~1672 年）去了锡兰，在那里他写了一篇关于该岛及生活在其上的人民的小册子。他固执己见的叙述生动地描绘了荷兰殖民社会的生活。茶出现在描述东印度群岛荷兰人生活方式的章节中。[⑦]下面这段是他对茶是如何被制造出

① Fahd Syed, Alejandra Mena-Gutierrez and Umbar Ghaffar. 2015. ‘A case of iced-tea nephropathy’, *New England Journal of Medicine*, 372: 1377–1378.

② Naveen Kakumanu and Sudhaker D. Rao. 2013. ‘Skeletal fluorosis due to excessive tea drinking’, *New England Journal of Medicine*, 368: 1140.

③ Ukers (1935, i: 20), Carpenter (1974: 118), Jiāng and Jiāng (2009, i: 47).

④ Jian Wei Liu, Yan Zhao, Yi Li, Juan Yi and Jin Cao. 2004. ‘Brick tea induced fluorosis in West China’, *ICOS*, 2: 574–575.

⑤ Jianliang Lu and Yuerong Liang. 2004. ‘A study on fluorine contents in various teas (*Camellia sinensis*) of China’, *ICOS*, 2: 269–270.

⑥ Laura Chan, Aradhana Mehra, Sohel Saikat, Paul Lynch. 2013. ‘Human exposure assessment of fluoride from tea (*Camellia sinensis* L.): A UK based issue?’, *Food Research International*, 51 (2): 564–570.

⑦ ‘Maniere van’t leven der *Nederlanders* in Ooft-Indien’,Baldæus (1672: 182).

来，然后被制成饮料的简洁叙述。最有趣的是他描述了被制成冲剂的茶叶是什么样子的，以及如何和由谁来处理茶叶是最好的。他就如何储存茶叶、保持茶叶不受潮和尽量少接触空气提出了建议。 349

PHILIPPUS BALDÆUS DELPHENSIS V.D.M.
PRIMO ANNUM IN PUNTE GALE, POSTEA
IN REGNO IAFFNAPATNAM IN INSULA CEY:
LON 8 Annos, Iam in Geervliet 2 Ætatis 38. A. 1671.
Dit is Baldæus self, die t' Blinde Heydendom
Door Leven en door Leer bracht tot het Christendom


图 5.29 荷兰大臣菲利普斯·巴尔德乌斯，他在锡兰时记录了对茶的观察。

为了准备好茶，使之适合烹调，首先要挑选早发出来的嫩叶子，用手采摘，然后放在一个铁壶里缓慢而温和地架在火上烘烤，使它们稍微发热，然后铺在一张又细又轻的垫子上，卷成一团，放回火上，揉搓到叶子卷曲成团，然后完全干燥，保存在白蜡瓶或铅瓶中，以防止任何容易损坏它的水分和潮湿。喝茶的时候，把茶叶投入沸水里，卷起的叶子在沸水上舒展开，水里弥漫着甜香，叶子恢复了最初的绿色和活力。

……它必须放在锡或铅的瓶子里，而不是玻璃瓶里，不应该放在书或亚麻布旁边，也不应该靠放在潮湿墙壁边。茶的冲泡最好由男人，而不是由女人来处理。茶爱好者们把茶放在铅制的小瓶子里，这种小瓶子可以放四分之一磅的茶，这样就不必经常打开较大的瓶子，因为经常开启对茶质保存而言是有害的。[①]

① Baldæus (1672: 183–184).

巴尔德乌斯简要地说明了茶的好处：

> 可以肯定的是，茶有许多功效和优点，因为它能驱除浓重的气体、困倦和睡意，使人清醒和愉快，驱散醉意，排出大脑中的气体，否则这些气体会暂时使人无法理性思考……此外，茶还能缓解头痛和忧郁……①

在莱顿学习神学后，巴尔德乌斯加入了荷兰东印度公司，并于 1654 年启程前往东方。1655~1657 年，他在巴达维亚、马六甲和马卡萨任职；1657~1666 年，他在里克洛夫·范·戈恩斯（Rijcklof van Goens）的领导下，在锡兰担任牧师，在杰夫纳帕特南（Jaffnapatnam）和加勒（Galle）传教。

350 1661 年，当荷兰人占领这个沿海省份时，巴尔德乌斯访问了马拉巴尔海岸。据巴尔德乌斯说，东印度群岛和锡兰的荷兰人可以喝到的中国茶的质量比日本茶好，他在描述好茶的味道时引用了一个奇怪的比喻。

> 最好的茶来自中国……茶的种类繁多，因此价格和质量也大不相同……中国茶的价格和质量都超过了日本茶……较好的和最好的茶散发出一种几乎是新鲜干草的香气，不知何故味道也更加怡人。如果一种茶在用热水冲泡两三次后仍然相当浓郁，那么这是一个绝对可靠的表明它是最好的茶的迹象。②

巴尔德乌斯非常正确地指出，中国茶远比日本的名贵茶便宜。毫无疑问，对于一位身处锡兰的荷兰大臣来说，中国茶的性价比更高。然而，他对中国茶叶品质优于日本茶叶的评价，既与利玛窦早期在中国的观察结果不符，也与当代荷兰作家的观察结果以及市场的现实情况不符。

最好的茶在荷兰东印度人以木制舰船横渡海洋的长途旅行中并不好喝，除了最富有的买家外，日本茶的高价也让所有人望而却步。无论是在东印度群岛还是在欧洲，日本茶的市场价值都高于中国茶。这一市场现实的基础是对日本和中国茶叶相对价值的总体评估，1687 年法国的尼古拉斯·德·贝格尼（Nicolas de Blégny）也对这一评估做出了回应，荷兰人的茶叶在法国找到了第一批来自低地国家以外的热心买家。

> 回到我想做出的区分，我已经注意到，中国茶叶比日本茶叶有更大的叶子，更显褐绿色，气味也不那么愉悦……日本最低等级的茶叶和中国最高等级的茶叶差不多贵……③

巴尔德乌斯观察到生活在东印度群岛的荷兰人，特别是根据他的说法，妇女大量使用和“滥用”

① Baldæus (1672: 183).

② Baldæus (1672: 182, 183, 184).

③ Nicolas de Blégny. 1687. *Le bon ufage du thé, du caffé et du chocolat pour la prefervation & pour la guerifon des Maladies.* Paris: Chez l’Auteur, la Veuve d’Houry et la Veuve Nion (pp. 10, 17).

茶。他以一种冷酷的加尔文主义的节俭精神，猛烈抨击加糖使茶变甜的做法。

> 茶（中国人认为为了保持清醒而饮用是最健康的）现在被广泛地饮用来提高我们国家的健康 351
> 水平和警觉性……在我们的人民中，特别是在妇女中间，有一种对茶的极大滥用……当人们加一块冰糖喝茶时，这也是一个主要的缺点，因为这只会刺激胆汁，而中国人做的恰恰相反，不会吃饱了就喝茶。[①]

巴尔德乌斯1666年回到荷兰，在格尔夫利特（Geervliet）传教，之后于1672年去世，他的书也在同一年出版。

## 茶与《塔维尼尔游记》

富有的法国旅行家和宝石商人让-巴普蒂斯特·塔维尼尔（Jean-Baptiste Tavernier）因将一颗100克拉以上的蓝色大钻石从戈尔康达（Golconda）带到法国而闻名。在法国，这颗钻石被切割成68克拉的“法国蓝”，先后被路易十四、路易十五和路易十六佩戴。法国大革命后，法国王冠上的蓝色钻石在英国重见于世，其形状是一颗45.5克拉的蓝色钻石，后来被称为“希望钻石”。然而，这个以传奇故事开始的原始宝石只是塔维尼尔收购和出售的众多宝石之一。

塔维尼尔以多次航海旅行而闻名。和之前的亚历山大·德·罗德斯一样，他也在第三次航行中在巴达维亚与荷兰官员发生了不愉快的接触，这次航行从1643年持续到1649年，并把他带到了荷属东印度群岛的爪哇岛。回到欧洲后，塔维尼尔在1676年出版了他六次亚洲航行的著名游记。[②]他避免了对他在巴达维亚的荷兰东道主的大肆谩骂。三年后，正如碰巧的那样，在法荷战争（1672~1678年）结束一年后，塔维尼尔显然已经清楚地感觉到，他并没有说出他想说的一切，于是他出版了一本长篇续集，其中包含了他旅途中的附加注释。他偶尔的反事实修饰促使英国著名历史学家查尔斯·拉尔夫·博克瑟（Charles Ralph Boxer）将塔维尼尔称为“那个不朽的骗子”。[③]然而，断然否定这种多姿多彩的个性作品是没有道理的。

在这部续集中，塔维尼尔痛斥了荷兰东印度公司和荷兰殖民者，指责他们贪婪和残忍。他提到了在爪哇的荷兰官员对荷兰士兵、年轻海员以及爪哇当地年轻男子之间发生性行为的纵容。塔维尼尔描述了著名的荷兰东印度公司官员乔斯特·斯豪滕（Joost Schouten）被绞死的经过，当时斯豪滕与一名来自香槟地区的体格健壮的年轻法国戟兵在一起，他实际上就是被这名法国戟兵出卖的。戟兵与斯豪

① Baldæus (1672: 182, 183).

② Jean Baptiste Tavernier. 1676. *Les Six Voyages de Jean Baptiste Tavernier, Ecuyer Baron d'Aubonne, qu'il a fait en Turquie, en Perse et aux Indes, pendant l'efpace de quarante ans, & par toutes les routes que l'on peut tenir, accompagnez d'obfervations particulières sur la qualité, la religion, le gouvernement, les coûtumes & le commerce de chaque païs, avec les figures, le poids, & la valeur de monnoyes qui y ont court* (two volumes). Paris: Gervais Clouzier et Claude Barbin.

③ Charles Ralph Boxer, ed. 1935. *A True Description of the Mighty Kingdoms of Japan & Siam by François Caron and Joost Schouten.* London: Argonaut Press (p. xxxiii).

滕的一位同僚和一名中士勾结，另外两人都设法躲在斯豪滕住处的隐秘处（挂毯后面），逮捕了与载兵同床共枕的斯豪滕。[1]这起邪恶的诱捕案不仅导致斯豪滕被处决，还导致随后荷兰东印度公司在亚洲各地的多个据点围捕并处决男同性恋。

352 乔斯特·斯豪滕，也被称为“朱斯特斯·斯豪滕”，从1622年他第一次来到东南亚的那一刻起，就在东印度群岛取得了辉煌的事业，被博克瑟（Boxer）描述为“毫无疑问，17世纪荷属东印度公司众多称职的仆人中，最能干、最有活力的一个”。[2]斯豪滕以大使的身份将总督弗雷德里克·亨德里克·范·奥兰治送给暹罗国王颂昙（1620~1628年在位）（Songthammá，因陀罗阇二世颂昙，也译作嵩探、颂探、颂坛等。——译者注）的礼物转交给了他。1629年到1632年，斯豪滕在日本的荷兰东印度公司工作。1633年，斯豪滕在日本撰写了《荷兰人与日本民族在中国贸易方面的重大分歧的真实起源、发展与衰落的难忘记述》和《日本总公司的现状与最佳机遇的论述》两本小册子，影响了荷兰在日本的政策。[3]

353 1604年，韦麻郎在与葡萄牙人的战争中得到了帕塔尼苏丹国联盟的保证，但共同利益的一系列后续发展却呈现出一幅变化无常的画面，30年后，苏丹国再次与葡萄牙建立了友好关系。1634年5月，斯豪滕来到暹罗，设法说服了帕拉塞通国王（Pra:sà:t Thɔ:ng，1629~1656年在位），作为（葡萄牙）新的对手，斯豪滕在五年前退出的大城府重新开设了荷兰商行。1634年2月，他和他的保镖杰里米亚斯·范·弗利特（Jeremias van Vliet）在返回巴达维亚之前，一起被授予了“伟大的国家听众”称号。回到爪哇，斯豪滕说服了位于巴达维亚的荷兰东印度公司与大城府结成联盟，由此制服了帕塔尼。1634年和1635年，荷兰和暹罗军舰两次向帕塔尼集结。这两次战斗都不是很激烈，也不是决定性的，但帕塔尼同意在第二年向暹罗的宗主国投降。

1636年3月，斯豪滕把荷兰商馆交给范·弗利特，带着暹罗国王写给总督的信前往巴达维亚，然后在8月带着总督的回信和一顶镶有金色翡翠的王冠以及一把镶有大马士革黄金的剑返回大城府，作为来自奥兰治亲王的礼物。他在1636年10月的一次全体集会上赠送了这些礼物，在这中间的一个月里，他写下了他对暹罗的观察，后来在海牙出版，标题是《暹罗王国的政府、权力、宗教、服饰、商业和其他重要事务》。他在日本执行任务，并于1638年返回荷兰。斯豪滕被任命为一支由五艘船组成的舰队的海军上将，并被选为“印度群岛议会”的成员，因此，他于1639年4月在特克塞尔上船，并于1640年抵达巴达维亚。[4]

① ‘Un jeune homme François de nation de la province de Champagne eſtant… tres-bien fait de ſa perſonne’ (Jean Baptiste Tavernier. 1679. *Recüeil de Pluſieurs Relations et Traitez ſinguliers et curieux de J.B. Tavernier, Chevalier, Baron d’Aubonne, qui n’ont point eſté mis dans ſes ſix premiers Voyages.* Paris: Gervais Clouzier, Livre Cin-quiéme « Hiſtoire de la Conduite des Hollandois en Aſie », Chapitre xix, pp. 359–360).

② Boxer (1935: 139).

③ J. Leonard Blussé van Oud-Alblas. 1984. ‘Justus Schouten en de Japanse gijzeling: *Memorabel verhael van den waeren oorspronck, voortganck ende nederganck van de wichtige differenten die tusschen de Nederlanders en de Japansche natie om den Chineeschen handel ontstaen zijn.* Een verslag van Justus Schouten uit 1633’, *Nederlandse Historische Bronnen* (uitgegeven door het Nederlandse Historische Genootschap), v: 69–109; A German translation is contained in Fr. Carons und Jod. Schouten. 1663. *Wahrhaftige Beſ;reibungen zweyer mä;tigen Königrei;e, Jappan und Siam, Beneven∫t no;vielen anderen, zu beeden Königrei;en gehörigen, Sa;en;wel;e im Vorberi;t zu finden.* Nürnberg: In Verlegung Michael und Joh. Friedrich Enders.

④ Boxer (1935: 139–143).

从爪哇岛出发，斯豪滕前往莫卢卡（Mollucas）和亚齐（Atjeh）[ Atjeh、Acheh、Achin，古国名，在今印度尼西亚苏门答腊西北部。16 世纪初至 20 世纪初统治苏门答腊北部及马来半岛一些地区的伊斯兰教王国，是马来群岛一带的贸易中心。又称哑齐。由亚齐人所建，故名。——译者注 ] 执行任务，他资助装备给阿贝尔·塔斯曼（Abel Tasman，此人生于荷兰，在当时荷兰东印度公司的资助下，于 1642 年和 1644 年进行了两次成功的远航，从欧洲大陆一路航行到西太平洋，成功地发现了塔斯马尼亚岛、新西兰、汤加和斐济。——译者注）以完成其著名的航海之旅。1642 年 12 月，就在斯豪滕被处决前一年半，塔斯曼海（Tasman Sea）中美丽的斯豪滕岛（Schouten Island），就在塔斯马尼亚州（Tasmania）弗雷西内特（Freycinet）半岛的南部，被塔斯曼以斯豪滕的名字命名。[①] 1644 354
年 6 月，斯豪滕因犯鸡奸罪和成为“许多人的诱惑者”而被捕。在荷属东印度群岛，鸡奸罪是一种死罪，斯豪滕被判处死刑，之后他的尸体被焚烧。作为巴达维亚处决惨况的目击者，吉斯伯特·希克（Gijsbert Heeck）将斯豪滕描述为“一个拥有非凡知识和非凡智慧的人”。[②] 这一判决牵涉他两个已知的性关系者，一个是名叫扬·范·克利夫（Jan van Cleef）的警卫室爪哇士兵，还有一个是名叫皮耶特·埃格伯特松·范·德·克鲁斯（Pieter Egbertszoon van der Kruyse）的巴达维亚居民。[③] 据塔维尼尔报告，在随后的几个月里，斯豪滕的其他性伴侣在亚洲的荷兰殖民地被追捕，要么被淹死，要么被活活烧死。

塔维尼尔的叙述具有重要的历史意义，因为它能洞察东印度群岛荷兰殖民社会中扭曲的官场道德，

---

① 各种荷兰语拼写都有证明，例如 Schoutens Eylant[sxɑu̯təns ɛi̯lɑnt]、Schouten Eylandt[sxɑu̯tən ɛi̯lɑnt] 或 [sxɑu̯tə ɛi̯lɑnt]。今天，斯豪滕岛的名字在当代塔斯马尼亚人的英语中被发音为 [ʃu:tn̩ aɪ̯lənd]。斯豪滕岛和弗雷西内特半岛之间的海峡仍被称为斯豪滕海峡。同样，1642 年 12 月 4 日，阿贝尔·塔斯曼也用后来担任总督的另一名印度群岛理事会成员科内利斯·范·德·利金（Cornelis van der Lijn）的名字命名了弗雷西内特半岛，命名为“范·德·利金岛”。当时，塔斯曼认为这个半岛也是一个岛屿。(Abel Janssen Tasman. 1642–1644. *Extract Uittet Journael vanden Scpr Commandr Abel Janssen Tasman, bij hem selffs int ontdecken van't onbekende Zuijdlandt gehouden—Journael ofte Beschrijvinge door mij Abel Janssen Tasman van een Voyagie gedaen van de Stadt Batt*$^{a}$ [i.e. Batavia] *in Oost Indien aengaende de ontdeckinge van 't onbekende Zuijd-lant*, manuscript held at the State Library of New South Wales, album 852933, ff. 15v–16r, plus the depictions of the coastline by Isaac Gilsemans included between f. 15 and f. 16). 弗雷西内特半岛和斯豪滕岛上崎岖不平的悬崖被统称为“斯豪滕峰”或简称为“斯豪滕”，1918 年 9 月，塔斯马尼亚测量局局长写信给格拉摩根（Glamorgan）议会，要求为弗雷西内特半岛上的四座最高峰和斯豪滕岛上的最高峰单独命名。直到 20 世纪，弗雷西内特半岛上的“斯豪滕峰”才集体改名为“哈兹”（Hazards），字面上看来是以一位名叫理查德·哈兹（Richard Hazard）的美国黑人海员的名字命名的，据称他于 19 世纪 20 年代在塔斯马尼亚附近海域捕鲸 [ 感谢斯旺西（Swansea）斯豪滕出版社的乔迪·芬莱森（Jodie Finlayson）与我分享这期 1918 年出版的《霍巴特报》以及她关于“哈兹”地名学的发现，即前面提及的斯豪滕岛 ]。

② Heeck (1655: 101–102).

③ 斯豪滕被移交给州检察官维斯凯尔（Viskael），他的死刑判决由科内利斯·范·德·利金、约翰·梅特苏克（Johan Maetsuycker）、保卢斯·克罗克（Paulus Croocq）、威廉·范·德·贝克（Willem van der Beeck）和格瑞特·赫珀斯（Gerrit Herpersz）签署，并于 1644 年 7 月 10 日获得总督安东尼·范·迪门（Anthonie van Diemen）的批准。之后，斯豪滕供认与许多伴侣有性关系，“在这里（荷兰东印度群岛）和暹罗以及其他地方，无论是在他离开祖国之前还是在他回来之后”。他的供词表面上看来是主动供认，而不是为了减轻自己良心上的折磨或免于遭受铁器拷打的痛苦。一些人为他呼吁宽大处理，但在 7 月 12 日，他的五位同事维持了原判，这五位同事在两天前签署了判决书 (Dirck van Lier. 1648. *Extract, ofte Cort Verhael Van 't Schip Nieu Delf: Hoe Godt de Heer haer heeft besocht, door het Over-lijden van 170. Dooden, ghelijck U. L. in de by-ghevoechde Lijste kunt lesen, ende wat haer wyders op de Reys is weder-varen, Wt-ghevaren van de Kamer van Delff, inden Jare 1646. den 9. Mey, naar Osft-Indien, en zijn ghearriveert den 12. September 1647. op Batavia. Hier is ook mede by-ghevoecht de Sententie van Justus Schouten van Rotterdam, ghewesene Extraordinaris Raet van India.* Delft)。

更不用说塔维尼尔自己所持的卑鄙态度。[①] 他的叙述之所以特别有趣，是因为他在对越南东京王朝的叙述中对茶有着宝贵的观察。塔维尼尔在他的法文文本中使用了“Té”的拼写。这种拼法比德·罗德斯的拼法更接近现代法语拼写法，但塔维尼尔的“Té”仍然缺少了添加“h”的拼写准确度。他记录了各种茶叶的质量。

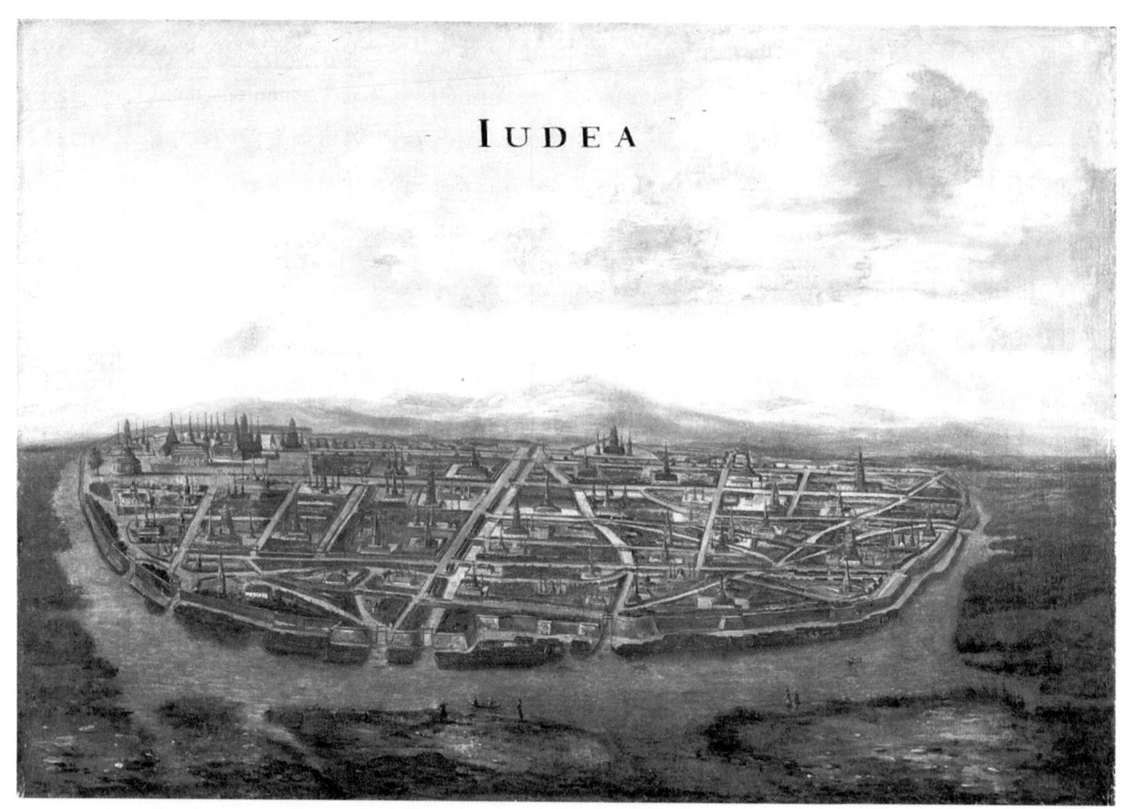


图 5.30 《暹罗首都大城府的风景》，1644 年，乔斯特·斯豪滕在巴达维亚受审时供认，他在 1622 年抵达荷属东印度群岛后不久就开始了放纵的生活，1662 年，约翰内斯·文克本（Johannes Vinckboon）绘制。阿姆斯特丹，荷兰国立博物馆。

355 他们对来自中国和日本的一种名为“茶”（Té）的草药十分痴迷，其中来自日本的茶更好。他们把它装在密封良好的锡瓶里运输，以免空气使其氧化。当他们想喝时，就会按规定的量烧水，水煮沸后，按正确的比例投入茶叶，一杯水只需要一两撮茶叶。这水是人所能承受最热的饮用水。有些人在喝茶时，嘴里叼着一块豌豆大小的糖。他们说，茶是治疗头痛、结石、喉咙痛和胃部不适的最佳药物，但对于后者，应该在茶煮沸时加入一片生姜。在果阿、巴达维亚和所有殖民地的贸易站，几乎所有欧洲人一天都会喝四五次，他们小心翼翼地保存煮过的叶子，以便晚上用油、醋和糖来制备沙拉。最珍贵的是把水变绿的茶，把水变黄的茶质量中等，把水变红的茶质量最低，这基本是大家的共识。在日本，当天皇和贵族们喝茶时，他们除了花其他什么都不加，

① Peter Boomgaard. 2012. ‘Male-male sex, bestiality and incest in the early modern Indonesian archipelago: Perceptions and penalties’, pp. 141–160 in Raquel A.G. Reyes and William G. Clarence-Smith, eds., *Sexual Diversity in Asia, c. 600–1950. Abingdon*: Routledge (pp. 150–154).

因为加了花的茶比单纯的茶叶更有益健康，而且味道更好，但这种茶的价格比用叶子制作的饮料要高，他们喝茶的茶碗容量相当于我们普通玻璃杯的容量，价格却相当于 1 埃居（écu）。①

在这段话中，让 - 巴普蒂斯特 · 塔维尼尔观察到，从果阿到巴达维亚的欧洲殖民者节俭地把已经浸泡过的茶叶当作沙拉来食用，从而为巴尔德乌斯的报告提供了独立的佐证。

## 闽南语“茶”的巴洛克式荷兰语拼法

荷兰语单词“thee”中的字母“h”是一个古雅精准的拼写法，让人想起在希腊语来源的单词中有以“th”来表示希腊字母“θ”的方式，就像荷兰语单词“thermometer”（温度计）或“theocratie”（神权政体）一样。除此之外，这一富有异国情调的组合“th”今天只出现在三个荷兰语本土词中，即 thuis（在家）、thans（当下）和 althans（不管怎样），这三个词在历史上分别是“te huis”、“te hands”和“al te hands”这三个旧短语的缩略词。在荷兰语中，“t”和“th”的拼写发音没有区别。更确切地说，“th”的拼写唤起了一种异国情调和一种学习与成熟的暗示。

在几乎所有最早出版的荷兰人关于茶的资料中，都出现了带有“h”的“thee”拼写法的奇特现象。在把“tea”写作“tee”而没有使用字母“h”的拼写中，唯一值得注意的出版资料是巴尔德乌斯在 1672 年对茶的描述中使用的。不过，巴尔德乌斯在对当时也门摩卡港口一种新商品咖啡的制备方法与熟悉的中国制茶方法进行比较时，也使用了更常见的带有“h”的“thee”这一荷兰语拼写法。② 1655 年 12 月，荷兰商船在日本、台湾岛和东印度群岛之间航行，当它们驶入马六甲港时，在巴尔德乌斯的 356
货物清单中，甚至出现了既带着锐音又有“h”的拼写“thée”。③

巴尔德乌斯并不是唯一一个使用不带 h 的“tee”的人。这种拼写在荷兰东印度公司的最早记录中得到了证实，“tee”和“te”的拼写形式也在穆登文化圈成员以及其他荷兰精英阶层的通信中得到了证实，对于前者 1640 年康斯坦丁 · 惠更斯（Constantijn Huygens）曾将他们描述为“杰出的饮茶者”（illustres Te-potores）。他的两个儿子，小康斯坦丁（Constantijn，1628~1697 年）和克里斯蒂安 · 惠更 357
斯（Christiaan Huygens，1629~1695 年），同样热衷于喝茶。克里斯蒂安住在巴黎时，那里不像荷兰那么容易买到茶，他会写信给他哥哥，让其从海牙寄送茶叶。1664 年 1 月，小康斯坦丁接到他弟弟克里斯蒂安的请求，要求他把一套“备茶和饮茶所需的所有器具”送到巴黎。克里斯蒂安 · 惠更斯想把这

① Tavernier (1679, Quatrième Partie, Chapitre x, pp. 49–50).

② Baldæus (1672: 13)：黑豆名为 Cauwa, 摩尔人用热水烹制，就像中国人用茶来烹制。

③ “当时，从马六甲寄来的信件到达营地，日期是 1655 年 12 月的最后一天，信中描述了（蒙上帝的恩典）维利兰号、黑牛号、阿内米登号和康乃馨号是如何分别在 12 月 14 日、15 日和 19 日从台尤安（这个沙地半岛的土著西拉雅地名，1624 年荷兰人在那里建造了热兰遮城，该城位于今天台湾西南海岸的安平区）出发在同一个月内抵达这里的……这些船上的货物包括日本银锭、铜条、明矾、黄金、中国茶叶、台湾粉糖……” Baldæus, Philippus. 1672. *Beschryving van het machtige Eyland Ceylon, met zijne onderhoorige Vorſtendommen, Steden en Sterkten. Der Landen voornaamſte Havenen, Gebouwen, Pagoden, Vruchten, Beeſten, enz. Der Inwoonderen geſtalte, zeden, gewaat, huyshoudinge, ceremonien, enz.* Amsterdam: Johannes Janssonius van Waasberge en Johannes van Someren (p. 83).

样一套荷兰茶具赠给波兰王后。[①]

自从 1604 年韦麻郎第一次来到中国后，将生丝、瓷器和漆器直接从中国运到帕塔尼卖给荷兰人的中国帆船数量逐年增加。[②] 此后不久，荷兰人在巴达维亚建立了首府，殖民地社会对茶的狂热一旦盛行，东印度群岛就出现了供当地消费的茶叶过剩的现象。1667 年 1 月 25 日，总督琼·梅特苏克（Joan Maetsuycker）从巴达维亚发出了一封信，信中他向荷兰“17 绅士董事会”保证：

图 5.31　住在巴黎的克里斯蒂安·惠更斯，经常要求他的哥哥小康斯坦丁从海牙寄茶，并曾要求他的哥哥寄送一套荷兰茶具作为礼物送给波兰王后。卡斯帕·尼舍尔（Caspar Netscher）绘制，霍夫维克博物馆（Museum Hofwijck），沃尔堡（Voorburg）。贾普·霍夫斯特（Jaap Hofstee）拍摄。

① 引自泰尔·莫林（ter Molen，1979:48）。克里斯蒂安·惠更斯是一位物理学家，他发现了土星卫星土卫六（即 Titan，泰坦），发明了摆钟并从根本上对概率论、光学、运动定律和引力做出了贡献。他既没有结婚也没有生儿育女。据推测，他想提供茶具服务的那位女士一定是当时 41 岁的格里泽尔达·康斯坦奇亚·维尼奥维埃卡（Gryzelda Konstancja Wiśniowiecka），原名为扎莫伊斯卡（Zamoyska），波兰国王米查（Michał）的母亲，1664 年，她还没有嫁给奥地利的埃莉诺·玛丽亚·约瑟法（Eleanor Maria Josefa）。

② de Jonge (1865: 89).

> 我们去年在福建的代理人被迫接受大量的茶叶，这有点违背他们的意愿，因为在东印度群岛我们不能轻易地销售掉如此巨量的茶叶，所以我们决定将大量茶叶运回国内。[①]

当时荷兰的特权阶层广泛消费茶叶，而且大部分茶叶从荷兰出口到法国和英国，获利颇丰。

克里斯蒂安·惠更斯的一个表亲是康斯坦蒂娅·卡隆·布丹（Constantia Caron Boudaen），她丈夫弗朗索瓦·卡隆（François Caron）是荷兰东印度公司在台湾的指挥官，在她丈夫于1673年去世后，[②]
她返回欧洲，与女儿在巴黎定居。1680年，当文学名流科恩雷特·德罗斯特（Koenraet Droste）拜访 358
巴黎的克里斯蒂安·惠更斯时，他会和克里斯蒂安一道去拜访这位年轻的寡妇并一起喝茶，正如他在诗中回忆的那样：

> 我有时和他一起去喝一杯
> 茶，
> 又看到了一丝旧日的思念，
> 在她眼里闪闪发光。[③]

1694年到1714年，阿姆斯特丹市市长尼古拉斯·维特森（Nicolaas Witse）定期给他的朋友，即德文特雅典娜学院的教授吉斯伯特·库珀（Gijsbert Cuper）送去一包茶叶。这些茶叶包裹中一个残存的留言如下：

> 这是一小瓶品质最好的茶，白毫凸显的武夷茶。

在荷兰语中，“tee”的拼写并不像以前那样是“剔除其中的h”的问题，因为字母“th”组合对发音没有任何影响。更确切地说，增加一个“h”是一种博学的标志。这个拼写出现在最早的荷兰茶叶植物学和医学描述中，因此成为标准拼写。1677年，格瑞特·维梅伦（Gerret Vermeulen）最后一次使用“Cié”的形式，同时使用已经被接受的荷兰语拼写法“Thee”来表示茶，这实际上是荷兰对基歇尔的

---

① Jonkheer mr. Johan Karel Jakob de Jonge, red. 1872.*De Opkomst van het Nederlandsch gezag over Java: Verzameling van onuitgegeven stukken uit het OudKoloniaal Archief. Derde Deel.* 's Gravenhage: Martinus Nijhoff (blz. 107).

② 1600年，弗朗索瓦·卡隆出生在布鲁塞尔的一个法国胡格诺派（即加尔文派。——译者注）家族。多亏了在语言方面的天赋，他得以在荷兰东印度公司工作，从1619年在斯希丹岛（Schiedam）做帮厨，到在平户时担任荷兰商馆的日语和葡萄牙语翻译。1619年到1641年在日本服役后，他回到欧洲，并于1643年又来到亚洲。1644年到1646年，他担任台湾岛总督。1647年，卡隆被任命为巴达维亚总干事，由总督安东尼·范·迪门（Anthonie van Diemen）直接领导。1651年，他因涉嫌挪用公款和走私被召回荷兰，被控利用职权中饱私囊。他赢得了辩护，在1652年光荣地退休。1665年，他违反与荷兰东印度公司的合同条款，逃往法国，担任法国东印度公司总经理，直到1673年去世。在从亚洲返回法国的途中，他决定在波涛汹涌的大海中进驻里斯本港，而他的舰船“朱尔斯”号在塔古斯河口的卡恰波（Cachapo）浅滩搁浅，他在那溺水身亡（Boxer，1935）。

③ ter Molen (1979: 46).

《中国图说》中关于茶的一段文字的呈现，该插画在十年前就出现了。①

然而，1889 年，在荷兰语对茶的拼写被牢固地确立了两个多世纪之后，语言学家皮埃特・约翰内斯・维特（Pieter Johannes Veth）反对荷兰语单词“thee”中那个自命不凡的“h”，并谴责法国人在从荷兰引进喝“茶”（thé）的愚蠢习惯的同时，也引入了这种轻浮的荷兰语拼写习惯。维特选择倔强地固执己见，坚持使用“tee”的荷兰语拼写法。②德国人剔除了荷兰语单词里的“h”而写作“Tee”，而开普敦的荷兰人最初也同样写作“thee”，但后来采用了更合理的南非荷兰语单词拼写“Tee”。在斯堪的纳维亚半岛，瑞典人、挪威人和丹麦人都把茶的单词拼成“te”，而芬兰语写作“tee”同样来源于荷兰语“thee”，它直接取自厦门汉语方言“tê”（茶）。

葡萄牙人在 16 世纪就已经将榴莲引入了锡兰，但僧伽罗人（Sinhalese）对这种气味强烈的奶油水果从来没有像东南亚内陆和岛国人民那样喜爱，因为那里的当地水果十分丰富。1658 年荷兰人接管锡兰后，他们从巴达维亚引进茶叶，后来甚至引进茶树。③然而，这些茶树即使存活下来，也无法大规模栽培种植。茶是由荷兰人介绍给锡兰人的，这就产生了僧伽罗语的茶“te”තේ，发音和荷兰语一模一样，而泰米尔语的茶“tē nīr”தேநீர்，字面意思是茶汤和茶叶“tē yilai”தேநீர்。

马来语中的“teh”一词经常被认为是源自荷兰语，因为在荷兰殖民时期之前，马来人从来不喝
359 茶。在这个时候，就连指称荷属东印度最小面额货币的“duit”（杜伊特，荷兰古代小铜币，是最小面值的流通钱币，流通时间长达几个世纪，各省都有铸造。——译者注）这个词也在马来语中被用作货币的总称，这种“duit”等于 1/8 面额的“stiver”（又作“stuiver”）（即斯蒂法、斯图法，stuiver 是荷兰在拿破仑战争前普遍使用的一种银币。——译者注）。然而，马来语中的这个词可能是直接从居住在福建的商人那里得到的。在印度尼西亚群岛和马来半岛上，人们最常听到的闽南语是漳州闽南语，而东南亚岛屿上的漳州闽南语发音“tea”的元音比厦门或泉州闽南语更开阔。此外，与厦门或泉州闽南语的声调分类相比，漳州闽南语的阳平调也有更大的上升轮廓。因此，在语音上，漳州闽南语中的 [tɛ ˧˥] 与印度尼西亚语 [tɛh] 很相似，但在马来半岛，并没有严格遵守 [ɛ] 和 [e] 之间的异音变异，而且这种区别在印度尼西亚似乎也没有完全的音位地位。

高棉语单词“*tɨk tae*”ទឹកតែ，字面意思是“茶汁”或“茶汤”，虽然最终是一个闽南语外来词，但也是从荷兰语或法语中引入的。荷兰东印度公司在柬埔寨的存在可以追溯到 1636 年，不过，拉玛蒂帕迪一世国王（Ramadhipati Ⅰ）和安东尼・范・迪门之间的冲突破坏了两国的关系，这场冲突从 1642 年持续到 1645 年。④因此，荷兰对高棉的任何影响都远早于 19 世纪才出现的法国。

---

① Gerret Vermeulen. 1677. *De Gedenkwaerdige Voyagie van Gerret Vermeulen naar Ooft-Indien, In't jaar 1668. aangevangen, en in't jaar 1674. voltrokken: Daar in, onder veel andere toevallen, de vermaarde oorlog tegen de koning van Makassar beknoptelijk verhaalt, en de verfcheyde voorvallen, daar in voorgekomen, en het eynde daar af, vertoont worden.* Amsterdam: Jan Claesz. ten Hoorn (pp. 29–30).

② Pieter Johannes Veth. 1889. *Uit Oost en West. Verklaring van eenige uitheemsche woorden.* Arnhem: P. Gouda Quint.

③ Sir James Emerson Tennent. 1859. *Ceylon: An Account of the Island Physical, Historical and Topographical with Notices of Its Natural History, Antiquities and Productions.* London: Long, Green, Longman and Roberts (Vol. i, 89–90, 99–100).

④ Alfons van der Kraan. 2009. *Murder and Mayhem in Seventeenth-Century Cambodia: Anthony van Diemen vs. King Ramadhipati I.* Chi:ang Mài: Silkworm Books.

图 5.32　三个杜伊特币，杜伊特币是荷兰东印度最小面值的铸币，价值 1/8 斯蒂法，由铜制成，上有 VOC 的公司标志。

茶的西班牙语单词“cha”是来源于 1575 年后才出现的葡萄牙语“chá”的外来词，① 但西班牙语中的“cha”后来被荷兰语外来词“té”取代。意大利语中的“茶”一词最早出现于 1559 年，写作“Chiai”，源于突厥语中“čāi”或“çay” چای 的中亚书写形式，但后来意大利语中出现了“cià”一词来指称茶，比如利玛窦 1610 年去世前在他的中文日记中所写的那样。茶在意大利语中一直以“cià”一词出现，直到 1701 年，卡莱蒂（即第四章提及的佛罗伦萨商人弗朗西斯科·卡莱蒂。——译者注）仍然使用这种形式。然而，一旦意大利人开始喝茶，这种他们从荷兰获得的商品，意大利语中的茶一词就变成了“tè”，并从此固定了下来。只有刚来日本的勇敢的葡萄牙人直接从日语那里获得了“chá”这个词。随后，日语外来词“cha”又被葡萄牙人在澳门听到的粤语 caa⁴[ʦʰaː˩] 所强化。

1696 年，耶稣会士李明（Louis le Comte）在中国周游旅行，他迂腐地抗议法语中的茶一词不是汉语普通话中的茶一词：

> “Thé”是福建的一个俗语。应该说，“Tçha”，这才是汉语普通话中的术语。②  360

尽管这位耶稣会士抗议并要求我们使用汉语单词“Tçha”，但在 16 世纪 30 年代，荷兰语单词“thee”在法语中以“thé”的形式牢固地确立了自己的地位。就连李明本人，在他丰富的著作中，除了这个“méchant mot”（法语，意为不正确的词、不好的词、坏的词。——译者注）外，也没有其他更好的选择来指称茶。

尽管荷兰人用粤语“tê ”[te ˧˩] 来指称“thee”，但至少一些荷兰人中的识茶者知道北方的汉语发音。博览群书的人从利玛窦的日记中知道，在北京，这个词是“cià”（chá）。1630 年左右绘制并保存在国家档案馆（Algemeen Rijksarchief）的荷属东印度大阪城（Ōsaka castle）水彩画中对此做了注释，在注释中茶的日语形式被记录为“Tcha”，而汉语形式则被记录为“Tcho”。③ 藏语 *ja* ཇ་ [ʨʰɑ̠]、尼泊尔

---

① Álvarez-Taladriz (1954: 1, fn. 1).

② Louis-Daniel le Comte. 1696. *Nouveaux Memoires sur l'état present de la Chine* (three volumes). Paris: chez Jean Anisson, Directeur de l'Imprimerie Royale (Vol. i,p. 457).

③ 'ende 't cruijdt Tcha … bij de Chineesen genaemt Tcho' in M.P.H. Roessingh. 1970. 'Van Hirado naar Deshima', *Spiegel Historiael*, 5 (3): 138–143.

语 ciyā चिया 和日语 cha 最终都源自北方汉语 chá 的形式，而印度语 cāy चाय、乌尔都语 cāy چائے、俄罗斯语 *čai* чай 和突厥语 čai 都取自波斯语“中国茶”čā-ye khatāī چای ختای 表达方式的重新组合，波斯语的属格结尾或 *eẓāfe* اضافه 被误认为是茶的名字的一部分。① 这便带我们进入了即将出场的波斯。

## 波斯语插曲

伴随茶叶在海上的传播，茶叶的陆路贸易也继续通过亚洲腹地进行着，在这一时期，茶叶和咖啡由各自独立的渠道从波斯传到欧洲。在拉穆西奥（即第四章提及的乔瓦尼·巴蒂斯塔·拉穆西奥。——译者注）的遗作《航海旅行记》（*Navigationi et Viaggi*）首次记录了波斯语“čā-ye khatāī”（中国茶）这一词的拼写 78 年后，第二个欧洲来源也提到了这个中亚的茶的单词。亚当·奥莱里乌斯（Adam Olearius）作为腓特烈三世（Frederick Ⅲ），即霍尔斯坦·戈托普（Holstein-Gottorp）公爵的大使馆秘书，出使波斯沙阿（Shah）君主国。特派使团在伊斯法罕的逗留从 1637 年 8 月 3 日一直持续到 12 月 21 日。这次贸易任务失败的主要原因是商人奥托·布吕格曼（Otto Brüggemann）的傲慢和对文化差异的麻木无知，此人一回来就受到了审判，被判失职于 1640 年 5 月 5 日在汉堡被公开处决。

奥莱里乌斯后来出版了一本描述出使见闻的书，他在其中讲述了波斯的茶和咖啡，并生动地描述了酒、茶和咖啡对伊斯法罕的波斯人的不同影响。他详细描绘了三种不同类型的社会环境，每一种环
361 境都适合饮用任意一种饮料。

362 沿着广场的北侧有许多喝饮料的店馆（tavern），这些是酒馆（šīra khāna）、中国茶馆（čā-ye khatāī khāna）和咖啡馆（qahwa khāna）。这些酒馆（pavilion）是旅店酒馆（taverns，一般为室内带住宿餐饮。——译者注）或单纯的吧台酒馆（pubs，一般单纯喝酒，此处大概也指户外吧台型售酒店铺。——译者注），大多是放纵者经常光顾的地方，酒馆里有“酒伴”（surgar，即在酒馆里为客人劝酒和兜售酒精以获利者）或舞者，他们都是小男孩，在客人们面前跳舞，摆弄着各种淫荡的举止和姿势，因此，当客人们的激情被激起，喝到醉醺醺的时候，他们要么把其中一个男孩带到角落里，要么就去普通的妓院寻欢作乐。相比之下，在中国茶馆里，他们喝的是一种温水，这种温水是用一种他们称之为“čai”的草本植物制作的，这种来自中国的苦涩味温水是由大茴香籽烹调而成的，这种大茴香籽有黑麦粒那么大，它们和其他芳香的东西混合在一起。他们认为这种药草是一种非常有益健康的药物，对胃、肺和肝都有好处，特别是能净化血液，并且他们说，这种药草使他们感到新鲜和充满活力。喝这种饮料时，他们会玩棋盘游戏或象棋，他们比那些熟练的俄国人更精通象棋，他们说国际象棋是他们发明的，这是有道理的，因为术语“šāh”（包含在国际象棋的名称中）在波斯语中是“国王”的意思。

咖啡馆一般是室内店馆，他们在那里抽烟和喝黑色的饮料。吸食烟草在波斯很常见，到处都

① Teles e Cunha (2002: 297).

可以看到，甚至在他们的清真寺里……

当他们吸烟时，他们总是手边有一种叫咖啡的黑色热水。这是一种果实，他们从“Mişr”（埃及）获得，其外观与土耳其小麦或我们自己的小麦并无不同，但大小更像一颗土耳其豆子，产生一种白色面粉。不过，一般情况下，他们会在干锅里烘烤这些果仁，把它们磨细、煮沸，然后喝水。它有烧焦的味道，并不是特别可口。据说这会使身体的体液冷却，导致不孕，这就是为什么大多数人使用它的原因，因为他们中的许多人向我坦白想和年轻的少女相处，但又不想导致怀孕。于是他们来到我们的医生那里，请求医生施展医术，问医生是不是能给他们开些特别的药，让他们吃了后不会让年轻的姑娘怀孕而生太多孩子，医生回答说，他宁愿帮助姑娘们多生孩子，而不是阻止她们。①

图 5.33　亚当·奥莱里乌斯，腓特烈三世驻波斯大使馆秘书，1669 年由尤里安·沃恩斯（Jurriaen Ovens）画制，帆布油画，62 × 50.5 厘米。

① Adamus Olearius [i.e. Oelſ; läger]. 1647. Offt begehrte Beſ ; reibung Der Newen ORIENTALiſ ; en REISE, So dur ; Gelegenheit einer Holſteiniſ ; en Legation an den König in Perſien geſ ; ehen. Worinnen Derer Orter vnd Länder, dur ; wel ; e die Reiſe gangen, als fürnembli ; Rußland, Tartarien vnd Perſien, ſampt jhrer Einwohner Natur, Leben vnd Weſen fleiſſig beſ ; rieben, vnd mit vielen Kupfferſtü < en, ſo na ; dem Leben geſtellet, gezieret. Item Ein S ; reiben des WolEdeln rc. Johan Albre ; t Von Mandelslo, worinnen deſſen Oſt Indi≠aniſ ; e Reiſe über den Oceanum enthalten, Zuſampt eines kur > en Beri ; ts von je igem Zuſtand des euſſerſten Orient-aliſ ; en KönigRei ; es Tzina. S ; leßwig: Bey Jacob zur Glo en (pp. 421–422).

根据奥莱里乌斯的记录，伊斯法罕酒馆里男人们的艳遇，涉及“男孩游戏”（*bača bāzi*）的恋童癖传统，从古代波斯一直到中亚，迄今仍主要保存在阿富汗。这种加上适量酒精的旺盛的享乐主义形式，与下象棋这种绝对更为沉稳的消遣方式形成了鲜明对比，对于后者，这座城市的饮茶者沉溺其中。相比之下，奥莱里乌斯声称，过度使用咖啡不仅降低了男人生育的可能性，而且提高了他们的性欲。他声称，与德意志男人相比，波斯男人的性欲已经大大提高了。根据奥莱里乌斯的说法，咖啡可作为催
363 情剂，因为它可以防止怀孕，便有了以下波斯谚语。

> 荷兰语的意思是：
> 那个叫咖啡的黑脸
> 难道我们能够容忍你不是一个奇迹吗？
> 无论你到哪里，我们是否都无法
> 抗拒你那性爱的欲望和诱惑？①

波斯人认为咖啡导致男性不育的观念传播开来，并在欧洲流行。1674 年，伦敦的妇女们利用了这一观念，并在大字报上写道：“妇女们反对咖啡的请愿书代表着公开考虑由于过度使用那种干燥、令人衰弱的饮料而给她们的性生活带来的巨大影响。”妇女们抱怨说，“这种可怜的饮料不断地翻腾”，使她们的男人“瘦得像遭受饥荒一样”，以致不能与他们的女人们同床共枕，与此同时，“过度饮用那种新奇的、可憎的、异教徒式的、被称为咖啡的饮品……让我们的丈夫们变得过于愚蠢”，从而男人们“有被使用人造性具的妻子们戴绿帽子的危险”。②

当然，这样的请愿书激起了一些反驳，并以一本小册子的形式流传，题为《男人对女人们反对咖啡的请愿书的回答——关于他们的性生活表现、咖啡口味及近期受到的不正当诽谤的辩护》，其中男性反驳说，咖啡是一种春药，能提高男子气概。

> （咖啡具有）最繁华放荡的神秘之处；这里没有咖啡屋，却能提供一个淫荡的女人，一个前凸后翘的少女，或者一个丰满的女仆来招待顾客……咖啡是整个土耳其和那些东部地区的通用饮料，然而世界上没有一个地方比那些受过割礼的绅士更能吹嘘自己是能干和激情的床上功夫者，他（像我们现代的勇士一样）没有别的天堂的乐趣，只不过是性欲上的刺激……咖啡收集和沉淀了灵魂，使勃起更加有力，射精更加饱满，使精液更具灵性，使精子更加结实、更迎合子宫的兴致，也与情人的热情和期望相称。③

---

① سیه 对应于现代波斯语 سیا（黑暗，黑色）。只有当最后一个单词 šahvat شهوت 中的 tā’ marbūṭah 以阿拉伯语的方式发音为 šahve شهوه时，才会对仗押韵，正如奥莱里乌斯重新发明原始拼字法一样。我感谢尼古拉斯·迈克尔·舍勒（Nicolas Michael Schorer）对波斯语的帮助。

② 妇女们向公众提出的反对咖啡的请愿书考虑到了过度使用这种干燥、衰弱的饮料给她们的性生活带来的巨大不便。献给尊敬的维纳斯自由女神守护者们。化名为“一个意志坚强的人”所撰。伦敦，1674 年印刷。

③ 男人们对女人们反对喝咖啡的请愿书做出了回应，为他们自己的性生活表现和咖啡的味道辩护，因为最近关于他们的那本丑闻小册子对他们进行了不正当的诽谤。伦敦，1674 年印刷。

除了担心男人的生育能力之外，毫无疑问，这些英格兰妇女的嫉妒是因为她们被排除在伦敦咖啡 364
馆之外，而伦敦咖啡馆在英格兰和波斯一样，原本是一个男性专属的领地。咖啡是第七章的主题之一。

奥莱里乌斯报告说，在波斯，茶汤不仅是用纯茶叶酿造的，而且混合了茴香籽和其他调味品。1656年扩充版的《奥莱里乌斯游记》(*Olearius' Travels*) 基本上重复了这一段，将茶称为"一种外来的温水"，并将他对波斯咖啡馆的定义略微改写如下：

> "qahwa khâna"是一家小咖啡馆，烟贩子和喝咖啡的人聚集在这里。①

这段话值得注意的是提到了咖啡和烟草的邪恶联盟关系，烟草是一种有害的植物，欧洲人在1492年第一次看到阿拉瓦克人(Arawaks)在古巴使用，后来欧洲商人最赚钱的做法是在16世纪末将其传播到欧洲和亚洲，直至中国和日本。早期的医学手册中，如约翰内斯·巴普蒂斯特·范·赫尔蒙特(Johannes Baptist van Helmont，1580~1644年)已经非常明确地警告说："烟草是有害的。"②

1656年扩充版的《奥莱里乌斯游记》对公爵的波斯大使馆的描述也包含了关于茶的额外信息，尽管我们从引文中知道，奥莱里乌斯设法同时查阅了马菲和范·林索登的著作。这篇文章很有意思，因为它记录了一个印度语的茶单词，这个词与现代印地语形式相比，更接近于现代尼泊尔语。这一消息
来源再次证实，波斯的茶叶是中国出口到中亚的劣质红茶，其报告称： 365

> ……在伊斯法罕，有一种类型的店馆被称为中国茶馆。在这里和其他地方，他们喝的是乌兹别克鞑靼人(Uzbek Tatars)从中国带来波斯的一种草药煮成的黑色热水。它有长而尖的叶子，长约一英寸，宽约半英寸，干后呈黑色，卷曲成蠕虫状。然而，这就是中国人所说的茶，日本人和印度人分别称之为"cha"和"ciyā"，这种草药在这些国家很受重视。波斯人把它放在清水里煮，加入茴芹和茴香，有时甚至加一点蒜瓣，然后加糖使它变甜。这种茶具有收敛性。波斯人、中国人、日本人和印度人都认为这种草药有很好的疗效。它被认为可以治愈、净化和强化胃、肺、肝、循环系统和其他内脏器官，排除结石，消除头痛和各种导致昏昏欲睡的体液。任何热衷于饮用这种水的人都可以在很多个夜晚保持清醒和警觉，而不会感到困倦，并且能够充满热情地进行脑力劳动。在适度使用时，它不仅能让人持续保持良好的健康状态，而且可以延年益寿。③

---

① Olearius Ascanius (1656: 558).

② Johannes Baptist van Helmont. 1648 [posthumous]. *Ortvs medicinæ. Id est, Initia Physicæ Inavdita: Progreſſus medicinae novus, in morborvm vltionem, ad Vitam Longam, Avthore Ioanne Baptista van Helmont, Toparchâ in Merode, Royenborch, Oorſchot, Pellines, &c. Edente Avthoris Filio Francisco Mercvrio van Helmont, cum ejus Præfatione ex Belgico tranſlatâ.* Amsterodami [Amsterdam]: apud Ludovicum Elzevirium. 收藏于英国自然历史博物馆(Natural History Museum)的一幅72×71厘米的著名肖像画几十年来一直被冒认为是英国博物学家罗伯特·胡克(Robert Hooke)的肖像，并被错误地吹捧。实际上，这幅画是佛兰芒科学家约翰内斯·巴普蒂斯特·范·赫尔蒙特的肖像画，由玛丽·比尔(Mary Beale)大约于1674年根据范·赫尔蒙特生前的效果图绘制而成(William B. Jensen. 2004. 'A previously unrecognised portrait of Joan Baptista van Helmont (1579–1644)', *Ambix*, li (3): 263–268)。

③ Olearius Ascanius (1656: 599–600).

1638 年，当从汉堡出使波斯沙阿君主国的使团遭逢失败时，当时 22 岁的贵族约翰・阿尔布雷希特・冯・曼德尔斯洛（Johan Albrecht von Mandelslo）选择退出使团，独自从伊斯法罕前往印度和其他地方。后来，冯・曼德尔斯洛来到马达加斯加，在那里他给奥莱里乌斯寄送了一份他的旅行记录，他 1644 年去世，年仅 28 岁。奥莱里乌斯出版了冯・曼德尔斯洛报告的缩略版，作为自己 1647 年出
366 版的第一版书的冗长附录。1668 年，奥莱里乌斯独立出版了冯・曼德尔斯洛报告的完整注释版，他在报告中明确区分了冯・曼德尔斯洛的原始散记和他自己的评论。

图 5.34　约翰・阿尔布雷希特・冯・曼德尔斯洛在 1638 年选择退出使团，并独自旅行从伊斯法罕前往印度和其他地方。

以下是 1638 年冯・曼德尔斯洛在印度苏拉特所做的观察。他记录说，当时印度的茶也是以波斯人的方式饮用的。他的报告告诉我们，印度茶的颜色和波斯的黑咖啡一样。他还证实了波斯人饮用咖啡的说法，因为据说咖啡能使他们更频繁地发生性行为，而不会导致许多意外怀孕。

（在苏拉特）每天晚上聚会的时候，我们都喝很多用药草“Thee”（茶）煮的黑水。在印度喝茶是一种相当普遍的习俗，这种习俗不仅被印度人自己所遵循，而且在英国人和荷兰人中也很受欢迎。它能解毒，暖胃，帮助消化。我们每天喝三次，一大早、中午饭后和晚上。波斯人也喝一种被称为“Kahwè”（咖啡）的黑水，这种水的颜色是一样的。两者都必须热饮，但效果截然不同，因为咖啡能使身体冷却，降低生育能力，这就是为什么好色的波斯人会大量饮用咖啡，而这种茶较为温和，能温暖和强化胃与内脏。我可以用个人经验来证明，由于茶具有收敛性，可以减轻我身体的痛苦，并让我不再腹泻。[1]

针对冯·曼德尔斯洛的这些论述，奥莱里乌斯补充了自己的评论：

这种药草不仅被波斯人、中国人、日本人和印度人使用，也被越来越多的法国人和荷兰人使 367
用。驶往印度群岛的船只现在进口这种药草，因此很容易从荷兰药剂师或供应商那里获得。

因此，17 世纪，茶叶在印度和在波斯一样被广泛饮用，在波斯，通过陆路贸易来的茶叶在饮用时会产生一种黑色液体。在德意志北部，奥莱里乌斯观察到荷兰的茶风潮如何成为法国茶时尚。

为了与荷兰东印度公司及其十几个荷兰先驱者竞争，法国成立了几家小公司，如 1601 年在圣马洛（St. Malo）的弗朗西斯东方公司、1611 年的蒙莫伦西东方公司和 1615 年的莫卢克东方公司，但这些公司都没有成为茶叶贸易的重要参与者。1656 年，奥莱里乌斯观察到，法国试图在阿姆斯特丹市场上购买大部分茶叶，以致减少了那里的茶叶供应。

这是一种目前在荷兰被称为“Thee”的草本植物，由荷兰东印度人船运而来。它可以在阿姆斯特丹采购，但能买到的数量不多，因为据报告法国人非常努力地把它全部买下了。

1656 年，法国人是荷兰东印度公司运往欧洲的茶叶的最大外国买家。茶是法国贵族的一种饮品，因此茶与银器、瓷器、精美的餐具、酒杯和饮茶时小指的弯曲联系在一起。在这个时候，西方的茶还没有成为大众饮料。然而，很快，英国人将取代法国人，成为荷属东部地区茶叶的主要外国买家。

1664 年 8 月，著名的法国东印度公司由让 - 巴普蒂斯特·科尔伯特（Jean-Baptiste Colbert）在路易十四统治下创立。这家后来创立的公司蓬勃发展，特别是在 1720 年至 1740 年，但它在茶叶贸易中的地位仍然很低。然而，1700 年和 1701 年法国护卫舰“安菲特里特”号两次航行到广州是值得庆祝的

① 相比之下，在 1692 年冯·曼德尔斯洛著作的英文译本中，出现了以下经过审慎删节的译文：“在每天例行会议上，我们只喝一次茶，这种茶的饮用遍及整个印度群岛，不仅在该国，而且在荷兰人和英格兰人中都很常见，他们把它当作一种清洁胃部的药物，用温和的热度消化多余的体液。波斯人以咖啡代替茶，因为咖啡可以冷却体热而茶则保存体热。”1692 年，根据 J. 阿尔伯特·德·曼德尔斯洛（大使馆的一位绅士）的旅行记录，这位绅士由霍尔斯坦公爵派遣，前往觐见莫斯科大公爵和东印度群岛波斯国王的旅行，始于 1611 年，结束于 1638 年。由基德韦利（Kidwelly）的约翰·戴维斯 (John Davies) 译成英语。伦敦：托马斯·德林和约翰·斯塔基出版社。

事情。在德·拉·罗克（de la Roque）船长的第一次航行之后，护卫舰于1700年8月3日返回，船上装载着价值不菲的中国货物，其中有60担即2900多公斤茶叶。德·拉·里戈迪埃（de la Rigaudière）船长的第二次航行不幸地遭遇了五次大风暴，法国船只被禁止在四个月内沿珠江航行穿越虎门。[①]因此，在这很长的一段时间里，法国人主要是从荷兰购买茶叶，在荷兰茶叶市场上，人们可以强烈地感受到法国人的存在。

① Martine Raibaud and François Souty. 2008. 'Le commerce du thé, de la rivière des Perles à l'Atlantique au xviie siècle', pp. 13–34 in Raibaud and Souty (op.cit.).

# 第六章 368

# 英国人与茶的相遇：欧洲战争

## 茶作为一个植物种类

梅赫伦的伦伯特·多登斯（Rembert Dodoens of Mechelen）使用双名法（binomial system of nomenclature）标记他在1554年出版的详细而有彩色插图的六卷本著作中的物种，[①] 巴塞尔的加斯帕德·鲍欣（Gaspard Bauhin of Basel）在其1623年出版的厚重的植物物种手册中也是这样做的。这种形式的物种描述方法自从在伦伯特·多登斯那里得到高度一致的应用之后自然地发展成双名法，他描述了许多物种的名称，如 Anchufa onoclia，Anchufa alcibiadion，长叶钩藤（Capficum oblongius），马齿苋（Portulaca fylueftris），莱菔（Raphanus fatiuus）等。这种双名法标记方式的特点是由一个名词后跟一个所有格或形容词修饰语构成，类似的标记也出现在1574年克劳修斯（Clusius）的植物学著作中。[②]

帕尔斯佩尔·阿尔皮努斯（Prosper Alpinus），如今更广为人知的是其意大利风格的名字 Prospero Alpini，1591年同样使用双名法标记植物物种，这些物种的名称如红景天（Phafiolus rubrus）、香附

① Rembert Dodoens, Medecijn van der ſtadt van Mechelen. 1554. *Cruijdeboeck. In den welcken.die gheheele hiſtorie, dat es Tgheslacht, tfatſoen, naem, natuere, cracht ende werckinghe, van den Cruyden, niet alleen hier te lande waſſende, maer oock van den anderen vremden in der Medicijnen oorboorlijck, met grooter neerſticheyt begrepen ende verclaert es, met der ſeluer Cruyden natuerlick naer dat leuen conterfeytſel daer by gheſtelt.* Antwerpen: by Jan van der Loe.

② Carolus Clusius. 1574. *Aromatvm et Simplicivm aliqvot Medicamentorvm apvd Indos Nascentivm Historia: Primùm quidem Luſitanica lingua per Dialogos conſcripta, D. Garcia ab Horto, proregis Indiæ Medico, auctore: Nunc verò Latino ſermone in Epitomen contracta, & iconibus ad viuum expreßis, locupletioribusq́ annotationculis illuſtrata à Carolo Clvsio Atrebate.* Antverpiæ: ex officina Chriſtophori Plantini, Architypographi Regij.

图 6.1　巴塞尔的加斯帕德·鲍欣（1560~1624 年），依照巴塞尔大学（University of Basel）入学登记簿绘制，巴塞尔大学图书馆（Universitätsbibliothek Basel），第 2 卷（1586~1653 年），ANII4，f.71[r]。

（Cypervs rotundus）、阿拉伯茉莉（Sambac arabigvm）和埃及女贞（Ligustrum aegiptium）。[①] 这种物种标记系统——有时被错误地归功于林奈——在很久以前就已被植物学家普遍使用。同样，许多双名法物种名称如香菖蒲（Calamus aromaticus）、腊肠树（Cassia fistula）、印度楮（Costus indicus）和印度茶（Nux indica），早在林奈采用和编纂这种物种标记系统之前，就多见于荷兰植物学和来自殖民地的文献中，比如艾萨克·科梅林（Isaac Commelin）[②] 的作品。

369 鲍欣在 1623 年分类出的物种之一便是茶。首次尝试对茶这一物种进行分类是基于已出现在林斯霍滕（Jan Huygen van Linschoten）作品中的描述。然而，鲍欣错误地将茶归为茴香的一种或伞形科（Umbelliferæ）的茴香属。[③]

鲍欣这种错误的推测受到他把以大麦为主的热饮称为饮剂（ptisana）的医学知识的启发，古人即如此使用。根据林斯霍滕的描述，鲍欣已经发现茶是热饮，就像饮剂一样。在这个时期，欧洲人知道汤羹、焖炖和肉汤，但并不知道饮品。鲍欣知道古人在给哺乳期妇女服用茴香以刺激母乳分泌时，会把这种饮剂和茴香混合，这种饮剂也可作为利尿剂。[④]

① Prosper Alpinus. 1591. *Prosperi Alpini de Medicina Aegyptiorvm Libri Qvatvor.* Venetiis [Venice]: apud Francifcum de Francifcis Senenfem.

② Isaac Commelin. 1646. *Begin ende Voortgangh, van de Vereenighde Nederlantfche Geoctroyeerde Oost-Indifche Compagnie Vervatende de voornaemfte Reyfen, by de Inwoonderen der felver Provincien derwaerts gedaen. Alles Nevens de befchrijvinghen der Rijcken, Eylanden, Havenen, Revieren, Stroomen, Rheeden, Winden, Diepten en Ondiepten; Mitfgaders Religien, Manieren, Aerdt, Politie ende Regeeringhe der Volckeren; oock meede haerder Speceryen, Drooghen, Geldt ende andere Koopmanfchappen met veele Difcourfen verrijckt: Nevens eenighe Koopere Platen verciert. Nut ende dienftigh alle Curieufe, ende andere Zee-varende Liefhebbers* (two volumes). Amsterdam: Johannes Janssonius.

③ Casparus Bauhinus Basileensis. 1623. *ΠΙΝΑΞ Theatri Botanici Cafpari Bavhini Bafileenf. Archiatri & Profefforis Ordin. five Index in Theophrafti Diofcoridis Plinii et Botanicorum qui à Seculo fcripferunt Opera: Plantarvm circiter sex millivm ab ipfis exhibitarvm nomina cvm earundem Synonymiis & differentiis Methodicè fecundùm earum & genera & fpecies proponens.* Basel: Ludovicus Rex. 在关于茴香的章节中，鲍欣提到林斯霍滕早先的报告，即来自日本的“Cha”（茶）是以茶粉的形式饮用的，并提供给尊贵的客人：‘Chaa, herba in Japonia, ex cujus pulvere decoctũ preciofum parant, & hofpitibus dignioribus propinant: & olla in qua hujus herbæ decoctio facta, in eo apud ipfos precio, in quo apud nos Adamantes sunt: Linfcot.par.2.Ind. or.c.28.’ (1623, lib. iv, sect. iv, p. 147)。

④ Casparus Bauhinus. 1658. *Theatri Botanici Historiæ Plantarvm ex veterum et recentiorum placitis propiaq.observatione concinnatæ.* Basel: Ioannes König (col. 453); cf. ‘*Fenoüil commun* … la decoction de la feüille prife, eft bonne aux accidens des reins & de la vefcie, parce qu’elle fait uriner’ (Deville, Nicolas. 1706. *Histoire des plantes de l’Europe, et des plus usitées qui viennent d’Afie, d’Afrique & d’Amérique. Où l’on voit leurs Figures, leurs noms, en quel temps elles fleuriffent, & le lieu où elles croiffent. Avec un Abrégé de leurs Qualitez&deleurs Vertus fpecifiques.Divifée en deux Tomes, & rangée suivant l’ordre du Pinax de Gafpard Bauhin.* Lyon: chez Nicolas Deville, Tome i, p. 209).

1665年，约翰·纽霍夫（Johan Nieuhof）根据叶子的形状坚持认为茶是漆树的一种。纽霍夫指出，370
他本人在中国观察到的茶树不是乔木或草本植物，而是灌木。

> 令人惊讶的是，茶叶和漆树的叶子很像，没有人会怀疑茶只是漆树的一种。此外，它不是野生植物，而是驯化的植物，既不是乔木也不是草本植物，而是灌木，能大量冒出小树枝和新芽。①

图6.2　威廉·滕·利思（1647~1700年）。

虽然纽霍夫误解了茶与漆树的密切关系，并且没有机会观察到未剪枝的茶树长成大树，但他至少
把茶树当作一个单一的物种，即便这棵树生产出了 371
各种类型的茶。

荷兰医生和植物学家威廉·滕·利思（Willem ten Rhijne）是德文特人，他于1673年被荷兰东印度公司雇用，1674年夏天至1676年秋，他住在长崎湾出岛的一座人造岛上。这个占地1.5公顷的弧形岛屿是1634年至1636年花费巨资建造的，目的在于提供一个地方来限制和控制在日本的葡萄牙人。1639年葡萄牙人被驱逐后，这个耗资巨大的人工岛空置了两年，并从1641年开始成为荷兰东印度公司在日本的据点，当时，在平户的荷兰人的商馆和商行都被拆除。这个人造岛在1859年前一直是荷兰人在日本的活动基地，威廉·滕·利思就是在这里对茶进行了第一次植物学研究。

威廉·滕·利思两次参加了从出岛到江户的年度访问，一次与荷兰长官马丁努斯·恺撒（Martinus Caesar），另一次与荷兰长官约翰内斯·坎普胡斯（Johannes Camphuys）。他提供了对日本针灸和艾灸的第一个西方报告，威廉·滕·利思也是报告龙涎香是抹香鲸的一种分泌物的西方学者之一，但最后一份报告遭到一些怀疑。1690年6月23日，尼古拉·维特森（Nicolaes Witsen）的学术门徒赫伯特·德·亚赫（Herbert de Jager，1634~1694年）在巴达维亚给当时在出岛担任商馆总领的亨德里克·范·布依伊海姆（Hendrick van Buijtenhem）写了一封信。1684年至1693年，亨德里克·范·布依伊海姆先后四次担任这个职务。赫伯特写道：

> 我请求阁下，确切地查明龙涎香在那里是如何收集到的，以及它是否真的如滕·利思先生所 372

① Nieuhof (1665, Vol. ii, *Algemeene Beſchryving van 't Ryk Sina*, blz. 122).

图 6.3　长崎湾出岛及其周围景观的鸟瞰图（范·伯特，1832 年）。

言是从鲸鱼肿胀的脓液中获得的，这在我看来完全不可能。①

然而，威廉·滕·利思绝不是第一个知道龙涎香是来自抹香鲸的西方人。在谈到西印度洋的情况时，马可·波罗早在几个世纪前就已写道：

373 他们有足够的龙涎香，因为他们在这片海域有足够的鲸鱼和头部油脂丰富的大鱼。②

相反，亚赫的怀疑只是一个在历史上和现在都不断重复自身主题的实例，即有些人对某一特定事物或某一知识领域有了解，而有些人则不知道。然而，后一种人的声音往往也很响亮，有时他们占多数，甚或比少数有知识的人更大声。

从 1677 年回到巴达维亚直到 1700 年去世，威廉·滕·利思写了一篇关于茶的文章，并寄给荷兰省联邦的著名摄政之一，古达（Gouda）的希尔罗尼穆斯·范·贝弗宁（Hieronymus van Beverningh），当时他在奈梅亨（Nijmegen）担任驻海牙联省议会的使者。这个茶的标本和威廉·滕·利思的文章被送到了但泽（Dantzig）的雅各布·布雷内（Jacob Breyne）那里。荷兰植物学家雅各布·布雷内曾在莱

① Peter Francis Kornicki. 1993. 'European Japanology at the end of the seventeenth century', *Bulletin of the School of Oriental and African Studies*, lvi (3): 502–524.

② Burgerbibliothek Bern, Sammlung Bongarsiana Codices, Codex 125: Marco Polo, Jean de Mandeville, Pordenone, Pergament I287Bl.,32.5 × 23.5cm,1401–1450,f.90v.

顿（Leiden）学习，并于1655年其父亲去世后回到但泽经营家族企业。如今，波罗的海上的“但泽”在波兰语中被称为“Gdańsk”（格但斯克），在德语中，较新的拼写Danzig取代了历史上的拼写Dantzig，但在布雷内的一生中，这座城市仍然是波兰和立陶宛宗主国统治下的德意志城市。

图6.4 雅克布・布雷内（1637~1697年）。

威廉・滕・利思的论文，题为《论茶树》（*De Frutice Thee*），于1678年在但泽出版，放在布雷内出版的两本植物汇编作品之一的附录之中。植物学家威廉・滕・利思指出，日本茶和来自中国厦门（Amoy）的茶出自同一种植物，即使在日本，从贵族喝的精制茶到平民喝的较为粗糙的不同品级的茶也都来自同一种茶树。他还描述了茶树的解剖结构，并证实了皮索和杜普所做的茶叶有益健康的观察。他还把茶在厦门的中文名字和日语中的名字分别记为Theé和T'chia。他讨论了茶叶的收获问题，并提到了在日本首都（京都）附近的宇治（Oufi or Uji）茶园。[①]

1678年，布雷内在但泽出版了他的外来植物汇编作品，在第52章中首次刊登了对茶树的描绘，该章题为“汉语的thé，日语的tsia”。[②]布雷内对茶树的描述基于从日本寄来的标本和威廉・滕・利思提供的素描。威廉・滕・利思写道，布雷内关于茶树花的推论基于标本中所含的两朵茶花，然而，在到达但泽时，这两朵花已经不再处于完美的状态。 374

布雷内显然直接沿用了医生威廉・皮索（Willem Piso）使用的拉丁语拼法中tisa的拼写，他读过皮索的著作并且于1658年成为第一个使用罗马拼字法来表述茶的人。[③]

布雷内选择用皮索的tisa拼法来代表日语中的cha“茶，ちや”，这也许被富有想象力却糟糕的拼

---

① Wilhelm ten Rhijne. 1677. *Wilhelmi ten Rhyne Medici, Botanici & Chymici quondam Magni Imperatoris Japoniæ, nunc verò Medicinæ & Anatomiæ Professoris in Batavia Emporio Indiæ Orientalis celeberrimo Excerpta ex observationibus suis Japonicis Physicis &c. de Fructice Thee. Cui accedit Fasciculus Rariorum Plantarum ab eodem D.D. ten Rhyne In Promontorio Bonæ Spei et Saldanhâ Sinu Anno MDCLxxiii. collectarum atq́ ; demum ex Indià Anno MDCLxxvii. in Europam ad Jacobum Breynium, Gedanensem transmiſſarum,* published as pp. vii–xxv (the portion on tea running from pp. vii-xvii) in the Appendix to Jacobus Breyne. 1678. *Jacobi Breynii Gedanenſis Icones Exoticarum aliarumque Minus Cognitarum Plantarumin Centuria Prima deſcriptarum Plantae Exoticae*. Gedani: David-Fridericus Rhetius.

② Jacobus Breynius. 1678. *Jacobi Breynii Gedanensis Exoticarum Aliarumque minus Cognitarum Plantarum Centuria Prima, cum Figuris Æneis Summo ſtudio elaboratis.* Gedani [i.e. Dantzig, Gdańsk]: typis, ſumptibus & in ædibus autoris, imprimebat David-Fridericus Rhetius [David Friedrich Rhete and Jakob Breyne]. 这本书的独家版权完全由作者享有并由荷兰和西弗里斯兰省担保。其威胁要没收盗版书并对任何侵权行为处以三百荷兰盾的高额罚款，以强制执行该版权。在印刷该书的汉萨城，书前的德文尖角字是常用的字体De Statenvan Hollandt ende Weſtvrieslandt doente weeten“荷兰和西弗里斯兰在此宣布……”，等等。

③ 布雷内曾咨询并提及的名字包括Giovanni Pietro Maffei, Matteo Ricci, Nicolas Trigault, Gaspard Bauhin, Pierre du Jarric, Nicolaes Tulp, Adam Olearius, Jacob de Bondt, Willem Piso, Johan Nieuhof, Erasmus Franciscus, Arnoldus Montanus and Athanasius Kircher。

字法 Thia 所强化，Thia 与 Chaa 一道出现在曾化名为阿诺德·蒙塔努斯（Arnoldus Montanus）的阿诺德·范·登·伯格（Arnold van den Berg）于 1669 年发表的作品中，这位荷兰改革派新教传教士兼蹩脚水手根据殖民地文学作品中的原始叙述撰写了二手的通俗摘要。尽管如此，布雷内还是读了这位新手的作品。蒙塔努斯显然认为他可以通过自己设计的中介拼字法，使日语单词 cha 看起来更与闽南语 thee 相关。

图 6.5　布雷内根据威廉·滕·利思的素描和他从日本送来的真实茶树标本绘制的茶树图（布雷内 1678: 112）。

特别令人感兴趣的是一种被日本人高度尊崇的热饮，它是由一种叫作 Chaa 或 Thia，汉语称为 Thee 的草本植物的粉末制成的。[①]

① Arnoldus Montanus. 1669. *Gedenkwaerdige Gesantschappen der Oost-Indifche Maetfchappy in't Vereenigde Nederland, aen de Kaisaren van Japan: Vervaetende Wonderlijke voorvallen op de Togt der Nederlandfche Gefanten*. Amsterdam: Jacob Meurs (p. 5).

蒙塔努斯使用的拼法 Thia 是一时的偶然之举。然而，一个半世纪后，皮索和布雷内使用的 tsia 拼法激发了创建于 1826 年用来指称茶的科学或知识的英文单词 tsilogy。

从 1682 年 10 月至 1683 年 11 月，以及 1685 年 10 月至 1686 年 11 月，来自卡塞尔（Kassel）的德 375
意志医生安德烈亚斯・克莱耶（Andreas Cleyer）在园丁乔治・迈斯特（George Meister）的陪同下担任出岛的主管。这两个人都写了他们喝茶的经历。[①] 此前，作为巴达维亚的首席外科医生，克莱耶负责荷兰东印度公司的内部药品供应。克莱耶还在巴达维亚经营两家药店和两个药草园，并且和他忠实的园丁两次往返于日本和巴达维亚。[②] 在克莱耶写于 1685 年的一封信中，他打算把茶树带出日本的意图已经显而易见了。[③]

他忠实的园丁后来将日本人描述为“一个忧虑和不易信任他人的民族，不会信任任何他们不了解的人”。[④] 不管这个描述在当时是否公平，克莱耶和迈斯特在 1687 年回到爪哇时，明确证明了日本人的怀疑态度是对的，因为他们直接违反了长崎总督下达的不得从日本出口活的植物的禁令并带走了许多活茶树。

迈斯特在巴达维亚的草本花园里为克莱耶种植了大部分茶树，但年底的时候迈斯特希望回家。后来，弗朗索瓦・瓦伦汀于 1694 年在总督约翰内斯・坎普胡斯（1684~1695 年执政）的官邸花园里见到了迈斯特种植于巴达维亚的一株茶树，约翰内斯・坎普胡斯 1671 年至 1676 年在出岛担任过三届商馆总领。[⑤] 瓦伦汀看到的那棵“年轻”的茶树，以及他听到的有关中国茶树种植的报告，使他相信茶树与红醋栗灌木的大小一样。

> 茶树本身只是一丛灌木，正如我自己在坎普胡斯的总督官邸花园中看到的……在那里，它的 376

① Andreas Cleyer. 1686. *Miscellanea Curiosa sive Ephemeridum Medico-Physica Germanicarum Academiæ Naturæ Curiosorum Decuriæ II. Annus Quartus, Anni mdclxxxv. continens Celeberrimorum Virorum, tùm Medicorum, tùm sive aliorum Eruditorum in Germaniâ & extra Eam Observationes Medicas, Physicas, Chymicas, nec non Mathematicas.* Norimbergæ [i.e. Nürnberg] Wolfgang Mauritius Endter; George Meiſter. 1692. Der Orientaliſch-Indianiſche Kunſt- und Luſt-Gårtner. Das iſt: Eine aufrichtige Beſchreibung Derer meiſten Indianiſchen, als auf Java Minor, Malacca und Jappon, wachſenden Gewůrtz- Frucht- und Blumen-Båume, wie auch anderer rarer Blumen, Krǻuter- und Stauden-Gewåchſe, ſampt ihren Saa- men, nebſt umbſtåndigen Bericht deroſelben Indianiſchen Nah-men, ſo wohl ihrer in der Medicin als Oeconomie und gemeinem Leben mit ſich fůhrendem Gebrauch und Nutzen; Wie auch Noch andere denckwůrdige Anmerckungen, was bey des Autoris zweymahliger Reiſe nach Jappan, von Java Major, oder Batavia, långſt derer Cůſten Sina, Siam, und růckwerts Malacca, daſelbſten geſehen und fleiſſig oberviret worden; Auch Vermittelſt unterſchiedlicher ſchöner ins Kupf- fer gebrachter Indianiſcher Figuren, von Båumen, Gewåchſen, Kråutern, Blumen und Nationen entworffen und fůrgeſtellet. Dre ſden: In Verlegung des Autoris.

② Wolfgang Michael. 2007. ‘Medicine and allied sciences in the cultural exchange between Japan and Europe in the 17th century’, pp. 285–302 in Hans Dieter Ölschleger, ed., *Theories and Methods in Japanese Studies: Current State and Future Developments.* Göttingen: Vandenhoeck & Ruprecht.

③ 克莱耶 1685 年原信中关于茶的一段拉丁文翻译在次年显示为“Observatio iv. Dn. Andreæ Cleyeri, de Herba Thee, aliisq ue” in Cleyer (1686: 7)。

④ Meifter (1692: 197).

⑤ 科恩・斯图尔特（Cohen Stuart）提供的详细城市地图显示了坎普胡斯花园的旧址，那里的茶树是从巴达维亚移植来的，这与 1924 年的情况有关。那些寻求这一地点的人可以将这张 1924 年的情况图与雅加达目前的局势联系起来 (Combertus Pieter Cohen Stuart. 1924a. ‘Het begin der theecultuur op Java’, blz. 19–39 in Combertus Pieter Cohen Stuart, red., *Gedenkboek der Nederlandsch Indische theecultuur, 1824–1924 uitgegeven door het proefstation voor thee bij gelegenheid van het Theecongres met Tentoonstelling Bandoeng 1924.* Weltevreden: G. Kolff & Co., tussen blz. 20 en 21)。

大小和红醋栗树差不多。在中国，它们往往也只有四五英尺高。[①]

当迈斯特在巴达维亚乘船出发返回荷兰，然后再从那里返回德累斯顿（Dresden）时，克莱耶在1687年11月30日的一封信中敦促他，“留意小茶树和其他植物”。有许多植物被运往荷兰，但按照他的指示，迈斯特种植了16棵茶树以及“各种外国灌木、花卉和草本植物，连带着它们在印度的土壤和根”，他曾经把巨大的竹子种在花盆里，后来又于1688年亲手将其从巴达维亚移植到荷兰东印度公司位于好望角的花园中。[②]继陆若汉（João Rodrigues）1620年的《简明日语艺术》（*Arte Breve da Lingoa Iapoa*）之后，迈斯特是另一个提供大致准确和不完整的日本假名书写系统的采样者。[③]

威廉·滕·利思、克莱耶和迈斯特在出岛积累的知识会影响接替克莱耶的德意志医生恩格尔伯特·卡姆弗（Engelbert Kæmpfer）的工作。卡姆弗于1690年5月从巴达维亚出发，前往日本并在那里停留了两年，其间还访问了江户。卡姆弗于1692年返回巴达维亚并于1695年前往阿姆斯特丹。在莱顿获得医学博士学位后，他回到了位于威斯特伐利亚（Wesphalia）的家乡莱姆戈（Lemgo），直到1716年去世。在1712年出版的关于日本的五卷本作品中，卡姆弗用了一节专门讲述日本茶的历史，包括日本关于达摩祖师（Bodhidharma or Daruma）的传说。

卡姆弗在一节中详细讨论了茶树的特性和解剖结构，并冠以下面的标题：

> Tsja。茶树丛有着樱桃树般的叶子，野生玫瑰般的花以及单瓣、双瓣，在大多数情况下是三瓣的果实。

卡姆弗谈到了日本的茶礼（tea ceremony）。他的作品包括茶树的植物学图和日本茶具的插图。他把茶称为Théa：

> Théa，日文称为Tsjaa，中文称为Thèh。[④]

卡姆弗把在中国和日本都很有名的茶树视为单一植物物种。

所有关于茶的学术著作都是在这样一种认识的基础上写成的：只有一种茶树可以用来制作中国茶和日本茶。然而，通过观察绿茶和武夷茶的区别，这两种茶来自不同的植物的猜想会一次又一次地浮现在英国不知情的饮茶者心中。为了消除任何此类盛传的怀疑，郭明翰于1702年在舟山群岛作了如下的报告：

① Valentyn (1726, *Derde Boek*, blz. 14).

② Meiſter (1692: 226, 227).

③ Meiſter (1692, plate facing p. 36).

④ Engelbert Kæmpfer. 1712. *Amoenitatum Exoticarum politico-physico-medicarum Facsiculi V, quibus continentur Variæ Relationes, Observationes & Descriptines Rerum Persicarum & Ulterioris Asiæ*. Lemgoviæ: Typis & Impenſis Henrichi Wilhelmi Meyeri (Fasciculus iii, pp. 505–631).

英国人常喝的三种茶叶都来自同一种植物，只是由于一年的季节和土壤不同才造成这些差异。武夷茶（Bohe 或 Voüi，福建省的一些山脉，它主要在那里制造）是用 3 月初最早被采集的幼芽并在树荫下阴干制作的。明茶（Bing）是在 4 月制作的，最后一次的松罗茶（singlo）是在 5 月和 6 月制作的，后两种茶都在架于火上的筛子或锅里一点点烤干。茶树是常绿灌木，从 10 377
月到次年 1 月开花，种子则在 9 月和 10 月成熟，理论上说，人们可以同时采花和采种，但如果一个人既想要新鲜的茶叶，又想要饱满的茶籽，那将会一无所获。[①]

瑞典人卡尔·林奈（Carl Linnæus）于 1735 年来到荷兰，在哈德维克大学（University of Harderwijk）进行论文答辩。在接下来的三年里，他在联合省度过，并经常光顾莱顿大学及其植物园。回到乌普萨拉（Uppsala）后，林奈于 1753 年出版了他的《植物种志》，并在书中给茶取了一个科学名称 Thea sinensis。[②] 林奈绘制茶图的多个来源之一就是卡姆弗的作品。

图 6.6　卡尔·林努斯或卡尔·冯·林奈（Carl Linnæus or Carl von Linné），亚历山大·罗斯林（Alexander Roslin，1718~1793 年）于 1775 年绘制，画布油画，56 × 46 厘米，格利普霍姆堡（Gripsholms slott），瑞典国立博物馆收藏。

这个时期，乌普萨拉的大多数教授都在 378
莱顿接受教育，林奈虽然在哈德维克大学获得博士学位，但也在莱顿大学花了很多时间。在林奈查阅的写于莱顿大学的作品中，有弗朗索瓦·瓦伦汀关于东印度群岛和远东的论述。这些在瓦伦汀去世前 8 个月出版的大部头作品，包含了大量新物种的描述，以及太平洋和印度洋软体动物与印度尼西亚植物的细致绘图，其中很多都是用摄影精度绘制的。这些作品也包含了林奈为之痴迷的许多茶的信息。瓦伦汀的大部头作品通常都准确地再现了早期荷兰殖民地文献中的信息。

茶树的叶子（至少就较长的叶子而言，它们非常类似于柳叶，尽管茶叶实际上更宽）是长方形的，其边缘呈现锯齿状……

这种小树开白色的小花，花的颜色有点偏黄。它们在 8 月开花，然后长成球形种子荚，可以

---

① James Cunningham. 1702–1703. "郭明翰［皇家学院院士（F.R.S）和医生］从中国舟山群岛通过出版社寄给英国人的两封信中的一部分，叙述了他在舟山群岛的航行以及关于舟山群岛、几种不同的茶叶和中国渔业、农业以及相关情况，有几件事迄今没有注意到"，《英国皇家哲学汇刊》介绍了当今世界许多地区天才的发明、研究和劳动，xxiii（280）：1201–1209。

② Carolus Linnæus. 1753. *Species Plantarum, exhibentes Plantas rite cognitas ad Genera Relatas, cum Differentiis Specificis, Nominibus Trivialibus, Synonymis Selectis, Locis Natalibus, secundum Systema Sexuale digestas* (two volumes). Holmiæ [Stockholm]: Laurentius Salvius (Vol. i, p. 515).

容纳一粒或几粒种子。它们播种在田野上，也间或播种在其他植物之间。①

然而，有时瓦伦汀自己的解释或措辞往往也具有潜在的误导性。瓦伦汀作品关于茶的章节中的段落一度引起林奈的注意，并开始影响他的思想。

379 人们认为白茶或绿茶生长在大树上，而武夷茶（正如中国人所称呼的）生长在小树上，这和我们矮小的苹果树并无两样。这树只出现在中国（最好的是在南京附近）、日本和暹罗，我不知道它是否还生长在其他地方，但我们现在将给读者一个更准确的关于茶的报告。

之前，各种作家都写过这种植物，但他们的辨别力一点也不像他们应有的那样。

为了使这一节尽可能简短和清晰，人们必须意识到主要种类的茶有多种，这些茶反过来又被细分为各自的子品种……

有些人认为，茶的质量是按照茶叶的大小来衡量的，不同品种的茶树长得完全一样，下部叶子最大、最粗糙，因此质量和价值也最低，小枝上的叶子具有更高的质量和价值，而且还有更好、更细的叶子，最好和最珍贵的茶生长在最上面和最细嫩的树枝上。然而，这一切都大错特错，那些以这样的方式谈论茶的人，根本不知道茶的主要种类的区别并不在于此（一个人只有在了解之后才能获得那些与它们相关的亚变种的知识）。

首先，人们必须知道，主要品种的茶构成了不同的茶树种类，它们之间很容易区分；正如这些茶树长出可以显著区分彼此的叶子，特殊亚变种与主要品种之间的区分也是如此；然而，特殊的叶子并不能决定茶的主要类型之间的区别，可见有些观点是错误的。②

针对那些胆敢认为只有一个种类茶的人的刺耳的话，一定在林奈的脑海中引起了不安。瓦伦汀直言不讳地指出，有不同类型的茶，“每种茶都长在其特定的树上”，他是第一个提出这一主张的人。然而，在莱顿大学里，熟悉一手文献的植物学家都不相信这个观点，他们也不相信其他一些出自荷兰多德雷赫特（Dordrecht）这位曾在亚洲旅行的新教改革大臣的错误观点。

1756 年，乔纳斯·汉威（Jonas Hanway）在《论茶》——这是一篇介绍性回顾瓦伦汀著作的文章——简要地描述了当时从中国可以买到的各式各样的茶。接着，汉威以挑战所有茶学者的方式重复了瓦伦汀的看法：

绿茶的灌木丛和叶子与武夷茶非常相似，这需要植物学家的专业知识才能区分它们。③

接受挑战的三年后，植物学家约翰·希尔（John Hill）借助他从中国采集的茶叶标本，从茶叶形态上为这一观点寻求佐证。1759 年，他写道，他的武夷茶样本有更小的深色叶和六瓣花，而绿茶样本

① Valentyn (1726, *Derde Boek*, blz. 14–15).

② Valentyn (1726, *Derde Boek*, blz. 14–15).

③ Hanway (1756: 5).

则有更长的淡叶和九瓣花。[1]

约翰·希尔和林奈从没见过面，但他们互相通信并交换书籍。希尔用逢迎的语调写信给林奈， 380
并帮助他在英国传播其作品，尽管希尔的早期著作一直强烈批评林奈。几十年后，希尔因在乌普萨拉热心支持瑞典学者的作品而被古斯塔夫三世（Gustav Ⅲ）于 1774 年 4 月授予瑞典骑士（Swedish knighthood）勋章。[2] 与此同时，伟大的林奈被瓦伦汀、汉威并最终被希尔误导，1762 年，在其《植物种志》第二版中，林奈将茶分为两个不同的物种，区分了武夷茶（Thea bohea）和绿茶（Thea viridis）。[3] 林奈吸取了被视为公认事实的希尔的观察结果，武夷茶品种的花朵有六个花瓣，而绿茶品种的花朵有九个花瓣。

为了与瓦伦汀讨论各种茶类是隐含的二元区分这个观点保持一致，林奈写道，一种是 Thea Bohea，生产红茶，而另一种他称为 Thea viridis，生产绿茶。因此，林奈对茶的理解不仅被瓦伦汀和汉威误导了，紧接着又最终被希尔误导，林奈这样做偏离了以前所有关于茶的植物学描述和第一手资料。除了瓦伦汀、汉威和希尔之外，迄今为止所有描述都只提到一种茶，并解释了由于制作方式、采摘时间和等级的不同才形成各种类型的茶。

到此时，林奈还从没有见过活的茶树。几次试图赠送林奈茶种的尝试都失败了。瑞典博物学家佩尔·奥斯贝克（Pehr Osbeck）设法为林奈在亚洲获取一棵茶树，并带到好望角，但不巧一阵风把茶树吹入海中。瑞典参赞拉格斯特罗姆（Lagerström）后来从中国带了两株植物，当它们在乌普萨拉开花时，才发现是栀子树。林奈最终收到卡尔·古斯塔夫·埃克伯格（Carl Gustaf Ekeberg）从中国启航之前亲自种在盆里，并于 1763 年 10 月 3 日安全抵达瑞典的活茶树，但不幸的是，这些植物很快在斯堪的纳维亚半岛的干冷气候中死掉。[4]1764 年，伏尔泰在他于伦敦出版的简明哲学辞典中对此讽刺道，“我们去中国……去找一种泡在饮料里用的小草儿，好像在我们土地里一点草药都没有。”[5]（汉译转自王燕生译《哲学辞典》，商务印书馆 1991 年版。——译者注）

1765 年 12 月 7 日，当林奈的学生彼得鲁斯·蒂勒乌斯（Petrus Tillæus）在乌普萨拉做他的茶论文答辩时，他重复了其老师视茶为两个不同物种的教导。

> 人们普遍认为，茶只有一种，所有饮用的茶都是由叶子制成的饮料。正如令人尊敬的本论文
> 的导师所证明的，必须识别武夷茶和绿茶是两个不同的物种。它们彼此非常相似，因此人们多认 381
> 为其只是变种，然而，武夷茶有椭圆形的叶子，绿茶有长方形的叶子，甚至在花中也可以观察到

① John Hill. 1759. *Exotic Botany Illustrated, in Thirty-Five Figures of Curious and Elegant Plants: Explaining the Sexual System and Tending to give some New Lights into the Vegetable Philosophy*. London: Printed at the Expence of the Author (pp. 21–22).

② George Rousseau. 2012. *The Notorious Sir John Hill, the Man Destroyed by Ambition in an Era of Celebrity*. Bethlehem, Pennsylvania: Lehigh University Press.

③ Carolus Linnæus. 1762, 1763. *Species Plantarum, exhibentes Plantas rite cognitas ad Genera Relatas, cum Differentiis Specificis, Nominibus Trivialibus, Synonymis Selectis, Locis Natalibus, secundum Systema Sexuale digestas* (two volumes). Holmiæ [Stockholm]: Laurentius Salvius (Vol. i, pp. 734–735).

④ F.J. Brand. 1781. *Select Dissertations from the Amœnitates Academicæ* (two volumes). London: G. Robinson (Vol. i, pp. 67–69).

⑤ Voltaire [François-Marie Arouet]. 1764. *Dictionnaire philosophique, portatif*. Londres (p. 87).

差异，其中武夷茶有六个花瓣而绿茶有九个。[①]

蒂勒乌斯还安慰他的导师，并以鼓励的语气谈到在欧洲种植茶叶的前景，暗示茶有一天会像欧洲丁香（Syringa vulgaris）一样广泛种植，欧洲人将不再依赖从中国采购茶叶。第二年，林奈的俄罗斯学生马提乌斯·阿方宁（Matheus Aphonin）重申了茶有朝一日在欧洲可能像丁香一样普遍的想法。[②]皮索早在1658年发表的论文中就表达了茶总有一天会在欧洲种植的想法，他认为荷兰和日本的冬天都下雪，成功的关键在于茶叶种子的运送和发芽。很显然，正是皮索的想法点燃了一个世纪后林奈不合时宜的希望。

值得注意的是，林奈本可以让自己受到某种自以为的专注力的影响，这种专注力能使林奈极力避免招致编纂者弗朗索瓦·瓦伦汀的谴责和由汉威制造却最终被约翰·希尔误导的影射，因为来自东方的大量荷兰医学和植物学资料，已经非常清楚地表明了日本绿茶以及中国绿茶、发酵茶都产自这个单一物种的特征。英国植物学家约翰·埃利斯（John Ellis）与林奈保持着大量的书信联系，埃利斯还送给林奈密封在蜡里的茶籽。这些种子从未发芽，埃利斯寄往北美的各英属殖民地并希望在美洲种植的茶树种子也从未发芽。

1768年8月19日，约翰·埃利斯写信给林奈说，作为英国东印度公司（British East India Company）的一名雇员，托马斯·菲茨休（Thomas Fitzhugh）先生在中国服务多年，他可以证明“绿茶和武夷茶”来自“同一种植物”，埃利斯推测林奈“一定是被希尔博士蒙蔽了”。[③]埃利斯还设法在英国种植茶树，1760年代，还有其他人把茶树从广州带到英国作为观赏植物，同时英国还有从荷兰带入的日本种子种植出来的茶树。然而，不是每个人都重视知识渊博的人和可靠的植物学报告。

在林奈将茶分成两个不同的物种后，英国皇家植物园邱园（Royal Botanic Garden at Kew）的威廉·艾顿（William Aiton）更进一步，在1789年将武夷茶（Thea bohea）分成窄叶类茶种（Thea bohea stricta）和宽叶类茶种（Thea bohea laxa）。[④]一年后，1790年，葡萄牙耶稣会士和植物学家若昂·德·卢雷罗（João de Loureiro）根据他在交趾支那学习35年的经历和在澳门与广州的多年生活经历，提议将茶分为三个物种，即Thea Cochinchinensis、Theacantoniens和Thea oleosa。[⑤]然而，
382 这个时期，已经有英国人发现，用中国种子种植的茶树和用日本种子种植的茶树之间没有结构上的

① *Potus Theae, quem Differtatione Medica Venia Nobiliff. Fac. Med. in Reg. Acad. Upf. Præfide Viro Nobiliffimo D:no Doct. Carolo von Linné ... d. 7. Decembr. 1765 / public submittit examini h.a.m.f. Petrus C. Tillæus, Veftmannus.* Upfaliæ [Upsalla] (p. 2).

② *Dissertatio Academia demonstrans Usum Historiæ Naturalis in Vita Communi, quam Consent. Experient. Facult. Med. in illustri Academia Upsaliensi Præside Viro Nobilissimo atque Experientissimo D:no Doct. Carolo von Linné ... publice examinandam submittit Auctor et Respondens Matheus Aphonin, Nobil. Moscov. Rossus. In Audit. Car. Maj D. xvii. Maji. Anni mdcclxvi.* Upsaliæ [Uppsala].

③ Sir James Edward Smith, ed. 1821. *A Selection of the Correspondence of Linnæus, and other Naturalists from the Original Manuscripts* (two volumes). London: Longman, Hurst, Rees, Orme and Brown (Vol. i, pp. 232, *passim*).

④ William Aiton. 1789. *Hortus Kewensis; or, a Catalogue of the Plants cultivated in the Royal Botanic Garden at Kew* (three volumes). London: George Nicol (Vol. ii, pp. 230– 231).

⑤ Joannis de Loureiro. 1790. *Flora Cochinchinensis: Sistens Plantas in Regno Cochinchina nascentes. Quibus accedunt aliæ observatæ in Sinensi Imperio, Africa Orientali,Indiæque locis variis. Omnes Dispositæ Decundum Systema Sexuale Linnæanum* (two volumes). Ulyssipone [Lisbon]: Typis, et Expensis Academicis (Vol. i, pp. 338– 340).

差异。

1772年，约翰·科克利·莱特森（John Coakley Lettsom），一位某岛屿的本地人，该岛以荷兰优斯特（Joost van Dijk）海盗船命名，后来成为英属维京群岛（British Virgin Islands）的两个加勒比（Caribbean）岛屿中较小的那个，他声称：

> 这种植物（茶）只有一个种类；绿茶和武夷茶的区别取决于土壤的性质、栽培和叶子烘干的方式。[①]

图6.7 约翰·科克利·莱特森（John Coakley Lettsom，1744~1815年），托马斯·霍洛威（Thomas Holloway）雕于1792年。

莱特森的观察更加引人注目，因为他大量借鉴了其同胞汉威写于1756年的茶论文，汉威曾经认为绿茶和武夷茶来自两个不同的物种。莱特森于1772年在伦敦发表的关于茶树的研究，是他于1769年在莱顿大学用拉丁语答辩的医学博士论文的英译本。莱顿的植物学家知道有且只有一种茶树，在莱顿，瓦伦汀利用年久的荷兰原始资料编纂的作品的优缺点也可以得到评估。作为邦特科和卡姆弗的热心读者，莱特森在他的著作中多次提到他们。

1808年，英国植物学家约翰·西姆斯（John Sims），尽管更加谨慎，却同样反对林奈有关茶有两个不同物种的看法：

> 没有任何理由相信，这种由我们的园艺师销售的被称为 Thea viridis 和 Thea Bohea 的著名植 384
> 物品种，是完全不同的物种。事实上，现在可以确定的是，在中国生产的所有不同种类的茶都出自同一品种。（此外）……茶和山茶（Thea and Camellia）不能分开，必须合并为一个属（genus），我们的观察证实了这一观点，但我们不愿意更改通用名称，直到所有相关的植物都得到更为准确的审查。[②]

紧接着，1818年，另一位英国植物学家罗伯特·斯威特（Robert Sweet）将各个种类的 Thea 都

① John Coakley Lettsom. 1772. *The Natural History of the Tea-Tree, with Observations on the Medical Qualities of Tea andthe Effects of Tea-Drinking*. London: Edward and Charles Dilly (p. 7).

② John Sims. 1808. *Curtis's Botanical Magazine; or Flower-Garden Difplayed*, xxv, № 998.

标在山茶属下。[①] 这个属已经由林奈在其 1753 年版的《植物种志》中以摩拉维亚耶稣会士乔治·约瑟夫·卡迈勒（Georg Joseph Kamel，1661~1706 年）的名字命名，卡迈勒在菲律宾进行了植物学研究，其中最显著的是其从 1688 年开始在马尼拉中国花园从事的研究。不久之后的 1824 年，瑞士植物学家奥古斯丁·皮拉梅·德·坎多尔（Augustin Pyrame de Candolle）将 Thea 编到山茶属（Camellieæ）的序列中。[②]

菲利普·弗朗茨·冯·西博尔德（Philipp Franz von Siebold）从日本和荷属东印度群岛（Dutch East Indies）返回荷兰后，否决了早期基于花瓣的数量、树的形状和大小以及叶子的形状等无效标准所做的分类研究，他坚决恢复林奈的原始物种名称“Thea sinensis，Linn.”。

> 这个已经由林奈命名的茶灌木名字可能是其最适当的称呼，即使这些茶树并非原产于中国，因为茶作为一种商品最早是从中国被广为人知的，现在仍然从中国那里供应给欧洲人……既然绿茶和红茶来自同一种植物，Thea viridis 这一种类划分现今也就过时了。[③]

然而，西博尔德并不认可把 Thea 和 Camellia 归为一个统一的属。

直到 1905 年，国际植物命名标准（International Code of Botanical Nomenclature）才正式采纳了西姆斯在 1808 年提出的建议，将 Thea 和 Camellia 合并，并决定将山茶（Camellia sinensis）的称号作为该物种的官方科学名称。这个问题继续引起争议，但是，由于第二次世界大战的爆发，第六届国际植物学大会（International Botanical Congress）没有产生新的植物代码。该大会于 1935 年在阿姆斯特丹举行，自此英语取代了法语作为大会的官方语言。[④] 从这个时候起，那些武断的从历史上看来并不是一个完全站得住脚的决定，就一直坚持认为属名就是 Camellia。

1842 年 6 月 27 日，英国科学促进协会（British Association for the Advancement of Science）任命的
385 一个委员会“审议在统一和永久的基础上建立动物学命名规则”时通过了一项决议，即一个动物物种的法定科学名称是首次在科学文献中出现的名字，动物学家明确表示，他们只是模仿当时在植物学领域近一个世纪的实践中已经确立的优先权法则（law of priority）。[⑤] 基于这一原则，林奈在 1753 年确定的 Thea sinensis 这个名字——当时他仍然正确地认为茶是单一物种，应该理所当然地成为茶的科学名称。事实上，当时英国皇家植物园的植物学家指出：“如果严格遵循优先权法则，Thea 就是这一种属的正确名称”。[⑥] 然而，约瑟夫·罗伯特·西利（Joseph Robert Sealy）坚持他于 1958 年在阿姆斯特丹修订

---

① Robert Sweet. 1818. *Hortus Suburbanus Londinensis; or, a Catalogue of Plants cultivated in the Neighbourhood of London; arranged according to the Linnean System*. London:James Ridgway. (p. 157).

② Augustin Pyrame de Candolle. 1824. *Prodromus Systematis Naturalis Regni Vegetalis, Pars Prima*. Paris:Treutel & Würtz (pp. 529–530).

③ von Siebold (1832: 10–12).

④ Thomas Archibald Sprague. 1935. *Synopsis of Proposals Concerning Nomenclature Submitted to the Sixth International Botanical Congress, Amsterdam, 1935*. Cambridge: Cambridge University Press (pp. 15–16).

⑤ British Association for the Advancement of Science. 1843. *Report of the Twelfth Meeting of the British Association for the Advancement of Science held at Manchester in June 1842*. London: John Murray (pp. 105–121).

⑥ Royal Botanic Gardens, Kew. 1935. *Bulletin of Miscellaneous Information*, No. 2, pp. 66–67.

图 6.8　菲利普・冯・西博尔德于 1823 年描绘的来自日本的茶树（Thea sinensis）。

Camellia 这个属时做出的武断决定。[①]

因此，在后来的实践中，Thea 被放弃作为属的指称，茶被归为山茶科（Theaceae）山茶属的一种，而不是作为山茶族（Camellieæ）内 Thea 属的一种。除了山茶属，山茶科包括 10 到 20 个属，只有未来的种系发生学研究（phylogenetic studies）才能使植物学家最终确定有多少属。茶的家族包括丰富的树种，从喜马拉雅针叶树红木荷（Schima wallichii）到台湾岛特有的武威山茶树（Wǔwēi mountain Camellia），[②] 后者最近在台湾的野外被重新发现。

茶科（Theaceae）与杜鹃花属（rhododendrons）、巴西胡桃（Brazil nuts）、柿树（persimmons）、越橘树（blueberries）、杜鹃花（azaleas）以及许多其他植物物种被归于名为杜鹃花目（Ericales）的双子叶开花植物大目下。对于茶而言，植物学文献中还给出了许多其他的名字，如 Camellia theifera，Thea cantonensis，Camellia thea，Camellia assamica，Thea cochinchinensis 等。在居先性（anteriority）的基础上，拥有最好的系谱和公认的合法性的茶之科学名称无疑是 Thea sinensis。然而，如今在植物学文献中被固定下来的物种名称仍是 Camellia sinensis。[③]

## 英国人开始喝茶

正如我们在前一章所看到的，第一个公开证实的茶的英文单词出现在 1598 年范・林索登荷兰语著作《旅行日记》的英译本中，这个词以日语形式“cha”出现，被写为“chaa”，指日本粉状绿茶。1615 年，英国东印度公司的理查德・威克汉姆（Richard Wickham）写于日本港口城市平户的一封信中保留了日语形式“chaw”，直到 1671 年“cha”这个词仍然出现在英文词汇表中。然而，英语大概不会采用日语的这个词来指代茶，但闽南语“tê”[te ˧˥] 一词是英语从荷兰语“thee”直接借用过来的。

386 1637 年，由四艘英国舰艇组成的舰队在船长约翰・韦德尔（John Weddell）的指挥下，强行越过居住在澳门的葡萄牙人，驶向珠江（Pearl River）并与广州的商人建立了直接的联系。起初，他们在珠江口被葡萄牙人阻止，后来又被舢板船上的中国官员劝返。当英国人于 1637 年 8 月 10 日不畏艰险向上游的广州进发，停留在珠江三角洲的狭窄海峡虎门（Bocca Tigris 或 Boca do Tigre，广东话叫作 fu$^{2}$mun$^{4}$ [fu: ˧˥ mu:n ˨˩]）时，英国东印度公司船上的代理商之一彼得・蒙迪（Peter Mundy）记载道：“那里的人们给我们喝了一种叫 Chaa 的饮料，这只不过是一种加了煮过的药草的水，它必须热着

① Joseph Robert Sealy. 1958. A Revision of the Genus Camellia. London: The Royal Horticultural Society (p. 14).

② Mong-Huai Su, Sheng-Zehn Yang and Chang-Fu Hsieh. 2004. ‘The identity of *Camellia buisanensis* Sasaki (Theaceae)’, *Taiwania*, 49 (3): 201–208.

③ 一些二级文献引用了虚假的植物名称，这些名称实际上从未作为物种名称被提出。在这种情况下，一些拉丁文通常被断章取义，被解释为代表二项式物种名称。例如，该物种名称 Thea japonense[sic] 被归于卡姆弗，因为他将论文中论茶的一部分命名为“日本茶的历史”（Theæ Japonenſis hiſtoria）。一些次要来源同样误解了 Thea frutex，这是诸多学者用拉丁语写作时用的一个短语，这个短语只是在摆脱讨论“茶树”的语境时才被视为一个物种的名称。

喝才有益健康。”[1]蒙迪无疑听到了广东话形式的茶 caa$^4$ [ʦʰa: ˩]，他还听到了葡萄牙语形式的“chá”，这听起来大致相同，但“chá”最初来自日语，因为最初在亚洲水域的荷兰和英国海员都被迫使用葡萄牙语作为通用语言（lingua franca）。

一些英国人被拘留，因为韦德尔坚持要到广州却没有得到必要的许可。作为回应，韦德尔和他的手下突袭村庄，扣押舢板船，偷盗牲畜，纵火焚烧了一个村庄并炸毁了威远炮台（Anunghoy fort）（广东话 *aa$^3$noeng$^4$haai$^4$* [a: ˧ nœ:ŋ ˩ ha:i ˩]）。英国人最初指责葡萄牙人与中国人勾结。事实上，中国人是在没有葡萄牙人预先提示的情况下保卫其边界，韦德尔在签署了正式的认罪书并向中国法律屈服之后，只能通过葡萄牙耶稣会传教士巴托罗梅乌·德·雷伯雷多（Bartolomeu de Reboredo）的外交斡旋来重新赢得英国人的好感。[2]

韦德尔的使命没有完成，彼得·蒙迪也没能预见“那种叫 Chaa 的饮料”的重要性，这种饮料他在英国人后来称为虎门的地方喝过，并最终在他的祖国历史上承担某种角色。然而，英国人将茶叶运往英国的想法要过几年才能实现。1664 年，当英国东印度公司首次订购 100 磅茶叶的时候，茶叶已经成为伦敦的新风尚，五年后的 1669 年，英国东印度公司才首次成功地将茶叶进口到英国。英国人于 1678 年在厦门建立了第一家商馆，但在 1681 年被迫离开。

1689 年，威廉·希思（William Heath）驾驶“护卫”号（Defence）航行到澳门。由于 1637 年的韦德尔事件，中国人扣押了这艘船的桅杆，以防止英国人未经许可就在内河上航行。希思的船员从澳门南部的氹仔岛（Taipa）偷回了桅杆，但在此过程中杀死了海岸上的一名中国人。中国人进行了报复，将“护卫”号赶跑，“护卫”号逃离时抛弃了一些在氹仔岛的英国船员，对于他们的命运，我们只能猜测。[3] 1711 年，英国东印度公司在广州建立了自己的贸易站，并最终在 1717 年开始定期从广州直接装运茶叶，当时英国国内的茶叶消费已经激增。

那时茶叶的需求量已经很高，而且还在急剧增长。然而，英国人只是从 1692 年开始定期将茶叶运
往欧洲，这些茶叶要么取自巴达维亚，要么取自亚洲其他地方的荷兰中间商。[4]因此，合乎逻辑的是， 388
关于茶和茶叶商品的消息都是通过荷兰文学资料和他们与荷兰商人的直接贸易来到不列颠群岛的。在 1658 年 9 月 30 日的《政治快报》（*Mercurius Politicus*）上，英语中第一个有记录的荷兰语或闽南语表示茶的单词可以在四个“广告”的最后一个列表中找到。

---

① Sir Richard Carnac Temple, ed. 1919. *The Travels of Peter Mundy, in Europe and Asia, 1608–1667*. London: The Hakluyt Society (Vol. iii. *Travels in England, India, China, etc. 1634–1638*, Part i. *Travels in England, Western India, Achin, Macao and the Canton River*, 1634–1637, p. 191).

② Austin Coates. 2009. *Macao and the British, 1637–1842:Prelude to Hong Kong*. Hong Kong: Hong Kong University Press (pp. 1–27).

③ Coates (1988: 35–36).

④ Kirti Narayan Chaudhuri. 1978. *The Trading World of Asia and the Enghish East India Company*, 1660–1760. Cambridge: Cambridge University Press.

An Exact Defcription of the Grovvth, Quality and Vertues of the Leaf TEA.

BY

*Thomas Garway* in *Exchange-Alley* near the *Royal Exchange* in *London*, Tobacconift, and Seller and Retailer of TEA and COFFEE.

EA is generally brought from *China*, and groweth there upon little Shrubs or Bufhes, the Branches whereof are well garnifhed with white Flowers that are yellow within, of the bignefs and fafhion of fweet Brier, but in fmell unlike, bearing thin green leaves about the bignefs of *Scordium*, *Mirtle*, or *Sumack*, and is judged to be a kind of *Sumack*: This Plant hath been reported to grow wild only, but doth not, for they plant it in their Gardens about four foot diftance, and it groweth about four foot high, and of the Seeds they maintain and increafe their Stock. Of all places in *China* this Plant groweth in greateft plenty in the Province of *Xemfi* Latitude 36. degrees, bordering upon the Weft of the Province of *Honam*, and in the Province of *Namking* near the City of *Luchen*, there is likewife of the growth of *Sinam*, *Cochin-China*, the Ifland *de Ladrones* and *Japan*, and is called *Cha*. Of this famous Leaf there are divers forts (though all of one fhape) fome much better than other, the upper Leaves excelling the other in finenefs, a property almoft in all Plants, which Leaves they gather every day, and drying them in the fhade, or in Iron pans over a gentle fire till the humidity be exhaufted, then put up clofe in Leaden pots, preferve them for their Drink *Tea*, which is ufed at Meals, and upon all Vifits and Entertainments in private Families, and in the Palaces of of Grandees: And it is averred by a Padre of *Macao* Native of *Japan*, that the beft *Tea* ought not to be gathered but by Virgins who are deftined to this work, and fuch, *Quanondum Menftrua patiuntur: gemmæ quæ nafcuntur in fummitate arbufculæ fervantur Imperatoriè, ac præcipuis ejus Dynaftis; quæ autem infra nafcuntur, ad latera, populo conceduntur*. The faid Leaf is of fuch known vertues, that thofe very Nations fo famous for Antiquity, Knowledge and Wifdom, do frequently fell it among themfelves for twice its weight in Silver, and the high eftimation of the Drink made therewith hath occafioned an inquiry into the nature thereof among the moft intelligent perfons of all Nations that have travelled in thofe parts, who after exact Tryal and Experience by all wayes imaginable, have commended it to the ufe of their feveral Countries, for its Vertues and Operations, particularly as followeth, *viz*.

*The Quality is moderately hot, proper for Winter or Summer.*

*The Drink is declared to be moft wholefome, preferving in perfect health untill extreme Old Age.* See Levell. Herbal.

*The particular Vertues are thefe.*

It maketh the Body active and lufty.

It helpeth the Head-ach, giddinefs and heavinefs thereof.

It removeth the Obftructions of the Spleen.

It is very good againft the Stone and Gravel, cleanfing the Kidneys and Vriters being drank with Virgins Honey inftead of Sugar.

It taketh away the difficulty of breathing, opening Obftructions.

It is good againft Lipitude Diftillations, and cleareth the Sight.

It removeth Laffitude, and cleanfeth and purifieth aduft Humors and a hot Liver.

It is good againft Crudities, ftrengthening the weaknefs of the Ventricle or Stomack, caufing good Appetite and Digeftion, and particularly for Men of a corpulent Body, and fuch as are great eaters of Flefh.

It vanquifheth heavy Dreams, eafeth the Brain, and ftrengtheneth the Memory.

It overcometh fuperfluous Sleep, and prevents Sleepinefs in general, a draught of the Infufion being taken, fo that without trouble whole nights may be fpent in ftudy without hurt to the Body, in that it moderately heateth and bindeth the mouth of the Stomack.

It prevents and cures Agues, Surfets and Feavers, by infufing a fit quantity of the Leaf, thereby provoking a moft gentle Vomit and breathing of the Pores, and hath been given with wonderful fuccefs.

It (being prepared and drank with Milk and Water) ftrengtheneth the inward parts, and prevents Confumptions, and powerfully affwageth the pains of the Bowels, or griping of the Guts and Loofenefs.

It is good for Colds, Dropfies and Scurveys, if properly infufed, purging the Blood by Sweat and Urine, and expelleth Infection.

It drives away all pains in the Collick proceeding from Wind, and purgeth fafely the Gall.

And that the Vertues and Excellencies of this Leaf and Drink are many and great, is evident and manifeft by the high efteem and ufe of it (efpecially of late years) among the Phyfitians and knowing men in *France*, *Italy*, *Holland* and other parts of Chriftendom; and in *England* it hath been fold in the Leaf for fix pounds, and fometimes for ten pounds the pound weight, and in refpect of its former fcarcenefs and dearnefs, it hath been only ufed as a *Regalia* in high Treatments and Entertainments, and Prefents made thereof to Princes and Grandees till the year 1657. The faid *Thomas Garway* did purchafe a quantity thereof, and firft publickly fold the faid *Tea* in Leaf and Drink, made according to the directions of the moft knowing Merchants and Travellers into thofe Eaftern Countries: And upon knowledge and experience of the faid *Garway*'s continued care and induftry in obtaining the beft *Tea*, and making Drink thereof, very many Noblemen, Phyfitians, Merchants and Gentlemen of Quality have ever fince fent to him for the faid Leaf, and daily refort to his Houfe in *Exchange-Alley* aforefaid to drink the Drink thereof.

And that Ignorance nor Envy may have no ground or power to report or fuggeft that what is here afferted of the Vertues and Excellencies of this pretious Leaf and Drink hath more of defign than truth, for the juftification of himfelf and fatisfaction of others, he hath here innumerated feveral Authors, who in their Learned Works have exprefly written and afferted the fame, and much more in honour of this noble Leaf and Drink, *viz*. *Bontius*, *Riccius*, *Jarricus*, *Almeyda*, *Horftius*, *Alvarez Semeda*, *Martinious* in his *China Atlas*, and *Alexander de Rhodes* in his Voyage and Miffions in a large difcourfe of the ordering of this Leaf, and the many Vertues of the Drink, printed at at *Paris* 1653. part. 10. Chap. 13.

And to the end that all Perfons of Eminency and Quality, Gentlemen and others, who have occafion for *Tea* in Leaf may be fupplyed. Thefe are to give notice, that the faid *Thomas Garway* hath *Tea* to fell from fixteen to fifty Shillings the pound.

And whereas feveral Perfons ufing *Coffee*, have been accuftomed to buy the powder thereof by the pound, or in leffer or greater quantities, which if kept two dayes loofeth much of its firft Goodnefs. And forafmuch as the Berries after drying may be kept if need require fome Moneths; Therefore all perfons living remote from *London*, and have occafion for the faid powder, are advifed to buy the faid *Coffee* Berries ready dryed? which being in a Morter beaten, or in a Mill ground to powder, as they ufe it, will fo often be brisk, frefh, and fragrant, and in its full vigour and ftrength as if new prepared, to the great fatisfaction of the Drinkers thereof, as hath been experienced by many in this City. Which Commodity of the beft fort, the faid *Thomas Garway* hath alwayes ready dryed to be fold at reafonable Rates.

Alfo fuch as will have *Coffee* in power, or the Berries undryed, or *Chocalata*, may by the faid *Thomas Garway* be fupplied to their content: With fuch further Inftructions and perfect Directions how to ufe *Tea*, *Coffee* and *Chocolata*, as is, or may be needful, and fo as to be efficatious and operative, according to their feveral Vertues.

*FINIS.*

---

**Advertifement.**

That *Nicholas Brook*, living at the Sign of the *Frying-pan* in St. *Tulies*-ftreet againft the Church, is the only known man for making of Mills for grinding of *Coffee* powder, which Mills are by him fold from 40. to 45. fhillings the Mill.

图 6.9 托马斯·加韦在其 1660 年的刊物中介绍英语“tea”的拼法是从拉丁语式荷兰语术语“thea”中去掉字母 h，此时英语中的单词 tea 的发音仍然像口语荷兰语中的 thee，以便与英文中的 say 或 day 谐音。

这个已为所有医生认可的优秀的中国饮品，被中国人称为 Tcha，其他国家称之为 Tay，别名 Tee，在英国皇家交易所附近斯威廷出租屋的“苏丹王妃”（Suttaness Head）咖啡屋售卖。[①]

托马斯·加韦（Thomas Garway）在《政治快报》上刊登的这个广告包含所谓的中国人所称的 tcha 以及闽南语中表示茶的词。书面用法中的 tcha 不是中文，却代表了一种同时期荷兰人对日语

① *Mercurius Politicus, comprifing the fum of Forein Intelligence, with the Affairs now on foot in the Three Nations of England, Scotland, and Ireland for the Information of the People*, Numb. 435 (From Thurfday Septemb. 23. to Thurfday Septemb. 30. 1658), p. 887.

中茶的理解。这个闽南语的词被加韦拼成 tee 和 tay。这三种正字法在后来一段时间的英语写作中都得到了证实。

这则刊登在《政治快报》上的广告，似乎是 1659 年 6 月 13 日伦敦一位匿名讽刺作家发布的《36 个疯狂快乐查询》中第 11 个问题的直接来源。在这个问题中，由于原广告中 tay 的拼写要么是无意中的印刷错误，要么是被顽皮地拼成了 ta，他嘲笑了新的商品巧克力、咖啡和茶。

> 无论是博学的医师还是其他人，如果他们不充分实践，就不能有很好的认识和研究：是否咖啡、果子露来自土耳其，巧克力多被犹太人使用，面包被莫斯科人（Mufcovites）使用，Ta 和 Tee 以及其他新型饮料符合我们英国人的体质。①

在同时期的荷兰著作中，Tee 的拼法也仍然与更为博识的医学拼法 Thee 一起使用，但加韦和他的讽刺作家都被迫选择不带字母 h 的变体，以免从他们的英国同胞那里引出带有齿间摩擦音的 [θ]，就像 think 这个词的第一个发音。Tay 的拼法显然直接来源于 1653 年亚历山大・德・罗德斯（Alexandre de Rhodes）著作的英译本，加韦则于 1657 年首次从他在伦敦交易所附近的商店将该词介绍给伦敦社会。

加韦在 1660 年题为《关于茶的栽培、质量和功效的真实描述》的广告中引入了一种全新的变体拼法。② 这是现存最早的用现代拼法写英语单词 tea 的实例。加韦的广告多次出版，博德利图书馆（Bodleian Library）保留了一份 1664 年的副本，该副本似乎"更正"了 1660 年 tea 的拼法，并再次提出了 tee 和 tay 的拼法，就像最初 1658 年的广告中包含的那样。1664 年版的广告题为《关于茶，别名为 TAY 的栽培、质量和功效的真实描述，以总体上满足高品质的人和国家的利益》。1660 年和 1664 年版的广告都直接从当代荷兰文献和亚历山大・德・罗德斯 1653 年版的英译本中获取了信息。

与 1658 年《政治快报》最初的广告相反，1660 年和 1664 年的广告都正确地将 cha 或 tcha 的形式 390
归于日语，而不是错误地归于汉语。1660 年出现的 tea 的拼法是迈向现代英语中表示茶这个单词的第一步。这种新的变体拼法是从荷兰医学术语 Thea 修改而来的，因为合成符 th 通常代表一种齿间的摩擦音，就像在英文单词 thin 或 thirst 中，故而省略了字母 h。拉丁语术语 Thea 通过阿姆斯特丹医生杜普和其他荷兰学者有影响力的著作而广为人知。Thea 的拼法在 17 世纪下半叶英属东印度公司的记录以及学者的信件中也被采用。詹姆斯・泰瑞尔（James Tyrrell）于 1682 年 6 月写给约翰・洛克（John Locke）的一封信中，这个词就被写成 theà。③

---

① Anonymous. 1659. *Endlesse Qveries: or An End to Queries, Laid down in 36 Merry Mad Queries for the Peoples Information*. London: Printed 1659 June 13 (pp. 4–5).

② Thomas Garway. 1660. *An Exact Defcription of the Growth, Quality, and Vertues of the Leaf tea*. London: Thomas Garway in Exchange-Alley near the Royal Exchange, in London, Tobacconift, and Seller and Retailer of Tea and Coffee.

③ James Tyrrell. 1976 [1682]. Letter '715. James Tyrrell to Locke, [c. 10 June 1682] (645, 750)', pp, 523–525, Vol. 2 in Esmond Samuel de Beer, ed., *The Correspondence of John Locke in Eight Volumes*. Oxford: The Clarendon Press (p. 525).

## An Exact Deſcription of the Growth, Quality, and Vertues of the Leaf TEE, alias TAY, Drawn up for Satiſfaction of Perſons of Quality, and the Good of the Nation in General.

TEE is generally brought from *China*, and groweth upon little Trees (for the moſt part) in one of the ſix Northern Provinces of that Kingdome, called *Xemſi*, Latitude 36 Degrees, Bordering upon the Weſt of the Province of *Honam*; the Leaf is about the bigneſs of *Scordium* or *Mirtle*, there are divers ſorts of it, ſome much better then other, and the upper Leaves do excel the other in fineneſs (a property almoſt in all Plants) there is likewiſe of the Growth of *Japan*, and is called *Cha* or *Tcha*.

The ſaid Leaf is of ſuch known Vertues, that thoſe very Nations, ſo Famous for Antiquity, Knowledge and Wiſdome, doe frequently ſell it among themſelves, for its weight in Silver; and the high eſtimation of the Drink made therewith, hath occaſioned an enquiry into the Nature thereof, among the moſt Intelligent Perſons of all Nations, that have Travelled into thoſe Parts; who after exact Tryal and Experience by all wayes imaginable, have commended it to the Uſe of their ſeveral Countries for its Vertues and Operation, perticularly as followeth, *viz.*

*The* Quality *is moderately Hot.*

The Drink is Declared to be moſt Wholſome, Preſerving in Perfect Health until Extreme Old Age.

### The Perticular Vertues are theſe:

IT maketh the Body active and luſty, ſtrengthning the Muſcles and Sinnews.
It helpeth the Head-ach, Giddineſs and Heavineſs thereof.
It removeth the Obſtructions of the Spleen.
Its very good againſt the Stone and Gravel, cleanſing the Kidneys and Ureteries.
It taketh away the difficulty of breathing, opening Obſtructions.
Its good againſt Lipitude, Diſtillations, and cleareth the Sight.
It removeth Laſſitude, and cleanſeth and purifieth aduſt Humors, and a Hot Liver.
Its good againſt Crudities.
It ſtrengthneth the weakneſs of the Ventricle or Stomack, and cauſeth a good Appetite and Digeſtion.
It vanquiſheth heavie Dreams, eaſeth the Brain, ſtrengthneth the Memory.
It overcometh ſuperfluous Sleep, and prevents Sleepineſs in general, a draught of the Infuſion being taken, ſo that without trouble whole Nights may be ſpent in Study, without hurt to the Body, in that it moderately heateth and bindeth the mouth of the Stomack.
It prevents Agues, Surfets, and Fevers, by infuſing a fit quantity of the Leaf, thereby provoking a moſt gentle Vomit, and breathing of the Pores.
It ſtrengthneth the inward Parts, and prevents Conſumptions.
It aſſwageth the Pains of the Bowels.
It cureth Colds, Dropſies, and Scurveys, by a proper Infuſion, purging the Blood by Sweat and Urine, and expelleth Infections.
It drives away all pains in the Collick proceeding from Wind.
It purgeth ſafely the Gall.

And that the Vertues and Excellencies of this Leaf and Drink are many and great, is evident and manifeſt by the high eſteem and uſe of it (eſpecially of late years) among the Phyſicians and knowing men both in *France*, *Holland*, and other Parts of Chriſtendome; and in *England* it hath been ſold in the Leaf for ſix pound, and ſomtimes for ten pounds the pound weight, and in reſpect of its former ſcarceneſs and dearneſs, it hath been only uſed as a *Regalia*, in high Treatments and Entertainments, and Preſents made thereof to Princes and Grandees, till about the yeer 1657, *Thomas Garway* of *London* Merchant, living in *Sweeting*'s Rents neer the *Royal Exchange*, did purchaſe a quantity thereof, and there firſt publiquely ſold the ſaid *Tay* in Leaf and Drink made according to the Directions of the moſt knowing Merchants and Travellers into thoſe Eaſtern Countries: And upon Knowledge and Experience of the ſaid *Garways* continued Care and Induſtry in obtaining the beſt *Tee*, and making the Drink thereof, very many Noblemen, Phyſicians, Merchants, and Gentlemen of Quality, have ever ſince ſent to him for the ſaid Leaf, and daylie reſort thither to drink the Drink thereof.

And that Ignorance or Envie may have no Ground or Power to Report or Suggeſt that what is herein aſſerted of the Vertues and Excellencies of this precious Leaf and Drink, hath more of Deſigne then Truth; for the Juſtification of my ſelf, and Satiſfaction of others. I have here ennumerated ſeveral Authors, who in their Learned Works have expreſly Written and Aſſerted the ſame, and much more, in Honour of this Noble Leaf and Drink, *viz.*

Bontius, Riccius, Jarricus, Maſſaus, Almeyda, Horſtius, Alvarez Semedo, *and* | Alexand. de Rhodes *in his Voyage and Miſſions in a large Diſcourſe of the Ordering of this Leaf, and the many Vertues of the Drink*; *Printed at* Paris 1653. *Part* I. *Chap.* XIII.

And to the end that all Perſons of Eminency and Quality, Gentlemen, and others reſiding in or neer the Court, *Weſtminſter*, and Parts adjacent, may the better be fitted and ſupplied, the ſaid *Tho. Garway* hath now purpoſely taken part of a Houſe in the paved Yard or Court by the *Harp* and *Ball* at *Charing Croſs*, over againſt *Kirke*-Houſe, and there at the Signe of the *China*-man, daylie ſells both the beſt of the ſaid Leaf and Drink; and for the accommodation of ſuch as are more remote, and are deſirous, or have occaſion to make uſe thereof, they may there, or at his fore-mentioned Houſe in *London*, have of the very beſt Leaf, and perfect Directions how to make uſe of the ſame, ſo as to be efficacious and operative, according to their expectations, and the ſeveral Vertues afore-mentioned.

And ſuch as have occaſion for Spaniſh *Chocolata* in the Cake, from three ſhillings to ten ſhillings the pound weight, and right Turkey *Coffe-berry* pulverized, may there be ſupplyed by the ſaid *Thomas Garway*.

*publiſhed an 1664*

图 6.10　在 1664 年的广告中，加韦恢复了最初包含在 1658 年广告中 tee 和 tay 的拼法。Tee 的拼法是仿照荷兰语的 thee 而去掉了字母 h，Tay 的拼法取自亚历山大·德·罗德斯著作的英文版，他的作品已被列在 1660 年大陆版报纸中并在 1664 年的报纸中更为显著地引用。

在阅读拉丁语文本时，这个词可能经常被读作拉丁语术语中的双音节词，但在 17 世纪的英语口语中，一个英国人所能发出“茶”一词的最好读音就是荷兰语单词 thee，这个词是英国买家从巴达维亚或苏拉特（Surat）的荷兰商人或沿着英国海岸、海峡群岛（Channel Islands）上的荷兰走私者那里购买茶叶时听到的。加韦用多种拼法拼写“茶”这个词，但最终拉丁语术语的拼法 Thea 占据上风，只不过从中去掉了字母 h。由于最初英语 tea 的发音很像荷兰语 thee，所以英语单词 tea 与 yea 一样押韵。英语 tea 的发音直到 18 世纪中期才开始改变。[①]

① Yule and Burnell (1903); William Harrison Ukers. 1936. *The Romance of Tea: An Outline History of Tea and Tea-Drinking through Sixteen Hundred Years.* New York: Alfred A. Knopf (p. 4).

1659 年 11 月，托马斯·鲁格（Thomas Rugge）在他的日记中提到“咖啡、巧克力和一种叫作 tee 的饮料，1659 年几乎每条街都在卖”。[①] 在其 1660 年 9 月 25 日的日记中，海军上将塞缪尔·佩皮斯（Samuel Pepys）的秘书同样使用了 tee 的拼法，这反映出当代荷兰语拼法已去掉了字母 h。

> 我确实叫了一杯此前没喝过的 Tee（一种中国饮料）。[②]

茶在英国是一种新奇的东西，但很快便成为一股热潮。多年来，英国人对新词 tee 或者 tea 的发音很像荷兰语单词 thee，就像 tea 与 say、gay、lay 或 day 一样押韵，这在当时确实如此。早期的拼法 tey 和 tay 还反映了英国作家赋予荷兰语 thee 更多英语拼法的其他尝试。

被翻译为 tea 的拼法不仅更像英语，而且人们很快发现茶制作的方式也更适合那个时代英国人的口味。1669 年，凯内尔梅·迪格比爵士（Sir Kenelme Digbie）在他的食谱书中向人们推荐了“配合鸡蛋一道享用的茶”（Tea with Eggs），因为人们下班后回到家时，感觉有点饥肠辘辘。

> 对于接近一品脱的饮料，需要取两个新鲜鸡蛋的蛋黄，配上适量精制糖和足量的汤并打匀， 391
> 当这些和好之后，把茶倒在鸡蛋和糖上搅拌均匀，趁热喝了。这适用于人们从外出差回来非常饥饿，但又不方便马上吃上一顿好饭的情况。当下就能驱散胃的夹生感和疲乏，顿时穿过整个身体并进入血管之中，非常稳固，使人在就餐之前忍耐相当一段时间。[③]

正如第七章所述，相较于欧洲大陆上的人民，一些英国人在这个时候已经把巧克力和两个鸡蛋放在一起，这样就能使他们的热巧克力变成更适合英国人口味、更为美味的饮料。

英语单词 tea 的发音直到 1702 年左右才开始改变，这个转变似乎在 1748 年已经完成。1685 年 12 月，在康斯坦丁·惠更斯（Constantijn Huygens）用同样的双关语达到良好效果的 45 年后，流亡荷兰的英国哲学家约翰·洛克在一封用拉丁语写给他荷兰净言派（the Dutch Remonstrant）神学家朋友菲利普·范·林博克（Philippus van Limborch）的信中，用了一个双关语，洛克经常和他在阿姆斯特丹喝好茶。

> 我知道这几天你一直为生意上的事操心，这是到目前为止我既看不到你（thee）也看不到茶

---

① William L.Sachse,ed.1961.The Diurnal of Thomas Rugg, 1659–1661. London: Royal Historical Society (p. 10), also quoted by Richard Lord Braybrooke. 1854. *Memoirs of Samuel Pepys, F.R.S., Secretary to the Admiralty in the Reigns of Charles II. and James II., the Diary Deciphered by the Rev. J. Smith A.M. from the Original Shorthand Ms. in the Pepysian Library* (fourth edition, revised and corrected in four volumes). London: Henry Colburn (Vol. 1, p. 110).

② 佩皮斯最初日记中的这一段，是用谢尔顿在 1638 年引进的速记系统写成的，福雷斯特用摄影复制了这段片段 (1973: 29)。“Cupp”、“Tee” 和 “China” 三个字都写得很完整；cf. Braybrooke (1854, Vol. 1, p. 110)。

③ Sir Kenelme Digbie. 1669. *The Closet Of the Eminently Learned Sir Kenelme Digbie Kt. opened: Whereby is Discovered Several ways for making of Metheglin, Sider, Cherry-Wine, &c., together with Excellent Directions for Cookery: as alſo for Preſerving, Conſerving, Candying, &c., Publiſhed by his Son's Conſent*. London: Printed by E.C. for H. Brome (p. 155).

（tea）的充足理由。[①]

无论是用拉丁语还是用英语写作，约翰·洛克通常使用 tea 的拼法而去掉作为学问点缀的字母 h。

六年后，同样的双关语在苏乐恩（Thomas Southerne）的喜剧中被再次使用，该剧于 1691 年底在伦敦首演。先生们和女士们在下午茶的时候讨论他们要选择哪一种茶，接下来的对话在弗兰德尔先生（Mr. Friendall）、他的妻子和韦维尔先生（Mr. Wellvile）之间展开。

弗兰德尔先生：夫人，我们该喝哪种茶？

弗兰德尔妻子：弗兰德尔先生，哪种使人满意？

弗兰德尔先生：普通的广东茶、南京茶、武夷茶、泡沫茶、松罗茶还是其他？哈！

韦维尔先生：你有其他更多的茶（non amo te ——这个词组是个双关语，英语的字面意思是“没有更多的茶”，拉丁语的意思是“我不爱你”。——译者注）吗？

弗兰德尔先生：不，先生，今年只有一点点；只有一个对茶很感兴趣的委员会朋友许诺给了我一罐。[②]

当然，non amo te 一词在拉丁语中意为“我不爱你”，而苏乐恩诙谐的双关语之所以有效，是因为英语单词 tea 与拉丁语 te 的英文发音押韵。

即使在英国明确养成喝茶习惯的半个多世纪后，tea 这个词仍然保留了它原来的荷兰语或闽南语的发音。在 1712 年首次出版的亚历山大·蒲柏（Alexander Pope）的《劫发记》（*The Rape of the Lock*，国内有的译作《夺发记》《秀发遭劫记》。——译者注）中，tea 这个词出现在该诗的第三章中。韵律诗表明英语单词 tea 的发音仍然很像荷兰语单词 thee。在讽刺一幅描绘汉普顿宫（Hampton palace）的画
392 作时，蒲柏提到了安妮女王喝茶时的宫廷礼仪。

Cloſe by thoſe Meads, for ever crown'd with Flow'rs,
Where *Thames* with Pride ſurveys his riſing Tow'rs,
There ſtands a Structure of Majeſtick Frame,
Which from the neighb'ring *Hampton* takes its Name,
Here *Britain's* Stateſmen oft the Fall foredoom
Of Foreign Tyrants, and of Nymphs at home;
Here thou, great *Anna*! whom three Realms obey,
Doſt ſometimes Counſel take—and ſometimes *Tea*.

① John Locke. 1976 [1685]. Letter '840. Locke to Philippus van Limborch,23/31December[1685](838,841)', pp. 763–764, Vol. 2 in Esmond Samuel de Beer, ed., *The Correspondence of John Locke in Eight Volumes.* Oxford:The Clarendon Press (p. 763).

② Thomas Southerne. 1692. *The Wives Excuse; or Cuckolds Make Themſelves.* London: Samuel Briſco, over againſt Will's Coffee-House (p. 37).

靠近草地，永远开满鲜花，
泰晤士河骄傲地环视着耸起的塔，
那里矗立着一座宏伟的建筑，
从其邻近的汉普顿宫获得其称呼，
这里英国的政治家时常是外国暴君
和室中仙女灭亡的预言家，
你，伟大的安娜！三个王国臣服你，
有时策谋利益，有时喝茶。①

单词 tea 与 obey 押韵并成为轭式搭配，蒲柏以这样的修辞手法结束了第三章的开头部分。在诗的其他地方，tea 与 away 押韵。

Soft yielding Minds to Water glide away,
And ſip with *Nymphs*, their Elemental Tea.
柔弱的心灵掠过水面，
和美少女共饮他们的活命茶。②

值得注意的是，在该诗的第四章，bohea（武夷茶）一词同样与 way 押韵。Bohea 被一位女士提到过，她已经失去一缕头发，并哀叹她曾经见过汉普顿宫，现如今却无法再去那里品饮武夷茶。③ 在其他一些当代英语来源中，Bohea 被写为 Bohe。

同样，在 1716 年出版的《伦敦街头行走的艺术》（*The Art of Walking the Streets of London*），tea 这个词被用来与单词 pay 押韵，作者约翰·盖伊（John Gay）在这个押韵的段落中描述了大多数居住在人造城市环境中的人们不时经历的共同急迫性困境，这个部分的标题为“不熟悉城镇之人的诸多不便”。

The thoughtleſs Wits ſhall frequent Forfeits pay,
Who 'gainst the Centry's Box diſcharge their Tea.
Do thou ſome Court, or ſecret Corner ſeek,
Nor flush with Shame the paſſing Virgin's Cheek.
轻率的智者常不被雇用，
他们靠着中心的盒子倒茶，
你找寻短巷或是秘密角落，

① Alexander Pope. 1714. *The Rape of the Lock, an Heroi Comical Poem. In Five Canto's*.London:Printed for Bernard Lintott, at the Croſs-Keys in Fleetſtreet (p. 19, Canto iii, ll. 1–8).

② Pope (1714, p. 4, Canto i, ll. 62–63).

③ Pope (1714, p. 39, Canto iv, l. 156).

也不会羞红消逝的处女的面颊。①

随着时间的推移，tea 这个词的拼写发音开始占据上风，由此 tea 的发音好像能与其拼写相似的词押韵，比如 sea 或者 flea。

在盖伊的剧本出版 30 多年后的 1748 年，爱德华·摩尔（Edward Moore）在一首诗中嘲笑了亨廷顿郡圣尼奥茨（St. Neots in Huntingdonshire）附近的伊顿（Eaton）一名男子的任性女儿，这首带着疑问呈现给这位女士的诗名为《因私下偷窃而对萨拉·帕玛（又名纤细的萨拉）的审判》（*The Trial of Sarah Palmer, Alias Slim Sall, for Privately Stealing*）。

图 6.11　版画中的茶医生科内利斯·邦特科，别名为科内利斯·德克（1645~1685 年），来自阿德里安斯·哈儿韦格（Adrianus Halweg）的版画。

The pris'ner was at large indicted,
For that by thirſt of gain excited,
One day in July laſt, at tea,
And in the houſe of Mrs. P.,
From the left breaſt of E.M. gent,
With baſe felonious intent …
犯人正在审判，
因为渴望得到而兴奋，
去年 7 月的一天，在喝茶之时，
并且在 P 夫人的家里，
从 E. M. 的绅士左胸
带着卑鄙犯罪的意图……②

392

从保守的、博学的英语发音 tea，与 say 和 play 押韵，到现代 tea 一词的发音，与 sea 和 plea 押韵，这一转变可能始于爱尔兰，并最初被那些懒得保留原有发音的人采用。

爱尔兰诗人纳胡姆·泰特（Nahum Tate）在两首诗中发现了其可能源于爱尔兰语发音的迹象，早在 1702 年，他就是第一

① John Gay. 1716. *Trivia: or, The Art of Walking the Streets of London*. London: Bernard Lintott, at the Cross-Keys between the Temple Gates in Fleet-Street (p. 20).

② Edward Moore. 1756. *Poems, Fables and Plays*. London: R. and J. Dodsley in Pall-Mall (p. 39).

个用 tea 一词来押韵 sea 和 plea 的人。[①]泰特来自都柏林，那里可以听到一种爱尔兰口音的三明治发音。393
爱尔兰语中表示茶的词是 tae，其中复合字母 ae 表示爱尔兰音素 /eː/。今天，爱尔兰语 tae 在阿尔斯特（Ulster）仍然听起来像荷兰语 thee，但芒斯特（Munster）南部方言中的爱尔兰语 tae 有着发音接近英语 tea 中 [iː] 的元音，康诺特（Connacht）方言区的爱尔兰语变体的发音介于两者之间。[②]爱尔兰语元音
中的鼻音有助于并促进了英语 tea 一词读音的引入。394

后来，法国胡格诺派（Huguenot）诗人皮埃尔·安托万·莫图赫（Pierre Antoine Motteux）来到伦敦，成为进口中国和印度商品的商人，1712 年还写了一首赞美茶的诗。作为一名法国人，莫图赫注意到英文 tea 的新读音，他可能体验过一种以更为地道的英国方式来说这个词，因为它不同于法国单词 thé 的发音。在他的诗中，tea 与 sea、see 和 agree 押韵。[③]此时，tea 一词的读音还很新，它仍然与古老和更有学问的发音共存。

## 另一位有影响的荷兰茶医

阿尔克马尔（Alkmaar）的科内利斯·邦特科（Cornelis Bontekoe），别名为科内利斯·德克（Cornelis Dekker，1645~1685 年），在莱顿学习医学，成为笛卡尔观点的狂热支持者，并强烈反对那些信奉他人而非自己的观点的人。他在海牙行医，并在 1678 年出版了一本关于茶、咖啡和巧克力的手稿。茶在此前的半个世纪就已普及于荷兰，在精英圈子里，比如穆登文化圈（Muiderkring）的成员，就曾于 1615 年至 1645 年聚集在阿姆斯特丹郊外的穆登城堡举行文学和音乐晚会。对这些令人难忘的聚会有着美好记忆的康斯坦丁·惠更斯（Constantijn Huygens，1596~1687 年）是穆登文化圈成员之一。到 1673 年，喝茶在荷兰已经是一件司空见惯的事，不再是有钱有势、有艺术倾向的精英们的专属嗜好。

在 1673 年 12 月 31 日一首题为《醉茶者》（*Té-dronckaerts*）的四行诗中，惠更斯若有所思地观察到，茶已经渗透到社会各阶层。

> 无论是年轻人还是老年人，
> 都有一个通病，
> 为了保住他们的平庸，
> 他们大多都已为茶痴狂。[④]

---

① Nahum Tate. 1702. *A Poem upon Tea: with A Difcourse on its Sov'rain Virtues; and Directions in the Use of it for Health. Collected from Treatifes of Eminent Phyficians upon that Subject.* London: Printed for J. Nutt near Stationer's-Hall (pp. 29, 31).

② Thomas Francis O'Rahilly. 1976. *Irish Dialects Past and Present.* Dublin: Institute for Advanced Studies; Raymond Hickey. 2011. *The Dialects of Irish: Study of a Changing Landscape.* Berlin: Mouton de Gruyter; *New English-Irish Dictionary* 〈http://www.focloir.ie〉 [with audio files].

③ Peter Motteux. 1712. *A Poem in Praise of Tea.* London: Printed for J. Tonfon at shakefpear's Head, over-againſt Catherine-ſtreet in the strand (pp. 6, 8, 11, 14, 16).

④ Jacob Adolf Worp, red. 1898. *Constantijn HuygensGedichten Deel 8: 1671–1687.* Groningen: J.P. Wolters (blz. 104).

在这个大众化时代，邦特科声称，他受到启发用荷兰语写一篇关于茶的论文，这样就不会像其他用拉丁文写的医学著作那样，他的作品可以被普通人阅读。出于爱国主义，他还用荷兰语写作并赞扬了荷兰人有幸获得这种商品。①他的笔名取自一头名叫邦特科的“斑纹牛”，这头牛被画在他父亲位于阿尔克马尔邦特古巷（Bontekoesteeg）和佛德龙肯北运河（canal Verdronkenoord）拐角处的公司前的一块招牌
395 上。第二年，他的论文被重印，并为其赢得了像“茶医生”（theedokter）这样相当大的声誉。

在荷兰，邦特科也获得了一个好争吵和论战的形象，因此有许多诋毁者，但也有一些盟友。在阿姆斯特丹短暂停留后，他于1681年前往汉堡，在那里他受到年迈的勃兰登堡（Brandenburg）选帝侯腓特烈·威廉一世（Friedrich Wilhelm I）的恩宠。他搬到柏林，并被任命为奥德河畔法兰克福大学的教授。1685年1月13日，邦特科在巡视时探望了科隆的病人，科隆曾是位于施普雷河（Spree）对岸的柏林姐妹城市，但今天这里只不过是柏林市中心的一个街区。这一天快结束时，邦特科被叫去探望另一位病人，当时他在来自里尔（Rijsel）的宫廷画家雅各布·维兰特（Jacob Vaillant）的家里。他离开时答应马上回来，却从楼梯上摔了下来，头骨骨折去世。②

在他的论文中，邦特科警告说，茶不是万能药。

> 我不主张……把一切都归功于茶……或者把茶抬高到万能药的地位，因为那也只不过是人们上当受骗的蠢行之一……③

相反，论文的前半部分致力于消除茶的诋毁者传播的关于茶的错误想法。他写道，茶不会使人身体变干，也不会使人变瘦或更易感染肺结核。茶不会削弱胃，产生胆结石，引起震颤、癫痫或男女不孕不育。

而且，邦特科告诉我们，茶能滋润嘴唇，对口腔和喉咙都有好处，保持牙齿和牙龈清洁，安抚并强化肠胃，有助于防止出血，净化血液，刺激其循环，减少发热，缓解充血和心律失常、腹泻和子宫出血。最后，茶对大脑和神经特别有好处，能促进人的心理平衡，消除昏睡，激活记忆和意识。邦特科指出：

> ……这种饮料是真正的大脑饮料，这种药草是真正的记忆药草。④

---

① ‘…de liefde, die men heeft voor onſe Natie en ’t geluk dat ſy geniet boven d’anderen, om dit Kruyd overvloediger te ontfangen door de negotie van Indien’（一个人对我们国家的爱，以及她在与东印度群岛的贸易中比其他国家更为丰富地获得这种草药所享有的好运）(Cornelis Bontekoe. 1678. *Tractaat Van het Excellenſte Kruyd Thee: ’t Welk vertoond het regte gebruyk, en de groote kragten van ’t ſelve in Geſondheid, en Siekten: Benevens een Kort Discours op Het Leven, de Siekte, en de Dood: mitsgaders op de Medicijne, en de Medicijns van deſe tijd, en ſpeciaal van ons Land. Ten dienſte van die gene, die luſt hebben, om Langer, Geſonder, en Wijſer te leven, als de meeſte menſchen nu in ’t gemeen doen.* ’s Gravenhage: Pieter Hagen, 9th unnumbered page of the prefatory Waarſchouwinge).

② Cornelis Willem Bruinvis. 1892. ‘Cornelis Bontekoe, de theedokter’, *Elsevier’s Geïllustreerd Maandschrift*, 2 (iii): 404–416.

③ Bontekoe (1678, 17th unnumbered page of the prefatory *Waarſchouwinge*).

④ Bontekoe (1678: 239).

这句话听起来很时兴。然而，他对这一见识的解释非常符合他所处时代和社会环境的精神。他解释说，茶在促进大脑健康方面，也有助于加强饮茶者对荷兰新教改革的信仰。邦特科写道，茶不仅“引起虔诚”而且治愈痛风、坏血病，帮助抑制癫痫，改善视力和听觉，强化胸部、肝脏、肾脏、脾脏和膀胱，帮助缓和咳嗽与感冒、头痛、嗜睡、水肿、肝炎、肾结石以及年幼孩子苍白的肤色。然而，一年后出版的第二版在描述茶对意识和思想的心理影响方面有了很大的改进，也更加复杂。就像日本的禅师一样，由茶引起的意识状态的改变，在精神意义上被邦特科所欣赏。他比较了酒和茶对意识和思维的影响。

……（葡萄酒和啤酒）用睡眠或醉酒来麻痹大脑，从而削弱记忆，混淆想象力，点燃激情之 396
火；茶，能减轻困倦，驱散心中的荫翳，使头脑更清醒，给想象力适量的热度，所以，喝过茶的人（除非茶的影响已经被其他原因减弱）会发现自己举止自若，完全能够清晰而独特地思考真理和做到真正的忠诚，这一点也不像伪善，而是优雅虔诚的真正源泉。[①]

邦特科对茶叶保存有合理的建议，为此他指定用密封的铅制瓶或罐子。此时，茶被茶箔（theelood）密封在这样的容器里。同样地，从亚洲运来的装在荷兰东印度人号船上的茶叶板条箱的内部也铺上了这种材料，以防止新鲜茶叶在漫长的海上旅行中霉变，而在当时，海上旅行通常要花上大约半年的时间。Theelood 是铅、锡和铜的合金，这个词也适用于锡和锌的合金。邦特科对卷曲的干茶叶的评价如下：

卷曲的茶叶颜色应该是蓝绿色，并且有刚晒干的草本植物的光泽。颜色越接近红色，茶的质量就越差。[②]

对于沏成饮料的颜色，邦特科建议品饮者根据以下进行判断：

……这样，每个人都可以通过茶的颜色来判断茶是好还是坏，茶的颜色不能是黄的，也不能是红的，必须是绿的或白的；从气味上看，它应该是新鲜的、迷人的和悦人的，从味道上看，它应该是厚实的和苦涩的。[③]

他建议用最干净的井水或雨水，并强调水的质量对茶的味道至关重要。水本身应该放在陶器或锡 397

① Cornelis Bontekoe. 1679. *Tractaat Van het Excellenfte Kruyd Thee: 't Welk vertoond het regte gebruyk, en de groote kragten van 't felve in Gefondheid, en Siekten: Benevens een Kort Discours op Het Leven, de Siekte, en de Dood: mitsgaders op de Medicijne van defe tijd. Ten dienfte van die gene, die luft hebben, om Langer, Gefonder, en Wijfer te leven. Den Tweeden Druk Vermeerdert, en vergroot met byvoeginge van noch twee korte Verhandelingen, I.Van de Coffi; II.Van de Chocolate, Mitsgaders vaneen Apologievan den Autheurtegensf ijne Lafteraars.* 's Gravenhage: Pieter Hagen (pp. 201–202).

② Bontekoe (1678: 294).

③ Bontekoe (1678: 295).

罐里煮，而不是放在铜器里煮，因为铜器会影响茶的味道。他认为代尔夫特（Delft）蓝色陶瓷为那些买不起中国瓷器的人提供了一个很好的选择。茶不应该冲得太浓，也不应该用糖来增加甜味。他劝告说，茶是一年四季都要喝的，虽然茶没有害处，但最好是在早上而非晚上喝。

我已经在第五章讨论了更加安全、有益的饮用茶的量，为此既提及法国耶稣会士亚历山大·德·罗德斯的狂饮，也讨论了德国耶稣会士阿塔纳修斯·基歇尔的过激建议。茶医生邦特科做了以下观察：

> 如果人们愿意的话，我可以毫不费力地建议他们喝 50 杯、100 杯或 200 杯茶。我在早上或下午的许多场合喝了那么多杯，不仅是我喝了，许多人也喝了，但没有一个人因此死亡。但我不建议任何人效仿这一做法，我只是想说，它已经以这个简单的方式实验性地证明了喝茶并不是一件坏事（这将使诽谤者和忧虑者羞愧并闭嘴），而且没有理由去害怕服用 10 杯或 20 杯茶。茶既不是葡萄酒，也不是啤酒，葡萄酒和啤酒会冲昏头脑（正如人们所说的）。对于那些还不习惯喝茶的人来说，每天两次喝 8 杯或 10 杯，这是必须的，也是最低限度的，因为除此之外，基歇尔神父在他对中国的正确描述中，说这种饮料是唯一的饮品。
>
> 也即
>
> 这对任何人没有一点伤害，无论一天喝多少次。
>
> 到目前为止，我的身体已经证明了这一点。很多东西可以证明，那些说反话的人不是出于偏
> 398 见就是缺乏了解，他们无法分辨喝完茶之后体验的坏的感觉是否与茶或者他们之前或之后以及一
> 并吃喝的东西有关，或者是否源自已存在于他们身体内的坏的体液或小病。[①]

这篇文章旨在消除歇斯底里的批评者的危言耸听式言辞，比如西蒙·保利（Simon Paulli），他的误导性言论是邦特科试图反驳的。

回顾本书第五章关于阿塔纳修斯·基歇尔一节中讨论的茶摄入量过高的现代案例，有必要记住，这一时期的荷兰茶杯体积相当小，没有手柄，但可以舒适地放在拇指和食指之间。邦特科推荐早上和下午都饮 10 到 20 杯，这当然比每杯只喝那一点的量要大得多，但这些早期的茶杯还没有后来维多利亚时代带手柄的茶杯容纳得多。这种小巧的早期茶杯以及进口的红色半孔黏土产自中国宜兴的茶壶，
399 可以在 17 世纪许多荷兰静物画，如彼得·格里茨·范·罗斯特拉坦（Pieter Gerritsz. van Roestraten）的静物画中看到，其中也可看见同时期荷兰餐桌上大量受托制作的中国青花瓷。

1678 年，海牙的扬·德·哈托格（Jan de Hartog）研制出一种专门用于泡茶的茶炊（samovar），邦特科医师对其的描述如下：

> 我无法对锡镴匠人扬·德·哈托格先生在海牙用锡罐做的便利发明保持沉默。他的做法超出了从他老板那里学到的知识。这是一个锡罐，先注入在水壶里煮沸的水，然后再用小煤炉保温。

① Bontekoe (1678: 315–317).

在热水的中间是一个小筛罐，把茶放进去，打开水龙头就可以释放出泡茶所需的水。这个小筛罐完全浸入热水中，从而使茶被快速而彻底地浸泡，但最重要的是，这种容器独立地放在一个锡碟上，四周都装上了小龙头，这样就可以按自己的需要来取茶叶萃取物或热水：这让在大公司里喝茶非常方便，而且使茶泡器变得多余，有助于保持茶的热度，而不会（正如我所经历的那样）长时间过度加热。无论是谁，只要有这样的容器，连同瓷杯、碟子和四个罐中的三个，就有轻松愉快地喝茶所需的所有设备，而不必忍受炉火的高温或倒茶辛苦。[①]

图 6.12 彼得大帝，由让 - 马克 · 纳蒂埃（Jean-Marc Nattier，1685~1766 年）所绘，收藏于 usadba Arxángel'skoe。

邦特科描述的这种发明很可能是所有后来的俄罗斯茶炊的最初原形。

彼得大帝（Peter the Great，1682~1725 年在位）从 1697 年末到 1698 年 5 月访问了联合省，他带回来的不仅有荷兰造船技术的第一手知识，他在赞丹（Zaandam）造船厂工作时的所见所闻，在那里，他将自己伪装成一名工人；还有很多设备如“救生圈”（boei）、“消防水带”（brandspuit）和“扩音器”（roeper），甚至俄国国旗的设计，效仿的也是荷兰的三色旗并以不同的顺序重新排列了横条纹。鉴于俄

① Bontekoe (1678: 311–312).

国沙皇对荷兰的科学和学问的痴迷，海牙的扬·德·哈托格发明的这种茶炊可能是他从荷兰带回俄国的
400 众多物品之一。事实上，俄罗斯的传说保留了这个传统茶炊的西欧起源。[①]

图 6.13　彼得大帝在阿姆斯特丹的艾河上检查彼得和保罗号护卫舰，72 × 96 厘米，油画，亚伯拉罕·斯托克（Abraham Stork，1644~1708 年）所画，阿姆斯特丹历史博物馆。

除了茶，邦特科还普及了咖啡、巧克力以及烟草的用途，特别是在他 1679 年提升和扩展后的著作版本中。上述三种东西都是荷兰东印度公司的贸易物品。因此，邦特科可能会被英国反对茶的人发觉，这些人构成了一个小而吵闹的少数派，因为他对茶所写的赞歌“不是作为一名医生，而是作为一个荷兰人，热切鼓吹对其国家商业如此重要的一件物品”（原文如此）。[②] 与此同时，荷兰“茶医生”如杜普和邦特科的著作影响了法国作家如杜福尔，他在 1685 年向他的读者保证，茶可以缓解中风、昏睡、瘫痪、头晕和癫痫、白内障、眼睛酸痛、耳鸣和其他许多类似的症状。[③]

茶于 1687 年在巴黎被法国医生尼古拉斯·德·布莱格尼（Nicolas de Blégny）进一步医学化（medicalised），他大量借鉴了芒西尔·塔维涅（Monſieur Tavernier）、杜福尔和图尔皮修斯·麦迪森·赫

---

① Elena Hellberg-Hirn. 1998. *Soil and Soul: The Symbolic World of Russianness*. Aldershot: Ashgate Publishing (p. 159).

② A Tea Dealer. 1826. *Tsiology; a Discourse on Tea being a Accountof that Exotic;Botanical,Chymical,Commercial, & Medical, with Notices of Its Adulteration, the means of Detection, Tea Making, with a brief History of the East India Company.* London: William Walker (p. 56).

③ Dufour (1685: 240–241).

兰多伊斯（Tulpius Medecin Hollandois）的早期作品，在巴黎负责生产和配制一种甜茶糖浆，用来退烧。[①] 在荷兰，茶继续被当作一种药草，尽管它已经成为一种流行且司空见惯的饮料。安东尼·范·列文虎克（Antoni van Leeuwenhoek）于 1692 年 1 月 4 日写给英国皇家学会（Royal Society）的第 69 封信中，证明茶对治疗肾结石很有效，在其 1692 年 2 月 1 日写给皇家学会的第 70 封信中，他描述了自己对茶盐的调查，他收到了来自荷兰东印度公司的“一瓶茶盐”。[②] 所有人都在猜测这种物质可能是什么。 401

图 6.14　一张五戈比克面值的苏联邮票，描绘了巴洛克式的俄罗斯茶炊，是在海牙的扬·德·哈托格原初设计的基础上做了改进。

1683 年，内科医生史蒂文·布兰卡特（Steven Blankaart）发表了一篇关于荷兰中产阶级家庭食物和香料的描述性论文，在那时，茶已经成为尼德兰所有买得起茶的人每天都要喝的一种常规饮料。当时茶叶的价格仍然相当昂贵，但布兰卡特严厉斥责那些不买茶的人是小气和吝啬的，把那些不喜欢茶的人称为偏狭的蠢猪。

随着茶成为我们国家的一种常见饮料，我忍不住把关于它的想法写在纸上。 402

大多数人对茶有很大的偏见，一开始往往会鄙视它，但一旦习惯了茶的味道，他们往往就会成为它最狂热的粉丝。然而，也有一些固执的人，他们宁愿头脑不清醒，也不愿看正午晴朗的阳光，因为他们太吝啬，不愿买茶，也不愿和好朋友一起喝茶，他们宁愿存钱，因此经常生病。

茶饮是目前已知的最健康的饮品，因为这种草本植物是一种很好的物质，它被浸泡在热水中，然后我们以一种啜饮的方式喝掉，可多达 12~20 杯，它可以稀释我们的血液和体液，从而促进血液循环。它能缓解各种疾病，是一种很好的退烧降温饮料，喝得越多越好。我已经用它混合一些其他成分退了热。

---

① de Blégny (1687, ‘Du ſirop de Th Febrifuge’, p. 54 et seq.).

② Antoni van Leeuwenhoek. 1693. ‘69ſte. Missive, van den 4den. January 1692. Geſchreven aan de Koninglijke Societeyt tot Londen’ en ‘70ſte. Missive, van den 1ſten. February 1692. Geſchreven aan de Koninglijke Societeyt tot Londen’, pp. 362–374, pp. 375–395 in *Derde Vervolg der Brieven, Geſchreven aan de Koninglijke Societeyt tot Londen*. Delft: Henrik van Kroonevelt.

> 我刚才说的是 12 到 20 杯茶，但我并不想规定每个人应该喝多少，因为每个人可以想喝多少就喝多少，不要煮得太浓，要煮到适度。也没有必要买最贵的茶，中等质量就足够了。加入茉莉、秘鲁香脂（balsam of Peru）、丁香等香料，就能使这款茶散发出怡人的芳香。你不必花 80 荷兰盾去买香茶，这种茶被特称为御茶；价格 10 到 20 荷兰盾的茶叶就足够了。
>
> 茶不仅适合老年人，而且对孩子们来说也非常健康和令人愉悦，据我所知，很多孩子，一旦他们没有喝到应得份额的那些茶，就会觉得他们受到了不公平的对待。①

1683 年，也就是布兰卡特描写荷兰资产阶级家庭的论文发表的那一年，英国哲学家约翰·洛克因为担心受到斯图亚特王朝的迫害，到荷兰寻求庇护。约翰·洛克只能在光荣革命（Glorious Revolution）——在荷兰被称为“光荣的十字路口”（roemrijke overtocht）——期间回到英国，这是英国最后一次被外国势力征服。1688 年 11 月，一支庞大的荷兰舰队从赫勒富茨劳斯（Hellevoetsluis）出发，在托贝的布里克瑟姆（Brixham in Torbey）登陆。在向伦敦进军之后，荷兰省督（stadthouder）威廉三世（Willem Ⅲ）被任命为威廉国王。

联合省和英国的年号编排数字原本应该是一致的，这是偶然的命运安排。威廉·亨德里克·范·奥兰治（Willem Hendrick van Oranje）碰巧是荷兰的第三位执政者，名叫威廉，因此被人们称
403 为威廉三世，由于光荣革命的结果，他成为英格兰国王。② 荷兰人登上英国王位，结束了英格兰和荷兰共和国之间的激烈竞争。然而，在这些光荣的事件发生之前，两个航海国家之间首先进行了三场残酷的战争。

在逃往荷兰之前，约翰·洛克在牛津大学学习医学时就已经接触过茶，但正是在荷兰的五年时间里，这位伟大的哲学家变成了一个狂热的饮茶者。在荷兰以及后来在英国期间，洛克更喜欢在一个小而博学的聚会上喝茶而不是喝咖啡，因为他既不喜欢咖啡的味道，也不喜欢咖啡馆喧闹的环境。回到英国后，洛克发现在他那个时代的英国茶文化仍然缺乏他在荷兰感受到的知识分子和学术界已习惯的茶文化中的温文尔雅。③

大部分经由荷兰到达欧洲的茶叶不仅由荷兰东印度公司进行贸易，而且由公司雇员从事私人贸易。1685 年 4 月 6 日，“17 绅士”在一封给巴达维亚总督约翰内斯·坎普胡斯的信中增加了订单，
404 因此他们最终决定垄断这种利润丰厚的商品，并自此惩罚任何的私人茶叶贸易，甚至是个人消费的茶叶。

> 由私人带来如此大量的装在盒子、瓶子和罐子之中的茶，在此后被送给一般的老人以及有

① Steven Blankaart. 1683. *De Borgerlyke Tafel, om lang geſond ſonder ziekten te leven, Waar in van yder ſpijſe in 't beſonder gehandelt werd. Mitsgaders een beknopte manier van de ſpijſen voor te ſnijden, en een onderrechting der ſchikkelijke wijſen, die men aan de tafel moet houden. Nevens De Schola Salernitana*. t'Amsterdam: by Jan ten Hoorn, Boekverkooper over het Oude Heeren Logement (pp. 84–86).

② 正如命运所愿，以前的“英国人”威廉姆斯，即征服者威廉（1066~1087 年在位）和威廉二世（1087~1100 年在位），都是外国征服者，不是来自低地国家的奥兰治王朝，而是诺曼王朝。

③ Ellis, Coulton and Mauger (2015: 40–51).

> 功的绅士，以至于它超出了所有的界限。我们在此决定，从今以后，将茶叶贸易视为专属于公司的特权，任何人，无论他是谁，茶都不得被带入和进口，乃至用于个人消费，一经没收将被处以我们认为适当的罚款。因此，我们认为，只要茶叶好、新鲜、按程序包装，就应该将最近下的订单增加到两万磅，因为正如我们所写的那样，坏茶和因年代久远而变质的茶实际上一文不值。①

荷兰东印度公司的船员获准进口价值相当于四个月工资的商品，而军官则可享有一定数额的特权吨位。回国后，这些货物应该被检查是否有违禁品，茶叶从 1685 年开始也要被检查。

然而，走私仍然是荷兰东印度公司面临的一个问题，主要是与茶叶有关。巴达维亚的两名财政检查员在收到两枚银制小额股票（ducatons）的贿赂后，漫不经心地忽略了两包茶叶，这些茶叶被藏在一名驶向荷兰的水手的铺位和被褥里，这种情况并不罕见。② 荷兰东印度公司对茶叶的垄断可能并非无懈可击，但它对茶叶贸易的控制是坚决的，这导致了与北海的孤岛邻国的冲突，后者模仿荷兰和法国的时尚，带着一种成瘾的热情去喝茶。

## 第一次英荷战争

饮茶风尚从荷兰飘过北海传到英国的历史背景之中，充满着这两个海上强国之间的竞争。1602 年，把竞争的荷兰商行联合为单一垄断的荷兰东印度公司，使得荷兰人在亚洲进行贸易时无需内耗，
也许更能引起联省议会的关注，而不会因为供过于求而压低阿姆斯特丹市场上胡椒和香料的价格。这 405
家新成立的荷兰公司设想对特定的商品实行垄断，尤其是某些香料，如肉豆蔻和肉豆蔻干皮，当它们抵达欧洲时，其价值相当于等重的黄金。

位于摩鹿加群岛（Moluccas）的班达岛（Banda Islands）是肉豆蔻和肉豆蔻干皮的唯一产地，荷兰东印度公司从 1605 年开始交易这些香料，并决定保持其垄断地位。英国人在邻近岛屿之一的兰岛（Run Island）确立了自己的统领地位，并在那里与班达岛民（Bandanese）偷偷进行贸易，而荷兰人则试图加强他们的垄断。1609 年，一群荷兰人被班达岛民杀害，在随后的十年中，荷兰人和英国人展开了恶斗。

其间，在班塔姆岛，扬·皮特尔松·科恩（Jan Pieterszoon Coen）以荷属东印度群岛总干事的身份，于 1614 年 12 月 27 日写给在阿姆斯特丹总部管理着荷兰东印度公司的“17 绅士”的信中表达了下述好战思想。

> ……阁下应该从经验中知道，如果贸易是在保护下进行和维持的，而且凭借你自己从该贸易中获得利润而配备武器，那么，人们既不能在不发动战争的情况下进行贸易，也不能在没有贸易

① quoted by Schlegel (1900: 470–471).

② Johannes de Hullu. 1914.‘De matrozen en soldaten op de schepen der Oost-Indische Compagnie’, *Bijdragen tot de Taal-, Land- en Volkenkunde van Nederlandsch-Indië*, 69 (2–3): 318–365.

的情况下发动战争。①

七年后，也就是 1621 年，英格兰入侵者的残酷阴谋导致与班达岛民的冲突升级，正是这位科恩下令屠杀岛上居民。在估计超过 13000 人的受害民众中，有 2000 人在他的指挥下被杀害。许多班达岛民逃到山里，有些人乘船逃到邻近的岛屿，数百人被驱逐到巴达维亚。来自日本被称为浪人（rōnin）的无主武士刽子手们服务于这个公司，他们斩首了几十个班达岛村庄的首领。

荷兰人和英国人之间的竞争在香料群岛历史上最黑暗、最可怕的一个时期达到了顶峰。然而，即使在这些可怕的事件之后，英国人仍然留在了摩鹿加群岛，这导致了 1623 年英国人后来所称的“安汶岛屠杀事件”（Amboyna massacre）。这一事件涉及在安汶岛（Ambon）逮捕的 20 多人，其中一些人受到酷刑并被处死，另一些人则被赦免，并相对毫发无损地逃脱了这场苦难。当时，英国的报道广泛宣传并夸大了荷兰的惩罚性调停，其间一些英国人被处死。然而，1623 年少数西方商人因偷窃肉豆蔻而受到严厉惩罚，虽然在英国媒体上受到很多指责，但与两年前英国人对数千名无辜的班达岛民的野蛮屠杀相比，不过是小巫见大巫。荷兰人和英国人对安汶岛 1623 年事件的描述大相径庭，但在实施了惩罚措施之后，英国人离开了香料群岛。

荷兰人在香料群岛的好战姿态，完全符合一个在当时早已处于战争状态的国家的尚武精神。
406 1560 年代开始，荷兰共和国就与兼有葡萄牙和西班牙王位的哈布斯堡君主国交战。以前，低地国家是哈布斯堡皇帝查理五世（1519~1556 年在位）在神圣罗马帝国内继承的勃根第（Burgundian）遗产的主要部分。1500 年，查理五世出生在根特（Ghent），以低地国家本地人的身份长大。除了荷兰语，他还会讲法语和西班牙语。1521 年，在德意志腹地的沃尔姆斯（Worms），他发布了一项法令，将马丁·路德（Martin Luther）称为异教徒，并排斥他的教义。1566 年，查理五世退位，隐退到西班牙的尤斯特修道院（monastery of Yuste）。随着他儿子腓力二世（1556~1598 年在位）的即位，哈布斯堡王朝的中心搬到了西班牙马德里附近的埃斯科里亚尔（Escorial），哈布斯堡家族认为，让腓力二世在远离北欧宗教改革动荡的安全地带长大是明智的。

联合省在反抗哈布斯堡王朝的斗争中建立了自己的独立国家，因为在宗教改革之后，低地国家的人民渴望宗教自由，更重要的是，他们憎恨“从远处被征税”。在 1566 年夏天的破坏圣像运动之后，被任命为荷兰哈布斯堡总督的阿尔巴大公费尔南多·阿尔瓦雷兹·德·托莱多（Fernando Álvarez de Toledo）
407 强制执行对罗马天主教和哈布斯堡家族的宗教效忠。他的迫害运动是由 1567 年 9 月成立的法庭策划的，该法庭被称为“除暴委员会”（Council of Troubles，荷兰语是“Raad van Beroerten”，西班牙语是“Tribunal de los Tumultos”）。

荷兰起义得到全体人民的拥护并成为各地蜂拥而起的民众起义，其原因是反对“从远处征税”。1569 年在阿尔巴大公的领导下，来自马德里的治外法权税收采取了以下形式：对财富和房地产征收 1% 的税，征收 5% 的房地产销售税、10% 的销售税。治外法权的划分导致了从哈布斯堡王国分离出去

① Jonkheer mr. Johan Karel Jakob de Jonge, red. 1869.*De Opkomst van het Nederlandsch gezag over Java:Verzameling van onuitgegeven stukken uit het Oud-Koloniaal Archief. Eerste Deel.* 's Gravenhage: Martinus Nijhoff (blz. 24–25).

的战争和联合省事实上的独立。

16 世纪 90 年代开始，联合省成功地在亚洲贸易中获得了立足点，荷兰共和国凭借强大的军事和海军实力迅速在世界贸易中获得了霸权。扬·皮特尔松·科恩只是这种盛行的尚武精神的一个倡导者。到了 17 世纪 40 年代，联合省作为贸易强国的地位达到了顶峰，荷兰共和国至少在 1672 年之前都保持着这一地位。阿姆斯特丹的主要市场或仓库是这种贸易的主要枢纽。在这一时期，联合省相对于英格兰的商业优势是由多种因素造成的。

图 6.15　阿尔巴大公费尔南多·阿尔瓦雷兹·德·托莱多（1507~1582 年），作为总督，于 1569 年从马德里对荷兰哈布斯堡征收三种形式的治外法权税。1549 年由安东尼斯·莫尔·范·达索斯特（Anthonis Mor van Dashorst）绘制，布鲁塞尔比利时皇家美术博物馆。

联合省的经济受益于低廉的航运成本、低利率、荷兰金融机构的实力和稳定、优良的造船业和强大的造船能力。另一个困扰英国重商主义者的问题是，当时英国商品的低劣质量和荷兰制造的优越性。英国重商主义者认为，国家对制造业的干预和针对自由贸易的保护主义措施是纠正这种失衡状态的更好办法，而不是让自由企业占主导地位。①

八十年战争（Eighty Years' War）结束后，1648 年签订了《明斯特和约》，联合省在波罗的海、地中海和亚洲的贸易中相对于英格兰的优势变得更加明显。② 在北海对岸，圆颅党和骑士党（Roundheads and Cavaliers）正在发动英国内战（1642~1651 年）。1649 年国王查理一世被公开斩首后，圆颅党一片欢天喜地。1651 年，满怀希望的奥利弗·克伦威尔（Oliver Cromwell）派遣特使沃尔特·思特里克兰德（Walter Strickland）和奥利弗·圣约翰（Oliver St. John）前往海牙，试图寻求一个可以将英国联邦和联合省并成一个国家的联盟。联省议会进行了商讨并有意识地拖延，直到克伦威尔最终意识到繁盛的联合省对这样的政治联盟毫无兴趣。在他们的提议被拒绝之后，英国人对荷兰商业成功的羡慕达到了可耻的地步。

1651 年 10 月，克伦威尔颁布了《航海条例》(*Navigation Ordinance*)，作为专门针对荷兰在海上

① Jonathan Irvine Israel. 1997. 'England's mercantilist response to Dutch world trade primacy, 1647–74', pp. 305–318 in *Conflicts of Empires: Spain, the Low Countries and the Struggle for World Supremacy 1585–1713*. London: Hambledon Press (p. 312).

② Jacobus 'Jaap' Ruurd Bruijn, Femme Simon Gaastra and Ivo Schöffer. 1979. *Dutch Asiatic Shipping in the 17th and 18th Centuries* (three volumes, Rijks Geschiedkundige Publicatiën 165, 166, 167). The Hague: Martinus Nijhoff.

贸易中的霸权地位的措施。英国人禁止英国船只以外的任何船只从欧洲以外的土地向英国和英国殖民地进口货物。这项立法成为第一次英荷战争（1652 年 5 月 29 日至 1654 年 5 月 8 日）的主要原因。第一次盎格鲁 - 荷兰战争在荷兰语中传统上被称为“第一次英国战争”（Eerste Engelse Oorlog）。在英语中，“英荷战争”也是相对较晚的新词。18 世纪，这些战争在英语中仍然被称为“荷兰战争”（Dutch Wars 或 Holland Wars）。[①] 主要的海战在荷兰语中与英语的名字也大相径庭。“三日海战”（Driedaagse
408 Zeeslag）又被称为波特兰海战（Battle of Portland）（1653 年 2 月 28 日至 3 月 2 日），Zeeslag bij Livorno 指的是里窝那海战（Battle of the Leghorn）（1653 年 3 月 14 日），Zeeslag bij Nieuwpoort 也被称为加伯德之战（Battle of the Gabbard）（1653 年 6 月 12 日至 13 日），Slag bij Terheide 在英语中被称为斯赫维宁根海战（Battle of Scheveningen）（1653 年 8 月 10 日）。

图 6.16　1653 年 8 月 10 日的斯赫维宁根海战。

到 1653 年春，英国损失了 400 多艘珍贵的船只和货物，开始寻求和平。每一次谈判破裂，伦敦的阴郁气氛都会加深一分，但荷兰人坚守阵地，谈判持续了将近一年。英国人没有获得新的海上或经济上的让步。战争以 1654 年 4 月《威斯敏斯特条约》（*Treaty of Westminster*）的签署为标志正式结束，用乔纳森·伊斯雷尔（Jonathan Israel）的话来说，在这么多人的死亡和巨大的损失之后，却没有实质性的收获，这反映了“英国的失败”。[②] 然而，荷兰贸易仍受 1651 年 10 月《航海条例》的约束。英国反

① Daniel Defoe. 1712. *An Enquiry Into the Danger and Consequences of a War with the Dutch*. London: Printed for J. Baker, at the Black-Boy in Pater-Nofter-Row.

② Jonathan Irvine Israel. 1990. *Dutch Primacy in World Trade, 1585–1740*. Oxford: Clarendon Press (pp. 212–213).

对竞争，通过其没收政策，英国未能尊重财产权。但是，联合省的政府将不对茶叶走私商的行为负责。茶叶可以通过漫长的海岸线和从奥尼克群岛到根西岛和马恩岛的岛屿走私到英国。

图 6.17　在赫勒富茨劳斯海岸的“布雷德罗德”号，描绘的是梅尔滕·哈珀茨（Maerten Harpertsz）的旗舰。特龙普号，该船于 1644 年下水，船尾上装饰着阿姆斯特丹的盾形纹章，从左侧可以看到海军中将之船的左舷和船尾，76.2 × 106.7 厘米，西蒙·德·弗利格（Simon de Vlieger），英国国家海事博物馆，格林威治。

在北美，新尼德兰的新阿姆斯特丹此时已成为茶叶的主要转口港。今天隶属于纽约州的领土于 1609 年首次被称为联合省的新尼德兰（Nieuw Nederlandt），或在拉丁语中称为 Nova Belgica 或 Novum Belgium，它由亨德里克·哈德森（Hendrick Hudson）或亨利·哈德森（Henry Hudson）提出，他是一位服务于荷兰东印度公司、试图寻找通往中国的西部通道的英国人。哈德森船长带领“半月”号（Half Moon）沿着北河（North River）航行，北河就是今天的哈德逊河（Hudson River）。1614 年，在 409
亨德里克·科尔斯蒂安森（Hendrick Corstiaensen）的指挥下，荷兰人在今天奥尔巴尼河（Albany）的一个岛上建造了一个称为拿骚要塞或范·拿骚要塞（Fort Nassau 或 Fort van Nassouwen）的坚固的毛皮贸易站。这个岛在夏天遭受了洪水的袭击，因此在 1624 年的春天，在南部陆地附近建造了一座新的堡垒。新的定居点被称为“橙堡”（Fort Orange），后来发展成今天的奥尔巴尼。同年，荷兰殖民者也定居在今天称之为纽约上湾的坚果岛（Noten Eylandt），它由新荷兰第一任总干事科尼利厄斯·雅各布佐恩·梅吉（Cornelius Jacobszoon Meij）建立。[①]

一年后的 1625 年，阿姆斯特丹堡和荷兰城市新阿姆斯特丹在曼哈顿南端成立。[②]

在第七任总干事彼得·斯图维森特（Peter Stuyvesant，1647~1664 年执政）的领导下，饮茶的风俗在联合省已经很流行，也在新阿姆斯特丹立住了脚。事实上，1647 年 5 月，坚定的加尔文主义者彼
410 得·斯图维森特颁布了第一道法令，推动了茶的饮用。斯图维森特对新阿姆斯特丹的公共小酒馆数量之多感到震惊，于是下令禁酒。虔诚的荷兰改革新教徒也以排挤犹太人和罗马天主教徒出现在新阿姆斯特丹而臭名昭著。虽然新阿姆斯特丹的居民喝茶，但他们的港口城市也是主要的转口港，从伦敦的角度来看，这些转口港非法地将茶叶运往东部沿海的英国殖民地。

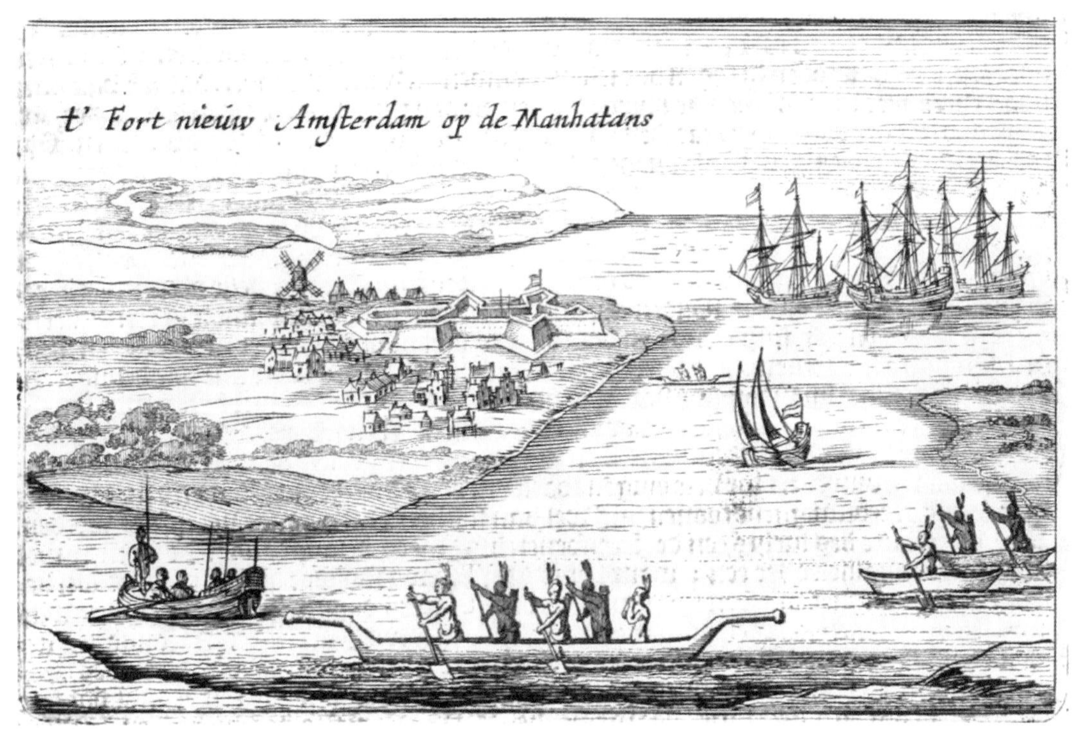


图 6.18　曼哈顿的新阿姆斯特丹堡，向东看是诺顿岛，今天称为总督岛，在右边（van der Donck，de Laet en Megapolensis 1651: 21）。

南部是瑞典殖民地"新瑞典"（New Sweden 或 Nova Svecia），它位于"南河"（Zuidrivier），即今天的特拉华水系中。该地区 1638 年首次有人居住，包括现在的特拉华州、宾夕法尼亚州和新

① Noten Eylandt 或 Noten Eylant，由阿德里安·布洛克（Adriaen Block）命名为"坚果岛"。一个半世纪后，该岛更名为总督岛。

② Adriaen van der Donck, Johannes de Laet en Johannes Megapolensis. 1651. *Befchrijvinghe Van Virginia, Nieuw Nederlandt, En d'Eylanden Bermudes, Berbados, en S. Chriſtoffel. Dienstelijck voor elck een derwaerts handelende, en alle voort-planters van nieuwe Colonien.* t' Amsterdam: Joost Hartgers.

泽西州的部分区域。这片领土于1655年4月1日被彼得·斯图维森特占领后并入新尼德兰。[①]在他的宅地（bouwerij），也就是今天鲍厄里（Bowery）街区所在的地方，除此之外，倔强、忧郁的斯图维森特每年都会放纵自己一次。欧文（Irving）对新尼德兰生活的讽刺反映了荷兰殖民历史的这一奇特遗产。

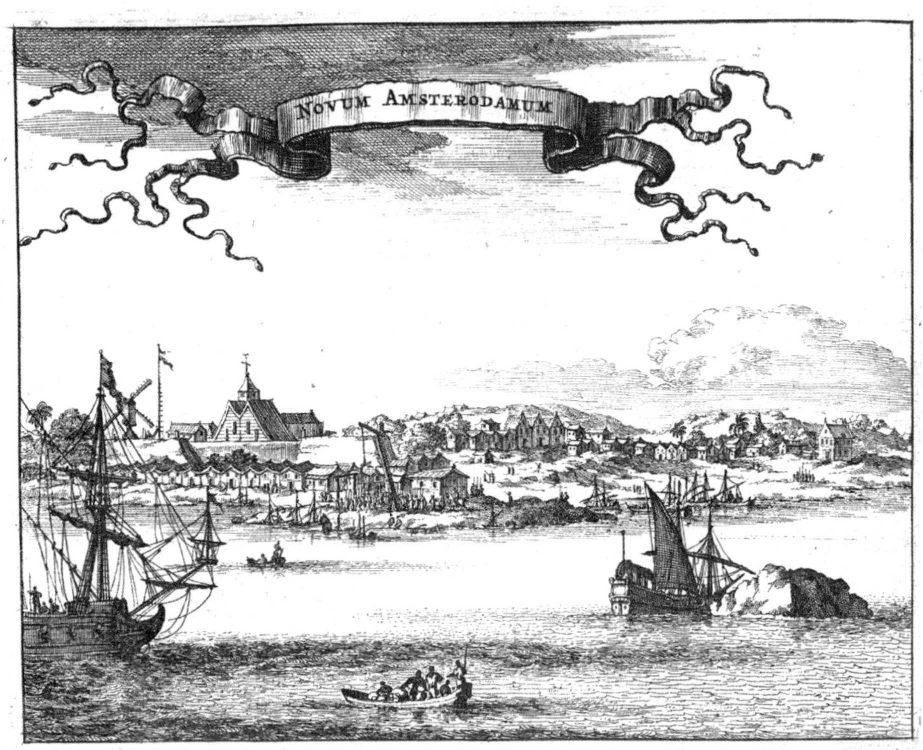


图6.19　新阿姆斯特丹（Montanus 1671: 124）。

每年4月的第一天，作为征服新瑞典后胜利进入新阿姆斯特丹的周年纪念日，他常常全
副武装。当家仆们认为自己在某种程度上可以随心所欲地说话和做事时，这肯定是在过农神节 411
（saturnalia）。因为在这一天，人们总是看到他们的主人变得很随和，变得非常愉快和诙谐，派那些白发苍苍的老黑人去愚人那里买鸽乳（pigeon's milk）（"鸽乳"本意是鸽子用来喂小鸽的部分消化了的食物，转义指愚人节那天骗人去拿没有的东西。——译者注）；没有一个人会被他的老主

① Arnoldus Montanus. 1671. *De Nieuwe en Onbekende Weereld: of Befchryving van America en 't Zuid-land, Vervaetende d'Oorfprong der Americaenen en Zuid-landers, gedenkwaerdige togten derwaerds, Gelegendheid Der vafte Kuften, Eilanden, Steden, Sterkten, Dorpen, Tempels, Bergen, Fonteinen, Stroomen, Huifen, de natuur van Beeften, Boomen, Planten en vreemde Gewaffchen, Godsdienft en Zeden, Wonderlijke Voorvallen, Vereeuwde en Nieuwe Oorloogen Verciert met Af-beeldfels na 't leven in America gemaekt, en befchreven.* t' Amsterdam: Jacob Meurs.

图 6.20　彼得・斯图维森特，约 1660 年，22.5×17.5 厘米，木板油画，据推测是亨德里克・库蒂里耶（Hendrick Couturier）所绘，罗伯特・范・伦塞尔萨尔・斯图维森特（Robert van Rensselaer Stuyvesant）送给纽约历史学会的礼物。

人欺骗，只把他当作一个忠实的、受过良好训练的仆人来开玩笑。①

1654 年 4 月，第一次英荷战争结束时，联合各省同意遵守 1651 年 10 月的《航海条例》，但在不列颠和美洲的英国人仍然渴望喝茶。来自阿姆斯特丹和荷兰其他港口以及新尼德兰的新阿姆斯特丹的私人贸易商进行的走私活动提供了一种手段，可确保以公平的方式将茶等消费品交付给英国买家。事实
412 上，正是荷兰的茶叶走私，才使得 1657 年在伦敦皇家交易所附近斯威廷出租屋的“苏丹王妃”咖啡屋中，托马斯・加韦首次公开出售茶叶成为可能。

## 第二次英荷战争

1660 年 4 月 4 日的《布雷达宣言》（Declaration of Breda）表明了查理二世复辟的决心。查理二世于 5 月 23 日离开海牙，5 月 25 日抵达多佛，次年春天在威斯敏斯特大教堂加冕。复辟后，威斯敏斯特议会分别于 1660 年 9 月 13 日和 1663 年 7 月 27 日通过了《第一航海法案》和《第二航海法案》（First and Second Acts of Navigation）。第二项法案规定，运往北美英属殖民地的货物首先要经过英国，并在英国对货物征税。

与克伦威尔通过的法令一样，这项立法旨在反对自由贸易，并试图消除来自荷兰东印度公司以较低成本交付的更高质量商品的竞争。1664 年，托马斯・理查森（Thomas Richardson）在莱顿与英国一位商人达成的一份交易协议，记录了“咖啡、巧克力、茶”的售卖情况，这表明北海两岸的英国商人如何合作规避这些法案，并在荷兰东印度公司带到欧洲的进口商品自由贸易中，达成一笔利润丰厚的交易。②

① Diedrich Knickerbocker [i.e. Washington Irving]. 1819. *A History of New York, from the Beginning of the World to the End of the Dutch Dynasty, containing Many Surprisings and Curious Matters, the Unutterable Ponderings of Walter the Doubter,the Disastrous Projects of William the Testy, and the Chivalric Achievements of Peter the Headstrong, the three Dutch Governors of New Amsterdam; being the Only Authentic History of the Times that ever hath been published* (Third Edition, in Two Volumes). Philadelphia: M. Thomas (Vol. ii, p. 253).

② ter Molen (1979: 35).

反对自由贸易的保护主义政策源于英国人对荷兰在全球海上贸易中占主导地位的不满。乔治·班 413
克罗夫特（George Bancroft）在他的《美利坚合众国史》中指出，1660 年的《第一航海法案》是导致美国独立战争等一系列事件的主要原因。[①] 诚然，英国反对自由贸易的政策在很大程度上导致了英属北美殖民地的起义，但一个多世纪后美国独立战争的直接和主要原因是治外法权税收。这一事件是本书第八章的主题之一。紧随着《航海法案》而来的第二次英荷战争的另一个直接原因，即英国对新阿姆斯特丹的占领。

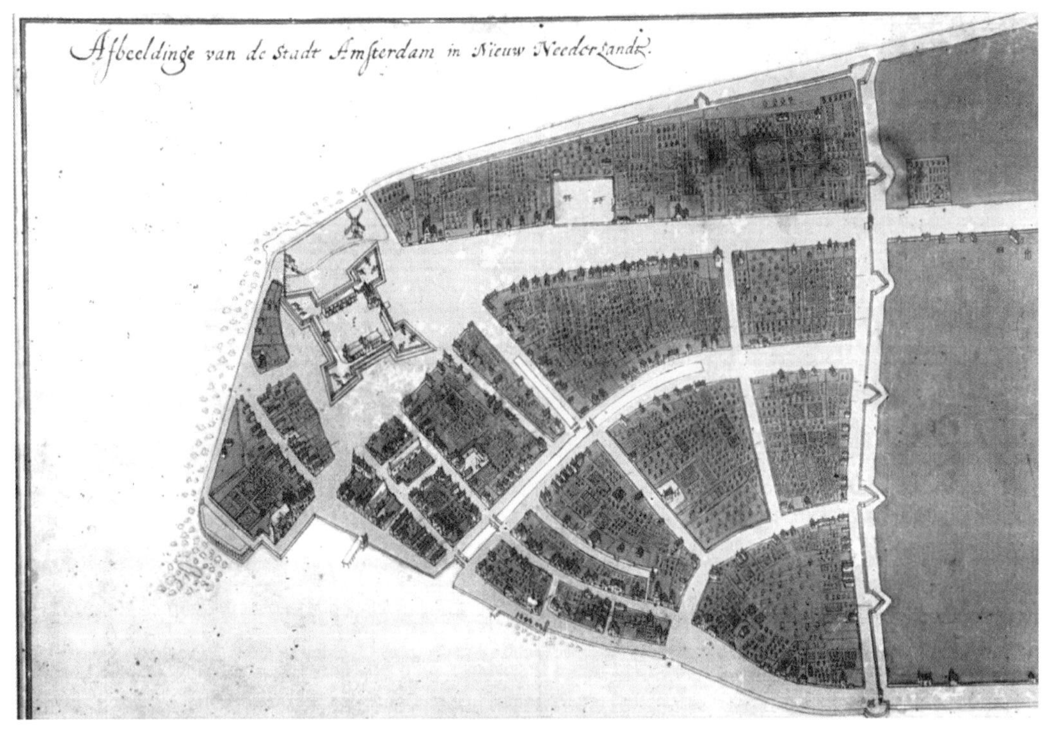


图 6.21 “对新荷兰新阿姆斯特丹城的描绘”，1660 年由测量员雅克·柯特尤（Jacques Cortelyou）绘制的城市地图。

1664 年 8 月，英国船只驶进新阿姆斯特丹，要求新荷兰投降。1664 年 9 月 6 日，投降书签订，两天后，为了纪念查理二世的弟弟约克公爵（Duke of York），也就是后来的英国国王詹姆斯二世（1685~1688 年在位），英国人将这座城市改名为新约克（即纽约）。荷兰殖民者说服了彼得·斯图维森特不要反抗，这样这座城市就可以在不流血的情况下被和平占领。一个半世纪后，在他的荷兰殖民历史的讽刺作品中，欧文将斯图维森特描绘为有不祥预感的抵抗者，同时，英国代理人用“最狡猾且
温和的职业手段”欺骗荷兰殖民者，承诺他们“可以享有自由贸易的所有好处，可以不被要求承认除 414
了日历上圣尼古拉斯（Saint Nicholas）之外的圣人”，自此，圣尼古拉斯应该像之前一样，被认为是城市的守护神。[②]

① George Bancroft. 1888. *History of the United States of America from the Discovery of the Continent, c Author's Last Revision* (eight volumes). New York: D. Appleton and Company.

② Irving (1819, Vol ii, p. 241).

NIEUW AMSTERDAM OFTE NUE NIEUW IORX OPT TEYLANT MAN


图 6.22　新阿姆斯特丹或现在马恩岛上的新奥尔克斯，约翰・芬伯罗（Johannes Vingboons，1616~1670 年）画于 1664 年，命运攸关的一年，英国人占领了新尼德兰这一主要的荷兰人城市。

事实上，荷兰的圣尼古拉斯（Sint-Nicolaasfeest）即英国接管后的纽约那里的重要性并没有降低，只是后来成为全球式西方文化一部分的几个新阿姆斯特丹传统之一，就像纪念荷兰征服新瑞典的愚人节一样。即使是我们现在全球式新年庆祝方式，也被欧文认为是起源于纽约的荷兰人庆祝新年的方式，是“慷慨大方、欢乐狂欢和热情祝贺的日子”。[①] 美国的圣诞老人（American Santa Claus）起源于 Sinter Claes（在现代荷兰拼字法中为 Sinterklaas），尽管在纽约把木鞋摆出来的习俗已被把长筒袜挂在壁炉架的烟囱上这一做法取代。圣尼古拉斯节是 12 月 6 日，比利时人在这一天庆祝节日，而在荷兰，人们在 12 月 5 日晚上迫不及待地拆开礼物，这一天被称为“礼物之夜”（pakjesavond）。随着时间的推移，纽约的庆祝活动日期被推迟到了圣诞节。

在英国占领北美殖民地后，古老的关于圣诞老人的荷兰歌曲和童谣被及时地翻译成英语，因此，
415 新阿姆斯特丹的守护神成为纽约的圣徒克劳斯（Sancte Claus）。[②] 欧文在虚构的历史人物奥拉夫・史蒂文斯・范・科特兰（Olaff Stevensz. van Cortlandt）的拼写中捕捉到了圣尼克拉斯（Sinter Claes）或圣尼古拉（Sinter Klaas）向其作为美国圣诞老人这一角色的蜕变，他梦想着“善良的圣尼古拉斯驾着那辆每年给孩子们礼物的马车，越过树梢而来”，并降落在曼哈顿“西南点的岛上”，从而揭示了未来新阿

① Irving (1819, Vol ii, p. 252).

② Esther Singleton. 1909. *Dutch New York.* New York: Dodd, Mead and Company (pp. 297–300).

姆斯特丹的所在。[1] 在随后的梦中，范・科特兰看到了：

> ……在新阿姆斯特丹的林中日子里，善良的圣尼古拉斯经常在他心爱的城市里出现，在一个假日的下午，骑着轻快的马在树梢上或屋顶上，不时地从他的裤兜里掏出精美的礼物，然后把它们扔到他最喜欢的钟形饰物上。[2]

图 6.23　1797 年，约翰・约瑟夫・霍兰德（John Joseph Holland）所绘的纽约百老汇、华尔街和市政厅，展示了当时仍幸存的荷兰殖民建筑遗迹，纽约埃诺收藏（Eno Collection of New York），纽约公共图书馆。百老汇是荷兰语 Breedeweg 的字面翻译，但与华尔街交会处以南的街道部分位于原来的新阿姆斯特丹城墙内，被称为 Heerestraet 之前，整个大道最早被称为 Breedeweg。今天的华尔街，虽然最初被称为 "het Çingel"，但实际上只是被称为 "Langs de Wal"（沿着墙），因为这条路沿着新阿姆斯特丹东北部的城墙内部延伸。

今天，圣诞老人每年从西班牙乘坐汽船抵达荷兰，尽管这位历史上的圣人于公元 4 世纪时曾
在利西亚迈拉（Myra in Lycia）担任主教，其遗骸据称保存在意大利南部巴里的圣尼古拉大教堂 417
（Basilica di San Nicola）。圣尼古拉斯最初是在北美的新阿姆斯特丹学会了如何乘坐他的马车（后来变成了雪橇）在天空中穿行吗？还是他在荷兰曾经拥有但后来不知何故失去了在天空中穿行的超人能力？

① Irving (1819, Vol i, pp. 135–141).

② Irving (1819, Vol i, p. 175).

纽约成为许多现代文化的传播中心。虽然城市仍由荷兰人管理，但新阿姆斯特丹成为主要的茶叶转口港。因此，对于茶叶行家来说，当得知这座城市从成立之初就受根本性障碍的困扰时，可能会让人感到意外。在 8 世纪，陆羽给我们上的重要一课是，泡茶所用水的质量是决定茶汤质量的主要因素。欧洲人在 17 世纪喝茶时，就具备了这种洞察力。然而，用于冲泡茶的水的质量一直是此前在新阿姆斯特丹的荷兰和英国殖民者面临的一大挑战，因为那里的大部分水都是脏的。

供应曼哈顿的主要淡水水库是德·科克（de Kolck），它是一个庞大的淡水蓄水池，蜿蜒穿过该地区，从今天的福利广场（Foley Square）一直延伸到蓄水池公园（Collect Pond Park）。德·科克的水从今天的布鲁克林大桥（Brooklyn Bridge）上游流入东河（East River）。从新阿姆斯特丹市到彼得·斯
418 图维森特家或德·布维里（de bouwerij）的老路经过德·科克。1748 年 11 月，瑞属芬兰（Swedish Finland）的图尔库皇家学院（Royal Academy of Turku）经济学教授派尔·卡姆（Pehr Kalm）访问纽约时，他观察到曼哈顿最好的水资源是专门用来泡茶的。

图 6.24　纽约市茶水泵的雕刻（Augustine E. Costello.1887. *Our Firemen: A History of New York Fire Departments, Volunteer and Paid*. New York:Augustine E. Costello，p. 304）。

> 城里没有什么好水源，但是在不远的地方，有一个很大的水质良好的泉水，居民用它来泡茶和做饭。然而，那些在这点上不那么讲究的人，却利用城里的井水，尽管水质很差。好水质的缺乏沉重地压在来到这里的陌生人的马匹上，因为他们不喜欢喝城里的井水。①

这个泉水一直是纽约茶水的主要来源。后来安装了一台发动机把水从源头抽上来。20 世纪初，这种茶水的唯一来源地在纽约仍然被称为“茶水泵”（Tea-Water Pump）。

泉水来源位于罗斯福大街北端尽头处，新阿姆斯特丹街道毗邻英国殖民的查塔姆街（Chatham

① Peter Kalm. 1770.*Travels into North America; containing Its Natural History, and a circumſtantial Account of its Plantations and Agriculture in general* (three volumes).Warrington: William Eyres (Vol. i, p. 252).

Street），后来更名为公园街（Park Row），因此也靠近珍珠街（Paerlstraet 或 Pearl Street）和橘子街（Orange Street），幸存的部分是今天所称的巴克斯特街（Baxter Street），它与查塔姆街毗邻。[①] 罗斯福街（Roosevelt Street），一直存在至 1950 年代初，过去大致从查塔姆街东南延伸到南街（South Street），与詹姆斯街（James Street）平行，其中一部分如今仍然存在。因此，茶水泵位于靠近德·科克曾经流 419
入东河的小溪上游，换句话说，茶水泵的位置位于今天的查塔姆大厦（Chatham Towers）和纽约南区联邦地区法院（United States District Court）的公园街一侧。

17 世纪以来，情况发生了很大变化，当时荷兰人仍然称他们的语言为 Duytsch，将自己称为 Duytschmannen。在 17 世纪，荷兰人第一次大规模进口茶叶，并在时髦的“茶馆”（theehuisjes，tea houses）或“茶室”（theekamers，tea rooms）品尝。他们的“茶具”（theegerei，tea tackle）经常被放在显眼的位置，包括精美的中国茶杯，以及浸泡藏红花的专用茶杯，藏红花有时会被添加到精美的绿茶中。事实上，藏红花和一个很小的藏红花浸泡容器在荷兰曾经被认为是一套完整的茶具不可缺少的组成部分。[②] 就像在联合省一样，在新尼德兰，在新阿姆斯特丹，人们用糖粉或糖块来泡茶，在那里，土地更换主人后荷兰语和荷兰传统仍能保留相当长的一段时间。

英国对新尼德兰的占领和极端保护主义政策很快导致了第二次英荷战争（1665 年 3 月 4 日至 1667 年 7 月 31 日）。尽管第二次英荷战争的正式战事始于 1665 年 6 月 13 日的洛斯托夫特海战（Battle of Lowestoft），这是荷兰航海史上最严重的失败，但 1666 年 6 月在佛莱芒与英国海岸之间展开的“四日之战”之后，形势发生了逆转。圣詹姆斯日战役（St. James’ Day Battle）于 1666 年 8 月爆发，1667 420
年 6 月的突袭梅德韦港（Raid on the Medway）使战争达到高潮。荷兰人在米歇尔·阿德里安松·德·勒伊特（Michiel Adriaensz. de Ruijter）上将的率领下摧毁了皇家海军，封闭了泰晤士河口，封锁了进入伦敦港的通道。[③] 对伦敦的封锁把英国人带到了布雷达的和平谈判桌前，这一事件至今仍在荷兰的一首童谣中被广为传颂，尽管今天大多数孩子仍在唱着胜利的赞歌，但幸运的是，他们并不知道这场战争的历史：

图 6.25　17 世纪中期，在荷兰的下午茶中，经常用藏红花来给茶调味，这已成为时尚。

① Esther Singleton. 1902. *Social New York under the Georges 1714–1776: Houses, Streets and Country Homes, with Chapters on Fashions, Furniture, China, Plate and Manners.* New York: D. Appleton and Company (p. 24).

② Gillis Dyonisius Jacobus Schotel. 1867. *Het Oud-Hollandsch Huisgezin der Zeventiende Eeuw*. Haarlem: A.C. Kruseman (blz. 391–408).

③ 荷兰语和英语的主要战役名称也有一定的不同：de Zeeslag bij Lowestoft“洛斯托夫特海战”(1665 年 6 月 13 日)，de Vierdaagse Zeeslag“四日之战”(1666 年 6 月 11~14 日)，de Tweedaagse Zeeslag“圣詹姆斯日战役”(1666 年 8 月 4~5 日，但根据当时仍在英格兰使用的儒略历，7 月 25 日是圣詹姆斯日)，de tocht naar Chatham“突袭梅德韦港”(1667 年 6 月 19~24 日)。

图 6.26 “四日之战”，1666 年 6 月 11 日至 14 日在佛莱芒和英国海岸之间展开的为期四天的战斗，这是第二次英荷战争的转折点，布面油画，94 × 128.3 厘米，彼得·科内尔兹·范·苏斯特（Pieter Cornelisz. van Soest），英国国家海事博物馆，格林威治。

图 6.27 “捕获皇家王子”，1666 年 6 月 13 日，小威廉·范·德·维尔德（Willem van de Velde the younger）。荷兰国立博物馆，阿姆斯特丹，雅普·霍夫斯特（Jaap Hofstee）绘。

图 6.28 彼得·范·德·维尔德（Peter van de Velde）的“查塔姆海岸燃烧的皇家海军”，描绘了英国旗舰“皇家查理”号和“统一”号被捕获的情景，这些船作为战利品被拖过北海运往荷兰，73 × 108 厘米，木版油画，荷兰国立博物馆，阿姆斯特丹。

图 6.29 1667 年 6 月，约翰·德·维特的创意，荷兰共和国在泰晤士河口的基地袭击了皇家海军，当时被称为“突袭梅德韦港”，1669 年 简·范·莱登在这里描绘了这一点。这场海战始于旧儒略历的 6 月 9 日至 14 日，该历法在英伦三岛仍在使用，或按照联合省所用的格里高列历，1667 年 6 月 19 日至 6 月 24 日，93 × 156.5 厘米，木版油画，荷兰国立博物馆，阿姆斯特丹。

白天鹅，黑天鹅！

谁将乘船去英国？英国已经被封闭。

钥匙坏了。

那片土地上没有匠人

可以修好钥匙吗？

让出通道，

让出通道，

现在必须由幕后的人领导！

421 到第二次英荷战争时，白天鹅图案在荷兰民间传说中就已经相当流行，简·阿塞利金（Jan Asselijn）在1650年代创作的著名寓言画就证明了这一点。这件艺术品成为1800年以来海牙国家美术馆第一件藏品。在荷兰经过几次巡展之后，国家美术馆于1885年在阿姆斯特丹成为今天的荷兰国立博物馆。（在这幅寓言画中）水中的食肉狗被贴上“国家的敌人”（de viand van de staat）的标签，天鹅被贴上“大州长”（raad-pensionaris）的标签，意指联合省事实上的领袖，它保护的蛋被贴上了“荷兰”的标签。在这幅画被拍卖的时候，这位州长是约翰·德·维特，他率领荷兰共和国军队在第一次和第二次英荷战争中取得了胜利。[①]

图6.30 含有一只白天鹅的寓言画，由简·阿塞利金于1653年7月30日之后的某时所绘，那时约翰·德·维特被任命为荷兰省议长，并由此成为荷兰共和国领袖，大概在第一次英荷战争期间或之后不久（1652年5月29日至1654年5月8日），144×171厘米，布面油画，荷兰国立博物馆，阿姆斯特丹。

① 荷兰皇家航空公司，KLM或Koninklijke Luchtvaart Maatschappij，成立于1919年10月，是最古老的仍以自己的名字经营的商业航空公司，在20世纪90年代复活了白天鹅图案，并继续在其广告中使用白天鹅。

英国人要求和平，于1667年7月31日签署了《布雷达和约》(*Peace of Breda*)。尽管今天看来可能令人费解，新阿姆斯特丹正式割让给英国，联合行省保留苏里南（Surinam）、安的列斯群岛（Antilles）、摩鹿加群岛和西非海岸的一些要塞，这些要塞对奴隶贸易具有战略意义。荷兰牺牲新尼德兰换来苏里南的时候他们几乎能够提出任何条件，回想起来，如果他们没有在布雷达举行这样的热烈庆祝，这对一个占优势地位的政党而言似乎是一个轻率的举动，但当时糖和香料贸易的货币价值远大于毛皮和木材贸易。因此，根据条约的规定，英国人还将他们在香料群岛的唯一前哨——兰岛让给了联合省。[①] 422

图6.31 在突袭梅德韦港之后，"皇家查理"号被拖回荷兰作为战利品，杰罗尼穆斯·范·迪斯特（Jeronymus van Diest）于1667年至1672年绘制，荷兰国立博物馆，阿姆斯特丹。

《航海条例》被放宽，阿卡迪亚（Acadia）被归还给法国。英格兰将不再被允许在公海上登上荷兰船只以运走属于英国参战时的货物。政治上支离破碎的小国地区，如今被称为德国的地方，被公认为是荷兰共和国的合法腹地，因此，像西里西亚亚麻和莱茵葡萄酒这样的商品可以用荷兰船只运往英国。[②] 与此同时，荷兰东印度公司在与日本、澳门和巴达维亚之间的亚洲茶叶贸易中占据了最大份额。中国的帆船过去常常在7月离开澳门前往日本，11月返回，把茶叶带到巴达维亚。除茶叶外，荷兰人 423

① Jonathan Irvine Israel. 1996. *De Republiek 1477–1806* (two volumes). Franker: Uitgeverij van Wijnen. [Dutch translation of Jonathan Irvine Israel. 1995. *The Dutch Republic, Its Rise, Greatness and Fall 1477–1806*. Oxford: Oxford University Press].

② Israel (1990: 279).

图 6.32 1967 年发行的苏里南邮票，纪念三个世纪前的 1667 年，位于布雷达的联合省决定保留苏里南，但放弃新阿姆斯特丹。

还开始在与亚洲的瓷器、银朱、丝绸、棉花、大麻、汞以及柴胡、麝香、明矾和大黄等中药的贸易中占据第一。[①]

## 第三次英荷战争

查理二世对荷兰在第二次英荷战争中的胜利非常不满，并选择了毁约。1670 年，英国在《多佛条约》（*Treaty of Dover*）中与法国结成秘密联盟，查理二世每年接受路易十四（Louis XIV）的贿赂，变更立场，破坏《布雷达和约》。从战略上讲，查理的主要目的是削弱荷兰的海上力量和贸易霸权，但他的行动也受到了狂热的罗马天主教信仰的驱使。1672 年 4 月 6 日第三次英荷战争爆发，这一年在荷兰历史上被称为"灾难年"，战争的爆发只是众多灾难中的一个。[②] 联合省被英法联合进攻所击溃。那年降临在荷兰共和国的灾难中，有一些是英国大使乔治·唐宁（George Downing）一手造成的，伦敦的唐宁街就以他的名字命名，他就在那一年为了保命逃离了荷兰。

424 荷兰舰队成功地避免了在战争期间主要海战中的灾难，[③] 英格兰遭受了巨大的损失，不仅是在与

① Valentyn, François. 1726. *Agtste Boek: Beschryvinge van het Eyland Ceylon, and Negende Boek: Beschryvinge van den Handel en Vaart der Nederlanderen op Japan, in Oud en Nieuw Oost-Indiën. Deel V: Keurlyke Beschryving van Choromandel, Pegu, Arrakan, Bengale, Mocha, van 't Nederlandsch Comptoir in Persien; en eenige fraaje Zaaken van Persepolis overblyfzelen. Een nette Beschryving van Malakka, 't Nederlands Comptoir op 't Eiland Sumatra, mitsgaders een wydlustige Landbeschryving van 't Eyland Ceylon, en een net Verhaal van des zelfs Keizeren en Zaaken, van ouds hier voorgevallen; Als ook van 't Nederlands Comptoir op de Kust van Malabar, en van onzen Handel in Japan, en eindelyk een Beschryving van Kaap der Goede Hoop, en 't Eyland Mauritius, met de Zaaken tot alle voornoemde Ryken en Landen behoorende*. Dordrecht: Joannes van Braam, and Amsterdam: Gerard onder de Linden (blz. 190 et seq.).

② 在荷兰政治史上最可怕的事件中，约翰·德·维特与他的兄弟科内利斯（Cornelis）于 1672 年在海牙被暴徒私刑处死。一个现在基本上被遗忘的爱国表达是反问句："我们不是约翰·德·维特的小伙子们吗?"（Zijn wij dan geen jongens van Johan de Witt ?），意思是说，一个人是坚强而强壮的。

③ 在第三次战争中，除了一场主要海战外，其他所有海战在荷兰语和英语中都有相似的名字：索尔湾海战"*de slag bij Solebay*"（1672 年 6 月 7 日），第一次斯库内维尔海战"*de Eerste Slag bij het Schooneveld*"（1672 年 6 月 7 日），第二次斯库内维尔海战"*de Tweede Slag bij het Schooneveld*"（1672 年 6 月 14 日），特塞尔海战"*de slag bij Kijkduin*"（1673 年 8 月 21 日）。

荷兰人的正面战争中，还有来自荷兰海盗的袭击。[①] 1673 年，在战争最激烈的时候，新西兰海军中将科尼利斯·埃弗森·登·琼格（Cornelis Evertsen den Jonge）率领斯韦恩伯格号以及 21 艘船，夺回了新尼德兰。1673 年 8 月 24 日，他在纽约袭击了詹姆斯堡（Fort James），并命令约翰·曼宁（John Manning）上尉交出这座城市。詹姆斯堡被改名为威廉·亨德里克堡（Fort Willem Hendrick），纽约则被改名为“新奥兰治”（Nieuw Orangien 或 New Orange）。[②]1712 年，丹尼尔·笛福（Daniel Defoe）估计，在第三次英荷战争中，英国“在第一年就损失了 2000 艘大大小小的战舰”。[③] 历史学家乔纳森·伊斯雷尔（Jonathan Israel）称这有点夸大其词，据计算，英国实际上在第三次英荷战争期间损失了 700 多艘船。巨大的损失对当时的英国社会造成了极大的打击，有关这些损失的记录基本上已经从英国的官方记录中被抹去，并且在英国历史书中也都是悄无声息地略过。[④] 425

图 6.33　1667 年 7 月 31 日，联合省和英国之间的《布雷达和约》，来自罗梅恩·德·胡格（Romeyn de Hooghe）的一幅更大的雕刻，荷兰国立博物馆，阿姆斯特丹。

---

① Jacobus ‘Jaap’ Ruurd Bruijn. 1976. ‘Dutch privateering during the Second and Third Anglo-Dutch Wars’, *Acta Historiæ Neerlandicæ*, ix: 79–93; Israel (1990: 278–279, 297–299).

② Cornelis de Waard. 1928. *De Zeeuwsche expeditie naar de West onder Cornelis Evertsen den Jonge, 1672–1674. Nieuw Nederland een jaar onder Nederlandsch bestuur.* ’s-Gravenhage: Martinus Nijhoff.

③ Defoe (1712: 4).

④ Israel (1997: 318).

英国议会撤回了对战争的拨款，并批准了在海牙的联省议会向伦敦提出的和平建议。第二个《威斯敏斯特条约》（*The Second Treaty of Westminster*）于1674年2月在伦敦签署并获得批准，后来，1674年3月在海牙的联省议会得以批准。重新夺回的城市新阿姆斯特丹或新奥兰治被归还给英国，并被重新命名为纽约，苏里南仍然属于荷兰，基本上回到了第二次英荷战争结束时的状况。这场战争对英国来说不是一场胜利，它没有征服荷兰的任何海外领土，甚至未能夺回摩鹿加的兰岛或阿姆斯特丹堡[别名科曼廷（Cormantine）]，也就是今天位于加纳（Ghana）的黄金海岸（Gold Coast）。尽管英格兰发现自己无法以武力打破荷兰的商业霸主地位，但英格兰和法国在多条战线上发动战争，加上荷兰国内政治动荡，对联合省来说也是一场经济灾难。荷兰共和国遭受了严重的经济损失，尽管阿姆斯特丹的转口港、荷兰航运公司和荷兰殖民地仍然完好无损。

图6.34　1673年8月21日特塞尔战役中的“金狮”号，布面油画，149.8×299.7厘米，小威廉·范·德·维尔德于1687年绘制，英国国家海事博物馆，格林威治。虽然英国及其法国盟友在数量上占有很大优势，但荷兰舰队在米歇尔·阿德里安松·德·勒伊特的指挥下占了上风。

且不说英国人对荷兰的贸易羡慕不已，英国人在这一时期依然没有成功进入茶叶贸易领域。由于英国东印度公司没有任何直接途径获得茶叶，他们作为礼物赠送给国王查理二世的第一批茶叶也不得不从荷兰人手中采购。1664年9月，英国东印度公司采购了2磅2盎司的茶，装在六个有银制瓶盖的中国瓷瓶里献给国王。1666年6月，第二次为国王购买了22¾磅，同时采购了另一小块茶给“侍奉国
426 王陛下的两位主管”。[①]1668年，英国东印度公司的第一批茶叶进口订单，上面写着“由这些船只送回家，重量为100磅，这是你能得到的最好的茶”。[②]《布雷达和约》签订两年后，1669年英国东印度公

① Milburn (1813, Vol. ii, pp. 527–542).

② Sir George Birdwood. 1890. *Report on the Old Records of the India Office, with Supplementary Note and Appendices*. London: Eyre and Spottiswoode (p. 26).

司从班塔姆收到第一批货物，分两罐，总重 143.5 磅，加上四罐茶总数达到 222 磅。其中 132.5 磅因受到损坏而被廉价出售，其余部分由法院委员会成员们消费。[①]

第二批货是两年后才到的，同样来自班塔姆，总共 264 磅，但第三批货是两年后的第三次英荷战争期间（1673 年）到的，总共 44 磅，只有几批小货。在头三次装运之后，五年过去了，英国东印度公司没有进口任何茶叶。从 1669 年第一次进口到 1677 年的九年间，英国东印度公司只进口了 542.5 磅茶叶，其中 132.5 磅还是损坏的。直到 17 世纪末，英国东印度公司还无法实现任何可观的茶叶贸易，因此，大多数英国茶叶都是直接从荷兰进口的，要么是合法的，因而被课以重税，要么就是走私到英国的。

尽管在与联合省的战争中遭受了损失，英国人仍然认为保护主义措施是弥补其贸易表现不佳的可行手段，一个世纪后，这种做法会突然以前所未有的方式对他们造成损害。在这个热爱茶的国家里，当时只有极少数人采取一种消极的反应，那就是把责任完全推到茶树上。在一封写于 1678 年 8 月 12 日的巴黎来信中，下议院的亨利·萨维尔（Henry Savile）痛斥了茶：

> 茶……一个卑鄙不值得的印度行当，我必须永远钦佩你们这些不愿意承认的最信奉基督教的家庭。事实是，所有国家都变得如此邪恶，以至于还保留一些肮脏的习俗。[②]

在这个时候，个人对茶的古怪攻击只会变得更加频繁和激烈，而且必须在荷兰茶叶贸易有利可图的背景下加以理解，英国人一边贪婪地喝着茶，一边用贪婪的眼光看待荷兰的茶叶贸易。直到 1678 年，也就是第二个《威斯敏斯特条约》签订四年后，英国东印度公司才成功地将第一批 4713 磅重的茶叶，从班塔姆也从苏拉特的荷兰人那里进口到英国。1679 年，运送的茶叶又减少到 340 磅。三年之后，公司在 1682 年只进口了 7 磅茶叶，这微不足道的贸易数目又持续了三年。

在第三次英荷战争之前、期间和之后，茶文化的面貌在联合省和英国都发生了变化。1670 年代，海牙的扬·德·哈托格发明了第一件锡制茶炊具，当时荷兰的中国瓷器通常装饰着锡或银把手。最初，茶是在进口的用红黏土制作的宜兴茶壶中冲泡的，从 1670 年开始银制茶壶在英国被制造出来。[③] 银不利于制备口味最好的茶，因此多年以来在联合省的茶鉴赏家那里都不受欢迎。然而，在国王威廉三世（William Ⅲ，1689~1702 年在位）时期，银质茶具的使用在英国和荷兰变得流行起来。

在此期间，茶主要从荷兰传入英国，即使在 1685 年英国东印度公司开始大量进口茶叶后，这种情 427
况仍长期存在。1658 年 2 月 13 日，英国向圣乔治堡（Fort St. George）发送的公报意味着英国人投资策略的改变，要求每年装运“最好最新鲜的茶叶”，并说明他们更喜欢绿颜色的茶。[④] 1689 年到 1692 年是英国东印度公司的好年头。这给了英国人足够的信心，终于允许从 1693 年开始通过许可证从荷兰

① Milburn (1813, Vol. ii, p. 531).

② *Mirror of Literature, Amusement and Instruction containing Original Essays.* 1828. London: J. Limbird (Volume x, p. 379).

③ Victor Henry Mair and Erling Hoh. 2009. *The True History of Tea*. London: Thames and Hudson (p. 73).

④ A Tea Dealer (1826: 95–100); Chaudhuri (1978: 386, 538, 608).

合法进口茶叶和香料，关税也被大幅削减。[①] 过了一段时间后，从 1697 年开始，好年头再度来临，到 1707 年，每年进口的茶叶总量达到了 32209 磅。从那以后，数量有了稳固的增长。绿茶越绿越新鲜，价值越高，但严格来讲，绿茶由英国东印度公司首次进口到英国是在 1715 年，尽管在此之前英国人消费了大量的绿茶。

世纪之交后，英国茶叶贸易的形势发生了巨大变化。1700 年至 1704 年，英国东印度公司进口了英国 20 万磅茶叶，这超过了此时期之前所有茶叶的总量，后者总计达到 15 万磅。茶叶消费量增长的另一个指标是，1652 年至 1700 年，英国合法进口的茶叶总量仅为 181545 磅，不到 1800 年的年消费量的 1%。到 1720 年，英国每年的茶叶消费量达到 100 万公斤。[②] 第三个比较是，18 世纪上半叶，即 1700 年至 1750 年，英国共进口了 4027 万磅茶叶，而在 1750 年至 1800 年，则共进口茶叶 47180 万磅。在 1751 年至 1772 年的繁荣时期，进口量几乎每年翻一番。1711 年，英国进口了 14.2 万磅茶叶，1741 年进口茶增加到 89 万磅，到 1751 年增加到 280 万磅，1781 年猛增到 4900 万磅，1791 年跃升至 15000 万磅。

保守估计，至少有四分之一的茶叶是秘密进入英国的，但这些并未包括在上述数字内。荷兰的茶叶贸易仍然可直达英国海岸。茶叶消费速度以接近对数的方式加速增长。到 1800 年，在 150 年的茶叶贸易中，总共花费了 31662 万英镑在“这种奇异的植物上”，其中一半是在 18 世纪最后二十年花掉的。1826 年，英国东印度公司每年销售超过 3000 万磅茶叶。[③] 1800 年，英国茶叶的年消费量仅为 12000 吨，到 1831 年上升到 17000 吨，到 1850 年增加到 22000 吨，即每一个居民每年消费 1.61 磅。到 1870 年，增加到 49000 吨，同时人均消费量超过 3 磅；到 1989 年，年消费量超过 89000 吨，人均 5 磅。

## 凯瑟琳神话

凯瑟琳·德·布拉甘萨（Catherina de Bragança）[④]，在英语中更为人知的是布拉甘萨的凯瑟琳（Catherine of Braganza），于 1662 年 5 月登陆朴次茅斯（Portsmouth），与国王查理二世结婚。此前很久，来自荷兰的茶叶就已在伦敦进行交易了，荷兰船只从 1645 年开始从荷兰运来少量茶叶，[⑤] 这是在荷
428 兰向巴黎运送茶叶九年后了。此时，荷兰人已经穿越大西洋运送茶叶，新阿姆斯特丹人效法荷兰人喝起了下午茶。[⑥] 到 1650 年代，荷兰的茶叶运往英国的频率和数量已经足够让伦敦企业家托马斯·加韦于 1657 年开始在“苏丹王妃”咖啡馆公开销售茶叶。这种来自荷兰的新奇的亚洲商品早就在法国贵族中成为一种时尚，现在也激起了英国冒险家的好奇心。

---

① A Tea Dealer (1826: 104).

② Jan de Vries. 2008. *The Industrious Revolution: Consumer Behaviour and the Household Economy 1650 to the Present.* Cambridge: Cambridge University Press (pp. 156, 173).

③ A Tea Dealer (1826: 94–100); Chaudhuri (1978).

④ 葡萄牙现代拼字法为 Catarina de Bragança。

⑤ Maria Rosa Schiaffino. 1987. *L'heure du thé: Voyage illustré dans le monde du thé.* Paris: Gentleman Éditeur (p. 14).

⑥ Singleton (1909).

1663年，埃德蒙·沃勒（Edmund Waller）写了一首题为《茶，接受王后陛下称赞》的诗，以在新王后25岁生日之际向葡萄牙民族致敬。他的庆祝诗说，葡萄牙既给了世界以茶，也给了英国一个优秀的王后。

维纳斯的桃金娘，太阳神的月桂树；
茶胜过它们两者，被她赐以赞美。
最好的王后，最好的药草
全因那个勇敢的民族，正如这路引向
太阳升起的美丽地方，
我们如此公正地评价他的作品。
缪斯女神的朋友，茶，我们精致的助手；
抑制那些头部侵入的郁气。
让灵魂的宫殿保持宁静，
多么合适，在她出生的那天，向王后致敬。[①]

图6.35　1673年8月21日，“金狮”号攻击H.M.S.“王子”号，布面油画，66.1×86.4厘米，亚伯拉罕·斯托克绘制，英国国家海事博物馆，格林威治。爱德华·斯普拉格爵士（Sir Edward Spragge）向查理二世宣誓要抓捕或杀死他的宿敌科内利斯·梅尔滕斯（Cornelis Maertensz）。然而，在特隆普和斯普拉格（Tromp and Spragge）之间的第三次交战中，特隆普的旗舰德·古登列乌号发射的炮弹击沉了英国指挥官试图逃跑的救生艇，从而淹死了斯普拉格。

通过这次婚姻，英国以嫁妆的形式得到孟买，从而阻止了荷兰即将发动的旨在夺取印度西海岸孟 429
买和其他葡萄牙领土的攻击。

很显然，在第一次和第二次英荷战争之间激烈的竞争中，英国诗人、下议院议员埃德蒙·沃勒等人并不认为是联合省把茶叶引入了英国。他的诗是流行神话之一的根源，在现代关于茶的作品中经常

① Percival Stockdale, ed. 1772. *The Works of Edmund Waller,Efq.in Verse and Prose.*London:T.Davies(p.109).

重复。[1] 凯瑟琳公主将茶作为嫁妆的一部分带到英国，其实这个传说不过是捏造的罢了。茶是英国最贵的异国情调的奢侈饮品，比咖啡或巧克力贵很多倍。英国上层社会对这种饮料很着迷，他们唯一的商品来源是北海对岸的敌人——荷兰。

葡萄牙当时没有进行重要的茶叶贸易，也没有喝茶的记录。[2] 来自阿连特茹（Alentejo）的维拉维索萨（Vila Viçosa）的凯瑟琳，在伊比利亚联盟（Iberian Union）结束后，成为葡萄牙和英国政治联盟的棋子。她在烹饪方面是出了名的保守。[3] 这个时期的记录既不能证明她在抵达英国之前喝了茶，也无法证明她把茶带到了英国。[4] 这个流行的传说更加荒谬，因为查理二世于 1660 年 5 月从舍维宁根回到英国，在回到英国与凯瑟琳结婚之前，就已经对茶很熟悉了。查理二世在荷兰和巴黎流亡多年，在那里喝茶是非常时兴的享受。

图 6.36 玛格丽特・黑塞因・德・萨布利埃（1640~1693 年），皮埃尔・米尼亚德（1612~1695 年），保存在布西 - 勒格朗城堡。

在 17 世纪，联合省由于自由贸易而与英格兰开战三次，其中最昂贵且很快成为主要商品的就是茶叶。正是这种贵族式的荷兰茶时尚激发了英国人的嫉妒和效仿。这正是沃勒的诗句想要掩盖的事实。沃勒的诗为了突出葡萄牙在向西方传授茶的知识方面发挥的卓越作用，诞生了一个围绕凯瑟琳公主的茶神话。尽管查理二世在荷兰流亡多年，但他对荷兰人怀有一种众所周知的个人嫉妒。30 年后，光荣革命爆发的 1688 年，其他英国诗人也会像为茶而写诗一样拍马屁，赞美英国王位上的奥兰治亲王——威廉三世。

没有证据表明是凯瑟琳公主把茶带到了英国，但孟买绝对是她嫁妆的一部分。然而，在孟买和果阿的葡萄牙人非常不愿意把孟买——这个位于次大陆的宝贵的葡萄牙港口让给英国人，把它交给英国需要

① e.g.Sarah Rose.2009. *For All the Tea in China:Espionage, Empire and the Secret Formula for the World's Favourite Drink.* London: Hutchinson (p. 26).

② João Teles e Cunha. 2012. 'O chá: Uma história do Oriente ao Ocidente', *Revista Oriente*, 21: 24–39.

③ Jorge Tavares da Silva. 1999. 'Catarina de Bragança: The tea drinking queen?', pp. 15–27 in Barrie and Smyers (op.cit.); Teles e Cunha (2002: 293).

④ Henrique Valente de Oliveira. 1662. *Relaçam diaria da Jornada, qve a Serenissima Rainha da Gram Bretanha D. Catherina fez de Lisboa a Londres, indo já despofada com Carlos IJ. Rey daqvelle Reyno e das festas, que nelle fe fizeraõ até entrar em feu Palacio, Anno de 1662.* Lisboa: Na Officina de Henrique Valente de Olïueira, Impreffor delRey N.S.

大量的条件和劝导。[①]当时，荷兰人已经控制了苏拉特和马拉巴尔海岸，国王查理二世和阿方索六世 430
（Afonso Ⅵ）国王签订的条约中有一条秘密条款迫使英格兰保护葡萄牙人在亚洲的财产不受联合省的影响，但实际上，因为对拉丁文本的不同解释，英国并没有遵守这项条款。[②]

尽管孟买本身已经割让给英国，但这并不能阻止荷兰人的进攻。1673 年 2 月 20 日，在第三次英荷战争的高潮时期，由里克洛夫·范·戈恩斯指挥的一支荷兰舰队携带 6000 名荷兰士兵袭击了孟买。1664 年，查理二世占领新阿姆斯特丹，并以他的哥哥约克公爵的名字命名这座荷属城市，他还在 1683 年以凯瑟琳的名字给其中一个新的行政区命名为凯瑟琳区。1685 年查理死后，她留在伦敦，住在萨默塞特宫（Somerset House），直到 1692 年 3 月离开英国前往葡萄牙，1693 年 1 月她终于在游历了法国和西班牙之后抵达葡萄牙。凯瑟琳于 1705 年的最后一天在里斯本去世。

## 法国、法国茶和加奶的茶

塞维涅侯爵夫人（Marie de Rabutin-Chantal，1626~1696 年）的大量通信生动地记录了法国上流社会的日常生活和弱点。她的大多数信是写给女儿弗朗索瓦丝·玛格丽特·德·塞维涅（Françoise Marguerite de Sévigné）——“格里尼昂夫人”（Madame de Grigan），因为弗朗索瓦丝是格里尼昂伯爵夫人。在 1680 年 2 月 16 日写给女儿的一封信中，塞维涅侯爵记录称玛格丽特·黑塞因，萨布利埃夫人，发明了配上牛奶喝茶的做法：

> 萨布利埃夫人配上牛奶喝茶，前几天她告诉我：这是她的味道。[③] 431

看来，喝牛奶加茶，还是喝茶加牛奶，这两件事可能不是完全一样的，英格兰的读者，他们提倡将牛奶放入茶杯，这样的做法是先添加茶，这无疑是跟格里尼昂夫人在这个例子中所说的一样，他们会为塞维涅侯爵夫人的措辞辩护。不管怎么说，喝加奶的茶或加茶的奶的风尚在法国贵族中的流行，早在英国人成为今天的狂热饮茶者之前，就已经是一种固定的习俗了。与此同时，荷兰人同样最先熟悉了法国人在茶里加牛奶的做法，[④]尽管这种做法从未在荷兰普及开来。

仅仅五年后，菲利普·西尔维斯特·杜福尔（Philippe Sylvestre Dufour）在他关于茶的有影响力的论文中，用了冗长的篇幅来论述“茶加牛奶”，他建议用牛奶治疗咳嗽和胸部疾病、痢疾和腹泻。[⑤]这一时期，人们相信用牛奶泡茶的做法是从法国引入英国的，因为喝茶在巴黎的精英阶层中已经相当流行。红衣主教马萨林（Cardinal Jules Mazarin）于 1642 年至 1661 年担任年轻的路易十四的首席大臣，

---

① Joseph Gerson da Cunha. 1900. *The Origin of Bombay (Journal of the Bombay Branch of the Royal Asiatic Society, Extra Number).* Bombay: Society’s Library, Town Hall (pp. 254–268).

② Gerson da Cunha (1900: 241–247).

③ Charles Nodier. 1836. *Lettres de Madame de Sévigné, de sa famille et de des amis* (nouvelle édition). Paris: Lavigne et Chamerot (Vol. 2, p. 108).

④ Schotel (1867: 407).

⑤ ‘indiſpositions de la poitrine … les diſenteries & longues diarrhées’ (Dufour 1685: 253–255).

他以饮茶治疗自己的痛风而闻名。[①] 1686 年 6 月，暹罗大使第二次顺利抵达法国，第五次向西方派遣
432 的暹罗使团也在布雷斯特登陆。[②] 暹罗使节在法国一直待到 1687 年 3 月。那莱大帝（1656~1688 年在
位）经由暹罗使节戈沙班送给凡尔赛的太阳王的礼物之一是金茶壶。1690 年，路易十四用喝茶驱赶那
些使他生病的“郁气”。[③]

## 把糖加进茶里

雅各布·德·邦德（Jacob de Bondt）从 1627 年到 1631 年去世一直住在东印度群岛，他提到，把糖加进茶里是一些富裕的中国茶饮者偶尔采用的方法，这是他在爪哇观察到的。1652 年，杜普提到用少许盐或大量糖煮茶的做法，这可能是在东方观察到的两种泡茶方式。1654 年，杜普证实，中国一些喝茶的人会添加一点糖，以抵消茶饮的天然苦味。1672 年，菲利普斯·巴尔迪厄斯（Philippus

---

① Pierre Dubouchet. 1829. *Manuel des goutteux et des rhumatisans: moyens à l'aide desquels on peut se préserver et se guérir de ses deux maladies (troisième édition)*. Bruxelles: La Librairie encyclopédique de Perichon (p. 84).

另一方面，如本书第五章所述，有一个众所周知的过度喝茶导致草酸盐肾病的案例。在一些高草酸的病例中，人们已经观察到，乙醇酸对尿酸排泄的抗性抑制可能导致高尿血症，这在理论上可能再次引发痛风。(Günther Wolfram und Wolfgang Gröbner. 1990. 'Beziehung der Hyperurikämie zu anderen Krankheiten', pp. 426–446 in Nepomuk Zöllner, ed., *Hyperurikämie,Gichtundandere Störungen des Purinhaushalts*. Berlin: Springer Verlag). 然而，韩国和中国的研究人员已经表明，痛风和正常茶消费之间似乎没有关系。[ Jisuk Bae, Pil Sook Park, Byung-Yeol Chun, BoYoul Choi, Mi Kyung Kim, Min-Ho Shin,Young-Hoon Lee,Dong Hoon Shi,Seong-Kyu Kim. 2015. The effect of coffee, tea, and caffeine consumption on serum uric acid and the risk of hyperuricaemia in Korean Multi-Rural Communities Cohort. *Rheumatology International*, 35 (2): 327–336; Yi Zhang, Yang Cui, Xuan-an Li, Liang-jun Li, Xi Xie, Yu-zhao Huang, Yuhao Deng, Chao Zeng and Guang-hua Lei. 2017. 'Is tea consumption associated with the serum uric acid level, hyperuricaemia or the risk of gout? Asystematicreview andmeta-analysis', *BioMed Central Musculoskeletal Disorders,* 18 (1): 95 ].

② 以前从大城府到西方的大使并不成功。第一个暹罗使节由国王厄伽陀沙律（1605~1620 年在位）派往海牙的拿骚的莫里斯（Prins Maurits van OranjeNassau）。暹罗使节于 1607 年 12 月抵达巴达维亚，他们从爪哇乘坐“奥兰治”号航行到荷兰，由海军上将科内利斯·马特里夫·德·琼格担任船长。两位使节由年轻的译员埃夫特·迪克森（Evert Dirckszoon）陪同，他在暹罗住了六年。第二批荷兰驻暹罗宫廷使节科内利斯·斯派克斯和他的侄子扬·沃尔克特佐恩（Jan Volkertszoon）在 1604 年曾拜访过国王纳黎萱，两人也在船上，但两人都死于回家的路上。在低地国家工作了近三年之后，两位暹罗大使于 1610 年 1 月 30 日在特克塞尔（Texel）登上前往巴达维亚的船。12 月 19 日，八艘舰艇编队在巴达维亚登陆，途中在“好望角”遭遇暴风雨。暹罗大使是在海上死亡，还是在巴达维亚登陆后潜逃的，他们的命运仍是一个谜，因为他们再也没有在大城府被人看到。第二个暹罗驻西方使节是由那莱大帝派往法国古那的。1681 年 1 月，他的三位大使乘坐法国船“秃鹰”号（Vautour）抵达班塔姆，船上有两头大象、50 箱礼物和随行人员。在法国的七个月之后，他们于 1681 年 8 月踏上了前往法国的“东方太阳”号（Soleil d'Orient）。该船于 1681 年 11 月到达毛里求斯港，随后在莫桑比克海峡的暴风雨中失踪。1684 年，那莱大帝又向欧洲派遣了两个使节。第一个包括两个官吏和四个暹罗男孩，他们于 1684 年 1 月启航，于 9 月抵达怀特岛。通过法国驻伦敦大使保罗·德·巴里隆（Paul de Barrillon）的调解，使者们得以在温莎举行仪式，在继续前往加莱和凡尔赛路易十四的宫廷之前，在温莎与查理二世相见。1685 年，任务完成后成功地返回了大城府。1684 年派出的两个特派团中的第二个是赴佩德罗二世（1683~1703 年）统治的葡萄牙的全权大使团。大使团由三名大使、三名混血的译员和一名随行人员组成。该团于 1684 年 3 月出发，但 1684 年 9 月才到达果阿，于 1686 年 1 月乘坐“奇迹女神”号（Nossa Senhora dos Milagros）启航前往葡萄牙。该船于 4 月在厄加勒斯角（Cabo das Agulhas）搁浅。遇难船员和乘客设法到达陆地，然后在沙漠中穿行了三十天，其中一名大使在沙漠中丧生。当幸存者最终到达海角殖民地（Cape Colony）时，总督西蒙·范·德·斯特尔（Simon van der Stel）经由阿姆斯特丹将葡萄牙人送回里斯本，总督亲切地接见了暹罗特使。1686 年 9 月，范·德·斯特尔安排暹罗人乘坐“圣特马坦迪克”号（Sint Marrtensdijk）前往巴达维亚，于 12 月抵达，后在那里停留了半年，于 1686 年 9 月返回。

③ Stanis Perez. 2007. *La santé de Louis XIV: Une biohistoire du roi-soleil*. Seyssel sur le Rhône: Champ Vallon (p. 94); Brigitte Éveno, Yves Bagros et Laurence du Tilly. 2002. *Éloge de la cuisine au thé: Livre de recettes*. Paris: Hachette (p. 5).

Baldüus）对喝茶时咬一块冰糖的“恶习”进行了猛烈抨击，他对这种做法表示痛惜，他观察到一些荷兰人也如此沉迷于锡兰和东印度群岛的上述做法。

我们从荷兰医生和植物学家威廉·滕·利思1677年的观察记录中得知，这种加糖的饮茶方式实际上是西方人从中国人那里学到的，尽管到目前为止不是所有中国人都沉迷于这种做法。然而，显然，一些在荷属东印度群岛定居的福建华人这样做了。在日本逗留了两年后，威廉·滕·利思在巴达维亚写道，中国人把整个干茶叶浸泡在热水中，这是欧洲人从他们身上学会的。他指出，只有极少数的中国茶饮者会一边咀嚼一小块糖，一边喝茶，尽管这种习俗已经被广泛采用，而且经常被在东方的欧洲人所采用。然而，他指出，对日本人而言，这种用“甜蜜之吻”（glykýfiloi）来喝茶的方式完全不为人所知。①

1678年，在其流行和有影响力的荷兰茶论文中，医生邦特科强烈建议不要喝按照印度方式冲泡的过浓的茶。这种印度泡茶的方法与波斯冲泡茶的方法完全一样。在这方面，奥利乌斯（Olearius）在 433
1656年报告说，波斯人习惯性地加糖以使他们的茶变甜，但是从陆路带到波斯的茶是苦砖茶，带到印度的茶也是一样的。印地语中指称茶的词 cāy 证明了茶通过中亚进行陆路贸易。因此，印度和波斯的茶是一种不同于中国茶和日本茶的商品，后者是欧洲人可以通过海上贸易获得的。

当荷兰的茶被沏得像印度的茶那样浓时，它的苦味常常促使人们添加糖，邦特科认为，这破坏了茶的味道，降低了它的有益功效。1685年，杜福尔列出了加糖泡茶的做法，这是一种比较冒险和不寻常的泡茶方式：

> 人们可以采取不同的方式来服用这种药草……你可以加些糖来享受……或把茶泡在提神或柔和的好酒中。②

牧师雅克·德·布尔格斯（Jacques de Bourges）于1662年访问了暹罗，他报告说，茶在暹罗是一种饭后喝下的“加入一点糖的很热的茶”。③ 1689年，英国旅行家约翰·欧灵顿（John Ovington）同样观察到，在荷属古吉拉特（Gujarat）的苏拉特（Surat）据点的一些欧洲人喝茶时会“加入糖果”。俄罗斯人和波兰人传统上会用蜂蜜或糖来给茶调味，今天的一些俄罗斯喝茶者仍然保留了传统的喝茶习俗，即“喝糖茶”（vprikusku），把一小块硬糖夹在牙齿中间，这样茶就会冲过硬糖，使得喝的时候能够吸收甜味。

尽管偶然地把糖加入茶中饮用的方式已被证实在荷兰以及在东方的荷兰人中存在，显然巴尔德乌斯和邦特科的警告还是被人们注意到了。荷兰人通常喝茶时不加糖，但也有例外。英国人直接采用了

① ten Rhijne (1677).

② Dufour (1685: 222). With regard to the *décoction* of the herb *thé*, professor Henrich Tencke, professor at the University of Montpellier, in 1712 essentially repeated the words of Dufour: ‘… en y ajoûtant du fucre, pour la prendre avec plus de plaifir, & on la boit chaud’ or infused ‘dans quelque eau cordiale, ou de bon vin delicat’; Heinrich Tencke. 1712. *Formules de Médecine tirées de la Pharmacie galénique et chymique: Où il eft traité de la Methode d’ordonner toute forte de remedes Phamaceutiques, & de les adapter à chaque maladie*. Lyon: Jean Certe (pp. 226–227).

③ de Bourges (1666: 155).

荷兰的饮茶方式，英国人知道荷兰人喝茶通常不加糖，但许多英国人也知道，即使在低地国家，茶有时也会加糖。英国茶勺最初的用途就是往茶里放糖。

1657 年，托马斯·加韦在他的“苏丹王妃”咖啡馆把茶叶销售介绍到伦敦，在他 1660 年题为《叶茶的生长、品质和真相的准确描述》的报告中，宣传了他的产品，暗示在英国，茶可能从一开始就加了糖。他的报告大量引用了当时荷兰的资料，列出了茶的优点。为了防止结石、清洁肾脏和输尿管，他建议喝茶时加入自然流出的蜂蜜而不是糖。

> 喝茶时加上自然流出的蜂蜜而不是糖，这能非常好地防治结石和尿砂，净化肾脏。①

加韦商店里出售的茶叶来自荷兰，饮茶的时尚也是如此。直到 1669 年，英国东印度公司才将第一批茶叶进口到英国。

434 公元前 326 年，亚历山大大帝（公元前 356~ 前 323 年）的士兵们入侵旁遮普（Panjab）时见证了甘蔗的使用。后来，泰奥弗拉斯托斯（Theophrastus，约公元前 371~ 前 287 年）和厄拉多塞（Eratosthenes of Cyrene，公元前 276~ 公元前 194 年）都写了关于甘蔗的文章。② 在迪奥斯科里斯（Pedanius Dioscorides，约公元 40~90 年）的有生之年，甘蔗就已经在近东地区栽培了，希腊语称之为 σακχαρις（sakkharis），拉丁语是 saccharum，都来自梵语 śarkarā。③ 第一次十字军东征（First Crusade，1096~1099 年）之后，威尼斯人在塞浦路斯和克里特岛种植甘蔗，这个物种后来传播到西西里岛和马耳他。

15 世纪，热那亚人将甘蔗传播到伊比利亚半岛、马德拉半岛、加那利群岛和伊斯帕尼奥拉半岛。16 世纪，甘蔗被移植到亚速尔群岛、圣多美（São Tomé）和美洲，很快葡萄牙、西班牙、荷兰、英国和法国都在新大陆制作糖并出口到欧洲。④ 糖的全球贸易规模将随着茶的贸易和喝茶加糖习惯的普及而迅速增长，尽管这种做法破坏了茶极好的、微妙的香味平衡。英国的年人均食糖消费量从 1700 年的 4 磅增长到 1800 年的 18 磅。

1744 年，人们尝试用三种不同的方法来计算英国人的实际饮茶量。在每一种统计方法下，1744 年的数据总计为 200 万磅茶叶。今天我们知道，当时唯一合法进口茶叶的英国东印度公司，在 1744 年只进口了 725928 磅茶叶。英国茶叶实际消费量的三种计算方法本身就很有趣。一种方法是根据情报估计从荷兰、瑞典、丹麦和马恩岛走私到英国的茶叶数量。另外两种间接计算英国年实际饮茶量的方法更能揭示当时不列颠群岛的饮茶方式。

---

① Garway (1660).

② Theophrastus Eresius. 1644. *De Historia Plantarvm Libri Decem Græcè & Latinè.* Amstelodami [Amsterdam] apud Henricum Laurentium (pp. 452, 482); Percy James Greenway. 1945. ‘Origins of some East African food plants, Part v’, *East African Agricultural Journal,* xi (1): 56–63.

③ Hermolao Barbaro [Dioscorides Pedanius]. 1516. *In Hoc Volvmine hæc continentvr. Ioannis Baptistæ Egnatii Veneti in Dioscoridem ad Hermolao Barbaro tralatvm annotamenta, qvibvs morborvm et remediorvm vocabvla obscuriora in vsvm etiam mediocriter ervditorvm explicantvr.* Venice: Giovanni e Gregorio de Gregori (*Corollarii*, Liber Secvndvs, f. 42v, cccvi).

④ Charles Verlinden.1972.‘From the Mediterranean to the Atlantic: Aspects of an economic shift (12th–18th century)’, *Journal of European Economic History*, i (3): 625-646.

一项计算是根据英国三分之一的人和家庭人口（估计分别为 100 万和 150 万）喝茶的已有数字统计的。假设一个家庭的每个人每年喝半磅茶，这种假设本身是有启发性的。然而，更有趣的另一项计算揭示了英国人消费茶的方式，即配以大量糖，因为英国每年的茶叶消费是“从糖的消费量”计算出来的。英国 1744 年的食糖消费量为 80 万英担，即“8000 万磅”。论文的作者认为，“只有四分之一的糖消费来自喝茶，我相信家庭的生活经验将充分证明我的假设”。第三个参数是已知的数量，即“每磅茶要加入 12 到 16 磅糖”。从消耗的糖量中计算茶叶消费量，作者得出了英国 1744 年每年消费 200 万磅茶叶的相同数字。①

1750 年，剑桥的一位绅士出版了约翰尼斯·佩奇林（Johannes Pechlin）写于 1648 年的《论茶》 435
（*De Potu Theæ*）一书的英译本。这位绅士宣称他的意图是影响英国女士以减少在茶中使用糖，或者完全避免使用糖。

> 自然饮茶的方式，（尤其是绿茶类）肯定是不加糖的，而且茶太甜的话，它们的药用价值就降低了，我们的作者说，加一点糖也不妨碍，茶会变得更香了。②

作者解释说，这些措施将改善女性的健康，从而提高男性的幸福感。③尽管弗朗索瓦·亚历山德拉·德里克·德·拉·罗什福科（François Alexandre Frédéric de la Rochefoucauld）公爵建议英国女性不要在茶里加糖，但他在 1784 年就观察到，在英国，喝茶加糖是普遍的，而且英国社会各阶层的人没有被茶所需要的大量蜂蜜和糖的费用吓倒。④

杰出的塞缪尔·约翰逊博士（Dr. Samuel Johnson）更喜欢喝“奶油和糖柔化得很好”的茶。⑤他钦佩的传记作者、苏格兰律师詹姆斯·博斯韦尔（James Boswell），同样是个茶的爱好者。在访问伦敦期间，博斯韦尔从卖淫者那里感染了淋病，于是他转而喝绿茶，他认为绿茶是“这种情况下最仁慈的补救措施”。1763 年 2 月 13 日，他充满感情地谈到了茶使他免受性病的折磨。

> 我非常喜欢茶，我可以写一篇关于它的优点的论文。它能使人感到舒适和愉悦，而不会有烈

① Anonymous [attributed to John Mackmath or James Ralph]. 1744. *Considerations on the Duties upon Tea, and the Hardships suffer'd by the Dealers in the Commodity, together with a Proposal for their Relief.* London: M.Cooper at The Globe in Pater-nofter-Row(esp.pp.45).

② 'A Gentleman of Cambridge'. 1750. *A Treatise on the Inherent Qualities of the Tea-herb: Being an Account of the Natural Virtues of the Bohea, Green, and Imperial Teas. Collected from MSS. of Learned Physicians. Particularly from a Latin MS. entitul'd De Potu Theæ, Wrote by the Famous J.N. Pechlinus, principal physician to the late king of Denmark.*London:C.Corbett(p.10). The original work by Pechlin appeared in Latin already in 1684, and a similar work was defended as a doctoral dissertation by Waldschmidt in Marburg the following year. Johannes Nicolaus Pechlin. 1684. *Theophilus Bibaculus sive de Potu Theæ Dialogus.* Francofurti: Johannes Sebastian Riechelius; Johann Jakob Waldschmidt. 1685. *Dissertatio Medica de Potu Theæ.* Marburgi Cattorum: Typis Johannis Jodoci Kürsneri.

③ 在一个有趣的语义转变案例中，这位绅士认为：“没有快乐可以跟与女士们的交往相媲美”（op.cit.，P. iii）。

④ Jean Marchand, ed. 1933. *A Frenchman in England 1784, Being the Melanges sur l'Angleterre of Francois de la Rochefoucauld.* Cambridge: Cambridge University Press.

⑤ James Boswell. 1833. *The Life of Samuel Johnson, LL.D., including a Journal of a Tour to the Hebrides, A New Edition with Numerous Additions and Notes by John Wilson Croker* (two volumes). New York: George Dearborn (p. 506).

酒带来的风险。高贵的药草！让绚丽的葡萄为你绽放。你柔和的影响更能激发社交的欢乐。[①]

毫无疑问，博斯韦尔采用了一种加糖的方式来补救，因为 18 世纪，在英国喝茶加糖的做法已经很普遍了。另外，荷兰人以不吃糖而闻名，但是当博斯韦尔之后去荷兰乌得勒支继续他的民法研究时，他发现在低地国家喝茶不加糖并不是普遍现象。

1763 年 10 月 7 日，他记录了以下观察：

> 昨天晚上，我很荣幸受到著名的特罗茨教授的邀请……我很惊讶地看到他像英国人一样吃糖，因为我在某篇文章里读到过很多关于荷兰人狭隘的笑话。[②]

436 最初，荷兰人喝的是纯绿茶，一些荷兰人偶尔会给他们的武夷茶加糖。红茶是否加糖在很大程度上取决于个人的口味。然而，总的来说，荷兰的饮茶者很少给他们的茶加糖。因此，有趣的是，雅各布·德·邦德在 1627 年至 1631 年目睹了幸存于荷兰茶文化中至少一个半世纪之久的一些中国饮茶者在荷属东印度群岛使用的喝茶方式。

即使在北美的荷属殖民地被割让给英国之后，喝茶时嘴里含着一块糖果（kandij）这种中国习俗仍保留在新尼德兰，1677 年，威廉·滕·利思曾以“甜蜜之吻”的说法提及这一点。华盛顿·欧文（Washington Irving）记录了纽约荷兰人家庭是如何供应下午茶的：“为了使饮料变得更甜，每个杯子旁边都放着一块糖——公司的人很有礼貌地轮流吃着、喝着。”在美国，这种特殊的做法持续了相当长的时间。19 世纪中期，查尔斯·古德里奇（Charles Goodrich）写道：

> 从某种程度上说，这些特点在荷兰人的殖民地是可以观察到的，甚至到现在也是如此。在作者的记忆中，发生过以下事件。他坐在茶桌旁，正在拜访一位上了年纪的荷兰绅士。这时，女主人对他说：“先生，你是搅还是咬？”“搅还是咬？夫人，对不起，我听不懂您的话。”“噢，”她笑着回答，“有些人喜欢在茶里放糖搅拌；另一些人则咬着糖，喝着茶。”[③]

华盛顿·欧文用大量虚假的叙述增添了他对北美荷属殖民地生活的讽刺。在一次恶搞中，他描述了以何种方式“一位精明而节俭的女士带来的一项改进，她用天花板上的一根绳子把一大块糖直接吊在茶桌上，这样它就可以从一张嘴巴吊到另一张嘴巴上——这是一种巧妙的权宜之计”。一位完全虚构的荷兰历史学家迪德里奇·尼克博克（Diederich Knickerbocker）据说在其位于纽约的酒店里失踪了，

---

① Frederick Albert Pottle and Peter Ackroyd, eds. 2004. *Boswell's London Journal*, 1762–1763. New Haven, Connecticut: Yale University Press (p. 189).

② Frederick A. Pottle, ed. 1952. *Boswell in Holland, 1763–1764, including his correspondence with Belle de Zuylen (Zélide)*. New York: McGraw-Hill Book Company (p. 43).

③ Charles Augustus Goodrich. 1859. *A History of the United States of America on a Plan Adapted to the Capacity of Youth and Designed to Aid the Memory by Systematic Arrangement and Interesting Associations.* Boston: Hickling, Swan and Brewer (pp. 117–118).

他在报告中写道，奥兰治堡（Fort Oranje，也就是今天的奥尔巴尼）的“美味汉堡”（worthy burgers）已对这一戏谑的诽谤表示反对。[①]

然而，这个诽谤性的谣言很快于1826年被一位轻信的英国茶叶经销商在随后的争论中重复了。

> 据说荷兰人在他们的茶桌上把精细发挥到了极致；因为，他们假装茶里的糖会破坏茶的味道，所以他们就吃了一块糖，当他们喝茶的时候就把糖从嘴里拿出来。确实有人说过，同一块糖在某些情况下全家人都享用；尽管他们吹嘘自己很爱干净，但我认为这种令人作呕的做法是普遍的。[②]

欧文的谣言为伦敦茶商1826年出版的《茶学》（*Tsiology*）一书提供了一些论据，因为正如荷兰人历来轻视英国人爱吃甜食一样，英国人也常常轻视荷兰人的节省。直到今天，尽管许多荷兰人喝的茶都是纯茶，但也有一些人确实喜欢加糖。

喝茶加奶原本是法国人的习惯，喝加糖的茶最初是一些在亚洲的荷兰人从东印度群岛的中国茶饮 437
者那里引进来的。后来，采用加糖的方法喝茶，要么是接受自其他民族，要么是（更有可能的是）波斯饮茶者的独立创新。然而，在今天的中国，喝加糖茶的习俗甚至比在荷兰更罕见。众所周知，英国人爱吃甜食，他们后来接受了这两种习惯，并开始固定地在茶里加牛奶或糖，最常见的是两者都加。

在法国大革命时期，越来越多有良心的英国人赞成在英属殖民地废除奴隶制。一场反糖运动摒弃了糖，以象征性地抗议北美甘蔗种植园对奴隶的剥削。詹姆斯·吉尔雷（James Gillray）于1792年画的一幅著名漫画中，让乔治三世（George Ⅲ），也就是所谓的“约翰牛”（John Bull），这个典型的英国人，与夏洛特王后（Queen Charlotte）和他们的六个女儿一起坐在茶几旁，被描绘成反糖的支持者。在这幅画中，王后努力说服她那些满腹狐疑、愁眉苦脸的女儿喝不加糖的茶。

> 哦，我亲爱的宝贝们，尝一尝吧！你无法想象没有糖会有多好：——再想想，如果你不再用糖，你将为那些可怜的黑人们（Blackeemoors）省去多少工作！——最重要的是，你要记住这将为你可怜的爸爸省多少钱！

图6.37　被画为“约翰牛”的乔治三世与王后夏洛特和他们的六个女儿一起坐在桌边，詹姆斯·吉尔雷绘于1792年。

1833年，整个大英帝国的奴隶制最终通过议会法案得以废除，不过，印度、锡兰和

① Irving (1819, Vol. i, pp. 184, xii).

② A Tea Dealer. 1826. *Tsiology; a Discourse on Tea being an Account of that Exotic;Botanical,Chymical,Commercial, & Medical, with Notices of Its Adulteration, the means of Detection, Tea Making, with a brief History of the East India Company*.London: William Walker (p. 88).

圣赫勒拿岛直到 1843 年才被废除奴隶制。

## 英国新传统：英式下午茶

到了 17 世纪中期，荷兰人养成了互相邀请喝下午茶的习俗，这种习俗至今仍很盛行。喝下午茶的习俗越过大西洋，在新阿姆斯特丹扎下根来。[①] 几十年后，约翰·洛克在阿姆斯特丹生活了若干年，他非常厌恶英国咖啡馆的粗鄙，却享受着荷兰茶儿的优雅精致。在阿姆斯特丹、莱顿和海牙等国际大都市，人们普遍饮用茶，但在多得勒希特（Dordrecht）等乡村小镇，人们对这种商品并不熟悉。瓦伦汀描述了 1670 年多得勒希特的一些教区居民第一次接触茶时的反应。

438 当时它被我们当作干草水而拒绝，现在它已经成为最低贱的一种饮料，以至于除了咖啡（caweh，来自于希腊语 caweh 或 kaweh，意思是力量与热情。——译者注）外，它已经成为我国贸易的主要商品之一。[②]

图 6.38 荷兰家庭在喝茶，罗埃夫·科茨绘制，约 1680 年，苏富比提供。

到 1680 年，茶已成为低地国家首选的早餐饮料，狂热的喝茶者在一天中的任何时间都喝茶。

然而，作为一种社会功能，“茶时间”（theetyd）在荷兰民间生活中确立的时间甚至更早，如约翰内斯·勒·弗朗克·范·伯克希（Johannes le Francq van Berkhey）记录的那样，通常是在下午 3 点半、4 点或 4 点半。[③]1688 年，当荷兰省督威廉三世自立为英格兰国王时，荷兰人在下午晚些时候或傍晚早些时候喝茶的习俗成了英国皇家宫廷里
439 的一种日常惯例。下午茶是用玛丽二世女王于 1689 年从荷兰带来的丰富瓷器收藏品中的瓷器器皿准备和供应的。在荷兰，约翰·洛克把喝茶看作有学问的人的一次令人向往的聚会，但荷兰下午茶通常是朋友和亲戚的聚会，是全家或与朋友一起畅饮的一种

---

① Singleton (1909: 132–133).

② Valantyn (1726, *Derde Boek*, blz. 18).

③ Johannes le Francq van Berkhey. 1776. *Natuurlyke Historie van Holland* (Derde Deel, Vyfde Stuk): Amsterdam: Yntema en Tiebol (p. 1537).

欢快而又固定的活动。

在第七任总督彼得·斯图维森特（1647~ 1664 年执政）的带领下，荷兰下午茶几乎成为新阿姆斯特丹的一种习俗。华盛顿·欧文讽刺了在新阿姆斯特丹、奥兰吉堡或奥兰治堡（例如阿尔巴里）从 3 点到 6 点举行的荷兰下午茶桌，“社区、卑尔根（Bergen）、福莱特 - 布什（Flat-Bush），以及我们所有未受污染的荷兰村庄”。现代美国甜甜圈（donut）起源于荷兰下午茶桌提供的茶点 oliekoeken 或 oliebollen，“这是一种用猪油炸成的甜面团做成的大盘子，叫作面团坚果或 oly koeks—— 一种美味的蛋糕，除了在真正的荷兰家庭以外，目前在这个城市中还少有人知道”。①

荷兰人喝下午茶的做法被法国人所采用。正如玛丽·德·拉布丁·尚塔尔（Marie de Rabutin- 440
Chantal），塞维涅侯爵夫人的大量信件所记载的，1680 年代法国贵族奉行的是法国流行的“五点茶”（five o’clock tea）。这一潮流随后在英国被迅速采纳。在 1691 年底首演的托马斯·萨瑟恩（Thomas Southerne）的喜剧第四幕第一场中，绅士们和女士们被描述成在午餐之后的某个时候喝下午茶。他们的下午茶是在“朋友先生”的花园里露天喝的，弗兰德尔建议：

图 6.39 从建筑上看，即使这座城市在不断发展，但在它落入英国人手中一个半世纪之后，纽约也依然保持了显著的荷兰风格，正如这个刻有标题“百老汇，纽约”的石刻中所看到的那样。从运河街的海吉安仓库角到尼布洛花园的那一边，由约瑟夫·史丹利公司（Joseph Stanley & Co）使用，由史丹利公司出版。根据位于纽约南区的办公室的史丹利公司签署的国会法案提出，1836 年 1 月 26 日，纽约公共图书馆。

① Irving (1819, Vol. i, pp. 183–186). 可以想象，用油炸的面团做的细长的早餐糕点被称为 *iû-tsià h-kóe* 油炸粿 [iu ˧˦ tɕiaʔ ˦ kue ˥˧]，在闽南语中称为油炸糕，粤语也可能是模仿荷兰语中的 oliekoeken 或 oliebollen, 其中闽南语和粤语术语似乎是直接的描述性翻译。英语的 doughnuts（炸面饼圈）和汉语的 iû-tsia h-kóe（炸油糕）明显是对 oliebollen 的改进，当然，除非 17 世纪的 oliekoeken 以更高明的手法做出，并产生了一个比今天仅在特殊场合制作的 oliebollen 更令人赏心悦目的结果。从那时起，中国 iû-tsia h-kóe 就是可口的早餐，配上被称为 dau[6]fu[6]faa[1] 豆腐花 [tɐu ˨ fuː ˨ faː ˥] 的美味豆腐布丁，粤语和闽南语中则称之为 tāu-hoe 豆花 [taʊ ˨ hue ˦] ‘tofu flower。

女士们，你对花园里的壁画（Fresko）有什么看法？我们将在山上喝茶，成为邻居们羡慕的对象。①

当然，在一个不受干扰的亲密环境中喝茶的机会，迟早会被用于其他目的。到1701年，在联合行省，对茶的“滥用”成为各种放荡行为的伪装，一篇义愤填膺的长篇大论对此进行了批评。②此时在英国，茶在1707年的喜剧《夫人最后的赌注》（或《夫人的不满》）中也占有显著地位，它与不当行为和乱交不忠的迹象有关。当“错爱”勋爵正在喝茶时，一封信递向他，解释他妻子缺席的缘故。

发生了一些让我不宜喝茶的事情，我得告诉你，不过我发现已婚之人各有其秘密是一种时尚。③

图6.40 这件由查尔斯·弗雷德里克·沃思在巴黎设计的茶袍出现在1895年12月28日的《女王报》上。

当“错爱”夫人之后给她的追求者乔治勋爵递上一杯茶时，他兴奋不已：

茶！你柔软，你持重，贤明和可敬的液体，你无辜的伪装，使两个性别的邪恶在早晨聚在一起；你柔和的话，温和的笑，敞开的心扉，轻触的眨眼，我一生中最幸福的时刻，就归功于你那可怕的平淡，让我这般俯首称臣，ſ-p，ſ-p，ſ-p，这般崇拜你。（跪着，呷着茶）④

18世纪初，茶与淘气的恶作剧之联系在荷兰共和国和英国都是一个转瞬即逝的主题。

在接下来的一个世纪里，当茶的狂热席卷英国之后，下午茶已经很成熟了。1763年，亚历山大·卡莱尔（Alexander Carlyle）在描述他在哈罗盖特（Harrowgate）上流社会的生活时指出，“……为女士们提供茶和糖是一种时尚……女士

① Southerne (1692: 37).

② Anonymous. 1701. *De gedebaucheerde en betoverde Koffy- en Thee-Weereld, behelzende een meenigte van aardige voorvallen, welke zich ſedert weinig tydts tot Amſterdam, Rotterdam, in den Haag, te Uitrecht, en de bygelegene Plaatſen, op de Koffy- en Thee-gezelſchapjes,zo onder de Getrouwden als Ongetrouwden, hebben toegedraagen, met alle de debauches en ongeregeldheden, welke onder pretext van deeze laffe Dranken worden gepleegd: Benevens een uitreekening van de Jaarlykſe ſchade, welke door dit Koffy- en Thée-gebruik,als mede door de Paſteleinen, en al de verdere Poppe kraam, daar toe behoorende, word veroorzaakt, enz.* 't Amsterdam: By Timotheus ten Hoorn, Boekverkoper in de Nes, in 't Zinnebeeld.

③ Colley Cibber. 1707. *The Lady's laſt Stake, or the Wife's Resentment. A Comedy. As is Acted at the Queen's Theatre in the Hay-Market.* London: Bernard Lintott (Act i, scene i, p. 6).

④ Cibber (1707, Act i, scene i, p. 9).

们轮流供应下午茶和咖啡”。[1] 然而，有一个流行的传说，认为是安娜·玛利亚·罗素（Anna Maria Russell），娘家姓斯坦霍普（Stanhope），贝德福德的第七任公爵弗朗西斯·罗素（Francis Russell）的妻子，发明了下午茶。表面上看，第七任贝德福德公爵夫人早在 1837 年前就这么做了。[2] 在那一年， 441
她成为维多利亚女王的宫廷女侍（lady of the bedchamber）。或在 1840 年代，要么是她在伍德伯恩修道院（ Woodburn Abbey），[3] 要么是她在比弗古堡（Belvoir Castle）拜访拉特兰郡（Rutland）第五任公爵约翰·亨利·曼纳斯（John Henry Manners）之时。[4] 这个故事在很多流行的茶叶书籍中多次出现。然而，现实并非如此妙不可言。英国下午茶被一个“新传统”的矛盾语恰当地描述了出来。

到贝德福德公爵夫人时代，荷兰资产阶级的习俗和法国贵族的下午茶习俗已经在英国的贵族阶层中确立起来。在法国，下午茶和小点心是分开的，因为法国的晚餐吃得很晚，就像英国的上层阶级一样。贝德福德公爵夫人当然没有创立或发明下午茶。毫无疑问，她是这个早已传入欧洲大陆的习俗较为狂热的实践者之一。在下午茶时间吃甜烙饼配上美味的德文郡 442
（Devonshire）凝脂奶油无疑是当地喝下午茶的一种方式，但这种吃食也成为英国下午茶的一种标志性小吃。贝德福德公爵夫人的任何贡献似乎都仅限于帮助和教唆把欧洲大陆下午茶变成典型的英式无节制甜食盛宴。

据称，正是贝德福德公爵夫人对日本和服的迷恋，才使得她在流行高领宽松的室内服装方面发挥了作用，这种服装在这一时期开始流行，被称为茶袍（tea goun）。[5] 即使在这个领域，她的角色充其量也不过是边缘的，因为茶袍与和服没有什么相似之处。

图 6.41　19 世纪后半叶，茶袍经历了无数的变化，出 443
现了越来越多的不同版本。从愉悦的 19 世纪 90 年代开始，茶袍发展得如此之快，以至于到了繁荣的 20 世纪 20 年代，这些当时仍然被称为茶袍的礼服与 19 世纪中叶早期的茶袍没有什么共同之处。这种时装样片出现在 1889 年伦敦社交季（The Season）。

相反，茶袍出现在 19 世纪中期，作为一种自然进化，改编自欧美本土的服装，起源于一种宽松的非正式服装，由柔软的织物制成，经常用刺绣装饰。茶袍是在家里或凉亭喝下午茶时穿的，因此，这种家居

① Alexander Carlyle. 1840. *Autobiography of the Rev. Dr. Alexander Carlyle, Minister of Inveresk* (second edition). Edinburgh and London: William Blackwood and Sons (p. 434).

② Twining (1999: 60).

③ Henry Robin Ian Russell, 14th duke of Bedford, 14th marquess of Tavistock, 1987. *Woburn Abbey*. Norwich: Jarrold Colour Publications.

④ 2011 年 11 月 18 日，用户 86.128.231.97 在 14h53 的修订版中，在维基百科关于“贝尔沃城堡”的文章中输入了相同的信息。

⑤ Paul Chrystal. 2014. *Tea: A Very British Beverage*. Gloucestershire: Amberley (p. 61).

服不同于正式的晚餐宴会服装和外出时穿的衣服。

自第七任贝德福德公爵夫人以来，英国人对下午茶的新诠释更多的是关于蛋糕和糕点，而不是茶。现在任何人都希望在萨沃伊酒店、利兹酒店或克拉里奇酒店，或者下列任何一处地方，如伦敦、爱丁堡、德里或新加坡喝下午茶。这些地方专注于最古老和可敬的英国传统，客人可以选择自己喜欢的茶，然后享用手指三明治配有凝脂奶油的自制甜烙饼，以及带有果酱和一排糕点的甜烙饼。如今，大多数下午茶场所在提供茶的同时，还会为顾客提供少量甚至大量的香槟。英国下午茶，尽管不是真正的茶，但也是件具有节日氛围的事情。

图 6.42　在萨沃伊的英式下午茶，现在这里的下午茶和伦敦等其他地方一样经常配上香槟一起享用。

如今在伦敦，甚至连日本版的下午茶也有出售，日本茶是和寿司或各种各样的日式糕点一起出售的。在墨尔本，一位颇有创意的中餐馆老板提供午后的“傍晚茶”，中国茶、中国糕点和甜点堆叠在一起，形成了英式下午茶糕点塔的风格。在清迈（Chi:ang Mài），瑞典茶贩子肯尼斯·里姆达尔（Kenneth Rimdahl）提供了一种新的兰纳（Lanna）风格的下午茶，搭配在阿萨姆茶基础上所做的手工茶和泰国美食，其中许多包含泰式茶的面点。在各种各样的新伪装中，茶仍然是这个新的不断发展的茶之仪式的一个关键成分，但是新奇的英式礼仪，既吵闹又愉快，在精神上与日本茶道的宁静有显著的不同。

444 下午茶和傍晚茶不能混淆，后者是工人阶级丰盛的晚餐。在工业革命期间，英国工厂的工人被迫长期轮班工作，把他们每天的传统主餐从中午转移到晚上。“High”一词被解释为喝茶的较晚时间[①]或者餐桌的高度。[②]从18世纪末开始，下层阶级的晚餐通常与茶一起吃，所以被称为“傍晚茶”（high tea）或“肉食茶点”（meat tea）。这个短语最早出于1787年的小说《布伦海姆旅馆》（*Blenheim Lodge*）中，书中写道：“正当我们享用傍晚茶时，沙特福德医生也出现了。”[③]

1805年，简·奥斯汀（Jane Austen）在其父亲去世之后，放弃其未完成的小说《华森夫妇》（*The Watsons*）的写作，但在这之前奥斯汀于1803年在书中提到傍晚茶时写道：“七点钟茶具的到来使人感到宽慰。”[④]很容易理解为什么“高茶”这个词经常被误用为下午茶，因为形容词“high”本身就能让人联想到唤起高贵和夸张的内涵。事实上，休闲阶层和上层社会成员所喝的下午茶有时也被称为“low tea”“cream tea”，因为下午茶是在低咖啡桌上供应的，而那些沉迷于此的人则坐在舒适的低椅子上。[⑤]

445

图6.43 墨尔本的一家中国餐馆提供下午的“傍晚茶”，在英式下午茶糕点塔中放置了中国茶和甜点。

## 政府的贪婪与持续变化的英国人的饮茶口味

战争爆发前，查理二世于1660年5月从荷兰返回英国，回国后四个月内，他通过了《第一航海法案》，最终导致了与荷兰的战争。与此同时，查理二世在国内采取了一项措施，他颁布了一项法令，对冲泡的茶叶征收每加仑8便士的关税，到1670年，这一茶税上升到16便士。[⑥]1772年，莱特森推断，1660年对茶叶征收的关税表明，到这个时候，英国“即使在公共咖啡馆喝茶也很常见”。[⑦]由于税高，1652年至1689年一磅茶的平均售价从50至60先令不等，因此只有富人才买得起。[⑧]

在某一时刻，人们一定已经意识到，准备优质茶的最佳方式不是在早上沏好茶并装入桶内，然后根据需要重新加热桶中的茶，只是为了避免税收部门的检验员每天检查茶的消费量并征税。因此，从

① Catherine Soanes, ed. 2002. *The Oxford Compact English Dictionary*. Oxford: Oxford University Press.

② Chrystal (2014: 59).

③ Anonymous. 1787. *Blenheim Lodge, A Novel in Two Volumes*. London: W. Lane (Vol. ii, Letter xiii, p. 13).

④ Jane Austen. 1898 [posthumous]. *Lady Susan, The Watsons, with a Memoir by her nephew J.E. Austen Leigh*. Boston: Little, Brown and Company (p. 118).

⑤ Chrystal (2014: 57).

⑥ Lettsom (1772: 13–14), Milburne (1813, Vol. ii, p. 529), Birdwood (1890: 26).

⑦ Lettsom (1772: 14).

⑧ Lettsom (1772: 13), A Tea Dealer (1826: 94–95).

1689 年开始，散装茶叶的税额从每磅 1 至 5 先令不等，具体价格视品级而定。[①]

> 茶叶和咖啡店受到税务官员的骚扰，他们试图估算茶叶和咖啡的销量并据此征税。然而，1689 年，根据威廉和玛丽法案（第二版，第六章），“经验表明，给咖啡、茶等饮品和巧克力征税，对零售商而言是极为麻烦且不公平的，要求官员参加以便提供收据也显得很不可取”……他们决定停止征收消费税，并增设每磅 5 先令的关税。[②]

旧形式的茶叶消费税已经被放弃，改为征收关税。然而，这是对一种本已昂贵的产品征收的高额税收。17 世纪 60 年代，英国最上等的茶叶价格可能高达每磅 6 英镑，不过，好茶叶的价格通常在每磅 3 英镑，最差等级的则是 6 先令。1 镑等于 20 先令，相比之下，咖啡此时卖每磅 1 至 6 先令，具体视咖啡豆的质量而定。[③]

同时，茶、咖啡和香料成为荷兰东印度公司贸易中最重要的商品。与其他欧洲国家不同的是，联合省直到 1791 年才对茶叶实行进口限制。联合省的每个城市和省都有权以自己的方式对茶叶、咖啡和巧克力的销售进行管制。当地的茶叶销售者常常被免除关税。例如，在乌得勒支，1685 年 12 月 26 日颁布了一项法令，规定咖啡、茶和巧克力的经销商必须资助市政孤儿院才能获得执照。

446 首先，从今以后，城市及其管辖范围内的任何人未经市议会同意和授权，不得出售咖啡、巧克力、茶等饮料，为了被准许提供这些饮料，需要首先支付 12 荷兰盾和 10 个荷兰旧辅币，以支持市立儿童之家。[④]

在联合省，人们愿意为最高质量的茶叶支付高得多的价钱。在第一次航行到巴达维亚之前，瓦伦汀从省城多德雷赫特（Dordrecht）回来时，他记录下了他的惊奇：

> 1684 年，我在鹿特丹的一位绅士家里喝了一杯绿茶，价格是每磅 80 荷兰盾。[⑤]

几十年后，在首相罗伯特·沃尔波尔（Robert Walpole，1721~1742 年执政）领导下的英国，关税

① Chrystal (2014: 23).

② A Tea Dealer (1826: 93–94).

③ Ellis, Coulton and Mauger (2015: 32, 36).

④ Johan van de Water. 1729. *Groot Placaatboek vervattende alle de Placaten, Ordonantien en Edicten, dere Edele Mogende Heeren Staten 's Lands van Utrecht; Mitsgaders van de Ed. Groot Achtb. Heeren Borgemeesteren enVroedschap der Stad Utrecht tot het jaar 1728 ingefloten (Derde Deel)*. te Utrecht: By Jacob van Poolsum (Vierde Tytel, Tweede Deel, blz. 481).

⑤ François Valentyn. 1726. *Keurlyke Beschryving van Choromandel,Pegu, Arrakan, Bengale, Mocha, Van 't Nederlandſch Comptoir in Persien; en eenige fraaje Zaaken van Persepolis overblyfzelen. Een nette Beschryving van Malakka, 't Nederlands Comptoir op 't Eiland Sumatra, mitsgaders een wydluſtige Landbeschryving van 't Eyland Ceylon, En een Verhaal van des zelfs Keizeren, en Zaaken, van ouds hier voorgevallen; Als ook van 't Nederlands Comptoir op de Kuſt van Malabar, en van onzen Handel in Japan, En eindelyk een Beſchryving van Kaap der Goede Hoope, en 't Eyland Mauritius, Met de Zaaken tot alle de voornoemde Ryken en Landen behoorende*. Dordrecht: Joannes van Braam, and Amsterdam: Gerard onder de Linden (*Vyfde Deel*, blz. 190).

降至每磅 1 先令，但新的消费税则是每磅 4 先令，因为茶叶被卖给批发商，在此之前，它一直保存在英国东印度公司的保税仓库中，由税务委员会监管。① 这种安排滋生了精心设计的诡计，需要广泛而昂贵的警力支持。来自法国、瑞典和丹麦，但主要来自荷兰的走私者通过根西岛（Guernsey）或奥尔德尼岛（Alderney）走私他们的货物，或者干脆在英国漫长的海岸线上的任何地方秘密地将货物运到岸上。18 世纪 60 年代，通过苏格兰的茶叶走私活动使苏格兰这个国家变成了一个饮茶的国家。

虽然英格兰从 17 世纪中期开始经历了一场茶的狂热，但在 17 世纪末，茶在苏格兰或爱尔兰都还不是广为人知的。杜福尔报告说，1685 年，茶叶在英格兰已经很流行（en grande Vogue），仅在伦敦就有 3000 多家商店出售茶叶。② 一位伦敦茶商记录了 1685 年的历程：

> ……不幸的蒙茅斯公爵的遗孀寄了一磅茶叶给她在苏格兰的亲戚；但是，由于没有对礼物做必要的使用说明，所以就煮了起来——液体也扔掉了——把叶子当作蔬菜端上了餐桌。不用说，这样一来，这件稀世珍品就不怎么受人器重了。尽管时尚的崇拜者们，因为它稀有而昂贵，允许想象赋予它一种味道，除非从那时起人类的本性发生了很大变化。③

据报道，尽管约克公爵夫人、国王詹姆斯二世（James Ⅱ）的妻子玛丽·比阿特丽斯（Mary Beatrice）1680 年在爱丁堡的圣十字宫（Holyrood Palace）已经喝过茶，但这个滑稽的茶会还是在苏格
兰的一些地区举行。杜福尔观察到，茶在荷兰、法国和意大利，和在英格兰一样受欢迎，但在西班牙 447
和德意志地区，茶几乎无人知晓。

> 在西班牙和德意志，人们对茶所知甚少或根本不知道，那里的人对新事物不那么好奇，固守着他们的老习惯，德意志人喜欢葡萄酒和啤酒，西班牙人喜欢巧克力和葡萄酒。茶和咖啡在他们那里都不太出名。④

当时德意志腹地的人们对茶叶不熟悉，这在这个时期的书面资料中得到了证明。1668 年，在纽伦堡，伊拉斯谟·弗朗西斯库斯（Erasmus Franciscus），一个殖民地资料的贪婪读者，忠实地再现了日语中的“chaa”和汉语中的“cha”、“the”，准确地讲述了这款饮料是热的，是由一种浸在热水里的药草制成的。然而，弗朗西斯库斯表示，他完全不熟悉茶本身，他说，殖民地资料的记载使他想象这种饮料看起来一定像豆汤，⑤ 很显然，他被纽霍夫在 1655 年荷兰东印度公司驻华使馆向中国皇帝的描述中所使用的一个短语转折所误导。⑥

① Ellis, Coulton and Mauger (2015: 164).

② Dufour (1685: 211).

③ A Tea Dealer (1826: 104).

④ Dufour (1685: 212).

⑤ Erasmus Franciscus. 1668. Ost- und West-Indischer wie auch Sinesischer Lust- und Stats-Garten, Mit einem Vorgespräch von mancherley lustigen Discursen. Nürnberg: In Verlegung Johann Andreæ Endters und Wolfgang deß Jüngern Sel. Erben (pp. 286–292).

⑥ Nieuhof (1665, Vol. i, blz. 46).

普通的英国人，如果确实有这么一个人，对茶说了解也不了解，这在约翰·奥文顿（John Ovington）于1690年至1693年逗留在古吉拉特邦海岸苏拉特市期间所做的记录中看得非常清楚，他那时担任牧师。1512年，葡萄牙人第一次进攻苏拉特，并于1530年强行进入，此后苏拉特被葡萄牙人用作贸易站。荷兰人从1602年开始在苏拉特交易，英国人从1608年开始。1616年荷兰东印度公司在苏拉特设立了董事会，并一直保留到1795年威廉五世的“邱园信件”（Kew Letters）时代。

1689年，奥文顿乘坐英国东印度公司的“本杰明”号（Benjamin）驶往印度，在苏拉特停留了两年半，在那里他发表了以下意见：

> 班尼安人（Bannians）（印度商人）[①]在一天的任何时候都不受限制地畅饮咖啡和茶，以恢复他们荒废的精神……据说咖啡能很好地净化血液、帮助消化、振奋精神。
>
> 茶同样是印度所有居民以及作为原住民的欧洲人的共同饮料，在荷兰人看来，这是一种经久不衰的娱乐活动，茶壶很少从火上取下来，或被闲置。这种热饮可能在如此热的环境下不那么合适，也不那么好喝，但我们发现它非常符合我们的身体习惯……茶，混合着一些热香料在水中煮，在抵抗头痛、尿结石、肠道绞痛方面有着良好的效果，在印度一般配以糖果，或者小的蜜饯柠檬。……经常饮用这种淳朴的茶，被其热度持续排出汗水，由于这种饮料得以增强，这就是为何
> 448 痛风和结石、疟疾、风湿和痰（在印度）很少发生的原因。茶树生长在中国人居住的地方，他们饭前会大量地喝这种饮料，所以中国人一般都很丰满和好看。
>
> 我们的英国总督向那些在中国可能很熟悉但从未见过茶的人打听了许多有关茶之花的消息，那棵灌木树上是否开有花似乎很值得怀疑。一个中国大臣（Madarine），以使节的身份来到苏拉特，带来了几种茶，但没有花；其中有一些在中国非常珍贵，以致一斤（约600g）茶叶就被视为送给首席大臣的尊贵礼物。这种东西很难找到，不过他给我们的总督带了点尝尝，还有一些其他的东西，包括早晨招待他的东西。[②]

奥文顿关于苏拉特的详细报告使他得以晋升。回到英国后，他成为国王的牧师，并住在格林尼治的圣玛格丽特（St. Margaret's）。在他的报道中，奥文顿描绘了荷兰人在印度的形象，他们的茶壶很少不在火上。他的书也强烈地表现了英国人对茶的好奇心。

1699年，奥文顿发表了文章《茶的本质与品质》（*Essay on the Nature and Qualites of Tea*）。该文的资料来源只反映了早期荷兰文献中已经掌握的关于茶叶信息的一小部分，但奥文顿的书却向英国读者提供了关于茶的信息。[③]甚至奥文顿1699年版的卷首插图“茶树的叶子、花和果实”，都仅仅相当于布雷内在1678年出版的茶的植物插图的重绘——只有几个小的重新排列的枝节，而这反过来又是依据

① 英语单词 banyan 取自葡萄牙班语 baniano，而葡萄牙语又取自古吉拉特语 Gujarati（“交易种姓”）。“banyan”这个名字后来被转喻，人们经常看到商人在这棵树下做生意，因此 Ficus benghalensis 就成为这一树种的英文名称。

② John Ovington. 1696. *A Voyage to Suratt in theYear 1689 Giving a large Account of that City and its Inhabitants and of the Englifh Factory there.* London: Jacob Tonfon at the Judges Head in Fleet-ftreet (pp. 305–308).

③ John Ovington. 1699. *An Essay upon the Nature and Qualities of Tea*. London: R. Roberts.

威廉·滕·利思从日本寄来的更古老的植物绘图。奥文顿在文章中颂扬的茶的好处早在1658年就已经被加韦印刷在广告上，在他位于交易胡同（Exchange Alley）的商店里，为他首次在英国公开销售茶叶做广告。奥文顿把他关于茶的论文献给了格兰瑟姆的亨丽埃塔·巴特勒夫人（Lady Henrietta Butler of Grantham），她是亨德里克·范·纳索·范·乌维尔科克（Hendrick van Nassau van Ouwerkerk）的妻子和表妹。这位荷兰城市大臣的亲戚在1697年娶了自己的表妹，并于1698年被国王威廉三世封为第一任格兰瑟姆伯爵。

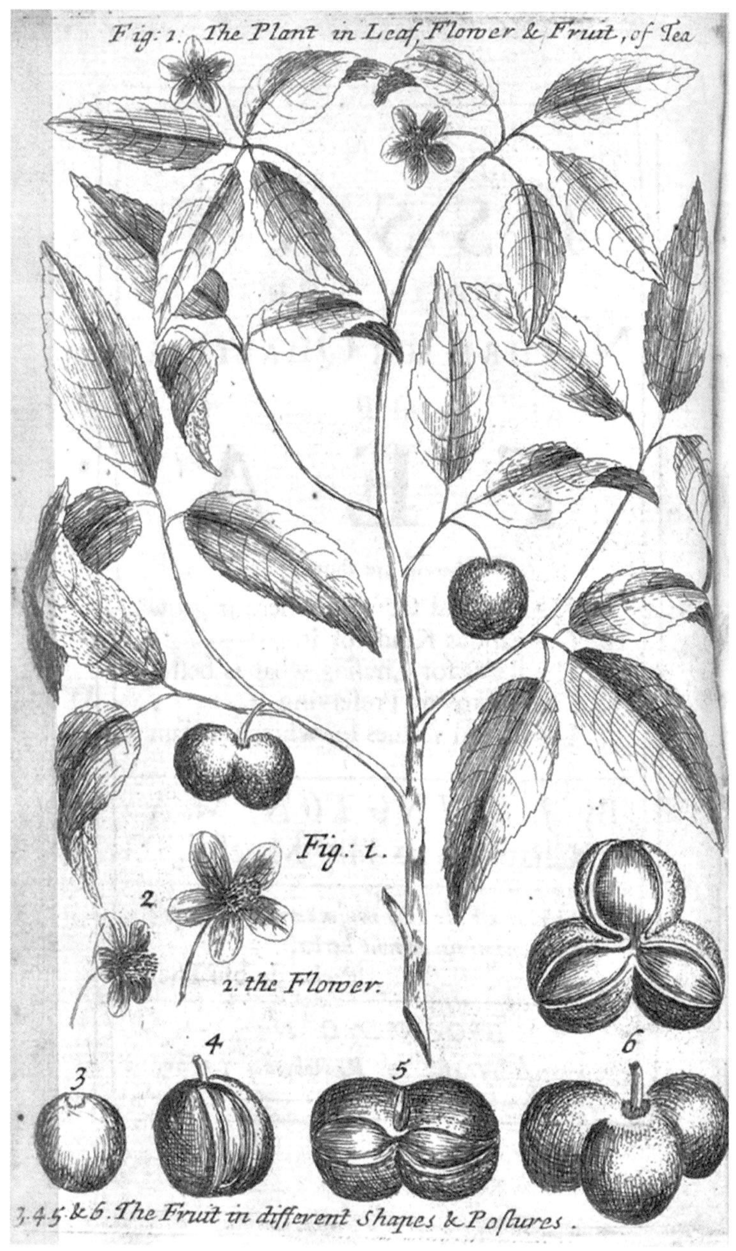


图 6.45　茶树的叶、花和果实，如奥文顿（1699年）卷首插图所示。耶鲁大学贝内克珍本和手稿图书馆提供。

征税和走私都促使英国人的口味得以改变。英国政府不仅对已经昂贵的商品征收重税，而且通过将红茶和更为独特的优质绿茶纳入一个更接近的价格区间，对价格较低的武夷茶也征收不成比例的重税，这扰乱了市场，也影响了消费者的心理。与此同时，走私使更多优质茶叶以更公平的价格出售，而价格差异在相对便宜的红茶中表现得最为明显。根据纳休·泰特（Nahum Tate）的说法，红茶可以或应该与糖一起饮用，而糖被认为破坏了绿茶优雅的味道和温柔的香味。毫无疑问，在一个众所周知的爱吃甜食的国家，人们也非常喜欢喝红茶。

从最初吸引荷兰和法国口味的更精致的绿茶，到最终在英国受到青睐的更具回甘的发酵武夷茶和工夫茶，造成这种口味转变的另一个因素是基于以下事实：在多个月的海上旅行中，木船上的货物不得不两次穿过赤道才能到达欧洲，这对绿茶造成的损害比氧化程度高的茶叶更严重。即使如此，在英国消费的越来越多的武夷茶也仍然与英式红茶毫无相似之处，那时红茶还没有发明出来。虽然荷兰人
449 知道茶叶必须尽可能新鲜，不能保持太久，但一旦英国东印度公司开始从事茶叶贸易，莱特森报告说："东印度公司的仓库一般有三年的供货。"①

较便宜的武夷茶相较于更贵、更细的绿茶被课以重税。合法征税的茶叶比走私茶贵得多，荷兰的武夷茶和被征税的英国武夷茶之间的价格差异最大。受益于茶叶自由贸易的英国沿海城镇的居民，经
450 常站在走私者一边，反对政府税务人员和消费税官员。荷兰人能够以更优的价格供应质量更好、档次更高的茶叶。特别是高档走私的工夫茶，其价格比交税的武夷茶要高。因此，18 世纪上半叶英国消费的红茶绝大多数是武夷茶，而 18 世纪下半叶英国消费最多的红茶则变成了工夫茶。②

## 早期进口到欧洲的茶叶类型

瓦伦汀在其关于东印度群岛的巨著中，把荷兰人自 1666 年彼得·范·霍恩（Preter van Hoorn）驻中国大使馆以来的种种行为与中国朝廷联系起来，并提供了"一份关于现在已知不同类型的茶及相关事项的报告"。③ 瓦伦汀从 1685 年至 1695 年生活在荷属东印度群岛，后来又于 1705 年至 1714 年再次住在那里。他列举了通过巴达维亚交易的八个主要茶种，首先是四种绿茶，然后是四种武夷茶。

1. 明前白茶或明前茶（Bing tea），正如中国人所称呼的，像松罗茶一样，被称为白茶或绿茶，两者必须区别于武夷茶。
2. 淡黄色上好茶或绿茶。
3. 浅绿色细长叶子的松罗茶。
4. 深绿色小叶子的松罗茶。
5. 普通或深棕色的武夷茶。
6. 武夷茶的工夫茶变种，或浅棕色红茶。

① Lettsom (1772: 14).

② Ellis, Coulton and Mauger (2015: 168–169, 177–178).

③ 'Bericht over verſcheide zoorten van Thee nu bekend, en 't verdere daar toe behoorende', (Valantyn 1726, *Derde Boek*, blz. 13–19).

> 7. 武夷茶的白毫变种，或淡黄色的茶。
>
> 8. 被称为迷迭香茶的武夷茶，在浸泡之前是灰色的，几乎类似于干迷迭香。[①]

巴达维亚的茶商们所知道的茶，当时的名字是“Bing-Thee”，这显然在闽南语中指的是“bîng-tê”（明茶），一种来自浙江的传统绿色皇家贡品茶。在汉语中，这种茶的名字是 míngchá，但在早期海上茶贸易中讲的汉语是有着重要经济作用的闽南语。[②] 瓦伦汀描述明茶或者 Keizers-Thee 为“茶花或花簇”（de bloem of bloeffem der Thee），他描述为白色，有时由整片大叶子组成。他区分了这种绿茶的第二个单独的子类，他称之为“Keizers-Thee-Gaey”，他将其描述为“带有淡黄色色泽的扁平叶子”。[③] 基于这 451
种描述，第二种绿茶似乎是一种精致的锅炒茶，也许与龙井相似，而瓦伦汀的“Gaey”可能是对闽南语“gê 芽 [ge ˦˩]”（芽，尖芽，幼芽）的翻译。虽然我们不能肯定，但也许瓦伦汀听到的是 bîng-tê-gê 明茶芽（明亮的茶芽）。从贸易记录研究得出的结果表明，18 世纪中期左右，bîng-tê 明茶的进口量有所下降，要么是因为这个精致而昂贵的品种出于某种原因在欧洲逐渐失去了吸引力，要么是因为这个品种在欧洲没有被广为传播或不再容易买到。

瓦伦汀将下面列出的两种茶称为 Songlo-Thee 或 Thee-Songlo。Songlo 这个名字体现的是闽南语中的“松罗”（Hokkien song-lô），指安徽黄山南面的松罗山。松罗地区以其茶园和精致的绿茶而闻名。就像瓦伦汀所描述的芽茶一样，松罗茶是第一个（从中国）出口的用平底锅炒制的绿茶。松罗茶浅色品种的叶子长，深色品种的叶子圆。瓦伦汀介绍说，这种茶也是制作各种添加水果和花卉香味的芳香茶或调味茶的主要原料。

武夷茶是源自武夷山的发酵或半发酵茶的通用名称。瓦伦汀说，卖给外国人的武夷茶的颜色是棕色的，有一种特殊的香气，与绿茶或白茶的香气截然不同。

> 武夷茶是棕色的，也有自己独特的香味，与贡茶明茶或绿茶截然不同。
>
> 这种茶不仅叶子形状不同，而且颜色和香味也不同，后者是通过工艺实现的。
>
> ……除了这些，武夷茶的茶叶比贡品白茶或松罗茶的茶叶厚。[④]

只有很少量的较轻、香气更浓郁的武夷茶卖给外国人。瓦伦汀报告说，偶尔被送到巴达维亚的“白色武夷茶叶”卖得很贵。当时，武夷山脉的一种香白茶以“Djentfifim”为名，在荷属东印度群岛卖价相当高。1712 年，一斤约 600 克的这种茶卖了 5Ryxdaalders [Ryxdaalder，由联合东印度公司发行的在东印度（今印度尼西亚）流通的纸币。——编者注 ]，而一斤最好的茶，通常成本为 1½Ryxdaalder。

工夫茶是一种用“小枝的第一批嫩芽”生产的优质茶，在闽南语中称为 kong-hu（工夫）。这个名字与作为武术的“功夫”的发音一样，取自普通话发音 gōngfū。这个词表示“技能”，并代表生产这种

① Valantyn (1726, *Derde Boek*, blz. 17).

② 因此，皇家绿茶或白茶不应与皇家茶砖混淆，后者为铁饼状茶砖的形式，在中国北方的汉语方言中称为饼茶。

③ Valantyn（1726, *Derde Boek*, blz. 14, 16）.

④ Valantyn（1726, *Derde Boek*, blz. 16–17）.

等级的茶所需的工艺。瓦伦汀报告说，工夫茶由第一批或第二批嫩芽制成。据瓦伦汀说，工夫茶是四个主要武夷茶中最好的品种，尽管他也承认白毫（Pekoe）是一种更为精细的茶。他给出的原因是，工
452 夫茶在香味方面几乎可以与白毫相媲美，而工夫茶的香味更持久、更浓郁。中国茶商在这个种类中又区分了许多等级的品质，其中一些有较大的叶子。

瓦伦汀形容白毫（Pekoe 或 Pegò）是用“第一个冒出的尖芽”制成的。这种武夷茶比工夫茶更细腻，叶子背面还有白色。与工夫茶浅红褐色形成鲜明对比的是，瓦伦汀将白毫描述为“灰色茶”，有时则称其为“黄色”。

> 武夷茶中白毫品种的叶子不像普通品种，也不像工夫茶的叶子，而是灰黄色，覆盖着微小的白色绒毛。此外，白毫的叶子是相当长、相当细的，薄得像粗纱。①

瓦伦汀报告说，这种茶是在农历新年和一年中另外两个时间收获的，每个时间相隔两个月。② 白毫这个词来自闽南语 pek-hô 白毫（“白色细毛”），实际上表示茶中小芽上的细白毛。③

瓦伦汀列出的八种茶名单中的第八名，是一种罕见的香气浓郁的武夷茶，1714 年，1 磅这样的茶卖到了 50 荷兰盾。这种茶得到了荷兰名字“迷迭香茶”（Rosmaryn-Thee，rosemarytea），因为它叶子的外观类似于干迷迭香。④ 这表明这种茶可能是一种被称为“雀舌”的绿茶，只用新冒出的尖芽制作。通常，质量较差的深色乌龙茶由中国茶商提供给荷兰商人，而更香的乌龙茶则主要留给中国国内市场。

最后，虽然没有被列于八种茶的清单中，但瓦伦汀讨论了另一种名字叫 Tongge 的茶，取自闽南语 tūn-khe（屯溪），一个位于安徽的地方名称。瓦伦汀写了这种茶：

> 屯溪茶（Tongge）据称是由第三茬或第四茬采摘的叶子制成的，保存不能超过一年，这就是为什么它不能长距离运输。⑤

瓦伦汀对这个特殊品种的茶没有花太多笔墨，但这种品级不高的绿茶在荷兰和英国东印度公司的后期记录中仍然相继出现。18 世纪中期以后，这个名字在荷兰语中也出现过，被称为“Thunkaij”，英语中则被称为“Twankay”，显然受到了广东话 tyun$^4$kai$^1$[tʰyːn ˨˩ kʰɐi ˥] 屯溪的影响。⑥

瓦伦汀提到的最早的中国茶类型，在早期荷兰语和英语来源中都出现了，列在题为“17 世纪交易的茶叶类型及其闽南语名称”的表格中，连同其原始的闽南语发音的名称，用于海上茶叶贸易。早期英语文献中超出绿茶和武夷茶这样简单二分法的是泰特写的《万灵药：关于茶的两篇诗》（*Panacea:A*

① Valantyn（1726, *Derde Boek*, blz. 17）.

② Valantyn（1726, *Derde Boek*, blz. 13, 16）.

③ 从 18 世纪中叶开始，粤语 baak$^6$hou$^4$ 白毫 [paːk ˨ hou ˨˩] 可能用荷兰语和英语来强化这个外来词（cf. Mandarin báiháo）.

④ Valantyn（1726, *Derde Boek*, blz. 14）.

⑤ Valantyn（1726, *Derde Boek*, blz. 13）.

⑥ cf. Mandarin túnqī.

*Poem Upon Tea in Two Cantos*），他于 1692 年被授予“桂冠诗人”的称号，以表彰他的诗句。这个作品 453
最初发表于 1700 年，随后在 1702 年出版了扩展版，其后记题为“茶的本质与美德的说明：如何更健康地指导使用”，列举并评论了当时英国市场上出售的不同种类的茶叶。

17 世纪交易的茶叶类型及其闽南语名称

| 中文 | 荷兰语 | 英语 |
| --- | --- | --- |
| bîng-tê 明茶 | Bing-Thee，Keizers-Thee | mperial Tea，Keifar Tea |
| song-lô 松罗 | Songlo-Thee | Sinlo，Sumlo，Singlo，Sunloe |
| bú-î 武夷 | Bohea，Bohe，Boey | Bohea，Bohe |
| kong-hu 工夫 | Congou，Congo | Congou |
| pek-hô 白毫 | Pekoe，Pegò，Pecco | Pekoe |
| t ū n-khe 屯溪 | Tongge，Thunkaij | Twankay |

第一类叫松罗茶（Sinlo 或 Sumlo），一个很浓的茶，能承受好几泡。

第二类被称为明茶，或 Keifar 茶，味道更细腻，叶子很薄很轻，它必须加上砝码称重，不能与其他东西一起称量。

这两种茶呈绿色或灰色，混合在一起喝很让人称美。

最好的茶，无论哪一种，都能做出最好的饮品，既能提色，又能开胃；当然也不是没有它的特殊好处，如用于消化和催吐。

但有第三个不同的种类，叫武夷茶。除了与前两者有共同的品质外，也有其独特的优点。

绿茶，因为它们的粗糙度，（一般说来）最适合年轻人和更强壮体质的人，而这个武夷茶，更具滑感和芬芳，肯定是大自然留给那些衰弱和患肺病的人，以及那些因为悲伤、节制、疲劳、学习或疾病而消瘦的身体。而且（毫无例外地）对所有垂垂老矣的人来说，从日常的经验（既有益健康又有益营养）来看，茶是世界上最好的滋补品。①

泰特提供的解释表明，在英国，人们此时仍然很清楚不要用开水冲泡绿茶。

在英国，人们也都知道，加糖会破坏绿茶的味道。然而，泰特描述了武夷茶实际上是如何被手工操作的，甚至重新煮沸，并且最甜。

您的单品和贡茶，都只能冲泡；稍微滚烫的水都会使它们的味道和颜色受到损害。

武夷茶可以再次加热和煮沸，口味仍然很好。

以自然的方式喝茶，（特别是绿茶类）肯定不加糖，甜味太浓，他们的药用价值就被剥夺了……

您的武夷茶，加些糖不仅令人愉悦，也必不可少。②

① Tate (1702: 42–43).

② Tate (1702: 44).

还有什么能更吸引人呢？这种含糖饮料，在准备和处理方面几乎不需要什么技能，尽管对武夷茶征收了不成比例的税收，但其价格更低，而且武夷茶作为灵丹妙药，是“世界上最好的滋
454 补品”。瓦伦汀报告说，1721 年，400 万磅茶叶从东印度群岛运往荷兰、法国、英国和奥斯坦德（Ostend）。①

英国下层阶级采用含糖的红茶（dark tea），是这种饮料向新型英式饮料转化的又一步骤。18 世纪，茶成为普通人的饮料，茶叶贸易的主要港口从巴达维亚转移到广州这一新的茶港，巴达维亚的茶是从福建经台湾而运到的。欧洲的茶商和茶鉴赏家会把这种新型的茶叶区分开来。这些茶的名字来自欧洲对其粤语名称的翻译，如表格“18 世纪交易的茶叶种类及其粤语名称”所列。

18 世纪交易的茶叶种类及其粤语名称

| 中文 | 荷兰语[a] | 英语 |
|---|---|---|
| hei1ceon1 熙春 | Hijsant, Heyfan, Hi-tschoen | Hyson |
| hei1ceon1pei4 熙春皮 | Hijsant schin, Heyfan Schin | Hyson Skin |
| jyu5cin4 雨前 | Uxim, Uutsjien | Young Hyson |
| zyu1laan4 珠兰 | Joosjes, Buskruit | Choolan, Choo, Gunpowder |
| on1kai1 安溪 | Ankoi, Ankay | Ankay |
| wu1lung4 乌龙 | Oelong | Oolong |
| baau1zung2 包种 | Pouchon, Pouchong | Padre Tea, Paou-chung |
| siu2zung2 小种 | Souchong, Saotchon | Souchong |
| soeng1zai3 双制 | Souchi | Caper, Schwang-che |

a De Maandelykse Nederlandsche Mercurius，16（van January tot Juny 1764）. Amsterdam: Bernardus Mourik.（blz. 38，39，167）; ‘Staat van den Handel in China，onder Nederlandsche vlag，te Canton en Macao 1846; in 16 schepen，metende 2783 lasten’，first published in the Staats-Courant of the 28th of June 1847 and then reproduced in G.A. Tindal en Jacob Swart. 1847. Verhandelingen en Berigten betrekkelijk het Zeewezen en de Zeevaartkunde（Nieuwe Volgorde，Zevende Deel）. Amsterdam: Weduwe G. Hulst van Keulen（blz. 441）.

Hyson 是粤语 hei$^{1}$ceon$^{1}$“熙春” [hei˥ ʦʰɵn ˥] 的西方读音，意思是“繁盛的春天”，② 是用早春的茶芽做成的绿茶。与真正的熙春相反，生产过程中的碎渣和晚春的茶芽被称为熙春皮（hei$^{1}$ceon1pei$^{4}$），③ 其中熙春皮的变形表示“皮革、皮肤”。英文译本字面上是“Hyson Skin”，18 世纪末广州茶叶贸易中的荷兰术语 Hijsant schin 似乎取自英语，这实际上相当具有象征意义，因为这种语言借用方向的转变象征性地标志着到 18 世纪末茶叶贸易中相对财富（力量）的变化。这个故事在本书的第八章穿插着讲咖啡和巧克力之后再展开。比熙春成本低得多，熙春皮的成本略高于正常熙春一半的价格。然而，熙春皮仍然比所有其他类型的茶更昂贵，除了中国珠茶（Joosjes 或 gunpowder tea）。嫩的熙春

① Valantyn (1726, *Derde Boek*, blz. 18).

② cf. Mandarin xīchūn.

③ cf. Mandarain xīchūnpí.

是春季采摘最早的那一批茶，在粤语中被称为jyu$^5$cin$^4$雨前，在荷兰交易记录中，其名称为 Uxim 或 Uutsjien。

绿珠茶有时被称为珍珠茶，模仿广东语中的珠兰“优雅的珍珠”。绿珠茶也列在英国贸易记录中，455 被称为 Choo 或者 Choolan。荷兰语中有其独特的名字 Joosjes，指称这些绿色小珍珠的绿珠茶，它们被特别运到摩洛哥。Joosjes 这个名字有一个有趣的词源。外科医生沃尔特·舒顿（Wouter Schouten，1638~1704 年）报告说，在巴达维亚的福建人家庭神龛上用祭品和檀香去讨好和安抚那些邪恶的神就叫作 joosje（对恶魔 devil 的一种戏称。——译者注）。自然，作为一个虔诚的荷兰改革派教徒，他对中国传统福建信仰体系的欣赏无可置疑带有些许偏见，因为舒顿将 Joosije 等同于魔鬼。

> 但是，魔鬼，他们通常称之为 joosje，是世界上一个强大而令人敬畏的统治者，它可以带给人类成千上万的瘟疫，并彻底摧毁它们。①

1798 年，塞缪尔·赫尔·威尔科克（Samuel Hull Wilcocke）从荷兰语中的 jooijes 得出了英语单词“joss”，如在庙宇祠殿（joss house）和香火（joss sticks）这样的表达中。

> 中国人崇拜的偶像，被荷兰人称为“joostje”，被英国海员称为“Jofa”。后者显然是前者的变体，这是荷兰人给魔鬼起的绰号，可能是荷兰人第一次看到这些偶像时命名的，要么基于他们的丑陋外表，要么基于所有偶像崇拜都是鬼神崇拜这一原则。②

威尔科克把荷兰语的形式 Joosje 改为 Joostje，这是荷兰人专有名称 Joost 的一个昵称。这不是他的错误，而是准确地反映了民间词源，在此之前，民间词源已经将闽南语中的 joost 与荷兰语中的 joost 同音，并由此产生了“Joost mag het weten”这个表达，大致意思是“只有魔鬼（joost）知道”。不同于提到魔鬼，英国人说“只有上帝知道”（God only knows）。

有一种古老的词源学假说认为，荷兰语中的“joosje”一词是由葡萄牙语中“God”一词衍生而来的。如果这一假说是正确的，那么，在这个口语表达中，荷兰语中的“devil”就会像浮士德的（Faustian）情况那样，在词源学上与“God”一词完全相同。1889 年，荷兰语言学家彼得·约翰内斯·维思（Pieter Johannes Veth）抛弃了葡萄牙语的词源之说，提出 joosje 这个词来源于闽南语中的神龛或家庭祭坛，他为此提供了一个伪造的中文形式。③ 在我看来，维思的提议比他试图反驳的假定性的葡萄牙词源学更站不住脚。我个人的看法是，荷兰语中的 joosje 派生自闽南语“iáu-chian”妖精（恶

---

① Wouter Schouten. 1780. *Reistogt naar en door Oostïndiën,waar in de Voornaamste Landen, Steden, Eilanden, Bergen, Rivieren, enz; de Godsdienst, Wetten, Zeden, Gewoonten, en Kleding der Bijzondere Volken; en het Merkwaerdige in de Dieren, Planten en Gewassen der Indische Gewesten Nauwkeurig worden beschreven.* te Amsteldam: M. Schalkekamp (vol. i, p. 23).

② Samuel Hull Wilcocke. 1798. *Voyages to the East-Indies by the late John Splinter Stavorinus, Esq., Rear Admiral in the Service of the States-General, Tranflated from the Original Dutch by Samuel Hull Wilcocke* (two volumes). London: G.G. and J. Robertson (Vol. i, p. 173).

③ Veth (1889: 205–206).

魔，邪灵，魔鬼），这为荷兰人借用原始的闽南语源词提供了一个契合的语义和语音。

不管它的最终来源是什么，Joosje 这个词曾经被荷兰人用来指称任何一个中国神祇，尤其是描绘在马背上的神，其中荷兰语的表达“Joosje te paard”（马背上的魔鬼），仍然可在收藏家收藏的青花克
456 拉克瓷器上找到对它的刻画。价格较低曾经也相当常见的是雕有中国神像的小青瓷，东方的荷兰人也把这种雕像称为 joosjes。18 世纪，这个小青瓷雕像的名字被用在中国珠茶的绿色珍珠上。①

图 6.45　一块克拉克瓷器上的图案，康熙年间（1661~1722 年），加莱塞，阿姆斯特丹。

Ankay 茶是来自福建省 On¹kai¹ 安溪 [ɔːn ˥ kɐi̯ ˥]② 的一种品级不高的红茶。欧洲商人可以很便宜地买到这种红茶。这是一种精致的茶，英文叫作 Paou-chung，荷兰语叫 Pouchon，介于绿茶和乌龙茶之间，而它的西洋名字则来源于广东话 *baau¹zung²* 包種茶 [paːu̯ ˥ tsoŋ ˧˥]。对于广州的茶商而言，这种茶也被称为 Padre Tea，马礼逊（Morrison）于 1819 年③，鲍尔（Ball）于 1848 年④分别提到这种茶。这种类型的茶在闽南语中的发音是 *pau-tsióng-tê* 包種茶 [pau ˥ tɕiɔŋ ˥˧ te ˧˥]，这种茶最著名的产地是台湾。马

① Guido Geerts en Hans Heestermans. 1984. *van Dale Groot Woordenboek der Nederlandse Taal* (elfde, herziene druk) Utrecht: van Dale Lexicografie (deel 2, blz. 1245).

② 也就是普通话的安溪。

③ Robert Morrison. 1819. *A Dictionary of the Chinese Language in Three Parts*. Macao: Printed at the Honorable East India Company's Press (Part ii, Vol. i, p. 4).

④ Ball (1848: 58).

礼逊列出的广州茶叶贸易商知道的其他茶叶品种包括 Campoi，在荷兰语记录中是 Campoë，来自粤语 *gaang*$^{3}$*bui*$^{6}$ 梗焙 [ka:ŋ ˧ pu:i̯ ˧]（烤），Souchong 来自粤语 *siu*$^{2}$*zung*$^{2}$ 小種 [si:u̯ ˧˥ tsoŋ ˧˥] ‘小种类’，Caper 或 Souchi 茶来自广东语 *soeng*$^{1}$*zai*$^{3}$ 雙製 [soe:ŋ ˥ tsɐi̯ ˧] ‘双制’。

在整个粤语时代（概指殖民时期。——译者注），普通武夷茶的价格最低，需求量略高于其他品种，但在广州荷兰东印度公司的订单中，开始时武夷茶与绿茶相比占较小的比例，其后逐渐转向以武 457
夷茶和工夫茶为主。① 有些茶很少被购买，如 Uxim 和 Joosjes。珠茶的有限购买可能与价格过高有关，尽管也有非常少量的紧轧的中国珠茶开始大量生产。此外，大部分珠茶毫无疑问是被运往摩洛哥的。根据刘勇在 1777 年至 1780 年荷兰东印度公司商会的公司拍卖会上提出的茶叶价格数字，每磅茶叶的平均价格可以计算如下：中国珠茶 112¼ 斯蒂法（stiver，荷兰以前的一种镍币，相当于 5 荷兰分。——编者注），熙春茶是 88½ 斯蒂法，熙春皮茶是 49½ 斯蒂法，白毫茶是 46 斯蒂法，小种毛尖茶是 43 斯蒂法，屯溪茶是 39¾ 斯蒂法，松罗茶是 36¾ 斯蒂法，工夫茶是 26 斯蒂法，武夷茶是 17¾ 斯蒂法。② 这份价格列表提供了公司主要茶叶种类的相对值。

1785 年，在伦敦，一个“在东印度公司服务多年的公众朋友”出版了《茶商指南》（*The Tea Purchafer's Guide*）。作者选择保持匿名，但有人怀疑出自理查德·川宁（Richard Twining）之手，因为“用白蜡树叶子制作‘斯莫奇’（Smouch，一种掺假茶的名称。——译者注）的方法”，对绿矾和羊粪的描述与川宁 1784 年小册子中的说明惊人地相似。③ 关于川宁 1784 年出版的茶叶贸易的小册子，一位匿名的百科全书作者写道：

> 1817 年和 1818 年，经销商因销售假茶而被定罪，这一系列事件表明，掺假的做法很大程度上在这个国家仍在继续。川宁先生是伦敦一位颇有名气的茶叶经销商，多年前他出版了一本小册子，揭露了这种臭名昭著的交易。他说，这些信息是从一位绅士那里获得的，他对这个问题进行了非常准确的调查。
>
> 与红茶混合的原料是白蜡树的叶子。采摘后，先在阳光下晒干，然后烘烤，接着放在地板上，踩踏直到叶子变小，然后筛过，用羊粪浸泡在绿矾里；之后，在地板上晾干，就可以使用了。还有另一种方式：当叶子被收集起来的时候，把它们放在绿矾里和绿矾以及羊粪一起煮；当酒精被过滤掉后，烘烤并践踏，直到叶子变小，然后就可以使用了。在一个小村庄里，在八至十英里范围内生产的数量无法确定，但应该是每年 20 吨左右。一名男子承认，在六个月的时间里，他每周都做 600 磅。④

川宁的简明小册子里包含许多当时市场上各种茶叶的宝贵信息。

---

① Liú Yǒng. 2007. *The Dutch East India Company's Tea Trade with China 1757–1781.* Leiden: Brill.

② Liú (2007: 212–236).

③ Richard Twining. 1784. *Observations on the Tea and Window Act and on the Tea Trade*. London: T. Cadell (p. 42).

④ Anonymous. 1823. ‘Tea’, pp. 226–230, Vol. xx in *Encyclopædia Brittanica: or, A Dictionary of Arts, Sciences and Miscellaneous Literature; Enlarged and Improved* (6th edition). Edinburgh: Archibald Constable and Company (p. 229).

《茶商指南》在1820年被伦敦真品茶叶公司（London Genunie Tea Company）剽窃，[①]1826年，该剽窃的指南之扩展版以《茶》的书名出现。1785年的《茶商指南》是这样描述武夷茶的：

458 武夷茶是红茶中质量最低的一种，分为普通武夷、中等武夷和上等武夷三种不同的称号或名称。一般来说，就其外观而言，武夷茶由非常大的叶子和小的叶子组成，这些小的叶子不仅数量多，而且小得像灰尘一样。它的颜色是一种脏脏的深褐色，略带一点绿色。这些大叶子看起来好像是两三片粘在一起；它也有一些浆果和茎。它的气味是新鲜的，但有一种模糊的感觉，有些人甚至把它比作干草的味道。当放入水中时，它会产生一种最深的颜色，几乎接近红木的颜色；所有的茶叶评判员都不喜欢这种颜色。[②]

下一种茶是工夫茶，在1785年的指南中被描述为在质量上比武夷茶低一截。

比武夷茶品质次一级的红茶是工夫茶，尽管它非常好。它比武夷茶更具有多样性，由长叶组成，而且外观相当黑。其劣质茶的气味是很轻微的，但最好的茶非常香。上等的工夫茶是一小片灰白色的叶子。[③]

这种优质红茶是专门为欧洲市场制造的，使用革新的技能。

即使经过多次调整，从工夫茶和白毫茶的茶叶中仍能获得些许色泽和味道，甚至比从白毫茶等更精致的茶叶中获得的味道还要好。这种较深的颜色和较紧的质地也吸引了英国的劳动阶级。18世纪中期，随着茶叶价格逐渐下降，英国的劳动阶级开始接受原先只属于精英和中等阶层的饮茶习惯。白毫是红茶中质量最好的品种，而小种则是介于工夫茶和白毫茶之间的中间品种。

在绿茶中，熙春是提到的第一个品种。《茶商指南》催生了关于熙春这个名字起源的古老城市神话，从而暴露了作者明显不知道这个名字的来源，尽管他为东印度公司服务多年。

据说熙春茶是一位富有的东印度商人熙春（Hysson）先生率先进口的。[④]

《茶商指南》解释说，熙春茶是最高等级的绿茶，优于各种等级的松罗茶或珠茶，而熙春茶，“当它制成茶时，它几乎不使水着色”。绿珠茶被描述为熙春茶的一种，有着强烈的味道，可以用来提高失

① London Genuine Tea Company. 1820. *The History of the Tea Plant; from the Sowing of the Seed, to Its Package for the European Market, including every interesting Particular of this Admired Exotic, to which are added, Remarks on Imitation Tea, Extent of the Fraud, Legal Enactments Against It, and the Best Means of Detection.* London: Lackington, Hughes, Harding, Mavor and Jones.

② Anonymous.1785.*The Tea Purchafer's Guide;or,the Lady and Gentleman's Tea Table and Ufeful Companion in the Knowledge and Choice of Teas.To which is Added, the Art of Mixing One Quality of Tea with Another as Practised by Tea-Dealers, By a Friend to the Public, who has been many Years in the Eaft India Company's Service, particularly in the Tea Department.* London: G. Kearsley (pp. 18–19).

③ Anonymous (1785: 19).

④ Anonymous (1785: 27).

去香味的熙春茶的香气。[①]

最后，《茶商指南》对当时普遍存在的掺假行为发出警告。作者描述了“用绿矾把质量不好的武夷茶通过染色变成绿茶”的做法。他写道：“英国人伪造茶叶的方式是借助白蜡树和黑刺李叶，这些茶叶浸泡在铜绿中，经过与普通茶叶相同的干燥程序”。这种特指的掺假茶在英国被称为斯莫奇。此外，还有“一种用小麦壳造假的熙春茶，实在是一种很严重的欺骗”。[②]然而，到这个时候，掺假茶已经存在了几十年，1725 年对掺假茶处以 100 英镑的罚款，从 1766 年起制作售卖掺假茶被处以监禁。

绿茶受染料影响而很容易被造假，这凸显了绿茶更具吸引力，但随着时间的推移，这也加速了西 459
方绿茶市场的削弱。工业革命预示着可能带来更大规模的食品掺假，书籍和小册子开始出现，警告这种掺假，而茶只是屈服于此种做法的诸多产品之一。[③]

1795 年，大卫・戴维斯（David Davies）将英国工人阶级的茶和富人所喝的茶做了对比，前者包括“泉水，用于上色的几片最便宜的茶叶，用于变甜的棕色的糖”，后者则包括“上等的熙春茶，用于变甜的精制糖和促进软化的奶油”。[④]不过，至今为止，英国的工人阶级和荷兰的节俭者不仅喝工夫红茶，而且还喝被称为“Twankay”的劣质绿茶，这种绿茶在联合省被称为“thunkaij”。

## 茶到达巴巴里海岸

将茶引入摩洛哥的文献记载甚少。如今，摩洛哥的人均茶叶消费量约为每年 1.4 公斤，是世界上最大的茶叶消费国之一，也是世界上最大的绿茶进口国之一。在摩洛哥，据说在茶出现之前，喝热的新鲜薄荷的习惯就已经形成了，加上绿色的珠茶和糖，就成了更提神的饮料。摩洛哥薄荷茶的起源没有被很好地记录下来，或者，在历史文献中被记录了却很大程度上仍然未被研究。

1605 年，摩洛哥历史上的动乱时期，第一位荷兰使节拜访了几位争夺苏丹王位中的一位。他的任务是讨论巴巴里海盗对荷兰和其他欧洲船只的持续攻击的问题。1609 年，第一个由摩洛哥派往海牙联省议会的使节在海牙受到接待，1610 年，联合省和一位摩洛哥当权者签署了第一个条约。与此同时，茶于 1610 年由荷兰东印度公司从日本引入荷兰。1636 年，茶从荷兰传入巴黎，最后，荷兰人从 1645 年开始将茶运往英国。摩洛哥当时还不是茶叶市场。相反，联合省试图维持关系，这样巴巴里海盗就不会对航运造成那么大的阻碍。1684 年，联省议会与苏丹穆莱・伊斯梅尔・本・谢里夫（Moulay

---

① Anonymous (1785: 27).

② Anonymous (1785: 35).

③ Fredrick Accum. 1820. *A Treatise on Adulterations of Food, and Culinary Poisons, Exhibiting the Fraudulent Sophistications of Bread, Beer, Wine, Spirituous Liquors, Tea,Coffee,Cream,Confectionery,Vinegar,Mustard,Pepper,Cheese,Olive Oil,Pickles and other Articles Employed in Domestic Economy and Methods of detecting them.* London: Longman, Hurst, Rees, Orme and Brown; Anonymous. 1839. *Deadly Adulteration and Slow Poisoning Unmasked; or, Disease and Death in the Pot and the Bottle; in which the Blood-Empoisoning and Life-Destroying Adulterations of Wines, Spirits, Beer, Bread, Flour, Tea, Sugar, Spices, Cheese-Mongery, Pastry, Confectionary Medicines, &c. &c. &c. are laid open to the Public, with Tests or Methods for the Ascertaining and Detecting the Fraudulent and Deleterious Adulterations and the Good and Bad Qualities of those Articles: with an Exposé of Medical Empiricism and Imposture,Quacks and Quackery, Regular and Irregular, Legitimate and Illegitimate: and the Frauds and Mal-practices of the Pawn-Brokers and Madhouse Keepers.* London: Sherwood, Gilbert and Piper.

④ David Davies. 1795. *The Case of Labourers in Husbandry Stated and Considered.* Bath: R. Crutwell (p. 39).

Ismail ben Sharif，1672~1727 年在位）缔结了新条约。在他长期统治期间，他在拉巴特（Rabat）接待了许多荷兰使节。

同样，苏丹也向英国派遣了 9 位使节，并接待了一些英国使节作为回报，但在苏丹统治时期，英国人的茶叶主要来源于荷兰。有一个可能是虚构的传说，声称摩洛哥风格的薄荷茶是在穆莱·伊斯梅尔·本·谢里夫统治期间发明的，据称他接受了安妮女王的茶，作为换取 69 名被海盗绑架的英国人质
460 的赎金。[①] 按照传统的说法，一旦苏丹获知了茶的特性，他们就欣然地接受了荷兰和英国外交使团赠送的作为礼物的茶，并说服了梅克内斯的方济各会士为他提供茶。[②] 然而，在英国大使馆被派去赎回俘虏的记录中，却没有提到茶。[③]

在苏丹穆莱·伊斯梅尔·本·谢里夫统治之前和期间，摩洛哥和联合省、英国、法国之间有很多联系，但在他统治时期，摩洛哥使用的绿茶和瓷杯主要来自荷兰，荷兰当时仍然是这些商品的主要供应者。摩洛哥人饮用的薄荷茶的阿拉伯语名称是 it-tāi（茶，摩洛哥语），与标准的阿拉伯语术语 tea 不同，它代表的是一个来自荷兰语的外来词。

大约在 18 世纪末，英国外科医生威廉·伦普瑞（William Lempriere）在苏丹穆莱·亚齐德·本·穆罕默德（Moulay Yazid ben Mohammed，1790~1792 年在位）统治期间访问了摩洛哥宫廷，到这个时候，摩洛哥风格的饮茶方法已经确立。在以医生为专业身份访问期间，伦普瑞记录了摩洛哥人用新鲜的薄荷、布丁和大量的糖调制绿茶的过程。

> 当摩尔人接待客人时，他们不会从座位上站起来，而是握手，询问客人的健康情况，并希望他们坐下来，要么坐在地毯上，要么坐在地板上的垫子上。无论在一天中的什么时候，茶都会放在短脚案板上端进来。这是摩尔人所能给予的最高赞美，因为在巴巴里，茶是一种非常昂贵和稀缺的东西，而且只有有钱和奢侈的人才会喝。他们准备的方法是把一些绿茶、少量的布丁、一定量的薄荷和大量的糖（摩尔人喝的茶非常甜）同时放进一个茶壶里，并注满沸水。当这些佐料被放置适当的时间后，液体被倒入非常小的印度产的最好瓷杯中，而瓷杯越小越雅致，没有任何牛奶，但会附上一些蛋糕或甜果，递给来客。由于这种饮料深受摩尔人的喜爱，他们通常都是慢慢地小口啜饮，以便更长久地品尝它的味道；而且，由于他们通常一喝就喝得很多，这种娱乐活动很少能在两小时内结束。[④]

伦普瑞对摩洛哥人使用的小茶杯的描述表明，他们仍然使用由荷兰人最先引进的瓷杯，摩洛哥人首次从荷兰购茶时，欧洲也在使用这样的茶杯。

---

① Gautier (2006: 26, 37).

② Abdelahad Sebti. 1999.‘Itinéraires du thé à la menthe’, pp. 141–153 in Barrie and Smyers (op.cit., pp. 142).

③ John Windus. 1725. *A Journey to Mequinez, the Refidence of the Prefent Emperor of Fez and Morocco: On the Occafion of Commodore Stewart's Embaffy thither for the Redemption of the Britifh Captives in the Year 1721.* London: Jacob Tonson.

④ William Lempriere. 1791. *A Tour from Gibraltar to Tangier, Sallee, Mogodore, Santa Cruz, Tarudant; and Thence, over Mount Atlas, to Morocco: including a Particular Account of the Royal Harem, &c.* London: Printed for the Author; and sold by J. Walter, Charing-Cross; J.Johnson,St.Paul's Church-Yard;and J.Sewell,Cornhill (pp. 298–300).

虽然伦普瑞声称茶只是富人喝的，但他在摩洛哥逗留期间，不仅是拜访他这位医生的王子们，还有摩洛哥的中产阶级在大街上也会不断请他喝茶。

> 因为摩尔人不喜欢让人进入他们的房子，除了在特殊情况下，如果天气很好，他们会放一个
> 垫子，有时是地毯，在门前地面上，自己盘腿坐在那里，接待他们的朋友，他们围成一个圆，以 461
> 同样的方式坐着，他们的随行人员在外面。在这种场合他们喝茶，或者抽烟和交谈。街道上有时尽是这类聚会，有些人擅长下一种不那么复杂的棋类，但主要是谈话。①

这位英国外科医生拜访了多位摩洛哥王子，他描述说，茶始终是摩洛哥宫廷款待客人的一部分。当伦普瑞去拜访一位王子时，他把这位王子描述为“一位英俊的年轻人，大约 26 岁，肤色较黑，却有一张开朗大方的脸”，他“立刻被邀请加入一小群人中，并被请去喝茶”。②甚至当外科医生上门拜访苏丹后宫的贵妇时，她们也会开始交谈，然后迅速端茶上桌。

> 在这次谈话中，茶被端进来了，虽然在上午十一点。一个短脚的小茶板代替了桌子，放着茶具。这些杯子大约有核桃壳那么大，是最好的印度产瓷器，供饮用的杯子相当多。③

他对自己拜访另一位摩洛哥王子的描述很有趣，因为这表明在英国喝茶加牛奶的习俗是多么根深蒂固。他把王子描述为“大约 38 岁，有着高大而威严的外貌，以及非常丰富的表情和活泼的面容”，这位王子立即：

> 命令他的一个侍从给他送茶来，虽然已经是中午十二点了。出于对我的赞美，因为摩尔人很少使用它，王子派人去取牛奶，并说，因为他知道英国人总是在喝茶的时候喝牛奶，他将送给我一头奶牛，这样我就可以享受自己国家的习俗了。然而，这个承诺完全逃过了王子殿下的记忆，奶牛也没有出现。④

除了伦普瑞对奶牛之谈的假装轻信外，他关于在摩洛哥喝茶的各种记载也提供了丰富的信息，因为这位英国外科医生给人留下的印象是，他习惯在一天的任何时间而不是在固定的时间喝茶。

事实上，当伦普瑞第一次从直布罗陀被派往摩洛哥时，陪伴他的是一位年轻的王子，他的名字被记录为马利（Muley Absulem），他显然整天都喜欢喝茶。伦普瑞也明确嘱咐年轻的王子不要一直喝茶。所以，当伦普瑞最终与在位的苏丹穆莱·亚齐德·本·穆罕默德见面时，这就成为第一个话题。

---

① Lempriere (1791: 305).

② Lempriere (1791: 306).

③ Lempriere (1791: 407–408).

④ Lempriere (1791: 308–310).

> 接着，苏丹以一种非常严肃的态度问道："我为什么不让马利碰茶呢？"我的回答是："马利的神经很衰弱，茶对神经系统有害。""如果茶对人体有害"，苏丹说，"那英国人为什么喝那么多呢？"我回答说："是的，他们一天喝两次，但他们不像摩尔人那样喝那么浓，他们通常加入牛奶，和牛奶一起喝，这样可以减少有害的影响。但是摩尔人一旦开始饮用茶，就会把它泡得很浓，
> 462 喝很多，而且经常不加牛奶。""你是对的，"苏丹说，"我知道，这有时会让他们的手颤抖。"①

从1605年开始，在伦普瑞享受与摩洛哥王子交往的乐趣近两个世纪之前，联合省一直有着与摩洛哥保持良好关系的兴趣，以保障航运免受巴巴里海盗的攻击和掠夺。早期，当荷兰人向摩洛哥人提供绿茶和瓷杯时，摩洛哥人就表现出对绿珠茶的偏爱，他们把这种茶和新鲜的薄荷混合在一起，做成一种味道浓郁的甜茶。然而，对珠茶的压倒性偏爱还没有像今天这样明显，因为在荷兰茶贸易的早期，熙春茶和嫩的雨前熙春茶都是进口的。②

图6.46　摩洛哥风格的"’it-tāi"，该词来自荷兰的"thee"，由绿珠茶和新鲜采摘的薄荷叶酿制。特点是把绿色液体倒入玻璃杯中，同时把茶壶举得高高的。沏茶有时被摩洛哥男子表演得很戏剧化，但经常是一种平静的例行公事，1985年在瓦利迪亚（Oualidia）的这位老练妇女就证明了这一点（Photo by Jaap Hofstee）。

① Lempriere (1791: 210–211).

② Sebti (1999: 146–147).

茶叶和糖的主要供应者角色一度被英国人接管。事实上，茶是英国人在1856年渴望向马格里布供应的商品之一，当时以约翰·德拉蒙德·海爵士（Sir John Drummond Hay）为代表的英国人胁迫苏丹阿卜德·拉赫曼·伊本·希沙姆（Abdal-Rahmanibn Hisham，1822~1859年在位）签署英摩贸易条约。直到1853年，茶叶等贵重商品的贸易一直受到摩洛哥财政部[又叫“马克赫桑”（makhzan）]的管制。在1853年的谈判中，茶是英国谈判代表约翰·德拉蒙德·海明确提到的进口商品之一。对英国茶叶进口的禁令解除后，英国人开始向摩洛哥出售茶叶，但他们抗议关税过高。苏丹和财政部被迫于1856年12月9日签订并批准了一项贸易条约，该条约于1857年1月10日生效。 463

在摩洛哥对瑟塔（Ceuta）和梅利拉（Melilla）的西班牙飞地发动攻击之后，得土安之战（Tétouan War，1859~1860）在西班牙和摩洛哥之间爆发。在马格里布，人们认为英国在冲突前和冲突期间所做的调解努力有利于摩洛哥的利益。1869年，英国进口到摩洛哥的茶叶价值达40210英镑。19世纪70年代，英国对摩洛哥的绿珠茶和糖贸易依然活跃，在此期间，法国也开始在摩洛哥大量出售糖。相比之下，当时在摩洛哥消费的巴西廉价咖啡每年的价值远不及进口的绿色珠茶的一半。[①]

① Khalid ben-Srhir. 2005. *Britain and Morocco during the Embassy of John Drummond Hay, 1845–1886* (translated by Malcolm William and Gavin Waterson). London: Routledge (pp. 25, 28, 30, 129–131, 136–138).

464 # 第七章

# 插曲：咖啡和巧克力

## 命运与时尚的变迁

如果不了解另外两种异国饮料的历史，任何对茶之历史的理解就都是不完整的，这两种饮料同样被带到了西方，后来由于欧洲的殖民扩张而转化为全球性饮料。最早运抵哈布斯堡西班牙（Habsburg Spain）的可可豆要比1610年在阿姆斯特丹港卸下的第一批茶叶早66年。但是，可可要变成今天我们所知道的巧克力饮料，还有很长的路要走。最早的咖啡豆同样传到了位于费拉拉和维也纳的神圣罗马帝国（Holy Roman Empire）的植物学家们手中，比第一批茶叶标本被提交给荷兰东印度公司“17绅士”进行审查也早了近36年。

尽管如此，茶在西方作为饮料的发展速度比咖啡或可可更快。然而，到了17世纪中期，咖啡和可可都开始与茶竞争。在此期间，财富和时尚的变迁对茶、咖啡和可可在不同国家的受欢迎程度产生了不同的影响，造成了不同的结果。在这片来自亚洲的叶子到达英国之前，茶已经先后在荷兰和法国被饮用，但在17世纪，咖啡在荷兰和法国的饮用量都超过了茶。在这种阿比西尼亚豆（Abyssinian bean）（阿比西尼亚是埃塞俄比亚的旧称。——译者注）成为荷兰和法国的流行饮料之前，英国人就喝咖啡了。然而在英国，茶很快就在受欢迎程度上超过了咖啡。三个世纪后，土耳其也同样从咖啡转向了茶，尽管其方式更为剧烈和突然。

## 咖啡抵达欧洲掀起的第一次浪潮

已知的西方出版资料中，最早提到咖啡的是佛莱芒学者卡洛鲁斯·克鲁修斯（Carolus Clusius，1526~1609 年），别名 Charles de l'Écluse。克鲁修斯来自阿拉斯（法国北部加来海峡省的省会，法语为 Arras，荷兰语为 Atrecht。——译者注），那个地方在 1640 年才被法国人称为阿拉斯，就像敦刻尔克（Duinkerken 或 Dunkirk）六年后被法国占领一样。在 1594 年他事业的巅峰时期，克鲁修斯成为莱顿大学的教授，并在那里负责管理植物园。然而在 1574 年，当他第一次写到咖啡时，克鲁修斯仍是维也纳神圣罗马皇帝马克西米利安二世（Maximilian Ⅱ）的宫廷植物学家。克鲁修斯出版了七幅咖啡豆的画作，这些画作是他从费拉拉大学（University of Ferrara）教授、医生阿尔方索斯·潘乔斯（Alphonsus Pancius）那里得到的。

> ……一些人称之为布纳 Buna [i.e. bunn（咖啡物种）]，还有报告说其他人叫它埃尔考 [i.e. alqahwahl（咖啡）]。① 465

图 7.1 佛莱芒学者卡洛鲁斯·克鲁修斯，又名 Charles de l'Écluse，莱顿大学图书馆，雅各布·德·蒙特（Jacob de Monte）绘制，图标 19。

布纳（Buna），有豆子般大小，或稍大一点，稍长一点，呈灰黑色，薄壳，两边有一条沿着豆子长度的沟，可以很容易地分成两个相等的部分，每一部分都像一个单面扁平的长方形珠子，微黄，味酸。在亚历山大（Alexandria），人们提供这种饮料，从中可以获得不小的清凉效果。

第二次提到咖啡的是 1582 年列昂哈特·劳沃芬（Leonhart Rauwolfen）关于他到近东旅行的描述中。1573 年 5 月，他在马赛（Marseille）上岸，并于 1576 年 2 月回到奥格斯堡（Augsburg）。在阿勒颇（Aleppo）逗留期间，他描述了土耳其人和阿拉伯人如何喝一种叫作 Chaube 的热且黑颜色的饮料。

> 他们通常也有宽阔的露天拱廊，在那里他们一起坐在地上或露天走廊下并沉浸在一起。在那 466

① Clusius(1574:214–215)，但是，有关咖啡的参考文献和对豆子的解释都未出现在该书 1567 年的版本中（Aromatvm et Simplicivm aliqvot Medicamentorvm apvd Indos Nascentivm Historia.）。

里，他们有一种很受尊敬的饮料，被称为 Chaube。它看起来很像黑色的颜料，因为它是如此之黑，特别有助于缓解胃病。他们通常一大早就在公共场合，相当公开并毫不拘束地喝这种饮料，用他们能忍受的最热的水倒进深陶瓷杯或瓷杯喝，有时坐成一个圈，轮流啜饮。①

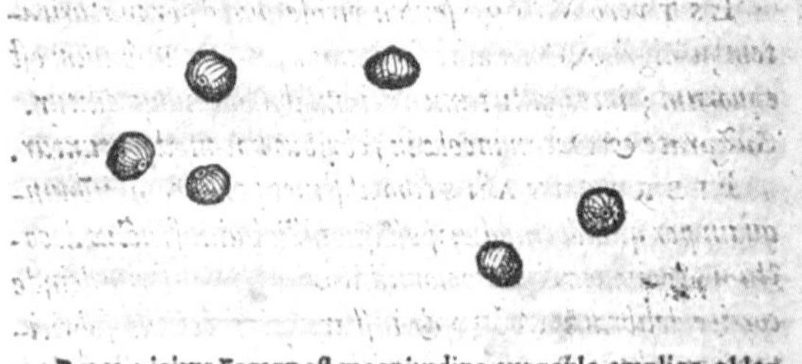

gete licet. Ne tamen locum non haberet, eius iconem cum breui deſcriptione hîc inſeruimus: atque alterius cuiuſdam puſilli fructus quem ad me ſuperiore æſtate clariſs. vir D. Alphonſus Pancius Medicus, ac publicus in Academia Ferrarienſi Profeſſor miſit, quémque *Buna* nonullis, aliis verò *Elkaue* nuncupari tradit.

BVNA igitur Fagaræ eſt magnitudine, aut paulo amplior, oblongior plerunque, colore ex cinereo nigricante, cortice tenui, & veluti ſulcum quendam per longitudinem vtrinque habente, per quem facilè in duas æquales partes ſeparatur, quæ ſingula grana continent, oblonga,

图 7.2　咖啡豆，如克鲁修斯（1574：214）所描绘的。

首次描述了真正的咖啡植物的，是 1592 年来自“最宁静的威尼斯共和国”（Sereniffima Republica di Venetia，most serene republic of Venice）的马洛斯蒂卡（Marostica）的医生普罗斯珀·阿尔皮努斯（Prosper Alpinus，1553~1617 年）。阿尔皮努斯现在更为人们所熟知的是他的意大利名字阿尔比尼（Prospero Alpini）。1580 年至 1583 年，阿尔皮努斯作为威尼斯驻开罗领事乔治·赫姆斯（Georgius Hemus）的私人医生留在埃及。阿尔皮努斯在 1591 年首次以阿拉伯语为咖啡这种植物做了报告。

图 7.3　阿尔皮努斯对植物咖啡的早期描绘（1592，f. $26^{v}$）。

467 其中还有一种被称为咖啡树（bon bon）的种子，人们用它调制了一种饮料，我们以后有机会再多谈一些。这种饮料是在专门的公共酒馆里提供的，其方式与我们取酒的方式并无不同。他们每天都喝，即使白天很热，尤其是在早上空腹的时候喝。它具有暖胃和增强胃动力的功效，日常经验表明它还可以清理肠道。它还是一个可以刺激女性月经的常见治疗方法，尤其适合那些月经量少的女性经常饮用。如果调制好了，就用杯子一点点地啜饮。每个人都这样

① Leonharti Rauwolfen. 1582. Aigentliche Beſchreibung der Raiß, ſo er vor diſer Zeit gegen Auffgang inn die Morgenländer, fürnemlich Syriam, Iudæam, Arabiam, Meſopotamiam, Babyloniam, Aſſyriam, Armeniam &c. nicht ohne geringe mühe vnnd groſſe gefahr ſelbs volbracht: neben vermeldung vil anderer ſeltzamer vnd denckwürdiger ſachen, die alle er auff ſolcher erkündiget, geſehen vnd obſeruiert hat. Laugingen (pp. 102–103).

喝，以便一点点地咽下去。①

第二年，即1592年，阿尔皮努斯发表了他关于一棵活咖啡树的描述报告，这是他在开罗一个富有的土耳其人的树园（viridarium）见到的。②他描绘了这棵树和该树的一个树枝，却没描绘果实。

阿尔皮努斯1591年的作品和1592年的书都是他与同事、德意志医生兼植物学家梅尔基奥·维兰德（Melchior Wieland，1520~1589年）以讨论的形式完成的。在这一时期，以这种形式完成一个说明性的文本并不是什么不寻常的想法，维兰德本人曾经在帕多瓦（Padua）植物园工作过，它在拉丁语中被称为Guilandinus。

阿尔皮努斯：在土耳其人海尔贝的花园里，我看见了一棵树，你现在可以看到它的插图，468
它产出一种很出名的被称为bon或banban [i.e. bunn]的种子，在那里的每个埃及人和阿拉伯人，都流行将这些种子调制成一种汤液来替代酒喝。这种汤液在公共酒馆出售，与我们的酒没有区别。他们称之为caoua[i.e. qahwah]。这些种子来自阿拉伯费利克斯（Arabia felix，即也门）。那棵我看到的树非常像欧洲卫矛树（Euonymus europaeus）或一棵普通的桃叶卫矛树（spindle tree），但前者的叶子更厚、更硬、更绿，并且是常绿的。大家都很熟悉用这些种子来调制上面提到的那种汤液。我已在其他地方谈过它是如何调制的。他们用它来抵御胃寒，帮助消化、消除内脏里面的堵塞物。他们服用此汤液数日，对于治疗肝脾的冷肿瘤（cold tumours）和慢性梗阻（chronic obstruction）有很好的疗效。这种汤液也有益于子宫，它可以通过清除堵塞物来温暖子宫。出于这个原因，这种饮料在所有埃及和阿拉伯妇女中被普遍饮用，她们在经期大量饮用，趁热小口喝以促进饮料的流动。在身体干净后继续多天饮用这种饮料也是很有帮助的，可防月经不畅。

图7.4　普罗斯珀·阿尔皮努斯（1553~1617年），雷尼尔·布洛克修森（Reynier Blokhuysen，1673~1744年）绘制。

维兰德：阿维森纳谈到这些种子，认为它们与你现在描述的那些种子有着相同或非常相似的用途。据他介绍，种子的辣度为三级，干燥度为二级，但我觉得这并不精确，因为它们的味道相

① Alpinus (1591, Lib. iv, f. $118^{r}$).

② 半个世纪后，正字法拼写在巴伐利亚版中以Caova的形式出现。(Prosper Alpinus. 1640. *Prosperi Alpini de Plantis Ægypti Liber Cum Obſervationibus & Notis Ioannis Veslingii Eqvitis n Patavino Gymnaſio Anatomiæ & Pharmacię Profeſſoris Primarij*. Patavii [Passau]: Typis Pauli Frambotti Bibliopolæ, p. 63).

当甜，又带一点苦，一点也不令人讨厌。

469 阿尔皮努斯：不过，他提醒我们，这些种子在清理内脏阻塞和肝脾冷肿瘤方面非常有用，但他说它们可能会引起反胃和排痰；从埃及人那里，我了解到这些种子的其他许多效用。这就是我在开罗有幸观察到的那棵树。①

即使咖啡后来成为欧洲流行的饮料，也并未妨碍从药理学的角度对咖啡进行研究的趋势。在一个半世纪后的1761年，亨里克·斯帕舒赫（Herik Sparschuh）认为咖啡有很多不同的疗效，他为乌普萨拉大学林奈所写的关于咖啡的医学博士论文进行了辩护。②

值得注意的是，关于咖啡可能早在几个世纪前就为波斯人所知的说法，源于上面引用的一段话，
470 书中阿尔皮努斯让他的密友兼同事梅尔基奥·维兰德——实际上在该书出版的三年前维兰德就去世了，暗示阿维森纳所说的来自也门的药草bunchus（咖啡）可能代表了一种bon或bunn（咖啡）的早期说法。阿维森纳（Avicenna，980~1037年）是一个多产的学者（他的西方名字取自其波斯名字ibn Sīnā的最后一部分）。阿维森纳致力于撰写许多在波斯流行的关于医学和药草知识的书。他的《医典》（*Canon Medicinae*），由克雷莫纳的杰拉德（Gerard of Cremona，1114~1187年）在托莱多翻译成拉丁文并在数个世纪后于1489年在威尼斯出版。

然而，阿维森纳提到的药草bunchus不是豆，而是一种植物的根。③另一位波斯学者拉齐斯（Rhazes，854~925年），别名拉西（Rasis），在波斯语中被称为Abūbakr-e Mohammad-e Zakariyyā-ye Rāzī，在一个多世纪前提到同一种药草时用到了bunc的名字，他写道：

Bunc又热又干，很适合胃，可以去除汗臭和被称作“psilotrum”（脱毛膏）的气味。④

在这两本中古波斯医学论著中提到的也门药草bunc的根，也不太可能是*bunn*（咖啡）。

## 卡法王国的咖啡之乡

咖啡树的阿拉伯语“bunn”，就像这种植物本身一样，是从红海对岸传到阿拉伯的。就在也门港

① 同样的文字出现在帕萨乌1640年版书籍的第63~64页，咖啡树的插图出现在第65页。然而，这两个印刷文本之间有一些微小的正字法差异。这里引用了1592年的原文。

② Hinricus Sparschuch. 1761. Q.B.V. *Dissertatio Medica, in qua Potus Coffeæ, leviter adumbratur quem Consens. Nobil. nec non Exper.Ord.Med.in Illustri ad Salam Lyceo, sub Præsidio Viri Nobilissimi et Experientissimi Dn. Doct. Caroli Linnæi.* Upsaliæ.

③ ‘De Buncho C. xcij—Unchũ qdẽ. Eſt res delata de iamen. Quiadaȝ aũt dixerũt q́ẽ ex radixib’ anigailen qũ mouetur & cadit. ELEctio. Meli’ ẽ citrinũ et leue boni odoris. Albũ v́o & graue eſt malũ. NAtura. Eſt cal’ȝ & liccũ in ṕmo.km quoſdam eſt frigidũ in ṕmo. OPEratiões & ,ṕpetates. Cõſortat mẽbra. DEcoratio. Mũdificat cutem & exiccat hũiditates q́ ſũt ſub ea:r facit odorẽ corpis bonũ:r abſcindit odorẽ pſilorri. MEmbra nutrimenti. Eſt bonũ ſtomacho’ (Avicenna. 1489. *Canon Medicinae* [tranſlatus a magiſtro Gerardo cremonenſi in toleto ab arabico in latinuȝ]. Venice: Dionysius Bertochus, Liber ii, Tractatus ii,Cap. xcii).

④ Rhazes. 1497. *Liber Raſis ad almanſorem*. Venice: Bonetus Locatellus of Bergamo on behalf of Octavianus Scotus of Monza (‘Explicit hoc opus mandato & expenſis nobilis viri domini Octauiani Scoti Civis Modoetienſis. per Bonetum Locatellum Bergomenſem. 1497. die ſeptimo mẽſis Octobris’, Tractatus iii, Cap. xxii).

口摩卡（Mocha，或 al-Mukhā）的对面，说阿法尔语（Afar）的人称咖啡为 buna。[①] 同一个词也出现在红海沿岸和更远的内陆闪米特语（Semitic languages）中。在提格里尼亚语（Tigrinya）（也是一种闪米特语，一般被提格里尼亚人使用，是厄立特里亚两种主流语言之一。——译者注）中，咖啡这个词是 bun[②]，而咖啡的阿姆哈拉语（Amharic）是 buna[③]。在古拉格人（Gurage）中，咖啡这个词是 buno。[④] 阿姆哈拉语自中古时期以来就是埃塞俄比亚的主要语言，它特别容易受到来自埃塞俄比亚腹地的非闪米特族语的影响，并借用了诸如文物、栽培种、动物和其他术语等外来词。

卡尔·布罗克尔曼（Carl Brockelmann）指出，在这些借用的词中，有相当一部分源自卡法
语（Kafa）。[⑤] 在比较老的种系发生学模型（phylogenetic models）中，卡法语曾被归类为库施特语族
（Cushitic），但卡法语所属的特定分支今天被称为奥莫特语族（Omotic），更确切地说是南奥莫特语
族（Southern Omotic）。[⑥] 说卡法语的人被称为卡菲科（Kafico），是前卡法王国（kingdom of Caffa，或 471
Kaffa）的居民，从 14 世纪后期到 1897 年在埃塞俄比亚西南部繁衍生息，后来取而代之的是从前的阿
比西尼亚诸省（Abysinnian provinces）的卡法和恩纳内亚（Ennarea）。

在这里，有近 100 万人讲卡法语，并一直讲这种语言。咖啡的卡法语是 buno，兼指咖啡豆和咖啡饮品两者，同时还用一种经常格语素变体的形式〈bune-〉出现在卡法语表示“咖啡豆”、“咖啡渣”（coffee grounds）、“咖啡馆”（coffee house）、“咖啡壶”（coffee pot）等复合词的第一个元素中。[⑦] 像阿姆哈拉 buna 这样的词形是外来语（loan word）还是共享古老词源（shared retention），目前还不能得出明确的结论。卡法语区分了双唇首位塞音（bilabial initial occlusives）p、ṗ 和 b，列奥·赖尼施（Leo Reinisch）认为，在大多数情况下，卡法语中首位字母 b 通常对应于阿姆拉赫语、加拉语（Galla）和贡加语（Gonga）中的首位字母 b。[⑧] 这个名字也以同源形式（cognate form）或者外来词

---

① Didier Morin. 1974. *Dictionnaire afar-français (Djibouti, Érythrée, Éthiopie)*. Paris: Karthala.

② Wolf Leslau. 1979. *Etymological Dictionary of Gurage (Ethiopic)*. Wiesbaden: Otto Harrassowitz.

③ Wolf Leslau. 1976. *Concise Amharic Dictionary*. Wiesbaden: Otto Harrassowitz.

④ Leo Reinisch. 1888. ‘Die Kafa-Sprache in Nordost-Afrika, I & II’，*Sitzungsberichte der Philosophisch-historischen Classe der Kaiserlichen Akademie der Wissenschaften zu Wien*, 116 (i): 53–143 & 116 (iv): 251–386.

⑤ Carl Brockelmann. 1950. *Abbessinische Studien* (Berichte über die Verhandlungen der Sächsischen Akademie der Wissenschaften zu Leipzig, Philologischhistorische Klasse, 97. Band, 4. Heft). Berlin: Akademie- Verlag.

⑥ 塞鲁利果断而正确地将卡法确定为南奥莫特人，尽管他用现在过时的术语“Sidama”作为亚组。“奥莫特”一词是由哈罗德·弗莱明（Harold Fleming）提出的，他概述了非洲裔这个分支的形态，而这个分支在今天基本上仍然被接受。(Enrico Cerulli. 1951. *Studi Etiopici iv. La Lingua Caffina*. Roma: Instituto per l’Oriente, p. 525; Harold Crane Fleming. 1976. ‘Omotic overview’，pp. 299–323, and ‘Kefa (Gonga) languages’，pp. 351–376 in Marvin Lionel Bender, ed., *The Non-Semitic Languages of Ethiopia*. East Lansing: African Studies Center, Michigan State University).

⑦ Habte Wold Habte Mikael. 1989. *English Kaffinya Dictionary*. Addis Ababa: Lazarist School (p. 30). 这个卡法单词贝克（1845）写作 búnno, 切基（1885）写作 bunó, 赖尼施（1888）写作 būnō, 马赛拉（1936）写作 bunò，布洛克曼（1950）写作 bunō。在赖尼施拼字法中，卡法单词重音的特征是重音符号（1888: 88, passim）。在以元音结尾的异音词的引文形式中，重音在第一个音节上，在以元音结尾的双音节词的引文形式中，重音经常出现在第一个音节上，或者，如赖尼施所说，在倒数第二个音节。然而，在 Reinisch 所记录的卡法语篇中，单词重音在下降或共轭的形式下，常常转移到另一个音节（Charles Tilstone Beke. 1845.‘On the languages and dialects of Abysinnia’，*Proceedings of the Philological Society*, ii: 90–107; Antonio Cecchi. 1885, 1886, 1887. *Da Zeila alle Frontiere del Caffa: Viaggi di Antonio Cecchi pubblicati a cura e spese della Società Geografica Italiana* (three volumes). Roma: Ermanno Loescher & Co.; Carlo Masera. 1936. *Primi elementi di grammatica caffina e dizionario italiano-caffino e caffino-italiano*. Torino: Istituto Missioni Consolata, p. 216）。

⑧ Reinisch (1888: 72, 84, 273), 除了咖啡这个词之外，还有一些其他的词源，这个问题值得严谨的历史语言研究。

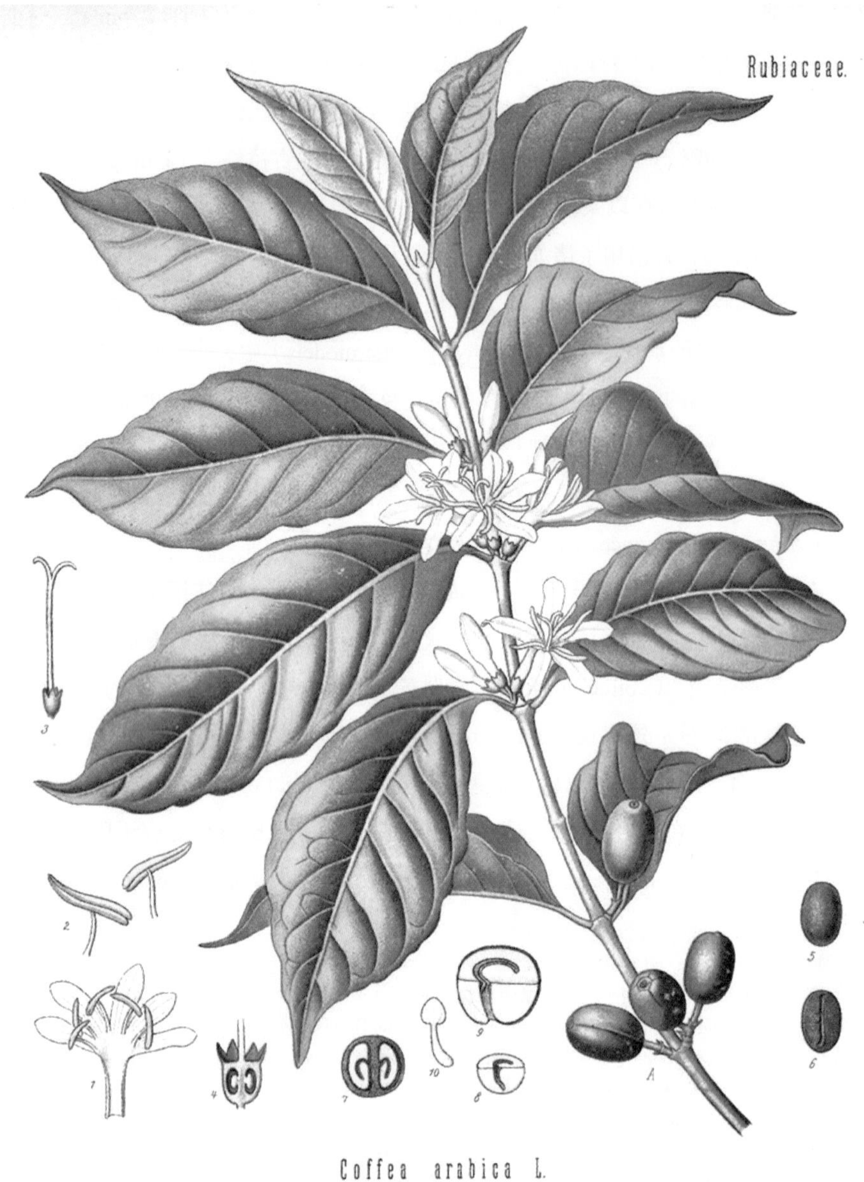


图 7.5　古斯塔夫·帕布斯特（Gustav Pabst）1887 年药用植物简编中咖啡（Coffea arabica）的植物学图解。(Gustav Pabst. 1887. *Köhler's MedizinalPflanzen in naturgetreuen Abbildungen mit kurz erläuterndem Texte: Atlas zur Pharmacopoea germanica, austriaca, belgica, danica, helvetica, hungarica, rossica, suecica, Neerlandica, British pharmacopoeia, zum Codex medicamentarius, sowie zur Pharmacopoeia of the United States of America* (four vols.).GeraUntermhaus: Verlag von Franz Eugen Köhler, Band ii, Abb. 106).

出现在邻近的库施特语族或奥莫特语族中，例如奥罗莫语 buna，以及瓦拉莫和瓦拉塔地区的贡加语 búnno 和 búnna。[①]

① Reinisch (1888: 84).

赖尼施于1879年至1880年居住在今天厄立特里亚的克伦镇（Keren），他根据他的厨师——前“加拉人”或奥罗莫人奴隶——使用的语言，写了一篇关于卡法语言的论文。在这一时期的埃塞俄比亚，奴隶在种族上被明确分类为加拉，但这个年轻人不是加拉人，而是卡菲科人。赖尼施用卡法语记录了许多例句，如 bū́nō ṓgō bḗtō ne Káfā（卡法“这儿”有很多咖啡）。很显然，赖尼施从他那位说卡法语的厨师那里记录了大多数例句，并用动词“喝”（to drink）的变位举证卡法语丰富的时态系统，其中就有咖啡，但只有两个例子涉及了作为一种明显的咖啡饮品替代物的蜂蜜酒（mead）。[①] 赖尼施也记录了卡法语的其他类似表达，例如 bū́nō gūf（“做咖啡”），bū́nō ūs（“喝咖啡”），bū́nō ūj（“提供咖啡喝”），以及卡法语词 finjilā́tō（“咖啡杯”）。[②]

表明卡法王国的卡菲科人是咖啡的原始栽培者的强有力证据来自人种学文献。安东尼奥·切奇 472
（Antonio Cecchi）写下了这样一句话：“il caffè che vienne da Caffa”（咖啡来自卡法）。[③]

> 正如我们所说，这个国家最重要的产品是咖啡（Coffee）。马萨哈先生（Mr. Massaja）认为，
> 根据卡菲科人和也门的摩卡阿拉伯人（Arabs of Mocha in Yemen）的传统，这种植物属于茜草科 473
> （madder family），大多数植物学家认为它起源于阿拉伯，然而，我们认为它源自卡法，甚至因此而得名。这是很有可能的，因为据我所知，卡法及其相邻区域是咖啡在森林中如此茁壮地自然生长的唯一地方。据当地人说，生长在森林树荫下的咖啡品质极佳，而且不受田间栽培的咖啡经常遭受的枯萎病的影响。[④]

切奇记录了咖啡（Caffeccié）或卡菲科（Kafico）的两种栽培方式，一种是将幼树从森林移植到房屋周围的田地，另一种是从种子开始培植。乔治·亨廷福德（George Huntingford）后来报告说：

> 卡法人不仅喝咖啡，还吃用黄油煎过的豆子和腌制过的豆子……在征服埃塞俄比亚之前，市场上的咖啡一般都是晒干了就卖掉；国王和贵族喝的咖啡则要被保存两三年以改善味道。[⑤]

16世纪末，在埃塞俄比亚皇帝塞雷·丁吉尔（Serṣe Dingil，1563~1597年在位）的统治下，卡法王国被迫承认埃塞俄比亚的宗主权。然而，从卡法王国到埃塞俄比亚其他地区以及远至红海海岸的咖啡豆贸易，无疑比这第一次军事对抗要古老得多。

---

① 这些例子由赖尼施提供（1888: 273, 266–267），包括 *bū́nō úw!* ‘trink Kaffe!’, *būnḗ úwō gáwō ne* ‘das Kaffegetränk ist köstlich’, *yij bū́nō tā úwe* ‘ich habe gestern Kaffe getrunken’, *yij nē uwā́je bū́nō* ‘du hast gestern keinen Kaffe getrunken’, *ṓgō ū́site bū́nō* ‘ich trank vil Kaffe’, *yā́ji tā ūsḗhe* bunō ‘morgen werde ich Kaffe trinken’, *yā́ji tā ūsā́je bū́nō* ‘ich werde morgen keinen Kaffe trinken’, *tā májē bū́nō ṓgō uwā́je, ūsā́y tā bā́jite* ‘meine Frau trinkt nicht vil Kaffe, trinke nicht!’ (sagend) verbot ich es ihr (eigentlich: lasse nicht Getränke bringen!)

② Reinisch (1888: 267, 368). 塞鲁利（1951年）提供了一个更完整的卡法语时态系统和卡法语动词形态更普遍的叙述。

③ Cecchi (1885, Vol. i, p. 490).

④ Cecchi (1885, Vol. ii, pp. 507–508).

⑤ George Wynn Brereton Huntingford. 1955. *The Galla of Ethiopia—The Kingdoms of Kafa and Janjero*. London: International African Institute (p. 108).

甚至在切奇之前，罗伯特·尼科尔（Robert Nicol）早在1831年就已经注意到阿拉伯语单词qahwah“咖啡”就源于卡法王国的名字。[①] 1587年，阿卜德·阿尔·卡迪里本·穆罕默德（Abd al Qādiribn Mohammed）在埃及撰写的一篇手稿声称，qahwah源自动词qahā表示食欲不振，[②] 但这只不过是一个通俗变化语（folk etymology）。当咖啡豆成为一种贸易商品时，这种商品遍布埃塞俄比亚全境，然后穿过红海传到也门，毫无疑问，这些咖啡豆的最初产地就在卡法王国。最早的咖啡树显然是在很久以后才在也门种植的，在阿拉伯费利克斯努力种植咖啡的过程中，借用埃塞俄比亚的名字来命名咖啡变得很有意义，由此产生了阿拉伯语单词bunn（咖啡树）。

## 阿拉伯和土耳其先后接纳咖啡

15世纪之前，也门没有喝咖啡的历史证据。如果有任何这样的证据存在，那它也未被记录下来。咖啡豆最初是从咖啡的原产地埃塞俄比亚高地被带到也门的。埃塞俄比亚西南部的山地雨林是野生物种阿拉比卡种咖啡（Coffea arabica，也称小粒咖啡）遗传多样性的主要中心。该地区也是欧基尼奥伊德斯种咖啡（Coffea eugenioides）的家园。它是一个分化出阿拉比卡种咖啡的野生物种，只是在相对较近的地质时期被归于咖啡属（Coffea）。[③]

474 全世界所有的咖啡品种，包括在也门发现的品种，都是栽培的地方种或农场品种，只占野生遗传品种百分之一的零头，这些野生品种发现于自然生长在古老的卡法王国中心高地森林的野生阿拉比卡种咖啡中。[④] 今天，埃塞俄比亚西南部的咖啡基因库受到森林滥伐、森林破碎化和环境退化的威胁，并且越来越多地受到与新引进的改良后的地方品种的渗透杂交的威胁。

咖啡一被引入也门，沉浸于这种饮料就成为苏菲派（Sufis）的显著嗜好。苦行者（Dervishes）跳舞、吟诵，直到他们进入恍惚状态。因此，这种富含咖啡因的新型刺激性饮料自然受到了苏菲派的欢迎，苏菲派在也门普及咖啡制造方面发挥了关键作用，咖啡的饮用很快蔓延到麦加、麦地那和开罗。16世纪上半叶，保守的伊玛目（imams）（指的是伊斯兰教中的领拜者，在不同语言和教派中的含义有区分。——译者注）和可怕的当权者多次试图禁止在麦加、开罗和君士坦丁堡进行咖啡交易和公众消费。1511年，在麦加担任高级官员的马穆鲁克·帕沙·哈伊尔·贝格（Mamlūk pasha Khā'ir Beg）下令禁止喝咖啡，将之视为对公共道德的冒犯。尽管提出了许多反对使用咖啡的宗教论据，但人们还是

---

① 据说这个名字来自埃塞俄比亚的Caffæ或Caffa，位于尼罗河畔远在埃及南部的纳雷省（Narea）。在那个地区，由咖啡制作的汤液在很早的时候就被使用了，但咖啡最初作为贸易品出口的国家是阿拉伯。(Robert Nicol. 1831. *Treatise on Coffee; Its Properties and the Best Mode of Keeping and Preparing It*. London: Baldwin and Cradock, p. 10).

② Antoine-Isaac Silvestre de Sacy. 1806. ‘No. vii Extrait du livre intitulé *Les preuves les plus fortes en faveur de la légitimité de l'usage du Café*; par le Scheïk Abdalkader ben Mohammed Ansari Djézéri Hanbali’, pp, 224–278, Tome ii in *Chrestomathie arabe, ou extraits de divers écrivains arabes, tant en prose qu'en vers* (three volumes). Paris: Imprimerie Impériale (Tome ii, pp. 226–227).

③ Esayas Aga, Tomas Bryngelsson, Endashaw Bekele and Björn Salomon. 2003. ‘Genetic diversity of forest arabica coffee (*Coffea arabica* L.) in Ethiopia as revealed by random amplified polymorphic DNA (RAPD) analysis’, *Hereditas*, 138 (1): 36–46.

④ Raf Aerts, Gezahegn Berecha, Pieter Gijbels, Kitessa Hundera, Sabine Glabeke, Katrien Vandepitte, Bart Muys, Isabel Roldán-Ruiz and Olivier Honnay. 2013. ‘Genetic variation and risks of introgression in the wild Coffea arabica gene pool in south-western Ethiopian montane rainforests’, *Evolutionary Applications*, 6 (2): 243–252.

继续无限地沉迷于咖啡之中。

1517 年，随着马穆鲁克苏丹国（Mamlūk sultanate）因苏丹塞利姆一世（Sultan Selim I，1512~1520 475
年在位）占领开罗而垮台，有关咖啡的消息就传到了君士坦丁堡，在那里，有些人试图获得这种商品，并开始私下饮用这种饮料。不过，咖啡首先传到大马士革，然后从那里传到阿勒颇。[①]然而，几十年来，伊斯兰神职人员一直在激烈地争论咖啡是不是穆斯林应该被允许饮用的饮料。1541 年，苏丹苏莱曼一世（Suleiman I，1520~1566 年在位）禁止从大马士革来的车队将咖啡带到君士坦丁堡。他这样做是受到后宫里一位他最喜欢的宠妃的怂恿，这位宠妃被一位穆夫提（mufti）（阿拉伯语音译，意为伊斯兰教教典说明官。——译者注）煽动成一个虔诚得不切实际的信徒。这种并非真心实意地抑制咖啡的尝试只是增加了人们对这种饮料的兴趣，许多人继续私下饮用咖啡。[②]

图 7.6　与苏莱曼一世后宫虔诚节俭的宠妃不同，这位奥斯曼夫人在两个世纪后，即 18 世纪初，品味着她的咖啡，112 × 101.5 厘米，布面油画，佩拉博物馆。

① 公元 330 年 5 月，在罗马皇帝君士坦丁大帝将帝国的首都从罗马迁至拜占庭后，这座城市被重新命名为君士坦丁堡。1453 年君士坦丁堡落入土耳其人手中后，城市名称保持不变，直到 1922 年奥斯曼帝国垮台。这座城市的现代土耳其语名称伊斯坦布尔实际上是当地希腊语表达 εἰς τὴν πόλιν(eis tín pólin)“进城去”的固化，被那些在去君士坦丁堡路上的人使用。在土耳其共和国第一任总统穆斯塔法·凯末尔·阿塔图尔克（Mustafa Kemal Atatürk，1923~1938 年执政）的领导下，这句希腊俗语正式作为这座城市的名称。

② Valentyn (1726, *Vyfde Deel*, blz. 193–194). 然而，道格拉斯声称：“在 1554 年之前，没有看到咖啡，更不用说在君士坦丁堡出售了。”(1727: 19).

然而，随着时间的推移，这项禁令被废除了。1554年，在奥斯曼帝国的首都，开了两家咖啡馆。正如瓦伦汀所记录的：

> 然而，1554年之前，君士坦丁堡的人们对咖啡知之甚少，对咖啡馆也一无所知，如果有人果
> 476 真听说过咖啡，那就是在苏丹在麦加对咖啡颁布禁令的情况下。然而，就在那一年，两个非凡的人，一个叫谢姆斯（Shems），另一个叫哈卡姆（Hakem），前者来自大马士革，后者来自阿勒颇，各自在君士坦丁堡附近叫塔塔卡莱（Tahtakale）的街区开了咖啡馆，他们把咖啡卖给学者、诗人、棋手……[①]

具有讽刺意味的是，已出版的英语文献中对咖啡的最早引用来自荷兰语文献，即于1598年英译自范·林索登1596年所著的《旅行日记》。在书中，有一篇社论的脚注描述了土耳其人喝茶（chaoua）的习惯，这篇社论的脚注是由著名的莱顿大学教授恩克赫伊曾的伯纳德·帕鲁达努斯（Bernardus Paludanus），别名贝伦特·布洛克（Berent ten Broecke）插入的。[②]

图7.7　1789年的君士坦丁堡港，描绘于咖啡首次在这座城市亮相后两个多世纪，画中的新清真寺（New Mosque）于1665年建成，仿照的是金角湾（Golden Horn）上古老的拜占庭基督教教堂，就如 Αγία Σοφία 或圣索菲亚大教堂（Hagia Sophia），水彩画，40.5×57.5厘米，让·巴蒂斯特·希莱尔（Jean-Baptiste Hilaire）所绘，佩拉博物馆。

① Valentyn (1726, *Vyfde Deel*, blz. 195).

② 在1596年的荷兰语原文和1598年的英文译本中，chaua的形式实际上被误印为chaona。(van Linschoten 1596: 35; cf. Van Linschoten 1598: 46).

在最早的英文印刷资料中，第一次提到咖啡是在 1601 年，出现在威廉·帕里（William Parry）对安条克（Antioch）和阿勒颇的奥斯曼土耳其人充满敌意的描述中。帕里是安东尼·谢利爵士（Sir Anthony Sherley，1565~1630 年）拜见波斯国王（Shah of Persia）的传教团成员，此行的目的是争取波斯人的支持来对抗土耳其人。在当地所见所闻中，鸡奸和喝咖啡显然是令居心不良的帕里觉得不合适的行为。 477

我要谈一下这个民族和国家的时尚和性格，他们平民化的日常行为。除了他们是该死的异教徒和穆斯林外确实回应了我们基督徒对他们的憎恨。因为他们绝对是最傲慢无礼且带有冒犯性的人，如果没有被苏丹新兵的保护，他们倾向于冒犯任何一个基督徒。他们盘腿坐在饭食旁边（他们的饭食是放在地上的），就好像小贩坐在他们的地摊旁一样；大部分时间，他们纵情豪饮，醉了就喝一杯叫作 Coffe 的饮品，它是用一种和芥菜籽很相像的豆子做成的，能让大脑马上兴奋起来，就像我们的蜂蜜酒（Metheglin）一样。[1]

图 7.8　君士坦丁堡的土耳其咖啡屋（kahvehane），有一个咖啡炉在左边，由安托万·伊格纳塞·梅林（Antoine Ignace Melling，1763~1831 年）绘制并发表。（1819. *Voyage pittoresque de Constantinople et des rives du Bosphore*. Paris: Treuttel et Würtz.）

① William Parry. 1601.*A new and large difcourfe of the trauels of fir Anthony Sherley Knight, by Sea, and ouer Land, to the Perfian Empire. Wherein are related many ftraunge and wonderfull accidents: and alfo, the Defcription and conditions of thofe Countries and People he paffed by: with his returne into Chriftendome. Written by William Parry Gentleman, who accompanied Sir Anthony in his Trauells*. London: Printed by Valentine Simmes for Felix Norton (p. 10).

478 帕里的看法是不准确的。显然，他只看到磨碎的咖啡或用过的咖啡渣，因为他相信咖啡籽的大小和芥菜籽差不多。帕里还认为，咖啡和那种用香草或香料调味的蜂蜜酒一样能令饮用者陶醉，metheglin 一词来自威尔士语 meddyglyn。

## 咖啡潮传到意大利

意大利现存最古老的关于咖啡的记录是1615 年罗马旅行家彼得罗·德拉·瓦莱（Pietro dela Valle）从君士坦丁堡寄来的，他在那不勒斯失恋后，在他的朋友、那不勒斯教授马里奥·希帕诺（Mario Schipano）的劝告下，把旅行作为一种治疗来缓解他单相思的痛苦。1614 年 6 月，彼得罗·德拉·瓦莱在威尼斯登船，几个月后，他于 1615 年 2 月 7 日在君士坦丁堡撰文，做出了关于咖啡的如下说明。在文中，他还向他的朋友马里奥·希帕诺宣布，他将把咖啡带回意大利。这篇文章的有趣之处在于，在当时意大利对咖啡尚且陌生的情况下，一个意大利人对咖啡的第一次观察。

下面这段文字虽然很长，风格杂乱无章，但对我们了解当时土耳其人在君士坦丁堡喝咖啡的方式很有价值。

> 土耳其人还有一种黑色的饮料，在夏天能起到降温的作用，在冬天则不会。不过它总是要
> 480 趁热喝，要在很烫的时候一点一点地喝，不是在吃饭的时候，而是吃饭时间之外以图消遣或娱乐，在谈话的时候也可以喝，似乎从来没有什么场合他们不喝这种饮料，因为随时都有备好的火炉，有很多瓷碗装满了这些东西，当它还很烫的时候，有专职人员随时给在场的人趁热送过去，同时也把瓜子分给他们以打发时间。就这样，嗑着瓜子，喝着这种他们称之为 Cahue 的饮料，在谈话中打发时光，无论是在公共盛宴还是私人聚会上都一次喝七八个小时。今年夏天，我嗑着瓜子喝了这种解暑的饮料，我很是喜欢。我对它几乎一无所知，也不知道关于它的味道的真相。那些不熟悉这种饮料的人经常会烫到嘴唇或舌头。不过，这种饮料还是令人愉快的，尽管我无法说出为什么。我似乎读到过古代人也有类似的东西，如果我是对的，那么也许它可能是同样的东西，因为在其他东西中我也发现了许多古代的痕迹。无论实情到底如何，如果我没记错的话，这种饮料是由生长在阿拉伯靠近麦加的一种树的种子或果实制成的，这种树结的果实叫作 Cahue，名字即来自此，它们就像椭圆形浆果，大约有中等橄榄那么大，可以用来制作饮料。有时只用嫩的外皮，有时用里面像两颗豆子的东西。他们认为，其中一个部分产生热量，另外一部分消暑降温，但我不记得是外皮部分还是内核部分。饮料是这么制作的：根据他们想要喝的口味，要么是将果实的外皮，要么是将那些里面很像豆子的东西烤熟，然后将其弄成一种颜色接近黑色的非常细的粉末，再由这个相当漂亮的粉末制成，粉末可以长期保存，因为在商店里并不是总能找到足够的量。当他们想饮用时，会在特制的容器中煮一些水，这些容器有细长的壶嘴，以便能倒入小杯中饮用。当水烧开后，他们把适量的 Cahue 粉倒入水中，然后在水里煮一段时间，时间要长到足以消除任何令人不舒服的苦味，这种苦味是在没烤好的情

况下才有的。然后，把这种液体以他们可以承受的热度倒入小碗中，然后一点点地小口啜饮，领受其味道和磨粉的颜色，磨粉并不会被喝掉，因为残渣会留在容器底部。如果谁想喝得更精致些，他们会在Cahue粉中加入足够的糖再倒入水中，配上肉桂和一点点丁香，这会产生一种迷人的味道，但是没有添加这些改进物的好东西就是纯咖啡，口味也很好，正如他们所说的，它能增进身体健康，特别是在促进消化、增强胃功能和抑制黏膜炎的产生等方面是非常好的。他们说，只有在晚饭后，它才会消除一些睡意，那些习惯于这个时间点喝的都是愿意在晚上学习的人。他们告诉我，在这些地方，一个真正的Cahue狂热者如果消费很大的量将最终花费一大笔钱。当我回国的时候，我会带一些回去，我会让意大利熟悉这个简单的、至今对她而言可能还是全新的事物。这个东西曾经是跟红酒一起喝的，现在用水来喝，那么我敢猜想，这可能正是荷马提到的忘忧草（nepenthe）。据他所说，海伦在埃及用过，因为我们正是通过埃及接触到这种Cahue的，所以既然它是缓解烦恼和忧虑的良药，它今天仍然在这里为人们提供娱乐和休闲而被饮用。正如我所说，在数小时的谈话中饮用这种饮料，在聚会的时候一起饮用。在令人愉快的讨论中，它可能会使人忘记自己的艰辛，这就是诗人所说的忘忧草产生的效果。[①] 481

图 7.9　1615 年 2 月 7 日，彼得罗·德拉·瓦莱将关于咖啡的第一份报告从君士坦丁堡寄往他的祖国意大利，如托马斯·赫施曼（Thomas Hirschmann）的版画所示。

在上述段落中，彼得罗·德拉·瓦莱声称，目前还不能确定咖啡是用咖啡豆的外皮还是去皮的咖啡豆制成的。这种不确定性并不像听起来那么天真，因为尽管咖啡是用去皮的咖啡豆制成的，但实际上也可以用咖啡豆皮冲泡。

近年来，一种被冠以西班牙语名字cáscara的淡红色咖啡豆皮，作为新奇事物在一些国际场所

① Pietro della Valle. 1667. *Viaggi di Pietro della Valle il Pellegrino, Con minuto ragguaglio di tutte le cofe notabili offeruate in effi, Defcritti da lui medefimo in 54. Lettere famliari, Da diuerfi luoghi della intraprefa pellegrinatione. Mandate in Napoli All'erudito, e fra'più cari, di molti anni fuo Amico Mario Schipano. Diuifi in trè Parte. Cioè, la Tvrchia, la Persia, et l'India, Co'l ritorno in Patria, Et in queft'vltima Impreffione, aggiuntaui la Vita dell'Autore* (three volumes). Venetia: Paolo Baglioni (pp. 97–99).

突然变得流行起来。新造的英语词“咖啡樱桃茶”（coffee cherry tea）最近也出现并用于指代这种饮料。西班牙语 cáscara 是阿拉伯语 qišr 的对译，草本茶（tisane）这个名字在也门早就为人所知了。咖啡豆皮的咖啡因含量比普通咖啡低，而且提供了一种更便宜的替代品。与阿拉伯咖啡一样，qišr 可以用生姜、豆蔻或肉桂调味。1836 年，印度海军的查尔斯·克鲁滕登（Charles Cruttenden）在也门夸大其词地报告说：“奇怪的是，尽管在这个咖啡国家的中心地带，咖啡从来没有被当作饮料，因为被认为太热。”①1946 年，当威尔弗雷德·塞西格（Wilfred Thesiger）第一次访问也门时，他报告说，这种更便宜的咖啡替代品在红海南部沿海平原提哈马特 - 阿尔 - 阿斯尔（Tihāmat al ʿAsīr）特别受欢迎。②

尽管彼得罗·德拉·瓦莱在 1615 年 2 月的信中向那不勒斯的朋友承诺，他将把咖啡带回意大利，但直到 11 年后的 1626 年 3 月，他前往印度和近东旅行后才回到罗马。然而，就在他姗姗而归的 20 年内，意大利已经开始设立咖啡馆，因此在 1652 年去世前，他一定亲眼见过了这些咖啡馆。随着咖啡在欧洲的传播，土耳其式咖啡制作方法为欧洲人树立了一个典范。与此同时，400 年后，意大
482 利人完善了咖啡的制作，意大利的咖啡文化也代表了咖啡制作工艺的尖端水平。因此，意大利术语浓缩咖啡（espresso）、卡布奇诺（cappuccino）、玛奇朵（macchiato）、咖啡拿铁（caffè latte）、特浓咖啡（ristretto）和阿芙佳朵（affogato）已成为当前的国际化表达方式。③

## 古老的口头传说与现代神话

意大利从土耳其获得咖啡，土耳其又取之于也门。也门、土耳其和意大利在咖啡全球化的第一阶段都扮演了重要角色，但咖啡的最终发源地在埃塞俄比亚西南部。1671 年，安东尼奥·福斯托·奈罗尼（Antonio Fausto Naironi，1635~1707 年）在一篇专为红衣主教吉安尼科尔·孔蒂（Giannicolò Conti，1617~1698 年）撰写的论文中记录了发现咖啡的原始口头传说。红衣主教吉安尼科尔是教皇英诺森十三世（1655~1724 年）的叔叔，强大的孔蒂家族（Conti family）还出了另外三位教皇，即英诺森三世（Innocent Ⅲ）、格列高利九世（Gregory Ⅸ）和亚历山大四世（Alexander Ⅳ）以及其他七位红衣主教。

相比之下，奈罗尼只是马龙派（Maronite）（基督教的一个派别，最早于 5 世纪由叙利亚教士圣马龙创立。——译者注）学者，出生于黎巴嫩，在帕尔马（Parma）接受教育。1666 年至 1694 年，他是

① Charles J. Cruttenden. 1838. ‘Narrative of a journey from Mokhá to San’á by the Ṭaríḳ-esh-Shám, or northern route, in July and August 1836’, *Journal of the Royal Geographical Society*, viii: 267–289.

② Wilfred Thesiger. 1947. ‘A journey through the Tihama, the Asir and the Hijaz mountains’, *The Geographical Journal,* 110 (4–6): 188–200.

③ 虽然在咖啡中添加牛奶或奶油的做法是在欧洲创新的，但卡法人已经习惯吃用黄油和盐煎炸的咖啡豆。2015 年以来，Dave Asprey 一直在销售和宣传他所称的来自圣莫尼卡的防弹咖啡（bulletproof）。他用黄油、酥油或油调制咖啡的做法，灵感来自十年前他在喜马拉雅山旅行时接触的酥油茶（yak butter tea）。Asprey 坚持认为，将牛奶中的黄油或酥油用于这种咖啡，必须是专门喂草的奶牛。他出版了两本充斥着同样不科学的说法的琐谈之书。(Gordy Megroz. 2015. ‘Buttered coffee could make you invincible and this man very rich’, *Bloomberg Businessweek*, 21 April 2015; Dave Asprey. 2014. *The Bulletproof Diet.* Emmaus, Pennsylvania: Rodale Books; Dave Asprey. 2017. *Head Strong*. New York: Harper Collins).

罗马第一大学（Sapienza）的教授，在那里教古叙利亚语和迦勒底语（Chaldaean）。如下所引用的他的叙述，记录了最初的有关咖啡的口头传说，后来却经常被歪曲。

> Conquerebatur enim quidam Camelorum, ſeu vt alij aiunt, Caprarum Cuſtos, vt communis Orientaliũ fert traditio, cum Monachis cuiuſdã Monaſterij, in Ayaman Regione, quæ eſt Arabia Felix, ſua armenta non ſemel in hebdomada vigilare, imò per totam noctem, præter conſuetum ſaltitare; Illius Monaſterij Prior curioſitate ductus, hoc ex paſcuis prouenire arbitratus eſt, & attentè conſiderans vnà cum eius ſocio locum vbi Capræ, vel Cameli illa nocte, qua ſaltitabant paſcebantur, inuenit ibi quædam arbuſcula, quorum fructibus, ſeu potius baccis veſcebantur; huiuſce fructus virtutes voluit ipſemet experiri, ideoque illos in aqua ebulliens ſtatim illorum potum noctu vigilantiam excitare expertus eſt, ex quo factum eſt, vt à Monachis quotidiè adhiberi propter nocturnas vigilas iuſſerit, vt promptiores ad noctis aſſiſterent orationes; at quia ex hoc quotidiano potu, cùm varios ac ſaluberrimos pro humana ſalute, ac bona valetudine effectus in dies experirentur, per vniuerſam paulatim regionem illam, deindè per alias Orientis Prouincias, ac Regna temporis progreſſu nouũ huius potionis genus, fortuitò, ac mirabili Dei prouidentia ea diffuſum eſt ſalubritate, vt ad Occidentales etiam, ac præſertim Europæas peruaſerit plagas. Primus igitur huius potionis Inuentores ex Caprarum, ſeu Camelorum, vt ita dicam nutibus, ſupradictos ferunt extitiſſe Monachos Chriſtianos, vt ipſimet Turcæ fateri vt plurimum aſſolent, in quorum gratiam, animique obſequium pro illis fundunt preces, ac præſertim Turcæ illi, qui ſunt huius potionis miniſtratores, ac diſtributores, proprias enim hi, ac quotidianas habent precationes pro Sciadli, & Aidrus, quia hæc ſupradictorum Monachorum fuiſſe nomina afferunt.[①]

1685 年，杜福尔针对奈罗尼记录的口头传说提供了一个简洁的法语摘要。[②] 以下是 1727 年由詹姆 483
斯・道格拉斯（James Douglas）提供的令人满意的英译文，尽管不是非常精确。

> 正如其他人所言，这是东方人的共同传说，一个照管骆驼和山羊的人向阿亚曼王国邻近的一个修道院的宗教人士抱怨说，他的畜群一周之内不仅两三次整晚不睡觉，还以不寻常的方式欢跃和跳舞。修道院院长在好奇心的驱使下，认真地考察了这件事并得出结论：一定在于这些动物所吃的食物。就在那天晚上，他和修道院的一个修士，在山羊或骆驼跳舞的地方发现了一些灌木或灌木丛，上面的果实或者更确切地说是浆果就是动物所吃的。他决定亲自试试这些浆果的功效，并把它

---

① Antonio Fausto Naironi. 1671. *De Salvberrima Potione Cahve sev Cafe Nuncupata Discvrsvs Favsti Naironi Banesii Maronitæ, Linguæ Chaldaicæ, ſeu Syriacæ in Almo Vrbis Archigymnaſio Lectoris Ad Eminentiſs. ac Reuerendiſs. Principem D. Io. Nicolavm S.R.E. Card. de Comitibvs*. Roma: Typis Michaelis Herculis (pp. 15–18). 奈罗尼的论文中这个叙述的意大利语翻译是由弗里斯兰步兵上尉编写的，并在同年出版：*Discorso della Salutifera Beuanda Cahve, ò vero Cafè Del Sig.D. Favsto Nairone Banesio Maronita Traſportato Dalla Latina, alla Lingua Italiana da Er. Frederic Vegilin di Claerbergen Leuoardienſe Friſone Nob. Pall. Germ. & Capitano d'vna Compagnia di Fantaria in Friſia*. Roma: Michele Hercole. Dufour (1685: 42–44).

② Dufour (1685: 42–44).

> 们放进水里煮，然后喝掉，他发现这让他在晚上睡不着觉。从那以后，他命令他的修士们每天都使用它，不让他们贪睡，使他们更容易、更坚定地参加在夜间必须进行的祈祷。他们持续用它的时间越长，就越能感受到它良好的效果，以及它是如何帮助他们保持健康体魄的；这样，整个王国的人都开始需要这种东西：随着时间的推移，东方其他国家和地区也开始饮用它。
>
> 巴纳赛斯（Banefius）就这样偶然地火了起来，这来自万能的上帝的奇妙旨意，它有益健康的名声传得越来越广，甚至传到了西方，尤其是欧洲。土耳其人自己也惯于承认，这些修士是这种汤汁的发明者，他们从山羊和骆驼身上得到了最初的启示；因此，为了表示他们的感激，当他们向那些从他们那里买咖啡的人斟满咖啡时，他们会用不同形式的祷词向西亚德里和阿德鲁斯祈祷，他们相信这是先人及其同伴的名字。①

道格拉斯将奈罗尼称为“巴纳赛斯”，这个别称在奈罗尼的其他著作中写为“Banenfis”，比如1678年的书《论马罗奈亚人的起源名称和宗教》（*Dissertatio de Origine, Nomine, ac Religione Maronitarvm*）。这两个别称都是形容词形式，指的是黎巴嫩北部一个叫Ban的地方，奈罗尼就出生在那里。奈罗尼记录了两位修士的名字是西亚德里和阿德鲁斯。这两者似乎表示专有名称食堂（al-Šādhlī）和茶馆（al-ʻAydarūs），尽管奈罗尼可能已经试图用阿拉姆语（Aramaic）表示这两个名字。

奈罗尼将发现咖啡的地点命名为Ayaman，也就是也门。这里的口述传说结合了两种历史的可能性，一个是也门，从地域上看它是最早流行喝咖啡的国家，另一个是基督教国家埃塞俄比亚，从时间
484 上说它是咖啡豆和咖啡植物的发源地，其历史上的海岸距离也门的摩卡港只有约60公里。咖啡真的是很久以前在卡法王国通过观察不眠的山羊而首次被发现的吗？这两个阿拉伯名字是否保留了后来也门的苏菲派咖啡传播者，或者也门基督徒的身份这些传统内容呢？

如今最重要的是，在全部有关咖啡的历史资料中，都没有提到任何一个名叫卡尔迪（Kaldi）的牧羊人。这个虚假的名字是由威廉·哈里森·乌克斯（William Harrison Ukers）在他1922年出版的一本关于咖啡的书中杜撰出来的，该书由纽约的“茶与咖啡贸易杂志公司”（Tea and Coffee Trading Journal Company）出版。② 在乌克斯的书中，一位名叫卡尔迪的年轻阿拉伯牧羊人患有忧郁症，他效仿他家嬉闹的山羊吃树上的咖啡果。然后有人看到他和山羊一起欢快地跳跃。乌克斯称这个故事是“这个传说的生动版本”，这个故事取自与他同时代的一个不知名的法语来源。他还附了一幅怪诞的插图，画的是“卡尔迪和他跳舞的山羊……出自一位现代法国艺术家”，画的右下角提到了法国艺术家的名字杰拉德（Gérard）。③ 然而，乌克斯虚构的这个故事的最初法语来源究竟是什么还不确定。

在拉丁语诗《咖啡之歌》（*Caffœum Carmen*）中只有一个阿拉伯牧羊人或阿拉伯牧师，而不是最

---

① James Douglas. 1727. *A Supplement to the Description of the Coffee-Tree, Lately Publifhed by Dr. Douglas. Containing, I. The Hiftory of the Ufe of Coffee in Afia and in Europe. II. Of the Ufe of Coffee in the Western Parts of Europe.III.Of the Coffee-Trade. IV.Of the Choice of Coffee. V.Whether the Arabian sufeany Art to prevent the Growth of the Coffee-Plant in other Countries.* London: Thomas Woodward, at the Half-Moon over-againft St. Dunftan’s Church, in Fleet-ftreet (pp. 5–6).

② William Harrison Ukers. 1922. *All About Coffee*. New York: The Tea and Coffee Trading Journal Company (pp. 14–15, with illustration on p. 10).

③ Ukers (1922: 10).

初的口头传说中的两名牧师，这首诗是由吉约姆·马休（Guillaume Massieu）于1718年在铭文学院（l’Académie des Inscriptions，法兰西学院下属的一个研究院。——译者注）创作的，[①] 里面却没有卡尔迪。人们可能会想“卡尔迪”是不是 Scialdi 的误印或误读？或者是一个初学者对拉丁语形式 caldi 或 calidi 在如下文字“De potione Aſiatica, ſive notitia à Constantinopoli circa plantam quæ calidi potus Coave ſubminiſtrat materiam”中的错误猜想？ [②] 或者甚至是意大利语 caldi 的文字游戏？然而乌克斯猜想的最终的法语来源尚未确定。

相较于两个可能有历史依据的修士西亚德里和阿德鲁斯，口头传说中他们在牧羊的同时发现了咖啡的功效，这个乌克斯在1922年颇具影响的著作中新创作的“栩栩如生”的卡尔迪故事随后启发了无数美国和国际咖啡企业采用“卡尔迪”（Kaldi）这个名字，例如卡尔迪美食咖啡烘焙机（Kaldi Gourmet Coffee Roasters）、卡尔迪牌咖啡（Café Kaldi）、卡尔迪咖啡馆（Kaldi’s Coffee House）和卡尔迪咖啡烘焙公司（Kaldi’s Coffee Roasting Company）。1996年，在阿兰·斯特拉（Alain Stella）关于咖啡的多插图刊物中，卡尔迪的神话再次出现。[③]

如今，这个假冒的名字甚至传到了咖啡的故乡埃塞俄比亚，此前那里从未有过该名字的任何记录。然而今天，像卡尔迪咖啡和卡尔迪咖啡庄园这样的企业却在埃塞俄比亚的商业景观中大放光彩。卡尔迪的故事不断地以各种方式被重述，而且经常被添油加醋。显然，讲出这样一个故事对讲述者而言是一种满足。许多奇闻轶事，即使是完全虚构的，也会被大肆转述。说书人一直在利用听众往往不会核实故事的真实性这一点，而记者、政客和布道者则通常会以一种不太善意的方式加以利用。[④]

## 伊斯兰教卫道士为咖啡代言 485

咖啡豆最初一定是于15世纪从埃塞俄比亚引进到也门的。那个时候，苏菲派苦行者把咖啡当作

① 拉丁文原文和法文译本见 pp. 288–305 of Augustin Théry. 1855. ‘Notice sur l’ abbé Massieu’, *Mémories de l’Académie Impériale des Sciences, Arts & Belles-Lettres de Caen,* 1855: 258–307.

② 它在1685年卢多维库斯·费迪南德斯·马西利乌斯于维也纳出版的一部作品的标题中，列为‘De potione Aſiatica, ſive notitia à Constantinopoli circa plantam quæ calidi potus Coave ſubminiſtrat materiam, cum præſatiuncula Joan. Samuel. Schoderi, ubi oſtenditur Bungham Rhazis, & Bunchum Avicennæ, à fructu illo qui Arabibus dicitur Brunn, differe, ex quo ſit Coffé. *Viennæ Auſtriæ* 1685. in 12’, as cited in JoannesFranciscus Seguierius [Jean-François Séguier]. 1740. *Bibliotheca Botanica, sive Catalogus auctorum et Librorum omnium qui de Re Botanica, de Medicamentis ex Vegetabilibus paratis, de Re Ruſtica, & de Horticultura tractans.* Hagæ-Comitum [The Hague]: Apud Joannem Neaulme (p. 118).

③ Alain Stella. 1996. *Le livre du café.* Paris: Flammarion, published in 1997 in English as *The Book of Coffee* by Flammarion in Paris and in German as *Das Buch vom Kaffee* by arsEdition in Munich.

④ 这种丰富的叙事、有感染力的趣谈和宣传性信息的激增，无论有没有视觉图像，在当今的用法中通常被称为“模因”(meme)。最初 avatār 这个词是由理查德·沃尔夫冈·西蒙在1904年创造的，但这个新的流行用法既不同于模因感官，也不同于道金斯关于模因符号学的素朴概念。然而，这些实体构成了符号学研究的中心对象之一，也是模因管理的主要工具。(George van Driem. 2015. ‘Symbiosism, Symbiomism and the perils of memetic management’, pp. 327–347 in Mark Post, Stephen Morey and Scott Delancey, eds., *Language and Culture in Northeast India and Beyond.* Canberra: Asia-Pacific Linguistics; George van Driem. 2008. ‘The origin of language: Symbiosism and Symbiomism’, pp. 381–400 in John D. Bengtson, ed., *In Hot Pursuit of Language in Prehistory.* Amsterdam: John Benjamins).

兴奋剂，苏菲派在也门咖啡制造的普及中发挥了关键作用。自罗马时代以来，也门一直被称为阿拉伯费利克斯——“阿拉伯乐土”。然而，从大背景来看，阿拉伯人就像土耳其人一样，只是这棵阿比西尼亚树和它的苦浆果在全球传播的两个较早时期的媒介。公元 1 世纪以来，埃塞俄比亚一直是基督教王国。然而，在今天埃塞俄比亚西南部的古卡法王国，它在埃塞俄比亚皇帝塞勒・丁吉尔（Serṣe Dingil，1563~1597 年在位）的统治下，于 1586 年至 1595 年首次改信了基督教一性派（Monophysite Christianity）（基督教的一个派别，主张耶稣基督只有一个神性，而非神性和人性两个，在基督教史上影响深远。——译者注）。[①]

土耳其人保留了一种传说，即咖啡豆最初是由照看羊群的基督教修士发现的，这一点让马龙派教徒奈罗尼感到很重要，奥斯曼帝国时代开始以来，穆斯林在咖啡的选用和传播过程中的杰出作用是无可争议的。卡菲科人皈依基督教的时间相对较晚，但来自卡法王国的咖啡豆必须穿越信奉基督教的埃塞俄比亚才能到达也门。默罕默德死后，基督教实际上已被有效地从阿拉伯世界驱逐出去。然而，即使面对报复性的迫害，仍然有证据表明，公元 10 世纪的也门留下了少数基督徒[②]，聂斯托利派基督教（Nestorian Christianity）（在中国称景教，源自创始人聂斯托利，提出了基督二性二位说，认为玛利亚只是生育耶稣之肉体，而非赋予其神性，反对将其神化，主张以基督之母取代上帝之母的说法，在 431 年以弗所会议上被判为异端，直到 20 世纪末期才得以平反，基督之母的说法也被接受。——译者注）直到 17 世纪下半叶还在索科特拉岛（Socotra）流传。

1699 年，安东尼・加朗（Antoine Galland）对上述古老口头传说的真实性提出了质疑。加朗带着一种满不在乎的学究气，甚至暗示奈罗尼错误地理解了自己的母语，与加朗的自以为是相反，奈罗尼的母语似乎是阿拉姆语而不是阿拉伯语。[③] 加朗更加信任一份来自埃及的阿拉伯语手稿，该手稿是一位叫作阿卜杜勒・卡迪尔・伊本・穆罕默德（ʿAbd al-Qādir ibn Mohammed）的人写于伊斯兰历 996 年（即 1587 年）。这份手稿当时保存在巴黎国王图书馆，现在保存于法国国家图书馆（Bibliothèque Nationale）。作者写这篇手稿的目的是要论证，穆斯林是可以喝咖啡的，尽管有人试图予以禁止，甚至还有人谴责使用咖啡的法特瓦（fatwa）（伊斯兰律法的裁决或教令。——译者注）。

显然，授予咖啡以穆斯林的系谱有助于实现这一目标，并可能有助于平息保守派神职人员的不满。该手稿还记录了几个相互之间很难调和的说法，但每一个都可以用来论证穆斯林可以喝咖啡。有个故事说，15 世纪，来自萨那阿（Sana'a）附近达班村（Dhaban）的贾迈勒・阿卜杜勒・穆罕默德・本・萨伊德（Jamāl ad-Dīn Abū ʿAbd Allāh Muḥammad bin Saʿīd）长老，生活在亚丁（Aden）但也去过波斯，并在那里接触到咖啡。他一回来就生了病，喝了咖啡之后身体就好了。后来他成了苏菲派
486 教徒，他喝咖啡的习惯也被其他人效仿。[④] 同样的手稿包含了第二个矛盾的说法，即咖啡是被虔诚的穆斯林学者阿里本・乌马尔・萨德利（ʿAlī ben ʿUmar Šādhlī）最早引入的。[⑤]

---

① Huntingford (1955: 132–134).

② Thomas Wright.1855. *Early Christianity in Arabia: A Historical Essay.* London: Bernard Quaritch (p. 187).

③ Antoine Galland. 1699. *De l'origine et du progrès du café: Extrait d'un manuscrit arabe de la Bibliothèque du Roi.* Paris: chez Florentin et Pierre Delaulne (p. 10 et seq.).

④ Silvestre de Sacy (1806, Tome ii, pp. 229–232).

⑤ Silvestre de Sacy (1806, Tome ii, pp. 233–234).

后者的名字在第三个故事中被撕成两半，这个故事讲述了一个叫乌马尔的苦行长老在伊斯兰历656年（即1258年）和他的导师，一位叫萨德利的毛拉（mullah，一种伊斯兰教职，也是对伊斯兰教学者的尊称。——译者注），去麦加朝圣。萨德利死于路上，但后来他以一个巨大的白色幽灵的形象出现在乌马尔面前，指示他去也门的摩卡。当瘟疫在城里肆虐时，乌马尔将国王生病的女儿带到自己的住处进行医治，并让她待了好几天。当流言蜚语开始流传时，国王将这位长老流放到干旱的山区。后来，当乌马尔在沙漠中挨饿时，他向毛拉大喊，然后美妙的音乐和飞鸟的歌声把他带到一棵咖啡树前。饥饿时，他摘下浆果并在洞穴里熬汤，咖啡就是这样诞生的。后来摩卡城饱受一种疥癣的流行病的折磨，一些城里人来到乌马尔这里，通过喝咖啡治好了病。由于他的医疗能力，乌马尔被叫回到摩卡城并建立了一家医院。①

我们只能猜想：为什么这些矛盾的叙述，有些带有超自然的幻象，被年代错误的早期事件所破坏，又被一种治疗疥癣的非凡疗法所美化，这打动了加朗和一些跟随他的学者，使他们认为这比奈罗尼记录的古老的近东口头传说更令人可信。不管怎么说，由来自黎巴嫩的马龙派学者记录的口头传说被当作杜撰而不予考虑的倾向，正是始于加朗。他傲慢的反对口吻被让·德·拉·洛克（Jean de la Roque）②和詹姆斯·道格拉斯（James Douglas）模仿，就像“卡尔迪”这个虚构的名字一样，直到今天仍然被一些作者盲目地重复着。③

图7.10　1680年奥尔费特·达珀（Olfert Dapper）所创作的荷兰船只在摩卡港的版画。

1895年，贾尔丁（Jardin）提出了一个相当中肯的问题，即阿拉伯手稿中提到的虔诚的穆斯林圣人阿里本·乌马尔·萨德利是否可以直接从西亚德里那里继承奈罗尼记载的原始口头传

① 这个替代版本取自在君士坦丁堡印刷的文本，由西尔维斯特·德·沙西（Silvestre de Sacy，1806，Tome ii, pp. 276 - 278）作为对加朗进行研究的来自埃及的‘Abd al-Q ā dir ibn Mohammed 所作的阿拉伯文稿的印证。

② 让·德·拉·洛克甚至批评杜福尔在重现奈罗尼保存的口头传说时过于轻信。(Jean de la Roque. 1716. *Voyage de l'Arabie Heureuse par l'Océan Oriental,&le Détroit de la Mer Rouge. Fait par les François pour la premiere fois, dans les années 1708, 1709 & 1710, avec La Relation particuliere d'un Voyage fait du Port de Moka à la Cour du Roi d'Yémen, dans la ſeconde Expedition des années 1711, 1712 & 1713. Un Memoire concernant l'Arbre & le Fruit du Café, dreſſé ſur les Obſervations de ceux qui ont fait ce dernier Voyage. Et un Traité hiſtorique de l'origine & du progrès du Café, tant dans l'Aſie que dans l'Europe, de ſon introduction en France, & de l'établiſſement de ſon uſage à Paris.* Amsterdam: Steenhouwer et Uytwerf).

③ 温伯格（Weinberg）和比勒（Bealer）错误地声称，奈罗尼1671年的文字中提到了“Kaldi”的名字，就像两位作者引用的许多其他历史资料一样，他们没有进行查阅。(Bennett Alan Weinberg and Bonnie K. Bealer. 2001. *The World of Caffeine: The Science and Culture of the World's Most Popular Drug.* Abingdon: Routledge).

说。[①] 1587 年的手稿自称是一部为穆斯林合法饮用咖啡而写的辩护文，而奈罗尼所写的传说则可以追溯到比这更早的几百年，即咖啡早在很久之前就被埃塞俄比亚的牧羊人发现了，后来才被带到也门。[②]

## 487 英国人先喝咖啡，然后是荷兰人

1616 年，就在罗马旅行家彼得罗·德拉·瓦莱从君士坦丁堡给他在那不勒斯的朋友写信谈论咖啡一年之后，哈勒姆（Haarlem）商人彼得·范·登·布洛克（Pieter van den Broecke）代表荷兰东印度公司参观了也门的摩卡港，那时荷兰人还没有进行咖啡贸易。结果，咖啡的消息直接从也门传到荷兰，而来自黎凡特的消息则传到了英格兰。在伦敦，弗朗西斯·培根（Francis Bacon，1561~1626 年）收集了很多关于咖啡、烟草、鸦片和槟榔果的资料，并根据这些资料写下文字，1627 年（也就是培根死后一年），他的牧师将培根所写的文字出版，这进一步激起了英国人对咖啡的好奇心。

> 土耳其有一种叫咖啡（Coffa）的饮料，是用同名的像烟煤一样黑的浆果做成的，味道浓烈，
> 488 但并不芳香。他们将其打成粉末，兑在水中尽可能热地喝：人们喝着它，坐在咖啡屋里，这就像
> 我们的小酒馆（Tauernes）。这种饮料能使脑和心脏舒畅，也能助消化。[③]

1628 年，约伯·克里斯蒂安索恩·格里耶夫（Job Christiaenszoon Grijph）在摩卡购买了第一批 15000 磅的生咖啡豆，准备销往波斯。荷兰东印度公司继续向波斯运送咖啡，直到 1661 年，第一批 21481 磅的摩卡咖啡（Mochase caeuwe，“来自摩卡的咖啡”）在阿姆斯特丹的销售才更加有利可图。[④] 在这批大宗货物发送之前，商人和一些独立的个人已经开始将从地中海东部带来的少量咖啡运到荷兰，尤其是英格兰，供好奇者和富人享用。约翰·奥布里（John Aubrey，1626~1697 年）回忆说，在伦敦，物理学家威廉·哈维（William Harvey，1578~1657 年）曾于 1599 年到 1602 年在帕多瓦大学（University of Padua）接受教育，在晚年的生活中“习惯于喝咖啡；在伦敦的咖啡馆还没有流行起来之

---

① Edélestan Jardin. 1895. *Le caféier et le café:Monographie historique, scientifique et commerciale de cette Rubiacée.* Paris: Ernest Leroux (p. 8).

② 尽管由于人类的共同点，类似的想法往往在不同的时间出现在人们身上，尽管口传失真的扭曲效应往往随着时间的推移而累积，但迈克尔·维采尔试图证明，某些类型的强有力的叙述能够存活几千年，甚至比作为主要传播工具的语言还要长。(E.J. Michael Witzel. 2012. *The Origin of the World's Mythologies.* Oxford: Oxford University Press.) 相比之下，奈罗尼记录的口头传说在历史时间尺度上是相当年轻的，而在威泽尔研究的史前时间尺度上是可以忽略的。事实是，这个故事很快在阿拉伯语中以如此多的变形形式出现，是可以解释的，因为在咖啡被禁止甚至被伊斯兰教令禁止之后，为了证明咖啡是穆斯林可以接受的，需要改变叙述。

③ Francis Bacon. 1627 [posthumous]. Sylv*a Sylvarvm: or A Naturall Hiſtorie. in Ten Centvries written by the Right Honourable Francis Lo. Verulam Viſcount St. Alban Publiſhed after the Authors death, By William Rawley Doctor of Diuinitie, late his Lordſhips Chaplaine.* London: Printed by J.H. for William Lee at the Turks Head in Fleetſtreet, next to the Miter (Cent. viii, № 738, p. 191).

④ Ewoud Sanders en Jaap Engelsman. 1996. *Geoniemenwoordenboek,woorden die zijn afgeleid van plaatsnamen* (tweede gecorrigeerde druk). Amsterdam: Nijgh en van Ditmar (blz. 158–159).

前，他和他的兄弟厄里亚布（Eliab）就这么做了”。①

1646 年到 1648 年，一个叫纳撒尼尔·科诺皮乌斯（Nathaniel Conopius）的克里特学生是第一个在牛津大学喝咖啡的人。② 后来，英国的第一家咖啡馆不是在伦敦开的，而是在 1650 年的牛津。正如安东尼·伍德（Anthony à Wood）所记录的：

> 1650 年，一位名叫雅各布的犹太人在牛津东部的圣彼得教区开了一家咖啡馆。一些喜欢新奇事物的人在那里喝咖啡。③

在此前几十年，茶就已经是荷兰的贵族、猎奇者和富人们的消遣。此外，在未来相当长一段时间内，咖啡的价格都远低于茶。④ 最初，咖啡对英国人的吸引力显然比茶大得多。

咖啡正是在这个历史节点被引入英国的，这在英国和荷兰海上贸易相对强势的背景下是很容易理解的。在这个时候，荷兰人在波罗的海和亚洲贸易方面的霸主地位，以及荷兰人在斯匹兹卑尔根群岛（Spitsbergen）附近寒冷的北部海域捕鲸的成功，都让英国人嫉妒和恼火。在联合省和荷兰南部的哈布斯堡家族与伊比利亚半岛之间的《十二年停战协定》（Twaalfjarig Bestand 或 Twelve Years' Truce，1609~1621 年）期间，荷兰在地中海的贸易依然很繁荣。然而，在战争重燃后，荷兰的货物在 1621 年至 1647 年在西班牙被禁运。与此同时，1630 年英西停战后，英国与伊比利亚半岛的贸易蓬勃发展，英国与黎凡特的贸易也繁荣起来。1644 年，阿姆斯特丹商人宣布荷兰的黎凡特贸易陷入困境。⑤

在牛津咖啡馆开业的两年后，伦敦的第一家咖啡馆由帕斯夸·罗赛（Pasqua Rósee 或 Pasqua 489
Rosée）开设。希腊青年帕斯夸·罗赛来自拉古萨（Ragusa），那里今天被称为杜布罗夫尼克（Dubrovnik），他成了黎凡特公司（Levant Company）的英国商人丹尼尔·爱德华兹（Daniel Edwards）的男仆，这家公司位于士麦那，今天被称为伊兹密尔（İzmir）。爱德华兹积极地接受了土耳其人喝咖啡的习惯，并于 1651 年把年轻的帕斯夸从士麦那带到里窝那（Leghorn 或 Livorno），在那里他们发现咖啡馆已经是一个成熟的业态。⑥ 事实上，咖啡馆至少从 1645 年起就在意大利经营了。⑦

---

① Andrew Clark, ed. 1898. *'Brief Lives,' Chiefly of Contemporaries,set down by John Aubrey,between the Years 1669 and 1696.* Oxford: Clarendon Press. (Vol. i, pp. 301–302).

② 科诺皮乌斯在他侍奉过的主教帕提尼乌斯一世（1639~1644 年在位）被君士坦丁堡的高官于 1646 年下令谋杀后前往英格兰寻求庇护。在伍兹描述的“野蛮行为”中，科诺皮乌斯于 1648 年被神圣的“议员来访者”逐出大学。后来他回到了安纳托利亚，在 1651 年左右成为士麦那的主教。(Anthony à Wood. 1691. ‘Nathaniel Conopius’, in Philip Bliss, ed. 1813. *Athenæ Oxonienses. An Exact History of all the Writers and Bishops who have had their Education in the University of Oxford. To which are added the Fasti, or Annals of the said University, by Anthony à Wood, M.A. of Merton College.* London: F.C. and J. Rivington, (Vol. iv, col. 808); cf. Jardin (1895: 17), Ukers (1922: 40–41).

③ Anthony à Wood. 1691. ‘The Life of Anthony à Wood written by himself’ , pp. i–paicxxv in Philip Bliss, ed. (1813, Vol. i, col. xix); A Tea Dealer (1826: 92).

④ Paul Butel. 2001. *Histoire du thé.* Paris: Les Éditions Desjonquères (p. 56).

⑤ Israel (1997: 306–307).

⑥ Edward Forbes Robinson. 1893. *The Early History of Coffee Houses in England, with Some Account of the First Use of Coffee and a Bibliography of the Subject.* London: Kegan Paul, Trench, Trübner & Co. (p. 86).

⑦ Germain-Étienne Coubardd' Aulnay.1832. *Monographie du café ou manuel de l'amateur du café.* Paris: Chez Delaunay (p. 28); Jardin (1895: 16).

帕斯夸和爱德华兹于 1652 年到达伦敦。爱德华兹从他的原籍斯特拉特福德堡区（Stratford Bowe）迁出，和他的希腊仆人帕斯夸一起搬进了他在沃尔布鲁克（Walbrook）的房子里，帕斯夸为他煮咖啡，爱德华兹每次喝两到三碗，一天喝两三次。①那一年，第一则咖啡广告以宣传页的形式出现，宣称咖啡"在康希尔（Cornhill）的圣迈克尔巷（St. Michaels Alley）生产和销售，由帕斯夸·罗赛制作，以他的头像为标志"。②在这个时候，无论在英国还是在低地国家，在一个化学师或药剂师的门口，通常有一个木制或石制的摩尔人或土耳其人戴着头巾的头像作为标记。

虽然帕斯夸住在棚子里，但他的事业却蓬勃发展，在圣迈克尔教堂（St. Michael's Church）附近很引人注目，他和丹尼尔·爱德华兹在沃尔布鲁克愉快地生活在一起。不过，第二年，1653 年 3 月 31 日，爱德华兹迎娶了玛丽·霍奇斯（Mary Hodges）。③不久之后，爱德华兹的岳父，同样来自黎凡特公司的市议员托马斯·霍奇斯（Thomas Hodges），承诺为帕斯夸安排一位不同的商业伙伴。霍奇斯让他的马车夫、人称"凯特"的克里斯托弗·鲍曼（Christopher 'Kitt' Bowman）获得了自由身。根据黎凡特公司的商人托马斯·拉斯托（Thomas Rastall）的证词记载，帕斯夸离开了丹尼尔·爱德华兹的家，后来和克里斯托弗·鲍曼住在一起。

> 这个市议员霍奇斯是帕斯夸的合伙人，在他的许可下，帕斯夸和获得自由身份的马车夫鲍曼住在一起，他们在同一个地方不受打扰地生活着，拉斯托先生于 1654 年找到他们。④

鲍曼和帕斯夸赚了足够的钱，1656 年把他们的咖啡馆从原来的小屋搬到了圣迈克尔教堂的院子里。然而，后来他们两人闹翻了，因为鲍曼"心里已经有了另一种不同的伙伴关系"。⑤

鲍曼和市议员霍奇斯的厨师帮手结了婚，并在帕斯夸咖啡馆的街对面开了一个与之竞争的咖啡棚。⑥当帕斯夸的店面被刻上他自己的头像时，街对面的新咖啡棚却挂着一把咖啡壶。⑦两位年轻人之间公开的决裂足以让人心酸，帕斯夸的一位祝福者为此写了一首诗。该诗以阿德里安纳斯·德·塔索（Adrianus del Tasso）这个笔名写作，哀叹这个目不识丁的马车夫忘恩负义，并写下一些鼓舞人心的诗句来安慰和鼓励帕斯夸。这位不忠的马车夫用他挣来的钱，及时地把他的棚子也改
490 造成一栋漂亮的房子，但在 1663 年，鲍曼死于肺病。他把一切都留给了他的遗孀，帕斯夸后来"在荷兰避难"。⑧

---

① John Houghton. 1699. 'A Difcourfe of Coffee, read at a Meeting of the Royal Society, by Mr. John Houghton, F.R.S., June 14th, 1699', *Philosophical Transactions of the Royal Society of London*, xxi: 311–317.

② 最初的广告是乌克斯（1922:55）摄影复制的，事实上，没有注明日期。考虑到各种其他已知的事实，乌克斯和其他人推断，宣传页很可能始于 1652 年；Clark (1898, Vol. i, p. 110)。

③ W. Bruce Bannerman and W. Bruce Bannerman, eds. 1919. *The Registers of St. Stephen's, Walbrook and of St. Benet Sherehog, London* (Part I). London: Roworth and Company (p. 63).

④ Houghton (1699: 313).

⑤ Robinson (1893: 91).

⑥ Houghton (1699: 313), Robinson (1893: 90).

⑦ 这首诗由道格拉斯再创造 (1727: 29–30)。

⑧ Robinson (1893: 90), Houghton (1699: 313).

与当时的英国人不同，荷兰人仍然喜欢喝茶。[①] 当茶已经被联合省中所有买得起它的人消费的时候，荷兰的第一家咖啡馆直到 1664 年才由一个叫范·埃森（van Essen）的作家在海牙的科特瓦尔胡特街（Korte Voorhout）开业。乌克斯怀疑这一新的商业机构正是当年帕斯夸去的地方。[②] 如果是这样，帕斯夸搬到海牙可谓是及时的。不仅他曾经的合伙人、后来变为竞争对手的人如今已故去并埋入黄土，他们曾经一起经营咖啡的那个地方，也在 1666 年 9 月的伦敦大火中被毁。荷兰共和国的消费者开始喝咖啡。一家咖啡店于 1671 年在阿姆斯特丹开张，[③] 不久其他地方也开了咖啡店。虽然茶和咖啡在荷兰总是可以和谐共存，但咖啡很快就将取代茶而成为最受欢迎的咖啡因饮料。此时，荷兰与黎凡特之间的贸易，自 1648 年的《明斯特和约》以来，已经得到恢复并再次繁荣起来，很快就超过了英格兰的海上咖啡贸易。

与此同时，在英格兰，许多公共咖啡馆在政权过渡期间建立起来，1660 年即复辟之年（Restoration），英格兰法典中已经首次提到了咖啡，规定每加仑咖啡的生产和销售都要交 4 便士的税，由制造商支付。1660 年的《消费税法令》（*Excise Act*）向咖啡馆的经营者征收咖啡、巧克力和茶的税，当时茶对伦敦人来说仍然是一种新奇的商品。王朝复辟之后，咖啡馆的受欢迎程度呈指数级增长。1663 年，伦敦有 82 家咖啡馆，到了 1675 年，伦敦约有 1000 家咖啡馆。当时，喝咖啡在英格兰获得的明确性的内涵已经在第五章结尾的"波斯插曲"一节中讨论过了。在英格兰，咖啡风潮已经开始从根本上改变社会风气，以至于使国王感到不安。

1675 年 12 月 29 日，查理二世颁布了《封禁咖啡馆公告》（*Proclamation for the Suppression of Coffee Houses*），咖啡馆成了辉格党人（Whigs）聚集的地方，辉格党人是反斯图亚特党（anti-Stuart party）的新追随者，因此国王认为咖啡屋是煽动叛乱的场所。该公告禁止保留任何公共咖啡馆，在上述地方自费或受邀喝咖啡或以零售方式出售任何咖啡、巧克力、冰糕或茶均被禁止。在公众的强烈抗议之后，这一抗议举动很明显地将导致真正的动乱。查理二世在两周内，也就是 1676 年 1 月 8 日，第二次中止了公告，允许咖啡店再营业 6 个月，之后这两项公告很快就被遗忘了。[④]

咖啡经由威尼斯人传播到整个地中海，在 1638 年前传到意大利。[⑤] 在法国南部的马赛，咖啡和咖啡制作设备早在 1644 年就已为人所知。然而，说到咖啡，巴黎的消费者还不如伦敦和荷兰的消费者那么喜欢尝试新鲜事物。1640 年 8 月，在写于君士坦丁堡的一篇文章中，杜洛尔（du Loir）欣喜地提到了咖啡，但同时也表示他之前对咖啡这种饮料并不熟悉。[⑥] 1657 年，默基瑟德·泰夫诺（Melchisédech 491

---

① Blankaart (1683).

② Ukers (1922: 43, 54).

③ 'A Amſterdam, le nommé Iean Ainſvvort, vend ce breuvage dépuis cette année avec grande approbation du public ...' (Dufour 1671: 28).

④ John Ellis. 1774. *An Hiſtorical Account of Coffee, with An Engraving, and Botanical Deſcription of the Tree, to which are added Sundry Papers relative to its Culture and Uſe, as an Article of Diet and of Commerce.* London: Edward and Charles Dilly (p. 14); Gervas Huxley. 1956. *Talking of Tea*. Ivyland, Pennsylvania: John Wagner and Sons (p. 78).

⑤ Douglas (1727: 26).

⑥ du Loir. 1654. *Voyage dv sievr dv Loir contenv en plvsievrs Lettres écrites du Leuant, auec pluſieurs particularités qui n'ont point encore eſté remarquées touchant la Grece, & la domination du Grand Seigneur, la Religion & les moeurs de ſes Suiets*. Paris: François Clovzier (pp. 169–170).

Thévenot）第一次将咖啡从土耳其引入巴黎，在那里他款待了他的朋友，包括国王的阿拉伯语翻译弗朗索瓦·佩蒂斯·德·拉·克罗伊（François Pétis de la Croix）。[①] 尼古拉斯·德·拉·马雷（Nicolas de la Mare）记载道，咖啡直到1660年以后才在巴黎出现，而早在几十年前，英格兰人已经在与土耳其人的贸易中养成了喝咖啡的习惯。[②]

让·德·拉·罗克（Jean de la Roque）报告说，苏丹穆罕默德四世（Mehmet Ⅳ）派驻在法国巴黎的大使于1669年7月到1670年5月逗留期间，使一些贵族和“上层资产阶级”（haute bourgeoisie）熟悉了这种饮料。然而，在巴黎，大多数人仍然不愿意尝试这种新饮料。有趣的是，让·德·拉·罗克给我们讲了一个亚美尼亚人帕斯卡（Pascal）的故事，他在1672年突然出现在巴黎。

图7.11 威廉·范·奥索恩（Willem van Oudthoorn），荷兰东印度公司总督，见证了1696年向爪哇移植咖啡的失败和1699年移植的成功，荷兰国立博物馆，阿姆斯特丹。

> 1672年的一天，一个叫帕斯卡的亚美尼亚人来到这个城市，在圣日耳曼市集（Foire Saint-Germain）公开售卖咖啡。后来，他自己在学校码头一个小店铺安顿下来，在那里，他按每杯咖啡两便士半的价格出售，但是除了一些马耳他骑士（Knights of Malta）和一些外国人，你几乎看不到其他顾客，所以这位亚美尼亚人最后被迫离开并回到伦敦。[③]

在学校码头——自1868年起一直被称为卢浮宫码头（quai du Louvre）——开设咖啡馆之前，帕斯卡在连接着托侬大街（rue de Tournon）尽头到圣日耳曼市集的小巷子里经营着他的咖啡摊。[④] 他有两个“亚美尼亚”侍者，格雷格瓦（Grégoire）和西西里的普罗科皮奥（Procopio），身着土耳其或亚美尼亚的装束。[⑤]

爱德华·福布斯·罗宾逊（Edward Forbes

---

① Ellis (1774: 12).

② Nicolas de la Mare wrote: ‘Le caffé eſt le fruit d’un arbre qui croît dans l’Arabie heureuſe … Les Anglois l’ayant appris des Turcs par le moyen du commerce, commencerent de s’en ſervir environ l’an 1616. Il en paſſa en France vingt ans après, mais il n’y fut bien frequent, & l’on n’en vit des boutiques à Paris, qu’environ l’an 1660’ (1719, tome iii, p. 797, col. 1–2).

③ de la Roque (1716: 318–320).

④ 洛比诺街（Lobineau）在这个时候并不存在，塞纳街（de Seine）也没有延伸到比布西街（de Bussy）更南的地方，布西街就是今天写的布西街（de Buci）。帕斯卡摊位所在的圣日耳曼富尔街（St. Germain）的大门穿过了今天洛比诺街的最东端，而今天塞纳街的这一部分现在在洛比诺街和圣苏尔皮斯街（Saint-Sulpice）之间，当时仍然是托侬大街的尽头。

⑤ Louis Langlès. 1811. *Voyages du chevalier Chardin en Perse, et autres lieux d’Orient* (nouvelle édition). Paris: Le Normant (p. 280); Elizabeth David. 1994 [posthumous]. *Harvest of the Cold Months: The Social History of Ice and Ices* (Jill Norman, ed.). London: Michael Joseph.

Robinson）在 1893 年提出了一个有趣的猜想，亚美尼亚人帕斯卡和拉古萨的希腊人帕斯夸可能是同一个人，帕斯夸在 21 年前被士麦那的英国商人丹尼尔・爱德华兹接走，并在 1663 年或 1664 年从伦敦逃到荷兰。[①] 在帕斯卡于 1672 年开了咖啡店数年之后，另一个叫马利班（Maliban）的“亚美尼亚人”在布西街（rue de Bussy）开了一家咖啡馆，[②] 他的客户可以在此购买咖啡和吸烟。随着帕斯卡去了伦敦，马利班去了荷兰，帕斯卡以前的侍者在巴黎开了自己的咖啡馆。格雷格瓦接管了布西街的马利班咖啡馆，后来又搬到盖内甘街（rue Guénégand）和马扎林街（rue Mazarine）的交会处。[③] 弗朗西斯科・普罗科皮奥（Francesco Procopio）最初在圣日尔曼市集的梅西埃尔街（rue Mercière，现在已不复存在）
经营咖啡店。后来，普罗科皮奥在 1689 年开了一家咖 492
啡馆，就在老牌的法兰西戏剧院（Comédie Française）的对面，这个地方后来成了著名的、具有历史意义的普罗科普咖啡馆（café Procope）。[④]

## 苏菲葡萄酒成为一种全球商品

1658 年，在攻克了贾夫纳帕特南岛（Jaffnapatnam）上最后一座葡萄牙人堡垒后，荷兰人开始在锡兰种植咖啡。[⑤] 1661 年 12 月，荷兰人在里克洛夫・范・戈恩斯的带领下从葡萄牙人那里夺取了位于喀拉拉邦（Kerala）的奎隆（Coulão 或 Quilon Kollam）。在 1663 年马拉巴尔海岸归荷兰东印度公司管辖之时，荷兰人把咖啡移植到了坎纳诺尔（Cannanore，Kaṇṇūr）。马拉巴尔海岸最初由巴达维亚统治，但在 1669 年，荷兰东印度公司开始向喀拉拉邦单独下达命令，直到 1795 年才废除。[⑥]

图 7.12　尼古拉斯・维特森（1641~1717 年）策划了在爪哇建立咖啡种植园的计划，图中描绘的是 1677 年他 36 岁时成为阿姆斯特丹市议会的议员，16×25.6 厘米，约翰尼斯・威尔姆兹・范・穆尼克胡森（Johannes Willemsz. van Munnikhuysen）所做铜版画 (1705 年)，保存在 1785 年版的维特森遗作中。 493

荷属东印度群岛总督威廉・范・奥索恩（Willem van Oudthoorn，1690~1701 年在位）见证了 1696 年向爪哇移植咖啡的失败和三年后于 1699 年移植的成功。第一次失败的尝试是用荷兰东印度公司的指挥官阿德

① Robinson (1893: 85–86).

② 这条街今天叫作布西街。

③ S.A. S;warzkopf. 1881. Der Kaffee in naturhiſtoriſ;er,diätetiſ;er und mediciniſ;er Hinſi;t. Weimar: Bernhard Friedri; Voigt (pp. 105–107).

④ Coubard d’Aulnay (1832: 30–31); Théry (1855: 307).

⑤ Ukers (1922: 6).

⑥ 1795 年，为了防止喀拉拉邦落入法兰西共和国的革命者手中，荷兰省督威廉五世（1751~1806 年在位）代表联合省将喀拉拉邦割让给英国。

里安·范·奥曼（Adriaan van Ommen，1694~1696 年在位）从坎纳诺尔种植园运来的植物。第二次的成功尝试是在 1699 年，用的是亨德里克·兹瓦德科伦（Hendrick Zwaardecroon）从坎纳诺尔运来的植物，当时他还是荷兰东印度公司驻马拉巴尔的长官。

这些咖啡树种在荷兰人位于巴达维亚的总部和勃良安（Priangan，如今写为 Parahyangan）高地，
494 在井里汶（Cirebon）的苏丹统治下，促进了所有在荷属东印度群岛的咖啡种植园的发展。[①] 荷属爪哇咖啡种植园的生产在总督亚伯拉罕·范·里贝克（Abraham van Riebeeck，1708~1713 年在位）的领导下蓬勃发展。他出生在好望角，是 1652 年 4 月 6 日建立开普殖民地的扬·范·里贝克的儿子。

图 7.13 让 – 巴普蒂斯特·科尔伯特（Jean-Baptiste Colbert），塞尼莱侯爵（1619~1683 年），菲利普·德·尚帕涅（ Philippe de Champaigne，1602~1674 年）绘于 1655 年。

直到 1707 年，也门一直是欧洲咖啡的唯一来源，而摩卡正是大部分咖啡出口的港口。[②] 1706 年，第一批爪哇咖啡样品被送到阿姆斯特丹进行鉴定。不久之后的 1711 年，第一款“爪哇咖啡”在联合省开卖。[③] 在赫尔曼·波哈夫（Herman Boerhaave）撰写的莱顿大学植物园的植物索引中，[④] 他过分地赞扬了阿姆斯特丹市市长尼古拉斯·维特森（Nicolaes Witsen），[⑤] 认为市长是策划将咖啡从马拉巴尔移植到爪哇的幕后功臣，并将第一批咖啡树从爪哇移植到阿姆斯特丹的植物园。1713 年，年迈的维特森把两棵咖啡树赠给了阿姆斯特丹植物园，它们成为大部分种植于中南美洲的咖啡树的祖先。

这两棵树中的一棵，当时高五英尺，底部有一英寸厚，1714 年由阿姆斯特丹的地方长官放在玻璃箱中送给路易十四在马利（Marly）的皇家植物园。后来，国王的植物学教授安托万·德·朱塞乌（Antoine de Jussieu）把它移植到位于巴黎的植物园（Jardin des Plantes）。[⑥] 这棵树的幼苗在 13 年后被移植到法属西印度群岛（French West Indies）。1718 年，荷兰人开始在荷属西印度群岛的苏里南种植咖啡，用的是阿姆斯特

① Gerrit-Jan Knaap. 1986. ‘Coffee for cash: The Dutch East India Company and the expansion of coffee cultivation in Java, Ambon and Ceylon’, pp. 33–49 in J. van Goor, ed.,*Trading Companies in Asia,1600–1830*. Utrecht:H&S Uitgevers (p. 34).

② 现在还不清楚摩卡是什么时候开始用巧克力的混合物来表示咖啡的。咖啡和巧克力的结合是天作之合。

③ Sanders en Engelsman (1996: 159).

④ Hermann Boerhaave. 1727. *Index alter Plantarum quae in Horto Academico Lugduno-Batavo aluntur*. Leiden [Lugduni Batavorum]: apud Janssonios van der Aa (vol. 2, p. 217).

⑤ 1682 年至 1706 年，维特森曾 13 次当选阿姆斯特丹市市长。

⑥ Ellis (1774: 16).

丹植物园中剩下的那棵咖啡树的幼苗。[①]到 1725 年时，爪哇的咖啡产量已经超过了也门，荷兰东印度公司控制了全球三分之二的咖啡贸易。1726 年，在该公司交易的 400 万磅咖啡中，一半以上是在勃良安生产的。[②]

荷兰人的商业成功迅速引发了竞争。1727 年，法国人开始在法属安的列斯群岛（French Antilles）的马提尼克岛（Martinique）种植咖啡，咖啡从那里传到法属圭亚那的卡宴（Cayenne in French Guiana），英国人则于 1728 年在牙买加首次种植咖啡。[③]巴西也在这个时候种植了第一批咖啡树，但直到 1732 年 10 月，来自里斯本的皇家命令才发给格劳·帕拉·马拉尼昂州（Grão Pará e Maranhão）的总督若阿金·塞拉（Joaquim Serra），命令他建立咖啡种植园。[④]然而，法国的咖啡之旅始于一次名副其实的海盗活动。法国东印度公司成立于 1664 年，此前其在非洲和亚洲海域的地位并不显赫。1710 年、1711 年和 1714 年，三次前往摩卡的探险都从圣马洛（St. Malo）出发，第一次由“好奇”号（Le Curieux）和“勤勉”号（Le Diligent）两艘船组成，每艘船都装备了 50 门大炮。这三次探险绕过好望角前往摩卡，在途中袭击并劫掠了荷兰和英国的船只，掠夺战利品并劫持人质，因此他们的咖啡贸易 495
有时似乎只是次要目的。[⑤]

1715 年，60 棵咖啡树被送给了也门的法国人，作为赠予路易十四的礼物，就在他去世的几天前，最终在航程中存活下来的 20 棵咖啡树被种在了波旁岛（Bourbon）上。著名的波旁咖啡（café Bourbon）就衍生自这些植物，1726 年，来自波旁岛的第一批咖啡出口到了法国。[⑥]波旁岛于 1793 年更名为留尼汪岛（Réunion），岛上“波旁咖啡”的衰落不仅仅是因为 1882 年出现了咖啡枯萎病（Hemileia vastatrix）。1817 年，留尼汪岛的咖啡产量仍然超过 3000 吨，但到了 1850 年，正是由于甘蔗商业的成功，该岛一度可观的咖啡产量几乎消失殆尽。[⑦]然而，波旁咖啡树的幼苗已经成功地移植到其他许多国家，如莫桑比克。如今，咖啡在非洲、亚洲和美洲热带地区大多数雨量充足的国家都有种植，甚至在斐济（Fiji）、瓦努阿图（Vanuatu）、新喀里多尼亚（New Caledonia）和澳大利亚北部也有种植。

## 咖啡来到维也纳，西方的时尚在变化 496

咖啡的全球化进程最初始于咖啡从奥斯曼地区传播到西方，先是到了意大利，然后是欧洲北部，牛津在 1650 年开了第一家咖啡店，海牙在 1664 年、巴黎在 1672 年都开设了咖啡馆。有着悠久的咖啡传统的维也纳开设咖啡馆的时间甚至更晚，与英国人、荷兰人和法国人不同，奥地利人不是通过海上贸易，而是通过陆路获得咖啡的。在奥地利，与卡尔迪的虚构故事一样，有一个流传很长时间的神

① Ellis (1774: 17).

② Knaap (1986: 40).

③ Benjamin Moseley. 1785. *A Treatise concerning the Properties and Effects of Coffee.* London: John Stockdale (p. 22); Benjamin Moseley. 1785. *Observations on the Properties and Effects of Coffee*. London: John Stockdale (p. 13).

④ José Eduardo Mendes Ferrão.2015. *Levoyage des plantes & les Grandes Découvertes (xve-xviie siècles).* Paris: Éditions Chandeigne (pp. 329–330).

⑤ Stella (1996: 24–30).

⑥ Coubard d’Aulnay (1832: 112–117).

⑦ P.Guérin.1908. ‘Lecafé’, *Revue Scientifique(Revue Rose)*, cinquième série, tome x: 486–494.

图 7.14　在科尔茨基加斯和法沃里滕街的拐角处，伊曼纽尔·彭德尔为杰尔兹·弗朗西斯克·库尔基斯基铸造的一尊金属雕像，他使一个关于咖啡引入维也纳的不可思议的传说得以不朽。

话，说的是一位名叫乔治·弗朗茨·科尔茨基（George Franz Koltschitzky）或者在波兰语中叫杰尔兹·弗朗西斯克·库尔基斯基（Jerzy Franciszek Kulczycki）的波兰军官，在 1683 年 9 月成功击退土耳其人的围攻后，把咖啡介绍给了被解放的维也纳人。

在国王约翰三世·索别斯基（Jan Ⅲ Sobieski）派遣的波兰军队的帮助下，围攻被击破，库尔基斯基的英雄事迹受到维也纳人的感激。然而，围攻之后，库尔基斯基既没有在维也纳开咖啡馆，也没有经营咖啡馆。尽管如此，在维也纳科尔茨基加斯（Koltschitzkygasse）和法沃里滕街（Favoritenstrasse）拐角处仍然矗立着一尊库尔

497 基斯基的金属雕像，一个提供咖啡的留着大胡子的男人，右手拿着咖啡壶、左手拿着咖啡托盘端着咖啡。这尊雕像由伊曼纽尔·彭德尔（Emanuel Pendl）受咖啡店老板弗朗茨·兹维里纳（Franz Zwirina）的委托制作，于 1885 年 9 月 12 日揭幕。仅仅三年前，之前叫里宁加色斯（Liniengasse）的街道为了纪念波兰传奇人物而被改名为科尔茨基加斯。

事实上，维也纳的第一个咖啡馆老板（Kaffeesieder）是亚美尼亚商人约翰内斯·迪奥达托（Johannes Diodato）。这个 Diodato 又写作 Theodat，别名霍夫汉斯·阿茨瓦塔萨图尔（Hovhannes Astvatsatur），于 1640 年左右出生在君士坦丁堡，青少年时期访问过维也纳，后来在维也纳定居，最终成为居住在这座城市的亚美尼亚人的族长。作为一个迟来的历史认可，2003 年 11 月 7 日，舍弗加塞（Schäffergasse）的一个小公园以约翰内斯·迪奥达托的名字命名。在神圣罗马帝国皇帝利奥波德一世（Leopold I，1658~1705 年在位）于 1669 年将犹太人逐出维也纳之后，迪奥达托的贸易公司受命在供应短缺时为皇家铸币厂弄到白银。虽然迪奥达托没有成功完成这项任务，但他后来在城市被围攻期间提供了宝贵的信使服务。作为对这些服务的认可，他于 1685 年 1 月获准在哈尔广场（Haarmarkt），即今天的罗滕图姆街（Rotenturmstrasse）14 号开设了维也纳第一家咖啡馆。

当迪奥达托被怀疑参与了一起间谍和腐败案件时，他离开了维也纳，并于 1693 年至 1701 年留在威尼斯。他走后，四名亚美尼亚人帮他经营咖啡馆。在他回来后，他发现同样是亚美尼亚人的艾萨克·德·卢卡（Isaac de Luca）在 1697 年 12 月开了维也纳第二家咖啡馆。第二家咖啡馆生意兴隆，它的名声此后助长了科尔茨基的神话。科尔茨基的故事发生在 19 世纪，艾萨克·德·卢卡在集体记忆里

和维也纳之围（siege of Vienna）中的英雄库尔基斯基搞混淆了。[①] 当维也纳的咖啡馆成为作家、艺术家、科学家、哲学家和政治家的首选见面场所时，这个神话也开始流行起来。

当维也纳市民第一次在迪奥达托的咖啡馆里品饮咖啡时，咖啡和茶在荷兰、英国和法国的相对流行程度开始发生变化。从 17 世纪中期开始，英国经历了一场真正的咖啡热，而茶在富裕的联合省的贵族以及法国的贵族和资产阶级中仍然是高级时尚。然而，在 17 世纪的最后 25 年，形势开始逆转。正如荷兰在一个世纪前超越葡萄牙成为亚洲海域上的强国一样，英国也超越了荷兰，获得公海上的霸主地位。荷兰人的命运开始改变，英国人变得越来越富有。

在这段时间里，更便宜的咖啡开始取代茶在联合省和法国流行起来。在法国，一碗被稍微稀释过的咖啡通常叫“大碗咖啡”，最终成为法国人早餐中不可或缺且令人愉快的一部分。瓦伦汀在多德雷赫特写于 18 世纪 20 年代早期的文章中指出，尽管饮用咖啡在英国已经初具规模，但与此同时，咖啡已成为荷兰社会各阶层不可或缺的商品。

> 这种饮料，如今在我国已被广泛使用，甚至连女仆和女裁缝现在也必须在早上先喝咖啡，以
> 免她们的线穿不过针眼……[②] 498

咖啡的流行蔓延到了德意志地区的腹地，约翰·塞巴斯蒂安·巴赫（Johann Sebastian Bach）偶尔会在莱比锡（Leipzig）的齐默尔曼咖啡馆（Zimmermann’s coffee house）指挥音乐合奏，他在 1734 年创作了著名的咖啡康塔塔（Cantata）（Cantata 一词的原意是“歌唱、赞美”，是一种包括独唱、重唱、合唱的声乐套曲，一般包含一个以上的乐章，有管弦乐伴奏，最早起源于意大利，是巴洛克时期的一种重要声乐体裁。——译者注）“安静，不要喋喋不休”（Schweigt stille，plaudert nicht）（BWV 211），他在音乐中取笑那些过度饮用咖啡的人。

17 世纪末，法国贵族饮茶的风尚已不再像过去那样是一种社交礼节（de rigueur），这一点在 1694 年波梅（Pomet）的著作中有所提及。

> 茶在法国也流行了好多年，贵族和资产阶级中很少有人不喝茶，但自从咖啡和巧克力在法国家喻户晓后，茶就很少被使用了。[③]

茶曾为荷兰贵族和法国上流社会所独享，那时茶在英国还不为人所知。牛津第一家咖啡馆于 1650 年开张，到 1700 年时仅伦敦就有 2000 家。然而，在 17 世纪的最后 25 年，茶叶，作为一种更昂贵、更精致的商品，在英国的受欢迎程度开始超过咖啡。

---

① Karl Tepy. 1980. *Die Einführung des Kaffees in Wien: George Franz Koltschitzky, Johannes Diodato, Isaak de Luca (Forschungen und Beiträge zur Wiener Stadtgeschichte 6)*. Wien: Verein für Geschichte der Stadt Wien.

② Valentyn (1726, *Vyfde Deel,* blz. 190).

③ Pomet (1694, Livre v, p. 144). 在这个药理学纲要中，有关茶、咖啡和巧克力的段落如下：‘Le Thèe’, Livre v, chapitre v, pp. 143–145; ‘Du Caffé’, Livre vii, chapitre xiii, pp. 204–205; ‘Du Cacaos’, Livre vii, chapitre xiv, pp. 205–206; ‘Du Chocolat’, Livre vii, chapitre xv, pp. 206–207。

17 世纪，咖啡是三大外来饮料中最便宜的，而茶是最贵的，巧克力价格居中。可以说，如果我们将纯正的咖啡、上等的巧克力和最高级的茶作为比较的标准，那么今天的情况仍然是这样。苏州、杭州或台湾高山地区产的纯正高级绿茶，售价仍在每 50 克 60 元到 600 元人民币不等，而最高等级的巧克力和咖啡售价要比这低得多。另外，如今在许多商店和超市里，以 CTC 方式生产的焦草红茶（burnt hay）肯定是最便宜的，比咖啡和巧克力都便宜，但是，像这样的英国茶产品在 17 世纪还没有发明出来。那时仍是中国茶的时代。

在英国，喝茶既是一种痴迷，也成了一种持久的热望。然而，人们喝的茶都是中国茶，因为直到 19 世纪 50 年代，特殊的英式茶才被发明出来。刘易斯·卡罗尔（Lewis Carroll）所著的《爱丽丝漫游奇境记》（*Alice's Adventures in Wonderland*）于 1865 年首次问世，书中的爱丽丝坐下来参加疯狂茶话会时，她没有喝茶，虽然起初提供给她的是葡萄酒，后来那位疯帽匠（Mad Hatter）甚至无礼地宣称，“永远是喝茶的时间”，这对于一些茶爱好者来说无疑是正确的。

> “再喝点茶吧。”三月兔很认真地对爱丽丝说。
>
> “我还没喝呢，”爱丽丝生气地回答，“怎么能说再喝点呢。”
>
> “你应该说不能再少喝点了，”疯帽匠说，“比没有喝再多喝一点更容易不过的了。”①

如果爱丽丝在 1865 年真的有茶喝的话，几乎可以肯定这些茶来自中国。直到 1866 年，英国消费的茶中仍有超过 90% 是中国茶。②因此，令人深思的是，吸引了不列颠民族，并在两个世纪以来为英
499 国社会生活提供了慰藉和荣光的茶，甚至已经不再是英国人自 19 世纪末第二次鸦片战争结束后一直饮用的茶了。

图 7.15 爱丽丝在疯狂的茶话会上，疯帽匠宣称“永远是喝茶的时间”，正如约翰·坦尼尔（John Tenniel）在 1865 年《爱丽丝漫游奇境记》第一版（插图）中描绘的那样。

① Lewis Caroll. 1865. *Alice's Adventures in Wonderland*. London: Macmillan and Co. (p. 106).

② Lydia Gautier. 2006. *Le Thé*. Genève: Aubanel (p. 38).

## 好喝到最后一滴

麝香猫（civet cat，也称为果子狸、灵猫）不是猫，事实上麝香猫也不是什么特别的动物。确切地说，麝香猫这个名字从 16 世纪起就被用于多种不同的灵猫科（Viverrid family）哺乳动物，它们原出没于热带非洲和热带亚洲的不同地区。这些动物的共同点是身材矮小，会阴腺分泌出一种刺鼻的麝香气味。这种物质本身被称为麝猫香，并因其在香水中的用途而受到重视，但在过去，麝猫香的价值主要在于传说的药用价值。在航海家亨利（Henry the Navigator）的时代，麝猫香的潮流就已经传到了欧洲。1456 年，第一批直接从非洲海岸获得的麝香猫由亨利的一位年轻海员威尼斯水手阿尔维德·达·卡达·莫斯托（Alvide da Ca' da Mosto），以及热那亚水手安东尼奥托·乌斯迪马尔（Antoniotto Usodimare）从冈比亚（Gambia）带回欧洲。[①]

这批麝猫香被装在小玻璃瓶里以 algália 的名字在葡萄牙高价出售，这类动物都被称为 gatos de algália（"麝香猫"）。最初，这种稀有的物种在北欧可以从阿拉伯地区经由意大 500
利北部获得。因此，麝香猫的英文名字并非来自葡萄牙语，而是通过拉丁源的意大利语（Latinate Italian）zibettum 或 zibethum 得自阿拉伯语 alzabād。在葡萄牙人于 1498 年首次到达卡利卡特后的几十年里，葡萄牙人和荷兰商人了解到，从印度和东南亚也可以购得麝猫香，尽管这种物质来自不同灵猫科物种的会阴腺。[②] 麝猫香是一种利基产品（niche products）（niche 来自法语，最早指外墙上供奉圣母玛利亚的神龛，后来比喻大市场中的缝隙市场。利基产品也就指称那些针对性和专业性都很强却有利益可获取的东西。——译者注），在荷兰东印度公司成立之初就有少量的交易。[③]

图 7.16　一只鲁哇克（即麝香猫）或亚洲椰子猫，心满意足地嚼着咖啡豆，咖啡豆来自婆罗浮屠（Borobudur）的巴宛神庙（Pawon temple）附近的阿杰普拉南达的巴宛麝猫咖啡树。

① G.R. Crone. 1937. *The Voyages of Cadamosto and Other Documents on Western Africa in the Second Half of the Fifteenth Century.* London: The Hakluyt Society (p. 69); Giuseppe Carlo Rossi.1944. *Navegações de Luizde Cadamosto a que se ajuntou a Viagem de Pedrode Cintra,capitão portuguez,Traduzidas do Italiano.* Lisboa: Instituto para a Alta Cultura.

② Karl H. Dannenfeldt. 1985. 'Europe discovers civet cats and civet', *Journal of the History of Biology,* 18 (3): 403–431.

③ Izak Prins. 1936. 'Gegevens betreffende de "oprechte Hollandsche civet"', *Economisch-Historisch Jaarboek*, 20: 3–211; Jonathan Irvine Israel. 1990. *Empires and Entrepots: The Dutch, the Spanish Monarchy and the Jews,1585–1713.*London:The Hambledon Press(pp.427–428).

在爪哇岛上，喜欢夜间活动的麝香猫（Paradoxurus hermaphroditus）在爪哇语中被称为鲁哇克（luwak），此前被拼为 loewak，在英语中被称为椰子猫（toddy cat）或亚洲椰子猫（Asian palm civet）。18 世纪的头十年，荷兰的咖啡种植园开始在勃良安高地蓬勃发展，但咖啡种植者很快发现，让他们有利可图的经济作物咖啡豆有时会被麝香猫吃掉，因为他们在麝香猫留下的粪便中发现了咖啡豆。种植者们想知道是不是麝香猫把麝猫香的刺鼻气味传给了咖啡。实验表明，从回收的咖啡豆中煮出的咖啡
501 味道确实受到了咖啡豆通过麝香猫消化道的影响。然而，他们并没有从中闻到麝猫香的气味。相反，麝香猫肠道内的蛋白水解酶使咖啡变得不那么苦，并微妙地改变了咖啡的味道和香气。如今的显微镜检查也显示，在麝香猫胃液的作用下，豆子的表面有细微的麻点。①

一家咖啡种植企业突然想到以适当的高价格出售这种稀有品种的咖啡，喜欢尝试新鲜事物的客户群对这种不同寻常的商品的诉求，一直以来总是会构成一个微小但转瞬即逝的利基市场，因为一旦最初的好奇心得到满足，需求往往就会减弱。② 如今，猫屎咖啡（loewak koffie 或 kopi luwak）仍然作为一种特色咖啡在生产和销售。自从欧洲殖民扩张开始以来，麝香猫就不得不在麝香猫商人的手中忍受许多痛苦。对麝香猫而言不幸的是，市场对它的需求一直存在，不仅如此，对猫屎咖啡的需求激起了越南、菲律宾、泰国和埃塞俄比亚之间的竞争。

在越南，麝香猫与印度尼西亚所用的品种相同，猫屎咖啡被称为“鼬鼠咖啡”（cà phê chồn，weasel coffee）。猫屎咖啡在他加禄语（Tagalog）中被称为 kape alamid，菲律宾所产的猫屎咖啡用的麝香猫是菲律宾麝香猫（Paradoxorus philippinensis）的近缘种。泰国以咖啡为食的物种包括亚洲棕榈麝香猫（Asian palm civet，Paradoxurus hermaphroditus）和果子狸（masked palm civet，Paguma larvata），两者通常都被简单地称为 chámót，它还有一个北部的术语名称 *i:hěn*。在埃塞俄比亚，用来生产猫屎咖啡的品种是非洲灵猫（African civet，Civettictis civetta），也被用来提取麝猫香。③ 一些企业家努力以一种人道的方式制作猫屎咖啡，为圈养的麝香猫提供均衡的饮食，并将它们关在日趋宽敞或半开放的围栏内。希望在猫屎咖啡行业中，善良且有道德的企业家所占的比例会有所提高。

猫屎咖啡的创意启发了加拿大企业家布莱克·丁金（Blake Dinkin），他从 2012 年 10 月开始在泰国北部生产“象粪咖啡”（Black Ivory Coffee）。他的咖啡豆被大象吃掉，然后通过它们的胃肠道排泄出来。丁金很好地照顾着他的大象，它们的营养来自健康的饮食，咖啡豆是其中一个相对次要的组成部分。丁金的大象喜欢和其他大象为伴，过着轻松健康的生活，而从它们的粪便中提取的咖啡豆已经卖

① Massimo F. Marcone. 2004. ‘Composition and properties of Indonesian palm civet coffee (*kopi luwak*) and Ethiopian civet coffee’, *Food Research International*, 37 (9): 901–912.

② 有一个诽谤性的神话说，鲁哇克咖啡是爪哇农民发现的，他们一直不愿意让贪婪的荷兰人接触到任何咖啡豆，直到鲁哇克用粪便把咖啡豆提供给他们。越南版的神话是关于被剥夺了权利的越南农民渴望品尝吝啬的法国人不给他们的咖啡。

③ Yilma Dellelegn Abebe. 2003. ‘Sustainable utilisation of the African civet (*Civettictis civetta*) in Ethiopia’, pp. 197–208 in Bihini Won wa Musiti, *ed.*, *2nd Pan-African Symposium on the Sustainable Use of Natural Resources in Africa*. Gland: International Union for Conservation of Nature and Natural Resources; Daniel Wondmagegne, Bekele Afework, M. Balakrishnan and Belay Gurja. 2011. ‘Collection of African civet *Civettictis civetta* perineal gland secretion from naturally scent-marked sites’, *Small Carnivore Conservation*, 44: 14–18.

到了每公斤 3 万泰铢。[①] 如果彼得罗・德拉・瓦莱知道来自埃塞俄比亚高原那珍贵的树木的豆子——在他于 1615 年从君士坦丁堡写下那封著名的信件四个世纪之后——会被暹罗北部的大象吃掉，只是为了小心翼翼地从大象的粪便中取出来，然后经过精心烘焙，以便制作出一种极其昂贵的咖啡，他会怎么想呢？

图 7.17 从大象粪便中提取、洗净的咖啡豆用于制作象粪咖啡，布莱克・丁金提供图片。

## 欧洲人发现了阿兹特克人和玛雅人的饮料 502

与茶和咖啡不同，巧克力来自新大陆的热带地区。巧克力和鳄梨、玉米、辣椒、腰果、香草豆、各种各样的番荔枝属水果（包括番荔枝、南美番荔枝和刺果番荔枝[②]）、西番莲果、花生、木瓜、菠萝、土豆、西红柿、木薯（又名木薯淀粉或树薯粉）、向日葵、甘薯（Ipomoea batatas）、胭脂树果、番石榴、菊芋[③]、雪豆或利马豆、红花菜豆和菜豆，更不用说烟草、橡胶、麻风树、龙舌兰和奎宁，这些都

① Blake Dinkin, personal communication 29 March 2016;〈http://the-elephant-story.com/pages/black-ivory-cof fee〉.

② 荷兰语中的刺果番荔枝“Annona muricata”或“zuurzak”(sour sack) 被引入荷属东印度群岛，这并不奇怪，因为它有各种各样的印尼名字 :sirsak“zuurzak”、“durian belanda”、“Dutch durian”和“nangka belanda”、“Dutch jackfruit”。

③ 这种植物的英文名字很容易让人误解，因为它不属于某个类型的洋蓟，而且也与 Judæa 无关。“洋蓟”这个名字来自塞缪尔・德・尚普兰（Samuel de Champlain）第二次前往阿卡迪亚 (peregrinabatur，1604~1607) 旅行时的观察，这些块茎的味道让他想起洋蓟的味道。“耶路撒冷”源于英语中对意大利语“向日葵”的一种变形，因为它们的花有些相似。这种植物的法语名称 topinambour 的起源也同样错综复杂 (cf. Mendes Ferrao 2015: 195-196)。

图 7.18　晒干的可可粒，也叫可可豆，产自爪哇中部。

是哥伦布文化的一部分，在佩德罗·阿尔瓦雷斯·卡布拉尔（Pedro Álvares Cabral）指挥的一支舰队于 1500 年 4 月登陆巴西并宣称这个国家属于葡萄牙王室之后，这些栽培种迅速走向全球。西班牙人继早期在加勒比海的探险之后，于同年入侵南美和中美洲大陆并开始殖民。

503 奥尔梅克人（Olmecs）、阿兹特克人（Aztecs）和玛雅人（Mayans）种植、交易并消费可可豆，甚至使用可可豆作为货币。可可有多种多样的喝法，包括一系列饮料和粥，但可可通常被视为一种泡沫饮料，由磨碎的可可豆与少量的水混合而成，然后在容器中来回搅拌或前后晃动，直到可可饮料变成泡沫液体。这种饮料盛在一个半球形碗里，有时还加辣椒调味，让可可有一种令人愉悦的灼烧感，或加入磨碎的玉米或碾碎的丝棉树（Ceiba aesculifolia）种子让味道变浓些。丝绵树在那瓦特语（Nahuatl）中被称为 pochotl，不可与相近却不同的物种木棉树（Ceiba pentandra）混淆。尤卡坦半岛的玛雅人喜欢喝热可可，而墨西哥山谷的阿兹特克人喜欢喝凉可可。在玛雅的宗教仪式和留下的图像中，热可可饮料和人的血液具有象征性联系。可可从古至今都被用于许多仪式。玛雅文化的鼎盛时期在饮用器具上通常都装饰着“可可”的铭文，其中有玛雅鱼形符号 ka，前面是双重变音符号，后面是音节的字形 wa。[①]

可可豆是哥伦布和他的船员在 1502 年 7 月第四次航行到新大陆时首次发现的，当时他们在洪都拉斯（Honduras）北部海岸以北约 40 公里处的瓜纳加岛（Guanaja）上遇到了一艘巨大的玛雅贸易独木舟。欧洲人与可可豆的初次相遇被哥伦布的次子费尔南多（Fernando，1488~1539 年）记录了下来，当时他快 14 岁。费尔南多在几年后的一份手稿中记录了这一事件，这份手稿在他死后经过数人之手才被威尼斯的阿方索·德·乌略亚（Alfonso de Ulloa）翻译成意大利语，手稿于 1571 年在威尼斯出版。

505 幸运的是，一艘独木舟出现了，它有一个厨房那么长，8 英尺宽，由一根树干制成，但在形状方面与其他独木舟相似，装载着来自新西班牙（New Spain，即墨西哥）西部地区的贸易货物。船的中部有一个用棕榈叶做的船篷，这个船篷的设计和威尼斯人平底狭长小船（gondolas）上的没什么两样，威尼斯人称之为 felzi，它把一切都遮蔽起来，使里面的东西不被风雨淋湿。在这个船篷的下面是孩子、妇女、货物和商品。指挥这艘船的人，虽然都是 25 岁的壮汉，却没有能力保护自己

---

① Sophie Dobzhansky Coe and Michael Douglas Coe. 1996. *The True History of Chocolate.* London: Thames & Hudson; Simon Martin. 2006. ‘Cacao in ancient Maya religion: First fruit from the maize tree and other tales from the underworld’, pp. 154–183 in Cameron L. McNeil, ed., *Chocolate in Mesoamerica: A Cultural History of Cacao.* Gainesville: University Press of Florida; David Scott. 2006. ‘The language of chocolate: References to cacao on Classic Maya drinking vessels’, pp. 184–201 in McNeil (op.cit.).

免受追击他们的船只的袭击。因此，独木舟很快就被夺走了，没有任何抵抗……他们带着伊斯帕尼奥拉岛（Hispaniola）人也吃的块茎和谷物作为食物，还有一种由玉米酿制的葡萄酒（类似于英格兰的麦芽啤酒），以及许多在新西班牙被用于货币的杏仁，他们对其十分珍惜，因为当他们连同货物加入我们的船时，我注意到每当一个杏仁掉下来，他们都会弯腰捡起，好像他们失去的是一只眼睛。在这样的时刻，他们仿佛忘记了自己，即使他们是从独木舟上被俘虏到我们船上的，待在那些和我们一样陌生且凶猛的人中间。①

图 7.19　柏斯·胡拉·范·诺滕（Berthe Hoola van Nooten）绘于 1880 年的可可树（Theobroma cacao）植物学插图。[*Fleurs, fruits et feuillages choisis de l'île de Java, peints d'après nature*（*troisième édition*）. Bruxelles: Librairie Européenne C. Muquardt.]

这份手稿中虽有一些年代错误，但从它的历史来看，是很容易解释的。西班牙人直到 1517 年入侵尤卡坦半岛后才意识到，这些杏仁形状的豆子也可以作为货币来使用，正如 1520 年 10 月 30 日赫尔南·科尔特斯（Hernán Cortés）写给查理五世（Charles V）的第二封信中所记载的那样。

可可豆是一种杏仁一样的果实，他们把可可豆磨碎出售，也把可可豆储备起来，可可豆在这片土地上充当货币，用它在市场上和其他地方购买所有必要的东西。②

然而，费尔南多在 1502 年第一次看到可可豆时还并不知道这一点。此外，墨西哥在 1502 年时还没有被称为“新西班牙”。当然，在手稿于 1571 年第一次被翻译并在威尼斯出版时，也就是哥伦布的次子去世 30 多年后，墨西哥已经被称为“新西班牙”了。

由查理五世委任的编年史学家彼特罗·马蒂尔·达安格拉（ Pietro Martire d'anghiera）伯爵在他关于美洲新发现土地的一书中提供了关于可可豆的更完整记载，达安格拉的著作也成了第一个提出“新

① Fernando Colombo. 1571. *Historie Del S.D. Fernando Colombo; Nelle quali s'ha particolare, & vera relatione della vita, & de' fatti dell Ammiraglio D. Christoforo Colombo, ſuo padre: Et dello ſcoprimento, ch'egli fece dell'Indie Occidentali,dette Mondo Nvovo, horapoſſedute dal Serenifs. Re Catolico: Nuouamente di lingua Spagnuola tradotte nell'Italiana dal S. Alfonſo Vlloa.* Venetia: Apreſſo Franceſco de' Franceſchi Saneſe (pp. 199–201).

② Don Pascual de Gayangos, ed. 1866. *Cartas y Relaciones de Hernan Cortés al Emperador Carlosv.*Paris:Imprenta Central de los Ferro-Carriles A. Chaix y C$^{a}$ (p. 94).

世界”概念的文献。原文写于 1521 年至 1523 年，出版于 1530 年，1612 年由迈克尔·洛克（Michael Lok）出版了英文版。[①]

506

图 7.20　阿兹特克人在特斯科科湖（Lago de Texcoco）上的首府特诺奇蒂特兰（Tenochtitlan），该城市被赫尔南·科尔特斯于 1521 年毁坏，他的作品反复提到奥罗（oro，黄金），世界城市（Civitates Orbis Terrarvm）由乔尔格·布劳恩（Georg Braun）、西蒙·范·登·诺伊维尔（Simon van den Neuvel）和弗朗斯·霍根伯格（Frans Hogenberg）于 1572 年制作彩色版画。Antverpiae: apud Aegidium Radeum（I，58）. 这幅画是根据一年前为科尔特斯准备的城市地图绘制的，在一次围攻中，科尔特斯饿死了当地居民，杀害了幸存者，然后将这座城市夷为废墟，参见 Praeclara Ferdinandi Cortesii de Nova Maris Oceani Hispania Narratio，Sacratissimo ac Invictissimo Carolo Romanorum Imperatori Semper Augusto，Hispaniarum & Regi Anno Domini mdxx transmisa，1524 年在纽伦堡由福德里克斯·佩帕斯（Fridericus Peypus）出版。

① 第 5 个十年并没有收录在达安格拉著作的第一个英译本中，该译本由理查德·伊登 (Rycharde Eden) 完成，并于 1555 年由威廉·“吉尔赫姆斯”·鲍威尔（William ‘Guihelmus’ Powell）在伦敦出版。

> 我此前曾说过，他们用醋栗（currant）做 507
> 的钱是某种树上的果实，就像我们的杏仁，他们称之为可可（Cachoas）。它的好处和效用是双重的。它很适合用来制作柠檬汁这种饮料，但它不可食用，尽管很嫩，但有点苦，像褪去皮的杏仁。在臼中捣烂以备饮用，一部分粉末被投入水中，然后稍微搅拌一下，饮料就由此制成，堪称最上等品。哦，受祝福的钱啊，你会变甜，给人类带来有益的饮料，使人免于贪婪的地狱般的瘟疫，因为它既不能长期保存，也不能藏在地下。①

图 7.21　蒙特祖玛，又称蒙特祖玛二世，来自 Istoria della conquista del Messico，della popolazione，e de' progressi nell'America Settentrionale conoſciuta ſotto nome di Nuova Spagna，安东尼奥·德·索利斯绘（Antonio de Solís，1699，正面，p.246）。

1590 年，耶稣会的乔斯·德·阿科斯塔（Jose de 508
Acosta）也曾报告称可可豆被用作货币。

> 它还可以充当货币，因为你可以花 5 个可可豆买一件东西，花 30 个可可豆买另一件东西，然后花 100 个可可豆买另一件，不会产生任何矛盾，而且他们还把可可豆作为给穷人的施舍。②

图 7.22　新鲜提取的可可豆，仍然覆盖着甜的白色黏性果肉，散发出淡淡的柠檬香，由危地马拉拉丁美洲人类学研究基金会尼古拉斯·赫尔姆斯（Nicholas Matthew Hellmuth）提供。

耶稣会士对可可豆作为货币的用途感到惊讶，同样惊讶的是，以物易物的交易比用可可豆来购买货物更为频繁，然而他注意到尽管黄金储量丰富，但印第安人只是将其用于装饰。③

伯纳·迪亚德尔·卡斯蒂罗（Bernal Díazdel Castilloca，约 1492~1584 年）记录了蒙特祖玛（Montezuma，1502~1520 年在位）是如何在奎阿惠茨兰（Quiahuitzlan）接见科尔特斯的。他以很多可可来

---

① Peter Martyr a Millanoiſe of Angleria [i.e. Pietro Martire d'Anghiera]. 1612. *De Nouo Orbe, or The Historie of the weſt Indies, Contayning the actes and aduentures of the Spanyardes, which haue conquered and peopled thoſe Countries,inriched with varietie of pleaſant relation of the Manners, Ceremonies, Lawes, Gouernments, and Warres of the Indians.* London: Thomas Adams (f. 195r).

② Ioſeph de Acoſta. 1590. *Historia Natvral y Moral delas Indias, en qve se tratan las cosas notables del cielo, y elementos, metales, plantas, y animales dellas: y los ritos, y ceremonias, leyes, y gouierno, y guerras de los Indios*. Impreſſo en Seuilla en caſs de Iuan de Leon (p. 251).

③ de Acoſta (1590: 198–203).

招待，这是他们喝的最好的东西了。在这里，人们用金杯盛放可可款待科尔特斯。阿兹特克人用这种珍贵的液体来向客人表示敬意，而他们的客人却痴迷于用金属制成的容器，当地人用这种金属容器提供迎宾饮料。事实上，西班牙人在当时的著作中充斥着无数关于阿兹特克的奥罗（“黄金”）的说明内容，他们如此垂涎，以至于很快就设法得到了。

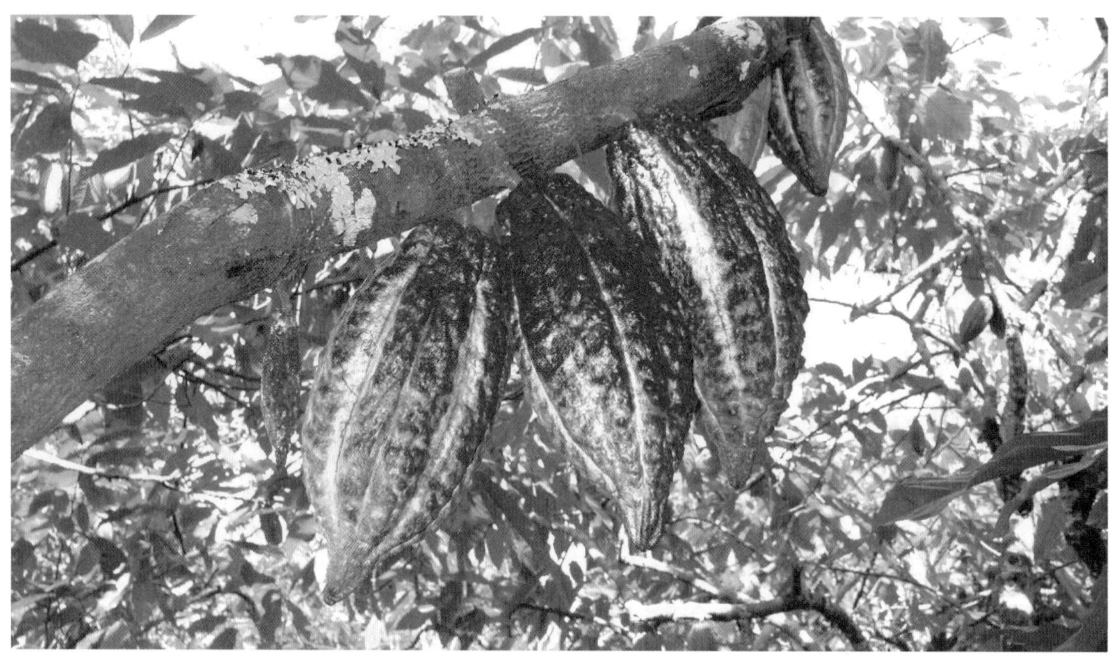

图 7.23　可可的克里奥罗栽培种，经危地马拉拉丁美洲人类学研究基金会尼古拉斯·赫尔姆斯授权使用。

509 他们带来各种各样的水果，就像在这个国度一样，但是（蒙特祖玛）只吃了一点。他们一次又一次给他端上金杯，里面有一种用可可做成的饮料，据说是用来增强在女性面前的表现。虽然我们不打算去追求那件事，但我看到他们拿出大约 50 个用上好的可可豆和它的泡沫做成的大水罐，他喝了，女士们郑重其事地端给他。有时在吃的同时，会有一些非常丑陋的驼背者。他们的身体只有一个男孩那般大小，而且是半畸形的，表现得像小丑一样，这让他很高兴。其他人会为他唱歌跳舞，因为蒙特祖玛沉浸在寻欢作乐和歌曲之中，然后他命令把可可罐赠给他们作为赏赐。①

在 1541 年至 1556 年的中美洲（Mesoamerica）之旅中，吉罗拉莫·本佐尼（Girolamo Benzoni）
510 品尝了用可可豆制成的当地饮品，并写下了自己的经历。最初，这位米兰旅行者不愿品尝可可豆，他说“这似乎更像是给猪而不是给人喝的”。②在克服了最初的犹豫，甚至被阿兹特克人嘲笑他的美食本位主义之后，他能够报告说：

① Bernal Díaz del Castillo. 1632 [posthumous]. *Historia Verdadera de la Conqvista de la Nueva-España Escrita Por el Capitan Bernal Diaz del Caſtillo, vno de ſus Conquiſtadores*. Madrid: en la Imprenta del Reyno (Capitolo xxxxvi, f. $31^{r}$; Capitolo lxxxxi, f. $68^{v}$).

② Girolamo Benzoni.1572. *La Historia del Mondo Nvovo*.In Venetia: Ad inſtantia di Pietro, & Franceſco Tini, fratelli (f. $103^{v}$).

> 它的味道有点苦，但它能满足和恢复身体，还不会醉，这在印第安人眼里是最好的和最宝贵的物品，他们已经养成了这种习惯。①

图 7.24 狭叶可可豆荚，从中可以生产出不同种类的可可。尼古拉斯·赫尔姆斯拍摄，拉丁美洲人类学研究基金会，危地马拉。

然而，本佐尼可能不是第一个尝试可可豆的欧洲人，因为我们有耶稣会的乔斯·德·阿科斯塔的证词，他说在西班牙人中，墨西哥的西班牙妇女是黑巧克力饮料的狂热爱好者。

> 这种可可的主要好处在于它制成的他们称为巧克力的饮品，这是一种在那个国家为人珍视并狂热喜爱的东西，那些不熟悉它的人，厌恶地拿着它，因为上面有像渣滓的泡沫，尽管这泡沫实际上被认为改善了制作效果。因此，这是一种非常受尊敬的饮料，印第安人把它献给那些经过他们土地的领主。西班牙人，尤其是西班牙女性，已经准备好为这种黑巧克力而死。他们说他们用不同的方法制作上述的巧克力，有温的、热的、冷的。②

在此文中，乔斯·德·阿科斯塔已经使用了西班牙语的"巧克力"（chocolate）一词，我们可以看到，西班牙人已经从新西班牙的阿兹特克人那里了解到可可能在不同的温度下饮用，热的或冷的。 511

早在欧洲人来到新大陆之前，这一物种就已经分化成口感更好的中美洲克里奥罗（criollo）品种和产量更高的南美福拉斯特罗（forastero）品种，这两个品种和它们的杂交品种现在都获得了商业上的开发。杂交种有时被统称为特立尼达种（trinitario）。约有 5000 年历史的可可碱残留及其古老的 DNA，在厄瓜多尔东南部一个考古遗址中被发现，再加上野生可可基因多样性最大的基因位点（locus）（又称基因座、基因座位，指的是基因在染色体上所占的位置。——译者注）在亚马逊河上游地区被发现，似乎表明这种美味的可可最早可能是在南美洲西北部而不是在中美洲被驯化的。③

这种植物成熟的茎上有白色的小花，由蠓（midges）授粉，然后结出黄色或品红色的大豆荚。当从可可豆荚中提取出金棕色的可可豆时，这些种子、豆子或"颗粒"仍然嵌在粘稠的白色果肉中。把芽和果肉一起去掉，让其发酵，在此期间可可豆的颗粒会发芽。当温度升高到 45℃到 50℃时，发芽的芽粒会死亡，大部分白色果肉会液化并被排出。

豆粒的发芽和随后的发酵，两者都是保证美味的重要因素。之后，豆子在阳光下晒一到两周，在此期间，在发酵过程中开始的酶化过程会继续进行，豆粒的含水量会稍微地减少一半多一点。将干燥

① Benzoni (1572, f. 104[r]).

② de Acofta (1590: 251).

③ Sonia Zarrillo, Nilesh Gaikwad, Claire Lanaud, Terry Powis, Christopher Viot, Isabelle Lesur, Olivier Fouet, Xavier Argout, Erwan Guichoux, Franck Salin, Rey Loor Solorzano, Olivier Bouchez, Hélène Vignes, Patrick Severts, Julio Hurtado, Alexandra Yepez, Louis Grivetti, Michael Blake and Francisco Valdez. 2018. 'The use and domestication of Theobroma cacao during the midHolocene in the upper Amazon', *Nature Ecology & Evolution*, 29 October 2018, pp. 1–10.

512 的可可豆在 99℃到 121℃的温度下烘烤，然后将薄壳剥掉。烘烤过的可可豆磨碎后，所产生的物质在如今的贸易中被称为可可液。①

图 7.25 狭叶可可花，尼古拉斯·赫尔姆斯拍摄，拉丁美洲人类学研究基金会，危地马拉。

然而，阿兹特克人并不称这种商品为“巧克力”。出现在早期殖民地资料中的那瓦特语对应的词是 cacauatl 或 cacahuatl，即 [kaˈkáwatɬ]（“由可可制成的饮料”）。这个词在西班牙语中被称为“可可”（cacao），在其他大多数欧洲语言中，“可可”一词也以“cacao”的形式出现，不过在英国，“cacao”一词变形为“cocoa”。那瓦特语是阿兹特克人所说的乌托 - 阿兹特克语（Uto-Aztecan），西班牙人在墨西哥中部遇到了阿兹特克人。那瓦特语单词 cacaua 源于一个可以重构为 *kakawa 的古老词根，意指林奈命名为可可树（Theobroma cacao）的物种，其属名的字面意思是“神的食物”。

这种全球化的物种——可可树——并不是可可豆的唯一来源。其他物种如祖母绿可可（emerald cacao）、狭叶可可（Theobroma angustifolium）也被种植用于生产可可豆。据布鲁纳（Brunner）报告，在墨西哥南部的恰帕斯州（Chiapas），祖母绿可可的生长要优于狭叶可可。②另外，尼古拉斯·赫尔姆斯强调该物种在今天的危地马拉变得极为稀有，他呼吁采取措施拯救这一物种。③古斯塔夫·伯努伊利（Gustav Bernouilli）在 1871 年对可可树属的 18 个物种进行调查时，指出祖母绿可可

① Coe and Coe (1996: 23–25); McNeil (2006).

② Bryan R. Brunner. 2014. ‘*Theobroma angustifolium* Mocino & Sesse’,〈www.montosogardens.com〉.

③ Nicholas Matthew Hellmuth. 2016. ‘A third cacao species for chocolate? Was *Theobroma angustifolium* available in Guatemala before the Spanish arrived?’, *FLAAR Reports* 2016. Guatemala: Foundation for Latin American Anthropological Research.

可能原产于中美洲南部，在那里它生长在野外，尽管其在整个中美洲都能找到。这个物种在哥斯达 515
黎加被称为狨猴可可。[①]

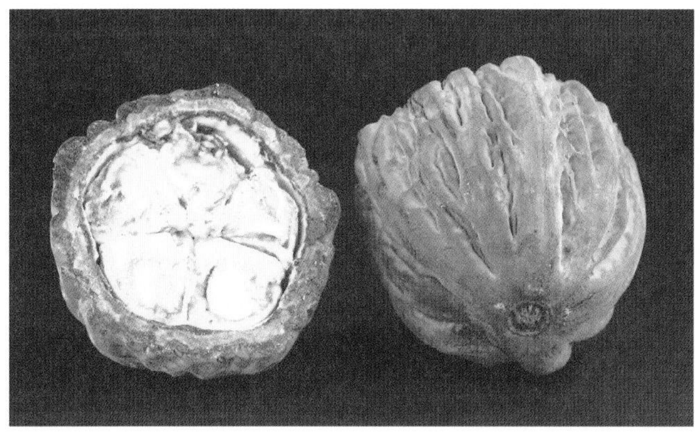

图 7.26　双色可可的荚果，以双色而闻名，几个世纪以来被用于制作各种不同的可可，尼古拉斯·赫尔姆斯拍摄，拉丁美洲人类学研究基金会，危地马拉。

图 7.27　双色可可的花朵，尼古拉斯·赫尔姆斯拍摄，拉丁美洲人类学研究基金会，危地马拉。

图 7.28　木棉或丝棉树（silk cotton tree，Ceiba aesculifolia）的花和未成熟的果实，在那瓦特语中称为 pochotl，尼古拉斯·赫尔姆斯拍摄，拉丁美洲人类学研究基金会，危地马拉。

图 7.29　木棉树的尖利树皮，尼古拉斯·赫尔姆斯拍摄，拉丁美洲人类学研究基金会，危地马拉。

---

① Karl Gustav Bernouilli. 1871. ‘Uebersicht der bis jetzt bekannten Arten von *Theobroma’, Neue Denkschriften der allgemeinen Schweizerischen Gesellschaft für die gesammten Naturwissenschaften—Nouveaux Mémories de la Société Helvétique des Sciences Naturelles,* xxiv, 3. Beitrag, 16 Seiten und 7 Abbildungen.

图 7.30　木棉树成熟的种子荚里有一种叫作木棉的蓬松的棉花，可用来填充垫子，尼古拉斯·赫尔姆斯拍摄，拉丁美洲人类学研究基金会，危地马拉。

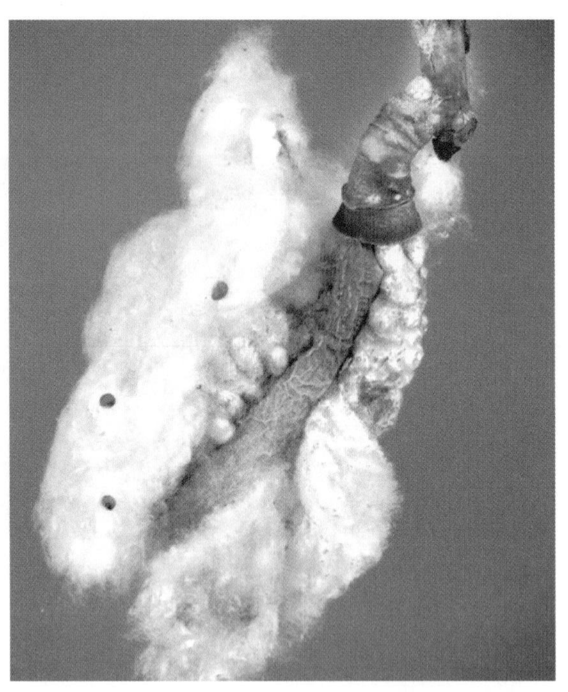

图 7.31　木棉树里含油的种子被磨碎，与等量磨碎的可可粒混合，制成被阿兹特克人称为巧克力的饮料，尼古拉斯·赫尔姆斯拍摄，拉丁美洲人类学研究基金会，危地马拉。

然而，另一种由玛雅人和阿兹特克人制造的可可，来自一个相关但又截然不同的物种，双色可可（Theobroma bicolor），它以双色而闻名。[①] 这一物种在危地马拉被发现，伯努伊利在 1871 年的报告中说，他没有在野外观察到双色可可，只是作为一类栽培树种。然而，在中美洲其他地方的野外也发现了双色可可，在墨西哥的恰帕斯州，它被称为“山可可”（cacao de monte，mountain cacao）。目前尚不知道第四种可可树的荚果是否曾被奥尔梅克人、阿兹特克人和玛雅人采集或使用过，但它的果荚在形状上与微型可可荚相似。[②] 除了双色可可外，该属中的其他物种由于森林滥伐、生态环境破坏和规模

516 日益增大的单一栽培模式的种植而面临灭绝，保护这些植物以及中美洲众多本土物种是一件极为紧迫的事情。

一些语言学家认为 *kakawa 这个古老的词根大约是在公元前 1000 年出现的，但它究竟是一个起源于乌特 - 阿兹特克语的词，还是一个从古代混合 - 索克语（Mixe-Zoquean）中引入的词，这在历史语言学家之间是一个有争议的问题。[③] 阿兹特克语中的 chilcacauatl 一词是由阿隆索·德·莫利纳（Alonso

① Johannes Kufer and Cameron L. McNeil. 2006. ‘The jaguar tree (*Theobroma bicolor* Bonpl.)’, pp. 90–104 in McNeil (op.cit.); Nicholas Matthew Hellmuth. 2010. ‘Cacao vs. pataxte’, *Revue, Guatemala's English-language Magazine*, 19 (10): 18–17, 58 [The page numbering in this issue runs ... 16, 17, 18, 17, 18, 19 ... The article begins on the first of the two pages numbered 18].

② Bernouilli (op.cit.).

③ Terrence Kaufman and John Justeson. 2006. ‘The history of the word for “cacao” and related terms in ancient meso-America’, pp. 117–139 in McNeil (op.cit.); Martha J. Macri. 2009. ‘Tempest in a chocolate pot: Origin of the word cacao’, pp. 17–26 in Louis Evan Grivetti and Howard-Yana Shapiro, eds., *Chocolate: History, Culture and Heritage*. Hoboken, New Jersey: John Wiley & Sons.

de Molina）在 1571 年定义的，意为“用可可豆和辣椒制成的饮料”。[①] 严格来说这种掺杂的泡沫饮料，是由等量的可可豆和被阿兹特克人称为 chocolatl [ʧoˈkola:tɬ] 的丝棉树（Ceiba aesculifolia）种子磨碎后混合制成的，[②] 这是西班牙语“巧克力”一词的直接来源，被耶稣会士德·阿科斯塔在前文所引段落中使用。[③]

## 可可来到欧洲和亚洲

1544 年，第一批可可似乎是由多明我会修士（Dominican friars）组织的一个玛雅代表团带到欧洲的。这些玛雅贵族把可可豆和尤卡坦半岛的其他商品献给埃斯科里亚尔王宫（Escorial）当时年轻的菲利普亲王。1585 年，第一批可可豆从韦拉克鲁斯（Veracruz）运送到塞维利亚。[④] 在第一批可可豆抵达西班牙不久之后，教会的特权阶层就开始沉迷于这种新饮料。一个世纪之后，红衣主教弗朗西斯科·玛丽亚·布兰卡西奥（Francesco Maria Brancaccio，1592~1672 年）在 1644 年的长篇大论中，以巴斯克著名神学家马丁·德·阿兹皮尔库塔（Martín de Azpilcueta，1491~1586 年）的威望向忠实的信徒保证，虔诚的信徒可以虔心地斋戒，但仍然可以自由地喝巧克力，因为饮用可可并不构成对斋戒的破坏。

> 但是，巧克力并不是那种饮料，因此，它并不违反斋戒……马丁·德·阿兹皮尔库塔听从格列高利十三世（Gregorius XIII）的命令，下达了最明智的决定，并得到许多论据的支持，他认为巧克力不会破坏斋戒……[⑤]

由于玛雅人和阿兹特克人视可可豆为一种营养丰富的食品，而新鲜的可可豆实际上含有 40% 到 517
50% 的脂肪、14% 到 18% 的蛋白质、12% 到 14% 的碳水化合物，[⑥] 因此这位巴斯克神学家的圣令在某种程度上是适合斋戒者的。

---

① Alonso de Molina. 1571. *Vocabvlario en lengva caſtellana y mexicana, compueſto por el muy Reuerendo Padre Frav Alonso de Molina, dela Orden del bienauenturado nueſtro Padre ſant Franciſco.* Mexico: En Caſa de Antonio de Spinoſa (Vol. 2, f. $20^{v}$, col. 2).

② *chocolatl*— ‘chocolat, aliment fait, en portions égales, avec les graines de cacao et celles de l’arbre appelé pochotl’ (Rémi Siméon, 1885. *Dictionnaire de la langue nahuatl ou mexicaine, rédigé d’après les documents imprimés et manuscrits les plus authentiques.* Paris: Imprimerie Nationale, p. 95).

③ 其他中美洲丝棉树种 Ceibapentandra 的牙线不如七叶木棉树的牙线白，有时会呈现出脏兮兮的褐色外观。木棉含油种子也可用于相同的营养组合。不要把它和亚洲的丝棉树 Bombax ceiba 混淆，后者是马来语中木棉的来源。(Mirtha Cano and Nicholas Matthew Hellmuth. 2008. *Sacred Tree Ceiba, Mayan Ethno-Botany, June 2008.* Guatemala: Foundation for Latin American Anthropological Research; Nicholas Matthew Hellmuth. 2011. *‘Ceiba pentandra*, sacred tree for Classic Maya, national tree for Guatemala today’, *Revue, Guatemala’s English-language Magazine,* 20 (1): 14–15,100;Nicholas Matthew Hellmuth. 2013.*Ceibaaes culi folia*. Guatemala: Foundation for Latin American Anthropological Research).

④ Coe and Coe (1996: 130, 133).

⑤ Francesco Maria Brancaccio. 1664. *Francisci Mariæ Cardinalis Brancatii, de Chocolatis Potv diatribe. Prælo subiecta, Instante Dominico Magro Melitenſi, Canonico Theologo Eccleſiæ Cathedralis Viterbienſis.* Romæ: Per Zachariam Dominicum Acſamitek àKronenfeld,Vetero Pragenſem (pp. 14, 23).

⑥ Robert Rucker. 2009. ‘Nutritional properties of cocoa’, pp. 943–946 in Grivetti and Shapiro (op.cit.).

Insignis forma, doctrina insignior unus. At superat summi cultus utrumq; Dei.
Doctor Nauarrus Martinus ab Azpilcueta.


图 7.32 巴斯克著名的神学家马丁・德・阿兹皮尔库塔（1491~1586 年），颁布教令说在斋戒期间饮用可可是被允许的，铜版版画：24.1 × 17.5 厘米，安东尼・拉弗雷里和安东尼奥・萨拉曼卡（Antoine Lafréri & Antonio Salamanca）作于 1566 年。*Illvstrivm Ivreconsvltorvm Imagines Qvae Inveniri Potvervnt ad Vivam Effigiem Expressae: Ex Musaeo Marci Mantuae Benavidij Patavini iureconsulti clarißimi*. Romae: Ant. Lafrerij Sequani formis.

1606 年，佛罗伦萨商人安东尼奥・卡莱蒂（Antonio Carletti）和他的儿子弗朗西斯科・卡莱蒂（Francesco Carletti），一位我们在茶的故事中的其他地方也遇到过的世界旅行者，在去西班牙的旅途中发现了巧克力，并把这种中美洲商品带回了意大利。巧克力作为一种饮料从西班牙和意大利传到了欧洲其他地方。欧洲的可可豆饮用者尝试加入调味品。其中一些调味品已经被阿兹特克人和玛雅人使用过，比如阿奇奥特种子、辣椒和香草豆，但其他调味品对于中美洲人来说是不熟悉的，比如茴香、肉桂、杏仁和榛子。

1631 年，安东尼奥・科尔梅内罗・德・莱德斯马（Antonio Colmenero de Ledesma）记录了西班牙早期制作巧克力的配方。[①] 这位来自安达卢西亚的医师的传统食谱（modus faciendi）需要 100 颗烤得很
518 好的可可豆，并去掉它的外壳。然后，我们必须先在捣臼里将两根肉桂梗和两个辣椒碾碎，再放上一把茴香碾碎。接着，我们把一根香草茎、一打杏仁和榛子磨碎。然后添加莱德斯马记录的“调味品”，即 Mecafuchil 和 Vinacaxtlidos 两种来自中美洲的配料。

---

① António Colmenero de Ledefma. 1631. *Cvrioso Tratado de la Natvraleza y Calida del Chocolate, dividido en quatro puntos. En el primero fe trata, que fea Chocolate; y que calidad tenga el Cacao, y los demas ingredientes. En el fegundo, fe trata la calidad que refulta de todos ellos. En el tercero fe trata el modo de hazerlo, y de quantas maneras fe toma en las Indias, y qual dellas es mas faludable. El vltimo punto trata de la quantitad, y como fe ha de tomar, y en que tiempo, y que perfonas.* Madrid: Por Francisco Martinez (ff. $8^r$–$10^r$).

图 7.33　糙叶胡椒木（pepper elder）或粗叶胡椒（rough-leaved pepper），在那瓦特语中叫作 mecaxochitl，塞萨尔・德尔纳特（Cesar Delnatte）提供，他是马提尼克岛法国堡国家森林办公室（office national des forts）负责环境事务的官员。

调味品是糙叶胡椒或粗叶胡椒，在那瓦特语中叫作 mecaxochitl。这种植物被植物学家弗朗西斯科・赫尔南德斯称为“Mecaxuchitl”，他指出，“这种荜拨（long pepper）（荜拨，是胡椒科植物荜拨尚未成熟的果穗，可作调料，能改善味道和增加香气，味辛辣。——译者注）加入可可中饮用，能带来一种令人愉快的味道”。[①] 在 1651 年由纳多・安东尼奥・雷乔（Nardo Antonio Reccho）在罗马编辑出版 
的赫尔南德斯的拉丁文手稿中，就有关于这种植物的插图。[②]

① Francisco Hernández. 1615 [posthumous]. *Qvatro Libros de la Natvraleza, y Virtvdes de las plantas, y animales que eftan receuidos en el vfo de Medicina en la Nueua Efpaña, y la Methodo, y correccion, y preparacion, que para adminiftrallas fe requiere con lo que el Doctor Francifco Hernandez efcriuio en lengua Latina, mvy vtil para todo genero de gente q́ viue en eftăcias y Pueblos, do no ay Medicos, ni Botica, Traduzido, y aumentados muchos fimples, y Compueftos y otros muchos fecretos curatiuos, por Fr. Francifco Ximenez hijo del Conuento de S. Domingo de Mexico, Natural de la Villa de Luna del Reyno de Aragon. En Mexico, en cafa de la Vinda de Diego Lopez Daualos* (Libro Segundo, Parte primera, Cap. xiii, ff. 77[v]).mecaxuchitl 或 mecaxochitl 的名称不应与赫尔南德斯（第一卷，第三部分，第三十三章，第 65v 节）单独列出的种类 mexochitl 或墨西哥手乔木（chirandondron pentadactyl）的药用花 mācpalxōchitl 混淆。

② Francisco Hernández. 1651 [posthumous]. *Nova Planta rvm, Animalivm et Mineralivm Mexicanorvm Historia a Francisco Hernandez Medico In Indijs præftantiffimo primum compilata, dein a Nardo Antonio Reccho in Volvmen Digesta, a Io. Terentio, Io. Fabro, et Fabio, Colvmna Lynceis Notis, & additionibus longe doctiffimis illustrata.* Roma: Sumptibus Blafij Deuerfini, & Zanobij Mafotti Bibliopolarum.TypisVitalis Mafcardi (Cap. xiii, p. 144).

图 7.34　巧舟花花朵的正面视图，有着厚厚的耳朵状花瓣。索菲亚·蒙森（Sophia Monzón）拍摄，经危地马拉拉丁美洲人类学研究基金会尼古拉斯·赫尔姆斯授权使用，转载自赫尔姆斯（2013）。

图 7.35　巧舟花花朵的侧视图，尼古拉斯·赫尔姆斯拍摄，拉丁美洲人类学研究基金会，危地马拉。

莱德斯马解释说，Vinacaxtlidos 是一种芳香的花朵，在西班牙语中叫作“耳花”（orejuelas）。针对莱德斯马提到的 Vinacaxtlidos，赫尔南德斯记录了同一种植物在那瓦特语中的名称，拼写为

520 hueinacaztli，并说这种植物在西班牙语中被称为 Flor de la oreja（耳花）①。赫尔南德斯还记录了这个物种在那瓦特语中的同物异名 xochinacaztlli。② 这种调味品由厚耳形的巧舟花（Cymbopetalum penduliflorum）花瓣制成，这是一种生长在韦拉克鲁斯、瓦哈卡（Oaxaca）和恰帕斯州的热带低地森林的刺果番荔枝科植物。这种可食用的花朵是玛雅人饮食中的一个传统物品。③

上述配方的下一步是加入半西班牙磅（Spanish pound），或者大约 230 克（grammes）的糖。从那以后，糖一直是欧洲制作可可的显著特征。最后，我们要把 100 颗烤好的可可豆磨碎。还要添加的东西是胭脂树果（achiote），用于获取一种鲜红色。然后，将合成的物质与水混合，而不是与牛奶混合。由此制成的饮料可以热饮，也可以冷饮。莱德斯马建议使用热水，因为在那个时候使用冷水有时会导

① 赫尔南德斯对这棵树的描述如下：‘es vn arbol de peregrina figura q tiene las ojas largas y angoſtas, de color verde oſcuro, pẽdiẽtes devn pezõcillo marchito, tiene las flores diuididas en ojas por la parte interior purpureas, y por la eſterior verdes, tiene propia figura de orejas, q̃ ſon de muy grato y ſuaue olor. *Nace en tierras caliẽtes, y no ay otra coſa en los tiãgues, y mercados de los indios quemas ordiñariamente ſe halle ni que en mayor eſtima ſe tenga.* La qual ſuele dar ſuma gracia y guſto, juntamẽte con vn ſuauiſsimo olor y ſabor, aq̃ lla tan celebrada beuida del cacao q̃ llaman chocolate, y le da cierto temple y naturaleza ſaludable, es caliẽte en el principio del quarto grado, y ſeca en el tercero, dizeſe, q̃ beuida en agua reſuelue las vẽtoſidades, adelgaza la flema, calienta y conforta el eſtomago resfriado ò flaco, y tambiẽ el coraçon, es vtil para la aſma, molida y hecha polbos muy ſutiles, añadiẽdole dos baynillas de los chiles grãdes q̃ llaman texòchilli quitada la ſemilla y toſtadas en vn comal, q̃ aſsimillamã à vnas cazuelas en q̃ tueſtan y hazen ſu pan los naturules q̃ llamamos noſotros tortillas,añadiendole a lo dicho dos òtres gotas de balſamo, y tomandolo en algun licor acomodado’ (Hernández 1615, Libro Primero, Cap. iiii, ff. 2r–2v).

② 赫尔南德斯提供的同义物种术语 xochinacaztlli 与阿隆索·德·莫利纳 (Alonso de Molina) 在他 1571 年《纳瓦特语词典》中记录的 Xuchinecutli 词条相似。德·莫利纳将此术语定义为花果茶（flower nectar）或者“miel que ſe cria dentro dela flor”（在花朵内部形成花蜜），并提供了可选择的同义形式 Xuchinenecutli 和 Xuchimemeyallotl（de Molina 1571, Vol. 2, f. 161[v], col. 2）。同样，字典还包含词条 Ouanecutli，它似乎代表了莱德斯马记录为 Vinacaxtli 的植物，不过德·莫利纳将其定义为 miel de cañas de mayz, que parece arrope（玉米秸的蜜糖，呈糖浆状）或者可以说是葡萄汁（arrope)，一种西班牙葡萄汁。(de Molina 1571, Vol. 1, f. 78[r], col. 2).

③ Nicholas Matthew Hellmuth. 2013. ‘Edible flowers in the Mayan diet’, *Revue, Guatemala's English-language Magazine*, 22 (4): 64, 66.

致肠胃不适。他解释说，制作这种饮料的另一种方法是加入大量由烤玉米制成的玉米粉。莱德斯马给这种加入玉米淀粉增稠的饮料取了个本地的称呼“炒玉米可可液”（Cacao pinoli）。

在欧洲喝的巧克力基本上仍然是阿兹特克人和玛雅人的饮料。巧克力是由经过烘烤、研磨的豆子制成的，与热水或冷水混合，但西班牙人也开始引入新的口味。17 世纪中期，随着可可在整个西欧的传播，一些来自美洲的不被熟悉的难以获得的口味也随之减少。中美洲人拥有丰富的热带风味的本土原料来给他们的可可调味。除了莱德斯马提到的，赫尔南德斯还提到了其他一些调味料，比如墨西哥木兰树的花（yolloxochitl）。[①] 欧洲人很自然地引入了新的调味品。为了取悦托斯卡纳大公（grand duke of Tuscany）科西莫三世·德·美第奇（Cosimo Ⅲ de’ Medici，1670~1723 年执政），医生兼诗人弗朗西斯科·雷迪（Francesco Redi，1626~1697 年）发明了一种非常吸引人的巧克力饮料，用肉桂、香草豆、龙涎香和茉莉花调味。[②]

莱德斯马的书连同他的配方于 1643 年出版了法译本，于 1652 年出版了英译本。[③] 每个译本中都有 521
改进和增补，也有删减。值得注意的是，这本书的英译本完全没有提及中美洲风味的异国情调。尽管西班牙人早在 1631 年就开始在可可中添加糖，但似乎英国人是第一个往其中加入牛奶的，因为在 1652 年英译本新加的后记中其建议用热牛奶而不是热水来制作可可。

不过，如果饮者希望使饮料更适合纯正的英国人口味，还可以再加两个鸡蛋。[④] 巧克力从 1660 年 522
起才在巴黎变得更为常见，[⑤] 而且在维也纳和巴黎，巧克力是贵族和上层资产阶级的爱好，但在联合省和伦敦，只要有能力购买这种新商品的消费者，都可以买到。

巧克力因其娱乐性和营养性而被广泛饮用。然而，巧克力仍然被视为一种药用植物。安东尼·霍夫曼（Antonius Hoffman）是林奈的博士生，他于 1765 年在乌普萨拉大学就一篇关于巧克力的论文进行了答辩。在描述中美洲人和西班牙人如何制作巧克力之后，霍夫曼详细介绍了他自己的巧克力配方，他认为据这种配方制作出来的巧克力既有益健康又美味可口。以下是霍夫曼用瑞典药剂师的重量单位给出的制作这款新饮品所需要的配料，括号里给出的是近似的现代公制重量：

---

① Hernández (1615, Libro Primero, Cap. xx, ff. $8^{r}$–$8^{v}$).

② Coe and Coe (1996: 143–150).

③ Antonio Colmenero de Ledesma. 1643. *Dv Chocolate: Discovrs cvrievx, divisé en qvatre parties. Par Antoine Colmenero de Ledeſma Medecin & Chirurgien de la ville de Ecija de l’Andalouzie. Traduit d’Eſpagnol en François ſur l’impreſſion faite à Madrid l’an 1631. & eſclaircy de quelques Annotations. Par René Moreav Profeſſeur du Roy en Medicine à Paris Plus eſt adjouſté vn Dialogue touchant le meme Chocolate*.Paris:Chez Sebastien Cramoisy, Imprimeur ordinaire du Roy.

④ Antonio Colmenero de Ledesma. 1652. *Chocolate: or, An Indian Drinke: By the wiſe and Moderate uſe whereof, Health is preſerved, Sickneſse Diverted, and Cured, eſpecially the Plague of the Guts; vulgarly called The New Diſease; Fluxes, Conſumptions, & Coughs of the Lungs, with ſundry other deſperate Diſeaſes. By it alſo, Conception is Cauſed, the: Birth Haſtened and facilitated, Beauty Gain’d and continued. Written Originally in Spaniſh, by Antonio Colminero of Ledeſma, Doctor in Phyſicke, and faithfully rendred in the Engliſh, By Capt. James Wadsworth*. London: Printed by J.G. for Iohn Dakins (pp. 41–42).

⑤ Nicolas de la Mare wrote: ‘Le chocolat eſt une pâte, ou compoſition, dont la baſe eſt une feve … & la connoiſſance n’en eſt venuë à Paris, qu’en 1660’ (1719, tome iii, p. 797, col. 2).

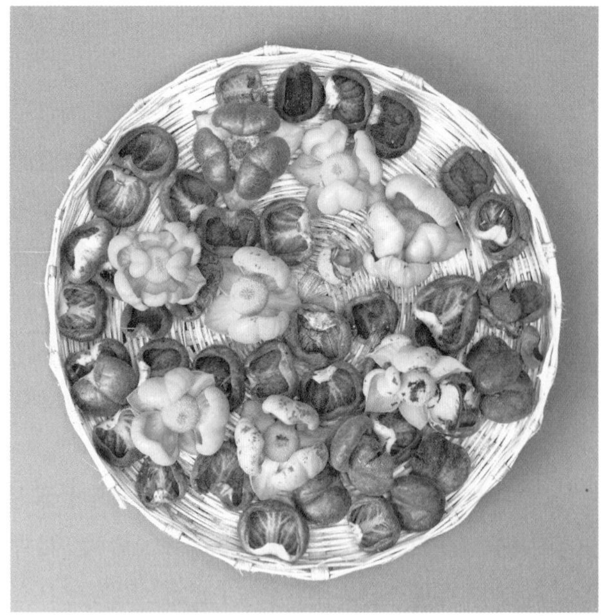

图 7.36　巧舟花各种成熟的花瓣，索菲亚・蒙森拍摄，转载自赫尔姆斯（2013 年），经尼古拉斯・马修・赫尔姆斯授权，危地马拉拉丁美洲人类学研究基金会。

图 7.37　诗人兼医生弗朗西斯科・雷迪为托斯卡纳大公科西莫三世・德・美第奇配制了一种巧克力饮料，其中加入了肉桂、香草豆、龙涎香和茉莉花。

17 磅（6.12 公斤）烤好的可可豆

10 磅（3.6 公斤）的糖

523 28 个香草茎

1 德拉克马［（4 克）drachm 同 drachma，一种希腊的主货币符号，在古代既是重量单位也是货币单位。——译者注］的龙涎香

6 盎司（180 克）肉桂

就像一个世纪前托斯卡纳大公的医生一样，霍夫曼在他的巧克力配料中也使用了龙涎香，这是抹香鲸消化道中产生的一种芳香的胆汁分泌物。霍夫曼解释说，龙涎香可以用麝香替代。但他警告说，麝香的香味并不令人愉快，也不那么好被女性接受，而且麝香可能会让人歇斯底里。[①]

1621 年，荷兰西印度公司（Geoctroyeerde West-indische Compagnie，GWC）开始运营，可可豆很快就从加勒比地区运往尼德兰和新尼德兰的阿姆斯特丹，从 17 世纪最后的 25 年开始，可可豆贸易相当活跃。1701 年，委内瑞拉总督尼古拉斯・尤金尼奥・德・庞特－霍约（Nicolas Eugenio de Pontey Hoyo）致信西班牙国王腓力五世（Philip V），称通往该国所有可可种植园的道路都被荷兰商人的足迹

① Antonius Hoffman. 1765. *D.D. Dissertatio medica inauguralis de potu chocolatæ, quam venia exper. Facult. Med. ad Reg.Acad. Upsal.Præside Viro Nobilissimo atque Generosissimo D. Doct. Carolo von Linné.* Holmiæ [Stockholm]: Literis Direct. Laur. Salvii.

踏遍。[1]然而，直到两个多世纪以后，我们今天所知道的可可粉才在荷兰被发明出来。

1560年左右，西班牙人把可可树带到苏拉威西海（Celebes或Sulawesi）的米纳哈沙半岛（Minahassa peninsula），把这种新的栽培种引入亚洲，并从那里传到了摩鹿加群岛。第一批克里奥罗栽培种也在16世纪到达爪哇。[2]后来在1670年，佩德罗·布拉沃·德·拉古纳斯（Pedro Bravo de Lagunas）把一棵可可树从阿卡普尔科（Acapulco）带到马尼拉。[3]1778年，荷兰人将可可树大规模地从菲律宾移植到荷属东印度群岛，并在爪哇和苏门答腊开始大量生产可可。到1858年，米纳哈沙半岛上的可可树已超过了100万棵，而且在塞兰岛和安汶岛的香蕉树荫下也种植了可可树。[4]可可豆同时从西印度群岛的荷属圭亚那或苏里南以及荷属东印度群岛传入荷兰。

在可可被引入欧洲后的最初两个多世纪里，磨碎的烤可可豆几乎完全被用来制作热巧克力饮料。一种欧洲人的创新做法是在蛋糕、饼干和糖果中加入越来越多的固体巧克力。尽管在英国和低地国家人们都偏爱使用牛奶，但我们知道，即使在19世纪早期，在英国，人们仍然经常把一盎司磨细的可可块放在水里煮上一刻钟来制作巧克力。接着，人们把饮料倒出，筛出一些沉淀的残渣，然后像喝咖啡一样饮用，里面或许会加点糖、牛奶或奶油调味。[5]

因此，与我们今天所知的巧克力完全不同，最早在欧洲饮用的巧克力更像是皮埃尔·图桑·纳维尔（Pierre Toussaint Navier）在1772年描述的"一种多少像是浓的茶状冲剂"。在巴黎，纳维尔甚至建议，除了添加一些牛奶外还可以加入其他东西。人们完全可以用牛奶代替水来制作巧克力，但他也警告说，完全用牛奶制作的可可会损害那些胃部敏感人士的健康。[6]

磨碎的可可豆含有大量的脂肪，因此是甜的。油性和水性成分往往很容易分离，但分离得并不完 524
全。因此，从阿兹特克人和玛雅人的时代起，他们的理想就是让可可饮料中的各种成分尽可能地同质化。为了从可可豆中生产出最早的可可商品，可可块被晒干，去除水分，从而制成一种只要不加糖就可以长时间保存的糊状物。这种可可酱（cacao paste）完全干燥后会变得很酥脆。

当干燥的可可块再次与水混合时，丁酸成分会再次与水溶性成分分离，这被认为是一个问题。在干燥的可可酱中加入粗粒面粉（semolina）或其他淀粉不仅造成了掺杂的问题，同时也是一种使饮料在与水混合后能够搅拌变成更均匀的乳液的尝试。市场上出售的可可不仅含有淀粉，有时也含有糖，还可能含有调味品。当时，达到理想状态的是制作一种均匀的可可油和水成分的乳剂。

① Peter G. Rose. 2009. 'Dutch cacao trade in New Netherland during the 17th and 18th centuries', pp. 377–380 in Grivetti and Shapiro (op.cit.).

② J.J. Paerels. 1923. 'Uit de geschiedenis van de cacaocultuur op Java', *De Indische Gids*, xlv (vi): 522–525.

③ Francisco Manuel Blanco. 1837. *Flora de Filipinas segunel Sistema sexual de Linneo*. Manila: En la Imprenta de Sto. Tomás por D. Candido Lopez (p. 601).

④ Paerels (1923: 522).

⑤ Paul Chrystal. 2012. *Cadbury & Fry through Time*. Stroud, Gloucestershire: Amberley Publishing (illustration of original preparation instructions from Anna Fry & Son, p. 6).

⑥ Pierre-Toussaint Navier. 1772. *Observations sur le cacao et sur le chocolat, Où l'on examine les avantages & les inconvéniens qui peuvent réſulter de l'uſage de ces ſubſtances nourricieres. Le tout fondé ſur l'expérience & ſur les recherches analytiques de l'amande du Cacao*. Paris: Chez P. Fr. Didot jeune (pp. 113, 125–126).

## 现代可可和巧克力的发明

1815 年，卡斯帕·范·豪登（Casparus van Houten）在阿姆斯特丹的莱利格拉赫特（Leligracht）开设了他的第一家巧克力工厂。1827 年，他利用液压机（hydraulic press）成功地将可可脂从可可固体中分离出来。可可粉在压榨机中形成了厚厚的残渣，可以变成粉从而产生了早期荷兰语中称作纯巧克力或巧克力粉（chocolate powder 或 powder chocolate）的新产品，不久之后英语最先将它称为浓缩可可（concentrated cocoa）。1828 年 4 月 4 日，卡斯帕·范·豪登申请并获得了这项技术的专利。然而，这项专利差一点就没有被批准，因为固执的荷兰内政部长在 1828 年 3 月给国王威廉一世写了一封信，声称从可可豆中提取可可脂降低了可可豆的营养价值。制作脱脂巧克力的过程不仅需要液压，还需要一种今天被称为“不经高温烘焙及碱处理”（Dutching）的技术。[①]

这种新工艺的另一个秘密是用新的方式活用了旧知识。一段时间以来，人们知道可可豆的一半重量来自从中提取的可可脂。然而，压榨法提取可可脂的工艺效率低、浪费大。正如纳维尔在 1772 年发现的，另一种成分有助于可可脂的提取。

> 可可中所含的多油物质的黏性使我们难以完全通过挤压便将其提取出来，这促使我们决定设法把水分蒸发掉……我们观察到，在持续煮沸的过程中加入少量碱盐（alkali salt）是提取到更多
> 525 多油成分的可靠手段。这种盐穿过并渗入浑浊的部分，破坏保留脂肪部分的细胞，从而迫使脂肪上升到水面。[②]

卡斯帕·范·豪登曾使用液压机以有效地压榨可可，但他也使用了上文纳维尔所说的这一古老的知识，即通过加入钾盐使得液压法提取可可脂的工艺更为有效。碱处理将继续在巧克力生产中发挥重要作用。

1838 年，范·豪登的专利到期了，但 1850 年，他蓬勃发展的公司搬到了韦斯普（Weesp），在范·豪登的儿子昆拉德·约翰尼斯·范·豪登（Coenraad Johannes van Houten）及其儿子们的引领下，公司发展成世界上最著名的可可制造商 Cacao- en chocoladefabriek C.J. van Houten & Zn。碱处理巧克力的生产工艺既高效地生产出了纯可可脂，也制作出了我们今天喝的现代热巧克力，这种热巧克力是由可可粉和牛奶与蜂蜜或糖混合制成的。直到 1897 年，范·豪登的公司一直专门生产和销售可可粉和可可脂。[③] 然而，他们的发明刺激了其他方面的新发展。以前，研磨的可可液或干可可糊被加工成饼干和蛋糕，但用于巧克力糖果的可可块往往有点结块和砂质。1827 年在阿姆斯特丹研制出来的可可粉，促使法兰兹·萨赫（Franz Sacher）于 1832 年在维也纳发明了萨赫蛋糕（Sachertorte）。

---

① Peter van Dam. 2012. *Opkomst en ondergang van een wereldmerk: Cacao- en chocoladefabriek C.J. van Houten & Zn. 1815–1971*. Eindhoven: Lecturis.

② Navier (1772: 18–19).

③ van Dam (2012).

然而，我们今天吃的优质巧克力是后来在瑞士研制出来的。瑞士巧克力的制作源于意大利。意大利人在1606年就知道巧克力了，时值安东尼奥·卡莱蒂将可可从西班牙带回佛罗伦萨。虽然巧克力在17世纪中期已经传播到西欧的大部分地区，但巧克力传到瑞士比较晚，直到18世纪中期才开始生产。瑞士的第一家巧克力工厂是由两个伦巴第人（Lombards）于1750年左右在舍尔曼穆勒（Schermenmühle）建立的，它位于帕皮尔穆勒（Papiermuhle）附近，就在今天伯尔尼的伊蒂根市（Ittigen in Bern）。1803年，另一个来自伦巴第的巧克力制作者埃内斯托·西玛（Ernesto Cima）来到瑞士，在提契诺州（Ticino）的布莱尼奥山谷（Blenio valley）建立了一家巧克力工厂。

图7.38 昆拉德·约翰尼斯·范·豪登，他的父亲卡斯帕·范·豪登于1827年在阿姆斯特丹发明了可可粉，使用液压机和碱处理分离可可粉并提取可可脂，使范·豪登可可－巧克力工厂扩大成为一个多世纪以来世界上最著名的可可制造商。

当他和欧伯纳（Aubonne）的亚伯兰·库辛（Abram Cusin）一起经营八年的位于沃韦（Vevey）的杂货店破产时，弗朗索瓦-路易斯·凯勒（Francois-Louis Cailler）于1825年收购了雪诺·齐格勒（Chenaux Ziegler）的巧克力工厂，并在沃韦河畔科尔西耶（Corsier-sur-Vevey）开设了他的第一家巧克力工厂。在这里，凯勒开始生产他在伦巴第见过的磨碎的可可豆和糖的混合 526
物，就像这个巧克力工厂自1819年生产的那样。[①]不过，当时在日内瓦湖（Lac Léman）沿岸生产的产品还不是现代意义上的巧克力。一年后的1826年，来自布德里的菲利普·苏查德（Philippe Suchard，1797~1884年），在他的兄弟弗里德里克（Frédéric）位于伯尔尼的蛋糕店（Konditorei）工作一段时间之后，前往美国销售装满了一箱的瑞士手表，并于1826年在纳沙泰尔（Neuchatel）的塞尔里埃（Serrières）开设了他的第一家巧克力工厂。1830年，巧克力批发商查尔斯-阿米迪·科勒（Charles-Amedee Kohler，1790~1874年）也在洛桑（Lausanne）开办了自己的巧克力工厂。

1838年范·豪登的专利过期后，凯勒、苏查德和科勒等巧克力生产商采用了在阿姆斯特丹发展起来的这项新生产技术，改进了伦巴第风格的巧克力，这种巧克力本身已经成为一种甜点。伦巴第人关于可食用巧克力甜点的想法后来也传到了英国，从1847年起，约瑟夫·斯托尔斯·弗莱父子（Joseph Storrs Fry & Sons）的公司开始在布里斯托（Bristol）附近的凯恩舍姆（Keynsham）生产一种名为弗

① 〈http://cailler.ch/tout-sur-cailler/histoire/19eme -siecle/〉accessed December 2015.

527

图 7.39　海因里希·内斯特，又名亨利·内斯特，在拉克曼的沃韦发明了“奶制粉”，图片由位于沃韦的雀巢历史档案馆提供。

528

图 7.40　丹尼尔·彼得娶了芬妮·路易斯·凯勒，化名彼得·凯勒，发明了第一款牛奶巧克力，图片由位于沃韦的雀巢历史档案馆提供。

莱奶油棒（Fry’s cream stick）的巧克力甜点，有三种不同的口味。[①] 然而，真正使一种纯正优质可食用的巧克力得到改善是在瑞士率先实现的。

大约在范·豪登的专利到期之际，碱处理工艺已经被瑞士的巧克力制造商采用，德国化学家海因里希·内斯特（Heinrich Nestle，1814~1890 年）在年轻时从美因河畔法兰克福（Frankfurt am Main）移民到瑞士，并在日内瓦湖附近定居，在那里他采用了高卢人的名字亨利·内斯特（Henri Nestle）。1867 年，内斯特开发了“奶制粉”（farine lactée），即奶粉的前身，用浓缩的炼乳经蒸发并还原成粉末。不过真正的奶粉是在 19 世纪 90 年代研制出来的。[②] 内斯特在沃韦建立了公司，后来成为今天的跨国企业——雀巢。

在沃韦，阿尔萨斯人丹尼尔·彼得（Daniel Peter，1836~1919 年）1861 年从凯勒家族手中收购了可可工厂，不过销售合同规定他在六年内不能自己生产巧克力。1863 年，彼得娶了弗朗索瓦 - 路易·凯勒的女儿法妮 - 路易斯（Fanny-Louise），1867 年丹尼尔·彼得开始生产巧克力，并以彼得·凯勒的商业名称销售。1875 年，彼得做了一项实验，试图把牛奶和可可脂融合起来。这两种物质不易混合，因为牛奶主要由水组成，而可可脂主要是脂肪。他把可可脂和炼乳混合，解决了这个问题。炼乳当时已经在欧洲市场上销售 9 年了，由位于查姆的英瑞炼乳公司（Anglo-Swiss Condensed Milk Company）生产。

一开始，彼得先把混合物晒干，然后研磨成粉末，他认为这样一小块或小袋的粉末可以溶解在热水中供人食用。1877 年，彼得·凯勒将这种产品推向市场，并将这种可溶牛奶巧克力饮料粉末称为瑞士巧克力。直到后来，彼得才意识到他可以把得到

① Coe and Coe (1996: 243), Chrystal (2012: 10).

② Lisane Lavanchy, historienne et archiviste scientifique, Nestlé, Vevey, courriel du 19 avril 2018.

的混合物作为一种食用的牛奶巧克力出售，他将这种巧克力命名为 Gala Peter，它包含了希腊语 γάλα（gala）“牛奶”，并于 1895 年在瑞士注册了商标。随后，其他许多巧克力制造商也开始生产牛奶巧克力，以至于凯勒的海报和包装提醒消费者 Gala Peter 是“世界上第一款牛奶巧克力”。[①]

图 7.41　凯勒的牛奶巧克力最初以“华贵的彼得”之名销售，最初使用的是雀巢的“奶制粉”，但后来使用奶粉，位于沃韦的雀巢历史档案馆提供图片。

巧克力含片（Chocolate tablets）类似于今天的光滑可食用的巧克力，是于四年后才在伯尔尼发明的。伯尔尼贵族鲁道夫・林特（Rudolf Lindt，1855~1909 年）在洛桑的查尔斯・科勒巧克力工厂完成了学徒生涯。然后在 1879 年，在科勒的帮助和参与下，他以“鲁道夫父子”（Rodolphe Lindt fils）的名字在伯尔尼的马特区（Mattequartier）开了自己的工厂。公司名称中的“儿子”（fils）一词用来区分鲁道夫・林特和他的父亲，伯尔尼市议员约翰・鲁道夫・林特（Johann Rudolf Lindt），后者通常也被称为“鲁道夫”。那时，林特还从阿尔弗雷德・沃尔特（Alfred Walthard）那里得到了瑞士最古老的巧克力碾磨机，沃尔特则是从伯尔尼一个名叫赫尔・巴利夫（Herr Ballif）的人那里得到了这台机器。巴利夫收购了最早的两家伦巴第巧克力制造企业，这两人于 1750 年左右在舍尔曼穆勒附近开店。在伯尔尼，林特采用了两项改进措施，创造出一种如今人们普遍食用的瑞士风格的巧克力含片，入口即化。

① 我要感谢雀巢历史档案馆的历史学家莉莎娜・拉万奇，感谢她对整理丹尼尔・彼得（Daniel Peter）开发牛奶巧克力的细节和年表的慷慨帮助。

第一项改进措施是在精炼（conching）的过程中加强对巧克力浆的研磨，这一工艺得名于最初的磨床上的软体动物形状的凹槽（troughs），在德语中被称为Conchen。改进的研磨技术增加了香气，因
529 为可可块被研磨得更细，形成均匀的膏状，并在研磨过程中经历加热、氧化、褐变和乳化。根据伯尔尼当地的传说，1879 年 12 月的一天早上，在林特不小心将精炼机开了一夜或者据说是一个周末之后，他发现可可膏已经达到了理想的芳香和质地。林特发现，这一机械过程的延长带来了意想不到的效果，从而在根本上改善了产品的均质性。他的第二项改进措施是在磨碎的可可固体中加入一些可可脂，从而改善其质地和粘稠度，制作出可溶巧克力（Schmelzschokolade）或巧克力蛋糕（chocolat fondant），它可以被灌成片状，吃的时候会在口中融化。

然而，正是鲁道夫·林特的弟弟，曾在他们父亲位于伯尔尼的药店工作的化学家奥古斯特（August），证实经常出现在他哥哥工厂的巧克力表面的白色“霉菌”不是一种霉变，而是糖转化的结果。水解过程导致其表面出现由白色小块晶体形成的白色斑块。最终，这些斑点是可可豆在不适当的温度下烘烤导致可可块保留了太多水分的结果。这一见解促使其对生产过程做出进一步改进。1899 年 3 月 16 日，通过以 150 万法郎的价格收购林特的公司，整个工艺流程由糖果制造商约翰·鲁道夫·史宾利（Johan Rudolf Sprüngli）位于苏黎世的Choco lat Sprüngli AG获得。鲁道夫·林特从未结过婚，但一直沉迷于追求他最喜爱的消遣，如美术和狩猎。[①]

图 7.42　鲁道夫·林特于 1880 年拍摄，当时他 25 岁。

530 鲁道夫、他的兄弟奥古斯特和堂兄沃尔特都在新公司里担任职务，公司的名称是瑞士莲（原文是die Vereinigte Berner und Zürcher Chocoladefabriken Lindt & Sprüngli，其中的Zürcher一词当是Züricher之误。——译者注）。然而，在早些年，事情并不顺利，林特的三个堂兄弟在 1905 年出售了他们的股票。50 岁时，鲁道夫·林特完全退出了巧克力生意，而他的弟弟奥古斯特和堂兄沃尔特则在鲁道夫位于伯尔尼马特区的工厂原址上开办了自己的林特巧克力工厂。结果，从 1906 年开始，在林特和苏黎世的史宾利以及伯尔尼的A. & W. 林特之间发生了长达 21 年的激烈诉讼。虽然鲁道夫·林特曾宣誓他本人在A. & W. 林特的巧克力企业中没有股份，但在法庭判定他违反 1899 年销售合同中的竞争条款几天后，他于 1909 年 2 月去世。

① Hans Rudolf Schmid. 1970. *Schweizer Pioniere der Wirtschaft und Technik.* Zürich: Verein für wirtschaftshistorische Studien.

图 7.43　入口即化的优质现代巧克力，是由鲁道夫在伯尔尼马特区巧克力工厂首次生产的，使用了他的康奇尔机器和其他改良品。这家工厂后来继续被奥古斯特和林特使用很多年。

最终，在 1927 年，针对这个案子法庭决定支持林特和史宾利，认定他们在 1899 年就完全买下了林特的名字。林特的两个堂兄弟奥古斯特和沃尔特被要求赔偿林特和史宾利公司 80 万法郎，他们还要交出巧克力制造设备，甚至全部退出巧克力制造业。鲁道夫·林特的弟弟奥古斯特于 1929 年 12 月去
世，就在这个最终判决宣布的几天后。这个巧克力的历史因为苏黎世的史宾利家族的刻薄而造成了长 531 
达 20 多年的激烈诉讼，但是林特巧克力宜人的苦味仍可以在今天品尝到，因为他们知道这种精致的产品以一种史诗般的正义之方式，仍然以鲁道夫·林特的名字命名并继续保持最高的标准。

在这个案件中，为获胜一方辩护的论据不仅是关于精炼工艺所有权的排他性，而且包括精炼工艺名称和声誉的所有权。具有讽刺意味的是，这场诉讼似乎把两位最具创新精神的家族成员过早地推向了坟墓，可能考虑到同时代发展下的背景，因为其他人很快就复制了精雕细刻的伯尔尼工艺。1890 年在哈勒姆，巧克力生产商杰拉杜斯·约翰尼斯·德罗斯特（Gerardus Johannes Droste）在斯帕恩（Spaarne）开了一家巧克力工厂，并创立了德罗斯特品牌。[①] 一个多世纪以来，德罗斯特表面上没有像

① Annemarie Ebeling en Wies Hering. 1997. *Droste: De geschiedenis van de Haarlemse cacao- en chocoladefabriek aan het Spaarne*. Haarlem: De Vrieseborch.

奥古斯特·林特最初贡献的那样，为防止巧克力表面形成白斑而在生产过程中进行了改进，每一盒德罗斯特巧克力都附有一小块正方形的薄纸，上面附有说明：随着时间推移，巧克力表面可能形成的白色斑点既不会有害，也不会降低巧克力的品质。事实上，上面提到的白色斑点从来没有出现过，我的外祖母几十年前就跟我解释说，这个免责声明只是一个策略，以防止可能的诉讼。

在其位于韦斯普的总部，最早生产可可粉和可可脂的范·豪登从 1897 年开始生产巧克力片。两年后的 1899 年，也就是林特品牌被卖给苏黎世史宾利的同一年，糖果商让·托伯勒（Jean Tobler）在伯尔尼的朗加斯（Länggasse）建立了自己的巧克力工厂。随后，对林特工艺的描述出现在 1901 年的专业文献中，并迅速被包括托伯勒在内的其他制造商采用。1908 年，让·托伯勒的儿子西奥多·托伯勒（Theodor Tobler）发明了一种名叫托伯勒内（Toblerone）的三角形巧克力，最初在伯尔尼的朗加斯特街（Länggassstrasse）生产。①

因此，尽管巧克力饮料在 16 世纪下半叶就已经在西班牙被人饮用，从 1606 年开始在佛罗伦萨以及随后欧洲的其他地方也陆续开始饮用，但最初的饮料本质上仍然只是对玛雅人和阿兹特克人饮用方式做出的某种改良。在某种程度上，巧克力饮料已经适应了西方人的口味，但现代热巧克力是在混溶可可粉和热牛奶的基础上，于 1828 年在阿姆斯特丹首次开发出来的。1875 年，第一份粗制的牛奶巧克力甜点在沃韦的日内瓦湖沿岸被发明出来。1879 年，在弟弟奥古斯特·林特的帮助下，鲁道夫·林特在伯尔尼发明了入口即化的高级瑞士巧克力（chocolat fondant）。最好的巧克力制造商生产的上等巧克力含有很高比例的可可固体，巧克力中的便宜货含有廉价的固体植物脂肪或牛奶脂肪和大量的糖。然而，白巧克力是由可可脂制成的，不含可可固体。接下来，我们再回到茶的历史。

① René Frei. 1951. *Über die Schokolade im allgemeinen und die Entwicklung der bernischen Schokoladeindustrie: Dissertation zur Erlangung der Würde eines Doktors rerum politicarum an der hohen juristischen Fakultät der Universität Bern*. Luzern: Buchdruckerei H. Studer; Hans Rudolf Schmid. 1985. 'Lindt, Rudolf, Schokoladefabrikant', pp. 616–617 in Volume 14 *Laverrenz—Locher- Freuler* in Otto zu Stolberg-Wernigerode, ed., *Neue Deutsche Biographie*. Berlin: Duncker & Humblot; Alex Capus. 2006. *Patriarchen: Zehn Portraits*. München: Albrecht Knaus Verlag, esp. 'Rudolf Lindt', pp. 17–31; Roman Rossfeld. 2007. *Schweizer Schokolade: Industrielle Produktion und kulturelle Konstruktion eines nationalen Symbols 1860–1920*. Baden: Hier + Jetzt Verlag für Kultur und Geschichte.

## 第八章 532

# 税收与免受压迫的自由

## 广东的崛起与荷兰茶叶贸易的低迷

最初的英国东印度公司是在 1600 年的最后一天由伊丽莎白女王签署的皇家特许状以“总督和伦敦商人的东印度公司”（Governor and Company of Merchants of London trading with the East Indies.）的名义成立的。荷兰东印度公司作为其竞争对手，17 世纪时派往亚洲的船只数量是英国东印度公司的两倍多，当时，英国的航海船在机动性、载货量和周长方面还无法与荷兰的船只相比。[①] 由于在印度被荷兰人击败，英国公司蒙受了巨大的损失。到英国内战（1642~1651 年）的时候，英国公司已经日趋衰落，英国人从 1670 年代才开始进口同等价值的亚洲商品。

随着荷兰统治者登上英国王位，九年战争（1688~1697 年）见证了英格兰和联合省联合起来对抗法国，但这使得英国东印度公司处于绝望的境地，于是建立了一家新的公司。1698 年 9 月 5 日，英国议会成立了第二家英国东印度公司，名为英国东印度贸易公司（English Company Trading to the East Indies），作为第一家英国东印度公司的竞争对手，它被赋予与查理二世统治下的老公司一样的特权。

在 1701 年的米迦勒节（Michaelmas）之前，由于老公司持续在印度做生意和进行贸易，市场上供过于求出现了价格战。政府进行了干预，并于 1702 年 4 月，安妮女王统治期间成立了第三家公司，仿效荷兰东印度公司的官方名称，命名为“英商在东印度群岛贸易联合公司”（United Company of

① Violet Barbour. 1930. ‘Dutch and English merchant shipping in the seventeenth century’, *Economic History Review*, 2: 261–290.

Merchants of England Trading to the East Indies）（中文也翻译为“联合东印度公司”。——译者注）。到 1708 年时，新旧英国东印度公司重组且并入这个较新的第三家公司，在 1706 年和 1707 年《联合法案》（*Acts of Union*）之后的历史时期，将这个新的实体称为不列颠东印度公司而非英国东印度公司。

1692 年，康熙皇帝颁布了一项规定，包容基督教并允许欧洲与中国贸易。这种大的转变（volte-face）通常被认为是受到身在京城的佛莱芒耶稣会士南怀仁（Ferdinand Verbiest）的影响。中国政府的一个目标显然是通过将广州指定为与欧洲商人交易的唯一港口，以寻求集中对外的茶叶贸易。法国人于 1698 年抵达广州港的黄埔（Whampoa，粤语 wong[4]bou[3] 黃埔 [wɔːŋ ˨˩ pou ˧]）。1699 年，英国人派第一艘船“麦克莱斯菲尔德”号（Macclesfield）经澳门前往黄埔，不列颠政府于 1711 年在广州设立贸易站。

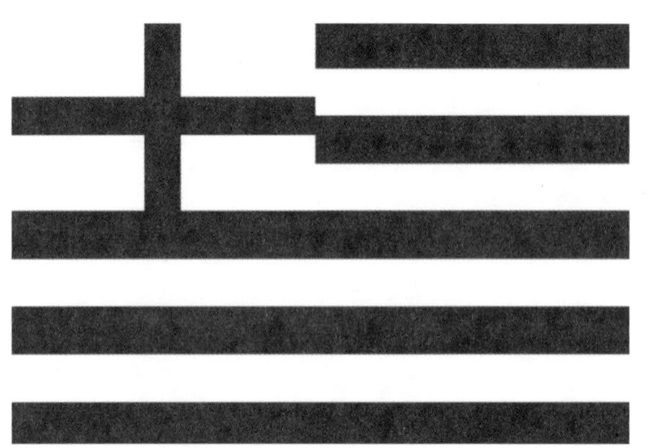

图 8.1　1707 年之前的英国东印度公司旗帜，上有英国专用颜色的圣乔治十字。

图 8.2　始于 1707 年的不列颠东印度公司旗帜，上有英国专用颜色的旧英国国旗。

广州的清廷海关官员被西方人称为 hoppo（粤语 wu[6]bou[6] 戶部 [wuː ˨ pou ˨]“ministry of revenue”），管理和监督在粤的对外贸易（jyut[6]hoi[2]gwaan[1] 粵海關 [jyːt ˨ hɔːi ˧˥ kʷaːn ˥]“Canton customs”）。户部这个职位是有利可图的，因为户部直接为皇帝负责中国所有的对外贸易，而且可以在短短几年的任期内使自己非常富有。在广州的英国和荷兰代理商有时也会做假账，通过向他们所代表的公司收取过高的费用并从中抽取一大笔佣金来中饱私囊。[1]

533 1719 年，丹尼尔·笛福（Daniel Defoe）在描述大不列颠的第一部分中，把茶列入定期从荷兰运来的日常货物之内，并将饮茶描述为英国日常生活中很休闲的一部分。[2] 1756 年，乔纳斯·汉威（Jonas Hanway）用哀伤的语调讲述了英国在茶叶贸易中处于弱势地位的历史。

> 人们可以想象，在巴达维亚，荷兰人花

① Johannes de Hullu. 1917. ‘Over den Chinaschen handel der Oost-Indische Compagnie in de eerste dertig jaar van de 18e eeuw’, *Bijdragen tot de Taal-, Land- en Volkenkunde van Nederlandsch-Indië*, 73 (1): 32–151.

② Daniel Defoe. 1724. *A Tour Thro’the whole Island of Great Britain, Divided into Circuits or Journies. Giving a Particular and Diverting Account of Whatever is Curious and worth Observation, viz. I. A Description of the Principal Cities and Towns, their Situation, Magnitude, Government, and Commerce. II. The Cuſtoms, Canners, Speech, as alſo the Exerciſes, Diverſions, and Employment of the People. III. The Produce and Improvement of the Lands, the Trade, and Manufactures. IV. The Sea Ports and Fortifications, the Courſe of Rivers, and the Inland Navigation. V. The Publick Edifices, Seats, and Palaces of the Nobility and Gentry. With Uſeful Observations upon the Whole.Particularly fitted for the Reading of ſuchas deſire to Travel over the Island. By a Gentleman* (three volumes). London: G. Strahan (Vol. i, Letter ii, p. 32, 114; Letter iii, p. 64).

了四五先令买来的一磅上等武夷茶，如果能卖到三英镑，很快就会通过其他渠道进入欧洲，这是晚至 1707 年的价格。那时的人们不像我们现在这样普遍的奢侈和谨慎，至少这不是当时普遍流行的消遣；如果它一直是上流女士的神圣之物，那对我们来说就幸福多了。大约在 18 世纪初，茶的使用才在欧洲的平民阶层流传开来，但不会早于 1715 年，欧洲人才开始大量购买中国的绿茶，直到那时，欧洲人依然满足于饮用武夷茶。1720 年，茶叶的消费量大大增加，法国人此前只从中国进口生丝、瓷器和丝绸制品，如今开始大量进口茶叶。通过在岛上进行贸易，法国人从荷兰人的愚蠢行为中获利。1717 年到 1720 年，英国人每年进口大约 70 万磅。然而，我们所得的货物量一定是惊人的，因为根据 1728 年的计算，欧洲进口了 500 万英磅，而英国则是其中最大的消费国。我们自己的进口量增加了，1732 年到 1742 年，我发现每年进入伦敦的茶叶量是 120 万磅，现在则是 300 万磅。[①]

图 8.3　1692 年，康熙皇帝允许基督教活动，允许欧洲与中国贸易，图为其在位期间的一幅丝绸着色画像，紫禁城故宫博物院。 534

18 世纪上半叶，一艘返回巴达维亚的荷兰东印度公司的船被称为“茶船”（theeship，tea ship）。这样的船将在理想情况下于 3 月驶出巴达维亚港。[②] 1718 年之前，荷兰人在茶叶贸易中享有得天独厚的地位，因为中国的茶叶商人会用他们的舢板船把茶叶运到巴达维亚。当中国舢板船运送到巴达维亚的茶叶不能满足需求时，葡萄牙人会从澳门运茶至巴达维亚。[③] 1720 年代开始，新的不列颠东印度公司的茶叶进口逐渐可与荷兰东印度公司抗衡，并开始超过后者。[④] 1720 年代，荷兰和英国东印度公司 535
的命运发生了戏剧性变化，这是荷兰和英国处理对华茶叶贸易方式的直接结果，也源于新的竞争者的

① Hanway (1756: 215–216).

② de Hullu (1917: 38, 44).

③ de Hullu (1917).

④ Niels Steensgaard. 1990. ‘The growth and composition of the long-distance trade of England and the Dutch republic before 1750’, pp. 102–152 in James D. Tracy, ed., *The Rise of Merchant Empires: Long-Distance Trade in the Early Modern World, 1350–1750.* Cambridge: Cambridge University Press.

图 8.4 1973 年 6 月 23 日发行的比利时邮票，纪念于 1722 年成立的奥斯坦德公司（Ostend Company）。

出现。

在奥属尼德兰（Austrian Netherlands），前阿姆斯特丹银行家保罗·雅克·克鲁茨（Paul Jacques Cloots）自愿加入了此国国籍，然后于 1718 年 1 月将第一艘来自奥斯坦德的“尤金王子”号（Prince Eugene，或 Printz Eugenius）派往广州。[①] 该船于一年半后的 1719 年 7 月返回，船上的 17 万磅茶叶在拍卖中共得 100 万荷兰盾。[②] 奥斯坦德贸易的成功促使神圣罗马帝国皇帝查理六世（Charles Ⅵ）于 1722 年 12 月 19 日在维也纳成立了奥斯坦德公司。[③]

这家公司的行政总部设在安特卫普，于 1723 年以印度皇家总公司（Generale Keizerlijke en Koninklijke Indische Compagnie or Compagnie Générale Impériale et Royale des Indes）的名义成立。奥斯坦德公司主要靠走私到大不列颠的茶叶而存在。许多船主和投资者都是伦敦商人，他们对不列颠东印度公司的垄断和加诸茶叶的不公平税收心怀不满。[④] 一些船长和许多船员来自不列颠群岛，比如亚历山大·休姆（Alexander Hume）和约翰·哈里森（John Harrisson），他们于 1721 年前往孟加拉，在那里建立了奥斯坦德所属的工厂。

奥斯坦德公司不仅仅是英国贸易保护主义者的眼中钉。1717 年，位于海牙的联省议会重新颁布了禁止荷兰人在外国船只上服役的禁令。奥斯坦德公司的狂热交易导致欧洲茶叶市场出现供过于求的局
536 面，茶叶价格在 1721 年也随之下跌。[⑤] 联省议会于 1723 年决定对任何服务于奥斯坦德的荷兰人予以公开鞭刑或判处死刑以及没收货物。

以低价茶叶高额获利十年之后，“阿波罗”号（Apollo）成为 1730 年奥斯坦德公司最后一艘派往广州的船。1731 年 3 月 16 日，该公司根据皇帝查理六世的命令停止运营，他担心这个时候联合省和不列颠可能会对神圣罗马帝国发动战争，希望确保他的女儿玛丽娅·特蕾西亚·沃尔布加·阿玛丽娅·克里斯蒂娜（Maria Theresia Walburga Amalia Christina）继承王位。1732 年 3 月 6 日，“协和”号（Concorde）从奥斯坦德出发，去接那些被困在亚洲公司前哨的员工，而公司本身也进入清算阶段。从 1728 年开始，不列颠东印度公司的茶叶交易量反弹至比以前更高的水平，荷兰东印度公司的茶叶交易

① Hennebert (1999: 51); Michal Wanner. 2007. ‘The establishment of the general company in Ostend in the context of the Habsburg maritime plans 1714–1723’, *Prague Papers on the History of International Relations*, 2007: 3362.

② de Hullu (1917: 49).

③ DianeHennebert.1999.‘Labrève histoire de la Compagnie d’Ostende’, pp. 49–53 in Barrie and Smyers (op.cit.).

④ Eduard J. Baels. 1972. *De Generale Keizerlijke en Koninklijke Indische Compagnie gevestigd in de Oostenrijkse Nederlanden, genaamd “de Oostendse Compagnie”*. Oostende: Uitgeverij Erel.

⑤ de Hullu (1917: 50–52).

量也从 1730 年开始惊人地回升。[①]

开普殖民地创始人扬·范·里贝克的儿子亚伯拉罕·范·里贝克在 1708 年至 1713 年担任位于巴达维亚的荷属东印度群岛的总督。早在那时，他就已经采取措施阻止过多茶叶通过中国的舢板船运入巴达维亚，因为他担心市场上会供过于求。到目前为止，荷兰公司对市场的灵活和快速反应都使其充满活力，但这种反应此后却被一种无能和固执的混合物取代，这种混合物的化身就是克里斯托菲尔·范·斯沃尔（Christoffel van Swoll），他于 1713 年至 1718 年在巴达维亚担任荷属东印度群岛的总督。

来自阿姆斯特丹的订单要求中国商人提高胡椒的价格，以防止这些中国商人将其转售给荷兰东印度公司的欧洲竞争对手。不知何故，这促使总督范·斯沃尔和他管理的印度委员会（raad uan India）将支付给中国供应商的茶叶价格降低了三分之一，从 1717 年 3 月 2 日起，中国人实际上被迫以低于正常市场价的价格在爪哇出售茶叶。这一目光短浅的措施背后的理由，显然是为了防止中国船只插手荷兰海上茶叶贸易。中国的茶商们对这种武断的行政侮辱感到懊丧，五年内没有再向巴达维亚运送茶叶。[②]

根据“17 绅士”在阿姆斯特丹发布的命令，下一任总督亨德里克·兹瓦尔德克鲁恩（Hendrick Zwaardecroon，1718~1725 年执政）设法于 1719 年 3 月从巴达维亚向荷兰派遣护卫舰“韦恩达尔”号（Wynendaal），船上的茶由葡萄牙船只从澳门运来，[③] 但他最终还是在 1721 年成功地把新一批中国舢板船吸引到巴达维亚；在这一年，两艘来自上海的舢板船和另外三艘来自东京的船载着茶叶驶入巴达维亚。1722 年，来自厦门和宁波的舢板船也开始再次向巴达维亚运茶。[④] 同时，1717 年到 1722 年，在广州的英国人支付从 ⅓ 到 ½ 每单位重量的茶叶价格，正如荷兰人所支付的运往巴达维亚的茶叶价格。[⑤] 然而，荷兰人还要花六年时间才能在总督马提乌斯·德·哈恩（Mattheus de Haan，1725~1729 年执政）的带领下进入广州进行贸易。

1732 年，总督德克·范·克鲁恩（Dirk van Cloon）竭力采取措施，禁止未经授权的茶商出口茶叶。[⑥] 从早期的茶叶贸易开始，人们就知道茶叶长时间暴露在空气中不好。因此，较好的茶叶被保存在 537
密封的瓶中，用铅密封。装茶的铅箔瓶（Theelood）实际上是铅、锡和铜的合金，或者在某些情况下只是锡和锌的合金。1728 年，马提乌斯·德·哈恩总督效仿奥斯坦德公司的商人发明了一种使用合金薄片的新技术，他劝说商人们把茶叶填塞进“茶箔”（tea lead）中，然后再装进箱子里。[⑦]

从 1735 年开始，两艘公司船只往返于巴达维亚和中国之间，源源不断地供应茶叶，然后运往欧洲。此外，茶叶通过高度限制的私人贸易传到巴达维亚。部分由于政府的政策，糖的价格急剧下降。1740 年 10 月 7 日，中国糖厂工人开始反抗，杀死了 50 名荷兰士兵。这一事件引发了对在巴达维亚的

① Kristof Glamann. 1981. *Dutch-Asiatic Trade 1620–1740*. The Hague: Martinus Nijhoff (p. 225).

② Kirti Narayan Chaudhuri. 1978. *The Trading World of Asia and the English East India Company, 1660-1760*. Cambridge:Cambridge University Press;Glamann (1981: 216–217).

③ de Jonge (1877, *Zesde Deel*, blz. 44).

④ de Jonge (1877, *Zesde Deel*, blz. xvi–xvii, 74–79).

⑤ Glamann (1981: 218).

⑥ de Jonge (1877, *Zesde Deel*, blz. 192).

⑦ de Jonge (1877, *Zesde Deel*, blz. 138).

华裔居民的大屠杀，数千名首都华裔人士在大屠杀中被杀害，他们的房子被烧毁。这场大屠杀从 1740 年 10 月 9 日持续到 22 日，而在爪哇农村发生的对华裔的连带谋杀一直持续到 11 月。[①] 谋杀和大混乱最初是由总督阿德里安·瓦尔克尼尔（Adriaan Valckenier，1737~1741 年执政）精心策划的，他于 1741 年被召回荷兰。第二年，瓦尔克尼尔被送回巴达维亚，在监狱里服刑十年后死于 1751 年。

对瓦尔克尼尔策划的大屠杀的可怕报复导致了两年的武装叛乱，在这期间，许多爪哇人站在华裔人士一边，反对荷兰人的统治。在这些可怕的事件发生后，荷兰的中国茶叶贸易突然变得不那么活跃了，但这并不奇怪。与此同时，英国人在这个时候强行进入中国的茶叶市场，其茶叶贸易也明显地回升。新任总督古斯塔夫·威廉·范·伊姆霍夫（Gustaaf Willem van Imhoff，1743~1750 年执政）采取措施重振荷兰的茶叶贸易。在 1741 年的《考虑事项》（*Consideratiën*）中，他强调：

> 在中国与欧洲的货物贸易中，茶是主要的贸易商品，因为没有茶，就不可能从这里航行到中国，除非装载了一半的货物。除了茶以外，没有人会想到用其他从中国带回的货物来填满一艘船，谁会从那里只运半船货物回来呢？谁能在没有茶的情况下收回到那里的航行和贸易费用呢？那么，茶就是中国贸易的主要商品。[②]

图 8.5　1768 年，雷尼尔·温克尔斯（Reinier Vinkeles）描绘了荷兰东印度公司总部位于阿姆斯特丹乌德胡斯特拉特 24 号（Oude Hoogstraat 24）的总部入口，当时，北美的英国殖民者正贪婪地消费荷兰茶。尽管在东印度群岛有贪污和私人贸易的祸害，该公司还是持续繁荣，直到第四次英荷战争（1780~1784 年），该图画收藏于阿姆斯特丹城市档案馆（Stadsarchief Gemeente Amsterda）。

538 在范·伊姆霍夫的统治下，荷属东印度群岛的私人茶叶贸易得以放开，[③] 在茶叶质量的选择上也更加严格，因此，任何没有达到标准的茶叶都会被直接拒绝，公司船只被允许直接从中国开往欧

① Adriaan Valckenier. '22 October 1740. Acte van Amnestie voor de Chinezen, 25 October 1740. Bekendmaking, dat alwie slaven van » verlopene of gemassacreerde « Chinezen onder zich had, deze aan den Raad van justitie te Batavia moest aangeven, 11 November 1740. Verbod voor Chinezen binnen de ommuurde stad Batavia te wonen en daarin 's avonds na zes uur te vertoeven.—Verbod tegen het verkoopen van huizen en erven binnen de stad Batavia gelegen, aan Chinezen, Heidenen en Mohamedanen', pp. 510–514 in Jacobus Anne van der Chijs. 1888. *Nederlands-Indisch Plakaatboek 1602–1811 (Vierde Deel 1709~1743)*. Batavia: Landsdrukkerij, uitgegeven door het Bataviaasch Genootschap van Kunsten en Wetenschappen met medewerking van de Nederlandsch-Indische Regering.

② J.E. Heeres, ed. 1912. 'De consideratiën van van Imhoff', *Bijdragen tot de Taal-, Land- en Volkenkunde van Nederlandsch- Indië*, 66 (4): 441–621.

③ Gustaaf Willem van Imhoff. '14–18 Junij 1743. Openstelling van den thee-handel op Nederland', pp. 8–12 in Jacobus Anne van der Chijs. 1888. *Nederlands-Indisch Plakaatboek 1602~1811* (*Vijfde Deel 1743~1750*). Batavia: Landsdrukkerij, uitgegeven door het Bataviaasch Genootschap van Kunsten en Wetenschappen met medewerking van de Nederlandsch-Indische Regering.

洲，避免因途经巴达维亚而造成延迟。[①]

1750 年 11 月范・伊姆霍夫去世后，道德风俗发生了改变。阿努德・卢伊梅斯（Arnoud Luymes）
记录了 1750 年到 1764 年荷兰东印度公司内部的盗窃和挪用公款的行为。三分之二的茶叶直接从中国 539
运往欧洲，但每三艘船中就有一艘抵达巴达维亚，在那里，茶因私人贸易的利益而被人用秘密手段转移。劣质茶叶每年由 10 至 12 艘中国舢板船、2 至 3 艘葡萄牙船和 1 至 2 艘马尼拉船运至巴达维亚，这些船都满载茶叶。这些劣质茶叶将被分拣、重新包装，最后当作公司的茶叶运往欧洲，而较优质的茶叶则被转用于私人贸易，公司董事和经理及其亲密的合作伙伴要么是直接受益者，要么是间接受益者。[②] 尽管这是荷兰东印度公司内部的祸根，但在这家历史悠久的企业于 1799 年不可避免地走向消亡之前的几十年里，它在茶叶和其他商品领域保持着强劲的业务增长势头。

图 8.6　威廉・丹尼尔绘于 1805 年的广州商馆的景色，布面油画，94 × 182 厘米，英国国家海事博物馆，格林威治。

## 英国人在茶叶贸易中的优势地位

1717 年，不列颠东印度公司开始定期从广州直接运送茶叶。18 世纪早期，该公司平均每年只有 6 艘船在广州入港，但在 1786 年至 1789 年，每年在广州入港运茶的船达到了 60 艘。[③] 英国人从一开始就在广州保持着最大规模的单一存在，但他们并没有在茶叶贸易上一下子超过荷兰人。18 世纪三四十年代，荷兰东印度公司在阿姆斯特丹股市的股票估值急剧下跌，同时，不列颠东印度公司的估值随之

① Jonkheer mr. Johan Karel Jakob de Jonge, red. 1878. *De Opkomst van het Nederlandsch gezag over Java: Verzameling van onuitgegeven stukken uit het OudKoloniaal Archief. Zevende Deel.* 's Gravenhage: Martinus Nijhoff (blz. xxiv–xxv).

② de Jonge (1878: lxxxi–lxxxiii).

③ Forrest (1973).

上升，这充分反映了财富的变化。[①]

540 在法国人和英国人之后，荷兰人直到 1728 年才在广州设立贸易站，当时的贸易非常有利可图。1728 年到 1733 年，每年从广州运来的茶叶给荷兰东印度公司带来了 25 万荷兰盾到 50 多万荷兰盾的净利润。[②] 荷兰人更善于讨价还价，因此他们在广州买的武夷茶的成本价通常低于英国人购买同一种茶的成本价。[③] 一封据称是西蒙·范·斯林格兰特（Simon van Slingelandt）所写的署期为 1730 年 9 月 5 日的信证明，在广州，荷兰东印度公司从来自巴达维亚的中国代理人那里得到了好处，这些代理人精通荷兰语。[④] 然而，巴达维亚的饮茶者在荷兰茶叶贸易的鼎盛时期一直拥有茶叶的首选权，在茶叶贸易中心转移到广州之后，荷兰商人只把最差的茶
541 送到巴达维亚，而最好的茶则直接运往欧洲。[⑤]

图 8.7　丹麦东印度公司在哥本哈根河畔路的仓库和总部，42 × 35 厘米，布面油画，彼得·汤姆·彼得森 1888 年创作。

瑞典人和丹麦人在 1731 年和 1732 年紧随其后。丹麦东印度公司（Danish East India Company or Ostindisk Kompagni）在丹麦 - 挪威国王克里斯蒂安四世（King Christian Ⅳ）统治期间的 1616 年成立，以三个连贯的形式存在。第一家丹麦公司于 1650 年倒闭，第二家 avatār 公司于 1670 年成立，1729 年倒闭。第一家和第二家公司的贸易都集中在印度，并以科罗曼德尔（Coromandel）海岸的丹麦特兰夸巴尔港（Tranquebar）为基地。第三家公司是亚洲公司（Asiatisk Kompagni）或者更确切地说，是 det Kongelige Octroyerede Danske Asiatiske Kompagni，该公司成立于 1730 年，自 1732 年开始在广州活动。

图 8.8　瑞典东印度公司标志，叶希·坦帕·索特鲁格（Yeshy Tempa Sotrug）和朱拉苏德弗斯（Jurasüdfuss）提供。

---

① Larry Neal. 1990. ‘The Dutch and English East India companies compared: Evidence from the stock and foreign exchange markets’, pp. 195–223 in James D. Tracy, ed., *The Rise of Merchant Empires: Long-Distance Trade in the Early Modern World, 1350–1750*. Cambridge: Cambridge University Press.

② de Hullu (1917: 115–116).

③ Glamann (1958: 235).

④ ‘dater…menschen tot Cantonzijndie Duitsch verstaan … drie Chineezen, die lange jaren tot Batavia hebben gewoond, aldaar zijn en die de Hollandsche taal in perfectie spreken’ (de Hullu 1917: 102).

⑤ Paul Arthur van Dyke. 2011. *Merchants of Canton and Macao: Politics and Strategies in Eighteenth-Century Trade*. Hong Kong: Hong Kong University Press (p. 95).

1731 年，瑞典东印度公司（Svenska Ostindiska Companiet）在哥德堡（Gothenburg）成立，随即在广州开展贸易。丹麦和瑞典的上述公司的大部分贸易商品是茶叶，其中 90% 的茶叶是在苏格兰海岸线的一些地点上岸后走私到英格兰。事实上，向英国走私茶叶是这两家公司存在的主要原因。与此同时，英国人于 1724 年、1747 年和 1759 年三次提高茶叶的进口关税。从英国东印度公司购买股票的英国茶商显然处于不利地位，1744 年，一位匿名作者抱怨说："走私贸易给商品带来了严重的压制，因为现在这种贸易公然违反法律。"①

亨利·诺埃尔·肖尔（Henry Noel Shore）则持另一种观点，他将走私行为描述为"产业的一个分支，尽管它对国库的贡献微乎其微，但在许多人看来，它在过去的日子里却极大地增加了'最大多数人的最大幸福'"。② 肖尔描述了 1743 年的情况：

> 1736 年，茶商向议会提交了一份请愿书，陈述了他们因走私而遭受的严重损失。他们声称，在英国消费的茶有将近一半是不交税的……几年前，我们东印度公司的财务主管收到荷兰的一封信，信中说新西兰省有一个人每年走私给英国的茶叶价格不少于 50 万英镑。尽管这似乎难以置信，但经调查，董事们，我们确信有这样一个人，几年前他只是一个英国水手，现在他娶了一个开了家瓷器店的女人，他对他的走私行动有着很好的管理，他自己有四艘单桅帆船不断从事走私；他出口的茶叶数量根本没有被夸大，他家里的基尼金币和英国硬币比英国任何一个银行家都多。③

直到 1770 年，英国人每年消耗 600 万磅茶叶，而荷兰和丹麦每年各进口 450 万磅茶叶，其中大部 542
分必定是要走私到英国的。

在这个时候，法国也成为将茶运往英国的中转站。

> 法国人进口了五六百万磅茶叶，其中大部分要走私到这里来。在敦刻尔克［在这里，以及在法拉盛（Flushing）、苏赛克斯（Sussex）和其他一些走私者都有固定的常驻代理人］，贸易主要由走私者进行，船只不仅很大，而且构造精良，适于航行，因此很少有走私者被捕；在许多靠近海边的地方，农民找不到人手来地里干活，大量的人被雇来从一个地方走私货物到另一个地方。甚至 1793 年与法国的战争也没有使进口贸易明显减少，整个战争期间，进口贸易一直在进行，甚至法国的港口也不例外……④

① Anonymous [attributed to John Mackmath or James Ralph] (1744: 1)。

② Shore (1892: v).

③ Shore (1892: 14–15).

④ Shore (1892: 72).

图 8.9　雅斯图斯·弗雷德里克·温伯格（Justus Fredrik Weinberg）于 1796 年创作的这幅水彩画，从东侧可以看到哥德堡港，第一座桥横跨利拉广场（Lilla torget）的港口。过了桥左边的码头路是北港湾街（Norra Hamngatan）。沿着左码头的第一个大型建筑是东印度公司大厦（Ostindiska huset），它是瑞典东印度公司的总部，后面是高耸的德意志教堂（Tyska kyrkan）塔楼。今天，这座巨大的建筑是哥德堡城市博物馆的所在地。40 × 62 厘米，水墨彩历史画，经斯德哥尔摩布可夫斯基拍卖行（Bukowski Auctions）批准，此为该画作的数字化图像。

虽然欧洲大陆的茶叶商人可以从英国无人看守的漫长海岸线中获益，但合法的英国茶叶贸易垄断企业却不得不与广东的茶叶商人打交道。

543 在此期间，中国商人在广州成立了一家叫公行的机构，所有对外贸易都通过它进行。公行收取港口费，并严格控制外国人的活动。公行最初是由政府官员以鼓励贸易的方式来监管的。[①] 然而，因为公行的周期性破产累计损失了数百万之巨，当时所有国家的贸易商都联合起来反对它们，户部不得不在 1771 年废除公行。此后，欧洲茶商直接与中国个体茶商打交道。

不过，那些欠外国商人钱的中国茶商的破产事件也频繁发生。1779 年，约翰·潘顿（John Panton）船长向一艘从印度出发的英国风帆战舰（man-o'-war）递交了一封正式的抗议书。补救措施得以实施，1783 年，公行以一种新的形式恢复，只有十二三名官方认定的茶商（行商）。1795 年，一些广东商人试图使公行以旧的形式复活，却未能成功地取代个体茶商新的更灵活的行商结构。[②]

① Paul Arthur van Dyke. 2005. *The Canton Tea Trade: Life and Enterprise on the China Coast, 1700–1845.* Hong Kong: Hong Kong University Press.

② Hosea Ballou Morse. 1926, 1929. *The Chronicles of the East Indian Company trading to China 1635–1834* (five volumes). Oxford: Clarendon Press.

## 用白银换茶叶

17 世纪 50 年代，荷兰大臣菲利普斯·巴尔杜沙德（Philippus Baldæushad）撰文警告说，过度饮茶可能会导致神经过敏。

> ……但是过度饮用，茶会使男人和女人脱水，使他们过早衰老。当茶是新鲜并且是新近打开的，它的劲道如此之大（就像我在东印度群岛亲身经历的那样），以至于在喝了四到五杯之后，你的四肢开始颤抖，开始头晕。[1]

1665 年，丹麦国王的德意志医生西蒙·保利（Simon Paulli）强烈反对茶和烟草，也不鼓励食用咖啡和巧克力。人们不禁要问，保利会如何看待著名的法国厨师弗朗索瓦·马西阿罗（Francois Massialot），[2] 后者记录了自己著名的食谱，在 1692 年尝试像吸烟一样“啜茶”，尤其是在茶叶被几滴白兰地浸湿的情况下。[3] 至少就烟草的有害性质而言，保利的观点是正确的，尽管当时这些观点并不新鲜。像巴尔杜沙德一样，保利相信茶可干燥，[4] 他以无知的方式反驳了杜普的著作，却完全采用了杜普那一章标题的拼写，甚至第二个 e 的重音也不例外。保利的作品尽管在 1678 年已经被邦特科有力地驳
斥了，但还是在 1746 年被译成英文。[5] 544

1748 年，卫理公会派创始人约翰·卫斯理（John Wesley）出版了一本小册子，劝诫他的追随者不要喝茶，他因年轻时在牛津喝太多的浓茶而神经过敏，并被自己察觉到的“麻痹症的症状”吓坏了，他认为这会把他带到“死亡之屋”。[6] 任何一个曾经过度沉溺于狂饮土耳其茶或日本煎茶的人都可能经历过巴尔杜沙德和卫斯理描述的同样的神经过敏。后来，卫斯理在 1761 年的医学手册《原始药学》（*Primitive Phyfick*）中对茶的明确拒绝态度有所缓和，但他仍然告诫说：“咖啡和茶对神经衰弱的人是极其有害的”，“明智的父母不应该让孩子喝任何茶（至少要等到 10 或 12 岁）；不要让他们品尝香料或糖”。[7]

半个世纪之后的 1826 年，伦敦的一位爱国茶商依据 1824 年英国皇家海军将茶作为每日供给的一

---

① Baldæus (1672: 183).

② François Massialot. 1693. *Le Cuisinier royal et bourgeois, Qui apprend à ordonner toute forte de Repas, & la meilleure maniere des Ragoûts les plus à la mode & les plus exquis, Seconde Edition, revûë & augmentée.* Paris: chez Charles de Sercy; 1694. *Le Cuisinier royal et bourgeois, Qui apprend à ordonner toute forte de Repas en gras & en maigre, & la meilleure maniere des Ragoûts délicats & les plus à la mode; & toutes fortes de Pâtifferies: avec des nouveaux deffeins de Tables, Tome Second.* Paris: chez Claude Prudhomme.

③ Gilles Brochard. 2005. 'Time for tea', pp. 57–148 in Anthony Burgess, ed., *The Book of Tea*. Paris (p. 137).

④ Simon Paulli. 1665. *Commentarius de Abusu Tabaci Americanorum veteri, et herbæ Theé Asiaticorum in Europa novo.* Argentorati [Straßburg]: Sumptibus Authoris Filii Simonis Paulli, Bibliop. [i.e. Simon Paulli].

⑤ Paulli, Simon. 1746. *A Treatise on Tobacco, Tea, Coffee, and Chocolate ... Written originally by Simon Pauli; and Now Tranflated by Dr. James.* London: T. Osborne.

⑥ John Wesley. 1748. *A Letter to a Friend concerning Tea*. London: W. Strahan.

⑦ John Wesley. 1761. *Primitive Phyfick: or, an Easy and Natural Method of curing Moft Diseases*. London: W. Strahn (pp. xx, 122).

部分，也抨击了为卫斯理所担忧的英国人的饮茶习惯：

> 我可以观察到，政府最近在海军饮食中引入了茶的使用，而且我不怀疑我们未来的敌人将不得不与暴躁和紧张的水手斗争，而不是与橡木和钢铁的心脏斗争。[①]

在英译本中，保利的著作激发了乔纳斯·汉威的灵感，他于1756年写了一篇著名的抨击文章，主张废除“使用一种叫作茶的中药”，并告诉人们应该改喝鼠尾草、迷迭香、百里香、酸叶草（sorrel）或当归。

这本书的第一版是匿名的，但著名的塞缪尔·约翰逊博士（Dr. Samuel Johnson，1708~1784年）很快在《文学杂志》（*The Literary Magazine*）上将汉威确定为这本书的作者，他“没有印刷出售，而是把它分发给熟人”。[②]在约翰逊的第一部作品中，他仅仅满足于指认作者的身份，并重新出版了汉威作品中那些更令人兴奋的片段。汉威对茶的抱怨实际上是多方面的，但约翰逊引用了汉威提出的一个问题，正如后来的历史告诉我们的，这个问题并不会消失。

> 如果我们与其他国家进行比较，我们应当看到，在整个地球上，没有人在商业上犯下如此荒谬的罪行……如果大不列颠和爱尔兰加上陛下的美利坚领土，据我所知，近年来所有与中国进行贸易的欧洲国家给我们带来的负担，几乎与我们从中国带来的东西一样多，即300万磅的重量。[③]

几个月后，汉威的书的扩展版出版了。塞缪尔·约翰逊再次迅速做出回应。在一篇令人眼花缭乱的讽刺散文中，他讽刺了汉威的书，并在他的开场宣言中描述了自己的中心思想：

> 现在，我们将努力定期跟踪他，了解他对这种现代奢侈生活的所有看法；但是，如果不事先声明一下，就很难坦率地说，他不指望所摘录文字的作者，一个顽固的不知羞耻的饮茶者，会有
> 545 什么公正可言，20年来，他只用这种迷人的植物来冲淡他的饭菜，水壶几乎没有时间来冷却；用茶来消遣夜晚，用茶来慰藉午夜，用茶来迎接早晨。[④]

约翰逊淡化了茶的重要性，并嘲笑了汉威的断言，即英国经济因为在茶上的无益浪费而失去了劳动力。实际上，汉威曾做过一个值得注意的观察：茶已经打入了工人阶级内部，茶的定量供应有时甚至成了工人工资的一部分。英国工人阶级可以喝到茶的原因是茶叶贸易的蓬勃发展和激烈竞争，这使

① A Tea Dealer (1826: 69).

② Samuel Johnson. 1756. Review of *A Journal of Eight Days Journey* … 'Calculation of the expence of tea', *The Literary Magazine: or, Universal Review*, i (vii): 335–342.

③ Johnson (1756: 340, 342).

④ Samuel Johnson. 1757. Continuation of the review of *A Journal of Eight Days Journey* … 'Chinese method of making tea', *The Literary Magazine: or, Universal Review*, ii (xiii): 161–167.

得每磅武夷茶的平均价格从1709年的35先令降到了1775年的14先令。

然而，汉威的哀怨风格和他对“茶的使用下沉到平民阶层”的观察给了约翰逊充分的理由来运用他的讽刺智慧，他反驳说茶肯定不是为下层阶级准备的。

> 在大部分经常饮茶的人当中，茶的饮用量并不大。因为它既不让人兴奋又不刺激味蕾；它通
> 常只是一种象征性的娱乐，一种装腔作势的闲聊，中断业务或无所事事……我不想显得吹毛求疵， 546
> 因此应当欣然承认，茶作为一种饮料是不合适下层阶级的，因为它既不能给人以劳动的力量，也不能缓解疾病，只能满足人们的口味，而不能滋养身体。这是一种多余的东西，那些很难获知大自然所需的人，是无法谨慎地使自己习惯于这种东西的。它的正确用途是娱乐懒散的人、放松勤奋的人，稀释那些不能去锻炼，也不会节制的人的膳食。在这种平淡的娱乐中消磨时光，是让人无法拒绝的；许多人在茶桌上虚度光阴，其实这些都是美好时光。但是，从这种浪费时间的行为中可以推断出对国家的一些损害，这一点并没有明显地表现出来，因为我不知道还有什么工作因人手不足而没有完成。[①]

在讽刺汉威的观点时，就连约翰逊博士本人也被迫承认了他的一个观点，这与汉威在他的作品第一版中提出的问题是一样的。

> 他的下一个论点更加清晰。他肯定，每年给中国15万英镑的银币，换300万磅茶叶，再从邻
> 近海岸偷偷运来200万磅，我们每磅支付20便士，（英国每年）购茶花费166666英镑。 547

汉威曾住在里斯本，一路旅行先经由里海到波罗的海，后经由德意志地区和荷兰，最终抵达圣彼德堡并居住于此。尽管约翰逊博士幸灾乐祸地嘲笑他，但汉威对贸易逆差的理解反映了他的阅历和远见卓识。然而，约翰逊博士也很自然地对此轻描淡写。

> 可以肯定的是，那些喝茶的人没有权利向进口茶的人抱怨，但是如果汉威先生的计算是公正的，那么进口和使用茶的行为应该立即遭到刑法的制止。[②]

在这篇精彩文章的结尾，约翰逊的嘲讽语气依然没有缓和，但在他的评论结束时，约翰逊或多或少勉强承认的一点是，汉威对经济的洞察完全正确。

与卫斯理不同的是，汉威很少提及茶对健康的有害影响，尽管他确实致力于写一些荒谬的声明，如“茶缩短了人的寿命”，把茶描绘成一种慢性毒药。他那本被广泛阅读的书甚至可能激发了一种令人费解的做法，即在茶中加入一点柠檬汁，因为汉威广泛传播一种误解，即中国人在茶中加入“酸性物”

① Johnson (1757: 164, 166).

② Johnson (1757: 166).

而不像英国人那样加糖。有点不一致的地方在于，汉威一方面推荐这种做法，另一方面则完全放弃喝茶。[①] 然而，汉威这篇论文的主旨是劝告人们彻底放弃喝茶的习惯。

他对茶的抨击主要集中在英国广泛的茶叶消费给英国财政和经济所造成的负担上。

> 我们目前调查的主题涉及每年寄往中国的 20 多万英镑，据我所知，其中约 15 万英镑用于茶，1 磅 1 先令，好茶和坏茶在一起，重约 300 万磅……如果加上法国、荷兰、瑞典、丹麦和普鲁士的 200 万磅茶叶，每磅仅 20 便士，就相当于 166666 英镑，还不算爱尔兰和北美殖民地除去的。所有这一切，我们必须用黄金或白银来衡量。我相信这种有害物品的整个出口额度在 3 万到 40 万英镑之间……30 万英镑是我们年度结余的很大一部分。[②]

汉威注意到，无论是尼德兰还是德意志地区，都没有像英国这样受到这个问题的困扰：

> 联合省消耗了超过三分之一的输入，也就是说，将近 100 万磅的重量……德意志人喝茶，但没法与我们相比，他们更喜欢咖啡。[③]

考虑到所有因素，汉威计算出 1756 年英国的年度茶叶支出额为 2691665 英镑。[④] 他还警告说，公共债务和不列颠东印度公司为了买茶而对金银求之若渴。这篇文章并不是最后一篇汉威在政治背景下提到茶的文章。

图 8.10　费尔南多六世（1746~1759 年在位）统治时期的新西班牙（virreinato de Nueva Espana 或 New Spain）银元八里亚尔币的正面和反面。

西班牙货币八里亚尔币（real de a ocho，一种西班牙比索银币，又称 piece of eight，real 是西班
548 牙的一种货币单位。——译者注）是在新西班牙铸造的一种银币，人们在萨卡特卡斯（Zacatecas）

① Hanway (1756: 214).
② Hanway (1756: 288–289).
③ Hanway (1756: 303).
④ Hanway (1756: 270).

和塔斯科（Taxco）发现了储量丰富的银矿。茶是用白银买来的，大部分茶叶交易是用八里亚尔币进行的。即使在 1821 年新西班牙从西班牙独立成为墨西哥帝国（1823 年成为墨西哥共和国）之后，西班牙元或墨西哥比索仍然是茶叶贸易的主要货币单位。汉威哀叹我们给中国皇帝支付了“数百万的银子”“用于购买统属于他的灌木叶子”。[①] 这个问题在经济上的重要性使他大声疾呼：“我们用什么来弥补差额呢？”[②]

假以时日，他这个问题的答案将变成鸦片。汉威认为，他可以呼吁英国女性的爱国主义精神，恳求她们放弃喝茶，并敦促她们，“你必须也爱你的国家”，而“英国女性长期以来一直被认为是伊斯兰奴隶的反面。用你的行动让世界相信你对自由和荣誉有最真实的认识”。[③] 但是，英国女性对这种呼吁充耳不闻，茶的消费量并没有下降，而是稳步上升。然而，英国的政策制定者们都意识到了贸易逆差的经济现实，他们很快就会转而选择通过毒品贸易来弥补这种不平衡。英国将成为世界上最热衷于贩卖鸦片的国家。

## 性别、茶园与茶舞会

在饮茶的风尚从荷兰和法国传到英国之前，饮茶已经与欧洲大陆的妇女联系在一起了。虽然最初男人是最大群体的饮茶者，但女人很快也沉溺其中。在联合省，“茶沙龙”是一个妇女的社交聚会，由家中女主人主持。[④] 与此同时，英国咖啡馆一直是英国男人的专属领地，英国女人被禁止进入。相比之下，在英国，妇女喝茶并不被认为是不得体的。1694 年，在威廉·康格里夫（William Congreve）的喜剧《两面派》（*The Double Dealer*）中，由亨利·珀塞尔（Henry Purcell）配乐，茶已经被描绘成爱八 549
卦的女人的饮料。

> Careleſs：没有信仰，你们这些傻瓜会变得吵闹。如果一个男人必须忍受没有意义的话语的吵闹，我想女人们的声音会更悦耳，也会变得更不理智。
>
> Mellefont：为什么，他们在走廊的尽头。喝他们的茶，讲他们的丑事；这是他们晚饭后的习俗。[⑤]

饮茶这一新奇的习惯是在 37 年前才首次被引入英国的，它被戏谑地描述为一种古老的习俗。这一时期，英国文学和艺术的主题之一就是那些爱说闲话的妇女。[⑥] 在英国，有些人认为喝茶是一种女性的行为，这种对喝茶赋予性别内涵的做法在英国已经持续了一段时间。

---

① Hanway (1756: 339).

② Hanway (1756: 292).

③ Hanway (1756: 358).

④ Schotel (1867: 391–412).

⑤ William Congreve. 1694. *The Double-Dealer, A Comedy*. London: Jacob Tonſon, at the Judges-Head near the Inner-Temple-Gate in Fleet-ſtreet (p. 2).

⑥ Ellis, Coulton and Mauger (2015: 85–91, 146–155).

1684 年，一位名叫丹尼尔·川宁（Daniel Twining）的纺织工从科茨沃尔德（Cotswolds）的潘士威克（Painswick）来到伦敦，并在克里斯普盖特（Cripplegate）的圣吉尔斯（St. Giles）定居下来。他最小的儿子托马斯后来为东印度商人托马斯·德·阿斯（Thomas D'aeth）工作。1707 年，丹尼尔·川宁在伦敦的德芙烈巷（Devereaux Court）买下了汤姆的咖啡馆（Tom's Coffee House），开始在那里卖咖啡和茶。尽管茶叶税很高，他还是设法以每磅 16 先令甚至更高的价格出售茶叶。1711 年，安妮女王任命丹尼尔·川宁为皇家宫廷的茶商。他逐渐买下了附近的建筑，并在 1717 年把咖啡馆改造成一家名为“金色里昂”（Golden Lyon）的茶馆，它在斯特兰德（Strand）大街上有一个入口，即今天斯特兰德大街 216 号。

图 8.11　这张茶桌是 1720 年左右的一副蚀刻画，展示了画中女人在喝茶时闲聊的情景，而嫉妒驱使着正义和真理从背后的房间里走出来，魔鬼则潜伏在桌子下面，耶鲁大学刘易斯·沃波尔图书馆提供。

与英国咖啡屋不同的是，妇女可以进入川宁的茶馆。金色里昂因此为英国女性开辟了一个新的公共领域。虽然从一开始，英国男人也喝茶，但喝茶很快就与英国文化中的女性性别产生了联系。川宁靠卖茶给富有的家庭、药剂师和客栈老板发了大财。托马斯·川宁（Thomas Twining）于 1720 年在特威克纳姆（Twickenham）买下了戴尔之家酒店（Dial House），同时，茶馆也越来越受欢迎。茶叶贸易利润丰厚，这使得托马斯·川宁有足够的资金利用他的茶馆经营银行业务。随着时间的推移，金融业务和茶叶业务一起不断扩大。[①] 现存的账簿显示，川宁不仅为其他咖啡馆供应茶叶，还为女帽商、布商和小裁缝提供茶叶，以迎合女性顾客的需求。[②]

妇女们一开始享用这种新饮料，马上就有人抱怨。1722 年，就有一位英国人指出，支持妇女饮茶的习惯给男人带来了损失：

> 一张日式茶几、一把茶壶、一个架子、一个罐子，一个糖盒、瓷器、银匙和一把叉子，是不可能不费钱的；除了在茶、糖、面包和黄油上的花费之外，还要花钱维持这种幻想和无用的装

① 1793 年，托马斯·川宁的孙子理查德·川宁被选为大不列颠东印度公司的董事。1824 年去世后，他的儿子理查德·川宁二世（Richard Twining Ⅱ）和他的兄弟们接管了茶叶生意，并在隔壁开了一家名为川宁公司（Twining & Company）的银行，由此建立了一个独立的实体。自 1717 年起，家族就一直在经营银行业务。直到 1892 年，理查德·川宁三世才将川宁银行出售给伦敦的劳埃德银行（Lloyds of London）。

② Forrest (1973: 45, 46).

备……①

作者告诫人们…… 551

> 宁可把他的手交给狮子，把他的财富交给妓女，把他的良心交给马夫，把他的宗教交给犹太会堂，总比把他的钱袋交给他的妻子要好，因为她是个饮茶的人。

英国小册子作者以“鞭打汤姆”（Whipping-Tom）的笔名来责骂“傲慢的女士”，他抱怨“那些衣衫褴褛的人在喝茶时毫无意义的闲聊和枯燥无礼的话”。②

六年后，1728 年，在亨利·菲尔丁（Henry Fielding）的戏剧《假面舞会中的爱情》（*Love in Several Masques*）中，玛琪丽丝夫人发了声：“哈，哈，哈！爱情和流言是茶最好的情人。”③同年，在一部作品中，两个盎格鲁 - 撒克逊人同时沉湎于下作的好奇心和愤慨的道德非难的嗜好，一位匿名的新教作家把一些年轻人喜欢鸡奸的癖好归咎于过于绅士的教养方式，在这种教养方式中，喝茶等女性化的追求尤为突出。显然，作者认为同性恋是在这样一个年轻人身上发生的，当……

> 他的胃已经被茶弄坏了……他妈妈嘱咐他不要跟粗野的孩子们玩，因为怕弄坏他的衣服；因此，到目前为止，我们这位年轻的先生还在玩洋娃娃，在模拟洗礼、参观和其他女孩子的活动中提供帮助，邀请和被邀请同这位或那位校友一起喝茶。④

1730 年，英国医生托马斯·肖特（Thomas Short）认为，茶可以缓解“结石、尿砂或黏液聚集物”引起的“肾病疼痛”，而“绿茶又是一种解药，不会让人产生恐惧感”，但是肖特也认为茶“较之于男性更适宜女性”，因为女性更倾心那种“浓郁的汁液”，大自然“用这种更松弛的、更细腻的纤维素来呈现给她们”。⑤

---

① Whipping-Tom. 1722. *Whipping-Tom: or, a Rod for a Proud Lady, Bundled up in Four Feeling Discourses, Both Serious and Merry. In order to touch The Fair Sex to the Quick.* London: Printed for Sam. Briscoe, at the RollSavage on Ludgate-Hill; also at the Sun against John's coffee-house in Swithin-Alley, Cornhill (p. 16).

② Whipping-Tom (1722: 18).

③ Henry Fielding 1728. *Love in Several Masques.A Comedy, As it is Acted at the Theatre-Royal by his Majesty's Servants.* London: John Watts (Act iv, scene xi, p. 61).

④ ca. 1728. *Plain Reasons for the Growth of Sodomy, To which is added, The Petit Maitre, an odd ſort of unpoetical poem, in the trolly-lolly ſtile.* London: A. Dodd and E. Nutt, reprinted in 1749 as 'Reasons for the Growth of Sodomy, &c.', pp. 45–62 in *Satan's Harveſt Home: or the Present State of Whorecraft, Adultery, Fornication, Procuring, Pimping, Sodomy, And the Game at Flatts, (Illuſtrated by an Authentick and Entertaining Story) And other Satanic Works, daily propagated in this good Proteſtant Kingdom. Collected from the Memoirs of an intimate Comradeof the Hon.JackS**n**r,andconcern'd with him in many of his Adventures.* London: Printed for the Editor (p. 48).

⑤ Thomas Short. 1730. *A Dissertation upon Tea, explaining its Nature and Properties By many New Experiments; and demonſtrating from Philoſophical Principles, the various Effects it has on different Constitutions. To which is added the Natural History of Tea; and a Detection of the ſeveral Frauds uſed in preparing it.* London Printed by W. Bowyer, for Fletcher Gyles (pp. 54, 57, 61).

在 1734 年于伦敦发表的一首诗中，邓肯·坎贝尔（Duncan Campbell）赞美了女性读者，并称赞了茶。这本小册子开头有一个专门的前言“致美丽的女性”，接着是一个单独的“致男性读者的序言”。诗人告诫说：

茶是公平和有灵性的饮料；
它毫不掩饰地愉悦心灵，
但酒却使人陶醉，使人误解；
甜的、无辜的、温和的茶不会冒犯你。①

552 坎贝尔建议“女人应该喝牛奶和茶，这最符合她们的体质”。小册子的后半部分包括“对茶的一些反对意见”，通过对话的方式回应了迪克红润的脸和艾米甜蜜的唇，等等。在这本书中，对立的性别角色得到了进一步发展，诗人关于饮酒的告诫只针对女性。

1742 年，在《伦敦杂志》8 月刊的诗文中，一位匿名的年轻女士写了一首古怪的寓言诗，题为《论茶》。在诗中，她把这种植物描绘成是从受到致命伤的不虔诚的神 Teannus 的血中长出来的，它是妒忌的化身，在做一些贪婪的行为时被戴安娜一箭射杀。女诗人表达了这样一种观点：当所有男人都为嫉妒所驱使时，这种外来的魔药尤其毒害女人的心灵。

即使乔装打扮，嫉妒主宰着人，
它偏向于勇者，指引着懦夫；
通常，或恐惧，或竞争，
在所有它的统治中，总是被指责。
在她说话的时候，一丛美丽的灌木出现了，
温暖的潮水从 Teannus 体内涌了出来。
新的植物结出了美丽的果实和花朵，
如此优雅，
她称之为茶，仍然记得它的种类；
它那嫉妒的汁液仍然保留着，
毒液在它的血管流走。
从印度，来到英国，
它让女性变得多么疯狂，

---

① Duncan Campbell. 1734. *A Poem upon Tea. Wherein its Antiquity, its ſeveral Virtues and Influences are ſet forth; and the Wiſdom of the ſober Sex commended in chuſing ſo mild a Liquor for their Entertainments. Likewiſe, the reaſon why the Ladies proteſt against all Impoſing Liquors, and the Vulgar Terms uſed by the Followers of Bacchus. Alſo, the Objections against Tea, anſwered; the Complaint of the Fair Sex redreſs'd, and the best way of proceeding in Love-Affairs: Together with the ſincere Courtſhip of Dick and Amy, &c.* London: Mrs. Dodd, at the Peacock without Temple Bar (pp. 6, 9– 10).

尽管如此，随着对它的怨恨消退，

一些受害者倒下了，一些名声也随之消失。[①]

东西方茶文化中都存在着性别不平等的现象，并且一直延续至今。例如，即使在今天，大多数品茶者仍然是男性，而大多数采茶者则是女性。茶一直被赋予性别内涵，其中一些就像在日本一样，会随着时间的推移而改变。

1753 年，《爱的字典》（*Dictionary of Love*）将“无聊者”（fribbles）描述为一种雌雄同体的男人，他们喜欢在女人的茶几上吹毛求疵地说三道四，并且“就像最真实的女人一样，喜欢丑闻和所有茶儿上的流言蜚语”。[②] 汉威在 1756 年对茶的长篇大论中，哀叹英国这样的“好战国家”已经接受了中国人喝茶的习惯，他认为中国人是“地球上看起来最娘娘腔的人”。汉威惊呼道：“这种娘娘腔的习俗会有什么结局呢……”并警告说，茶会让“最勇敢的”国家变得最“娘娘腔”。[③]

这一时期，茶园和茶舞在伦敦流行起来，这些新的场所对男女都开放。1732 年，第一个茶园在伦敦开张，1661 年在肯宁顿（Kennington）建立的新泉花园（New Springs Gardens）被重新命名为沃
克斯霍尔花园（Vauxhall Gardens）。露天的圆形大厅和花园中的各种景点都要收费。1736 年，第二座 553
茶园在泰晤士河以南、位于萨默塞特宫对面的兰贝斯沼泽（Lambeth March）上的库珀花园（Cuper's Gardens）开放。这里也举行音乐会，茶园对男女开放。入场费为一先令，茶园最初是一个时尚的场所。然而，1753 年，几起盗窃事件和一些客户的放纵行为，使得其执照被吊销。这个茶园继续在无证的情况下进行私人活动，直到 1760 年。

从这些公共茶园中汲取灵感，贵族们开始流行在他们的花园里建造高度私密和专属的茶室。著名的中国茶亭（chinesisches Haus）是由普鲁士的腓特烈二世（Frederick Ⅱ）于 1763 年在他的公园里建造的。18 世纪 70 年代，德文郡萨尔特拉姆（Saltram）花园内的愚人堡（Castle Folly）被改建成一个夏季茶馆。这一时期的精美茶室如今仍分散地隐藏在花园里，专为鉴赏家保留。

1738 年，马里波恩花园（Marylebone Gardens）也被重新设计为一个茶园，在这里可以追求贵族化的娱乐形式，包括饮茶和参加作曲家如乔治·弗里德里希·亨德尔（Georg Friedrich Händel，1685~1759 年）的音乐会。为此，入场费提高到六便士。在成为茶园之前，马里波恩公园已经成为一个娱乐公园，人们在那里沉迷于一些粗俗的娱乐活动，比如以狗斗牛、逗熊、斗鸡、拳击和赌博。在此之前，直到 1646 年，马里波恩一直是皇家狩猎场，因为亨利八世（Henry Ⅷ）在 1554 年得到它，并把它围起来

① 'Tea, A Fable. By a Young Lady'. 1742. *The London Magazine .Or, Gentleman's Monthly Intelligencer,* Vol. xi, August 1742, pp. 408–409.

② 《爱的字典》将 fribble 定义为“一种模棱两可的动物，既不是雄性也不是雌性；否认自己的性别，又被这两者蔑视……这没有种类的坏蛋，喜欢女人的陪伴，他可以进来分享她们之间正在进行的娱乐活动，这比男子气概更合他的味道，因为他喜欢在她们的帽子、茶的加工以及瓷器饰品摆放上征求她们的意见”（第 88 和 89 页用罗马数字编号）。书中包含了对该语言中使用的大多数术语的解释。London: Printed for R. Griffiths, at the Dunciad in St. Paul's Church-Yard.1741. 尽管这本词典经常被认为是对 1741 年在海牙出版并归属于 Jean-François Dreux duRadier 的法语词典 *Dictionnaire d'Amour* 的英文改写，但法文的原文本中没有与 fribble 相对应的法文。*Dictionnaire d'Amour, Dans Lequel on trouvera l'explication des termes les plus ufités dans cette Langue, Par M. de* *** La Haye.

③ Hanway (1756: 213, 245, 301).

图 8.12　肯宁顿沃克斯霍尔花园音乐厅，约翰·塞巴斯蒂安·穆勒版画，约翰·鲍尔斯于 1751 年出版。

作为他的私人鹿园。今天，摄政公园（Regent's Park）只是马里波恩花园的残余部分。当整个地区在

554 1809 年至 1832 年由约翰·纳什（John Nash）重新设计后再次展现出来，才有了摄政公园，约翰·纳什是摄政王即后来的国王乔治四世（George Ⅳ）的建筑师。

1742 年，拉内勒夫花园（Ranelagh Gardens）在切尔西（Chelsea）开放，设有一个巨大的圆形舞厅，叫圆形大厅（Rotunda），远比沃克斯霍尔花园的露天圆形大厅宏伟。拉内勒夫花园的圆形大厅是这一时期表演优雅的茶艺舞蹈的主要场所之一。这里的入场费是两先令六便士。这种端庄的娱乐形式一直流行到第二次世界大战之前。在美国，茶舞会的流行是在第一次世界大战期间开始的，但很快就在大萧条时期消失了。然而，在英国，茶舞会却一直很流行。当华尔道夫（Waldorf）酒店于 1908 年在阿尔德维奇（Aldwych）开业时，这家酒店成为茶会的首选场所，茶会被称为 thés dansants。

与此同时，在 19 世纪末 20 世纪上半叶的法国，茶在巴黎的隐语中有了另一层含义，在那里，喝茶是同性恋性行为的隐喻。一些单词如“杯子”（ tasse）、“一杯茶”（tasse à thé）和“茶壶”（theiere）表示某个公共设施或其他场所，人们可以在这里寻找性伴侣。“喝茶”（Prendrelethe）一词指的是沉迷于同性恋的满足行为。[①] 茱莉娅·克里斯蒂娃（Julia Kristeva）和贾罗德·海耶斯（Jarrod Hayes）都曾解释过，只有当读者意识到那个时代的亚文化暗语中隐含的双关语时，才能正确理解马塞尔·普鲁斯

① Brassaï [i.e. Gyula Halász]. 1976. *Le Paris secret des année 30*. Paris: Gallimard (p. 55); Jean-Paul Colin et Jean-Pierre Mevel. 1990. *Dictionnaire de l'argot*. Paris: Larousse (pp. 613, 618).

特（Marcel Proust，1871~1922 年）的作品。显然，不是所有《追忆似水年华》（*À la recherche du temps*
*perdu*）中的字符都有隐喻，而且故事的情节是在性知识和无知之间展开的。同样显然的是，这也表现
在普鲁斯特的一些读者身上，就如当盖尔芒特（Palamede de Guermantes）“每天和莫雷尔（Morel）一 555
起去朱比安（Jupien）家喝茶”时。[①]

图 8.13　1754 年切尔西拉内勒夫花园的圆形大厅，由查尔斯·格里格尼翁（1721~1810 年）手工雕刻，26 × 40 厘米，基于卡纳莱托的一幅画，由罗伯特·塞耶在伦敦出版，版权归维多利亚和阿尔伯特博物馆所有。

当朱比安在普鲁斯特的“索多姆与戈摩尔”（Sodome et Gomorrhe）这一卷中沉浸在对老先生们的喜爱中时，巴黎已经出现了第一家茶馆。1903 年，奥地利糖果商安东·伦佩尔梅耶（Anton Rumpelmayer）在里维利街（de Rivoli）226 号开了一家这样的店，他把自己的茶馆命名为“伦佩尔梅耶”。1914 年，即他去世两年后，他的儿媳安吉利娜（Angelina）开始经营这家店，从此以后，沙龙就以她的名字命名。他们的一个老客户碰巧是普鲁斯特。这些场所的安静氛围激发了世界其他地方花园式茶室的发展。

20 世纪 60 年代，在纽约长岛南海岸的火岛（Fire Island）上的樱桃林（Cherry Grove）和松林（Pines），一种带点新奇的茶舞会重新流行起来。在当时，纽约酒吧“故意向同性恋者出售酒精饮料”是违法的。在这种高度选择性的禁酒主义者的意义上，男同性恋组织的下午茶舞会并没有引起注意，

① Julia Kristeva. 1994. *Le temps sensible*: *Proust et l'expérience littéraire*. Paris: Gallimard (p. 34); Jarrod Hayes. 1995. 'Proust in the tearoom', *Proceedings of the Modern Language Association of America,* 110 (5): 992–1005.

因为提供的是茶而不是酒，而且他们的时间安排使得参与者能够搭乘从火岛回来的最后一班渡轮。根据 1969 年 6 月“石墙暴动”（Stonewall riots）之前实施的法律，舞蹈中舞伴之间没有身体接触，但这些丰富的茶点仍然是一种浪漫的东西。

图 8.14　1754 年切尔西拉内勒夫花园的圆形大厅中的茶会舞池，乔凡尼·安东尼奥·卡纳莱托（1697~1768 年），布面油画，46 × 75.5 厘米，伦敦国家画廊。

“石墙暴动”后，这种现代的周日下午茶舞会传遍了北美。20 世纪七八十年代，人们常常在游泳
556 池和郊区豪华住宅的花园里举办这种舞会，但在那之后就不再流行了。[1] 随着同性恋茶舞会的淡出，在英国，更为传统的茶舞会在 20 世纪八九十年代重新流行起来。在 2003 年酒店易手之前，华尔道夫酒店的棕榈阁（Palm Court）再次成为最受欢迎的场地之一。[2] 新的华尔道夫希尔顿酒店（Waldorf Hilton）后来恢复了茶舞会，但其他如皇家歌剧院（Royal Opera House）的翰墨林大厅（Paul Hamlyn Hall）以及圆形剧场天篷下的斯皮塔弗德（Spitalfields）也开始流行起来。

最近几十年来，20 世纪 60 年代、70 年代和 80 年代的同性恋茶舞会在巴黎重新焕发了生机，尽管已经从白天转移到了晚上。导致“石墙暴动”的茶舞会文化代表了美国文化的一个重大转折点，它是对一段不恰当的不宽容时期的反抗，这个时期，同性恋者与共产主义者联系在一起或等同于共产

① Will Kohler. 2013. ‘The very gay history of the almost lost tradition of the Sunday tea dance’, *Back2Stonewall*〈http://www.back2stonewall.com/2013/11/gay-history -lost-tradition-sunday-tea-dance.html〉, posted 24 November 2013, accessed 27 November 2013.

② Jane Pettigrew and Bruce Richardson. 2014. *A Social History of Tea*. Danville, Kentucky: Benjamin Press (pp. 202, 230).

主义者。从1950年开始，参议员乔·麦卡锡（Joe McCarthy）在美国发动了一场针对同性恋者和共产主义者的猎巫运动（witch hunt）。这场运动也相当反常地受到两位未公开身份的同性恋者的帮助和教唆，他们是律师罗伊·马库斯·科恩（Roy Marcus Cohn）和华盛顿联邦调查局局长约翰·埃德加·胡佛（John Edgar Hoover）。

图 8.15　马塞尔·普鲁斯特，奥托·韦格纳 1895 年拍摄的一张 14.2 × 10.2 厘米的照片细节，私人收藏。

共产国际（Comintern or Communist International）成立于1919年3月在莫斯科举行的第一次代表大会上。从“第一国际”（First International）开始，这些代表大会不定期举行，直到1935年的第七次代表大会。1936年，共产国际组织发起成立西班牙人民阵线和法国人民阵线。著 557
名的牛津大学同性恋者唐·塞西尔·莫里斯·博拉（don Cecil Maurice Bowra）诙谐地提到了这股红潮，称自己是“同性国际联盟”（Homintern）、“第69国际”（$69^{th}$ International）或“不道德阵线”（Immoral Front）的领袖。[1]早在1937年8月11日，博拉在与以赛亚·伯林（Isaiah Berlin）的通信中就使用了“Homintern”这个双关语。[2]

受到博拉喜欢的年轻的斯蒂芬·斯彭德（Stephen Spender）就在几个月前，即1936年至1937年
的冬季，成为一名共产党员，不过时间很短。斯彭德很快就对运动中的暴行和虚伪感到失望，他后来 558
在1949年出版的一本有影响力的前共产主义者的推荐书中讲述了自己的经历。[3] 1895年奥斯卡·王尔德受审并被定罪后，像共产主义这样的思潮对同性恋男子的魅力在于，它提供了一种反主流意识形态的机会来反抗现存社会秩序，在这种秩序中，每个同性恋男子的本性都是不自觉地成为不法之人。

① Leslie G. Mitchell. 2009. *Maurice Bowra: A Life*. Oxford: Oxford University Press (p. 123); Noel Annan. 1999. *The Dons: Mentors, Eccentrics and Geniuses*. London: Harper Collins Publishers (p. 165). Maurice Bowra's inner circle included John Betjeman, John Sparrow, Isaiah Berlin and Kenneth Clark, whilst Stephen Spender, Cyril Connolly, Rex Warner, Cecil Day-Lewis, Osbert Lancaster and Henry Vincent Yorke were also close friends.

② Leslie G. Mitchell. 2004. 'Bowra, Sir (Cecil) Maurice (1898–1971)', pp. 983–985, Vol. 6 in Henry Colin Gray Matthew and Brian Harrison, eds., *Oxford Dictionary of National Biography*. Oxford: Oxford University Press (p. 985).

③ Stephen Spender. 1949. 'Worshippers from afar: Stephen Spender', pp. 229–273 in Richard Crossman, ed., *The God That Failed*. New York: Harper & Row.

与一些政客喜欢的断言不同，当法律不公正之时，或者正如经常发生的情况那样，当一些规则成为空洞的时候，法治并不代表道德上的善。

像博拉这样的非政治动物处在愤世嫉俗的知识中——法律实际上主要适用于无权无势的人，而有权有势的人却在很大程度上凌驾于法律之上——使自己凌驾于那些异想天开的意识形态之上。[①] 安东尼·鲍威尔（Anthony Powell）从 1924 年夏天开始就与博拉保持着谨慎而疏远的友谊，[②] 他把新词“同性国际联盟”归功于乔思林·布鲁克（Jocelyn Brooke），但鲍威尔直到 1953 年后不久才第一次听到布鲁克使用这个词，尽管它指的是 20 世纪 30 年代的一种文学风尚。[③]

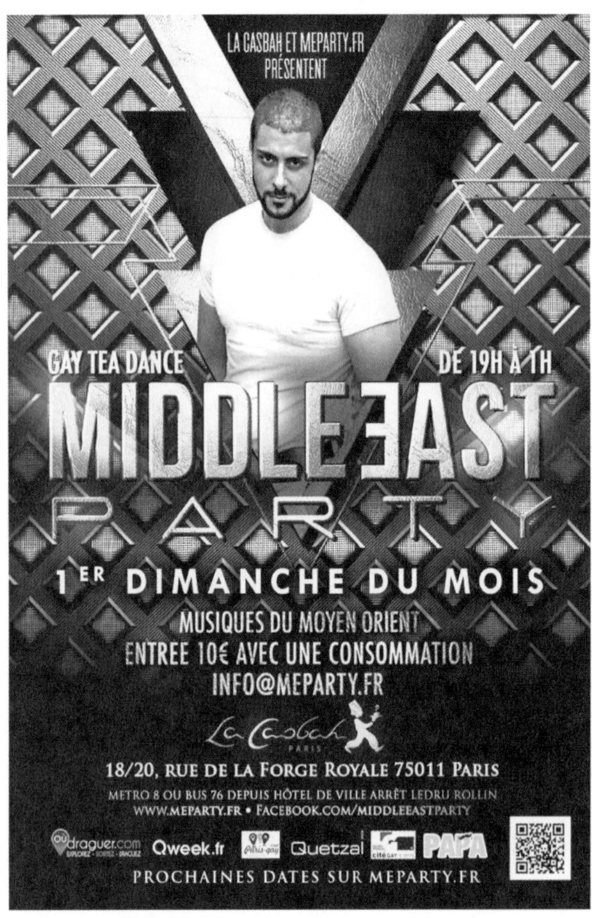

图 8.18　在街上散发的传单，邀请人们参加巴黎定期举行的一次同性恋茶会。

1927 年到 1928 年，布鲁克在牛津大学的一学年快结束时，他发表了六首诗。除此之外，布鲁克直到二战后才开始出书。布鲁克显然没有发明“同性国际联盟”这个词，他是在 20 世纪 30 年代的伦敦才开始熟悉这种文学风尚的。1948 年，他在自己的小说《军兰》（*The Military Orchid*）中，不以为然地创造了“同性共产主义”（homocommunism）这个词。[④]

怀斯坦·休·奥登（Wystan Hugh Auden）在 1950 年 4 月的《党派评论》（*Partisan Review*）上首次使用了带有讽刺意味的“同性国际联盟”一词，他在文中抨击了加拿大无政府主义者乔治·伍德考克（George Woodcock）对奥斯卡·王尔德

① 罗恩·麦克唐纳（Rónán McDonald）在刻薄而平庸的老式阶级战争评论中谴责博拉是一个没有考虑到他的时代的特殊情况和时代精神的人。(Rónán McDonald. 2009. ‘The life and times of an Oxford don who never flowed quietly’, *The Guardian*, 15 March 2009).

② Anthony Dymoke Powell. 1976. *To Keep the Ball Rolling: The Memoirs of Anthony Powell, Volumei —In fants of the Spring.* London: William Heinemann.

③ 鲍威尔是在 1953 年第一次与布鲁克相识的，他公开承认：“我与乔思林·布鲁克从未是朋友，但我们经常通信，他是那种很容易让人写信给他的人之一。” (Anthony Dymoke Powell.1980.*To Keep the Ball Rolling: The Memoirs of Anthony Powell, Volume iii—Faces in My Time.* London: William Heinemann, p. 1; Anthony Dymoke Powell. 1981. ‘Brooke’s Benefit’, *London Review of Books*, 3 (7): 21–22 [16 April 1981], p. 22).

④ “……从罗素广场一直到济慈格罗夫（Keats Grove），都回荡着同性共产主义的尖锐战争呼声……” (Jocelyn Brooke. 1948. *The Military Orchid*. London: The Bodley Head, p. 69).

作品的错误评价。此时，“同性国际联盟”这个词已经很流行了，奥登在其书评的标题中使用这个词是为了讽刺。[①] 自从 1934 年美国共产党首次刊发《党派评论》以来，这本杂志就一直受到政府的严格审查。奥登的评论发表后不久，美国中央情报局就向编辑委员会妥协，甚至开始为该季刊提供部分资金。[②] 尽管“同性国际联盟”最初不过是一位牛津大学教授创造的一个有趣的新词，但这个词很快就 559
为美国国会议员、联邦调查局人员和行政人员所熟悉，他们中的大多数人都太迟钝了，无法理解牛津双关语背后复杂的现实。自始至终，这样的阴谋实际从未存在过。

美国麦卡锡主义（McCarthyism）时期的特征是对同性恋者的引诱和迫害，他们被赶下工作岗位，经常被监禁。1950 年，一份名为《同性恋和其他性反常者在政府的就业情况》（Employment of Homosexuals and Other Sex Perverts in Government）的国会报告得出结论，通过在过去四年里逮捕 457 名同性恋者，“将同性恋者和类似不受欢迎的人从政府职位上清除已经取得了相当大的进步”。此外，该报告还警告说：“在驱逐男同性恋者问题上优柔寡断或采取折中措施”将不符合公众利益。[③] 1951 年，副国务卿卡莱尔·胡默尔辛（Carlisle Humelsin）吹嘘自己又把 119 名同性恋者逐出国务院。卡尔文·汤姆金斯（Calvin Tomkins）记录道，在随后的十年迫害中，“同性国际联盟”一词在纽约艺术界也被广泛使用，以表示“一个由同性恋艺术家、交易商和博物馆馆长组成的人际关系网”。[④]

1960 年，俗气的历史小说作者罗西·戈德施密特·瓦尔德克（Rosie Goldschmidt Waldeck）在《人类事件》（Human Events）这篇文章中，主张继续对同性恋者进行大屠杀，以期“在所有政府机构，特别是国务院中清除同性恋者”。她断言，同性恋者组成了“一个邪恶、神秘、高效的国际组织”，因为同性恋者是“一个阴谋的成员，容易加入另一个阴谋”。在她淫荡的想象中，同性恋男人是“共产国际的福音”，因为作为“天生的密探”，“上层同性恋者接受了马克思主义，因为他们觉得这能让他们更接近无产阶级的男青年”。她巧妙地指出，同性恋是通过“上层阶级和无产阶级腐败之间的

---

① Wystan Hugh Auden. 1950. ‘A playboy of the Western world: St. Oscar, the Homintern martyr—*The Paradox of Oscar Wilde* by George Woodcock, Macmillan $3.50’, *Partisan Review*, xvii (4): 390–394. 迄今为止，还没有证据表明奥登在 1925 年至 1928 年的牛津朋友圈，包括塞西尔·戴·刘易斯（Cecil Day-Lewis）、史蒂芬·斯潘德（Stephen Spender）和弗雷德里克·路易斯·麦克尼尔（Frederick Louis MacNeice），当时都使用特定的名字。哈罗德·罗森（Harold Rosen），别名哈罗德·诺斯（Harold Norse）在 1989 年发表的经历中被称为“拼布被子”，表面上是在 1939 年创造了 Homintern 这个词。在同一句话中，诺斯声称，该词成为奥登不久之后“在 1941 年《党派评论》中的一篇文章中使用的英语单词”。但是，北欧人的回忆是不准确的，因为奥登的文章出现在 1950 年。此外，诺斯还记得，他们第一次使用这个术语是在 1939 年，当时他们在加利福尼亚度过 9 周的夏季蜜月，1947 年才开始一起生活。这个词可能确实在不同的时间和地点出现在不同的人的脑海中，但是这个表达方式在当时已经被挪威人使用了。此外，同性恋中的初始序列 [hɒm] 的英语发音使双关语在共产国际 [kɒmɪntəːn] 上变得轻而易举，而双关语在美国同性恋者的发音上却不太适合，这是一个语音特征，同样损害了罗森回忆的真实性。(Harold Norse. 1989. *Memoirs of a Bastard Angel*. New York: William Morrow and Company, p. 77).

② Hugh Wilford. 2008. *The Mighty Wurlitzer: How the CIA Played America*. Cambridge, Massachusetts: Harvard University Press (pp. 103–106).

③ Calvin Tomkins. 1980. *Off The Wall: Robert Rauschenberg and the Art World of Our Time*. New York: Doubleday (p. 260).

④ John L. McClellan, et al. 1950. *Employment of Homosexuals and Other Sex Perverts in Government: Interim Report submitted to the Committee on Expenditures in the Executive Departments by Its Subcommittee on Investigations pursuant to S. Res. 280 (81st Congress) A Resolution Authorizing the Committee on Expenditures in the Executive Departments to Carry Out Certain Duties*. Washington: United States Government Printing Office.

融合”来运作的。①

只要同性恋者继续遭受社会和法律上的迫害，瓦尔德克头脑简单地认为“政治上的同性恋威胁”这种相当复杂的社会现象就会持续下去。1970 年，瓦尔德克发表长篇大论十年后、“石墙暴动”一年后，在同性恋茶舞会的鼎盛时期，戈尔・维达尔（Gore Vidal）仍有充足的理由讽刺地说：“同性国际联盟理论一直是某些记者的不懈追求，不仅不时出现在大众媒体中，也出现在那些本来应该受到尊重的文学期刊的页面中。”②

## 560 茶与税

自从茶由药用品、调味品变成饮料以来，茶一直与税收、金钱和政治有关。公元 780 年《茶经》问世后，茶突然在中国大受欢迎，并成为一种重要的经济商品，当时的朝廷也试图从中谋取一些利润。因此，就在陆羽名著出版的同一年，德宗皇帝注意到茶突然受到人们的欢迎时就对茶征收了第一笔税。朝廷选择对茶叶征税，并不仅仅因为 755 年至 763 年安禄山叛乱后，农业的直接税收收入停滞不前。即使是在唐王朝恢复政治控制之后，商业仍然是朝廷税收人员的一个更易对付和更可控的目标，事实证明，对茶叶贸易征税可能为朝廷带来丰厚利润，这很难让人抗拒。

每当看到一件好事时，都会从中攫取部分财富，这是政府的一贯做法。这也是马克斯・韦伯在 1919 年所称的“国家对暴力的垄断”（Gewaltsmonopol des Staates）的一部分，③此观点已经在托马斯・霍布斯 1651 年的著作中有所暗示。④ 1944 年，路德维希・冯・米塞斯（Ludwig von Mises）观察到：“国家本质上是一种强制和胁迫的工具。其活动的特点是通过使用武力或以武力相威胁迫使人们

---

① Rosie Goldschmidt Waldeck. 1960. ‘Homosexual International’, *Human Events*, xvii (39): 453–456.

② Gore Vidal. 1970. ‘Number One: *Everything you always wanted to know about sex**...* *but were afraid to ask* by David Reuben, M.D., David McKay, 342 pp., $6.95’, *New York Review of Books*, 14 (11): 8–14. 为了模仿帕特里克・希金斯在 1993 年把他的文集的最后一章命名为“Homintern”，格雷戈里・伍兹（Gregory Woods）将其 2016 年的著作命名为 *Homintern*。伍兹关于“同性恋文化解放了现代世界”的大胆论断值得考虑，但他使用“Homintern”作为自奥斯卡・王尔德时代以来统称同性恋者的假名，导致了时代的错位。从史学的角度来看，伍兹的文学手法超越了诗歌的界限。这一术语的最早使用日期是 1937 年 8 月 11 日，在北欧富裕的同性恋旅游者于 20 世纪初在地中海度假的背景下谈论“欧洲同性恋联盟”是不符合历史的。19 世纪，卡普里岛（Capri）已成为“同性恋者联盟的娱乐圣地”，“一个女性同性恋联盟”在 20 世纪初，或者在罗伊・坎贝尔（Roy Campbell）的作品中提到“Homintern”，或者在《所多玛的毁灭》(*La destruccion de Sodoma*) 中提到，这部失败的戏剧是由费德里科・加西亚・洛尔迦 (Federico Garcia Lorca) 在 1936 年遇刺前不久完成的。(Patrick Higgins. 1993. A Queer Reader. London: Fourth Estate; Gregory Woods. 2016. *Homintern: How Gay CultureLiberatedtheModern World*. New Haven, Connecticut: Yale University Press). Similarly, article 121 in the Russian penal code (cited as ‘Article 112’ by Woods, p. 233), 对鸡奸罪判处 5 年以下有期徒刑，对男性强奸罪判处 8 年以下有期徒刑，这基本上不是 1960 年新通过的，只是取代了 1934 年 4 月 1 日苏联刑法附加的先前第 154a 条，对鸡奸罪判处有期徒刑 3 年至 5 年，对男性强奸罪判处有期徒刑 5 年至 8 年。1917 年到 1934 年，苏联刑法没有关于鸡奸的规定。 (Министерство юстиции РСФСР. 1950. Уголовный Кодекс РСФСР. Москва: Государственное издательство юридической литературы; Министерство юстиции РСФСР. 1960. Уголовный Кодекс РСФСР. Москва: Госюриздат).

③ Max Weber. 1919. *Politik als Beruf.* München: Verlag von Duncker und Humblot.

④ Thomas Hobbes. 1651. *Leviathan, or the Matter, Forme, & Power of a Common-Wealth Ecclesiasticall and Civill*. London: Andrew Crooke at the Green Dragon in St. Paul’s Church-yard.

做出与其所愿不一致的行为。”[①] 英国历史学家阿诺德·汤因比（Arnold Toynbee）认为，最早的政府是由一群装备精良武器、冷酷无情的强盗组成的寄生团伙，无意中产生了向定居的农业人口征税以换取“保护”的想法。[②] 在西方，这种政治哲学传统有着古老的根源。

1573 年，让·博丹（Jean Bodin）指出“强权即公理”的原则体现了政府与强盗集团、海盗集团的主要区别： 561

图 8.17　让·博丹，昂热市市政档案馆。 562

> 我们所说的政府的权力实质上构成了共和国与一群小偷和海盗之间的区别所在……主权是绝对的和永久的权力……把法律强加给每个人的权力……在行使和违反法律的同样效力下，主权者的所有其他权力和特征也包括在内，所以实际上我们可以说，鉴于所有其他的权力都包含其中，主权者的这一特性无非就是发动战争或缔造和平。[③]

正是本着这种精神，以创造了“天命”（Manifest Destiny）一词而闻名的美国记者约翰·路易斯·奥沙利文（John Louis O’sullivan）在 1837 年 10 月写道：

> 在“政府”这个词下面，潜伏着微妙的危险……最好的政府即管得最少的政府。[④]

1849 年，美国哲学家亨利·大卫·梭罗（Henry David Thoreau）在他的论文《论公民的不服从》（On the Duty of Civil Disobedience）中进一步阐述了这一观点。

---

① Ludwig Heinrich Edler von Mises. 1944. *Omnipotent Government: The Rise of the Total State and Total War.* New Haven, Connecticut: Yale University Press (p. 46).

② Arnold Joseph Toynbee.1972. *A Study of History*. Oxford: Oxford University Press; Arnold Joseph Toynbee. 1976 [posthumous]. *Mankind and Mother Earth: A Narrative History of the World.* London: Oxford University Press.

③ Iehan Bodin. 1576. *Les six livres de la Republique*. Paris: Chez Iacques du Puys, Librairie Iuré à la Samaritaine (Book 1, pp. 125, 197, 199). 2017 年 5 月 14 日，微软通过明确的同样比较，强调了其长期本质：“WannaCrypt 攻击中使用的密码漏洞来自国家安全局偷来的漏洞，……我们看到漏洞存储出现在维基解密上，而现在美国国家安全局窃取的这个漏洞已经影响到世界各地的客户。政府手中的漏洞已经泄漏到公共领域，造成了广泛的破坏……这最近的攻击是一个完全意想不到且令人不安的关系这两个世界上最严重的网络安全威胁形式今日 - 国家 - 民族行动和有组织的犯罪行动。” (Microsoft. 2017. ‘The need for urgent collective action to keep people safe online: Lessons from last week’s cyberattack’,14 May 2017〈https://blogs .microsoft.com/ontheissues/2017/05/14/needurgentcollectiveactionkeeppeoplesafeonlinelessonslast weekscyberattack/#sm.00005z71th7wde3ptpj1k1vza7xji〉).

④ John Louis O’Sullivan. 1838. ‘Introduction: The democratic principle—The importance of its intention, and application to our political system and literature’,*The United States Magazine and Democratic Review*, 1 (1): 115 (esp. p. 6). 1853 年，爱德华·彼得森（Edward Peterson）牧师在其《罗德岛和纽波特过去的历史》（New York: John S. Taylor, p. 41）中将“管理最少的是最好的政府”的说法归功于托马斯·杰斐逊（Thomas Jefferson），但这种说法很可能是错误的。

> 我衷心地接受这句格言——“管得最少的政府是最好的政府”，我希望看到它更迅速、更系统地发挥作用。我也相信，最终能实现这一点。“无为的政府是最好的政府”；当人们为之准备好时，那将是他们要拥有的那种政府……不公正的法律存在着：我们愿意服从它们，还是努力修正它们，并服从它们，直到成功？或者我们立刻违反它们呢？我每年仅有一次机会通过收税官直接面对面地和美国政府，或它的代表——州政府打交道；这是一个像我这样的人必然要面对的唯一方式；然后清清楚楚地说，要认得我；在目前这种情况下，要想表示你对它的一点满意和一点爱，最简单、最有效、最不可缺少的办法，就是否认它。①

梭罗认为，他有“公民不服从”的义务，这种不服从产生于他每年与收税员发生冲突的情况下，当时政府会强行拿走一个人的一部分收入。政府的权力不能保证它的廉洁。相反，政府越庞大，它就变得越挥霍无度。事实上，依靠政府常年的挥霍无度，罗斯柴尔德家族（the Rothschilds）成为 1815 年至 1914 年世界上最富有的家族。② 在史前的狩猎 - 采集者群体中，对雄性老大或部落首领的服从很可能出于一种自然秩序，这种秩序建立在我们的生物学基础上，会对被征服的个体进行审慎的评估，这种审慎有时更能体现勇气。

然而，在民族国家和统治者的背景下，艾蒂安·德·拉·博伊蒂（Etienne de la Boetie）在 1576 年提出，统治者和被统治者之间的划分是一个历史的偶然。他指出，我们自愿屈从于暴政，首先是因为我们在这样的制度下出生和长大，还因为暴政对很多人都是有利的，而那些人与从自由中获益的人数可能一样多。后者完全受前者支配并将从现状中获益。

563 人们自愿去服务的第一个原因是他们是作为农奴出生和长大的……归根结底，这种情况是出于一个人与暴君并肩时所得到的恩惠、收益或好处，因此，对于许多人来说，暴政是有利可图的。同样，也有很多这样的人，对他们来说，自由是更可取的。③

根据博伊蒂的观点，为了将自己从暴政中解放出来，需要人民停止为统治者服务的意志行为，换句话说，就是公民的不服从。

> 只要你尝试，你就可以把自己从暴政中解放出来，不是通过解放自己而是仅仅通过此种意愿。只要下定决心不再服从，你就已经自由了。④

---

① Henry David Thoreau. 1849. 'Resistance to Civil Government: A Lecture delivered in 1847', pp. 189–211 in *Æsthetic Papers*. Boston: Elizabeth P. Peabody. (pp. 189, 197,198–199). 他的文章目前在公共领域内流传，并冠以后来的名称，即《论公民不服从的义务》或《公民不服从的义务》。

② Niall Ferguson. 1999. *The House of Rothschild* (two volumes). New York: Penguin.

③ Eſtienne de la Boètie. 1576. *De la servitude volontaire ou le contr'un* (Bibliothèque nationale de France, Département des manuscrits, Français 839, pp. 15, 21).

④ de la Boètie (1576: 6).

美利坚合众国诞生于一场公民不服从行为的狂欢之中，而这些行为中最具象征意义的就是把茶视为支柱之一。

## 域外税收和波士顿茶党

七年战争（1756~1763 年）之后，英国发现自己负债累累，决定对北美殖民地征收域外法权税，并于 1764 年颁布了《食糖法案》（*Sugar Act*），1765 年颁布了《印花税法案》（*Stamp Act*）。这并不是英国议会第一次在英属海外领土对英国臣民征税。《糖蜜法案》（*Molasses Act*）颁布于 1733 年，但由于该税几乎没有得到执行，因此并未引发宪法危机。此外，对糖蜜征收小额税并不是为了增加收入，而仅仅是作为一种保护主义措施，以保持从法属西印度群岛进口糖蜜的价格与从英属西印度群岛进口糖蜜的价格一样高。

早期的《糖蜜法案》和《食糖法案》《印花税法案》在性质上有所不同。《食糖法案》《印花税法案》是单方面的，目的是通过向英国国民征收治外法权税来增加税收，而英国国民在制定税收的立法机关中没有代表。大西洋彼岸的英国人对这种违反宪法的征税形式迅速做出了反应。在 1764 年 5 月的波士顿市政会议上，塞缪尔·亚当斯（Samuel Adams）发表了他的观点：

> 如果我们的贸易可以征税，为什么我们的土地不可以呢？为什么不是我们土地的产物和我们拥有或制造的一切？我们担心这将会摧毁我们自己管理和征税的特许权利，它打击了我们从来没有丧失过的英国人的特权，我们与来自不列颠的同胞有着共同之处：如果在没有法律代表的情况下，以任何形式向我们征税，那么我们不是从自由的国民沦为悲惨的奴隶吗？①

图 8.18　1772 年的塞缪尔·亚当斯，约翰·辛格尔顿·科普利（John Singleton Copley）绘，波士顿美术博物馆（Museum of Fine Arts, Boston）。

塞缪尔·亚当斯成立了一个秘密的逃税 564
者兄弟会，后被称为“自由之子”（Sons of Liberty），他们策划并实施暴力、破坏和恐吓行为。

1765 年 5 月 30 日，路易莎县（Louisa

① Harry Alonzo Cushing, ed. 1904. *The Writings of Samuel Adams.* New York: G.P. Putnam's Sons (Vol. i, p. 5).

county）的代表帕特里克·亨利（Patrick Henry）在威廉姆斯堡市议会（House of Burgesses in Williamsburg）宣誓就职九天后，写下了弗吉尼亚七项决议，其中大部分由弗吉尼亚立法机关通过。[①]七项决议的文本在北美各殖民地的报纸上发表。根据英国宪法，决议规定只有弗吉尼亚人才能向弗吉尼亚人征税，而域外征税“明显有破坏英国和北美自由的倾向”。[②]不久，北美殖民地的其他英国立法机构也通过了类似的决议。帕特里克·亨利加入了“自由之子”。

1766年3月，伦敦废除了《食糖法案》《印花税法案》，但英国财政大臣查尔斯·汤森（Charles Townshend）很快于1767年和1768年提出在殖民地征收油漆、铅、玻璃、油和茶等新税的几项法案，这些法案统称为《汤森法案》（*Townshend Acts*）。抵制运动接踵而至，到1770年3月时，除了每
565 磅茶叶收三便士税外，所有这些税都被废除了。在这个动乱时期，第一代卡姆登伯爵查尔斯·普拉特（Charles Pratt，the 1st earl of Camden）在威斯敏斯特代表英国立法机构在北美殖民地所采取的立场进行辩论，反对那些将北美宪法抗议视为厚颜无耻的议员。

卡姆登伯爵的演讲于1768年2月在《伦敦杂志》上发表，该杂志也被称为《绅士月刊》（*Gentleman's Monthly Intelligencer*），每月“由陛下授权”出版。卡姆登的演讲在标题中打出了“无代表不纳税”的口号。

> 我的立场是——我再说一遍——我将坚持到最后一刻——税收和代表权是不可分割的——这一立场建立在自然法则的基础之上；不仅如此，它本身就是永恒的自然法则；因为一个人自己的东西，绝对是他自己的；任何人未经本人或代表本人所表示的同意，均无权剥夺它，谁想这么做，谁就是在伤害别人；不管是谁干的，都是抢劫；他推翻并摧毁了自由和奴隶制之间的区别。
>
> 美洲人的祖先并没有离开他们的祖国，而是经受各种危险和苦难，沦为奴隶：他们没有放弃自己的权利；他们向祖国寻求保护，而不是枷锁；他们希望自己的财产得到祖国的保护，而不是被剥夺。[③]

第二年，乔治·华盛顿在威廉斯堡的州议会上提出了反对《汤森法案》的新决议，其文本是由乔
566 治·梅森（George Mason）起草的。这些反对从伦敦征收治外法权税的决议于1769年5月16日在威廉斯堡获得一致通过。[④]

首相弗雷德里克·诺斯（Frederick North，1770~1782年在位）不接受这样的观点，即不管英国属臣是否在议会中有直接代表，议会向居住在任何地方的英国国民征税都是违反宪法的。然而，在波士顿，塞缪尔·亚当斯将域外税收和“从这种税收中产生的违反宪法的收入”定性为“对权利的违反和

① 关于最初的七项决议中是否有四项或五项是由市议会通过的，历史资料互相矛盾。

② Samuel Eliot Morison. 1965. *Sources and Documents illustrating the American Revolution 1764–1788 and the Formation of the Federal Constitution*. London: Oxford University Press (pp. 14–18).

③ Charles Pratt, the 1st earl of Camden. 1768. 'L[ord] C[amden]'s Speech on the declaratory Bill of the Sovereignty of Great Britain over the Colonies', *The London Magazine. Or, Gentleman's Monthly Intelligencer*, Vol. xxxvii, February 1768, pp. 88–90.

④ George Washington[introduced by]and George Mason [drafted by]. 1769. *Resolves of the House of Burgesses, paſſed the 16 of May, 1769*. Williamsburg: William Rind.

侵犯”。[①] 一直以来，走私的荷兰茶都比英国茶便宜，身在北美的英国人很满足于购买荷兰商人提供的茶，它们比英国茶有更低的价格和更高的质量。事实上，不列颠群岛的许多消费者也有同样的偏好。为了取缔竞争，除了英国政府的垄断之外的所有商业贸易都被认为是非法的，并且长期以来一直被打上走私的标签。

茶是一种昂贵的商品，荷兰茶的价格却只是英国茶的三分之二。北美的英国殖民地属民消费的茶叶主要是“荷兰茶”，这是一个很恰当的叫法。在北美殖民地，至少有四分之一的茶是从英国政府的垄断中购买的。[②] 与此同时，不管英国人住在哪里，英国政府对英国臣民征税的政策激起了殖民地人民的愤怒。一些英国殖民者有时甚至用很难喝的草药饮料来作为茶的代替品。

周期性的骚动很常见，但当弗雷德里克·诺斯设计出一项狡猾的立法时，这种挥之不去的怨恨达到了顶点。从 1772 年开始，英国议会提高了茶叶税，这一政策使得不列颠东印度公司的茶叶大量积压。茶叶明显过剩的市场是大西洋对岸的英国殖民地。与此同时，诺斯勋爵坚持保留汤森税，以维护议会的特权，即无论英国臣民住在哪里，都可以向他们征税。因此，弗雷德里克·诺斯制定了《茶税法案》( *Tea Act* )，于 1773 年 5 月 10 日由议会通过并成为法律。

*The able Doctor, or America Swallowing the Bitter Draught.*

图 8.19 “一名有才华的医生”，或者又名“美国吞下苦涩的药水”，1774 年 5 月于伦敦蚀刻：诺斯勋爵从口袋里掏出一张波士顿港口的账单，强迫一个衣衫不整的美利坚女子喝下一杯茶，她的手臂被曼斯菲尔德勋爵（Lord Mansfield）控制住，而臭名昭著的桑威奇勋爵（Lord Sandwich）则控制住了她的脚，偷看她的裙底。不列颠尼亚站在美国后面，遮眼不忍直视，华盛顿国会图书馆。

① Morison (1965: 91–96).

② Benjamin Woods Labaree. 1964. *The Boston Tea Party*. New York: Oxford University Press (pp. 7, 163, *passim*).

《茶税法案》的隐秘目的有两个。不列颠东印度公司获准将茶叶免税，直接运往波士顿、纽约、费城和查尔斯顿（Charleston）的新指定收货人，而这种新的安排省去了中间商，降低了英国茶叶的价格，从而首次在英国的北美殖民地以低于荷兰茶叶的价格销售。1772 年，英国的武夷茶每磅卖三先令，但在《茶税法案》颁布后，它只卖两先令，而当时荷兰茶的价格是两先令一便士。《汤森法案》仍然有效，即便荷兰茶叶价格下降，英国殖民地属民依然购买不列颠东印度公司的茶叶，因其已经征收过三便士的汤森税。

因此，《茶税法案》是一个骗人的手段，目的在于哄骗殖民地属民默许域外征税，同时出售不列颠东印度公司未售出的茶叶。英国在北美洲的殖民地不仅充当了英国茶叶市场暂时供过于求的倾销地，而且英国议会还可以通过这种方式行使其域外征税的特权。不列颠东印度公司最初考虑在阿姆斯特丹市场出售过剩的茶叶，但被霍普公司（Hope & Co.）的董事们劝阻。霍普公司是一家由阿
567 姆斯特丹的苏格兰人创建的茶叶贸易和银行公司。他们指出，过多的茶只会通过敦刻尔克等港口走私到英国。

《茶税法案》给北美 13 个殖民地的许多茶商带来了麻烦，地下组织“自由之子”的成员抓住新形势，宣称他们坚决维护不从域外征税这一宪法权利。[①] 1773 年 12 月，三艘满载茶叶的船，“达特茅斯”号（Dartmouth）、“埃莉诺”号（Eleanor）和“比弗”号（Beaver）停泊在波士顿的码头。马萨诸塞湾总督托马斯·哈钦森（Thomas Hutchinson）推迟了茶叶的卸货时间，直到税款按时缴纳。1773 年 12 月 16 日晚，一伙人在塞缪尔·亚当斯的带领下伪装成北美土著印第安人，从名为绿龙（Green Dragon）的海港酒馆出来，登上不列颠东印度公司的三艘船，将来自中国福建省价值 1 万英镑的 342 箱武夷茶倒进了波士顿港的海水里。

第二天，塞缪尔·亚当斯在寄给他在科德角普利茅斯（Plymouth at Cape Cod）的同伴的急件中，报告说：

> 我们非常迅速地通知你，在这个城市的三艘船上的所有茶叶都在昨天晚上被销毁了，没有对船只或其他任何财产造成丝毫损害。[②]

568 同样在 1773 年 12 月 17 日，约翰·亚当斯在他的日记中写了几段预言性的文字。

> 昨晚有三船的武夷茶被倒入大海。今天早晨，一位战士扬帆起航。
>
> 这是最伟大的运动。在爱国者最后的努力中，有一种尊严、庄严和崇高，这是我非常敬佩的。如果不做一些值得纪念的、引人注目的事情，人民就不会站起来。这种破坏茶叶的行为是如此大胆，如此激动人心，如此坚决，如此勇敢，如此毫不犹豫，它一定会产生如此重要而持久的后果，以至于我不得不把它看作历史上的一个转折点……

---

① Labaree (1964: 66–77, *passim*).

② Harry Alonzo Cushing, ed. 1907. *The Writings of Samuel Adams*. New York: G.P. Putnam’s Sons (Vol. iii, p. 72).

问题在于，是否有必要销毁这些茶？我明白这是绝对必要和不可缺少的。——他们不会把它退回去，总督、海军上将、收税官和审计长是不会容忍的。除了他们的权力，没有其他东西能救得了它。它无法通过城堡和战士们实现。除了摧毁它或卸下它，别无他法。卸下它，将会放弃议会当局征税的原则，为了这一原则欧洲大陆已经奋斗了 10 年，它让我们失去了 10 年所有劳动成果，并将我们自己和我们的后代永远交给埃及监工——去负重，被侮辱，去献丑、受责，被蔑视，承受荒凉和压迫、贫穷和奴役。①

约翰·亚当斯是塞缪尔·亚当斯的表亲，但他没有加入“自由之子”，因为他不想在“自由之子”组织公然藐视法制的活动中玷污自己的手。然而，他对销毁茶叶的支持是全心全意的，因为这种代价高昂的姿态表明，他们都以一种令人难忘的戏剧性方式反对从远处征税。

1773 年 12 月 25 日，第四艘满载茶叶驶往波士顿的不列颠东印度公司船在科德角失事。这位未来的美国第二任总统当时曾坦率地称之为“茶的毁灭”，② 甚至在 1859 年，美国的历史学家们仍然简单地将其称为“波士顿倾茶事件”。③ 直到很久以后，“波士顿茶党”（Boston Tea Party）这个标签才在 1834 年乔治·罗伯特·休斯（George Robert Twelve Hewes）的回忆录中首次披露出来，他是一位文盲老人，也是已知参与此次活动的唯一幸存者。他的回忆由一位匿名的纽约人写出来并发表，他把茶的销毁浪漫化了。④

波士顿茶党激发了抗议英国政府对殖民地属民域外征税的其他活动。1773 年 12 月下旬，在费城，一艘名为“波利”号（Polly）的茶船被迫返航，将茶叶运回英国。适值不忠于母国的浪潮达到高峰，域外税收引起的义愤激发了一首明目张胆的极具煽动性的诗歌，这首诗刊登于 1774 年 1 月 20 日的《弗吉尼亚公报》（*Virginia Gazetle*）上。

再见了，茶几——一位女士的告别
再会吧，茶盘，连同那华丽的装饰，
杯碟，奶油桶，糖夹子，
还有那只漂亮的茶叶箱，不久前刚被偷，
与熙春茶，工夫茶，
最好两者都是上好的极品。
一起度过了多少欢乐的时刻，
听着姑娘们的闲谈，老处女们在议论丑闻。

---

① L.H. Butterfield, Leonard C. Faber and Wendell D. Garrett, eds. 1962. *Diary and Autobiography of John Adams (Volume 2, Diary 1771–1781).* Cambridge, Massachusetts: The Belknap Press of Harvard University (pp. 85–85).

② Richard Hildreth. 1849. *History of the United States of America from the Discovery of the Continent to the Organization of the Federal Government under the Constitution, 1497–1789, Volume III*. New York: Harper and Brothers (p. 30).

③ Hildreth (1849: 30); Goodrich (1859: 157).

④ A Citizen of New York.1834. *Retrospect of the Boston Tea Party with a Memoir of George R.T. Hewes, a Survivor of the Little Band of Patriots Who Drowned the Tea in Boston Harbor in 1773*. New York: S.S. Bliss.

569 打扮漂亮的花花公子嘲笑的——也许是——
什么都没有。
我再也不能端出曾经喜爱的茶汤，
虽然现在很是可憎，因为我被教导（我相信这是真的），
它将给我的国家戴上奴役的枷锁。
我会选择自由女神，
在北美殖民地取得胜利。

*Americans throwing the Cargoes of the Tea Ships into the River, at Boston*

图 8.20　理查德·约翰逊（Richard Johnson，化名为 Rev. Mr. Cooper）描绘的波士顿港的茶叶在疯狂逃税中被毁的情景，1789 年绘制。库博先生所写的《北美的历史：包括对原住民的风俗习惯的回顾；英国殖民地的第一次定居，兴起和发展，从最早的时期到成为统一、自由和独立的国家的时期》，铜板装饰画。伦敦：E. 纽伯瑞印刷，圣保罗教堂的一角。铜板雕刻，第 60~61 页，由华盛顿国会图书馆印刷与照片部门提供的高分辨率图像。

1774 年 9 月 10 日，北卡罗来纳的省级代表决定抵制从英国本土运来的所有茶叶和布料。接下来的一个月，1774 年 10 月 27 日，佩内洛普·巴克（Penelope Barker）在阿尔伯马尔海峡（Alberale Sound）岸边的伊甸顿（或伊登顿）（Edenton）组织了一次聚会，在伊丽莎白·金（Elizabeth King）家中，51 位女士签署了一份承诺书，抵制不列颠东印度公司的茶叶。伦敦的新闻界对这次聚会进行了讽刺。在查尔斯顿、费城、纽约、安纳波利斯（Annapolis）和伊甸顿等地举行的数次不同政见的示威活动，直到最近才被一些历史专业的人士称为“茶党”。

尽管这些事件的动机都是逃税，构成了反对域外税收的暴力抗议，但没有一个事件像波士顿茶叶事件那样戏剧化，而且当时参与其中的人都不知道这些事件是“茶党”所为。 571

一个世纪后，奥利弗·温德尔·霍姆斯（Oliver Wendell Holmes，1809~1894 年）在 1873 年 12 月 16 日举行的马萨诸塞州历史学会百年纪念活动上朗诵了一首名为《波士顿茶党的民谣》（*A Ballad of the Boston Tea Party*）的诗歌，使波士顿茶党得到了进一步的加强。这首诗的最后一节是这样的：

海浪造成了一个世纪的破坏
翻滚过辉格党和托利党
——达特茅斯甲板上的莫霍克人（Mohawks）
仍然活在歌曲和故事里
反抗湾的水域
还保留着茶叶的味道
我们年迈的北部终结者依然在浪花中
品尝着熙春茶的味道
自由的茶杯仍然满溢着
新鲜的献酒
让她所有的敌人沉睡
为觉醒的民族欢呼①

图 8.21　1774 年 10 月 27 日，佩内洛普·巴克在伊丽莎白·金的家中举行了一次会议，51 位女士成立了“北卡罗来纳州伊甸顿的爱国女士协会”，在会上签署了菲利普·道伊（Philip Dawe）起草的《抵制不列颠东印度公司茶叶的誓言》，该誓言由罗伯特·赛耶和约翰·贝内特于 1775 年 3 月 25 日在伦敦出版，华盛顿国会图书馆印刷与照片部门提供的高分辨率图像。

只有诗意的放纵才能使武夷茶拥有熙春茶的味道，但霍姆斯今天的庆祝语却带有悲伤的调子，因为事情又回到了老轨道。最近几届美国政府背叛了波士顿茶党的遗产，制定了远比引起愤怒并导致 13 个殖民地脱离英国的治外法权税收更糟糕的措施。正如乔治·桑塔亚纳（George Santayana）

① OliverWendell Holmes.1874. ‘A Ballad of the Boston Tea Party’, pp. 56–58 in *Proceedings of a Special Meeting of the Massachusetts Historical Society, December 16, 1873; Being the One Hundredth Anniversary of the Destruction of the Tea in BostonHarbor*. Boston: Press of JohnWilson and Son.

在谈到吸取历史教训时指出的那样，“忘记过去的人注定要重蹈覆辙”。①

图 8.22　来自赫勒富茨劳斯的光荣革命的开始，荷兰国王威廉三世正踏上前往英格兰的征程，进而在 1688 年 11 月促成了光荣革命，威廉·亨德里克·范·奥兰治继承了英格兰王位，这是英国最后一次被外国势力成功征服，88.9 × 116.8 厘米，布面油画，亚伯拉罕·斯托克绘，英国国家海事博物馆，格林威治。

① George Santayana. 1906. *The Life of Reason or the Phases of Human Progress (five volumes)*. London: Archibald Constable & Co. Ltd. (Vol. i ‘Reason in Common Sense’, p. 284). The observation was not original to Santayana, however. In a much quoted passage, Karl Marx wrote: **Hegel bemerkt irgendwo, daß alle großen weltgeſchichtlichen Thatſachen und Perſonen ſich ſo zu ſagen zweimal ereignen. Er hat vergeſſen hinzuzufügen: das eine Mal als Tragödie, das andre Mal als lumpige Farce.** [‘Hegel remarks somewhere that all great facts and personages in world history occur, as it were, twice. He forgot to add: the first time as tragedy, the second time as shabby farce.’] (**Karl Marx.** 1852. « **Der 18te Brumaire des Louis Napo- leon** », **Die Revolution: Eine Zeitſchrift in zwangloſen Heften.** (**New-York**, 18. **Mai** 1852), **Erſtes Heft, S.** 1). What Hegel actually said was more subtle: **Man verweiſ't Regenten, Staatsmänner, Völker vornehmlich an die Belehrung durch die Erfahrung der Geſchichte. Was die Erfahrung aber und die Geſchichte lehren iſt dieſes, daß Völker und Regierungen niemals etwas aus der Geſchichte gelernt und nach Lehren, niemals etwas aus der Geſchichte gelernt und nach Lehren, die aus derſelben zu ziehen geweſen wären, gehandelt hätten. Jede Zeit hat ſo eigenthümliche Umſtände, iſt ein ſo individu- eller Zuſtand, daß in ihm aus ihm ſelbſt entſcheiden werden muß, und allein entſcheiden werden kann. Im Gedränge der Weltbegebenheiten hilft nicht ein allgemeiner Grundſatz, nicht das Erinnern an ähnliche Verhältniſſe, denn ſo etwas, wie eine fahle Erinnerung, hat keine Kraft gegen die Lebendigkeit und Freiheit der Gegenwart.** [‘Rulers, statesmen and peoples are mainly reproached on the basis of the lessons that they should have learnt from history. What experience and history teach us, however, is this—that peoples and governments have never learnt anything from history and would never have acted on principles that could have been deduced from it. Each time has its own peculiarities and represents its own unique situation, so that decisions must and can be made only within and based upon that specific context. No general principle or recollection of similar circumstances can be of any use in the maelstrom of world events, since such a thing as a pallid memory has no force against the vitality and freedom of the present.’] (**Georg Wilhelm Friedrich Hegel.** 1837. **Vorleſungen über die Philoſophie der Geſchichte (Georg Wilhelm Friedrich Hegel's Werke, Vollſtändige Ausgabe, Neunter Band). Berlin: Verlag von Duncker und Humblot, S.** 9).

## 波士顿茶党的意识形态遗产 572

1774 年秋天，13 个殖民地中 12 个的代表聚集在费城的卡朋特大厅（Carpenters' Hall），进行了为期一个月的密谋分裂的讨论。这次会议后来被称为第一次大陆会议。会议审议的议题包括自由贸易、茶叶和税收。有些历史学家不愿意把 1688 年的光荣革命描述成是奥兰治家族的威廉三世把荷兰人的勤奋和新教的职业道德带到英格兰的一个新时代。鉴于其宫廷的挥霍无度，这位荷兰联合省总督所做的任何这种努力，都完全是象征性的，或者至少与总督本人和他那些英格兰宫廷中喜爱华丽的荷兰人没有什么关系。

1775 年，曾被塞缪尔·约翰逊讽刺的《论茶》的作者乔纳斯·汉威写了一题为《常识》（*Common Sense*）的小册子。汉威反对在波士顿港“以暴力破坏私人财产，并对无生命的茶箱发动男子气概式的
敌对行动”。[①] 他提出了一个反问：“把这么多的茶叶扔进海里难道不是一种绝望的行为吗？”他合理地 573
抨击了北美殖民地属民所持的不诚实的托词，称茶叶是“被一群暴徒扔到海里去的”，而实际上，这一行为是根据之前的剧本精心策划和精确执行的。[②]

汉威辩称，鉴于居住在英国的英国臣民为了提高收入以保护英国在北美的殖民地，对北美殖民地属民征收每磅茶三便士的茶税，并不构成对英国宪法权利的侵犯。[③] 他将征收茶税仅仅视为一种“商业规定”，并拿爱国主义说服了英国属民们。[④]

第二年，英国人托马斯·潘恩（Thomas Paine）回击汉威时，放弃了对祖国的爱国主义，在一本小册子中支持殖民地的独立，他同样把这本小册子命名为《常识》，以针对汉威的同名作品。[⑤] 潘恩写道：“即使在最好的状态下，政府也是一种必要之恶；在最糟糕的情况下，则令人无法忍受。”在这种背景下，汉威的作品中有一点历史讽刺意味，它深受荷兰流亡政治哲学家伯纳德·德·曼德维尔（Bernard de Mandeville，1670~1733 年）著作的影响，后者的父亲迈克尔·德·曼德维尔（Michael de Mandeville）因参与 1690 年 10 月 5 日的骚乱而于 1693 年被逐出鹿特丹。

这场针对鹿特丹市政当局实行的附加税的叛乱，是在科内利斯·科斯特曼（Cornelis Costerman）

---

① Jonas Hanway.1775. *Common Sense: in Nine Conferences, between a British merchant and a candid merchant of America, in their private capacities as friends, tracing the ſeveral cauſes of the preſent conteſts between the mother country and her American ſubjects; the fallacy of their prepoſſeſſions; and the ingratitude and danger of them; the reciprocal benefits of the national friendſhip; and the moral obligations of individuals which enforce it; with various anecdotes, and reaſons drawn from facts, tending to conciliate all differences, and eſtabliſh a permanent union for the common happineſs and glory of the Britiſh empire.* London: J. Dodſley, in Pall-Mall; and Brotherton and Sewel, in Cornhill (p. 23).

② Hanway (1775: 64, 65).

③ 当停止发行时，三便士是在英国使用的最小的银币。

④ Hanway (1775: 26, 85).

⑤ Thomas Paine. 1776. *Common Sense: addressed to the Inhabitants of America, on the following Interesting Subjects. I. Of the Origin and Deſign of Government in general, with conciſe Remarks on the Engliſh Constitution. II. Of Monarchy and Hereditary Succeſſion. III. Thoughts on the preſent State of American Affairs. IV. Of the preſent Ability of America; with ſome miſcellaneous Reflections. A New Edition, with ſeveral Additions in the Body of the Work. To which is added an Appendix; together with an Addreſs to the People called Quakers. N.B. the New Addition here given increaſes the Work upwards of OneThird.* Philadelphia, printed; London, re-printed, for J. Almon, oppoſite Burlington-Houſe in Piccadilly.

于 1690 年 9 月被公开斩首之后发生的，他是当地的民兵射手，在逃税和防卫时导致一名收税员重伤。1690 年 10 月在鹿特丹发生的骚乱以劫掠法警雅各布·范·祖林·范·尼耶韦尔特（Jacob van Zuylen van Nijevelt）的豪宅为高潮。

伯纳德·德·曼德维尔在 1714 年的《蜜蜂的寓言》（*Fable of the Bees*）一书中预言了亚当·斯密的著作，即一个追求自己利益的个体的社会最终将以和谐一致的方式工作，以实现公共利益，只要出于市场的迫切需求或者如曼德维尔寓言中的朱庇特神那样能够保持交易的诚实。正如曼德维尔在他的打油诗中所写的那样，社会中这种自然过程的结果意味着：

> 到这种地步，
> 连最穷的人也比以前的富人过得好。[①]

1776 年 3 月 9 日，亚当·斯密出版了《国富论》一书，书中这位苏格兰人把联合省的资本主义实
574 践当作典范。[②] 关于茶和市场的现状，斯密写道：

> 所有关税的血腥法律都不能阻止荷兰和哥滕堡东印度公司的茶叶进口；因为它们比英国公司的要便宜一些。

这位苏格兰作者告诫人们要尊重市场机制的话已经被理解了，因为他的英国同胞已经开始在美洲低价出售荷兰茶叶。

然而，他们低估了远隔重洋征收治外法权税所引发的反感，最终，这种认识来得太迟，英国已无力继续控制其北美殖民地。仅仅四个月后，1776 年 7 月 4 日，在费城举行的第二次大陆会议通过了《独立宣言》。该文件的主要作者托马斯·杰斐逊（Thomas Jefferson）是一个嗜茶成癖的人，每年要喝 20 磅茶，而且偏爱雨前熙春茶，如果雨前熙春茶价钱太高的话，他也可以接受普通的熙春茶。[③]

1778 年，《殖民地税收法案》（*Taxation of Colonies Act*）废除了《茶税法案》，但这也太迟了，因为时值美国独立战争。即便是美国的在校学生看来，所谓的“美国革命”在历史上也是用词不当的。在美国，并没有发生真正的革命，像 1789 年的法国、1905 年的俄国和 1917 年的俄国以及 1979 年的伊朗

---

① Bernard Mandeville. 1714. *The Fable of the Bees: or, Private Vices Publick Benefits. containing, Several Discourfes, todemonstrate,ThatHuman Frailties,duringthe degeneracy of Mankind, may be turn'd to the Advantage of the Civil Society, and made to fupply the Place of Moral Virtues*. London: printed for J. Roberts, near the Oxford Arms in Warwick Lane (p. 10).

② 在斯密之前的一个半世纪里，关于“丰富这个王国和珍藏我们财富的手段”，从 1615 年至 1641 年去世一直担任东印度公司董事的托马斯·蒙（Thomas Mun）写道：“因此，珍藏我们财富的一般手段是通过对外贸易，我们必须遵守这一规则；每年卖给陌生人的东西比我们的消费还多。”在产生贸易顺差的背景下，亚当·斯密发展了贸易国的绝对优势原则，这是因为它的生产率更高、效率更高。40 年后，大卫·李嘉图将这一原则重新解释为比较优势原则，即所有贸易国都从自由贸易中受益。(Thomas Mun.1664[posthumous]. *England's Treasure By Foreraign Trade. or The Ballance of our ForraignTrade is The Rule of our Treafure*. London: Thomas Clark, p. 5; Adam Smith. 1776. *An Inquiry into the Nature and Caufes of the Wealth of Nations* (two volumes). London: W. Strahan and T. Cadell in the Strand. David Ricardo. 1817. *On the Principles of Political Economy and Taxation*. London: John Murray).

③ Pettigrew and Richardson (2014: 47).

那样的革命。美国内战是大西洋两岸英国臣民之间的内战，后来演变成英国殖民地居住者对祖国的分裂战争。

来自威斯敏斯特的治外法权税违反了英国宪法，引发了不忠。美国的分裂与印度尼西亚脱离荷兰而独立、印度脱离英国独立有着本质的区别，因为美国不是一个反殖民主义的国家，而是欧洲帝国主义的赘生物，因为移民人口对美洲土著的残忍取代而使之成为可能。[①] 分裂战争之后，那些在冲突期间保持忠诚的英国臣民，作为“效忠者”，遭受了财产被没收以及其他不公正待遇。

与此同时，亚当·斯密的言论在英国国内却没有引起重视，议会继续对茶叶征收 119% 的进口税，作为走私茶叶的“公开鼓励”。在此期间，英国消费的茶叶只有三分之一是由不列颠东印度公司进口的。大部分茶叶来自荷兰东印度公司，而丹麦、瑞典、普鲁士和法国的茶商也把茶叶送到了狂热的英国消费市场。在低地国家，阿姆斯特丹是主要的中心，米德尔堡（Middelburg）是第二大中心。法拉盛 575
（Vlissingen）的主要收入来源是走私茶叶。[②]

1787 年 9 月 17 日在费城召开的制宪会议结束时，本杰明·富兰克林（Benjamin Franklin）谨慎地同意了新宪法，但他暗暗地预言，美国政府“可能会在一段时间内得到很好的管理，并且只能像此前其他形式那样以专制制度结束。当人民变得如此堕落以至于其他任何形式的政府都无能为力时，就会需要专制政府”。[③] 正如人们经常观察到的那样，“一个羊的国家迟早会建立一个狼的政府”。[④] 美国政府机构采取的一些做法，在执行过程中制定了自己的规则，似乎印证了富兰克林的不祥预言，尤其是那些执法机构，秘密而有组织地违反了为保护隐私和人权而修改的宪法条款。

第一次世界大战结束时，约瑟夫·阿罗伊斯·熊彼特（Joseph Alois Schumpeter）在关于“税收国家”的著作中指出了税法的重要性，以及它在人们生活和社会历史中的核心作用。

> 一个民族的财政史首先是一个民族整体历史的重要组成部分。国家的需要迫使经济放血，以及这种放血的方式，对各国的命运产生了巨大的影响。国家的财政需要和财政政策对经济发展，进而对生活和文化的各个方面产生直接的影响，实际上解释了许多历史时期的所有事件的主要过程，大多数时期，这种影响解释了很多，只有很少情况它什么也解释不了……一个民族的精神，
> 他们达到的文化水平，他们的社会结构，他们的政策所能支持的企业类型——所有这些以及更多 576

---

① 华盛顿·欧文甚至讽刺了美国历史这一悲剧性的方面。(Knickerbocker 1819, Vol. i, pp. 6977).

② Mansvelt (1924: 134).

③ Benjamin Franklin. 1787. '"I agree to this constitution, with all its faults", Benjamin Franklin's speech at the conclusion of the Constitutional Convention, Philadelphia, September 17, 1787', pp. 3–5 in Bernard Bailyn, comp., 1993. *The Debate on the Constitution: Federalist and Antifederalist Speeches, Articles and Letters during the Struggle over Ratification. Part One: Debates in the Press and inPrivate Correspondence September17,1787— January 12, 1788, Debates in the State Ratifying Conventions, Pennsylvania, November 20–December 15, 1787, Connecticut, January 3–9, 1788*, Massachusetts, January 9–February 7, 1788. New York: The Library of America.

④ 这句话有时出自 Egbert 'Edward' Roscoe Murrow，有时出自 Agatha Christie。至少这句话没有出现在 Christie 1939 年的小说《十个小黑鬼》(London: Collins Crime Club) 中。这句话最初可能是法语，有时也被认为是 Bertrand de Jouvenel des Ursins 的原话，然后被引用为反问句 « Un peuple de moutons ne finit-il pas par engendrer un gouvernement de loups? »。或者作为一种声明 « Un peuple de moutons finit par engendrer un gouvernement de loups ».

的东西都被深刻地写在其中。[①]

作为一个国家，美国诞生于对不公正的治外法权税收的愤慨。然而，随着时间的推移，这个新生的国家，即使在它存在的一个世纪之内，也逐渐背弃一些建国原则。

从历史上看，对个人征税是令人厌恶的，因为就其财政性质而言，征税基本上就像封建领主向其农奴征收的劳役税。1696 年，威廉三世在英格兰引入了第一个替代所得税，其形式是对窗户征税，窗户的数量大致与一个人的收入和财富成正比。18 世纪，这个糟糕的例子在苏格兰被效仿，后来在共和制的法国也效仿对门窗征税的形式。英国的税收在 1851 年被废除，法国的税收则在 1926 年被废除。

现代所得税最早于 1799 年在英国实行，当时是小威廉·皮特（William Pitt the younger）第一次担任首相（1783~1801 年执政）期间的战时措施，目的是为英国在法国大革命后的战争中的防务提供资金。战时征收所得税的措施最终在 1816 年被废除，那是在滑铁卢战役一年后。然而，在罗伯特·皮尔爵士（1841~1846 年执政）的领导下，1842 年的《所得税法案》（*Income Tax Act*）重新引入了所得税，他这样做违背了自己作为保守党候选人时的竞选承诺。19 年后，美国人效仿英国人征收所得税。

1861 年的《岁入法案》（*Revenue Act*）首次在美国征收所得税，目的是资助美利坚合众国（United States）与美利坚邦联国（Confederate States of America）之间的战争（ 即南北战争，1861~1865 年），并于 1862 年设立国内税收专员（Commissioner of Internal Revenue）办公室来征收该税；1864 年，居住在美国境外的美国公民也开始被征税，从 1866 年起，居住在美国境内的外国人也被征税。这些措施也必须被理解为旨在对抗美国南北各州内战中另一方的措施。正是在这段时间里，莱桑德·斯普纳（Lysander Spooner）在波士顿撰文反对奴隶制，反对把自己的意志强加于少数人的多数人统治，反对侵犯个人自由，他认为那是美国政府当时所犯下的罪行。[②] 然而，南北战争结束后，对烟草和蒸馏酒的征税再次提供了充足的收入来源，战时的所得税措施在 1872 年被放弃。

接着，在 1893 年的恐慌之后，格罗弗·克利夫兰（Grover Cleveland）在他的第二个总统任期内的 1894 年突然重新引入个人所得税。此时，哥伦比亚大学的经济学家埃德温·塞利格曼（Edwin Seligman）指出，“在美国 1894 年的国家所得税中，一个美国人的全部收入都被征税，无论他居住在美国国内还是国外”，他称之为“政治效忠原则的一大延伸”。塞利格曼还指出，作为对个人财政义务之考验的忠诚原则，实际上是国家以一种机会主义的方式实施的。[③] 1895 年 4 月，根据这些令人信服的原则性和历史性的论据，最高法院裁定个人所得税违宪。

18 年后，总统威廉·霍华德·塔夫脱（William Howard Taft）的反对者提出了一项宪法修正案，

---

① Joſeph Alois Sumpeter. 1918. Die Kriſe des Steuerſtaats (Zeitfragen auf dem Gebiete der Soziologie, 4. Heft ). Graz und Leipzig: Verlag Leuſ;ner & Lubenſky (pp. 6, 7).

② Lysander Spooner. 1867. *No Treason. № I*. Boston: Published by the Author; Lysander Spooner. 1867. *No Treason. № II—The Constitution*. Boston: Published by the Author;Lysander Spooner.1870. *NoTreason.№VI-The Constitution of No Authority*. Boston: Published by the Author.

③ Edwin Robert Anderson Seligman. 1911. *Essays in Taxation (7th edition)*. London: The Macmillan Company (pp. 115, 118).

这将授权国会对个人收入征税。塔夫脱对此表示反对，因为最高法院已经裁定所得税与美国宪法的精神和基本原则不符。然而 1913 年 2 月，第十六修正案由美国国会通过。1913 年 3 月伍德罗 · 威尔逊 577
（Woodrow Wilson）成为总统后，民主党人控制了国会和白宫。他们于 1913 年颁布《岁入法案》之际在美国重新引入了所得税，同时降低了关税。美国的第一个所得税税单被编制出来。第一次世界大战期间，许多欧洲国家也引入了所得税。

1923 年，为了避免双重征税带来的不公正，国际联盟发表了《双重征税专家报告》（Report by the Experts on Double Taxation）。① 通过对美国公民征收所得税，不论他们住在哪里，美国基本上是站在诺斯勋爵一边。诺斯勋爵坚持认为，议会有权对英国臣民征税，不论他们住在哪里。虽然新的国税局采纳了诺斯勋爵的原则和政策，但在当时，对居住在国外的美国公民征税实际上是不可行的。

正如个人所得税是盎格鲁 - 撒克逊国家的工艺发明一样，在美洲的英国殖民者也认识到，对个人征税将等同于以新的幌子回归封建农奴制。在《联邦党人文集》中，亚历山大 · 汉密尔顿（Alexander Hamilton）设想商业是为国家创收的主要税基，他对向个人征税表示反对，比如人头税。② 无论一个国家是正式的君主制还是共和制，个人所得税都把每个人降低为国家的奴隶。相反，汉密尔顿提倡的对成功的商业企业征税的方法，在精神上又回到中国唐德宗对茶企贸易征税的策略。

艾萨克 · 布罗克学会（Isaac Brock Society）的法律专家认为，以公民为基础的税收从未被证明是合理的。③ 它们把公民变成容易被奉行敲诈主义的官僚反复利用的牺牲品，这些官僚制定自己的规则，并在代表立法机构的立法程序范围之外适时地修改这些规则。用塞缪尔 · 亚当斯的话来说，因为基于公民身份的税收将自由的个人贬低为“悲惨的奴隶状态”，1895 年所得税被裁定为违宪。今天，在奥威尔式监视之国（surveillance state）的背景下，以公民为基础的个人所得税的奴役制度，为臃肿且越来
越不负责任的政府官僚机构提供了一种极权主义的人口控制工具。 578

---

① Sunita Jogarajan. 2013. ‘Stamp, Seligman and the draftingof the1923 experts’ report on double taxation’, *World Tax Journal*, 5 (3): 368–292.

② Mortimer F. Adler and Wallace Brockway, eds. 1952. *American State Papers: The Federalist by Alexander Hamilton, James Madison and John Kay—On Liberty, Representative Government, Utilitarianism by John Stuart Mill.* Chicago: Encyclopædia Brittanica (pp. 101–117).

③ ‘Cook v. Tait 1: Does Cook v. Tait really mean that citizenship-based taxation is constitutional in all cases?’, The Isaac Brock Society, 4 January 2014〈http:// isaacbrocksociety.ca/2013/01/04/does-cook-v-tait-really-mean-that-citizenship-based-taxation-is-constituti onal-in-all-cases/〉; ‘Cook v. Tait 5: Citizenship-based taxation was NEVER justified—League of Nations reports’, Isaac Brock Society, 11 January 2014〈http:// isaacbrocksociety.ca/2013/01/11/cook-v-tait-5-citizensh ip-based-taxation-was-never-justied/〉. The Isaac Brock Society ‘consists of individiuals who are concerned about the treatment by the United Stated gorernment of U.S. Persons who live in Canada and abroab’〈http:// isaacbrocksociety.ca/2011/12/14/about-the-isaac-brock-society/〉. 少将艾萨克 · 布罗克爵士（Sir Isaac Brock）是根西岛（Guernsey）的圣皮埃尔港（St.-Pierre-Port）人，1769 年他出生在根西岛，一块纪念牌匾挂在小镇教堂的一侧。他在 1785 年 15 岁时加入英国军队，1797 年成为第 49 步兵团中校，在欧洲服役到 1801 年，之后被派往加拿大。他成为执行委员会的主席和上加拿大（今天称为安大略）的行政长官，并组织了对殖民地的防卫。1812 年 7 月美国入侵加拿大后，布罗克组织了对殖民地的防御，占领了底特律市，1812 年 10 月 13 日，在昆斯顿高地（Queenston Heights），他打败了由斯蒂芬 · 范 · 伦斯勒指挥的美国入侵者。布罗克在最后一场战斗中因伤而死。

图 8.23　亚历山大·汉密尔顿的头像出现在美国 1953 年发行的 10 美元银票上。

相反，商业为政府提供了合适的历史税基，因此国家之间的经济竞争也对政府施加了一种自然的约束，使其避免征税达到削弱国家商业和使国家企业缺乏竞争力的程度。通过提供公平和宽松的财政制度，让市场上的自然选择、经济体之间的竞争和政府之间良性税收竞争的力量自由发挥，以吸引成功的企业到它们的海岸，这将阻止浪费公共收入来资助臃肿和寄生的官僚机构。

如果精简后的政府履行其捍卫个人隐私和个人权利的义务，而不是与化石燃料开采行业和金融业勾结破坏这些权利，就可以实现对目前趋势的良性扭转。各国政府不应该将资源用于对个人权利的侵犯，而应履行其保护自然环境的职责，保护弱势的少数群体免受多数人统治的过度歧视，支持人文和科学以及那些恰好在商业上不可行却有价值的文化学科。

熊彼特提出了“创造性破坏”（creative destruction）这一新术语，并引用了“突变”（mutation）这一生物学隐喻来指代任何颠覆性的技术创新，这些技术创新从内部彻底改变和改造了“经济结构，不断地破坏旧结构，不断地创造新结构”。在熊彼特看来，不断进步的变革性技术创新对资本主义来说是不可或缺的，他认为资本主义只能在“创造性破坏的常年狂风”（im ewigen Sturm der schöpferischen Zerstörung）中茁壮成长。[①]

互联网就是这样一种突变，它产生了许多创造性破坏。互联网带来了可能的新业务类型，获得
579 更多知识的途径以及言论自由的新手段，这是福音。然而，当政府把互联网和大数据作为控制人口
的工具加以限制或滥用时，这种创造性破坏可能而且已经以损害个人权利的方式被广泛滥用。[②]

① Joseph Alois Schumpeter. 1942. *Capitalism, Socialism and Democracy*. New York: Harper & Bros. (pp. 83-84). 在德语中，熊彼特的散文似乎与梅菲斯特在歌德的《浮士德》中的回答相呼应，‘unaufhörlich die alte Struktur zerstört und unaufhörlich eine neue schafft’ (1946. *Kapitalismus, Sozialismus und Demokratie*. Bern: Verlag Alexander Francke, pp. 137–138）. 在这两种语言中，他关于“创造性毁灭的过程”的第七章都让人想起印度教的神湿婆（Śiva），他是一个毁灭者神，但他的腰围孕育着重生的种子。

② George van Driem. 2015. ‘Symbiosism, Symbiomism and the perils of memetic management’, pp. 327–347 in Mark Post, Stephen Morey and Scott Delancey, eds., *Language and Culture in Northeast India and Beyond.* Canberra: Asia-Pacific Linguistics.

弗里德里希·奥古斯特·冯·哈耶克（Friedrich August von Hayek）主张私人货币，认为政府对货币的垄断是不必要的。他预见到“竞争性货币的自由发行”将不会受到央行反复无常的影响，因此“货币政策将既不需要，也不可能”。[①] 为了实现他的愿景，[②] 比特币（Bitcoin）、以太坊（Ethereum）、莱特币（Litecoin）和瑞波币（Ripple）等加密货币自 2011 年以来已开始提供一种可能最终被证明是“国家农奴”摆脱个人所得税的财政束缚的手段，除非这些货币被证明仅仅是投机的商品，会遭受过度的波动并产生投机泡沫，而不是像它的批评者所说的那样充当实际货币。

由于区块链技术的匿名性、分散性和全球分布性，各国政府和央行自然对加密货币持谨慎态度，因为试图通过立法同时对货币和个人征税可能是徒劳的，或者在技术上是不可行的。2016 年 11 月，美国国税局（Internal Revenue Service）要求总部位于旧金山的数字货币交易所 Coinbase（比特币的交易平台。——译者注）披露其用户名称，因为新的加密货币与瑞士银行保密制度一样，对政府在货币供应和货币走势方面的控制构成了相同的威胁。[③]

2017 年，尼泊尔和中国限制和禁止加密货币交易，不久，以色列、韩国、印度和泰国也颁布了类似的政策。[④] 其他忧心忡忡的政府未来可能同样将拥有加密货币定为犯罪行为，就像苏联曾将拥有外汇定性为犯罪行为一样，因为这与政府寻求对货币体系的极权控制的自然倾向是一致的。

另外，新的加密货币可能提供了冯·哈耶克无法想象的优势。尽管区块链的运作基于所有参与者都以自身利益为出发点的假设，但它本身也保留了完整性、安全性和可审核性，从而使银行和政府变得多余。因此，甚至有人认为，与法定货币不同，加密货币可以加强自然保护、环境保护和粮食安全，并对腐败进行打击。[⑤] 然而，这也可能符合各国政府寻求对货币体系实行极权控制的自然 580
倾向。

---

① Friedrich August von Hayek. 1976. *The Denationalisation of Money: An Analysis of the Theory and Practice of Concurrent Currencies*. London: Institute of Economic Affairs.

② Satoshi Nakamoto. 2008. Bitcoin: *A Peer-to-Peer Electronic Cash System*,on line white paper dated 31 October 2008.

③ Mathilde Farine. 2016. ‘Pour Washington, le bitcoin, c’est le « nouveau secret bancaire »’, *Le Temps*, vendredi 25 novembre 2016.

④ Nepāl Rāṣṭra Baiṅk विदेशी विनिमय व्यवस्थापन विभाग, के न्द्रीय कायार्लय, नेपाल राष्टर् बैंक । 13 August 2017 [२०७४ साउन २९ गते]. विदेशी विनिमय व्यवस्थापन विभागको Bitcoin कारोबार गैरकानुनी रहेको बारेको सूचना । Kathmandu: State Bank of Nepal; Thuy Ong. 2017. ‘China tightens cryptocurrency ban with new directive: Mainland access to foreign bitcoin exchanges online like Coinbase in the US would also be blocked’, *The Verge*, 18 September 2017; Ilan Ben Zion. 2017. ‘Israeli regulator becomes latest to crack down on bitcoin: Cryptocurrency groups barred from Tel Aviv exchange as international warnings mount’, *Financial Times*, 25 December 2017; Song Jung-a and Bryan Harris. 2018. ‘Bitcoin tumbles as South Korea plans trading ban’, *Financial Times*, 11 January 2018; Darius McQuaid. 2018. ‘Bitcoin ban: India rocks cryptocurrency by *outlawing* digital currencies from system’, *Express*, 5 February 2018; Kevin Helms. 2018. ‘Bank of Thailand bans banks from cryptocurrency activities’, *Bitcoin News*, 13 February 2018.

⑤ Guillaume Chapron. 2017. ‘The environment needs cryptogovernance’, *Nature*, 545 (7655): 403–405; Merlinda Andoni, Valentin Robu and David Flynn. 2017. ‘Crypto-control your own energy supply’, *Nature*, 548 (7666): 158; Zachary Baynham-Herd. 2017. ‘Enlist blockchain to boost conservation’, *Nature*, 548 (7669): 523; Selena Ahmed and Noah ten Broek. 2017. ‘Blockchain could boost food security’, *Nature*, 550 (7674): 43.

## 一磅茶叶三便士税与国际法

对该时期文献的研究表明，截止到1764年，触发北美殖民地独立的关键因素不是在《航海法案》中发挥突出作用的贸易保护主义，而是治外法权税收。[①]13个北美殖民地的英国臣民的不满在今天再次成为一个紧迫的问题。域外管辖权是有问题的，因为它违反法治和其他国家的主权，藐视国际行为准则，侵犯人权。

1989年2月14日，阿亚图拉·霍梅尼（Ayatollah Khomeini）发布了一项“法特瓦”，敦促每一位穆斯林履行他的庄严职责，对英国公民萨尔曼·拉什迪（Salman Rushdie）执行死刑，因为拉什迪是《撒旦诗篇》（*The Satanic Verses*）的作者。27年后的2016年2月，伊朗伊斯兰共和国的一个由40家国有媒体机构组成的财团，通过筹集60万美元作为对拉什迪执行死刑的虔诚信徒的奖金，再次重申了这一“法特瓦”。

同样，2014年7月5日，美国特工在马尔代夫绑架了俄罗斯公民罗曼·瓦莱维奇·谢列兹涅夫（Roman Val’erevič Seleznëv），并在他从来没去过的美国审讯他，[②]因其涉嫌在自己的祖国俄罗斯犯下违反美国法律的行为。[③]这起绑架案发生在马累（Malé）国际机场，同谋者是一名与美国国务院特工建立了“亲密关系”的马尔代夫警司。[④]这种性质的帝国主义干预，基于美国把轻视其他国家的属地主义作为一种管辖原则，以及它在全球范围内单方面主张自己的管辖权。[⑤]

奥斯汀·帕里什（Austen Parrish）断言，美国近年来“退出了国际法和多边机构”，这是一个令人遗憾的例子，其他国家也开始效仿。帕里什认为，将美国国内法单方面以治外法权的方式强加于人，破坏了以同意的规则为基础的国际法制度，而且往往也与人权相抵触。[⑥]2009年，位于华盛顿的国际
581 投资组织（Organisation for International Investment）提醒投资者，不仅是主权国家，美国国内的个别州也已开始效仿，正在向治外法权收税迈进。[⑦]

2009年，瑞士驻华盛顿大使馆法律事务顾问库尔特·霍奇纳（Kurt Hoechner）表示，希望通过合作努力而不是单边行动来解决管辖权冲突，[⑧]但这种希望是徒劳的。美国对其他许多国家都采取了诉诸

① Oliver M. Dickerson. 1951. *The Navigation Acts and the American Revolution*. Philadelphia: University of Pennsylvania Press.

② «Мой сын никогда не жил и не работал на территории США» Депутат Госдумы Валерий Селезнёв (‘My son never lived or worked in the territory of the USA’, Deputy of the State Valerij Seleznëv’), Известия, 8 июля 2014.

③ Ministry of Foreign Affairs of the Russian Federation. 2014. Комментарий МИД России в связи с задержанием на Мальдивах и насильственным вывозом в США гражданина России 1657-08-07-2014 (8 июля 2014 года)〈http://archive.mid.ru//brp_4.nsf/newsline/ 8ECA5B1B8B21D43A44257D0F002DB77E〉.

④ Natasha Bertrand. 2015. ‘Notorious Russian hacker was nabbed in the Maldives and extradited over 8,800 miles’, UK Business Insider, 11 March 2015〈http://uk .businessinsider.com/notorious-russian-hacker -kidnapped-by-us-was-nabbed-in-the-maldives-2015 -3?r=US&IR=T〉.

⑤ David H. Small. 1987. ‘Managing extraterritoriality jurisdiction problems: The United States government approach’, *Law and Contemporary Problems*, 50 (3): 285–302.

⑥ Austen L. Parrish. 2009. ‘Reclaiming international law from extraterritoriality’, *Minnesota Law Review*, 93: 815–874.

⑦ ‘Alarming trend: U.S. states moving toward extraterritorial taxation’〈http://www.ofii.org/sites/default/files/ docs/ExtraterritorialStateTaxTrends.pdf〉, accessed December 2014.

⑧ Kurt M.Hoechner.1987 ‘A Swiss perspective on conflicts of jurisdiction’, *Law and Contemporary Problems*, 50 (3): 271–282.

法律的做法，即把自己的法律作为一种治外法权的战争武器。2012 年 4 月，瑞士联邦银行行长塞尔吉奥·埃尔默蒂（Sergio Ermotti）声称，2008 年以来，[①] 美国一直在对瑞士发动一场全面的经济战争。同时，美国还对居住在国外的美国公民进行财政迫害。[②]

2012 年，成立于 1741 年的瑞士最古老的银行威格林（Wegelin）因美国单方面在瑞士实施司法管辖权而被搞垮。这是在联邦总统领导下在伯尔尼发生的事件，人们普遍认为瑞士的法律不是无能就是共谋性的。在瑞士，瑞士的法律实际上从属于美国法律，而威格林的经理康拉德·哈姆勒（Konrad Hummler）成为一名被限制在自己国家的难民。银行家认真遵守他们居住和工作的国家的法律，却会遭到来自远方的迫害，因为有一个国家把自己的法律粗暴地强加给其他主权国家。美国政府通过治外法权强制推行自己的法律，使专业人员遭受不公正和不公平待遇的情况不断被记录下来。[③] 美国经济战的未公开目标是削弱瑞士作为一个金融大国的地位，并将未征税的资金从瑞士银行转移到美国、英国和荷兰的司法管辖区。

美国在特拉华州、蒙大拿州、内华达州、怀俄明州、南达科他州、波多黎各、美属维尔京群岛和前美国托管领土马绍尔群岛实施宽松的财政制度。英国在根西岛、泽西岛、马恩岛、直布罗陀以及百慕大、特克斯和凯科斯群岛（Caicos Islands）、英属维尔京群岛、安圭拉、开曼群岛（Cayman Islands）、蒙特塞拉特（Montserrat）、纽埃（Niue）和库克群岛等英属海外领土拥有众多避税天堂，避税天堂网络遍布前帝国的各个偏远角落。[④] 荷兰在荷属安的列斯群岛为关系密切的逃税者提供庇护所。此外，在这些税收管辖区，金钱可以被英美法律文书——所谓的“信托”——有效地隐藏起来。[⑤]

2010 年，一项巧妙的立法被制定出来，被称为《外国账户税收合规法案》（*Foreign Account Tax* 582
*Compliance Act*，FATCA），并于 2010 年 3 月 18 日签署成为法律。这部法律试图在所有拜占庭式复杂的治外法权范围内强制执行美国税法，并向所有美国公民、美国双重国籍者、美国绿卡持有者和其他“美国人”征税，不管他们住在哪里。1773 年，诺斯勋爵满足于对一磅茶叶只征收三便士的税，而诺贝尔和平奖获得者、战争贩子贝拉克·奥巴马（Barack Obama）则在财政上利用这项新的立法，对美国

---

① 'Die Schweiz steckt mitten in einem Wirtschaftskrieg', *Sonntags Zeitung*, 22. April 2012; cf. 'zu 11.027 Zusatzbericht zur Botschaft vom 6. April 2011 zur Ergänzung der am 18. Juni 2010 von der Schweizerischen Bundesversammlung genehmigten Doppelbesteuerungsabkommen betreffend das Doppelbesteuerungsabkommen mit den Vereinigten Staaten von Amerika, vom 8. August 2011', *Bundesblatt Nr. 37 vom 13. September 2011*, S. 6663–6666.

② Natalie Peter. 2009. 'Deklarationspflicht gegenüber dem Internal Revenue Service: Doppelbürger sind in den USA steuerpflichtig', *Neue Zürcher Zeitung*,14. Juli 2009〈http://www.nzz.ch/doppelbuerger-sind -in-den-usa-steuerpflicht ig-1.3032534〉; 2012. 'Kalter Wind aus Übersee', *Neue Zürcher Zeitung,* 6. Februar 2012.

③ Sébastien Ruche. 2017. 'Un banquier zurichois: « J'ai été menotté et incarcéré à mon arrivée à New York »', *Le Temps*, mercredi 13 décembre 2017.

④ Antigua and Barbuda, the Bahamas, Bahrein, Belize, Cyprus, Dominica, Grenada, Malta, Mauritius, Nauru, Saint Vincent and the Grenadines, the Seychelles, Saint Lucia, Saint Kitts and Nevis, Vanuatu, Niue and the Cook Islands.

⑤ Myret Zaki. 2010. *Le Secret bancaire est mort, vive l'évasion fiscale*. Paris: Favre; 2013. 'Die CIA und der betrunkene Schweizer Banker:US-Agent Edward Snow den berichtet über Undercover-Aktionen gegen Schweizer Banken. Muss der Fall Birkenfeld neu geschrieben werden?', *finews.ch,* 10. Juni 2013〈http://www .finews.ch/news/finanzplatz/12195-cia-schweizer-bank en-edward-snowden-2〉; Matthieu Hoffstetter. 2015. '30 % des banques privées suisses pourraient disparaître d'ici 2018', *Bilan,* 26 août 2015.

公民、双重国籍者、绿卡持有者和居住在美国境外的美国人实行不公正的域外双重征税制度，并使他们承受繁重的文书工作。[①]

由于以前执行的是非强制性的治外法权征税政策，美利坚合众国和厄立特里亚成为仅有的两个试图向居住在国外的公民征税的国家。显而易见的是，美国国务院公开谴责美国驻联合国大使苏珊·伊丽莎白·赖斯（Susan Elizabeth Rice）所说的厄立特里亚“侨民税”，[②]美国在 2011 年 12 月 5 日安全理事会第 6674 次会议上通过的联合国第 2023（2011）号决议中发挥了带头作用，该决议禁止厄立特里亚征收域外法权税，[③]这种税被描述为“非法勒索税”。[④]勒索助长了不忠，尤其在这种不公正伴随着羞辱
583 的时候，无论是西班牙军队在低地国家执行哈布斯堡王朝的财政政策之时，还是华盛顿不负责任的顽固官僚机构设计和施加的繁重文书工作之际。[⑤]

同时，互联网和大数据使得美国国内税收专员道格拉斯·H. 舒尔曼（Douglas H. Shulman，2008~2012 年在任）得以强制执行美国侨民税，以及实施外国银行和金融账户的年度报告制度（FBAR）。[⑥]住在国外的美国公民突然发现，如果他们没有遵守外国银行和金融账户的报告制度，他们

---

① ‘U.S. persons abroad—members of a unique tax, form and penalty club’, 28 March 2014〈https://renounceuscit izenship.wordpress.com/2014/03/28/cook-v-tait-14-its -not-citizenship-based-taxation-its-extraterritorial-ta xation/〉; Montano Cabezas. 2016. ‘Reasons for citizenship-based taxation?’, *Penn State Law Review*, 121 (1): 101–142. 从象征意义上说，有两个寄生虫以美国第 44 任总统的名字命名，一种是无性繁殖的线虫 Paragordius obamai，原产于维多利亚湖盆地，还有一种血吸虫 Baracktrema obamai，被发现感染了黑沼泽龟 Siebenrockiella crassicollis 和东南亚箱龟 Cuora amboinensis，在马来西亚的霹雳州、玻璃市和雪兰莪州。这些物种命名引发的双重机会主义隐喻促使梅利莎·陈（Melissa Chan）在 2016 年 9 月 8 日的《时代》杂志上喜出望外：“据科学家称，贝拉克·奥巴马总统是寄生虫……正式地说，贝拉克·奥巴马总统是寄生虫”。(Ben Hanelt, Matthew G. Bolek and Aandreas Schmidt-Rhaesa. 2012. ‘Going solo: Discovery of the first parthenogenetic gordiid (Nematomorpha: Gordiida)’, *Public Library of Science One,* 7 (4): e34472 doi: 10.1371/journal.pone.0034472; Jackson R. Roberts,Thomas R. Platt, Raphael Orélis-Ribeiro and Stephen A. Bullard. 2016. ‘New genus of blood fluke (Digenea: Schistosomatoidea) from Malaysian freshwaterturtles(Geoemydidae)and its phylogeneticposition within Schistosomatoidea’, *Journal of Parasitology*, 102 (4): 451–462;〈http://time.com/4484828/barack-obama -parasite/〉).

② ’Adoption of UN Security Council Resolution 2023 on Eritrea, Susan E. Rice, U.S. Permanent Representative to the United Nations, U.S. Mission to the United Nations, Security Council Stakeout, New York City’, *U.S. Department of State*, 5 December 2011 <http://www.state.gov/p/io/rm/2011/178318.htm>.

③ Security Council. 2011. ‘Security Council, by vote of 13 in favour, adopts resolution reinforcing sanctions regime against Eritrea ‘calibrated’ to halt all activities destabilizing region’, *United Nations Meetings Coverage and Press Releases*, 5 December 2011〈http://www.un.org/press/en/2011/sc10471.doc.htm〉.

④ Martin Plaut. 2014. ‘Eritrea: how the London embassy forces Eritreans to pay the illegal 2% tax—full report’, *martinplaut, Journalist specialising inthe Horn of Africa, Sudan and Southern Africa*, 16 February 2014〈https://martinplaut.wordpress.com/2014/02/16/eritreahowthelondonembassyforceseritreanstopaytheillegal 2taxfullreport/〉. 加拿大、挪威和荷兰驱逐了厄立特里亚外交官，以报复厄立特里亚大使馆试图对居住在这些国家的厄立特里亚公民征收移民税。蒂尔堡大学的米尔贾姆·范·赖森教授称这种做法“不是征税，而是敲诈”。然而，加拿大、挪威和荷兰采用了双重标准，它们不一致地忽视驱逐美国外交官，以报复美国对住在这些国家的美国公民和其他“美国人”征收移民税。

⑤ 荷兰国歌是世界上最古老的国歌，是 1572 年由圣保罗市和西索堡市（Sint Aldegonde and West souburg）（布鲁塞尔，1540~1598 年，莱顿）的勋爵菲利普·范·马尼克斯（Filips van Marnix，1540 年在布鲁塞尔出生，1598 年在莱顿去世）创作的。歌词强调对祖国和至尊上帝的忠诚，在第六节中，对一个正义的上帝的忠诚服务迫使国歌歌唱家为了“驱除伤害我心灵的暴政”而战。在第一节和第十五节中，人们都认为西班牙哈布斯堡国王摆脱了域外税收的暴政，从未表现出对国王的不尊重。尽管有人遗憾地宣称尊重君主，但从远方征税引起的对君主的实际不忠诚，立即导致荷兰北部独立，形成了荷兰共和国，并发动了八十年战争，而荷兰南部仍在哈布斯堡统治下，甚至在 1648 年明斯特和平后仍由西班牙统治。

⑥ 在要求提交 FBAR 文件之后，该文件被搁置了 30 多年，没有得到执行，只有针对毒贩和有组织犯罪的案件例外。2001 年 9 月纽约世贸中心大楼被毁后，国会根据《爱国者法案》扩大了《银行保密法》，明确规定联邦银行监管局不仅对美国政府进行刑事和税务调查，同时也要进行情报活动以防范国际恐怖主义。

可能会失去拥有的或曾经拥有的所有东西的 300%，而居住在海外的 625 万美国人和双重国籍者中的大多数人从未听说过这一制度。

与此同时，这些外籍美国人通常已经在他们居住的司法管辖区缴纳了财富税和所得税。美国国税局在 2009 年和 2011 年两次推出了“离岸自愿披露计划”（Offshore Voluntary Disclosure Program）。[①] 该机构利用后来被称为“诱饵和交换”的策略，诱使住在国外的美国公民参加这些计划，然后在他们承诺披露信息之后改变规则。

实际上，从普通人的角度来看，美国国税局以及世界上其他大多数国家的大多数税务机关的一切意图和目的都凌驾于法律之上，因为很少人有时间或手段来与税务机关的错误和武断、不公正以及经常反复无常的官僚决策做斗争。[②] 鉴于不公正的政策和滥用的行为，美国经济学家理查德・威廉・拉恩（Richard William Rahn）把美国国税局定性为“终极寄生虫”，用拉恩的话来说，就是“污染政府”和“欺负勤奋工作和有创造力的人”。[③]

毫无疑问，这个机构的许多工作人员不过是一些官僚主义者，他们的思维方式与他们选择的职位相吻合。然而，背叛美国建国原则的最终责任在于那些制定政策和起草不公正法案的人。在奥巴马担 584
任总统期间，总部位于日内瓦的美国海外公民组织（American Citizens Abroad）突然发现，它的主要活动已变成打击和游说，以反对美国突然掠夺性地强制执行域外税收。[④] 与此同时，美国政府强迫外国银行和政府遵守《外国账户税收合规法案》。因此，外国银行和金融机构被迫执行昂贵的方案，对碰巧是美国公民、双重国籍者或美国政府指定为“美国人”的其他类别的客户进行检查。

事实证明，在美国以外的银行和私人金融机构执行一项美国国内立法，以便美国的税务人员能够向所有住在国外的美国人征收三便士的费用，这实在令人望而却步。例如，居住在瑞士的美国人被许多瑞士金融机构拒绝提供银行和信用卡服务，他们宁愿放弃让美国人成为客户以免承担高额债务。[⑤] 迄今为止，在涉及一个州政府不能在其地理界限之外征税的税务纠纷方面，仅仅取得了一些象征性的进展。[⑥]

---

① “诱饵和交换”这个说法是由佛罗里达州坦帕市律师杰克・L. 汤森德 (Jack L. Townsend) 于 2011 年发明的。‘Taxpayer advocate criticizes IRS implementation of OVDP on Bait and Switch (6/30/11)’, *Federal Tax Crimes*, 30 June 2011〈http://federaltaxcrimes.blogspot.ch/2011/06/taxpayeradvocatecriticizesirs.html〉.

② Katharina Bracher. 2012. ‘US-Doppelbürger werden bei Ausbürgerung schikaniert’, *Neue Zürcher Zeitung*, 15. April 2012.

③ Richard William Rahn. 2011. ‘IRS parasites contaminate government’, 26 June 2013〈http://www.newsmax.com/ Rahn/IRS-Government-economy-Ecuador/2013/06/ 26/id/511988/〉.

④ ‘American Citizens Abroad’s recommendation for U.S. tax law reform’, *Tax Notes International*, 30 April 2012, pp. 459–464; Anne Hornung-Soukup, Finance Director of American Citizens Abroad, personal communication, May 2012.

⑤ Lynnley Browning. 2013. ‘Complying with U.S. tax evasion law is vexing foreign banks’, *The New York Times*, 16 September 2013; Ermes Gallarotti. 2013. ‘Doppelbürger werden für Banken zum Risiko: Schweizer Banken tun sich schwer mit schweizerisch-amerikanischen Doppelbürgern. Seit dem Ausbruch des Steuerstreits mit den USA haftet ihnen ein toxischer Geruchan’, Neue Zürcher Zeitung, 24. September 2013.

⑥ Vladimir Yaduta. 2014. ‘Owen Pell on the shrinking scope of extraterritoriality in US law’, *Russian Legal Information Agency*, 26 March 2014〈http://rapsinews .com/legislation_publication/20140326/270958693 .html〉; Jasper Cummings. 2016 ‘Federal tax advisory: extraterritorial taxation: Rev. Rul. 2016–03’, JD Supra Business Advisor, 2 February 2016〈http://www.jdsupra .com/legalnews/federal-tax-advisory-extraterritorial -85171/〉.

## 争抢出路，重现波士顿茶党一幕

对一磅茶叶征收三便士这种不公平的治外法权税的侮辱性行为，激发了 13 个殖民地的英国臣民反抗自己的祖国。强加给美国公民、双重国籍者和永久居住在国外的“美国公民”的不公平和贪婪的税收做法，为许多人放弃美国国籍提供了充分的理由。[①] 美国的学童被教导说，“当一长串滥用职权和
585 强取豪夺的行为无一例外地追求同一目标，证明政府企图把人民置于专制统治之下时，人民就有权利，也有义务推翻这样的政府”。[②] 因此，从历史上讲，近年来居住在国外的美国人放弃美国国籍，是他们在当前情况下所能做的最典型的美国行为。

然而，并不是所有的外籍人士都为了逃避违宪的治外法权税收而放弃公民身份。对很多人来说，放弃公民身份是有充分理由的，因为美国政府试图在全球范围内实施其侨民税收制度，从而使永久居住在美国境外的人受到繁重文书类工作的骚扰。[③] 毫无疑问，一些前美国公民还有其他理由来放弃。[④] 然而，美国历史上的这个时刻，许多放弃美国公民身份的案例无疑可以被解释为免于压迫的自由，每一个案例都代表着波士顿茶党以“自由之子”的精神重新制定的个人形象，而且这种行为往往不是没有代价的。

1931 年 12 月 8 日，德意志帝国政府强加了“逃离帝国税”，最初要求没收移民总资产净值的 25%。[⑤] 起初，这项法律适用于任何资产在 20 万德国马克以上或年薪在 2 万德国马克以上的人。随后的法令使得移民税更加严厉，从 1934 年 9 月开始，没有特别许可的移民不能携带超过 10 德国马克

① ‘Wegen Steuern: US-Bürger geben Pass ab: US-Bürger müssen ihrem Heimatland Steuern bezahlen, selbst wenn sie im Ausland wohnen—jetzt haben immer mehr Amerikaner genug’, finews.ch, 19. August 2009〈http://www.finews.ch/news/finanzplatz/1640spaetle sedessteuerstreitsamerikanerverzichtenaufstaats buergerschaft〉; ‘More (wealthy) Americans are renouncing citizenship’, Economix—The New York Times, 16 June 2011〈http://economix.blogs.nytimes.com/2011/06/16/moreamericansarerenouncingcitizenship/〉; David Barrett. 2013. ‘Americans renouncing citizenship to become British thanks to tax rise’, The Telegraph, 2 March 2013〈http://www.telegraph.co.uk/expat/9904314/AmericansrenouncingcitizenshiptobecomeBritishthankstotaxrise.html〉; Tyler Durden. 2013. ‘Americans Renouncing Citizenship Surge 66%’, Zero Hedge, 8 August 2013〈http://www.zerohedge.com/news/20130808/americansrenouncingcitizenshipsurge 66〉; ‘Americans giving up passports jump sixfold as tougher rules loom’, Bloomberg Business, 9 August 2013〈http://www.businessweek.com/news/20130809/americansgivinguppassportsjumpsixfoldastougherrulesloom〉; ‘New tax law driving expats to renounce U.S. citizenship’, McClatchy DC, 26 November 2013〈http://www.mcclatchydc.com/news/politicsgovernment/congress/article24759595.html〉, accessed November 2013; Patrick Cain. 2014. ‘More than 3,100 Americans renounced citizenship last year: FBI’, Global News, 10 January 2014〈http://globalnews.ca/news/1072303/over3100americansrenouncedcitizenshiplastyearfbi/〉, accessed January 2014; Jonathan Tepper. 2014. ‘Why I’m giving up my passport’, The New York Times, 8 December 2014, page A27.

② ‘Declaration of Independence, in Congress, July 4, 1776’, pp. 949–953 in Bailyn (op.cit.).

③ 路德维希·冯·米塞斯对政府将“税收转变为没收和征收”的做法提出了警告，他说：“人们憎恨的不是官僚主义本身，而是官僚主义侵入了人类生活和活动的各个领域。”反对官僚主义侵蚀的斗争本质上是对极权独裁的反抗。(Ludwig Heinrich Edler von Mises. 1944. *Bureaucracy*. New Haven, Connecticut: Yale University Press, p. 18).

④ 参议院特别委员会于 2012 年 12 月 13 日批准，2014 年 12 月 3 日解密。参议院特别委员会关于中情局拘留和审讯项目的报告（6+19+499= 524 页）。

⑤ Reichsgesetzblatt, Teil I, Nr. 79, Ausgegeben zu Berlin, den 9. Dezember 1931, Vierte Verordnung des Reichspräsiden- ten zur Sicherung von Wirtschaft und Finanzen und zum Schutz des inneren Friedens. Vom 8. Dezember 1931, Siebenter Teil: Sicherung der Haushalte, Kapitel III: Reichsfluchtsteuer und sonstige Maßnahmen gegen Kapital- und Steurflucht (pp. 731–737).

离开这个国家。阿道夫·希特勒在吞并奥地利一个月后，对1938年4月14日之后试图从奥地利移民的任何人也征收了这一出境税。[①]对逃离第三帝国的人征收的移民税，在1945年德国输掉战争之前，一直由民族社会主义德国工人党（National Socialist German Worker's Party）领导的历届政府积极执行。

有了这一"显赫"的先例，1966年，美国颁布了一项新的国内税收法，其中有一个条款，授权对一名前美国公民在失去公民身份后的10年内征税，如果这个人被证明是为了逃避税收而离开美国的话。[②] 30年后，语气变得严厉的修正案中规定，任何"经司法部部长（Attorney General）认定
为逃避美国税收而放弃美国公民身份的美国前公民"不得再次访问美国。[③]同一年，《外国人和国籍 586
法》（*Aliens and Nationality*）的里德修正案（Reed amendment）确认，这些前公民在美国是"不可接纳的"。[④]

2004年，《国内收入法》第877条进行了修订，以便在某些情况下不再需要司法部部长的干预。资产净值超过200万美元的人会自动被认为完全是为了逃避美国的税收而离开美国。2009年爱德华多·路易斯·萨维林（Eduardo Luiz Saverin）移居国外后，纽约州参议员查尔斯·舒默（Charles Schumer）和宾夕法尼亚州参议员、人称鲍勃的小罗伯特·帕特里克·凯西（Robert Patrick 'Bob' Casey Jr.）在2012年主张采取更具报复性的美帝国逃亡税的形式。[⑤]为了惩罚放弃美国公民身份的行为，舒默提议通过废除与税收有关的《海外租佃激励法案》[《放弃国籍者法案》（*Ex-patriot Act*）]来防止美国人移居国外。由于立法者如此渴望仿效纳粹德国在20世纪30年代的做法，加利福尼亚律师菲尔·霍根（Phil Hodgen）当时把美国定性为"金融监狱"。[⑥]

有了互联网和遍布全球的引渡条约网，美国就能比德国政府更强硬地实施其自身的帝国逃亡税。萨维林于2009年，慈善家丹尼斯·艾森伯格·里奇（Denise Eisenberg Rich）于2011年11月，[⑦]蒂娜·特纳（Tina Turner）于2013年[⑧]以及伦敦市长鲍里斯·约翰逊（Boris Johnson）[⑨]等高调移居海外者公开表示，这使人们看到了大量被漏报的美国双重国籍公民的脱籍情况，这些人在美国境外被一个不

① Reichsgesetzblatt, Teil I, Nr. 60, Ausgegeben zu Berlin, den 23. April 1938, Verordnung zur Durchführung der Reichsflucht- steuer im Land Österreich, Vom 14. April 1938 (p. 403).

② 美国法典，标题26为国内税收法，第877条，为避税而移居国外。

③ 1996年9月30日第104届国会通过的第104-208号公法第352条，排除放弃公民身份的前公民。

④《美国法典》第8编第1182节，不可接受的外国人，（a）不符合签证或入学资格的外国人的类别，（10）其他，（E）为避税而放弃公民身份的前公民。

⑤ Joseph Henchman. 2012. 'Outraged by Facebook expatriate, Sens. Schumer and Casey propose steep "Exit Tax", *Tax Foundation*, 18 May 2012〈http://taxfoundati on.org/blog/outraged-facebook-expatriate-sens-schu mer-and-casey-propose-steep-exit-tax〉.

⑥ Phil Hodgen. 2012. 'Why people expatriate', *Hodgen Law*, 5 June 2012 .〈http://hodgen.com/whypeopleexpatriate/〉.

⑦ Siobhan Hughes. 2012. 'Denise Rich gives up U.S. citizenship', *Wall Street Journal*, 9 July 2012〈http://blogs.wsj.com/washwire/2012/07/09/deniserichgivesupuscitizenship/〉.

⑧ Al Kamen. 2013. 'Tina Turner formally "relinquishes" U.S. citizenship', *Washington Post*, 12 November 2013〈https://www.washingtonpost.com/blogs/intheloop/wp/2013/11/12/tinaturner formallyrelinquishesuscitizenship/〉; 'Tina Turner gibt ihren US-Pass ab:What's citizenship got to do with it?', *Neue Zürcher Zeitung*, 14. November 2013〈http://www.nzz.ch/panorama/tinaturner gibtihrenuspassab1.18185335〉.

⑨ David A. Graham. 2015. 'London Mayor Boris Johnson hates the IRS, too: The dual citizen says he's renouncing his birthright after getting a fat tax bill from Uncle Sam', *The Atlantic*, 17 February 2015〈http://www.theatlantic .com/international/archive/2015/02/borisJohnson renouncesuscitizenshiptaxbillmayorlondon/385554/〉.

恰当地称为“国内”税务局的机构实施的掠夺性的境外策略当成了逃亡者。

此外，如果说住在美国境外的“美国人”在美国立法机构中有任何有意义的代表，那将是一场闹剧。在禁止外籍人士进入美国的威胁下，现行立法先发制人地压制异议，以及那些受到不寻常和不公正的美国税法之不利影响的人的言论自由。例如，当蒂娜·特纳的发言人被瑞士记者问及此事时，可以预见的是，瑞士政府发表了一份正式声明，否认放弃其美国公民身份与美国治外法权税收有任何关系。

2013 年，一名男子讲述了他在伯尔尼美国大使馆的经历，并在那里宣布放弃美国国籍。

> 587 现年 60 岁的约翰（John H.）是一位友善的商人，一年前他放弃了美国护照“那是 2012 年 2 月 13 日，一个非常寒冷的日子，在伯尔尼的美国大使馆。那名员工问我是否有人强迫我这么做。我回答说：‘是的，美国政府。’”

财政政策和美国税法是如此缺乏竞争力，以至于即使美国的出口税造成了巨大损失，但劳拉·桑德斯（Laura Saunders）于 2012 年在《华尔街日报》上写道，对一些人来说“最好的税收策略就是收拾东西走人”。[①] 在奥巴马和舒尔曼的领导下，对许多生活在美国以外的人来说，美国公民的特权变成了要摆脱的枷锁，而且往往要付出巨大的代价。正如卡姆登勋爵在 1768 年所说的那样，侨民“寻求母国的保护，而不是锁链：他们希望母国保护他们的财产，而不是剥夺他们的财产”。

虽然世界上大多数人可以轻易地放弃自己的国籍，但住在美国以外的美国人则必须通过一个费力且昂贵的官僚程序和法律程序才能放弃美国国籍。2014 年，放弃的费用从 450 美元提高到 2350 美元。[②] 这还不包括居住在美国境外的人为遵守美国治外法权税法而支付的异常高昂的律师和税务顾问费用。许多永久住在国外的双重国籍者甚至不知道，除了正常的财富和所得税表外，他们还需要向遥远的美国每年提交第二套纳税表。在正式宣布放弃美国国籍之前的五年里，每年都要填大量的税单和外国银行及金融账户的年度报告表格，然后才可以移居国外。[③]

此外，还有专门针对住在美国境外的美国公民或寻求脱离国籍的美国公民征收附加的、不公平的歧视性税收，尤其是在遗产方面。[④] 另外，还有一份厚厚的表格，都是用晦涩难懂的伪英语写的，这些表格是为了在退出时提供另一份最终税单。这些表格包含一个警告，声明放弃美国国籍并不一定免除

---

① Laura Saunders. 2012. 'Should you renounce your U.S. citizenship?', *Wall Street Journal*, 18 May 2012〈http://www.wsj.com/articles/SB10001424052702303879604577410021186373802〉.

② Robert W. Wood. 2015. 'U.S. has world's highest fee to renounce citizenship', *Forbes*, 23 October 2015〈http://www.forbes.com/sites/robertwood/2015/10/23/ushasworldshighestfeeto renouncecitizenship/#2cdb8dbc6568〉.

③ 2012 年之后，美国国税局推出所谓简化备案合规程序，将繁重的文书工作和详细的财务报告期限从 5 年缩短至 3 年，在此期间，外籍人士将受到域外双重征税以及处罚和惩罚性复杂程序的制裁，为了能够放弃美国公民身份而提交他们的“拖欠”纳税申报表。此外，外籍人士必须向美国提交所有外国银行和金融账户的年度报告，并证明他们没有提交此类表格，而之前几乎没有人听说过这种情况，“是由于非故意行为”。

④ Ted Baumann. 2015. 'What it really costs to expatriate', *The Sovereign Investor*, 19 February 2015〈http://thesovereigninvestor.com/assetprotection/whatitreallycoststoexpatriate/〉; Russell Newlove. 2016. 'Why expat Americans are giving up their passports', *bbc News, Business*, 9 February 2016〈http://www.bbc.com/news/35383435〉.

一个人的任何域外税收义务。换句话说，没有人可以真正保证一个放弃美国国籍的人最终能逃脱美国国税局的不公正对待。

## 对各州及其茶党的监控 588

在查理二世统治时期，为了打击非法茶叶贸易，出台了所谓的搜查令（writs of assistance）。这些搜查令是由财政法院签发的，并授权政府官员在白天或晚上的任何时候，肆无忌惮地搜查地窖、金库、私人住宅、船只和仓库。搜查令的有效期至君主去世后六个月为止。在国王威廉三世的统治下，一项法令也将这些文书提供给英国殖民地的海关使用，在那里这些文书可以由上级法院颁发。

1755 年 6 月，在乔治二世（1727~1760 年在位）统治时期，马萨诸塞州的首席大法官斯蒂芬·休厄尔（Stephen Sewall）向波士顿海关检查员查尔斯·帕克斯顿（Charles Paxton）发出了第一份搜查令。帕克斯顿的下属们随后肆无忌惮地提出各种假定，侵犯个人隐私，收买线人获取秘密信息，没收糖蜜和茶叶。1760 年国王乔治二世去世后，他的孙子乔治三世继位，六个月后需要新的搜查令。1761 年 1 月 27 日，托马斯·哈钦森（Thomas Hutchinson）被任命为米德尔塞克斯（Middlesex）高等法院的首席大法官。1761 年 2 月，哈钦森在波士顿的旧城屋（Old Town House）向查尔斯·帕克斯顿发出了新的搜查令。

在签发程序中，司法部部长耶利米·格里德利（Jeremiah Gridley）辩称，尽管“本案剥夺了英国人的公共特权”，但这些搜查令有其必要性，即“税收利益”。詹姆斯·奥蒂斯（James Otis）曾在波士顿为英国商人和贸易商辩护，并因此出名，他曾徒劳地反对签发搜查令，后来又辞去了总检察长的职务以示抗议。[①]1761 年 2 月，后来将成为美国第一任副总统、第二任总统的约翰·亚当斯在波士顿出席了搜查令的签发仪式。后来，他的孙子查尔斯·弗朗西斯·亚当斯（Charles Francis Adams）记录道，这些程序和詹姆斯·奥蒂斯激烈的辩护被他的祖父视为“独立战争的导火索”。[②]

13 个殖民地非法贸易荷兰茶点燃了美国独立战争之火，由于肆无忌惮地走私荷兰茶叶，侵犯了隐私权和人权，这直接激励美国国会于 1789 年提出第四修正案，并于 1792 年 3 月 1 日与《权利法案》中其他九项修正案一起正式通过。

> 不得侵犯人民在其人身、房屋、证件和财物方面免受不合理搜查和扣押的权利，也不得提出任何逮捕令，但应根据可能的理由，以宣誓或誓词为依据，特别是说明要搜查的地方和要扣押的人或物。

然而，今天，美国财政部雇员的证词表明，现代的搜查令就像过去一样在暗中生效。政府官员证

---

① George Elliott Howard. 1905. *The American Nation: A History, Volume 8 Preliminaries of the Revolution, 1763-1775.* New York: Harper & Brothers Publishers (pp. 7386).

② Charles Francis Adams. 1856. *The Life of John Adams, Second President of the United States: With Notes and Illustrations.* Boston: Little, Brown and Company(p.57).

实，财政部情报与分析办公室（Office of Intelligence and Analysis of the Treasury Department）在国家安全局的协助和唆使下，对美国公民的私人财务记录进行了侵入性窥探。然而，这两个政府机构都公开发表声明，否认他们蓄意、系统地侵犯公民自由和公民的宪法权利。[①]

589 正如政府试图侵犯和根除个人隐私，从而使公民越来越透明一样，国家当局也使政府的运作更加不透明，并保护他们的行为不受其管辖的民众的监督。随着现代政府越来越多地窥探被统治者的私人生活，国家背后的真正权力掮客在隐藏自己身份的同时，也保护着他们的活动，不让公众看到。1867 年，沃尔特·巴格霍特（Walter Bagehot）写了一篇文章，评述他所称的英国“双重政府”现象。[②]在这个政府中，宪法上的皇室成员充当着“伪装”的角色，使“我们真正的统治者能够在不被掉以轻心的人知道的情况下进行改变”。[③]此后，英国政府的发展已经远远超出了它曾经被巴格霍特描述的状态。

在美国，罗斯福总统的前顾问爱德华·科温（Edward Corwin）在 1946 年警告说，第二次世界大战极大地改变了政府行政部门的权力，而且其权力远远超出了宪法规定的范围。[④]塔夫茨大学（Tufts University）的国际法教授迈克尔·格伦农（Michael Glennon）阐述了巴格霍特的观点如何更深入、更隐秘、更普遍地渗透到美国政府之中。1952 年，根据杜鲁门总统的最高机密行政命令成立的国家安全局和相关的秘密机构，在公众的视线中努力“吸引很少的公开关注，但拥有巨大的、未被注意的权力”，然而，按照格伦农的评估，这个政府内部的秘密政府如今掌管着美国，不受选举进程变化的影响，保持其匿名性，并在法治之外开展许多活动。[⑤]

格伦农的言论暗示，1963 年以来的每一次美国大选都是一场骗局，竞争对手的表现为人们提供了娱乐，分散了注意力。这些模拟的选举战有助于使对实际政府的隐蔽性永久化。政府的本质是在大多数时间里愚弄大多数人，因此这出戏注定要继续下去。对于持不同政见者来说，一个人并不一定会对权力构成威胁，只要他不以任何可能被证明有效的方式挑战这个制度，就不会因为他碰巧有洞察力而对权力构成威胁。每一位新的政治傀儡都将被迫以和他的前任一样的系统性和赤裸裸的方式说谎。因此，在美国大选年 11 月的第一个星期一之后国际安全仍然不稳定，不宣而战的战争继续进行，丝毫没有减少。

近年来，好莱坞每年创造的经济产值估计在 5040 亿美元到 9160 亿美元，这是一个惊人的经济体量，完全是由一个基于故意搁置怀疑的产业推动的。然而，按照这一原则来管理一个国家，还有更险恶的一面。[⑥]关于税收和政府滥用权力的问题，托马斯·潘恩在 1776 年 2 月发表了一个相当浮夸的主张，声称“美国的事业在很大程度上是全人类的事业”。潘恩对世袭君主制的古怪而古老的思考现在必

---

① Jason Leopold and Jessica Garrison. 2017. ‘U.S. intelligence unit accused of illegally spying on Americans’ financial records’, *BuzzFeed News*, 6 and 7 October 2017.

② Walter Bagehot. 1873.*The English Constitution(New and Revised Edition)*. Boston: Little, Brown and Company (p. 351).

③ Walter Bagehot. 1867.*The English Constitution*. London: Chapman and Hall (p. 80).

④ Edward Samuel Corwin. 1947. *Total War and the Constitution: Five Lectures delivered on the William W. Cook Foundation at the University of Michigan, March 1946*. New York: Alfred A. Knopf.

⑤ Michael J. Glennon. 2014. ‘National security and double government’, *Harvard National Security Journal*, 5:1–114.

⑥ ‘Hollywood, creative industries add $504 billion to U.S. GDP’, *Hollywood Reporter*, 12 May 2013; ‘Hollywood has blockbuster impact on US economy that tourism fails to match’, *The Guardian*, 5 December 2013.

须根据巴格霍特和格伦农描述的现代现实从根本上进行重新思考。 590

1958 年，阿道司·赫胥黎（Aldous Huxley）认为，许多政府已经开始通过模因管理来实施极权主义。

> 在人口过剩和日益增长的过度组织化的无情冲击下，通过前所未有的更有效的思想操纵手段，民主国家将改变它们的性质；选举、议会、最高法院和其他一切古老的形式都会保留下来。其实质是一种新型的非暴力极权主义。所有传统的名字、所有神圣的口号都将保留在过去美好的时代里。民主和自由将是每一个广播和社论的主题，但民主和自由有其严格的专有意义。与此同时，执政的寡头政治及其由士兵、警察、思想制造者和思想操纵者组成的受过高度训练的精英阶层，将按自己的意愿悄悄操纵局势。[①]

互联网和大数据带来了新的希望，为全球经济提供了熊彼特所说的“创造性破坏”工具。但与此同时，互联网也为那些努力实现一种几乎不加掩饰的极权主义的人提供了一个强大的工具。

在提到 1941 年赫胥黎对弗朗索瓦·莱克勒克·杜·特雷姆布雷（François Leclerc du Tremblay）的传记研究时，这位身穿灰色长袍的嘉布遣会修士，作为幕后掌权人（l’éminence grise），影响和操纵了红衣主教阿尔芒·让·杜普莱西斯·德·黎塞留（Armand Jean du Plessis de Richelieu）。卢西亚诺·弗洛里迪（Luciano Floridi）断言，新的灰色力量和传统的灰色力量一样，围绕着信息的控制。不过，弗洛里迪预先警告说，新的灰色力量已经在幕后更进一步：

> ……我们需要更好地了解新势力的性质和发展，这种势力正在成为控制不确定性的一种形式。新的灰色力量显然更类似于旧的教会统治力量，而不是大众媒体的灰色力量，它实际上是在蚕食大众媒体。[②]

弗洛里迪警告我们，不要把新的灰色力量视为一成不变的例子，这是“新的灰色力量本身悄悄推动的叙述”，他还敦促我们思考可以采取什么措施来确保新的灰色力量得到良性的运用。

1949 年，化名为乔治·奥威尔（George Orwell）的埃里克·阿瑟·布莱尔（Eric Arthur Blair）预言，政府对隐私和个人自由的侵犯，最终将导致一个反乌托邦式的监控国家。[③] 鉴于奥威尔给他的小说起的标题，美国宪法权利捍卫者爱德华·约瑟夫·斯诺登（Edward Joseph Snowden）在 2015 年 11 月 4 日的推特上说：“特蕾莎·梅（Theresa May）今天承认英国自 1984 年以来秘密从事国内大规模监视活动，这是一个黑暗的讽刺。”[④] 互联网从一开始就被显著和秘密地管理着，某些内容受到限制、监视和标记。几十年来，国家安全局和其他政府机构一直违反第四修正案，对美国公民和外国

① Aldous Huxley. 1958. *Brave New World Revisited*. New York: Harper & Brothers (p. 137).

② Luciano Floridi. 2015. ‘The new grey power’, *Philosophy and Technology*, 28 (3): 329–332.

③ Orwell, George. 1949. *Nineteen Eighty-Four*. London, Secker & Warburg.

④ 爱德华·斯诺登的推特，2015 年 11 月 4 日。

图 8.24 2016 年美国总统大选期间，一张模仿美国大选的海报在社交媒体上疯传，但从那以后就基本消失了，给人的印象是，这张斯诺登“参选”的海报可能已经从互联网上被人为删除了。

人进行间谍活动。一个侵入式监视国家对待其公民不像对待自由人，而是像对待主权财产式臣民一样。

2013 年 5 月，斯诺登因捍卫宪法第四修正案而被迫逃离美国。为了捍卫个人自由和隐私权，他冒着生命危险，2013 年 6 月以来一直在俄罗斯过着逃亡的生活。2015
591 年，诗人克努特・奥德格尔德于 2003 年创办的挪威文学和言论自由学院授予斯诺登“比约恩森奖”（Bjørnson prize），以表彰他捍卫人权和言论自由。那些知情人士证明，大规模监视的主要目的并不是维护公共安全，而是实现一种隐秘的极权形式的人口控制。[①]

具有历史讽刺意味的是，今天的俄罗斯为自由和人权的捍卫者提供了一个安全的避风港。主流的西方媒体经常表现出一种公然的偏见，与政府合作就像昔日的苏联媒体一样明显。对报业集团和顺从的大众媒体的控
592 制，使许多政府能够塑造其民众的看法。美国和英国不是世界上仅有的实行这一屡试不爽策略的政府，即在大多数时间里愚弄大多数人，然后压制或诋毁剩下的少数持有异见的人士。[②] 政治正确的潮流在当今社会可以像过去那样以不宽容的态度强制推行，这无疑是一种长期存在的现象。

---

① 爱德华・斯诺登、格伦・格林沃尔德、诺姆・乔姆斯基、努拉・奥康纳，2016 年 3 月 25 日，山地标准时间 17h~19h，亚利桑那大学行为科学学院主办的“稳私对话”（https://theinterce pt. com/a -conversa tion-about-priuacy/）。乔姆斯基常常是一位富有同情心的政治评论家，尽管他的语言创新在很大程度上是虚假的，因为这些创新不仅代表了早期欧洲语言学家改写过的旧观点；参见范・德瑞姆（2001: 50-99）的讨论和参考资料。在俄罗斯有件轶事是，乔姆斯基的政治著作作者名被翻译为霍姆斯基，同时他的语言学著作被翻译为乔姆斯基，可笑的是，如果他的政治著作与克里姆林宫发生冲突，这些著作可能会被查禁并从图书馆中删除，而他的语言学著作仍然可以被查阅。具有讽刺意味的是，恰恰是他的语言作品在很大程度上可以被忽视，而他的政治作品往往被证明是敏锐和有先见之明的。

2017 年 12 月 14 日，德国一家法院裁定，联邦存储国际电话号码等个人元数据是对隐私的非法侵犯，这一裁决促使斯诺登第二天在推特上发出提醒：“大规模监视从未被列为拯救生命的机密。它被列为机密是因为政府知道如果一个真正的法庭对它作出裁决，他们就会宣布它违宪。”（路透社员工，2017，“德国法院禁止外国情报大规模通信监控”，路透社科技新闻，2017 年 12 月 14 日；爱德华・斯诺登的推特，2017 年 12 月 15 日）。

② 有句老话存在于多个版本中：“你可以一直愚弄一些人，也可以一直愚弄所有人，还有一些人可以一直愚弄大多数人，但是你不能一直愚弄所有人。”毫无疑问，这句古老格言的漫长演变过程中的众多先兆之一，在 1684 年雅克・阿巴迪的著作中得到了证实：‘l’on trouvera que l’éxemple, l’éducation, les ſophiſmes du diſcours, ou les fauſſes couleurs de l’éloquence ont produit des erreurs particuliéres, mais non pas des erreurs générales; on pû tromper quelques, ou les tromper tous dans certains lieux & en certains tems, mais non pas tous les hommes, dans tous les lieux & dans tous les ſiécles’ (Jacques Abbadie. 1684. *Traité de la Vérité de la Religion Chrétienne. Premiere Partie*. Rotterdam: Chez Reinier Leers, pp. 10–11).

戴夫·埃姆斯（Dave Ames）和马克·布鲁斯（Mark Bruce）于1999年12月在斯蒂夫尼奇（Stevenage）首次建立了社交网站（face-pic.com），到2003年11月，该网站已为全球100多万用户提供服务。该网站在欧洲、印度和世界其他地区的年轻用户中颇受欢迎。①Facemash是一个为哈佛大学学生服务的社交网站，2003年10月才开通。2004年，马克·扎克伯格（Mark Zuckerberg）被指控从他的哈佛同学那里窃取思想，最终达成和解并给予了受害者价值3亿美元的资产。同年，该公司更名为Facebook，并迁往加利福尼亚州帕洛阿尔托（Palo Alto）。2005年9月，Facebook实验性地向中学生开放网站。2006年，Facebook向苹果和微软公司员工开放会员资格。直到2006年9月，Facebook才向所有13岁及以上拥有有效电子邮件地址的人开放会员资格。

据欧洲媒体披露，Facebook在2006年至2009年的某个时候与美国国家安全局和联邦调查局建立了合作关系，对其客户进行监控，并将客户们的私人数据传递给他们。按时间顺序，微软、雅虎、谷歌、PalTalk、YouTube、Skype、AOL和苹果公司据说也在2007年至2012年加入美国政府的棱镜间谍计划，它们还同谋在普通用户的设备上安装恶意软件sensu Stallmann。②继斯诺登揭露美国政府机构每天和日常进行的违宪活动后，马克斯·施雷姆斯（Max Schrems）于2014年8月1日对Facebook提起集体诉讼。

2015年10月6日，卢森堡欧盟法院（Court of Justice）宣布欧洲数据保护委员会（European Data Protection Commission）关于美国安全港的裁决无效，因为美国国家安全局对人们的私生活进行了无孔不入的窥探，通常与私营公司勾结，"使美国公共当局能够干涉人的基本权利"。③在此之后，为了促 593
进跨大西洋贸易的继续发展，美国自愿以书面形式保证对个人间谍活动进行限制，这让欧盟感到宽慰。然而，正如欧洲议会荷兰籍议员索菲·温特·维尔德（Sophie in't Veld）指出的那样，这些所谓的保护措施的法律地位仍然"非常不明确"。奥地利、斯洛文尼亚、保加利亚和克罗地亚出于对隐私的考虑，对新协议投了弃权票。新的个人数据国际传输协议于2016年7月12日生效，完全绕过了欧洲禁止在欧盟境外传输和存储个人信息的禁令。④

爱德华·斯诺登将这个新交易定性为欧盟的"彻底投降"，即协议中关于表面上的"隐私保护"的措辞实际上为美国政府间谍和官僚提供了"问责保护"。⑤两年后，斯诺登写道：

---

① face-pic.com的创始人是Dave Ames和Mark Bruce（https://en.wikipedia.org/ wiki/face-pic，编辑于2017年11月12日21时31分）。因为维基百科上关于face-pic.com的文章得到了积极的支持，然而，从2008年到2017年这段时间的重新设计来看，我之前曾大胆猜测，某些既得利益者试图压制历史证据，即Facemash和Facebook的创始人是抄袭者，他们的灵感直接来自这个当时已经蓬勃发展的社交网站。(George van Driem. 2015. 'Symbiosism, Symbiomism and the perils of memetic management', pp.327-347in Mark Post,Stephen Morey and Scott Delancey, eds., *Language and Culture in Northeast India and Beyond.* Canberra: Asia-Pacific Linguistics, p. 341).

② Richard Stallmann. 2015. 'Malware is not only about viruses—companies preinstall it all the time', *The Guardian, Friday* 22 May 2015.

③ Court of Justice of the European Union. 2015. Press Release No. 117/15, Luxemburg, 6 October 2015, Judgment in Case C-362/14 Maximillian Schrems vs. Data Protection Commissioner.

④ 'New transatlantic data transfer deal sealed with "written assurances" of U.S. spying limitations', *Russia Today News*, 3 February 2016; 'EU okays "renewed" data transfer deal, lets U.S. firms move Europeans' private info overseas', *Russia Today News*, 9 July 2016.

⑤ 斯诺登的推特信息，2016年2月2日。

> 通过收集和出售私人生活的详细记录来赚钱的企业，曾被简单地描述为“监控公司”。他们将自己的品牌重新命名为“社交媒体”，这是自美国陆军部（Department of War）更名为国防部（Department of Defense）以来最成功的骗局。[①]

关于Facebook滑稽行为的定期披露，比如扎克伯格与剑桥分析公司（Cambridge Analytica）的交易，斯诺登称其为“同一个完整的欺骗策略的一部分”，[②] 加上马克斯·施雷姆斯和他的盟友的积极行动，欧盟起草了《通用数据保护条例》（*General Data Protection Regulation*），该法律于2018年5月25日生效。[③] 然而，任何此类立法是否足以保护个人隐私和个人自由，使其免受那些表现得好像完全凌驾于法律之上的有权有势和无良的商人与政府机构的侵犯，还有待观察。

今天，美国独立战争时期的两个历史主题又走到了一起。英国从1842年开始，美国从1913年开始，以及许多效仿它们的国家，通过个人税已经把公民降格为臣民，使他们暴露在基本上不负责任的税务当局反复无常的行径之下，而这些国家的行为就好像凌驾于法律之上。以治外法权为基础的税收进一步使公民沦为国家的奴隶。目前的紧急监视状态还使公民沦为高压税务机关和其他政府机构的牺牲品。个人隐私普遍受到侵犯，与此同时，公众人物和幕后官僚及其所作所为却在很大程度上仍不为公众所知。

## 民主选择的幻觉

掠夺性征税和侵犯隐私分别与政治中的左派和右派联系在一起。然而，传统的左右派系是一种过时的假象。向公众灌输这样一种观念，即对许多不同的问题只有两种截然相反的反应，这不仅有利于演艺界的繁荣，而且会催生虚假的政治，即巴格霍特所称的大不列颠“伪装共和国”，[④] 以及格伦农所称
594 的美国政府内部组成特勤局机构的杜鲁门主义网络。这些机构基本上不受选举结果的影响，也不受公众的监督。[⑤]

在苏联解体和柏林墙倒塌之后，以蓝色为象征的荷兰右翼政党和以红色为象征的荷兰左翼政党找到了共同立场，联合起来反对以绿色为象征的基督教中间派。这一利益集团最初于1991年在南荷兰省政府中形成了一个“紫色”联盟，后来在国家层面上，1994年至2002年和2012年，连续三届紫色联盟政府相继成立。同样，2014年1月25日希腊大选之后，右翼独立希腊人党（Independent Greeks）与激进的左翼联盟（Syriza）组成了一个反紧缩（anti-austerity）联盟。走出二维派系这一虚幻的框架，

① 斯诺登的推特信息，2018年3月17日。

② 斯诺登的推特信息，2018年4月10日。

③ Hannah Kuchler. 2018. ‘The man who took on Facebook and won’, *Financial Times, Life&Arts, FT Weekend*, 7 April 2018 (pp. 1, 18).

④ Bagehot (1873: 351).

⑤ Glennon (2014: 16, 24).

增强了荷兰和希腊政客讨论每一个问题自身价值的能力。[①]

这种发展突出了从右到左的二维政治派系的概念是完全不合时宜的荒谬。这种过时的模式在历史上起源于1789年夏天法国大革命爆发时召开的为期一个月的国民大会（Assemblée nationale）。主要由贵族和神职人员组成的王室否决权支持者占据了议会主席右侧的荣誉场所，而革命者则聚集在主席左侧的会议厅一侧。

在虚构的左右二翼的政治光谱任何位置上的政治派系都可能采取一种奥威尔式监视状态，因为任何肤色的政客都可能侵犯人身权、隐私和个人自由。对整个国家来说，在仅有的两个选项中做出选择是虚假的，这使得整个体系易于蛊惑人心，也有利于操纵。在美国，掠夺性征税和侵犯隐私这两个主题交织在一起，引发了21世纪头十年兴起的茶党运动（Tea Party movement）式政治回应。这种不同的政治偏好似乎有着极为不同的信仰，也许只有在他们反对这个掠夺性的、官僚主义的和挥霍无度的税收国家之时才能统一起来。

非政府组织“健全经济市民委员会”（Citizens for a Sound Economy）是在具有象征意义的1984年由戴维·汉密尔顿·科赫（David Hamilton Koch）和查尔斯·德·加纳尔·科赫（Charles de Ganahl Koch）创立的。这个组织运作了20年，倡导自由市场经济，反对大政府，但是正如命中注定的，这个政治游说团体还与两个截然不同的宗教团体保持着显著的联系。该组织增进了烟草业的利益，但也理所当然地受到了攻击，因为吸烟长期以来被认为是致癌的，尼古丁已被证明是一种有害的、令人上瘾的神经化学物质。与此同时，这个政治游说团体与有益健康的植物——茶树（Camellia sinensis）建立了一种联系。

2002年，“健全经济市民委员会”建立了一个网站，[②]不过很快就被关闭了，但其短暂存在期间，该网站称“我们的美国茶党是一个全国性的社交聚会，我们将持续在网上举办活动，向所有认为我们
的税收太高、税法太复杂的美国人开放”。[③]然而，不久，来自得克萨斯州的前共和党国会议员、自由 595
党成员罗纳德·欧内斯特·保罗（Ronald Ernest Paul）发出了一种截然不同的声音，成为茶党运动的主要发言人。

罗恩·保罗（罗恩是罗纳德的昵称）倡导自由主义议程，批评美国税法和国税局的行为，反对大政府，并抨击监视国家的违宪行为侵犯了隐私和个人权利。罗恩·保罗的总统竞选团队在2007年11月5日和2007年12月16日的两次24小时筹款活动中，通过一个安全的网站收到了大量捐款，时间恰逢波士顿茶党创建234周年纪念之际。[④]保罗的总统竞选活动志愿者受邀在一个专门的茶党网站上注册。[⑤]他的儿子兰德尔·霍华德·保罗（Randal Howard Paul）在2009年竞选美国参议员时，曾提议成

① 瑞士民主体制中具有约束力的全民公投为公民自治提供了一种更直接的工具，但即便在瑞士，监控国家也让个人隐私这一宝贵的好东西变得越来越虚幻。(cf. Beat Kappeler. 2016. *Staatsgeheimnisse: Was wir überunseren Staat wirklich wissen sollten*. Zürich: Verlag Neue Zürcher Zeitung).

② http://www.usteaparty.com.

③ Amanda Fallin, Rachel Grana and Stanton A. Glantz. 2013. '"To quarterback behind the scenes, third-party efforts": the tobacco industry and the Tea Party', *Tobacco Control*, 8 February 2013〈http://tobaccocontrol.bmj .com/content/early/2013/02/07/tobaccocontrol-2012050815.full〉.

④ www.RonPaul2008.com.

⑤ www.TeaParty07.com.

立一个茶党党团（Tea Party caucus）。米歇尔·巴赫曼（Michele Bachman）在2010年成为这个国会党团的第一位主席。

2010年，在他们的《茶党宣言》（*Tea Party Manifesto*）中，前众议院多数党领袖迪克·阿梅（Dick Armey）和自由工作组织（Freedom Works）的马特·基贝（Matt Kibbe）表示，茶党运动的目标是通过让华盛顿恢复财政理智，缩小无限政府的规模来恢复个人自由。[1]用奥沙利文的话来说，美国不再是一个"管得最少"的政府。今天的美国政府就是一个"利维坦"。经济理论表明，政府在一些核心职能上的支配可以提升效率和促进经济增长，但在现代社会，当政府在这些职能上的支配不超过国内生产总值的15%时，就会达到一个健康的平衡，[2]不过也有些人将这一上限设定为16%。[3]

人们发现，政府职能支配的增长超过这一界限与国内生产总值实际增速下降有关。计量经济学的证据表明，私人产权的安全性、合同的执行力和法律的约束力与经济的增长、人均收入的提高和生活水平的提高直接相关。[4]即使按照把经济中过于慷慨的份额分配给公共部门的模式，许多国家也远远超过了公共部门的最佳阈值水平。[5]在美利坚合众国，政府是最大的雇主，政府在开支方面如此挥霍，公共部门的支出约占国内生产总值的三分之一。[6]

政府提高税收收入的具体措施，以及公共支出的效率，也是至关重要的问题。在有形基础设
596 施、教育和人力资源开发方面的有效公共投资与经济增长相关。[7]一些主张公共部门臃肿的人习惯于以北欧国家为例。公共开支高的北欧国家的高生活水平这一异常现象背后的因素尚未得到正确识别，但伯格（Bergh）和亨利克森（Henrekson）警告说，高税收扭曲经济的机制也适用于斯堪的纳维亚国家。此外，这些瑞典经济学家强调，北欧的例子并不能证明低税收国家可以在不给经济增长带来负面影响的情况下增加税收。相反，高税收对斯堪的纳维亚经济体的削弱作用是有目共睹的。

政府的最佳规模和公共部门的规模是茶党运动关注的中心问题。另一个问题是选择主要的税基来为国家创造收入，亚历山大·汉密尔顿设想对从事商业活动而不是对作为国家奴隶的个人征税。然而，另一个问题代表着越来越严重的不公正。正如阿梅和基贝在他们的宣言中所强调的那样，茶党的

---

① Dick Armey and Matt Kibbe. 2010. *Give Us Liberty: A Tea Party Manifesto*. New York: Harper Collins.

② Philip J. Grossman. 1987. 'The optimal size of government', *Public Choice*, 53 (2): 131–147; James Gwartney, Randall Holcombe and Robert Lawson.1998.'The scope of government and the wealth of nations', *The Cato Journal*, 18 (2): 163–190.

③ Georgios Karras. 1997. 'On the optimal government size in Europe: Theory and empirical evidence', *The Manchester School*, 65 (3): 280–294.

④ Gwartney, Holcombe and Lawson (1998); Bernhard Heitger. 2004. 'Property rights and the wealth of nations: A cross-country study', *The Cato Journal,* 23 (3): 381–402.

⑤ Primož Pevcin. 2004. 'Economic output and the optimal size of government', *Economic and Business Review*, 6 (3): 213–227; António Afonso and João Tovar Jalles. 2011. *Economic performance and government size*. Frankfurt am Main: European Central Bank; O. Faruk Altunc and Celil Aydın. 2013. 'The relationship between optimal size of government and economic growth: Empirical evidence from Turkey, Romania and Bulgaria', *Procedia: Social and Behavioral Sciences*, 92: 66–75.

⑥ Konstantinos Angelopoulos, Apostolis Philippopoulos and Efthymios Tsionas. 2008. 'Does public sector efficiency matter? Revisiting the relation between fiscal size and economic growth in a world sample', *Public Choice*, 137 (1): 245–278.

⑦ Andreas Bergh and Magnus Henrekson. 2011. Government Size and Growth: *A Survey and Interpretation of the Evidence* (IFN Working Paper No. 858). Stockholm: Research Institute of Industrial Economics.

历史根源在于波士顿港的茶叶被破坏，这源于13个殖民地的英国公民对母国从远方征收的域外法权税收的愤怒。

肯塔基州参议员兰德尔·保罗在2013年当选参议员后，带头发起了一场废除《海外账户税收遵从法案》的运动。他认为，美国政府的挥霍无度、银行和金融机构的不负责任，不能成为征收治外法权税和惩罚性移民税的违宪做法的正当理由。

20世纪初，雅各布·伊斯莱尔·德·哈恩（Jacob Israël de Haan）的意识论探讨了意义与法律的关系，试图发展出一种“法律语言的新哲学”（nieuwe rechtstaalphilosophie）。他和荷兰数学家吕岑·埃格贝图斯·扬·布鲁维尔（Luitzen Egbertus Jan Brouwer）都探讨了律师、税务当局、银行家和政治家使用和滥用语言带来的伦理和符号问题。[①]一个世纪之后，奥威尔对“新话”（newspeak，指模棱两可的政治宣传语言。——译者注）的伪英语和双重思想的操控性策略提出了警告，他预言政府会利用这种策略来剥削其公民。美国国税局在其惩罚性的大量文书工作中系统地使用了一些词汇和术语，其含义对以英语为母语的人来说并不直观，也不被该机构使用的任何词典学资料来源所认可。

菲利普·K. 迪克（Philip K. Dick）对奥威尔的解释如下：“操纵现实的基本工具是操纵文字。如果你能控制词语的意思，你就能控制那些必须使用它们的人。”[②]在一些强加给居住在国外的美国人的冗长
表格中，选项的措辞是这样的：可用的答案没有一个是正确的，甚至也没有适用的。这些问题的措辞 597
通常已经包含了内在的错误假设。然而，对虚假答案的处罚是非常严厉的，而且没有留下空白答案的选项。

2013年，有消息称，在舒尔曼领导下，美国国税局多年来一直被现任政府滥用，骚扰其政治对手，针对所有申请免税状态的政治团体，只要他们的文件或申请中包含“茶党”一词，就会对其进行严格审查。提到“茶党”的个人和实体发现他们的申请被无限期推迟。[③]查克·舒默为美国国税局对奥

① Jacob Israël de Haan. 1912. ‘Nieuwe rechtstaalphilosophie’, *Rechtsgeleerd Magazijn*, 31: 480–522; Jacob Israël de Haan. 1919. *Rechtskundige significa*. Amsterdam: Johannes Müller; Luitzen Egbertus Jan Brouwer. 1908. ‘De onbetrouwbaarheid der logische principes’, *Tijdschrift voor Wijsbegeerte*, 2: 152–158; Luitzen Egbertus Jan Brouwer. 1918. ‘Begründung der Mengenlehre unabhängig vom logischen Satz vom ausgeschlossenen Dritten’, *Verhandelingen der Koninklijke Akademie van Wetenschappen te Amsterdam*, Eerste Sectie, Deel xii, № 5 en № 7; Luitzen Egbertus Jan Brouwer. 1919. *Wiskunde, Waarheid, Werkelijkheid*. Groningen: P. Noordhoff; Luitzen Egbertus Jan Brouwer. 1933. ‘Willen, weten, spreken’, pp. 45–63 in *De Uitdrukkingswijze der Wetenschap*. Groningen en Batavia: P. Noordhoff.

② Philip Kindred Dick. 1985. ‘Introduction: How to build a universe that doesn’t fall apart two days later’ [1978], pp. 1–23 in *I Hope I Shall Arrive Soon*. New York:Doubleday (p. 7).

③ ‘Le Tea Party pris pour cible par le fisc américain: Scandale—Les républicains sont en colère après avoir entendu les aveux du fisc américain. Celui-ci a admis avoir enquêté sur des membres de groupes proches de la mouvance anti-impôt du Tea Party’, *Le Matin*, 11 mai 2013〈http://www.lematin.ch/monde/ameriques/ teapartyprisciblefiscamericain/story/22829427〉; Stephen Dinan. 2015. ‘Judge orders IRS to release list of tea party groups targeted for scrutiny’, *The Washington Times*, 2 April 2015〈http://www.washingtontimes.com/news/2015/apr/2/irs orderedtoreleaselistoftargetedteaparty/〉; Robert W. Wood. 2015. ‘19 Facts on IRS targeting President Obama can’t blame on Republicans’, *Forbes*, 23 July 2015〈http://www.forbes.com/sites/ robertwood/2015/07/23/19factsonirstargetingpresidentobamacantblameonrepublicans/#71bfe16a1e82〉; Stephen Dinan. 2015. ‘Tea party targeting accusations, legal issues persist for IRS after Justice ends probe’, The Washington Times, 25 October 2015〈http://www.washingtontimes.com/ news/2015/oct/25/irsteapartytargetingaccusationslegalissuesp/?page=all〉.

巴马政府的自由主义政治反对派的选择性打击进行了辩护，并主张用这种方法在政治上遏制茶党。[①]茶党等自由主义运动反对集体主义、臃肿的政府和寄生的官僚机构。很自然地，在评价茶党时，美国历史学家罗伯特·欧文·帕克斯顿（Robert Owen Paxton）将茶党定性为完全对立于德国民族社会主义工人党等历史上的法西斯运动的政党。

> 茶党与法西斯主义宣扬国家利益的本质相去甚远。它反对一切形式的公共权力，强烈反对任何对他人的义务，因此它更应该被称为右翼无政府主义。它是个人主义的肆意横行，是对任何集体义务的否定，与法西斯主义对集体义务凌驾于个人自治之上的至上诉求恰恰相反。[②]

帕克斯顿正确地强调了茶党运动在意识形态上对法西斯主义者倡导的政府干预式控制的反对，[③]但
598 将茶党运动中所有不同倾向的群体都定性为“拒绝任何集体义务”，既不准确也很牵强。

茶党运动最初是一场自由主义运动，因此，它反对集体暴政、主张个人自由。[④]在实践中，被冠以“茶党”的标签，或自称代表茶党运动的不同组织和团体常常在各种问题上持有实质上不同的观点。2013 年，美国佐治亚州的茶党爱国者发起了一项环保行动，由倡导将太阳能置于污染严重的化石燃料之上的黛比·杜利（Debbie Dooley）领导，他们发现自己在反对“美国人追求繁荣”组织（Americans for Prosperity）的反环保政策。

然而，具有讽刺意味的是，“美国人追求繁荣”组织的资金主要来自科赫兄弟（Koch brothers），他
599 们最初在 2002 年发起了“美国茶党”，作为反对高税收和复杂税法的在线论坛。杜利称她倡导自由市场的环保主义形式为“绿茶联盟”（green tea coalition），但她在 2016 年 1 月 24 日公开支持一位总统候选人，这似乎很快就抹黑了她对任何真正的绿茶政治承诺的诚意，她除了沉溺于成为随心所欲的公众小

---

① Alana Goodman. 2014. ‘Schumer calls for using IRS to curtail Tea Party activities: Democratic senator says Obama should bypass Congress, use executive powers’, The Washington Free Beacon, 23 January 2014〈http://freebeacon.com/issues/schumercallsforusingirsto curtailteapartyactivities/〉; ‘Editorial: Chuck Schumer urges IRS to harass Tea Party groups into silence’, Washington Times, 24 January 2014〈http://www.washingtontimes.com/news/2014/jan/ 24/editorialsilencingtheop position/〉; Becket Adams. 2014. ‘Chuck Schumer call on IRS to crack down on Tea Party funding: “Redouble those efforts immediately” ’, The Blaze, 24 January 2014〈http://www.theblaze.com/stories/2014/01/24/chuckschumercallsforirstocrackdo wn onteapartyfunding/〉; Matte Kibbe. 2014. ‘Chuck Schumer wants to regulate the Tea Party out of existence’, Washington Examiner, 27 January 2014〈http://www.washingtonexaminer.com/chuck schumerwantstoregulatetheteapartyoutofexistence/article/2542954〉.

② Robert Owen Paxton. 2016. ‘Is fascism back?’, *Project Syndicate*, 7 January 2016〈http://www.project-syndica te.org/commentary/is-fascism-back-by-robert-o-paxt on-2016-01〉.

③ 当美国特勤部门得意洋洋地向盟国宣讲，为了能够针对特定的个人，需要进一步削减公民权利时，正是这样一个“充斥着恐吓和过度起诉的刑事司法系统”的政府人员，正如阿伦·斯沃茨（Aron Swartz）家人的声明后来描述的那样，由于他们顽强的迫害，他于 2013 年 1 月 11 日自杀。(Verlagsgruppe Bonnier. 2012. ‘US Geheimdienste: Staaten müssen Kampf gegen Einzel personen verschärfen’, *Deutsche Wirtschafts Nachrichten*,12. Dezember 2012;Sam Gustin.2013.‘AaronSwartz, tech prodigy and internet activist, is dead at 26’, *Time*, 13 January 2013; Clive Crook 2013. ‘The death of Aaron Swartz’, *The Atlantic*, 15 January 2013).

④ 用极权主义的方法来对抗极权主义是徒劳的。只有无条件遵守自由原则的人才能赢得自由。一个更好的社会秩序的首要条件是恢复不受限制的思想和言论自由。(Ludwig Heinrich Edler von Mises. 1944. *Omnipotent Government: The Rise of the Total State and Total War.* New Haven, Connecticut: Yale University Press, p. 14).

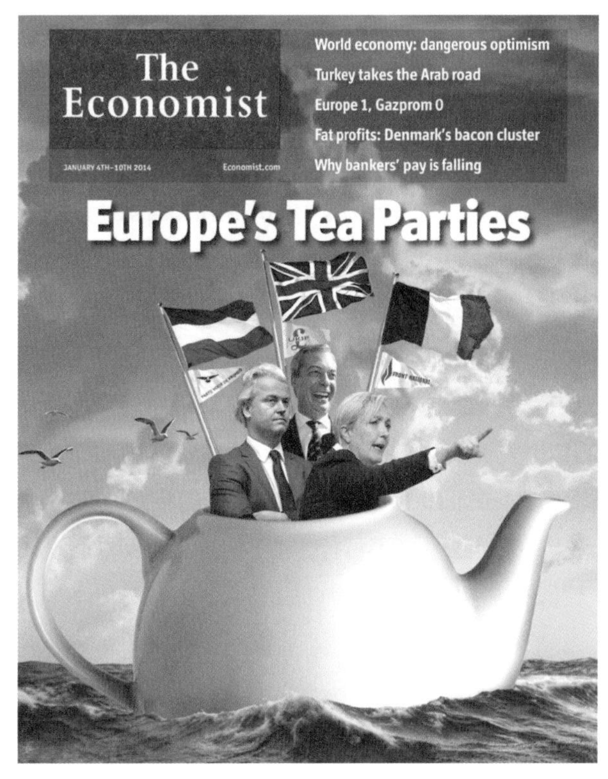


图 8.25 2014 年 1 月《经济学人》封面。

丑，长期以来一直公然否认气候科学关于人为全球变暖的研究成果，因此，无法预测未来茶党会如何被利用和滥用。在某些问题上有不同观点的团体可能继续使用这个标签。与所有标签一样，"茶党"的称号很可能被那些拥护相反意识形态奉行与以前茶党不相容乃至相反政策的团体篡夺。时间会证明一切的。

2014 年 1 月，《经济学人》的封面把荷兰自由党（Partij voor de Vrijheid）、英国独立党（United Kingdom Independence Party）和法国国民阵线（Front National）的领导人描绘成代表欧洲茶党（Europe's tea parties）的化身。在欧洲和美国，被称为"茶党"的不同政治派别在政策上各不相同，有时在非常显著的方面都是不同的。《经济学人》试图找出将不同的茶党统一起来的特征，即他们反对华盛顿和布鲁塞尔臃肿的联邦政府，反对"官僚主义膨胀"，反对国家成为一个"自私的利维坦……旨在照顾自己而不是它应该服务的公民"。①

在欧盟内部，公民向位于布鲁塞尔的一个不负责任的官僚机构缴纳治外税。这个特权阶级和寄生阶级依偎在欧盟委员会（European Commission）、欧盟理事会（Council of European Union）、欧洲理事会（European Council）和欧洲议会（European Parliament）的席位上，制定关税、配额和错综复杂的法规，作为保护主义措施，抑制竞争，阻碍小规模创业，助长裙带资本主义，防止一个健康的市场自然选择的治疗力量。茶，一个亚洲的栽培种植物，却在欧洲的政治、财政和经济史上扮演了重要的角色，在美国民族国家的起源中扮演了举足轻重的角色。茶，甚至可能是绿茶，将继续在欧洲和美国的政治未来中发挥象征性的作用。

① 'Europe's Tea Parties: Insurgent parties are likely to do better in 2014 than at any time since the Second World War', *The Economist*, 4–10 January 2014 (p. 7).

## 茶叶寻找新家园和欧洲爆发混乱

荷兰东印度公司的雇员乔治·迈斯特于1687年在爪哇、1688年在好望角种植了日本茶树。巴达维亚和后来被称为开普敦的卡普斯塔德（Kaapstad）公园里的茶树，作为观赏植物得到生长和用来欣赏，但从未产出过商业茶叶，因为从中国进口茶叶要方便得多。18世纪60年代，英国植物学家约翰·埃利斯（John Ellis）把茶树种子送到北美的英国殖民地，但这些种子在那里没有发芽。

1778年，博物学家、植物学家约瑟夫·班克斯爵士（Sir Joseph Banks）为英国东印度公司准备了一份关于新品种前景的报告。当时，班克斯仍然认为武夷茶和绿茶代表了两个不同的物种，正如林奈在1762年出版的《植物种志》第二版中所断言的那样。班克斯认为，红茶在北纬26度至30度之间长得最好，而绿茶在北纬30度至35度之间长得最好。班克斯不无挖苦地指出，“试图立刻把中国人从整个茶叶贸易中赶出去”既不可行，也不明智。相反，他颇具预见性地提出，在印度，英国东印度公司应致力于生产一些不那么雄心勃勃的产品：

> 所有新的制造事业都应该从初级物品开始，这些物品的制备难度比价格高的商品要小，而且
> 600 （当它们落入低阶层人民手中时）更能被允许立即使用，制造这些商品的目的是供那些口味更独特、追求经济实惠的人消费……[1]

班克斯还建议，在印度东北部，该公司应努力生产红茶，“布丹山（Mountains of Boutan）在短期内提供了生产绿茶所需的所有气候条件”。班克斯进一步提出，来自河南的中国茶专家可以“通过提供自由条款”乘坐英国船只来印度，帮助在东北部建立茶园。

然而，那时印度还没有种植茶树，英国人和英属殖民地的英国人所享用的茶仍然是中国茶。虔诚的诗人威廉·考珀（William Cowper）在1785年写了一首诗，诗中没有提到茶的名字，却让人联想起冬日午后喝茶的惬意。

> 现在拨火，赶快关上百叶窗，
> 放下窗帘，转动沙发，
> 当那个冒泡的、嘶嘶作响的壶
> 601 吐出一根冒着热气的气柱，还有杯子，
> 欢快但无醉意，等候每个人，
> 让我们迎接和平的夜晚。[2]

① Sir Percival Joseph Griffiths. 1967. *The History of the IndianTea Industry.* London: Weidenfield and Nicolson (pp. 33–34).

② William Cowper. 1785. *The Task, A Poem in Six Books*. London: J. Johnson (Book iv, p. 139).

与此同时（1782 年），在法国，有三棵茶树被认为是外来的植物标本。一棵茶树生长在花坛里，另一棵生长在让・保罗・蒂莫莱（Jean Paul Timoléon）公爵的花园里，第三棵生长在一位名叫“德扬先生”（monsieur ‘de Janffen’）的珍奇植物收藏家的私人花园里。[①] 1789 年，植物园又收购了几棵茶树。[②] 不久茶的主题就会被转喻式地利用，因为它与清醒和谨慎相联系。

七年战争和美国独立战争期间，法国对英国进行了代价高昂的战争，造成了严重的财政危机，导致路易十六政府（1774~1791 年）濒临破产。为了跟上皇室军事活动疯涨的成本，联省议会试图在美国各州征收新税，这引发了一场革命。1789 年夏天，《巴黎条约》签署仅仅六年后，巴黎就爆发了动乱，法国革命导致了恐怖统治（1793~1794 年）、拿破仑・波拿巴（1804~1814，1815 年）统治下的帝国独裁和波旁王朝的复辟（1814~1830 年）。法国大革命的失败不仅表现在这场剧变带来的取代旧政权的法国和欧洲的恐怖，而且在经济方面可能更为严重。法国把显要的位置让给了英国，再也无法恢复其相对的经济优势。[③]

讽刺作家兼剧作家奥古斯特 - 路易斯・贝尔丁・丹蒂伊（Auguste-Louis Bertin d’Antilly，1763~1804 年）是这些历史事件的幻灭之目击者，他在执政内阁时期（1795~1799 年）放弃了最初的雅各宾派观点。五人执政内阁（Directoire，1795 年，法国大革命后成立的委员会，继承了马基雅维利主义的传统，后被拿破仑推翻。——译者注）通过实施财政措施、印花税和附加税来骚扰自由媒体。贝尔丁・丹蒂伊大无畏地于 1797 年出版了当时所有保皇派报纸中最激烈的一份。在这本被恰当地命名为《茶》（*Le Thé*）的杂志上，丹蒂伊对拿破仑・波拿巴的独裁野心提出了警告。为了唤醒人们对理性的服从，小贩们在街上是这样兜售报纸的：

> 谁想喝点茶？……把你的茶拿来，先生！
> ……茶是很浓的东西！……这有茶！[④]

《茶》杂志在 1797 年 4 月 18 日和 29 日以及 5 月 1 日、4 日和 12 日出版发行，但在 1797 年 9 月 5 日，在政变中被五人执政内阁禁止发售。

与法国大革命后其他许多天才的知识分子一样，丹蒂伊遭到流放，但他仍然在汉堡反对拿破仑・波拿巴。拿破仑对报界关于他的议论非常敏感，正如他曾向约瑟夫・富歇（Joseph Fouché）吐露
过的那样，他总是记着在圣日耳曼的大街上他的行为会怎样引起舆论的注意。拿破仑在 1796 年写给约 602
瑟芬的一封情书中也用茶作为比喻，他说他每喝一杯茶都会诅咒自己的野心和对荣耀的渴望，正是这

① Pierre Jean-Baptiste le Grand d’Aussy. 1782. *Histoire de la vie privée des français, Depuis l’origine de la Nation jufqu’à nos jours* (three volumes). Paris: l’Imprimerie de Ph.-D. Pierres, Imprimeur Ordinaire du Roi (Vol. iii, p. 101).

② Pierre Jean-Baptiste le Grand d’Aussy. 1815. *Histoire de la vie privée des françois depuis l’origine de la nation jusqu’à nos jours, Nouvelle Édition avec des notes, corrections et additions par Jean-Baptiste-Bonaventure de Roquefort* (three volumes). Paris: Laurent-Beaupré (Vol. iii, pp. 117–118).

③ René Sédillot. 1987. *Le coût de la Révolution française: Vérités et légendes*. Mesnil-sur-l’Estrée: Perrin.

④ Louis Gabriel-Robinet. 1960. ‘Napoléon, journaliste’, *Les Annales Conferencia*, lxvii (115): 5–21［我要感谢新南威尔士州纽卡斯尔大学的菲利普・德怀尔（Philip Dwyer）让我走上这条路］.

些让他远离了她。

第四年，法国革命历第 7 个月的第 10 天（即 1796 年 3 月 30 日）……我没有一天不爱你。我没有一个晚上不想把你抱在怀里。每喝一杯茶，我都会诅咒自己的野心和对荣誉的渴望，正是这些让我远离生命的灵魂。[①]

图 8.26 “离开自由法国”，詹姆斯·吉尔雷（James Gillray）于 1799 年创作的一幅政治漫画，描绘了五人执政内阁的失败，这标志着法国大革命的结束。

① Chantal de Tourtier-Bonazzi. 1981. *Napoléon: Lettres d'amour à Joséphine*. Paris: Arthème Fayard (p. 51).

## 第九章

# 茶被移植：亚洲的战争

### 用鸦片换茶叶

16 世纪，烟草从美洲殖民地传到了欧洲，17 世纪初，又由欧洲传到了亚洲。人们普遍认为，将烟草（一种新发现的新大陆药品）和鸦片（一种古老的旧大陆药品）进行混合并吸食的做法创生于中国，而这两种商品都是由葡萄牙人在 1620 年率先输入中国的。[①] 鸦片的毁灭性影响当时已经被发现，但直到一个多世纪以后的 1729 年，清军入关后的第三位皇帝雍正（1722~1735 年在位）才开始禁止售卖和吸食鸦片。 603

然而，鸦片在中国有较大的市场需求，欧洲商人便试图从这种贸易中获利。荷兰人在印度贩卖药用鸦片，巴特那（Patna）当时是印度鸦片交易的主要市场。人们肆无忌惮地通过贩卖药用鸦片牟取暴利。1757 年普拉西战役（Batlle of Plassey）之后，孟加拉被英国控制，荷兰人不能再从孟加拉贩运鸦片到巴达维亚，于是，英国人取代荷兰人成为鸦片商。

在印度，鸦片贸易管理比较宽松，生产出来的鸦片在加尔各答被公开拍卖。1757 年，乾隆皇帝（1735~1795 年在位）颁布了八项新规定，旨在防止外国茶商在中国领土上长期居住。于是，1761 年，原本在广州经营的荷兰和法国东印度公司在澳门设立了办事处，以防当广州不对外国人开放的时候，他们可以随时撤到澳门。1762 年，丹麦和瑞典效仿了荷兰和法国在澳门的做法，1773 年，英国也如法炮制。

① António Pedro Pires. 2012. ‘A via do chá’, *Revista Oriente*, 21: 100–120.

七年战争（1756~1763 年）后，英国船只的数量很快超过其他国家在广州的代表处的船只总和，其中一半为私掠船，而不是英国东印度公司的船只。1769 年，法国东印度公司破产，旗下所有资产被移交给法国皇室。由于裙带关系和腐败的普遍存在，到 18 世纪 70 年代，英国东印度公司也同样陷入财务困境，不得不颁布《1772 年东印度公司法》（*East India Company Act of 1772*），实施新的改革措施。后来，在 1784 年，经过一次更猛烈的改革，英国东印度公司改组为第三版，也是最后一版的组织形态，这使得它的生命又有了一段新的延续。

图 9.1　雍正（1722~1735 年在位），与他的前任康熙和继任者乾隆一样，对饮茶非常痴迷。1729 年，雍正皇帝下令禁止鸦片的销售和吸食。

在此期间，茶叶早已确立了其作为英国早餐标准饮品的地位，甚至对于一些人来说，茶显然取代了一些比较次要的食物品类。1772 年，莱特森（Lettsom）哀叹道：

> 在饮茶之前，这个国家的大众早餐包括各类食物：各式各样的奶制品、麦芽酒、啤酒，还有吐司、冷餐肉和其他食品。[①]

① Lettsom（1772:52）.

十二年后的 1784 年，弗朗索瓦·亚历山大·德·拉·罗谢富科尔（François Alexandre Frédéric de la Rochefoucauld）公爵也证实了茶作为英国早餐饮品的普遍性。

1773 年，也就是汉威先生呼吁对贸易逆差采取行动的十七年后，沃伦·黑斯廷斯（Warren Hastings）确立了英国东印度公司在印度鸦片贸易市场上的垄断地位。与此同时，由于对茶叶征收域外税，来自北美十三个殖民地的英国殖民者发起了美国独立战争。美洲的暴动切断了英国从墨西哥获得 604
白银的渠道，使得在中国出售鸦片以换取用来购买茶叶的白银成为当务之急。事实上，巨额的贸易逆差促使英国政治家利用了中国内部鸦片泛滥的困境。

## 《巴黎条约》和第四次英荷战争

英国海军不断袭扰荷兰船只，因为荷兰人持续与北美十三个殖民地的英国叛乱分子进行贸易，从而协助叛军与英国为敌。第四次英荷战争（1780~1784 年）爆发时，正值欧洲的茶叶价格飙升之际，战争完全扰乱了 1781~1782 年荷兰与广州的贸易，随后荷兰茶叶贸易陷入停顿。1781 年 2 月 3 日，英国占领了加勒比海的荷属圣尤斯特歇斯（St. Eustatius），这里是美国分裂分子囤积来自欧洲的货物的地方。1781 年，由于对荷兰支持分裂分子行为的不满，英国海军拦截并缴获了 200 多艘荷兰船，并占领 605
了除埃尔米纳（Elmina）外所有非洲海岸上的荷兰要塞。[1]

图 9.2 从西望洋山（Penha Hill）俯瞰澳门全景，无名艺术家绘于 1870 年前后。

在 1783 年的巴黎和会上，英国王室承认了北美十三个殖民地的独立地位，并划定了十三个殖民地和英属北美之间的边界。与此同时，荷兰也因支持美洲分裂分子而遭受严重损失。根据《巴黎条约》，荷兰东印度公司被迫承认英国与摩鹿加群岛贸易准入，并将科罗曼德尔（Coromandel）海岸的那伽钵

---

① Jan Willem Schulte Nordholt. 1982. *The Dutch Republic and American Independence.* Chapel Hill: University of North Carolina Press; Jurriën van Goor. 1994. *De Nederlandse koloniën: Geschiedenis van de Nederlandse expansie, 1600 – 1975.* s' Gravenhage: Staatsdrukkerij-en Uitgeverijbedrijf.

亶那港（Negapatnam）割让给英国东印度公司。

第四次英荷战争期间，荷兰东印度公司开始出现亏损，[1]英国人确立了海上霸权地位。1784 年，美国独立战争结束，《巴黎条约》签订仅一年之后，美国迅速进入了广州茶叶贸易市场。1784 年 2 月，美国商船“中国皇后”号（The Empress of China）从纽约出发，8 月在广州首次亮相，购买了茶叶，并于 1785 年 5 月返抵纽约。

1734 年，31 岁的丹尼尔成为其父亲托马斯・川宁的商业合伙人，并在 1741 年其父去世后，继承了家族生意。1762 年丹尼尔去世，他的妻子玛丽・利特尔（Mary Little）接手经营公司 21 年，并把她的儿子理查德和约翰培养为茶商。大儿子理查德・川宁（Richard Twining）于 1783 年接管了家族的茶叶生意，并于 1784 年成为伦敦茶商协会主席。1784 年 9 月，在理查德・川宁的影响下，年仅 25 岁的首相小威廉・皮特起草并通过了《减税法案》（*Commutation Act*），一举将茶叶税从 119% 降至 12.5%。与此同时，皮特提高了窗户税，以弥补茶叶税收收入的损失。关于《减税法案》，理查德・川宁明确地阐述“法案的目的是遏制走私”。[2]

606

图 9.3　1781 年 8 月 5 日多格尔海岸战役（Battle of Dogger Bank），第四次英荷战争期间荷兰战列舰在波罗的海袭击了一支从波罗的海返航的英国护航船队，帆布油画，作者：托马斯・卢尼（Thomas Luny），54.6 × 86.3 厘米，藏于格林尼治国家海事博物馆。

在《减税法案》取消了高额茶叶税后，英国进口茶叶量从 1783 年的 2650 吨猛增至 1785 年的

---

① Jaap R. Bruijn. 1990. ‘Productivity, profitability and costs of private and corporate Dutch ship owning in the seventeenth and eighteenth centuries’, pp.174–194 in James D. Tracy, ed., *The Rise of Merchant Empires: Long-Distance Trade in the Early Modern World, 1350–1750.* Cambridge: Cambridge University Press.

② Twining（1784:7）.

6800 吨。理查德·川宁将茶宣传为早餐麦芽酒的替代品，因为当时伦敦的大多数水都不宜直接饮用。茶叶消费量随着价格的下跌而增加，来自荷兰、丹麦和法国的走私茶大幅减少。19 世纪上半叶，茶叶走私的获利大大减少，但 12.5% 的税率仍被认为过高，故走私茶叶仍然回报颇丰，刺激着走私茶叶持续进入英国。[①] 与此同时，饮茶在英国日益普及。

图 9.4　茶叶商人理查德·川宁（1749~1824 年）。他说服了仅 25 岁的首相小威廉·皮特，将茶叶税从 119% 降低到 12.5%。收藏于伦敦国家肖像画廊。

同一时期到英格兰旅行的弗朗索瓦·亚历山大·德·拉·罗谢富科尔公爵描述了茶叶在英国人生活中的重要地位：

> 整个英格兰饮茶之风盛行。人们每天都会饮茶两次。尽管花费不菲，但是最贫贱的农民也会像个富人一样每天保持喝两次茶。茶叶消费量是巨大的……正如我所说的，在英格兰，从最底层的农民到最顶层的贵族都普遍饮茶，消费量如此之大，以至于据估计，无论男女，平均每人每年要喝四磅茶。这确实是一个巨大的数字。[②]

英荷战争之后的两年时间，荷兰继续从广州贩运茶叶到英国，直到 1786 年英国东印度公司在广州 607
茶叶市场的出价开始高于荷兰。

在 1784 年《减税法案》通过之前，荷兰东印度公司已在垂死挣扎。英国东印度公司强势介入荷兰东印度公司的大宗商品贸易业务，并开始迫使荷兰退出市场。1789 年，作为一项保护主义措施，美国开始对茶叶征收进口关税，以帮助本国茶叶企业抵御来自欧洲进口茶的冲击，这对荷兰茶叶贸易产生了极为不利的影响。很快，茶叶充斥了英国市场。其中一些茶叶开始出口到荷兰。在这种奇怪的逆转之后，1791 年 7 月 14 日，荷兰首次对茶叶实行进口限制，当时荷兰市场突然被各种商人（包括美国人）的茶叶所淹没。

## 来自拿破仑的威胁促使各国调整东方战略

1792 年，乔治·马戛尔尼（George Macartney）作为英国使者登船出使中国，觐见中国皇帝。1793 年 6 月，这位英国大使乘坐“狮子”号（H.M.S. Lion）船溯白河而上，抵达北京。引导船上还挂

① Henry Noel Shore. 1892. *Smuggling Days and Smuggling Ways: or, The Story of a Lost Art.* London: Cassel & Company.

② Marchand（1933: 23，26）.

有中文字样“英吉利蛮夷进贡船”的横幅。此番在紫禁城觐见乾隆皇帝的经历，给英国使者留下了深刻的印象，但是他们并未从中国得到任何许可，无功而返。

1794 年，在恐怖统治的极盛时期，法国东印度公司在 1785 年重组仅仅九年后便再次破产。1795 年，拿破仑占领荷兰，并建立了法国的附庸国——巴达维亚共和国（本书作者关于“荷兰”的国名，针对不同的历史时期有很多不同的名称表达，包括“Dutch”“Holland”“the United Provinces”“the Netherlands”。为方便中文读者阅读，本书在翻译时也主要采用“荷兰”的译名，个别情况下会做区分。——译者注）。英国趁机对法国宣战，夺取了荷兰东印度公司的大部分舰船，并占领了荷属锡
608 兰和开普殖民地。随着拿破仑对低地国家的占领，伦敦取代阿姆斯特丹成为世界最大的金融中心。1796 年，巴达维亚共和国将破产的荷兰东印度公司收归国有并重新强化了其在茶叶贸易市场上的垄断地位。[①]

然而，由于荷兰茶叶贸易的崩溃，荷兰东印度公司在 1798 年不可避免地走向了破产清算。荷兰东印度公司名义上继续存在，直至其资产被全部出售。荷兰的茶叶贸易业务被私人贸易商以许可证的形式从荷兰东印度公司收购，其中大多数私人贸易商是美国人。[②]滑铁卢战争之后，中国茶叶贸易市场份额基本上落入了英国和美国之手。荷兰东印度公司于 1799 年的最后一天彻底终结。

与此同时，清朝第七位皇帝嘉庆（1796~1820 年在位）在继位的第一年就下令禁止鸦片的吸食、种植和进口，重申了雍正皇帝在 1729 年颁布的禁令。然而，英国鸦片商人并没有知难而退，有时还和户部串通一气。[③]英国东印度公司采取措施，降低成本，大量种植罂粟。[④]由于鸦片进口在中国属于非法行为，该公司便把鸦片出售给苏格兰的丹尼尔（Daniel）和托马斯·比尔（Thomas Beale）兄弟、英国的霍林沃斯·马尼亚克（Hollingworth Magniac）这样的渠道商，他们是澳门最具实力、最显赫的鸦片经销商。

荷兰东印度公司倒闭后，其在出岛和巴达维亚等战略要地的业务被荷兰政府接管，荷兰和英国的茶叶贸易还在继续，但此时已前景黯淡。下面这段文字摘录写于 1804 年，反映了巴达维亚共和国最后几年全球茶叶贸易的情况。

> 随着时间的推移，我们在中国获得的大多数商品变得不那么重要了，而茶叶却变得更加重要。因此，我们首先需要考虑茶叶的问题，其次才考虑其他商品的问题。和其他奢侈品一样，茶叶被欧洲人消费，但尚未普及，不过茶叶的消费量逐年增加。茶叶的主要消费区域为英国、我们国家（指荷兰。——译者注）、丹麦和德意志北部，同时茶叶在法国和整个南欧也越来越受欢迎。然而，整个欧洲大陆的茶叶消费量，跟英国相比仍然相形见绌，整个欧洲大陆每年仅消费 2000 万磅茶叶…… 为了应对战争和近期形势的变化，除了极少数例外，英国对包括茶叶在内

① Elisabeth Susanna van Eyck van Heslinga. 1988. *Van compagnie naar koopvaardij: De scheepvaartverbinding van de Bataafsche Republiek met de koloniën in Azië,1795–1806*. Amsterdam: De Bataafsche Leeuw.

② Mansvelt（1924: 134）.

③ Morse（1926，1929）.

④ James Windle. 2012. ‘Insights for contemporary drug policy: An historical account of opium control in India and Pakistan’, *Asian Criminology*, 7: 55–74.

的所有货物的进口关税增加 12.5%。因此，再也不能指望我们的茶叶在英国有市场了。在欧洲大陆，除了我们，还有葡萄牙人、法国人、丹麦人、瑞典人甚至美国人运来的茶叶。假如 1791 年禁止外国茶叶进口的禁令能够在和平的环境中继续执行好几年，那么所有在我们市场上投机的国家现在早已不得不放弃了，只有我们能把茶叶运到欧洲大陆。而现在恰恰相反，我们被卷
入了一场又一场战争，前面提到的所有国家，除了法国外，都能通过航行到中国，向欧洲和我 609
们供应茶叶。①

无独有偶，失意的并非只有荷兰茶场。《减税法案》也影响了丹麦和瑞典的茶叶走私贸易。1813 年，瑞典东印度公司倒闭，1843 年，丹麦亚洲公司解散，1845 年，丹麦政府以 100 万丹麦元（rigsdaler）的价格向英国东印度公司出售了其在印度次大陆的资产。与此同时，英国将东印度公司转型为政府机构，总督拥有向东印度公司、军事堡垒和工厂的属地派遣代理人的权力。从 19 世纪开始，成立于 1702 年 4 月的英国东印度公司成为仅存的东印度公司。在英国的统治下，这个公司的实体在亚洲部分地区拥有着难以撼动的权力。

1795 年，当法国军队占领荷兰，印度的旧统治者威廉五世（1751~1806 年在位）以荷兰的名义将印度的苏拉特和南部的喀拉拉邦割让给了英国，按照邱宫（Kew Palace）方面的指示，这样做是为了

610

图 9.5　1890 年明信片中描绘的澳门。

① Gysbregt Karel van Hogendorp. 1804. *Memorie van den Tegenwoordigen Staat van den Handel en de Culture in de Oost-Indische Bezittingen van den Staat.* Amsterdam: Weduwe J. Doll（blz. 31–33）.

防止苏拉特和喀拉拉邦落入入侵的法兰西共和国革命者手中。1814 年 8 月 13 日，《英荷条约》恢复了荷兰对苏拉特的统治。在这个历史关头，曾经反映在 1772 年莱特森对英国人早餐饮茶习俗的哀叹中、弗朗索瓦·亚历山大·德·拉·罗谢富科尔公爵 1784 年对饮茶习俗已经在整个英格兰广泛传播的观察中，以及后来理查德·川宁的大众传播中，（饮茶这件事）不仅经久不衰，而且已经确立为一个典型的英国习俗。1812 年，威廉·巴肯（William Buchan）不无忧虑地谈及茶作为英国早餐饮品的普及程度。

> 在这个地区，茶在早餐中得到普及，然而，早晨无疑是一天中最不适合喝茶的时间。大多数追求精致生活的人，也是最嗜好喝茶的人，他们早上一般除了喝茶，其他什么都不吃。事实上，如果人在禁食 10~12 个小时后，空腹喝四五杯绿茶，并不利于身体健康。①

英国在整个 18 世纪都对澳门怀有企图。当拿破仑侵略和占领葡萄牙时，葡萄牙女王玛丽亚一世（1777~1816 年在位）的皇室被迫迁往里约热内卢，从 1807 年 11 月到 1821 年 4 月，里约热内卢成为葡萄牙王国的首都。为了防止澳门落入法国之手，英国于 1808 年 9 月派遣海军少将威廉·欧布莱恩·德鲁里（William O'Bryen Drury）接管澳门。葡萄牙拒绝了，他们认为这样将永远失去澳门，也知道中国会反对。然而，葡萄牙看到自己大势已去，便要求英国可以行使行政权力但不可以展示英国国旗，这样澳门就能在表面上继续处于被葡萄牙占领状况。②

英国军队驻扎澳门后，清政府关闭了广州的茶叶贸易市场，茶商和从业人员纷纷撤往澳门。清政府还下令让英国军队离开。德鲁里和茶商特别委员会主席约翰·罗伯茨（John Roberts）密谋于 11 月袭击广州，然而，由于广州的茶叶贸易太重要了，英国东印度公司在特别委员会中的所有其他资深茶商都反对这样的入侵，并敦促德鲁里及其部队离开。最终清政府的命令得到遵守，英国军队撤退了。其实，传说中令人畏惧的法国军队从未在澳门露面。③

荷属东印度群岛，这个地理范围和欧洲一样大的辽阔地区，其情况则截然不同。1806 年，荷
611 兰被拿破仑占领，拿破仑把他的弟弟路易推上了荷兰王国君主的宝座。1810 年 7 月 9 日，荷兰被法国完全兼并。第一代明托（Minto）伯爵吉尔伯特·艾略特·默里·基宁蒙德（Gilbert Elliot-Murray-Kynynmound）率领英国军队前往爪哇岛夺取了荷属东印度群岛。1811 年 8 月 4 日，英国舰队和 1 万名士兵进入巴达维亚港。

1811~1819 年，英国从中国进口商品总额达 7200 万英镑，其中茶叶进口额达 7000 万英镑。19 世纪初，法律要求英国东印度公司保有一整年的茶叶储备量。从 1711 年到 1810 年的一百年里，仅英国的茶叶贸易就带来了 7700 万英镑的税收收入，1810 年，来自中国的茶叶贸易税收收入占英国财政收入的 10%。④

---

① William Buchan. 1812. *Dr. Buchan's Domestic Medicine; or a Treatise on the Prevention and Cure of Diseases, by Regimen and Simple Medicine*. Newcastle: K. Anderson，Side Printing-Office（p. 91）.

② Morse（1926，1929）.

③ Coates（1988）.

④ Harry Gregor Gelber. 2004. *Opium, Soldiers and Evangelicals: Britain's 1840–42 War with China, and its Aftermath*. Houndmills，Basingstoke; Palgrave Macmillan（p. 33）.

1813 年，东印度公司在印度的贸易垄断地位被废除，但与中国的贸易，包括对茶叶贸易的垄断却一如既往。1815 年，由于东印度公司降低了巴特那鸦片的价格，鸦片销量上升，但同年广州衙门逮捕了几名中国鸦片商，并搜查了澳门和黄埔的所有船只，致使鸦片商损失惨重，贸易一度停顿。在澳门，曾经非常富裕的苏格兰鸦片商托马斯·比尔因此陷入贫困境地。

图 9.6　香港附近的南海上贾丁和马地臣装运鸦片的旗舰“猎鹰”号（Falcon），这幅版画改版自尼古拉斯·马修斯·康迪（Nicholas Matthews Condy，1816~1851 年）的早期画作，由托马斯·戈兹沃西·达顿（Thomas Goldsworthy Dutton，1820~1891 年）在 1842 年创作，版画对原作进行了细节加强，28.2 × 43 厘米，收藏于格林尼治国家海事博物馆。

## 东方世界格局大洗牌

1815 年 12 月，拿破仑·波拿巴被放逐到位于南大西洋的圣赫勒拿岛（St. Helena）。1816 年 8 612
月，也就是英国攫取荷属东印度群岛五年之后，托马斯·斯坦福·宾利·莱佛士（Thomas Stamford Bingley Raffles）和平地将荷属东印度群岛移交给了戈德·亚历山大·杰拉德·菲利普·范·德·卡佩伦（Godert Alexander Gerard Philip van der Capellen），辽阔的印度尼西亚群岛再次由荷兰管辖。同年，威廉·阿美士德（William Amherst）率领一个新的英国使团来到中国，却未得到皇帝的召见，也未被允许进入北京，原因是不像荷兰或俄罗斯的使节，阿美士德拒绝向清朝皇帝行磕头礼。1817 年，阿美士德只好无功而返。

1819 年，英国人在托马斯·斯坦福·莱佛士领导下在新加坡建立了一个贸易站。1819 年和 1820 年，两个年轻的苏格兰人詹姆斯·尼克拉斯·萨瑟兰·马地臣（James Nicolas Sutherland Matheson）和威廉·渣甸（William Jardine）来到广州，在中国的沿海地区贩卖鸦片。由于在黄埔和澳门非法贩毒有被抄没的风险，他们把行动基地转移到了伶仃岛，即珠江入海口处，鸦片在中国的价格也有所上涨。马地臣负责东印度公司的鸦片贸易，而渣甸则接手了霍林沃斯·马尼亚克的鸦片走私生意。普鲁士或丹麦的领事身份也给了这些鸦片贩子一定程度的豁免权和更大的灵活度。

1822年，与中国的贸易因“托帕兹”号（Topaze）事件而中断了一年。这艘护卫舰的船长是查尔斯·理查森（Charles Richardson）。这艘原名“星斗”号（l’Étoile）的法国船只，1814年被英国扣押并改装成英国船只。“托帕兹”号的船员们在中国水域肆无忌惮地贩卖鸦片。当中国官员阮元试图介入时，来自“托帕兹”号的炮火打死了岸上的几个中国人，船长理查森则驾驶护卫舰逃之夭夭。

阮元将英国茶商驱逐出广州，并暂停与英国的贸易以示抗议。英国鸦片商则乐得用这种牺牲茶叶贸易的方式来换取从鸦片走私中获得的巨大利益。[①] 为了应对这一挫折，1822年，英国皇家艺术学会还设立了一个奖项，专门奖励那些能够在英属加勒比地区、好望角、新南威尔士或东印度群岛等地区种植和制作出较多中国茶叶的人，金额达50几尼。然而，这个奖项一直无人领取。[②]

根据1824年3月17日签订的《伦敦条约》，荷属马六甲向英国移交了苏门答腊岛南部海岸的殖民地明古鲁（Bencoolen或Bengkulu），苏拉特也再次被割让给英国。1824年的条约使得荷兰和英国在亚洲的殖民地划分显得不再那么支离破碎。印度、锡兰和马来亚属于英国，而荷属东印度群岛仍在荷兰的控制之下，两个国家在彼此的殖民地互享最惠国待遇。到1825年，英国与中国的茶叶贸易基本上是由英国的非法鸦片贸易支撑。既然麻洼（Malwa）私人种植的鸦片已经能通过果阿和达莫（Damão）运出印度，1830年，东印度公司允许麻洼的鸦片从孟买进入中国，并从中收取过境费。尽管葡萄牙人仍然能够从士麦那进口鸦片，但这也迫使澳门的葡萄牙人退出鸦片贸易。

## 走向战争之路

613 1826年，一位伦敦茶商对蔑视英国饮茶文化的外国人进行了嘲讽：

> 外国人可能会批评（他们所说的）英国饮茶文化平淡无奇，但对我来说，它带来的快慰是实实在在的，它给予的愉悦感是持久的。它没有铺着地毯的房间，没有令人作呕的华丽，没有香水、寡淡的红酒和浓妆艳抹的女人，这些事物对法国人来说可能具有吸引力，但只要给我一张茶桌和情投意合的朋友，我就没有什么可以羡慕旁人的了，也不会因为这个特别的选择而后悔。[③]

① Betty Peh-T’i Wei. *Ruan Yuan*, *1764–1849*: *The Life and Work of a Major Scholar-Official in Nineteenth-Century China before the Opium War.* Hong Kong: Hong Kong University Press.

② Edward Bramah. 1972. *Tea and Coffee: A Modern View of Three Hundred Years of Tradition.* London: Hutchinson & Company（p. 81）.

③ A Tea Dealer（1826:87）.

这位英国商人还抱怨法国除了巴黎之外，买不到上好的茶叶，“见不到上好的红茶；基本上只有品质最差的武夷茶”且“绿茶也基本上都是黄叶的屯溪茶”。[1]同样，也还有人抱怨英国茶的品质：

> 在英国茶店里售卖的多种茶品当中……你很难在这个国家找到一款商品比茶具有更多的欺骗购买者的招数的了，在这一过程中，渠道商比公众更少地站出来去指责这种不当行为。[2]

图 9.7 伍秉鉴，被英国茶商称为浩官，广州最有权势的行商。由乔治·钱纳利（George Chinnery）绘于1830年。

虽然当时出口到英国的茶叶质量明显良莠不齐， 614
但东印度公司还是将鸦片出售给怡和洋行（Jardine Matheson & Co.）、阿帕卡洋行（Apcar & Company）和宝顺洋行（Dent & Co.）等代理公司，以换取维持茶叶贸易所需的白银。

鸦片贩子使用称为“鸦片飞剪船”（opium clippers）的新型快速货船来加速贸易流程，这些快速货船在从中国返回时充当运茶快船。1834年，威廉·约翰·律劳卑（William John Napier）勋爵违反禁令，挑衅性地驾驶“安德洛玛刻”号（Andromache）和“伊莫金”号（Imogene）护卫舰前往黄埔，并引发小规模的冲突。他的护卫舰被困，只好乘小船逃回在澳门的家，随后，他开始发烧，不到两周便去世了。那个时候，靠着在中国贩鸦片发家的詹姆斯·马地臣正在伦敦游说，要求对中国采取军事行动，以迫使清政府废除行会体系，并放开鸦片贸易。

同一年，东印度公司失去了在中国鸦片贸易中的垄断地位，并且，由于美国加入鸦片走私的行列，鸦片销量再次飙升。英国并不是唯一的罪魁祸首，因为美国商人对输入中国的鸦片总量的10%负有责任，这些大量输入的鸦片使中国人吸食鸦片成瘾。[3]美国的鸦片贸易商，如查尔斯·卡伯特家族（Charles Cabot）、约翰·库兴家族（John Cushing）、约翰·雅各布·阿斯特家族（John Jacob Astor）和施昌洋行（Russell & Co.）等都抓住了这个机会，购买土耳其和印度的鸦片销往中国。到1838年，多达1400吨的鸦片如潮水般涌入中国市场。获利丰厚的鸦片贸易由英国人和美国人发起，并通过活跃在孟买和珠江三角洲的印度帕西人（Parsi）这一中间人进行。在对待中国人和中国政府的态度上，美国人和英国人一样充满专横和帝国主义的傲慢。

① A Tea Dealer（1826:34）.

② A Tea Dealer（1826:35）.

③ Gelber（2004: 101）.

鸦片是世界上最具商业价值的经济作物，英国国库收入的 1/6 来自鸦片贸易带来的利润。[①] 那段时间，在汉语中产生了许多新的贬义词来称呼欧美人，并广泛流传，此外，一些旧词的含义也有所变化。广东方言中的“鬼佬”，字面意思是“鬼人”，直到今天在香港仍然被用来指称西方人。在北方，“洋鬼子”一词也有相同的含义，字面意思是“来自外国的魔鬼”。

同时，旧闽南语中的“红毛”，字面意思是“红色的皮毛”，17 世纪成为荷兰人的蔑称，特别是在日本，这个词被普遍使用，发音为“kōmō”。到第一次鸦片战争爆发时，一些带有贬义的闽南语绰号，如“红毛鬼”“红毛猴”等开始广为流传，据英国词典编纂者瓦尔特·亨利·麦都思（Walter Henry Medhurst）在巴达维亚编纂的闽南语字典中记载，“红毛”这个词在当时“主要用来指称英国人”。[②]

## 第一次鸦片战争

林文忠公小像

615

图 9.8　林则徐，福州人，1839 年 6 月，他将收缴的 1200 吨非法走私鸦片混合石灰和盐后全部销毁。（原书此图有误，经与福州市林则徐纪念馆联系，得到林则徐后裔林祝光供图，作者亦同意修改。——编者注）

1837~1838 年，专横的贸易负责人查理·义律（Charles Elliot）上尉和时任两广总督邓廷桢之间的通信语气日益强硬了。[③] 英国人认为这位广东官员是鸦片贸易的同谋，即便果真如此，邓总督随后也变得强硬起来，明确表明他改变了主意。1838 年，清政府缴获了属于英国鸦片贩子詹姆斯·因义士（James Innes）的鸦片，并公开处决了一些在广州的中国小鸦片贩子，这引发了一场骚乱。邓廷桢呼吁广州市民协助制止从伶仃岛非法运送鸦片到黄埔的行为，矛头直指在澳门的不列颠人。但更重要的原因或许是詹姆斯·马地臣在伦敦（的游说）激发了一种好战的情绪。

这时，福州人林则徐被清朝皇帝道光任命为钦差大臣。1839 年 6 月 3 日，林则徐将收缴的 1200 多吨走私鸦片，混合石灰和盐之后，在虎门全部销毁。义律被迫交出大量非法鸦片，这些鸦片是英国商人藏匿在秘密仓库中的，英国鸦片商对此非常恼火，因为英国财政部后来声明无法补偿他们的损失。英国人离开澳门，在珠江入海口的万山群岛（Ladrones）和今天的香港港口安顿下来。

① Frederic Wakeman. 1975. *The Fall of Imperial China.* New York: The Free Press; Gelber（2004: 154 et seq.）.

② Walter Henry Medhurst. 1832. *A Dictionary of the Hokkëèn Dialect of the Chinese language, according to the Reading and Colloquial Idioms: Containing about 12,000 Characters.* Macao: Honourable East India Company’s Press（p. 481, col. 1）.

③ Anonymous. 1839. *Crisis in the Opium Traffic: Being an Account of the Proceedings of the Chinese Government to Suppress that Trade, with the Notices, Edict, &c., relating thereto.* China: Office of the Chinese Repository.

图 9.9　1841 年 1 月 7 日，东印度公司的铁蒸汽船“涅墨西斯”号（Nemesis）在安森湾（Anson's Bay）摧毁中国的战船，爱德华·邓肯描绘了这一情景。

1840 年 4 月 8 日，托马斯·麦考利（Thomas Macauley）提议对中国发动战争，当时只有 30 岁的威廉·格莱斯顿（William Gladstone）在英国下议院发表讲话时，对此做出回应，称“这是一场在起因上就极为不公正的战争——一场在发展过程中更加精心策划的、将让这个国家蒙受永久耻辱的战争——这样不公正的战争，我不知道，也从未读到过”。[1] 半个多世纪之后，冈仓天心才得以有此“后见之明”地将西方人对“黄祸”的焦虑与东方人对“白色灾难的现实”历史性地相提并论。[2]

作为对非法鸦片被没收和毒品走私被中断的回应，英国从 1840 年 11 月开始实施报复行动，击沉了中国的帆船，并攻击了天津附近白河口的大沽口炮台。1841 年 1 月 20 日，英国占领了香港岛。英国 616
据此要求中国赔偿鸦片损失 600 万银元，割让香港岛给英国，在 10 天内开放广州和黄埔港口，从此在“平等”的基础上进行官方沟通，英国无须再对清政府继续维持表面上的繁文缛节式的服从。不过战争并没有结束，英国人顺珠江而上，攻打黄埔和广州。1841 年 9 月，英军在基隆登陆攻打台湾失败，次年，英军沿长江而上，攻陷宁波，攻占上海等，抵达南京下关，并在淡水登陆再次攻打台湾。

第一次鸦片战争（1840~1842 年）是英国为了解决贸易逆差问题而对中国发动的战争。实质上，中国出售茶叶以及用来饮茶的瓷器，英国则用白银购买这些商品。为了获得足够的白银，英国人向中

① John Henry Barlow, ed. 1840. *The Mirror of Parliament for the Third Session of the Fourteenth Parliament of Great Britain and Ireland in the Third and Fourth Year of the Reign of Queen Victoria* (Session 1840, Volume iii). London: Longman, Orme, Brown, Green & Longmans (p. 2460).

② Okakura Kakuzō. 1905. *The Awakening of Japan.* New York: The Century Co. (p. 95 et seq.).

国出售鸦片，造成了毒瘾泛滥和无数生命的夭亡。利欲熏心的英国人不可避免地发动了战争。1700 年至 1823 年，仅英国就向中国运送了 5398.5 万两（约 2 万吨）白银来购买茶叶。由于英国的贸易战略，到 1838 年，估计有 1% 的中国人口，也就是数百万人，染上了鸦片瘾。1790 年至 1838 年，估计有价值 2.39 亿两（约 9 万吨）白银的鸦片被走私到中国。

617 最终，清政府被迫于 1842 年 8 月 29 日签署了《南京条约》，将香港岛割让给英国，赔款 600 万银元作为从英国毒贩那里没收的非法鸦片的补偿，赔款 300 万银元以抵偿行会欠英国商人的债务，另支付 1200 万银元作为战争赔款。另外《南京条约》规定，三年分期支付全部赔款所应额外支付的 5% 的年利息。鸦片战争是英国人想喝茶却因不愿负担这种昂贵的商品支出而悍然诉诸史上最大规模贩毒活动的结果。

1843 年 10 月，英国进一步强迫中国签署了《虎门条约》，给予英国人在广东、厦门、福州、宁波和上海等已经向欧洲开放的贸易港口的居住权，不仅如此，在这些城市居住的英国人还享有适用本国法律的待遇。不仅英国取得了域外管辖权，美国也在 1844 年 7 月 3 日通过签署《望厦条约》获得了针对美国人的域外管辖权和在中国领土上的驻军权。1844 年 10 月 24 日通过签署《黄埔条约》，法国同样获得了治外法权和在中国的驻军权。

图 9.10　香港鸟瞰图，1842 年 8 月 29 日，清政府将香港岛割让给英国，直到 1997 年 7 月 1 日英国才将香港归还给中华人民共和国。

英国在对英茶叶贸易和对华鸦片贸易中实行了双重标准。1845 年，也就是第一次鸦片战争结束三年后，英国下议院的一个委员会召开会议，调查“最臭名昭著的走私行为”的原因。[1] 与此同时，

① Shore（1892: 84）.

对于茶叶的焦虑促使委员们在威斯敏斯特召开会议，1845 年估计有 4.8 万箱鸦片被英国人，包括那
些在威斯敏斯特召开会议的委员，心安理得地走私到中国。1847 年，英国向中国走私了超过 6 万箱 618
鸦片。

## 荷属东印度群岛的茶叶种植

在经历了法国大革命和拿破仑的对荷战争给荷兰带来的破坏性影响之后，更不用说还有荷兰茶叶贸易的崩溃带来的危害，英国人以荷兰继承者的身份，于 1813 年在尼德兰 [ 尼德兰，在荷兰语中有“低地”的意思，指欧洲西北部地区。1581~1795 年为尼德兰联省共和国，简称联省共和国，其中荷兰是最大的省，因此尼德兰也经常被称为荷兰。1794 年 9 月，法国军队开始入侵荷兰，并于 1795 年 1 月在荷兰领土上建立了一个名为巴达维亚共和国（Batavia Republic）的傀儡国家。1815 年维也纳会议后，原南部各省和荷兰合并为尼德兰王国。——译者注 ] 精心策划建立了君主制。1815 年 3 月 16 日，前西班牙或奥地利的尼德兰与尼德兰北部重新统一为尼德兰联合王国（1815~1839 年）。[①] 然而，尼德兰联合王国并不是一个和谐的联盟，自 16 世纪 60 年代以来，南部的尼德兰与北部的荷兰共和国的文化和历史发展差异越来越大。

因此，这个联盟很快在 1830 年 10 月宣告解散，也正是在这一年，比利时宣布脱离北尼德兰成为独立的主权国家，并于次年任命萨克森 – 科堡 – 哥达王朝（House of Sachsen-Coburg and Gotha）的利奥波德一世（Leopold I）为第一任君主。从 1815 年 5 月 31 日起，尼德兰王国也将卢森堡公国包括在内，并升级为大公国。从 1830 年比利时王国脱离联邦直到 1839 年，尼德兰和大公国构成一个统一的政体。这一系列事件使卢森堡继续使用荷兰国旗，因为他们并没有在 1839 年改旗易帜，而是延迟到 1972 年才将国旗底部条纹的钴蓝色改为浅蓝色。

与此同时，荷兰省督威廉五世的儿子成为统治尼德兰联合王国的第一任国王威廉一世。新国王采取的首要行动之一就是建立“中国茶叶贸易公司”（Maatschappij roor den Chineeschen Theehandel）。作为贸易保护主义措施的延续，1817 年茶叶关税为 100%。这立即使得尚未形成的垄断困难重重，然而，从根本上说国王才是唯一的真正的投资者，所以这项投资在 1817 年被撤回了。[②] 1818 年，联合省议会决定对荷兰的茶叶征收不超过 0.5% 的进口关税，对再出口的茶叶只征收 0.2% 的关税。

七年后，1824 年，国王威廉一世建立了荷兰贸易公司（Nederlandsche Handel-Maatsch appij），试图重新夺回荷兰在毁灭性的拿破仑战争后失去的在世界贸易中的地位。1830 年荷属东印度群岛总督约翰内斯 · 范 · 登 · 博世（Johannes van den Bosch，1830~1833 年执政）积极推行耕种制，但新公司过度的殖民性以及被称为耕种制的剥削性税收系统，遭到爱德华 · 杜维斯 · 德克尔（Eduard Douwes

① 十五年前的 1800 年，《联合法案》联合了大不列颠及爱尔兰王国，从 1801 年 1 月 1 日起创建了大不列颠及爱尔兰联合王国。

② Willem Maurits Frederik Mansvelt. 1924. *Geschiedenis van de Nederlandsche Handel-maatschappij.* Haarlem: Johannes Enschedé en Zonen（pp. 134–136）.

Dekker）的猛烈抨击，尤其体现在他1860年出版的著名小说《麦克斯·哈维拉尔》（*Max Havelaar*）中。该小说又名《荷兰贸易公司的咖啡拍卖》（*of de koffij veilingen der Nederlandsche Handel-Maatschappij*），署名是爱德华·杜维斯·德克尔的拉丁文笔名穆尔塔图里（Multatuli）。穆尔塔图里的意思是“我已经忍无可忍”。他的小说被荷兰政府视为一部危险的作品。更令他沮丧的是，这本书的编辑雅各布·范·内普（Jacob van Lennep）使印度尼西亚的地名变得难以辨认，而阿姆斯特丹的出版商雅各布斯·德·鲁伊特（Jacobus de Ruijter）又把这本书在欧洲的售价定得非常高，使得这本书在整个荷属东印度群岛几乎找不到。1890年，杜维斯·德克尔兄弟的孙子欧内斯特·弗朗索瓦·欧仁·杜维斯·德
619 克尔（Ernest François Eugène Douwes Dekker）在第二次布尔战争（1899~1902年）中在南非参加了反英战斗，抗议英国人对布尔人的不公正对待，并于1903年回到荷属东印度群岛，成为一名杰出的独立活动家。据普拉姆迪亚·阿南达·杜尔（Pramoedya Ananta Toer）的评论，穆尔塔图里在书中反对荷兰政府在东印度群岛推行剥削性的域外征税政策的内容，直接导致了印度尼西亚独立战争，并使得亚洲和非洲其他地方反殖民运动觉醒，从而加速了欧洲列强在全球统治的结束。[①]

荷兰贸易公司是一家私营公司，却与国王和荷兰政府有着多方面的密切联系。它在成立时宣称的目标中明确提到与中国进行茶叶贸易：

> 公司应首先促进母国与其东印度群岛的互惠关系，努力确保和扩大这些来自东印度群岛、印度其他地区和周边地区货物贸易和运输，并发展与中国的茶叶贸易和在印度洋的渔业。[②]

图9.11　爱德华·杜维斯·德克尔，笔名穆尔塔图里。由塞萨尔·米斯基维茨（César Mitkiewicz）于1864年拍摄。

荷兰贸易公司与广州的茶叶贸易于1824年恢复。1823年，荷兰政府在日本出岛的代理人菲利浦·冯·西
620 博尔德（Philipp von Siebold）把茶种从日本运到巴达维亚，但是种子到达时已经无法使用。

1745年，总督古斯塔夫·威廉·范·伊姆霍夫在山里建了一座乡村宅邸——茂物（Buitenzorg）。这个殖民定居点最终发展成一个城镇，并在1945年印度尼西亚共和国成立后，有了一个巽他语名字“Bogor”。1817年，著名的茂物植物园建成。1823年，由于那些运到巴达维亚的茶树种子已坏，茂物植物园的负责人1824年时又从冯·西博尔德那里订购了茶种和茶树苗。1826年，第一批完好无损的茶树苗运抵爪哇岛。在此后几年里，冯·西博尔德每年都会运送日本茶树苗——不仅是为了爪哇岛的茶叶种植栽培，也是为了

① Pramoedya Ananta Toer. 1999. ‘Best story: The book that killed colonialism’, *The New York Times, Magazine*,18 April 1999.

② *Mansvelt* 增刊（1924年）引用了这句话。

给在荷兰的植物园育苗。

这些茶树苗于 1826 年送达，当时的议员莱纳德·皮埃尔·约瑟夫·杜·巴斯·德·吉斯吉姆斯（Leonard Pierre Joseph du Bus de Gisignies）子爵担任荷属东印度群岛总督。这些茶树苗被种在几个经过精心筛选的西爪哇高海拔地区。东印度群岛这些尚未形成规模的茶园分布在茂物、瓦纳亚萨、万隆以北的唐库班珀拉胡火山的山坡上，加鲁特和万隆东南的加隆贡火山的山坡上，万隆以东的詹蒂南戈尔、古农沙叻火山下的山丘上，加拉横的内格德火山的山坡上，拉翁火山的阴面，井里汶附近。① 除了这些政府所有的茶园外，Carenang、北加浪岸、直葛、三宝垄、扎巴拉、泗水、万里马士、岜吉冷、茉莉芬等地也建起了私人茶园。

1827 年，鹿特丹茶商之子，34 岁的雅各布·伊扎克·莱文·雅各布森（Jacob Izaac Levien Jacobson）② 来到巴达维亚，成为荷兰贸易公司的品茶师。1828 年至 1833 年，莱文·雅各布森先后六次前往中国，不断带回茶树种子、茶树、熟练的中国茶叶技工和材料，以便能够使茶在茂物、万隆和西爪哇的其他茶园种植成功，继而开展公司化经营。正如瓦伦汀在 1712 年指出的那样，中国人制作茶叶的秘密对欧洲人始终守口如瓶：

> 我们真正开始了解茶树还不到一个世纪，因为在巴达维亚的中国人总是找理由瞒着我们。③

有一次，中国人甚至误导性地编造了一个故事，说茶叶的味道来自一种特殊的香草，这种草被认为是茶叶的添加成分。④ 当莱文·雅各布森在中国招募懂茶树种植的人时，似乎没有遭到阻拦。但是，当他试图通过招募制茶师来培训有可能成为荷属东印度群岛茶叶制造商的人如何正确地加工茶叶时，招募到的人不超过 12 个人。此后不久，这些新招募的中国茶师都神秘地、接二连三地被谋杀了。⑤

人们早就认识到茶叶的加工处理至关重要。早在 1712 年，瓦伦汀就描述道，茶叶不同的制作处理 621
方法，决定了其品质是能够供贵族享用的上等茶，还是流向民间的粗制茶：

> 农民为普通人采摘的茶叶和为朝廷采摘的茶叶有很大的区别，前者是不加拣选地采摘茶叶，然后把它们铺在地上，通过暴露在空气中风干，而后者是只选择采摘最顶尖的、纯净的和完美的细小茶芽，从最好的枝头上采摘最嫩的、最大的、发育完全的茶叶，然后让这些茶叶在阴凉处风

---

① Cohen Stuart（1919: 196）.

② 1838 年在巴达维亚，莱文·雅各布森将他的犹太名字改为基督教名字雅各布斯·伊西多鲁斯·洛德维克（Jacobus Isidorus Lodewijk）。历史学家 Harry Knipschild 根据在鹿特丹档案馆的研究，查明了他的原名，并于 1999 年 1 月 15 日公布在 http://www.harryknipschild.nl 上。莱文·雅各布森通常把他的双姓名字缩写为 J.I.L.L. Jacobson，从而掩盖了明显的犹太姓氏部分。

③ Valentyn（1726，*Derde Boek,* blz. 14）.

④ Teles e Cunha（2002: 294）.

⑤ Jacobus Isidorus Lodewijk Levien Jacobson. 1843. *Handboek voor de kultuur en fabrikatie van thee*（three volumes）. Batavia: ter Lands-Drukkerij; 1845. *Handboek voor het sorteren en afpakken van thee.* Batavia: ter Lands-Drukkerij.

干，两种保存茶叶功效的方法大不相同。①

1826 年，来自日本的茶树种子被种下，1830 年，莱文·雅各布森满怀热情地开办了爪哇第一家茶厂。

最早的两箱爪哇茶是由荷属东印度群岛的总督吉斯吉姆斯子爵带到欧洲的。据他介绍，当他在荷兰首都布鲁塞尔向公众展示这两箱茶时，“让行家们都非常惊讶”。1831 年，国王威廉一世收到了一箱爪哇茶。到 1834 年，官方茶叶生产商完全相信爪哇茶的品质不会低于中国茶。1835 年，爪哇茶的第一场拍卖会在阿姆斯特丹的 Brakke Grond 举行。② 到 1835 年底，西爪哇地区种植了 100 万棵茶树，1839 年至 1844 年，爪哇平均每年生产 10 万公斤茶叶。

1842 年，莱文·雅各布森因其对荷属东印度群岛制茶业的贡献而被授予荷兰狮勋章。1843 年，他还设法制造出了茶砖。他年幼时在鹿特丹其父亲的茶叶店里接触过茶砖，当时这些茶砖是运往俄国的。莱文·雅各布森从 1845 年开始生产茶砖，并在荷兰销售。1848 年他返回了荷兰。③

19 世纪 30 年代，杜·巴斯·德·吉斯吉姆斯提倡发展私人茶园，而范·登·博世则提倡发展政府茶园。1835 年以后，私人茶园提高了茶叶的产量和质量，而政府茶园损失不断扩大。各种类型的政府茶园的私有化始于 1862 年，并于 1865 年完成。爪哇岛的茶农不得不与岛上的咖啡种植者争夺土地和市场份额。由于市场供大于求，欧洲的茶农们因低价而苦苦挣扎。尽管出现了来自英属印度和锡兰的新竞争对手，1875 年至 1890 年仍然是爪哇茶叶产业的黄金时期。④

## 植物学的困惑

622 1579 年，葡萄牙人在胡格利河岸建立了贸易站，贸易站后来发展成一个熙熙攘攘的小镇。在葡萄牙人放弃了这个贸易站两年后，荷兰人于 1634 年在胡格利河岸建了第一个转运站。1690 年，英国东印度公司的约伯·查诺克（Job Charnock）又在荷兰人的转运站下游 40 公里处建立了一个贸易站，这个贸易站后来发展成加尔各答市。1787 年，罗伯特·基德（Robert Kyd）上校建立了加尔各答植物园，1790 年他在那里种活了第一棵茶树。⑤ 后来，人们似乎忘记了这棵茶树，就像乔治·迈斯特（George Meister）1687 年在巴达维亚，以及 1688 年荷兰东印度公司在好望角的花园中种下的茶树一样，都被人遗忘了。

1792 年，皇家学会的约瑟夫·班克斯还是乔治·马戛尔尼访华使团的成员。班克斯和乔治·斯当东（George Staunton）一起撰写了英国使团出访中国朝廷的官方记录，班克斯还为加尔各答的植物园带回了茶籽和茶树。1815 年，罗伯特·詹姆斯·拉特（Robert James Latter）上校报告称，阿萨姆邦的景颇部落会采集一种野生茶叶，并按照缅甸人的口味，拌着油和大蒜一起吃，他们还用这种茶

① Valentyn（1726，*Derde Boek,* blz. 16）.

② van der Chijs（1903: 440）.

③ van der Chijs（1903: 437）.

④ Ch.-J. Bernard. 1924a. ‘De geschiedenis van de theecultuur in Nederlandsch-Indië’，blz. 1–18 in Cohen Stuart（op.cit.）.

⑤ Cohen Stuart（1919: 195）.

叶制作饮品。①

图 9.12　英国位于加德满都的定居点。水彩画，作者亨利·奥德菲尔德（HenryAmbrose Oldfield），大约绘于 1850 年。

1817 年，加德满都的第一位英国特派代表爱德华·加德纳（Edward Gardner，1816~1829 年在任）把一株茶树送到加尔各答，据说这株茶树一直生长在加德满都谷地的一个宫殿花园里。后来的历史表明，拉特上校的上述报告引发了些许荒唐的争论，1841 年，在孟加拉农业和园艺学会（Agricultural and Horticural Society of Bengal）内部就查尔斯·亚历山大·布鲁斯（Charles Alexander Bruce）和安德鲁·查尔顿（Andrew Charlton）谁是第一个发现阿萨姆茶的人展开了论战。

1807 年，19 岁的纳萨尼尔·瓦立池（Nathaniel Wallich）在哥本哈根完成学业后，前往丹麦位 623
于孟加拉的殖民地弗雷德里克斯纳戈尔（Frederiksnagore）担任外科医生。仅仅数月后，丹麦与拿破仑结盟，弗雷德里克斯纳戈尔被英国东印度公司占领。当地的丹麦人都遭到监禁，1809 年瓦立池因其学识被释放。英国人放弃了弗雷德里克斯纳戈尔这个地名，开始使用塞兰坡（Serampore）这个名字。1814 年，瓦立池加入了英国东印度公司。1817 年，他接替弗朗西斯·布坎南（Francis

① 罗伯特·詹姆斯·拉特后来以高级将领的头衔退休，是船长巴尔·理查德·威廉·拉特的弟弟，他参与了 1816 年确定现代尼泊尔边界的《萨高利条约》以及 1817 年确定英国东印度公司与锡金王国之间边界的《提塔利亚条约》的谈判。（Editor of the Royal Military Calendar. 1824. *The East India Calendar, Containing the Services of General and Field Officers of the Indian Army.* London: Kingsbury，Parbury and Allen，Vol. ii，pp. 347–348; John Bray. 2012. 'Captain Barré Latter and British Engagement with Sikkim'，pp. 77–93 in Anna Balıckı-Denjongpa and Alex McKay，eds.，*Buddhist Himalaya: Studies in Religion, History and Culture. Volume ii: The Sikkim Papers.* Gangtok: Namgyal Institute of Tibetology.）

Buchanan）博士成为加尔各答植物园的负责人，该植物园位于加尔各答市下游，占地 300 英亩。[①]

1818 年，瓦立池提供了一份加德纳寄给他的关于生长在尼泊尔的茶树的报告。然而，他认为，新发现的“Napal Camellia”是一个独特的物种，是“灌木茶”（Tea-shrub）的近亲。他把这个新物种命名为落瓣油茶（Camellia kissi），因为他认为这是该茶树的尼瓦尔语（Newar）名字。他记载道，尼瓦尔名字叫作“Kiffi”或者“Kiffi-Soah”。今天很难确定爱德华·加德纳在尼瓦尔听到的“Kiff-Soah”到底是什么。尼瓦尔语里面“kisi”表示“大象”。在尼瓦尔有一种树叫 kisi byāḥ（“象枳”，elephant bael），就是象橘（Feronia elephantum），也被称为木苹果（Limonia acidissima）。这个合成词中的第二个词“byāḥ”，单独使用时，表示著名的橘树或印度木橘（Aegle marmelos）及其果实，它们在尼瓦尔的礼仪文化中扮演着重要的角色。

可以想象，爱德华·加德纳在加德满都听到一个土语或现已不存在的当地尼瓦尔语，专指茶树，这个词恰好是一个复合词，其构词方式类似于尼瓦尔语中的“象橘”。也许这是个在词典上没有记载，也没有办法证实的词，形如 kisi svāṁ，是“象花”的意思。然而，也可以想象，这位英国特派员只是记下了一些有可能被他误解的尼瓦尔语，如 kisi svaṁ（象鼻），或 kisi sau（象粪），或其他。[②]

据报道，加德纳写给瓦立池的一些信件至今仍保存在加尔各答的植物标本馆内，这些信件对这方面的研究可能大有裨益。瓦立池博士注意到，这与 1814 年由弗朗西斯·布坎南博士的“不知疲倦的助手”M. R. 史密斯（M. R. Smith）采集的植物标本是同一物种，据报告，这些植物标本被居住在锡莱特（Sylhet）边境山区国家的居民称为查麦戈达（chamegota）。[③] 人们很容易把布坎南的忠实助手听到的单词的第一部分与阿通茶（Atong cha）联系在一起，阿通茶具有 Atong 一词领属格的后缀“-mi”。[④] 不管
624 怎样，瓦立池博士直到 16 年后的 1834 年才不情愿地承认这样一个事实：1816 年在尼泊尔和 1814 年在梅加拉亚邦（Meghālaya）南坡发现的这种植物实际上也是茶树。[⑤]

① 他实际上被称为布坎南，但在他的后半生，弗朗西斯·布坎南为了继承他母亲的遗产改名为弗朗西斯·汉密尔顿。历史资料将这个人名字记录为弗朗西斯·布坎南 – 汉密尔顿。

② Iśvarānanda Śreṣṭhācārya，ed. 2054（i.e. 1997–1998AD）. *Nevār-Nepālī-Aṅgrejī Śabdakoś*. Kāṭhmāḍāũ: Nepāl Rājakīya Prajñā-Pratiṣṭhān; Thakur Lala Manandhar and Anne Vergati. 1986. *Newari-English Dictionary: Modern Language of the Kathmandu Valley.* Delhi: Agam Kala Prakashan.

③ Nathaniel Wallich. 1820. ‘An account of a new ſpecies of a Camellia growing wild at Napal，read December 12，1818’，*Asiatick Researches or Transactions of the Society, instituted in Bengal for Enquiring into the History and Antiquities, the Arts, Sciences and Literature of Asia,* XII（XII）: 428–432.

④ 然而，后一部分的表达方式仍然很难确定。（cf. Egbert Joost Seino Clifford Kocq van Breugel. 2014. *A Grammar of Atong.* Leiden: Brill; Egbert Joost Seino Clifford Kocq van Breugel. 2015. *Atong— English Dictionary*（second edition，version of 27 May 2016）[The first edition was published in 2009 at Tura by the Tura Book Room]; Marcus C. Mason. 1905. *English- Garo Dictionary by the Members of the Garo Mission of the American Baptist Missionary Union at Tura.* Shillong: Assam Secretariat Printing Office; Thatil Umbavu Varghese Joseph. 2007. *Rabha.* Leiden: Brill）。

⑤ 西部的加罗山区与东部的卡西和詹塔山区组成了单一的地块，曾被地质学家和地理学家称为阿萨姆高原或西隆高原。在担任仰光大学地质和地理系主任四年后，Shiba Prasad Chatterjee 于 1932 年前往欧洲，在 Emmanuel de Martonne 的指导下对 Sorbonne 进行进一步的研究。在他 1936 年的博士学位论文中，他引入了一个新造词 Sanskritic coinage（meghālaya，“云之居所”）来表示这些高地（Shiba Prasad Chatterjee. 1936. *Le plateau de Meghalaya (Garo-Khasi-Jaintia): Étude géographique d'une région naturelle de l'Inde.* Paris: Les Presses Modernes）。1972 年，梅加拉亚邦在行政上与阿萨姆邦分离，形成了一个新的印度邦。

缅甸先后于1817年1月、1819年2月和1821年2月入侵阿萨姆邦，到1822年，阿萨姆邦东部的大部分地区已处于缅甸的控制之下。1823年，缅甸人先后入侵阿腊肯（Arracan）和吉大港（Chittagong），导致了第一次英缅战争（1824~1826年）。英国获胜后，印度东北部成为英国的领土，并在1826年2月24日签署了《杨达波条约》（*Treaty of Yandabo*）。英国在此设立了军事据点，并在1833年重新扶植被废黜的国王普兰达尔·辛加（Purandar Siṃha）为傀儡统治者作为阿洪王朝的最后一位君主，辛加维持了五年名义上的统治。在将缅甸人驱逐出阿萨姆邦之前，英国人在印度东北部的活动受到很大威胁。尽管如此，1819年，阿萨姆邦总督的代表大卫·斯科特（David Scott）还是把一些中国茶树从加尔各答的植物园迁至伯汉姆普特（Berhampooter）以东的山脉，但这些茶树在那里迅速枯萎和死掉。

图9.13 纳萨尼尔·瓦立池，1849年由托马斯·赫伯特·马奎尔（Thomas Herbert Maguire）绘制的版画。

斯科特并不死心，1824年，他从加尔各答的首席植物学家纳萨尼尔·瓦立池那里订购了更多的茶树。1823年，苏格兰商人罗伯特·布鲁斯（Robert Bruce）少校前往上阿萨姆邦，在朗格布尔（Rangpur）他遇到了阿洪王室的顾问曼尼拉姆·达塔·巴鲁夫[Manirām Datta Baruvā，又名杜塔·巴鲁亚（Dutta Baruah）]。此人帮助他与景颇部落的首领比萨（gam of Bisa）取得了联系。他从比萨那里得 625
知，茶原产于阿萨姆邦。在罗伯特·布鲁斯与景颇首领商定了茶树和茶叶的供应事项后，他的弟弟查尔斯·亚历山大·布鲁斯作为英国东印度公司的炮艇指挥官来到了萨地亚（Sadiya），第一次英缅战争爆发。

1824年，罗伯特·布鲁斯去世，他的弟弟查尔斯便把他的茶树分别寄给了大卫·斯科特和负责加尔各答植物园的丹麦植物学家纳萨尼尔·瓦立池博士。大卫·斯科特把茶树种在了自己的花园里，而瓦立池博士并不认为他收到的这些叶子和三角形的种子就是茶。相反，他拒绝承认这些植物是他之前发现并命名为落瓣油茶的山茶属中的一个特殊品种。虽然瓦立池对此一无所知，但还是有人知道茶叶产自印度东北部。

1831年，阿萨姆轻步兵团的安德鲁·查尔顿中尉发现在萨地亚周围的山区分布着阿萨姆邦东部的茶树。他在荷属东印度群岛逗留期间学会了辨认茶树。他报告称，上阿萨姆邦的景颇人和卡姆提（Khamti）人“有用树叶泡水喝的习惯”，他们把树叶煮熟后在太阳下晾干。查尔顿把四棵小茶树送给了加尔各答的约翰·泰特勒博士（Dr. John Tytler），泰特勒博士把它们种在了植物园里，不过还没有来得及进行相关植物学研究，这些茶树就枯死了。[①]

① Griffiths（1967: 33–49）.

## 英属印度的茶叶种植

效仿前荷兰共和国时期荷兰东印度公司在茶叶贸易方面的垄断政策，英国东印度公司凭借其垄断地位规定，每箱茶叶都要在伦敦的东印度公司总部大楼拍卖。然而，1833 年，英国政府批准了《印度政府法》（*Government of India Act*）。这是一部推崇自由的法律，废除了东印度公司作为茶叶唯一经销商的垄断地位，并剥夺了该公司的商业职能，但该公司直到 1840 年以前都保留着在广州的代理人身份。1834 年，英国东印度公司在中国贸易市场上的垄断时代结束了，茶叶拍卖也不再在位于利德贺街（Leadenhall Street）和莱姆街（Lime Street）拐角的东印度公司总部大楼举行。

在一些老牌英国饮茶人的心目中，位于伦敦的民辛巷（Mincing Lane）是具有标志性意义的，但实际上只是在 1834 年 11 月 20 日茶叶拍卖转移到那里之后，其才与茶有了关联。[①] 众所周知，茶叶是通过点蜡烛拍卖的，这意味着当一根短蜡烛的火焰熄灭时，拍卖就关闭了，因此没有人能够准确地知道拍卖何时结束。1971 年，当大多数茶叶拍卖会和茶叶贸易办公室迁至位于高木街（High Timber Street）的约翰·莱昂爵士大厦（Sir John Lyon House）时，民辛巷在英国茶叶品鉴中的重要作用就削弱了。[②] 从相同风格的白色茶杯中大声吸啜和夸张的品尝动作，曾经是民辛巷的象征，其现在仍被世界上许多制作这类茶的地方模仿。

《印度政府法》开启了一个自由的茶叶贸易时代。就在该法案实施五个月之后，1834 年 2 月 1 日，印度总督威廉·本廷克（William Bentinck）勋爵成立了茶叶委员会，调研在印度生产茶叶的可行性。委员会由 3 名来自加尔各答的英国商人、7 名受雇于英国东印度公司的公务人员、2 名印度人和加尔各答植物园的纳萨尼尔·瓦立池博士组成。1834 年 2 月 13 日，他们在印度召开第一次会议，之后，委员会秘书、麦金托什公司（Mackintosh & Company）的乔治·詹姆斯·戈登（George James
626 Gordon）写了一篇颇为悲观的文章，认为印度东北部和喜马拉雅山东部这种地方不合适种植茶树。几个月后，戈登登上了鸦片快船“水女巫”号（Water Witch），船上载着来自中国的茶树和资深的制茶人。

与此同时，在印度，成立茶叶委员会的消息传开后，吸引了弗朗西斯·詹金斯（Francis Jenkins）上尉和安德鲁·查尔顿中尉。詹金斯从乔哈特（Jorhat）那里得到报告称，“在这个山区的每一个地方都能找到”茶树，并且“据我所知，这种茶树无疑是土生土长的”。查尔顿在三年前就曾试图把四棵茶树送到加尔各答，但未成功，他在萨地亚写道：

> ……到处都是野生的茶树，到处都是，从这个地方一直到大约需一个月路程之外的中国云南省，我听说在那里也广泛种植茶树。来自那个（云南）省的一两个人也向我证实了，那里种植的茶树和我们这里种植的茶树完全一样，所以我认为毫无疑问，它是真正的茶叶。

① Forrest（1973: 102）.

② Forrest（1985: 123-124）.

查尔顿把茶树种子荚连同他的报告一起寄到加尔各答，这一次，丹麦植物学家瓦立池写道，“我们现在可以肯定地说，这不仅是一种真正的茶，而且令人高兴的是，它与中国茶毫无疑问属于同一种茶”。当然，这里并没有提到瓦立池误判了查尔斯·布鲁斯十年前送来的茶荚，也没有提到他早些时候否认在阿萨姆邦生长着野生茶树。相反，在 1834 年的平安夜，茶叶委员会宣布这种灌木茶树无可争议地属于上阿萨姆地区的特产，他们认为詹金斯和查尔顿的发现是“迄今为止在大英帝国农业和商业资源相关问题上取得的最重要和最有价值的成果”。

1835 年 8 月 29 日，由纳萨尼尔·瓦立池博士、植物学家约翰·麦克莱兰（John McClelland）和地质学家威廉·格里菲斯（William Griffith）组成的考察队离开加尔各答前往阿萨姆邦，寻找最适宜种植茶树的地方。1836 年 1 月当他们到达萨地亚时，查尔斯·布鲁斯也加入了他们。他们或骑在象背上，或徒步，深入景颇人居住地，观察其如何腌制鲜茶叶。他们还了解到，在中缅边境处生产的茶叶被中国人认为是最珍贵的。瓦立池博士热情地提议在景颇人居住的森林地区建立大量的茶叶种植园。在汀瑞（Tingrei）他们遇到了景颇人的首领布拉·塞纳普提（Burra Senaputtee），首领向他们展示了用嫩叶制作的发酵茶，这种茶制品被景颇人称为腌茶（$p^{h}aʔ^{31}lap^{31}$）。

1835 年，乔治·戈登乘坐英国鸦片快船“水女巫”号返回加尔各答，他携带了三批次来自中国的 8 万颗茶种子，一批来自福建武夷山，另外两批来自广州。戈登还在澳门的时候，就曾听说荷兰人试图寻找制茶师却失败了。戈登发现，当地官员曾威胁试图离开中国的制茶师，将处以罚款并伤害他们的家人。在戈登被召回印度的同时，茶叶委员会通知他执行詹金斯上尉的计划，即直接从云南招募制茶师，而不是从中国南方的其他地方招募。然而，当戈登到达加尔各答时，茶叶委员会的想法改变了。尽管困难重重，他还是被送到中国去寻找资深的茶树种植者、茶叶生产者及制作者。

与此同时，戈登带回来的中国茶种子被种植在加尔各答、阿萨姆邦、马苏里和马德拉斯的茶园里。相当数量的幼苗存活了下来，但大多数幼苗表现不佳，最终死亡。1835 年，送到尼尔吉里斯的中国茶树种子被法国植物学家乔治-萨缪尔·佩罗特（Georges-Samuel Perrottet）种植在了克提（Ketti）。① 第二年，克提茶园内的建筑被总督本地治里（Pondicherry）借用，茶园很快就荒废了。 627
1838 年总督卸任后，佩罗特不得不拯救那里九株幸存下来的茶树，其他茶树因总督那些园丁的无知而被葬送了。这个时期，在印度南部的其他地方，库格、迈索尔和马德拉斯等也种植了茶树，但是效果并不好。② 库格的茶园直到 1914 年才真正开始种植。瓦亚纳德从 19 世纪 70 年代开始种植茶树，1892 年，帕里公司（Parry Company）在瓦亚纳德南部的佩林多提（Perindotti）庄园建立了第一个茶园。③

1835 年，乔治·戈登到中国招募了三个人，这三个中国人在 1836 年被派去协助布鲁斯，但其中两个人很快就死了。1838 年，他又招募了五个中国人。多年后才发现，印度当局招募的这些中国茶叶专家中，有许多是木匠或鞋匠，他们甚至一生中从未见过一棵茶树。1840 年，在既会讲广东话又会讲

① 事实上，助理外科医生克里斯汀（Christie）已经订购了茶树种子，但是在种子达到之前他就去世了。

② W. Francis. 1908. *The Nilgiris*（*Madras District Gazetteers*）. Madras: Superintendent，Government Press（p. 178）.

③ P. Mohandas. 2005. *A Historical Study of the Colonial Investments in Malabar and the Nilgiris in the Nineteenth Century.* Doctoral dissertation，Department of History，University of Calicut（pp. 97–98，132）.

英语的拉姆夸博士（Dr. Lumqua）的帮助下，印度政府从加尔各答的华人社区招募了 30 多名男子，而这仅仅是出于一种神奇的假设，即仅凭种族上的亲近关系，这些海外华人就有茶叶加工方面的天赋。拉姆夸博士自然很清楚其荒谬性，他建议招募真正的中国制茶师，并通过陆路从云南向阿萨姆邦进发。那年 8 月，拉姆夸博士死于高烧，他的提议也没有得到落实。[①]

查尔斯·亚历山大·布鲁斯于 1836 年 5 月被任命为茶林的负责人，并在萨地亚周围树木繁茂的地区开始砍伐森林，建立茶树苗圃。这些行动的规模仍然有限，因为印度政府的目标，正如詹金斯所写，“只是为了显示在我们自己的行省大规模生产可以进入市场的茶叶的可行性……越早将茶园转向私营越好”。种植在雅鲁藏布江附近的茶树，因为树根触及沙地而开始死亡，但从中国引进的茶树却在阿萨姆邦和喜马拉雅山脚下长势良好。除了引进的中国茶树品种外，许多本土的阿萨姆茶树品种也与中国茶树种进行了授粉杂交。

1837 年，包括几年前曾否认阿萨姆邦存在本地茶树的瓦立池博士在内的本地阿萨姆灌木茶的拥护者，与中国茶树种的拥护者威廉·格里菲斯博士、地质学家约翰·麦克莱兰发生了争执。在这段时间里，瓦立池和格里菲斯彼此产生了强烈的敌意。[②] 尽管许多中国茶树品种的幼苗都死了，但中国茶树种的拥护者威廉·格里菲斯的文章更令人信服。他还在文中对在萨地亚的查尔斯·布鲁斯表现出专业方面的嫉妒，用“居高临下”的语气提及这个人。[③] 那些幸存下来的中国品种的灌木茶被移植到查布瓦（Chabwa），即今天的迪布鲁格尔（Dibrugarh）县境内，大约位于汀瑞小镇和今天的穆塔克（Muttuck）茶园之间。

1838 年，布鲁斯把第一批 8 箱阿萨姆茶叶送到伦敦。1839 年 1 月 10 日，第一批来自阿萨姆邦的暗红白毫（dull black pekoe）在伦敦的民辛巷以惊人的高价被拍卖出去。关于阿萨姆茶发现者的争论非常激烈。1841 年，关于谁最初在印度东北部发现了茶的问题引起了争论。詹金斯和查尔顿自 1834 年 12 月以来就在茶叶委员会的通信中备受称赞，两个人于 1842 年被孟加拉农业和园艺学会主席授予金质奖章。

与此同时，在加尔各答的布鲁斯并不善于与达官显贵交往，他是一个热心且勤奋的人，与上阿萨
628 姆邦的土著人相处得倒还不错，会讲土著人的语言，但那不过是与下层社会的交往，为此，他被认为不过是个粗人。[④] 查尔斯·亚历山大·布鲁斯于 1871 年 4 月 23 日去世，葬在提斯浦尔（Tezpur）附近。他的墓地至今在帕塔布尔茶园（Pertabghur）仍然被精心维护着，墓碑上的墓志铭显示，他死后被追认为“阿萨姆茶树的发现者”。[⑤]

---

① Moxham（2003: 128）.

② Combertus Pieter. Cohen Stuart. 1919. ‘Le nom scientifique de la plante de thé’, *Bulleltin Agricole de l’Institut Scientifique de Saigon*, 1: 358–361.

③ William Griffith. 1839. ‘Report on the tea plant of upper Assam’, *Transactions of the Agricultural and Horticultural Society of India*, iii: 94–180.

④ Griffith（1839:176）. 当时的一些报纸报道了英国在印度生产茶叶的进展，并将茶叶的发现归功于布鲁斯（e.g. ‘Mr Bruce’s report on Assam tea’, *Chambers Edinburgh Journal*, Vol. ix, No. 417, Saturday 25 January 1840, pp. 2–3.），事实上报纸上引用的发现年份比实际的发现年份晚了三年。

⑤ 令人惊奇的是，至少有三个不同版本的墓碑照片，分别出现在 Thomová、Thoma 和 Thoma（2002: 209），Šimsa（2009: 19），以及 Sarin 和 Kapoor（2014: 37）书籍中。

墓志铭没有提到的是，在他尚未到达印度东北部之前，他的兄弟罗伯特·布鲁斯（Robert Bruce）第一次见到茶树是在1823年。1815年莱特上校关于景颇部落茶叶使用情况的报告、1817年加德纳提供的来自加德满都谷地的茶树，以及斯科特在1819年坚持认为阿萨姆邦的茶树与中国的茶树属于同一品种，上述这些通常都不会被提及。阿洪王室的顾问曼尼拉姆·达塔·巴鲁夫（Manirām Datta Baruvā），那个在1823年准确理解了罗伯特·布鲁斯所要寻找的东西的人，同样也被忽略了。

在荷兰人在阿姆斯特丹市场上拍卖爪哇茶四年后，第一批少量的阿萨姆茶于1839年1月运抵民辛巷。这第一批茶是由吉布斯公司（Gibbs & Co.）、皮克兄弟公司（Peek Brothers & Co.）、米勒劳科克公司（Miller & Lowcock）和川宁公司的品茶师评定的。[①] 品茶师们认为阿萨姆茶缺乏香味，这是阿萨姆茶农对茶叶制作技术一无所知的必然结果。尽管如此，阿萨姆茶叶协会（Assam Tea Association）仍于1839年以议事协议的形式成立，并在之后的一个月，即1839年2月12日，以每股50英镑总共10000股的价格注资50万英镑，这激励了在印度投资的企业。

与此同时，孟加拉茶叶协会（Bengal Tea Association）也在加尔各答成立，是一个股份制公司，注册资本为100万里亚尔。卡尔的威廉·普林赛普（William Prinsep of Carr）、泰戈尔公司（Tagore and Company）达成了一个“利益交汇点”，这促使阿萨姆茶叶协会和孟加拉茶叶协会合并成阿萨姆茶叶公司（Assam Company）。加尔各答分公司被分成了2000股，分配给78名股东，其中280股由印度人持有。1839年8月，阿萨姆茶叶公司在阿萨姆邦的那兹拉（Nāzirā）设立了总部。查尔斯·布鲁斯、J. W. 马斯特斯（J. W. Masters）和J. 帕克（J. Parker）被任命为茶树栽培负责人，政府也以优惠的条件提供了廉价的土地。[②]

1839年，瓦立池博士还将印度原产的阿萨姆茶树种子从加尔各答运到锡兰佩拉德尼亚（Pērādeniya）的皇家植物园，并于1839年12月在那里播种。几个月后，瓦立池又寄出了另外205株
阿萨姆茶树幼苗，这些幼苗被分别种植在佩拉德尼亚的皇家植物园、首席大法官安东尼·奥列芬特 629
（Anthony Oliphant）的领地［位于鲁瓦拉-爱利亚（Nuvara Eliya）的皇后（Queens Cottage）山庄附近］，以及后来成为纳兹比（Naseby）庄园一部分的埃塞克斯（Essex）山庄。[③]

然而，在这个时候，咖啡也是锡兰最有利可图的经济作物。1658年以来，爪哇的咖啡生产仍然重要得多，荷兰东印度公司在锡兰岛的许多地方建立了咖啡种植园，锡兰成为主要的咖啡生产地。在英国人接管该岛之后，他们和其他一些国家的人也开始做咖啡生意。这些新兴的咖啡企业家中，有两位后来因较早地将多元化业务拓展至茶叶而闻名，尽管他们最初主要是基于对植物方面的兴趣，并且茶叶在其业务中并不是特别重要的部分。

加布里埃尔（Gabriel）和莫里斯（Maurice）分别于1802年和1805年出生于美因河畔的法兰克福，他们是罗斯柴尔德银行的创始人迈尔·阿姆谢尔·罗斯柴尔德（Mayer Amschel Rothschild）的

---

① Rose（2009: 32）.

② H.A. Antrobus. 1957. *A History of the Assam Company,1839–1953.* Edinburgh: T. and A. Constable，pp. 37–39; Blair Bernard Kling. 1976. *Partner in Empire: Dwarkanath Tagore and the Age of Enterprise in Eastern India.* California: University of California Press，pp. 145–147.

③ Ukers（1935，Vol. i，p. 177）.

孙辈。1841 年 4 月，莫里斯 · 本尼迪克特 · 德 · 沃姆斯（Maurice Benedict de Worms）抵达锡兰，获得岛上的土地，在远航至马尼拉后又回到锡兰，在普萨拉瓦（Pussællāva）建立了罗斯柴尔德庄园。[①] 莫里斯 · 本尼迪克特 · 德 · 沃姆斯是第一个在锡兰种植茶树的人。[②]1841 年，他试图在兰博达（Ramboda）山口的莱布克里（Labookellie）的一块空地上种植茶树。[③] 后来一直流传的是他在 1841 年的航行中将第一批茶树从中国带到锡兰。事实上，他很可能只是愉快地接受了一些瓦立池寄来的阿萨姆茶树种子，并将这些种子在锡兰进行了小规模的传播。从 1841 年起，罗斯柴尔德庄园也开始种植茶树。

1859 年，詹姆斯 · 爱默生 · 田纳特爵士（Sir James Emerson Tennent）在参观罗斯柴尔德庄园后写道：

> 在这片美丽的土地上，人们尝试种植茶树：这些植物茁壮成长，令人惊讶，当我看到它们的时候，它们开满了花。但是由于找不到有经验的工人来烘干和制作这些树叶，这项实验失败了。如果我们曾经认为在锡兰除了种植咖啡以外还种植茶树只是权宜之计的话，那么，如今土壤和气候的适应性已经形成，就差引进中国的工匠来进行后续的加工了。[④]

在罗斯柴尔德家族的传说中，据说德 · 沃姆斯后来把一位中国制茶师带到锡兰进行试验，但在当地生产茶叶的成本被证明不具备商业可行性。罗斯柴尔德庄园扩大到包括 12 处房产，占地 2800 公顷。1862 年，德 · 沃姆斯兄弟启航前往英格兰，他们的地产被锡兰公司收购，1892 年，罗斯柴尔德家族的地产被转到东方农产品和土地公司手中。[⑤]1867 年，锡兰全境只有 4 公顷的土地用于种茶，而且当时锡兰根本没有茶叶出口。[⑥]

与此同时，在阿萨姆邦，曾经帮助过布鲁斯兄弟的大卫 · 斯科特的早期合作伙伴曼尼拉姆 · 达塔 · 巴鲁夫，仍在英国公司工作。从 1839 年 8 月起，他重操旧业，在那兹拉（Nāzirā）任阿萨姆茶
630 叶公司的顾问。[⑦] 然而，19 世纪 40 年代，他离开了那兹拉的阿萨姆茶叶公司，在约哈特建立了自己的茶园。

1841 年，阿萨姆茶叶公司以高达 16 万英镑的价格加工了 2.9 万磅茶叶，不及从广州运出的一船茶叶的数量。阿萨姆茶的质量很差，为此，1843 年，查尔斯 · 布鲁斯和他的助手——阿萨姆茶叶公司的

---

① Victor Gray and Ismeth Raheem. 2004. ‘Cousins in Ceylon’, *The Rothschild Archive: Review of the Year April 2003 to March 2004*, pp. 52–56.

② 在莫里斯 · 本尼迪克特 · 德 · 沃姆斯去世 20 年后，他的侄子乔治 · 德 · 沃姆斯（George de Worms）在写给《泰晤士报》的一封信中称，他已故的叔叔"在 1841 年 9 月将第一批茶树从中国带到了锡兰"（*The Times*，23 August 1886，p. 4），然而，这些茶树有可能只是来自附近的佩拉德尼亚。

③ Evelyn Frederick Charles Ludowyk. 1966. *The Modern History of Ceylon.* London: Weidenfeld and Nicolson（p. 90）.

④ Tennent（1859，Vol. i，89–90; Vol. ii，pp. 251–252）.

⑤ Gray and Raheem（2004）.

⑥ Ludowyk（1966: 92）.

⑦ Griffiths 声称，当时英国正徒劳无功地想把 Jacobus Isidorus Lodewijk Levien Jacobson 从荷属东印度群岛招募到他们在阿萨姆的茶厂，但是他的书充满了从各种二手甚至三手资料中搜集到的不准确的、混乱的信息，他声称的事情，包括这个有特殊意义的信息，都是无法被验证的（John Charles Griffiths. 2011. *Tea, A History of the Drink That Changed the World.* London: André Deutsch，p. 296）。

负责人马斯特斯，被董事会解雇。那一年，乔治·戈登早前从中国诱骗来的十位制茶者被迫与东印度公司讨价还价，以防止被分别送往不同的地方。他们还坚持不懈地争取比他们被骗签署的合同约定的更高的劳动报酬。

图 9.14　印度茶（cāy）是由浓的红茶和牛奶、糖、肉桂、黑豆蔻、小豆蔻、黑胡椒、丁香、新磨碎的肉豆蔻、干姜粉或与此相关的其他类似调味剂制成的。过去，欧洲海员经常冒着生命危险航行七大洋，从东方采购来这些稀有而昂贵的香料，今天，这些香料只需要很少的钱就可以在任何一家较好的超市里买到。

为了反对茶农侵占景颇的土地和浸礼会传教士的布道行为，1843 年，萨地亚的景颇人奋起反抗英国人，但英国援军镇压了景颇人的起义。不过后来茶园主们还是觉得这个地方太偏远荒凉，工人们也太不守规矩。于是英国人放弃了萨地亚边境的野生茶区，并在同一年废除了奴隶制，因此茶叶生产转而雇用契约劳工、租户和佃农。

1844 年，在 798 箱阿萨姆茶叶中，有不少于 289 箱被证明无法销售，许多茶叶被搁置在加尔各答的仓库里。[1]19 世纪 40 年代，许多投资者赔得血本无归。对于第一代印度茶叶投资者而言，在很大程度上，阿萨姆种茶投资的惨败与 17 世纪荷兰郁金香热或 19 世纪澳大利亚绵羊农场股票、泛美铁路股票和委内瑞拉采矿权的贬值类似。

英国在印度制茶业最初的失败，产生了一个意料之外的结果——印度茶饮品的诞生。印度人将红
茶煮沸，然后像英国人一样，加入牛奶和大量的糖，同时加入黑豆蔻、小豆蔻、丁香和肉桂等具有独 631
特印度风味的调料，使得这款饮品口味更加和谐自然。这种将完全氧化的茶变成可口饮品的权宜之计最终将带给世界一种全新的饮品，但与此同时，到 1847 年，阿萨姆茶叶公司管理混乱。同年，61 岁的纳萨尼尔·瓦立池从加尔各答植物园园长的位置上退了下来，他的学生苏格兰人休·福尔科纳（Hugh Falconer）接替了他的职位。与此同时，心怀嫉妒的英国茶农对曼尼拉姆·德文（Manirām Devān）进行了不公平的报复，他们对来自本土的竞争感到不满。

阿萨姆茶叶公司的大部分资产被出售，各种各样的茶企接手了其业务。1848 年，阿萨姆茶叶公司重组，资产大幅缩减，利润微薄，直到 1852 年才支付了第一笔少得可怜的股息，当时阿萨姆邦已经出现了数十家小型茶叶公司。曼尼拉姆·德文参与当地人密谋反对英国统治的 1857 年印度大兵变，并在 1858 年 2 月 26 日因叛国罪被绞死。因此，他被尊为印度茶的殉道者。他的种植园被东印度公司没收，并卖给了船长詹姆斯·海·威廉姆森（James Hay Williamson）。[2] 印度大兵变还导致英国东印度公司及其私人军队的灭亡。1858 年 9 月 1 日，印度政权被移交给英国；1861 年，位于伦敦利德贺街和莱姆街拐角的的东印度公司总部大楼被拆除。

① Forrest（1973: 114）.

② Stephanie Jones. 1992. *Merchants of the Raj: British Managing Agency Houses in Calcutta Yesterday and Today*. London: Macmillan Press.

新茶企填补了阿萨姆茶叶公司垮台后留下的空白。从 1859 年开始，乔瑞豪特公司（Jorehaut Company）成为这类企业中较为突出的一家。公司创始人之一兼第一任负责人是乔治·威廉姆森，是詹姆斯·海·威廉姆森的堂兄，也曾是阿萨姆茶叶公司的种植园主。他曾试图推广阿萨姆茶树种及其杂交品种。[①] 1859 年，印度茶叶在欧洲实际上还没有交易发生，对于英国投资者来说，19 世纪 40 年代经济泡沫破灭很快就会重演。1866 年，随着茶叶热潮的消退，阿萨姆茶业陷入了第二次且更为严重的危机。到 1870 年，投资者损失了超过 100 万英镑，60 家茶叶企业中有 56 家破产。即使是经过精简的阿萨姆茶叶公司也蒙受了相当大的损失，在长达数年的经济危机中连股息都无法支付。

一些茶园被遗弃了，曾被夺走的土地再次成为丛林。[②] 然而，这种形势正慢慢开始逆转。在这个困难时期，詹姆斯·海·威廉姆森于 1869 年与加尔各答大东方酒店（Great Eastarn Hotel）助理理查德·曼纽尔·布拉米·马戈尔（Richard Manuel Blamey Magor）合作创立了威廉姆森·马戈尔集团（Williamson Magor Group）。[③] 如今，该集团以茶业巨头麦克劳德·罗素（McLeod Russel）的形式存在，阿萨姆邦和西孟加拉邦的茶园年产 10.4 万吨红茶，占印度茶叶年产量的十分之一。如今，该公司还在乌干达、卢旺达和越南生产红茶。

## 同时期的锡金、杜阿尔斯及尼泊尔

17 世纪初，锡金王国包括今天的锡金和整个大吉岭地区，西至今天尼泊尔东部的阿鲁河
632（Aruṇ）。林布人（Limbu）发源于阿鲁河以东的山区和丘陵，雷布查人（Lapchas）发源于米克河（Mecī）以东地区。德仁宗喀（Dränjongpa）大约是在 9 世纪从西藏南部进入锡金的，与此同时，纳龙人（Ngalong）定居在西部毗邻的不丹。早在封建王朝以前，土地贵族已经出现，但该地的人口仍然稀少。在 1663 年的 *Lho-Mon-gTsoṅ gSum* 协议中，德仁宗喀、雷布查和林布三个民族都被承认为锡金王国的公民。[④]

在 1642 年纳姆迦尔王朝建立之前，锡金被一个由“阁僚”组成的精英阶层统治，随着大乘佛教的传播，逐渐发展成为一个国家。[⑤] 后来成为锡金王族的是唐古特人，他们是从 1226 年被成吉思汗在最后一场战役中消灭的西夏王朝中逃出的党项人后裔。[⑥] 这个部落从康区（Khams）的米亚格

---

① H.A. Antrobus. 1948. *A History of the Jorehaut Tea Company Ltd., 1859–1946.* London: Tea and Rubber Mail.

② Antrobus（1957: 409）; Radhe Shyam Rungta. 1970. *The Rise of Business Corporations in India 1851–1900.* Cambridge: Cambridge University Press，p. 103.

③ Jayeeta Sharma. 2011. *Empire's Garden: Assam and the Making of India.* Durham，North Carolina: Duke University Press（pp. 41–42）.

④ van Driem（2001: 821，834，872–873）; Saul Mullard. 2011. *Opening the Hidden Land: State Formation and the Construction of Sikkimese History.* Leiden: Koninklijke Brill（pp. 140–146）.

⑤ Saul Mullard. 2006. 'The "Tibetan" formation of Sikkim: Religion，politics and the construction of a coronation myth'，*Bulletin of Tibetology*，41（2）: 31–48; Mullard（2011）.

⑥ Rolf Alfred Stein. 1947. 'Mi-ñag et Si-hia: géographie historique et légendes ancestrales'，*Bulletin de l'École Française de l'Extrême-Orient*，xliv: 223–265; van Driem（2001: 448–460）.

（Mi-ñag）移居到了锡金，米亚格位于打箭炉（Dar-rtse-mdo）① 的西边，而打箭炉为靠近川藏毗邻处的重要的茶叶贸易之地，在当时属藏区的东部。② 几个世纪以来，甚至在纳姆迦尔王朝建立之前，贵族阶层就已与当地的雷布查人通婚。③

1707 年，蒂斯塔（Tista）以东，曾经是锡金东南部卡林朋 [Kalimpong，在雷布查语中，是“我们集会之地”的意思，在德仁宗克（Dränjongke）语中，ka'lönpung 的意思是“内阁部长集会”]④ 周围的地区，被不丹人控制。⑤ 1841 年底，东印度公司强行夺取了东不丹的杜阿尔斯（duars），这里今天已成为印度阿萨姆邦领土的一部分。杜阿尔斯平原由现在的不丹南部边境的平原组成，这里曾经是不丹的领土，如今却被以印地语“门”（dvār）来命名，因为这里是通往山地的入口。在经历了 20 年的间谍活动、阴谋和侵略之后，英国于 1864 年兼并了西不丹的杜阿尔斯，使之成为孟加拉的杜阿尔斯，同时还兼并了毗邻的卡林朋山区。英国第二次对不丹领土的占领导致了杜阿尔战争（1864~1865 年）。

现在，在比斯弥勒（Bīsmīle）的山顶上还能发现丛林覆盖下的不丹古老要塞的遗迹，这座要塞 633
位于卡林朋以东 5 公里处，1865 年 11 月，不丹和英国在这里进行了一场杜阿尔战争中的重大战役。1865 年 11 月 11 日，《辛楚拉条约》将孟加拉和阿萨姆邦 18 个杜阿尔斯以及卡林朋割让给英国统治者。⑥ 被吞并的卡林朋山区变成英属不丹，成为今大吉岭地区的一部分。⑦ 在不丹的西南部，勒霍克普（Lhokpu）还保留着祖先在孟加拉杜阿尔斯广袤而无人居住的丛林中猎杀大象的传统。然而，自 19 世纪 60 年代和 70 年代森林栖息地被大规模破坏以来，杜阿尔斯的野生大象数量越来越少。英国人开垦了大片丛林用来建茶园，现在这些地方已经成为人口稠密的地区。

今天，位于世界第三高峰干城章嘉峰（雪中五宝）西面的是尼泊尔东部的一部分领土。17 世纪，这里位于锡金王国和加德满都谷地的马拉（Malla）王国之间，由林布的一些小王国和拉伊（Rai）民族组成的克拉底人（Kiranti）居住在这里。这些小国有时会改变其名义效忠对象，以维持事实上的独立。在被廓尔喀利（Gorkhali）（Gorkha 和 Gorkhali 同义，都是指廓尔喀人，为尊重原著，翻译时亦

---

① Anna Balıkcı-Denjongpa. 2008. *Lamas, Shamans and Ancestors: Village Religion in Sikkim.* Leiden: Koninklijke Brill（pp. 65–74，374）. 历史资料中引用的现已不复存在的地名是 Aḥo lDon（Mullard 2011: 69–70）。

② 今天这个地方被称为“康定”。

③ 在这个前封建王朝时期，来自西藏的佛教传教士访问了锡金，例如仁仁（Rig-ḥdzin rGod-ldem-can，1337~1408 年）和卡加索帕（Kaḥ-thog-pa bSodnams rGyal-tshan，1466 年出生）（Mullard 2011）。

④ Heleen Plaisier. 2007. *A Grammar of Lepcha.* Leiden: Koninklijke Brill（p.182）; Pasang Tshering Lepcha. 2013. *Lepcha Nomenclatures in Maayel Lyaang.* Kalimpong. Mani Printing Press（pp. c，1，26）. 雷布查文字的音译和音韵转录是根据 Plaisier 开发的系统。衷心感谢巴塞尔的 Jenny Bentley 慷慨地提供给我 Pasang Tshering Lepcha 著作的影印本以及附带地名的说明。

⑤ 在不丹和锡金的语境中，不丹的 Dzongkha 和锡金的 Dränjongke 都被罗马化为 Roman Dzongkha 音译转化（Karma Tshering 和 van Driem，1998）。在这两种语言中，除了口语化的形式外，还存在许多词的文学或礼拜式的 *Chöke* 读音。对于标题 *chögel* 和锡金君主的专有名称，在罗马化音译过程中使用了正式的 *Chöke* 发音。南腔音系（Dränjongke）与宗喀音系（Dzongkha）十分相似，但在几个方面与宗喀音系有所不同。在撰写本文时，罗马化的锡金语的最终版本尚未完成，但在甘托克（Gangtok）和伯尔尼（Bern）已经有了初步版本。

⑥ 目前，Sin-cu-la “Sinchula”，西南不丹的一个村庄，其行政管辖权属于 Chukha 地区的 D'âlageo。

⑦ Mullard 记录了一个将名字记录为 D'amzang dzong 的例子（Saul Mullard. 2014. 'Sikkim and the Sino-Nepalese War of 1788–1792: A communiqué from Bǎo Tài to the Sikkimese commander Yug Phyogs Thub', *Revue d'Etudes Tibétaines,* 29: 29–37）。

区分为“廓尔喀”和“廓尔喀利”。廓尔喀是尼泊尔的一个部落，位于加德满都西北部。廓尔喀人以骁勇善战而闻名。——译者注）征服之前，林布旺（Limbuwan）的十个林布小国曾经在第四代锡金王朝统治者古梅朗杰（Sikkimese chögel Jurme ’Namgel）（1717~1733 年在位）统治时期宣布与加德满都谷地的尼瓦尔王国结盟，因为在锡金人的重压之下，他们无法修筑防御工事。①

1767 年至 1769 年，在普雷斯夫・尼亚・撒（Pṛthvī Nārāyaṇ Śāh）率领的廓尔喀利军队征服了加德满都谷地的尼瓦尔王国之后，廓尔喀军队在他的继任者们的率领下开始向今天的尼泊尔东部扩张。他的长子兼继任者普拉特・西姆哈（Pratāp Siṃha Śāh，1775~1777 年在位）23 岁即位。在他短暂的两年半统治期间，普拉特・西姆哈再次征服了 Vijaypur 和 Caudaṇḍī 地区，这些地区已经被廓尔喀利政府占领，后又落入当地统治者 Buddha Karṇa Rāī 手中。1776 年，普拉特・西姆哈还发动了关键的 Cainpur 战役，在这场战役中，林布人陷入了自相残杀的悲剧。

当时，整个林布旺，包括十个林布小国，都处于锡金宗主国的统治之下，这次战役是廓尔喀利军队首次与锡金作战。普拉特・西姆哈的廓尔喀利军队击败了第五代锡金王朝统治者朋措朗杰（Sikkimese chögel ’Namgel Phüntsho，1733~1780 年在位）的军队。虽然大多数林布人在这场战斗中为锡金人作战，也有许多林布人被招募到廓尔喀利一方。1778 年，廓尔喀利军队在进攻林布旺和莫让时被锡金军队击退。

廓尔喀政府加强对克拉底领地中心和附近地区的控制，该地区位于今天的尼泊尔东部。到 1782 年普拉那巴尔・拉那（Prāṇabal Rāṇā）被任命为丹库塔的首领（subbā of Dhankuṭā）时，尼泊尔东部的大多数克拉底人已经接受了廓尔喀利的统治，但是林布人还在斗争。直到 1785~1786 年，廓尔喀利部队
634 才镇压了林布人的反抗，将锡金部队赶出了林布旺，1786 年对克拉底腹地，即尼泊尔最东部地区的兼并达到高潮。1787 年，第六代锡金王朝丹增朗杰（chögel Tendzi ’Namgel ，1780~1793 年在位）统治时期，由优科苏普（Yuchothup）率领的锡金军队用十七次战役击退了廓尔喀利军队的新一轮进攻。优科苏普被廓尔喀利人神化地称为 Satrājit。

1789 年 1 月，达莫达尔・潘德（Dāmodar Pāṇḍe）将军率领军队进入锡金，廓尔喀利军队占领了蒂斯塔河以西的拉达孜（Terai）。与此同时，约哈尔・西姆哈（Johar Siṃha）率领的廓尔喀利军队侵入了锡金中心地带，占领了首都拉达孜（Raptentse），迫使锡金王室躲藏起来。1790 年，王室成员逃往拉萨，三年后，国王在流亡中去世。② 与此同时，尼泊尔军队已经开始进攻西藏。1788 年，尼泊尔摄政王巴哈杜尔・沙赫（Bahādur Śāh，1785~1794 年在位）派遣军队越过喜马拉雅山，攻击尼泊尔边境以北的四个西藏辖区。西藏人最初向英国东印度公司求助，但是徒劳。随后，西藏请求清朝皇帝帮助，后者也只是勉强地在 1789 年初派遣了军队，但姗姗来迟的清军并未进入战场。

廓尔喀利军队的进攻被位于 rDzoṅ-dgaḥ 的西藏地方军阻止，1789 年 6 月，第八世达赖喇嘛强白嘉措介入并安排双方在 sKyid-roṅ 进行谈判，最终达成一项议定书，其中载有廓尔喀利要求进贡的清单。现存的藏文版本和尼泊尔文版本之间存在差异，且没有权威文本佐证。西藏支付 300 rDo-tshad，约合

---

① Sir Herbert Hope Risley，ed. 1894. *The Gazetteer of Sikhim.* Calcutta: Bengal Secretariat Press（p. 15）.

② van Driem（2001: 1143–1144），Mullard（2014: 31）.

600 公斤白银，才让廓尔喀利军队撤回尼泊尔。尼泊尔人离开后，西藏拒绝接受这一解决方案。西藏也比以前更加强烈地抱怨，并主张补偿由越来越不可靠的不丹币等问题所带来的损失，例如 Mahendra Mallī，重 1tolā 或 11.66 克，传统上是在尼泊尔铸造的，自马拉王朝起，它的银含量一直持续下降，从而使西藏和不丹的货币贬值。双方关系仍然紧张，1791 年 9 月，新的扩张主义廓尔喀利政权再次入侵西藏。

廓尔喀利的军队一直行进到 gŹis-kartse，洗劫了扎什伦布寺。这一次，西藏向清朝皇帝乾隆请求支援并得到了快速回应，清政府派出的军队在福康安的带领下出征西藏。当廓尔喀利军队准备带着从西藏寺院抢来的战利品返回尼泊尔时，许多廓尔喀利军人被一场流行病夺去了生命。与此同时，西藏地方军已经逃入内地，与新到达的清军重新集结，西藏地方军和中央政府派出的军队合力在 1792 年初赶走了幸存的廓尔喀利军队，并穿过 Rasuvā 关口进入尼泊尔，沿着 Triśulī 河谷而下，与驻扎在贝德拉瓦蒂（Betrāvatī）的廓尔喀利军队交战，一直向下推进到塔地（Tādī）河岸，距加德满都西北仅 15 公里。

尼泊尔被迫与清朝签署了一项条约，尊重领土完整，并每五年向清朝朝廷进贡。1792 年 10 月，根据条约规定，第一个从加德满都经由拉萨前往北京的使团离开了 Dhaibuṅ，该使团由提婆达多 - 塔帕（Kaji Devadatta Thāpā）率领，福康安陪同。[①] 后来，锡金人也收复了一部分领土，但直到 1815 年前还 635
被迫向加德满都的廓尔喀利政府进贡。

1793 年，国王拉阿巴德（Raṇ Bahādur）在迪迪科斯（Dūdhkosī）和阿鲁（Aruṇ）地区的克拉底社区砍下了反对廓尔喀利统治的叛乱者的头颅，但是 1796 年国王赦免了逃亡者，同时提醒克拉底人三年前曾对他们的惩罚。然而，克拉底人反对廓尔喀利的起义一直持续到 1808 年。此外，他们还千方百计地抵抗缴纳税赋。例如，在尼泊尔东部，林布人和雷布查人让需征税的稻田荒芜，只在免税的土地上种植。[②]

1814 年，新的廓尔喀利政府重新武装起来，准备开战。察觉到危险之后，第七代锡金王朝统治者楚布朗杰（chögel Tsuphü ’Namgel，1793~1863 年在位）于 1814 年将首都迁往庭姆隆（Tumlong），那

① 第二次从加德满都到北京的五年使团是由 kājī Narsiṃha Guruṅ 率领的，在 1795 年就出发了，比预定时间早了两年，正好临近乾隆皇帝禅位于嘉庆帝。因为儿皇帝 Gīrvāṇa Yuddha Vikram Śāh 的登基庆典以及后来发生的加德满都的政治阴谋，本应于 1800 年出发的第三次使团相应的把出发时间调整为 1802 年，由 kājī Sarvajīt Pāṇḍe 率领，最远到达 Ṭīṅgrī 或 Din-ri。第四次使团于 1807 年出发，由 kājī Bhaktavīr Thāpā 率领，最远到达 Kutī 或 gÑaḥ-lam。而第五次使团于 1812 年出发，也是由 kājī Bhaktavīr Thāpā 率领，走完了全程，经由 sKyid-roṅ 到达北京，并且用了十五个月时间返回加德满都。第六次使团于 1817 年出发，由 kājī Raṇajur Thāpā 率领，当时正值英尼战争（1814~1816 年）结束，尼泊尔大使代表 Bhīmsen Thāpā 请求清政府针对未来可能发生的战争给予支持，但清朝皇帝回复道，如果发生战争不能给尼泊尔提供支持。1822 年第七次使团由 kājī Dalbhañjan Pāṇḍe 率领，朝见了道光皇帝。1827 年第八次使团由 kājī Vīr Keśar Pāṇḍe 率领，在北京受到热烈的欢迎。1832 年第九次使团由 kājī Vīr Keśar Pāṇḍe 率领。1837 年第十次使团，清朝政府回应了 kājī Puṣkar Śāh 转达的请求，一旦与英国开战，清政府将不会给予尼泊尔资金和军事力量支持。1842 年第十一次使团由 kājī Jagat Vam Pāṇḍe 率领，于第一次鸦片战争（1840~1842 年）以及西藏和 Ḍogrā 邦在旁遮普之战（1841~1842 年）结束后来到北京，与 1817 年和 1837 年一样，1842 年 Pāṇḍe 关于尼泊尔遇到武力冲突时希望清政府提供帮助的请求，清政府以尼泊尔属于外邦的缘故再次拒绝。因此，在实际操作中，中尼两国的朝贡关系实际上是在尼泊尔 1792 年军事袭击失败以后为保持两国友好关系而进行的每五年一次的礼节性访问。通常，一个尼泊尔出使中国的代表团有 45 人。清政府对尼泊尔国王的 arjī“公文”的回复是 parvānā“命令”，尼泊尔进贡的礼物也得到了中国相应的回赠（Vijay Kumar Manandhar. 2001. *A Documentary History of Nepalese Quinquennial Missions to China 1792–1906.* Delhi: Adroit Publishers）。

② van Driem（2001: 604–605）.

里离西藏更近。位于梅吉河（Mechi）和蒂斯塔河（Tista）之间的锡金领土德赖（Terai）被尼泊尔人占领，这导致英尼战争（1814~1816年）的爆发。这个时候，尼泊尔东部的林布人已经不再反对新成立的廓尔喀利政府，而是支持尼泊尔反对锡金，反对东印度公司。

1816年3月4日，由Candraśekhar Upādhyay和大卫·奥克特洛尼（David Ochterlony）将军签署的《苏高利条约》使东印度公司直接控制了库马盎（Kumaon）和加瓦尔（Garhwal），这些地区位于马哈喀利（Mahākālī）西部，1790年，在摄政王巴哈杜尔·沙赫（Bahādur śāh）统治期间，西部地区的起义运动流产之后，这里曾经在1804年至1811年廓尔喀利的军事行动中被尼泊尔占领。代赫里（Tehri）和拉达克（Ladakh）之间的山地国家则受到英国保护。此外，该条约规定，尼泊尔接受英国人居住在加德满都并享有各种特权。英国则将“大吉岭德赖”归还给锡金。

根据1817年2月10日的《提塔利亚条约》规定，印度总督莫伊拉勋爵归还给锡金所有西部的领土，除了由林布旺组成的广阔土地，还有在英尼战争期间已经被尼泊尔人占领的米克河（Mecī）
636 以东的、德赖以外地区。《提塔利亚条约》还规定，锡金和尼泊尔王国之间的边界争端今后将通过英国调解来解决。1827年，锡金和尼泊尔就“翁图山”（Ontoo hill）或“翁图拉”（Oontoolah）发生了类似的纠纷。“翁图拉”是米里克（Mirik）以西米克河以东的一个山脊。威廉·本汀克（William Bentinck）派遣船长乔治·威廉·阿里默·劳埃德（George William Alymer Lloyd）和来自马尔达（Malda）的商业勘探者J. W. 格兰特（J. W. Grant）前往锡金。在勘测了米里克附近的翁图山山脊之后，他们继续前往大吉岭，并于1829年2月在那里停留了六天。劳埃德被这个地方迷住了，他建议英国采取措施占领这个地区。事实上，劳埃德后来在大吉岭度过了他的余生，他于1865年去世，享年76岁。

从1829年夏天开始，东印度公司开始对锡金施加压力，最终英国设法从锡金手中夺取了大吉岭。1835年2月1日，东印度公司以契约的形式从锡金国王楚布朗杰手中获得了大吉岭，并在那里修建一所疗养院。大吉岭最初的名字是雷布查语“dárjúlyáng”（“神仙居所”的意思）和德仁宗克语“dôji'ling”（“雷电地带”的意思），英国人记录为“Dorjéling”。① 这片面积357平方公里的山地成为锡金王国领土内的英国飞地。当时，那里没有茶园，大吉岭被丛林覆盖，山上散落分布着少量雷布查人，低洼地区分布着少量梅奇人（Meches）。整个山区的地名保存了许多原生的雷布查语地名，例如Kurseong，最初是kursóng，意思是“兰花盛开的地方”。②

1839年，在占领这片区域五年之后，英国开始开拓殖民地。苏格兰人阿奇博尔德·坎贝尔博士（Dr. Archibald Campbell）于1833年至1840年在加德满都英国定居点任执行人（acting resident）布赖恩·霍顿·霍奇森（Brian Houghton Hodgson）的助理兼外科医生。1840年至1863年，他被任命为大吉岭英国新定居点的负责人并负责维护与锡金政府的关系。1835年，大吉岭是一个人口不到100人的村庄，但到1863年，那里已有约70座房屋。可以理解，这块锡金领土上面积狭小但蓬勃发展的英国飞地引起了锡金政府的不满。

---

① Plaisier（2007: 182）; Lepcha（2013: b-c，7，60）; Bayley. 1838. 'Map of the Country between Titaleea and Dorjéling'.The formal Chöke Pronuciation for Dôji'ling is Dorjeling.

② Plaisier（2007: 100），Lepcha（2013: b，11，74）.

1841 年 11 月，坎贝尔种下了瓦立池从库马盎寄来的茶种，次年 5 月，在他位于“一棵树”（One Tree）的花园里长出了十几棵茶苗。这些茶树苗被他种到比奇伍德（Beechwood）庄园的低洼地，该庄园后来被塞缪尔・史密斯（Samuel Smith）于 1844 年 5 月买下。1846 年 8 月，当坎贝尔再次来到这里时，看到了他早前种的茶苗长势良好。[①] 不久，1846 年 10 月，在弗朗西斯・詹金斯少校和他的私人助 637
理布罗迪上尉（Captain Brodie）的斡旋下，坎贝尔从阿萨姆邦购买到阿萨姆当地的茶种和从中国进口的中国茶种。他把这些种子播种在莱邦（Lebong）后，次年 3 月开始发芽，并在 5 月长出了 7000 多株茁壮的幼苗。

然而，1849 年 7 月 12 日，坎贝尔写信给印度农业和园艺协会：“我很抱歉地通知协会，我在大吉岭种植茶树的试验失败了。”事实证明，前一年冬天的霜冻和降雪对坎贝尔在莱邦的第一批种子造成了很大的影响，但坎贝尔认为得出“花了相当大的代价却换来失望”的结论为时过早，[②] 因为在 1846 年，坎贝尔还把收到的茶种分享给了詹姆斯・阿登・克伦梅林（James Arden Crommelin）少校和 J.W. 格兰特先生。这两个人都在莱邦山脉上成功培育了大约 500 株健康的幼苗。莱邦这个地名来自雷布查语的词语“libóng”，意思是“生长野生梨的地方”。[③]

与此同时，坎贝尔最初在比奇伍德庄园（后来被塞缪尔・史密斯收购）种下的茶树茁壮成长。此外，大吉岭的助理外科医生 J. R. 维德康姆（J. R.Withecombe）博士也是一位热心的园艺家，他从史密斯的比奇伍德庄园里获得了种子，并在海拔 1500 米的地方成功培育出 50 株茁壮的幼苗。1849 年，威廉・马丁（William Martin）先生在位于格尔西扬和 Pankhabari 之间的海拔 760 米的格尔西扬平原上种植了茶树。这些茶树茁壮成长。马丁还用从加尔各答植物园获得的幼苗成功地培育 23 棵咖啡树。史密斯还在坎宁（Canning）和希望镇（Hope Town）定居点种植了茶树。该定居点位于索那达（Sonādā）村以西约一英里处的山坡上，当时这个山坡并不比今天狭窄的索那达火车站周围地区大多少。[④]

---

① 1841 年 10 月的大吉岭地图（reproduced on p.24 of of Fred Pinn. 2003. *Darjeeling Pioneers: The Wernicke-Stölke Story.* Bath: Pagoda Tree Press）展示的 1841 年“S. 史密斯先生的住所”为今天的圣约瑟夫书院，而标记的“坎贝尔博士家”现为坎贝尔小屋，位于普兰特斯俱乐部（Planters' Club）的南部和 Chevremont 的正北到西北方向，就在从 Chowrasta（Caurāstā）到老 Rockville Hotel 之间。历史上的比奇伍德庄园（Beechwood estate）面积比今天仍然矗立的坎贝尔小屋要大，从山上一直延伸到今天的钟楼周围。坎贝尔博士 1841 年 11 月种植茶树的花园一定处于庄园中的较低位置，该庄园于 1844 年 5 月被塞缪尔・史密斯收购。事实上，随后几十年在城镇地图中都将今天钟楼周围的区域标记为比奇伍德庄园（R.D. O'Brien. 1883. *Darjeeling:The Sanitarium of Bengal, and its Surroundings.* Calcutta: W. Newman & Company; John Murray. 1903. *A Handbook for Travellers in India, Burma, and Ceylon.* London: John Murray（map between pages 314 and 315）; Geo. P. Robertson. 1913. *Darjeeling Route Guide with Directions, Plans, a Map and a Complete Index for the Instruction and Guidance of Visitors to the Town.* Darjeeling: Bose Press）。坎贝尔博士以前在山顶的住所现在是大吉岭警察局长的住所。如今，小屋后面的小花园里有一株处于成长期的茶树。此外，新任警司 Akhilesh Kumar Chaturvedi（Akhileś Kumār Caturvedī）于 2017 年沿平房花园东面的路堤种植了多棵茶树苗，以防止水土流失。

② Archibald Campbell. 1848. 'Note on the culture of the Tea Plant at Darjeeling（13th of August 1847）', *Journal of the Agricultural and Horticultural Society of India*, Vol. vi, Part i, No. 2, Article iii, pp. 123–125; Archibald Campbell. 1850. 'Failure of attempt at cultivating theTea Plant at Darjeeling（12th of July 1849）', *Journal of the Agricultural and Horticultural Society of India*, Vol. vii, Part i, No. 1, Article v, p. 31.

③ Lepcha（2013: 70）. 雷布查语中的“libóng”一词既可以表示房子的地基，也可以表示房子坐落在较低的地方。

④ James Arden Crommelin. 1853. 'A brief account of the experiments that have been made with a view to the introduction of the Tea Plant at Darjeeling（13th of August 1852）', *Journal of the Agricultural and Horticultural Society of India*, viii: 91–94.

大吉岭是英国人从锡金王室那里租来建疗养院的山顶飞地。然而，在早期茶叶种植时期，好战成性的英国人侵犯了这块飞地周围的锡金领土。1848 年，植物学家约瑟夫·胡克博士被抬上轿子，从加尔各答穿过 600 公里的丛林地区到达大吉岭。[1]1849 年 11 月 3 日，坎贝尔和胡克抵达庭姆隆，希望觐见锡金国王楚布朗杰，但楚布朗杰因对英国政府不满，拒绝接见他们，第二天就因公务出行了。

638 四天后，在他们返回大吉岭的路上，英国的负责人坎贝尔博士和植物学家约瑟夫·道尔顿·胡克遭到了锡金人的袭击：

> 他们被大约五十个锡金人袭击，袭击者的首领是一个叫 Singtam Soubah 的官员，他抓住坎贝尔博士，绑住他的手脚，把他打倒，踢他，进而虐待他。这次袭击似乎是受到了 Dewan，或是西基姆·拉贾（Sikim Raja）的唆使，他对坎贝尔博士怀恨在心，因为他插手促使释放了一名被绑架到锡金的尼泊尔女孩。[2]

1849 年圣诞节，坎贝尔与胡克被释放后，英国人报复性地吞并了德赖和朗吉特（Rangit）以南毗邻大吉岭的地区，共吞并了 1657 平方公里的锡金领土。怀有报复心的植物学家胡克希望英国政府吞并整个锡金王国，坎贝尔也很高兴成为锡金的英国殖民者。

1852 年，最早建立起来的三个茶园注定成为商业茶园。这三个茶园是图克瓦（Tukvar）、斯坦塔尔（Steinthal）和卢布尔（lubārī）。图克瓦或“塔克维尔”（Takvār）是由 J. 马森（J. Masson）上尉建立的，后来被划分成一些较小的茶园，包括今天的图克瓦（tukvár）、北图克瓦和“Pattabong”。在雷布查语里，图克瓦意为“研磨石”，是比喻茶园所在山脊形状的地形。[3] 图克瓦茶园今天也被称为“Puttabong”或“Patabong”，这是雷布查语“pátóngbóng”的变体，由“pátóng”（竹子）和“bóng”（低洼地区）组成，意为一个生长着竹子的低洼地区。[4]

斯坦塔尔茶园是由传教士约阿希姆·圣伊克（Joachim Stölke）和约翰·安德烈亚斯·维尔尼克（Johann Andreas Wernicke）创立的，他们是德意志传教士协会的会员，两人是朋友又是连襟，于 1838 年航行到加尔各答，然后打算 1841 年 12 月到大吉岭定居。位于 Alubārī 或 Aloobari（尼泊尔语 ālubārī，意为“土豆园”）的茶园也于 1852 年开始种植茶树。1856 年，就在印度大兵变的前一年，这些早期茶园正式开始商业开发。在那一年，Alubārī 被格尔西扬和大吉岭茶叶公司接管，原来在莱邦支脉上的茶园被大吉岭土地抵押银行建成一个商业实体。

1859 年，布鲁汉姆（Brougham）博士建立了 Dhutaria 或 Dooteriah 茶园。同年，在格尔西扬和 Pankhabari 之间的麦卡巴里（Makaibari，意为“玉米园”）茶园由萨姆勒（Samler）上尉开辟。他曾

---

① Roy Moxham. 2003. *Tea: Addiction, Exploitation and Empire.* New York: Carroll & Graf Publishers（pp. 114–115）[revised as: Roy Moxham. 2008. *A Brief History of Tea: The Extraordinary Story of the World's Favourite Drink.* London: Constable & Robinson，pp. 108–110].

② David Field Rennie（‘Surgeon Rennie’）. 1866. *Bhotan and the Story of the Dooar War.* London: John Murray（p. 259）.

③ Lepcha（2013: 7，62）.

④ Lepcha（2013: 7，64）.

指挥过一个廓尔喀军团。[①]萨姆勒在当年就将麦卡巴里茶园卖给了他的年轻朋友吉里什·钱德拉·班纳吉（Girish Chandra Banerjee）。班纳吉在少年时离家出走后，在英国的一个基地寻求庇护时与萨姆勒上尉成为好友。结果，麦卡巴里茶园成为第一个由印度人拥有的茶园。[②]1860年至1864年，当时名为“Ging”、 639
“Ambutia”、“ Takdāh”和“ Phubsering”的四大茶园成为大吉岭茶业公司的种植园，而图克瓦和巴达姆塔姆（Badamtam）则由莱邦茶业公司管理。

图 9.15 戴着首相王冠的钟·巴哈杜尔·拉纳，这顶王冠与尼泊尔国王的王冠无异，上面装饰着水滴状的祖母绿。

在20年内，该地区茶叶种植园的数量超过100家，雇佣了近2万名劳工，其中大多数是尼泊尔裔移民工人。从19世纪40年代开始，东印度公司通过在这一地区安置尼泊尔移民，进一步实施对锡金王国南部领土的侵占。起初，他们只是获准在该地区建立一个山顶疗养院。结果，锡金失去了整个地区，尼泊尔族裔逐渐成为当地人口的主要组成部分。今天，在大吉岭1.95万公顷土地上分布着70多个庄园。从19世纪中期开始，殖民当局通过巧妙的行政诡计，促使大吉岭和卡林朋的行政管辖权逐渐划归英属孟加拉。[③]

尼泊尔在这个时候的军事功绩将使其通过两个完全不同的途径接触到茶树种植。1841年，VīrNarsiṃha Kūvar，一个杰出的kājī的儿子，在加德满都的皇宫首次亮相，并改名号为钟·巴哈杜尔·拉纳（Jaṅg Bahādur Rāṇā）。他策划了1846年宫廷大屠杀，夺取了政权，成为拉纳王朝的第一位世袭首相，将尼泊尔的世袭国王变成了一个傀儡君主。尼泊尔拉纳政权的兴起恰逢中华帝国的衰落。

1847年，第十二次从加德满都到北京的朝贡使团由加吉·苏拉特·辛哈·班德（kājī Surath 640
Siṃha Pant）带领，尽管他在返回途中病逝，跟随的年轻的中文翻译拉姆·纳拉扬（Rām Nārāyaṇ）和第二负责人萨尔达尔·阿希瓦尔纳·巴斯拉亚特（sardār Ahivarṇa Basnyāt）也不幸病逝，但是从加德满都新政权的角度来看，这次朝贡之旅是富有成果的，因为清廷承认了年幼的尼泊尔国王苏拉

① T. Boaz. 1857. ‘Darjeeling’, *The Calcutta Review*, xxviii（lv）, Article viii, pp. 196–226; Lewis Sydney Steward O’Malley. 1917. *Bengal District Gazetteer: Darjeeling*. Calcutta: The Bengal Secretariat Book Depot; E.C. Dozey. 1922. *A Concise History of Darjeeling District since 1835 with a Complete Itinerary of Tours in Sikkim and the District.*（Calcutta: N. Mukherjee 关于在大吉岭地区种植咖啡的问题，地名录把萨姆勒船长和威廉·马丁先生搞混了。）

② Jeff Koehler. 2015. *Darjeeling: A History of the World’s Greatest Tea*. London: Bloomsbury（pp. 137–138）.

③ 由于大吉岭和卡林朋从未在任何文化或语言意义上成为孟加拉领土，孟加拉廓尔喀民族解放阵线于1980年成立，大吉岭廓尔喀山理事会（Darjeeling Gorkha Hill Council）于1987年成立，Gorkhā Janmukti Morcā 于2007年成立。所宣称的目标各不相同，从行政上与印度西孟加拉邦分离到给予大吉岭独立的国家地位，甚至一度试图加入尼泊尔王国，对一些活动分子而言，目标还包括建立一个拥有独立主权的廓尔喀国（Gorkhaland）。政治运动往往相当暴力，周期性地扰乱了该地区的日常生活，因此也扰乱了茶叶产业，特别是在2013年和2017年仅收获了头茬茶。

德拉·维克拉姆·沙河（Surendra Vikram Śāh）为尼泊尔的合法统治者，而这位傀儡君主的父亲，国王拉金德拉·维克拉姆·沙河（Rājendra Vikram Śāh）被迫退位，并被钟·巴哈杜尔·拉纳终身软禁。

第十二次五年一度的朝贡之旅带来的另一个好处是，尼泊尔首相收集到关于鸦片需求量巨大的消息。因此，1852 年，由加吉·甘博尔·辛哈·阿达哈卡拉（kājī Gambhīr Siṃha Adhikārī）率领的第十三次从加德满都到北京的使团携带了大量准备用于销售的鸦片，根据外交特权，这些鸦片还能免于被没收和征收消费税，这些陆路货物也没有被征收海上运输鸦片的重税。与第十二次使团不同的是，尼泊尔使者 1852 年并没有受到清廷很好的接待，然而，就像 1847 年的上个使团一样，使团的领导者也在返回途中因病去世。

1792 年以来，尼泊尔五年一次向清廷派遣使团，但这种与清廷的约定并没有阻止钟·巴哈杜尔·拉纳酝酿对西藏发动新的侵略战争，1855 年 3 月，他在第六世班禅喇嘛死后不久入侵西藏发动新的战争，其目的是吞并聂拉木县和吉隆县地区，并确保尼泊尔在西藏的域外权力。

这一次，尽管尼泊尔名义上是战争胜利者，但是钟·巴哈杜尔·拉纳未能成功坚持其领土主张。他们随后达成了一项协议，尼泊尔每年从拉萨获得 1 万里亚尔的贡品，同时，尼泊尔继续五年一次向清朝派遣朝贡使团。根据 1856 年 3 月在加德满都签署的和平条约，尼泊尔人取得在拉萨的居住权，同时享有免税贸易权。

原定 1857 年从加德满都到北京的朝贡使团由于正值第二次鸦片战争（1856~1860 年），且第二次廓藏战争刚结束，索性没有成行。取而代之的是一封写给清朝咸丰皇帝的书信（arjī），且没有随附礼物。原定 1862 年的朝贡使团计划也因西藏骚乱和太平天国运动而取消。原定 1867 年的第十四次朝贡使团计划于 1866 年进行，提前了一年，由加吉·贾格切尔·斯贾巴蒂（kājī Jagatser Sijāpati）率领。尼泊尔使节在成都附近被遣返，表面上是因为阿古柏率兵侵入新疆。与 1852 年的那次出使一样，尼泊尔外交官携带了大量鸦片，但这次他们只卖出了一半的货物。来自加德满都的使者们并没有得到礼遇，
641 而被遣送回家，受尽屈辱。代表团的几名成员在途经西藏东部时去世。原定于 1872 年的出使计划也被取消了，因为同治皇帝不能保证其在去往北京的道路上安全通行。

第二次廓藏战争（1855~1856 年）之后，尼泊尔不仅染指西藏，而且每五年对北京的访问也不再具有朝贡使团的特征。相反，这些来自加德满都的使团来访主要是为了更有利可图。事实上，1877 年由加吉·德兹·巴哈杜尔·拉纳（kājī Tej Bahādur Rāṇā）率领的第十五次访问团，一路上不得不面临许多来自官府的盘查，直到 1879 年 12 月才抵达北京。虽然使者们带着苏伦德拉（Surendra）国王致光绪皇帝的信，但是由于尼泊尔代表团携带了鸦片等货物，中国官员在沿途设置了许多卡口。这次出使对尼泊尔人来说还是有利可图的，但他们的货物在回程中被盗。1882 年，中国人借口慈安皇太后去世刚刚一年，举国服丧，设法推掉了尼泊尔下一次五年朝贡使团的来访。

原计划于 1887 年派遣的第十六次尼泊尔使团在 1886 年就迫不及待地出发了，由加吉·兰·维克拉姆·拉纳（kājī Raṇ Vikram Rāṇā）率领，依然携带了大量鸦片。由于代表们在中国逗留的每一天都会获得清朝朝廷的津贴，他们花了将近五年的时间才完成行程，返回加德满都谷地。由加吉·英迪

拉・维克拉姆・拉纳（kājī Indra Vikram Rāṇā）率领的第十七次使团两年后于 1894 年离开加德满都，1896 年 7 月抵达北京，同样参加了各种贸易活动。1901 年，清朝朝廷设法阻止了下一次五年使团，理由是在陕西和山西境内发生了饥荒。第十八次也是最后一次出使，由加吉・拜拉瓦・巴哈杜尔・格托拉（kājī Bhairav Bahādur Gaḍhtolā）率领，于 1906 年启程，1908 年抵达北京，他们发现由于日益加严的市场限制，鸦片贸易变得更加困难。[①]

在昌德拉・桑谢尔・忠格・巴哈杜尔・拉纳（Candra Śamśer Jaṅg Bahādur Rāṇā，1908~1929 年在任）担任首相时期，从加德满都到清廷的五年朝贡使团在尼泊尔仅仅被视为礼节性访问，意在维持与清朝朝廷的关系，并暗中从鸦片贸易中获利。从加德满都的角度来看，这些使团并不代表朝贡，也不会损害尼泊尔的主权。此外，当时所有费用都由清廷承担。尼泊尔政府对这一事件的解释记录在首相与居住在加德满都的英国人约翰・曼纳斯・史密斯（John Manners Smith）的通信中。[②]1912 年，清王朝覆灭，尼泊尔不再是中国的附属国。

1863 年，钟・巴哈杜尔・拉纳开始大规模征召林布人加入廓尔喀利军队。由于数百名林布应征士兵在霍乱暴发期间死亡，许多林布家庭因害怕被征兵而逃往大吉岭。与此同时，在上阿萨姆邦的东部，自 19 世纪 40 年代以来，为建设茶园，大片森林被砍伐。廓尔喀利的军事扩张使尼泊尔人接触到东印度公司所属土地上的茶叶种植。然而，有一种说法是，尼泊尔东部最早的茶树品种并非来自大吉岭，而是尼泊尔五年一次的访华使团收到的清政府送给尼泊尔首相的回礼之一。钟・巴哈杜尔・拉纳把茶种给了他的 samdhī，[③] 即加吉・哈姆德尔・辛哈・塔帕（kājī Hemdal Siṃha Thāpā）， 642
而他把这些茶种又传给了儿子 Gajarāj Siṃha Thāpā，他当时是尼泊尔东部的政府官员巴达・哈吉姆（baḍā hākim）。

这种说法似乎在时间顺序上有问题。头两次在钟・巴哈杜尔・拉纳统治期间的五年使团分别是在 1849 年 3 月和 1854 年 5 月回到加德满都的，远远早于格兹拉吉・辛哈・塔帕（Gajarāj Siṃha Thāpā）与首相的大女儿巴丹・库玛丽（Badan Kumārī）结婚的时间。1866 年被中止的出访使团在成都被遣返，而 1879 年的使团直到 1882 年 6 月才返回加德满都。到了 19 世纪 60 年代，大吉岭茶园里的茶树已经非常繁茂，而在尼泊尔种植茶树的想法无疑是受到了英国茶园的启发。今天，在米里克附近，茶园横跨尼泊尔和从前属于锡金人的大吉岭地区的边界，形成了一片连绵不断的开垦耕地。

然而，按照当地的传说，不能排除在索格蒂姆（Soktim）和伊拉姆（Ilām）的尼泊尔最古老茶园里的第一批茶树是从中国传入的可能性。[④] 也许 1854 年使团或者 1866 年被迫中止的使团带回的茶

---

① Manandhar（2001）.

② Matteo Miele. 2017. 'British diplomatic views on Nepal and the final stage of the Ch'ing empire（1910–1911）', *Prague Papers on the History of International Relations*，2017（1）: 90–101.

③ 尼泊尔语表示亲属关系的词 samdhī 意为 Hemdal Siṃha Thāpā，是 Jaṅg Bahādur Rāṇā 长女的丈夫之父。在俄语中也有相应的表示亲属关系的词语是 сват svat。这场婚姻缔结于 1860 年。

④ 来源于家谱以及关于声名显赫的 Thāpā 家族的 vaṃśāvalī 口头传说。既然是与 Jaṅg Bahādur Rāṇā 的女儿结婚，Gajarāj Siṃha 便把岳父的姓 Jaṅg 放在他儿子的名字中间，叫作 Harka Jaṅg Thāpā，孙子叫作 Keśar Jaṅg Thāpā，重孙叫作 Lava Jaṅg Thāpā，玄孙叫作 Ghan Jaṅg Thāpā，再后面叫作 Subāś Jaṅg Thāpā。衷心感谢 Esha Thapa（Īśā Thāpā ईशाथापा），Subāś Jaṅg Thāpā 的姐姐，以及 Kanak Mani Dixit（Kanak Maṇi Dīkṣit）提供的家谱和历史信息。

种，首先被种植在加德满都谷地，格兹拉吉·辛哈·塔帕（Gajarāj Siṃha Thāpā）收到的可能是新结的种子。在尼泊尔东部建立商业茶园之前，甚至在钟·巴哈杜尔·拉纳上台之前，茶树作为一种植物品种似乎就已在尼泊尔存在了。甚至更早，通过对加德满都谷地的植物学调查，第一批英国殖民者爱德华·加德纳在一个宫殿花园里发现了一棵茶树。加德纳第一次到达加德满都的时间是1816年4月，也就是《苏高利条约》签订一个月之后，次年他就把这株茶树送到了加尔各答。[①]

据报道，这个标本的名字被记录为“尼瓦尔植物”（Newar phytonym），这一事实表明，他发现这株植物的宫殿花园可能是前马拉王室或贵族的住所，或者这里的园丁是尼瓦尔人，碰巧受雇于山谷中一个富丽堂皇的拉纳宫殿。加德纳写给瓦立池的信件现保存于加尔各答植物标本馆内，对这些信件的研究可能有助于更清楚地了解这个问题。我们可能永远不会知道皇家园林中这棵茶树的来源，不会知道这棵茶树是不是贵族植物园中唯一的标本，也不会知道这棵茶树是作为药用植物还是观赏植物被种植的。

伊拉姆地区最早的茶厂成立于1878年，一直到2002年还在运营，当时尼泊尔传统的茶叶产业经历了一场艰难的转型。[②]近年来，尼泊尔茶叶产业在数量和质量方面都处于繁荣时期。2000年，
643 尼泊尔的茶叶产量超过5000吨，2005年约为12500吨，2010年超过16000吨，目前年产量已超过20000吨。产量并不代表一切，今天，许多非洲国家的茶叶产量比尼泊尔多得多，但相较于许多国家出产的漫山遍野的完全氧化的CTC红碎茶，尼泊尔出产的茶叶具有无与伦比的品质和价值。

尼泊尔生产的高端纯手工绿茶和各种冲泡茶，其质量堪比大吉岭生产的最好的茶。尼泊尔的茶企似乎在新千年之交才突然想起罗伯特·福琼（Robert Fortune）在1852年提出的建议：

> 最终，喜马拉雅山的茶叶必须由当地人自己制作，当地农民必须学会如何制作茶叶以及如何种植茶树。[③]

近几十年来，世界级的尼泊尔制茶师，大多在大吉岭或加德满都谷地的精英学校接受过教育，他们已经开始采用来自日本、中国（包括大陆和台湾）的传统茶叶制作工艺，并开始系统地在这片世界上最好的茶叶产区之一运用这些技术。

尼泊尔人已经开始制作本地产的煎茶和龙井茶。尼泊尔煎茶选用种植在海拔1500米的尼泊尔东部伊拉姆地区嘉士白（Jasbīre）周围小山上的有机茶叶，用日本传统方法制作。在Paśupatinagar附近故去的迪利普·拉伊（Dilip Rai）少校是第一位引进日本蒸汽式制茶机并尝试在尼泊尔生产煎茶的人。在尼泊尔东部，一种名为“绿珍珠”的优质有机珠茶生长在海拔1950~2350米的山打府（Sandakphu）茶

① Mark Watson. 2008. ‘Edward Gardner，the lost botanist of Nepal’，*The Britain-Nepal Society Journal*，32: 18-22.

② Chandra Bhushan Subba. 2004. ‘Nepal tea: The flavor from the Himalayas’，*ICOS*，2: 824–825. Ilam 市政府的一块宣传板上声称尼泊尔第一个茶园是尼泊尔历1920年建立的，相当于公历1863年，也就是Gajarāj Siṃha Thāpā和Badan Kumārī Rāṇā结婚三年之后，第一个茶厂据说是在15年后，也就是1878年开始运营的（sign erected at Soktim tea estate by the Ilam municipal government: ‘Nepāl mā sarvapratham ciyākhetī ko prārambh Vi. Sã. 1920 dekhi Ilām bāṭa...’，*Ilām ko gaurav, Ilam ko ciyā—paryaṭan pravardun kā lāgi Ilām Nagar Pālikā bāṭa tayār garieko*）。

③ Fortune（1852: 393）.

园里。安图（Śrī Antu）茶园在伊拉姆地区生产的龙井茶，选用的是种植在尼泊尔和大吉岭之间的海拔1500 米的山打府山脉上的有机茶叶，并按照传统的中国工艺手工制作。

尼泊尔茶叶生产者在手工制作的绿茶和高香型尼泊尔银针（Nepali Silver Needles）等白茶方面表现出色，其质量可与福鼎名茶白毫银针（White Fur Silver Needle）相媲美。近年来一些有名的日本和中国茶叶鉴赏家热衷于购买这些尼泊尔茶。尼泊尔银针是由位于山打府山脉顶端的安图茶园中最嫩的茶芽精制而成。这种茶芽没有一片老叶，都是娇嫩的银色茶芽，覆盖着一层白色绒毛，味道香甜，汤色呈浅金黄色。尼泊尔东部的其他茶园现在也开始生产银尖白茶。伊拉姆地区的一些茶园采用经过改造的远东技术生产出了金针茶，一芽一叶，轻微烘烤，汤色金黄，并带有浓郁的麦芽香和标志性果香。

“干城章嘉茶”只在某些年份生产，不是每年都做，它们经过精心的手工揉捻，获得澳大利亚可持续农业协会的有机种植认证，并获得国际有机农业联合会的认证，也符合欧盟有机农业标准。这种茶树生长在海拔 1300~1800 米的潘科德尔（Pāñcthar）地区，名字来源于附近的世界第三高峰干城章嘉峰。这种茶叶只在某些年份生产，因为制作过程需要耗费很多劳力，显然，这种优质绿茶，任何时候只要不生产都是一个错误（一种浪费）。一些尼泊尔制茶师甚至已经开始尝试制作乌龙茶，但在撰写本书时，他们还没有成功制作出令人满意的乌龙茶，但这可能只是时间问题。

许多高端新尼泊尔茶产自伊拉姆最东端和潘科德尔地区，这些地区的茶叶制作技艺都十分精湛，但是有些人称，正宗的产茶地位于尼泊尔东部希勒（Hile）和滕古达（Dhankuṭā）之间的山脉以 644
西，海拔高达 2200 米，那里有“月亮茶园”（Jun Ciyābārī）、“杜鹃茶园”（Gurā̃se）和“水库茶园”（Kuvāpānī）种植着精选的用来生产高端有机茶的中国茶叶品种。[①] 在这些经验丰富的新一代的尼泊尔茶企中，罗昌（Lochan）和巴昌・贾瓦利（Bachan Gyawali）兄弟的月亮茶园种植面积超过 75 公顷。这两位绅士对日本茶文化和中国茶叶传统制作工艺的热爱，使他们的茶叶深受国际顶级茶商的追捧，甚至受到世界顶级大厨的欢迎，因为他们的茶叶还可以用来烹饪美食。他们的茶园是第一批从中国台湾进口机械的公司，也是第一批在尼泊尔用日本机器做散装真空密封茶叶的公司。

在同一地区，杜鹃茶园生产的头茬和二茬有机红茶能散发出木香、果香和花香，还带有柑橘的香味。这里的秋茶以其饱满的口感，深受许多英国人的喜爱。水库茶园也生产完美无缺的、手工采集筛选的头茬茶叶。这个地区郁郁葱葱的森林已被砍伐殆尽，与大吉岭的大部分地区不同，建造茶园并不是这个地区砍伐森林的主要原因，而是人口增加。事实上，茶园里往往会种植较多的遮阴树，有助于保护残存的森林并重新造林，从而防止了希勒（Hile）周围的小山被不断推进的城市化所吞没，这种城市化进程也威胁到尼泊尔其他地区的森林。

新一代尼泊尔制茶者中的许多人用来自日本或中国的机器取代了印度制茶设备。挑选和分类工作仍需手工完成，但如今要招募到足够的专业劳动力是一个挑战，因此，纯手工制作的茶叶——比如伊拉姆地区非常稀少的手工揉捻的“干城章嘉峰茶”——只有在极少数情况下才能生产，但其市场前景

① 在尼泊尔，*kuvā* 选定一个天然形成的有树荫遮挡的户外蓄水池，用来积存可饮用的山泉水。gurā̃se 这个名称实际上是 gurā̃s“喜马拉雅杜鹃花”的形容词形式，而 jun ciyābārī“月亮茶园”通常罗马化为“Jun Chiyabari”茶园。

可观。然而，并不是所有的尼泊尔茶都是上好的，包括大家熟知的英国所谓的“正统”茶。1959 年，私营企业家开始在尼泊尔东部的德赖种植茶树。成立于 1966 年 10 月的尼泊尔茶叶发展公司，在德赖和伊拉姆地区的山区种植茶树。山区的茶园主要供应优质的茶叶，而德赖的茶叶主要用于生产红碎茶，其中很大一部分由小茶农供应。

具有讽刺意味的是，在尼泊尔和大吉岭，普通的尼泊尔人最熟悉的却是印度口味的茶饮。这种茶饮最早出现在阿萨姆和大吉岭，即在煮沸的红茶中，加入牛奶、大量的糖、黑豆蔻、小豆蔻、丁香和肉桂。当这些人看到一个茶爱好者喝着上等茶泡出的纯茶汤时，常会以极其迷惑不解的语调惊呼：“看那茶色！”“茶色”这个词很能说明问题，因为用来制作印度茶的低端红碎茶几乎没有什么独特的味道，实际上只是给含糖的牛奶饮料增添了颜色和涩味。然而，尼泊尔东部和大吉岭却生产出一些最好的茶叶，这些茶叶主要是由尼泊尔采摘者和制茶师手工采摘并制作的。其汤色相当清淡，因此，该地区香气最精妙的茶叶汤色竟然是最淡的，但香味和口感层次却很丰富。

海拔 2075 米处的大吉岭只有一个小小的雷布查人的村庄，附近是廓尔喀利军队进入锡金领土茂密的森林地区时留下的一个军事基地遗迹。除了疗养院，英国人对大吉岭最早的商业兴趣是这片原始林
645 地茂密的丛林和巨大的树木，并在那些被疯狂砍伐后的林区种植茶树。廓尔喀利的军事袭击未能使这些原始的雷布查土地成为新生的尼泊尔国家的一部分。具有讽刺意味的是，英国从 19 世纪下半叶开始实施的茶园招工政策，使得这部分前锡金领土在人口统计学意义上，从文化和语言上变成“大尼泊尔”的一部分。一些茶园的名称中仍保留了雷布查人的地名遗产。

“玛格丽特的希望”（Margaret’s Hope）茶园是大吉岭最古老的茶园之一，建于 1864 年，最初名为巴拉陵东（Bara Ringtong），占地 585 公顷。在原来的名称中，第一个单词是尼泊尔形容词“baḍā”，表示“大”的意思；而第二个单词是原生的雷布查地名“ríngtóng”，表示一个“议事的地方”，说明这里是传统上集会和讨论事务的地方。①19 世纪 70 年代，该茶园以第一位主人的女儿之名重新命名。著名的西德拉邦（Sidrabong）茶园建于 1885 年，最初保留的是雷布查名称斯德拉朋（sadyerbóng），意思是“躲避雷击的低处”。然而，今天这个地方的名字已经变成斯德拉朋（Sitarabong），② 茶园也被重新命名为阿尔亚·塔拉（Arya Tārā）。该庄园拥有 300 英亩位于海拔 900~1800 米的林地。涯缇（Goomtee）茶园建于 1899 年，位于海拔 900~1500 米，种植中国茶品种。大吉岭东部的米姆（Mim）茶园位于海拔 1950 米处，气候凉爽，植物生长缓慢，它的头茬和二茬茶叶非常有名。索姆（Soom）茶园位于海拔 1500 米的陡峭山坡上，出产上好的茶叶。

在大吉岭，每年第一次采摘茶叶的时间是在 3 月中旬到 4 月，第二次是在 5 月至 6 月，7 月至 9 月采摘的是雨季茶，秋季茶的丰收时节则是 10 月到 11 月。根据茶园的不同，大致在第一茬至第二茬之间，是所谓的麝香葡萄茶的收获时间，这种茶具有麝香葡萄的香气。大吉岭许多优质的头茬新茶也被描述为散发着麝香的味道。2014 年，《印度时报》（*Times of India*）刊登了《大吉岭的麦卡巴里茶成为世界上最昂贵的茶叶》一文。鉴于为数不少的中国茶也以同样不可思议的高价出售，这就给了该可

① Lepcha（2013: 79）.

② Lepcha（2013: 72）. Plaisier（2007: 100，239）recorded Lepcha ‘thunder’as “sader sader”.

疑结论的真实性一个不靠谱的佐证。

图 9.16　假眼小绿叶蝉，是一种绿叶蝉，能够产生某些茶叶的麝香香气。图片来源于 Bob Knight。

茶园不断易手，将大吉岭的茶园和其他茶叶产地的详细历史编成充满激情的故事将是非常有趣的，这也会是一个历史学上的挑战性任务。例如，自 1987 年以来，声誉仅次于格尔西扬的安布提亚（Ambootia）茶园一直由班萨尔家族经营，目前桑杰·普拉卡什（Sanjay Prakash）和安尼尔·班萨尔（Anil Bansal）负责管理这座大庄园。两人受到联合国粮食及农业组织的标准的启发，将茶园变成一个有机示范农场，并获得了重要的有机和可持续农业认证体系的认证。其管理权还扩展到公司的采茶工，劳动者也成为企业的股东。

2014 年，麦卡巴里茶园所有者巴内吉（Swaraj Kumar ‘Rajah’ Banerjee）出售了这个通过了生物动力法有机认证的著名的茶园的 90% 的股份给迪潘卡尔·查特拉杰（Dipankar Chatterjee）的乐士美（Luxmi）集团。1899 年，亨利·蒙哥马利·伦诺克斯（Henry Montgomery Lennox）建立了涯缇和现在小有名气的蕾帕娜（Jungpana）茶园，1947 年印度共和国成为独立的民族国家之时，一位英国业主将其出售给当时统治尼泊尔的拉纳家族，而后在 1956 年其被凯里瓦尔家族收购，目前由山塔努·凯里瓦 646
尔（Shantanu Kejriwal）管理。

高价格通常会换来高质量，但不一定都会物有所值。尽管如此，有着 155 年历史的著名的麦卡巴里高端茶叶确实品质上乘。2014 年，该庄园以每公斤 1850 美元的价格将其手工制作的银针王（Silver Tips Imperial）卖给伦敦的汉普斯特德茶叶咖啡公司（Hampstead Tea & Coffee）、日本的麦卡巴里有限公司（Makaibari Ltd.）和美国的原生态公司（Eco Prima）。[①] 印度的茶叶年产量远远超过 90 万吨，而位于大吉岭地区海拔在 400~2500 米的 87 家茶园总计年产量几乎不超过 1 万吨。然而，每年销售的大吉岭茶可能是这个产量的四倍，其中实际上混入了印度其他地方出产的茶，甚至有些可能只含有少量的大吉岭茶。[②]

大吉岭叶茶含有十二种主要的芳香成分，包括：芳樟醇；氧化芳樟醇；1,2,3,4- 甲基水杨酸；香叶醇；苯甲醇；2- 苯乙醇；3,7- 二甲基乙基 -1,5,7- 辛三烯 -3- 醇；2,6- 二甲基 -3,7- 辛二烯 -2,6- 二醇；顺 -3- 己烯醇和反 -2- 己烯醇等。这些成分在茶叶中的相对比例与茶园的海拔并不相关，与茶园的土壤、制作方法或其他因素相关。

精明的茶商每年都会来到大吉岭，寻找特定茶园的第一茬或第二茬茶叶，因为特定山头的茶叶有独特的香气。然而，很少有茶商能猜想到，他们如此迷恋的大吉岭茶的香味，部分是因茶绿叶蝉（tea green leafhopper）或绿蝇种类的假眼小绿叶蝉（green fly species Empoasca vitis）和小绿叶蝉

① Ritwik Mukherjee. 2014. ‘Darjeeling’s Makaibari becomes most expensive tea in the world’, *Times of India*, Calcutta, 6 September 2014.

② Christine Dattner. 2008. *Thé*. Paris: Flammarion（p. 36）.

（Empoasca flavescens）用来刺穿和吮吸的口器形成的。其幼虫和成虫都会对茶叶造成伤害。大吉岭茶闻名于世的特殊的麝香味，是因为其主要芳香化合物 2，6- 二甲基 -3，7- 辛二烯 -2，6- 二醇和脱水化合物 3，7- 二甲基 -1，5，7- 辛三烯 -3- 醇。这两种化合物竟然产生于茶绿叶蝉对茶叶的侵害过程。[1] 类似
647 的，茶树蛾对茶叶的侵害也会触发 3- 己烯 -1- 醇、芳樟醇、α - 法尼烯、苯甲醇、苄基腈、吲哚、橙花醇和辛烯化合物的大量释放，这些化合物是直接从植物受损部位释放出来的。[2]

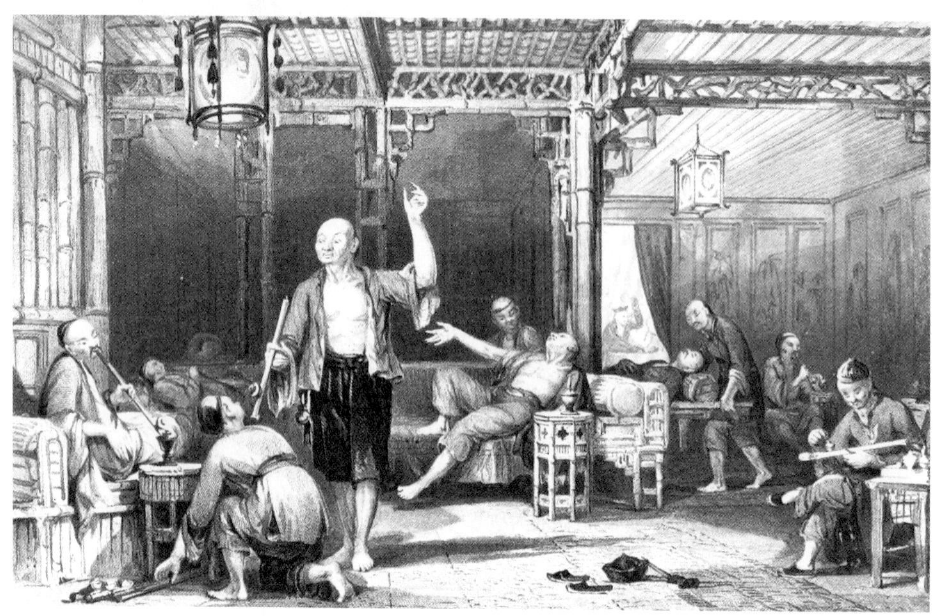

图 9.17　一个中国鸦片馆，由乔治・帕特森（George Paterson）雕印，1858 年在 Thomas Allom 出版，《天朝的写照》（*The Chinese Empire Illustrated*）藏于伦敦，伦敦印刷出版公司（London Printing and Publishing Company）。

18 世纪末 19 世纪初的廓尔喀利军事行动和 19 世纪英国的侵略行动侵占了锡金人的领土。著名的大吉岭茶园如雨后春笋般出现在这个位于锡金王国境内繁荣但非法的英国飞地上。当英国最终在 1947 年离开印度次大陆时，锡金已经由曾经的历史中心地带沦为一个“烂摊子”，这个曾经不可一世的主权国家只有不到一半的原有领土。20 世纪 60 年代，茶叶首次在已经缩减的锡金领土上种植，最著名的种植园是 1969 年在锡金南部建立的占地 177 公顷的特米（Ṭemī）茶园。与此同时，在印度，英迪拉・甘地急切地推动扩张主义，对锡金王国展开了比东印度公司更具侵略性的殖民野心的追逐。在资助并煽动了该国多年的骚乱之后，印度于 1975 年策划了对锡金的吞并。结果，一个新的民族国家吞并了一个更小但更古老的国家。[3]

[1] Michiko Kawakami，Kaoru Ebisawa and Lakshi P. Bhuyan. 2010. ‘The diversity of Darjeeling tea flavour’，*ICOS*，4，PR-P-75.

[2] Fang Dong，Ziyin Yang，Susanne Baldermann，Yasushi Sato，Tatsuo，Asai and Naoharu Watanabe. 2010. ‘Plant volatile compounds involved in herbivore-induced intra-communications in tea（*Camellia sinensis*）plants’，*ICOS*，4，PR-P-81.

[3] Sunandā Kiśor Datta-Rāy. 1984. *Smash and Grab: Annexation of Sikkim*. New Delhi: Vikas Publishing House; Nari Kaikhusaro Rustomjī . 1987. *Sikkim: A Himalayan Tragedy*. New Delhi: Allied Publishers; Andrew Duff. 2015. *Sikkim: Requiem for a Himalayan Kingdom*. Edinburgh: Birlinn.

大吉岭、锡金和尼泊尔东部的土地是极具价值的，大吉岭、锡金和尼泊尔的许多茶园最近都被 648
欧洲或美国的认证机构认证为“生物动力法”或“有机类”茶园。并不是所有这些山上收获的都是上好的茶叶，但是，最好的茶叶都是手工采摘和人工分类的，甚至是手工制作的。正如陆羽教我们做的那样，必须通过嗅觉和味觉来评鉴每一种茶。大吉岭还因所谓的“玩具火车”而闻名，这是一辆建于1879~1881年的610毫米窄轨火车，一直由大吉岭喜马拉雅铁路公司运营，人们可以乘坐火车欣赏从西里古里到大吉岭的优美风景，全程78公里。另一个在当地流传甚广的话题是1898年发生在大吉岭的地震。

## 鸦片飞剪船与茶叶

18世纪，即使是最快的荷兰船，在理想状态下，一船茶叶（从中国）运达欧洲也需要至少半年的时间。1730年1月初，荷兰商船“科斯霍恩”号（Coxhorn）从广州启航，7月13日才到达特塞尔港（Tessel），这已经被认为是最快的速度了。[1]一个世纪后，荷兰在茶叶贸易中的主导地位日渐衰落，与此同时，船舶的设计也发生了惊人的变化。

1834年，英国王室取消了东印度公司的垄断地位，从而放松了对茶叶进口的控制。此后，私营企业竞相从中国进口最新鲜的茶叶。来自英格兰的东印度船1月从英国启航，在绕过好望角后乘着西南季风，9月便能抵达中国。然而，东印度船很快就被更新、更快速的船只取代，返程可能于12月开始，最晚次年9月抵达。在拿破仑战争期间，美国与法国结盟对抗英国，这迫使美国开发快速船只以逃脱英国的追捕，其中最臭名昭著的是纵帆船式的私掠船“德·努沙泰勒王子”号（Prince de Neufchatel），其直到1814年才被英国俘获。

然而，有一种特殊的印度商品比茶叶更有利可图。1830年，英国人推出的以“德·努沙泰勒王子”号为原型的运输鸦片的快速帆船“红色漫游者”号（Red Rover），能以前所未有的速度将怡和洋行和马地臣公司的鸦片从加尔各答贩运到广州，以满足他们希望提高鸦片运输速度的强烈愿望。流线型鸦片船的时代已经来临。曾经被逐出茶叶贸易中心地带的美国对快速运输鸦片到中国和从中国运回茶叶更感兴趣。美国第一艘快速帆船“安·麦克金”号（Ann McKim），由艾萨克·麦克金（Isaac McKim）设计，1833年造于巴尔的摩。

1837年麦克金去世后，“安·麦克金”号被豪兰（Howland）和阿斯平沃尔（Aspinwall）两家茶商收购。[2]在苏格兰，速度更快的“苏格兰女仆”号（Scottish Maid）于1839年在阿伯丁（Aberdeen）下水。在美国，约翰·威利斯·格里菲斯（John Willis Griffiths）设计了“彩虹”号（Rainbow），并于1845年完工。2月，“彩虹”号开启了到中国的处女航，并于9月返回纽约。在第二次航行中，它仅用92天就到达广州，回程用了88天。英国1849年废除《航海法》之后，美国也能参与从中国到英国的航运贸易，第一艘从中国直接向英国运送茶叶的美国快船是“东方”号（Oriental），它于1850年末装

---

① ter Molen（1979: 29）.

② Ukers（1935，Vol. i，pp. 87–88）.

载 1600 吨茶叶抵达英国水域。[①]

649

图 9.18　1866 年运茶竞速大赛中的“太平”号和“羚羊”号。由约翰·罗伯特·查尔斯·斯珀林（John Robert Charles Spurling）绘于 1926 年，帆布油画，46.9 × 63.5 厘米，藏于加利福尼亚州科斯塔梅萨（Costa Mesa）的瓦列霍画廊（Vallejo Gallery）。

从 1854 年开始，每年的 4 月都会举行一年一度的茶叶飞剪船赛（tea clipper races），从中国福建的港口出发，获胜的船只将在创纪录的时间内到达英国。这类竞赛促进了帆船的提速，而运鸦片的帆船是运茶帆船的两倍。这一备受关注的航运时期始于第一次鸦片战争（1840~1842 年）之前，结束于第二次鸦片战争（1856~1860 年）后的十年内。这些船只从士麦那和加尔各答出发，以最快的速度将鸦片运到中国，然后在最短的时间内将茶叶运到欧洲。在人们狂热追逐新鲜茶叶期间，1866 年“运茶竞速大赛”（The Great Tea Race）举行。

1866 年 5 月下旬，茶叶快船从福州的宝塔锚地（Pagoda Anchorage）出发，顺闽江而下穿过巽他海峡（Sunda Strait），绕过好望角和亚速尔群岛到达伦敦。英国快速帆船“太平”号（Taeping）赢得了 1866 年“运茶竞速大赛”的冠军，并引起了轰动，它于 9 月 6 日在伦敦靠岸，仅比“羚羊”号（Ariel）早几分钟，“羚羊”号在比赛期间大部分时间都与之并驾齐驱。其他著名的英国快速帆船包括“血十字”号（Fiery Cross）、“塞里卡”号（Serica）、“大清”号（Taitsing）、“塞姆皮雷”号（Thermopylae）、

① Glenn A. Knoblock. 2014. *The American Clipper Ship，1845–1920: A Comprehensive History, with a Listing of Builders and their Ships*. Jefferson，North Carolina: McFarland & Company（p. 29）.

“兰斯洛特爵士”号（Sir Lancelot）、“茶思”号（Chaa-sze）、“飞驰”号（Flying Spur）、“浪花”号（Spindrift）和现存的“短衫”号（Cutty Sark），后者直到1869年才从克莱德河下水。著名的美国快船包括“彩虹”号、“海女巫”号（Sea Witch）、“浩官”号（Houqua）、“猎鹿犬”号（Stag Hound）、“大共和国”号（Great Republic）、“闪电”号（Lightning）和“飞云”号（Flying Cloud）。1869年随着苏伊士运河航运的开通，这一丰富多彩的航运史戛然而止。 650

## 英国在天朝的间谍活动

有一个关于茶叶的传说：西方发现绿茶和红茶来自同一物种这一事实，是出自贝里克郡（Berwickshire）凯洛镇（Kelloe）的罗伯特·福琼。许多有关茶叶的畅销书都提及了这个错误的观点，将福琼描述成第一个了解到红茶和绿茶来自同一种树的人，也是第一个把茶树从中国带到印度的人。① 在英国殖民者渗透中国的最猖獗时期，福琼只是一个虚张声势的野心家，并不是一个见多识广的植物学家。福琼在他的著作中清楚地表明，即使在他第二次访问中国的时候，他仍然认为绿茶树（Thea viridis）和红茶树（Thea bohea）是不同种类的植物，尽管那个时代消息灵通的茶叶专家早就知道事实并非如此。

茶叶的强烈反对者乔纳斯·汉威被弗朗索瓦·瓦伦汀的著作误导了。伟大的林奈后来也被瓦伦汀的著作和约翰·希尔（John Hill）误导。塞缪尔·约翰逊博士尖锐地批评道，汉威是在盎格鲁-撒克逊世界中“复活”“两种茶树属于不同树种”这一错误观念的罪魁祸首：

> 他开始驳斥一种非常流行的观点——红茶和绿茶都来自这种著名灌木的叶子，只是在一年中不同时间采摘。他认为，这两种茶出自不同的灌木品种。②

正如我们在第一章和本章前面所提到的，甚至在英国，知识渊博的植物学家都已经知道绿茶和红茶来自同一种植物。甚至中国的茶商在这个时候已经很坦诚地告知了欧洲人这个事实。③

1842年秋天，英国迫使清政府签订不平等条约之后，罗伯特·福琼成为伦敦园艺学会植物学收藏家。他于1843年春天启航前往中国，目的是尽可能了解有关茶的种植和制作的一切情况。他来到中国，并在离开上海之前剃了头发，留了辫子，穿上了中国服装，这样他就可以伪装成当地人穿行

① e.g. Barrie & Smyers（1999），Sarah Rose（2009），Zhang & Hunter（2015），etc.

② Johnson（1757: 161）.

③ Carl Ritter. 1833. ‘Historisch-geographische und ethnographische Verbreitung der Theekultur，des Theeverkehrs und Theeverbrauchs，zumal auf dem Landwege，aus dem Süden Chinaš durch Tübet，die Mongolei，nach West-Asien und Europa，über die Urga und Kjachta’，pp. 88–108，erstes Heft，zweite Abtheilung « Naturgeschichte und Pharmakognosie »，and pp. 215–233，zweites Heft，zweite Abtheilung « Naturgeschichte und Pharmakognosie »，in Rudolph Brandes，Philipp Lorenz Geiger und Justus Liebeig，eds.，Annalen der Pharmacie（Band vi.）. Heidelberg: Universitäts-Buchhandlung von C.F. Winter.

于中国境内。[①] 他报告称：

651 在杭州湾的舟山群岛中……到处都种植着绿茶灌木……每一个农户都会在他们的房前屋后种上一些茶树，并精心养护……[②]

约翰·埃利斯在1768年就将茶树引入邱园，在那之前，茶树已经被种植在英格兰人的私人花园里。然而，福琼用三艘不同的船只将植物标本从中国香港运到英国却被宣传为一次伟大的胜利。后来在1844年的春夏和1845年的夏天，他参观了宁波附近出产红茶的茶园。

福琼不仅把植物学家命名为红茶树的茶树标本从广州带到浙江周边地区，他还把出产武夷红茶的活茶树连根拔起并带到了浙江与绿茶树进行比较。他观察到这两种树很相似，事实上，它们是同一个物种，但显然福琼并不是一下子就明白的。他仍然宣布了一项所谓“具有里程碑意义”的重大发现：

很少有哪个话题能像中国茶这样引起公众如此广泛的关注。它们被种植在中国的山地，能够产出可供出售的红茶和绿茶，独特的树种或品种以及制茶方法一直是人们特别感兴趣的问题。在过去，中国政府的戒备心使外国人无法访问任何一个种植茶树的地区，从中国商人那里获得的信息，不仅很少，而且不足为信。因此，我们发现，我们的英国作者写的东西很多是相互矛盾的，一些人声称红茶和绿茶是由同一品种的茶树生产的，而不同的颜色是由于制作方法不同，另一些人说，红茶是用植物学家称为红茶树的植物生产的，绿茶是用绿茶树生产的，这两种茶树已经在我们英格兰的花园里待了很多年了。

自从上次战争以来，我在中国旅行期间，经常有机会考察广东、福建、浙江等地的红茶和绿茶的一些茶叶产区，现在我把这些观察的结果呈现在读者面前。这将证明，即使是那些有较强的判别能力的人也被欺骗了，每年大部分从中国带到欧洲和美国的红茶和绿茶都是从同一品种的茶树，即绿茶中获得的。

……我想弄清楚这两个地方的植物是不是同一物种，还是像人们普遍认为的那样，是不同的…… 后来我去了北方出产绿茶的茶山，经过仔细比较发现，其和红茶树是一模一样的。换句话说，一般来自中国北方省份的红茶和绿茶都是由同一种茶叶制成的，其颜色、香味等的差异完全是制作方式不同的结果。[③]

---

① 福琼的经历让我想起了一位年轻的英国人，我和 Gaselô 的卡玛·策林（Karma Tshering）曾在从廷布到大吉岭的路上，在 Siliguri 与他偶遇。这个快活的、有点醉醺醺的年轻人告诉我们，他继承了一个茶园，他把这个茶园的名字念得好像英文的“Punker Barry”。这里原来是帕希克布尔茶园（Paṅkhābārī tea estate）。平心而论，在一些较古老的英文资料中，这个名字的确曾被称为 Punkabaree。这位年轻的绅士声称他之前并不知道大吉岭，直到他突然继承了这份遗产。这位年轻的英国人还告诉我们，他本来打算乔装打扮以便无签证进入不丹。他把脸抹黑，穿上莎丽（Sari），在潘特绍林（Phüntsho' ling）的市场里走来走去。他觉得如此打扮让他遭到了很多怀疑的眼光，尽管我猜想旁人可能只是感到困惑。当时那个醉醺醺的英国年轻人告诉我们，很遗憾他用这种乔装的方式“无法入境”。

② Robert Fortune. 1847. *Three Years' Wanderings in the Northern Provinces of China, including a Visit to the Tea, Silk, and Cotton Countries with an Account of the Agriculture and Horticulture of the Chinese, New Plants, etc.* London: John Murray（p. 68）.

③ Fortune（1847: 197–198，379）.

图 9.19　东印度公司在巴特那的鸦片工厂的一个码放间里储存的球状鸦片，作者沃尔特・斯坦霍普・舍威尔（Walter Stanhope Sherwill），1851 年，版画 20.2×27.6 厘米，由麦克鲁尔（Maclure）、麦克唐纳（Macdonald）和麦克格雷戈（MacGregor）在伦敦出版，藏于伦敦惠康图书馆（Wellcome Library），图片编号：25037i。

尽管福琼说绿茶和红茶都来自绿茶树，但在此后的相当一段时间里，他仍然相信广州的红茶树与浙江的绿茶树是不同的品种。然而，他声称，中国人种植的绿茶树能同时出产绿茶和红茶。[①]

福琼后来对绿茶的干燥、烘烤过程以及揉捻过程的描述，也印证了瓦伦汀、卡姆弗和其他人早期 652
的描述。[②] 然而，也许正如他对茶叶本身类型的描述一样，他对“红茶”的制作过程的描述也是新的。1847 年，他的第一本书的第二版由同一家伦敦出版商出版，其中包含了同年早些时候出版的第一版中没有的增补内容。通过对两个版本的比较，似乎可以看出作者的一些新想法。例如，福琼热情地推荐：

> 在印度成功种植茶树所能带来的好处将是巨大的。[③]

自 1841 年以来，大吉岭开始试验性地种植茶树。或许，福琼在 1847 年其著作第一版出版之后就已得知，同年早些时候，莱邦的茶园已经建成。他的这种事后建议可能是试图显得自己有先见之明，因为这个建议在第一版中并没有出现。

也许福琼只是想让自己的观点与印度总督亨利・哈丁（Henry Hardinge）子爵（1844~1848 年执政）倡导的政策保持一致。哈丁子爵曾建议，应该对在印度种植茶叶给予“一切鼓励”。事实上，哈丁担心中国罂粟种植的合法化可能会影响英属印度政府从鸦片贸易中获得的收入。1847 年福琼的著作第二版给人留下最深刻印象的是，此时他仍然坚信，红茶树和绿茶树是两个不同的物种：

① Fortune（1852: 273–274）.

② Fortune（1847: 197-219）.

③ Fortune（1847，second edition: 221–222）.

也许有人会怀疑我们是否能够从中国获得几乎无限量供应的茶叶，那就让我们转向我们自己在印度的领土吧。阿萨姆邦的茶树栽培结果似乎并不十分令人满意，这也许是事实。然而，就我对中国茶区的了解，印度西北部山区——任何一座喜马拉雅山山脉——都比更靠近南部的阿萨姆邦更适合种茶。真正的最好的绿茶树在中国南方根本找不到，就算把它们带到那里也不会成功。即使在盛产红茶的福建，茶树也必须种在海拔两三千英尺的高山上……然而，喜马拉雅山脉有各种各样的海拔和土壤条件，以及与中国最受欢迎的茶叶产区相同的气候。①

653

图 9.20　1887 年，古斯塔夫·帕布斯特（Gustav Pabst）提议将以前被称为茶树（Thea sinensis）或中华茶树（Thea chinensis）、红茶树（Thea bohea）、绿茶树（Thea viridis）、狭叶茶树（Thea stricta）、绿山茶（Camellia viridis）、红山茶（Camellia bohea）等茶树物种合并成一个新的统一物种名，即茶树（Camellia thea），但是在 1935 年，这个新名称又被现在的物种名称“Camellia sinensis”取代。1832 年，冯·西博尔德已经非常正确地指出，根据优先顺序，这个单一物种的唯一正确名称应该是“Thea sinensis”，这一观点在 1935 年被皇家植物园重申（Pabst 1887，Band II，Abb. 136）。

① Fortune（1847，second edition: 219–220）.

事实上，福琼是以异乎寻常的缓慢速度才收集到绿茶树和红茶树属于同一个物种的信息。

17 世纪下半叶以来，不仅有更多知识渊博的学者知道有且只有一个品种的茶树，而且对于那些后来相信有两个不同品种的人来说也是如此。到 1832 年时，冯・西博尔德已经证实并确定了只有一个 654
品种茶树，他认为应该抛弃把茶树分为绿茶树和红茶树两个品种的提法，并中肯地提出应基于分级以“茶树”（Thea sinensis）为唯一有效品种的名称。

尽管福琼对相关植物学文献的熟悉程度不高，但为了表彰他在中国的冒险经历，他获得了令人艳羡的在美丽的切尔西药用植物园担任园长的机会，任期从 1846 年到 1848 年。1848 年 5 月 17 日，东印度公司向他派出再次前往中国搜罗茶树树苗和种子，然后把它们带到加尔各答，再种到喜马拉雅山的任务，而这些茶树树苗和种子在运输过程中将被放在由伦敦的纳撒尼尔・巴格肖・沃德（Nathaniel Bagshaw Ward）博士新开发的类似玻璃保护箱的沃德箱中。

1848 年 9 月，福琼前往上海，而后又抵达杭州。他溯长江而上到达安徽，参观了那里的茶园和茶厂。1849 年 1 月，他回到上海，与英国鸦片贸易公司宝顺洋行（Dent，Beale & Co.）的托马斯・丹特（Thomas Dent）保持着密切的联系。1849 年 3 月，福琼将 13000 株茶苗放在沃德箱里运送到加尔各答，这些茶苗在到达的时候仍然保持着旺盛的生命力。然而，当茶苗于 1849 年 6 月被种在西喜马拉雅山脚下的萨哈兰普尔植物园（Saharanpur Botanic Garden）时，大部分已经腐烂。这是因为苏格兰人威廉・詹姆森（William Jameson）是位不称职的萨哈兰普尔植物园负责人，他既不理解也不接受沃德箱背后的科学原理，在他的指示下，在阿拉哈巴德（Allahabad）存放茶苗的密封箱子就被人打开了。[①]

就在福琼的货物从阿拉哈巴德到萨哈兰普尔的运送的过程中被毁的同一个月，福琼自己伪装成一位穿着丝绸长袍的中国官员踏上了前往武夷山寻访“红茶树”的旅程。当时，英国人对红茶更为垂涎，因为他们可以贩卖从殖民地运来的糖，与红茶一起饮用。1849 年秋天，福琼在上海收到消息，说他运往印度的茶苗全都死亡了。福琼毫不气馁地又采购了 400 多株茶苗，其中就有从著名的大红袍母株的插条上生长出来的、看上去属于无性系的茶树。1850 年初，他把“红茶树苗”送到加尔各答，休・福尔科纳（Hugh Falconer）接收了这些茶树苗：

> 我把所有植物都装上船后，就立即离开香港到北方去了。我现在的目标是为印度茶园聘请一些一流的制茶师，为最好的茶叶产区采购生产工具，还要收集另一大批茶苗。[②]

随后，又有更多的“红茶树苗”被运送到大吉岭，这些茶苗被阿奇博尔德・坎贝尔博士细心培育起来。

有一个传说，大约公元前 53 年，一个叫吴理真的人去印度学习佛经。（关于吴理真的传说有多个版本，未成定论。——译者注）当他回来的时候，他带来了七棵小茶树，并把它们种植在蒙顶山（1456 米）上，就在青藏高原的边缘，也就是今天四川中部雅安附近。据此，有些人认为这个地区是中国茶

① Rose（2009: 139-150）.

② Fortune（1852: 316）.

655 树种植的发源地。这个区域对于茶和佛教来说都是特殊的，因为神圣庄严的峨眉山位于同一区域，峨眉山号称是普贤菩萨成道的地方。

图 9.21 东印度公司在巴特那的鸦片工厂的干燥室，1851 年版画，20.2×27.5 厘米，作者沃尔特·斯坦霍普·舍威尔，由麦克鲁尔、麦克唐纳和麦克格雷戈在伦敦出版，藏于伦敦惠康图书馆，图片编号：No.25044i。

传说这片茶园中最初由吴理真亲手种下的那几株茶树出产的茶叶是最好的，以至于宋孝宗（1162~1189 年在位）将这片茶园和这位传奇的佛教朝圣者赐名为“甘露”。如此，再来回顾把中国茶树带到印度东北部的整个过程，可能会让人联想到运煤到纽卡斯尔的情形。然而，事实上，中国栽培的中国茶品种代表了一个经过几个世纪改良的本土品种，它已经获得了与阿萨姆品种截然不同的味道，而阿萨姆品种在本质上仍然与野生茶无异。

福琼还描述了清朝时期普通中国百姓的生活：

> 花几个铜钱（1 美元 =1000 或 1200 个铜钱），一个中国人就可以用他的大米、鱼、蔬菜和茶做一顿丰盛的晚餐；我完全相信，世界上没有任何一个国家比中国拥有更少的真正的痛苦和匮乏。甚至连乞丐看上去都像是一群快乐的水手，受到当地居民的善待。①

656 这种田园牧歌式的美好生活被鸦片之祸完全毁掉了。据福琼报告，“几个月，甚至几个星期之后，

① Fortune（1847：121）.

一个强壮而健康的男子就会变成一个比行尸走肉好不了多少的人”。[1]然而，由于英国的鸦片贸易，中国在 1801 年至 1826 年期间向英国支付的白银总额达到了 7500 万银元，而在 1827 年至 1849 年期间中国向英国支付的白银总额增至 1.34 亿银元以上。不正当的毒品交易是大英帝国的一大财政支柱。

福琼还记录了另一个破坏中国社会的事件，即英国和美国的人口贩子绑架中国人，这给中国的田园式安宁生活蒙上了阴影。中国男人在糊里糊涂的状态下被殖民买办们引诱移民，不料被运到澳大利亚和北美做苦力、从事繁重的劳动。借助于英国鸦片，许多人被下了药，然后被直接送到了上海。许多被英国和美国人口贩子拐卖的中国受害者甚至都没有活着讲述他们的故事的机会。1851 年 2 月，福琼还用英国船只将中国茶叶专家从上海运往印度，只不过方式相对温和。

一些在印度种植茶叶的英国人终于开始领会到，茶叶成功的秘诀在于制作技术。因此，当这些中国制茶师于 1851 年 5 月抵达加尔各答时，他们首先被要求用茶园里种植的任何树的叶子“制茶”，这样英国观察员就能够仔细观察各种不同的制茶方法。中国人对英国人的指示感到困惑，但还是照办了。英国人惊奇地发现，中国的制茶师能够用完全不相关的树叶制作出各种各样的“茶叶”，而这些茶叶可以轻易地在英国市场上销售，包括熙春皮茶、熙春茶、雨前熙春茶、明茶和珠茶。[2]

第一次中国之旅结束后，福琼发现当时的英国人，尤其是美国人更喜欢喝有颜色的绿茶。根据福琼的错误理解，中国浙江用绿茶树制作绿茶和红茶，而广州用红茶树制作红茶。不过，福琼相信，广东茶制造商也可以用武夷茶制作绿茶，只要在茶中掺入姜黄、石膏和普鲁士蓝，就可以制得绿茶。第二次中国之旅结束后，福琼还为西方市场描述了这些茶是如何被染色的。

将普鲁士蓝或亚铁氰化铁（$C_{18}Fe_7N_{18}$）压碎研磨成细粉。将石膏放入燃烧的炭火中，以便其能被捣成细粉。在三份普鲁士蓝中加入四份石膏粉，形成淡蓝色粉末，然后用一个小瓷勺在正在烤焙的茶叶上撒上少量的粉末。接着，工人迅速把茶叶翻面，使茶粉均匀地撒开，这一动作会使工人的手被染成蓝色。与天然绿茶相比，那个时期的西方消费者更喜欢染色茶，因为染色茶的价格更高。基于观察，福琼做了如下推断：

> 一个文明社会的人竟然喜欢这些染色的茶而不是天然绿茶，这似乎是非常可笑的。难怪中国人认为西方人是“野蛮民族”。
>
> ……在英国或美国消费的每一百磅有色绿茶中，消费者实际上都摄入了半磅以上的普鲁士蓝和石膏！[3]

据罗伯特·福琼记录，在 1851 年海德公园的水晶宫举行的世博会上，绿茶是经过化学物质漂绿的 657
观点得到了广泛的宣传，目的是让英国人的“味觉”从绿茶转向阿萨姆邦生产的新英国产品，为此这

① Fortune（1847：240）.

② Fortune（1852: 275–276）.

③ Robert Fortune. 1852. *A Journey to the Tea Countries of China including the Sung-Lo and the Bohea Hills; with a Short Notice of the East India Company's Tea Plantations in the Himalaya Mountains.* London: John Murray（pp. 93–94）.

个产品还获得了一枚奖章。[1]

图 9.22　图为从恒河出发前往加尔各答的东印度公司的鸦片船队。1851 年平版印刷画。19.7 × 27.9 厘米，由沃尔特・斯坦霍普・舍威尔创作，由麦克鲁尔、麦克唐纳和麦克格雷戈在伦敦出版，藏于伦敦惠康图书馆，图片编号：25041i。

事实上，自 18 世纪 80 年代以来，英国的书籍和小册子中就已经描述了茶叶掺假的做法，并且在中国，面向西方市场以这种“美容茶”的方式制茶的做法一直持续到 19 世纪 80 年代。[2] 一些业内人士指出，茶叶掺假仍然被肆无忌惮的人以各种方式一再实行。[3]

同样，国际贸易商也会“美容”低等级的茶叶，将中国和印度的茶叶混合在一起，以改善其在俄
658 罗斯市场销售的茶叶的外观。1860 年，在掺假绿茶在美国泛滥时期，梭伦・罗宾逊（Solon Robinson）声称：

> 我从来不喝绿茶，也从来不推荐喝绿茶，因为它是人为制造的东西，经常被有害的药物染色。[4]

值得肯定的是，福琼摒弃了一种无稽之谈，即中国传说中的武夷山岩茶是由猴子从难以到达的峭

① Rose（2009: 267–268）.

② Forrest（1973: 131）.

③ Zhang and Hunter（2015: 33 et seq.）.

④ Solon Robinson. 1860. *How To Live: Saving and Wasting, or Domestic Economy Illustrated by the Life of Two Families of Opposite Character, Habits and Practices, in a Pleasant Tale of Real Life, Full of Useful Lessons in Housekeeping, and Hints How to Live, How to Have, How to Gain, and How to Be Happy, including the Story of a Dime a Day.* New York: Fowler & Wells Publishers（p. 336）.

壁上采集来的，猴子们会把茶树上的茶枝和茶叶摘下来扔给那些为了制作一种独特的茶而采集这些茶叶的人。[①] 福琼还观察到一个直到今天仍然有重要意义的现象，中国的采茶者会略过那些弱势茶株，即便这些茶树已经完全成熟，并且种植者具有让茶树再生的意识和敏感性。茶树不会因为要获得更多产出而遭到任何破坏：

> 当地人非常清楚，采摘茶叶的做法对茶灌木的健康是非常有害的，因此在开始采摘茶树之前，总是要注意让它们保持强壮有力的状态。通常会允许年轻的茶园在两三年内不受干扰地生长，或者直到它们完全成活并长出刚劲有力的嫩枝。[②]

福琼贬斥了在澳大利亚和美国发展茶业的努力，并预测这些项目将以失败告终：

> 中国的劳动力很便宜。茶园的工人每天收入不超过两三便士。在美国或者澳大利亚，可以用这么少的钱雇到工人吗？[③]

福琼在这方面的立场是值得注意的，因为仅仅五年之后他就承担起了另一项任务。

## 全球茶叶消费模式的巨大转变

广州的茶叶贸易在 1784 年到 1860 年期间达到了顶峰，在爪哇以及随后的印度和锡兰建立的茶园，促成了全球茶叶贸易和消费以及西方对茶叶的看法的深刻转变，但这种转变直到 19 世纪下半叶才发生。19 世纪 40 年代，阿萨姆茶叶公司的糟糕表现导致众多投资者蒙受了无法承受的损失，在此之后，直至 19 世纪 60 年代，阿萨姆茶叶公司只能勉强维持每年生产超过 600 吨的普通茶叶。相比之下，在大吉岭高海拔地区生产的茶叶质量却很好，但 1865 年整个大吉岭地区的年产量仍然只有大约 250 吨。

1867 年，整个印度的茶叶产量仍然低于 3200 吨，但印度的“茶叶热”已经开始。1870 年，中国和日本的茶叶产量总计 10.75 万吨，仍然占据着整个世界茶叶市场超过 95% 的份额。到 1875 年，近 1.2 万吨的印度茶叶被运往伦敦，在随后的几年里，大量来自中国的茶叶以及印度茶叶产量的增加使英国市场上的茶叶价格下降。1887 年，天平出现了倾斜。伦敦从印度进口的茶叶达到 4.3 万吨，超过了中国茶叶的销量——当年伦敦进口的中国茶叶只有 4 万吨。锡兰在 1887 年生产 1 万吨茶叶，到 1892 年时产量超过 3.1 万吨。[④]

---

① Fortune（1852: 237）.

② Fortune（1852: 259）.

③ Fortune（1852: 286）.

④ Paul Butel. 2008. ‘Les mutations des structures du commerce du thé au xixe siècle’, pp. 63–76 in Raibaud and Souty（op.cit., pp. 73–75）.

19 世纪英国人对印度茶热情高涨，正是在这一时期，一种叫作“teapoys”的印度茶罐开始在英国出现。这些优雅的茶具模仿三足茶箱的样式，或者呈现出一个独立茶罐的形状，放在一个与之相配的
659 三足架子上。“Teapoy”这个名字来源于印度语“tīnpāī”，是“三条腿”的意思，类似于印度语中对印度帆布床的称呼“cārpāī”。“charpoy”字面意思是“四条腿”，由于其第一个音节与英语中的“茶”相似，这个词在不列颠群岛得以改头换面。

到了 19 世纪末，英国占领地的耕种面积急剧膨胀，最大的区域就是印度东北部和锡兰。1893 年至 1897 年期间，锡兰茶园面积从 11 万公顷跃升至 16.2 万公顷，阿萨姆邦从 5.66 万公顷跃升至 7.28 万公顷，察查（Cachar）从 2.39 万公顷跃升至 3.03 万公顷，锡莱特从 1.94 万公顷跃升至 3.03 万公顷，大吉岭和邻近的德赖地区从 1.86 万公顷跃升至 2.95 万公顷，西杜阿尔斯从 1.6 万公顷跃升至 2.3 万公顷，吉大港从 1600 万公顷跃升至 2200 万公顷。今天，阿萨姆邦有超过 4 万个大大小小的茶园，有些面积达 500 公顷，雇用了超过 1 万名采茶工。

在同一时期，在兰契的焦达·那格浦尔（Chota Nagpur）地区、哈扎里巴格（Hazaribagh）和隆哈达格尔（Loharduggar），茶树的种植面积也从 1200 公顷增加到 2000 公顷。加瓦尔和库马盎的德拉敦、穆索里、奈尼塔尔等地的种植面积从 3200 公顷增加到 3400 公顷，另外还有额外新增的 4000 公顷茶树种植区在坎格拉谷（Kangra valley）和道拉达尔山脉（Dhauladhar range）云雾缭绕的旁遮普得到开发。在印度南部，尼尔吉里斯和瓦亚纳德的茶树种植面积从 2400 公顷增加到 2800 公顷，特拉凡科和科钦的茶树种植面积从 2800 公顷跃升至 4500 公顷。[①] 到 1895 年，印度有超过 60 万人从事茶树的种植、茶叶采摘和生产工作，茶叶年产量超过 73000 吨。[②]

20 世纪初，印度的茶叶产量不到 2 亿磅，但到 1947 年印度独立时，产量超过 5.6 亿磅，锡兰同期产量也增加了一倍多。[③]20 世纪初，印度的茶叶消费量仅占其产量的一小部分，但 20 世纪印度人也开始喝茶。2005 年之前，印度仍是世界上最大的茶叶生产国，但中国现在已经重新回到第一的位置。今天，印度是世界第二大茶叶生产国，但是印度庞大的茶叶产量大部分被国内消费了。[④] 印度生产的红茶中有 80% 以上的是红碎茶（CTC）。2002 年印度茶叶市场规模达 339 亿卢比，但塔克内特（Taknet）报告称：

> 印度茶产业面临的繁重税赋，削弱了其在世界市场上的竞争优势。高税收抹去了很大一部分利润，导致该产业无法为长期发展投入资金。目前迫切需要调整税收结构并使之更加合理化。[⑤]

2010 年，印度的茶叶产量超过 96.64 万吨，占全球产量的 28%，其中只有 19.32 万吨用于出口，这使印度成为第四大茶叶出口国。

---

① Moxham（2003: xv）.

② Barrie and Smyers（1999: 259）.

③ Moxham（2003: 185）.

④ Butel（2006: 148）.

⑤ D.K. Taknet. 2002. *The Heritage of Indian Tea.* Jaipur: Indian Institute of Marwari Entrepreneurship（pp. 192，226）.

最初，这种来自印度的新红茶主要出口至英国，而澳大利亚和美国更偏爱中国茶。在澳大利亚，中国茶比新的印度茶更便宜。19 世纪下半叶，在美国，来自福建的绿茶很受欢迎，而美国则向中国出口鸦片、加拿大水獭皮和夏威夷木材。那个时期的美国饮茶者也喜欢中国台湾茶和日本茶的香气，他们一直保持着这些更为传统的口味偏好，直到 1892 年立顿对锡兰茶的传播开始穿 660
越大西洋，美国人的口味也开始转向来自印度和锡兰的英式红茶。[①]

图 9.23 图为鲁道夫・爱德华・科克文。照片由 Albert Greiner 于 1873 年摄于阿姆斯特丹。承蒙阿默斯福特家庭研究所所长 van der Hucht c.s. 先生提供。

与此同时，荷属东印度群岛的私营茶叶种植者开始获得越来越多的回报。1877 年，荷兰茶叶种植者把爪哇茶运到伦敦的民辛巷，在那里该茶叶的品质被认为不如大吉岭生产的茶叶。毫无疑问，土壤是重要的影响因素之一。当时荷兰和英国的茶商都有一个合理的推测，即阿萨姆邦可能比起来自日本的中国茶树品种更适合种植芳香的爪哇茶。在东南亚岛屿地区，对茶树构成威胁的是刺盲蝽属（Helopeltis），而这种昆虫在较凉爽的地区不会以茶叶为食。[②] 随后的经验证明了这种猜测是正确的，科恩・斯图亚特在 1924 年宣布，爪哇的中国茶树品种时代已经一去不复返了。[③]

1871 年，爪哇茶农鲁道夫・阿尔贝图斯・科克文（Rudolph Albertus Kerkhoven）的儿子鲁道夫・爱德华・科克文（Rudolph Eduard Kerkhoven），在代尔夫特完成高等教育后回到荷属东印度群岛。在万隆南部，他收购了甘榜（Gambung）的一个咖啡种植园，并将其清理干净后建成了茶树种植园。1877 年，科克文将第一批阿萨姆茶苗从锡兰运到爪哇。[④] 第二年，阿萨姆茶的种子也被从印度运到爪 661
哇，种植在芝巴德（Tjibadak）的阿尔贝图斯・霍利（Albertus Holle）种植园。在 1882 年幸运地得到了一些阿萨姆茶树种子的科克文又从印度订购了更多的种子。遵循当时的时代精神，这个荷兰人认为必须像英国人那样机械化生产，而不是手工制作茶叶。

正如 19 世纪 30 年代和 40 年代的英国人从爪哇的荷兰茶农那里得到启示，19 世纪 70 年代和 80 年代的荷兰人则试图模仿印度的英国茶农。然而，信息交流是相互影响的。1888 年，在一些阿萨姆茶园，进口的中国品种和印度—中国杂交品种同样大部分被当地的印度东北部品种取代，这些品种在野外自然生长。印度茶叶协会（Indian Tea Association）也于同年成立。

正如印度茶在英国市场上与中国茶的竞争一样，爪哇茶在荷兰市场上与中国茶展开竞争。1885 年，荷兰市场上只有 22% 的茶叶是爪哇茶，而到 1922 年，爪哇茶的市场份额已经达到了 84%。1924

① Butel（2006: 148），Butel（2008: 72）.

② Ch.-J. Bernard. 1924b. ‘Geschiedenis der „roest “-plaag（Helopeltis）’, blz. 96–99 in Cohen Stuart（op.cit.）.

③ Combertus Pieter Cohen Stuart. 1924b. ‘Assam contra China’, blz. 88–95 in Cohen Stuart（op.cit.）.

④ 科克文成为 1992 年荷兰著名作家海拉・哈斯的历史小说《茶主》（*Heren van de thee*）的主人公。

年，在万隆举办的茶叶展览会上，为用于研究，数不胜数的具有一百年历史的爪哇茶树被连根拔起。①
662 在这个时候，大吉岭还需要几十年的时间才能拥有百年以上树龄的当地茶树。1885 年至 1922 年期间大
吉岭茶的市场份额呈直线增长，影响了中国茶的市场份额。② 从 1862 年到 1865 年，荷属东印度群岛的
茶叶种植园被私有化。③ 从 1880 年开始，爪哇当地的茶叶企业家与荷兰殖民种植者一起扮演着越来越重
要的私营茶叶企业家的角色。④

图 9.24　马拉巴尔的茶场，Het binnenkomen van de pluk，该照片为马拉巴尔茶庄园科克文家族茶叶种植园的采茶情景。承蒙阿默斯福特家庭研究所所长 van der Hucht c.s. 先生的许可。

19 世纪末 20 世纪初，主要茶叶生产国的茶叶出口格局发生了彻底的改变。19 世纪 60 年代中
期，英属印度的茶叶出口开始飞速发展，19 世纪 70 年代中期，其增长曲线呈现陡增趋势。锡兰
的茶叶出口在 1880 年开始腾飞，从 19 世纪 80 年代中期开始，其增长曲线像印度茶叶一样呈飞速
663 上升趋势。爪哇茶叶的出口在 19 世纪 60 年代还只是缓慢增长，1910 年便开始急剧增长，然而在
1917 年俄国十月革命之后遭受了挫折。1900 年，世界茶叶市场总量为 27.2 万吨，其中只有 40% 来

① 1972 年，由于苏哈托总统推行拼写改革，这座城市的名字改成万隆（Bandung），试图摆脱殖民时期的荷兰语正写法，以配合原来的马来语的拼写方法，因此结合了一些正写法的拼写惯例，这些惯例都是英国殖民时期遗留下来的。

② Combertus Pieter Cohen Stuart. 1917. *De Theecultuur in verschillende landen*（*Mededeelingen van het Proefstation voor Thee, lvii*）. Batavia: Ruygrok & Co.; H.C.H. de Bie. 1924. 'De Nederlandsch-Indische theecultuur 1830–1924', blz. 40–58 in Cohen Stuart（op.cit.）.

③ van der Chijs（1903: 593）.

④ T.J. Lekkerkerker. 1924. 'Twee inlandsche theeplantersassociaties in de Preanger-regentschappen', blz. 59–69 in Cohen Stuart（op.cit.）.

自中国和日本，58% 来自英属印度，2% 来自荷属东印度群岛。从 1910 年起，苏门答腊岛开始建立茶树种植园，首先是从苏门答腊岛北部的西马伦根开始。1922 年，荷属东印度群岛的茶叶产量突破 4.99 万吨。[①]

到 1900 年，印度的茶叶贸易量不仅远远超过了中国，而且取代了中国茶叶在欧洲市场的地位。中国大陆的茶叶出口量在 19 世纪 70 年代中期出现波动，1910 年开始急剧下降。日本和中国台湾的茶叶一直围绕比较平均的水平线上下波动，直到 1914 年，出口量才出现大幅下降。从 20 世纪 10 年代中期开始，和前几十年飞速增长的速度相比，印度、锡兰和爪哇的茶叶出口量增速突然放缓。[②] 在增长势头逐渐减弱之后，1929 年爆发了金融危机。为了缓解随之而来的市场低迷，荷属东印度群岛和英属印度的种植园主同意限制在印度、锡兰和爪哇的茶叶采摘行为，但是这个计划被证明是无效的，在实施一年后便被放弃了。[③]

当荷兰人第一次在爪哇生产茶叶的时候，他们开始对茶叶进行分类，由于他们知识有限且缺乏生产经验，结果中国外来词的使用方式与其原意并不完全相同，这些中国茶类的名称只是作为标签简单地贴在不同种类的茶上而已。荷兰人只是基于在爪哇生产制造出来的茶叶产品与特定种类的中国茶外表的相似性，继续沿用了这些中国茶的分类方法。

19 世纪 20 年代，莱文 · 雅各布森已经使用了“小种”（Souchon）和“白毫”（Pecco）这两个 664
术语。[④] 当第一批爪哇茶于 1835 年由“阿尔及尔”号（Algiers）护卫舰运到阿姆斯特丹时，这些在荷属东印度群岛制作、在德布拉克格罗德（de Brakke Grond）拍卖的茶被归类为红茶（zwart）、灰茶（grijs）和绿茶（groen）。爪哇红茶的分类分别是工夫（Congo）、工夫焙（Congo Boey）、拣焙（Kempoey）、小种（Souchon）和天顺（Tienchon）；灰茶是白毫；绿茶的分类标签为屯溪（Tonkay）、熙春皮（Hysant-Schin）、熙春（Hysant）、雨前（Uxim）、珠茶（Joosjes）和松罗（Soulang）。[⑤]

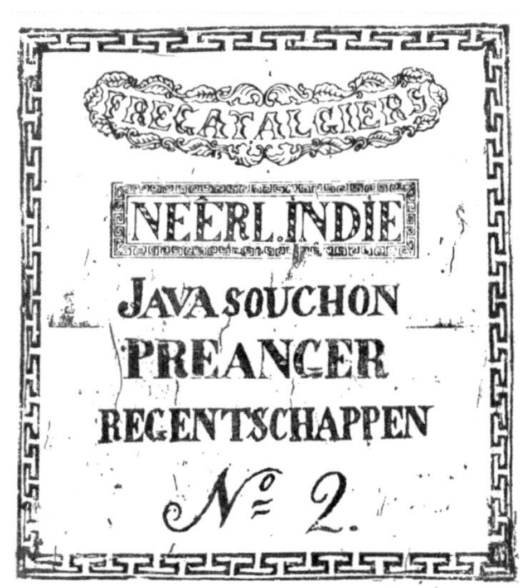

图 9.25　图为最早的一批爪哇小种茶的货箱上的标签，这批货是从荷属东印度群岛由“阿尔及尔”号货船运往阿姆斯特丹的德布拉克格罗德进行销售的。

19 世纪四五十年代，传统的用于中国茶的等级和分类的闽南语名称，如松罗和工夫，以及粤语名称，如拣焙、小种和安溪，在荷兰语和英语中都相应地有了各自的版本，闽南语和粤语词语逐渐从分类表中消失。[⑥] 但是，在处理新的爪哇和印度茶叶分

① Rutgers（1924）.

② de Bie（1924，Plaat 16a. ‘De uitvoer van thee uit de voornaamste produktie-landen’，tussen blz. 58 en 59）.

③ Ukers（1935，Vol. i，pp. 127，172）.

④ Cohen Stuart（1924a: 36）.

⑤ De pakhuismeesteren van de thee. 1924. ‘De Java thee en de Nederlandsche markt’，blz. 70–82 in Cohen Stuart（op.cit.）.

⑥ Forrest（1973: 113）.

类时，荷兰和英国的茶叶制造商仍然继续延用闽南语的“白毫”（Pecco 或 Pekoe）一词。早在爪哇茶的制作过程中，白毫的子类别就被划分出来，并被描述性地标记为“白毫小种”（Pecco Souchon）、“白毫尖”（Pecco-puntjes）和“白毫王”（Keizers-Pecco）。在荷属东印度群岛的茶产业中，描述白毫的术语有“灰色”（grijs）、“绒毛”（donzig）和“橙色”（oranje）。

莱文·雅各布森解释说，灰色和有绒毛是白毫应有的样子，而橙色白毫是因采摘过早或时间过长的结果：

> 如果采摘过早或时间过长，则顶部的叶子没那么容易萎凋，而那些有一点点要萎凋的叶子会呈现出橙色，这就是所谓的橙白毫。[①]

“白毫”这个不完美的爪哇语译文被创造性地改编为“橙白毫”（oranje pecco），这个标签甚至出现在荷兰的官方资料中，例如 1846 年荷兰驻广州领事准备的茶叶运输清单，用来对照在广州购买的符合这一描述的中国茶叶。[②]

然而，在原产地，这个术语直接承载了荷属东印度群岛的茶叶制作过程：

665 > 每隔九天，都会采下幼嫩的嫩枝顶端的一芽两叶或者一芽一叶……由于白毫上覆盖着细小的绒毛（在制作过程中，小绒毛会变成金黄色），根据“金尖”的多少就可以很容易看出来茶叶中含有多少橙白毫。用更老和更粗糙的叶片制作出来的茶，就叫白毫。[③]

爪哇人的分级系统在阿萨姆邦被采用和修改，在那里分类是基于茶叶的完整程度，即从整叶和碎茶再到片茶和茶粉。

19 世纪 40 年代，在阿萨姆邦，橙白毫由细长的叶子制成。白毫则由更短的细叶制成。小种茶是指宽叶茶。在印度，英国制茶师更喜欢使用缩写。在阿萨姆邦，碎茶按等级自上而下可分为碎橙白毫（BOP）、碎白毫（BP）、碎正小种（BPS）、碎橙白毫片茶（BOPF）、碎橙白毫茶粉（BOPD）或仅仅是茶粉（D）。[④] 到了 19 世纪 50 年代，英属印度的分级和命名系统在大吉岭得到进一步发展。尽管其仍然基于爪哇语的分级系统，但术语和缩写变得更加华丽和神秘，最初的汉语术语获得了新的含义。白毫（P）表示整叶茶，主要由短叶组成，没有芽；花白毫（FP）是通过一个揉捻过程把叶片滚成球状，属于中等质量的茶；小种（S）为纵向卷曲的大叶；而正小种（PS）为纵向卷曲的

---

① Levien Jacobson（1843），reproduced in Cohen Stuart. 1924. ‘Uitlegging van verscheidene woorden，die gemeenlijk bij het beoordeelen van thee gebruikt worden’，blz. 165–174 in Cohen Stuart（op.cit.，blz. 192）.

② ‘Staat van den Handel in *China*，onder Nederlandsche vlag，te *Canton en Macao* 1846; in 16 schepen,metende 2783 lasten’，first published in the *Staats-Courant* of 28 June 1847 and then reproduced in G.A. Tindal en Jacob Swart. 1847. *Verhandelingen en Berigten betrekkelijk het Zeewezen en de Zeevaartkunde*（Nieuwe Volgorde，Zevende Deel）. Amsterdam: Weduwe G. Hulst van Keulen（blz. 441）.

③ Combertus Pieter Cohen Stuart. 1916. *Voorbereidende onderzoekingen ten dienste van de selektie der theeplant*（Mededeelingen van het Proefstation voor Thee，40）. Amsterdam: J.H. de Bussy（blz. 5）.

④ Moxham（2003: 254）.

中等品质粗叶。

一般来说，顶部的两片叶子和卷曲的芽叶可以被采摘下来制成更优质的茶叶。在大吉岭，橙白毫（OP）是用来表示一级茶的最基本形式，是由一芽两叶制成的。如果芽呈现出以下性质，则可以添加判断词“花”（F）、“尖”（T）或“金”（G）。几个等级的整叶茶也有所区分，每一个都有特定的冗长的缩写，这是按照质量进行合理的升序排列的。如果采青时叶芽紧实，并且有许多尖芽，就被称为花橙白毫（FOP）；当这种嫩茶杀青后，有些茶尖会呈草黄色，精品级别会包含许多芽尖，就被称为金花橙白毫（GFOP）；如果大部分都是芽尖且汤色呈琥珀色，则被称为尖金花橙白毫（TGFOP）；如果是更好的等级，则会标示为顶级尖金花橙白毫（FTGFOP），也被幽默地解释为“对普通人来说过于好了”（far too good for ordinary people）；还有特别顶级尖金花橙白毫（SFTGFOP）。①

阿萨姆邦位于气候温和、有时还有些闷热的雅鲁藏布江平原，通常不会出产像大吉岭吹嘘的那样拥有冗长名称的高级别茶。在英属印度的茶农和茶商们用这种奇特的方式完善了荷属东印度群岛的茶叶命名方法之后，荷兰人反过来为印度茶的英国分级系统发明了新的术语。一些人心怀不满地把“花白毫”（Flowery Pekoe）翻译成荷兰语“flowery pecco”，但是当我们在更专业的荷兰茶叶手册上寻求更恰当的翻译时，却只是简单地找到古老的荷兰语术语“白尖”（witpunt）或者是“白毫白尖”（pecco witpunt），而这已经被莱文·雅格布森使用过了。最初的荷兰术语“oranje pecco”在英语中被译为“橙白毫”（orange pekoe），但后来荷兰人从一些荷兰茶叶手册中寻找到了“黄尖”（geelpunt）这个名字，并用来指代小叶橙白毫等级，以便与英国分级系统区别开来。②

美国茶叶爱好者詹姆斯·诺伍德·普拉特（James Norwood Pratt）从 2002 年开始宣传这样一种 666
观点，“橙白毫”这个名字最初是 17 世纪聪明的荷兰商人的营销策略。普拉特显然是自以为是地认为“第一批被带到荷兰的白毫茶一定是被送到了皇室家族——奥兰治家族（House of Orange），并成为营销天才的噱头”，这种茶“被命名为‘橙白毫’推广给荷兰民众，暗含了皇家信誉的担保”。在近期出版的书中，普拉特指出，“早期的荷兰商人似乎用‘橙色’来暗示荷兰的统治者‘奥兰治家族’”。③尽管荷兰联合省没有皇室家族，但这并不重要。奥兰治家族的成员，作为荷兰省督在荷兰共和国中确实扮演着重要角色。

事实上，“橙白毫”这个词并没有出现在早期荷兰关于茶叶的著作中，而是在 19 世纪二三十年代被莱文·雅各布森首次创造出来并作为一个描述性词语在爪哇使用。在荷兰人发明他们自己的爪哇茶品种之前，荷兰文献中对“pecco”的解释一直是“一种中国茶叶‘白毫’的闽南语发音”。④一个世纪后，杜威·埃格伯茨（Douwe Egberts）巧妙地利用了“橙白毫”这个名字，并将其与茶叶包

---

① José Eduardo Mendes Ferrão. 2012. ‘A cultura do chá（uma síntese）’, *Revista Oriente*, 21: 52–87.

② W.F. Gerdes Oosterbeek. 1905 ‘Thee’, s.n.; J.P. den Herder en G.S. Scheltema. 1952. *Warenkennis van het Kruideniersbedrijf*（tiende ongewijzigde druk）. Amsterdam: N.V. Noord Hollandsche Uitgevers Maatschappij. 荷兰语的“witpunt”和“geelpunt”是英国茶叶等级名称的翻译对应的词语，与描述性的中文修饰辞如“白尖”和“黄芽”的相似性仅仅是巧合。

③ James Norwood Pratt. 2002. ‘The Dutch invent “Orange Pekoe” ’,〈http://www.teamuse.com/article_020501.html〉, accessed 25 December 2014; James Norwood Pratt. 2010. *Tea Dictionary.* San Francisco: The Society Press.（p. 208）.

④ For example, Valentyn（1726）or *De Maandelykse Nederlandsche Mercurius*, 16（van January tot Juny 1764）. Amsterdam: Bernardus Mourik（blz. 38, 39, 167）.

图 9.26　杜威·埃格伯茨生产的橙白毫的旧包装，照片来自 Alf van Beem。

装上的具有艺术美感的橙色标签相结合。杜威·埃格伯茨是低地国家中领先的茶品牌，占据了超过 50% 的市场份额。[①]
667 自第一次世界大战以来，这个包装一直触动着荷兰消费者的神经。在后拿破仑时代的荷兰，这个荷兰省督家族已经获得了皇室的地位。在消费者心目中创造出橙白毫与奥兰治家族之间的某种关联的营销策略，可能最终为普拉特头脑中的都市神话提供了灵感，也就是说，这个故事可能不仅仅出于他个人的想象力。

2006 年，一本关于茶的美国畅销书不加批判地重复了普拉特网络博客上的想象式文字。[②] 这个神话在 2007 年的法国饮茶者指南中也有所反映，"橙白毫"被定义为"17 世纪荷兰第一批茶叶进口商为纪念荷兰皇室，即奥兰治·拿骚家族而命名的一种茶叶"。[③] 这位法国作家再次引起了关于 17 世纪荷兰皇室家族的时代错乱。具有讽刺意味的是，这本法国饮茶者指南还给出了一张绿色茶叶的彩色照片，用来显示经过几个小时的萎凋、揉捻和筛选，绿色的茶叶已经变成鲜艳的锈色和明显的橙色，正如 1843 年莱文·雅格布森描述的那样。[④] 这个荒诞的故事被维基百科奉为"圭臬"，甚至出现在一些荷兰网站上。

德意志的一个匹克威克茶叶网站（Pickwick Tea）用一种巧妙的恶搞对此做出了回应，他们青出于蓝而胜于蓝，以一种兴高采烈的推销口吻来介绍这个新奇的品种"橙白毫"，也就是用碎橘子皮调味的红茶：

> 历史告诉我们，我们的荷兰商人在意大利城市"白毫"发现了一种新的茶树，并决定与这个意大利省城合作开发一种新产品。"奥兰治家族"被用作推销这种茶叶的噱头。这就是"橙白毫"这个名字的由来。[⑤]

① 杜威·埃格伯茨从 1753 年就开始卖茶叶了。自 1937 年以来，该公司将其茶重新命名为匹克威克茶，因为查尔斯·狄更斯（Charles Dickens）在他的小说《匹克威克外传》（*Pickwick Papers*）中以滑稽的方式描绘了过度饮茶的情景。在这部小说中，滑稽的山姆·韦勒先生（Sam Weller）会反复提醒主人公、匹克威克俱乐部的创始人塞缪尔·匹克威克（Samuel Pickwick），在"埃泽酒保协会"（United Grand Junction Ebenezer Temperance Association）的 Brick Lane 分会每月举行的聚会期间，他对女人们的过度饮茶感到焦虑。韦勒描述到"为什么，我旁边这位老太太要把自己溺死在茶里"，接着又描述到"两个年轻女人，喝了九杯半的早茶；她是一个在我怀疑的目光前大声哭泣的女人"（Dickens 1836: 347）。

② Beatrice Hohenegger. 2006. *Liquid Jade.* New York: St. Martin's Press（pp. 200，206）.

③ François-Xavier Delmas，Mathias Minet et Christine Barbaste. 2007. *Le Guide de dégustation de l'amateur de thé.* Paris: Éditions du Chêne（p. 20）. An English translation became available the following year: François-Xavier Delmas，Mathias Minet and Christine Barbaste. 2008. *The Tea Drinker's Handbook.* New York and London: Abbeville Press.

④ Delmas，Minet et Barbaste（2007: 63），2008 年的英文版也在同一页。

⑤ PickwickTee，Dutch Oranje Pecco，Artikel Nr.: 91〈http://www.pickwick-shop.de/schwarzer-tee-mit- aroma/pickwick-tee-dutch-tea-blend-aromatisierterschwarztee-mit-orangenschalen-20-teebeutel/a-91/〉，accessed 25 December 2014.

20 世纪的杜威·埃格伯茨和 21 世纪的匹克威克茶叶网站的营销伎俩的性质虽不恶劣，但是假装从历史资料中找到茶的名称来源，并对橙白毫进行如此宣传，颇具误导性。 668

## 第二次鸦片战争和太平天国运动

第一次鸦片战争后，大英火轮船公司（Peninsular and Oriental Steam Navigation Company），也就是大家所熟悉的 P&O，也加入了非法且利润丰厚的鸦片贸易。[①] 在基本的金融状况没有改变的情况下，英国人仍然偏好于中国茶，但却不想用白银来买茶，而英国除了非法的毒品以外，几乎没有什么有价值的东西可以与中国进行贸易。鲁道夫·戈尔德沙伊德（Rudolf Goldscheid）曾经认为，在公共财政和国家之间的关系中，预算代表了国家真正的框架结构，这无情地揭露了所有具有欺骗性的意识形态。[②] 英国的公共财政和与亚洲的贸易平衡主要依靠在英属印度种植并在广州销售的鸦片所带来的巨额收入。

第一次鸦片战争之后的变化是，英国对中国提出了更多的要求，同时继续在中国境内贩卖鸦片。英国鸦片贸易带来的利润为维护其在印度的统治以及购买中国的茶叶和丝绸提供了资金。到目前为止，英国进行鸦片贸易不只是为了增加收入以购买茶叶，其仅对进口中国茶叶征收的关税几乎就足以维持皇家海军运转和装备所需的全部年度预算。[③] 与此同时，英国发展其在中国的鸦片贸易时，中国亦成为西方基督教传教的对象。

图 9.27　1858 年 1 月 1 日，广州沦陷之后，广州官员叶名琛被虏，并关押在加尔各答，他最终绝食而亡。

第二次鸦片战争（1856~1860 年）是英国和拿破仑三世领导下的法兰西第二帝国共同发动的对华战争。对中国发动战争的经济理由是为了保护鸦片贸易以维持茶叶贸易，中国人通过强令禁止鸦片走私的法律试图中断鸦片贸易，为此，英国和法国已经做好了发动战争的准备。导致战争的直接原因则是中国在 1856 年查获了一艘名叫“亚罗”号（Arrow）的三桅帆船。这艘船的船主是一名

① Freda Harcourt. 2006. *Flagships of Imperialism: The P&O Company and the Politics of Empire from Its Origins to 1867.* Manchester: Manchester University Press.

② 这个特别的公式经常被引用，甚至有时被错误引用，却深受鲁道夫·戈尔德沙伊德的喜爱，他还在文章中进行了些许修改，例如，‘...dass die sozialistische Theorie im Budget nicht das erkennt，was dieses tatsächlich zum Ausdruck bringt: nämlich das aller täuschenden Ideologien rücksichtslos entkleidete Gerippe des Staates’（Rudolf Goldscheid. 1917. *Staatssozialismus oder Staatskapitalismus, ein finanzsoziologischer Beitrag zur Lösung des Staatsschulden-Problems*（vierte und fünfte Auflage）. Wien: Anzengruber-Verlag，p. 129），cf. ‘...dass das Budget gleichsam das aller verbrämenden Ideologie entkleidete Gerippe des Staates darstellt’（Rudolf Goldscheid. 1926. ‘Staat，öffentlicher Haushalt und Gesellschaft: Wesen und Aufgabe der Finanzwissenschaft vom Standpunkte der Soziologie’，pp. 146–184 in Wilhelm Gerloff und Franz Meisel，eds.，*Handbuch der Finanzwissenschaft*, Band 1. Tübingen: J.C.B. Mohr，p. 148）。

③ J.Y. Wong. 1998. *Deadly Dreams: Opium,Imperialism and the Arrow War（1856–1860）in China.* Cambridge: Cambridge University Press（p. 27）; Arthur David Waley. 1958. *The Opium War through Chinese eyes.* London: George Allen & Unwin.

中国商人，船员也主要是中国人，注册时使用的是过期的英国证件，但这艘船挂的是英国国旗，船长是来自贝尔法斯特（Belfast）的 21 岁的爱尔兰人汤姆·肯尼迪（Tom Kennedy）。

根据线报，在船上发现了一名中国海盗或者是一名海盗的父亲，于是中国官员叶名琛扣押了这艘船，逮捕了十几名海员。英国当地领事哈里·帕克斯（Harry Parkes）以清军降下船上英国国旗等不成立的理由，要求中国官员叶名琛就此事道歉，从而制造了一场公开丑闻。[①] 不过，直到今天，关于海盗船被扣押时这面英国旗帜是否真的降下仍存在争议。英国以此事件为借口，利用煽动性的指控来影响
669 舆论，从珠江向广州城开火，并对中国采取军事行动。[②]

在“亚罗”号事件和第二次鸦片战争中，美国站在了英国一边，因为美国受到同样的问题困扰甚至更大。战争爆发时，美国是中国茶叶的第二大买家，仅次于英国。由于美国也没有多少商品可用以平衡与中国的茶叶贸易逆差，美国也开始在中国走私鸦片，但美国还没有能力像英国那样进行大规模的鸦片贸易。在战争爆发的第一年，英国上议院认为，在十年的时间里，中国茶叶的单品贸易量从 4100 万磅增长到 8700 万磅，因此，就仅从国家经济利益的角度讨论了对中国的鸦片贸易。[③]

经过四年的战争，法国人和英国人洗劫了北京颐和园和圆明园，抢走了无价的艺术珍品，然后毁掉了这两座皇家园林。1858 年的《天津条约》和 1860 年的《北京条约》迫使中国准许英国和其他列强“洋药”（鸦片）进口贸易、容许外国商人招聘汉人出洋工作充当廉价劳工（苦力）、允许西方传教士到中国租买土地及兴建教堂、割让九龙半岛给英国等。

盖尔伯（Gelber）是鸦片战争时期英国立场的辩护者，他认为当时的英国人并没有觉得自己邪恶、罪恶、贪婪，甚至没有觉得自己是在强迫中国人吸食鸦片。在议会上的辩论和关于中国鸦片成瘾所带来的影响的生动报道，以及像罗伯特·福琼撰写的广为流传的资料，反驳了盖尔伯主张的所谓历史合理性的观点。另外，有大量文献记载，英国人在报纸上将自己描述为受害方，而英国在中国领土上的好战在鸦片战争结束后依然存在。战争结束后，英国福音派人士姗姗来迟地开始传播对于英国在中国贩卖鸦片行为公开悔罪的观点。结果，鸦片走私被尽可能地从公众的视线中淡化。

在 1857 年的一次国会辩论中，威廉·格莱斯顿观察到香港已经成为鸦片走私的主要中心，但是第三代帕默斯顿（Palmerston）子爵亨利·约翰·坦普尔（Henry John Temple）反驳说，茶叶进口量已经翻了一番，从 1842 年的 4200 万磅增加到超过 8000 万磅，中国丝绸的进口也相应增加了。帕默斯顿子爵认为，英国的鸦片贸易是用于支付茶叶贸易的权宜之计。到 1870 年，鸦片贸易已经变得如
670 此有利可图，以致占据英国财政收入的七分之一。曾在 1840 年雄辩地公开反对鸦片贸易的威廉·格莱斯顿，却在议会的一次有影响力的演讲中热情地倡导发展鸦片贸易，赞扬英国鸦片贸易带来的可观的财政收入。[④]

英国和法兰西第二帝国在决定向中国发动第二次鸦片战争时，都选择了合适的时机，因为他们很

① Gelber（2004: 172）.

② Wong（1998）.

③ Wong（1998: 188-190）.

④ Gelber（2004: x，160 et seq.，187，203–217）; William Travis Hanes iii and Frank Sanello. 2002. *The Opium Wars: The Addiction of One Empire and the Corruption of Another.* Naperville，Illinois: Sourcebooks（pp. 293–294）.

清楚这个国家当时已经陷入了一场内战。当时，自然灾害导致主要农作物，包括茶叶歉收。中国的茶叶和食品供应量下降，进一步加剧了1850年爆发的太平天国运动造成的饥荒和破坏。这场运动是由客家人拜上帝教教徒洪秀全领导的。洪秀全受到了翻译成中文的、关于受难和救赎的新教宣传册的启发，以及来自田纳西州的美南浸礼会传教士罗孝全（Issachar Jacox Roberts，1802~1871年）对这种宗教信仰的灌输。

洪秀全称他在一个梦里被启示说，事实上，他是“天父之子，天兄之弟”。1851年1月，他的武装运动演变成一场全面的武装起义，他在广西东部的金田村，也就是今天的桂平市，策划发动了这场起义。洪秀全攻下金陵（今南京）建国号“太平天国”，意为“完全和平的天国”。在他的统治期间，太平天国武装力量向清廷发起进攻，直到1864年洪秀全去世，这场运动造成了超过2000万人死亡。罗孝全继续在南京被太平天国委任为外务丞相，直到1862年他带着对太平天国运动幻想的破灭，乘坐一艘英国船只离开中国。

在两次鸦片战争后，鸦片的生产、进口和消费在中国依然存在。1872年，英国走私了多达93000箱鸦片到中国，英国继续疯狂地从印度向中国出口鸦片，直到1911年清王朝崩溃。英国的毒品贸易使得许多中国农民转而种植更有利可图的鸦片，导致一些地区出现粮食短缺。[①] 尽管第二次鸦片战争之后鸦片进口仍持续增长，但中国对其他进口商品的需求却下降了，茶叶和丝绸的出口骤然飙升。外国支付再次以银元的形式流入中国，而中国人则把银元囤积起来。[②]

英国人在北京设立的使团，成为之后几十年对中国最有影响的外国势力。1937年，香港估计有100万人口，其中约4万人吸食鸦片，约2.4万人吸食海洛因。抗日战争时期，日军在其占领的中国领土上，效仿早期的英美政策，鼓励中国民众吸食鸦片和毒品。这些殖民政策的影响长期存在，表现在直到20世纪末，中国和印度都被认为是增长最快的海洛因非法贸易市场。[③]

## 鸦片战争与印度

英国发动的鸦片战争不仅影响了中国，也影响了印度，特别是阿萨姆邦。由于经济萧条，从土地 671
上被驱赶出来的农业剩余劳动力变成了签订劳动合同的劳工，被招募到茶园工作。从19世纪60年代到1947年，超过300万名移民劳工被招募并运往阿萨姆的茶园。这些人口迁移项目是由英国殖民者进行的，其规模与荷属东印度群岛的移民项目一样宏大。阿萨姆茶园的许多契约劳工都是所谓的“土著”（ādivāsī），他们来自焦达那格浦尔（Choṭā Nāgpur）、比哈尔（Bihār）和西北边境省南部的澳亚语系的族群，在19世纪三四十年代英国开始砍伐阿萨姆平原的森林以腾出地方建造茶园后，他们就被迫迁移到了东北部。

在他们的族群内，这些人讲属于澳亚语系 Muṇḍā 分支的、相互难以理解的独特语言。在焦达那格浦尔，族群之间使用 Sādarī 或 Sadānī 作为通用语言（lingua franca），这是博杰普尔语（Bhojpuri）的

① Moxham（2003: 82）.

② Gelber（2004: 190，193）.

③ Gelber（2004: 201–202）.

Nāgpuriyā 方言，与博杰普尔语本土语言完全不同，值得单独研究。阿萨姆是多种民族语言族群的家园，虽然这些人今天仍被统称为阿萨姆的“土著”，但实际上他们并不是阿萨姆的土著，而是焦达那格浦尔的土著。英国的茶叶事业促使他们大量移民，而他们带来的不仅仅是属于澳亚语系的母语，还有印度 – 雅利安通用语言 Sādarī，这就是为什么 1931 年茶区劳工协会（Tea District Labour Association）发表了第一份关于这种语言的研究报告。[①]

英国的人口政策扰乱了殖民地的历史民族语言构成。在某些情况下，这些措施有助于为殖民地企业提供“温顺”的劳动力，但这些干预措施通常会产生意想不到却有长期影响的后果。在第一次英缅战争（1824~1826 年）后期，英国人占领阿拉坎之后，开始将孟加拉劳工从东孟加拉迁移到阿拉坎。这些人是今天缅甸罗兴亚人（Rohingya）的祖先。自 16 世纪以来，阿拉坎王国被葡萄牙称为“Arracão”、荷兰称为“Arracan”。后一种荷兰语的写法被英国人采用。法语和现代英语资料也使用“Aracan”的拼法，在 19 世纪末，一些英语资料采用“Arakan”的拼法，使人联想到其孟加拉语名字“Arākān”。在英国殖民时期结束后，阿拉坎成为缅甸的一个州，1989 年，缅甸军政府将阿拉坎改名为“Rakhine”。

同样，在 19 世纪末，由当地阿萨姆信众组成的穆斯林少数民族，仍然会像他们的印度教徒邻居一样禁食牛肉，但在世纪之交，来自人口过剩的东孟加拉邦、今天的孟加拉国的孟加拉穆斯林不断涌入，这种情况一直持续到今天，并不时导致东北部原住居民和新移民之间的暴力冲突。与此同时，自 20 世纪 20 年代以来，出现了一场愈演愈烈的运动，要求穆斯林更加严格地遵守伊斯兰教法。[②]

许多茶园工人也是从孟加拉和其他地区招募来的。无论是当地的阿萨姆人、孟加拉人、土著人还是尼泊尔人，有着不同的民族语言的他们来到茶园工作后，都面临着很高的患病率、死亡率，以及因逃跑而受到的严厉惩罚。这一时期的一些英国出版物记录并批评了这些糟糕的工作和生活条件、低工
672 资、长时间工作以及虐待现象。1926 年，在契约劳役制度下茶树种植园运输和雇佣移民劳工的制度被废除。[③]然而，英国在阿萨姆邦的茶园仍然存在较严重的使用童工、暴力殴打等行为，有时还有庄园主一方实施的无法形容的残酷行为。[④]

---

① Harry Floor. 1931. *Language Hand-Book: Sadani*（*The Patois of Chota Nagpur*）. Calcutta: The Tea District Labour Association.

② Sharma（2011: 99–104）.

③ Rana P. Behal. 2014. *One Hundred Years of Servitude: Political Economy of Tea Plantations in Colonial Assam.* Delhi: Tulika Books.

④ Moxham（2003，2009），近期有许多关于茶园劳工经济困难和其他社会问题的研究（e.g. Tultul Baruah. 2000. *Mundas in Tea Plantation: A Study in their Health Behaviour.* Dibrugarh: National Library Publishers; Khemraj Sharma. 2003. *The Himalayan Tea Plantation Workers.* Dibrugarh: National Library Publishers; Sarthak Sengupta. 2009. *The Tea Labourers of North East India: An Anthropo-Historical Perspective.* New Delhi: Mittal Publications; Sarah Besky. 2013. *The Darjeeling Distinction: Labor and Justice on Fair-Trade Tea Plantations in India.* Berkeley: University of California Press; Samita Sen，ed. 2016. *Passage to Bondage: Labour in the Assam Tea Plantations*（translated from the Bengali by Suhit Kumar Sen）. Calcutta: Samya; D. John Paul. 2016. *A Social Work Approach to the Tea Plantation Labour in India.* New Delhi: Atlantic Publishers）。在印度东北部，即使在印度独立 60 多年后，采茶者和茶园主之间的关系有时候在一些地方也并非如诗一般美好。2012 年 12 月，在阿萨姆邦的丁苏吉亚地区，一群以妇女和儿童为主的抗议者在发生劳资纠纷后把 Tulapathar 茶园的老板 Mridul Kumar Bhattacharyya 和他的妻子 Rita 烧死。2014 年 11 月，西孟加拉邦 Sonali 茶园的老板 Rajesh Agarwal 因工资纠纷而被人群殴打并刺死。（Dean Nelson. 2012 ‘Indian tea workers burn boss and his wife to death in Assam’，*The Telegraph*，27 December 2012; BBC News. 2014. ‘India tea workers kill owner in West Bengal pay dispute’，23 November 2014）。

这些流离失所的人在这个时候受到的另一个影响来自传教士传播的基督教信仰。在 1806 年干草堆祷告会（Haystack Prayer Meeting）之后，美国公理会（American Board of Commissioners for Foreign Missions）派遣浸礼会传教士到印度东北部和缅甸，最有名的是 1812 年到缅甸的艾多奈拉姆·耶德逊（Adoniram Judson），1836 年美国浸礼会在萨地亚开设了一家报社。[1] 在 1857 年印度大兵变之前的那些年，以及随后的英属印度统治时期，印度，特别是阿萨姆邦，成为英国毒品贸易的主要市场和产区。

据一项政府研究推测，在 19 世纪 30 年代，估计有 80% 的阿萨姆人偶尔吸食鸦片。1837 年约翰·克劳福德（John Crawfurd）指出，中印两国为英国鸦片贸易提供了巨大的消费市场。到 1852 年，仅那冈（Nagaon）地区的鸦片种植面积就超过了 1000 英亩。[2] 结果，英国在当地的鸦片种植成功对印度的茶树项目产生了不利影响。在茶树种植园，查尔斯·亚历山大·布鲁斯抱怨到“吸食鸦片的阿萨姆工人的工作态度糟糕透顶”。[3] 因此，1861 年当地禁止生产鸦片，但允许消费鸦片。在英国发动并取得鸦片战争的胜利后，从 1874 年起，新成立的英东反鸦片贸易协会（Anglo-Oriental Society for the Suppression of the Opium Erade）才开始持续反对英国在印度和中国开展的贩毒活动。

1893 年，公众舆论最终导致一个专门调查印度鸦片使用情况的皇家委员会成立，但 1894 年该委员会认为干预鸦片贸易是不合理的，一些种植者甚至用鸦片支付劳工的一部分工资。[4] 相较于随着时间的推移而消失的鸦片成瘾的折磨，英国政策对人口结构的影响持久地改变了东北地区的生态和民族语言结构。

茶园带来了巨大的生态和人口效应。大片的森林变成茶园。大卫·斯科特在 19 世纪 30 年代为 673
前廓尔喀部队中的尼泊尔家庭制定的宽松的定居政策，也有助于英国落实将尼泊尔劳工迁入茶园的政策。这个政策在当时已经实施，劳工们首先迁入大吉岭，随后迁入阿萨姆邦。1879 年，在迦摩缕波（Kamrup）、西布萨噶（Sibsagar）和拉金普（Lakhimpur）等上阿萨姆地区，尼泊尔人还很少，[5] 但到 1901 年，尼泊尔人已有 21347 人。[6]

今天，孟加拉地区的茶叶种植区被划分至两个新的国家。作为其中一个国家，孟加拉国自 1971 年以来一直是一个主权国家，但伴随着独立期间的动荡，茶叶产量出现灾难性下降，从 1970 年的 3.44 万吨下降到 1971 年的 1.24 万吨。[7] 从语言学上讲，孟加拉国包括东孟加拉邦，而相邻的以印度教为主的

---

① Sharma（2011: 80–94）.

② Sharma（2011: 63，65）.

③ Griffiths（1967:55）.

④ Sharma（2011: 155–168）.

⑤ William W. Hunter. 1879. *A Statistical Account of Assam*（*two volumes*）. London: Trübner & Company.

⑥ Basil Copleston Allen. 1905. *Cachar*（Assam District Gazetteers，Vol. i）. Calcutta: Baptist Mission Press; Basil Copleston Allen. 1905. *Sylhet*（Assam District Gazetteers，Vol. ii）. Calcutta: Caledonian Steam Printing Works; Basil Copleston Allen. 1905. *Goalpara*（Assam District Gazetteers，Vol. iii）. Calcutta: City Press; Basil Copleston Allen. 1905. *Kamrup*（Assam District Gazetteers，Vol. iv）. Allahabad: Pioneer Press; Basil Copleston Allen. 1905. *Darrang*（Assam District Gazetteers，Vol. v）. Allahabad: Pioneer Press; Basil Copleston Allen. 1905. *Nowgong*（Assam District Gazetteers，Vol. vi）. Calcutta: City Press; Basil Copleston Allen. 1905. *Lakhimpur*（Assam District Gazetteers，Vol. viii）. Calcutta: City Press; Basil Copleston Allen. 1905. *Naga Hills and Manipur*（Assam District Gazetteers，Vol. ix）; Calcutta: Baptist Mission Press. Basil Copleston Allen. 1906. *Sibsagar*（Assam District Gazetteers，Vol. vii）. Allahabad: Pioneer Press.

⑦ Forrest（1985: 40）.

今天的西孟加拉邦地区则构成了印度的一个邦。1947 年 7 月 18 日，威斯敏斯特议会通过《印度独立法》，宣布印度和巴基斯坦分别独立。从历史上看，孟加拉国曾经是东巴基斯坦，1947 年 8 月 15 日巴基斯坦从前英国统治时期独立出来，并根据《蒙巴顿方案》（*Mountbatten Plan*）实施分治，巴基斯坦的东半部就成为孟加拉国。

作为一个产茶区，自 1854 年在锡莱特建立商业茶园以来，孟加拉东部的茶园一直是重要的茶叶生产地。孟加拉国生产的茶叶大部分在国内销售，年产量超过 6.4 万吨。1840 年至 1857 年期间，茶叶首次被引入吉大港的哈尔达山谷（Halda Valley）和大锡莱特地区的苏尔玛山谷（Surma Valley）。英国公司拥有 39% 的茶叶种植面积，生产 48% 的茶叶。孟加拉国的茶叶产量占世界总产量的 1.2%，但茶叶出口仅占世界总出口量的 0.5%。[①]

## 同时期的俄国

亚当·奥莱里乌斯（Adam Olearius）曾广游俄罗斯，他描述了在旅行中了解到的俄罗斯民族以及其他民族的习惯。他注意到俄罗斯人嗜好各种类型的酒精饮料，其中格瓦斯[②]作为普通的饮料，与鱼子酱或鲟鱼卵搭配食用的方法非常普遍，[③]他称为“美味食品”。1647 年，奥莱里乌斯把俄语中鱼子酱一词错误地记为“ ikari”，但是，1674 年，瑞典旅行家约翰·菲利普·吉尔伯格（Johann Philipp Kilburger）把这个词正确地记为“ikra”，并且注意到德语中的“Kaviar”这个词来自意大利语的“鱼子
674 酱”（caviaro）。[④]1647 年，奥莱里乌斯在对俄国人饮食习惯的详细描述中没有提到茶，因为当时俄国人还没有喝茶。

1618 年 5 月，托波尔斯克（Tobol'sk）的王子伊万·塞姆·诺维·库拉金（Ivan Semënovič Kurakin）派遣西伯利亚的哥萨克人伊万·佩特林（Ivan Petlin）率领的第一个出使中国的俄罗斯使团，从托木斯克（Tomsk）出发前往中国。由于没带礼物，哥萨克人没有受到万历皇帝（1572~1620 年在位）的接见，但很明显他曾为俄国沙皇米哈伊尔一世（Michael I，1613~1645 年在位）带回了一封帝国公文。[⑤]坊间传说称，早在 1619 年茶叶就到达了俄罗斯，当时这些特使从中国带回了几箱茶叶送给沙皇。然而，一个更为确定的历史事件是，1638 年，喀尔喀蒙古（Khalkha Mongols）的阿尔金汗（Altyn Khan），给了俄国特使瓦西里·斯塔尔科夫（vasilii starkov）——他是一位波雅尔

① Abdul Qayyum Khan. 2012. ‘Tea germ plasm and improvement in Bangladesh’, pp. 289–297 in Chen，Apostolides and Chen（op.cit.）.

② Olearius wrote: Der gemeinen Leute Geträncke ist Quas（1647: 123），Der gemeinen Leute Geträncke ist Quaß（1656: 205）.

③ This form is also recorded by Olearius as *Cavojar*（1647: 122）and *caviaro*（1656: 204）.

④ Johann Philipp Kilburger. 1769. « Kurzer Unterricht von dem rußiſchen Handel，wie ſelbiger mit aus= und eingehenden Waaren 1674 burch ganz Rußland getrieben worden »，pp. 245–342 in Magazin für die neue Hiftorie und Geograpbie, angelegt von D. Anton Friderich Büſching，Dritter Theil. Ham= burg: Verlag Johann Nicolaus Carl Buchenröders und Com= pagnie（p. 252）. 基本上，Caviar 这个词来源于波斯语 khāviyār，此外，也源于亚美尼亚语 *khaviar* 和土耳其语 havyar。波斯语 khāviyār 似建立在与波斯语 khāye,（意为“鸡蛋，睾丸”）相同的词根基础上。

⑤ 1567 年，伊凡四世派遣哥萨克人首领 Burnaš Jalyčev 和 Ivan Petrov 去完成这个传奇的任务的历史真实性遭到了历史学家的质疑（Mikhail Iosifovich Sladkovskii. *2008. History of Economic Relations Between Russia and China from Modernization to Maoism*. New Brunswick，New Jersey: Transaction Publishers）。

（boyar）的儿子——200 包（baxča）茶叶，每包重 3/4 方特（funt），总共 3.75 普德（pud），按照现在的重量标准，刚好超过 60 公斤。这第一批茶叶是从蒙古送到莫斯科献给沙皇米哈伊尔一世的礼物中的一部分。当阿尔金汗把这些东西摆到他面前之前，俄国特使斯塔尔科夫称自己从未见过这些物品。[①]

图 9.28 老仆阿列克谢依奇正在保养茶炊，由康斯坦丁·叶果罗维奇·马科夫斯基（Konstantin Egorovič Makovskij̯）绘于 1881 年，收藏于莫斯科国立特列季亚科夫美术馆。

1674 年，瑞典旅行家约翰·菲利普·吉尔伯格记录了俄语中“茶”的写法“Tschay”，也就是“čai̯ чай”，他报告称，
当时俄罗斯人主要把茶当作药草来使用， 675
以缓解酒精中毒的症状。

> 特别是用于防止醉酒，如在饮酒前服用，或在醉酒后服用，能消除醉酒症状。[②]

没有文献证据能够证明，在此之前茶叶在俄罗斯单独作为一种饮品已经流行起来。1675 年至 1678 年期间，俄罗斯摩尔达维亚特使尼古拉·斯帕法里（Nikolai Spafarii）在中国逗留期间，观察到了中国人的饮茶习惯。回到莫斯科后，他在关于中国的报告中提到了这种新奇的饮品。茶叶是一种新兴商品，但当时与中国的陆路贸易尚未很好地发展起来，直到《尼布楚条约》签订之后，茶叶才开始在俄罗斯大量出现。

1689 年 8 月签订的《尼布楚条约》为俄国和中国两大帝国的扩张划定了新的临时边界，并在康熙皇帝（1661~1722 年在位）统治下的中国与彼得大帝（1682~1725 年在位）统治下的俄国之间为茶叶贸易开辟了一条通道。骆驼商队运送砖茶从满洲城镇卡尔根（蒙古语“门户”之意），今天河北省境内的张家口，到今天俄国—蒙古国交界的恰克图（蒙古语“草甸”之意），在那里茶叶被运往俄罗斯。与西欧从海上进口茶叶不同，俄罗斯是从陆路进口黑砖茶，从羊楼洞出发，途经蒙古草原和西伯利亚。羊楼洞是历史上来自湖北和湖南茶叶产区的茶叶交易中心。今天的羊楼洞位于赤壁市区西南方向。

① Martha Avery 2003. *The Tea Road: China and Russia Meet across the Steppe.* Peking: China Intercontinental Press（p. 115）.

② Kilburger (1769: 271).

很可能在这个时期，一些俄罗斯人已经开始喝茶，而不仅仅是为了预防或缓解醉酒的症状。可以肯定的是，当彼得大帝于 1698 年初夏从荷兰返回俄国时，饮茶在贵族圈子里流行了起来。他从荷兰带回来的众多设备中有一个茶炊，是 17 世纪 70 年代首先由海牙的扬·德·哈托格（Jan de Hartog）发明的。俄罗斯人将这个茶炊的设计进一步改进，使之成为经典的俄罗斯式样。在女沙皇伊丽莎白一世（1741~1762 年在位）统治时期，茶壶的使用日益普及。

对于伟大的俄罗斯文学家亚历山大·普希金（Alexander Pushkin）来说，茶炊是俄罗斯文明的象征。他 1833 年首次出版的诗集《叶甫盖尼·奥涅金》中，唤起了人们对茶炊在俄罗斯下午茶中所扮演的核心角色的记忆：

> 黄昏降临，在桌上，
> 闪闪发光地立着嘶嘶作响的茶炊，
> 中式茶壶在上面取暖，
> 蒸汽在下面打着旋。[①]

1727 年，《恰克图条约》（1727 年 10 月，中俄《恰克图条约》草签，次年正式换文。——编者注）进一步划定了额尔古纳河（Angun）西岸蒙古地区内中俄帝国的边界，骆驼商队运送茶叶到恰克图的情况也更加频繁。根据中国的资料记载，1750 年经过恰克图的茶叶量大约达到了 7000 普德、约
676 合 1.15 万公斤黑砖茶和大约 6000 普德、约合 9.8 万公斤（按前文“3.75 普德，按照现在的重量标准，刚好超过 60 公斤”计算，此处 6000 普德约合 9.6 万公斤。——编者注）优质的白毫散茶。[②] 在叶卡捷琳娜二世（1762~1796 年在位）统治时期，俄罗斯的茶叶消费量达到了 136 万公斤。[③] 起初，茶叶只是俄罗斯精英阶层能够享受的特权，但到了 19 世纪，从中国进口的茶叶量激增。

就像彼得大帝在 1698 年从荷兰带来的第一件茶炊一样，早期的俄罗斯茶炊是由圣彼得堡的锡匠手工制作的。1778 年才从工匠手工制造转变为工业化大规模生产，当时费德尔·伊万诺维奇·里西岑（Fëdor" Ivanovič" Lisitsyn"）和他的儿子纳扎尔（Nazar"）在图拉（Tula）开设了第一家茶炊工厂。自沙皇米哈伊尔一世统治以来，图拉一直聚集着大量的铁匠和金属工匠。到 19 世纪中期，茶炊已经在图拉工厂的生产线上大规模生产。从 19 世纪 20 年代开始，俄罗斯茶炊传播到中亚、波斯和阿富汗。从 1825 年开始，伊万·格里戈尔·巴塔瑟夫（Ivan Grigor Batasev）和他的儿子们制作的美丽的茶炊特别受欢迎。[④]1977 年，我有幸目睹了有一人高的俄罗斯茶炊，上面刻着俄罗斯帝国的盾徽与一些圆形徽章浮雕，顶部还饰有在赫拉特（Heart）、坎大哈（Kandahar）和喀布尔（Kabul）的一些茶馆（čaikhāna）里不同年龄的男人戴着头巾、盘腿坐在铺有地毯的桌子旁喝茶的场景的浮雕。

---

① Александъ Сергѣевичъ Пушкинъ. 1833. *Евгенiий Онѣгинъ, Романъ въ стихахъ*. Санктпетербургъ: Въ типографiи Александра Смирдина（Глава iii，стро-фа xxxviii）.

② Mair and Hoh（2009: 142）.

③ Weinberg and Bealer（2001: 92）.

④ Mair and Hoh（2009: 158–159）.

第二次鸦片战争（1856~1860年）之后，俄罗斯的茶叶贸易从羊楼洞转移到俄罗斯在汉口的租界，这个城镇（汉口）后来被并入武汉。1861年，汉口建起了一家茶厂，专门生产出口到俄罗斯的砖茶。1869年11月，苏伊士运河航运开通，一些来自汉口的俄罗斯茶叶可以装船运到敖德萨（Odessa），而无须采用陆路运输。这时，俄国人也开始从九江采购茶叶。到19世纪末，俄罗斯市场上开始出现各种类型的中国茶叶，包括来 677
自广州港口的茶叶，以及来自印度和锡兰的新英式红茶。但真正更好的茶叶还是很少有人知道，而且大多数消费者仍然饮用专门为俄罗斯市场生产的黑砖茶，俄罗斯穷人有时饮用各种各样的叶子制成的“茶叶”。

图9.29　油画作品《品茶一刻》，作者亚历山大·伊万诺维奇·莫罗佐夫（Aleksandr Ivanovič Morozov，1835~1904年），藏于克拉斯诺达尔的费德尔·阿基莫维奇·卡瓦连科（Fëdor Akimovič Kovalenko）区艺术博物馆。

据1674年吉尔伯格的记载，毫无疑问，俄国人对饮用红茶的强烈偏好，是源于茶叶最初在俄国境内供应时的特殊的药用功能。传统的俄罗斯茶是黑砖茶，可以泡浓茶或红茶。泡茶的水在茶炊里被加热，这样可以使水保持很长时间的热度，也可以用来温茶壶。俄罗斯传统的泡茶方式会用到两个茶壶，或者一个茶壶和一个水壶。在一个小茶壶中，茶是以高度浓缩的形式被泡制。将这种浓缩茶倒入杯中，然后用第二个茶壶或水壶中的热水稀释。根据饮茶者的个人口味，可以在茶中加入糖、柠檬、蜂蜜、果酱、牛奶或奶油。俄罗斯茶还可以通过加入香脂、朗姆酒或白兰地而变成含酒精的饮品。

一些俄罗斯饮茶者仍然保持着喝糖茶的古老习俗，即在齿间夹一小块硬糖，这样在喝茶的时候，就可以在茶水冲过糖块的过程中获得甜味。一些沉迷于这种怀旧方式的人声称，这样做不会像直接在茶里加糖那样破坏茶的味道。这种俄式饮茶方式无疑也是由彼得大帝从荷兰引入的，因为沙皇肯定是在荷兰有机会观察到这种做法。尽管这种习惯在荷兰早已消失，但是，爱吃甜食的荷兰茶爱好者曾经的确有这种习惯，雅各布·德·邦德在荷属东印度群岛第一次见证了这种习惯。后来，大多数荷兰饮茶者和中国人一样喝茶不加糖。

在远东和西方，人们用瓷杯喝茶，但在波斯、土耳其和阿拉伯国家，人们通常用玻璃杯喝茶。18世纪40年代，俄罗斯在圣彼得堡附近的奥拉宁鲍姆进行了陶瓷制造实验，之后，在叶卡捷琳娜二世统治末期，俄罗斯开始生产自己的瓷器。然而，传统上俄罗斯茶更多的是用高档玻璃茶杯而不是瓷茶杯饮用。1873年，在大仲马死后出版的《大辞典》（即*Grand Dictionnaire de Cuisine*《烹饪大辞典》，大仲马生前最后一部著作。——编者注）中有记载，在俄罗斯，人们显然认为用玻璃杯喝水更有男子气概。[①] 他写道：

> ……这是俄罗斯特有的习俗，外国游客第一次看到这个习俗时总会感到震惊，男人用玻璃杯喝茶，女人用瓷杯喝茶。[②]

大仲马解释了一个关于泡茶的浓度的俄语说法的来源。俄罗斯的第一批茶杯是在喀琅施塔得（Kronstadt）制造的，每个杯子底部的内侧都描绘着城市的景色。当茶泡得太淡的时候，人们会调侃道，可以看到喀琅施塔得了。[③]

678 1869 年苏伊士运河航运开通后，沿中国至恰克图的茶道运输骆驼商队首次面临来自海运的激烈竞争，但直到 1891 年 3 月 30 日骆驼商队的丧钟才最终敲响，沙皇亚历山大三世（1881~1894 年在位）发布了一项乌卡斯（ukase，沙皇的敕令。——译者注），宣布建造西伯利亚大铁路。到 1916 年沙皇尼古拉二世（1894~1917 年在位）统治时期，这条横跨欧亚大陆，连接波罗的海的圣彼得堡和太平洋的海参崴（Vladivostok）的铁路终于建成，被称为西伯利亚大铁路。1901 年，火车开始在这条铁路线上运行，1903 年 7 月，被称为"满洲铁路"的延长线竣工后，通过海参崴连接旅顺港（Port Arthur，亚瑟港，这是旧时外国人对旅顺港的称呼。——译者注）至圣彼得堡的常规线路开始运行，自此，俄罗斯的老式骆驼商队也就不复存在了。

这一时期的茶商之一帕维尔·米凯洛维奇·科斯米切夫（Pavel Mikhailovič Kuz' mičëv），于 1867 年在圣彼得堡开了一家精品茶叶店，他很快成为沙皇宫的茶叶供应商。[④]1917 年十月革命爆发时，科斯米切夫流亡伦敦，后又于 1920 年迁往巴黎，在那里他再次做起了茶叶生意。其公司几经易手，现为巴黎的库斯米（Kusmi）茶叶公司。英国茶馆（English Tea House）在科斯米切夫的茶叶店开业的前一年，即 1919 年，就在巴黎的玛德莱娜蛋糕店附近开业了，如今这家茶馆已成为一家名为贝特曼和巴顿（Betjeman & Barton）的巴黎茶叶公司。

与此同时，尽管经济困难是苏联时期生活的写照，苏联的饮茶者对茶叶仍然保持着高标准。福雷斯特（Forrest）记录了在 20 世纪 80 年代早期，苏联是如何搜罗最好的印度茶的，从优质的大吉岭茶到阿萨姆以及南部的优质红碎茶。1983 年，格鲁吉亚生产的优质红茶主要供应苏联消费者，而那些不被俄罗斯家庭主妇所接受的碎茶和粉末茶，主要流向衰颓的西方市场。[⑤] 在西方市场上，这些最低档次

---

① Kitti Cha Sangmanee 曾经发现在同期的法国社会把从远东来的传统的铸铁容器提供给女士使用，"plus masculine que la porcelain" 提供给那些用 "porcelaine à fleurs" 喝茶的男士（Stella 2009: 156）。

② Dumas（1873: 1027）.

③ Dumas（1873，p. 1027），大仲马还错误地认为最好的茶一定可以在莫斯科和圣彼得堡被找到，其理由是俄国与中国接壤。

④ 革命之前，在莫斯科和圣彼得堡的其他著名茶厂包括 Botkin"（Бот-кинъ），Perlov"（Перловъ），Popov"（Поповъ），Vysockii（Высоцкiй），Kusnecov"（Кузнецовъ）和 'Caravan'（« Караванъ »）（Ксения Ермолаевна Бахтадзе. 1961. *Развитие культуры чая в СССР.* Тбилиси: Издатель-ство Академии Наук Грузинской ССР）。当然，不为人所知的俄罗斯茶厂就更多了；cf. Иван Алексеевич Соколов（2011. *Чаеторговцы Российской империи: Биографическая энциклопедия.* Москва: Самарская городская общественная орга-низация «Союз молодых учёных»，2012. *Чаетор-говые фирмы Российской империи и их товарные знаки.* Москва: Самарская городская общественная организация «Союз молодых учёных»）。

⑤ Forrest（1985: 151-152）.

的茶被包装成茶包后，成为最受欢迎的饮品。

## 正统茶和布朗红茶的发明

法国人从荷兰采购的第一批茶叶不是绿茶就是武夷茶。根据塔维尼尔（Tavernier）1676 年在其著作中提出的建议，杜福尔于 1685 年又再次强调，称最好的茶应该尽可能新鲜且茶汁以绿色为上，呈浅绿色（une couleur verdâtre）。[①]然而，亚历山大·大仲马在 19 世纪下半叶记录道，绿茶在法国已经很少见了，[②]今天在西方，最常见的茶是用茶包泡出来的褐色茶汤。绿茶通过在锅中炒青、烘青或蒸青来防止发酵，也就是氧化，然后在低温下进行干燥，有时叶子会被卷成球状或特殊形状，尤其是在云南。

17 世纪初被称为武夷茶的茶叶大概是一种尚未定性的类别，武夷茶可以分为“青茶”（blue）或
“红茶”（red）两类茶叶，清朝时期发展起来的分类系统就是按照这样的方法归类的。今天乌龙茶属于 679
不完全发酵茶。中国人喜欢轻度发酵，比如 14%，而西方人通常喜欢 60% 左右的重度氧化。相比之下，红茶则是完全氧化的。许多导致西方人口味败坏的原因已经在前面的历史背景中被提及和讨论过。

茶叶最初的分类是绿茶和武夷茶，其中绿茶更受青睐。好的绿茶很难得到，就像今天一样。在长距离的海运过程中，武夷茶的表现要比绿茶好，因为绿茶必须保持新鲜。如果没有被适当密封，对绿茶的不良影响要比武夷茶更为严重。绿茶价格远高于武夷茶，但在能负担得起的情况下，欧洲大陆的饮茶者仍然偏好绿茶。对绿茶和武夷茶征收不同的关税和消费税，使得两者之间的价格差距不那么明显，这可能阻碍了绿茶的销售从“鱼子酱效应”中受益，因为高定价便于凸显产品的独特性。

后来，绿茶和武夷茶之间的差异被转化为绿茶和红茶之间的差异，因为有了更多品种的氧化茶，比如工夫茶，它的受欢迎程度超过了武夷茶。当贸易中心从巴达维亚转移到广州之后，供应的茶叶种类发生了变化。以闽南语命名的茶，其受欢迎程度超过了以粤语命名的茶，这两种茶种类名称都已在第六章中列出。在广州，有新品种的红茶，如祁门红茶，进入市场。茶叶掺假一直是一个令人担忧的问题，因为大多数欧洲人对茶叶知之甚少，以至于其他植物的叶子和染料都可能被添加到低档茶叶中。人们知道茶叶可能被掺假已经够糟糕了，但是，茶叶可能被染色制成假绿茶的消息无疑会让许多喝茶的人望而却步。

当茶叶生产转移到爪哇、印度和锡兰时，荷兰人和英国人尽可能生产好的茶叶。起初，所有的茶都是正统茶。英国茶叶用语中的“正统”一词被用来指茶叶是很久以后的事了，那时大多数茶叶已经不再是正统的了。传统的英印制茶法是先进行萎凋。新鲜采摘的茶叶是多汁且脆弱的，如果折叠起来，就容易折断。在这个阶段，它们还不太容易被揉捻。因此，在阳光下先让叶子自然萎凋，或者更常见的是，在室内阴凉的地方，将茶青置于温暖通风的大房间里的萎凋盘或架子上，直到叶

① Dufour（1685: 209）.

② ‘Le thé vert est rarement usité en France’（Dumas 1873: 1027）.

子变得有点蔫软、松弛。萎凋环节需要让叶子在 32℃的温暖空气中干燥 6 个小时。萎凋过程会使叶子失去 50% ~80% 的水分。工人们可能会用手攥一把茶叶，以评估其变柔软的程度，以及萎凋过程是否已经达到了预期。

随后，茶叶要经过揉捻，也就是挤压和扭曲，释放汁液，进一步氧化。这个过程触发了“发酵”，带出了红茶特有的香气。发酵是叶子中天然化学物质的氧化作用。为了提高发酵效果，茶叶要经过揉捻，也就是说被敲打一下，然后擦伤叶面。这个过程以前是手工进行的，但现在大部分已机械化。在阴凉潮湿的地方，揉捻后的茶叶被放在 3~6 厘米深的大盘子里“发酵”1~3 个小时。在此期间，绿色的茶青开始呈现黄褐色或古铜色。揉捻过程和随后发酵的持续时间可以灵活调整，以达到茶叶种植者认为的外观和香味之间的最佳平衡。

为了终止发酵过程，叶子要在 95℃ ~100℃的温度下干燥 25~30 分钟。现在这个过程更多的是通过在 85℃ ~88℃的传送带上用热空气将茶叶烘干。烘干过程降低了茶叶的水分含量，使其只保留了原有
680 水分的 3% ~12%。保持较高水分含量的叶子易发霉。最后，依据众多的品类级别标准对茶叶进行分级和筛选。全发酵的荷兰红茶和英式红茶的出现，导致芳香的绿茶和半发酵茶从市场上迅速消失。但起初，大部分这种新型的荷兰茶和英国茶是卖不出去的。以生产氧化红茶为目标，通过机械化的生产过程，英国人和荷兰人努力弥补他们在收获茶叶后无法及时恰当地手工制作茶叶的缺陷。

大约在 1877 年，约翰·皮特（John Peet）从印度引进了新近发展起来的英国机械化生产茶叶的方法。[1] 我们不知道爪哇茶和印度茶在 19 世纪时的口感如何，但是，当时一些评估和市场的反应表明，基于那个时代有辨识力的西方品茶者的口味，这些茶的质量是很差的。除了缺乏中国人精心处理和制作茶叶的工艺之外，土壤和气候的差异使得大吉岭的茶叶比阿萨姆和爪哇的茶叶更加优质。和伦敦一样，爪哇岛也有专门的品茶中心。1893 年，茂物建立了茶叶研究站，[2]1912 年托克莱（Tocklai）建立了英国茶叶研究站，1925 年锡兰成立了茶叶研究所。

荷属东印度群岛和英属印度的正统叶茶加工方式努力模仿着各种公认的“中国原味”。由于缺乏传统的制茶知识，最初的许多尝试被认为是失败的，但在这个时候，出现在殖民地茶园的产品本身已成为一种新品类的茶叶。来自不同茶园和制造商的茶叶自然质量不一。虽然有些茶叶仍然质量低劣，但相当数量的新的正统茶开始以不同的芳香物质所形成的交响乐一般多变的组合方式，不同比例的茶黄素和茶红素融合呈现如调色板一般富有变化的芳香调子，迷住了茶叶鉴赏家们。值得注意的是，大吉岭的土地开始生产各种各样的名茶，其中一些是精品茶。

事实上，在英国，为了掩盖中国红茶的苦味，通常会将它与牛奶和糖混合饮用，这种做法无疑像印度新茶一样有效。新式印度茶大多没有如同大吉岭上等正统茶一般那种细腻丰富的花香。事实上，英式红茶的发展是制糖业的福音。另一种促使人们接受印度茶的技术同样早于人们的口味从中国茶转向印度茶，这就是添加调味剂。今天最著名的调味茶是格雷伯爵茶，但关于它的起源是有争议的。第二代格雷伯爵查尔斯·格雷（Charles Grey）在 1830~1834 年担任英国首相。需要指出的是，不能把首

---

[1] ter Molen（1979: 33）.

[2] Ch.-J. Bernard. 1924c. ‘De geschiedenis van het theeproefstation’，blz. 165–174 in Cohen Stuart（op.cit.，blz. 166）.

相格雷和他的父亲查尔斯·格雷将军（1729~1807 年）混为一谈。格雷将军在美国独立战争期间，成功地对英国殖民地的叛乱分子发动了军事行动，因此成为第一代格雷伯爵。第二代格雷伯爵被认为是发明用佛手柑皮提炼出精油来给茶调味的人。

一些人声称，首相先是通过外交特权才得到了一些这种口味的中国茶叶。[1] 皮卡迪利（Piccadilly）大街的杰克逊茶店（Jackson's）声称自 1830 年以来就生产格雷伯爵茶，在那一年，第二代格雷伯爵把配方给了罗伯特·杰克逊公司的乔治·查尔顿（George Charlton）。[2] 而今山姆·川宁则宣称，1832 年， 681
正是小理查德·川宁为首相准备了一种带有佛手柑皮精油味道的茶，这种茶才得名。[3] 小理查德·川宁是第一批品尝到运往英国的喜马拉雅茶叶的人之一，这批茶叶于 1839 年 1 月运抵伦敦，当时人们发现这种新茶叶并不能令人满意。一位没有经过足够调查研究的作家甚至轻率地声称，第二代格雷伯爵亲自创造了这个品牌并销售这种茶，于是“以格雷伯爵茶为品牌销售中国茶，为自己赢得了巨大的声誉”。[4]

因此，格雷伯爵茶的真正起源颇具争议，而这些竞争者都希望抢夺这个功劳，但也都承认第二代格雷伯爵在其中发挥了一定的作用。不管这种调味剂是否最早出现在中国茶中——这种调味剂以前从未得到过证实——香柠檬精油很快就被用作调味品，以掩盖印度新型英式红茶的粗糙味道。时至今日，格雷伯爵茶的特点仍是以红茶为基础茶料。今天，只有皮卡迪利大街的杰克逊茶店还在用中国茶叶制作格雷伯爵茶，他们声称这是原始配方。19 世纪四五十年代，由于英国茶业在阿萨姆邦复制中国茶的尝试以失败告终，已经根深蒂固的加糖、加牛奶或奶油的英国饮茶习惯也帮助掩盖了新的英式红茶的粗糙味道。类似于在格雷伯爵茶中使用的调味剂，即使最初是出现在中国茶叶中的，也是用来掩盖这种英国新产品的粗糙气味之有效手段。[5]

19 世纪二三十年代，一种新的荷兰茶命名法在爪哇出现。这一术语在印度得到采用，并在 19 世纪四五十年代发展起来的英国评级系统中以更新的术语、更新的含义和晦涩的缩写得到进一步发展。然而，在印度的茶园里，采茶人也有他们自己的专用词语，因为这些男男女女每天都能亲眼看到茶芽。最先冒出的一般是茶芽和两片最嫩的叶子。当顶芽被摘除，顶端分生组织被移除，在它下面叶柄基部近茎部位沉默的侧芽开始变得活跃，有时在采摘后可能冒出多达三个侧芽。

在尼泊尔，大吉岭山区茶园里的通用语言是采茶人的格言——“一芽两叶”（ek pāula dui pāt）——这浓缩了简单的传统茶叶知识，这些知识是荷兰人和英国人经过几十年的艰苦努力千方百计才从中国获得的。与此同时，在英属印度的茶园中，有个自成一体的命名法。除了正常的叶子之外，小的展开的“鱼”叶顶端有钝尖，茎上也不会出现锯齿，当连续出现两片这样的叶子时，两片叶子中

① Kit Chow and Ione Kramer. 1990. *All the Tea in China.* San Francisco: China Books and Periodicals（p. 180）; Jane Pettigrew. 1997.*TheTea Companion.* London: Quintet Publishing（pp. 68–69）.

② Margareta Pagano. 1985 'The secret of Earl Grey tea is changing hands at last—Sale of Jacksons̓ of Piccadilly to Fitch Lovell Food Manufacturing Group', *The Guardian*, 3 July 1985.

③ Samuel H.G. Twining. 1999. 'L'héritage d'une famille', pp. 56–63 in Barrie and Smyers（op.cit.）.

④ Wong（1998: 188）.

⑤ 格雷夫人（Lady Grey）是川宁（Twining）在 20 世纪 90 年代推出的一个品牌，旨在生产一种口味更温和的伯爵茶。除了佛手柑皮油，这款红茶还有柠檬皮、橘子皮和薰衣草等口味。

较低的一片被称为“卵”叶。这些发育不良的“鱼”叶不能产出好茶叶。在几片正常的叶子发育完成之后，叶原体本身有时会产生一个休眠的顶芽，这个顶芽被称为“infertile”，指的是“不能繁殖”的叶子。这些茶树对采摘行为的自然休眠反应期早已成为研究对象。[①] 这些问题鲍尔德（Bald）在 1917 年关于英属印度茶树种植的教科书中都有详细说明，该教科书保留了一个世纪前正统茶生产的历史画面，那时茶叶生产还没有因茶叶制造的机械化而变得非正统。[②]

682 机械化被认为是解决茶叶品质缺陷的方法，新的生产工艺导致了新的茶叶分级。从 1930 年开始，威廉·麦克尔彻（William McKercher）发明的以生产最低等级的碎茶和粉末茶为主的切碎—撕裂—揉卷（CTC）机，迅速引领了印度、锡兰和非洲的茶叶生产方式。经过发酵和烘干的红茶不再被温和地揉捻，而是将萎凋后的茶叶直接放入粉碎机。茶叶被粉碎机圆柱形滚筒上的尖齿撕碎，然后在传送带上进行加工。一些茶行从业者把这个 CTC 缩写的解释改为“压碎—翻转—揉卷”（crush，turn，curl），而不是“切碎—撕裂—揉卷”（cut，tear，curl）。[③]CTC 茶的质量更为一致，茶汤的味道更浓、色泽更艳，但是这种茶既不好喝也不精致，因为 CTC 的加工过程削弱了茶微妙的自然风味，因此并不受茶叶鉴赏家的欢迎。

麦克尔彻的新机器甚至引领了对英国茶叶分级标准的进一步细化。根据全氧化茶叶被这种机器揉捻的程度不同，碎茶叶按照破碎的程度被分类为碎白毫 1（BP1）、碎白毫（BP）、白毫片茶 1（PF1）、白毫片茶（PF）、白毫茶粉 1（PD1）、白毫（PD）或者仅仅是茶粉（D）。[④] 甚至在 20 世纪 30 年代引入 CTC 之前，机械化制茶的倡导者和实施者［如 1924 年巴达维亚的布劳德（Braund）］就指出，过度发酵的倾向是使用机械化制茶过程中固有的风险。[⑤] 现代主流饮茶者通常饮用红碎茶茶包泡出的茶，他们已经习惯了这种充分氧化产品的刺激，因此可以说，大多数西方饮茶者从小接触到的正是布劳德警告的这种茶。

除了 CTC 机外，两种新的机械化茶叶加工机也被研制出来。1971 年，英国发明的劳里茶叶处理机（Lawrite Tea Processor，LTP）首次出现在阿萨姆邦的丁苏吉亚（Tinsukia）地区。这种结构更为简单但噪声也更大的机器通过将茶青敲成碎片来研磨茶叶。最开始，茶青经过一个旋转叶片进行预处理，这个旋转叶片可以将茶叶切碎，这是由伊恩·麦克塔特（Ian McTate）于 20 世纪 50 年代在阿萨姆发明的。与被称为正统茶的优质细叶茶不同，这种新产品（不管是用 CTC 还是用 LTP 处理粉碎过的茶叶）有时被称为布朗茶（brown tea）。虽然从技术上来说仍属于红茶，但是，这种在 20 世纪 30 年代发展起来的布朗茶现在已经无处不在了。这种布朗茶不仅完全氧化，而且被机械切碎，因此呈现出相对的均匀性。到 20 世纪 80 年代，印度生产的茶叶中有超过 75% 的是这种红碎茶（CTC），只有

---

① W. Wight and D.N. Barua. 1955. ‘The nature of dormancy in the tea plant’, *Journal of Experimental Botany*，6（16）: 1–5.

② Claud Bald. 1917. *Indian Tea: Its Culture and Manufacture, being a Textbook on the Culture and Manufacture of Tea.* Calcutta: Thacker，Spink & Company; 更早的大吉岭艺术的图片，请参考 Anonymous. 1888. *Notes on Tea in Darjeeling by a Planter.* Darjeeling: Scotch Mission Orphanage Press。

③ e.g. Usha Chakraborty and Bishwanath Chakraborty. 2004. ‘Current status of tea research and production in India’, *ICOS*，2: 47–50.

④ Forrest（1985: 15–17，208）.

⑤ H.J.O. Braund. 1924. ‘A few points of manufacture of tea for market’，pp. 119–157 in Rutgers（op.cit.）.

不到四分之一的是正统茶。这些碎茶和粉末茶被装在茶包里，整个泡茶的过程只需要两三分钟。英国公司仍然控制着印度的大部分茶叶公司，直到 1974 年《外汇管理法》生效，此后肯尼亚迅速取代印度成为英国的主要茶叶供应国。

奇怪的是，在 1895 年至 1945 年日本殖民统治时期的中国台湾，也曾有人尝试生产英式红茶，并且这种红茶的分级制度采用了英国命名法中的一些术语。橙白毫是专为美国市场开发的，与传统台湾乌龙茶、包种茶和花香乌龙茶一起生产。这个时期的台湾橙白毫基本上是一种发酵时间较长的乌龙茶，具有一些红茶的特点。小种茶是小叶种红茶，虽然后来的大叶茶也以这个名称进行交易。 683

1924 年，西方人均茶叶消费量最高的国家依次是澳大利亚、英国和荷兰。俄罗斯本来可以勉强排第四位，但第一次世界大战之后，其茶叶供应暂时受到影响。布劳德报告称，大吉岭的茶叶大部分运往苏格兰，那里的饮茶者喜欢茶的原味，而澳大利亚人和爱尔兰人则更喜欢浓烈、味道刺激的茶叶，他们消费了大量的碎白毫，这些茶可以很快地产生深色、浓郁的茶汤。根据他在茶叶贸易方面的长期经验，布劳德说道：

> 我不能说英国人对他喝的茶的质量很挑剔——尽管有人说英国人现在需要一种比几年前更好的产品——比如说战前……美国人似乎并不太在意自己喝的茶的质量，只要好看就行，因此他们大量购买橙白毫和样子好看的茶。[①]

这种说法是在 1924 年提出的，比切碎的、完全氧化的红茶，即 CTC 茶的出现早了六年。

然而，西方口味的转变早在布朗茶发明之前半个世纪就开始了。直到 19 世纪 70 年代，阿萨姆茶通常还只是被切碎用来作中国茶的基础茶料，因为当时人们认为单凭它的质量还不足以成为单独的饮品。然而，不列颠帝国的产品虽然很粗糙，但很快就在不列颠群岛得到欣赏。19 世纪 80 年代，消费者口味被重新培养，使得英式印度茶叶可以直接销售。1884 年，从南亚进口到英国的茶叶量已经超过了从中国进口到英国的茶叶量，尽管绿茶在美国和欧洲大陆仍然受到青睐。19 世纪 80 年代，零售业巨贾托马斯·立顿（Thomas ‘Tommy’ Lipton）开始涉足茶产业，并在锡兰建立了茶园。他把茶叶生产标准化，大规模生产在使成本减半的同时保证了稳定的质量。像阿萨姆茶和孟加拉杜阿尔斯茶一样，锡兰茶也无法像大吉岭的上等茶那般精致。

印度主要的茶叶产区位于古瓦哈提和迪布鲁格尔之间的雅鲁藏布江上游盆地、察查山脉（Cachar）、不丹南部的西杜阿尔斯以及锡金和大吉岭。在兰契西部、尼尔吉里斯和乌提以及喀拉拉邦、卡纳塔克邦和泰米尔纳德邦的边界地区也有茶树种植园。此外，许多茶树种植园横跨泰米尔纳德邦和喀拉拉邦之间的边境，从喀南德凡山（Kanan Devan）一直延伸到哥印拜陀（Coimbatore）。杜阿尔斯茶和阿萨姆茶之所以味道厚重且色彩鲜艳，主要是因为其风土条件和茶叶的制作方法。阿萨姆茶采三季，分别是第一茬、第二茬和秋季茶。在南部，茶叶生长在瓦亚纳德的尼尔吉里山区的乌提和古努尔、喀拉拉邦的伊杜基地区的慕纳尔，以及卡纳塔克邦的奇克马加卢尔、库格、哈桑。

---

① Braund（1924）.

大吉岭茶通常通过私下交易或公开拍卖的方式出售，其中最大的份额约为 5000 吨，按惯例是由加
尔各答的杰·托马斯公司（J. Thomas & Co.）拍卖。然而，自 2016 年 6 月以来，虽然种植者可以通过
传统方式将多达 50% 的收成卖给他们喜欢的买家，但是大吉岭茶叶已经在印度茶叶委员会的在线拍卖
平台上进行数字化交易。自 2009 年以来，在印度其他地区种植和销售的低端茶叶也开始在网上拍卖。
在 2015 年印度收获的 100 多万吨茶叶中，大吉岭茶占比不到 1%，但是大吉岭生产了大部分印度最好
的叶茶。如今终端用户可以直接竞标，不仅可以竞标红碎茶，还可以竞标稀有的高端茶叶，而这种新
684 的销售方式将使许多中间商破产。然而，通过对邮政或快递包裹征收进口关税，一些国家的政府得以
阻挠和破坏互联网给他们的公民带来的好处。[①]

这种新式红碎茶可以冲泡出一杯淡咖啡色的浓茶。人们开始习惯这种在茶叶历史上从未出现过的新产品。然而，咖啡的味道可以掩盖塑料杯、金属烧杯、纸杯甚至泡沫塑料容器的味道，好茶却必须使用瓷器或玻璃器皿。用一个本身散发着明显气味的塑料容器盛放玉露、上好的煎茶或精致的中国绿茶，都会令其香气尽失。不同种类的咖啡，从鲁哇克咖啡（luwak）、阿拉比卡咖啡（arabica）到罗布斯塔咖啡（robusta），以及不同类型的烘焙方式，虽然会导致口感的差异，但与茶叶多变的香气相比，这种差异微乎其微。茶的味道千变万化，就像一款香水的气味一样，可以因人而异。随着红碎茶的普及，冲泡一杯好茶所需要的技巧、知识和味觉，在今天已经变得出奇地稀少且难得。今天，人们经常会看到在西方一些日本餐馆里未经训练的员工例行公事地往煎茶上浇滚烫的开水。

在罗马或巴黎街道两旁的咖啡馆里，人人都可以喝得到上好的咖啡。在美国，有些咖啡馆提供真正的咖啡，有别于花哨的现代美国咖啡饮料。相比之下，在远东以外的地方，提供最高等级茶叶的公共场所非常稀少。 许多西方的茶迷从未品尝过上好的茶叶，但如果有机会品尝，毫无疑问，他们会非常享受纯正无添加的上好绿茶或轻度发酵的乌龙茶。遗憾的是，尽管价格高企，但中国国内对优质茶叶的需求远远超过供给。砖茶被销往西藏，在那里它与盐和通常是新鲜的黄油混合饮用，但有时以西方人的味觉品起来会有一点点腐臭的味道。祁门红茶在广州进行交易，英国人用它来制作其心仪的加满牛奶和糖的茶汤。

中国和日本几乎不会出口最精致、最上乘的茶叶，大多在国内消费。在中国和日本市场之外，缺乏最高品质的中国和日本茶是完全合理的，因为今天西方的大多数饮茶者的口感已经被新式 CTC 茶钝化，他们不知道各种优质茶叶的价值，更不懂得如何恰当地冲泡。

在西方，许多中国茶也并不是它看上去的样子。对于北美市场的茶叶，亨特（Hunter）提供了一份措辞严厉、令人沮丧的报告。在北美，市面上能够见到的、在零售店里作为高档东方茶叶出售的茶叶，实际上都是低档茶叶。[②] 北美的快餐连锁店已经证明，从餐饮业的角度来说，为美国普通大众提供平均水平的餐饮服务可以赚很多钱。西方市场上的红茶和中国商品茶通常混合自不同批次、不同采摘时节、不同产地，甚至不同等级的茶叶。西方市场上的大多数“绿茶”都有涩味和刺激性气味，但是茶叶寡淡而香气全无。由于从小就喝麦克尔彻开创的红碎茶，如今的西方人对茶叶的了解可能比 18 世

① Amy Kazmin. 2016. ‘Darjeeling tea leaps into the digital era’, *Financial Times*, 2 June 2016.

② J.T. Hunter. 2013. *Wild Tea Hunter.* Kunming: Wild Tea Qi Publishing.

纪西欧上流社会的人还要少。

一长串曾经在英国和全球都很出名的茶叶生产商，其间许多来去匆匆，在被人们遗忘之前，已经被乌克斯（Ukers）和福雷斯特（Forrest）列入名单。[①]萨林（Sarin）和卡普尔（Kappor）向今天印度茶业的主要参与者提供了一个粗略的介绍。[②]事实上，市场是广阔的和流动的，且有着不断变 685
化的演员阵容。20 世纪英国主要的茶叶品牌经常易手。霍尼曼（Horniman's）茶叶公司于 1826 年在新港怀特岛成立，并在 1891 年成为英国最大的茶叶销售公司，1918 年被里昂收购，目前为杜威·埃格伯茨公司（Douwe Egberts）所有。1869 年，阿瑟·布鲁克（Arthur Brooke）在兰开夏郡（Lancashire）创立了布鲁克·邦德（Brooke Bond）公司，1930 年又开创了 PG Tips 品牌（Pre-Gest-Tee，意为"消化前茶饮"），但该公司及其品牌在 1984 年被联合利华收购，后者也设法分阶段收购了立顿。

查尔斯·泰勒（Charles Taylor）1886 年创办了一家茶叶公司。该公司于 1962 年被贝蒂茶叶店收购，贝蒂 & 泰勒茶叶店目前占有英国 6% 的市场份额。泰福（Typhoo）起源于 1903 年，是约翰·萨姆纳（John Sumner）在伯明翰的商店里出售的一种拼配茶。1968 年，它被吉百利 – 史威士（Cadbury-Schweppes）收购。1984 年，它接受了管理层收购，1990 年被一家私人企业收购，2005 年又卖给了阿佩杰·苏伦德拉集团（Appjay Surrendra Group）。1964 年，川宁公司被英国联合食品公司（Associated British Foods）收购，后者还收购了皮卡迪利大街的杰克逊茶店。莱昂斯（Lyons）于 1894 年在皮卡迪利大街开设了第一家茶叶店，1961 年被联合酿造公司（Allied Breweries）收购，后者也收购了泰特莱（Tetley）品牌。1978 年，联合酿造公司一度将两个品牌合并，但在 2000 年，塔塔集团（Tata Group）通过管理层收购的方式并购了泰特莱。[③]

## 咖啡意外地让位于茶

在荷兰殖民时期，锡兰的沿海地区是由荷兰管理的，但是位于深山老林的内陆国家康提（Kandy）王国仍保持独立。因此，当荷兰人 1658 年开始在锡兰种植咖啡时，他们的种植园必然位于沿海地区。1795 年，当拿破仑占领了荷兰并建立了一个法国附庸国——巴达维亚共和国时，英国也乘虚而入占领了荷属锡兰。 荷兰对肉桂贸易的垄断地位被英国取代。几乎就在同一时间，1796 年，康提人和英国人之间爆发了武装冲突。1803 年到 1818 年期间，英国发动了三次针对康提王国的战争，最终吞并了康提，使得整个岛屿处于英国的控制之下。

随后，康提发起的三次起义都被英国镇压，该地区直到 1824 年才恢复平静。1828 年，总督爱德华·巴恩斯（Edward Barnes）在努瓦拉埃利亚修建了自己的住所，开设了一个疗养院，并开始修建一条从康提到努瓦拉埃利亚的公路。在他的管理下，皇室土地被廉价出售，直到 19 世纪 30 年代，建立咖啡种植园的企业家们才能够在岛上更适宜的高原地区建立自己的地盘。就像阿萨姆和大吉岭的茶叶

① Ukers（1935），Forrest（1973）.

② Sarin and Kapoor（2014: 50–56）.

③ Chrystal（2014: 82），Ellis，Coulton and Mauger（2015: 268–269）.

种植园通过从焦达那格浦尔高原、尼泊尔和孟加拉大量引入采茶工人并导致了人口结构的变化一样，锡兰的咖啡种植园也雇用了将近 100 名季节性劳工，这些劳工在 1843 年到 1859 年从印度南部的泰米尔邦被带到锡兰的咖啡种植园工作，以弥补当地的用工短缺。英国的咖啡种植园破坏了锡兰的大部分天然雨林，并为了所谓的娱乐而杀害了许多锡兰大象。①

1839 年，种植茶树的实验在佩拉德尼亚的皇家植物园和努瓦拉埃利亚进行，使用的是瓦立池博士从加尔各答送来的阿萨姆茶树种子。皇后小屋的首席法官安东尼·奥列芬特（Anthony Oliphant），以及在浦赛拉纳（Pussællāva）的罗斯柴尔德咖啡庄园的加布里埃尔和莫里斯·本尼迪克特·德·沃姆斯分
686 别于 1840 年和 1841 年在锡兰试验种植茶树。到 1867 年，锡兰有 4 公顷的土地种植了茶叶，但当时还没有茶叶出口。1852 年，十六岁的苏格兰冒险家詹姆斯·泰勒（James Taylor）来到锡兰，开始以管理者的身份把鲁拉孔德拉（Loolecondera）咖啡庄园变成茶园。该庄园占地 6 公顷，位于康提东南部的山区通往海拔 1890 米的努瓦拉埃利亚的路上。这是一个不起眼的小镇，位于锡兰茶叶种植区的中心，高原面积为 16.25 平方公里。

事实证明，泰勒接手这项任务的时机恰到好处。19 世纪 70 年代，锡兰的咖啡因咖啡锈病而毁于一旦。这种由咖啡锈菌（Hemileia vastatrix）引起的枯萎病，1861 年在肯尼亚首次被发现后，于 1869 年从东非传到锡兰。19 世纪 70 年代，随着充满热情的茶叶种植园主抢占了以前咖啡种植园的土地，茶叶种植园得以迅猛扩张。当时，著名的荷兰咖啡种植家族的迈克尔·范·英根（Michael van Ingen）离开锡兰，在迈索尔和喀拉拉邦建立了咖啡种植园。②1872 年，詹姆斯·泰勒发明了第一台茶叶揉捻机，此前这一过程都是手工进行的。第一批锡兰茶于 1875 年在伦敦上市。从咖啡向茶的转变对人口结构产生了直接影响，也加剧了种植园对岛上生态的影响。

从季节性收获咖啡豆转变为全年采摘茶叶，这实际上就将咖啡种植园内原本来自印度南部泰米尔邦的季节性农民工转变成锡兰中部山区永久性的“茶种植园中的泰米尔人”。这个在经济上处于弱势地位的群体，不同于锡兰东北部当地的泰米尔人。1983 年，努瓦拉埃利亚饱受暴乱的折磨，但是种植园里的泰米尔人却很少卷入从 20 世纪 70 年代到 2009 年震撼斯里兰卡的种族冲突。种植园的泰米尔人口占努瓦拉埃利亚周边茶区人口的 60% 以上。长期以来，咖啡、橡胶和茶等单一栽培模式破坏了斯里兰卡的本地动植物群。锡兰原始高地丛林的大规模毁坏，始于 19 世纪 30 年代的咖啡种植，而 19 世纪 70 年代的茶叶种植进一步加剧了这一现象，几乎将这种珍贵的生态类型，从岛上的生态系统中抹去。到 1894 年，锡兰所有以前种植咖啡的土地都改为种植茶树，加上新开发的茶树种植园，土地总面积超过了 13 万公顷。③

英国殖民时期在锡兰和印度留下的遗产涉及以英镑运营的公司和以卢比运营的公司之间的区别，但在原则上这些公司在规模或资本量方面没有区别。1972 年，在总理西丽玛沃·班达拉奈克夫人（Mrs. Sirimavo Bandaranaike）的领导下，斯里兰卡自由党（Sri Lanka Freedom Party）社会主义国民政

① Alicia Schrikker. 2007. *Dutch and British Colonial Intervention in Sri Lanka 1780–1815: Expansion and Reform.* Leiden: Brill.

② 2005 年，在迈索尔的卡塔拉马拉那哈利路（Kyatharamaranahalli Road）的土地上，迈克尔·范·英根和我分享了范·英根家族在锡兰、开普敦和南印度的家族历史。

③ Ludowyk（1966: 92）.

府开始根据《土地改革法》征用锡兰企业家所有的茶园和橡胶种植园。1975 年，那些以英镑运营的、由英国公司所拥有的茶园也被国有化，其在锡兰茶树种植园中所占的份额最大。私营企业流转到政府手中，不出所料地因管理不善、裙带关系、腐败而导致产品标准直线下降等问题。直到 20 世纪 80 年代私有化和专业管理逐渐恢复后，锡兰茶才开始重获国际声誉。

例如，位于努瓦拉埃利亚以东 3 公里的佩德罗山（Mount Pedro）上的佩德罗茶园之前一直由英国人经营，于 1975 年被征用，直到 1985 年才重新私有化。现在著名的斯里兰卡茶叶企业家梅里尔·约瑟夫·费尔南多（Merrill Joseph Fernando），在 20 世纪 70 年代早期也被政府当局夺走了一切，今天他 687
已经成为锡兰茶业的巨头之一。他的迪尔玛集团（Dilmah）是重建遭受重创的锡兰茶业的主要参与者。20 世纪 80 年代，费尔南多不顾斯里兰卡茶叶委员会（Sri Lanka Tea Board）和布鲁克·邦德（Brooke Bond）等国际参与者的强烈反对，为斯里兰卡引进了最早的两台茶叶袋装机。费尔南多从他两个儿子 Dilhan 和 Malik 的名字第一个音节中各取了一个音节，创造了“迪尔玛”（Dilmah）品牌，最后的“h”在 1988 年是按照正字法拼写规则准确无误地添加进去的。

就在立顿努力试图摆脱茶叶贸易中间商身份的时候，费尔南多则对今天作为公平贸易认证的新中间商机制展开了攻击，他批评这种机制是“宣传”对“实质”的胜利。拉丁美洲的一位马克思主义者提出的为“道德上可追溯”的茶叶树立品牌的构想，呼唤着消费者的良知。生产商支付一定的佣金来获得使用公平贸易标志来标识产品的权利，然而仍然只有相对较少的收入流向采茶者。相比之下，费尔南多将三分之一的个人财富投入梅里尔·约瑟夫·费尔南多慈善基金会。该基金会将茶业收入的一大部分再投资于茶工的医疗保健、子女教育以及国际慈善活动捐助。

直到不久前，在斯里兰卡还很难找到高档锡兰茶，因为所有较高档次的茶叶都迅速在科伦坡被拍卖并出口。今天，大多数斯里兰卡人仍然饮用淡褐色茶，这种茶没有什么香味，还加了牛奶进一步稀释。斯里兰卡的茶农却开始对自己的茶叶有了自豪感，销售非拼配的单一茶园的茶叶，包括一些整叶绿茶。例如，迪尔玛集团的艾尔佩提亚（Elpittiya）茶园出产的上好绿茶。尽管如此，2009 年，斯里兰卡生产的茶叶中仍有 95% 以上是红碎茶，等级遵循英国的命名法和原本为大吉岭和阿萨姆茶所使用的缩写。位于塔拉瓦克勒（Talawakelle）的斯里兰卡茶叶研究所（Tea Research Institute of Sri Lanka）的主要任务之一就是向茶农们传授新技术。此外还有引进新品种，包括来自日本的薮北栽培品种，以及尝试采用远东和大吉岭的方法制作高品质的绿茶。①

斯里兰卡主要的茶叶种植区包括康提、努瓦拉埃利亚、帝姆布拉（Dimbula）、浦赛拉纳、乌瓦（Uva）和南部的罗诃那（Ruhuṇu）地区。汀布拉、康提、浦赛拉纳和乌瓦的茶园位于海拔 800~1400 米。努瓦拉埃利亚周围的茶园海拔稍高一些，该小镇坐落在海拔 1868 米的地方，而罗诃那地区的茶园则位于海拔较低的地方。茶树生长在红黄色的灰化土和深红色的赤色土上，这些土壤是该岛的特色。锡兰茶可按海拔高度分为三类：海拔 1200 米以上的属于高海拔茶叶、海拔 600 米以下的属于低海拔茶叶，以及海拔 600~1200 米的属于中等海拔的茶叶。在海拔较高的地方，茶树生长较慢，茶叶味道也更

① M. Trixie K. Gunasekare. 2012. 'Tea plant (*Camellia sinensis*) breeding in Sri Lanka', pp. 125–176 in Chen, Apostolides and Chen (op.cit.).

为细腻。

这里有许多茶园。面积最大的是位于努瓦拉埃利亚以北 20 公里的莱布克里（Labookelie）茶园，属于麦克伍德集团的资产。麦克伍德集团最初由威廉・麦克伍德（William Macwood）于 1841 年创建，该集团还拥有大量棕榈和橡胶种植园。托马斯・立顿也在该岛的茶产业中扮演着举足轻重的角色，下文将有所介绍。茶叶由品茶师品尝后进行分级并送去拍卖。该岛大约 95% 的茶叶用于出口，一旦锡兰茶叶委员会认证茶叶产自锡兰，就会用狮子标志作为认证标记。锡兰茶产业用了四十多年的时间，在摆脱了征用政策造成的破坏之后，设法重建。

由于面积有限，斯里兰卡面临的新挑战是如何通过将中低档红茶提升为高档红茶来增加收入。
688 与此同时，除了针对绿茶和芳香型半发酵茶的试验外，岛上的一些茶叶种植园主还开始进行更进一步的生产优质绿茶的实验。例如，在斯里兰卡，阿罗可兹（Alokozgy）制造了一种制作精良的绿茶产品。阿罗可兹是一家总部设在迪拜的公司。然而，直到目前，阿罗可兹茶的包装说明上还在误导人们用 100℃的开水冲泡这种散叶锡兰绿茶，其实这对这种好茶来说并没有什么好处。近年来，斯里兰卡其他茶企也开始小规模生产各种高档的手工制作的茶叶。

图 9.30　生动而戏剧性的一幕是，一个年轻的处女在赫尔曼・古那拉特勒位于汉都鲁格达的茶园里用金剪子采茶。

689 图 9.31　在汉都鲁格达茶园，用瓷碗收集新采摘的茶芽。

2012 年，斯里兰卡茶叶出口商协会提议从肯尼亚、越南和印度尼西亚进口茶叶，用于拼配和重新包装。斯里兰卡传统上不允许进口茶叶做拼配，但鉴于斯里兰卡茶叶种植园劳动力价格日趋高企，斯里兰卡茶叶委员会正在调查这一提议的可行性。实用主义者的目标是通过进口和拼配来增加总收入，而专业主义者如梅里尔・约瑟夫・费尔南多和马琳伽・赫尔曼・古那拉特勒（Māliṅga Herman Guṇaratne）则为了捍卫锡兰红茶的声誉，希望提升斯里兰卡的国际形象。在南方省份汉都鲁格达的茶园里，古那拉特勒别出心裁地雇了几个年轻的处女用金剪刀剪茶，他相信古代中国有这样的做法。很难说他的所有茶叶都是以这种方式收获的，但至少他们在对游客开放的品茶站范围内是这样做的。他还撰写了两本回忆锡兰茶业近代历史的回忆录。①

从 1960 年到 1995 年，斯里兰卡每年的茶叶产量在 20 万吨左右波动，有时会下降到 18 万吨以下。经济市场化改革下，私营企业蓬勃发展，茶叶产量开始回升。1996 年，茶叶产量超过 25 万吨，此后茶叶产量稳步增长，目前年产量超过 34 万吨。由于私人企业的活力已经取代了政府的怠惰，除了老式的完全氧化的红碎茶，斯里兰卡现在生产更多手工制作的绿茶和优质的叶茶。2004 年，锡兰茶被国际标准组织（International Standards Organisation）茶叶技术委员会评为“世界上最洁净的茶”（从杀虫剂和农药残留的角度做出的评估）。②然而，在斯里兰卡生产茶叶仍然面临经济上的挑战。不考虑中国、日本和韩国这些茶叶原产国，2007 年斯里兰卡的茶叶生产成本最高，为每公斤 1.89 美元，印度尼西亚最低，为每公斤 58 美分。③尽管如此，锡兰仍是世界第四大茶叶生产国，仅次于中国、印度和肯尼亚， 690
而且该国茶叶的年产量至少是日本的三倍。

## 托马斯·立顿爵士和他的挚爱

著名的托马斯·约翰斯通·立顿（Thomas Johnstone Lipton）于 1850 年 5 月 10 日出生在一个为躲避爱尔兰饥荒逃难到格拉斯哥的贫穷家庭。十四岁时，他还是个乳臭未干但充满好奇心的小伙子，就只身前往美国闯荡。④他在弗吉尼亚州采摘过烟草，在南卡罗来纳州耕种过稻田，在新奥尔良一家有轨电车公司操作过骡车，然后又在新泽西州的一个农场里干了一段时间，最后回到纽约在一名零售店当店员。他在美国工作了五年之后，终于攒够了 500 美元，于 1869 年回到格拉斯哥，时年十九岁。他开始在他父母位于皇冠大街（Crown Street）的小杂货店里工作，并用他母亲的娘家姓约翰斯通作为他的中间名。

1871 年 5 月，他在斯托布十字街（Stobcross）101 号开了自己的第一家零售店。他让两头洗得干干净净、养得白白胖胖的猪佩戴着大大的蓝色绶带，在格拉斯哥的街头游行，标语牌上写着“我要去立顿，镇上最好的爱尔兰培根店”。到了 1878 年，原来开在斯托布十字街的零售店已经废弃，3 家新的立顿零售店分别在高街（High Street）、佩斯利街（Paisley Street）和牙买加街（Jamaica Street）开业。到 1880 年，立顿已经建立了 20 家连锁店。1881 年的圣诞节，他成功地策划了一个营销噱头。他在纽约的一家乳品店定制了两块圆盘状的巨型奶酪，每块直径 11 英尺，重 3500 磅。他每年都会使用这种营销策略，再设法把奶酪一块一块地卖掉。1887 年，他写了一封信给维多利亚女王，请求在女王登基

① Herman Gunaratne. 2010 [1980]. *The Plantation Raj: A Lifetime in Tea*（2nd edition）. Galle Fort: Sri Serendipity Publishing House; Herman Gunaratne. 2010. *The Suicide Club: A Virgin Tea Planter's Journey.* Galle Fort: Sri Serendipity Publishing House.

② M.A. Wijeratne. 2004. 'Tea industry in Sri Lanka', *ICOS*，2: 51–54.

③ Alice Kirambi. 2008. *Report on Small-Scale Tea Sector in Kenya.* Nairobi: Christian Partners Development Agency（p. 18）. 根据 2007 年的数据，以美元计算，其余国家的生产成本排名由高至低依次为印度每公斤 1.63 美元、肯尼亚每公斤 1.33 美元、卢旺达每公斤 1.32 美元、乌干达每公斤 1.20 美元、坦桑尼亚每公斤 1.16 美元、马拉维每公斤 1.14 美元、津巴布韦每公斤 1.11 美元、越南每公斤 81 美分。

④ d'Antonio 声称立顿生于 1848 年，而不是大家普遍认为的年份（Michael d'Antonio. 2011. *A Full Cup: Sir Thomas Lipton's Extraordinary Life and His Quest for the America's Cup.* New York: Riverhead Books，p. 16）。

图 9.32　图为托马斯·约翰斯通·立顿先生，第一代准男爵（1848~1931 年）（按前文所述，应为 1850~1931 年。——编者注），1910 年站在他的游艇“三叶草”三号（Shamrock Ⅲ）上，由贝恩新闻社发布，照片来自华盛顿国会图书馆报刊与图片部 5×7 英寸玻璃底片。

50 周年纪念时献上这种奶酪，但被拒绝，理由是不合适。

立顿成为百万富翁，并设法让他的父母在坎布斯兰（Cambuslang）的约翰斯通别墅里过上了奢华的生活。立顿第一次冒险进入茶叶零售业是在 1889 年，他用铜管乐队和风笛衬托着自己的商品。1889 年 10 月，他年迈的母亲去世，享年 80 岁，第二年春天，他的父亲去世。1890 年，40 岁的立顿发现自己孤身一人，尽管当时他的连锁零售店大约有 200 家。在人生的这个转折点上，他选择了一条新的道路。

1890 年 5 月，父亲去世后不久，立顿乘船前往锡兰和澳大利亚。在岛上，他购入 7 个茶园，其中包括他最喜欢的丹伯特纳（Dambētænna）茶园，为此他很快拥有了 1500 公顷的土地，还有 3000 人为他工作。当立顿进入茶叶市场时，其他锡兰茶园主还有詹姆斯·泰勒、思韦特斯（Thwaites）、哈里森（Harrison）和利克（Leake）。坐落在哈普塔勒（Haputalē）地区的悬崖顶端，俯瞰丹伯特纳茶园的是一处名为“立顿之座”（Lipton's Sesat）的景点，在晴朗的日子里，整个乡村周围一直延伸到大海的风景尽收眼底。据说托马斯·立顿很喜欢站在这里欣赏景色。

他的目标是使所有人都喝茶，为此，他推出了预先包装的盒装锡兰茶，广告语是“直接从茶园到茶壶”。他在美国、加拿大和欧洲建立了销售网络。1893 年夏天，立顿在芝加哥世界博览会的锡兰馆展示了锡兰茶，据说他卖出了天文数字的茶包。立顿还在美国猪肉行业赚了一大笔钱，并在新泽
691 西州的霍博肯（Hoboken）成立了托马斯·J. 立顿茶叶包装公司。1895 年，他被授予女王陛下供应商（Purveyor）的殊荣。已经成为千万富翁的立顿，在他众多的慈善活动中，有一项是在 1897 年假借维多利亚女王钻禧庆典之名为伦敦 4 万名穷人举办的盛大宴会。他匿名赞助了这次活动，显然，这一行动基于一个合理的假设，即他的匿名不会被保护得太久。

立顿成为威尔士亲王、未来的国王爱德华七世的密友。尽管他是威尔士亲王的朋友，在怀特岛的考兹（Cowes），著名的皇家游艇中队（Royal Yacht Squadron）仍然将立顿拒之门外。之后，1898 年，立顿加入了皇家阿尔斯特游艇俱乐部。从 1898 年到 1929 年，他在班格尔（Bangor）的皇家阿尔斯特游艇俱乐部（Royal Ulster Yacht club）参加了 5 次美洲杯比赛，但从未获得冠军。他的游艇分别命名为“三叶草”一号、二号、三号、四号和五号（Shamrock I，II，III，IV，V）。在位于奥斯奇（Osidge）

的庄园里，他将最喜欢的一个僧伽罗仆人唤作“Shamrock”。立顿每次都会乘坐游艇“艾琳”号（Érin）站在甲板上追随比赛。

由于 1914 年第一次世界大战爆发，“三叶草”四号在抵达纽约时就被放进了船坞，立顿乘“艾琳”号回到了英国。在威斯敏斯特公爵夫人（娘家姓康沃利斯 - 韦斯特，née Cornwallis-West）康斯坦斯·埃德温娜·刘易斯（Constance Edwina Lewes）的建议下，立顿将这艘“艾琳”号帆船改造成一艘医疗船，并在医院骑士团和红十字会的帮助下将船开到黑山和希腊提供医疗救助。1916 年，随着战 692
争形势的严峻，皇家海军征用了这艘医疗船，并命名为“艾古萨”号（Aegusa），但不久之后，其就被一艘 U 形潜艇击沉了。

作为一个富有的茶叶大亨，立顿在两次世界大战中间的期间一直是美洲杯帆船赛的挑战者。在美洲杯上为英国卫冕努力了 30 年，尽管没有成功，他还是赢得了同情和名声。1930 年，尽管姗姗来迟，他还是被一致推选为皇家游艇中队的成员。据说在位于奥斯奇的住所收到中队发来的电报后，立顿讽刺地问他的朋友布鲁克·赫克斯托尔·史密斯（Brooke Heckstall-Smith）是否知道这个刚刚允许他加入的俱乐部的地址。

立顿从来没有和女人发生过关系。相反，他与他的第一个店员威廉·洛夫（William Love）有着超过 40 年的亲密工作关系。1872 年夏天，22 岁的立顿在维多利亚大桥上认识了洛夫。洛夫 16 岁时成了立顿在商界的得力助手。洛夫与立顿及其父母一起生活，最初住在格拉斯哥的西边，1877 年一起住进坎布斯兰的约翰斯通别墅。从 1893 年开始，立顿在他位于北伦敦奥斯奇的家中安排了许多年轻的僧伽罗族男子，过着充满激情而又离群索居的生活。立顿去世五年后，洛夫终于在七十岁时结了婚。

1901 年 3 月，托马斯·立顿被授予维多利亚勋章。[①] 立顿在一次寒冷的汽车旅行之后病倒了，后于 1931 年 10 月 2 日在奥斯奇病逝。[②] 立顿并没有发明英式风格的红碎茶，但他策划的成功的推广活动刺激了欧美对浓郁“红茶”的需求，这进一步促使当时一直占主导地位的精致、芳香的中国茶叶黯然失色。立顿帮助完成了消费者偏好的这一戏剧性转变，并使这种变化一直延续下去。立顿茶在英国主要是通过立顿自己的零售店销售的，然而，在立顿去世前两年，在 1929 年的股市崩盘期间，立顿的股票遭受了严重损失。

当新的连锁超市超过立顿的零售连锁店时，这个国际化的苏格兰品牌在不列颠群岛被其他早期的锡兰茶品牌取代，如泰福和布鲁克·邦德的 PG Tips（品牌名）。1930 年，荷兰人造奶油公司（Margarine Unie）与英国香皂公司（Lever Brothers）合并，成立了英荷跨国企业联合利华，总部设在鹿特丹和伦敦。在经济大萧条之后，经过 1938 年至 1972 年的一系列分批交易，立顿茶品牌最终被联合利华收购。

## 冰茶、茶包及奥威尔茶

有人声称，冰茶最早是在 1893 年的芝加哥世界博览会上出现的。该博览会原定于 1892 年 10

① *The London Gazette*, 8 March 1901, p. 1647.

② Françoise de Maulde. 1990. *Sir Thomas Lipton.* Paris: Éditions Gallimard; d'Antonio（2011）.

月 21 日开幕，作为纪念四个世纪前哥伦布发现新大陆欧洲人开创美洲殖民地的壮举，实际举办时间是 1893 年 5 月到 10 月。另一个强有力的说法是，冰茶是由印度茶叶协会委员理查德·布莱钦登（Richard Blechynden）在 1904 年圣路易斯世界博览会上为大家提供的，用于消暑解渴。[①] 也许这两件事都有助于冰茶的普及。然而，在这两次世界博览会之前，冰茶在美国已经是一种发展成熟的饮品了。在美国南北战争（1861~1865 年）之前，冰茶就已经被某个没有留下名字的人发明出来了。

1860 年出版的《如何生活》（*How To Live*）手册中就有这方面的证据，其中梭伦·罗宾逊写
693 道："去年夏天我们养成了把茶冰冻着喝的习惯，并且真心觉得它比热的时候更好喝。"[②] 然而，根据伦敦一位茶商 1826 年的记载，早在美国南北战争之前，茶冰就已经在英格兰的时尚圈流行了很长时间：

> 提供茶冰，或者更确切地说是冰冻的茶霜，在这个国家（上流社会圈子里）曾经是一种时尚；这种茶冰只有用最好的熙春茶才能制成，不能掺入任何红茶。在闷热拥挤的房间里，它会令人感到非常舒适和凉爽。[③]

饮用冰茶的想法很可能是美国的首创，但是，几十年前流行的在炎热天气聚会时供应茶冰的英国时尚很可能为其提供了灵感。因此，冰茶很可能是英国人发明的。

在 19 世纪 70 年代的美国，冰茶的配方已经出现在烹饪书中。1877 年，由于加入了冰块，埃斯特尔·伍兹·威尔科克斯（Estelle Woods Wilcox）建议先把茶泡得"比平时更浓更甜"，然后"冰茶可以单独用绿茶或者红茶来调制，但是，将两者混合在一起也被认为是一种改进"。[④]1878 年，马里昂·卡贝尔·泰瑞（Marion Cabell Tyree）收录了一个冰茶的配方，是把一夸脱沸水和两茶匙绿茶混合在一个烫好的茶壶里。几个小时后，等茶彻底冷却，倒入盛满冰块的高脚杯中，每个高脚杯中加入两茶匙白砂糖。此外，泰瑞认为，"挤一点柠檬汁可以让它更美味健康，因为它可以纠正口味收敛的趋势"。[⑤]

随着冰箱的普及，冰茶迅速传遍了全世界。冰茶文化在泰国得到蓬勃发展。事实上，许多美国文化的影响在越南战争期间（1955~1975 年）表现了出来，当时美国士兵每年享有两次称为"R&R"（休息和娱乐）的五天假期，其间他们经常光顾曼谷。泰国冰茶（Thai cha: yen）是用泡得很浓的红茶加入大量炼乳和糖使其变甜，冰镇后饮用的。泰国冰茶的变种冰红茶（cha: dam yen）不加牛奶，只加甜味剂；而冰柠檬茶（cha: má na:o）是用红茶加柠檬汁而不加牛奶制成的。随着主题的变化可以任意进行调制，因此，泰国冰茶也可能调成酸角、橙花、茴香或其他的口味。有时候，会为了让

---

① Gilles Brochard，2005. 'Time for tea'，pp. 57–148 in Anthony Burgess，ed.，*The Book of Tea.* Paris（p. 133）: Flammarion; Gautier（2006: 37）; Griffiths（2011: 340–341）.

② Robinson（1860: 157）.

③ A Tea Dealer（1826: 88–89）.

④ Estelle Woods Wilcox. 1877. *Tried and Approved Buckeye Cookery and Practical Housekeeping，Compiled from Original Recipes.* Minneapolis: Buckeye Publishing Company（p. 119）.

⑤ Marion Cabell Tyree. 1878. *Housekeeping in Old Virginia.* Louisville，Kentucky: John P. Morton & Co.（p. 64）.

不同口味的饮料容易通过颜色进行辨认而添加红色的食用色素。

图 9.33 “冰红茶”可以调成酸角、橙花、茴香或其他口味。经常通过添加红色食用色素使其呈现很炫的颜色。也可以选择加入炼乳。图片来自位于清迈的 Eak Q อีคคิว，alias Suthangkul Kabkhum。

茶包是在 20 世纪初引进的。罗伯塔·C. 劳森（Roberta C. Lawson）和玛丽·麦克劳伦（Mary McLaren）于 1901 年 8 月 26 日为一种布质的“茶叶包”申请了第 723287 号专利，并于 1903 年 3 月 24 日获得了该项专利。[①] 从形状上，早期的布茶包看起来已经非常类似于今天无处不在的、通常用纸纤维制成的长方形茶包。到 20 世纪 30 年代时，美国出现了各种类型的茶包，从圆形、方形的麻袋制的纱布包到圆形和方形的玻璃纸包。1930 年，波士顿技术纸业公司（Technical Papers Corporation）的创始人威廉·A. 赫曼森（William A. Hermanson）被报道发明了第一个热封纸纤维茶包。

1935 年，乌克斯报道称，英国人“怀着既怀疑又警惕的心情”看待美国人对茶包的创新，[②] 但是同一年在英国，约瑟夫·泰特莱公司率先引进了茶包，然后 694
从 1953 年开始大规模生产茶包。[③]1970 年，只有不到 10% 的英国茶是用茶包泡出来的，但是到 1985 年，英国就有超过一半的茶是用茶包泡出来的，到 2000 年，英国已经有超过 90% 的茶是用茶包泡出来的。[④] 所以我们可以说，今天大多数英国人喝的都是用茶包泡出来的，只有很少一部分英国人喝的是用上等茶叶泡出来的茶。

然而，英国著名作家乔治·奥威尔非常反对茶包，并在一篇名为《一杯好茶》（*A nice cup of tea*）的文章中以毋庸置疑的措辞表达了这一观点。这篇文章是他专门为《旗帜晚报》（*Evening Standard*）的星期六征文撰写并于 1946 年 1 月 12 日刊登。这篇有趣而又自以为是的文章写于二战后，当时英国的茶叶和其他商品仍然是定量配给的，就像一战和二战期间茶叶在英国（实行配给制）的情形。这种心情我们可以参考第二次世界大战期间，英国士兵对于得到他们的茶叶配给的渴望，据说丘吉尔在 1942 年曾说，茶对他的士兵来说比弹药更重要。[⑤]

奥威尔对印度或锡兰的整叶红茶有明显的偏好，他喜欢喝冲泡浓烈的只加牛奶不加糖的红茶。他认为，沸腾的水应该直接倒在充分氧化的红茶叶子上。他还认为，牛奶应该加到茶中，而不是反过 695

① 通俗茶书的作者们经常会提到一个关于 Chow 和 Kramer 的传闻（1990：32）：1908 年 Thomas Sullivan 在纽约不经意间发明了用茶包作赠饮，但其实早在那个时候之前就已经在生产销售茶包了。

② Ukers（1935，ii: 443）.

③ Andy Bloxham. 2008. ‘Tea bag to celebrate its century’，*The Telegraph*，13 June 2008.

④ Moxham（2003: 202）.

⑤ Burgess（2005: 16）.

来；①喝茶的人应该首先注意撇去牛奶中的奶油，这个建议可能会让今天的年轻人感到困惑，他们从未见过天然牛奶，只熟悉超市里售卖奶制品厂提供的经过均质化处理的牛奶。他的文章描述如下：

如果你在一本烹饪书中查找“茶”，可能会发现它根本没有被提及；或者至多有几行粗略的说明，对于几个最重要的问题也没有给出任何解释。

这是很奇怪的，不仅因为茶叶是我们国家，以及爱尔兰共和国、澳大利亚和新西兰等国公民的主要用度，而且因为关于什么是最好的泡茶方法总是存在激烈的争论。

当我浏览关于完美茶的配方时，发现不少于十一个突出的要点。其中有两个问题，人们可能会达成共识，但至少有四个问题存在争议。以下是我的饮茶十一条规则，每一条都是金科玉律：

第一，应该饮用印度茶或锡兰茶。中国茶的优点如今不容小觑——经济实惠，不加牛奶也能喝——但味道多少有些寡淡。人们喝完之后不会产生那种充满智慧、勇气和乐观的感受。“一杯好茶”这个令人欣慰的短语总是被人们用来形容印度茶。

第二，泡茶的量应该尽量少——也就是说，用茶壶泡茶。用瓮泡出来的茶总是淡而无味，而用大锅煮出来的行军茶，尝起来有油脂和石灰水的味道。茶壶应该使用瓷制的或陶制的。用银茶壶或不列颠陶茶壶就泡不出好的茶汤，用珐琅壶泡茶则味道会更糟糕，不过奇怪的是，用锡制茶壶（现在已经很少见了）泡茶并没有那么糟糕。

第三，壶要预先加热。把它放在铁架上加热要比通常我们所做的用热水冲泡要好得多。

第四，茶要浓。对于一个容量为一夸脱的茶壶来说，如果你想把它装满的话，六茶匙茶量就差不多了。在定量配给的时代，这不是一周中每天都能实现的想法，但我坚持认为一杯浓茶胜过二十杯淡茶。所有真正的茶爱好者不仅喜欢浓茶，而且喜欢一年比一年更浓一点的茶——这一点在发放给老年退休人员的额外配给中得到了确认。

第五，茶叶应该直接放入壶中。不要用过滤器、纱布包或其他禁锢茶的装置。在一些国家，茶壶嘴下装有晃来晃去的小篮子，用来截住游离出来的茶叶，据说这有损茶叶。实际上，一个人可以大量喝下茶叶而不会对身体产生任何不良影响，但如果茶叶没有在壶中散开，它就不能被充分地浸泡。

第六，应该把茶壶拿到烧水壶旁，而不是反过来。在泡茶的瞬间，水应该是沸腾的，这意味着在倒水的时候，应该让水保持在火焰上的状态。有些人补充说，应该只使用刚刚烧开的水，但我从来没有注意到这有什么不同。

第七，泡好茶后，应该搅拌它，或者更好的做法是，把茶壶好好摇一摇，然后让茶叶沉淀下来。

第八，应该用一个好的早餐杯喝茶——也就是说要用圆柱形的杯子，而不是平而浅的杯子。早餐杯能装下更多的茶，如果用其他类型的杯子，人们还没开始喝，茶就凉了一半。

696 第九，在将牛奶倒入茶中之前，应该先把牛奶中的油脂去掉。油脂太多的牛奶总是让茶有一种难喝的味道。

① 在英格兰，有些人相信一种稀奇而古怪的迷信：在加牛奶之前还应该加糖，以免陷入不幸的爱情。

第十，应该先把茶倒进杯子里（再倒牛奶）。这是最具争议的问题之一。事实上，在英国人家庭中，关于这个问题都可能存在两个派别。“奶先派”可以提出一些相当有力的论点，但我认为我的论点是无可辩驳的。这就是说，通过先放茶，然后一边倒奶一边搅拌，这样就可以准确地控制牛奶的量，而如果先倒奶后放茶，人们就有可能放入过多的牛奶。

第十一，除非喝的是俄罗斯风味的茶，否则喝茶时不要加糖。我很清楚，在这一点上我是少数派。但是，如果你由于往茶里加糖而破坏了茶的味道，你怎么能称自己是一个真正的茶爱好者呢？当然，如果加入胡椒粉或盐也是同样的道理。茶本身就意味着苦涩，就像啤酒意味着苦涩那样。如果你把它变甜，你就不再是在品尝茶，你只是在品尝糖；那你不如把糖溶解在普通的白开水中，也能得到类似的饮品。

有些人会辩称，他们不喜欢茶本身，他们喝茶只是为了取暖和刺激，他们需要用糖掩盖茶的味道。对于那些误入歧途的人，我会说：试着不加糖喝茶，比如，两个星期，你就不太可能再想加糖来毁掉你的茶了。

这些并不是与饮茶有关的唯一有争议的问题，但它们足以表明整个这件事已变得多么精细化。

围绕茶壶还有一些神秘的社交礼仪（例如，为什么用碟子喝茶会被认为很粗俗了）以及关于茶叶的辅助用途，也可能有很多相关文章，比如算命、预测访客的到来、喂兔子、治疗烧伤和清洁地毯等。

值得注意的是一些细节，比如温壶和使用真正沸腾的水，这样才能确保从一个人的定量配给中挤出二十杯两盎司泡法得当的、又好又浓、具有代表性的茶。

图 9.34　多丽丝・戴演唱《两个人的茶》，这是 1950 年影片的剧照。

对于许多茶爱好者来说，茶包仍然有着坏名声，因为大多数茶包里面装的是劣质的红碎茶。一些行家还能在茶汤中品尝到纸纤维。如今，一些茶叶生产商生产的茶包中含有质量更高的茶叶，这些茶包据说是用丝绸制成的。事实上，这种“丝绸”通常是某种天然或合成的纱布。再好一些的茶包有各种不同的形状。尽管对于习惯使用纸纤维茶包的消费者来说，新型薄纱茶包看起来像是一种进步的产物，但这些花哨的新型茶包实际上与 20 世纪 20 年代最早的茶包十分相似，而且一些较好的高端茶生产商已经使用这种茶包数十年了。比如，生产高端茶的瑞士的西洛哥公司（Sirocco）。西洛哥公司 1908 年由阿尔方斯・库斯特（Alfons Kuster）在瑞奇湖（Lake Zürich）的施梅里孔（Schmerikon）创立，最初是一家咖啡烘焙公司，或是巴黎贝杰曼・巴顿（Betjeman Barton）茶叶公司，其前身是始创于 1919 年的英国茶行。

奥威尔提出的第十点在今天的英国仍然是一个有争议的话题。2003 年，在皮卡迪利大街伯灵顿府（Burlington House）的皇家化学学会（Royal Society of Chemistry）的公关部门的经理布莱恩·埃姆斯利（Brian Emsley）发表了一篇文章，宣布拉夫堡大学（Loughborough University）的化学工程师安德鲁·斯塔普利（Andrew Stapley）明确肯定牛奶应该首先倒入杯子的说法。斯塔普利认为，应该把茶倒在牛奶上面，否则，把牛奶倒进 75 摄氏度以上的热茶中会使牛奶里面的蛋白质变性，从而使茶的味道变差。

出于同样的原因，斯塔普利的研究发现，应该避免使用超高温瞬时灭菌（UHT）牛奶，因为经过
697 “超高温消毒法”或“超热处理”的牛奶已经含有变性牛奶蛋白。[①] 英国皇家化学学会自豪地吹捧这项研究成果，但不知为何，它忽略了一个问题：如果把茶倒在茶杯底部薄薄的一层牛奶上，牛奶肯定也会变得滚烫起来，因为英式红茶通常都是滚烫的。由于调查人员忽略了这种经验上的不确定性，关于奥威尔提出的第十点的争论大概至今仍无定论。

茶还推动了西方文化的艺术表达。在美国，1876 年，诗人拉尔夫·沃尔多·爱默生（Ralph Waldo Emerson）将茶与健康和灵感联系在一起：

> 健康是第一位的，它由空气、风景和精神的全面锻炼所带来的迷人好处组成……（存在于）所有关于健康、锻炼、合适的营养品和滋补品的细节中。有些人会告诉你，一箱茶叶中蕴含着大量的诗意和美好的感情。[②]

著名的歌曲《两个人的茶》源于 1925 年创作的音乐剧《不，不，南妮特》（*No*，*No*，*Nanette*），由文森特·米莉·尤曼斯（Vincent Millie Youmans）作曲，欧文·凯撒（Irving Caesar，别名 Isidor Keiser）作词：

> 想象你坐在我膝上，
> 两个人喝茶，喝着两个人的茶，
> 只有我为你，你为我！
> 没有人在旁边看着我们听着我们，
> 周末假期没有朋友或亲戚。
> 我们也不会让别人知道我们有电话，亲爱的……
> 698 天一亮，我就会醒来，为你烤一个糖蛋糕
> 让你带上，让别的男生看到
> 我们会组建一个家庭，给你生一个男孩，给我生一个女孩。

① Brian Emsley. 2003. *News Release: How to make a Perfect Cup of Tea.* London: Royal Society of Chemistry; Maev Kennedy. 2003. ‘How to make a perfect cuppa: put milk in first’, *The Guardian*, 25 June 2003.

② Ralph Waldo Emerson. 1876. *Letters and Social Aims*（*New and Revised Edition*）. Boston: James R. Osgood and Company（pp. 227–228）.

你难道看不出我们会有多高兴……

最令人难忘的是多丽丝·戴（Doris Day）在1950年演唱的版本。耶胡迪·梅纽因（Yehudi Menuhin）和斯特凡纳·格拉佩里（Stéphane Grappelli）在1978年演奏了器乐版本，最新的一个版本是由粉红马提尼在2007年演奏的。1935年，英国音乐剧《走出储藏室》（*Come Out of the Panty*）的主打歌《一切为茶停下来》（*Everything stops for tea*）由阿尔·霍夫曼（Al Hoffman）、阿尔·古德哈特（Al Goodhart）和莫里斯·西格勒（Maurice Sigler）创作。下面引了其中的两个小节：

每个国家都创造了自己的佳酿，
法国有红酒，德国有啤酒，
土耳其有咖啡，他们的咖啡比墨水还黑，
俄罗斯人喜欢伏特加，英国人喜欢他们的茶。

这是多好的英国习俗，它使大脑兴奋起来，
当你略感疲倦的时候，一杯就让你精力充沛，
且比香槟还价廉。

1939年，克拉伦斯·凯利（Clarence Kelley）和乔治·哈罗德·桑德斯（George Harold Sanders）共同创作了一首美国儿童歌曲，副歌部分的开头是"我是个矮矮胖胖的小茶壶"。这首茶壶之歌的旋律和歌词并不复杂，但奇怪的是，这些歌词似乎让人想起了《秀发遭劫记》（*Rape of the Lock*）中的一句台词：

到处都可以看见有无数东西
在司脾灵的指挥下改变形体
这里站着活茶壶
它两条胳臂
弯的是壶柄
伸着的便是壶嘴[①]

[译文取自蒲柏著《秀发遭劫记》（英汉对照），黄杲炘译，湖北教育出版社，第697页。——译者注]

1976年，英国齐柏林飞艇乐队（Led Zeppelin）创作并录制了一首忧郁悲伤的歌，名为《一个人的茶》（*Tea for one*），歌曲讲述了英国音乐人在北美旅行时感受到的孤独和思乡之情。

---

① Pope（1714，p. 36，Canto IV，ll. 47–50）.

## 德国和丹麦

1685 年，杜福尔发现，德意志人几乎对茶一无所知，人们不愿意尝试新事物。然而，在 18 世纪，德意志人开始喝茶。1804 年，吉斯布瑞特 · 范 · 霍根道普（Gysbregt van Hogendorp）在一篇关于巴达维亚共和国茶叶经济的文章中指出，欧洲的茶叶消费主要集中在英格兰、荷兰、丹麦和德意志北部。[①] 19 年后的 1823 年，海因里希 · 海涅在他的《间奏曲》中写道：

> 他们坐在茶几边喝茶，
> 谈了很多关于爱情的话题。
> 先生们很优雅，
> 女士们也很温柔。[②]

尽管在 19 世纪，德意志北部是欧洲一个主要的茶叶市场，但它在茶叶贸易中的全球影响力却是
“姗姗来迟”。当英国东印度公司在茶叶贸易中的垄断地位被削弱后，1839 年 1 月 10 日，伦敦首次举
办了一场免费的茶叶拍卖会。1861 年 12 月 27 日，加尔各答举办了第一次茶叶拍卖会，1883 年 7 月
699 30 日，科伦坡举办了第一次茶叶拍卖会。第二次世界大战后，1947 年在科钦举办了第一次茶叶拍卖
会，1949 年在吉大港、1956 年在内罗毕（Nairobi）、1963 年在尼尔吉里山的古努尔、1979 年在蒙巴萨
（Mombasa）、1979 年在喀麦隆的林贝（Limbe），以及 1970 年在阿萨姆的古瓦哈提（Gauhati）、1972 年
在雅加达、1976 年在西里古里（Siliguri）、1980 年在哥印拜陀（Coimbatore）、1981 年在新加坡分别举
办了茶叶拍卖会。二战后，阿姆斯特丹的茶叶拍卖重新活跃起来，并一直持续到 1958 年，它是历史上
第一个举办欧洲茶叶拍卖的城市。1959 年，鹿特丹和安特卫普成为更重要的中心，直到 1960 年 10 月，
德国汉堡才举办了一场茶叶拍卖会。[③]

图 9.35　这张漏字版招贴画是模仿 20 世纪 60 年代美国反战口号“要做爱，不作战”（Make Love，Not War），最初隐含于蒙提 · 派森（Monty Python）1969 年的素描作品《愤怒的奶奶们》（*Hell's Grannies*），画的是一群行为不端的老奶奶在墙上涂鸦，写着“要做茶，不做爱”（Make Tea，Not Love）。这句话通常被认为是格雷厄姆 · 查普曼（Graham Chapman）说的，1978 年一部讽刺披头士的电影《鼠头四传奇之你就缺钱》（*The Rutles: All You Need Is Cash*）也有提到这个点。图中这个漏字版是由 Murat Dogan 发现并贴在了“品趣志”（Pinterest）上。

---

① van Hogendorp（1804: 32）.

② Heinrich Heine. 1823. Tragödien nebst einem lyrischen Inter- mezzo. Berlin: Bei Ferdinand Dümmler (S. 111).

③ Forrest（1985: 108，138–139）.

德国在世界茶叶市场上的亮相，很大程度上是经济奇迹（Wirtschaftswunder）的结果。经过两次世界大战，德国于1949年分裂为两个国家，东部是一党制的德意志民主共和国，西部是以自由市场为导向的德意志联邦共和国。1952年，德国茶叶贸易受到“广告社会”（Gesellschaft für Teewerbung）的刺激，当时西德每年只进口3725吨茶叶。到1982年，进口茶叶达到1.76万吨。[①]1990年，两德统一。现在，在重新统一的德国，德国茶叶协会（Deutscher Teeverband）发挥了重要作用，该协会于2005年在汉堡举办了一次国际茶叶会议。

如今，欧洲大部分茶叶都是通过汉堡的进口商进行分销的，其中大型茶叶经销商包括：德特勒夫森和巴尔克（Dethlefsen & Balk）、吉布尔德·沃伦豪普特（Gebrüder Wollenhaupt）、J. T. 洛纳菲特KG（J. T. Ronnefeldt KG）、缇喀纳（Teekanne）、汉布格尔茶行（Hamburger Teehandel）、哈森里昂行（Hälssen & Lyon）、格茨茶业（Tea Goetz）、辛纳斯茶行（Sinass Teehandel）、斯康特·斯特姆茶行（Teehandelskontor Sturm）、珠穆朗玛峰茶叶公司（Mount Everest Tea Company）、克罗斯·德恩肯茶行（Kloth & Köhnken Teehandel）、埃尔维斯（Alveus）、绿洲茶行（Oasis Teehandel）等，每年的茶叶贸易额超过10亿欧元。这些茶叶在汉堡及其周边地区进行加工处理，自20世纪70年代以来，许多公司都专门从事调味茶和茶叶的加工出口贸易。哈森里昂茶叶贸易公司于1879年成立，属于家族企业，每年其通过在汉堡 – 阿勒莫河（Hamburg-Allermöhe）的一个仓库交易超过1.5万吨的特种茶叶。这些德国经销商将加工处理后的茶叶销往世界各地。即便是远在泰国北部的原始茶树的中心地带，一些商店里也摆着在汉堡经过重新拼配的茶叶，而不是上好的手工制作的当地茶叶或当地生产的优质乌龙茶。

瓦立池博士在加尔各答植物园进行的植物学调查，对于在印度和大英帝国其他领土上建立茶树种植基地具有重要意义。1616年至1843年，三代丹麦东印度公司都在不同时期开展着茶叶贸易。丹麦茶商不仅把茶叶走私到英国，还把茶叶带到丹麦。和瑞典一样，丹麦也是在1732年成为广州的欧洲茶叶贸易对象国家之一。A.C. 佩克茶行（A.C. Perch's Thehandel）位于哥本哈根的克朗普林斯加德（Kronprinsensgade），这家于1835年4月16日开业的茶店号称是欧洲现存最古老的茶店。A.C. 是阿克塞尔·克里斯蒂安（Axel Christian）的首字母缩写，创始人尼尔斯·布洛克·佩克（Niels Brock Perch）1835年在克朗普林斯加德开店时，以自己儿子的名字命名了这家店。

基于产品在丹麦超市的畅销，查普龙（Chaplon）茶叶公司提出了在斯里兰卡的茶园生产“可持续 700
产品”的目标，产品标志为僧伽罗文字“te”，意思是“茶”。这个用僧伽罗文字写成的白底黑字的标志字体看起来有点土气，字体周围还是一圈铁锈色的椭圆形边框。他们出售的茶叶都是用漂亮的金属罐包装，也称锡罐茶。这个丹麦品牌也生产白茶和绿茶，但实际上其所有的茶都加入了玫瑰花瓣、柑橘等天然添加剂来增强味道，以此来迎合丹麦市场中还不习惯于纯绿茶口味的部分消费者。

与此同时，在美学范畴的更精致高雅的方面，一些丹麦艺术家在日本文化中找到了许多灵感，特别是在陶瓷和烹饪方面。在丹麦，日本绿茶爱好者的数量逐渐增加。现代丹麦高级烹饪吸收了日本美食的元素，而丹麦的陶艺家，如博恩霍尔姆岛（Bornholm）的汉斯·范斯·艾弗森（Hans vangs Iversen）和汤米·林格伦（Tommy Lindgren）则制作出了“乐烧”（rakuyaki）风格的茶碗等陶艺作品。

---

① Forrest（1985: 143）.

## 第十章

# 茶产区及特色茶餐

### 土壤、微生物及显性遗传效应

701 本书带着我们从茶叶的发源地漫步到它所到之处的世界各个角落。如今，茶叶已经传播到了最荒凉的岛屿和最意想不到的地方，那些原本在茶叶时代早期默默无闻的国家，如今却发展成为茶叶的主产国。茶最开始是作为一种可食用的东西，而随着现代茶餐的出现，人类对这种植物的使用又回到了原点。1610 年，第一批来自日本的茶粉和茶叶样品到达阿姆斯特丹港，四百年后的今天，茶树甚至已经在荷兰得到栽培和种植。

产地之于茶的重要性就如同产地之于红酒的重要性一样。乔纳斯 · 汉威在 1756 年的推测是正确的：

> 茶的味道的区别，在某种程度上来自季节，也来自它所生长的土壤。[①]

自然存在于土壤中的矿物质，通过茶叶被带到茶杯中。一杯普通的茶中钙、镁、锰、铁、锌和铜的含量随着浓度的降低而降低。

研究发现，土壤中含铜越多，所产绿茶的颜色就越好。除了铜以外，镁和锰对于保持茶的颜色也起到了重要作用。土壤中的锌元素似乎对于茶叶的颜色没有显著影响。但是，高含量的钙，尤其是铁，

① Hanway (1756: 204-205).

则会破坏绿茶的整体颜色。[①] 除了叶绿素 A 和 B，茶叶中的绿色成分还包括牡荆黄素和异牡荆黄素。[②] 茶树可以从土壤中吸收微量的铝（从茶叶中可以分辨出），有些土壤铝的含量明显高于其他土壤。

因此，绿茶的天然色泽和它所生长的土壤环境中矿物质含量之间的确存在关联，并且这种关联较之茶的味道和香气更容易被量化，也更便于被观察研究。大量茶人的经验也能够说明，土壤是茶的味道的一个重要决定因素。汉威的另一个观点也得到了验证，茶叶中芳香物质的化学成分有明显的季节性差异。[③] 由细菌和其他微生物构成的当地土壤微生物群落的作用，似乎和土壤本身的组成成分一样重要。这一点对于红酒来说是如此，毫无疑问对于茶来说也是如此。[④] 但是，人们对于本地土壤微生物群
环境对茶的影响还没有进行系统化研究。[⑤] 同样地，芳香族的差异也能明显地表现出土壤的显性遗传效 702
应，包括甲基这类基团的增减。[⑥]

伴随着欧洲的殖民扩张，茶被传播到全球各地。1460 年，航海家亨利去世。一个世纪后，直到 16 世纪 60 年代，抵达日本和中国的葡萄牙传教士才有了关于茶的记录。1610 年，即亨利死后的 150 年，荷兰人才第一次把茶装上“带箭红狮”号轮船从平户运送到阿姆斯特丹。那时候没有人能够预料到这种来自亚洲的新奇植物能够对世界历史产生多大的影响，以及在历史发展中扮演着何种重要的角色。

## 马达加斯加、马斯克林和塞舌尔群岛

1500 年 8 月 10 日，巴托洛缪·迪亚斯的兄弟迪奥戈·迪亚斯在圣劳伦斯节登上了马达加斯加 703
岛。于是，他把马达加斯加岛命名为“圣劳伦斯岛”。迪奥戈·迪亚斯并不知道，虽然在他之前并没有欧洲人来过这里，但这个岛却早已经有了一个欧洲名字。

从 1484 年到 1490 年，德意志职业冒险家马丁·贝海姆，即葡萄牙人所熟知的“波西米亚的马丁”正在葡萄牙为若昂二世（1481~1495 年在位）效力，其间曾经跟随迪亚斯·高（Dias Cao）最远向南航行至纳米比亚。贝海姆回到纽伦堡后，应当地议会的要求，于 1492 年绘制了第一个地球仪，又叫“地球苹果”。这个地球仪主要是根据一些古老的文字记载和葡萄牙人早期航海活动收集到的信息绘制的。在他绘制的地球仪上，西半球还没有标出陆地，也没有显示澳大利亚大陆，但是在亚洲之外的北太平

---

① Zhengli Gong, Jingqiang Zhang and Heling Wu. 2001. ‘Studies on the relationship between six metal elements and green tea colour’, *ICOS*, 1 (II): 305–308.

② U.H. Engelhardt, A. Finger and S. Kuhr. 1993. ‘Determination of flavone C-glycosides in tea’, *Zeitschrift für Lebensmittel-Untersuchung und -Forschung,* 197 (3): 239–244.

③ Susanne Baldermann, Naoharu Watanabe and Peter Fleischmann. 2007. ‘Seasonal variations in carotenoid cleavage enzymes’, *ICOS*, 3, PR-P-117.

④ Iratxe Zarraonaindia, Sarah M. Owens, Pamela Weisenhorn, Kristin West, Jarrad Hampton-Marcell, Simon Lax，Taghavi, Daniel vander Lelie and Jack A.Gilbert. 2015. ‘The soil microbiome influences grapevine-associated microbiota’, *mBio (i.e. Journal of the American Association for Microbiology)*, 6 (2): eo2527-14.

⑤ 世界各地的科学家，例如通过生物多样性和生态系统服务政府间科学政策平台 (IPBES) 定期召开会议的专家，长期以来一直强调土壤退化导致微生物群系生物多样性减少的风险 (Florence Panoussian. 2018. ‘Alerte sur la dégradation des sols et son impact sur les humains’, *Le Devoir,* 25 mars 2018)。

⑥ Huahan Xie, Moumouni Konat, Na Sai, Kiflu G. Tesfamicael, Timothy Cavagnaro, Matthew Gilliham, James Breen, Andrew Metcalfe, John R. Stephen, Roberta De Bei, Cassandra Collins and Carlos M.R. Lopez. 2017. ‘Global DNA methylation patterns can play a role in defining terroir in grapevine*(Vitis vinifera cv. Shiraz)*’, *Frontiers in Plant Science,* 8:1860.

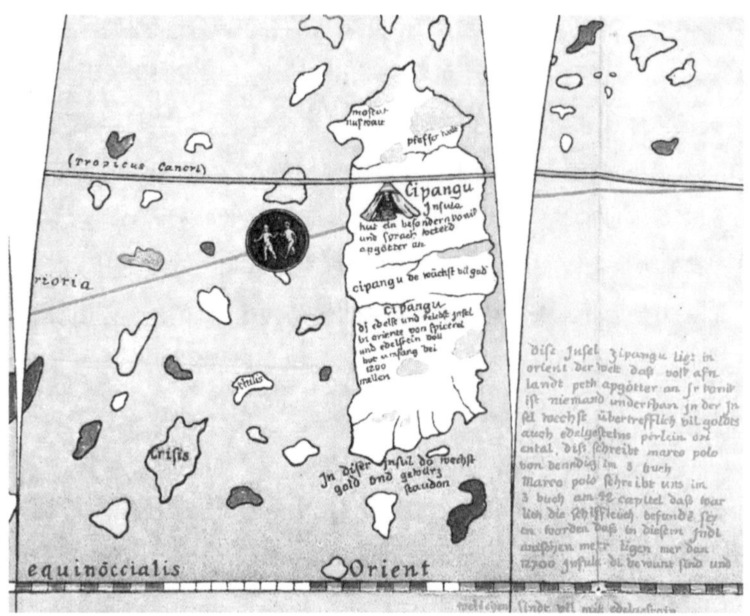


图 10.1　1492 年由马丁・贝海姆在纽伦堡绘制的首个“地球仪（地球苹果）”中展开了的两块相邻的部分。该图显示位于北太平洋的日本岛“Cipangu infula”是被划在亚洲之外的。

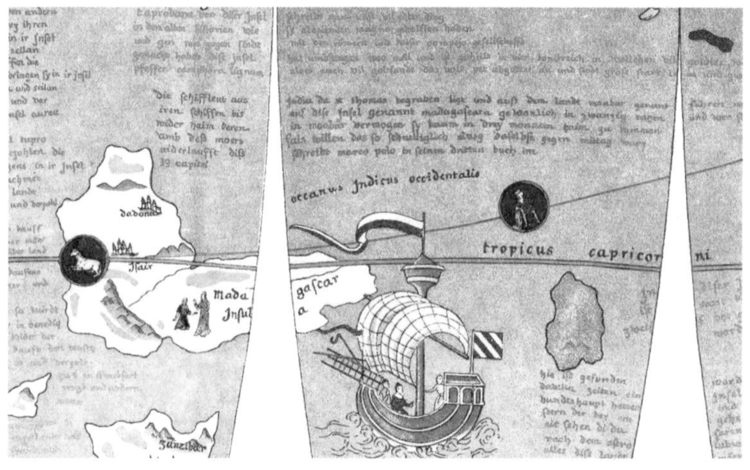


图 10.2 “地球苹果”相邻部分展开图。图中显示，马达加斯加岛和西印度洋被“南回归线”一分为二。

洋，已经有了西印度洋，马达加斯加岛也被南回归线一分为二。

对于上述这两个岛，贝海姆显然参考了马可・波罗的著述。根据马可・波罗的描述，马达加斯加岛正位于索科特拉岛（Socotra）以南 1000 英里处，在这个周长约 4000 英里的岛屿范围内，遍布着许多大象和无数的骆驼。尽管他的描述是由关于东非海岸和马达加斯加海岸的各种信息拼凑和混合的，马可・波罗还记录道：“它是一个圣洁美丽的岛屿，是世界上最大的岛屿之一。”在通往马达加斯加岛的线路上，马可・波罗也多次提到桑给巴尔岛（Zanguibar）。

马达加斯加这个地名的书写方式，有人认为是“Madeigascar”，有人认为是“Madagascar”。之所 704
以会在文本中出现这两种相似的写法，是由模棱两可的图像或可逆的图形造成的视觉错觉，读者有时候会觉得这个词是“Madeigascar”，有时又是“Madagascar”。[①] 仔细观察一下，大概有些读者会选择读成“Madeigascar”，但历史上很多人显然读过“Madagascar”，因为“Madagascar”不仅出现在1492年贝海姆的“地球苹果”上，也出现在绘于1502年的著名的“坎迪努平面地球图”（Planisfério de Cantino）中，当时正值迪亚斯第一次登上圣劳伦斯岛两年之后。

这幅宏伟的地图是在里斯本受托绘制的，并在那里被阿尔贝托·坎提诺（Alberto Cantino）窃取，他为费拉拉公爵将这幅地图偷到了意大利。今天，这张102 × 128厘米的地图被保存在摩德纳埃斯滕斯图书馆（Biblioteca Estense）。这张名为“坎迪努平面地球图”的地图上还显示了很多关于北美洲和南美洲海岸的大部分地区及加勒比地区的众多岛屿，并且非常精准地描绘了非洲的轮廓。马达加斯加（Madagascar）的标记是竖直标注在被南回归线一分为二的岛上。莫桑比克海峡被标注成“Mare Prasodu”。而马可·波罗所取的梦幻般的名字“Madeigascar”或者“Madagascar”似乎取代了迪奥戈·迪亚斯的命名“圣劳伦斯岛”，毕竟在迪奥戈·迪亚斯到达圣劳伦斯岛之前，马达加斯加人就已在那里定居了。

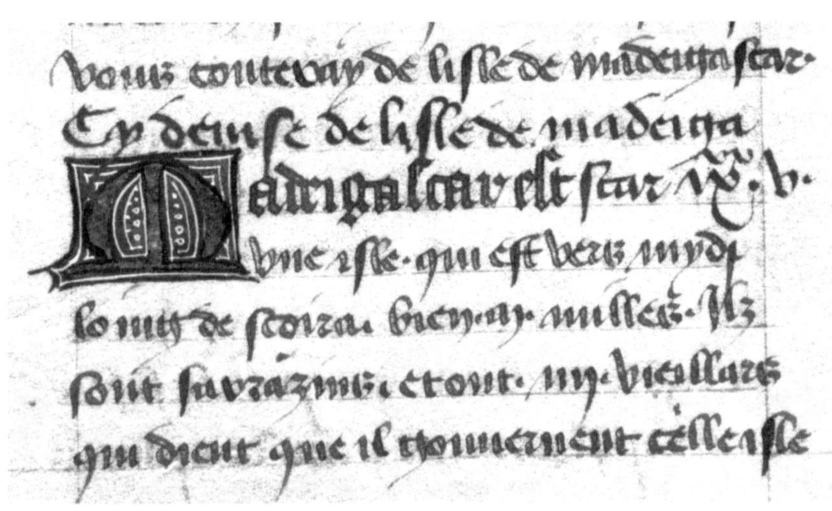

图10.3 马达加斯加的名字出现在马可·波罗的手稿中。伯尔尼伯格图书馆（Burgerbibliothek Bern），萨姆隆·邦加西亚纳（Sammlung Bongarsiana）手抄本，手稿125：马可·波罗，详见f. 90r。图片来源：Codices Electronigi AG www.e-codices.ch。

豪达（Gouda）的弗雷德里克·德·霍特曼（Frederick de Houtman，1571~1627年）头两次航行到东印度的时间分别是在1595~1597年和1598~1602年，他在印度尼西亚群岛发现了马达加斯加语与马
来语之间的关系。事实上，正如霍特曼所记录的，对两种语言的关系的观察，最早是由他的侍者，一 705
个马达加斯加男孩儿提出的：

① Burgerbibliothek Bern, Sammlung Bongarsiana Codices, Codex 125: Marco Polo, Jean de Mandeville, Pordenone, Pergament I + 287 Bl., 32.5 × 23.5cm, 1401–1450 (ff. 90r, 90v, 91r); cf. discussion in Pelliot (1963, Vol. II, pp. 779–781).

……由于跟荷兰人一起航海达四年之久，他早已精通了荷兰语。[①]

语言学证据表明，马达加斯加语属于马来－波利尼西亚语系的分支，与位于婆罗洲南部巴里托河流域的马延语（Maanyan）类似。[②]并且有人提出，说马达加斯加语的祖先应该是在公元400年左右（如果不是更早的话）到达了马达加斯加岛。[③]

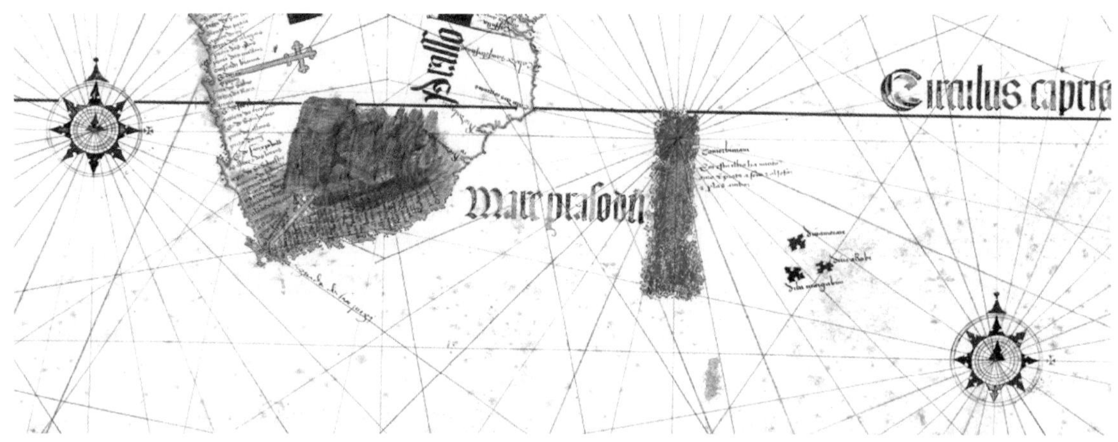

图10.4　图中详细记录了马达加斯加岛和马斯克林岛，“坎迪努平面地球图”绘于1502年，也就是迪亚斯第一次登上圣劳伦斯岛两年之后。

根据化石记录，隆鸟、大狐猴、巨型陆龟及河马等许多特有的巨型物种在大约2500年前突然灭绝，表明那一时期可能有人类在该岛出现过。不过，更加令人信服的证据表明，人类定居于此的时间为1500年前。[④]还有些人为了把马达加斯加有人类出现的历史往前提而举出了一些模棱两可的考古发
706 现。[⑤]从语言学的角度，马达加斯加人说的是南岛语，但是他们在生物学意义上的祖先也有一部分来

① Frederick de Houtman. 1603. *Spraeck ende woord-boeck, Inde Maleyſche ende Madagaſkarſche Talen, met vele Arabiſche ende Turcſche Woorden: Inhoudende twaelf tſamenſprekinghen inde Maleyſche ende drie inde Madagaſkarſche ſpraken, met alderhande woorden ende namen, gheſtelt naer ordre vanden A.B.C. alles int Nederduytſch verduytſt.* Amsterdam: Jan Evertſz. Cloppenburch (blz. v).

② Otto Christian Dahl.1951. *Malgache et maanyan: une comparaison linquistique (Avhandlinger utgitt av Instituttet,3).* Oslo: Egede Instituttet.

③ Robert E. Dewar. 1984. ‘Extinctions in Madagascar. The loss of the subfossil fauna’, pp.574-593 in Paul S. Martin and Richard G. Klein, eds., *Quaternary Extinctions: A prehistoric Revolution.* Tucson: University of Arizona Press; Robert E. Dewar. 1996. ‘The archaeology of the early settlement of Madagascar’, pp. 471-486 in Julian Reade, ed., *The Indian Ocean in Antiquity.* London: Kegan Paul International; Adelaar, Karl Alexander (‘Sander’). 1996. ‘Malagasy culture-history: Some linguistic evidence’, pp. 487-500 in Julian Reade, ed., *The Indian Ocean in Antiquity.* London: Kegan Paul International.

④ Brooke E. Crowley. 2010. ‘A refined chronology of prehistoric Madagascar and the demise of the megafauna’, *Quaternary Science Reviews,* 29 (19-20): 2591-2603; Malika Virah-Sawmy, Katherine J. Willis and Lindsey Gillson. 2010. ‘Evidence for drought and forest declines during the recent megafaunal extinctions in Madagascar’, *Journal of Biogeography,* 37(3):506-519.

⑤ D. Gommery, B. Ramanivosoa, M. Faure, C. Guérin, P. Kerloc’h, F. Sénégas and H. Randrianantenaina. 2011. ‘Oldest evidence of human activities in Madagascar on subfossil hippopotamus bones from Anjohibe (Mahajanga Province)—Les plus anciennes traces d’activités anthropiques de Madagascar sur des ossements d’hippopotames subfossiles d’Anjohibe (Province de Mahajanga)’, *Comptes Rendus Palevol,* 10 (4): 271–278; Robert E. Dewar, Chantal Radimilahy, Henry T. Wright, Zenobia Jacobs, Gwendolyn O. Kelly and Francesco Berna. 2013. ‘Stone tools and foraging in northern Madagascar challenge Holocene extinction models’, *Proceedings of the National Academy of Sciences,* 110 (31): 12583–12588.

自非洲。[①]

1643年，法国东印度公司的雅克·德·普罗尼斯（Jacques de Pronis）和埃蒂安·德·弗拉科特（Etienne de Flacourt）在今天的陶拉纳鲁（Tôlanaro）城岸边的多凡堡（Fort Dauphin）建立了殖民地。1674年8月，马达加斯加人对多凡堡发动突然袭击，屠杀了当地居民，并赶走了法国人。[②] 两个多世
纪之后的1883年，法国人又侵占了马达加斯加，直到1887年才彻底占领这里。1958年，在法国人统 707
治了70多年之后，马达加斯加共和国才宣布成为法兰西共同体内的一个自治国家，1960年恢复了完全的独立。20世纪70年代，从肯尼亚来的茶树种子被种在菲亚纳兰楚阿（Fianarantsoa）往东45公里处的萨哈姆巴维湖（Sahambavy）附近。到20世纪80年代中期，马达加斯加已经拥有200公顷的茶园。[③] 随后，来自中国和印度的很多茶树品种也被引进，但仍以生产红茶为主，其中80%的马达加斯加茶叶出口到肯尼亚。

马斯克林群岛（ilhas Mascarenhas）位于马达加斯加以东的印度洋上。作为唯一有记录到过马达加斯加以东的早期航海家，迪亚斯并没有记录马斯克林群岛，但它们却出现在了“坎迪努平面地球图”上。在这张地图上，留尼汪岛（Reunion）被标注为 diba Margabim。另外，林岛（Tromelin）被标为 diua Morare，毛里求斯（Mauritius）被标为 diua aRobi 或是 diua Morare，而罗德里格斯岛（Rodrigues）被标为 diua a Robi。diba 和 diua 这两个词在印度语中有“岛屿”之意。由于这张地图是在葡萄牙航海家发现马达加斯加岛以东海域之前绘制的，这些地名显然是从阿拉伯人和马拉巴尔水手们那里收集来的信息。1505年在由热那亚的尼科尔·德·卡维里奥（Nicolo de Caverio）绘制的115×225厘米的失窃的地图复制品上也再次发现了同样的信息。

图10.5 弗雷德里克·德·霍特曼。这幅画像绘于1610~1620年，出自一位不知名的画家。收藏于阿姆斯特丹的 Rijksmuseum。

1506年，由阿方索·德·阿尔布克尔克（Afonso de Albuquerque）和特里斯唐·达·库

① Matthew E. Hurles, Bryan C. Sykes, Mark A. Jobling and Peter Forster. 2005. ‘The dual origin of the Malagasy in Island Southeast Asia and East Africa: Evidence from maternal and paternal lineages’, *American Journal of Human Genetics,* 76(5): 894-901; Sergio Tofanelli, Stefania Bertoncini, Loredana Castri, Donata Luiselli, Francesc Calafell, Giuseppe Donati and Giorgio Paoli. 2009. ‘On the origins and admixture of Malagasy: New evidence from high-resolution analyses of paternal and maternal lineages’, *Molecular Biology and Evolution,* 26(9): 2109-2124.

② Gabriel Gravier. 1896. *La cartographie de Madagascar.* Paris: Augustin Challamel (pp. 125-162).

③ Forrest (1985:96).

尼亚（Tristao da Cunha）率领的一支小舰队登上了圣劳伦斯岛。正当这些人率领的队伍深入腹地探索时，迪奥戈·费尔南德斯·佩雷拉（Diogo Fernandes Pereira）率领“Cirne”号勘察了马达加斯加以东海域。1507 年 2 月 9 日，也就是圣阿波罗尼亚节（St. Apollonia），佩雷拉发现了留尼汪这个荒岛。于是他把这座岛命名为圣阿波罗尼亚岛（Santa Apolonia）。再向东，佩雷拉后来发现了同样荒无人烟的毛里求斯岛，他以“Cirne”号[①]的名字将这座岛命名为“天鹅岛”（ilha do Cirne）。

在 1515~1519 年由葡萄牙人绘制的米勒地图集收藏的一幅地图中，留尼汪岛被标为圣阿波罗尼亚（Samta apelonya），而在其东北方向，地图上显示的是迪奥戈·费尔南德斯·佩雷拉到过的地方，这表明迪奥戈·费尔南德斯·佩雷拉[②]到达过该岛。1509 年和 1512 年迪奥戈·洛佩斯·西奎拉（Diogo Lopes de Sequeira）和佩德罗·德·马什卡雷尼亚什（Pedro de Mascarenhas）先后来到马斯克林群岛，后者将该群岛命名为 ilhas Mascarenhas。毛里求斯东部是罗德里格斯岛，该岛是以 1528 年到达这里的迪奥戈·罗德里格斯（Diogo Rodrigues）的名字命名的。尽管目前罗德里格斯岛在政治上是毛里求斯的一部分，但是它到毛里求斯的距离是留尼汪岛到毛里求斯距离的两倍，大约 600 公里。

葡萄牙人在毛里求斯发现了一种不会飞的鸟，叫渡渡鸟（Raphus cucullatus）。人们之所以把渡渡鸟视为“笨蛋，鲁莽的傻瓜”，是因为这种鸟不怕人，在岛上也没有天敌。虽然从已知的葡萄牙文的记录中没有找到关于这种说法的证明，但是据英文资料中的记载，英语中的渡渡鸟“dodo”是源于葡萄牙语。伊曼纽尔·奥尔瑟姆（Emanuel Altham）到过毛里求斯，并在 1628 年 6 月 28 日的一封信中对一只送往英格兰的渡渡鸟样本做出了如下描述：

708

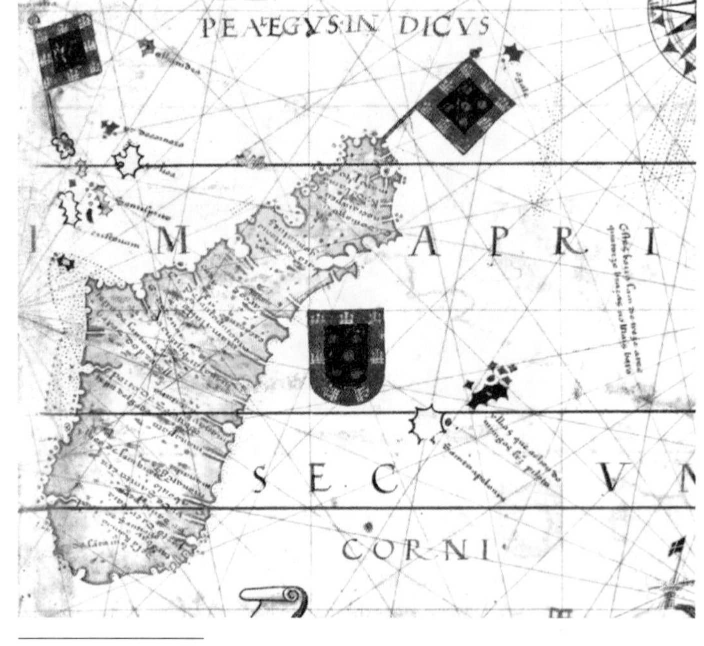


图 10.6　在 1515~1519 年由葡萄牙人绘制的米勒地图集中收藏的一幅地图。图中显示留尼汪岛被标注为“Samta apelonya”，在其东北方是迪奥戈·费尔南德斯·佩雷拉到过的地方。

① Captain Pasfield Oliver, ed. 1891. *The Voyage of François Leguat of Bresse to Rodriguez, Mauritius, Java and the Cape of Good Hope* (two volumes). London: The Hakluyt Society (Vol. II, pp. 314–316).

② 在 Gaspar Correa (ca. 1495-ca. 1561)19 世纪发表的手稿中，这个名字被写成 Diogo Fernandes Peteira［Rodrigo José de Lima Felner, ed. 1858, 1859, 1860, 1861, 1862, 1863. *Lendas da Índia por Gaspar Correa*（three volumes, each in two parts）. Lisboa: Academia Real das Sciencias］。

你会收到……还有我在毛里求斯岛上见到的一种奇怪的小鸟，葡萄牙人管它叫渡渡鸟，我希望你们会欢迎它的到来。[①]

另一位英格兰旅行家托马斯·赫伯特（Thomas Herbert）1629 年也来到了毛里求斯，并写了一本关于他在非洲和亚洲冒险经历的书，在 1634 年出版的第一版中，[②] 赫伯特并没有提及渡渡鸟，但是在 1638 年的增补版中，关于渡渡鸟他是这样记载的：

……这是它的葡萄牙语名字，和它的呆萌有关。[③]

Vera effigies huius auis WALGH-VOGEL (quæ & à nautis DODAERS propter foedam poſterioris partis craſsitiem nuncupatur) qualis viua Amſtero= damum perlata eſt ex Inſula MAV RITII. ANNO M.DC.XXVI.

Manu Adriani Vennij Pictoris

图 10.7　这只渡渡鸟由阿德里安·范·德文（Adriaen van de Venne）绘于 1626 年。

1598 年，海军上将韦麻郎登上了毛里求斯，并以荷兰王子毛里特·范·奥兰治·拿骚的名字命名了这座岛屿，这位王子同时也是荷兰武装部队的总司令。荷兰人 1638 年来到这座岛上定居，随后又在 1710 年迁离了，但在此之前他们已经把渡渡鸟赶尽杀绝了。荷兰殖民者把渡渡鸟称作 walchvoghel 或者 walghvoghel，也就是“令人厌恶”或者“满地打滚的鸟”。从名字我们可以看出这种鸟常被人看作是令人讨厌的，无论是在早期荷兰人的记载中还是在赫伯特的书中，都声称这种鸟的肉并不像其他禽类那么好吃。然而，这种可怜的动物最终被赶尽杀绝，709
就太令人厌恶了。

不会飞的渡渡鸟并不是唯一容易被捕猎的动物。1619 年，当威廉·杰斯布瑞兹·邦特科（Willem IJsbrantsz. Bontekoe）及其“纽尔霍恩”号的船员，以及另外五艘船组成的中队抵达该群岛的时候，大风阻止了他们登上毛里求斯，并迫使他们

① quoted by Malgosia Nowak-Kempand Julian Pender Hume 2016. ‘The Oxford Dodo. Part1: the museum history of the Tradescant Dodo: Ownership, display and audience’, *Historical Biology,* doi:10.1080/08912963.2016.1152471(p.3).

② Thomas Herbert. 1634. *A Relation of Some Yeares Travaile, begvnne Anno 1626. Into Afrique and the greater Aſia, eſpecially the Territories of the Perſian Monarchie: and ſome parts of the Orientall Indies, and Iles adiacent. Of their Religion, Language, Habit, Diſcent, Ceremonies, and other matters concerning them. Together with the proceedings and death of the three late Ambaſſadours: Sir D.C., Sir R.S. and the Persian Nogdi-Beg: As alſo the two great Monarchs, the King of Perſia, and the Great Mogol.* London: Printed by William Stansby and Jacob Bloome.

③ Thomas Herbert. 1638. *Some Yeares Travels into Divers Parts of Asia and Afrique Deſcribing eſpecially the two famous Empires, the Perſian, and great Mogull: weaved with the Hiſtory of theſe later Times As alſo, many rich and ſpatious Kingdomes in the Orientall India, and other parts of Asia; Together with the adjacent Iles. Severally relating the Religion, Language, Qualities, Cuſtomes, Habit, Deſcent, Faſhions, and other Obſervations touching them. With a revivall of the firſt Diſcoverer of America. Reviſed and Enlarged by the Author.* London: Printed by R.Bi. for Iacob Blome and Richard Biſhop (p. 347).

登陆留尼汪岛。这对他的船员来说是个捉海龟的好机会，因为很多海龟会回到岸上产卵。饥饿的水手们还能轻易捕获很多种鸟，因为这些与世隔绝的鸟还不习惯躲避像人类这样的大型哺乳类捕食者。

邦特科描述了在留尼汪岛上的一种不会飞的鸟，他称之为“dodaars”，事实上荷兰人把这种小型水鸟叫作 Tachybaptus ruficollis：

710 还有一些小型的水鸟，它们的翅膀很小几乎飞不起来。事实上它们胖得甚至无法走路，当它们走路的时候尾部会一直拖在地上。[①]

这个最初的报告使人们相信在留尼汪岛上曾经生活着一种和渡渡鸟类似的不会飞的特殊鸟类。但是，博物学家休谟（Hume）和契克（Cheke）最近就这个貌似合理的假设提出了质疑。[②]然而，在早期的记述中关于渡渡鸟的灭绝以及其他许多未经确认的、未被识别的物种的描述，凸显了地球上生命的脆弱，只不过这种脆弱在与世隔绝的生态环境中更加突出。

711

图 10.8　威廉·杰斯布瑞兹·邦特科的雕刻版肖像。藏于西弗里斯博物馆（Westfries）。

今天，人口快速增长下的生态结构致使大量的物种不断消失。大约 1.2 万年前，自新石器时代农业革命以来，大量动植物物种随着人类迁徙被带到新的生态区域。在欧洲大航海时代，非本地物种在全球范围内得到迅速传播。当时有许多植物学家热衷于把植物物种带到新环境中去。茶叶就是在那样的背景下，被两个关键人物引入马斯克林群岛的。

1715 年，也就是荷兰人放弃毛里求斯岛的五年后，法国人宣称拥有该岛，并将其更名为法兰西岛，以巴黎周围的农村区域命名，特别是在这个城市北部，至少从卡佩王朝时代开始（987~1328 年），这个岛一直被叫作法兰西岛（the isle of France）或者巴黎领地（Ager Parisiensis）。该省确切的行政边界一直在改变，现代正字法的名称是 l'Île-de-France。

雷内·加洛斯神父（abbé René Galloys）是一名具有“王室及皇家园林博物学家”头

① Willem IJsbrantsz. Bontekoe. 1646. *Iovrnal ofte Gedenckwaerdige beschrijvinghe vande Ooſt-Indiſche Reyſe van Willem Ysbrantſz. Bontekoe van Hoorn. Begrijpende veel wonderlijcke en gevaerlijcke ſaecken hem daer in wedervaren. Begonnen den 18. December 1618. en vol-eynt den 16. November 1625.* Hoorn: Ghedruckt by Iſaac Willemſz. Voor Ian Ianſz. Deutel (blz. 7).

② Julian Pender Hume and Anthony Stephen Cheke. 2004. “The white dodo of Réunion Island: Unravelling a scientific and historical myth’, *Archives of Natural History,* 31(1):57-79.

衔的牧师，他曾于 1764 年和 1766 年两次被派往广州收集各种各样的植物。皮埃尔·波夫雷（Pierre Poivre）曾于 1767~1772 年出任法兰西岛和波旁岛的行政长官，在他的命令下，加洛斯于 1769 年在法兰西岛上种下了第一批茶树。[①]

1810 年 8 月，在拿破仑战争时期，法国在格兰德港（Grand Port）战役中击退了英国对毛里求斯的进攻，但在几个月之后的 12 月，英国人登上了卡普马修热斯（Cap Malheureux）并夺取了该岛。在英国统治下，该岛又改回了之前的荷兰名字“毛里求斯”，法语叫作 l'île Maurice。英国第一任总督罗伯特·汤森·法夸尔（Robert Townsend Farquhar，1811~1817 年、1820~1823 年在位）爵士鼓励种植茶树，他还在莱·雷迪特（Le Reduit）开辟了自己的茶园，但是在他任期结束后，商业茶树的种植也随之荒废。半个多世纪之后，约翰·蒲伯·轩尼诗（John Pope Hennessy，1883~1889 年在位）爵士在结束了香港总督的任期后，来到毛里求斯任第十五任总督。轩尼诗在新法兰西（Nouvelle France）和沙马雷勒（Chamarel）建立了茶叶种植园。到 19 世纪末，岛上茶园大约占地 190 公顷。

二战期间，毛里求斯的茶树种植面积已达 850 公顷，并且有许多私人种植者，建有 5 家茶厂。1948 年，伍顿（Wooton）建立了一个茶叶研究站。1955 年，政府实施了各种政策和奖励措施，将国有土地长期租赁给小佃农和潜在茶农并以收取名义租金的方式，鼓励小佃农和大私人种植园主一起种植茶树。政府还建起一些茶村以鼓励小佃农们居住在茶园附近。这些茶树种植园区由于土地过于湿润，无法种植更具经济效益的甘蔗。政府还建立了茶叶管制委员会（Tea Control Board），《1959 年茶产业管制条例》（*Tea Industry Control Ordinance 1959*）也于 1960 年 2 月开始生效。在政府的帮助下，小茶农们于 1967 年建立了迪布勒依（Dubreuil）茶厂，加工其收获的茶叶。

1968 年，毛里求斯宣布独立，并成立茶叶发展管理局，负责茶叶的生产和销售，同时雇用和培训那些渴望成为小茶农的人。1975 年，茶树种植面积在原有基础上增加了 1234 公顷。《1959 年茶产业管制条例》被《1975 年茶产业管制法案》（*Tea Industry Control Act of 1975*）所取代。1986 年，新建的毛里求斯茶叶生产公司（Mauritius Tea Factories Company）取代茶业发展管理局负责茶叶的生产和销售，而茶业发展管理局仅保留监管职能。

茶叶价格的下跌以及本地生产成本的上升引发了毛里求斯茶产业危机，迫使政府必须向茶产业提供补助金。1990 年，一个印度顾问团队建议毛里求斯人对茶产业进行改革。然而，这一为期三年的复 712
兴计划并没有带来可观的利润回报，茶树种植者们又重新开始种植甘蔗，2500 公顷的茶园转而成为甘蔗地。

今天，毛里求斯还有 760 公顷土地用于种植茶树，主要满足当地的茶叶消费需求。私人茶叶生产者包括莱·布瓦·谢里（Le Bois Chéri）、柯森（Corson）、拉·费雷拉（La Flora）和拉·查特（La Chartreuse）。[②] 在毛里求斯布瓦·谢里茶园里，日本川崎生产的采茶机外挂一个切割机、空气鼓风机和

---

① Jean-Paul Morel. février 2011. 'Mission en Chine confiée à l'abbé Galloys Le 28 novembre 1766—Secrétaire au ministre. Un document des Archives Nationales. A.N. Col E.197, vue 201',〈pierre-poivre.fr/doc-66-11-28b〉; Jean-Paul Morel. février 2011. 'Le 14 août 1769—L'abbé Galloys au ministre. Un document des Archives Nationales. A.N. Col E.197',〈pierre-poivre.fr/doc-69-8-14〉.

② http://agriculture.govmu.org/English/Pages/Crops/Tea.aspx.

存储袋，操作方法还和 20 世纪 80 年代一样，三人组成的小组下到一行一行的茶树丛中进行操作。[1]毛里求斯政府不再直接补助本土茶农，但会通过向进口茶叶征收 57% 的关税以及收取额外的茶叶进口许可费的方式来保护本土茶农。毛里求斯的茶叶生产者已将业务扩展到以茶叶为食材的美食领域，自 2008 年以来，布瓦·谢里茶园就开始在同名餐厅里提供诸如绿茶配鸡肉、茶酸辣酱、大虾配外国茶叶和茶饮冰糕等。

留尼汪岛是马斯克林群岛中另一个生产茶叶的岛屿。努诺·达·库尼亚（Nuno da Cunha）被任命为葡萄牙在印度的领地（Estado da Índia）的总督。1528~1538 年，他一直在这个位置上任职。1528 年在他前往印度任职的途中，他的船遭遇了持续一天半的暴风雨：

> 于是，总督对他的水手们讲了一番话，并且决定去寻找那个叫作圣阿波罗尼亚的岛屿，那个岛上有许多河流和新鲜的水源，有树有鸟还有鱼……[2]

葡萄牙人把该岛当作登岸休息和补给的地方，但是在它被发现的一个半世纪以来，圣阿波罗尼亚仍然属于无人居住的荒岛。1642 年，雅克·德·普洛尼斯把一群法国反抗者从多凡堡放逐到圣阿波罗尼亚，1649 年，该岛以法国王室的名字命名为波旁岛，法国宣称对其拥有主权。

1793 年，法国大革命时期，波旁岛又更名为留尼汪岛。1806 年到 1810 年第一帝国时期，此岛更名为波拿巴岛。1810 年到 1848 年波旁王朝复辟时期，该岛又再次更名为波旁岛。1848 年，该岛更名为留尼汪岛，直至今天，这个印度洋岛屿仍是属于法国的一个海外岛屿。在留尼汪岛，茶园经历了一个和毛里求斯岛相似的灾难。20 世纪 60 年代，留尼汪岛上大约有 350 公顷土地用来种植茶树，但是今天只剩下 3 公顷茶园，只有一个叫作约翰尼·吉夏尔（Johny Guichard）的孤独的茶农在圣约瑟夫附近的格朗库德村（GrandCoude）制作有机茶。[3]

1502 年达·伽马发现了塞舌尔群岛（Seychelles），并将其命名为阿米兰特岛（海军上将岛）。在奥地利王位继承战争（1740~1748 年）中，法国及其盟友与英国及其盟友僵持不下。1743 年 11 月，法兰西岛和波旁岛的总督伯特兰·弗朗索瓦·马埃（Bertrand François Mahé）、德·拉·布尔登奈伯爵（comte de La Bourdonnais）、派拉萨雷·皮科（Lazare Picault）和让·格罗森（Jean Grossen）为法国夺取了阿米兰特群岛的所有权。该群岛主岛的名字叫马埃岛（Mahé），就是以这位总督的名字命名的。1746 年总督马埃航行到印度，在那伽钵亶那港和英军交战并于同年从英国东印度公司手中夺取了
713 马德拉斯。10 年后，也就是 1756 年，法国占领了该群岛，并以当时在法国巴黎的路易十五的财政大臣让·莫罗·德·塞舌尔（Jean Moreau de Séchelles）的名字命名为“塞舌尔群岛”（Séchelles）。

1810 年，在拿破仑战争期间，英国人夺取了塞舌尔群岛，并于 1814 年宣布其为英国皇家所有的殖民地。首次在塞舌尔群岛上种植茶树的是一个叫比尔·汉德森（Bill Henderson）的苏格兰茶农。1961 年，他从肯尼亚带了 1000 公斤的茶种，并于 1962 年在位于主岛马埃岛西部的格劳德港（Port

① Forrest (1985: 18).

② de Lima Felner (1862, Tomo III, Parte I, pp.308-309).

③ http://neo-agri.org/jojo-the-onlu-french-producer-of-tea/.

Glaud）的莫恩·布兰克（Morne Blanc）山上开辟了岛上唯一的茶树种植园。1966 年，他建立了一家工厂，开始加工茶叶。塞舌尔群岛于 1976 年宣告独立。

1980 年，塞舌尔群岛生产的 167 吨绿茶都采自岛上唯一的英国人的茶园。① 不过，后来该茶园转手给一家意大利公司。1988 年，塞舌尔群岛市场委员会接管了 43 公顷茶园的资产，茶叶的产量大幅度缩减，但这对于脆弱的岛上生态环境来说却是个好消息，因为可以使当地许多稀有的动植物品种得到保护。岛上茶园分成了 20 块土地。20 世纪 90 年代，塞舌尔群岛商贸公司推出了调味茶，2014 年又推出了一些新口味。他们以新奇、高端的产品得到茶叶品鉴专家的青睐。塞舌尔还出产银尖，但品质还有待改良。②

## 亚速尔群岛和巴西

直到 16 世纪，亚速尔群岛（在葡萄牙语中称为 Açores）还被人广泛称为佛兰德群岛（ilhas flamengas），从 1427 年被发现直至之后的十多年间，一直无人居住，1439 年才开始试图将人口迁往那里。同样的情况还有圣玛利亚岛（Santa Maria）和圣米格尔岛（São Miguel），但是都收效甚微。根据 1450 年 3 月 2 日在锡尔维斯（Silves）签署的领主合同，航海家亨利将特塞拉岛（island of Terceira），当时称为耶苏斯·克里斯托弗岛（ilha de Jesus Cristo）的封建领地授予了雅各布·范·布鲁日（Jacob van Brugge，葡萄牙语称为 Jacome de Bruges）。他 1415 年生于布鲁日（Brugge），在奥波尔图（Oporto）生活并从事商贸活动近二十年。

1451 年，范·布鲁日带领 17 个佛兰德家庭来到岛上定居。1468 年 2 月 1 日，费尔南多亲王给予乔斯特·德·胡特尔（Joost de Hurtere，葡萄牙语称为 Jorge de Utra）一份同样的授权，此人早在 1466 年就带着佛兰德居民到了殖民地法亚尔岛，之后一直定居在那里。葡萄牙以同样的方式在 1482 年 12 月 29 日对皮科（Pico）岛做出了授权。在单一民族国家出现之前的时代，葡萄牙人和佛兰德人的唯一连接点就是同属于一个王朝这一客观事实。费尔南多亲王的姑妈伊莎贝尔是勃艮第公爵夫人、佛兰德伯爵夫人，又是“好人菲利普”的妻子和“大胆查理”的母亲。③

---

① Forrest (1985:96).

② Joe Laurence. 2014. ‘A refreshing taste—New range of flavoured tea from the Seychelles’ “SeyTe” brand’, *Seychelles New Agency,* 18 September 2014.

③ 不合时宜地说，在亚速尔群岛的问题上，一些比利时学者强调佛兰德人的作用，而一些葡萄牙学者则试图把佛兰德人在亚速尔群岛的存在感降到最低。亚速尔群岛的人口历史非常复杂，人口基因研究也在很大程度上证明了已知的历史，这并不奇怪［C. Santos, M. Lima, R. Montiel, N. Angles, L. Pires, A. Abade and M.P. Aluja. 2005. ‘Genetic structure and origin of peopling in the Azores islands (Portugal): the view from mtDNA’, *Annals of Human Genetics,* 67 (5): 433–456; P.R. Pacheco PR, C.C. Branco, R. Cabral, S. Costa, A.L. Araújo, B.R. Peixoto, P. Mendonça and L. Mota-Vieira. 2005. ‘The Y-chromosomal heritage of the Azores Islands population’, *Annals of Human Genetics,* 69 (2): 145–156; Cláudia Castelo Branco and Luisa Mota-Vieira. 2011. ‘The genetic makeup of Azoreans versus mainland Portugal population’, pp. 129–160 in Dijana Plaseska-Karanfilska, ed., *Human Genetic Diseases*. Rijeka: InTech Europe］。近期重要的史学研究成果包括：José Guilherme Reis Leite. 2001. ‘A historiografia açoriana na 1ª metade do século xx: Uma tentativa de compreensão’, *Arquipélago História*, 2ª série, v: 527–542; Rute Dias Gregório. 2005. *Terra e Fortuna: Nos primórdios da ilha Terceira (1450–1550)* [two volumes]. Ponta Delgada: Dissertação apresentada à Universidade dos Açores para obtenção do grau de Doutor em História, especialidade de História Medieval; José Guilherme Reis Leite. 2012. ‘Os flamengos na colonização dos Açores’, *Boletim do Instituto Histórico da Ilha Terceira,* LXX: 57–74。

714 葡萄牙人把很多物种传播到了世界各地，如辣椒。许多早期植物物种移植的记录并不完整。我们知道是葡萄牙人把茶树引入莫桑比克、马德拉群岛、亚速尔群岛和巴西，但并不知道确切的时间。1801 年 6 月 11 日，亚速尔群岛上将洛伦索·约瑟·博阿文图拉·德·阿尔马达伯爵在一封写给大臣罗德里格·德·索萨·科蒂尼奥（Rodrigo de Sousa Coutinho）的信中叙述道，他在 1799 年 11 月 29 日被葡萄牙若昂六世时期的摄政王苏阿·阿尔泰萨·雷尔（Sua Alteza Real）派到英雄港的庭院（Angra do Heroismo）种植茶树。根据德·阿尔马德伯爵（De Almada）的汇报，他最明确的想法是在岛上的石缝间种植野生茶树。如此可以推断，这些茶树一定是在这个日期之前就已经被引入特塞拉岛，只是因为没有记录，后来就被人们忘记了。

在拿破仑入侵期间，葡萄牙女王玛丽亚一世（1777~1816 年在位）的皇家庭园转移到里约热内卢（Rio de Janeiro），这里从 1807 年 11 月到 1821 年 4 月的 13 年半时间一直被作为葡萄牙王国的首都。1812 年，拉斐尔·波塔多·德·阿尔梅达（Rafael Botado de Almeida）将第一批茶树从澳门装船运来，并将它们种在皇家花园“Real Horto”，就是今天的雅尔丁植物园（Jardim Botânico）。国王若昂六世在位（1816~1826 年）期间，对茶树栽培很感兴趣。1816 年，当时清朝嘉庆皇帝（1796~1820 年在位）[①] 将一些茶树和 4 名中国茶工作为礼物送给国王若昂六世，从澳门运到位于里约热内卢的葡萄牙皇宫。在里约热内卢和圣保罗（São Paolo）附近还建起了茶树种植园。[②] 然而，1888 年 5 月 13 日，伊莎贝尔公主作为他父亲巴西国王佩德罗二世的摄政王，颁布了“黄金律”（Lei Áurea），从而废除了奴隶制度，巴西的茶产业随之遭到重创。直到日本人掀起移民巴西的热潮，茶树的栽培才由这些来自日本的茶叶爱好者再度兴起。这次人口迁徙的浪潮始于 1908 年。

随后，茶也被引入马德拉群岛，在那里，英国公使馆曾于 1825 年成功制作出茶叶。[③] 大约 1820 年，里约热内卢皇家卫队的总指挥官哈辛托·莱特·帕切科（Jacinto Leite Pacheco）从巴西回来，并将茶树带到了他的家乡圣米格尔岛上的卡赫塔斯（Calhetas）。大约也是在这段时间，来自巴西的茶树种子也播种到圣安东尼奥（Santo António），这些种子是若昂·苏亚雷斯·德·索瓦（João Soares de Sousa）从前的一个仆人带到圣米格尔岛送给他的。此外，还有一些茶树是从圣安东尼奥移植到卡佩拉斯（Capelas）的，这些茶树是被安托尼奥·索埃罗·洛佩斯·德·阿莫里姆（António Soeiro Lopes de Amorim）作为观赏植物带到了这里。

1843 年，柑橘树枯萎病导致出口至大英帝国的柑橘产量急剧下降，米卡伦斯农业促进协会（The Sociedade Promotora da Agricultura Micaelense）应运而生。1874 年，当米卡伦斯柑橘减产的问题已无力解决的时候，该协会决定转而生产茶叶，并请求澳门、香港以及在加尔各答、里约热内卢和日本的葡萄牙领事馆给予指导。除了澳门，他们的请求没有得到其他地方的反馈。1878 年 3 月 5 日，两个澳门人，刘阿潘（Lau-a-Pan）和他的助手兼葡萄牙语翻译刘阿腾（Lau-a-Teng），来到了位于圣米格尔岛的蓬塔德尔加达（Ponta Delgada）教当地人做茶。刘阿潘的辫子足有 90 厘米长，他喜欢吸食鸦片。他

---

① Teles e Cunha (2002:295-296).

② Mendes Ferrão (2015:320).

③ Mendes Ferrão (2015); Mário Moura. 2015. 'Tea: A journey from the East to the mid-Atlantic', *European Scientific Journal,* 11(29):19-49.

的助手刘阿腾，除了会说葡萄牙语，还会说英语，他信奉罗马天主教并喜欢用安东尼奥（António）这个名字。[①]

这两个中国茶人一开始是在位于大里贝拉（Ribeira Grande）的何塞·多·坎托（Jose do Canto）的茶园教授种茶技术。1879 年 4 月，大里贝拉、福尔莫苏港（Porto Formoso）和卡佩拉斯（Capelas）的种植园生产出了第一批商品茶，足有 52 公斤。同年 7 月，这两位澳门人返回了家乡。为了保护羽翼未丰的茶产业，1880 年 5 月 26 日，何塞·多·坎托在蓬塔德尔加达推动了一项立法，以保证亚速尔出产的茶享受 25 年的免税待遇。进口茶通常要被征收很高的关税，然而米卡伦斯茶却可以免于征税。1881 年，为保护茶产业，卡埃塔诺·德·安德雷德·阿尔布开克·德·贝当古（Caetano de Andrade Albuquerque de Bettencourt）提出了一些更为积极的财政激励政策，但没有被通过。[②]

图 10.9　1878 年 3 月，茶叶专家刘阿潘（右）和葡萄牙语翻译刘阿腾（左）应米卡伦斯农业促进协会的邀请在亚速尔群岛的圣米格尔岛上教授当地人制作茶叶。此照片来自私人收藏。

最初，亚速尔群岛的茶叶生产工艺由刘阿潘师傅传授，是纯手工式的，包括银尖（chá de ponta branca）和绿茶（chá verde）的生产。1893 年，第一套由马歇尔父子公司（Mashall & Sons）生产的制茶机被运到亚速尔群岛，包括茶叶揉捻机、烘干机、吹风机和分类机、筛选机。何塞·多·坎托还从香港带来 Lao Sam 和 Chon Sem 两位中国的制茶专家。然而，机械化生产的结果是茶叶生产的重点转向生产“红茶”（chá preto），甚至是被称为“大众茶”的低级茶，这种未经揉捻的茶是由粗老的茶叶生产出来的，有时候被用来做熏花茶的茶料。

起初亚速尔群岛上只有 10 人种茶，到了 20 世纪初，发展到 48 人，种植面积达到 435 公顷。在所有用来种茶的可耕地中，有 80% 的分布在圣米格尔岛的大里贝拉县。不过，在蓬塔德尔加达地区的所有县以及法亚尔（Faial）岛上的奥尔塔县（Horta）也有许多小茶园。还有一些茶树被引入圣乔治岛（São Jorge）。规模较大的茶园包括由何塞·多·坎托的继承人拥有的坎托茶园（Chá Canto）、乔斯·本萨乌德（José Bensaúde）的本萨乌德茶园、路易斯·德·阿泰德·考特·里尔·达·西尔韦拉·埃斯特雷拉（Luís de Ataíde Corte Real da Silveira Estrela）的考特里尔茶园、埃尔曼林达·帕切科·加戈·达·卡马拉（Ermelinda Pacheco Gago da Câmara）的戈雷亚纳（Gorreana）茶园、文岑特·马沙多·法里亚·马亚（Vicente Machado Faria e Maia）的维斯孔德·德·法里亚·马亚（Visconde de Faria e Maia）茶园、乔斯·玛丽亚·雷波索·多·阿马拉尔（José Maria Reposo do

① Jorge Tavares da Silva. 1999. ‘Le thé aux Açores’, pp. 91–95 in Barrie and Smyers (op.cit.); Pedro Pascoal F. de Melo. 2012. ‘Breve História de cultura do chá na Ilha de São Miguel, Açores’, *Revista Oriente*, 21: 40–49.

② Maria Emanuel Albergaria. 2015. ‘A planta do chá’, pp. 8–17 in Duarte Manuel Espírito Santo Melo e Maria Emanuel Albergaria, eds. *Caminhos do chá*. Ponta Delgada: Museu Carlos Machado e a Secretaria Regional da Educação e Cultura.

Amaral）的达巴罗萨（da Barrosa）茶园、奥古斯托·阿泰德茶园（Augusto Ataíde）以及曼纽尔·雷波索（Manuel Raposo）的种植园。

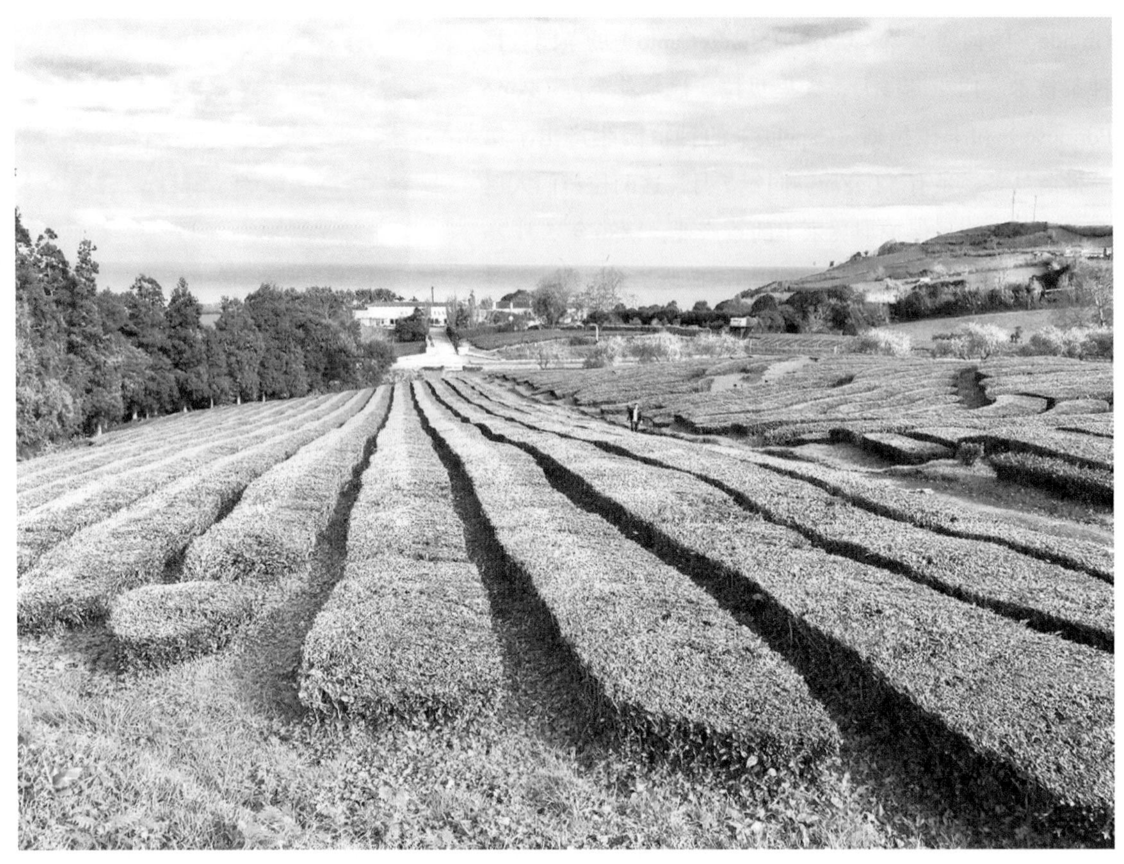

图 10.10　戈雷亚纳茶业在圣米格尔岛上的茶庄园，这里可以远眺北太平洋，照片拍摄于冬天，茶园处于休眠期。

716 亚速尔人的茶产业在第一次世界大战期间蓬勃发展，但到了 20 世纪 30 年代，米卡伦斯茶不得不和莫桑比克茶在里斯本市场上展开竞争。1940 年，岛上共有 14 家茶叶工厂同时运营，二战以来，米卡伦斯茶产业仍然很兴旺。到了 20 世纪 60 年代初期，米卡伦斯茶产业以及其他的农业公司受到亚速尔人移民加拿大和美国的热潮影响，开始走向低迷。许多年积聚的不满终于在 1974 年 4 月 25 日引发了一场革命。1960 年仅存 7 家茶厂，到 1966 年减少为 5 家。很快，戈雷亚纳茶园成为岛上唯一幸存的茶叶工厂，这家茶厂甚至没有得到任何来自里斯本的财政补助和支持，其生存故事是非常有启发性的。

1883 年，51 岁富有的土地所有者埃米林达·加戈·达·克马拉（Ermelinda Gago da Câmara），即何塞·奥诺拉托·加戈·达·克马拉（José Honorato Gago da Câmara）的妻子，创建了一个茶园。1913 年她去世的时候，这个茶园被她的孙女安吉丽娜继承，安吉丽娜的丈夫詹姆·欣策（Jaime Hintze）1914 年开始管理茶园。欣策用英国生产的茶叶加工设备把茶叶的生产流程机械化，这种机器是专门为英国的殖民地印度生产的。1926 年，他安装了一个 22 千瓦的水力发电机，以便为机器供电，并且把制造出来的茶重新命名为戈雷亚纳。随着这种新的机械化制茶技术的出现，生产出来的茶完全变成具有英式印度风味的“正统”茶，因而在茶叶制作技术上完全没有了改进的余地。1945 年欣策死后，他唯一的儿子费尔南多·加戈·达·克马拉·欣策（Fernando Gago da Câmara Hintze）继承了这份遗产。 717
1961 年，费尔南多·欣策死后，这项资产的管理权由其妻拜尔陶·玛丽亚·费雷拉·德·利玛·梅雷莱斯（Berta Maria Ferreira de Lima Meirelles）接管。1926 年出生于蓬塔德尔加达的她，年仅 34 岁时就成为寡妇。

到 20 世纪 90 年代，戈雷亚纳茶园的管理权被马加里达·梅雷莱斯·加戈·达·克马拉·欣策（Margarida Meirelles Gago da Câmara Hintze）继承，她生于 1945 年 9 月，是费尔南多·欣策和拜尔陶·梅雷莱斯唯一的女儿。她和她的丈夫——同样来自米卡伦斯茶商世家的埃尔马诺·莫塔（Hermano Mota）共同管理茶园。2013 年，埃尔马诺去世，他们的女儿玛丽亚·马达莱纳·欣策·德·阿泰德·莫塔（Maria Madalena Hintze de Ataíde Mota）在妹妹沙拉（Sara）的协助下管理茶园和茶厂，而她的兄弟费尔南多·路易斯（Fernando Luís）、安德烈（André）和蒂亚戈（Tiago）则负责管理劳工。戈雷亚纳茶园每年茶叶产量为 37~40 吨，等级分为白毫、橙白毫、白尖王、熙春茶和珠茶。亚速尔群岛上的气候和与世隔绝的环境使得米卡伦斯茶能够坚持用纯天然的方法在较湿润的气候条件下避免病虫害对茶叶的损害，因而即使是在今天，其仍可以在不使用杀虫剂的情况下进行商业化生产。①

讽刺的是，茶叶机械化制作而成的是带有英属印度茶特征的“正统”茶产品，基于这里优越的自然环境所创造的可持续的收益却是通过水力发电带来的，这也使得圣米格尔岛上这个唯一的茶叶种植园得以存活下来。在西面紧邻的北部海岸，阿曼西奥·法里亚·马亚（Amâncio Faria e Maia）于 1920 年建立的福尔莫苏港茶园，但在 1980 年被迫关闭了。1998 年，何塞·安东尼奥·帕切科（José António Pacheco）对这个种植园进行了修复。2001 年，福尔莫苏港茶园再次开业。

马达莱纳·莫塔曾表达过有朝一日要去世界上其他茶园参观的梦想，② 事实上，这两家米卡伦斯茶 718
园如果能决定再次从东方学习一些传统的茶叶制作方面的知识和工艺，或是采用一些日本的创新技术，他们就能够为制作优质的手工茶做好准备。亚速尔群岛如今完全可以生产出一款具有独特风味的高端茶，最初可以向前来观光的游客推广，然后可以推向里斯本和北美市场。随着对手工采摘的新鲜茶芽和叶尖的技术处理方法被人们熟知和推崇，这片独特而稀有的火山地带、北太平洋中部茂密原始的自然环境的全部潜能总有一天会被充分挖掘出来。他们应该向合适的小众市场供应手工采摘的、高端的、纯手工制作的有机的绿茶和白茶。

在亚速尔群岛成功建立了茶树种植园之后，人们很快就开始尝试在欧洲大陆本土种植茶树。1882 年 12 月 16 日，当时流行的科学杂志《万物科学》（*La Science pour tous*）记载了一个把茶树种植在卢瓦尔盆地低处的设想：

---

① Maria Emanuel Albergaria. 2015. ‘O chá em São Miguel: O caso das plantações de chá Gorreana’, pp. 24–41 in Melo and Albergaria (op.cit.).

② Bruna Roque. 2015. ‘Histórias de vida’, pp. 42–63 in Melo and Albergaria (op.cit.).

图 10.11　就在戈雷亚纳茶园的西面坐落着圣米格尔岛的福尔莫苏港茶园。

> 目前正在尝试让茶树适应卢瓦尔盆地低处的气候环境。一些嫁接了的骆驼科植物已经捱过了冬天室外 -18℃的气温。很快，茶树就不会比菩提树更难收获了，虽然还需要观察这种气候条件的改变是否会带来（茶叶）芳香物质的丢失。[①]

这并不是第一棵在法国种植的茶树。早在 18 世纪 80 年代，茶树就作为植物样本在法国种植了，正如前面章节中曾经讲到的。法国人在昂热（Angers）和索米尔（Saumur）附近的实验结果表明，当时茶树还不适合进行商业化种植和栽培。[②]19 世纪 90 年代早期，在葡萄牙北部的米尼奥（Minho）省也进行了一次不成功的茶树栽培实验。[③]

## 法国茶餐新潮流

1742 年，文森特·拉·夏佩尔（Vincent la Chapelle）在他的五卷本烹饪书《现代美食》（*Cuisinier Moderne*）的第二版中，为茶霜（Crême de Thé）餐厅提供了用来作为配菜的菜谱。他当时在海牙担任威廉四世的首席厨师。[④]1860 年，恩里·马里亚奇（Henri Mariage）发明了一种茶味的巧克

① Kitti Cha Sangmanee. 1999. ‘L'art français du thé’, pp. 67–87 in Barrie and Smyers (op.cit., p. 73).

② Ukers (1935, Vol. I, p. 206).

③ Cristóvão Moniz. 1895. *Cultura do chá na ilha de S.* Miguel. Lisboa: Administração do Portugal Agricola (p. 107).

④ The word appears in the orthography entremêts [Vincent la Chapelle. 1742. *Le cuisinier moderne, qui apprend à donner toutes fortes de repas* (five volumes). La Haye: Aux Dépens de l'Auteur, Vol. iii, p. 259].

力，命名为曼达林（mandarins）巧克力。[1]1873年，亚历山大·大仲马（Alexandre Dumas）提到了用茶汤做的奶酪果冻（fromages bavarois），还有被称为奶油小圈饼（darioles）的用茶汤制作的奶油糕点，甚至还有一种用柑橘汁调味的绿茶冰淇淋。[2]但是，茶叶作为一种食材，其应用始终是相对有限的。

让-弗朗索瓦·马里亚奇（Jean-Francois Mariage）是当时法国的众多茶商之一，1766年生于里
尔，并在那里建立了自己的茶叶销售渠道，销售从东方进口的茶叶、香料和其他商品。他有四个儿 719
子，其中一个叫作奥古斯特·马里亚奇（Auguste Mariage），放弃了父亲在里尔的生意，在巴黎马雷区（Marais）的西蒙-勒-弗兰克街（rue Simon-le-Franc）开了新店销售茶叶和来自东方的其他商品。1843年，他的兄弟查尔斯入伙后，他们的业务扩大，搬到圣十字街（rue Sainte-Croix-de-la-Brettonerie）23号。家中第三个兄弟艾梅（Aime）后来也开始做生意。他们基本上接管了父辈的产业，并于1854年建立了玛黑兄弟（Mariage Frères）公司，并把茶叶店开到了圣梅里路（rue du Cloître-Saint-Merri）4号。[3]这家店服务于特定的客户群体，专门为高端客户提供精品茶叶。

1873年，大仲马发现，虽然许多茶已经为人们所熟知，但当时法国的茶叶消费却仅限于各种珠茶、小种茶和白毫茶这几种。[4]他在报告中说，通常由家庭主妇们准备一些茶叶，喝茶的客人可能会根据自己的口味加些糖、“一团奶油”、一片柠檬或者一滴法国白兰地。1892
年，拉扎勒斯和佩特鲁斯·迪戈内（Lazare and 720
Pétrus Digonnet）兄弟在马赛成立了一家茶叶公司，几年后他们将公司更名为大象茶（Thés de l'Eléphant）。这家公司以控股和收购其他公司的方式不断壮大，直到1975年其被立顿公司收购，而立顿这个品牌在1938~1972年又被联合利华一步步兼并了。1898年，乔治·卡农（George Cannon）从波士顿来到法国，并与一个女子结婚，他在巴黎创立了一家茶叶公司，并以他自己的名字命名，后来公司被安德尔·斯卡拉（André Scala）于1970年收购，如今公司由他的孙子奥古斯丁·斯卡拉（Augustin Scala）掌管。

图10.12 大仲马（1802~1870年），Dumas Davy de la Pailleterie。艾蒂安·卡尔热（Etienne Carjat）摄于1869年。

---

① Alain Stella. 2009. *Le thé français.* Paris: Éditions Flammarion (pp. 18–21).

② 'glace à la crème... au thé vert et jus de cédrat' (Dumas 1873: 472, 506, 607).

③ Kitti Cha Sangmanee. 1999. 'L'art français du thé', pp. 67–87 in Barrie and Smyers (op.cit.).

④ 'le thé perlé, dont la feuille est parfaitement roulée sur elle-même, le thé souchong, dont les feuilles sont d'un vert sombre, un peu noirâtre et bien roulées; enfin, le pékao, en pointes blanches, celui dont l'odeur est plus aromatique et la plus agréable' (Dumas, 1873, p. 1026).

法国茶叶商黛玛·弗雷尔（Dammann Frères）声称他们的血统可以追溯到弗朗索瓦·黛玛。从1692 年 1 月 1 日起，弗朗索瓦·黛玛被授予特权成为皇室茶叶的独家供应商，最初为期六年。“弗朗索瓦·黛玛”早已被视为茶叶供应特权的象征。[①] 经历了革命时期的动荡之后，这一假冒皇家茶叶供应商的后裔在 1825 年重新出现，成为那一年成立的德罗德·弗雷尔·黛玛（Derode Frères et Dammann）公司的一部分，该公司在巴黎和巴达维亚经营香草和茶叶。1925 年，这家公司改头换面成为坐落在塞瓦斯托波尔大道（boulevard Sébastopol）8 号的黛玛·弗雷尔公司。1954 年，让·朱默 - 拉方德（Jean Jumeau-Lafond）加入公司，并隆重推出了“古特·鲁塞”（goût russe），一种用柑橘类口味替代格雷伯爵茶中的佛手柑皮的神秘配方。[②]

721 1982 年，玛黑兄弟公司被理查德·亚历山大·布埃诺（Richard Alexander Bueno）和他的泰国朋友基蒂·查·桑马尼（Kitti Cha Sangmanee）收购。布埃诺是具有荷属东印度血统的荷兰人。他们从茶叶批发商转型为零售商，并在 1985 年把公司搬到蒂堡大街（rue du Bourg-Tibourg）。著名的香料商让 - 克洛德·埃莱纳（Jean-Claude Ellena）回忆到 20 世纪 80 年代玛黑兄弟公司改变了法国茶产业，将公众的视野从 CTC 碎茶带到散发着精妙香气和细腻芬芳的繁茂的茶园，而这一直是茶叶鉴赏家的世界。[③]

图 10.13　理查德·亚历山大·布埃诺。照片来源：玛黑兄弟公司。

理查德·亚历山大·布埃诺和基蒂·查·桑马尼从 1980 年以来就一直在试验新的茶叶和茶餐配方。那时候法国还没有一个厨师或者甜点师把茶叶当作食材。1986 年开始，他们在位于法国蒂堡大街的巴黎茶沙龙（Parisian tea salon）推出了一系列新的茶餐（cuisine au thé），从那时起，他们的茶餐美食不断丰富。[④]1990 年，玛黑兄弟在巴黎奥古斯丁码头大街（Grands-Augustins）13 号开了一家新的巴黎茶餐厅，1997 年在圣奥诺大街（rue du Faubourg-Saint-Honore）260 号和日本东京的银座开了新店，2003 年在东京新宿开了第二家店。

1995 年布埃诺去世，1987 年加入玛黑兄弟公司的弗兰克·德赛恩（Franck Desains）在茶叶创新发展方面做出了巨大贡献。1986 年，基蒂·查·桑马尼成为做红

① ‘Le Roy ayant par Refultat de fon Confeil de ce jourd’huy traité avec Maiftre François Damame Bourgeois de Paris, du privilege de vendre feul, à l’exclufion de tous autres, pendant fix années, à commencer due premier Janvier de la prefente année 1692’, *Arrest du conseil d’État du Roy, Concernant la vente du Caffé, du Thé, du Sorbec & du Chocolat. Du 22. Janvier 1692. A Paris, Chez Estienne Michalet, premier Imprimeur du Roy, ruë faint Jacques, à l’Image faint Paul*［photographically reproduced in Raibaud and Souty (op.cit., pp. 165–167)］.

② Yi, Jumeau-Lafond et Walsh (1983:167).

③ Jean-Claude Ellena. 2007. *Le Parfum*. Paris: Presses universitaires de France(pp.24,52).

④ Stella (2009:42-55).

茶和绿茶拼配试验的第一人。现代法国茶并没有年复一年地保持一个统一的标准。人们宁愿通过香气和口感的结合创造出新的芳香组合。理查德·亚历山大·布埃诺和基蒂·查·桑马尼引领了法国茶文化复兴，也鼓舞着其他人，但是也引发了另一个令人尴尬的明目张胆的剽窃案例。[①]

玛黑兄弟公司致力于引导他们新的客户，自 1996 年开始向客户提供制作精美、内容全面的介绍性 722
手册《茶》(*Le thé*)，义不容辞地纠正茶叶爱好者们错误的喝茶方式：

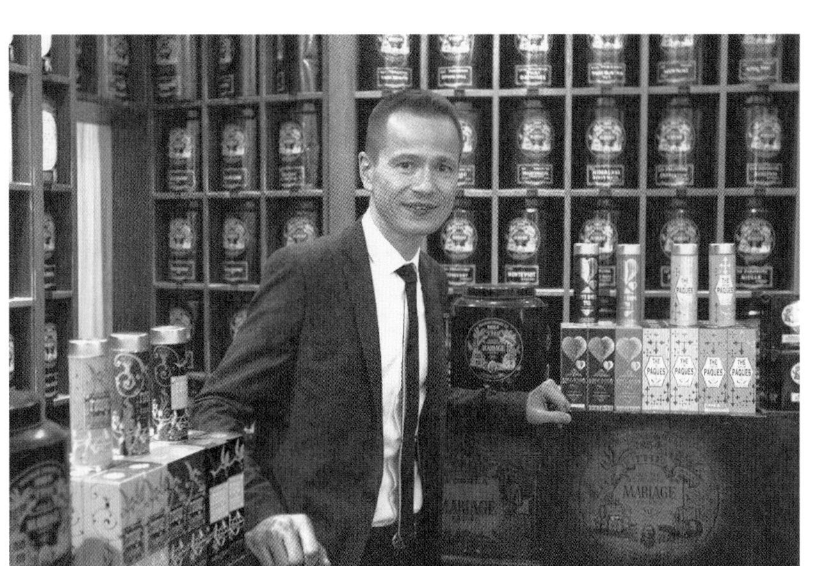


图 10.14 弗兰克·德赛恩（Franck Desains）。摄影：法新社／乔尔·萨热（Joel Saget）。照片来自玛黑兄弟公司。

① 有一些受到启发去模仿玛黑兄弟公司的人不算剽窃，而是在调配属于自己的独特口味的志同道合者。然而，2008 年，许多茶叶品鉴家惊讶地发现，竟然有一个几乎完全克隆著名的玛黑兄弟公司的名为 TWG Tea 的品牌突然出现在新加坡。这个公司是由玛黑兄弟公司的前员工塔哈·布克迪布（Taha Bouqdib）创立的，他和他的妻子玛兰达·巴恩斯（Maranda Barnes），以及新加坡投资人马诺伊·莫汉·穆贾尼（Manoj Mohan Murjani）一起合伙开了这家公司。投资人穆贾尼于 2003 年成立了"健康集团"（Wellness Group），并为该集团提供资金。该品牌名称 TWG 最初就是代表"The Wellness Group"的首字母。在布克迪布（Bouqdib 有时也写作 Bou Qdib）离开玛黑兄弟公司之后，他还把一些公司的内部信息带到新加坡，这使得他能够创造一个克隆版玛黑兄弟公司。从一开始，他们大部分的茶叶就购自玛黑兄弟公司视为商业机密的供应商名单。在大多数茶叶爱好者眼中，整个配方，甚至制服、茶罐、茶具、银器、桌布和其他许多细节明显抄袭了玛黑兄弟公司，达到令人发指的地步。这在法国引发了一起法庭诉讼案件，并被称为一起极其厚颜无耻的 contrefaçon et imitation 案件。同时，其他的法律纠纷也接踵而至。2011 年，当 TWG 公司在香港著名的购物中心国际金融中心开设分店时，成立于 1932 年的茶叶公司 Tsit Wing Group (TWG) 又把它告上了法庭，称该公司使用了他们公司的首字母缩写，以及在品牌标识上虚假宣传公司成立于 1837 年。香港高等法院副法官 John Saunders 裁定，在 TWG Tea 标识中提到 1837 年构成有意误导，判定 TWG Tea 侵犯商标权及假冒商标。他还特别提出，即便是《彭博商业周刊》（*Bloomberg Businessweek*）也被误导过，其在 2011 年 10 月的一篇线上报道中提到 TWG Tea 成立于 1837 年。高等法院及香港上诉法庭均裁定 TWG Tea 公司存在侵犯商标权和假冒商标的行为。公司的成立者也被卷入内部法律纷争。2014 年，穆贾尼和他的"健康集团"向布克迪布、巴黎投资和 TWG Tea 发出传票，起诉其违反股东协议，企图排挤少数派股东出局 [K.C. Vijayan. 2013. 'Storm brews over twg logo in Hong Kong court', The Straits Times, 28 July 2013; Rachel Boon. 2014. 'Legal tussle erupts over twg Tea shares', The Straits Times, Thursday 20 February 2014; 'Details on twg Tea cofounder v. Osim', The Straits Times, Monday 24 February 2014; Barbara Dufrêne. 2014. '« Mariage Frères» fête ses 160 ans: Entretien avec son président, Kitti Cha Sangmanee', La nouvelle presse du thé, № 47 (le 30 septembre 2014), art. 2; Tee Zhuo. 2014. 'Osim International hit by defamation accusations in ongoing legal tussle', The Straits Times, Thursday 13 November 2014; Julie Chu. 2014. 'twg tea shop may have to change its name after court decision in trade mark case', South China Morning Post, 4 December 2014; Karan Sit. 2015. 'Tea for two—or perhaps not! An interesting trade mark case from Hong Kong', Rouse, the Magazine, 25 March 2015]。

> 723 对于一个内行来说，往茶里面加哪怕是很小的一片或一滴柠檬都是不能接受的，原因很简单：虽然这种柑橘类水果本身是最有价值的，但它除了容易使茶的颜色变得花里胡哨之外，还有一个令人烦恼的特性就是，会完全改变茶的味道（而橙子的味道则完全不会被改变）。[①]

手册还引用了乔治·奥威尔的话，他以夸张的反问语气说道："如果你把糖放进茶里，破坏了茶的味道，怎么能说你是一个真正的茶客呢？如果是这样，那么往茶里放胡椒粉和盐也似乎就完全合理了。"但是，这本册子还是对那些嗜甜的人做了一些小小的让步：

> 如果对甜味的渴望难以抑制，一点点冰糖（最折中的方案）不会完全败坏饮用者的名声，也不会玷污浓郁的普通红茶或调味茶的味道……
>
> 然而，（今天这个问题已不再具有争议）同样的一小撮糖对于味道精致的绿茶来说则是一种恶行。[②]

这本书以一种教科书式的负责任方式，解释了这个原则并不适用于摩洛哥薄荷茶，此茶是一种非常特别的口味组合，一定程度上加糖并不会影响这种绿珠茶的口味和颜色。[③]

专业茶人弗朗索瓦-泽维尔·德尔马斯（François-Xavier Delmas）1986年在巴黎与人合伙创立了
724 精品茶连锁店"巴黎的茶"（Le Palais des Thés），并与人合写了一本法国茶人的喝茶指南。他还在由奥利维尔·米勒（Olivier Mille）和艾琳娜·菲利皮尼（Elena Filippini）制作的纪录片《人人饮茶》（*Thé pour tous*）中担任主角。[④]2014年，另一家引领法国茶业复兴浪潮的茶企——戴玛茶叶（Dammann Teas）的代表迪迪埃·朱默-拉方德（Didier Jumeau-Lafond）说过的一段话被《英国广播公司杂志》（*BBC Magazine*）引用如下：

> 当你走进中国的商品交易会现场，你能够看到英国人，他们都是这个购买1000吨、那个购买1000吨。我们买茶的时候，最多也就是10箱！英国人希望拿到最低的价格，而我们只是想得到最好的质量。我们是一个小众市场，却是一个正在快速成长的小众市场。[⑤]

1983年，人们在巴黎发布了五种茶鸡尾酒的配方，从上好的潘趣酒和烈性酒到比较新的混合饮料，如茶萨巴永（tea sabayon），以及八种不含酒精的茶饮品和三种以茶为基础的甜点配方。[⑥]1991年，

---

① Kitti Cha Sangmanee, Catherine Donzel, Stéphane Melchior-Durand et Alain Stella. 2006 [1996]. *Le Thé.* Paris: Flammarion (p. 40).

② Sangmanee แสงมณี, Donzel, Melchior-Durand et Stella (2006: 105).

③ Sangmanee แสงมณี, Donzel, Melchior-Durand et Stella (2006: 105, 86).

④ Delmas, Minet et Barbaste (2007); The original 2010 French documentary film directed by Stefano Tealdi was rebranded for the anglophone audience as *Global Drinks: Tea.*

⑤ Hugh Schofield. 'France's silent tea revolution', *BBC Magazine,* 19 April 2014.

⑥ Yi, Jumeau-Lafond et Walsh (1983: 199-207).

格雷伯爵茶酱、抹茶酱、红茶冰激凌和格兰尼塔奶茶（tea granite）等新品在巴黎陆续上市。[①]2002年，玛黑兄弟公司出版了一本书，书中有他们创造的39种茶餐食谱，2009年他们又发布了十几种新的茶餐食谱。[②]短歌茶（Tanka Cha™）是一款超级绿茶，是由玛黑兄弟设计的富有创意且极具巴黎风格的日本绿茶，主要由宇治的煎茶和日本的抹茶粉混合而成。

2006年，基蒂·查·桑马尼获得了由法国外交部颁发的“法国美食精神大奖”（trophée de l’Esprit alimentaire），奖励他为新式法国茶餐的创新发展所做出的贡献。法国茶餐很快风靡全球，吸引了众多拥趸者。利迪亚·戈蒂埃（Lydia Gautier）2006年在日内瓦发布了17种茶餐菜谱。[③]法国茶餐文化自然也传播到了法属加拿大。2009年在魁北克省，茶花茶馆（Maison de Thé Camellia sinensis）出版了一本可爱的小书，书中一些号称主厨的人详细披露了14种美味的茶餐食谱。[④]另外，2008年在玛黑兄弟公司的支持下，法国的巴斯克郡还出版了《茶食谱》（*recettes à base de thé*）一书。[⑤]

图10.15　法国外交部授予基蒂·查·桑马尼“法国美食精神大奖”，以表彰其开发新的法式美食“茶餐”。摄影：雅各布·托雷戈纳（Jacques Torregano）。照片来自玛黑兄弟公司。

2004年在日本，德永睦子（Mutsuko Tokunaga）制作了一本令人喜爱的关于一
些新奇茶餐食谱的简编，主要使用抹茶作 725
原料。[⑥]2010年在瑞士，彼得·奥普里戈尔（Peter Oppliger）提供了八种来自养生大厨帕特里西奥·加西亚·德·帕雷德斯（Patricio Garcia de Paredes）制作的茶餐食谱，他曾在东京的日本“串”研究院，今天的串制作和品鉴学校工作。[⑦]2010年在斯里兰卡，朱丽叶·库姆（Juliet Coombe）和黛西·佩里（Daisy Perry）对二十多种锡兰茶餐的烹饪法

① Anthony Burgess. 2005. *The Book of Tea.* Paris: Flammarion (p.190), published in 1991 as *Le livre du thé* by Flammarion in Paris.

② Éveno, Bagros et du Tilly (2002), An English translation appeared that same year as Juliette de Lavaur, Yves Bagros et Laurence du Tilly. 2002. *French Cuisine with Tea: Book of Original Recipes.* Paris: Hachette Stella (2009: 42-55) contains a dozen of the recipes developed by Richard Bueno and Kitti Cha Sangmanee **กิตติชาติ แสงมณี**.

③ Gautier (2006:138-155).

④ Hugo Americi, Jasmin Desharnais, François Marchand, Kevin Gascoyne et Jonathan Racine. 2009. *Thé: Histoire, terroirs, saveurs.* Montréal: Les Éditions de l’Homme. 这是最美的茶书之一，书中配有精美的展示乌龙茶和其他茶制作方法的图片资料。

⑤ Laurence Catinot-Crost. 2008. *Le Thé: a merveilleuse histoire.* Biarritz: Atlantica.

⑥ Mutsuko Tokunaga. 2004. *New Tastes in Green Tea.* Tokyo: Kodansha International.

⑦ Peter Oppliger. 2010. *Grüner Tee.* Aarau: Aargauer Tagblatt Verlag.

进行了生动的报道。[1]按照这些茶料理食谱并不需要使用粉末状的日本绿茶，而是可以利用岛上大量的新鲜茶叶。尤其是考虑到大多数锡兰茶最终会成为完全氧化的布朗茶，在这种可爱的新型烹饪法中创造性地使用新鲜茶叶，不仅有利于保存有益健康的茶多酚，还使其微妙的味道免于受到 CTC 工序的破坏。同年，辛西娅·戈尔德（Cynthia Gold）和里斯·斯特纳（Lisë Sterna）合作出版了一本食谱，详细介绍了 150 多种茶餐品种[2]。

当斯里兰卡新生代茶园主们正在努力提升锡兰茶的品质时，岛上的茶爱好者们深受启发，开始探索茶叶的新用途，而不是让他们所珍爱的新鲜绿茶完全氧化后被切碎。他们创造性地使用一些富有弹性的可用的新鲜茶叶来制作可口的新式茶餐。不知不觉，新式茶餐的先驱们在大胆尝试新鲜茶叶的制作过程中，偶然发现了茶文化最初的根源。实际上，茶的传奇最初就是以这种方式开始的。

在茶餐烹饪中使用新鲜的茶叶而不是抹茶，对于在实际产茶地区经营茶餐的餐厅来说当然是一个优势。毫不奇怪，一项研究表明，新鲜采摘的粗茶叶中的微生物数量远远超过加工过的绿茶或红茶中的微生物数量。同样的研究表明，这些微生物，无论如何都不会致病且可以通过简单地用冷水冲洗茶叶来清除。这个过程让茶叶和做好的沙拉一样卫生。[3]2014 年，列哈·萨林（Rekha Sarin）和拉扬·卡普尔（Rajan Kapoor）制作了包括一种茶潘趣酒、两种茶鸡尾酒、三种开胃菜以及三种茶甜点在内的食谱。[4]

## 泰国和老挝

老挝和泰国在前文关于“mî:ang”（泰式腌茶）的讨论中已有所提及，泰国北部和老挝西北部同属于原始茶的故乡之一。虽然制作腌茶的方法因地而异。如今在帕府（Phrɛ̂:）和难府（Nâ:n），腌茶是由整片叶子制成的，而在清迈周围的地区，腌茶通常是由茶叶的上半部分制成的。我们已经讨论了泰国作为茶叶消费和生产国之一的历史，而今泰国在茶产业中的作用是多方面的，因为最近这个国家也能够生产出优质的茶叶。

由泰王普密蓬·阿杜德（Bhumibol Adulyadej）发起的许多成功的皇家项目之一就是种植高地茶，
726 这种茶很快就开始获得商业回报。最初的茶质量一般，但很快泰国高地茶园就开始生产优质的绿茶和乌龙茶，泰国在金三角地区生产的乌龙茶尤其出色。这里是茶树的故乡——茶树一半是种植，一半是野生。

19 世纪上半叶，红拉祜族（Red Lahu）从中国西藏东部经云贵地区迁徙到缅甸，在那里他们分成三个派别：第一个派别反对缅甸政府，第二个派别与缅甸政府结盟，第三个派别拒绝站在任何一边。19 世纪 80 年代，第三个派别移民到泰国，并定居在本波克（Dɔ:i Hompok）。1952 年，本波克的红拉

[1] Juliet Coombe and Daisy Perry. 2010. *Generation T Addicted and Tea Cuisine Addicted, Sri Lanka: The Ultimate Guide to Tea.* Galle Fort: Sri Serendipity Publishing.

[2] Cynthia Gold and Lisë Stern. 2010. *Gulinary Tea: More than 150 Recipes steeped in Tradition from around the World.* Philadelphia: Running Press.

[3] Shin-ichi Sawamura, Eri Eto and Ichiro Kato. 2001. ‘Microbiological circumstances of crude tea and its plant’, *ICOS*, 1(IV):71-74.

[4] Rekha Sarin and Rajan Kapoor. 2014. *Chai: The Experience of Indian Tea.* New Delhi: Niyogi Books (pp.276-283).

祜领导人唐韬改名为布门（Pù:mɯ̀:n），后来，布门的女婿扎法猜戈（Càfá Chaikhɔ）成为红拉祜的领导人，并受泰王之命保卫泰国边境。扎法猜戈帮助泰王实现了促使该地区农民从种植鸦片转变为种植茶和咖啡的计划，1983 年他被政敌暗杀。

图 10.16　在房县的普马尼拉祐家庭旅馆烹制的香脆的泰国茶叶沙拉。

来自云南的中国茶商在缅甸边境附近建立了一些小型茶树种植园，这些茶园的历史比上述王室的还要久远，因为山地部落可以在政府的土地上种植茶树。在美斯乐和清迈，国民党最初也牵涉进鸦片贸易，但也是最早热衷于转向茶树种植的政权之一。以机械和技术的手段制作乌龙茶，主要是受到中国台湾的影响。中国茶树品种主要种植在缅甸的皇家茶园中，这里最盛产的还是本地的阿萨姆茶，这些茶树生长旺盛，可用于制作腌茶。当地也种植一些阿萨姆茶和中国茶的杂交品种。

今天，这个地区迅速发展的茶园，威胁到了仅存的野生森林。一些茶园为实现茶叶生产的进一步工业化，努力提高茶叶产量，密集地每 45 天采摘一次茶叶。泰国北部和越南的一些茶园直接向云南供应茶叶，在那里茶叶被加工成熟普洱茶，有传言称，一些云南的乌龙茶在台湾被当作本土乌龙茶销售。当地的阿萨姆茶叶具有浓郁的天然甜味，这使得它在一些稀有的本地白茶中脱颖而出，但是工业化生产可能会导致本地茶叶失去宝贵的种植土地。据说，今天甚至连抹茶也是由泰国北部的阿萨姆茶制作而成的。

1995 年，泰国茶叶年产量为 1.85 万吨，2000 年超过 3.2 万吨，2005 年超过 5.1 万吨，2010 年达到 6.7 万吨，目前超过 7.5 万吨，产品也不断多样化。在清莱府（Chi:ang Ra:i）种植的茶树中，84% 的是阿萨姆茶树品种，16% 的是中国茶树品种。泰国生产的茶叶中，85% 的供国内消费。泰国茶以野生茶树、传统茶园和工业茶园为特色。主要的茶树种植地区是清莱府、难府、南邦府、帕府和夜丰颂府。清莱府是其中面积最大的，达 7200 公顷，年产 1.75 万吨新鲜茶叶；清迈以几乎相当的产量位居第二；其后是按照上面给出的顺序排名的地区。[①]

在泰国北部，茶叶用于烹饪已经有一段时间了。传统饮食腌茶启发了现代泰国美食，它融合了腌茶和新鲜茶叶。红拉祜族商人扎冷猜戈（Càrə:n Chaikhɔ）[②] 在房县（Fǎ:ng）经营一家普马尼拉祐（Phumanee Lahu）家庭旅馆，提供各种美味的泰式沙拉，特色是香脆的油炸新鲜绿茶叶。在清迈，来自季风茶餐厅（Monsoon Tea）的肯尼斯・里姆达尔（Kenneth Rimdahl）充分利用了泰国菜和兰纳 727
菜开胃的特点，提供新颖的茶餐。里姆达尔的商业合作伙伴 Wɔ:ráka:n Wɔngfu: 不断创新丰富美食菜

① P.Winyayong. 2007. 'The current status and future prospect for tea production in Thailan', *ICOS*,3, MI-S-04.

② 扎冷猜戈生于 1960 年，是扎法猜戈的大儿子、红拉祜（Red Lahu）的首领。最小的儿子约翰也从事茶叶生意。

图 10.17　肯尼斯·里姆达尔的餐厅用新鲜茶树叶做的茶酱。

单，包括腌茶酱奶油鸡肉、腌茶香蒜沙司面点、腌茶糊炸鸡块、新鲜茶叶沙拉、烤猪肉和腌茶馅的云吞面。与此同时，奢侈品时尚品牌普拉达（Prada）也已开始进军茶产业，并聘请了里姆达尔为其服务。作为第一步，普拉达在米兰买下了一家糕点店，并把它改造成一个茶室。

在曼谷素坤逸（Sukhumvit）的七阳（Seven Suns），茶叶鉴赏家韩梅开创了一种冷泡茶。这种茶使用的精致的玻璃器皿，让人想起老式的化学实验室，里面流着干净的冷水，一滴一滴地浸泡茶叶，直至茶叶被充分浸泡，其间没有任何热降解现象。这得到了相关研究的支持。研究表明，用冷泡法泡的茶的抗氧化活性成分高于传统的热泡法。[①] 在日本，一些茶艺大师会邀请一些茶叶鉴赏家，并为他们精心准备用低温冷泡法制作的遮阳绿茶。这种日益流行的冲泡法被称为冷浸法（mizudashi）。

当然，在邻国老挝，吃腌茶的习俗和泰国一样古老。老挝北部的村民用竹筒泡茶，这种古老的做法在中国的邻近地区也存在，并一直绵延到印度东北部。今天，在现代茶叶产业格局中，老挝北部、金三角和波罗芬高原（Bolaven）南部都出产优质的绿茶。

## 马来半岛的茶叶种植

马来半岛的茶产业和一个叫作约翰·阿奇保·罗素（John Archibald Russell）的英国商人密切相
728 关。1890 年 3 月到 1893 年 1 月，罗素曾经在马来亚度过三年的童年时光。其间，他的母亲死于一场车祸。在返回英国并完成学业后，1899 年，十六岁的罗素回到了马来亚。他与一个家势兴旺的中国老板合作，投身于锡矿和煤矿开采以及建筑业。这个老板也成为他一生中关系密切的商业合作伙伴。1928 年，罗素与锡兰茶农亚历山大·B. 米尔恩（Alexander B. Milne）合作，获得了金马仑高原（Cameron Highlands）超过 2000 公顷的土地特许权。

在米尔恩的专业知识的帮助下，这片土地的一部分被改造成茶园，种植了锡兰的阿萨姆茶树品种。几年后，茶园出产的第一批茶叶卖给了一个中国承包商，该承包商生产一种主要在马来亚本地销售的

① Elisabetta Damiani, Tiziana Bacchetti, Lucia Padella. Luca Tiano, Patricia Carloni. 2014. ‘Antioxidant activity of different white teas: Comparison of hot and cold tea infusions’, *Journal of Food Composition and Analysis,* 33(1):59-66.

半发酵茶。后来，罗素收购了米尔恩公司的股份，但他于 1933 年去世了。1934 年这里成立了一家茶叶加工厂，之后第一批茶叶被运往伦敦。[①] 由罗素在金马仑高原上创立的博赫庄园（The Boh estate）是马来半岛上最古老、最著名的茶园，至今仍由他的家族经营着。

1928 年当茶树开始在马来半岛种植的时候，上一章讨论的全球茶叶消费模式的转变已经完全实现了。1867 年，在总额达 1.11 亿磅进入英国的茶叶中仍然有 1.045 亿磅来自中国，超过英国茶叶消费的 94%。60 年后，1927 年的英国茶叶消费量达到 4.16 亿磅，其中超过 3.42 亿磅主要来自印度和锡兰，另外还有 0.61 亿磅来自荷属东印度群岛。1928 年，超过 82% 的英国进口茶叶来自印度和锡兰，荷属东印度群岛在英国的市场份额超过 14.6%。然而在 1929 年，也就是罗素开始在金马仑高原种植茶树的
那一年，亦即荷属东印度公司倒闭的 130 年后，《马来邮报》的号召唤起了荷兰和英国商业竞争的古老 729
精神：

……似乎这种谨慎的精神支撑着他的提议，即 1926 年颁布的《商品商标法》（*Merchandise Marks Act*）规定可能会在外国茶厂中得以实施。显然，帝国的种植者想要的是爪哇和苏门答腊的产品，因为中国可以被安全地忽略了。人们还可能会认为，爪哇和苏门答腊茶实际上并不会威胁到英国在茶叶贸易中的地位。尽管如此，荷属东印度群岛的进口量仍在攀升。1925 年，从荷属东印度群岛出口到英国的茶叶量为 4100 万磅，1926 年为 5200 万磅，1927 年为 6100 万磅。在这种情况下，印度和锡兰的种植者高度关注他们的荷兰竞争对手就不足为奇了。[②]

第二次世界大战后，英属马来亚于 1946 年 4 月 1 日在英国驻吉隆坡总督的领导下转变为马来亚联邦（Malayan Union）。1948 年 2 月 1 日，联邦改组为马来亚联合邦（Federation of Malaya），并于 1957 年 8 月 31 日获得独立。1963 年，根据英国和马来亚联合邦之间的一项协议，北婆罗洲（North Borneo，也叫沙巴州）、沙捞越（Sarawak）和新加坡合并成为马来西亚，不过新加坡后来在 1965 年 8 月 9 日选择成为独立共和国。在马来西亚，1985 年到 2000 年，茶叶年产量在 5600 吨上下波动。在 2005 年左右茶叶产量下降之后，2010 年茶叶产量突然上升到 19738 吨，此后，马来西亚一直保持着大致相同的年产量。

## 莫桑比克，弥助的故乡

1498 年，瓦斯科・达・伽马航行经过非洲东南部沿海地区。几十年后，一个名叫弥助的莫桑比克年轻人乘坐葡萄牙船一路来到了日本。随着葡萄牙人分阶段地增加，整个非洲东南部沿海地区成为葡萄牙的殖民地，逐渐构成了莫桑比克领土并一直保持到 1975 年。茶很可能是在 19 世纪由葡萄牙人引入这个国家的，也就是在葡萄牙人将茶引入巴西、亚速尔群岛和马德拉的时候。到 20 世纪 60 年

① Wong Yee Tuan. 2010. 'More than a tea planter: John Archibald Russell and his businesses in Malay, 1899-1933', *Journal of the Malaysian Branch of the Royal Asiatic Society,* 83(1): 29-51.

② 'Tea—Marking growth of the industry: Triumph of the British grower', *Malay Mail,* Thursday 28 February 1929.

代，莫桑比克有近 24 家茶厂在运营，葡萄牙企业家已经将莫桑比克打造成仅次于肯尼亚的非洲第二大茶叶生产国，在米兰热（Milange）地区、容凯鲁镇（Vila Junqueiro）、索库恩（Socone）和塔夸内（Tacuane）都有茶厂。

从 1964 年起，莫桑比克解放阵线（FRELIMO）与殖民政府进行游击战争。在葡萄牙发生“康乃馨革命”之后，葡萄牙政府于 1975 年默许莫桑比克独立。莫桑比克随后爆发马列主义的解放运动和反共产主义的莫桑比克全国抵抗运动（RENAMO）之间的内战。1961 年，莫桑比克的茶叶产量远远超过马拉维。[①] 即使在 20 世纪 80 年代，莫桑比克仍然是非洲第三大茶叶生产国。反殖民游击队运动、莫桑比克内战（1977~1992 年）以及以意识形态为导向管控经济的企图，使得这个国家仍然是世界上最不发达的国家之一。

内战结束后，最初的 21 家茶厂中只有 5 家还在运转。1995 年以来莫桑比克的政策变化在一定程
730 度上帮助了茶产业的复苏。2005 年，由于干旱和管理的因素，面积达 2340 公顷的茶园只生产了 880 吨茶叶，而按照潜在产能估算的话，本应生产出三倍于此的茶叶。[②]2012 年 9 月，莫桑比克农业部部长乔斯·肯顿夸·帕切科（José Condungua Pacheco）访问新德里，希望从印度获得支持茶产业发展的援助。如今，莫桑比克最大的茶园位于古鲁埃（Gurué），也就是之前的容凯鲁镇。[③]

## 成为南非的开普殖民地

1687 年，安得烈亚斯·克莱耶（Andreas Cleyer）和他的园丁乔治·迈斯特将第一批茶树从日本的九州岛带到了巴达维亚。后来在 1688 年，乔治·迈斯特从爪哇带了 16 株茶树到好望角，并把它们种在了荷兰东印度公司的花园里。[④]1728 年，荷兰东印度公司起草了一份在殖民地种植茶树的计划，并在爪哇、锡兰和好望角种植了一些茶树。[⑤] 不过由于当时还没有建立起茶园，这个计划要等上一个多世纪才会真正实施，因此这个项目并没有在荷兰东印度公司的赞助下展开。荷兰东印度公司自第四次英荷战争以来一直处于岌岌可危的状态，1799 年彻底倒闭。

1795 年，英国入侵南非，同年 8 月 7 日，荷兰在梅森堡战役（Battle of Muizenberg）中战败后，英国占领了荷兰的卡普科洛尼（Kaapkolonie），其成为英国的开普殖民地。作为对英国殖民当局歧视性政策的回应，开普的荷兰布尔人进行了大迁徙，19 世纪 30 年代和 40 年代这些南非先民（Voortreker）离开了开普殖民地，迁入南非内陆。然而，英国人紧随其后，1843 年 5 月，英国开普殖民地吞并了纳塔利亚沃尔崔克共和国（Voortrekker Republic of Natalia），随后英国人基本上重复了荷兰东印度公司 1728 年在德班植物园（Botanical Gardens in Durban）种茶的做法。1877 年从阿萨姆邦

① Forrest (1985:76-77).

② Anonymous. 2006. *Greening the Tea Industry in East Africa: Small Hydropower Scoping Study: Mozambique, 15th March 2006 Final Report.* Francheville: Innovation Energie Développement.

③ ‘Mozambique seeks India’s help to develop tea industry’, *The Hindu,* 6 September 2012.

④ Meister (1692:227).

⑤ Van der Chijs (1903: 594-596).

进口茶树种子，20 多年后在纳塔尔（Natal）开始进行茶叶的商业化生产。[①]

图 10.18　荷兰东印度公司鹿特丹商会的一艘东印度人公司帆船“北新地”号，1762 年在从鹿特丹前往巴达维亚途中经过 Tafelbaai 或称“桌湾”。71 × 55.8 厘米，帆布油画，威廉·费尔（William-Fehr）复制收藏，南非博物馆社会历史馆。

南非既生产又出口红茶。南非是茶叶的净进口国，进口的红茶主要来自马拉维、津巴布韦、肯尼亚、斯里兰卡和莫桑比克。过去，南非每年生产约 1 万吨茶叶，但 2003 年南非经济结构调整，劳动力成本增加，2004 年茶叶产量降至不足 2000 吨。最初的十个茶园中只有森提科（Senteeko）和恩廷威（Ntingwe）两个茶园还在维持经营。[②] 南非红茶出口到许多国家，包括中国、刚果民主共和国和加纳。21 世纪初，南非的红茶出口市场每年销售额约 2000 万兰特。2011 年，南非出口 2080 吨红茶，进口约 23358 吨红茶。南非的茶叶主要生长在夸祖鲁（Kwazulu）、西德兰士瓦（West Transvaal）、纳塔尔、祖鲁兰（Zululand）和特兰斯凯（Transkei）。[③]

## 成为印度尼西亚的荷属东印度群岛 731

在第二次世界大战之前，印度、锡兰和荷属东印度群岛组成了福雷斯特所说的红茶生产国“铁三

① J.K. Matheson. 1950. ‘Tea’, pp. 198–206 in J.K. Matheson and E.W. Bovill, eds., *East African Agriculture: A Short Survey of the Agriculture of Kenya, Uganda, Tanganyika and Zanzibar and Its Principal Products.* London: Geoffrey Cumberlege, Oxford University Press (p. 198).

② Zeno Apostolides. 2004. ‘Tea production in southern Africa’, *ICOS,* 2: 826-829.

③ Directorate Marketing. 2012. *A Profile of the South African Black Tea Market Value Chain.* Pretoria: Department of Agriculture, Forestry and Fisheries.

角”。1941 年 4 月 3 日，在德国占领荷兰一年后，日本占领荷属东印度群岛一年前，英国皇家空军在轰炸德国的途中也“轰炸”了被占领的荷兰。不过，运往荷兰的“炸弹”是 75000 个茶袋，通过轰炸机的信号弹降落伞投下，散落在广大地区。每枚“炸弹”装有 20 克茶叶，上面绑有一个橙色、白色和蓝色相间的纸标签，四周用荷兰的三色字样写着“荷兰将再次崛起”（Nederland zal herrijzen），下面的落款是“来自自由的荷属东印度群岛的问候——抬起头来！”[①] 而这将是来自荷属东印度群岛的最后一杯茶。

图 10.19　茶叶“炸弹”。1941 年 4 月 3 日，英国皇家空军在荷兰上空投下了 75000 个茶叶“炸弹”，每枚“炸弹”中装有 20 克茶叶，并贴有一个橙色、白色和蓝色相间的标签，上面印着代表荷兰的三色字样，标签周围写着“荷兰将再次崛起”的字样，标题下面写着“来自自由的荷属东印度群岛的问候——抬起头来！”荷兰阿姆斯特丹博物馆荷兰抗战博物馆藏品。

荷属东印度群岛的茶叶产业在日据时期走向崩溃，工厂主们回来后发现他们的茶厂被摧毁，小的茶枝长成了茶树。用丹尼斯·福雷斯特的话来说：“独立后，荷属东印度群岛
732 的整个结构逐渐被击碎，并重建成一个奇怪的东西。”[②]1957 年，总统苏加诺（Sukarno）没收了荷兰人拥有的茶园，并将其转变为国有企业，许多较小的茶园也因此经常被合并。由于许多茶叶专家离开了这个国家，直到 20 世纪 60 年代大规模的茶叶产量和出口量才得以恢复。

10 家新成立的国有企业继续沿用之前荷兰人的技术和设备，茶叶产量逐年下降，从 1962 年的 8 万吨降到 1972 年的 6 万吨以下。[③]1972 年以来，苏哈托稳固了他在印度尼西亚的统治之后，茶叶产量持续增长，但并不稳定，1981 年茶产量首次突破了 10 万吨。1982 年，由于万隆东南偏东的加隆贡（Galunggung）火山突然爆发，茶产量呈断崖式下降，1990 年产量又重回巅峰，达到 15 万吨，自此，年产量一直稳定在 14 万 ~17 万吨。

如今，茶树不仅在爪哇而且在苏门答腊、西里伯斯［Celebes，或称苏拉威西（Sulawesi）］也有种植。印度尼
733 西亚茶叶与金鸡纳研究所近年来致力于推广来自甘榜的优良的无性系茶树品种，希望以此提高产量。[④] 联合利华印度尼西亚公司在西卡朗（Cikarang）有一家生产立顿品牌

① Display at the Verzetsmuseum Amsterdam; ‘R.A.F. pilots deliver tea to Dutch’, *The Sydney Morning Herald*. Tuesday, 1 July 1841 (p.6).

② Forrest (1985:66-67).

③ Veronika Ratri Kustanti and Theresia Widiyanti. 2007. *Final Report: Research on Supply Chain in the Tea Sector in Indonesia*. Boyolali: The Business Watch Indonesia (pp. 17-26).

④ Bambang Sriyadi, Rohayati Suprihatini and Heri Syahrian Khomaeni. 2012. ‘The development of high yielding tea clones to increase Indonesian tea production’, pp.299-308 in Chen, Apostolides and Chen (op.cit.)

产品的工厂，[①] 但其他公司，如萨利胡萨达婴幼儿食品公司（Sari Husada）、大冢（印度尼西亚）公司（Otsuka Indonesia）、金密西西饮用水公司（Aqua Golden Mississippi）和格林菲尔德（印度尼西亚）公司（Greenfields Indonesia）据报道也为联合利华生产立顿袋泡茶。在澳大利亚和越南的一些立顿工厂已经关闭并迁往印度尼西亚。

按照战前的做法，印度尼西亚生产的大部分茶叶仍然是红茶，其中绝大多数是以 CTC 的方式生产的。目前，绿茶加工厂都是一些产量低的小农户。由于优质茶叶的产量不大，茶叶进口量呈增加趋势。2002 年，茶叶进口量达 3526 吨，较上年增加 2632 吨。当时许多中国、越南和泰国餐馆开业，加剧了这一增长态势。[②] 按产量计算，印尼的茶叶产量仅次于越南、土耳其和伊朗，而且印尼生产优质茶叶的潜力尚未得到充分开发。该国国内大多数绿茶用于生产瓶装即饮茉莉花茶。然而，近年来，在郁郁葱葱的爪哇高地，小型茶园和一些大型茶园也已开始生产品质越来越高的有机绿茶和乌龙茶。

在印度尼西亚，一种来自澳大利亚的能遮阴的树种——银橡树（Grevillia robusta），如今经常被推荐用作茶园的遮阴树，其效果好于其他树种，如银合欢（Leucaena leucocephala）、镰叶合欢（Albizzia falcate）、苏门答腊合欢（Albizzia sumatrana）以及翅果刺桐（Erythrina subumbrans）。这种银橡树既不是印度尼西亚本地的橡树树种，也并非来自茶树的故乡，这种来自澳大利亚的树生长迅速、扎根很深且能够全年为茶树提供树荫。[③] 印度尼西亚的茶树害虫包括小绿叶蝉（tea jassid，Empoasca sp.）、茶角盲蝽（Helopeltis antonii）、柑橘尺蛾（Hyposidra talaca，Ectropis bhurmitra）、褐带长卷叶蛾（Homona coffearia）、丽绿刺蛾（Setora nitens，Parasa lepida）、茶红虫（the shoot roller）、黑姬卷叶蛾（Cydia leucostoma）以及紫红短须螨（Brevipalpus phoenicis）。茶园中使用的肥料包括尿素（46% 氮）、硫酸铵（21% 氮）、三重过磷酸钙（46% 磷 205）、氯化钾（60% 钾 20）、硫酸钾（50% 钾 20）以及硫酸镁石（27% 镁）。

## 从法属印度支那到越南

在越南，茶叶主要产于太原省（Thái Nguyên）和富寿省（Phú Thọ）这样的北部省份。在东京附近较小范围内有一些本地族群从远古时代就开始种植茶树，在原始茶故乡的古老传统中，茶叶是用炖煮的方式取其汤汁。1890 年，法国人在富寿省的 Tình Cu'o'ng 建立了第一个占地 60 公顷的商业茶园，1898 年法属印度支那出口 3.5 万公斤茶叶，1913 年出口茶叶达到 37.1 万公斤，从而开启了茶叶生产的新传统。[④]

① 联合利华印度尼西亚公司于 1933 年 12 月 5 日在巴达维亚依据第 23 号公证法成立 Lever's Zeepfabrieken N.V(A.H.van Ophuijsen 先生，经荷属东印度群岛总督在 1933 年 12 月 16 日第 14 号信中批准，注册成立时间为 1933 年 12 月 22 日，注册地址为 No.302 at the Raad van justitie，并于 1934 年 1 月 9 日在 *javasche Courant* 上发布公示，补充说明第 3 号）。该公司于当年开始运营 (Kustanti and Widiyanti 2007: 21)。

② Kustanti and Widiyanti (2007:15-26).

③ Atik Dharmadi. 2004. 'The contributions of research and its impact on tea production in Indonesia', ICOS.2: 55-58.

④ M. Guillaume. 1924. 'Le commerce du thé en Indochine: Préparation et utilisation de la production de indigènes', pp. 291–296 in Rutgers (op.cit.).

1914 年，巴黎国立自然历史博物馆的植物学家奥古斯特·谢瓦利埃（Auguste Chevalier）前往爪
734 哇和锡兰的茶叶种植园参访后，觉得法国必须赶上荷兰和英国。1917 年到 1918 年，他在河内设立了农林高等专科学校和四个研究站。其中福护（Phú Hộ）和波来古（Pờ-lây-cu）两个研究站专门致力于茶树栽培。虽然野生茶树广泛分布于越南北部和老挝北部的丛林中，谢瓦利埃还是选择从锡兰和荷属东印度群岛进口茶树树种，并从英国进口茶叶加工机械。[①] 1917 年茶叶出口量创纪录地达到 86.1 万公斤，而后印度支那半岛的茶叶出口量受经济大萧条影响，跌至 15.6 万公斤。

当时法国只有少量小型茶园，但随着新的机械化工艺的应用，1923 年印度支那半岛的茶叶出口量达到了 87.8 万公斤。当时，法国人热衷于采用荷兰和英国的模式机械化制茶。1924 年，福护（Phú Hộ）实验茶场的罗伯特·杜·帕斯奎尔（Robert du Pasquier）记录了法国人如何将越南传统的手工制茶方法视为“原始制茶方法”，并认为“这种原始制茶方法没有什么价值”。[②] 到 1945 年，越南的茶园面积约为 13585 公顷，年产量为 6000 吨。

越南在第一次印度支那战争时期（1945~1954 年）和第二次印度支那战争时期（1955~1975 年）遭受了巨大的损失。在美国战败后，南北越南统一成一个国家。然而，由于越南政府压制私营企业并试图以自上而下的方式管理经济，致使经济停滞不前。随着 1986 年的第一次改革，经济开放，市场经济再次活跃。越南先后于 1987 年、1988 年、1990 年和 1992 年实施了改革。茶叶产量从 1975 年的 1.8 万吨稳步增长到 1985 年的 2.8 万吨。红茶主要出口苏联。

越南经济开放后，茶行业开始蓬勃发展。到 1995 年，茶叶产量超过 4 万吨，2000 年产量接近 7 万吨，2005 年产量超过 13.2 万吨，2010 年产量接近 20 万吨。今天，茶园覆盖了越南 58 个省中的 34 个，占地约 13 万公顷，雇用了超过 40 万人。作为一个茶叶生产国，越南如今排名世界第五，仅次于中国、印度、肯尼亚和斯里兰卡。

1991 年苏联解体后，越南茶叶产业开始多元化，重点转向生产精制绿茶甚至乌龙茶，目前三分之二的产品是绿茶，也生产优质的乌龙茶和红茶。越南两种熏花茶是莲花茶和茉莉花茶。莲花茶是用优质的绿茶制成的，它与莲花一起放置一两天，直到茶叶吸收了莲花的淡淡清香。有些品种的茶叶中还残留着莲花瓣。茉莉花茶的生产过程与此相类似。[③]

## 格鲁吉亚和俄罗斯帝国

735 1770 年，叶卡捷琳娜二世给格鲁吉亚国王伊拉克利二世（Irakli）送去了一套俄罗斯茶炊和茶具。三十年后的 1800 年，俄罗斯吞并了今天的东格鲁吉亚，并在 1803 年接管了明戈瑞利亚公国

---

① J. Trochain. 1933. ‘La production du thé et les ameliorations apportées à la culture du théier en Indochine’, *Revue de Botanique Appliquée et d’Agriculture Coloniale,* 13 (145): 613–650.

② Robert du Pasquier. 1924. ‘Renseignements sur les théiers d’Indochine et sur leur culture’, pp. 297–302 in Rutgers (op.cit.). 奥利维尔·泰西尔 (Olivier Tessier) 撰写了一篇文章，试图以印度支那半岛商业茶园的发展为主线，对殖民地时期的文学作品进行悔悟 (Olivier Tessier. 2013. ‘Les faux-semblants de la « révolution du thé » (1920–1945) dans la province de Phú Thọ? (Tonkin)’, *Annales—Histoire, Sciences Sociales,* 68 (1): 169–205)。

③ Do-Van Ngoc.2012. ‘Breeding of the tea plant *(Camellia sinensis)* in Vietnam’, pp. 241-262 in Chen, Apostolides and Chen (op.cit.).

（Mingrelia），将这两个地区降为俄罗斯帝国内的一个省。1810年6月，在俄国政府承认赛弗贝伊（Sefer Bey）为世袭王子之后，俄国舰队占领了黑海的苏呼米港（Sukhumi），并将奥斯曼土耳其人赶出了阿布哈兹（Abkhazia）①。当时，格鲁吉亚西部沿黑海地区仍然被奥斯曼帝国统治，直到经过1828~1829年和1877~1878年两次俄土战争后，才在1878年并入俄罗斯。同荷兰人和英国人一样，俄国人做梦都想摆脱对中国茶的依赖。

图 10.20　黎塞留公爵阿曼德·伊曼纽尔·德·维尼罗·杜·普莱西斯。33.3×106.7 厘米，帆布油画，由托马斯·劳伦斯（Thomas Lawrence）于 1818 年绘制。皇室藏品。

1817年，曾经在1803年至1814年担任敖德萨总督的黎塞留公爵（duc de Richelieu）阿曼德·伊曼纽尔·德·维尼罗·杜·普莱西斯（Armand Emmanuel de Vignerot du Plessis）命人把一些来自中国的茶树种植到克里米亚尼基塔（Nikita）的皇家植物园，但是这些茶树并没有茁壮成长起来。1833年，黑海港口敖德萨的下一任总督米哈伊尔·西姆诺维奇·沃龙佐夫公爵（Prince Mikhail Semënovič Vorontsov）再次从中国订购了几十株茶树。1827年至1860年出任尼基茨基植物园园 736
长的尼古拉斯·厄恩斯特·巴托洛梅乌斯·安霍恩·冯·哈特韦斯（Nikolaus Ernst Bartholomäus Anhorn von Hartwiss）研究了这些直到1843年才在克里米亚第一次结出种子的茶树。后来，安霍恩·冯·哈特韦斯认为阿布哈兹和明戈瑞利亚应该更适宜茶树的生长。

1847年，米哈伊尔·西姆诺维奇·沃龙佐夫（从1844年开始任高加索地区总督）下令从克里米亚引进了一批茶树苗，并在1848年把这些茶树苗种在了苏呼米植物园，以及奥祖尔盖蒂（Ozurgeti）附近格鲁吉亚古里埃利（Gurieli）的土地上，也就是现在的格鲁吉亚的古里亚（Guria）。②19世纪50年代，在奥祖尔盖蒂的英国园丁雅各布·马尔（Jacob Marr）的建议下，米哈伊尔·埃里斯塔维（Mikheil Eristavi）将其中一些茶树移植到了Chokhat'auri的Goraberezhouli，从1861年开始，他亲自采摘茶叶试验制茶，并且坚持了很多年。

一些茶树后来被达迪亚尼亲王（Dadiani）购买并种在祖格迪迪（Zugdidi），一些在明戈瑞利亚和古里亚的园艺师纷纷效仿达迪亚尼亲王的做法，开始把茶树当作外来的观赏性植物来种植。最后一株沃龙佐夫种植的茶树死于19世纪60年代，但一些从这棵母树繁殖出来的茶树则至少活到了19

① 苏呼米这座城市在阿布哈兹被叫作 Aҟəa [aq'ʷa]，在格鲁吉亚被叫作 Sokhumi სოხუმი [sɔxumi]。

② Бахтадзе (1961).

737 世纪末。[①] 大致与此同时，1853 年至 1856 年，奥斯曼土耳其人对苏呼米植物园进行了掠夺，到 1870 年，只有 18 株茶树幸存下来。然而，除了一株茶树，其余茶树都在 1877~1878 年的俄土战争期间被毁于一旦。

1893 年，企业家康斯坦丁·西姆诺维·波波夫（Konstantin Semënovič Popov）在格鲁吉亚城镇巴统（Batumi）附近的高加索地区建立了第一个商业性茶园。波波夫是著名的俄罗斯家族的后裔，其家族自 1842 年以来一直从事茶叶贸易。为了建这个茶园，他特意提前一年在萨里巴利（Salibauri）、卡普鲁苏米（K'ap'reshumi）和查克威（Chakvi）[②] 购买了大约 300 公顷土地。他在 155 公顷的土地上种植了 1.5 万株茶树和几百公斤从中国进口的茶种，还有 11 名中国茶农和他签订了为期三年的劳动合同。这些中国茶农负责打理茶园，并指导当地人员种茶。

刘峻周是当时中国最有名的茶人之一，来自今天的云贵地区（此处原文可能有误，一般认为刘峻周为广东高要人。——译者注）。刘师傅延长了与波波夫的合同，并于 1896 年回国探亲，兼护送他的伙计们回国，同时他又带回一批新的种茶师傅。1897 年 5 月，刘师傅尽职尽责地带着 12 个新的中国茶人回到巴统，同时也带上了他的母亲、妻子、妹妹和两个儿子。[③] 后来，波波夫从印度和锡兰引进茶树，并在 1896 年引进了英国的制茶机械，用于萎凋、炒青、分类和包装，波波夫的第一家茶厂于 1897 年开始生产茶叶。[④]

在 1900 年的巴黎茶展上，波波夫的格鲁吉亚茶获得了金奖，而刘峻周在 1909 年获得了俄罗斯的圣斯坦尼斯拉夫（St. Stanislav）三级勋章。其他企业家也开始在阿贾拉（Adjara）和古里亚建立茶园，但 1917 年俄国革命爆发后，茶叶贸易走向了崩溃。虽然 1918 年新成立的格鲁吉亚民主共和国在格鲁吉亚社会民主党领导下成立了多党制政府，但孟什维克政府一直处于战争状态，直到 1922 年被布尔什维克击败，布尔什维克在新成立的格鲁吉亚苏维埃社会主义共和国实行一党专政，并成为苏联的一部分。

在格鲁吉亚革命、反革命和内乱的混乱期间，刘峻周继续照料巴统的茶园。1924 年，苏联政府授予刘峻周劳动红旗勋章。1924 年，茶树种植从格鲁吉亚拓展到土耳其的里泽（Rize）地区。1926 年，在国有企业“格鲁吉亚茶业”的赞助下，茶产业按照苏联指导方针进行了结构调整。在苏联时期，茶叶生产才开始获得显著的商业回报，首先是格鲁吉亚，其次是阿塞拜疆、克拉斯诺达尔（Krasnodar）
738 地区。这得益于斯大林主义的反酒精运动，以及不再依赖进口茶叶的愿望。1928 年，I. O. 萨多夫斯基

① Князъ Владиславъ Ивановичъ Масальскій. 1900. «ЧайноедѣлонаКавказѣ» (ЧитановъОтдѣ-леніиСтатистики Императорскаго Русскаго Геогра-фическаго Общества 22 декабря 1899 г.), *ИзвъстіяИмператорскагоРусскагоГеографическагоОбще-ства,* Томъ XXXVI. 1900. Санкт-Петербург: типогра-фіяВ. Безобразоваикомп. (стр. 218–226).

② 根据俄语资料，这个地方叫作 Чаква Čakva。

③ 根据 Baxtadze（1961）记载，他的名字是 Лау Джон Джау Lau Džon Džau，而 Savel'eva（2013）则把他的名字写作 Лау Чженьчжау Lau Čžen'čžau。他的一个儿子在圣彼得堡大学的物理数学系学习，后来和一个俄罗斯女孩结婚；另一个儿子叫作 Лю Вэйчжоу Lju Vèičz̆ou，娶了一个格鲁吉亚女人，在巴统生了三个女儿。（Елена Савельева. 2013. « Неоценимые заслуги в раз-витии чайной культуры … », *Kitai-Journal,* 17 June 2013〈http://www.kitai-journal.ru/chay/92-neocenimye-zaslugi-v-razvitii-chaynoy-kultury.html〉）.

④ И.В. Трусовъ « О чайных плантациях на Кавказѣ, принадлежащихъ Константину Попову и дѣятель-ностьего», ЧайныйВѣстникъ, 1 (октябрь 1898); Князъ Владиславъ Ивановичъ Масальскій. 1899.*Чайнаяидругиеюжныекультурыв западномЗакав-казье.* Санкт-Петербургъ: тип. Спб. градоначаль-ства; П. Линде. «КультурачаявКутаисской губер-ніи», *ЧайныйВъстникъ,* 38 (июля 1899).

（I. O. Sadovskii）开发了第一台自动化采茶机，并首次在格鲁吉亚苏维埃社会主义共和国得到运用。[①]

后来这种自动化采茶机在非洲的英国茶产业中也有所使用，并在日本得到进一步完善，其灵感均来源于苏联时代发展起来的格鲁吉亚采茶设备。[②] 骑式采茶机的研制始于 1961 年的日本。这些日本采茶机在 1962 年首次采取了外观如拖拉机式的骑式机设计。1968 年至 1969 年，日本研制了履带式采茶机，以缓解土壤履带的应力问题，其也是如今的机器的原型。今天日本高度先进、引领前沿的采茶机，起源于格鲁吉亚苏维埃社会主义共和国。[③]

图 10.21　米哈伊尔·西姆诺维奇·沃龙佐夫。乔治·达维绘，藏于圣彼得堡冬宫军事画廊。

从 1929 年起，茶场重组为集体农场，被称作“sovkhoz”和“kolkhoz”，分别是“苏维埃农场”和“集体农庄”的俄语首字母缩写。到 1940 年，格鲁吉亚的茶园面积已达 4.7 万公顷，新建了 37 家茶厂。最初茶叶生产规模仍然不大。到了 20 世纪 70 年代，苏联的茶叶种植面积突然扩大，苏联甚至开始向华约国家出口茶叶。然而，这一雄心勃勃的项目在 20 世纪 70 年代末完成后，由于政府效率低下，标准急剧下降，以至于必须采取补救措施。

1983 年，格鲁吉亚的茶叶产量超过 14.3 万吨，种植面积达到 8 万公顷；到 1985 年，种植面积达到 14.5 万公顷，茶厂数量达到 76 家。茶叶产业产值占格鲁吉亚农业产值的 18%，大部分茶叶出口到苏联的其他加盟共和国。三分之一的格鲁吉亚茶是绿茶，三分之二是红茶，红茶是按照英属印度茶的命名法和分类法分级的。在红茶中，45% 的为橙白毫、白毫和白毫小种，44% 的为碎橙白毫，其余的则是一些片茶和茶粉，用来制作出口到西方的茶包。[④] 格鲁吉亚的茶叶出口量在 1984 年达到顶峰，为 26271 吨，其中，5719 吨出口到蒙古国，5250 吨出口到波兰，5500 吨出口到英国，6000 吨出口到荷兰。20 世纪格鲁吉亚的茶叶产量经常与土耳其相差无几。

1991 年，格鲁吉亚茶叶出口量下降到历史峰值的九分之一，苏联解体时，其茶叶生产则完全停滞。在俄罗斯和其他苏联加盟共和国的茶叶市场上，格鲁吉亚茶叶几乎在一夜之间就消失了。1991 年

---

① Ukers (1935, Vol. i, p. 463); Бахтадзе (1961)。1930 年 7 月 19 日，萨多夫斯基在苏联专利局注册了他的采茶机，专利号为第 73527 号。

② Forrest(1985).

③ Satoshi Chougahara. 2010. ‘A mechanized tea cultivation system in Kagoshima, Japan’, *ICOS,* 4, PR-S-07.

④ Forrest (1985:150-151).

到 1992 年，格鲁吉亚的茶园和茶厂全部停工，这些工厂雇用着超过 50 万名工人。2002 年，格鲁吉亚的茶叶产量为 2.4 万吨，其中有些年份出口量降至 1000 吨以下。格鲁吉亚西部地区有一些茶园幸存了下来，但现今只有十家茶厂仍在运营中，总产量在 2 万 ~2.5 万吨。

格鲁吉亚 - 阿布哈兹战争（1992~1993 年）之后，格鲁吉亚茶叶遭到俄罗斯禁运。如今，格鲁吉亚的茶叶出口到土库曼斯坦、哈萨克斯坦、吉尔吉斯斯坦、波兰、德国和美国。尽管格鲁吉亚政府自 1997 年以来陆续投资 1500 多万美元用于复兴茶叶产业，但每年格鲁吉亚出口的茶叶仅有 2000 吨
739 左右。今天，大约有 7000 公顷私有茶园可以种植茶叶，但是原来作为茶园的 16582 公顷土地在政府控制之下显得毫无生机。许多以前种植茶树的土地已种上了其他作物，如柿子、坚果和月桂叶。目前，尽管产量不大，但阿贾拉、明戈瑞利亚、斯瓦内提亚、古里亚，还有伊梅雷蒂（Imereti），仍在生产茶叶。[①]

俄罗斯也种植茶树，尽管这个种植茶树的区域直到 1864 年才成为俄罗斯的一部分。索契和周围的黑海沿岸地区最初是乌比克人（Ubykh）的家园，但在 1864 年沙皇亚历山大二世（tsar Alexander II，1855~1881 年在位）征服西北高加索期间，乌比克人逃到了奥斯曼帝国。许多切尔克斯人（Circassians）的家园位于今天的克拉斯诺达尔地区，许多阿巴萨人（Abaza）在这场战役中被屠杀或驱逐，还有许多阿布哈兹人流离失所。在新获得的从阿德勒（Adler）到图阿普谢（Tuapse）的沿海地区，包括索契附近的地区，1893 年被伊万・尼古拉耶维奇・克林根（lvan Nikolaevič Klingen）判定为无论从气候还是土壤来看都是适合种植茶树的地区。

1878 年，第一批来自苏呼米植物园的茶树苗被移植到索契薇拉别墅（Villa Vera）的尼古拉・尼古拉埃维奇・马蒙托夫（Nikolai Nikolaevič Mamontov）花园里，但这些茶树没能熬过冬天。[②]1884 年，马蒙托夫花园迎来了来自汉口的茶树幼苗，但这些幼苗在冬天遭遇了同样的命运。1888 年到 1893 年，园丁莱茵戈尔德・约翰诺维克・加尔布（Rheingold Johannovič Grabe）及其年轻的助手罗曼・卡洛维奇・斯克里瓦尼克（Roman Karlovič Skrivanik）一直设法使苏呼米植物园的茶树苗存活下来，但最终他俩也冻死在那里。[③] 与此同时，索契的一些园艺家在私人花园里也种植了一些茶树。

1900 年，一个名叫卢达・安东诺维奇・科斯曼（Iuda Antonovič Košman）的俄罗斯农民在索契以北约 25 公里的索罗克斯 - 奥尔（Solox-Aul）村定居下来，第二年他在那里种植了来自查克威的茶树苗。他成功地在距离黑海海岸 15 公里、海拔 220 米的索罗克斯 - 奥尔村种植了茶树。他的 800 株茶树产出了 50 公斤茶叶，在当地以每罐（约 400 克）1 卢布的价格出售。1910 年，科斯曼在当地的一次茶叶展览会上获得成功。当年乌克德里（Učdere）、卡萨星・布罗德（Kazačin Brod）和特雷特拉・罗塔（Tret'ia Rota）等地也建立了小型茶叶园。

---

① 根据格鲁吉亚政府的官方统计。数据由格鲁吉亚驻伯尔尼大使馆的伊拉克里・尔齐泽（Irakli Hurtsidze) 于 2014 年 6 月 12 日慷慨提供给作者。

② 这栋别墅坐落在索契的 Курортный проспект 32 号（Прогулочные маршруты по Сочи: Маршрут № 3—По Курортному проспекту: От Ривьерского до Верещагинского моста）〈http://you2way.ru/russia/96-progulochnye-marshruty-po-sochi?showall=1&limitstart=〉。

③ Галина Александровна Солтани. 2014. 'История соз-дания дендропарка «Южные Культуры» (персоны и события)', Hortus Botanicus, 9: 2–15.

据说科斯曼一直从事茶叶生产到1935年去世，享年97岁，而1925年至1938年，苏联政府官员和茶叶专家对索契周围地区的茶叶生产也产生了浓厚的兴趣。经过13年的研究和努力，苏联政府在1938年从索契地区收获了第一批27公斤的茶叶。尽管俄罗斯政府的收成远远低于单枪匹马的农夫科斯曼其在仅有的1350平方米私人土地上的产量，但这种社会主义劳动成果很快被运往了莫斯科的茶叶加工厂。在那里，茶叶被包装后运往苏联市场，并打上了“克拉斯诺达尔茶”（Krasnodar Čai̯）的标签。第二年，一个名为“红色拖拉机”（Krasnyi Putilovec）[①]的集体农庄开设了茶叶加工厂，以加工这些数量可观的茶叶。

在第二次世界大战爆发后的1940年，克拉斯诺达尔地区茶叶种植面积达到500公顷，当年阿德勒 740
还成立了名为“克拉斯诺达尔茶”的国营农场。到20世纪60年代，克拉斯诺达尔地区共有2340公顷的茶园被纳入当地的国营农场。[②]苏联茶叶专家一直认为，相较于克拉斯诺达尔地区，格鲁吉亚更适合茶叶生产。然而，农民科斯曼的精神好像在这里一直延续了下来，一些拥有丰富的专业知识和巨大的奉献精神的小茶农虽然手头拮据，近些年却生产出了高品质的手工制作的绿茶和白茶叶茶，这些茶具有当地独特的味道和香气。

## 伊朗和波斯湾地区

穆罕默德·米尔扎·卡希夫·阿尔萨塔纳（Muḥammad Mīrzā Kāshif al Salṭanah，1865~1929年）年轻时在索邦大学学习期间，在伊朗驻巴黎大使馆任初级秘书，并加入共济会。卡希夫·阿尔萨塔纳于1889年回到伊朗后在外交部担任翻译，后来被任命为呼罗珊（Khorasan）一个地区的行政官。1894年，因纳赛尔·阿尔丁·沙阿·卡贾尔（Nāṣer-alDin Shāh Qājār）对其不满，他被迫流亡到俄国，然后去了奥斯曼帝国。1896年沙阿·卡贾尔被暗杀后，卡希夫·阿尔萨塔纳被任命为伊朗驻英属印度的总领事。

图10.22　在阿塞拜疆和土耳其，波斯人喝茶用的郁金香形状的玻璃杯“estakān”。

他于1898年11月抵达孟买，随后到印度各地旅行，其间他对英国的茶产业产生了浓厚的兴趣。1900年7月，他带着3000株阿萨姆茶苗回到伊朗，并把它们种在里海的拉希吉安（Lahijan）。后来他再次被派往巴黎，但他余生的大部分时光都是在伊朗度过的。他一边为政府效力，一边

① “Путиловец”（Putilovec是一种苏联式拖拉机）。

② Бахтадзе (1961).

致力于茶树种植。他一手缔造了伊朗的茶产业。[①] 如今，伊朗的厄尔布尔士（Elburz）每年生产大约 6 万吨味道醇厚的红茶，其中大部分用于满足国内消费。

第二次世界大战之后，伊朗此前主要出口到英国的每年多达 2000 吨的茶叶贸易很快就停止了，其原因是国内市场供不应求。1970 年至 1971 年，伊朗进口 6167 吨茶叶，1983 年进口茶叶总量增加到 2.2 万吨，主要是从印度和斯里兰卡直接进口，以及通过波斯湾国家进口。[②]

早在波斯开始生产茶叶之前，茶叶在波斯就已广受欢迎了。我们在第五章已经讲述了波斯的中国茶馆（čaikhāna 或者 čā-ye khatāi khāna）营造的宁静和谐的氛围。17 世纪，人们坐在茶馆下棋和社交。如今，人们用俄罗斯茶炊沏茶，这种俄式饮茶方式从 19 世纪 20 年代开始在波斯流行，人们喝茶时用的叫作 estakān 的郁金香形状的玻璃杯，就是从俄式的玻璃杯（stakan）演化而来的。

早在 20 世纪 80 年代中期，作为近东和阿拉伯半岛上其他国家转口港的卡塔尔、科威特、巴林和阿拉伯联合酋长国等地的茶叶进口量大大超过了其消费量。[③] 这些国家历来茶的消费量就很大，因为其宗教上禁止饮用酒精类饮料。近年来，迪拜取得了波斯湾地区的领导地位。

2009 年，迪拜茶叶交易中心交易了 750 万公斤茶叶，仅一年时间，2010 年交易量就增至 1060 万公斤。如今，迪拜已经成为印度和斯里兰卡茶叶的第二大出口目的地，迪拜还是肯尼亚、印度、斯里兰卡、印度尼西亚、马拉维、卢旺达、坦桑尼亚、津巴布韦、埃塞俄比亚、越南、尼泊尔、中国和伊
741 朗等国所产茶叶的集散地。[④] 一种来自斯里兰卡的制作精良的散装绿茶，由一家总部设在迪拜名叫阿罗可兹（Alokozay）的公司负责分销。波斯湾地拥有大量的茶树，更丰富的茶叶知识也有望在那里得到广泛传播。

## 阿塞拜疆茶的兴衰

根据 1813 年 10 月 24 日签订的《古利斯坦条约》，里海以西的大部分波斯领土，包括达吉斯坦、格鲁吉亚大部分地区以及今天的阿塞拜疆大部分地区，都被割让给了俄国。根据 1828 年 2 月 10 日签订的《土库曼查伊条约》，今天阿塞拜疆南部的其他地区也被并入俄国。1896 年至 1898 年，园艺家 M. O. 诺万斯洛夫（M. O. Novosëlov）在阿塞拜疆南部的连科兰地区种植了茶树。数年内，那里建立了近 2000 株茶树的试验田，并从 1902 年开始出产一些中等品质的茶叶。阿塞拜疆的茶产业刚开始蓬勃发展，然后就碰上了俄国革命及其余波。

1918 年 5 月 28 日，阿塞拜疆民主共和国在占贾（Ganca）宣布成立，这里成为新政府的首都，9 月，巴库（Baku）成为为期两年的新政府所在地。1920 年 5 月底，苏俄部队压制了阿塞拜疆的独立起义。阿塞拜疆的茶产业和茶工厂因此也被遗忘了一段时间。

① Ranin Kazemi. 2012. 'Kāšef-al-Salṭana', *Encyclopaedia Iranica*, XV (6): 653–656.

② Forrest (1985: 98-99).

③ Forrest (1985:158-159).

④ 'Dubai Tea Trading Centre transacts record volumes in 2010', *Albawaba Business,* 6 March 2011.

图 10.23　托普哈尼（Tophane）的一家咖啡屋。由 Megerdich Jivanian（1848~1906 年）绘制，油画作品 96 × 113 厘米，藏于佩拉博物馆。

1928 年至 1929 年，在苏联的管理下，在阿塞拜疆南部的连科兰、阿斯塔拉（Astara）、马萨尔（Masalli）以及北部的扎卡塔拉（Zaqatala）地区建立了茶园，但由于季节性温差较大，并非所有地区都适合种植茶树。1934 年，连科兰地区吉尔丹姆（Girdam）的名为“真理”（Pravda）的集体农场，成为第一个工业化生产茶叶的种植园。1937 年，阿塞拜疆的国营茶企阿塞拜疆茶业（Azerbaidžan Čai̯）成立。茶叶的商品化生产始于 1938 年，当时连科兰的第一家茶厂投入运营，第一批阿塞拜疆茶叶被投 742 
放至苏联市场。20 世纪 60 年代，阿塞拜疆茶叶产量一直很低，[①] 但 20 世纪七八十年代，超过 3.6 万公顷的土地开始种植茶树，并新建了 15 家茶厂，20 世纪 80 年代中期茶叶产量达到顶峰，1988 年的产量超过 3.85 万吨。

阿塞拜疆于 1991 年 8 月 30 日宣布独立。阿塞拜疆的经济受益于其丰富的石油和天然气储备，而茶产业急剧衰退。1992 年独立后的第一次茶叶收获季的产量骤降至 9400 吨，到 1995 年产量仅 1200 吨。[②] 如今，阿塞拜疆每年消费超过 1 万吨茶叶。阿塞拜疆人的茶具和与他们说同一种语言的土耳其相似，是那种郁金香形状的杯子。然而，阿塞拜疆只有不到 5% 的茶叶是本地生产的。[③]

① Бахтадзе (1961).

② Владимир Михайлович Семёнов. 2002. *Чайные ре-цепты и чайные секреты.* Москва: Олма-Пресс (стр. 110).

③ 我要由衷地感谢阿塞拜疆驻伯尔尼大使馆的 Hamid Nasibov 提供的数据。

## 土耳其从喝咖啡转为喝茶

743 土耳其是世界上人均茶叶消费量最大的国家之一。根据 2008~2010 年的平均数据，世界上人均茶叶消费量最大的国家是科威特，为 2.86 公斤；其次是爱尔兰为 2.31 公斤、卡塔尔为 2.04 公斤、土耳其为 2.02 公斤、阿富汗为 2.01 公斤、英国为 1.97 公斤。[1] 相较而言，中国每年人均消费量只有 350 克。正如我们在第七章所述的那样，土耳其曾经是一个咖啡大国。土耳其式咖啡制作方法很快成为西方世界的象征。

然而，当 1923 年奥斯曼帝国土崩瓦解的时候，土耳其失去了也门的穆哈港（Mocha，也作摩卡港），导致咖啡价格暴涨。土耳其共和国的创立者兼第一任总统凯末尔号召全民饮茶。奥斯曼帝国期间，据说在 1888 年和 1892 年茶树曾两次从中国传到布尔萨（Bursa），但都没有栽培成功。[2]1924 年，第一批茶树从格鲁吉亚带到本庭山和黑海之间的里泽。政府的 Merkez Çay Fidanliği 苗圃把 5 万株树苗分给了当地农民。为了鼓励里泽的农民种植茶树，政府承诺十年不向种茶的农民征收土地税。[3] 这些举措成功地促成 1937 年商品茶的生产，从 1938 年开始茶叶迅速在土耳其取代了咖啡。

土耳其种植茶树的最初目的是满足国内需求，不过当时国内需求尚不大。1965 年，土耳其的茶叶已实现自给自足。如今土耳其已经成为世界上第六大茶叶生产国。旋转叶片和 CTC 的加工方式
744 从一开始就决定了土耳其茶叶的特点。土耳其茶产业从 1950 年到 1965 年迅速发展。土耳其最大的茶叶生产商恰库（Çaykur）公司成立于 1971 年，自 1973 年以来其一直垄断着土耳其茶产业，直至 1984 年。1985 年，土耳其茶叶年产量仅为 13.8 万吨，但到 2005 年就超过了 20 万吨。1993 年，土耳其政府禁止新建茶园，从那时起，土耳其茶叶增产一直是靠提高每公顷的产量来实现的。

图 10.24　土耳其茶要加糖饮用，经常配以 lokum，土耳其软糖。

2004 年，恰库开始生产绿茶，销售的品种有 turkuaz、kardelen 1 号、kardelen 2 号、antik yeşil 1 号、antik yeşil 2 号和绿珠茶。在黑海东部沿海地区有超过 20 万户小茶农。在过去几十年中，产量波动很大，歉收时在 1995 年只有 10.19 万吨、2003 年只有 15.5 万吨，而丰收时在 1999 年有 19.95 万吨、

① Chen and Chen (2012) in Chen, Apostolides and Chen (op.cit, p.2).

② Sezai Ercişli. 2012. ‘The tea industry and improvements in Turkey’, pp. 309-321 in Chen. Apostolides and Chen (op.cit.,p.310).

③ Mushtaq Ahmed Klasra, Khalid Mahmood Khawar and Muhammed Aasim. 2007. ‘History of tea production and marketing in Turkey’, *International Journal of Agriculture and Biology,* 9(3): 523-529.

2005 年有 20.5117 万吨。[①] 近年来，土耳其的茶叶年产量超过 20 万吨，其中一半以上用于满足国内需求。[②] 土耳其茶叶出口到欧盟和苏联等国家，以及印度和美国。土耳其茶以红茶为主，口味较浓，通常被盛在郁金香形状的杯子里，放在一个小小的白色浅碟上，再配上同样小小的白色调羹。大多数土耳其茶客都会在茶里加糖。 745

图 10.25　安纳托利亚东部，从卡尔斯到埃尔祖鲁姆的路上，一个路边茶摊的茶炊。

## 津巴布韦、马拉维和赞比亚

英国中非保护地最古老的茶园是由来自开普殖民地的茶农于 1887 年在布兰太尔（Blantyre）建立的。[③] 这也促使 1891 年商品茶种植企业得以在姆兰杰河成立。[④]1907 年，中非保护地改名为英属尼亚萨兰（Nyasaland）保护国。到 20 世纪 20 年代，英国种植园主在那里经营茶园。1953 年，尼亚萨兰被纳入英国殖民体系，即罗德西亚（Rhodesia）与尼亚萨兰联邦，包括尼亚萨兰、北罗德西亚的两个保护国和南罗德西亚自治殖民地。1920 年以来，南罗德西亚开始种植茶树。

1964 年，尼亚萨兰独立为马拉维共和国，同时北罗德西亚成为赞比亚，南罗德西亚于 1965 年单方面宣布成立罗德西亚共和国。随后这些国家受到约书亚・恩科莫（Joshua Nkomo）和罗伯特・穆加贝（Robert Mugabe）领导的游击队运动的影响。鉴于这种动荡的局面，1979 年 12 月 11 日罗德西亚议会一致投票决定恢复英国的殖民统治。但是，英国的控制只是临时授权。1980 年，这个国家以津巴布韦的新名字再次独立。津巴布韦独立以来，侵犯人权的行为十分猖獗，政府对有欧洲血统的津巴布韦人实施了财产征用和其他歧视性措施。目前，津巴布韦的茶叶产量每年在 9000 吨左右波动，主要的茶叶种植区是洪德谷（Honde Valley）和东部的奇平盖（Chipinge）周边地区。

① Hilal Şahin, Aybegüm Akdoğan, Cüneyt Dinçer, Ayhan Topuz and Feramuz Özdemir. 2007. 'Phenolic composition of different Turkish green teas', ICOS, 3, hb-p-005; Ender Sinan Poyrazoğlu. 2007. 'The trends of tea marketing and tea industry in Turkey', *ICOS*, 3, JS-03.

② Ender Sinan Poyrazoğlu and Nevxat Artık. 2001. 'The present and the future of the tea industry of Turkey', *ICOS*, 1(IV):63-66.

③ Scotsman Jonathan Duncan1878 年在布兰太尔做过一次不成功的实验，茶树全部死了。

④ Kamunya, Wachira, Pathak, Muoki and Sharma (2012:178).

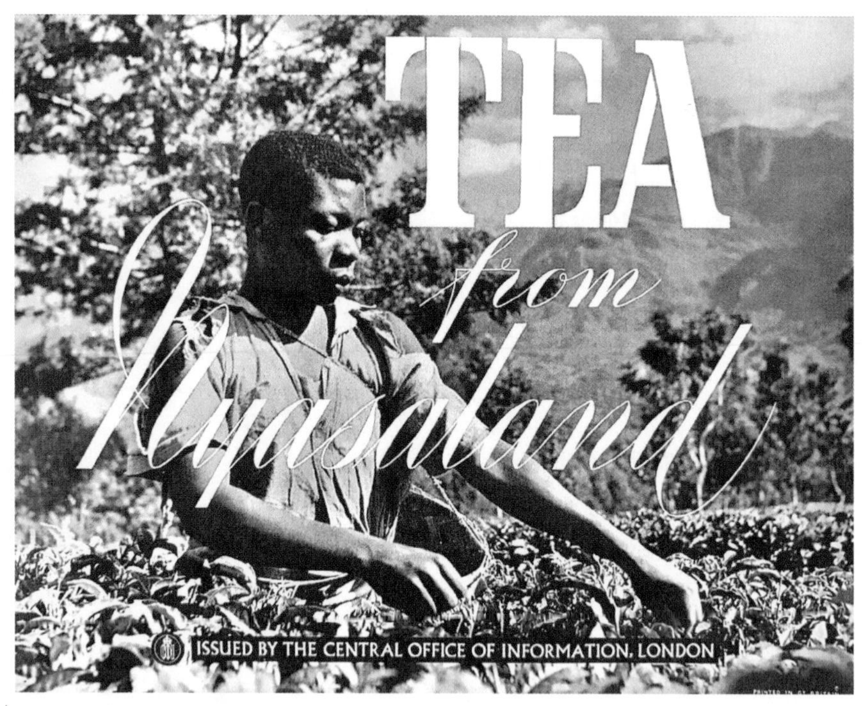


图 10.26 来自尼亚萨兰的茶。1948 年，伦敦信息中心办公室发布，图片来自美国国会图书馆（Lot 3577Box 3 of 4 封面）。

马拉维每年茶叶产量超过 4 万吨，大多数是 CTC 茶。不过马拉维也开始生产绿茶和白茶，包括由整叶制成的马拉维白牡丹和由精心采摘的柔软嫩茎上的茶芽制成的马拉维鹿角白茶，甚至还有手工揉捻的精制红茶以及口感温和的马拉维普洱茶。年景好时，马拉维茶叶产量可达 4.7 万吨，几乎全部用于出口。马拉维是非洲第二大茶叶生产国，仅次于肯尼亚。罗伊·莫克瑟姆（Roy Moxham）提供了一本关于一个英国人 1960 年在尼亚萨兰饮茶的自传，从茶产业的视角记录了独立之前的那段岁月。[①] 马拉维的 40 多个茶园大多为英国公司所有，就像坦桑尼亚的情况一样，马拉维的大部分茶叶出口英国。马拉维的小茶农在茶叶生产者中占有较大比例，但小茶农比例低于肯尼亚。

1969 年赞比亚的卡万布瓦（Kawambwa）建立了一个茶园，并从 1974 年开始由农村发展公司管
746 理。这个茶园在 20 世纪 80 年代中期面积扩展到 300 公顷，并且带动小茶农们开始生产茶叶。目前赞比亚每年茶叶产量达到了 900 吨，大部分出口到肯尼亚、南非和刚果民主共和国。[②]

## 从威廉二世治下的殖民地到坦桑尼亚

1902 年，阿马尼（Amani）和伦圭（Rungwe）以及东乌桑巴拉斯（Usambaras）地区的德裔定居者首次在德属东非种植茶树。1922 年国际联盟将德属东非大部分地区的控制权授予英国，其成为

① Moxham (2003, 2009).

② Forrest (1985:92-93); Nick Hall. 2000. *The Tea Industry*. New Delhi: Woodhead Publishing (Ch.5, pp. 40-41).

英属坦噶尼喀（Tanganyika）的领土。德属东非西北部的卢旺达—乌隆迪地区自 1916 年以来，一直被比利时占领，然而，直到 1924 年，国际联盟才正式予以承认。与此同时，1916 年位于印度洋海岸、Rowuma 河以南，面积 1000 平方公里的 Kionga 三角地带早就被葡萄牙人夺走，并将其并入莫桑比克。

此地的商品茶生产直到第一次世界大战之后才开始。1926 年，北方的西乌桑巴拉斯的 Ambangulu、
伦圭的 Musekera 和恩琼贝（Njombe）开始种植茶树，而后南方的莫芬迪（Mufindi）和图库尤 747
（Tukuyu）也建立了茶园。[①] 茶树种子和幼苗主要来自阿萨姆邦和尼亚萨兰。1934 年，坦噶尼喀只生产了 23 吨茶叶。1945 年，种植面积增加到 2723 公顷，1960 年达到 7336 公顷，茶叶产量达到 3722 吨。

1961 年 12 月，坦噶尼喀地区独立为坦噶尼喀共和国。1964 年，坦噶尼喀与桑给巴尔（Zanzibar）合并，并改名为坦桑尼亚（Tanzania）。1967 年，在总统朱利叶斯·尼雷尔（Julius Nyerere）的领导下，银行和工业企业国有化，但英国人所拥有的茶园并未被政府没收，因为来自坦桑尼亚的所有茶叶都要在伦敦拍卖场出售，尼雷尔政府担心，如果他们彻底没收这些茶园，会遭到报复。

尽管如此，1967 年坦桑尼亚政府还是将一家非洲公司经营的 Kwamkoro 茶庄国有化，并购买了属于印非公司的 Bulwa 茶庄，两者都由坦桑尼亚茶叶管理局管理。1967 年，这两处茶庄的产量每年超过 1800 吨，但到 80 年代中期，产量锐减至 300 吨。最初的 1318 公顷种植面积中，有三分之二被抛荒或疏于管理，这两处茶庄最终于 1993 年再度私有化。

除了大型茶园，1967 年以来政府一直提倡小规模种植茶树，但小规模茶园的生产力却很低。尽管有各种苛捐杂税、官僚体制的制约，以及坦桑尼亚茶叶委员会和各行政部门的干预，坦桑尼亚的茶叶年产量还是从 1990 年的 2 万吨逐渐增加到今天的 3 万吨以上。[②] 大部分坦桑尼亚茶叶都成为 CTC 茶的原料。

## 成为肯尼亚的前东非保护国

说到茶的时候几乎很少有人会想到非洲，事实上，肯尼亚却是世界第三大茶叶生产国，年产 34.6 万吨，好年景时甚至超过 37 万吨，这些茶大部分用于出口。相比前述两大茶叶生产国——印度和中国（大部分茶叶在国内消费），肯尼亚则 95% 的茶叶用于出口，成为世界上最大的茶叶出口国。[③] 在 20 世纪 50 年代之前，肯尼亚茶叶在国际茶叶市场上默默无闻，而今天，我们可能在不知情的情况下或多或少地都喝过一些产自肯尼亚的茶。肯尼亚茶叶产自海拔 1500~2300 米的高地，占肯尼亚出口贸易收入的四分之一，并且占到肯尼亚国民生产总值的 4%。

1903 年，第一批来自阿萨姆邦的黑马尼坡栽培种（dark Manipuri）杂交树种从印度被引入英属东

① E.W. Bovill. 1950. 'White settlement', pp. 18-27 Matheson and Bovill (op.cit., p. 26).

② John Baffes. 2004. *Tanzania Tea Sector: Constraints and Challenges* (Africa Region Working Paper Series No. 69). Washington: World Bank.

③ Chen and Chen (2012) in Chen. Apostolides and Chen (op.cit.,p.2).

非保护国，并由 G. W. L. 凯恩（G. W. L. Caine）和他的兄弟种在利穆鲁（Limuru）。1905 年，第二批树苗从印度运来，这些树苗得到精心照料，并被制成手工茶叶。1907 年，该地的行政长官 H. B. 帕廷顿（H. B. Partington）在凯里乔（Kericho）牧师的花园里种植了一棵茶树。1912 年，从锡兰进口了更多的树苗，并种植在凯里乔、凯莫西（Kaimosi）和利穆鲁。同年，阿诺德・马修斯（Arnold Mathews）在凯里乔开辟了一块地专门用于栽培中国茶树品种，种子由锡兰维农山庄（Mount Vernon）的卡拉・巴克斯顿（Cara Buxton）和亚瑟・巴克利（Arthur Barclay）提供。艺术家威廉・奎勒・奥查德森爵士（William Quiller Orchardson）的两个儿子属于肯尼亚最早的一批茶农。[①]

1920 年，英属东非改为肯尼亚殖民地和肯尼亚保护国，肯尼亚大部分地区直属肯尼亚殖民地，10
748 英里长的沿海地带则名义上属于肯尼亚保护国，尽管这两个地区都由英国政府管理。第一个商业茶园是英国人于 1925 年建立的。1927 年，肯尼亚只有 356 公斤茶叶出口，但到 1929 年，茶树种植面积就达到了 2000 公顷，1947 年有接近 6700 公顷土地用于种植茶树。[②]

肯尼亚茶主要生长在沿赤道分布的裂谷地带（Rift Valley）。布鲁克・邦德（Brooke Bond）和芬利（Finlay）是肯尼亚最初的两家英国茶叶公司，现在仍然是这个国家最大的两家商品茶生产企业。[③] 英国殖民政府并没有建立农业研究机构，因为对茶的研究都是由非常成功的茶企业来主导的。[④]1963 年，当肯尼亚英联邦王国作为一个英国自治领获得独立时，茶树种植面积已超过了 2.1 万公顷。1964 年 12 月，肯尼亚成立共和国。现今，肯尼亚茶树种植面积约为 16 万公顷。[⑤]

肯尼亚独立前，茶树主要种植在茶园里。1963 年，肯尼亚茶叶开发管理局（独立前称为“特殊作物开发管理局”）开始大量发展非洲农民为小茶农。1962 年，为服务 1.9 万户小茶农，一个茶叶加工厂建立起来。今天在肯尼亚，60 个不同的茶叶加工厂为大约 56 万名注册的小茶农提供服务，这些小茶农的总种植面积大约为 10 万公顷。[⑥] 肯尼亚的大型茶企主要是一些拥有属于大种植园和加工厂的跨国公司，这些公司的种植面积总共 5 万多公顷。

1988 年肯尼亚小茶农茶叶生产量开始超过大型茶企。到 2003 年，小茶农种植面积占到 66%，产量占整个国家茶叶总产量的 62%。[⑦] 同时，对肯尼亚的茶叶来说，迪拜日益成为最主要的购买、拼配和包装的中心。[⑧] 大多数肯尼亚茶都被制成了那种 19 世纪晚期在爪哇和阿萨姆新发明的红茶（指机械化生产的 CTC 茶。——译者注）。由 Cab-Craft 生产的大型英国采茶机在非洲得到了广泛应用。这种机器的轨道宽度是可调整的，可以同时在两排茶树上进行采摘、施肥和喷洒农药等操作。[⑨]

---

① Ukers (1935. Vol. I, p.212).

② J.K. Matheson. 1950. ‘Tea’, pp. 198-206 Matheson and Bovill (op.cit., pp.198-199).

③ Forrest (1985:78).

④ J.K. Matheson. 1950. ‘Agricultural research institutes’, pp. 56-63 Matheson and Bovill (op.cit., p.58).

⑤ Samson M. Kamunya, Francis N. Wachira. Ram S. Pathak, Richard C. Muaki and Ram K. Sharma. 2012. ‘Tea improvement in Kenya’, pp. 177-226 in Chen, Apostolides and Chen (op.cit., p.179).

⑥ Kennedy O. Moenga. 2011. *Supply Chain Management Practices and Challenges for the Small Scale Tea Sector in Kenya.* University of Nairobi: M.B.A. thesis.

⑦ Francis. N. Wachira and Wilson Ronno. 2004. ‘Current research on tea in Kenya’, *ICOS*, 2:59-65.

⑧ Alice Kirambi. 2008. *Report on Small-Scale Tea Sector in Kenya.* Nairobi: Christian Partners Development Agency.

⑨ Forrest (1985:18).

事实上，肯尼亚所有的茶叶都被加工成碎茶。丹尼斯·福雷斯特将这种完全切碎的彻底氧化的红茶的非凡成功归功于这样一个事实：肯尼亚茶叶的价格具有竞争力，并且可以呈现出一种“明亮的颜色”，这“恰好适合现代英国茶客不那么高级的口味”。这种茶在爱尔兰、荷兰、美国、加拿大十分畅销，在巴基斯坦更是市场“规模庞大”。[①] 直到最近肯尼亚才引进了改良的无性系茶种，目的是探索在肯尼亚生产绿茶和高儿茶素含量的银尖白茶的潜力。[②] 近年来，一些经销商已经开始独家出售一些稀少而精致的肯尼亚银尖茶。在肯尼亚，主要的害虫是螨类、介壳虫、蓟马和白蚁，主要的茶树疾病是由蜜环菌、麻饼炭团菌和拟茎点霉引起的。在邻国埃塞俄比亚，主要有三个茶园种植茶树，总占地面 749
积几百公顷，包括位于埃塞俄比亚西南部的伊鲁巴柏、卡法地区的前政府花园 Wush Wush 和 Gumaro，具有讽刺意味的是，这里恰好也是咖啡的故乡。

## 从英属保护国到乌干达

1900 年，茶树被英属乌干达政府试验性地引入恩德培（Entebbe）植物园。由于种植茶树的限制条件很多，一开始对它感兴趣的人很少。茶树种子和茶树苗的引进在 1904~1906 年取得了不同程度的成功。但是在 1909 年，科伦坡的立顿公司将 5 莫恩德（maund，是一种重量单位，在印度，1 莫恩德相当于 37.2342 公斤。——译者注）的茶树种子从阿萨姆进口到乌干达，由政府组织种植 2000 多株茶树。1910 年，英属乌干达政府把这些茶树苗卖给了马比拉森林橡胶公司，这家公司把这些茶树苗种在 Mabungo 茶园。直到 1924 年，它都是乌干达唯一的茶园。这里种植的“与曼尼普尔有一定的亲缘关系的本土化的阿萨姆树种”成为许多乌干达茶树的“祖先”。

1931 年，在恩德培植物园里，种植了 3 个新进口的品种——丹格里·曼尼普尔（Dangri Manipuri）、贝特贾·阿萨姆（Betjan Assam）和拉杰格尔·阿萨姆·曼尼普尔（Rajghur Assam Manipuri），每个品种都有 5 磅种子，其中只有贝特贾·阿萨姆长得最为茂盛。1934 年，该品种的种植面积扩大到 522 公顷。1935 年，Kawanda 设立了一家农业研究站，开展关于茶叶的试验。[③] 私人茶叶种植者也引进了一些新的茶树品种，在 Kadonge 茶园种植了缅甸树种，在 Mityana 茶园种植了锡兰的树种，在 Kisaka 茶园种植了拉杰格尔·阿萨姆·曼尼普尔（Rajghur Assam Manipuri）。[④] 到 1947 年，乌干达茶树种植面积增至 2000 多公顷，此时政府也取消了对种植茶树的限制。[⑤]

英属乌干达保护国于 1962 年脱离英国独立。1971 年至 1979 年，乌干达第三任总统伊迪·阿明的专制统治彻底摧毁了茶产业，这真是一个悲剧。1980 年社会秩序逐渐恢复，当年可产出几百吨茶叶，1982 年出口量翻了一番，达到 1198 吨，[⑥] 从那以后一直呈增长趋势。目前，乌干达茶叶年产量约为 4.5 万吨。

---

① Forrest (1985: 76-77).

② Kamunya, Wachira, Pathak, Muoki and Sharma (2012:216).

③ J.K. Matheson. 1950. ‘Agricultural research institutes’, pp. 56-63 Matheson and Bovill (op.cit., p.59).

④ J.K. Matheson. 1950. ‘Tea’, pp. 198-206 Matheson and Bovill (op.cit., pp. 198-199).

⑤ Bovill (1950) in Matheson and bovill (op.cit., p.25).

⑥ Forrest (1985: 86-88).

## 喀麦隆、尼日利亚、卢旺达和布隆迪

1928 年在位于托莱（Tole）的火山脚下，喀麦隆种下了第一株茶树。1954 年以来，喀麦隆的茶叶产量才具有一定的规模，茶树种植最早是在恩杜（Ndu）和托莱，其中托莱茶园是喀麦隆最早的茶园。[①]法国的中央经济合作基金在德昌（Dschang）附近的朱蒂萨（Djuttitsa）投资建立了总面积为 425 公顷的茶园和茶叶加工厂，[②]如今，年产量已经超过了 4500 吨。

据称，尼日利亚最早是从 1952 年开始种植茶树，但是无性系茶树则是在 1972 年由尼日利亚饮料生产公司首次从肯尼亚和喀麦隆带到了塔拉瓦（Taraba）州的勐贝拉高原（Mambilla Plateau）。这里海拔 1460 米，从 1982 年开始进行商品茶的种植，同时有关茶叶生产的研究也在尼日利亚可可研究所的
750 主持下开展起来。这家尼日利亚公司推出了一项小茶农计划，与大约 600 个小茶农进行了合作。[③]尼日利亚每年生产大约 1640 吨红茶，都是按照 CTC 的方式进行加工。[④]

在 21 世纪的前十年，由于勐贝拉高原唯一的茶叶加工厂的垄断，尼日利亚农民新鲜茶叶的出售非常困难。这家工厂缺乏加工所有茶叶的能力，茶叶产量相对过剩，茶农损失惨重。茶农们为了减少损失，便利用绿茶和乌龙茶的发酵液制造茶酒，用浸泡过的茶叶和从热带水果中提取的膳食纤维制作果酱。[⑤]

20 世纪 50 年代，比利时托管下的卢旺达－布隆迪地区建立了最早的茶园。1962 年，卢旺达－布隆迪地区分为卢旺达和布隆迪两个国家，均于 1962 年 7 月 1 日获得独立。20 世纪 70 年代，卢旺达有五个规模相当大的茶园，茶叶总产量为 1245 吨，到 20 世纪 80 年代中期，卢旺达种植面积超过 8000 公顷，有 9 家国有工厂和 1 家公私联营的工厂，总产量超过 7000 吨。20 世纪 70 年代，布隆迪的茶叶产量为 657 吨，20 世纪 80 年代中期增加到约 2500 吨。[⑥]今天，卢旺达的茶叶年产量超过 2.3 万吨，布隆迪的茶叶年产量超过 1.1 万吨。[⑦]

## 横跨南美大陆

巴西于 1812 年开始种植茶树，但是好景不长，1888 年，在伊莎贝尔公主作为佩德罗二世的摄政王期间，废除了奴隶制度，使得新兴的巴西茶产业陷入崩溃。1908 年大量日本移民开始定居巴西，

① Sanford H. Bederman. 1967. 'The Tole tea estate in West Cameroon', *Tijdschrift voor Economische en Sociale Geografie,* 58(6): 316-323.

② Forrest (1985:92).

③ Charles R. Obatolu and Ayoola B. Fasina. 2001. 'Features of tea (*Camellia sinenisi* L) production in Nigeria', *ICOS*, 1(IV):67-70.

④ Samuel S. Omolaja and Gerald O. Iremiren. 2012. 'Tea improvement in Nigeria', pp. 323-342 in Chen, Apostolides and Chen (op.cit.).

⑤ O. Aroyeun Shamsideen and Jayeola Chrisitiana. 2010. 'The effects of tea type and processing methods on the nutritional, alcoholic, caffeine and sensory profiles of wines produced from oolong and green tea', *ICOS*, 4, PR-P-88.

⑥ Forrest (1985: 76-77).

⑦ Agnes Bateta. 2014. 'Rwanda in tea boon', *East African Business Week*, 22 April 2014; 'Burundi seestea output rising 2.4 pct in 2016', *Reuters Africa*, 10 March 2016.

一些他们的后裔肩负起了复兴巴西茶产业的使命。如今，雷吉斯特鲁（Registro）的茶叶生产已经商业化，采用全机械化采收，年产量可达 7500 吨。

在西班牙语美洲，茶产业的发展历史相对较短。阿根廷自 1951 年开始生产茶叶。1957 年，第一批阿根廷茶叶运抵伦敦后，英国和荷兰开始进口越来越多的阿根廷茶叶。不久，阿根廷茶叶在其他国家也打开了市场。邻国智利恰好是南美洲最热衷于饮茶的国家，也是阿根廷茶叶的大买家。阿根廷每年生产不少于 7.2 万吨茶叶。这些茶叶主要产自密西昂内斯（Misiones），是巴西和巴拉圭之间向北延伸的阿根廷领土的一部分。阿根廷位于南半球，每年的采茶季为 10 月至 11 月。

图 10.27　弗朗索瓦・安德・米修（1770~1855 年），1865 年三卷本的《北美林木志》的卷首插图，作者 F. 安德・米修（F. Andrew Michaux）的版画。该书又称为《关于美国、加拿大和新斯科舍的森林树木的描述》，是从法语翻译过来的。费城：莱斯拉特公司（Philadelphia: RiceRutter & Co.）。

秘鲁和厄瓜多尔的茶叶产量也差不多。1913 年，茶叶首次在秘鲁试验性种植。1928 年，托马斯・立顿在锡兰顾问的帮助下，在库斯科的拉康文西省（La Convención）建立了茶园。锡兰正是立顿开始建立其茶叶商业帝国的地方。从 1936 年开始，瓦努科（Huánuco）地区建立了第一批茶树种植园，首先是瓦努科省的 Chinchao 和莱昂西奥・普拉多省（Leoncio Prado）的 Cayumba。1941 年，普拉多的廷戈玛利亚（Tingo María）附近开设了第一家茶叶加工厂。1943 年拉康文西省的 Huyro 开设了第二家茶叶加工厂，采用从锡兰引进的英国工业生产方式进行生产。1979 年，秘鲁的茶叶出口量达到 1000 吨，但 20 世纪 80 年代和 90 年代，反政府游击组织"光辉道路"（Sendero Luminoso）的谋杀、恐怖袭击和敲诈勒索使秘鲁的茶产业陷入瘫痪。今天，在库斯科和廷戈玛利亚附近的瓦努科，大约有 751
1700 公顷的土地种植着阿萨姆—中国杂交品种的茶树。①1968 年，茶被引入厄瓜多尔，那里种植着面积大约 1400 公顷的茶树，主要出口到北美。危地马拉有两个产量很小的茶产区，分别是位于阿蒂特兰（Atitlán）火山南麓山脚下的洛斯安第斯（Los Andes）茶园和位于 Coban 的 Chirrepc 茶叶合作社。

## 茶在南卡罗来纳

18 世纪 60 年代，英国植物学家约翰・埃利斯把茶树种子带到了南卡罗来纳，但是这些种子并没有发芽。1804 年，法国植物学家弗朗索瓦・安德・米修（François André Michaux）在位于阿什利河畔（Ashley River）的米德尔顿领地（Middleton Barony）种植了一棵茶树。这棵树长到了 15 英尺高，米

① Manoj D. Archibald. 2017. 'Tea history of Peru', *Tea Maker, Tea, Tea blog,* 4 April 2017〈https://crazyteamaker blog.wordpress.com/2017/04/04/tea-history-of-peru〉.

修设法用这颗茶树制作出了一种不那么令人满意的茶叶。[①] 伦敦商人尤尼乌斯·史密斯（Junius Smith）从 1848 年开始，直到 1852 年去世，一直在格林威尔（Greenville）附近的一个庄园试验种植茶树，同时，亚历克西斯·弗雷斯特（Alexis Forster）从 1874 年开始，直到 1879 年去世，都在乔治城（George town）附近试验种植茶树。[②]

1857 年，美国专利局聘请罗伯特·福琼把茶树种子带到美国。1858 年 3 月，福琼乘船前往中国并带回来两箱茶种子和茶树苗。福琼把种子运回美国后他的使命就结束了，这些种子被美国政府广泛播种到南大西洋和墨西哥湾沿岸各州。但是，这些州于 1861 年 1 月全部从美国独立了出去，直到 1865
752 年 5 月，南方被北方击败后，这些州才重归美国管辖。当新成立的农业部最终得以进入这些地区时，幸存下来的茶园都因太小而没有任何商业价值。[③] 凭借自身的声望，罗伯特·福琼于 1862 年作为一个普通公民访问了中国和日本，这是他最后一次远东航行。由于生前积累了一小笔财富，福琼直到 1880 年去世时还是个富翁。[④]

从 1880 年到 1884 年，美国农业部与印度茶农约翰·杰克逊（John Jackson）合作，在萨默维尔（Sommerville）培植来自印度、中国和日本的茶树。杰克逊并没有取得很好的成果，后来查尔斯·玻姆·谢泼德（Charles Upham Shephard）在附近的潘恩斯特（Pinehurst）种植园种植了 90 英亩的茶树，直到 1915 年他去世，这里的茶树长势一直很好。1893 年，潘恩斯特种植园第一次采摘的茶叶产量令人满意。然而，较高的运输成本使得南卡罗来纳州的茶叶在芝加哥的销售价格高于中国茶叶。谢泼德试制了一种火柴盒大小的“茶片”，这种茶片是用茶叶末压缩而成的。谢泼德还能制作人工染色茶，将茶叶涂上一层深蓝色，命名为“台湾乌龙茶”（Formosa oolong），并获得了 1904 年圣路易斯世界博览会的奖项。如今在潘恩斯特仍然有茶树种植。

1901 年，奥古斯塔斯·图勒（Augustus Tuler）和谢泼德博士的学生罗斯威尔·特林布尔（Roswell Trimble）创立了美国茶叶种植公司。二人在阮淘尔斯（Rantowles）种了 13 年的茶树。后来，这里的资产被出售，树木也被采伐。1963 年，立顿在基洼岛（Wadmalaw Island）种植了 127 英亩茶树，由于劳动力成本无法降低，1986 年立顿卖掉了这个农场。[⑤]

## 大洋洲之茶

在澳大利亚，自 1884 年以来，茶树一直生长在昆士兰州北边的宾吉尔湾（Bingil Bay），那里的库滕四兄弟建立了第一个茶树种植园。新南威尔士州也种植有茶树，21 世纪前十年，年产量约为 1500 吨，主要是英式红茶。20 世纪 90 年代，为了促进澳大利亚的绿茶生产，塔斯曼尼亚（Tasmania）、新南威尔士州悉尼北部和澳大利亚西部的曼吉马普（Manjimup）地区的 5 个地点种植了日本的“薮北”

① Charles Upham Shepard. 1893. ‘Special report on tea raising in South Carolina’, pp.627-640 in *Report of the Secretary of Agriculture 1892.* Washington: Government Printing Press.

② Susan M. Walcott. 1999. ‘Tea production in South Carolina’, *Southeastern Geographer,* XXXIX(1):61-74.

③ Walcott (1999: 67).

④ Sarah Rose (2009:270-271).

⑤ Walcott (1999:67-70).

和“狭山香”等茶树品种。澳大利亚绿茶种植者协会成立于 2000 年 6 月，目的是发展可持续的澳大利亚茶产业。协会大多数成员是维多利亚东北部的茶农，他们出产的茶叶供给日本公司，用于生产日本绿茶。

在新西兰进行的茶叶生产试验最初并没有取得成功。1979 年，日本品种“薮北”首次在新西兰种植，1991 年开始销售商业化生产的新西兰绿茶。当时，在南岛纳尔逊（Nelson）附近的莫图伊卡（Motueka）地区种植着面积达 115 公顷的茶树，但到 1999 年，由于经营不善和气候恶劣，茶园面积减少到 20 公顷。[①] 而今北岛的怀卡托（Waikato）出产红茶、绿茶和乌龙茶，那里的茶农以纯正的有机茶为傲。1961 年以来，澳大利亚和英国的种植者在巴布亚新几内亚种植茶树，但是直到 20 世纪 70 年代才达到比较可观的产量，茶叶主要出口到澳大利亚，年产量为 4000~10000 吨，但自 20 世纪 80 年代中期以来产量总体呈下降趋势。

1887 年茶树第一次被带到夏威夷。1892 年，夏威夷咖啡茶叶公司在科纳（Kona）建立了第一个 753
面积达 5 英亩的种植园，但由于无利可图，很快便放弃了。60 年代，园艺家菲利普·伊藤（Philip Ito）在夏威夷大学热带农业及人力资源学院的 Waikea 研究站种植了几个不同品种的茶树，重新唤起了人们对茶树栽培的兴趣。1978 年至 1980 年，同一所学院的园艺学家佐川米雄从京都大学进口了 4 个品种的茶树，种植在瓦胡岛（O‘ahu）夏威夷大学的里昂植物园（Lyon arboretum）。20 世纪 80 年代，夏威夷岛上的蔗糖种植业消失后，查尔斯·布鲁尔公司（Charles Brewer & Company）、Amfac 公司、亚历山大和鲍德温（Alexander & Baldwin）公司在考爱岛（Kaua'i）、瓦胡岛、毛伊岛（Maui）和大岛（Big Island）建立了试验性茶树种植园。1985 年至 1994 年，亚历山大和鲍德温公司在考爱岛与立顿展开合作。各方得出的结论都与夏威夷咖啡茶叶公司在 19 世纪 90 年代得出的结论相同。

1993 年，约翰·克罗斯（John Cross）在哈卡劳（Hakalau）的一亩地上种植了两种阿萨姆杂交茶树品种。这两种茶树品种是查尔斯·布鲁尔早些时候用于试验的品种，他将生产 CTC 茶作为一种家庭手工业。1997 年，Francis Zee 在 Waiakea 种植了阿萨姆茶树幼苗，并开始生产“Hilo Brew”，采用微波炉加热来停止茶叶氧化过程的制茶法。1998 年，Francis Zee 与夏威夷大学热带农业及人力资源学院合作在大岛上的卡姆也拉镇进行试验，在海拔 150~1200 米的不同高度试验从日本和中国台湾进口的茶树品种，再用微波加热的方式蒸青，然后在干燥设备中烘干。从 2004 年开始，从日本进口现代制茶设备后，许多小茶农开始将生产有机手工整叶茶作为一种特色家庭手工业。[②] 如今，许多小型手工茶叶生产商在夏威夷出产了品质上乘的绿茶，如霍诺卡（Honokaa）的莫纳克亚（Mauna Kea）公司、夏威夷咖啡茶叶公司。

## 从英国皇家花园到康沃尔

大约从 1800 年起，康沃尔开始种植观赏型茶树。在英国有茶树出现这一事实并不奇怪，因为英国人一直试图在本土种植茶树。从 18 世纪 60 年代开始，英国人首先从广州引入茶树，1768 年，

① Australian Green Tea Growers Association.2003.*The Australian Growers Guide—Japanese Green Tea*, 30 May 2006, 23 pp.

② Dwight Sato, Francis Zee, Wen-Hsiung Ko and Lyle Wong. 2001. ‘Research on tea growing in Hawai’I’, *ICOS*, 1(II): 335-337; Dwight Sato, Milton Yamasaki and Francis Zee. 2007. ‘The history of tea (*Camellia sinensis)* in Hawai’I’, *ICOS*, 3, CH-P-001.

约翰·埃利斯把茶树引入英国皇家花园——邱园。约翰·科克利·莱特森在1772年写道：

> 在这三四年里，我们已经成功地向大英帝国引进了一些真正的茶树。有人告诉我，以前在英格兰有一棵很大的茶树，是东印度长官的财产，他把这棵茶树养活了几年，并拒绝给它修剪和压条。后来这棵树就死了，英国就再没有茶树了……我认识几位绅士，他们不辞辛劳、不惜经费，从中国采购这种常青树，但都以失败告终。因为尽管挑选了许多健壮和优良的树种在广州被装上船，并且在航行中尽可能地照顾好它们，但它们仍然很快就生病了，只有一株活着被运到了英国。
>
> 英国最大的茶树，我相信是在邱园，它是由约翰·埃利斯精心培育，并赠送给英国皇家学院的。但在锡安庄园（Sion-house）里的那株茶树则属于诺森伯兰公爵（Duke of Northumberland），那是首株在欧洲开花的茶树……伦敦附近花园里的幼小茶树冬季在温室里茁壮成长，也有一些可以在夏季露天生长。[①]

754 1999年，博斯考恩（Boscawen）家族在特利戈斯南（Tregothnan）庄园里种植了茶树。该庄园在2001年产出了第一批自然生长的茶叶。2005年11月，英国出产的第一批茶叶由位于皮卡迪利大街的Fortnum & Mason公司出售。从2006年开始，特利戈斯南的茶叶生产商一直销售产自康沃尔的红茶。这种茶叶是按照传统的一芽两叶的手法在清晨采摘的，然后在竹架上自然萎凋，经过揉捻和氧化后，茶叶被干燥至只剩2%的水分。在采摘后的36个小时之内，这种有机的英国茶就可以饮用了。特利戈斯南和这些园子位于康沃尔沿法尔河（Fal）和特鲁罗河（Truro）两岸，这里气候适人，且在乔纳森·琼斯（Jonathon Jones）等的园艺指导下茶树得到了精心的照料。[②]特利戈斯南庄园出产的茶叶品类包括“经典拼配”布朗茶、绿茶、午后红茶和格雷伯爵茶。

## 提契诺的瑞士茶

彼得·奥普里格（Peter Oppliger）在1964年驾驶他那辆灰色的、1956年产的雪佛兰汽车穿越伊拉克、伊朗和阿富汗的时候，他对茶的兴趣被点燃了。他跟着瑞诗凯诗（Rishikesh）的僧侣进行了两个月的禅修，对于佛教哲学的兴趣最终把他引向了禅宗哲学，同时对茶历史的兴趣又把他引向日本。多年后，2004年夏天，彼得·奥普里格在位于马焦雷湖（Lago Maggiore）的两个布里萨戈（Brissago）岛之一的植物园中种植了100棵茶树，从湖对岸的阿斯科纳可以看到这些茶树。在对这

---

① Lettsom (1772: VI-VII, 35)。莱特森关于锡安庄园诺森伯兰公爵的茶树的说法被《茶学》的作者（《一个茶商 1826》：3）引用，而莱特森（1772:13）是引用了汉威的错误说法，即阿灵顿勋爵（Lord Arlington）和奥斯索里勋爵（Lord Ossory）首次于1666年从荷兰把茶带到英国。这是完全有可能的，凭借他与威廉二世的亲密关系和与荷兰贵族的姻亲关系，正如汉威所声称的，在英格兰的鼎盛时期即第二次英荷战争时期，奥斯索里勋爵可能已经带来了茶叶。然而，即使汉威的说法是正确的，奥斯索里勋爵也绝不是这样做的第一人。汉威进一步美化了他的说法，“女眷们于是深深地迷恋上了这种新事物：基于她们的影响茶被推向了那个时代的优雅女性”（1756:215）。

② Griffiths (2011:20); Angela Levin. 2013. ‘Welcome to Tregothnan, England’s only tea estate’, *The Telegraph,* 20 May 2013.

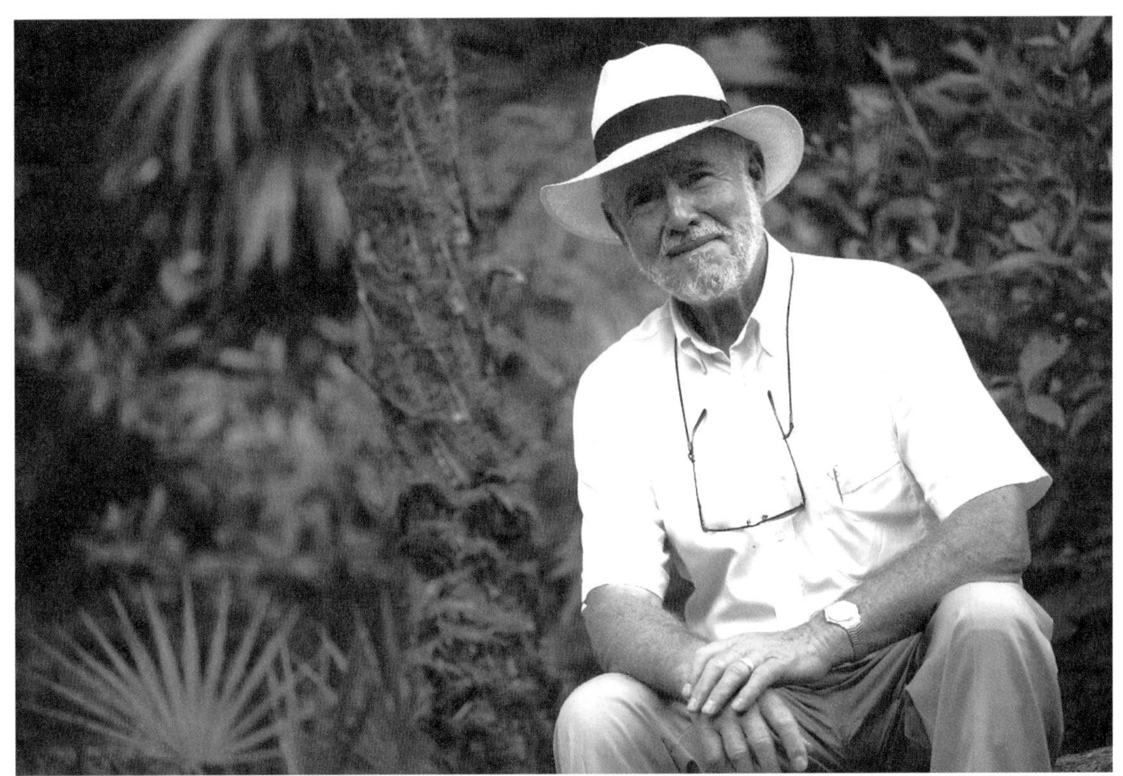

图 10.28　彼得・奥普里格 2004 年在真理山建立瑞士茶园。

些茶树的照料取得成功后，他又把茶树移植到真理山（Monte Verita），并在那里建立了瑞士第一个茶园，那里有比较理想的适于茶树生长的微观气候。2006 年 6 月，Cultura del tè Monte Verità 花园对外开放，以禅茶舍为特色，定期还会有茶道表演。

2006 年至 2016 年，每年一到收获季节，彼得・奥普里格都会邀请日本茶艺大师从静冈飞往提契诺。这些日本茶艺家和他们的瑞士同道中人奥普里格一起，用花园中第一批冒出的新芽制作茶叶。这种非常独特稀少的、纯手工采摘制作的、堪称欧洲最好的阿尔卑斯煎茶，直到 2016 年才在市面上看到。奥普里格利用自家花园中的几百株茶树制作瑞士茶，他还种植了四棵阿萨姆茶树，作为对照和参考的样本。

2011 年，彼得・奥普里格和德克・尼伯特（Dirk Niepoort）一起在葡萄牙的杜罗（Douro）山谷进行试验。尼伯特家族自 1842 年以来一直都在这里建设港口和生产葡萄酒。事实证明，杜罗山谷太干旱，茶树的长势不好，不过他们在奥波尔图（Oporto）附近乡村的试验却取得了成功。2014 年，奥普里格从真理山运送了 500 棵茶树到葡萄牙，在那里他和尼伯特建立了真理山茶园的姊妹园。虽然是葡萄牙人将茶叶引入了莫桑比克、马德拉、亚速尔群岛和巴西，但奥普里格似乎是第一个将茶树成功引进葡萄牙本土的人。2017 年 1 月，奥普里格把他在真理山的茶园卖给了伯尔尼的茶商，同时，他和他的园丁在意大利的 Cuzzago 小镇附近建立了一个新茶园。2017 年春天，Cuzzago 的茶园就像 2006 年的
真理山茶园和 2014 年的奥波尔图茶园一样，也举行了禅宗佛教仪式。奥普里格还组织一些茶爱好者去 755
日本旅行。

## 茶在不丹

1774年至1780年，孟加拉的威廉堡总督沃伦·黑斯廷斯（Warren Hastings）给不丹的英国特使乔治·博格尔（George Bogle）送去了熙春茶的茶种。正如黑斯廷斯所写的那样，“是为了帮助你们实现把西方世界的奢华和优雅引入不丹的善举”。[①]1778年，英国植物学家约瑟夫·班克斯写道：“布坦（Boutan）的群山给了我们充分的理由去期待，这里的气候能与中国生产优质红茶的部分地区相媲美”，并且是“具备所有在中国比较寒冷且能够生产绿茶的众多区域中所需的气候条件。”[②]

两个多世纪以后，一个茶树种植试点项目于2009年在宗萨（Trongsa）区察登格窝（Dr'akteng）溪谷的三牧畴岭启动，该项目由晋州（Chinju）的国立庆南科技大学出资。[③]这项合作是一位韩国人在访问不丹之后，认出了这些生长在三牧畴岭的树木是茶树，于是开始了与该大学的合作。本地人仍然记得，在第二代世袭国王吉克米·旺楚克（1926~1952年在位）统治时期，这
756 些茶树被种植在了三牧畴岭宫殿花园。2009年，该项目开始的时候只有6个不丹茶农参与，但到2011年第一批不丹绿茶被投放市场的时候，茶农增加到27个。2012年，三牧畴岭以外的整个溪谷地区都被允许种植茶树。到2013年，茶农数量增至101人。参与该项目的不丹茶农每人拥有三分到一亩不等的土地用于种植茶树。

图10.29　青少年时期达尔多维（Daldowie）的乔治·博格尔。他在18世纪70年代末把茶种带到了不丹。这是一幅油画的局部。帆布油画，来自私人收藏。

由国立庆南科技大学出资75%、不丹政府出资25%在三牧畴岭建造了一个三层的绿茶屋，并于2012年6月27日正式开业。不过，由于挡土墙在2012年8月倒塌，并在重新修建后于2013年7月再次倒塌，这里的游客中心并没有投入使用。这里的茶叶是在茶园中进行加工，在格窝（Küngga Rapten）的可再生自然资源研究中心进行包装。2011年，不丹本土绿茶被封装成50克的小包装在首都廷布（Thimphu）市场销售，每包茶最初定价为100努尔特鲁姆（'ngütram）。不丹绿茶是否有一天能够获得如上乘的韩式绿茶一样美妙的味道，还取决于本

① Markham, Sir Clements Robert. 1876. *Narrative of the Mission of George Bogle to Tibet, and of Thomas Manning to Lhasa*. London: Trubner and Company (p. cxlviii).

② quoted by Griffiths (1976:34).

③ “Gyeongnam”是新定韩语罗马正字法拼写。

地制茶师的技能水平以及不丹的首都廷布是否有足够的品茶专家能够培养出消费者鉴别上好绿茶的高雅品位。①

在不丹的西南山区居住着勒霍克普（Lhokpu）部落，说的是当地独特的藏缅语。这里有几棵
茶树是由一个叫勒霍克普（Lhokpu）的人种的。他的个人行为完全没有引起外界的注意。当我在 757
1990~1992 年初次考察勒霍克普地区时，他告诉我，在他的成长过程中，从来没有对茶感兴趣过，在印度—不丹边境地区，可以喝到一种当地制作的茶，这种茶是在煮沸的 CTC 红碎茶基础上加糖和奶后饮用。后来，他还尝试了不加牛奶和糖的“红茶”，他听别人说这是欧洲人的喝茶方式。当然，他还尝试了不丹的咸黄油茶 sûja。他对人们喜欢喝茶的行为感到不解。

直到有一天，一位在不丹的日本志愿者给他端了杯煎茶，他对茶的整个看法彻底改变了。正如他告诉我的那样，当他意识到茶叶是什么的时候，正是他开窍的时刻。他决定在自己的土地上种植茶树。我告诉他煎茶是用蒸青的方式制作的。但在 2002 年，他告诉我，他几经尝试仍没有生产出想要的绿茶。这位敏锐而有魄力的勒霍克普人，把对茶叶的好奇心转化成了对绿茶的真正热爱。他向我哀叹不丹西南部没有煎茶一说。

图 10.30　在 Küngga Rapten 的不丹茶园。图片由桑杰旦增（Sangay Tenzin）提供。

## 波希米亚和摩拉维亚喜欢上喝茶

波希米亚和摩拉维亚只是欧洲的一小部分，其茶文化虽是最近才发展起来的，但取得的成绩却令人称奇。1989 年，捷克斯洛伐克开始实行多党制，并于 1993 年 1 月 1 日起，和平分裂为两个共和国，即

① Sonam Choden. 2013. ‘Nothing brewing at the Green Tea House’, *Kuensel,* 14 September 2013.

758 捷克共和国和斯洛伐克。捷克共和国，又名 Česko（Czechia），由波希米亚和摩拉维亚组成。[①] 20 世纪 80 年代中期，波兰是茶叶消费大国，而捷克斯洛伐克的消费量相对较小。[②] 波兰的“茶”（Herbata）一词直接取自 1652 年发行的杜福尔医学手册中标题为“草药茶”（Herba Thee）的章节。然而，1993 年之后，捷克共和国成为精品茶叶的天堂，这要归功于吉菲·西姆萨（Jiří Šimsa）和他的同事们。

在西姆萨的启发和领导下，茶叶爱好者社团（Spolek milců čaje）于 1992 年 2 月 13 日成立。[③] 这个茶社于 2002 年推出了由奥尔加·洛莫娃（Olga Lomová）翻译的陆羽《茶经》的捷克语译本。这本书一经面市就在波希米亚和摩拉维亚的书店里销售一空，而在此之前发行的 100 本编号限量版精装本都是用手工纸印制的中国传统线装本，并配以吉日·斯特拉克（Jiří Strak）优美的书法作品。该限量版的第一号由捷克茶叶协会赠送给前捷克总统瓦茨拉夫·哈维尔（Václav Havel），还有九本赠送给捷克现代社会中的杰出人物，如帕维尔·蒂格里（Pavel Tigrid）、约瑟夫·斯科沃雷奇（Josef Škvorecký）、斯瓦托普鲁克·卡拉塞克（Svatopluk Karásek）、大卫·瓦夫拉（David Vávra）和马雷克·埃本（Marek Eben）等。

同年，一个捷克茶学世家出版了一本大部头的有关茶叶历史的捷克语文摘，同样是图文并茂、内容全面。[④] 正如托马（Thoma）一家一样，西姆萨也游历了产茶国并在 2009 年出版了一本非常生动地记录其游历的书。[⑤] 西姆萨还创立了“好茶沙龙”（Dobrá čajovna）连锁店，在捷克共和国和国外的几个城市拥有几十家分店和茶馆，如波兰的克拉科夫、匈牙利首都布达佩斯及佛蒙特州的伯灵顿。今天，在波希米亚或摩拉维亚任何一个主要的市镇，人们都可以走进茶馆喝上一杯可口的日本抹茶或者从竹筒中倒出来的烟熏味十足的老挝巴朗（bang la）茶，除此之外，还有很多其他种类繁多的茶，这本身就是一件非同寻常的事情。[⑥] 西姆萨一直在组织小众茶叶爱好者的“茶叶之旅”，到各个产茶的国家走走看看。

## 垂直农业时代的荷兰茶

18 世纪 60 年代，荷兰和英格兰就有了茶的植物样本。那时，林奈在瑞典种植茶树却未能成功，

① 新语词 Česko 不同于捷克语中 Čechy “Bohemia” 的名称，后者不像 Morava “Moravia”，而是作为复数短语，捷克语中还有一些地名也是如此，如 Benátky “Venice”，Antverpy “Antwerp”，Drážďany “Dresden”，Athény “Athens”，Mylhúzy “Mülhausen”，Helsinky “Helsinki”，Karlovy Vary “Karlsbad”，České Budějovice “Budweis”，Pardubice “Pardubitz”，Teplice “Teplitz”，Rakousy nad Dyjí “Raabs an der Thaya”，Vanky “Wangen im Allgäu”，Gotinky “Göttingen”，Erlanky “Erlangen”，Gopinky “Göppingen”，Tubinky “Tübingen”。

② Forrest (1985:154-155).

③ “spolek” 有协会或者联盟的含义，但是正规的译法为 “company”。波希米亚词 “milec” 表示 “最喜欢” 的意思，必须注意不能和表示 “爱人” 的词 “milenec” 相混淆。例如这句 “Král byl obklopen svými milci. Tedy ne těmi, kteří jej milovali, ale těmi, které on miloval”（国王被他最喜欢的人所包围）。就是说，不是那些爱他的人，而是那些他爱的人。因此 “milec”（最喜欢）这个词代表着一个被动的角色，而 Šimsa 是想说捷克的茶爱好者们认为自己足够幸运，“že jsme milováni čajem”（因为我们被茶所爱）。正式的英文翻译为 “company of tea devotees” 只是一种近似的翻译。

④ Soňa Thomová, Zdeněk Thoma a Michal Thoma. 2002. *Příběh čaje.* Praha: Nakladatelství Argo.

⑤ Jiří Šimsa. 2009. *Milec čaje.* Praha: Spolek milcůčaje a DharmaGaia.

⑥ “bang la” 茶产自老挝北部的 Phôngsali，类似于景颇语叫作 “$p^{h}aʔ^{31}lap^{31}$”。将阿萨姆大叶茶放在圆形的竹筛盘中，使其在阳光的作用下自然萎凋，而后在平底锅中烤干，再在竹席上用双手揉捻并在阳光下晒干。把干透的叶子蒸熟后塞进竹筒中压实，再悬挂到 Akha 村庄里农家火炉上方的房梁上进行熏制，以获得烟熏的味道。而 “bang la” 茶的第二个要素可能就是 Akha 的茶 “$la^{31}$”。

他希望有一天茶树可以像丁香树一样在欧洲随处可见。18 世纪 80 年代，茶树的植物样本被引入巴黎
的花园。一个世纪之后，到 19 世纪 80 年代时，人们在卢瓦尔河下游盆地的昂热和索米尔附近开始了
种植茶树的试验，但是结果证明茶树不能忍耐法国的冬天。在日本新潟县有一个布满雪花的村上茶园， 759
其茶树非常有名，过去甚至北海道也种植过这种茶树（虽然并不能可持续地自然生长）。1999 年以来，
在气候温和的康沃尔北部地区，已经成功地实现了茶树的商业化种植。

南荷兰省位于海牙、代尔夫特和鹿特丹之间，毗邻北海，自 19 世纪中期以来，就开始在玻璃温室中进行花卉、水果和蔬菜的商业化种植。2001 年以来，这个地区因韦斯特兰（Westland）而闻名，包括威斯特灵根（Westeringen）、斯赫拉芬赞德（'s-Gravenzande）、纳尔德韦克（Naaldwijk）、蒙斯特（Monster）、德利尔（De Lier）、斯希普勒伊登（Schipluiden）和马斯兰（Maasland）等。人们早就知道许多植物不仅能在水中发芽，而且能在水中生长。1626 年，弗朗西斯·培根在去世之前，通过实验观察发现了植物在水中生长的现象：

> 实验证明空气可以被压缩，制造成压缩气体……也证明空气可以提供营养，这是另一个重要的问题。①

第二次世界大战后，水培技术开始产业化规模化应用。尽管韦斯特兰的地势是水平的，但温室里的蔬菜却是垂直排列的。最近，这种技术在世界各地得到推广，被称为垂直农业。在包括日本在内的几个国家，人们已经开始试验性地用水培方法种植茶树。② 在韦斯特兰大规模水培基地，包括茶树在内的一些种类的植物，仍然较多地被种植在盆里。

十几年后康沃尔人也开始尝试种茶，约翰·詹森（Johan Jansen）开始在荷兰的北布拉班特（North Brabant）省种植茶树，以期培育耐寒性足以抵御荷兰冬天的茶树品种。在荷兰温室中经过七年的辛勤培育后，2017 年，约翰·詹森创立了"任我栽"（Tea by me）茶树生产线，这里生产的茶树苗，既可以种植在室内，也可以种在室外，由津德尔特（Zundert）的特种植物公司负责销售。詹森的目标是推广茶树种植，并教人们如何在家中制作茶叶。他的同事、荷兰茶树种植者琳达·塞布赖恩·兰彭（Linda Cebrian Rampen）使用詹森培育的茶树产出的茶叶，经过杀青后，成功制作了家庭自制的布拉邦蒂亚茶。詹森有一个更大的目标，计划开发更多种类的西方茶树，有朝一日甚至可以出口到亚洲。几个世纪以来，荷兰人为了能够不受任何阻碍地在亚洲进行茶叶贸易，发动了多次战争，今天，荷兰自己的茶树品种正在被市场所认可，这些茶树品种便于人们在家里或花园里种植，并自制茶叶。③

---

① Bacon (1627, Cent. I. No.29, p.9).

② Kieko Saito, Kenji Furue, Hideki Kametani and Masahiko Ikeda. 2014. 'Roots of hydroponically grown tea *(Camellia sinensis)* plants as a source of a unique amino acid, theanine', *American Journal of Experimental Agriculture,* 4(2):125-129.

③ Anne-Marie Fokkens. 2017. *Booming Brabant. Uitzending van 13 april 2017*〈http://www.omroepbrabant.nl/?epg/18617742/Booming-Brabant.aspx〉.

## 第十一章

# 茶中的化学物和神奇的调制茶

### 茶科学还是茶学

冈仓天心将茶哲学称为“Teaism”，并在 1905 年声称“茶道是化了妆的道教”。[①] 斯蒂文·欧阳
760 （Steven Owyoung）运营着一个名为“Tsiosophy”（茶的智慧）的网站，这是一个关于茶树的历史、文学以及中国诗歌的博客。“Tsiosophy”这一网站名的灵感来自 1826 年伦敦一位茶商出版的《茶学》（*Tsiology*）的书名。[②] 再往前追溯，《茶学》是 1785 年出版的《购茶指南》一书剽窃本的再版，之前的剽窃本由伦敦真品茶叶公司（London Genuine Tea Company）于 1820 年出版。[③] 这本书中的“茶学”一词来源于罗马语“tsia”，1658 年威廉姆·皮索（Willem Piso）、1678 年雅各布·布莱恩分别用它来翻译日语中“ちゃ”（茶）这个词。研究茶的专家是否会选择把自己定位为茶学家（tsiologists）并把研究

---

① Okakura（1906: 44），首次出版于 1905 年。

② 《茶学》这本书是由一位未留下姓名的茶商所写。作者的地址出现在书中第六页，“Canton House，No. 1，Gerrard Street，Soho”，当时这个地址是刘易斯·戈尔·戈登（Lewis Gore Gordon）和查尔斯·沃德（Charles Ward）一起经营的茶叶营销公司——刘易斯·戈登公司（Lewis Gordon and Company）所在。1828 年 11 月 1 日，也就是《茶学》出版两年之后，根据破产债务人救济法，戈登在葡萄牙街法院被起诉（*The London Gazette*，Friday，10 October 1828 [№ 18512]，p. 1863）。

③ 1820 年的剽窃本由伦敦真品茶叶公司出版，该公司由弗雷德里克·盖（Frederick Gye）和理查德·休斯（Richard Hughes）于 1818 年 11 月 5 日创立，在鲁德门山、查理十字街、牛津街（Ludgate Hill、Charing Cross、Oxford Street）的门店里销售所谓的“纯粹的茶”。1840 年 6 月 5 日，该公司宣布破产。

内容定位为茶学（tsiology），[①] 以及茶哲学家是否会把自己定位为“tsiosophers”，仍有待观察，但这两个新生词对于那些希望使用它们的人来说都是适用的。

茶学或茶科学深入研究了茶叶及其重要成分的生物化学（构成及原理）。许多喝茶的人对茶的这些方面都很好奇，特别是关于经常被提及的喝茶的健康和益处。本章的某些部分要求精确地使用专业术语，这可能会让一些非专业的读者感到过于技术化，为此，读者可以选择跳过这些难懂的部分。对茶叶中所含物质及其功效的生物化学方面的研究不断进步，茶叶基因组排序的最新发现将带领我们进入一个未知的未来。这里所要讲述的这段令人着迷的发现史，是迄今为止基本上不为人知的故事，它将为我们揭示瓶装茶和泡沫茶等时尚调制饮品是如何兴起的。而对决定茶叶香气和口味的各种因素的解释，也会涉及一些生物化学方面的知识。

## 咖啡因

茶叶中的咖啡因是一种天然杀虫剂，可以麻痹某些昆虫。这就是为什么咖啡因的浓度在茶树的芽 761
和幼叶中最高，因为这些茶芽和幼叶比成熟的叶子更容易受到昆虫的侵害。这也解释了为什么在那些含有更多茶芽或完全由茶芽制成的茶中咖啡因的浓度特别高，如上好的银针或银尖白茶。同样，绿茶也比许多品种的红茶含有更多的咖啡因。咖啡因作为兴奋剂影响人类中枢神经系统和新陈代谢，具有镇痛和利尿等功效。茶中的咖啡因有时也被称为咖啡碱。

咖啡因最早是在 1819 年由弗里德里希·费迪南·龙格（Friedlieb Ferdinand Runge）从咖啡中分
离出来的，他把这种结晶物质称为“咖啡碱”（Kaffebafe）[②]。一年后，1820 年 9 月 15 日，爱沙尼亚
的多尔帕特大学（University of Dorpat，在德语中多尔帕特是指爱沙尼亚城市塔尔图）的约翰·伊曼
纽尔·费迪南·冯·吉斯（Johann Emanuel Ferdinand von Giese）也将咖啡因从咖啡中分离出来。吉 762
斯将这种物质简单地称为“咖啡物质”（Kaffeeſtoffe）[③]。不久之后，皮埃尔·让·罗比奎（Pierre Jean
Robiquet）和皮埃尔·约瑟夫·佩尔提埃（Pierre Joseph Pelletier）也成功地将咖啡因从咖啡中分离出

① 替代“tsiology”的另一种翻译方法，是由帕克（Park）和李（Lee）创造的一个不太好的词“teaics”，大概是根据诸如“callisthenics ”和“eugenics”之类的词语类推而来。并且他们把这种新词的发音奇怪地规定为 /ti:ks/，而不是按照正常的英语发音规则 /ti:ɪks/。根据这一奇怪的新造词，新闻大学（Sŏwŏn University）食品科学学院设立了一个系，其英文名称就是“Department of Teaics”。关于英语新造词应该是以英语为母语的人来创造还是只要精通英语的人就可以创造，是个值得研究的问题。（Byung-gun Park and Eonsook Lee. 2004. ‘structure and categories of teaics’，*ICOS*，2: 698–701; Byunggun Park and SangYoun Park. 2010. ‘An analysis of preference of coffee of the lovers of Korean green tea according to coffee brewing ways’，*ICOS*，4，PR–P-94）。

② Friedlieb Ferdinand Runge. 1820. Neueſte Phytochemiſche Ent- deckungen zur Begründung einer wiſſenſchaftlichen Phytochemie, Erſte Lieferung. Berlin: G. Reimer (esp. pp. 144–159).

③ Johann Emanuel Ferdinand von Gieſe. 1820. « Vermiſchte che- miſche Bemerkungen vom Profeſſor und Ritter Gieſe », pp. 83–85, vol. 4 in Alexander Nicolaus Scherer (Herausgeber), Allgemeine nordiſche Annalen der Chemie für die Freunde der Naturkunde und Arzneiwiſſenſchaft. St. Petersburg: Im Verlag des Herausgebers (Vierter Band, S. 85).

图 11.1 荷兰化学家格哈杜斯·约翰内斯·莫伊尔德。此肖像是由约翰·诺依曼绘于 1892 年，藏于乌德勒支大学。

来，正是这样在巴黎 caffeine 或 caféine 术语才得以诞生。[①] 因此，费希纳在 1827 年的化学教科书中将咖啡因称为咖啡生物碱（coffee alkaloid）、咖啡物质（coffee Substance）、咖啡因（caffeine）。[②]

1827 年法国化学家欧德利（Oudry）从小种茶（Souchongtea）中提取出了茶素（Theine）。[③] 然而，1838 年，鹿特丹的格哈杜斯·约翰内斯·莫伊尔德（Gerardus Johannes Mulder）和斯图加特的卡尔·乔布斯特（Carl Jobst）分别证实了咖啡因和茶素是一种具有完全相同分子式 $C_8H_{10}N_4O_2$ 的天然物质。[④] 尽管如此，仍然有一种谣言，声称茶素
763 比咖啡因“对饮茶的人更好”。这种观点之所以让人信服，原因很简单，大多数人都能感觉到，喝一杯茶所产生的效果与喝一杯咖啡所产生的效果截然不同。这种感觉差异是非常真实的，但这与来自咖啡中的咖啡因和来自茶中的咖啡因的差异并没有任何关系。我们稍后将讨论茶中的其他化合物，下文我们首先讨论咖啡因。

茶和咖啡当然不是唯一含有咖啡因的经济作物。可可也含有咖啡因，例如，非洲可乐树（Cola acuminata）结的可乐果和玛黛茶（yerba maté）、南美巴拉圭冬青茶树（Ilex paraguariensis）的叶子。咖啡因作为 A1 和 A2A 腺苷受体的竞争性拮抗剂，能影响中枢神经系统。通过对这两种腺苷受体的竞争性阻断，咖啡因还会影响心血管系统并使血压升高。[⑤] 不管喝茶和喝咖啡的人多么喜欢咖啡因的作用，这种物质在生理上不会上瘾。正如约翰·卫斯理在 1784 年发给卫理公会教徒的小册子中所描述的那样，过量饮茶会导致紧张不安，甚至可能引起一种不舒服的焦虑感，不过这种过量的咖啡因导致的影响是因人而异的。[⑥]

---

① 1823 年，阿希尔·理查（Achille Richard）使用了这两种拼法来书写从 Robiquet 和 Pelletier 中提纯的白色结晶生物碱的名字。此外，他把在咖啡中发现的没食子酸解释为 cafique（Achille Richard. 1823. *Botanique médicale ou histoire naturelle et médicale des médicamens，des poisons et des alimens tirés du règne végétal*（two volumes）. Paris: chez Béchet Jeune，vol. 1，p. 436 and vol. 2，p. 802）。

② Gustav Theodor Fecbner. 1827. Repertorium der organiſ; en Chemie. Leipzig: Leopold Voß (pp. 551–553, 659–662).

③ Oudry. 1827. 'Note sur la théine'，*Nouvelle Bibliothèque Médicale*，I: 477–479；publised in German translation that same year as: Oudry. 1827. « Thein，eine organiſ e Salzbaſe im Thee（Thea chinensis）»，Magazin für Phar⸗ macie und die dahin einſ ; lagenden Wiſſenſ ; aften，19: 49–50.

④ Gerardus Johannes Mulder. 1838. 'Ueber Theïn und Caffeïn'，*Journal für Praktische Chemie*，15: 280–284; Carl Jobst. 1838. 'Thein identisch mit Caffein'，*Annalen der Pharmacie*，xxv（1，1）: 63–66.

⑤ John W. Daly and Bertil B. Fredholm. 1998. 'Caffeine，an atypical drug of dependence'，*Drug and Alcohol Dependence*，51: 199–206.

⑥ Barry D. Smith，Amanda Osborne，Mark Mann，Heather Jones and Thom White. 2004. 'Arousal and behaviour: Biopsychological effects of caffeine'，pp. 35–52 in Astrid Nehlig，ed.，*Coffee*，*Tea*，*Chocolate and the Brain.* Boca Raton: CRC Press.

正如杜福尔在1685年的发现：

> 真正有助于提高茶在欧洲的声誉的一则报道是，茶具有消除疲劳、提神醒脑、恢复体力的功效，这使茶受到了买办、大使和其他需要长时间保持清醒的人的追捧。[①]

正常剂量的咖啡因的主要作用是提高警觉性、注意力和灵敏度，即使只喝了一杯茶，这种效果也是可以被测量到的。[②]因此，尽管咖啡因似乎并不能直接对短期记忆或过程记忆中的信息检索机制产生任何特定的生化影响，但饮茶或喝咖啡仍然可以让学习和认知能力提高。然而更确切地讲，咖啡因的作用是微妙而复杂的。[③]

例如，虽然研究表明咖啡因可以提高专注力或集中注意力，[④]但至少有一项研究表明，对于具
有记忆跨度的任务如倒数数字的能力，似乎在无噪声条件下会因摄入咖啡因而提高，在嘈杂条件 764
下会因摄入咖啡因而削弱。[⑤]也许这些不同的结果可以归因于咖啡因能适度增强听觉的敏锐度，但优先增强视觉感受。在不同的噪声条件下咖啡因的矛盾效应可能解释了茶的如下妙用：饮茶既可以在寂静的环境中集中注意力以强化禅修时的平静，又可以在英国下午茶嘈杂的环境中更扰乱心神。

咖啡因可能带来的影响持续吸引着学者的关注。关于被吹捧的咖啡因有保护神经的作用，以及在预防中风或减少癫痫发作方面的可能性研究，迄今尚无定论。[⑥]然而，咖啡因似乎确实有助于延缓阿尔茨海默症的发作，也可能在一定程度上有助于降低帕金森病的影响。[⑦]此外，对于老年人来说，产生性兴奋倾向的基本水平会降低。研究表明通过恢复性兴奋水平，咖啡因可能有助于促进老年人大

---

① Dufour（1685: 228）.

② Martin J. Jarvis. 1993. ‘Does caffeine intake enhance absolute levels of cognitive performance?’, *Psychopharmacology*, 110（1–2）: 45–52; Paul J. Durlach. 1998. ‘The effects of a low dose of caffeine on cognitive performance’, *Psychopharmacology*, 140: 116–119.

③ I. Hindmarch, P.T. Quinlan, K.L. Moore and C. Parkin. 1998. ‘The effects of black tea and other beverages on aspects of cognition and psychomotor performance’, *Psychopharmacology*, 139（3）: 230–238; Harris R. Lieberman. 2001. ‘The effects of ginseng, ephedrine and caffeine on cognitive performance, mood and energy’, *Nutritions Reviews*, 59（4）: 91–102; Jan Snel, Monicque M. Lorist and Zoë Tieges. 2004. ‘Coffee, caffeine and cognitive performance’, pp. 53–71 in Nehlig（op.cit.）.

④ W.J. Thorian, J.L. Kobrick, H.R. Lieberman and B.J. Fine. 1993. ‘Effects of caffeine and diphenhydramine on auditory evoked cortical potentials’, *Perceptual and Motor Skills*, 76（3, 1）: 707–715; J.L. Kenemans and M.N. Verbaten. 1998. ‘Caffeine and visuo-spatial attention’, *Psychopharmacology*, 135（4）: 353–360.

⑤ R.A. Davidson and B.D. Smith. 1989. ‘Arousal and habituation: differential effects of caffeine, sensation seeking and task difficulty’, *Personality and Individual Differences*, 10: 111–119.

⑥ Astrid Nehlig. 2004. ‘Can tea consumption protect against stroke’, pp. 53–71 in Nehlig（op.cit.）; Astrid Nehlig and Bertil B. Fredholm. 2004. ‘Caffeine in ischaemia and seizures: Paradoxical effects of longterm exposure’, pp. 165–174 in Nehlig（op.cit.）.

⑦ G. Webster Ross, Robert D. Abbott, Helen Petrovitch, David M. Morens, Andrew Grandinetti, Ko-Hui Tung, Caroline M. Tanner, Kamal H. Masaki, Patricia L. Blanchette, J. David Curb, Jordan S. Popper and Lon R. White. 2000 ‘Association of coffee and caffeine intake with the risk of Parkinson’s disease’, *Journal of the American Medical Association*, 283（20）: 2674–2679; A.L. Maia and Alexandre Valério de Mendonça. 2002. ‘Does caffeine intake protect from Alzheimer’s disease?’, *European Journal of Neurology*, 9（4）: 377–382; Michael A. Schwarzschild and Alberto Ascherio. 2004. ‘Caffeine and Parkinson’s disease’, pp. 147–163 in Nehlig（op.cit.）.

脑的认知功能。[①] 在任何情况下咖啡因都不会导致生理性上瘾，尽管喜爱咖啡因对于一些人来说可能变成某种心理依赖。然而，任何关于咖啡因上瘾的说法都是虚构的。

咖啡因有一个有意义的作用是似乎可以缓解一些偏头痛患者的症状。虽然咖啡因是一种血管扩张剂，但这种化合物增强了脑血管阻力，从而自然地减少了脑部某些区域的血流量，使得这些区域的新陈代谢加速，如丘脑、运动系统和边缘系统及单胺能细胞群。由于偏头痛发作时的疼痛来源于同侧大脑内侧动脉、颞浅动脉和其他颅外动脉的扩张，咖啡因可以缓解一些偏头痛患者的疼痛。[②]

茶的嫩枝和嫩芽的干重中的纯咖啡因含量高达 3%。然而，大部分的咖啡因会在泡茶的前半分钟从茶叶中溶出进入茶汤。因此，那些反复冲泡茶叶的人，在第一次冲泡之后，不会再从茶叶中泡出大量的咖啡因。在上千年的历史中，茶叶使咖啡因成为世界上最有名的嘌呤生物碱。茶叶中还含有天然的、特殊的 N- 甲基转移酶，这种酶对于从黄嘌呤核苷中合成咖啡因起着关键作用，咖啡因的合成通常是在
765 一些包括 S- 腺苷甲硫氨酸在内的代谢产物的甲基化过程中进行。这一从黄嘌呤中提取咖啡因的中间步骤会产生 7- 甲基黄嘌呤核苷、7- 甲基黄嘌呤和可可碱等标志性物质。茶叶中 S- 腺苷甲硫氨酸合成酶的基因编码，其相关的 cDNA 序列包括 805 个碱基对，已证明与其他一些植物物种中的 S- 腺苷甲硫氨酸合成酶同源。[③]

## 从茶道到茶氨酸

茶能振奋精神和刺激感官，还能抚慰心灵。无论是喝日本绿茶带来的幸福感，还是欣赏精致唯美的日本茶文化，都深深吸引着 16 世纪自陆若汉以来最初那些来自欧洲的访客。冈仓天心的《茶之书》在西方重新唤醒了这种审美意识。《茶之书》在波士顿问世的时候，西方人已基本开始放弃喝那些最初激起其对茶的热爱的上好的茶。冈仓的茶道唤起了人们对这种充满异国情调的饮品的渴望之情，这种饮品当然不是指那些在西方市场上已经供过于求的红茶。

咖啡因可能是世界上使用最广泛的、作用于精神的物质，但是咖啡因并不是茶叶中唯一的精神活性物质，茶叶和咖啡之间的化学成分差异是巨大的。古人可能对细胞生理学没有精确的概念，不过古代的饮茶者非常清楚，喝茶可以提高警觉性，并带来一种幸福感。除了咖啡因或茶素，茶叶还含有一种叫作茶氨酸的谷氨酸类氨基酸。茶氨酸或 L- 茶氨酸，分子式为 $C_7H_{14}N_2O_3$，有机化学家称为 γ- 谷氨酰乙胺。

---

① Martin P.J. van Boxtel and Jeroen A.J. Schmitt. 2004. ‘Age-related changes in the effects of coffee on memory and cognitive performance’, pp. 85–96 in Nehlig ( op.cit. ) .

② Vladimir C. Hachinksi, Jes Oleson, J.W. Norris, B. Larsen, E. Enevoldsen and N.A. Lassen. 1977. ‘Cerebral haemodynamics in migraine’, *Canadian Journal of Neurological Science*, 4 ( 4 ) : 245–249; Astrid Nehlig. 2004. ‘Caffeine and headache: Relationship with the effects of caffeine blood flow’, pp. 53–71 in Nehlig ( op.cit. ) .

③ Misako Kato. 2001. ‘Biochemistry and molecular biology in caffeine biosynthesis: Molecular cloning and gene expression of caffeine synthase’, *ICOS*, 1 ( II ) : 21–24; Yuerong Liang, Junichi Tanaka and Yoshiyuki Takeda. 2001. ‘Molecular cloning and sequencing of a *Camellia sinensis*CDNA encoding S-adenosylmethionine synthetase’, *ICOS*, 1 ( II ) : 58–61.

这种物质之所以被称为茶氨酸，是因为它只存在于茶叶中。1949 年日本的酒户弥二郎首次发现、分离并鉴定了茶氨酸，① 自 1964 年以来，茶氨酸就被允许作为食品和饮料的添加剂。茶氨酸是茶叶中一种特有的氨基酸，在肠道中被吸收，通过血液进入大脑，在那里它通过发挥一系列精神作用和增加 α 波活性来调节大脑功能。② 茶氨酸占茶叶干重的 1%~2%，约占茶叶游离氨基酸总量的 50%。茶氨酸在抹茶和玉露中的含量高于煎茶和番茶。

图 11.2 酒户弥二郎（1906~1976 年）在 1949 年发现、分离并鉴别出茶氨酸。

在太阳下烘干茶叶比在室内用热空气烘干茶叶可获得多一倍的茶氨酸。阳光晒青的过程使茶叶中儿茶素和叶绿素含量分别降低了五分之一和四分之一，但大大提高了茶叶中十八种游离氨基酸的含量，从而改善了茶叶的口感。③ 研究发现，茶氨酸对咖啡因的某些作用具有一定的拮抗作用，
因此，相比咖啡，绿茶可能会给人带来更加协调的感觉。已有研究发现茶氨酸可以改善老鼠的记忆 766
力，促进海马体中的神经形成。④ 在化学结构上，茶氨酸类似于谷氨酸，是一种与记忆功能相关的神经递质。⑤ 茶氨酸可以提高专注力，让思维更加敏捷，同时减少压力和焦虑，从而改善整体认知

① Sakato Yajirō 酒戸弥二郎（さかとやじろう）. 1949. 茶の成分に關する研究（第 3 報）一新 Amide "Theanine" に就て 酒戸彌二郎 [ 'Studies on the chemical constituents of tea, Part Ⅲ: On a new amide theanine'], 日本農芸化学会誌 *Nippon Nōgei Kagaku Kaishi*, 23（6）: 262–267.

② Manuel Gomez-Ramirez, Beth A. Higgins, Jane A. Rycroft, Gail N. Owen, Jeannette Mahoney, Marina Shpaner and John J. Foxe. 2007. 'The deployment of intersensory selective attention: A high-density electrical mapping study of the effects of theanine', *Clinical Neuropharmacology*, 30（1）: 25–38; A.C. Nobre, A. Rao, G.N. Owen. 2008. 'L-theanine, a natural constituent in tea, and its effect on mental state', *Asia Pacific Journal of Clinical Nutrition*, 17（Supp. 1）: 167–168.

③ Hidetoshi Aoki, Hidehiro Tomita and Rumi Sakurada. 2004. 'Effects of solar rays on changes in the quality of green tea in solar drying conditions', *ICOS*, 2: 288–289.

④ Kazuhiro Sakamoto, Atsushi Takeda, Haruna Tamano, Naoto Inui, Sang W. Suh, Seok J. Won, Lekh R. Juneja and Hidehiko Yokogoshi. 2010. 'The effect of theanine on hippocampal neurogenesis and cognitive function in young rats', *ICOS*, 4, HB-P-31.

⑤ Hidehiko Yokogoshi, Makoto Kobayashi, Miyako Mochizuki and Takehiko Terashima and Yukio Kosugi Terashima. 1998. 'Effect of theanine, γ-glutamylethylamide, on brain monoamines and striatal dopamine release in conscious rats', *Neurochemical Research*, 23（5）: 667–673; Kanari Kobayashi, Yukiko Nagato, Nobuyuki Aoi, Lekh Raj Juneja, Mujo Kim, Takehiko Yamamoto and Sukeo Sugimoto. 1998. 'Effects of Ltheanine on the release of α-brain waves in human volunteers', *Nippon Nōgeikagaku Kaishi*, 72（2）: 153–157. Pradeep J. Nathan, Kristy Lu, M. Gray and C. Oliver. 2006. 'The neuropharmacology of L-theanine（N-ethyl-L-glutamine）', *Journal of Herbal Pharmacotherapy*, 6（2）: 21–30; Takashi Yamada, Takehiko Terashima, Keiko Wada, Sakiko Ueda, Mitsuyo Ito, Tsutomu Okubo, Lekh Raj Juneja and Hidehiko Yokogoshi. 2007. 'Theanine, r-glutamylethylamide, increases neurotransmission concentrations and neurotrophin mrna levels in the brain during lactation', *Life Sciences*, 81（16）: 1247–1255; Chisato Wakabayashi, Tadahiro Numakawa, Midori Ninomiya, Shuichi Chiba and Hiroshi Kunugi. 2012. 'Behavioural and molecular evidence for psychotropic effects in l-theanine', *Psychopharmacology*, 219（4）: 1099–1109.

功能。[1]

经常喝茶可以降低高血压。[2] 通过茶氨酸对交感神经的影响，能使女性产生一种放松的感觉，并帮助缓解经前综合征导致的紧张情绪。[3] 茶叶中的茶氨酸具有释放神经递质的作用，[4] 有助于保护大脑。[5] 喝绿茶可以缓解老年人认知功能的衰退，茶氨酸对谷氨酸受体的拮抗作用可以抑制脑中的谷氨酸毒性，从而对老年人的认知功能产生有益影响。[6]

茶氨酸降低了老鼠大脑中去甲肾上腺素和血清素的水平。腹腔注射茶氨酸后，患有原发性高血压的老鼠血压明显降低。[7] 茶氨酸从纹状体释放多巴胺，
767 增加色氨酸水平，同时降低去甲肾上腺素水平，减缓咖啡因引起的 5- 羟色胺和 5- 羟基吲哚乙酸水平的上升。然而，茶氨酸并不影响神经元释放谷氨酸和天冬氨酸，也不影响谷氨酸转运体。[8] 一项研究表明，通过在老鼠身上模拟人为产生的社交压力，发现茶氨酸有助于减轻大脑衰老产生的认知压力。[9]

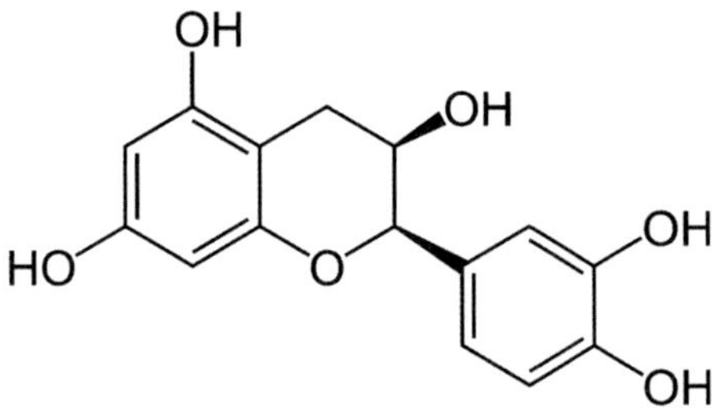

图 11.3　表儿茶素（EC）。

---

① Lekh Raj Juneja，Djong-Chi Chu，Tsutomu Okubo，Yukiko Nagato and Hidehiko Yokogoshi. 1999. ‘L-theanine，a unique amino acid of green tea and its relaxation effect in humans’，*Trends in Food Science & Technology*，10（6–7）: 199–204; Timo Giesbrecht，Jane A. Rycroft，Matthew J. Rowson and Eveline A. de Bruin. 2010. ‘The combination of L-theanine and caffeine improves cognitive performance and increases subjective alertness’，*Nutritional Neuroscience*，13（6）: 283–290; Pradeep J. Nathan，Kristy Lu，M. Gray and C. Oliver. 2006. ‘The neuropharmacology of L-theanine（N-ethyl-L-glutamine）: A possible neuroprotective and cognitive enhancing agent’，*Journal of Herbal Pharmacotherapy*，6（2）: 21–30.

② Yi-ChingYang，Feng-Hwa Lu，Jin-ShangWu，Chih-Hsing Wu， and Chih-Jen Chang. 2004. ‘The protective effect of habitual tea consumption on hypertension’，*Journal of the American Medical Association*，164（14）: 1534–1540.

③ Yuko Nishimura，Takashi Yamada，Takehiko Terashima，Lekh Raj Juneja，Hidehiko Yokogoshi. 2004. ‘The effect of theanine on the sympathetic nervous system in rats’，*ICOS*，2: 625–626.

④ Takashi Yamada，Yukiko Shoji，Susumu Kawano，Takehiko Terashima，Tsutomu Okubo，Lekh Raj Juneja and Hidehiko Yokogoshi. 2004. ‘Effects of theanine on neurotransmission and its mechanism’，*ICOS*，2: 625–626.

⑤ Takehiko Terashima，Akiko Kitagawa，Chikako Atsumi and Hidehiko Yokogoshi. 2004. ‘Effect of theanine intake on survival and brain injury in stroke-prone spontaneously hypertensive rats’，*ICOS*，2:623-624.

⑥ Takami Kakuda，Yosky Kataoka，Kazuhiro Utsunomiya，Noriaki Kinbara，Kiyoshi Kataoka and Yukio Yoneda. 2010. ‘Preventive effects of green tea containing theanine at a high concentration on cognitive dysfunction in aged volunteers’，*ICOS*，4，HB-P-17.

⑦ R. Kimura and T. Murata. 1971. ‘The influence of alkylamides of glutamic acid and related compounds on the central nervous system. I. Central depressant effect of theanine’，*Chemical and Pharmaceutical Bulletin*，19: 1257–1261.

⑧ Takashi Yamada，Takehiko Terashima，Tsutomu Okubo，Lekh Raj Juneja and Hidehiko Yokogoshi. 2005. ‘Effects of theanine，r-glutamylethylamide，on neurotransmitter release and its relationship with glutamic acid neurotransmission’，*Nutritional Neuroscience*，8（4）: 219–226; Hidehiko Yokogoshi. 2007. ‘The effect of some components in green tea on brain neurotransmitters or functions in rats’，*ICOS*，3，HB-S-07; Hong-Suk Cho，Seung Kim，Sook-Young Lee，Jeong Ae Park，Sung-Jun Kim and Hong Sung Chun. 2008. ‘Protective effect of the green tea component，L-theanine on environmental toxins-induced neuronal cell death’，*NeuroToxicology*，29（4）: 656–662; Takashi Yamada，Takehiko Terashima，S. Kawano，R. Furuno，T. Okubo，Lekh Raj Juneja and Hidehiko Yokogoshi. 2009. ‘Theanine，γ-glutamylethylamide，a unique amino acid in tea leaves，modulates neurotransmitter concentrations in the brain striatum interstitium in conscious rats’，*Amino Acids*，36: 21.

⑨ Nina Takamori，Keiko Unno，Daisuke Choba，Kayoko Shimoi，Kazuaki Iguchi and Minoru Hoshino. 2007. ‘The effect of theanine on accelerated brain senescence caused by social stress’，*ICOS*，3，HB-P-205.

茶氨酸甚至已被证明可以缓解与精神分裂症相关的一些症状，而且该化合物还可以在中风后通过防止神经细胞死亡，从而对大脑起到保护作用。① 茶氨酸所发挥的上述矛盾式作用的生化途径是复杂的。茶叶中的茶氨酸可以促进酒精的代谢，从而减少酒精的毒性。② 此外，茶氨酸可能与饮茶者血液中抗菌蛋白水平的增加有关，这种蛋白可能在增强免疫系统中伽马德尔塔 T 细胞（gamma delta Tcells）的活性方面发挥作用。③ 茶氨酸也给绿茶带来了许多特有的鲜味。④

太阳化学公司（Taiyō Kagaku company）建立了一种工业化大规模生产 L- 茶氨酸的有效方法，这种 L- 茶氨酸商品名为 Suntheanine®，是一种无气味的水溶性晶状白色粉末，有轻微的甜味，能起到让人放松的 768
效果，口服 200 毫克后一小时内可观察到消除疲劳从而达到缓解焦虑的功效。在摄入该化合物大约 30 分钟后，大脑表面从背面到顶部可观察到 α 波的产生。交感神经系统受到抑制，从而促进心理放松，从生理上缓解经前综合征、降低血压和提升睡眠质量。⑤

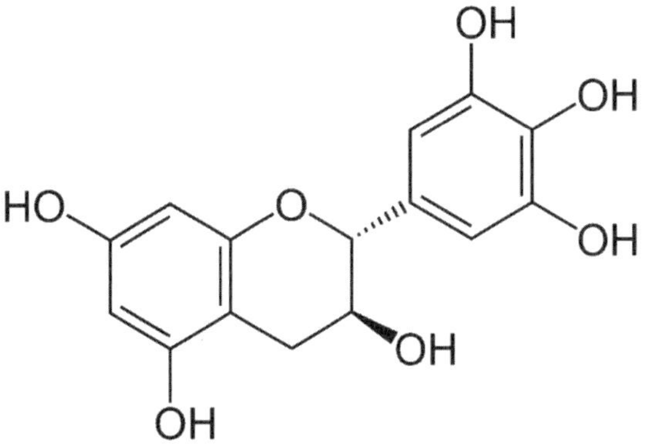

图 11.4　没食子儿茶素（GC）。

## 维生素 P

茶不仅含有咖啡因和茶氨酸，而且含有一系列有益身体健康的物质，例如，茶叶中含有可可碱 $C_7H_8N_4O_2$，这种苦味生物碱广为人知地存在于可可中。事实上，在茶树自身植物化学物质咖啡因的生成中，可可碱是咖啡因生成过程中的最后一个生化前体。可可碱被宣传为一种血管舒张剂、利尿剂和心脏兴奋剂。茶叶中还含有茶碱，它与可可碱具有相同的分子式，只是分子结构不同。茶碱是一种功效强大的天然抗哮喘药物，能放松支气管平滑肌，抑制炎症，从而促进呼吸。

茶叶中还含有矿物质铁、钾、钠、镁、钙、锶、铜、镍、锌以及微量元素磷和钼。茶叶中含有氟化物、胡萝卜素和皂素。茶甚至含有维生素 C、维生素 E 和维生素 K，以及维生素 B1、B2、B5、B7、B10 和 B12。当然，维生素 C 在沸水中并不完整，当水加热到用于制备煎茶的温度时，茶汤中的维生

① Takami Kakuda. 2011. 'Neuroprotective effects of theanine and its preventive effects on cognitive dysfunction', *Pharmacological Research*, 64（2）: 162–168.

② Chieko Inoue, Yasuyuki Sadzuka, Tomomi Sugiyama, Keizo Umegaki, Takashi Sonobe. 2004. 'Promotable effect of theanine on ethanol metabolism', *ICOS*, 2: 588–589.

③ Arati B. Kamath, Lisheng Wang, Hiranmoy Das, Lin Li, Vernon N. Reinhold and Jack F. Bukowski. 2003. 'Antigens in tea-beverage prime human Vγ2Vδ2T cells *in vitro* and *in vivo* for memory and non-memory antibacterial cytokine responses', *Proceedings of the National Academy of Sciences*, 100（10）: 6009–6014.

④ Masataka Narukawa, Kanaka Morita and Yukako Hayashi. 2007. 'Taste characterisation of theanine', *ICOS*, 3, HB-P-808.

⑤ Tsutomu Okubo, Makoto Ozeki, Nobuyuki Aoi, Akira Kataoka and Lekh Raj Juneja. 2004. 'Research and development of L-theanine', *ICOS*, 2: 763–765.

素 C 含量减少到 35%，但并没有完全消除。当用煎茶做大米粥时，大米淀粉会通过阻止维生素 C 的变性而发挥进一步的稳定作用。[①] 多种维生素的存在，可能会让一些人惊讶于茶竟是一种营养补充剂。茶还特别富含一种特殊的维生素，即维生素 P。

事实上，从 20 世纪 30 年代到 50 年代被称为“维生素 P”的天然化合物严格来说根本不是维生素，而是生物类黄酮。1772 年，英国医生约翰·科克利·莱特森具有先见之明地指出：

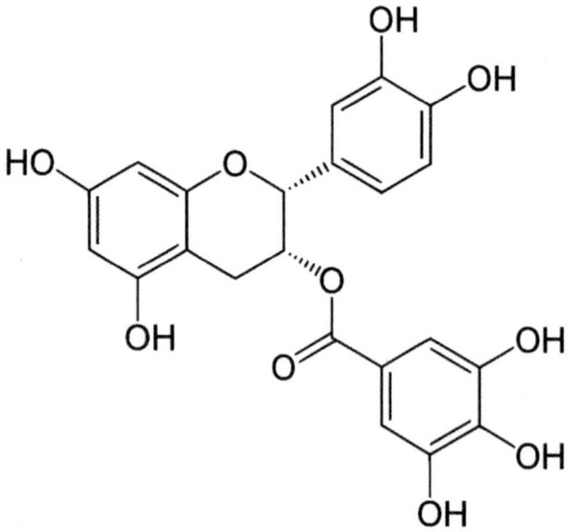

图 11.5 表儿茶素没食子酸酯（ECG）。

769 茶作为我们饮食的一部分，长期被日常饮用，致使我们忘记询问它是否具有任何药用性。[②]

这些植物代谢产物被统称为生物类黄酮，是一种多酚类物质，可以作为抗氧化剂，可以延缓癌症的发展并抑制癌细胞的转移。对于许多不同的多酚类化合物正在研究中，但大多数仍有待于深入研究，而且它们如何与人体进行生理上的相互作用并发挥其所谓的抗突变作用的精确生化机制尚未完全弄清楚。另外，一些研究甚至质疑抗氧化剂的益处，怀疑自由基是否真的会导致衰老。[③] 这表明我们对自由基在人体新陈代谢中的作用的理解可能存在某种误区。

茶叶中含有多种生物类黄酮，如黄酮、黄酮醇、二氢黄酮、异黄酮、没食子酸和没食子酸丙酯，它们都具有抗氧化活性。三种绿茶黄酮醇，槲皮素、山奈酚和芸香苷都是强大的自由基清除

---

① Fukiko Sakamura and Yoshie Kusaka. 2004. ‘Stability of L-ascorbic acid in tea gruel and factors affecting its stability’, *ICOS*, 2: 493–497.

② Lettsom（1772: 42）.

③ Michelle Keaney and David Gems. 2003. ‘No increase in lifespan in *Caenorhabditis elegans* upon treatment with the superoxide dismutase mimetic EUK-8’, *Free Radical Biology and Medicine*, 34（2）: 277–282; Michael Ristow, Kim Zarse, Andreas Oberbach, Nora Klöting, Marc Birringer, Michael Kiehntopf, Michael Stumvoll, C. Ronald Kahn and Matthias Blüher. 2009. ‘Antioxidants prevent health-promoting effects of physical exercise in humans’, *Proceedings of the National Academy of Sciences*, 106（21）: 8665–8670; Goran Bjelakovic, Dimitrinka Nikolova and Christian Gluud. 2013. ‘Antioxidant supplements to prevent mortality’, *Journal of the American Medical Association*, 310（11）: 1178–1179.

剂，每个都有各自的保护心脏、抗癌、抗骨质疏松、抗炎和镇痛的生物活性。然而，茶叶中最著名的生物类黄酮是儿茶素。儿茶素，尤其是绿茶中的，有多种有益人体的功用。儿茶素可以占到新鲜茶叶重量的 30%。绿茶之所以能保留这些天然的茶多酚，是因为茶叶在收获后立即蒸干或烘干，没有经过发酵。770
相比之下，像红茶这样的氧化茶对健康的好处要少于新鲜绿茶。[①]

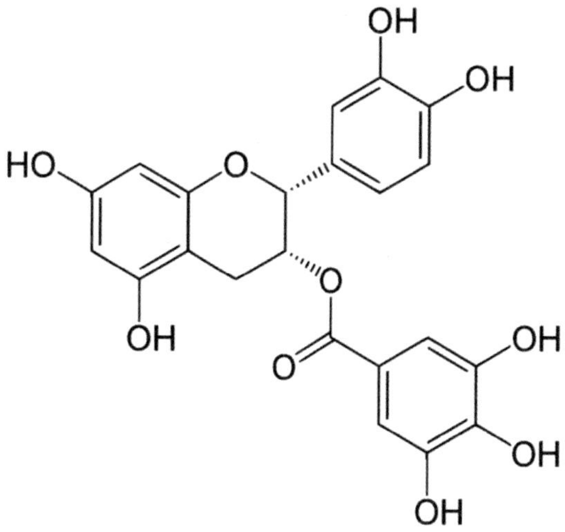

绿茶中的五种主要儿茶素包括表儿茶素（EC）、没食子儿茶素（GC）、表儿茶素没食子酸酯（ECG）、表没食子儿茶素（EGC）和表没食子儿茶素没食子酸酯（EGCG）。[②] 所有这些多酚都处在进一步的研究中，表没食子儿茶素没食子酸酯 $C_{22}H_{18}O_{11}$ 目前被认为是最健康有效的。许多研究表明，表没食子儿茶素没食子酸酯具有许多有益人体的功用，以至于今天仍有一些嗜茶者声称这种物质对于正常的细胞新陈代谢来说和维生素一样重要，因此，20 世纪 30 年代到 50 年代流行的维生素 P 这个名字也许并非完全毫不相干。当然，今天的情况要复杂得多，因为茶不只是含有单一的“维生素 P”，而是含有多种有益健康的物质。

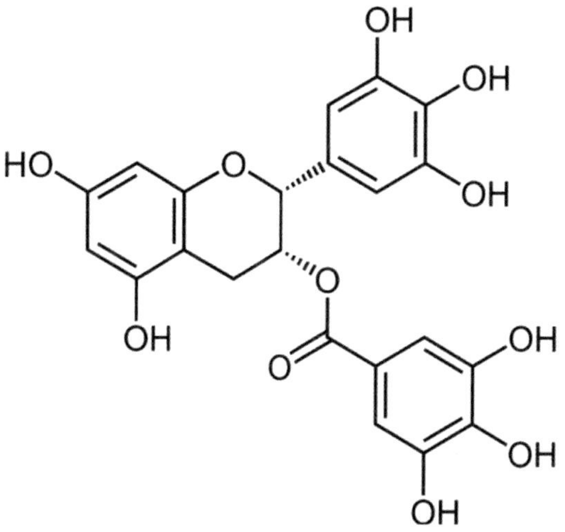

图 11.6　表没食子儿茶素（EGC）。

图 11.7　表没食子儿茶素没食子酸酯（EGCG）。

## 儿茶素和鞣酸

许多人仍然说茶含有“鞣酸”。严格地说，这是不正确的，因为茶不能有效地用来鞣制皮革。我们过去对儿茶素和单宁等化合物分子结构还不像现在这样了解，而且这些术语交替使用的惯例掩盖了生物化学的复杂性和多样性。儿茶素或黄烷 -3- 醇是茶叶和其他植物中具有抗氧化性的天然酚类物质。这些化合物构成了被称为原花青素的多酚的组成部分。一般来说，单宁酸的分子更大，结

① 欧洲实验室在一些普洱茶中发现了高度致癌的黄曲霉毒素。传说中这种完全氧化的茶的药用特性可能是中国的医学神话之一，就像眼镜蛇的胆囊或熊的胆汁一样。同时，由于各种因素的影响，每批普洱茶的化学成分差异很大，其中最主要的因素就是每批普洱茶中的微生物种群的巨大差异。因此，对普洱茶生化特性的进一步研究具有重要意义。目前的科学研究还只是刚触及以多样性著称的茶叶种类的表面，其中有许多变量在起作用，每一个变量的影响都尚未被充分认知。

② 有时用更准确的写法（-）- 表没食子儿茶素 -3-O- 没食子酸酯。可能是为了必要的变通，这种描述更加精确的化学表达式，有时同样也适用于其他儿茶素。

构更复杂。这些单宁是由相同的分子模块组成的多酚化合物，但通常具有更高的分子量。单宁酸可以用于鞣制皮革。

在欧洲，橡树皮、栗子或者坚果是用来鞣制皮革的天然材料。当欧洲人到达亚洲时，他们开始熟
771 悉儿茶，德意志医生埃尔亨弗里德·哈根登（Erhenfried Hagendorn）还针对这种东西在 1679 年出版了一本专著。他指出，儿茶通常被称为“日本土”，它实际上不是别的，而是植物王国的产物。哈根登同样断言，这种东西可能根本不是来自日本，而是从东南亚运到日本的一种货物。① “儿茶”一词是指用于制革的植物单宁，特指 cutch orcachew（来源于马来语 katjoe，现拼写为 kacu），提取自孟加拉相思树（儿茶树，Acaciacatechu）的心材或印度尼西亚儿茶钩藤（Uncariagambir）的叶子，以前称为 Nauclea gambir。儿茶在亚洲的使用方式与西方传统上用橡木制成鞣料鞣制皮革相同。

单宁最早是由阿尔芒·让·弗朗索瓦·塞甘（Armand Jean François Séguin）在 18 世纪 90 年代用化学方法分离出来的，而这个术语是在 1797 年由法国化学家勒列夫尔（Lelièvre）和佩尔蒂埃（Pelletier）在报告中首次提出，用来描述由塞甘分离出来的活性物质只是传统的名词“单宁”（tan），而不是化学术语单宁（tannin）。② 然而，单宁这个词在这个时候就已经存在了，因为其最早是出现在 1797 年和 1798 年由不同的撰稿人分几部分撰写的《化学年鉴》（*Annales de Chimie*）中。在这些报告中，还有 1798 年另一位法国化学家普鲁斯特（Proust）关于单宁的分离报告，其中使用了单宁（tannin）和单宁质（principetannant）这两个术语。③

772 1769 年，当法国化学家塞甘（Séguin）还只有两岁的时候，莱特森已经在莱顿学位论文中指出，当加入一点“ʃal martis”，即铁盐或硫酸亚铁时，茶叶会变成暗红色。④1798 年，波茨坦的宫廷药剂师约翰内斯·弗兰克（Johannes Frank）重复了这一观察结果，由此断定，茶中一定含有大量“苦涩的化合物”，而大多数喝茶的人大概早已做出这样的判断。⑤ 1811 年，克里斯托弗·海因里希·普法夫（Christoph Heinrich Pfaff）解释了法语单词“tannin”在德语中的意思是“单宁质”“单宁化合物”。⑥

1821 年，弗里德里希·费迪南·龙格（Friedlieb Ferdinand Runge）从儿茶树（Acacia catechu）

① Erhenfried Hagendorn. 1679. *Ehrenfridi Hagendornii, Medicinæ D. & Pract. Görl. Tractatus Phyſico-Medicus de Catechu, ſive Terra Japonica in vulgus ſic dicta, ad normam Academiæ Naturæ-Curioſorum.* Jenæ: Impenſis Johannis Bielki, Bibl. Typis Samuelis Krebsii.

② Claude Hugues Lelièvre und Bertrand Pelletier. 1797. ‘Rapport au Comité de Salut public, sur les nouveaux moyens de tanner les cuirs, proposés par le cit. Armand Seguin’, *Annales de Chimie, ou Recueil de Mémoires concernant la chimie et les arts qui en dépendent*, XX, 15–77.

③ Le citoyen Descostils. 1798. ‘Extrait d’un mémoire de M. Proust, sur le principe tannant’, *Annales de Chimie, ou Recueil de Mémoires concernant la chimie et les arts qui en dépendent*, XXV, 225–232.

④ Lettsom（1769: 9）.

⑤ Johannes Frank. 1798. « Ueber die Thea bohea und viridis », 5. Aufsa, *Berlinifches Jahrbuch für die Pharmacie und für die damit verbundenen Wiſſenſchaften auf das Jahr 1798.* Berlin: bey Ferdinand Oehmigke dem älteren.

⑥ Christoph Heinrich Pfaff in 1811. *System der Materia Medica nach chemischen Principen.* Leipzig: Friedrich Christian Wilhelm Vogel（p. 144）.

中分离出一种白色晶体化合物，可能是表儿茶素（EC），他称为“儿茶鞣盐”。[①]1831 年，龙格的博士论文导师约翰·沃尔夫冈·德贝莱纳（Johann Wolfgang Döbereiner），对这种最初由龙格分离出来的结晶的“鞣盐”进行了研究。1832 年，狄奥多尔·弗里德里希·路德维希·尼斯·冯·埃森贝克（Theodor Friedrich Ludwig Nees von Esenbeck）分离出了儿茶素，并将其确定为儿茶的本质。他把这种物质称为“catechin”。埃森贝克还提出用“nauclein”作为这种物质替代名称，因为这种化合物同样广泛地存在于在当时仍被称为钩藤（Naucleagambir）的藤蔓植物的叶子中：[②]

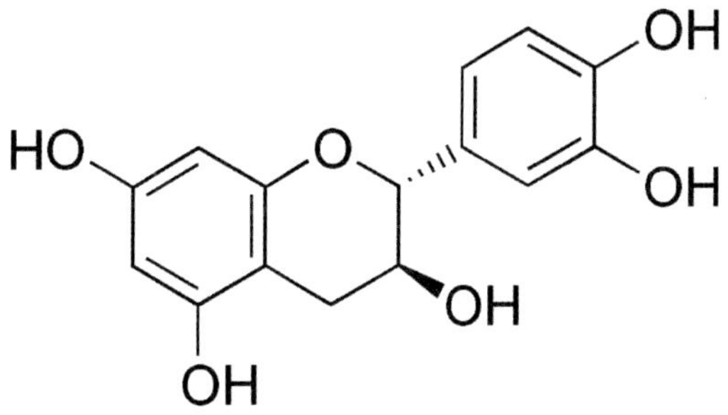

图 11.8　儿茶素

> 至于这种新化合物的名称，我们发现“单宁盐”这个名称并不合适，因为这种物质与稳定剂相互作用非常弱，因此我们希望将其命名为儿茶素（catechin 或 nauclein），因为这种化合物在钩藤的叶子中含量非常高。[③]

1835 年，荷兰化学家格哈杜斯·约翰内斯·莫伊尔德分别在中国和爪哇，对产自两地的工夫 773
红茶或闽南工夫茶与熙春绿茶进行了化学分析，根据对比结果确定绿茶比红茶含有更高浓度的“单宁”。[④]1847 年，维也纳的弗里德里希·罗克莱德（Friedrich Rochleder）证明了在茶叶中发现的“茶酸”（Boheas*ä*ure）和橡木中的“单宁酸”（Gerbsäure）的相似性。[⑤]1867 年，海因里希·赫拉西韦茨（Heinrich Hlasiwetz ）发现茶叶中含有没食子酸、草酸和一种叫作槲皮素的化合物。这种物质是在北美东部的黑橡树绒毛栎（Quercusvelutina）中被分离出来的，曾名 Quercustinctoria，这种物质就是由此得名的。[⑥]

从 1912 年开始，卡尔·约翰·弗劳登贝格（Karl Johann Freudenberg）和他的同事们一起，对儿茶

① Friedlieb Ferdinand Runge. 1821. Neueste Phytochemische Entdeckungen zur Begründung einer wissenschaftlichen Phyto-chemie, Zweyte Lieferung. Berlin: G. Re imer (p. 245, and facing p. 253).

② Theodor Friedrich Ludwig Nees von Esenbeck. 1832. ‘Ueber Katechu und die darin enthaltene eigenthümliche krystallinische Substanz’, *Buchner’s Repertorium für Pharmacie*, xliii: 337–353.

③ Nees von Esenbeck（1832: 350）.

④ Gerardus Johannes Mulder. 1835. ‘Scheikundig onderzoek van Chinesche en Java-thee’, *Natuur-en Scheikundig Archief.* Rotterdam: P.H. van den Heuvel（jaargang 1835, blz. 290–386）; Gerardus Johannes Mulder. 1838. ‘Chemische Untersuchung des chinesischen und javanischen Thees’, *Annalen der Physik und Chemie*, CXIX（1）: 161–180, and CXIX（4）: 632–651.

⑤ Friedrich Rochleder. 1847. ‘Ueber die Boheasäure und Gerbsäure der Blätter von *Thea bohea*’, *Justus Liebigs Annalen der Chemie und Pharmacie*, 63（2）: 202–212.

⑥ In 1867, Heinrich Hermann Christian Hlasiwetz und G. Malin. 1867. ‘Ueber die Bestandtheile des Thees’, *Journal fur practische Chemie*, 101（1）: 109–113; also *Chemisches Centralblatt*, Neue Folge 12（23）.

素和单宁的化学结构进行了大量的研究。[①] 早在 20 世纪 20 年代初，弗劳登贝格就发现儿茶树中的儿茶
774 素主要是异构体（-）- 表儿茶素，而儿茶钩藤中的儿茶素主要是异构体（+）- 儿茶素。[②] 儿茶素最初是在 1929 年由东京的辻村道世（Tsujimura Michiyo）从绿茶中分离出来的。[③]1930 年他从绿茶中分离出表儿茶素没食子酸酯（ECG），[④]1934 年又从绿茶中分离出表没食子儿茶素（EGC）。[⑤] 直到 1948 年，伦敦印度茶叶协会的研究员艾伦·埃德温·布拉德菲尔德（Alan Edwin Bradfield）才将表没食子儿茶素没食子酸酯（EGCG）从绿茶中分离出来。[⑥]20 世纪 60 年代和 70 年代，人们逐渐了解了红茶中茶黄素和

① Emil Fischer und Karl Freudenberg. 1912. 'Über das Tannin und die Synthese ähnlicher Stoffe', *Berichte der deutschen chemischen Gesellschaft*, 45（1）: 915–935; Emil Fischer und Karl Freudenberg. 1912. 'Über das Tannin und die Synthese ähnlicher Stoffe, Ⅱ', *Berichte der deutschen chemischen Gesellschaft*, 45（2）: 2709–2726; Emil Fischer und Karl Freudenberg. 1913. 'Über das Tannin und die Synthese ähnlicher Stoffe, Ⅲ. Hochmolekulare Verbindungen', *Berichte der deutschen chemischen Gesellschaft*, 46（1）: 1116–1138, Emil Fischer und Karl Freudenberg. 1914. 'Über das Tannin und die Synthese ähnlicher Stoffe, Ⅳ', *Berichte der deutschen chemischen Gesellschaft*, 47（3）: 2485–2504; Karl Freudenberg. 1920. 'Chlorogensäure, der gerbstoffartige Bestandteil der Kaffeebohnen', *Zeitschrift für angewandte Chemie*, 34（45）: 247–248, Karl Freudenberg. 1920. 'Phloroglucin-Gerbstoffe und Catechine. Konstitution des Gambir-Catechins', *Berichte der deutschen chemischen Gesellschaft*, 53（8）: 1416–1427; Karl Freudenberg und Hans Walpuski. 1921. 'Der Gerbstoff der Edelkastanie', *Berichte der deutschen chemischen Gesellschaft*, 53（2）: 232–239; Karl Freudenberg, Otto Böhme and Alfred Beckendorf. 1921. 'Raumisomere Catechine', *Berichte der deutschen chemischen Gesellschaft*, 54（6）: 1204–1213; Karl Freudenberg and Erich Vollbrecht. 1922. 'Der Gerbstoff der einheimischen Eichen', *Berichte der deutschen chemischen Gesellschaft*, 55（8）: 2420–2423; Karl Freudenberg and Wilhelm Scilasi. 1922. 'Zur Kenntnis des chinesischen Tannins', *Berichte der deutschen chemischen Gesellschaft*, 55（8）: 2813–2816; Karl Freudenberg, Otto Böhme and Ludwig Purrmann. 1922. 'Raumisomere Catechine, Ⅱ', *Berichte der deutschen chemischen Gesellschaft*, 55(6）: 1734–1747; Karl Freudenberg and Ludwig Purrmann. 1923. 'Raumisomere Catechine, Ⅲ', *Berichte der deutschen chemischen Gesellschaft*, 56（5）: 1185–1194; Karl Freudenberg und Ludwig Purrmann. 1924. 'Raumisomere Catechine Ⅳ', *Justus Liebigs Annalen der Chemie und Pharmacie*, 437: 274–285; Karl Freudenberg and Hans Fikentscher. 1924. 'Über das 3,4-Dimethoxyphenylpyrazolin aus Catechin', *Justus Liebigs Annalen der Chemie und Pharmacie*, 440: 36–38; Karl Freudenberg and Franz Blümmel. 1924. 'Hamameli-tannin', *Justus Liebigs Annalen der Chemie und Pharmacie*, 440: 45–59; Karl Freudenberg, Hans Fikentscher and Wilhelm Wenner. 1925. 'Die Konstitution des Catechins', *Justus Liebigs Annalen der Chemie und Pharmacie*, 442: 309–322; Karl Freudenberg and Max Harder. 1927. 'Synthesen von Abkömmlingen des Catechins', *Justus Liebigs Annalen der Chemie und Pharmacie*, 451: 231–222; Karl Freudenberg, Hans Fikentscher and Max Harder. 1925. 'Abbau- und Aufbauversuche am Catechin', *Justus Liebigs Annalen der Chemie und Pharmacie*, 441: 157–180; Karl Freudenberg, Gino Carrara and Ernst Cohn. 1926. 'Eine Umlagerungsreaktion des Catechins', *Justus Liebigs Annalen der Chemie und Pharmacie*, 446: 87–95; Karl Freudenberg und Alfred Kammüller. 1927. 'Übergange aus der Gruppe der Flavone in die des Catechins', *Justus Liebigs Annalen der Chemie und Pharmacie*, 451: 209-213.

② Karl Freudenberg. 1920. *Die Chemie der natürlichen Gerbstoffe.* Berlin: Julius Springer; Karl Freudenberg. 1921. 'Zur Kenntnis des Catechins', *Zeitschrift für angewandte Chemie*, 34: 247–248; Karl Freudenberg. 1933. *Tannin, Cellulose, Lignin.* Berlin: Julius Springer.

③ Michiyo Tsujimura. 1929. 'On tea catechin isolated from green tea'（Paper № 190）, *Scientific Papers of the Institute of Physical and Chemical Research*, 10: 253–262; also published as: Michiyo Tsujimura. 1930. 'On tea catechin isolated from green tea', *Bulletin of the Agricultural Chemical Society of Japan*, 6（6–9）: 62–69.

④ Michiyo Tsujimura. 1931. 'On the constitution of tea tannin'（Paper № 293）, *Scientific Papers of the Institute of Physical and Chemical Research*, 15: 155–160; also published as: Michiyo Tsujimura. 1931. 'On the constitution of tea tannin', *Bulletin of the Agricultural Chemical Society of Japan*, 7（1–3）: 23–28.

⑤ Michiyo Tsujimura. 1934. 'Isolation of a new catechin, tea catechin Ⅱ or gallo-catchin from green tea'（Paper № 506–508）, *Scientific Papers of the Institute of Physical and Chemical Research*, 24; also published as: Michiyo Tsujimura. 1934. 'Isolation of a new catechin, tea catechin Ⅱ or gallo-catchin from green tea', *Bulletin of the Agricultural Chemical Society of Japan*, 10（7–9）: 140–147.

⑥ Alan Edwin Bradfield and M. Penney and W.B. Wright. 1947. 'The catechins of green tea. Part Ⅰ', *Journal of the Chemical Society*, 1947: 32–36; Alan Edwin Bradfield and M. Penney. 1948. 'The catechins of green tea. Part Ⅱ', *Journal of the Chemical Society*, 1948: 2249–2254; cf. Nakagawa Muneyuki. 2015. *The History of Tea Components.* Pretoria: University Editors（pp. 67–74）.

茶红素的生化结构，以及这些物质从绿茶儿茶素中生成的途径。

相较于嫩叶中的儿茶素含量，在生长了二三个月的成熟茶叶中其含量减少到一半，在生长了十到十二个月的茶叶中其含量减少到三分之一。同样，相较于嫩叶中所含的咖啡因总量，在生长了两到三个月的成熟茶叶中其含量减少到一半，在生长了十到十二个月的茶叶中其含量减少到七分之一。[①] 儿茶素存在于茶叶的叶肉细胞的中央液泡中。在这些液泡中，儿茶素在液泡腔内并不是均匀分布的，而是以聚集体的形式存在，这些聚集体在人工诱导衰老过程中会变小。[②]

绿茶中的儿茶素大约三分之一是通过小肠的回肠部分吸收的，三分之二是通过结肠吸收的。[③] 儿茶素和表儿茶素具有高度的生物可利用性，除异黄酮外，它的吸收量和排泄量超过了其他类黄酮。[④] 一项研究表明，表没食子儿茶素没食子酸酯可能的代谢途径是，在消化道中降解为 EGC-M3，即 4- 羟基 -5-（3′，5′- 二羟基苯基）戊酸。这种物质的一部分被人体直接吸收，在体内结合为硫酸盐缀合物，然后转化为 EGC-M4 硫酸盐，即 5-（3′-，5′- 二羟基苯基）- γ - 南酸戊内酯。另一部分经过内酯化和葡萄糖 775
醛酸化形成 EGC-M4 葡萄糖醛酸，即 5-（3′-，5′- 二羟基苯基）- γ - 缬草内酯葡萄糖醛酸。这两种代谢物最终都会随尿液排出。[⑤]

在对中国六大类茶进行比较时，绿茶的单位体积内自由基清除化合物含量最高，相同数量的白茶约含 28%，乌龙茶约含 25%，黄茶含 17%，红茶含 11%，黑茶或后发酵茶只含有 4%。维生素 C 只在绿茶中含有相当数量。[⑥] 日本绿茶还含有大量的生物可利用维生素 B12。绿茶饮用量的增加与血清总胆固醇和甘油三酯浓度的降低以及血浆中动脉粥样硬化指数的降低有关。[⑦] 茶中的儿茶素还被证明是胆固醇生物合成的有效抑制剂之一。[⑧]

---

① Ryoyasu Saijo，Miyuki Kato and Yoshiyuki Takeda. 2004. 'Changes in the contents of catechins and caffeine during tea leaf development'，*ICOS*，2: 251–254.

② Yuji Moriyasu，Kanako Yano，Yuko Inoue and Takao Suzuki. 2004. 'The presence of catechin aggregates in tea leaves and their metabolism during dark-induced premature senescence'，*ICOS*，2: 276–278.

③ Amanda Stewart，Daniele del Rio，William Mullen and Alan Crozier. 2004 'Phenolics in green tea: Human ileostomy study of absorption and excretion'，*ICOS*，2: 381–384.

④ Alan Crozier，Indu B. Jaganath and Michael N. Clifford. 2009. 'Dietary phenolics: chemistry，bioavailability and effects on health'，*Natural Product Reports*，26（8）: 1001–1043; Angelique Stalmach，Stéphanie Troufflard，Alan Crozier and Maurio Serafini. 2009. 'Absorption，metabolism and excretion of Choladi green tea flavan-3-ols by humans'，*Molecular Nutrition and Food Research*，53（Supplement 1）: 44–53; Daniele del Rio，Luca Calani，Chiara Cordero，Sara Salvatore，Nicoletta Pellegrini and Furio Brighenti. 2010. 'Bioavailability and catabolism of green tea flavan-3-ols in humans'，*Nutrition*，26（11/12）: 1110–1116; Suri Roowi，Angelique Stalmach，William Mullen，Michael E.J. Lean，Christine A. Edwards and Alan Crozier. 2010. 'Green tea flavan-3-ols: colonic degradation and urinary excretion of catabolites by humans'，*Journal of Agricultural and Food Chemistry*，58（2）: 1296–1304.

⑤ Akiko Tagaki,Daisuke Arai，Sayaka Ishikawa and Fumio Nanjo. 2007. 'Metabolism of tea catechins by rat intestinal flora'，*ICOS*，3，HB-P-501.

⑥ Naomi Oi，Hiroyuki Sakakibara，Shinji Fujiwara，Chinatsu Ito，Chun Li，Swadesh K. Das，Baiyila Wu and Kazuki Kanazawa. 2004. 'Comparison of tea components among the six great great Chinese teas'，*ICOS*，2: 615–616.

⑦ Mitsuaki Sano，Yutaka Takhashi，Kyoji Yoshino，Kayoko Shimoi，Yoshiyuki Nakamura，Isao Tomita，Itaro Oguni and Haruo Konomoto. 1995. 'Effect of tea（Camellia sinensis L.）on lipid peroxidation in rat liver and kidney: A comparison of green and black tea feeding'，*Biological & Pharmaceutical Bulletin*，18（7）: 1006–1008.

⑧ Ikuro Abe，Takahiro Seki，Yasuhiko Kashiwagi and Hiroshi Noguchi. 2001. 'Tea catechins as potent and selective inhibitors of cholesterol biosynthesis'，*ICOS*，1（iii）: 136–139.

绿茶中的儿茶素氧化后形成更复杂的茶红素。绿茶的儿茶素和红茶中的茶红素都会分解成马尿酸后随尿液排出。大部分绿茶和红茶中的类黄酮化合物不会被吸收，但可能被大肠中的细菌菌群代谢掉。① 绿茶和红茶中含有大约三十种不同的具有抗氧化性能的酚类化合物，从简单的酚类物质到复杂的茶红素。绿茶的抗氧化能力主要是由于其中含有表没食子儿茶素没食子酸酯和表没食子儿茶素，而红茶的抗氧化能力比绿茶低 35% 左右，主要是由于其中含有高分子量化合物，即黄色的茶黄素和红色的茶红素。②

近期，以天然茶多酚为原料，通过酶促氧化耦合和酚醛聚合反应形成了新型聚合多酚。表没食子儿茶素没食子酸酯约占绿茶中所含的可提取固形物的三分之一。这种合成的表没食子儿茶素没食子酸酯对超氧阴离子自由基的清除能力明显高于天然单体儿茶素，这些合成的表没食子儿茶素没食子酸酯还能有效地抑制黄嘌呤氧化酶、胶原酶、弹性蛋白酶、酪氨酸酶、尿激酶和透明质酸酶的酶活性。③

新鲜的阿萨姆茶提取物也同样被发现对酪氨酸酶活性有抑制作用。④ 茶叶中的儿茶素在通过加热
776 处理转化为差向异构体后，还能更有效地抑制肠道胆固醇吸收。⑤ 用茶中自然产生的化合物来合成新的合成化合物的研究，正在如火如荼地展开。⑥ 从茶叶中萃取儿茶素、咖啡因和茶氨酸的最佳方法是在 pH 值为 3~5 的酸性条件下进行的。⑦ 同样的，柱状色谱分析和其他技术都用于从茶叶中提取茶氨酸和其他成分。⑧ 但这种方式是用工业化学方法得到的，而不是如饮茶者所渴望的那样从品尝茶汤中得到。同样的，可以通过微波炉加热稍微提高从茶叶中提取的儿茶素和咖啡因量，但这种方式对茶氨酸不一定有效果。为此，一些人在冲泡茶叶的同时用微波加热，以促进儿茶素的渗出，⑨ 不过这究

---

① Anton Rietveld，Theo Mulder and Hans van Amersvoort. 2004. 'New data on the uptake of flavonoids from tea'，*ICOS*，2: 426.

② Alan Crozier，Amanda Stewart，William Mullen and Daniele del Rio. 2004. 'High performance liquid chromatography with photodiode array and mass spectrometric analysis of antioxidant phenolic compounds in green and black tea'，*ICOS*，2: 450-453.

③ Hiroshi Uyama，Motoichi Kurisawa，Joo Eun Chung，Young Jin Kim and Shiro Kobayashi. 2004. 'The antioxidant property and enzyme inhibitory activity of polymeric green tea polyphenols'，*ICOS*，2: 511–512.

④ S. Sangsrichan and R. Ting. 2010. 'Antioxidation and radical scavenging activities and tyrosinase inhibition of fresh tea leaves, *Camellia sinensis*'，*Science Journal Ubon Ratchathani University*，1（1）: 76–81.

⑤ Ikuo Ikeda，Makoto Kobayashi，Tadateru Hamada，Katsumi Imaizumi，Ayurnu Nozawa，Kozo Nagata，Akio Sugimoto and Takami Kakuda. 2004. 'Heat-epimerised tea catechins are more effective to inhibit intestinal cholesterol absorption than tea catechins'，*ICOS*，2: 377–380.

⑥ Takashi Tanaka，Rie Kusano and Isao K ō no. 1998. 'Synthesis and antioxidant activity of novel amphipathic derivatives of tea polyphenol'，*Bioorganic and Medicinal Chemistry Letters*，8: 1801–1806; Masumi Takemoto，Yasutaka Iwakiri，Ayako Fukuyo，Takako Higashiyama，Tomoko Kawarazaki，Yuki Suzuki，Asuka Sakurada，Kiyoshi Tanaka and Yōichi Aoshima. 2004. 'Efficient synthesis of medicinally interesting compounds with enzymes in *Camellia sinensis* cell cultures'，*ICOS*，2: 586–587.

⑦ Quan Van Vuong，John B. Golding，Costas E. Stathopoulos and Paul D. Roach. 2013. 'Effects of aquæous brewing solution pH on the extraction of the major green tea constituents'，*Food Research International*，53: 713–719.

⑧ Li Wang，Li-Hong Gong，Chang-Jian Chen，Han-Bing Han and Hai-Hang Li. 2012. 'Column-chromatographic extraction and separation of polyphenols，caffeine and theanine from green tea'，*Food Chemistry*，131: 1539–1545.

⑨ Giorgia Spigno and Dante Marco de Faveri. 2009. 'Microwave-assisted extraction of tea phenols: A phenomenological study'，*Journal of Food Engineering*，93: 210–217; Quan Van Vuong，Sing P. Tan，Costas E. Stathopoulos and Paul D. Roach. 2012. 'Improved extraction of green tea components from teabags using the microwave oven'，*Journal of Food Composition and Analysis*，27: 95–101.

竟是冲泡一杯美味茶汤的好方法，还是提高儿茶素总体摄入量的最佳方法，仍然是一个有待探讨的问题。

## 茶黄素和茶红素

红茶的消费量最大，占全世界茶叶消费总量的 80%，茶黄素占红茶干重的 1%~2%。在制造红茶的过程中，茶叶中的儿茶素被降解为茶黄素和被称为茶红素的高分子量物质。茶黄素来源于表没食子儿茶素（EGC）和表没食子儿茶素没食子酸酯（EGCG）在发酵过程中的氧化作用，茶黄素的产生取决于如 pH 值、湿度、温度、氧化时间以及多酚氧化酶的数量和性质等因素。红茶中的茶黄素主要是茶黄素 TF1、茶黄素 -3- 单没食子酸酯（$TF_2A$）、茶黄素 -3′- 单没食子酸酯（$TF_2B$）和茶黄素 -3,3′- 双没食子酸酸酯（$TF_3$），它们是形成红茶颜色的主要色素。

讽刺的是，红茶爱好者喜欢的一种收敛性香味，恰恰是由绿茶中的一些天然化合物的化学变性造成的，而这些天然化合物正是使绿茶如此有益于健康的成分。乌龙茶的成分中，保留了一点原有的茶多酚，并含有茶黄素和茶红素。不过，茶黄素也是健康的化合物，同产生它的绿茶儿茶素一样，具有
抗氧化活性，[1] 并且据称能通过选择特定的结合位点预防艾滋病毒感染，[2] 可能还具有预防癌症的抗突变 777
特性。[3] 一项研究甚至断言，红茶中的茶黄素和绿茶中的儿茶素一样具有清除自由基的能力。[4] 然而，这种说法掩盖了许多更为复杂的现实。

实验证据表明，红茶中茶黄素与绿茶中儿茶素的生理作用在细胞和组织层面上不具有相同的生理效应。[5] 甚至在茶叶中发现的四种主要茶黄素也清楚地表现出抗氧化反应的等级性，绿茶中的儿茶素也是如此。这四种茶黄素按照抗氧化活性的等级排列如下：茶黄素 -3,3′- 双没食子酸酸酯（$TF_3$）> 茶黄素 -3- 单没食子酸酯（$TF_2A$）> 茶黄素 -3′- 单没食子酸酯（$TF_2B$）> 茶黄素（$TF_1$）。[6] 而绿茶中主要的四种儿茶素的抗氧化活性按顺序排列如下：表没食子儿茶素没食子酸酯（EGCG）> 表没食子儿茶素

① Douglas A. Balentine. 2001. 'The role of flavonoids in cardiovascular disease', *ICOS*, 1（Ⅲ）: 84–89.

② Shuwen Liu, Hong Lu, Qian Zhao,Yuxian He, Jinkui Niu, Asim K. Debnath, Shuguang Wu and Shibo Jiang. 2007. 'Theaflavin derivatives in black tea and catechin derivatives in green tea inhibit hiv-1 entry by targeting gp41', *Biochimica et Biophysica Acta*, 1723（1–3）: 270–281.

③ Zigang Dong, Wei-ya Ma, Chuanshu Huang and Chung S. Yang. 1997. 'Inhibition of tumor promoter-induced activator protein 1 activation and cell transformation by tea polyphenols, epigallocatechin gallate and theaflavins', *Cancer Research*, 57: 4414–4419.

④ Lai Kwok Leung, Yalun Su, Ruoyun Chen, Zesheng Zhang, Yu Huang and Zhen-Yu Chen. 2001. 'Theaflavins in black tea and catechins in green tea are equally effective antioxidants', *Journal of Nutrition*, 131: 2248–2251.

⑤ Yusuke Sawai, Yuichi Yamaguchi, Hitoshi Yoshitomi, Jae-Hak Moon, Junji Terao and Kanzo Sakata. 2001. 'Nuclear magnetic resonance analytical approach to clarify the molecular mechanism of the antioxidative and radical scavenging activities of tea catechins using 1,1-diphenyl-2-picrylhydrazyl', *ICOS*, 1（ii）: 296–299.

⑥ Nicholas J. Miller, Cinzia Castelluccio, Lilian Tijburg and Catherine Rice-Evans. 1996. 'The antioxidant properties of theaflavins and their gallate esters—radical scavengers or metal chelators', *Federation of European Biochemical Societies Letters*, 392: 40–44.

（EGC）> 表儿茶素没食子酸酯（ECG）> 表儿茶素（EC）。[①]

根据观察，红茶中的两种茶黄素，茶黄素 -3- 单没食子酸酯（$TF_2A$）和茶黄素 -3,3′- 双没食子酸酸酯（$TF_3$）可以减轻小白鼠人工诱导性过敏反应，如皮肤过敏反应、接触性皮肤炎和水肿的影响。[②] 茶黄素对 α 葡萄糖苷酶有抑制作用。给予蔗糖可以降低小白鼠体内的血糖水平，并使其镇静下来。[③] 茶黄素也以甲基化形式存在于红茶中，但茶黄素的甲基化衍生物，如茶黄素 3-O-（3-O- 甲基）没食子酸酯（$TF_3MeG$）和茶黄素 3-O-（3-O- 甲基）没食子酸酯、3′- 没食子酸酯（$TF_3MediG$）的生物活性尚不清楚。[④]

在一种典型的西方茶，如阿萨姆红碎茶中，新产生的茶黄素量和抗氧化剂总量比在制作红茶的过程中损失的儿茶素量要少，因而红茶中产生的抗氧化剂量也低于绿茶、包种茶和乌龙茶。一项基于同一品种同一批次采摘的茶叶的研究非常清楚地表明，茶叶的氧清除活性的受损程度，直接与茶叶被氧化的程度有关，或者通俗来讲，与发酵程度有关。[⑤]

778 更好更绿的大吉岭茶比阿萨姆红茶或锡兰红茶含有更多的抗氧化成分，而幼嫩的、优良的大吉岭散叶茶可能与充分发酵的台湾乌龙茶含有同样多的抗氧化成分。相比之下，轻度发酵的乌龙茶含有的抗氧化成分是完全发酵的乌龙茶的两倍以上。抗氧化成分绝对浓度最高的是日本绿茶（如煎茶）、中国绿茶（如龙井）、台湾的包种茶以及轻度发酵的乌龙茶（如非常精细的轻度发酵的铁观音）。[⑥]

这种被叫作茶黄素的橙红色聚合多酚的质量和数量很大程度上决定了红茶的涩味，也是红茶香气的重要组成部分。这种有益身体健康的茶黄素是构成红茶颜色的主要色素，仅占红茶成分重量的 0.08%，[⑦] 当然这个数字取决于测量人和测量方法。[⑧] 但在典型红茶的茶汤中，茶黄素约占固型物质的 10%，而 50%~70% 溶出到红茶茶汤中的固型物质都是淡红色的低聚物茶红素。红茶中的茶红素是新鲜绿茶中的儿茶素氧化而形成的高度变性的聚合物的异质族群。茶黄素和茶红素具有多种治疗功效，包

① Yusuke Sawai，Yuichi Yamaguchi，Hitoshi Yoshitomi，Jae-Hak Moon，Junji Terao and Kanzo Sakata. 2001. ‘Nuclear magnetic resonance analytical approach to clarify the molecular mechanism of the antioxidative and radical scavenging activities of tea catechins using 1,1-diphenyl-2-picrylhydrazyl’，*ICOS*，1（Ⅱ）: 296–299.

② Kyoji Yoshino，Yuji Yamashita and Mitsuaki Sano. 2007. ‘The preventive effects of black tea theaflavins on mouse type i and type iv allergy’，*ICOS*，3，HB-P-303.

③ Hiroaki Takemoto，Yoshinori Kobayashi and Masumi Takemoto. 2010. ‘The attenuation of stress-induced excitatory behaviours in mice by theaflavins’，*ICOS*，4，HB-P-29; Keisuke Fujitani，Keiko Unno，Naoki Tanida，Fumiyo Takabayashi，Hiroyuki Yamamoto，Kazuaki Iguchi and Minoru Hoshino. 2010. ‘The anti-stress effect of theanine on mice under psychosocial stress conditions’，*ICOS*，4，HB-P-63

④ Masami Nishimura，Kinuko Ishiyama，Kyoji Yoshino and Mitsuaki Sono. 2007. ‘hplc analysis of theaflavins including methylated theaflavins in black tea leaves by solid-phase extraction’，*ICOS*，3，HB-P-001.

⑤ Su-Chen Ho，Min-Jer Lu，Shan-Jen Chen and Chih-Cheng Lin. 2004. ‘Inhibitory effects of various fermented Taiwan tea extracts on nitric oxide production in lps-activated raw 264.7 macrophages’，*ICOS*，2: 522–523.

⑥ Ryoyasu Saijo，Miyuki Kato and Yoshiyuki Takeda. 2001. ‘Analysis of catechins and theaflavins in green，pachung，oolong and black teas by high-performance liquid chromatography’，*ICOS*，1（Ⅱ）: 268–271.

⑦ Masumi Takemoto and Hiroaki Takemoto. 2013. ‘The enzymatic manufacturing method of theaflavin tea and functionals against lifestyle-related disease’，*ICOS*，5，HB-P-17.

⑧ By other measurements，theaflavins make up from less than 1% to just over 2% of black tea solids，whereas thearubigins make up between 7% and 17% of black tea（Mridul Hazarika. 2010. ‘Tea cultivation and black tea production in India: Perception，science and practice’，*ICOS*，4，PR-S-09）.

括降胆固醇、降血糖、抗癌和抗动脉粥样硬化等功效。[①]

经常饮用红茶，其所含的大量低聚茶红素，已经被证明可以显著降低心血管疾病的风险和减轻内皮功能障碍。茶多酚引发解毒酶，如葡萄糖醛酸转移酶，可消除活性形式的致癌物质和其他毒素，降低癌症风险。[②] 在某些方面，红茶中的茶黄素发挥的特殊作用似乎比绿茶中的儿茶素更强。[③] 高分子量的红茶多酚通过对叉形头转录因子 DAF-16 的作用延长了线虫（Caenorhabditiselegans）的寿命。当然，茶叶对线粒体激活因子的影响是否在人类身上具有可重复的和类似的效果还有待进一步研究。[④]

此外，茶叶还含有一组多酚类物质，称为黄酮糖苷，如山奈酚、槲皮素、芦丁、苷元和杨梅
素。[⑤] 槲皮素和山奈酚是鼠李糖苷，其结构分别被确定为槲皮素 - 和山奈酚 -3-O-[ β -D- 吡喃葡萄糖 779
基 -（1 → 3）- α -L- 吡喃葡萄糖基 -（1 → 6）- β -D- 吡喃葡萄糖苷 ]。[⑥] 如果仅根据自由基捕捉能力来判断这些化合物，那么邻三羟基酚类或没食子酸类化合物，如没食子酸乙酯，是优于二羟基酚类或儿茶酚类化合物的，如槲皮素，而抗坏血酸（又称维生素 C）具有更强的抗氧化活性。[⑦]

由于红茶中含有大量的茶红素，有时在实验室从儿茶素中制造茶黄素要比从红茶中分离提取要容易得多。同样，人体在分解绿茶中的儿茶素时，也会在肝脏中产生茶黄素。云南的普洱茶和沱茶等红茶比绿茶含有更多的没食子酸，而这种没食子酸是在微生物发酵堆积过程中形成的，微生物发酵是生产黑茶的特征。抗氧化剂没食子酸被认为具有抗病毒和抗真菌活性，对某些癌细胞优先表现出细胞毒性。[⑧]

和普洱茶一样，红茶的许多化学特征仍然有待发现。茶黄素、茶双没食子儿茶素（theasinensins）和乌龙茶氨酸（oolongtheanins）的化学成分已经确定，但许多红茶多酚的化学成分尚待确定。[⑨] 在一

---

① Liu，Zhao，Li，Yi and Cao（2004）.

② K. Imai and K. Nakachi. 1995. ‘Cross sectional study of effects of drinking green tea on cardiovascular and liver diseases’, *British Medical Journal*，310: 693–696; John H. Weisburger. 2003. ‘Prevention of coronary heart disease and cancer by tea，a review’，*Environmental Health and Preventive Medicine*，7（6）: 283–288.

③ Nicholas J. Miller，Cinzia Castelluccio，Lilian Tijburg and Catherine Rice-Evans. 1996. ‘The antioxidant properties of theaflavins and their gallate esters—radical scavengers or metal chelators’，*Federation of European Biochemical Societies Letters*，392: 40–44.

④ Yoshiko Iizumi，Chia-an Lin，Tetsuo Ozawa，Ryusuke Niwa and Osamu Numata. 2010. ‘High-molecularweight polyphenols from black tea increase lifespan in Caenorhabditis elegans via the forkhead transcription factor daf-16’，*ICOS*，4，HB-P-51.

⑤ Magdalena Jeszka-Skowron，Magdalena Krawczyk and Agnieszka Zgoła-Grześkowiak. 2015. Determination of antioxidant activity，rutin，quercetin，phenolic acids and trace elements in tea infusions: Influence of citric acid addition on extraction of metals，*Journal of Food Composition and Analysis*，40: 70–77; Brasathe Jeganathan，P.A. Nimal Punyasiri，J. Dananjaya Kottawa-Arachchi，Mahasen A.B. Ranatunga，I. Sarath B. Abeysinghe，M.T. Kumudini Gunasekare and B.M. Ratnayake Bandara. 2016. ‘Genetic variation of flavonols quercetin，myricetin，and kæmpferol in the Sri Lankan tea（*Camellia sinensis L.*）and their health-promoting aspects’，*International Journal of Food Science*，2016，Article ID 6057434.

⑥ Andreas Finger，Ulrich H. Engelhardt and Victor Wray. 1991. ‘Flavonol glycosides in tea—kæmpferol and quercetin rhamnodiglucosides’，*Journal of the Science of Food and Agriculture*，55（2）: 313–321.

⑦ Yusuke Sawai，Yuichi Yamaguchi，Yuzo Mizukami，Kanzo Sakata and Naoharu Watanabe. 2004. ‘A comparison of the radical scavenging abilities and influence of conjugated double bonds on the antioxidative activities of tea polyphenols’，*ICOS*，2: 256–257.

⑧ Wenfei Guo，Di Wu，Kanzo Sakata，Shaojun Luo and Xiufang Yang. 2001. ‘Chemical analyses of dark tea: 13C nuclear magnetic resonance and high-performance liquid chromatography analyses and the isolation of a new constituent’，*ICOS*，1（Ⅱ）: 288–291.

⑨ Yan Li，Takashi Tanaka，Yosuke Matsuo and Isao Kōno. 2007. ‘New catechin oxidation products produced by model tea fermentation and their production mechanisms’，*ICOS*，3，PR-P-104.

些乌龙茶和日本的烤茶中检测到高含量的茶呋塞米A和B，但在其他茶中检测到的该含量非常低，而牡荆苷和异牡荆苷在所有茶类和新鲜茶叶中都能被检测得到。所有四种黄酮C-糖苷都具有抗炎作用。[①]令人惊讶的是，人们也在茶叶中发现了尼古丁这种化合物（非常微量）。尽管在茶叶中的尼古丁含量极低，但这些尼古丁的产生可能是内源性的。中华茶栽培种（sinensis variety）的尼古丁含量低于阿萨姆茶栽培种。[②]

## 茶与癌症

公元739年，陈藏器（《本草拾遗》一书的作者，该书的全本已经失传。——译者注）曾将“茗”描述为一种包治百病的灵丹妙药。1678年，科内利斯·邦特科称赞茶是能对抗许多疾病的最有益的滋补品，但同时也警告说，茶是能治疗所有疾病的灵丹妙药的说法是愚蠢的。1702年，英国桂冠诗人（poet Laureate）纳胡姆·泰特（Nahum Tate）甚至把其关于茶的诗歌命名为《灵丹妙药》，一些现代文学已经开始暗示，茶在许多方面具有“灵丹妙药”般的特性。[③]

780 几个世纪以来，茶一直被宣传为长寿药。茶叶中含有大量的儿茶素、茶氨酸、茶黄素、多糖和茶皂素，这些化合物都是生物化学研究的对象。关于茶尤其是绿茶的众多说法中，其中包括与所谓的抗癌活性有关的说法。流行病学研究表明，绿茶中所含的表没食子儿茶素没食子酸酯具有预防癌症的作用，[④]包括女性乳腺癌[⑤]、食道癌[⑥]、皮肤癌[⑦]、前列腺癌[⑧]、膀胱癌[⑨]、胰腺

① Shimako Tanaka，Hitoshi Ishida，Toshiyuki Wakimoto and Haruo Nukaya. 2007. ‘Implication of chafuroside A in commercial tea leaves by quantitative determination with LC-MS/MS’，*ICOS*，3，HB-P-002.

② Takashi Ikka，Yusuke Toba and Akio Morita. 2010. ‘Exploration of the origin of nicotine in tea plants（Camellia sinensis L.）’，*ICOS*，4，PR-P-75.

③ Siro I. Trevisanato and Y.I. Kim. 2000. ‘Tea and health’，*Nutrition Reviews*，58（1）: 1–10.

④ Jerzy Jankun，Steven H. Selman and Rafal Swiercz. 1997. ‘Why drinking green tea could prevent cancer’，*Nature*，387: 561; Masami Suganuma，Sachiko Okabe，Naoko Sueoka，Eisaburo Sueoka，Satoru Matsuyama，Kazue Imai，Kei Nakachi，Hirota Fujiki. 1999. ‘Green tea and cancer chemoprevention’，*Mutation Research—Fundamental and Molecular Mechanisms of Mutagenesis*，428（1–2）: 339–344.

⑤ Kei Nakachi，Kimito Suemasu，Kenji Suga，Takeshi Takeo，Kazue Imai and Yasuhiro Higashi. 1998. ‘Influence of drinking green tea on breast cancer malignancy among Japanese patients’，*Japanese Journal of Cancer Research*，89（3）: 254–261.

⑥ Yu Tang Gao，Joseph K. McLaughlin，William J. Blot，Tian Ji Bu，Qi Dai and Joseph F. Fraumeni，1994. ‘Reduced risk of oesophageal cancer associated with green tea consumption’，*Journal of the National Cancer Institute*，86: 855–858.

⑦ David R. Bickers and Mohammad Athar. 2000. ‘Novel approaches to chemoprevention of skin cancer’，*Journal of Dermatology*，27（11）: 691–695; S.K. Katiyar and C.A. Elmets. 2001. ‘Green tea polyphenolic antioxidants and skin photoprotection: Review’，*International Journal of Oncology*，18（6）: 1307–1313.

⑧ Sanjay Gupta，Nihal Ahmad and Hasan Mukhtar. 1999. ‘Prostate cancer chemoprevention by green tea’，Seminars in Urologic Oncology，17（2）: 70–76; Sanjay Gupta，Nihal Ahmad，Rajiv R. Mohan，Mirza M. Husain and Hasan Mukhtar. 1999. ‘Prostate cancer chemoprevention by green tea: In vitro and in vivo inhibition of testosterone-mediated induction of ornithine decarboxylase 1’，*Cancer Research*，59: 2115–2120; Le Jian，Li Ping Xie，Andy H. Lee and Colin W. Binns. 2004. ‘Protective effect of green tea against prostate cancer: A case-control study in southeast China’，*International Journal of Cancer*，108（1）: 130–135; J.J. Johnson，H.H. Bailey and Hasan Mukhtar. 2010. ‘Green tea polyphenols for prostate cancer chemoprevention: A translational perspective’，*Phytomedicine*，17（1）: 3–13.

⑨ Maurice P.A. Zeegers，Elisabeth Dorant，R. Alexandra Goldbohm and Piet A. van den Brandt. 2001. ‘Are coffee，tea and total fluid consumption associated with bladder cancer risk: Results from the Netherlands Cohort Study’，*Cancer Causes and Control*，12: 231–238.

癌和结直肠癌[①]等。

1971 年，福克曼（Judah Folkman）第一次观察到当肿瘤生长超过几立方毫米时需要长出新的血管 781
来为肿瘤提供营养和氧气。[②]研究人员试图通过抑制这种新生血管的形成来预防或延缓肿瘤的生长。因此，新血管的生长或血管生成是癌症治疗研究的一个主题，正是在这个意义上，茶叶中的儿茶素所具有的抗血管生成特性让人们非常感兴趣。绿茶中的一些多酚类物质被发现有预防皮肤癌的作用，因为它们似乎限制了潜在癌细胞周围的血管生成或血细胞生长。绿茶多酚发挥这种作用的机制包括抑制血管内皮生长因子即血管生成素，以及影响基质金属蛋白酶的新陈代谢。特别是绿茶多酚表没食子儿茶素没食子酸酯，它能够通过抑制肿瘤血管生成素来抑制肿瘤生长。[③]

图 11.9　一对细长形状的茶杯，通常为情侣准备的、成对出现的“夫妻杯”，如这对精致的手绘瓷器。

① Bu-Tian Ji，Wong-Ho Chow，Ann Wu Hsing，Joseph K. McLaughlin，Qi Dai，Yu-Tang Gao，William J. Blot and Joseph F. Fraumeni Jr. 1997. ‘Green tea consumption and the risk of pancreatic and colorectal cancers’，*International Journal of Cancer*，70（3）: 255–258; Y.D. Jung，M.S. Kim，B.A. Shin，K.O. Chay，B.W. Ahn，W. Liu，C.D. Bucana，G.E. Gallick and L.M. Ellis. 2001. ‘Epigallocatechin gallate，a major component of green tea，inhibits tumour growth by inhibiting vascular endothelial growth factor induction in human colon carcinoma cells’，*British Journal of Cancer*，86（6）: 844–850; Can-Lan Sun，Jian-Min Yuan，Woon-Puay Koh and Mimi C. Yu. 2006. ‘Green tea，black tea and colorectal cancer risk: a meta-analysis of epidemiological studies’，*Carcinogenesis*，27（7）: 1301–1309; Gong Yang，Xiao-Ou Shu，Honglan Li，Wong-Ho Chow，Bu-Tian Ji，Xianglan Zhang，Yu-Tang Gao and Wei Zheng. 2007. ‘Prospective cohort study of green tea consumption and colorectal cancer risk in women’，*Cancer Epidemiology: Biomarkers and Prevention*，16（6）: 1219–1233.

② Judah Folkman. 1971. ‘Tumour angiogenesis: therapeutic implications’，*New England Journal of Medicine*，285（21）: 1182–1186.

③ Satoru Yamakawa，Tomohiro Asai，Takayuki Uchida，Motomi Matsukawa，Toshifumi Akizawa and Naoto Oku. 2004. ‘(-)-Epigallocatechin gallate inhibits membrane-type 1 matrix metalloproteinase，MT1-MMP，and tumour angiogenesis’，*Cancer Letters*，210: 47–55.

这一机制涉及阻断基质金属蛋白酶的表现度，从而抑制与 API 上游调节剂相关的 MMP-9 的转录活性。[①] 因此，绿茶也可以保护人类皮肤不受衰老的影响。[②] 衰老加速的老年小白鼠与年轻小白鼠相比，癌细胞活性的发生率更高，免疫监视能力下降，这些老鼠为研究老年人癌症提供了更好的样本。当对这些衰老加速的老年小白鼠静脉注射转移性细胞时，绿茶可以减少这些细胞对宿主的移植。[③]

负责维持细胞增殖和细胞死亡之间平衡的细胞信号通路已经成为癌症研究的重点，而表没食子儿茶素没食子酸酯可能调节这种信号通路的方式似乎对癌症治疗有相关意义。[④] 茶多酚能抑制细胞增殖，促进细胞凋亡，通过抑制酶的活性和阻断信号转导通路来抑制肿瘤生长。这种通路主要涉及丝裂原活化蛋白激酶的路径。[⑤]

782 虽然许多研究人员已经报告了表没食子儿茶素没食子酸酯的抗癌活性及其癌细胞特异性，但是对于获得这种效果的机制，研究人员还只是了解了一部分。Fas 蛋白是表没食子儿茶素没食子酸酯诱导细胞凋亡的主要靶点。正常细胞会显示这种蛋白的诱骗性受体过剩，癌细胞则会表示这种诱骗性受体较低，这可能解释了癌细胞对表没食子儿茶素没食子酸酯诱导凋亡的高敏感性。[⑥]

表没食子儿茶素没食子酸酯（EGCG）通过增强 DNA 复制的正确性来帮助预防癌症，[⑦] 阻止致癌亚硝胺的形成，[⑧] 通过与人类表皮样癌细胞中的表皮生长因子受体相结合来抑制细胞外信号和细胞增殖，

① H.S. Kim.，M.H. Kim，M. Jeong，Y.S. Hwang，S.H. Lim，B.A. Shin，B.W. Ahn and Y.D. Jung. 2004. 'EGCG blocks tumour promoter-induced MMP-9 expression via suppression of MAPK and AP-1 activation in human gastric AGS cells'，*Anticancer Research*，24（2B）: 747–753.

② Hyun Jung Shin，Jung Ki Kim and Byeong Gon Lee. 2007. 'The effects of tea catechins on MMPS and type I pro-collagen production in human dermal fibroblasts'，*ICOS*，3，HB-P-806.

③ Naoto Oku，Kosuke Shimizu，Naomi Kinouchi，Wakako Hakamata，Keiko Unno，Hideo Tsukada and Tomohiro Asai. 2004. 'Experimental model for the study on chemoprevention with tea components'，*ICOS*，2: 406–409.

④ Naghma Khan，Farrukh Afaq，Mohammad Saleem，Nihal Ahmad and Hasan Mukhtar. 2006. 'Targeting multiple signalling pathways by green tea polyphenol（-）-epigallocatechin-3-gallate'，*Cancer Research*，66（5）: 2500–2505.

⑤ Abigail Peairs，Rujuan Dai，Lu Gan，Samuel Shimp，M. Nichole Rylander，Liwu Li and Christopher M. Reilly. 2010. 'Epigallocatechin-3-gallate（egcg）attenuates inproflammation in MRL/lpr mouse mesangial cells'，*Cellular and Molecular Immunology*，7: 123–132; Wei Li and Youying Tu. 2010. 'The effects of tea polyphenols on mitogen activated protein kinase signalling pathways in cancer research'，*ICOS*，4，HB-P-33.

⑥ Hiroyasu Ichikawa，Makoto Kunii and Mamoru Isemura. 2004. 'Mechanism of apoptosis indiction selective for cancel cells by EGCG'，*ICOS*，2: 458–459.

⑦ Yong Xu，Chi-Tang Ho，Shantu G. Amin，Chi Han and Fung-Lung Chung. 1992. 'Inhibition of tobacco-specific nitrosamine-induced lung tumourigenesis in A/J mice by green tea and its major polyphenol as antioxidants'，Cancer Research，52: 3875–3879; Zhi Y. Wang，Mou-Tuan Huang，Chi-Tang Ho，Richard Chang，Wei Ma，Thomas Ferraro，Kenneth R. Reuhl，Chung S. Yang and Allan H. Conney. 1992. 'Inhibitory effect of green tea on the growth of established skin papillomas in mice'，*Cancer Research*，52: 6657–6665; Stephanie Tao Shi，Zhi-Yuan Wang，Theresa J. Smith，Jun-Yan Hong，Wu-Feng Chen，Chi-Tang Ho and Chung S. Yang. 1994. 'Effects of green tea and black tea on 4-（methylnitrosamino）-1-（3-pyridyl）-1-butanone bioactivation，dna methylation and lung tumourigenesis in A/J Mice'，*Cancer Research*，54: 4641–4647.

⑧ Masamichi Nakamura and Toshihari Kawabata. 1981. 'Effect of Japanese green tea on nitrosamine formation *in vitro*'，*Journal of Food Science*，46（1）: 306–307; J. Chen. 1992. 'The effects of Chinese tea on the occurrence of oesophageal tumours induced by N-nitrosomethylbenzylamine in rats'，*Preventive Medicine*，21（3）: 385–391.

从而抑制皮肤癌的发展，[①]并具有杀菌性能。[②]人们甚至发现，新鲜绿茶叶提取物可以抑制植入小白鼠体内的恶性肿瘤细胞的生长，[③]定期摄入绿茶可以降低人类食道癌、胃癌和肺癌的发病率。[④]研究显示，摄入绿茶可中和大部分小白鼠体内的致癌物质 2- 氨基 -3,8- 二甲基咪唑 [4,5-f ] 喹喔啉（MeIQx）和丙烯酰胺，以及人类受试者体内的致突变物硝胺。[⑤]

绿茶儿茶素和红茶茶黄素可体外诱导人体癌细胞凋亡。表没食子儿茶素没食子酸酯能导致人皮肤鳞状细胞癌 A431 细胞 G1 期阻滞，这个过程具有不可逆性，并最终促使细胞凋亡。[⑥]通过直接结合纤维连接蛋白和层粘连蛋白，表没食子儿茶素没食子酸酯会损害 3LL 小白鼠肺癌细胞和小白鼠黑色素瘤
B16 细胞对细胞外基质蛋白，如纤维连接蛋白和层粘连蛋白的粘附。直接与肿瘤细胞中的纤维连接蛋 783
白受体 β-1 整合蛋白结合的表没食子儿茶素没食子酸酯，也可能抑制 HT-1080 细胞与纤维连接蛋白的粘附，[⑦]绿茶中的儿茶素以类似的方式损害胰腺癌细胞的粘附能力。[⑧]

绿茶多酚表没食子儿茶素没食子酸酯抑制 DNA 甲基转移酶、抑制 DNA 甲基化，并在各种人类癌细胞系中重新表达 4 种基因的 mRNA 和蛋白质。[⑨]流行病学研究表明，表没食子儿茶素没食子酸酯可以预防癌变，体外研究已经证明其抗增殖和抗血管生成活性。在肺、肝和人类白血病细胞的细胞表面，这种抗癌活性是通过表没食子儿茶素没食子酸酯与 67-kDa 层粘连蛋白受体结合而介导的，主要与新陈

---

① Jen-Kun Lin，Yu-Chih Liang and Shoei-Yn Lin-Shiau. 1999.‘Cancer chemoprevention by tea polyphenols through mitotic signal transduction blockade’，*Biochemical Pharmacology*，58（6）: 911–915.

② Masako Toda，Sachie Okubo，Yukihiko Hara and Tadakatsu Shimamura. 1991.‘Antibacterial and bactericidal activities of tea extracts and catechins against methicillin resistant *Staphylococcus aureus*’，*Japanese Journal of Bacteriology*，46（5）: 839–845.

③ Itaro Oguni，Keiko Nasu，Shigehiro Yamamoto and Takeo Nomura. 1988.‘On the anti-tumour activity of fresh green tea leaf’，*Agricultural and Biological Chemistry*，52（7）: 1879–1880.

④ Yang C.S. and Wang Zhi-Yuan. 1993.‘Tea and cancer’，*Journal of the National Cancer Institute*，85（13）: 1038–1049; Jung-Hyun Shim，Zheng-Yuan Su，Jung-Il Chae，Dong Joon Kim，Feng Zhu，Wei-Ya Ma，Ann M. Bode，Chung S. Yang and Zigang Dong. 2010.‘Epigallocatechin gallate suppresses lung cancer cell growth through Ras–GTPase-activating protein $SH_3$ domain-binding protein 1’，*Cancer Prevention Research*，3（5）: 670–679.

⑤ Naohide Kinae，Miyuki Yoda and Shuichi Masuda. 2010.‘The functional properties of tea leaves and their application to health promotion’，*ICOS*，4，PL-S-01.

⑥ Masahiko Ohata，Takuji Suzuki，Yu Koyama and Mamoru Isemura. 2004.‘Participation of p21 mRNA expression in cell cycle arrest by tea compounds’，*ICOS*，2: 462–463.

⑦ Yasuo Suzuki and Mamoru Isemura. 2004.‘Epigallocatechin gallate inhibits human fibrosarcoma HT-1080 cell attachment to fibronectin through interaction with β-1 integrin’，*ICOS*，2: 464–465.

⑧ Jungil Hong，Hong Lu，Xiaofeng Meng，Jae-Ha Ryu,Yukihiko Hara and Chung S. Yang. 2002.‘Stability，cellular uptake，biotransformation，and efflux of tea polyphenol（-）-epigallocatechin-3-gallate in HT-29 human colon adenocarcinoma cells’，*Cancer Research*，62（24）: 7241–7246; Kentaro Masuda，Eisuke Kakinuma，Rumi Sakamoto，Kosaku Ito，Kentaro Iketaki，Takahisa Matsuzaki，Hiroshi Yoshikawa，Seiichiro Nakabayashi，Hideaki Yamamoto，Hoang Than Chi，Yuko Sato and Takashi Tanii. 2013.‘Green tea catechin alters the adhesion state in cancer cells，but not in normal cells’，*ICOS*，5，HB-P-32; Rumi Sakamoto，Kentaro Masuda，Eisuke Kakinuma，Kosaku Ito，Kentaro Iketaki，Takahisa Matsuzaki，Hiroshi Yoshikawa，Seiichiro Nakabayashi，Hideaki Yamamoto，Yuko Sato and Takashi Tanii. 2013.‘Suppressive effect of epigallocatechin gallate on the adhesion state of metastatic cancer cells studied by reflection interference contrast microscopy measurements of micropatterned cells’，*ICOS*，5，HB-P-33.

⑨ Rie Tomita，Ryu Miyashita，Midori Ohta，Saori Suzuki，Masanori Goto，Hidetaka Yamada，Haruhiko Sugimura and Toshihiro Tsuneyoshi. 2004.‘Green tea administration effect on DNA methylation II’，*ICOS*，2: 471–472.

图 11.10　传统的夏目抹茶，一只装满了芳香的抹茶、等待冲泡的茶碗，自然满含着儿茶素和茶氨酸。

代谢有关。①

以同样的方式，表没食子儿茶素没食子酸酯也被认为具有抗过敏作用。②过敏源引起特定的免疫球
784 蛋白 E 分子与 FcεRI 结合，FcεRI 是一种高亲和力的免疫球蛋白 E 受体，存在于人体嗜碱性细胞和肥
大细胞表面，从而触发炎症介质，如组织胺、细胞因子、趋化因子和花生四烯酸代谢物的释放。③绿茶
表没食子儿茶素没食子酸酯抑制了 FcεRI 的表达，因此减轻了过敏反应的严重程度。④

---

① Hirofumi Tachibana，Kiyoshi Koga，Yoshinori Fujimura and Koji Yamada. 2004. ‘A receptor for epigallocatechin-3-O-gallate: 67 kDa laminin receptor mediates anti-cancer action of EGCG’，*ICOS*，2: 473–474; Chie Tahara，Hirofumi Tachibana，Yoshinori Fujimura and Koji Yamada. 2004. ‘67 kDa laminin receptor sensitises human lung cancer to epigallocatechin-3-O-gallate’，*ICOS*，2: 475–476; Mami Sumida，Hirofumi Tachibana，Yoshinori Fujimura and Koji Yamada. 2004. ‘67 kDa laminin receptor sensitises human hepatocytes to the tea polyphenol epigallocatechin-3-O-gallate’，*ICOS*，2: 477–478; Zhao Yan，Liu Jian Wei，Li Yi and Cao Jin. 2004. ‘Molecular mechanisms of anti-leukaemia activity of oolong tea extract’，*ICOS*，2: 483–484.

② Yoshinori Fujimura，Koji Yamada and Hirofumi Tachibana. 2004. ‘67kDa laminin receptor mediates an antiallergic effect of epigallocatechin-3-O-gallate’，*ICOS*，2: 549–550.

③ Yoshinori Fujimara，Daisuke Umeda，Koji Yamada and Hirofumi Tachibana. 2007. ‘The structure-activity relationship of the 67kDa laminin receptor-mediated function of tea polyphenols’，*ICOS*，3，HB-P-601.

④ Yoshinori Fujimura，Hirofumi Tachibana and Koji Yamada. 2001. ‘A tea catechin suppresses the expression of the high-affinity IgE receptor FcεRI in human basophilic KU812 cells’，*Journal of Agricultural and Food Chemistry*，49（5）: 2527–2531; Yoshinori Fujimura，Hirofumi Tachibana，Mari Maeda-Yamamoto，Toshio Miyase，Mitsuaki Sano and Koji Yamada. 2002. ‘Antiallergic tea catechin，（-）-epigallocatechin-3-O-（3-Omethyl）- gallate，suppresses FcεRI expression in human basophilic KU812 cells’，*Journal of Agricultural and Food Chemistry*，50（20）: 5729–5734; Mari Maeda-Yamamoto，Naoki Inagaki，Jiro Kitaura，Takao Chikumoto，Hiroharu Kawahara，Yuko Kawakami，Mitsuaki Sano，Toshio Miyase，Hirofumi Tachibana，Hiroichi Nagai,Toshiaki Kawakami. 2004. ‘O-methylated catechins from tea leaves inhibit multiple protein kinases in mast cells 1’，*Journal of Immunology*，172: 4486–4492; Yusuke Hasegawa，Yoshinori Fujimura，Satomi Yano，Koji Yamada and Hirofumi Tachibana. 2007. ‘The down-regulation of the high-affinity immunoglobulin E receptor expression on mast cells by the green tea catechin epigallocatechin gallate’，*ICOS*，3，HB-P-302.

茶多酚木麻黄素（strictinin）抑制过敏反应，如特异性皮炎、过敏性鼻炎、食物过敏和哮喘，这些过敏反应都是以免疫球蛋白 E 为中介。[①] 表没食子儿茶素没食子酸酯通过产生特定的细胞因子，即白细胞介素 1、白细胞介素 6、肿瘤坏死因子 - α 和核因子 κB 配体的受体激活剂，抑制感染的人和小白鼠的成骨细胞。这一发现，结合流行病学证据，表明这种绿茶儿茶素可以在炎症性骨病中发挥治疗作用。[②]

表没食子儿茶素没食子酸酯与细胞表面的 67-kDa 层粘连蛋白受体结合，以某种方式抑制组织胺的释放。在八种含没食子酸和不含没食子酸的儿茶素中，含没食子酸的儿茶素抑制了组织胺从 KU812 细胞中释放，但是不含没食子酸的儿茶素则没有这一作用。含没食子酸的儿茶素类化合物为（-）- 没食子儿茶素 -3-O- 没食子酸酯、（-）- 表儿茶素 -3-O- 没食子酸酯和（-）- 儿茶素 -3-O- 没食子酸酯。在细胞表面，这种相同的 67-kDa 层粘连蛋白受体在肿瘤细胞中可以强烈表达，表没食子儿茶素没食子酸酯所具有的抗突变和抗癌活性据称可归因于它在细胞表面这个位点的结合倾向。[③] 绿茶多酚表没食子儿茶
素没食子酸酯与这个位点的结合可导致多发性骨髓瘤细胞的凋亡，同时保护末梢血液的单核细胞。其 785
机制可能涉及通过激活酸性鞘磷脂酶引发细胞死亡。[④] 表没食子儿茶素没食子酸酯在不影响正常细胞的情况下诱导癌细胞凋亡。在多发性骨髓瘤中，表没食子儿茶素没食子酸酯诱导细胞死亡是通过细胞表面 67-kDa 层粘连蛋白受体的过度表达介导的。在这一过程中，通过酸性鞘磷脂酶的激活，细胞死亡介质被确定为环磷酸鸟苷，[⑤] 鞘磷脂酶能够诱导脂质分解和神经酰胺的产生，从而抑制受体酪氨酸激酶的激活，如表皮生长因子受体和胰岛素样生长因子 1 受体。[⑥]

通过 67-kDa 层粘连蛋白受体，表没食子儿茶素没食子酸酯还能激活蛋白磷酸酶 2A，该蛋白酶在抑制黑色素瘤细胞增殖中发挥作用。另外，由急性未分化白血病的转位断裂点编码的核磷酸蛋白组，作为蛋白磷酸酶 2A 的有效抑制剂，[⑦] 以及被称为真核转化延长因子 1A（eEF1A）的分子，它们似乎在通

---

① Hirofumi Tachibana, Yoshinori Fujimura, Yu Ninomiya, Yusuke Hasegawa, Kazuko Nakayama and Koji Yamada. 2007. 'The molecular basis for the inhibition of immunoglobulin E production by the tea polyphenol strictinin', *ICOS*, 3, HB-P-301.

② Chih-Hsing Wu, Yi-Ching Yang, Wei-Jen Yao, Feng-Hwa Lu and Jin-Shang Wu. 2002. 'Epidemiological evidence of increased bone mineral density in habitual tea drinkers', *Journal of the American Medical Association*, 162(9): 1001–1006; Chikara Kohda, Ikuo Ishida, Yoko Yanagawa and Tadakatsu Shimamura. 2007. 'The inhibitory effects of catechins on the production of the receptor activator of nuclear factor κ B ligand in osteoblasts', *ICOS*, 3, HB-P-305.

③ Naota Ogawa, Yoshinori Fujimara, Mami Sumida, Koji Yamada and Hirofumi Tachibana. 2007. 'Identification of the epigallocatechin gallate binding site in the green tea polyphenol receptor 67kDa laminin receptor', *ICOS*, 3, HB-P-602.

④ Yoko Goto, Yoshinori Fujimara, Daisuke Umeda, Koji Yamada and Hirofumi Tachibana. 2007. 'Green tea polyphenol epigallocatechin gallate induced cell death pathway through the 67kDa laminin receptor', *ICOS*, 3, HB-P-603.

⑤ Motofumi Kumazoe and Hirofumi Tachibana. 2013. 'Epigallocatechin-3-O-gallate induces cancer-specific cell death via sensing receptor mediated cyclic guanosine monophosphate production', *ICOS*, 5, HB-S-2.

⑥ Shuhei Yamada, Shuntaro Tsukamoto, Naoki, Ueda, Yuhui, Huang, Takashi Suzuki, Motofumi Kumazoe, Shuya Yamashita, Yoonhee Kim, Koji Yamada and Hirofumi Tachibana. 2013. 'The green tea polyphenol epigallocatechin-3-O-gallate induces lipid-raft disruption and receptor the inactivation of tyrosine kinases through ceramide production', *ICOS*, 5, HB-P-28.

⑦ Yuhui Huang, Shuntaro Tsukamoto, Daisuke Umeda, Shuhei Yamada, Shuya Yamashita, Motofumi Kumazoe, Yoonhee Kim, Kanami Nakahara, Koji Yamada and Hirofumi Tachibana. 2013. 'Identification of the molecules and mode of action involved in the melanoma inhibitory effect of green tea polyphenol epigallocatechin-3-O-gallate', *ICOS*, 5, HB-P-16.

过层粘连蛋白受体 67-kDa 为介导的表没食子儿茶素没食子酸酯的信号传递中起着关键作用。[①] 茶儿茶素中的表没食子儿茶素没食子酸酯能够抑制肽聚糖诱发炎症细胞因子，如肿瘤坏死因子 - α 和白细胞介素 6 的产生，以及通过 67-kDa 层粘连蛋白受体激活丝裂原活化蛋白激酶的信号通路。[②] 表没食子儿茶素没食子酸酯作为一种急性骨髓性白血病可能的候选治疗方式被研究中，这种白血病是由编码为 feline McDonough 的恶性肿瘤致癌基因样酪氨酸激酶 3 的基因突变导致的 。[③]

在细胞内，蛋白酶体通过将带有泛素标记的蛋白质降解为低聚肽，然后通过多种蛋白酶水解为单个氨基酸，从而在蛋白质周转过程中发挥关键作用。蛋白酶体的主要水解活性物质包括糜蛋白酶、胰
786 蛋白酶和肽谷氨酰的水解。茶叶中含有没食子酸的儿茶素及其酯键可能通过氨基侧的易断裂键抑制这三种活性中的一种，也就是说，蛋白酶体对大量非极性侧链的氨基酸的糜蛋白酶的活性具有选择性。对这些途径的进一步了解可能会为表没食子儿茶素没食子酸酯如何通过阻碍蛋白质周转来减缓快速生长的细胞的速度提供新的见解。[④] 蛋白酶体抑制剂能够诱导细胞死亡和抑制肿瘤生长，因此，饮茶似乎可以预防癌症。[⑤]

动物模型实验表明，表没食子儿茶素没食子酸酯可以抑制肿瘤的形成。对于细胞系的研究表明，表没食子儿茶素没食子酸酯可以抑制酶的活性和调节某些代谢途径的信号转导，直接与高亲和力的目标结合，以及影响信号系统，诱导肿瘤细胞凋亡或抑制肿瘤生长，从而抑制肿瘤细胞的入侵、生成和转移。表没食子儿茶素没食子酸酯既可以消灭也可以产生活性氧簇。绿茶已被证明可以减少 DNA 的氧化损伤，并促使消除人体中的致癌物质。[⑥] 绿茶儿茶素也已被证明是一种安全有效的治疗前列腺癌癌前

---

① Daisuke Umeda，Satomi Yano，Koji Yamada and Hirofumi Tachibana. 2007. ‘Green tea polyphenol epigallocatechin gallate signalling through the 67kDa laminin receptor’，*ICOS*，3，HB-S-02.

② Hirofumi Tachibana，Kiyoshi Koga，Yoshinori Fujimara，Koji Yamada. 2004. ‘A receptor for green tea polyphenol EGCG’，*Nature Structural and Molecular Biology*，11: 380–381; Eui-Hong Byun，Yoshinori Fujimara，Koji Yamada，Hirofumi Tachibana. 2010. ‘TLR4 signalling inhibitory pathway induced by the green tea polyphenol epigallocatechin-3-gallate through 67-kDa laminin receptor’，*Journal of Immunology*，185（1）: 33–45; Toshinori Omura，Eui-Hong Byun，Erika Hanashima，Koji Yamada and Hirofumi Tachibana. 2010. ‘The green tea polyphenol epigallocatechin-3-gallate inhibits inflammatory responses induced by peptidoglycan through the 67-kDa laminin receptor’，*ICOS*，4，HB-P-66.

③ Bui Thi Lim Ly，Hoang Thanh Chi，Makoto Yamagishi，Yasuhiko Kano，Yukihiko Hara，Kazumi Nakano，Yuko Sato and Toshiki Watanabe. 2013. ‘The inhibition of Feline McDonough Sarcoma oncogene-like tyrosine kinase 3 expression by epigallocatechin gallate in Feline McDonough Sarcoma oncogene-like tyrosine kinase 3 mutated acute myeloid leukaemia cells’，*ICOS*，5，HB-P-1.

④ Zeno Apostolides. 2004. ‘Newly identified cellular targets for EGCG may help explain some of the health properties in green tea’，*ICOS*，2: 402–405.

⑤ Sangkil Nam，David M. Smith and Q. Ping Dou. 2001. ‘Ester bond containing tea polyphenols potently inhibit proteasome activity in vitro and *in vivo*’，*Journal of Biological Chemistry*，276（16）: 13322–13330; Kathleen M. Sakamoto. 2002. ‘Ubiquitin-dependent proteolysis: its role in human diseases and the design of therapeutic strategies’，*Molecular Genetics and Metabolism*，77: 44–56; Wai Har Lam，Aslamuzzaman Kazi，Deborah J. Kuhn and Tak Hang Chan. 2004. ‘A potential pro-drug for a green tea polyphenol proteasome inhibitor: evaluation of the peracetate ester of（-）-epigallocatechin gallate [（-）-egcg]’，*Bioorganic and Medicinal Chemistry*，12（21）: 5587–5593.

⑥ Chung S. Yang，Xin Wang，Gang Lu and Sonia C. Picinich. 2009. ‘Cancer prevention by tea: Animal studies，molecular mechanisms and human relevance’，*Nature Review of Cancer*，9: 429–439; Chung S. Yang. 2010. ‘Tea and cancer prevention: Molecular mechanisms and human relevance’，*ICOS*，4，HB-S-01; Chung S. Yang. 2013. ‘Can tea prevent chronic diseases? What are the mechanisms?’，*ICOS*，5，PL-S-1.

病变的方法，同时减少下尿路综合征，这表明绿茶儿茶素可能对治疗良性前列腺增生有用。[①]表没食子儿茶素没食子酸酯的凋亡作用还可以通过磷酸二酯酶 V 选择性抑制剂来增强。[②]

人的表皮是一层复层扁平鳞状上皮。皮肤细胞或角质形成细胞在分化过程中，角质形成细胞停止增殖，并经历一系列形态和生化上的程序性变化，最终形成终端分化的死细胞，称为角化细胞。脂肪酸合酶的过量产生是大多数快速生长的组织、脂肪细胞和相当数量的恶性肿瘤的特征。茶叶和茶多酚抑制了表皮生长因子产生的脂肪酸合酶，通过下调表皮生长因子受体的信号转导通路，从而抑制了细胞的脂肪生成和增殖。[③]

绿茶中的表没食子儿茶素没食子酸酯可以增强角质形成细胞的分化，同时不干扰线粒体膜电位， 787
并触发转谷氨酰胺酶的活性，这是促进角质形成细胞死亡和最终分化的关键酶。因此，绿茶多酚被认为是治疗各种皮肤疾病，包括牛皮癣和皮肤癌的重要候选化学预防剂。[④]

在体外组织研究中，绿茶提取物在杀死结肠癌细胞方面表现出比纯化的表没食子儿茶素没食子酸酯更强的功效，大概是因为茶提取物中所含的其他儿茶素似乎对表没食子儿茶素没食子酸酯有帮助。纯化的表没食子儿茶素没食子酸酯主要通过细胞凋亡诱导细胞死亡，而茶叶提取物主要通过细胞坏死诱导细胞死亡。 绿茶提取物中包含的表没食子儿茶素没食子酸酯被证明在对抗结肠癌方面具有与化疗抗癌药物依托泊苷 + 顺铂方案相当的疗效。绿茶提取物诱导的转移性结肠癌细胞比原代结肠癌细胞更易发生细胞死亡。[⑤]

表没食子儿茶素没食子酸酯通过阻断几种受体酪氨酸激酶的激活，抑制细胞增殖并诱导直肠癌细胞凋亡，这些受体包括表皮生长因子受体、人表皮生长因子受体 2、胰岛素样生长因子 1 受体和血管内皮生长因子受体 2。临床试验似乎表明，在息肉切除术后，绿茶儿茶素可以防止异时性结直肠腺瘤的发

---

① Saverio Bettuzzi, Maurizio Brausi, Federica Rizzi, Giovanni Castagnetti, Giancarlo Peracchia and Arnaldo Corti. 2006. ‘Chemoprevention of human prostate cancer by oral administration of green tea catechins in volunteers with high-grade prostate intraepithelial neoplasia: A preliminary report from a one-year proofof-principle study’, *Cancer Research*, 66 ( 2 ) : 1234–1240; Saverio Bettuzzi. 2013. ‘Prevention of human prostate cancer by tea catechins’, *ICOS*, 5, HB-S-1.

② Motofumi Kumazoe, Kaori Sugihara, Shuntaro Tsukamoto, Yukari Tsurudome, Yuhui Huang, Koji Yamada and Hirofumi Tachibana. 2010. ‘Phosphodiesterase V selective inhibitor enhances the pro-apoptotic effect of epigallocatechin-3-gallate by enforcing the epigallocatechin-3-gallate signalling pathway through the 67 LR receptor’, *ICOS*, 4, HB-P-67.

③ Jen Kun Lin. 2004 ‘Fatty acid synthase: An important target of the anti-obesity and cancer chemopreventive effects of green and black teas in rodents’, *ICOS*, 2: 401.

④ Sivaprakasam Balasubramanian, Tatiana Efimova and Richard L. Eckert. 2002. ‘Green tea polyphenol stimulates a Ras, MEKK1, MEK3, and p38 cascade to increase activator protein 1 factor-dependent involucrin gene expression in normal human keratinocytes’, *Journal of Biological Chemistry*, 277 ( 3 ) : 1828–1836; Sivaprakasam Balasubramanian and Richard L. Eckert. 2004. ‘Green tea polyphenol and curcumin inversely regulate human involucrin promoter activity via opposing effects on CCAAT/enhancer-binding protein function’, *Journal of Biological Chemistry*, 279 ( 23 ) : 24007–24014; Sivaprakasam Balasubramanian, Michael T. Stumiolo and Richard L. Eckert. 2004. ‘egcg, a green tea polyphenol, induces differentiation of normal human epidermal keratinocytes’, *ICOS*, 2: 385–388; Hyung June Kim, Huikyoung Chang, Min-Seuk Lee, Seok Yun Baek, Jin-Ho Lee and Hong Tae Kim. 2013. ‘Epigallocatechin-3-O- ( 3-O-methyl ) gallate induced the differentiation of keratinocytes through klotho gene product activation’, *ICOS*, 5, HB-P-54.

⑤ Kazuko Sakamoto, Jin Il Kim, Yukihiko Hara and Christina L. Chang. 2004. ‘Green tea extract is highly comparable to epigallocatechin-3-gallate alone in the cell growth of colorectal adenocarcinoma’, *ICOS*, 2: 397–400.

788 展，而异时性结直肠腺瘤是大肠癌的癌前病变。①

图 11.11　一对吴须十草纹样（钴蓝色条纹）的茶杯。

同样，表没食子儿茶素没食子酸酯和茶叶中的类黄酮化合物与芳香烃受体复合物结合的倾向被认为可以为细胞提供一些保护，抵御二噁英等环境毒素。②一项体外研究表明，表没食子儿茶素没食子酸酯可以减轻用于治疗淋巴瘤的依托泊苷类化疗药物引起的骨髓抑制和白血病等毒性作用。③让小白鼠喝茶可增加细胞色素 P450 酶和尿嘧啶核苷 -5′- 二磷酸葡萄糖醛酸转移酶的水平，从而提高其消除致癌物杂环胺的能力，这种致癌物特别是在熟肉制品中比较常见。

1977 年，杉村隆发现了杂环胺，这类化合物与营养过剩相关的结肠癌、乳腺癌、胰腺癌和前列腺癌有关。在油炸前将茶多酚涂抹在肉类表面可以减少杂环胺的形成，并且可以用它们的致突变性来进行测量。茶多酚还可以抑制由活性氧类和低密度脂蛋白胆固醇氧化引起的心脏病。④流行病学和实验室研究表明，绿茶儿茶素能抑制亚硝胺在胃中的形成，故经常饮用绿茶能预防胃癌，⑤而研究表明，绿茶提取物确能阻止亚硝胺的形成。⑥

---

① Masahito Shimizu and Hisataka Moriwaki. 2013. ‘Green tea extracts for the prevention of metachronous colorectal adenomas’, *ICOS*, 5, HB-S-3.

② Itsuko Fukuda, Rie Mukai, Masaya Kawase, Ken-ichi Yoshida and Hitoshi Ashida. 2007. ‘(-)-epigallocatechin gallate interacts with an aryl hydrocarbon receptor complex’, *ICOS*, 3, HB-P-604.

③ Takashi Hashimoto, Chinatsu Ito, Kazuki Kanazawa and Hitoshi Ashida. 2004. ‘Protective effect of green tea in etoposide-induced apoptosis in rat thymocytes’, *ICOS*, 2: 479–480.

④ John H. Weisburger. 2004. ‘Mechanism of induction of detoxifying enzymes by green or black tea, and application to the detoxification of heterocyclic amines’, *ICOS*, 2: 37–42.

⑤ Shuichi Masuda, Shoko Uchida, Yumeko Terashima, Michiyo Furugori, Naohide Kinae. 2004. ‘Inhibitory effect of green tea on nitrosation of secondary amine in epidemiological and laboratory studies’, *ICOS*, 2: 631–633.

⑥ Shuichi Masuda, Shoko Uchida, Naohide Kinae and 21st COE. 2007. ‘The inhibitory effect of green tea extract on nitrosation of secondary amines in rats and humans’, *ICOS*, 3, HB-P-704.

体外和体内研究表明，绿茶，特别是表没食子儿茶素没食子酸酯在肿瘤的分子活性方面的保护作用与某些蛋白质的增加或减少相关，如表皮生长因子受体、缺氧诱导因子 HIF-1α、肿瘤蛋白 p53、凋亡调节因子 Bcl-2 相关 X 蛋白（BAX）、转录因子催化蛋白 Ap-1 或核因子 NF-kβ。最近的研究表明，所有这些影响都可能是一个更重要的机制的副作用。肿瘤发生中的代谢开关是由细胞上调的活性氧类激素激活的，例如在线粒体中和线粒体上的过氧化氢（$H_2O_2$）以及烟酰胺腺嘌呤二核苷酸磷酸（NADP+）。[1]

茶多酚，如表没食子儿茶素没食子酸酯，能动员肿瘤细胞中的内源性铜离子，保持它们在氧化和还原状态之间的反复运动，从而通过芬顿反应不断产生活性氧类。多酚类物质对恶性肿瘤细胞 DNA 的氧化损伤导致这些细胞死亡。因此，绿茶，特别是表没食子儿茶素没食子酸酯可能会调节基本的致癌 789
过程。[2] 表没食子儿茶素没食子酸酯可能在细胞中有其他非特异性靶点，但其抗癌特性主要由过氧化氢酶的抑制引起的活性氧自由基的积累决定。[3]

在一项以小白鼠为样本的研究表明，绿茶提取物可以减少肿瘤重量和肿瘤细胞的转移。[4] 表没食子儿茶素没食子酸酯作为绿茶中的主要多酚，通过抑制表皮生长因子受体的磷酸化，以及随之而来的抑制下游信号通路，可抑制几种癌细胞系的生长。在人表皮癌细胞 A431 中，实验已经证实了表皮生长因子受体与表没食子儿茶素没食子酸酯的结合，暴露于表没食子儿茶素没食子酸酯中，可以降低磷酸化水平和蛋白质水平，降低的程度取决于剂量。[5]

在多项活体外研究中，表没食子儿茶素没食子酸酯诱导人早幼粒细胞白血病细胞系（HL-60）和其他癌症细胞系的凋亡，因此定期摄入绿茶儿茶素被认为具有化学保护作用。[6] 一些人早幼粒细胞白血病细胞系（HL-60）分化为正常细胞——基因表达为 Bc1-2A1——会抑制凋亡，所以表没食子儿茶素没食子酸酯能够优先触发癌细胞的凋亡。

利用大豆蛋白或丹贝蛋白可对茶儿茶素进行纯化和提取。[7] 多酚 E® 是由三井农林（Mitsui Norin）公司生产的绿茶提取物，含有 63% 的表没食子儿茶素没食子酸酯（EGCG）、11% 的表儿茶素（EC）、

---

① Timo M. Buetler，Mathilde Renard，Elizabeth A. Offord，Heinz Schneider and Urs T. Ruegg. 2002. 'Green tea extract decreases muscle necrosis in mdx mice and protects against reactive oxygen species'，*American Journal of Clinical Nutrition*，75（4）: 749–753; Daniela Erba，Patrizia Riso，Alessandra Bordoni，Paola Foti，Pier Luigi Biagi and Giulio Testolin. 2005. 'The effectiveness of moderate green tea consumption on antioxidative status and plasma lipid profile in humans'，*Journal of Nutritional Biochemistry*，16（3）: 144–149.

② Kazuko Sakamoto. 2010. 'A new insight: A simple action of green tea alters a pathological progression in cancer allergy'，*ICOS*，4，HB-P-05.

③ Sandip Pal，Subrata Kumar Dey，and Chabita Saha. 2014. 'Inhibition of catalase by tea catechins in free and cellular state: A biophysical approach'，*Public Library of Science One*，9（7）: e102460.

④ Chun-Hay Ko，Ke-Wang Luo，Grace G.L. Yue，Kwok-Pui Fung，Ping-Chung Leung and Clara B.S. Lau. 2013. 'Green tea（*Camellia sinensis*）extract exhibited antimetastasis and anti-osteolysis effects in mouse mammary breast cancer model'，*ICOS*，5，HB-P-58.

⑤ Tomohiro Maeda，Yoshiki Kubo，Kazuki Kimura，Tomoko Tanaka，Takeshi Ishii and Mitsugu Akagawa. 2010. '（–）-Epigallocatechin-3-gallate inhibits EGF signaling via covalent binding to the EGF receptor'，*ICOS*，4，H-BP-37.

⑥ Norihisa Okada，Hideaki Tazoe，Takuji Suzuki，Shingo Goto，Akihiro Kaneko and Mamoru Isemura. 2007. 'Diminished epigallocatechin gallate mediated apoptosis in differentiated HL-60 cells'，*ICOS*，3，HB-P-701.

⑦ Kanji Ishimaru，Kazuyuki Ushijima，Takashi Nozwa，Norie Tanaka and Gen-ichiro Nonaka. 2001. 'Purification of catechins using isolated soybean protein or *tempe* protein'，*ICOS*，1（Ⅱ）: 280–283.

6% 的表没食子儿茶素（EGC）和 6% 的表儿茶素没食子酸酯（ECG）。① 空腹服用多酚 E 胶囊一晚上后，可获得游离儿茶素的最佳口服生物利用度和有效性。一包多酚 E 含有多达 800 毫克的表没食子儿茶素没食子酸酯，这是很令人满意的剂量。②

对于身体健康的人来说，每天服用相当于 8~16 杯绿茶的表没食子儿茶素没食子酸酯，或者分次服用，每天两次，连续服用四周，似乎都是安全的。800 毫克剂量的多酚 E 可提高生物利用度。③ 多酚 E
790 已经在有癌症前期支气管病变的重度吸烟者中进行了测试，以确定它在预防肺癌方面的潜力。④ 多酚 E
的临床试验表明，每天服用两包剂量，相当于 8~16 杯绿茶的摄入量，是安全的。⑤ 除了多酚 E，一种名为多酚 B® 的产品已经从红茶多酚中提取出来并得到开发。这两种产品都声称具有抗癌活性。⑥

另一个商业产品，是太阳化学公司生产的 Sunphenon®（品牌），同样由绿茶儿茶素组成。⑦ 该产品同样通过纯化的形式提供茶儿茶素的抗氧化、抗过敏、抗癌和抗微生物等已经在研究中得到证明的性质。⑧2010 年，位于巴塞尔的荷兰国家矿物质营养产品公司（Dutch State Mines Nutrition Products）在瑞士位于克洛滕苏黎世机场的头等舱和商务舱候机室中，对一款名为 Teavigo 的产品进行了消费者测试。

Teavigo 的包装袋内有一种白色粉末，散发着令人愉悦的浓烈气味，可以溶解在不带汽或带汽的水
791 中。最终得到的饮料是一种美味且有益健康的滋补品，这种神奇的粉末中含有 90% 的从绿茶中提取的
表没食子儿茶素没食子酸酯（EGCG），而绿茶提取物中只有 32% ，绿茶茶叶中只有 5%。该产品在机场休息室进行了消费者测试后，并没有转变为大众消费品。不过，巴塞尔生产的 Teavigo 一直在世界各地作为即饮饮料和食品添加剂，2014 年其被太阳化学公司收购。

---

① H.-H. Sherry Chow，Yan Cai，David S. Alberts，Iman Hakim，Robert Dorr，Farah Shahi，James A. Crowell，Chung S. Yang and Yukihiko Hara. 2001. 'Phase I pharmacokinetic study of tea polyphenols following singledose administration of epigallocatechin gallate and Polyphenon E'，*Cancer Epidemiology，Biomarkers and Prevention*，10: 53–58.

② H.-H. Sherry Chow，Iman A. Hakim，Donna R. Vining，James A. Crowell，James Ranger-Moore，Wade M. Chew，Catherine A. Celaya，Steven R. Rodney，Yukihiko Hara and David S. Alberts. 2005. 'Effects of dosing condition on the oral bioavailability of green tea catechins after single-dose administration of Polyphenon E in healthy individuals'，*Cancer Prevention*，11（12）: 4627–4633.

③ H.-H. Sherry Chow，Yan Cai，David S. Alberts，Iman Hakim，Robert Dorr，Farah Shahi，James A. Crowell，Chung S. Yang and Yukihiko Hara. 2001. 'Phase I pharmacokinetic study of tea polyphenols following single-dose administration of epigallocatechin gallate and Polyphenon E'，*Cancer Epidemiology，Biomarkers and Prevention*，10: 53–58; H.-H. Sherry Chow，Yan Cai，Iman A. Hakim，James A. Crowell，Farah Shahi，Chris A. Brooks，Robert T. Dorr，Yukihiko Hara，and David S. Alberts. 2003. 'Pharmacokinetics and safety of green tea polyphenols after multiple-dose administration of epigallocatechin gallate and Polyphenon E in healthy individuals'，*Clinical Cancer Research*，9: 3312–3319.

④ Stephen Lam，Calum MacAulay，Annette McWilliams，Jean le Riche，Adi Gazdar，Ruisheng Yao，Ming You，Jane Khoury，Ralph Buncher，Chung S. Yang，Yukihiko Hara and Marshall Anderson. 2004. 'Phase II trial of Polyphenon E for the chemoprevention of lung cancer'，*ICOS*，2: 355–359.

⑤ Iman A. Hakim and H.-H. Sherry Chow. 2004. 'Green tea，Polyphenon E and cancer prevention'，*ICOS*，2: 660–663.

⑥ Nagini Siddavaram and Chandra Mohan Kurapaty Venkata Poorna. 2007. 'Combinatorial anti-cancer effects of tea polyphenols and bovine lactoferrin in vitro and in vivo: Molecular mechanistic pathways'，*ICOS*，3，HB-S-09.

⑦ Lekh Raj Juneja，M.K. Roy，M.P. Kapoor and T. Okubo. 2007. 'Amazing health benefits of green tea components'，*ICOS*，3，HB-S-10.

⑧ Lekh Raj Juneja，Tsutomu Okubo and Hla Hla Htay. 2004. 'Unlocking the secrets of green tea and its health benefits in humans'，*ICOS*，2: 667–670.

图 11.12 Teavigo 包装袋的正面，尺寸为 3.5 × 8.5 厘米，内装有给人带来强烈愉悦感的白色粉末。



图 11.13 Teavigo 包装袋的背面，该产品曾经在位于瑞士苏黎世机场头等舱和商务舱候机室里短暂出现过一小段时间，但没有在市场上销售。

尽管大量的绿茶和红茶提取物已大规模投入生产，尤其是在肯尼亚，但日本、瑞士和中国生产的高纯度的绿茶提取物越来越多。2013 年，中国推出了 10 种具有较大市场潜力的新产品，如不含乙酸乙酯的高纯度脱咖啡因茶儿茶素、表没食子儿茶素没食子酸酯单体、表没食子儿茶素没食子酸酯（EGCG）和表儿茶素没食子酸酯（ECG）比例较高的茶儿茶素、儿茶素比例较高的茶儿茶素、提纯茶黄素、天然 L- 茶氨酸、甲基化表没食子儿茶素没食子酸酯、脱苦速溶绿茶和冷水可溶性速溶茶等。[①]

对人类急性淋巴细胞白血病——细胞淋巴瘤（Jurkat）细胞代谢物的分析表明，尽管代谢反应不同，但表没食子儿茶素没食子酸酯似乎具有与抗癌药物甲氨蝶呤和 5- 氟尿嘧啶相当的活性。[②] 对于茶多酚的抗癌活性研究引发了相关化合物研究的多样化。例如，研究人员制备了 64 种甲基化表没食子儿茶素没食子酸酯，以研究其潜在的抗癌作用。其中一组甲基化衍生物，即 7-OMe 表没食子儿茶素没食子酸酯，被发现具有与表没食子儿茶素没食子酸酯相当的抑制新（细胞）生长的能力，由于生物利用 792

度的提高，其成为颇具吸引力的候选药物。[③]

一些研究强调人体血浆中类黄酮化合物的生物利用度较低，[④] 但有一种让类黄酮化合物可能发挥影

① Zhonghua Liu. 2013. 'Industrial isolation of tea components for the world market', *ICOS*, 5, PR-S-3.

② Yoshinori Fujimura, Daisuke Miura, Hirofumi Tachibana and Hiroyuki Wariishi. 2010. 'High-throughput metabolic profiling of human leukaemia cells in response to the anti-cancer drugs methotrexate and 5-fluorouracil and to EGCG', *ICOS*, 4, HB-P-34.

③ Takashi Takahashi. 2010. 'Solid-phase synthesis of a combinatorial methylated epigallocatechin gallate library and their biological evaluation', *ICOS*, 4, HB-S-04.

④ Silvina B. Lotito and Balz Frei. 2006. 'Consumption of flavonoid-rich foods and increased plasma antioxidant capacity in humans: Cause, consequence or epiphenomenon?', *Free Radical Biology and Medicine*, 41(12): 1727–1746.

响的机制是与人血清白蛋白中蛋白羰基的形成有关。[①]通过经常饮用绿茶的方式获得达到具有生物可利用浓度的儿茶素，与其报告的效果相比具有明显差异，这表明人们对其作用机制仍知之甚少。尽管如此，它们的抗癌作用在流行病学研究中是可以被观察到的。[②]

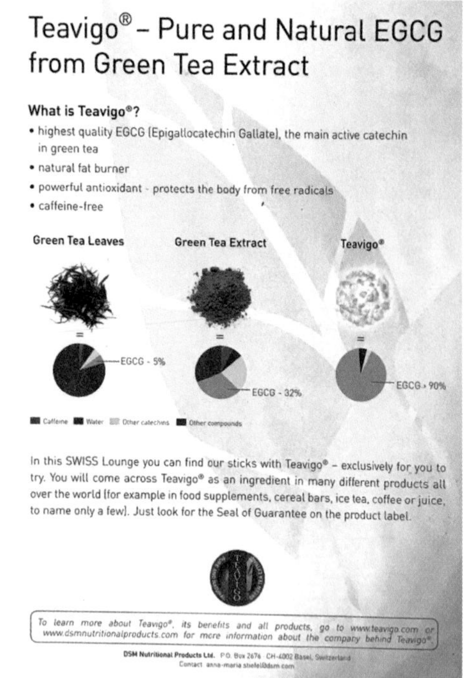

Teavigo® – Pure and Natural EGCG from Green Tea Extract
What is Teavigo®?
• highest quality EGCG (Epigallocatechin Gallate), the main active catechin in green tea
• natural fat burner
• powerful antioxidant - protects the body from free radicals
• caffeine-free
Green Tea Leaves
Green Tea Extract
Teavigo®
EGCG - 5%
EGCG - 32%
EGCG - 90%
Caffeine
Water
Other catechins
Other compounds
In this SWISS Lounge you can find our sticks with Teavigo® - exclusively for you to try. You will come across Teavigo® as an ingredient in many different products all over the world (for example in food supplements, cereal bars, ice tea, coffee or juice, to name only a few). Just look for the Seal of Guarantee on the product label.
To learn more about Teavigo®, its benefits and all products, go to www.teavigo.com or www.dsmnutritionalproducts.com for more information about the company behind Teavigo®.


图 11.14　2010~2011 年在瑞士苏黎世机场的头等舱和商务舱候机室中的 Teavigo 的宣传单页。

在印尼语中，被印度尼西亚人称为“benalu teh”的是一种寄生在咖啡和茶树上的植物，它在印度尼西
793 亚传统上被用作治疗癌症的药物，在体外研究发现“benalu teh”的提取物可以诱导人类白血病 Jurkat T 细胞的凋亡。对 ICR 品系小白鼠[③]的“benalu teh”提取物试验显示，其具有对肝药物代谢 II 期酶谷胱甘肽 -s- 转移酶和醌还原酶的活化作用。[④]甚至也有人在研究阿萨姆茶树树根中所含的甾体皂素在诱导人类白血病细胞凋亡方面的抗癌活性。[⑤]

同样的，茶皂素是一种三萜类化合物，可从茶树（Camellia sinensis）的茶籽或油茶（Camellia oleifera）的茶籽中提取。茶皂素是一种易溶于水的黄色粉末，具有抗炎和抗菌特性，还可以保护茶叶免受害虫的侵害。[⑥]皂甙占茶籽干重的 10%，具有祛痰、抗炎和抑制某些酵母生长的作用，特别是干扰受控进行发酵的味噌和酱油的酵母，如鲁氏接合酵母（Zygosaccharomyces rouxii）。[⑦]传统上，油茶籽榨出的油可以用来润滑炒青用的炒锅的内表面，而且现在人们对油茶的脂质代谢途径有了更充分的认识。通过对茶树和油茶树的基因组进行比较，我们发现有 3022 对基因为直系同源，其中 211 对显示出正选择的迹象。[⑧]

---

① Takeshi Ishii,Taiki Mori,Tatsuya Ichikawa，Maiko Kaku，Koji Kusaka，Yoshinori Uekusa，Mitsugu Akagawa，Yoshiyuki Aihara，Takumi Furuta，Toshiyuki Wakimoto，Toshiyuki Kan and Tsutomu Nakayama. 2010. ‘Structural characteristics of green tea catechins for formation of protein carbonyl in human serum albumin’, *Bioorganic and Medicinal Chemistry*，18（14）: 4892–4896.

② Jun-Ichiro Sonoda，Keiko Narumi，Akio Kawachi，Erisa Tomishige and Toshiro Motoya. 2015. ‘Green tea catechins: Pharmacokinetic properties and health beneficial effects’, *Pharmaceutica Analytica Acta*，6（2）: 1000333.

③ ICR 品系小白鼠是 1926 年从洛桑送到美国的一种白化小白鼠，从 1946 年开始由费城癌症研究所作为实验动物进行繁殖。

④ Takashi Hashimoto，Simona Vicas，Takeshi Suzuki，Kazuo Sambongi and Kazuki Kanazawa. 2007. ‘*Benalu teh* induces apoptosis in Jurkat T cells’, *ICOS*，3，HB-P-702; Simona Vicas，Mayumi Okamoto，Takashi Hashimoto，Takeshi Suzuki，Kazuo Sambongi and Kazuki Kanazawa. 2007. ‘*Benalu teh* activates drug metabolizing phase II enzymes’, *ICOS*，3，HB-P-703.

⑤ P. Ghosh，S.E. Besra，G. Tripathi，S. Mitra and J.R. Vedasiromoni. 2006. ‘Cytotoxic and apoptogenic effect of tea（Camellia sinensis var. assamica）root extract（TRE）and two of its steroidal saponins TS1 and TS2 on human leukaemic cell lines K562 and U937 and on cells of CML and ALL patients’, *Leukaemia Research*，30（4）: 459–468.

⑥ Wu（2004）.

⑦ Katsunori Kohata，Yuji Yamauchi，Tomomi Ujihara and Hideki Horie. 2001. ‘Development of a simple preparation method of tea see saponins and investigation of their physiological properties’, *ICOS*，1（II）: 109–112.

⑧ En-Hua Xia，Jian-Jun Jiang，Hui Huang，Li-Ping Zhang，Hai-Bin Zhang and Li-Zhi Gao. ‘Transcriptome analysis of the oil-rich tea plant，*Camellia oleifera*，reveals candidate genes related to lipid metabolism’, *Public Library of Science One*，9（8）: e104150.

## 茶与肥胖症、糖尿病

有一些证据表明，喝茶如果不加糖和牛奶的话，茶中所含有的成分，可能有助于减少人体脂肪，但喝茶显然不能替代定期锻炼或饮食控制。[①]类似的，一项研究表明绿茶提取物可以抑制因停止使用而引起的肌肉组织萎缩。无论后续的研究是否能证实这一发现，这种潮流当然不应该被用来作为放弃定期体育锻炼的借口。[②]

绿茶的抗肥胖作用在于调节葡萄糖摄取，导致脂肪和肌肉组织中葡萄糖转运蛋白 4（GLUT4）向 794
质膜的转运减少，从而减少葡萄糖摄取。[③]生物化学研究揭示了绿茶儿茶素预防高血糖和胰岛素抵抗的分子机制。[④]绿茶多酚表没食子儿茶素没食子酸酯有助于预防高血糖，以及通过两种不同的途径将葡萄

① Akiro Chikama，Tomonori Nagao，Tadashi Hase and Ichiro Tokimitsu. 2004. ‘Consumption of tea catechin reduces body fat in humans’，*ICOS*，2: 532–533; Yoko Kanemoto，Guodong Zheng，Yukihiko Hara and Kazutoshi Sayama. 2004. ‘Synergistic effects of epigallocatechin gallate and caffeine on fat accumulation and lipid metabolism in mice’，*ICOS*，2: 534–535; Ayumu Nozawa，Kozo Nagata，Takami Kakuda，Mitsuharu Yabune and Yoshitaka Kajimoto. 2004. ‘Galloyl-esterified catechins reduces the serum cholesterol level in humans’，*ICOS*，2: 536–537; Y.K. Kim，J.H. Ki and J.E. Park. 2004. ‘Modulation of adipogenesis and lipolysis by green tea 3T3-L1 adipocytes’，*ICOS*，2: 539–540; Yukiko Aoki，Takashi Hashimoto，Ken-ichi Yoshida and Hitoshi Ashida. 2004. ‘Suppressive effects of catechins on differentiation of 3T3-L1 pre-adipocytes’，*ICOS*，2: 547–548; Ichiro Tokimitsu，Takatoshi Murase and Shinichi Meguro. 2004. ‘Effects of tea catechins on lipid metabolism and body fat accumulation’，*ICOS*，2: 664–666.

② Motoki Murata，Reia Kosaka，Kana Kurihara，Atsushi Nesumi，Mari Maeda-Yamamoto，Koji Yamada and HirofumiTachibana. 2013. ‘Green tea extract suppresses disuse muscle atrophy in mice’，*ICOS*，5，HB-P-31.

③ Hitoshi Ashida，Takashi Furuyashiki，Hironobu Nagayasu，Hiroaki Bessho，H. Sakakibara，Takashi Hashimoto and Kazuki Kanazawa. 2004. ‘Anti-obesity actions of green tea: possible involvements in modulation of the glucose uptake system and suppression of the adipogenesis-related transcription factors’，*BioFactors*，22（1–4）: 135–140; Manabu Ueda，Shin Nishiumi，Hironobu Nagayasu，Itsuko Fukuda，Ken-ichi Yoshida and Hitoshi Ashida. 2008. ‘Epigallocatechin gallate promotes GLUT4 translocation in skeletal muscle’，*Biochemical and Biophysical Research Communications*，377: 286–290; Manabu Ueda-Wakagi，Rie Mukai，Naoya Fuse，Yoshiyuki Mizushina and Hitoshi Ashida. 2015. ‘3-O-Acyl-epicatechins increase glucose uptake activity and GLUT4 translocation through activation of PI3K signaling in skeletal muscle cells’，*International Journal of Molecular Sciences*，16: 16288–16299.

④ Hitoshi Ashida，Takashi Furuyashiki，Hironobu Nagayasu，Hiroaki Bessho，Hiroyuki Sakakibara，Takashi Hashimoto and Kazuki Kanazawa. 2004. ‘Anti-obesity actions of green tea: possible involvements in modulation of the glucose uptake system and suppression of the adipogenesis-related transcription factors’，*BioFactors*，22（1–4）: 135–140; Takashi Furuyashiki，S. Terashima，Hironobu Nagayasu，Atsushi Kaneko，Iwao Sakane，Takami Kakuda，Kazuki Kanazawa，Genichi Danno and Hitoshi Ashida. 2003. ‘Tea extracts modulate a glucose transport system in 3T3-L1 adipocytes’，pp. 224–234 in Fereidoon Shahidi，Chi-Tang Ho，Shaw Watanabe，and Toshihiko Osawa，eds.，*Food Factors in Health Promotion and Disease Prevention.* Washington: American Chemical Society; Takashi Furuyashiki，Hironobu Nagayasu，Yukiko Aoki，Hiroaki Bessho，Takashi Hashimoto，Kazuki Kanazawa and Hitoshi Ashida. 2004 ‘Tea catechin suppresses adipocyte differentiation accompanied by down-regulation of ppar γ 2 and C/ebp α in 3T3-L1 cells’，*Bioscience，Biotechnology and Biochemistry*，68: 2353–2359; Shin Nishiumi，Hiroaki Bessyo，Mayuko Kubo，Yukiko Aoki，Akihito Tanaka，Ken-ichi Yoshida and Hitoshi Ashida. 2010. ‘Green and black tea suppress hyperglycaemia and insulin resistance by retaining the expression of glucose transporter 4 in muscle of high-fat diet-fed C57BL/6J mice’，*Journal of Agriculture and Food Chemistry*，58（24）: 12916–12923; Manabu Ueda，Takashi Furuyashiki，Kayo Yamada，Yukiko Aoki，Iwao Sakane，Itusko Fukuda，Ken-ichi Yoshida and Hitoshi Ashida. 2010. ‘Tea catechins modulate the glucose transport system in 3T3-L1 adipocytes’，*Food and Function*，2: 167–173; Hideaki Miyazaki，Keiko Unno，Hiroyuki Yamamoto，Manami Hara，Kazutoshi Sayama and Minoru Hoshino. 2010. ‘Suppressive effect of green tea components on overactive β-cells induced by high-fat diet consumption’，*ICOS*，4，HB-P-10.

糖转运蛋白 4 转移到质膜，以促进葡萄糖摄取，从而有助于防止葡萄糖不耐受症状。

其中一条途径是表没食子儿茶素没食子酸酯激活磷酸肌醇 3- 激酶和非典型蛋白激酶 C，而不影响胰岛素受体 β 的磷酸化。另一条途径则需要表没食子儿茶素没食子酸酯激活 5′ AMP（腺苷 5′- 单磷酸）活化蛋白激酶。[①] 绿茶提取物可以抑制凝血酶引起的肌球蛋白调节光链的磷酸化，这可能是血管内皮功能障碍的症状。一些茶树品种比其他品种更能产生这种效果。[②]

NSY（Nagoya-Shibata-Yasuda，名古屋—柴田—安田）小鼠是一种自然发育罹患糖尿病的近亲繁
795 殖品种。每天食用绿茶儿茶素有助于防止 NSY 小白鼠成熟时出现 II 型糖尿病。[③] 在完全分化的 3T3-L1 细胞中，观察到表没食子儿茶素没食子酸酯通过抑制甘油 -3- 磷酸脱氢酶的活性来抑制胰岛素诱导的脂肪生成，还可通过测量甘油释放量作为脂质分解的代用指标。同时，表没食子儿茶素没食子酸酯具有抗脂类作用和强烈的脂解作用，但是（+）- 儿茶素则似乎有相反的作用。[④] 表没食子儿茶素没食子酸酯具有诱导受胰岛素刺激的葡萄糖转运蛋白 4（GLUT4）在正常的胰岛素抗性 L6 肌管中移位的性质，这是一种与胰岛素不同的分子机制，并据此推测表没食子儿茶素没食子酸酯可以改善 II 型糖尿病的高血糖症。[⑤]

高脂肪摄入可引起胰腺 β 细胞数量和胰岛素分泌的增加。长期过度活跃的 β - 细胞会呈疲态，从而引发 II 型糖尿病。在对转基因 ICR 小白鼠进行的对照试验中，只在 β - 细胞中标记出绿色荧光蛋白，喂食高脂肪食物与喂食对照食物的同龄小白鼠相比，前者胰岛和 β - 细胞数量增加。相比之下，在高脂肪饮食的小白鼠中，同时摄入绿茶儿茶素和咖啡因的小白鼠 β - 细胞的增速被抑制，从而有助于预防糖尿病。[⑥] 据观察，绿茶儿茶素也可以减少高脂肪饮食的大鼠由肥胖引起的认知障碍。[⑦]

对于儿茶素加强型绿茶的实验结果表明，240 名肥胖的日本人每天摄入 583 毫克儿茶素，12 周

① Hitoshi Ashida. 2013. ‘Tea prevents hyperglycaemia through promoting glucose uptake in skeletal and muscle cells’, *ICOS*, 5, HB-S-6; Yoko Yamashita and Hitoshi Ashida. 2013. ‘The intake of tea prevents postprandial hyperglycaemia by promoting glucose transporter 4 translocation in skeletal muscle’, *ICOS*, 5, HB-P-25.

② Manabu Ueda and Hitoshi Ashida. 2010. ‘Green tea prevents hyperglycaemia by preventing expression of insulin resistant-related proteins in adipose tissue of high-fat diet-fed mice’, *ICOS*, 4, HB-P-18.

③ Fumiyo Takabayashi, Hiroyuki Yamamoto, Kazutoshi Sayama and Noboru Hamada. 2007. ‘The influence of green tea catechins on type 2 diabetes mellitus of NSY mice’, *ICOS*, 3, HB-P-405.

④ Miyako Mochizuki and Noboru Hasegawa. 2007. ‘The effect of green tea catechins on the lipid kinetics in differentiated 3T3-L1 cells’, *ICOS*, 3, HB-P-407.

⑤ Manabu Ueda, Itsuko Fukuda, Ken-ichi Yoshida and Hitoshi Ashida. 2007. ‘Epigallocatechin-3-gallate promotes the translocation of glucose transporter 4 in normal and insulin-resistant L6 myotubes’, *ICOS*, 3, HB-P-401.

⑥ Keiko Unno, Hiroyuki Yamamoto, Ken-ichi Maeda, Fumiyo Takabayashi, Hirotoshi Yoshida, Naomi Kikunaga, Nina Takamori, Shunsuke Asahina, Kazuaki Iguchi, Kazutoshi Sayama and Minoru Hoshino. 2009. ‘Protection of brain and pancreas from high-fat diet: effects of catechin and caffeine’, *Physiology and Behaviour*, 96(2): 262–269.

⑦ Ken-ichi Maeda, Keiko Unno, Hiroyuki Yamamoto, Hirotoshi Yoshida, Shunsuke Asahina, Kazutoshi Sayama and Minoru Hoshino. 2007. ‘The effect of green tea catechins and caffeine on cognitive dysfunction in mice on a high-fat diet’, *ICOS*, 3, hb-p-203; Ken-ichi Maeda, Keiko Unno, Hiroyuki Yamamoto, Kazuaki Iguchi and Minoru Hoshino. 2010. ‘Intake of green tea catechin and caffeine improves brain function in mice chronically fed a high-fat diet’, *ICOS*, 4, HB-P-09; Keiko Unno, Tomokazu Konishi, Shiori Hagiwara, Ken-ichi Maeda, Hiroyuki Yamamoto, Atsushi Takeda, Minoru Hoshino, Akiko Takayanagi and Keiji Wakabayashi. 2007. ‘The ingestion of green tea catechins and caffeine suppresses brain dysfunction in mice caused by highfat diet feeding’, *ICOS*, 5, HB-P-19.

后，体重、脂肪和身体质量指数都有所下降。[1] 习惯喝茶的人体脂更低，腰围和臀围也更小。[2] 在一项研究中，长期服用绿茶儿茶素可以减轻肥胖女性的体重，而那些在不知情的情况下服用安慰剂的 796
女性则没有出现这种情况。[3] 绿茶提取物的抗脂肪生成作用表现在通过降低两种脂肪生成酶——葡萄糖 -6- 磷酸脱氢酶和苹果酸酶——的活性来减少白脂肪组织生成。[4] 茶儿茶素抑制脂肪细胞发育和脂肪堆积的生理机制是：表没食子儿茶素没食子酸酯通过胰岛素信号通路和应激依赖的丝裂原活化蛋白激酶的路径，钝化 O 型叉头框（FoxO1）转录因子，干扰处于克隆增殖和分化阶段的脂肪细胞的细胞周期，达到抑制脂肪细胞分化的结果，从而使得表没食子儿茶素没食子酸酯能够阻碍细胞增殖。[5]

绿茶提取物通过增加小白鼠骨骼肌的耗氧量、脂肪氧化和 β - 氧化，延长小白鼠的游泳时间，从而显示了茶多酚与运动的相互作用，这种相互作用降低了小白鼠的呼吸系数。[6] 绿茶降低了高脂饮食小白鼠的瘦素和视黄醇结合蛋白质 4 的水平，增加了胰岛素样生长因子结合蛋白 1 的表达水平。绿茶改善高血糖的方法之一可能是下调胰岛素阻力相关的蛋白质。[7] 一项研究发现，表没食子儿茶素没食子酸酯和咖啡因的组合具有明显的协同效应，可以选择性地激活肝脏中的肉毒碱棕榈酰转移酶 Ⅱ，而不是脂肪酸合成酶或酰基辅酶 A 氧化酶。[8]

茶渣（chashibu）是在制作绿茶的过程中被丢弃的副产品。这种绿茶制作过程中的副产品来自茶叶摊晾烘干机和初次滚茶的干燥机。一般被丢弃的茶渣的重量占加工茶叶重量的 0.1%~1%，虽然看起来微不足道，但仅在静冈县每年就产生 450 吨茶渣。这种废弃的茶叶中含有与生产出来的绿茶相同的儿茶素量，第一茬鲜茶叶的儿茶素含量为 11%~18%，第二茬的儿茶素含量为 13%~21%。因此，50 吨额外的茶

① Tomonori Nagao, Tadashi Hase and Ichiro Tokimitsu. 2007. 'A green tea extract high in catechins reduces body fat and cardiovascular risks in humans', *Obesity*, 15(6): 1473–1483.

② Chih-Hsing Wu, Feng-Hwa Lu, Chin-Song Chang, Tsui-Chen Chang, Ru-Hsueh Wang and Chih-Jen Chang. 2003. 'Relationship among habitual tea consumption, percent body fat and body fat distribution', *Obesity*, 11(9): 1088–1095.

③ Yuko Suzuki, Ayumu Nozawa, Sachiko Miyamoto, Masahito Nishitani, Yoshitaka Kajimoto and Yuko M. Sagesaka. 2010. 'Reduction of visceral fat in overweight female volunteers by long-term ingestion of tea catechins with a galloyl moiety', *ICOS*, 4, HB-P-36.

④ Yuko Ito, Takafumi Ichikawa, Yasuo Morohoshi, Takeshi Nakamura, Yoichi Saegusa and Kazuhiko Ishihara. 2008. 'Effect of tea catechins on body fat accumulation in rats fed a normal diet', *Biomedical Research*, 29(1): 27–32; Hye-Jin Kim, Seon-Min Jeon, Mi-Kyung Lee, Un Ju Jung, Su-Kyung Shin, Myung-Sook Choi. 2009. 'Antilipogenic effect of green tea extract in C57BL/6J-Lepob/ob mice', *Phytotherapy Research*, 23(4): 467–471; Chikako Sugiura, Shiho Nishimatsu, Tatsuya Moriyama, Sayaka Ozasa, Teruo Kawada and Kazutoshi Sayama. 2012. 'Catechins and caffeine inhibit fat accumulation in mice through the improvement of hepatic lipid metabolism', *Journal of Obesity*, 2012, Article ID 520510.

⑤ Kazuichi Sakamoto, Hyojun Kim, Megumi Kurosu, Keita Tsuchiya, Ako Hiraishi and Ran Zhao. 2010. '(-) - Epigallocatechin gallate suppresses adipocyte differentiation by disturbing the cell cycle at the clonal expansion', *ICOS*, 4, HB-P-11.

⑥ Takatoshi Murase, Satoshi Haramizu, Akira Shimotoyodome, Azumi Nagasawa, Ichiro Tokimitsu. 2005. 'Green tea extract improves endurance capacity and increases muscle lipid oxidation in mice', *American Journal of Physiology: Regulatory, Integrative and Comparative Physiology*, 288(3): 708–715.

⑦ Manabu Ueda and Hitoshi Ashida. 2010. 'Green tea prevents hyperglycaemia by preventing expression of insulin resistant-related proteins in the adipose tissue of high-fat diet-fed mice', *ICOS*, 4, HB-P-18.

⑧ Shiho Nishimatsu and Kazutoshi Sayama. 2007. 'Effects of catechins and caffeine on enzymes related to lipid metabolism in the liver in mice', *ICOS*, 3, HB-P-406.

797 儿茶素可以很容易地以极低的成本获得。毫无疑问，人们很快会抓住这个商机。[1]研究结果显示，口服茶渣对糖尿病大鼠的血浆脂质水平也有类似（口服儿茶素）的影响。[2]

大多数研究都集中在绿茶儿茶素，尤其是表没食子儿茶素没食子酸酯（EGCG），有一项研究声称，没食子儿茶素没食子酸酯（GCG）在绿茶儿茶素中仅占不到1.5%，但在瓶装或罐装茶饮料中占儿茶素含量的近一半，该物质对脂质代谢和血浆胆固醇水平的影响比表没食子儿茶素没食子酸酯更大。[3]茶儿茶素具有降低胆固醇血症的作用，这是由于茶儿茶素能有效地降低胆固醇在混合胶团中的溶解度，从而减少肠道吸收胆固醇。[4]

研究发现，乌龙茶和红茶中含有高分子量的多酚类物质，可以增加线粒体膜电位，降低糖尿病小白鼠的内脏脂肪和血糖水平，这一发现表明，发酵茶也对治疗糖尿病能起到有益作用。[5]对大鼠的研究表明茶对加快胆固醇代谢和减少肝脏中过量积累的胆固醇产生有益影响，这可能来源于茶中的一些多糖。[6]

绿茶中的儿茶素可抑制葡萄糖合成，从而改善血糖控制水平，[7]并可能对胰岛素代谢产生有益
798 影响，[8]红茶同样可能含有降低糖尿病患者高血糖的化合物，[9]因为红茶中的茶黄素能够抑制 α-淀粉酶的活性。[10]然而，与红茶和普洱茶相比，绿茶和乌龙茶对 α-淀粉酶和 α-糖苷酶有更强的抑制作用。咖啡因可以减少对 α-糖苷酶的抑制作用，因此脱咖啡因或低咖啡因绿茶是减肥的最佳选择。[11]

---

① Hiroshi Takano，Tadashi Goto and Yuko Umemori. 2013. ‘The amount of waste tea（*chashibu*）in the process of making green tea and its catechin content’，*ICOS*，5，PRP-22.

② Shinya Uchida，Miki Kikuchi，Hirokazu Wakuda，Masahiko Ikeda，Akio Yamamoto and Shizuo Yamada. 2007. ‘The effect of the repeated oral administration of *chashibu* on plasma lipid levels in diabetic rats’，*ICOS*，3，HB-P-404.

③ Sang Min Lee，Chae Wook Kim，Jung Kee Kim，Hyun Jung Shin and Joo Hyun Baik. 2007. ‘The effect of（-）-gallocatechin gallate on cholesterol metabolism’，*ICOS*，3，HB-P-413.

④ Ikuo Ikeda，Youji Imasato，Eiji Sasaki，Mioko Nakayama，Hirosi Nagao，Tadakazu Takeo，Fumihisa Yayabe and Michihiro Sugano. 1992. ‘Tea catechins decrease micellar solubility and intestinal absorption of cholesterol in rats’，*Biochimica et Biophysica Acta: Lipids and Lipid Metabolism*，1127（2）: 141–146.

⑤ Yuki Hagiwara，Takashi Fujihara，Tetsuo Ozawa and Osamu Numata. 2007. ‘High-molecular-weight polyphenols from fermented teas decrease blood glucose level and prevent fatty liver’，*ICOS*，3，HB-P-403.

⑥ Sayaka Ishikawa，Michiko Ohkura and Fumio Nanjo. 2004. ‘Effect of green tea polysaccharide fraction on the cholesterol metabolism in rat’，*ICOS*，2: 530–531.

⑦ Takuya Wakisaka，Atsuko Otsuka，Takatoshi Murase and Ichiro Tokimitsu. 2004. ‘Anti-diabetic effects of tea catechins in mice’，*ICOS*，2: 567.

⑧ Toshio Maeda，Hirokazu Takatsuka，Masashi Furuya and Masahiro Nakano. 2004. ‘Protective effect of green tea on insulin resistance in spontaneous insulin resistant mice’，*ICOS*，2: 568–569; Mari Shimbo and Yoko Fukino. 2004. ‘The relationship between daily green tea catechin intake and insulin resistance’，*ICOS*，2: 570–571; Tomohisa Ishikawa，Tomomi Katsura，Daisuke Fukudome and Koichi Nakayama. 2004. ‘Effects of catechins in rat pancreatic beta cells’，*ICOS*，2: 572–573.

⑨ Mayuko Kubo，Iwao Sakane，Shin-ichi Sawamura，Ken-ichi Yoshida and Hitoshi Ashida. 2004. ‘Black tea (*Camellia sinensis*) suppresses hyperglycaemia in Streptozotocin-induced diabetic rats’，*ICOS*，2: 561–562.

⑩ Miho Fujieda，Takashi Tanaka，Hisashi Andō and Isao Kōno. 2004. ‘Increase of amylase inhibition activity during tea fermentation and the identification of the active substance’，*ICOS*，2: 563–564.

⑪ J.K. Lin and S.Y. Lin-Shiau. 2006. ‘Mechanisms of hypolipidemic and anti-obesity effects of tea and tea polyphenols’，*Molecular Nutrition and Food Research*，50: 211–217; Dedong Kong，Jing Wu，Shili Sun，Yuefei Wang and Ping Xu. 2014. ‘A comparative study on antioxidant activity and inhibitory potential against key enzymes related to type 2 diabetes of four typical teas’，*Journal of Food and Nutrition Research*，2（9）: 652–658.

有鉴于此，人们进行了各种各样的试验来降低茶中的咖啡因含量。例如，在第三生长期，一种新颖的采青方法是，在第三个生长期摘除第三茬叶芽的尖端，使叶片进一步生长；而在第四个生长期，摘除第四期的叶芽末端，最后采摘下部的第三期生长的茶叶。接着在制作过程中省略常规绿茶生产工艺的最后一道卷叶工序。然而，这种降低茶中咖啡因含量的方法仍有待于进一步阐明。[①]

在中国进行的一项研究表明，消费者普遍认为乌龙茶有助于预防或减少肥胖。中国人普遍认为乌龙茶有助于减肥，这一观点至少得到了一项研究的支持。[②] 三得利的研究部门认为，有真实的临床迹象表明，乌龙茶能促进脂质代谢和肠道中的脂类吸收，降低胆固醇，但他们将其健康益处主要归功于这样一个事实，即 1981 年以来，日本很大一部分软饮料市场被无糖的瓶装或罐装茶，尤其是乌龙茶所占领。[③] 对于儿茶素多酚和咖啡因及其在脂肪氧化中的作用对人体能量消耗的影响的研究，证实了这些流行的观点和商业推测。[④]

图 11.15　19 世纪末 20 世纪初用于外包装箱上的日本茶标签。图片由日本中部茶业公会提供。

对小白鼠的实验表明发酵茶有助于减肥，红茶比乌龙茶或普洱茶更有效。然而，一些研究人员称， 799
普洱茶也能降低血液中的葡萄糖水平，因此对Ⅱ型糖尿病患者有帮助。[⑤] 其机制显然是相同的，通过刺

① Keiko Sakai, Taku Fuchita, Takeshi Ogawa, Eiji Kobayashi, Sohei Ito and Hiroshi Sakai. 2010. 'Novel decaffeination of green tea using a special picking method and shortening of the rolling process', *ICOS*, 4, PR-P-62; Atsuo Miyagishima, Sadahiro Fujiki, Aya Okimura and Shigeru Itai. 2011. 'Novel decaffeination of green tea using a special picking method and shortening of the rolling process', *Food Chemistry*, 125(3): 878–883.

② L. Yi, J. Xu, Y. Zeng, J. Gao, R. Izumi, Y. Fujiwara, Y. Matsui, K. Takahasi and Y. Kiso. 2007. 'Clinical efficacy of Fujian oolong tea on simple obesity', *ICOS*, 3, HB-P-410.

③ Yohkichi Matsui. 2001. 'Oolong tea and beverage', *ICOS*, 1(Ⅳ): 110–113.

④ A.G. Dulloo, C. Duret, D. Rohrer, L. Girardier, N. Mensi, M. Fathi, P. Chantre and J. Vandermander. 1999. 'Efficacy of a green tea extract rich in catechin polyphenols and caffeine in increasing 24-hour energy expenditure and fat oxidation in humans', *American Journal of Clinical Nutrition*, 70(6): 1040–1045; A.G. Dulloo, J. Seydoux, L. Girardier, P. Chantre and J. Vandermander. 2000 'Green tea and thermogenesis: interactions between catechin polyphenols, caffeine and sympathetic activity', *International Journal of Obesity*, 24(2): 252–258; R. Hursel, W. Viechtbauer, A.G. Dulloo, A. Tremblay, L. Tappy, W. Rumpler and M.S. Westerterp-Plantenga. 2011. 'The effects of catechin rich teas and caffeine on energy expenditure and fat oxidation: A meta-analysis', *Obesity Reviews*, 12: e573–e581.

⑤ Xuanjun Wang, Xiao Ma, Chongye Fang and Jun Sheng. 2013. 'Study on the blood glucose decreasing effect of Pu-erh tea', *ICOS*, 5, HB-S-5.

激磷酸肌醇 -3 激酶和 5′AMP- 活化蛋白激酶的磷酸化，促进葡萄糖转运蛋白 4 的移位，从而抑制脂肪生成和改善高血糖的状况。①

研究显示，红茶对喂食高脂肪食物的小白鼠产生的高血糖有影响，与绿茶中的儿茶素类似，同时还能降低血糖和血脂水平。② 红茶可以降低白色脂肪组织和血脂水平。在肠系膜白色脂肪组织中，红茶降低了引起胰岛素抵抗的炎性细胞因子，如肿瘤坏死因子 - α 、白细胞介素 6 和单核细胞趋化蛋白 1 的基因表达，同时，红茶增加了脂质代谢酶，如乙酰辅酶 A 羧化酶和肉毒碱棕榈酰转移酶 I，它通过下调白色脂肪组织中的炎性细胞因子改善脂质代谢和抑制胰岛素抵抗。③

减肥研究还调查了枇杷（这是一种与真正的茶树相关但又截然不同的亚种）的潜在特性。用枇杷的氧化叶子制成的“红茶”，在已经鉴定出的 46 种化合物中，大多数与普通红茶的成分相同。然而，茶黄素的含量与真正的红茶中的含量不同，枇杷茶的浸液中还含有皂苷、山茶皂苷 A 和 B、鞣花丹宁和原花青素。④ 枇杷茶通过抑制胰脂肪酶可对肝脂肪酸合成和餐后高三酰甘油血症进行抑制，具有降低三酰甘油和减肥的特性。⑤

## 茶与心血管健康、过敏、免疫

茶多酚可能通过对心血管产生保护作用而有益于心脏健康。⑥ 一些研究表明，从饮食中摄入茶
800 类黄酮有助于降低罹患冠心病的风险。⑦ 研究人员发现，每天多喝茶，而不是咖啡，可以降低罹患

① Hiroyuki Fujita and Tomohide Yamagami. 2008. ‘Extract of black tea ( Pu-ehr ) inhibits postprandial rise in serum cholesterol in mice, and with long term use reduces serum cholesterol and low density lipoprotein levels and renal fat weight in rats’, *Phytotherapy Research*, 22 ( 10 ) : 1275–1281; Yan Hou, Wanfang Shao, Rong Xiao, Kunlong Xu, Zhizhong Ma, Brian H. Johnstone and Yansheng Du. 2009. ‘Pu-erh tea aquæous extracts lower atherosclerotic risk factors in a rat hyperlipidaemia model’, *Experimental Gerontology*, 44 ( 6–7 ) : 434–439; Lihua Wang and Hitoshi Ashida. 2010. ‘Fermented tea ameliorates hyperglycaemia through stimulating the insulin and 5′ AMP-activated protein kinase signalling pathways’, *ICOS*, 4, HB-P-07.

② Akihito Tanaka, Shin Nishiumi, Iwao Sakane, Itsuko Fukuda, Ken-ichi Yoshida and Hitoshi Ashida. 2007. ‘Black tea prevents hyperglycaemia in high-fat diet fed mice’, *ICOS*, 3, HB-P-402.

③ Sayuri Imada and Hitoshi Ashida. 2010. ‘Black tea prevents hyperglycaemia and obesity in KK-Ay mice’, *ICOS*, 4, HB-P-15.

④ Takuya Shii, Takaaki Tsujita, Takashi Tanaka, Yuji Miyata, Kei Tamaya, Shizuka Tamaru, Kazunari Tanaka, Toshiro Matsui, Takashi Kubayashi and Isao Kōno. 2010. ‘Polyphenols of a tea product produced by the tearolling processing of green tea with leaves of loquat or *Camellia japonica*’, *ICOS*, 4, HB-P-40.

⑤ Shizuka Tamaru, Yuji Miyata, Kei Tamaya, Takashi Tanaka, Toshiro Matsui and Kazunari Tanaka. 2010. ‘Hypotriacylglycerolaemic and anti-obesity properties of fermented tea obtained by mixing green tea leaves and loquat leaves’, *ICOS*, 4, HB-P-55.

⑥ M.R. Negrão, E. Keating, A. Faria, I. Azevedo and M.J. Martins. 2006. ‘Acute effect of tea, wine, beer and polyphenols on ecto-alkaline phosphatase activity in human vascular smooth muscle cells’, *Journal of Agricultural and Food Chemistry*, 54 ( 14 ) : 4982–4988.

⑦ M.G.L. Hertog, E.J.M. Feskens, P.C.H. Hollman, M.B. Katan and D. Kromhout. ‘Dietary antioxidant flavonoids and risk of coronary heart disease: the Zutphen Elderly Study’, Lancet, 342: 1007–1011; M.G.L. Hertog, D. Kromhout, C. Aravanis, H. Blackburn, R. Buzina, F. Fidanza, S. Giampoli, A. Jansen, A. Menotti and S. Nedeljkovic. 1995. ‘Flavonoid intake and long-term risk of coronary heart disease and cancer in the seven countries study’, *Archives of Internal Medicine*, 155 ( 11 ) : 381–386, 1184.

心肌梗死的风险。① 大鼠实验表明，口服绿茶提取物和表没食子儿茶素没食子酸酯可以降低大鼠心肌梗死概率，以及减少因缺血再灌注损伤心肌细胞的数量。② 根据观察，表没食子儿茶素没食子酸酯能抑制会引起更多心肌细胞凋亡的 STAT-1 的活性，从而减少细胞死亡，这有助于血流动力的恢复。③

表没食子儿茶素没食子酸酯能抑制由胆固醇氧化引起的动脉粥样硬化。绿茶儿茶素和咖啡因单独或联合作用于动脉粥样硬化的小白鼠实验表明，可以抑制动脉粥样硬化，降低主动脉中凝集素样氧化型低密度脂蛋白受体 1 和肿瘤坏死因子 - α 的 mRNA 表现度，增加血清中的高密度脂蛋白胆固醇。④

尽管机制尚不清楚，但绿茶多酚和表没食子儿茶素没食子酸酯似乎可以减缓大鼠因肾性高血压引起的左心室肥大症的发展。⑤ 免疫组织化学研究表明，在动脉粥样硬化病变中可以检测到表儿茶素没食子酸酯，但在正常主动脉中检测不到，来自巨噬细胞的泡沫细胞是主动脉中表儿茶素没食子酸酯的靶位点。同时，用 RAW264 细胞进行的体外实验表明，表儿茶素没食子酸酯能够抑制巨噬细胞中清道夫受体 CD36 的基因表达，而这种基因表达是泡沫细胞形成的关键。⑥

一些绿茶多酚可作为白细胞弹性蛋白酶抑制剂，对治疗慢性炎症如类风湿性关节炎或囊性纤维化有益。⑦ 据说绿茶儿茶素可以减轻自身免疫疾病产生的影响。⑧ 多种茶儿茶素（EGCG、EGC、ECG 和 EC）都具有抗过敏作用，但似乎不影响 T 细胞数量或细胞因子白细胞介素 2（一种具有重要免疫调节功能的生物活性蛋白）的水平。 然而，黄酮醇，如杨梅素和槲皮素，特别是山奈酚，确实影响白细胞介素 2 的产生。⑨

在红茶及其没食子酸酯和没食子酸异戊酯中发现的茶黄素，通过阻碍血小板活化因子（1- 烷 801

① H.D. Sesso, J.M. Gaziano, J.E. Buring and C.H. Hennekens. 1999. 'Coffee and tea intake and the risk of myocardial infarction', *American Journal of Epidemiology*, 149(2): 162–167.

② Zhi Zhong, Matthias Froh, Henry D. Connor, Xiangli Li, Lars O. Conzelmann, Ronald P. Mason, John J. Lemasters and Ronald G. Thurman. 2002. 'Prevention of hepatic ischaemia-reperfusion injury by green tea extract', *American Journal of Physiology: Gastrointestinal and Liver Physiology*, 283(4): G957–964; E. Skrydlewska, J. Ostrowksa, R. Farbiszewski and K. Michalak. 2002. 'The protective effect of green tea against lipid peroxidation in the rat liver, blood serum and the brain', *Phytomedicine*, 9(3): 232–238; Bo Zhang, Rukhsana Safa, Dario Rusciano and Neville N. Osborne. 2007. 'Epigallocatechin gallate, an active ingredient from green tea, attenuates damaging influences to the retina caused by ischaemia/reperfusion', *Brain Research*, 1159: 40–53.

③ Tiziano M. Scarabelli and Hisanori Suzuki. 2004. 'Green tea protects cardiomyocytes from ischaemia reperfusion induced apoptosis', *ICOS*, 2: 442–445.

④ Ying Gao, Izumi Nagai and Kazutoshi Sayama. 2010. 'The effects of catechins and caffeine on the development of arteriosclerosis in mice', *ICOS*, 4, HB-P-35.

⑤ Mao Weifeng, Song Van, Han Chi, and Li Ning. 2004. 'Molecular mechanisms of green tea and tea extracts inhibiting cardiac hypertrophy induced by renal hypertensions in rats', *ICOS*, 2: 393–396.

⑥ Junji Terao and Yoshichika Kawai. 2010. 'The possible role of(-)-epicatechin gallate in the anti-atherosclerotic actions of tea catechins', *ICOS*, 4, HB-S-02.

⑦ Matthias H. Kreuter & Marco I. Netsch. 2010. 'Die Teepflanze und ihre Werkstoffe', pp. 77–79 in Oppliger(2010).

⑧ Yoshiaki Sakoda, Kazutoshi Sayama and Naoki Ikegaya. 2004. 'Effect of green tea catechins on the development of autoimmune disease in mice', *ICOS*, 2: 553–554.

⑨ Kazumi Asai, Sawako Moriwaki and Marl Maeda Yamamoto. 2004. 'Effect of tea components on cytokine production in human T cells', *ICOS*, 2: 389–392.

基 -2- 乙酰基 - 锡 - 甘油 -3- 磷酸胆碱）的合成而成为家兔体内血小板聚集的有效抑制剂，这种化合物能够激活炎症和过敏过程中涉及的多种细胞，如中性粒细胞、肥大细胞和内皮细胞。[①] 茶氨酸是乙胺（一种烷基胺）的前体。由于伽马德尔塔 T 细胞（gamma delta Tcell）的激活严格依赖于与烷基胺类的接触，绿茶有助于激活这种细胞，包括 2%~5% 的人类外周血 T 细胞，并在感染期间扩大 50 倍，这样就可筑起在数小时内抵御细菌、病毒和寄生虫感染的第一道防线。绿茶可以无副作用地提高免疫力。[②]

绿茶提取物具有提高治疗丙型肝炎的经典疗法疗效的作用，在一种有效治疗丙型肝炎的治疗方法出现之前，此前对于这一问题的研究已初见曙光。[③] 然而更一般地来讲，绿茶的主要成分表没食子儿茶素没食子酸酯（EGCG）已被证明具有抗感染的特性，对逆转录病毒科、正黏液病毒科和黄病毒科，以及人类免疫缺陷病毒、甲型流感病毒和丙型肝炎病毒等重要的人类病原体都具有不同的抗病毒作用。[④]

定期饮用绿茶可以降低儿童流感的发病率。[⑤] 一项针对养老院居民的前瞻性群组研究表明，绿茶儿茶素可以帮助预防流感传染。[⑥] 绿茶可以预防和缓解流感症状。[⑦] 一组来源于表没食子儿茶素没食子酸酯的长烷基链脂肪酸单酯能够抑制人类致病性流感病毒 A 和 B，包括临床分离的、对奥司他韦磷酸盐和金刚烷胺耐药的病毒。研究还表明，表没食子儿茶素没食子酸酯单乳酸酯通过与病毒附着在宿主细
802 胞上的病毒蛋白质相互作用，强烈抑制鸡胚中的甲型禽流感病毒，从而诱导病毒表面结构的形态变化，

① Junko Sugatani，Nana Fukazawa，Takahiro Iwai，Koichi Yoshinari，Ikuo Abe，Hiroshi Noguchi and Masao Miwa. 2004. ‘Study on anti-allergic and anti-inflammatory actions by tea extracts’，*ICOS*，2: 446–449.

② Jack F. Bukowski. 2004. ‘Drinking tea enhances innate immunity’，*ICOS*，2: 671–673.

③ Yoichi Sameshima，Masahiro Takayanagi，Setsuo Utsunomiya，Tetsuya Mizutani and Kazuyuki Goshima. 2004. ‘Enhanced efficacy of interferon alpha 2B and ribavirin combination therapy by green tea powder: Studies in chronic hepatitis C patients with very high genotype 1 hcv load’，*ICOS*，2: 454–457; Sandra Ciesek，Thomas von Hahn，Che C. Colpitts，Luis M. Schang，Martina Friesland，Jörg Steinmann，Michael P. Manns，Michael Ott，Heiner Wedemeyer，Philip Meuleman，Thomas Pietschmann and Eike Steinmann. 2011. ‘The green tea polyphenol，epigallocatechin-3-gallate，inhibits hepatitis C virus entry’，*Hepatology*，54（6）: 1947–1955; Noémie Calland，Anna Albecka，Sandrine Belouzard，Czeslaw Wychowski，Gilles Duverlie，Véronique Descamps，Didier Hober，Jean Dubuisson，Yves Rouillé and Karin Séron. 2012. ‘(-) -Epigallocatechin-3-gallate is a new inhibitor of hepatitis C virus entry’，*Hepatology*，55（3）: 720–729.

④ Mendel Friedman. 2006. ‘Overview of antibacterial，antitoxin，antiviral，and antifungal activities of tea flavonoids and teas’，*Molecular Nutrition and Food Research*，51（1）: 116–134; J. Steinmann，J. Buer，T. Pietschmann and E. Steinmann. 2013. ‘Anti-infective properties of epigallocatechin-3-gallate（EGCG），a component of green tea’，*British Journal of Pharmacology*，168（5）: 1059–1073.

⑤ Mijong Park，Shinya Kaji，Kumi Matsushita，Toshiro Kitagawa，Kazuhiro Kosuge and Hiroshi Yamada. 2010. ‘Association between green tea consumption and incidence of influenza infection among elementary school children: A questionnaire survey’，*ICOS*，4，HB-P-06.

⑥ Hiroshi Yamada. 2013. ‘Clinical effects of green tea components on preventing influenza infection’，*ICOS*，5，HBS-4.

⑦ C.A. Rowe，M.P. Nantz，J.F. Bukowski and S.S. Percival. 2007. ‘Specific formulation of *Camellia sinensis* prevents cold and flu symptoms and enhances gamma delta T cell function: A randomised，double-blind，placebo-controlled study’，*Journal of the American College of Nutrition*，26（5）: 445–452.

在早期阶段阻断病毒感染。[1]

20 世纪 70 年代儿茶素对应激性溃疡形成的保护作用被首次报道。[2] 目前，一项关于儿茶素对大鼠胃黏膜损伤的保护作用的研究表明，儿茶素对胃黏膜损伤有保护作用。[3] 在大鼠结肠炎实验中，表没食子儿茶素没食子酸酯通过抑制结肠组织中超氧化物的产生而对炎症性肠病起到缓和剂的作用。[4] 绿茶中的抗氧化剂对糖皮质激素诱导的基因表达具有潜在的治疗价值。[5] 表儿茶素没食子酸酯（ECG）和表没食子儿茶素没食子酸酯（EGCG）清除了炎症过程中产生的过量活性次卤酸，从而保护了 DNA 和蛋白质的完整性。[6]

茶儿茶素加热后，(-)-表没食子儿茶素-3-O-没食子酸酯（EGCG）及其邻甲基衍生物(-)-表没食子儿茶素-3-O-(3-O-甲基)没食子酸酯（EGCG3"Me）产生了它们的 C-2 异构体(-)-没食子儿茶素-3-O-没食子酸酯（GCG）和(-)-没食子儿茶素-3-O-(3-O-甲基)没食子酸酯（GCG3"Me）。在雄性小白鼠中，这些热源性化合物的口服药能够有效地防止卵白蛋白引起的 I 型过敏，与相应的原始儿茶素有效性一样，也能抑制白细胞介素 4 和免疫球蛋白 E 的增加。这些发现表明，茶儿茶素由于加热产生的 C-2 差向异构化（epimerization）并不会降低其抗过敏的性能。[7]

几种耐甲氧西林的金黄色葡萄球菌中已经出现了万古霉素耐药性，并且不可避免地，这种耐药性迟早会在新型抗生素达福普汀、利奈唑胺和达托霉素中出现。之所以会在耐甲氧西林的金黄色葡萄球菌中出现对甲氧西林和其他 β-内酰胺类药物的耐药性，是由于这类葡萄球菌获得了一种改进的青霉 803

---

① Mikio Nakayama, Kenji Suzuki, Masako Toda, Sachie Okubo, Yukihiko Hara, Tadakatsu Shimamura. 1993 'Inhibition of the infectivity of influenza virus by tea polyphenols', *Antiviral Research*, 21: 289–299; Nobuko Imanishi,YumikoTuji,Yuko Katada, Miyuki Maruhashi, Satoko Konosu, Naoki Mantani, Katutoshi Terasawa and Hiroshi Ochiai. 2002. 'Additional inhibitory effect of tea extract of the growth of influenza A and B viruses in MDCK cells', *Microbiology and Immunology*, 46(7): 491–494; Deba Prasad Nayak and Udo Reichl. 2004. 'Neuraminidase activity assays for monitoring MDCK cell culture derived influenza virus', *Journal of Virological Methods*, 122(1): 9–15; Jae Min Song, Ki Duk Park, Kwang Hee Lee, Young Ho Byun, Ju Hee Park, Sung Han Kim, Jae Hong Kim and Baik Lin Seong. 2007. 'Biological evaluation of anti-influenza viral activity of semi-synthetic catechin derivatives', *Antiviral Research*, 76:178–185; Shuichi Mori, Shinya Miyake, Takayoshi Kobe, Takaaki Nakaya, Stephen D. Fuller, Nobuo Kato and Kunihiro Kaihatsul. 2008. 'Enhanced anti-influenza A virus activity of(-)-epigallocatechin-3-O-gallate fatty acid monoester derivatives: effects of alkyl chain length', *Bioorganic and Medicinal Chemistry Letters*, 18: 4249–4252; Kunihiro Kaihatsu, Shuichi Mori, Hiroyo Matsumura, Tomo Daidoji, Chiharu Kawakami, Hideshi Kurata, Takaaki Nakaya and Nobuo Kato. 2009. 'Broad and potent anti-influenza virus spectrum of epigallocatechin-3-O-gallate-monopalmitate', *Journal of Molecular Genetic*, 3(2):195–197.

② W. Lorenz, J. Kusche, H. Barth and C.H. Mathias. 1973. 'Action of several flavonoids on enzyme of histidine metabolism *in vitro*'. pp. 265–269 in Czesław Maśliński, ed. *Histamine: Mechanism of Regulation of the Biogenic Amines Level in the Tissues with Special Reference to Histamine.* Stroudsberg, Pennsylvania: Dowden, Hutchinson and Ross; N.S. Parmar and Shikha Parmar. 1998. 'Anti-ulcer potential of flavonoids', *Indian Journal of Physiology and Pharmacology*, 42(3): 343–351.

③ Kazuhiro Imatake, Teruaki Matui, Hideki Satou, Yasuyuki Arakawa, Takami Kakuda and Ayumu Nozawa. 2004. 'The protective effect of catechin on gastric mucosal lesions in rats, and its hormonal mechanisms', *ICOS*, 2: 439–441.

④ Miyako Mochizuki, Hayato Shigemura and Noboru Hasegawa. 2004. 'Ameliorative effect of EGCG on acute experimental colitis', *ICOS*, 2: 491–492

⑤ Ikuro Abe, Kaoru Umehara, Kiyomitsu Nemoto, Masakuni Degawa and Hiroshi Noguchi. 2004. 'Green tea polyphenols as potent enhancers of glucocorticoidinduced gene expression', *ICOS*, 2: 601–602.

⑥ Toshihiko Osawa. 2007. 'Tea catechins strongly scavenge the over-produced free radicals during the process of inflammation', *ICOS*, 3, HB-S-11.

⑦ Kyoji Yoshino, Yuji Yamashita, Toshio Miyase, Eriko Terasaka and Mitsuaki Sano. 2010. 'Epimeric isomers of tea catechins prevent mouse type I allergy', *ICOS*, 4, HB-P-04.

素结合蛋白（PBP2a），而 β - 内酰胺类药物对 PBP2a 的结合性较差。在绿茶中发现的儿茶素之一，表儿茶素没食子酸酯（ECG）可以在大多数耐多种药物的金黄色葡萄球菌中通过在细菌膜中插入改性剂使耐多种药物的金黄色葡萄球菌对内酰胺类抗生素敏感，从而减少内酰胺耐药性。这种表儿茶素没食子酸酯（ECG）的插入损害了细胞壁的合成，而细胞壁的合成部分是由青霉素结合蛋白介导的。

此外，这种细胞膜的插入抑制了毒素和蛋白质的出口，而这些毒素和蛋白质是耐多种药物金黄色葡萄球菌感染所必需的。[1] 将表儿茶素没食子酸酯插入细胞质膜中会降低细菌效率，从而干扰毒性决定因子的分泌并降低潜在的致病性。[2] 但是，不同的细菌种类之间细胞壁的不同结构，使得表没食子儿茶素没食子酸酯在抗菌能力方面表现出不同的功效。[3]

韩国研究人员已经证实，从茶叶中提取的儿茶素能够阻止细菌的生长，而这种细菌正是韩国泡菜发酵的原因。茶儿茶素的抗菌活性可能和泡菜发酵中的多种细菌，如酿酒片球菌、肠膜明串珠菌、粪链球菌（又称粪肠球菌）、短乳杆菌、植物乳杆菌，一样令人着迷。[4]

绿茶对肠道微生物的组成有益，可以增加乳酸杆菌和双歧杆菌的比例，减少大肠杆菌的相对数量。[5] 目前对改良的（-）表儿茶素没食子酸酯也开展了这方面的研究。[6] 当给予茶多糖、表没食子儿茶素没食子酸酯和表没食子儿茶素时，巨噬细胞的噬菌活性增强，因为表没食子儿茶素通过半胱天冬酶信号路径明显增强了其吞噬活性。[7]

茶除了具有抗菌、抗氧化和降胆固醇的作用外，还有益于口腔健康。[8] 大约在 1083 年，苏东坡在《东坡杂记》中写到茶有助于防止蛀牙和促进口腔卫生（此见于《东坡杂记》中“漱茶说”，文末注“元祐六年八月十三日”。——编者注）。1541 年，明代的钱椿年撰写的《茶谱》（有专家考证，钱椿年
804 撰写《茶谱》是在 1530 年前后。——编者注）中再次提出饮茶促进牙齿健康的观点。[9] 今天我们知道，

① Peter W. Taylor，Patricia Bernal and Paul D. Stapleton. 2007. ‘Interactions of（-）-epicatechin gallate and methicillin-resistant *Staphylococcus aureus*’，*ICOS*，3，HB-S-01; Peter W. Taylor，Patricia Bernal，Manuela Cerdán-Calero and Vicente Micol. 2010. ‘Disruption of membrane-associated staphylococcal function by epicatechin gallate’，*ICOS*，4，HB-P-14; Peter W. Taylor. 2010. ‘Antibacterial properties of tea-derived catechins’，*ICOS*，4，HB-S-03.

② Peter W. Taylor，Paul D. Stapleton，Saroj Shah and James C. Anderson. 2004. ‘Modification of Staphylococci by catechin gallates’，*ICOS*，2: 414–417.

③ Zhi-Qing Hu，Wei-Hua Zhao and Tadakatsu Shimamura. 2004. ‘Different susceptibilities of *Staphylococcus* and gram-negative rods to（-）-epigallocatechin gallate’，*ICOS*，2: 578–581.

④ Ji-Hyang Wee and Keun-Hyung Park. 2001. ‘Retardation of kimchi fermentation and growth inhibition of related microorganisms by tea catechins’，*ICOS*，1（Ⅳ）: 97–99.

⑤ Abdul L. Molan，John Flanagan and Paul Moughan. 2007. ‘Prebiotic activity of green tea *in vitro* and *in vivo*’，*ICOS*，3，HB-P-805.

⑥ J.C. Anderson，C. Headley，Paul D. Stapleton and Peter W. Taylor. 2005. ‘Asymmetric total synthesis of B-ring modified（-）-epicatechin gallate analogues and their modulation of β-lactam resistance in *Staphylococcus aureus*’，*Tetrahedron*，61（32）: 7703–7711.

⑦ Manami Monobe，Kaori Ema，Yoshiko Tokuda and Mari Maeda-Yamamoto. 2010. ‘Enhancement of the phagocytic activity of macrophage-like cells with components derived from green tea（*Camellia sinensis*）extract’，*ICOS*，4，HB-P-21.

⑧ Christine D. Wu，Peter Lingstrom and James S. Wefe. 2004. ‘Tea polyphenols inhibit growth，accumulation and acidogenicity of human dental plaque bacteria’，*ICOS*，2: 423–425.

⑨ Huáng（2000: 563）.

茶多酚可能实际上发挥了对口腔卫生有益的影响。[①]

茶黄素和茶多酚被认为可通过阻碍多糖转移酶的活性来抑制斑块的形成，从而使龋齿细菌无法附着在牙齿表面。因此，据称茶黄素和茶多酚不仅可以减少流感病毒的传染，还可以预防龋齿。经常用茶叶提取物漱口可以抑制人类牙龈上斑块细菌，如链球菌的再生、糖酵解和代谢，体外研究似乎能够证实茶多酚，以及儿茶素可以抑制与龋齿、牙周疾病和口臭有关的部分口腔病原体的生长。[②] 一项体外研究表明，茶多酚可通过抑制肠道葡萄糖硫酸化和醛酸化代谢来提高药物的口服生物利用度。[③]

## 茶与认知能力

禅宗修行者、作家和艺术家一直宣称，茶有提神功效。最近的一项仅使用红茶的研究就已经证明，茶还能提高人的创造力，或者用当前的心理学术语来说，茶已经被证明能够提高完成聚合型创造力任务和分散型创造力任务的能力。[④] 茶叶中的多酚类物质可能产生的认知效应与咖啡因和茶氨酸产生的认知效应完全不同。据报道，绿茶中的儿茶素可以在金属离子存在的情况下防止神经退行性疾病，如帕金森氏综合征和阿尔茨海默氏症。[⑤] 一项对饮用绿茶的老鼠的研究表明，每日饮用绿茶可以协同增强抗氧化能力，因此能预防与氧化应激有关的退行性疾病也就不足为奇了。[⑥]

另一项涉及幼鼠的研究表明，喂食富含儿茶素的食物可以增加其大脑皮层的多巴胺，这表明儿茶素增强认知能力的机制可能与儿茶素对去甲肾上腺素系统和多巴胺系统的影响有关。[⑦] 绿茶中含有的化合物的抗氧化活性似乎可以增强大脑抗衰老的能力，预防大脑萎缩和认知功能障碍。[⑧]

尽管绿茶在日本随处可见，但并不是每个人都喜欢喝。2002 年对 1003 名 70 岁及以上老年人进行 805
的老年综合评估（Comprehensive Geriatric Assessment）显示，较高的绿茶饮用量与较低的认知障碍患

---

① Jeremy M.T. Hamilton-Miller. 2001. 'Anti-cariogenic properties of tea（Camellia sinensis）', *Journal of Medical Microbiology*, 50（4）: 299–302; Peter W. Taylor, Jeremy M.T. Hamilton-Miller and Paul D. Stapleton. 2005. 'Antimicrobial properties of green tea catechins', *Food Science Technology Bulletin*, 2: 71–81; Maryam Moezizadeh. 2013. 'Anticariogenic effect of tea: A review of literature', *Journal of Dentistry and Oral Hygiene*, 5（9）: 89–91.

② Takashi Mizuma, Hiroyuki Kawashima, Marie Tanaka and Masahiro Hayashi. 2004. '（-）-Epigallocatechin gallate,（±）-catechin and tannic acid inhibit sulphation metabolism to enhance intestinal drug absorption: in vitro study using Caco-2 cells', *ICOS*, 2: 427–430.

③ Kunihiro Kaihatsu. 2010. 'The inhibition of influenza virus infection by epigallocatechin-3-O-gallate（EGCG）fatty acid monoesters', *ICOS*, 4, HB-S-08.

④ Yan Huang, Yera Choe, Soomin Lee, Enzhe Wang, Yuanzhi Wu and Lei Wang. 2018. 'Drinking tea improves the performance of divergent creativity', *Food Quality and Preference*, 66: 29–35.

⑤ Orly Weinreb, Sylvia A. Mandel, Tamar Amit and Moussa B. Youdim. 2004. 'Neurological mechanisms of green tea polyphenols in Alzheimer's and Parkinson's diseases', *Journal of Nutritional Biochemistry*, 15（9）:506–516.

⑥ Hiroyuki Sakakibara, Hitoshi Ashida, Itsuko Fukuda, Takashi Furuyashiki, Yuji Nonaka, Takashi Sano and Kazuki Kanazawa. 2004. 'Intake of green tea increases antioxidative potency in rats',*ICOS*, 2: 511-512.

⑦ Nien Vinh Lam, Tamiko Hatakeyama, Satoshi Okuyama, Takehito Terashima and Hidehiko Yokogoshi. 2004. 'Effects of green tea catechins on passive avoidance task and neurotransmitters in rats', *ICOS*, 2: 435–438.

⑧ Keiko Unno, Fumiyo Takabayashi, Takahiro Kishido, Naomi Kinouchi and Naoto Oku. 2004. 'Suppressive effect of green tea catechins on morphological and functional regression of the brain in aged mice', *ICOS*, 2: 592–593.

病率呈现出明显的正相关性。[1] 相关小白鼠实验表明，表没食子儿茶素没食子酸酯（EGCG）可以减少由淀粉样蛋白 β 介导的认知障碍，降低大脑淀粉样蛋白 β 的水平和斑块。[2] 在维斯塔尔（Wistar）大鼠的实验中，绿茶儿茶素被证明可以预防由淀粉样蛋白 $\beta_{1-40}$ 注入引起的认知缺陷。[3]

注射绿茶儿茶素之后，$A\beta_{1-40}$ 注入型认知功能受损大鼠的记忆力比同样受损但未注射的大鼠要好。研究人员将这种差异归因于绿茶儿茶素改善了大脑皮层的氧化应激反应。[4] 在快速衰老型的小白鼠（SAMP10）中，绿茶儿茶素可能通过其抗氧化功能阻碍大脑的形态和功能退化，但记忆相关基因的表达也因绿茶儿茶素的摄入而得以上调。同时，表没食子儿茶素没食子酸酯通过提高突触素水平来防止老年小白鼠突触受损。[5]

据称，绿茶可以增强记忆力。阿尔茨海默病是由于乙酰胆碱酯酶活性增强、神经递质乙酰胆碱减少，一些研究人员声称绿茶在一定程度上可以缓解这种症状。绿茶还能抑制丁酰胆碱酯酶和 β 分泌酶，这两种酶似乎与罹患阿尔茨海默病患者大脑中积累的特征性蛋白质斑块有关。[6] 然而，茶叶中含有的表没食子儿茶素没食子酸酯（EGCG）的神经保护作用有可能预防中风的相关研究尚无定论。[7]

用多酚 E® 这种前面已经讨论过的精制绿茶多酚的提取物，喂养幼年大鼠时，与对照组相比，前
806 者的迷宫解决能力提高了。空间认知学习能力的提高初步归功于茶多酚清除自由基的抗氧化作用。[8]
以多酚 E 的形式给予绿茶儿茶素，还可以人为地减少由淀粉样蛋白 β 在大鼠脑中弥漫所造成的记忆

① Shinichi Kuriyama. 2007. 'Green tea consumption and cognitive function: Evidence from a cross-sectional study', *ICOS*, 3, HB-S-03.

② Kavon Rezai-Zadeh, Gary W. Arendash, Huayan Hou, Frank Fernandez, Maren Jensen, Melissa Runfeldt, R. Douglas Shytle and Jun Tan. 2008. 'Green tea epigallocatechin-3-gallate (EGCG) reduces beta-amyloid mediated cognitive impairment and modulates tau pathology in Alzheimer transgenic mice', *Brain Research*, 1214: 177–187.

③ Abdul M. Haque, Michio Hashimoto, Masanori Katakura, Yukihiko Hara and Osamu Shido. 2008. 'Green tea catechins prevent cognitive deficits caused by A β 1–40 in rats', *Journal of Nutritional Biochemistry*, 19 (9) : 619–626; Angelique Stalmach and Alan Crozier. 2010. 'The bioavailability and bioactivity of green tea flavan-3-ols', *ICOS*, 4, HB-S-06.

④ Abdul M. Haque, Michio Hashimoto, Masanori Katakura, Yukihiko Hara and Osamu Shido. 2010. 'Green tea catechins-induced prevention on impairment of memory learning in amyloid β-infused rats associates with the decrease of amyloid β levels in cerebral cortex', *ICOS*, 4, HB-P-03.

⑤ Keiko Unno. 2007. 'The anti-senescence effect of green tea on the brain', *ICOS*, 3, HB-S-05; Keiko Unno, Yuichi Ishikawa, Toshiya Ohtaki, Toru Sasaki and Minoru Hoshino. 2010. 'Active component in green tea catechins and intake period suppresses brain dysfunction in aged mice', *ICOS*, 4, HB-P-13.

⑥ Edward J. Okello, Sergey U. Savelev and Elaine K. Perry. 2004. 'In vitro anti-β-secretase and dual anti-cholinesterase activities of Camellia sinensis L. (tea) relevant to treatment of dementia', *Phytotherapy Research*, 18 (8) : 624–627; Tohru Hasegawa, Edward Okello and Tatsuo Yamada. 2005. 'Protective effect of Japanese green tea against cognitive impairment in the elderly, a twoyears follow-up observation', Alzheimer's & Dementia, 1 (Suppl 1) : S100; Edward J. Okello, G.J. McDougall, S. Kumar and C.J. Seal. 2011. 'In vitro protective effects of colon-available extract of Camellia sinensis (tea) against hydrogen peroxide and beta-amyloid (A β (1–42)) induced cytotoxicity in differentiated PC12 cells', *Phytomedicine*, 18 (8–9) : 691–696.

⑦ Astrid Nehlig. 2004. 'Can tea consumption protect against stroke', pp. 53–71 in Nehlig (op.cit.) ; Brad A. Sutherland, Rosanna M.A. Rahman and Ian Appleton. 2006. 'Mechanisms of action of green tea catechins, with a focus on ischaemia-induced neurodegeneration', *Journal of Nutritional Biochemistry*, 17 (5) : 291–306.

⑧ M.A. Haque, Michio Hashimoto, Yoko Tanabe, Yukihiko Hara and Osamu Shido. 2004. 'Chronic administration of Polyphenon E improves spatial cognitive learning ability in rats', *ICOS*, 2: 431–434.

障碍。[1]

长期服用多酚 E® 可以提高大脑中被注入了淀粉样蛋白 β 的大鼠的空间认知和学习能力。[2] 长期以多酚 E 的形式摄入绿茶儿茶素，可以增加大鼠的海马体和大脑皮层中过氧化氢酶、谷胱甘肽过氧化物酶和谷胱甘肽还原酶的活性。脑组织中这些抗氧化酶活性的增强表明，茶可以改善长期认知功能和记忆力，并可能有助于防止与年龄增长相关的认知能力下降。[3]

图 11.16　安东尼·范·列文虎克（Antoni van Leeuwenhoek，1632~1723 年）。17 世纪许多科学家声称喝茶对预防肾结石有好处，他是其中之一。图片来源于阿姆斯特丹国立博物馆。

## 茶与肾肝健康

一些人认为茶会导致脱水，而另一 807
些人则认为茶可以补水。显然，喝的茶主要由水构成，在任何字面意义上不会造成脱水。然而，茶，特别是红茶，含有的草酸盐可以在肾脏中堆积。绿茶中草酸盐含量也很高，几乎与菠菜中的草酸盐含量一样高，特别是当茶叶在种植过程中有大量的氮供给的时候。遮阳栽培的玉露茶和碾茶的硝酸盐和草酸盐含量高于不遮阳栽培的煎茶。摄入过量的草酸会抑制钙的吸收，从而增加肾结石和尿道结石形成的风险。[4]

因此，建议有患肾结石风险的人不要喝太多的茶。这与 17 世纪的医学报告结论截然不同，17 世纪的医学报告普遍宣称喝茶可通过清洗肾脏有助于预防肾结石，1610 年的利玛窦、1631 年的雅各布·德·邦德、1651 年的亚历山大·德·罗德斯、1655 年的马蒂诺·马蒂尼、1656 年的奥莱里乌斯、1660 年的托马斯·戈尔韦、1678 年的邦特科、1679 年的多贝尼埃、1682 年的奥文顿和 1692 年

① Abdul M. Haque，Michio Hashimoto，Masanori Katakura，Yukihiko Hara and Osamu Shido. 2007. 'The protective effect of green tea catechins against amyloid β induced memory impairment involves inhibition of brain oxidative stress in Alzheimer's disease model rats'，*ICOS*，3，HB-P-202.

② Abdul Haque，Michio Hashimoto，Masanori Katakura，Yoko Tanabe，Yukiko Hara and Osamu Shido. 2007. 'The preventive effect of green tea catechins on amyloid β induced impairment of cognitive learning ability in Alzheimer's disease model rats'，*ICOS*，3，HB-S-06.

③ Kohinoor Begum Himi，Michio Hashimoto，Masanori Katakura，Abdul M. Haque，Yukihiko Hara and Osamu Shido. 2007. 'Long-term administration of green tea catechins enhances gene expression and activities of antioxidative enzymes in the hippocampus'，*ICOS*，3，HB-P-201.

④ Akio Morita and Masaki Tuji. 2002. 'Nitrate and oxalate contents of tea plants (Camellia sinensis L.) with special reference to type of green tea and effect of shading'，*Soil Science and Plant Nutrition*，48(4)：547–553.

的安东尼·范·列文虎克都声称喝茶有助于预防肾结石。大约 80% 的肾结石是由草酸钙组成。因此，在过去，不建议肾结石患者摄入钙含量过高的食物，但是对此现在医学界的共识已经改变了。

现在人们认为，对于有患肾结石风险的人来说，除了饮食中的钙质外，饮食中草酸盐的高摄入量和低饮水量是更重要的危险因素。然而，大约五分之一的肾结石患者还伴有其他类型的肾结石，包括磷酸钙、尿酸、胱氨酸或磷酸铵，也被称为鸟粪石。饮食中摄入高水平的二价镁离子（Mg2 +）已被证明是肾结石的抑制剂，这种作用的机制尚不清楚，更不用说其是否对所有类型的肾结石症状都有效。[①] 关于肾结石问题仍然在研究中。茶能治百病的想法当然是荒谬的。比如，一项研究就表明，饮茶会降低年轻女性吸收膳食铁的能力。[②]

那些整天喝茶的嗜茶者也会发现其必须将摄入体内的液体定期排出。而这样做，他们可能会失去电解质，因此他们可能想摄入咸味的东西。或许早在公元 8 世纪，陆羽在茶里加一小撮盐的建议，并不是一个坏主意。一个更有诱惑力的补充电解质的方法可能是一袋咸杏仁或咸虾片和肉豆蔻片。在对不列颠群岛如此普遍的饮用红茶的研究中，一个英国团队发现，每天喝超过 3 杯红茶与冠状动脉疾病的发病率降低相关，每天喝任何量的红茶都与提高抗氧化剂的状态有关，而每天喝 8 杯红茶并不会导致过多的咖啡因摄入。[③]

808 茶和食品添加剂是两种不同的东西。在美国，目前食品添加剂和草药被认为是导致特质性肝损伤的第二大常见原因，绿茶提取物已经牵涉超过六十例这样的肝中毒病例。[④] 然而，将肝中毒的原因归于食品添加剂被证明往往是错误的，这种错误来自对过度诊断的偏见，因为这种情况下的肝中毒，大约有一半可能最终被归因于其他原因。[⑤] 最近，26 岁的码头工人马修·惠特比（Matthew Whitby）在开始服用两种食品添加剂后不久，出现暴发性肝衰竭，被迫在珀斯的查尔斯·盖尔德纳（Charles Gairdner）爵士医院接受肝脏移植手术。[⑥]

这种引起问题的食品添加剂的成分非常复杂，包括绿咖啡提取物、非洲芒果提取物、瓜拉那、乳
809 清蛋白、维生素和矿物质。该男子还服用了第二种添加剂，其中含有从藤黄果（Garcinia cambogia）中提取的羟基柠檬酸。尽管医学研究人员承认，这种情况是禁止“明确具体病因”的，但他们表示，“病人的临床表现、生物化学结果和组织病理学结果都与绿茶提取物引起的肝损伤一致”，实际上这就意味

① Julie M. Riley，Hyunjin Kim，Timothy D. Averch and Hyung J. Kim. 2013. ‘Effect of magnesium on calcium and oxalate ion binding’，*Journal of Endourology*，27（12）: 1487–1492.

② Samir Samman，B. Sandström，M.B. Toft，K. Bukhave，M. Jensen，S.S. Sørensen and M. Hansen. 2001. ‘Green tea or rosemary extract added to foods reduces nonheme iron absorption’，*American Journal of Clinical Nutrition*，73（3）: 607-612.

③ E.J. Gardner，Carrie H.S. Ruxton and A.R. Leeds. 2007. ‘Black tea—helpful or harmful? A review of the evidence’，*European Journal of Clinical Nutrition*，61: 3–18.

④ Felix Stickel and Daniel Shouval. 2015. ‘Hepatotoxicity of herbal and dietary supplements: An update’，*Archives of Toxicology*，89（6）:851–865.

⑤ Rolf Teschke，Albrecht Wolff，Christian Frenzel，Alexander Schwarzenboeck，Johannes Schulze and Axel Eickhoff. 2014. ‘Drug and herb induced liver injury: Council for International Organisations of Medical Sciences scale for causality assessment’，*World Journal of Hepatology*，6（1）: 17–32.

⑥ Sophie Scott，Alison Branley and Courtney Bembridge. 2016. ‘Man given two weeks to live after taking popular weight-loss product purchased online’，Australian Broadcasting Corporation，Saturday 13 February 2016.〈http://www.abc.net.au/news/2016-02-14/man-faceddeath-after-taking-popular-weight-loss-product/7162378〉.

着病人的特异性肝衰竭（idiosyncratic liver failure）病例可以归因于绿茶提取物中的儿茶素。① 结果，一些媒体报道错误地将此事件描述为绿茶提取物引起了肝功能衰竭。不过，人们确实应该谨慎服用药物和食品添加剂。

另一个令人担忧的案例发生在得克萨斯州。在几个月的时间里，普罗斯珀（Prosper）的吉姆·麦坎茨（Jim McCants）每天都服用胶囊式绿茶添加剂，最终导致肝功能衰竭，不得不进行肝脏移植。这个真实存在的案例导致在佛罗里达州的绿茶添加剂制造商 Vitacost 陷入诉讼。随后，欧洲食品安全局向公众发出警示，儿茶素的摄入剂量每日超过 800 毫克可能会引起健康问题。②

## 瓶装茶饮料、泡沫茶和其他新潮流 810

在印度尼西亚，Sosrodjojo 家族首先创立了瓶装茶品牌 Sosro。这个家族从 1940 年起就开始销售产自爪哇斯拉维（Slawi）的茉莉花茶，1969 年推出第一款瓶装茶，1974 年在雅加达附近开设第一家即饮饮料装瓶厂。自动热灌装系统延长了不含人造色素、防腐剂及人造甜味剂的瓶装茶的保质期。到 2004 年，印度尼西亚有 7 家工厂生产 Sosro，每天产量超过 500 万瓶。③

图 11.17　Sosro 出品的瓶装茶饮料。2013 年摄于洛佩兹（Lopez）。

1938 年速溶咖啡或雀巢咖啡被发明后，雀巢采用了同样的工艺，在第二次世界大战之后发明了粉状速溶冰茶。该产品于 1948 年在瑞士和美国市场上市时，最初是一种不加糖的热饮料。1956 年以后，这种粉末变为可溶于冷水，既可以用来泡冷茶，又可以泡热茶。1964 年，一种名为雀巢茶（Nestea）的新产品将可溶性糖和柠檬以粉末状形式添加到冰茶粉中，最终诞生了一种可溶的美式风格冰茶。在缅甸，缅甸皇家 Teamix 是一种缅甸风格的速溶茶粉。当然，日本也有速溶茶，称为粉末绿茶，或者

① Rosemary J. Smith, Christina Bertilone and Andrew G. Robertson. 2016. 'Fulminant liver failure and transplantation after use of dietary supplements', *Medical Journal of Australia*, 204(1): 30–32.

② Melanie G. May. 2017. vitacost.com, inc., appellant v. James McCants, appellee. Palm Beach County: District Court of Appeals of the State of Florida, fourth district, docket number4D16–3384, 15 February 2017; BBC News. 2018. 'The food supplement that ruined my liver', 25 October 2018〈https://www.bbc.com/news/stories45971416〉; European Food Safety Authority. 2018. 'EFSA assesses safety of green tea catechins', 18 April 2018〈www.efsa.europa.eu/en/press/news/180418〉.

③ Peter S. Sosrodjojo. 2004. 'Teh Bottle Sosro, the first ready-to-drink tea from Indonesia', *ICOS*, 2: 781; The widely disseminated Sosro publicity picture was adapted from Apple Lopez. 2013. 'My unexpected love affair with Medan',〈applelopez.wordpress.com〉, 18 November 2013.

“可溶茶”（solubletea）。

图 11.18　1963 年美国雀巢速溶冰茶粉的广告。图片来自位于沃韦（Vevey）的雀巢历史档案馆。

图 11.19　声称添加了抹茶的速溶茶粉。

日本软饮料市场始于 20 世纪 60 年代，现规模达 4 万亿日元。[①] 就纯销量而言，PET 瓶装茶已经成为日本最流行的饮茶方式，伊藤园占据了日本国内市场份额的三分之一。2017 年，伊藤园的市值超过 4300 亿日元，产品远销东南亚、美国和其他地区。瓶装茶饮料于 1981 年被引入日本，当时伊藤园在市场上推出了乌龙茶饮料，紧随其后的是三得利。伊藤园从 1966 年开始销售按重量包装好的绿茶叶，1985 年推出了罐装煎茶，而瓶装和罐装绿茶的受欢迎程度令人震惊。[②]

1989 年，伊藤园将其罐装绿茶的品牌名称改为“嗨茶！”（おいお茶，“heytea！”）。伊藤园在 1990 年推出了各种类型的 PET 瓶装日本茶，从 2000 年开始，热茶首次出现在可加热的 PET 瓶中。为了保持瓶装茶的新鲜度，空气中的主要成分氮（$N_2$）被泵入瓶装茶中以排出氧气，使可溶于水的氧含量降低到 0.0003%。在日本，瓶装茶的味道和香气都是经过了严格的微管理。就在本书英文版即将出版之际，伊藤园的上述微管理任务分别由静冈研发部门经理原口康弘和“嗨茶！”品牌经理安田哲承担，他们有各自的品茶团队。

尽管伊藤园在日本瓶装茶市场已独占鳌头 30 多年，但市场上也还有其他主要品牌，包括麒麟、三
811 得利，甚至可口可乐。由于市场上对含糖饮料的需求下降，可口可乐强行收购了一些当地品牌，也挤进了这一市场。就像在印度尼西亚一样，日本的茶饮料主要是瓶装茶，而不是由粉末制成的速溶茶。茶叶中的咖啡因相对稳定，儿茶素在 pH 值大于 6 时会严重变质，在 pH 值小于 5 时其变质会被抑制。82℃似乎代表了试验确立下来的、在茶汤中保持高浓度儿茶素的上限。

① Takehisa Okamoto. 2007. ‘The recent evolution and diversification of green tea in the Japanese soft drinks market’, *ICOS*, 3, MI-S-03.

② Yoshibumi Honda. 2004. ‘Recent bottled tea drinks trend in Japan’, *ICOS*, 2: 766–769.

图 11.20　作者在伏见稻荷大社摆拍的伊藤园罐装绿茶。

图 11.21　三得利出品的瓶装绿茶。

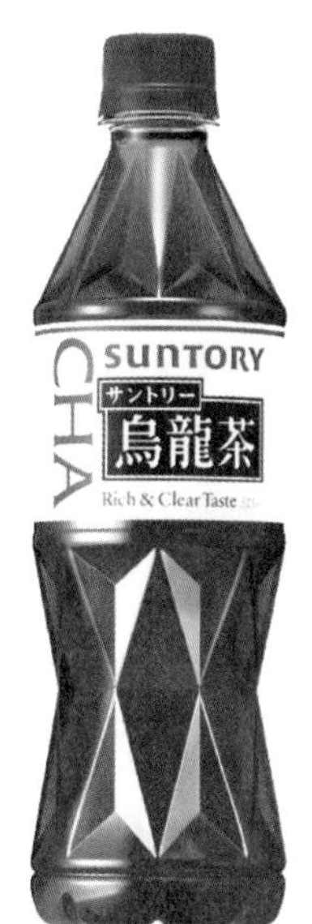


图 11.22　三得利出品的瓶装乌龙茶。

因此，在罐装或瓶装绿茶消毒过程中的高温会减少儿茶素的含量，这就不足为奇了。罐装或瓶装绿茶中加入了少量抗坏血酸，即维生素 C，以降低杀菌温度及增加酸度，有助于保存儿茶素的效力。[①] 此外，PET 瓶中的绿茶和罐装绿茶在运输和储存过程中会因外部环境中温度过高而失去 14% 的酯型儿茶素、10% 的游离型儿茶素，并减少维生素 C 的含量。在日本，人们认为这种瓶装和罐装绿茶的保质期不应超过两周。[②]

对于纯粹主义者来说，调味茶可能是个诅咒，但即使在日本，带有栗子味的绿茶也已经在市场上销售了好些年。更让纯粹主义者感到愤慨的似乎是，位于静冈县的牧之原市（Makinohara）的金十农园（Kanejū Farm）自 2017 年以来一直在生产添加了伯爵茶香味的煎茶。在消费者需求的推动下，甚至连曾经作为日本皇室供应商的京都的一保堂（Ippōdō），也开始将加糖抹茶列为其众多产品类别之一，这都是为了迎合日益增长的全球客户需求。在即饮饮料市场，按这种解决方案进行真菌处理的绿茶甚至可以制成具有黑茶的味道及其部分成分的饮品，但没食子儿茶素含量同样也 812

会下降。[③]

在日本，茶学家分析出了哪种儿茶素有苦味，哪种没有苦味。21 世纪头十年，日本市面上茶饮料的苦味儿茶素含量较少，而可口儿茶素含量较高，从而使得这类新型茶饮料的儿茶素含量整体较高。结果，偏好这种茶饮料的消费者血液中的脂联素水平显著上升。脂联素是一种仅由脂肪细胞分泌和产

① Shinichi Suematsu, Yoshiro Hisanobu and Kazuko Nakano. 2001. ‘Changes of catechins in green tea drinks during the production process’, *ICOS*, 1（IV）: 106–109.

② Katsunori Kohata, Nobuyuki Hayashi and Tonlonli Ujihara. 2004. ‘Changes in catechin content and antioxidative activity during the hot storage of PET bottles and canned green tea beverages’, *ICOS*, 2: 754–757.

③ Kenji Miyake, Toshimichi Asanuma, Yoshiaki Kitsukawa, Eiji Shida, Takaya Watase, Kazuo Mochizuki, Toshihiro Suzuki and Yukihiko Hara. 2010. ‘The development of a new dark tea-like beverage using microorganism enzyme’, *ICOS*, 4, PR-P-73.

生的蛋白激素。脂联素水平低会增加心脏病发作和肥胖的风险。[①]因此在日本，即使是瓶装茶也明显有益于健康。

在中国台湾，即饮茶饮料和茶饮料的流行，给优质茶叶的消费带来冲击。乌龙茶仍然是最受台湾地区消费者欢迎的茶。人口增长、城市化和工业化导致台湾茶树种植面积从 1919 年的峰值 47845 公顷降至 2006 年的 17205 公顷。[②]然而，台湾的茶叶消费量却一直在上升。除了传统茶叶之
813 外，台湾还是泡沫茶（bubble tea）这一新饮料的发源地，这种饮料在法语中被称为 thé aux perles，[③]在中文中则被称为“珍珠奶茶”，或者被戏称为“波霸奶茶”。在台湾，泡沫茶偶尔会被翻译成英语“pearlmilk tea”（珍珠奶茶），然而有些人坚持认为含有牛奶的珍珠奶茶不同于泡沫茶，珍珠奶茶是由泡沫茶衍生而来的。

20 世纪 80 年代，台湾各大高校附近的路边茶水摊会提供价格适中的冰镇饮料。后来，一些供应红茶的茶水摊也提供座位，最初是专门为那些逃课、抽烟和打牌的学生准备的。把口感浓烈、新鲜冲泡的过滤后的红茶茶汤放在摇壶中，加入糖和冰块，然后大力摇匀，直到茶水冷却到至少 10℃，并形成气泡。这些茶摊的座位与拉风的泡沫茶制作风格相结合，让人想起鸡尾酒吧的气氛，因此赢得了客户，并使得这种类型的茶大为流行。

图 11.23　泡沫茶调制人林秀慧。图片由春水堂茶馆提供。

由于台湾地区的许多茶摊几乎在同一时间开始销售自己的调制品，大家竞相宣称自己是创始人，这导致究竟是谁首先发明了泡沫茶的问题引起了争议，甚至导致了两个主要的声称是泡沫茶发明者的商家对簿公堂，最终这场争论并没有得出定论。

1983 年 5 月，刘汉介在台中四维街熙熙攘攘的阳羡茶行开了一家这样的茶水摊。他的雇员林秀慧每天骑着小摩托车去茶水摊上班。1987 年，她有了一个主意，把用木薯粉做成的小球加入冰茶中，变成了今天的珍珠奶茶。今天，林秀慧还在为刘汉介工作，任春水堂茶馆的商品部副经理。[④]

与此同时，台南市翰林茶馆著名的烹饪艺术家涂宗和被公认为在 1986 年首次发明了用木薯球制作的珍

① Shinsuke Minamoto and Mujo Kim. 2004. ‘high quality and tasty catechins’, *ICOS*, 2: 758–762.

② Mu-Lien Lin. 2007. ‘Recent trends of tea production and consumption in Taiwan’, *ICOS*, 3, JS-01.

③ “thé aux bulles ” 是从英语直接翻译的，而不是从最初的汉语名称翻译过来的。

④ Information in Mandarin provided on the website〈http://chunshuitang.com.tw〉.

珠奶茶，并在 1987 年加入奶粉。[1] 今天，他用新鲜牛奶与最柔滑的黑色和白色的木薯球精心制作的珍珠奶茶，引起了茶叶鉴赏家的注意。泡沫茶只是冰茶饮料中既好喝又富含营养的代表性产品之一。 翰林茶馆也供应冰
镇的高山乌龙茶，客人可以选择加一层灵芝粉，此外还 814
有冰镇的云南普洱茶、冰镇的翡翠绿茶和冰镇的炭烧铁观音。

图 11.24　美食艺术家兼茶叶品鉴家涂宗和，感谢翰林茶馆授权使用该图片。

添加了调味剂并通常含有奶粉的泡沫茶在 20 世纪 90 年代开始出现。2000 年开始风靡全球，并成为世界各地大都市中心的一种时尚饮品。[2] 泡沫茶是在茶的基础上（可加入也可不加入炼乳），添加大量糖浆和色彩艳丽的木薯球制成的。在一家典型的泡沫茶吧，客人可以选择不同的珍珠与抹茶、茉莉花茶、红茶等茶搭配。[3] 泡沫茶对于浸淫在陆羽经验之中的纯粹饮茶者来说可能会被认为是一个“诅咒”，但是我们可能需要一种包容的态度来欣赏这一新现象。

在印度，茶是用煮熟的红茶叶、牛奶、糖、黑豆蔻、小豆蔻、丁香和肉桂制成的。还有一些特殊 815
的克什米尔品种，比如用小豆蔻籽和杏仁碎调味出来的茶，或者更流行的是用藏红花调味的克什米尔茶。[4] 一种在泰国流行的新型茶饮，被称为“拉茶”（ cha: chák），从泰国南部和马来西亚传播开来，是一种根据东南亚口味改良的印度风格的茶，并且当着顾客的面用一种夸张的方式调制。随着印度茶在西方被宣传为一种时尚饮料，印度茶的全球化催生了日式西方混搭风格的饮品，如绿茶拿铁和绿茶冰沙。星巴克提供的一种“绿茶拿铁”，基本上是用抹茶粉制成的奶昔。

图 11.25　泰式拉茶。图片由肯尼斯・里姆达尔提供。

爱好者们还创造了各种个性化品种，如“古典抹茶奶昔”（palaeo-matcha-smoothie），里面含有几茶匙抹茶粉、两茶匙椰子油、一茶匙肉桂粉和半根香蕉，它们可以与牛奶或豆奶混合饮用。现在，在星巴克旗下的茶瓦纳（Teavana）茶吧，除了绿茶拿铁外，还推出了一种新的含糖系列饮料，称为“茶拿铁”。这些甜味奶昔含有磨碎的整片茶叶。尽管表面上看起来很像用于制作绿茶拿铁的工

---

① Information in Mandarin provided on the website〈http://www.hanlin-tea.com.tw〉.

② Yu-Feng Huang，Zheng Fan and Zhi-Yang Lin. 2004. ‘A new style of tea culture and its marketing experience’, *ICOS*, 2: 680–683.

③ Wan-Tran Huang and Wu-Cheng Liao. 2001. ‘The marketing channels of tea in Taiwan’, *ICOS*, 1（IV）: 59–62.

④ Taknet（2002: 217）.

业化生产的抹茶，这种氧化茶叶的微型覆盖物本质上更类似于英国殖民时期茶产业所定义的红茶等级中的“茶粉”。显然，粉碎的茶叶粉末是一种与工业化生产的抹茶完全不同的产品，更不用说在石磨上轻轻磨碎的日本抹茶了。

20 世纪 80 年代中期以来，中国有少数企业开始生产瓶装茶饮料，但这些早期饮料的颜色和口味的稳定性与沉淀问题一直难以解决。瓶装茶饮料的产量不大，直到 20 世纪 90 年代中期，中国茶饮料市场才开始更紧密地跟随日本茶饮料市场发展步伐，特别是三得利在上海设厂生产后，茶饮料消费量
816 出现了爆发式增长。1997 年，中国销售了约 20 万吨此类饮料，1998 年增至 50 万吨，1999 年增至 80 万吨，2000 年增至 185 万吨，21 世纪头十年，中国平均每年茶饮料的销售量高达 300 万吨。与大多数日本茶不同的是，许多中国茶饮料是微甜的。[①] 中国的即饮茶市场销量已经达到了 500 万吨，其中康师傅、统一、雀巢和娃哈哈占有 80% 的市场份额。

与此同时，在欧洲和北美，超市里销售的绝大多数绿茶根本不是绿茶，而是由部分氧化的不合格的低等级茶假冒的绿茶。从这个意义上说，今天立顿在西方销售的绿茶实际上是一种新品种的茶，而这种茶在以往的历史上从未出现过。相比之下，立顿被迫在中国维持更高的标准，以满足更懂行的中国人提出的更高要求。在中国，该公司将真正的绿茶放入茶包，然而，茶包中的绿碎茶显然也不是最好的。

今天，当我们剪开一包法国的川宁薄荷味绿茶茶包时，会发现里面是不完全氧化的低品级红碎茶，它被标签制作者奇怪且不合理地界定为“绿茶”，而“薄荷”实际上是由可溶性薄荷调味剂构成的微小的白色颗粒。因为这些产品，这个著名的英国茶叶家族的名声就被那家买下它们名字的跨国公司败坏了。其他茶叶公司也生产过类似的产品。考虑到川宁是格雷伯爵茶的发明者的竞争者之一，川宁公司
817 声称格雷伯爵茶是特为第二代格雷伯爵调制的添加了天然调味剂——佛手柑皮精油制成的，将这种白色颗粒状的人造调味剂加入切碎的低档茶，对某些人来说可能是理所当然的，但在茶叶鉴赏专家的眼中却是可悲的。这些产品是迎合新兴市场口味的必然结果，但自从英式红茶发明以来，消费者市场在很大程度上变得越来越不那么明智了。

迪尔玛公司的“纯薄荷叶”草本茶实际上只是由碎胡椒薄荷叶制成的，但迪尔玛也生产装满低档的完全氧化的锡兰红碎茶的茶包，其中有各种草莓、柠檬或其他化学调味剂构成的白色颗粒物。然而，毫无疑问的是，茶叶鉴赏家从一开始就不会去寻求什么草莓口味的茶。那些品牌设计师在独立包装的锡兰红碎茶茶袋上用大写字母写上“真正的茶叶”字样时，也滥用了“茶叶”这一术语。如果这样的标签不能被视为虚假广告，那么将这种机械切碎的完全氧化的红碎茶称为“真正的茶叶”，只能从逻辑上解释为一个相当奇怪的断言，即茶包中的茶叶是由茶树的叶子制成的，而不是，比如，由切碎的树皮或树根制成的。

茶叶知识的传播可能有助于提高消费者的鉴赏力，使越来越多的人不需要书本知识的指引就能发现优质的茶。戴着水下呼吸机潜水的马尔代夫的朋友们在马累超市购买优质绿茶，并带到偏远的环礁上冲泡。在美洲，许多产品被标榜为优质绿茶，甚至被夸张地贴上“龙井茶”的标签，而这些茶根本

① Penxiang Yue and Jun Wang. 2004. ‘A brief study of the Chinese tea drinks market’, *ICOS*, 2: 770–772.

就不是，有眼光的茶叶鉴赏家都是在网上远程订购优质绿茶的。

当然，并非所有的葡萄酒饮用者都是葡萄酒鉴赏家，而全球茶叶市场的情况确实也越来越复杂。在日本，茶叶知识在历史上被广泛传播并深深扎根，高品质的绿茶也是可以被批量生产的。甚至大多数日本瓶装和罐装茶的质量在日本以外的任何地方都达不到，而其他亚洲国家生产的添加了甜味的仿品也未达到这个标准，它们介于西方甜味瓶装茶和真正的瓶装茶之间。

西方茶业巨头推出的标示为“绿茶”的新产品，似乎代表了一种折中方案，旨在逐步向味觉受到红茶损害的消费者推出一种氧化程度较低的茶。但就目前而言，这种新型的绿碎茶有时候比其试图取代的红碎茶更难喝，并且也没有17世纪西方人第一次迷上绿茶时那种令人一见倾心的香气和味道。例如，Coop Naturaplan 目前在瑞士超市销售的绿茶的确是真正的绿茶，但这种用茶包包装的碎茶产品仍然缺乏高品质茶叶所应具有的芳香。鉴于绿茶的质量如此糟糕，事实证明，要让习惯了喝添加甜味的人工调味饮料的消费者改喝更有益健康的饮料，将是一个挑战。

然而，许多以茶为基础的饮料可能代表着朝正确方向迈出了一步。奥地利公司卡帕蒂姆（Carpe Diem）制作了一种令人愉悦的、温和的、充满气泡的生姜和尼沙梨浸汁，其中含有一些抹茶粉，并被冠以“抹茶气泡绿茶”的名号。这种饮料尝起来根本不像抹茶，但这种即饮饮料的确能令人愉悦。而更为夸张的是莫诺（Mono）公司在苏黎世销售的一种直接命名为“抹茶”（Matcha）的保健饮料，它被装在用白色塑料盖密封的小玻璃瓶中。这种未经巴氏消毒的抹茶是快速冷冻的，储存在零下25摄氏度的条件下，解冻后在5摄氏度下即可饮用。每瓶“抹茶”含有2克有机生长的抹茶，但这种有益健康的混合物在密封的6厘升 818
容积的小玻璃杯中的味道主要取决于其他成分，如果汁、生姜、白茶和薄荷。

图 11.26　作者在苏黎世机场的摆拍的瓶装瑞士乳清饮料 Rivella（品牌），意为美味的绿茶“Thé vert”或者“Grüntee”，俗称“Rivella grün”。

瑞士绿色 Rivella（品牌）是由乳清和绿茶提取物制成的，它们更为常见，同样也值得推荐。绿茶提取物的轻微苦味产生了一种比该公司试制过的其他口味组合，如豆浆、大黄、桃子和芒果，更令人满意的纯化泡沫乳清饮料。雀巢、立顿和其他许多公司以大规模的工业化生产方式生产冰茶饮料，包括瓶装红茶饮料，使用蜜桃、芒果、柠檬或其他水果味道的香精调味。并非所有这些饮料都像泰国冰茶那样甜，但它们与日本销售的冰镇瓶装茶又有很大不同，后者没有添加的甜味，其“甜味”来自用于生产这种瓶装或者罐装的冰镇茶的原料，即芳香的、高品质的绿茶或乌龙茶。直到2008年，红茶饮品还是最受西方欢迎的饮品，但从2009年起，绿茶饮品销量超过了红茶饮品。

目前，全球饮料市场的年销量超过1400万亿公升。在每年消费的550万亿公升的软饮料中，只有超过20万亿公升是瓶装、罐装或利乐包装的即饮茶产品。茶叶提取物的主要用途之一是可食用产品，是由茶叶提取物、糖、酸和调味剂构成的混合物，如在欧洲和北美常见的速溶茶。2006年，这种即饮茶在美国的市场规模为6.6亿美
819 元。据估计，全球茶叶提取物的产量约为2.88万吨，肯尼亚、印度和斯里兰卡为排名前三的生产国。

SPECIAL.T
BY Nestlé
Votre thé,
infusé à la perfection.

图 11.27 雀巢公司新推出的泡茶装置 Special.T®。图片由彼得·利普曼（Peter Lippmann）提供。

2003年，中国的茶多酚产量约为800吨，茶色素产量约为300吨，而茶氨酸产量约为10吨。[①]如今，仅中国每年就生产4000多吨纯化茶叶提取物，主要用于家庭和个人护理产品等非食品类，如洗涤剂、肥皂、香味剂和洗发水。[②]除了这些茶叶提取物，还生产了其他高度纯化形式的产品，如Teavigo、多酚E和Sunphenon。仅在欧洲，这种纯化提取物的年度使用量就达到了2700吨左右，如用于早餐谷物等产品的营养补充剂和食品添加剂。

人们发现绿茶提取物有一些令人惊讶的用途。多酚E的神奇用途是，外敷可以治疗生殖器尖锐湿疣，并且2006年10月美国食品和药品管理局批准了用于此治疗目的的药膏。[③]另一个意想不到的用途是制作皮肤美白剂，以发酵后的绿茶提取物为基础，已在韩国进行试验性生产。[④]

多酚G®是三井农林公司（Mitsui Norin company）的产品，含有绿茶提取物中的类黄酮化合物和姜黄素，对疫霉病菌和影响番茄的菌核病菌罗氏菌以及侵害莴苣的腐霉属真菌具有有效的抗真菌活性，这将为这些作物提供人工杀菌剂的绿色环保替代品。[⑤]面对不断增长的人口，以及世界如此多地区都在种植茶树，一项新的研究甚至确定了将脱脂茶籽粉中提取的蛋白质作为未来食物来源的可行性。[⑥]

许多关于茶的新试验正在进行中，这些创新无论其性质还是灵感都是多样的。几年前，作为著名的胶囊咖啡机（Nespresso capsule machines）的翻版，雀巢公司推出了另一款名为Special.T®的产品，

① Wan（2004）.

② Timothy J. Bond. 2010. 'The global market for tea extracts', *ICOS*, 4, ILSI-S-03.

③ Yukihiko Hara. 2007. 'The development of tea catechins into pharmaceuticals', *ICOS*, 3, HB-S-08.

④ Huikyoung Chang, Hyangtae Choi, Yong Jin Kim, Jung Eun Shim, Hyun Jung Shin, Bum Jin Lee, Jun Oh Kim and Hankon Kim. 2010. 'Skin whitening effect of Sulloc green tea extracts processed by post-fermentation', *ICOS*, 4, HB-P-90.

⑤ M. Wilmot, N. Labuschagne and Zeno Apostolides. 2007. 'The inhibition of phytopathogenic fungi on selected vegetable crops by tea（Camellia sinensis）extracts', *ICOS*, 3, ILSI-S-02.

⑥ Jong-Bang Eun and Young-Min Chung. 2004. 'Physicochemical properties of the protein isolated from defatted tea seed meal', *ICOS*, 2: 263–264.

即通过相同的方式以热水冲泡装有茶叶的铝制胶囊。每个茶叶胶囊内的信息芯片将指示机器根据特定颜色编码胶囊中所含的茶叶类型精确地设定温度，以确保最终冲泡出的茶汤质量能够始终保持较高的水平。随着时间的推移，这种仪器的智能化水平无疑会变得更高。然而，茶叶有数百种，每一批收获的茶叶都不同，因此人们可能会质疑，能否生产出足以覆盖所有种类的茶叶的机器，更不用说经济上是否可行了。这种机械化技术不需要任何茶艺技巧，因此这种机器从理论上来讲比较适合“门外汉”。然而，正是这一特性，预示着这种智能装置将拥有广阔的实用性前景，特别是在我们过度拥挤和喧嚣的快节奏生活中，这种装置也许能让大众消费者心平气和地以个性化方式正确地冲泡和享用更好的茶。

技术也带来了其他方面的改进。例如，据说使用钛合金过滤器可以避免不锈钢过滤器给茶带来的
金属味，而且一些日本的茶瓶（kyūsu）已经配备这种改进后的过滤器。[①] 新型的茶叶烘干机，可以利 820
用超高温蒸汽生产碾茶，并通过对茶叶摊晾烘干机进行精细化处理，从而很好地控制最终产品的水分含量。[②] 为了监测绿茶的质量，日本茶厂现在都可以配备石英晶体微天平香气传感器，这种传感器通过敏感膜吸附芳香分子。[③]

图 11.28　位于伦敦的一家泡沫茶店。

还有一些试验正在进行，如开发一种大豆蛋白，以掩盖茶多酚的天然苦味，在低等级的煎茶中 821

① Jun-ichi Inagaki，Takahiro Shinba，Kazuyoshi Matsumoto，Hideaki Murakami，Hideyuki Kanematsu and Yoshikazu Bontani. 2013. ‘The development of a titanium tea strainer for *kyūsu* teapots’，*ICOS*，5，PR-P-19.

② Hiroyuki Iriki，Toshihiro Sakihara and Satoshi Tooya. 2010. ‘Development of simple methods for manufacturing various types of crude tea using a new parching machine’，*ICOS*，4，PR-P-70.

③ Tamotsu Yugami，Susumu Tanaka，Kiyoshi Miura，Yoshio Okada，Kazuo Mochizuki，Takaya Watase and Yoshiaki Kitsukawa. 2010. ‘Application of aroma sensors for monitoring the quality of green tea’，*ICOS*，4，PR-P-64.

添加酶，或添加 β - 环糊精以增强口感，但这似乎更像是人工掺假而不是改进。更令人不安的可能是试图通过基因枪对茶树进行基因改造，或者利用茶树的胚性愈伤组织与根癌农杆菌共同培养。[①]在这种背景下，京都大学化学研究所的名誉教授坂田完三鼓励道，不仅要改进制茶技术，还要像前辈们那样开发新的茶叶品种。此外，他还强调必须心怀敬意地把茶树当作活的生命有机体去对待，并主张不使用杀虫剂和化肥的茶叶具有更好的香气和口感。[②]

从 1999 年开始，对中国绿茶的狂热导致日本的中国茶叶进口量激增，但是这种风气在 2005 年后逐渐减弱，这既是因为中国生产成本的上升，也是因为时尚的变化。[③]2012 年，为泰特莱、川宁、贝瑞和 PG Tips 提供印度红茶的供应商，麦克劳德·罗素印度公司（McLeod Russel India）的总经理阿迪亚·凯坦（Aditya Khaitan）断言，中国对英式红茶的需求增加正在影响全球的供应量。尽管《泰晤士报》的某报道标题对中国人对“一杯正宗英式红茶”的品味“正不断提高”予以暗讽，但实际上进口到中国的印度红茶主要用于制造冰茶、速溶茶颗粒和即饮瓶装茶。[④]

尽管高度精制的纯茶叶和高品质的茶叶在日本仍然属于小众市场，但是绿茶在日本茶叶市场的占
822 比较大，可以说日本茶叶市场的消费者对茶的认知和感知水平可能是最高的。在中国，尽管最好的茶的价格超出了许多人的购买力，并且存在许多可疑的关于茶的炒作，但也有许多高度精制的茶产品。然而，目前高品质茶叶的全球市场潜力巨大，并且无须将更多土地改造成茶园，只需通过向茶客提供更精制的茶叶即可。随着茶叶知识的普及，饮茶者的口味也越来越精细，更精致、纯正的茶叶和正确的泡茶技巧可能会随之得到普及。

日本正设法生产出真正高品质的绿茶茶包，而不像许多大型跨国茶叶企业那样销售假冒绿茶。尽管欧洲、大洋洲和美洲茶叶市场有着对绿茶的狂热，但其以绿茶名义出售的绝大多数茶产品与正宗的中国或日本绿茶几乎没有相似之处。事实上，在这些地区，很多被当作绿茶出售的产品根本就与绿茶无关。这些地区的大多数茶客都不了解真正的绿茶，为此，商人们的这些销售伎俩还能使用一段时间。随着这些地区的消费者逐渐成为成熟的饮茶者，世界各地的许多茶叶种植区将不得不调整其生产方式，
823 从生产作为市场上绝大多数英式红茶原料的完全氧化的茶叶碎片转向生产香气多样的高度精制的茶叶。鉴于此，欧洲的情况要好一些，得益于其受到了巴黎茶文化的影响。

同样，美洲咖啡的质量也曾经在欧洲声名狼藉。精心调制的咖啡是由阿尔弗雷德·皮特（Alfred Peet）于 1966 年引入美国的。他在伯克利将改良版的荷兰咖啡文化引入加利福尼亚。他的企业皮特咖啡公司想要推广旧金山海湾地区的本地咖啡文化，此举启发了杰里·鲍德温（Jerry Baldwin）、泽夫·西格尔（Zev Segal）和戈登·巴尔克（Gordon Balker），他们在 1971 年申请了 8000 美元的贷

① Michiyo Kato，Koji Uematu and Yasuo Niwa. 2004. ‘Transformation of green fluorescent protein in tea plant’，*ICOS*，2: 219–221.

② Kanzo Sakata. 2010. ‘Studies on aroma formation mechanisms during tea manufacturing suggest methods not only to improve the quality of made teas，but also to produce new types of teas’，*ICOS*，4，PR-S-08.

③ Azusa Neshi and Youying Tu. 2010. ‘The change in the green tea trade between Japan and China and an analysis of the reasons’，*ICOS*，4，PR-P-89.

④ Robin Pagnamenta. 2012. ‘The higher price everybody will pay as China develops taste for a proper cup of English tea’，*The Times*，Saturday 7 April 2012，p. 72.

款，在西雅图的派克市场开了一家星巴克咖啡店。他们的公司是以赫尔曼·梅尔维尔《白鲸》（*Moby Dick*）里一位水手的名字命名的，并设计了一个美人鱼标志。1982 年，布鲁克林本地人霍华德·舒尔茨（Howard Schultz），星巴克市场部前主管，以 370 万美元的价格收购了星巴克，并从 1992 年开始销售加糖咖啡饮料。星巴克成为一个全球性咖啡文化品牌，不仅提供含糖咖啡饮料还提供一个社交、学习、阅读和休闲的公共场所。[①] 从 20 世纪 90 年代早期开始，亚特兰大品牌象茶（Elephant Tea）发展成为一家名为 Teavana 的连锁茶叶店，舒尔茨在 20 世纪头十年以 6.2 亿美元的价格收购了这家连锁茶叶店。2013 年 10 月，第一家 Teavana 茶吧在曼哈顿开业。[②]

图 11.29　索霍区的一家泡沫茶店。

图 11.30　索霍区的一家泡沫茶店内不同色调的木薯粉颗粒。

与此同时，联合利华收购了 T2 公司。该公司在伦敦的布鲁吧（Brew Bars）提供茶叶、书籍、果酱和巧克力等，是位于市中心的一个很小众的茶室，是躲避俗世、气氛愉快的好去处。在喧嚣的城市中，茶、书和音乐在茶室里找到了很好的栖身之处，茶室也为人们提供了社交场所。在过去的二十年里，仅美国的茶叶消费量就增加了五倍，但北美人均茶叶消费量仍然远远低于俄罗斯或西欧
国家。除了大型美国企业集团，在欧洲小型茶企也蓬勃发展。这些小型茶企在风格上别具一格。阿 824
姆斯特丹和鹿特丹呦呦（YoYo!）新鲜茶吧中的那种活泼的尖叫声与伯尔尼的 Teeraum of Länggass-Tee 和多德雷赫特的 Theewinkeltje 优雅氛围形成了鲜明对比。

茶叶垄断时代已经一去不复返了。然而，大公司仍然可以为不太挑剔的消费者提供统一制式的英式茶。与此同时，新公司如雨后春笋般涌现，它们试图利用互联网和现代基础设施探索一种可能性，即直接从产地运出 100 克真空包装的精选茶叶，几乎不通过任何中间商。通过这种方式一些美国初创企业一夜暴富。“茶箱”（Teabox）能够以巴黎茶宫殿（Palais des Thés）三分之一的价格，提供来自印度的米申山（Mission Hill）茶叶，而“好茶”（Okayti）在新加坡的茶叶售价仅为 TWG 茶叶的三分之一。[③] 互联网催生了许多类似的新的交易方式。就在几十年前，日本皇室茶叶供应商——京都的一保堂

① Mark Pendergrast. 2010. *Uncommon Grounds: The History of Coffee and How It Transformed Our World.* New York: Basic Books.

② Pettigrew and Richardson（2014: 222）.

③ Saritha Rai. 2014. ‘As India’s tea gains fans，seeking a faster way to get it to them’，*New York Times*，26 June 2014.

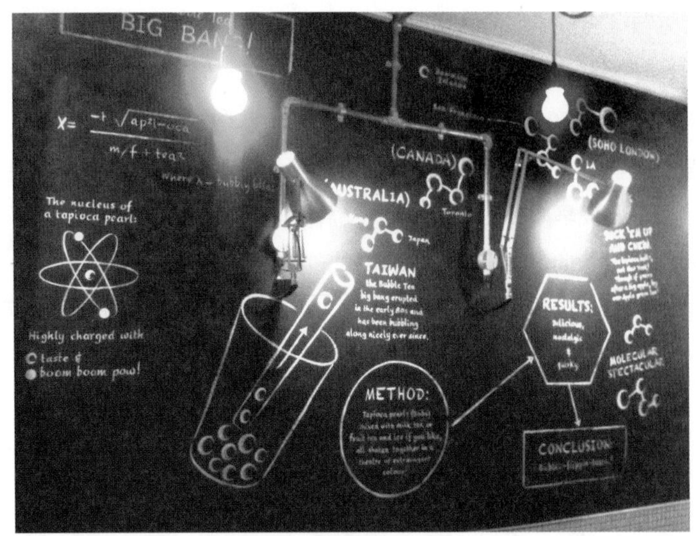


图 11.31 索霍区的一家泡沫茶店对茶的化学原理进行了解释。

只接受日本国内的茶叶订单，仅在日本国内寄送茶叶。如今，他
825 们甚至创建了一个英文网站，提供全球速递服务。除非受进口关税和其他形式的官僚主义的阻碍，小型茶叶企业现在一般都能够蓬勃发展。

许多茶叶潮流来来又去去。2012 年，韩国“茶饲猪肉”骗局在互联网上被曝光，报道称，这些猪不仅没有完全用绿茶喂养，事实上，根本就没有将茶叶和其他饲料混在一起喂猪。但也许有一天，市场上会出现真正的韩国茶饲猪肉。成立于 2012 年的企业 Rangsaa 的定位为“全球茶运动”发起人，销售小包装的“混合香草的全叶茶”，这种茶既可以冲泡，也可以添加到很多菜肴中，如奶油蒜虾、烤鸡等。

## 影响香味的因素

影响香味的最重要因素之一是泡茶的水温。许多西方饮茶者习惯于将滚烫的水直接浇到茶叶上，对于完全氧化的红碎茶来说，这种做法或许还说得过去，也是适当的。然而，对于优质的绿茶来说，茶汤会瞬间变成淡而无味的洗碗水。这些泡茶的常识已经流传很久了，但直到今天，甚至在巴黎一些提供日本料理的餐馆和某些航空公司的商务舱仍然可以看到把沸水直接倒在煎茶上的现象。[①]

在《茶经》中，陆羽描述了不同水温的状态。他试图在不借助温度计和恒温控制器的情况下推断水的温度。他描述水开的第一阶段特征是冒出最小的气泡，形状似鱼眼，伴有一点较小的声音。第二阶段，水像沸腾的泉眼一样潺潺流动，如数不清的珍珠串在一起。第三阶段，水像海面上的浪花一样翻腾跳跃，声音也像汹涌的波浪一样回荡（《茶经》原文为：“其沸如鱼目微有声，为一沸。缘边如涌泉连珠，为二沸。腾波鼓浪，为三沸。”——译者注）。陆羽建议过沸的水不适合泡茶。[②] 通过温度计实验测量得知，《茶经》中的描述大抵涵盖了 75℃ ~100℃的水温范围。

上好的绿茶和黄茶一般在 70℃ ~80℃的水温下冲泡，这取决于茶的品质。上好的煎茶和抹茶用 80℃的水冲泡，而玉露则只能用 60℃ ~65℃的水冲泡。最好的煎茶可能也要用 60℃ ~65℃的水冲泡，最好的玉露茶则需用 50℃的水冲泡，甚至可以用冷水，尤其是在炎热的夏天。珠绿茶、白茶和乌龙茶

① 许多航空公司的商务舱实际上缺少上好的茶，更不用说具备基本茶道知识的员工了，不过，幸运的是有几家航空公司在这方面是例外的。

② Ukers（1935，I: 19），Carpenter（1974: 107–109），Jiāng and Jiāng（2009，I: 37）.

是用加热到 85℃ ~90℃的水冲泡而成。黑砖茶和红茶冲泡水温需达 100℃。也有一些喝茶的人建议不要用滚烫的水泡茶，95℃的水温是冲泡任何茶叶，包括红茶的最高温度。[①]

然而，京都的一保堂规定，烤茶、糙米茶和番茶的冲泡水温应在 100℃，同时规定烤制茶的冲泡时间只有半分钟。冲泡时间实际上是个人口味的问题。当然，烘焙茶是一种非常特别的茶，它已经过高温烘烤并能够适应高水温。冲泡时间是一个有趣的话题，有些人认为不同种类的茶浸泡的时间长度不同，一到十分钟不等。[②] 事实上，泡茶的时间取决于品茶者对味道的感受，但也因茶的种类、质量等级 826
以及所选择的泡茶风格而有很大的不同。

在一家只出售最精致、最鲜嫩的茶叶的中国高档茶店里品茶时，最上乘、最新鲜的绿茶只能短暂浸泡几秒钟，顾客可以用极小的茶杯品尝每一泡茶，感受每一次冲泡的香味变化，显然，这样的过程对于浓烈的锡兰红茶来说毫无意义。不断的试验会使饮茶者找到冲泡任何一种茶的最佳方法。除了水温和时间，还有其他因素决定了茶的味道。

储藏和冲泡对茶的味道和香气的影响已经被详细讨论过，但是许多影响茶的香气的因素都与茶被购买和冲泡之前发生的事情有关。我们已经知道土壤的影响包括土壤的矿物组成和生存在土壤中的微生物组合。另一个因素，同样也在本书的前面几章零星地讨论过，涉及茶树品种的选择和茶树生长及常规打理的特殊条件。如今，扦插繁殖比种子繁殖更为常见。一个扦插树苗需要在苗圃中护育 1 年至 1

图 11.32　一杯玉露茶所呈现出的淡绿色茶汤色调，与茶汤所散发出来的鲜味和精妙的香气相得益彰。

① Gautier（2006: 114）.

② Gautier（2006: 116）.

年半时间，直到它的根系成长到足以承受移植的程度。植物种植间隔为 1~1.5 米。幼苗长到 50 厘米高时，通常会被大幅度削剪至 10 厘米，随后就会呈“V”形生长，并在灌木的上部产生一个有许多顶芽的平坦的采摘面。

茶园通常会种植遮阴树，以避免茶树丛被阳光直射。对于遮阴树，有时会选择美丽的大型花卉树木，如合欢属、刺桐属和南洋樱属（Gliciridia）。根据纬度和海拔的不同，茶树可以在生长 2~5 年后收获茶叶。低海拔地区的茶叶产量较高，但品质好的茶叶都出自高海拔地区。头茬的一芽两叶要手工来摘，用以制作好茶，对于一些非常好的茶叶，只采茶芽或者头茬的一芽一叶。采茶人把采摘下来的茶叶装进柳条筐里，背在背上或者斜挎在身体一侧。一棵茶树可以生长出 100 年的茶青，但通常产量最高的时期只有 50 年，50 年以上的茶树通常会被取代。

不同的品种是影响味觉的又一个因素，这让任何在现代西方超市购物的人都有理由对此表示怀疑。
827 今天，洋蓟和牛油果生动地说明了通过人工选择进行的基因操纵常常会出错，从而产生可悲的结果，市场上被称为多米尼加共和国的“热带牛油果”，巨大而无味，令人震惊地乏味、寡淡，还有一些新的洋蓟品种外形美观、体形硕大，可一旦入口，平淡的味道将在记忆中挥之不去，消费者挑剔的味觉会对它们避之唯恐不及。同样的情况也发生在许多樱桃品种上，几十年前大小和形状都不一样的樱桃，如今已经被大小和形状相同的半生不熟且没有特别香味的樱桃所取代。这些樱桃好像是在工厂的传送带上大量生产出来的，而不是在果园里种植出来的。遗传学家对花和果实中易挥发的芳香合成物的遗传编码已有所了解，这可能有助于我们避免以上情况的发生。①

与此同时，人工选择也可以产生好的结果，我们的大多数作物是几个世纪甚至上千年人工选择的结果。事实上，中国茶树亚种可能是阿萨姆茶树种经过几个世纪的精心打理、优化香型人工选择的结果。然而，茶树栽培者们必须注意避免茶叶类似于近几十年来许多水果和蔬菜那样的物种，成为人工选择的牺牲品，即成交量最大的品种最受欢迎，味道和香气最丰富的品种却不一定受欢迎。保护野生茶资源的自然基因的多样性，对今后加强培育茶树品种具有重要意义。从台湾茶叶研究及推广站的种籽园中抽取的 96 个茶树品种的随机扩增多态性 DNA 样本表明，台湾主要品种和地方品种的遗传多样性是相当有限的，所以茶树育种者已经被告诫要谨慎评估这些发现的意义。②

① Inna Guterman，Moshe Shalit，Naama Menda，Dan Piestun，Mery Dafny-Yelin，Gil Shalev，Einat Bar，Olga Davydov，Mariana Ovadis，Michal Emanuel，Jihong Wang，Zach Adam，Eran Pichersky，Efraim Lewinsohn，Dani Zamir，Alexander Vainstein，and David Weiss. 2002. ‘Rose scent: Genomics approach to discovering novel floral fragrance-related genes’，*Plant Cell*，14（10）: 2325–2328; Olivier Raymond，Jérôme Gouzy，Jérémy Just，Hélène Badouin，Marion Verdenaud，Arnaud Lemainque，Philippe Vergne，Sandrine Moja，Nathalie Choisne，Caroline Pont，Sébastien Carrère，Jean-Claude Caissard，Arnaud Couloux，Ludovic Cottret，Jean-Marc Aury，Judit Szécsi，David Latrasse，Mohammed-Amin Madoui，Léa François，Xiaopeng Fu，Shu-Hua Yang，Annick Dubois，Florence Piola，Antoine Larrieu，Magali Perez，Karine Labadie，Lauriane Perrier，Benjamin Govetto，Yoan Labrousse，Priscilla Villand，Claudia Bardoux，Véronique Boltz，Céline Lopez-Roques，Pascal Heitzler，Teva Vernoux，Michiel Vandenbussche，Hadi Quesneville，Adnane Boualem，Abdelhafid Bendahmane，Chang Liu，Manuel Le Bris，Jérôme Salse，Sylvie Baudino，Moussa Benhamed，Patrick Wincker and Mohammed Bendahmane. 2018. ‘The Rosa genome provides new insights into the domestication of modern roses’，*Nature Genetics* doi:10.1038/s41588-018-0110-3; Harry John Klee and Denise M. Tieman. 2018. ‘The genetics of fruit flavour preferences’，*Nature Reviews Genetics*，19: 347–356.

② Chen，Iou-zen，Lin Shin-yu，Tsai Chun-ming and Chen Ying-ling. 2004. ‘Genetic relationships of Taiwan tea varieties’，*ICOS*，2: 226–228.

在日本，九州岛南部各种类型的锅炒茶和卷茶的制作方式虽不同于煎茶，但不知何故仍然有一种优雅的香味，让我们联想到，除了土壤因素之外，还有就是一种单一的无性繁殖品种——薮北茶（yabukita）的种植面积占日本全部茶树种植面积的 80% 以上，现在它也是韩国的主流品种。品种是茶叶香味的主要决定因素。自然遗传学家们正在研究茶叶基因组，并绘制出单序列、重复序列和表达序列的标签图，用于茶叶育种中的标记辅助选择，细胞遗传学研究也用于测量品种间的遗传距离。[1]

从根本上讲，茶叶中的儿茶素、茶氨酸、咖啡因是茶的味道和香气的基础，但是许多其他已知的 828
代谢化合物，如萜类和一些未知的次级代谢化合物也决定了茶的风味。[2] 基因组研究已经发现与类黄酮和咖啡因产生的相关基因的差异表达是如何影响茶叶品质的次生代谢化合物的积累的。[3]

2017 年，由中国科学院昆明植物研究所高立志研究员带领的研究团队获得了栽培茶树的全基因组序列。与大多数已测序的植物物种相比，茶树所展示的基因组数量非常庞大，拥有大约 3.02 亿碱基对和 36591 个基因，其中高重复序列含量占整个茶树基因组的近 90%。[4] 高立志长期以来一直主张保护古老的森林、茶树的野生近亲和古老的野生茶树林，因为这些自然资源提供了一个巨大的基因储藏库，可能有助于人们发现能提高茶树质量的新的基因。高立志提醒道，由于过度采摘茶叶，自然界野生古茶树群落日趋濒危。

某些品种通常被认为最适合生产某种特定类型的茶叶，但是人们仍不断地进行试验，试图创造新的品种。例如，薮北茶被认为是一种优秀的绿茶品种，但不适于生产红茶，然而人们曾试图用这个品种生产红茶，为此，不同人对结果给出了不同的评价。[5] 研究人员试验性地把薮北茶叶片放在冰箱中长时间发酵，结果表明，这种方法也可以产生更佳的红茶香气。[6]

---

① F. Taniguchi，J. Tanaka，I. Kono and T. Mizubayashi. 2007. ‘The construction of genetic linkage maps of tea using single sequence repeat markers’，*ICOS*，3，PR-P-004; K.M. Mewan，Malay C. Saha，C. Konstantin，Yongzhen Pang，I. Sarath B. Abeysinghe and R.A. Dixon. 2007. ‘The construction of a genomic and expressed sequence tag and single sequence repeat based genetic linkage map of tea（Camellia sinensis）’，*ICOS*，3，PR-P-012; Mehran Gholami，Masoomeh Jamalomidi，Koorosh Falakro and Morteza Gomar. 2007. ‘The determination of genetic distance among tea（Camellia sinensis L.）genotypes with cytogenetic study’，*ICOS*，3，PR-P-017; Fumiya Taniguchi. 2014. *Development of Genomic Resources and Core Collections of Germplasm for Tea Breeding.* University of Tsukuba doctoral dissertation.

② Yajun Liu，Liping Gao，Li Liu，Qin Yang，Zhongwei Lu，Zhiyin Nie，Yunsheng Wang and Tao Xia. 2012. ‘Purification and characterisation of a novel galloyltransferase involved in catechin galloylation in the tea plant（Camellia sinensis）’，*Journal of Biological Chemistry*，287（53）: 44406–44417.

③ Yan Wei，Wang Jing，Zhou Youxiang，Zhao Mingming，Gong Yan，Ding Hua，Peng Lijun and Hu Dingjin. 2015. ‘Genome-wide identification of genes probably relevant to the uniqueness of the tea plant（Camellia sinensis）and its cultivars’，*International Journal of Genomics*，*article* 527054〈http://dx.doi.org/10.1155/2015/527054〉.

④ En-Hua Xia，Hai-Bin Zhang，Jun Sheng，Kui Li，Qun-Jie Zhang，Changhoon Kim，Yun Zhang，Yuan Liu，Ting Zhu，Wei Li，Hui Huang，Yan Tong，Hong Nan，Cong Shi，Chao Shi，Jian-Jun Jiang，Shu-Yan Mao，Jun-Ying Jiao，Dan Zhang，Yuan Zhao，You-Jie Zhao，Li-Ping Zhang，Yun-Long Liu，Ben-Ying Liu，Yue Yu，Sheng-Fu Shao，De-Jiang Ni，Evan E. Eichler and Gāo Lìzhì 高立志 . 2017. ‘The tea tree genome provides insights into tea flavor and independent evolution of caffeine biosynthesis’，*Molecular Plant*，10（6）: 866–877.

⑤ Tadashi Goto，Tsuyoshi Katsuno，Yoshio Hatanaka，Takuma Ohmiya and Hiroko Umemori. 2013. ‘Changes of aromatic components in black tea made from *yabukita* during the manufacturing process’，*ICOS*，5，PR-P-6.

⑥ Etsuko Yamamoto，Kouichi Matuyama，Koji Masuda，Tomoji Hisose and Hirofumi Yamaguchi. 2010. ‘The low temperature fermentation in a refrigerator for a long time provides *Camellia sinensis* var. *sinensis* yabukita black tea aroma’，*ICOS*，4，PR-P-60.

829 新鲜的茶叶几乎没有气味，只有一点点绿叶的味道。大多数花香化合物是在萎凋、揉捻和发酵过程中内源酶的作用下产生的。在这一过程中，新鲜茶叶中酶的主要成分——β - 樱草糖苷酶起到主要作用。此外，茶叶含有精油，这是香气的一个组成部分，具有作用于感官的功能。同时，二氢博伏内酯的正负电荷同分异构体的比例对茶叶的植物草香性质也有一定的影响，[1] 通常在持续 12 个小时左右的萎凋过程中，会释放出被鉴定为香气前体的糖苷化合物。[2]

根据化学研究，我们所定义为茶叶香气的自然生物化学成分包括：单萜醇和倍半萜醇（如芳樟醇、橙花叔醇），香叶醇、芳香醇（如苯甲醇和 2- 苯乙醇），以及一些化合物（如 α - 法尼烯、苯乙醛、顺式茉莉内酯、顺式茉莉酮、β - 紫罗兰酮和乙酸苄酯），它们对乌龙茶和红茶的香味有很大的贡献。这些芳香化合物在香料工业中也是众所周知的，[3] 它们是在茶叶的生产过程中从 β - 樱草糖苷酶自然衍生而来的。[4] 鲜茶叶中的糖苷酶也是茶叶制作过程中对香气形成起关键作用的酶。人们发现，在乌龙茶的制作过程中，在较高温度下烘烤较短时间的茶叶中的 β -D- 葡萄糖苷酶和多酚氧化酶的含量比在较低温度下烘烤较长时间的茶叶要高。[5]

香豆素散发出的草本香甜气味成为许多乌龙茶的特征，也是日本绿茶的特征。 有些植物品种的香豆素含量较高，如静冈 -7132。[6] 在日本绿茶中新发现的芳香族化合物包括二硫化碳；2- 甲基 -3- 辛酮；6- 甲基 -2- 庚酮；樟脑；草本氧化物；α - 菊苣醛；2,4,4- 三甲基环已酮 -2- 烯醇；2,5,5- 三甲基 -3,6- 庚基 -2- 醇；枯醛；苯胺硝酸盐；乳酸盐；2- 丁酮肟；顺式 -3- 已烯基。在 270 多种已知易挥发物中，已知的绿茶香气的主要成分包括二甲硫醚；甲硫醇；2- 甲基丙醛；丙酮；乙酸乙酯；2- 甲基丁醛；3- 甲基丁醛；2,3- 丁二酮；苯二醛；1- 戊烯 -3- 酮；α - 蒎烯；已醛；5- 已烯 -2- 酮；侧柏烯；3- 已烯 -2- 酮；β - 月桂烯；枯烯；α - 松油烯；1- 戊烯 -3- 醇；庚醛；柠檬烯；桧烯；顺 -3- 已烯醇。此外，还有由各种类胡萝卜素衍生的芳香族化合物，如 β - 环柠檬醛；β - 紫罗酮；5,6- 环氧 - β - 紫罗酮；β - 大马酮；橙花叔醇；二氢猕猴桃内酯。[7]

由六碳脂肪醇和醛类组成的八种芳香成分构成了绿色植物的气味。 两个主要成分是顺 -3- 已烯醇

---

① Michiko Kawakami，Tadashi Ii，Nobuhiko Ito，Yuko Tadokoro and Akio Kobayashi. 2001.‘Evaluating（+）- and（-）-dihydrobovolide in tea flavour’，*ICOS*，1（II）: 116–119.

② Xiaochun Wan，Zhengzhu Zhang and Tao Xia. 2001.‘Variations of glycosidic tea aroma precursors，volatile β -D-glucosidase activity and respiration intensity during green tea withering’，*ICOS*，1（II）: 327–330.

③ Jean-Claude Ellena. 2007. *Le Parfum*. Paris: Presses universitaires de France; Jean-Claude Ellena. 2011. *Journal d'un parfumeur*. Paris: Sabine Wespieser Éditeur.

④ Masaharu Misutani，Hidemitsu Nakanishi，Jun-ichi Ema，Etsuko Noguchi，Seung-Jin Ma and Kanzo Sakata. 2001 ‘β -primeveroside: a unique diglycosidase concerned with the floral aroma formation during tea manufacturing’ *ICOS*，1（II）: 15–20.

⑤ Dongmei Wang，Yasuhiro Yamanishi，Jiali Lu，Junjia Li and Qianxia Li. 2007.‘Effects of different panning conditions on the chemical compositions and the activity of enzymes in oolong tea’，*ICOS*，3，PR-P-121.

⑥ Tomomi Kinoshita，Akio Morita，Bun-ichi Shimizu and Naoharu Watanabe. 2007.‘Coumarin production，a characteristic sweet odorant，during the processing of Japanese green tea’，*ICOS*，3，PR-P-110.

⑦ Michiko Kawakami and Kaoru Ebisawa. 2007.‘Newly identified aroma compounds in the head gas of Japanese green tea’，*ICOS*，3，PR-P-107.

或“叶醇”和反 -2- 己烯醛或“叶醛”，前者是在日本绿茶中首次被分离出来。[①] 许多含有甲酰基的化合物似乎具有抹茶香味特征。[②] 化合物 3- 甲基壬烷 -2,4- 二酮使绿茶散发出叶子的气味。[③]46 种分离 830
出来的主要易挥发性化合物中，香叶醇；2- 甲氧基苯酚；香豆素；反式异丁子香酚；香兰素；4- 羟基 -2,5- 二甲基 -3（2H）- 呋喃酮；3- 羟基 -4,5- 二甲基 -2(5H)- 呋喃酮在龙井、毛峰和碧螺春三种中国绿茶中都能被检测到。此外，我们还可以分辨出这三种中国绿茶分别对应 3 套不同的 6 种芳香物质的特别组合。[④]

图 11.33　在曼谷的中央大使馆里的关于一款新出的抹茶味调制品的广告。

乌龙茶中含有高含量的橙花醇的特点，使得乌龙茶制作结果取决于是否进行了阳光萎凋、室内萎凋和翻转处理，而不像有些人推测的那样，是茶叶冲泡前是否提前加热的结果。[⑤] 一些二聚体是乌龙茶多酚的特征，如乌龙儿茶素 -3′-O- 没食子酸酯，但对这些化合物的研究还很少。[⑥] 乌龙茶中的“黄金桂”具有独特的兰花般香气，相比之下，“铁观音”具有焦甜的香气，“水仙”具有 831
水果和草药的香气。在黄金桂的香气中含有 10 种强挥发性芳香成分，分别为吲哚、表茉莉酸甲酯、茉莉内酯、β - 紫罗兰酮、苯甲醇、2- 苯乙醇、芳樟醇、香叶醇、苯酚和 5- 癸内酯，前 5 种香气较浓烈。[⑦]

顶空气相色谱分析法揭示了尼泊尔东部和锡金生产的茶叶中的气味成分，发现伊拉姆和锡金茶都含有大量的 3,7- 二甲基 -1,5,7- 辛三烯 -3- 醇。这种芳香化合物被认为是大吉岭茶的标志性香味。而尼泊尔东部和锡金生产的茶叶中该化合物的含量比大吉岭生产的茶叶更高，主要含芳樟醇；香叶醇；水杨酸甲酯；氧化芳樟醇 Ⅱ；3,7- 二甲基 -1,5,7- 辛三烯 -3- 醇；氧化芳樟醇 I。[⑧]

从印度和斯里兰卡的红茶中鉴定出的芳香物质，是土壤影响与

---

① Hironari Kako，Syuichi Fukumoto，Yoko Kobayashi and Hidehiko Yokogoshi. 2007. ‘The enhancing effect of monoamine release by green tea odour components’，*ICOS*，3，HB-P-204.

② Takashi Fujita，Toshio Hasegawa，Yasutsugu Tsukomo，Atsushi Takahashi and Kenta Nakajima. 2013. ‘Base constituents of the aroma profile of green tea leaves’，*ICOS*，5，PR-P-1.

③ Hisae Kasuga，Azusa Yokoi，Yoshihiro Yaguchi and Yukihiro Kawakami. 2013. ‘The quantitative analysis of 3-methylnonane-2,4-dione in green teas’，*ICOS*，5，PR-P-4.

④ Ryoko Baba and Kenji Kumazawa. 2013. ‘Identification and characterisation of powerful odorants in Chinese green tea（lóngjǐng，máofēng，bìluóchūn）infusions’，*ICOS*，5，PR-P-2.

⑤ Kaoru Ebisawa，Yasujiro Morimitsu and Kikue Kubota. 2004. ‘Is nerolidol formed by steam distillation in oolong tea’，*ICOS*，2: 232–233.

⑥ Sayumi Hirose，Kaoru Tomatsu and Emiko Yanase. 2013. ‘The formation mechanism of the oolong tea polyphenols oolongtheanins’，*ICOS*，5，HB-P-40.

⑦ Kikue Kubota，Sayaka Miura，Hitoshi Kinugasa and Takami Kakuda. 2004. ‘Potent odorants for discriminating oolong tea varieties’，*ICOS*，2: 234–235.

⑧ Michiko Kawakami，Takaaki Kuwahara，Toyoaki Takanashi，Takashi Yamaguchi and Jonn Taylor. 2013. ‘The aroma characteristics of Himalayan teas’，*ICOS*，5，HBP-18.

发酵结果相结合的产物。在印度和斯里兰卡红茶中，已鉴定出约 150 种芳香化合物。大吉岭茶的主要成分是芳樟醇；水杨酸甲酯；香叶醇；氧化芳樟醇Ⅱ和Ⅰ；3,7- 二甲基 -1,5,7- 辛三烯 -3- 醇。而阿萨姆茶中的芳樟醇、己醛、2- 甲基丁醛和反式 -2- 己烯醇含量较高。来自乌瓦的茶叶被发现具有高水平的水杨酸甲酯、芳樟醇和 C6 化合物，如反式 -2- 己烯醛。鲁瓦拉 – 爱利亚（Nuvara Eliya）茶叶中的主要芳香物质为芳樟醇、氧化芳樟醇Ⅱ、顺 -3- 己烯醇和己烯醛。①

茶叶中各种天然产生的能够作用于感官的生物化学物质的比例，不仅因种类的不同而不同，也会因批次的不同而有所差异。我们可以通过改进茶叶的生产工艺来调整和改变茶叶中能够作用于感官的生物化学物质的比例。这类试验正在不断进行中，比如在福建安溪，一种新的乌龙茶生产工艺是采用空调控温来完成茶叶的室内萎凋，然后放入比平时更深的铁锅中用燃气炉加热。在 18℃室温下进行茶叶室内萎凋时可以产生更多的 2- 苯乙醇、苯基氰、2- 苯乙基苯甲酸和吲哚，而当室温在 23℃ ~25℃时则产生更多的芳樟醇和香叶醇。相较于在 250℃高温下翻炒 4 分钟或在 300℃下翻炒 3 分半钟，人们发现在 350℃下翻炒 2 分半钟乌龙茶茉莉内酯、吲哚、芳樟醇和香叶醇的含量会大大提高。②

图 11.34　在东京的一家大学食堂里，哈根达斯出品的一种抹茶冰激凌三明治，配以冰镇饮料。

在龙井茶的生产过程中，鲜茶叶在炒青之前会先放置几个小时，以使其内源酶发挥一定的作用，从而使芳香成分得以增加。通过气相色谱法进行气味分析鉴定出的 90 多种化合物中，化合物 4- 己内酯和一种未知化合物，如 β- 紫罗兰酮、4- 壬内酯、呋喃酮、香豆素和香兰素为主要成分。龙井茶保留了 4%~6% 的残留水分，特别容易在储存期间发生酶和氧化反应，引起脂肪酸和类胡萝卜素的降解。这些反应可以通过使用
832 AGELESS®来抑制，这种产品可以使龙井茶在 PET 包装袋中保存 6 个月，其间的氧气比例维持在 0.1% 以下。③

在生产过程中，茶叶所获得的光照类型对其香味和口感也会有可被测量的影响。在加工茶叶的过程中，新鲜茶芽在波长为 $50\mu Wcm^{-2}$ 的紫外线 B 的辐射下暴露 5 分钟，芳香醛的含量会增加，从而提升香味，而在紫外线 B 下暴露

① Kaoru Ebisawa，Izumi Yamaguchi and Michiko Kawakami. 2007. ‘Aroma compounds of the head gas from black teas using the solid phase micro-extraction method’, *ICOS*，3，PR-P-108.

② Dongmei Wang，Yasuhiro Yamanishi and Yuejiao Chen. 2004. ‘Effects of indoor withering and panning on the aroma of oolong tea’, *ICOS*，2: 236–237.

③ Yoko Hashimoto，Rina Kurochi，Shao-Joo Luo，Yuichi Fujii，MasanobuTatsumi and Kikue Kubota. 2004. ‘Studies on the potent odorants of Chinese lóngjǐng tea and their stability during storage’, *ICOS*，2: 238–239.

10分钟可以激活基因表达，释放易挥发性物质，如亚芳醇I；α-松油醇；顺式芳樟醇；1,6-辛二烯-3-醇；3,7-二甲基；苯乙基乙醇；苯甲基乙醇；叶绿醇。[①] 与在室内温暖空气中进行干燥的绿茶相比，鲜茶在制作
过程中暴露于紫外线A的辐射下氨基酸含量会增加。[②] 自然的蓝光也增 833
强了表没食子儿茶素没食子酸酯的含量。因此，茶叶制作过程中偏向于暴露在阳光下的理由还有很多。[③]

从19世纪80年代到20世纪20年代，遮阳篷（hiyoke）是静冈茶叶加工场所和品茶室的一个建筑特色，但随着人工照明的出现，这种特色逐渐消失了。[④] 当薮北茶幼苗被蓝色发光二极管照射24小时后，其香豆素、咖啡因、柚皮素和表没食子儿茶素没食子酸酯的含量几乎增加一倍，而若被红色发光二极管照射，即使时间更长，效果却好坏参半且
不那么引人注目。[⑤] 试验结果也表明，在茶叶某些特定的加工阶段，温 834
度也是一个决定性因素。萎凋过程中温度对芳香族化合物的生成数量有影响。在低于摄氏30℃的环境下萎凋，据说会产生最大量的芳香族化合物，而在15℃的温度下萎凋则甜美的花香味较突出。[⑥] 相比之下，当红茶在低温下发酵时，温度似乎不会对其产生任何显著的影响。[⑦]

图11.35 “健康”（herushia）绿茶，每瓶350毫升的包装中包含540毫克儿茶素，由花王（Kaō）公司出品。

---

① Q. Ye, G.H. Zhang, J.L. Lu, Y.Y. Du, J.H. Ye, J.J. Dong and Y.R. Liang. 2007. ‘The effects of ultraviolet B on aroma formation in tea’, *ICOS*, 3, PR-P-104.

② Hidetoshi Aoki, Yū Daikokuya, Hiroyuki Kumagai and Hidehiro Tomita. 2007. ‘The effects of ultraviolet A irradiation on the quality of green tea in the manufacturing process’, *ICOS*, 3, PR-P-502; Hidetoshi Aoki, Hirotaka Suzuki and Kazuhiro Sukegawa. 2010. ‘An analysis of the increase mechanism in amino acid content of tea leaves under irradiation with ultraviolet A rays’, *ICOS*, 4, PR-P-18; Hidetoshi Aoki and Hirotaka Suzuki. 2013. ‘The effects of ultraviolet A irradiation of fresh tea leaves on the quality of green teas produced from these irradiated fresh leaves’, *ICOS*, 5, PR-P-26.

③ Hidetoshi Aoki, Yosuke Taguchi, Kaneaki Takikawa and Y ū Daikokuya. 2010. ‘The effects of the irradiation of the various light wavelengths on the quality of green teas manufactured from irradiated fresh leaves’, *ICOS*, 4, PR-P-19.

④ Satoru Nimura. 2004. ‘*Hiyoke*( shade ) found architecture on tea industry at Shizuoka’, *ICOS*, 2: 708–709.

⑤ Takeshi Ogawa, Eiji Kobayashi, Yoriyuki Nakamura and Hirokazu Kobayashi. 2010. ‘Polyphenol biofortification of tea leaves by exposure to light-emitting diode( LED ) ’, *ICOS*, 4, PR-P-31.

⑥ Tsuyoshi Katsuno, Emiko Uematsu, Toshiharu Sagisaka, Akihiki Muroya, Yuto Tsuchiya, Takuma Ohmiya, Yoshio Hatanaka and Tadashi Goto. 2013. ‘The effects of hot air withering on the green tea aroma prior to green tea processing’, *ICOS*, 5, PR-P-7; Yasutaka Suzuki, Tomohiro Oto, Tsuyoshi Katsuno and Hideyuki Kata. 2013. ‘Development of new Japanese green tea which raised floral aroma by the manufacturing method of low-temperature storage, rolling and pan-firing’, *ICOS*, 5, PR-P-11.

⑦ Etsuko Yamamoto, Tomoji Hisose and Hirofumi Yamaguchi. 2013. ‘Application of low temperature fermentation for black tea to three cultivars of *Camellia sinensis*’, *ICOS*, 5, PR-P-8.

## 第十二章

# 打理茶园

## 可持续的茶叶种植

835 我们应该关心茶树是如何生长的吗?“天然”和“有机”这两个术语在市场上不断遭受非议，而今又新增“可持续”这个流行词。这个词于 20 世纪 80 年代初首次出现在外国咨询业务和国际开发产业，以表达对人类掠夺地球资源的集体行为的不可持续性的这种认知。我们为什么要关注有机天然茶？正如印度一组茶叶研究人员通过茶叶角质层研究乐果（一种内吸性的杀虫杀螨剂。——译者注）吸收情况时所发现的:“茶树是一种不寻常的作物，然而，杀虫剂被直接喷洒在树叶上后，甚至在收获和加工之际也没有清洗掉！”[①]

清迈的肯尼斯·里姆达尔（Kenneth Rimdahl）是所谓多树种共生农场的公开倡导者。这个农场是生态友好型种植园，园内茶树间种植了许多其他树种，成为茶园生态系统的一部分。考虑到生物多样性和自然平衡，这种类型的茶园一般会减少对杀虫剂的使用。可持续性的生物多样性茶园，相较于处在因滥伐作业而被毁坏的森林栖息地的单一栽培模式园，是更适宜种植茶树的自然生态。在日本，在现代工业规模茶园出现之前，茶树显然一度是以更可持续的方式生长着。卡姆弗于 1690~1692 年在日本逗留期间发现:

① Shivani Jaggi, Bikram Singh and Adarsh Shanker. 2011. ‘Distribution behaviour of dimethoate in tea leaf’, *Journal of Environmental Protection*, 2: 482–488.

> ……茶树是一种不起眼的灌木，在这个面积狭小的国家，除了田野边缘，没有其他地方适宜种植茶树。然而，它是所有植物中最有用的，因为日常饮用的茶叶是由其炒过的粗叶制作的。而最嫩和最新的叶子经过烤制碾压后，注入热水制成汤，是富贵人家用来招待客人表达敬意和饭后的饮品。①

生态多样性和自然平衡，是日本茶园在单一景观的现代工业规模茶园出现之前的特征。茶在半野生状态下的森林边缘生长，土壤也不会因耕种农作物而养分耗尽，茶叶不会被不断采摘。

与古老的茶园相反，在原始森林深处发现的野生茶树，通常很大，它们可以单独生长，或随机地生长在树丛或树簇中。距离最偏远的村庄几个小时路程的泰缅边境生长着一些野生茶树，从这些 836
树上采摘下来的纯正的茶叶散发着一丝温暖的芬芳，能够让饮用者联想到酸角树的形象。事实上，纯正野生茶的香味通常类似于“丛林深处那种丰富的木质交响曲”的特征，饮用后回味无穷。真正的野生茶每年只采摘一次，以避免过度采摘导致野生树木不再繁茂。野生茶树也并不需要施肥。

中国云南一些地方有着古老多瘤树木和其他树种、植物共生的美丽茶树园，它们一直被精心照料着，但此前许多生态多样性良好的丘陵也开始被大型单一栽培模式植园所取代。一些新技术耗尽了红土的养分，使其出现褪色现象，与此同时人工肥料和农药的使用也破坏了生态环境。然而，茶叶的利润率大大增加，正如荷兰军队在日本的岛原起义期间所展示出来的那样，玛门（Mammon，在新约圣经中指财富的邪神，诱使人为财富互相杀戮。——译者注）长期以来一直被许多人奉为真正的神，与它相比所有其他原则都可能被放弃。最好的叶茶可能相当昂贵，然而每年通过销售茶袋中最低品质的切碎和磨成粉的完全氧化的红茶所获得的利润却是巨大的，即便销量不大。

图 12.1　汤吞茶杯，在底座上具有特色的刻痕，有意增加瑕疵，并具有比萩市（Hagi）烧制的陶器常见的柔和色调更深的色调。

在当今的沙漠绿化中，采用的技术手段的目的是如何给茶树施肥以最大限度地提高茶叶产量。在日本，氮肥产量在 20 世纪 60 年代增加了。从 20 世纪 70 年代起，氮肥的使用量持续稳步增长，但每公顷茶田的产量却没有相应增加。在日本茶业氮肥使用量高峰期，5 万公顷茶田的一氧化二氮排放量与其他 500 万公顷农田的一氧化二氮排放量一样大。为改变这种荒唐的情况，日本氮肥的使用量逐渐减少，同时制订了有步骤的计划 837
以进一步减少氮肥使用量。②

① Engelbert Kämpfer. 1777. Geſchichte und Beſchreibung von Japan. Lemgo: im Verlage der Meyerſchen Buchhandlung (p. 131).

② Kunihiko Nonaka. 2007. ‘Fertiliser application technology for improvement of nitrogen utilisation in tea fields’, *ICOS*, 3, PR-S-06.

长期以来的研究表明，日本绿茶的质量与土壤中的氮含量密切相关，而已有研究开始质疑氮肥在茶树种植中的功效。[1] 虽然使用氮肥在一定程度上提高了茶叶产量，但当氮肥使用量超过一定阈值时，不仅没有产生明显的好处，还改变了茶叶的生化成分如镁的含量。[2]

为了减少硝酸盐氮（$NO_3$-N）渗入周围的水系，静冈县茶园施用的氮肥量在 21 世纪头十年已降低。[3] 通过在茶园补充硫氧化脱硝细菌和脱硫石灰石，以天然硝酸盐脱碳系统的形式减少氮肥流失的方式已经被采用。[4]

氮肥的使用不仅对环境有害，实际上也会降低所有被检测的茶叶中的儿茶素含量，即使一些品种在保持其自然生化成分的完整性方面较之于其他品种略强。[5] 此外，氮肥的使用从根本上改变了土壤，不仅在化学上，而且更为严重的是对土壤中微生物群产生了影响。[6] 茶树根中的谷氨酰胺合成酶的活性随氮量的增加而增加，这表明茶树根中的谷氨酰胺合成酶直接受到了土壤中氮含量的影响。然而，茶树根中的谷氨酰胺合成酶不仅受 $NH_4$-N 含量的影响，还受到作为 $NH_4$-N 来源的 $NO_3$-N 含量的影响。[7]

过度施肥有增加高脱硝活性真菌的风险。[8] 在灌溉系统中加入肥料被称为灌溉施肥，滴灌肥料试图通过拉长施肥时间来减少其造成的影响。超慢释放肥料的局部深度放置使浸入环境中的氮量减少约 30%，[9] 初步研究发现，滴灌可以提高碾茶的质量和产量，同时减少一氧化二氮排放和氮渗入周围水体的影响。[10]

838 茶树似乎通过将土壤中的铝转换为铝草酸来解毒。[11] 茶树在酸性条件下生长良好，由于含铝离子的

① Kunihiko Nonaka, Ikuo Watanabe, Yuhei Hirono and Kiyoshi Matsuo. 2004. 'Rough estimation of the input and output of nitrogen in a tea field and characteristics of nitrate nitrogen movementin teafield soil', *ICOS*, 2: 311–312

② Saroja Ananthacumaraswamy, Laksman Hettiarachchi and Gemini Gunaratne. 2007. 'Responses of a high yielding vegetatively propagated tea to urea and muriate of potash applications in the wet zone upcountry regionof SriLanka', *ICOS*, , 3, PR-P-307; Mitsuaki Narushima. 2007. 'The effect of nitrogen fertilizer on the growth and the yield of tea plants', *ICOS*, , 3, PR-P-310.

③ Yuhei Hirono, Ikuo Watanabe, Kiyoshi Matsuo and Kunihiko Nonaka. 2004. 'Trends in water quality around an intensive tea growing area', *ICOS*, 2: 290–291.

④ Kiyoshi Matsuo, Yasuhiro Hirado and Toshiaki Miyanaga. 2004. 'A long-term water bioremediation trial of a small pond surrounded by tea fields in Shizuoka, Japan', *ICOS*, 2: 292–293.

⑤ Akiko Matsunaga, Atsushi Netsumi and Tetsuji Saba. 2007. 'The effects of nitrogen fertiliser on the chemical composition of tea leaves', *ICOS*, 3, PR-P-303.

⑥ Y. Shimizu, A. Morita, N. Narushima, Y. Nakamura, K.Kimbara and F. Kawai.2007. 'Ananalysisof microbial floras in the soils of Japanese tea fields enriched with nitrogen fertilisers', *ICOS*, 3, PR-P-305.

⑦ Setsuko Maeda, Akio Morita, Tomokazu Takada, Masami Aoyama and Hiromi Yokota. 2004. 'Effects of the nitrogen condition on the activity of glutamine synthetase in tea plants', *ICOS*, 2: 319–320.

⑧ Takaaki Goto and Reiko Sameshima. 2010. 'The dominance of fungal denitrification in high N2O emission tea fields', *ICOS*, 4, PR-P-49.

⑨ Kunihiko Nonaka and Yuhei Hirono. 2010. 'Application of super-slow release fertiliser for the improvement of nitrogen utilisation in tea fields', *ICOS*, 4, PR-P-46.

⑩ Tadataka Kinoshita, Hirotaka Tsuji, Kiyotaka Hiei and Masaki Tsuji. 2004. 'The effect of the drip fertigation system on the yield and quality of tencha', *ICOS*, 2: 325–326; Masahiro Kasuya, Tadataka Kinoshita, Masaki Tsuji and Kiyotaka Hiei. 2004. 'Reduction of nitrous oxide emission from tea fields by the drip fertigation system', *ICOS*, 2: 327–328.

⑪ Setsuko Maeda, Osamu Yanagisawa, Satoshi Takatsu, Syuntaro Hiradate and Akio Morita. 2007. 'Oxalates detoxify in the roots of tea plants (Camelliasinensis (L). Kuntze)', *ICOS*, 3, PR-P-305.

不溶性磷酸盐化合物的形成，可用磷酸盐的含量就降到了低水平，[①]但土壤中铝的存在会刺激茶树的生长，导致酚类物质含量减少，并减少苯丙氨酸氨 - 酸酶的活性，这又会导致茶叶中的儿茶素减少。[②]铝还会在茶树的根和叶中结合成铝草酸盐或铝酸盐化合物。[③]

研究还发现，铵的应用，即阳离子 NH4+ 通过抗坏血酸氧化抑制草酸盐合成，可以降低茶树幼叶中的草酸盐含量。[④]伊朗的一项试验表明，在土壤中加入铜可使茶叶产量明显增加，而添加锌则没有这个效果。[⑤]研究还发现氨基酸可以作为茶树的氮源。[⑥]在静冈县，农民们秋冬季节在茶园地里用中国芒草和苦竹覆盖沟渠，这种做法被认为是有益的。[⑦]在化肥的"需求"方面，茶树的遗传改良也被视为是潜在目标之一。[⑧]

图 12.2　静冈县的一个茶园已经开始采取有机种植方式，日本的采茶工人仍然在陡峭的山坡上手工采茶，同时唱着日本传统的采茶歌谣。

有机茶的种植过程中不使用杀虫剂、除草剂或生长兴奋剂，对环境不会产生不利影响。消费者对

① Ryuta Futana, Akio Morita and Hiromi Yokota. 2004. 'Phosphate deficiency induces acid phosphatase activity in tea plants', *ICOS*, 2: 313–314.

② Tsuyoshi Ogawa, Akio Morita, Atsuko Kondo and Hiromi Yokota. 2004. 'Effects of aluminium and phosphorus on phenylalanine ammonia-lyase activity and the phenolics content of tea plants', *ICOS*, 2: 329–330.

③ OsamuYanagisawa, SatoshiTakatsu, Syuntaro Hiradate and Akio Morita. 2004. 'Chemical forms of aluminium in the roots of tea plants (Camellia sinensis L.)', *ICOS*, 2: 317–318.

④ Risa Suzuki, Akio Morita and Hiromi Yokota. 2004. 'Ammonium application decreases the content of oxalate in tea leaves', *ICOS*, 2: 315–316.

⑤ Farid Bagheri, Mehran Gholami, Behrooz Alinaghipoor, Shiva Rofigari Haghighat and Seid Ahmad Taghi Shokrgozar. 2007. 'The response of tea quality and quantity parameters to zinc and copper foliar', *ICOS*, 3, PR-P-311.

⑥ Akio Morita, Masako Harano, Tatsuaki Tanaka and Hiromi Yokota. 2004. 'The uptake of amino acids by tea plants', *ICOS*, 2: 323–324.

⑦ Hidehiro Inagaki, Yoshinobu Kusumoto, Nobusuke Iwasaki, Syuntaro Iwasaki and Shori Yamamoto. 2010. 'Biodiversity evaluation of chagusaba, semi-natural grassland maintained by green tea cultivation', *ICOS*, 4, PR-P-36.

⑧ Fumiya Taniguchi and Junichi Tanaka. 2004. 'Characterisation of genes for ammonium assimilation in Camellia sinensis', *ICOS*, 2: 217–218.

有机茶的需求将越来越大，而对有机茶和对生态低冲击的茶的栽培需求也来自茶叶研究人员，在有机农业中减少或避免人工肥料的使用，从而减少一氧化二氮排放量。施肥是为了补偿作物收获和降雨后流失的土壤养分。许多商业茶园每年每公顷施用 240~300 公斤的氮肥和 120~150 公斤的钾肥。每两年每公顷的茶园还会施用 60~90 公斤名为 $P_2O_5$ 的磷肥。镁和锌则只被添加到缺乏这些矿物的土壤中，例
839 如东非、印度次大陆或斯里兰卡的一些茶园。[①]

## 茶树的“入侵者”

咖啡因和可可碱是茶树植物化学防御机制的一部分，用于对抗昆虫捕食者和真菌病害。尽管有这种自然防御机制，但还是存在大量攻击茶树的物种宿主，而这些物种也有其天然掠食者。有机、自然或可持续的控制害虫策略之一就是找来茶树害虫及其病原体的天敌。当达到自然平衡时，如在丛林中生长的野生茶树一样，纯粹的物种多样性将确保害虫得到常量控制，在错综复杂的“掠夺交响乐”中达到自然平衡。一些茶害虫造成了茶叶的破坏，但矛盾的是，它对茶种植者却是有益的。

从种类而言，东亚对茶树攻击的物种有食叶虫，如茶毒蛾、茶尺蠖、茶袋虫、茶刺蛾、茶小卷叶蛾、茶细蛾、茶象虫、茶甲壳虫、带角的乳腺叶甲虫。[②]

类似穿孔和吸吮的昆虫会直接攻击茶树，如茶绿叶蝉、茶蚜虫、刺粉虱、绿盲蝽、茶盲蝽、茶黄
840 蓟马、绿色宽翅飞虱、梨白长蚧、日本蜡蚧、有角蜡蚧壳虫和红蜡蚧壳虫。

茶灌木也可以感染各种虫害，如茶粉锈螨、茶黄螨或咖啡红蜘蛛螨。令人厌烦的攻击茶灌木昆虫包括中国茶织叶蛾、茶木蛾、茶天牛、茶柑橘溜皮虫。从地下攻击茶灌木的昆虫包括铜绿色的金龟子、大蟋蟀、非洲蝼蛄和黑翅土白蚁。某个物种甚至专门攻击茶树的种子，即茶豆象虫。

这一连串的害虫并不会让有机茶种植者感到害怕，因为健康的生态平衡，可以保证有无数的物种来对付这些茶树的攻击者。超过 200 种寄生昆虫和现已发现的 300 多种掠夺性的昆虫是茶树寄生虫的天敌。其中最重要的有七星瓢虫（Cocinella septempunctata）、异色瓢虫（Leis ayridis）、龟纹瓢虫（Plopylaea japonica）、中华虎甲（Cicindella chinensis）、绒茧蜂属（Apantcles spp.）、蚜虫属（Aphidus sp）、广黑点瘤姬蜂（Xanthopimpla punctata）、广大腿小蜂（Bracymneria lasus）、蜡蚧扁角长尾跳小蜂（Anicetus ceroplastis）、瓢虫柄腹姬小蜂（Pediobius spp.）、黄金蚜小蜂属（Aphtytis sp.）、黑卵蜂属（Telenomus sp.）、拟澳洲赤眼蜂（Trichogrannma confusum）、蚕蛆蝇（Exorista sorbillans）、中华草蛉（Chrysopa sinica）、度氏暴猎椿（Agriosphodrus dohni）和合掌螳螂（Mantis religiosa）。

最著名的食蚜蝇是门氏食蚜蝇（Sphaerophoria menthastri）和大灰食蚜蝇（Syrphus corollae），在捕食茶害虫的蜘蛛物种中，主要有八斑鞘腹蛛（Coleosoma octomaculatun）、草间小黑蛛（Erigonidium graminicolum）、黑亮腹蛛（Singa hamata）、迷宫漏斗蛛（Agelena labyrinthica）、斜纹猫蛛（Oxyopes sertatus）、鞍形花蟹蛛（Xysticus ephippiatus）、三突花蛛（Misumenops tricuspidatus）、白斑猎蛛

① Chen and Chen (2012) in Chen, Apostolides and Chen (op.cit.).

② Maki Yoshizaki and Akihito Ozawa. 2007. 'The seasonal occurrence and feeding habits of the leaf beetle *Demotina fasciculata* Baly (Cileoptera: Chrysomelidae) in tea fields and its oviposition behaviour', *ICOS*, 3, PR-P-409.

（Evarcha albaria）和黑色蝇虎（Plerippus paykulli）。在中国，精明的茶农已经开始减少化学杀虫剂的使用，以避免杀死茶寄生虫和害虫的天敌。人们培育了一批赤眼蜂属的昆虫以对抗卷叶蛾。

可以征招作战的其他茶害虫的天敌包括 80 多种昆虫致病性病毒、1 种致病菌种和 44 种肠病真菌。这些微生物可以被归入所谓的生物农药。困扰茶叶害虫的最常见病毒包括茶卷蛾核型多角体病毒、茶卷蛾质型多角体病毒、茶尺蠖核型多角体病毒和较小的茶饼粒细胞病毒。经常见到的引发茶树瘟病的昆虫真菌包括：根虫瘟霉（Zoophthora radicans）、蛹虫草（Cordyceps militari）、柄隔担菌（Septobasidium pedicellatum）、白僵菌（Beauveria bassiana）、虫草真菌种（Paecilomryces spp.）和粉虱座壳孢（Aschersonia aeyodis）。以感染茶害虫为目的喷洒的生物农药含有致病性病毒、致病菌和病原真菌，包括韦伯虫座孢（Aegerita webberi）和粉虱座壳孢（Aschersonia aleyrodis）。①

图 12.3　茶树绿叶蝉是台湾东方美人茶（Oriental Beauty；也叫膨風茶 braggart's tea）蜂蜜香气的主要来源，台北昆虫学家吴士纬拍摄。

关于害虫生命周期和喂养策略的知识非常重要，可以采用既环保又巧妙的方式。② 主要攻击新芽的 841
害虫包括茶青叶蝉、茶黄蓟马、茶细娥、桔二岔蚜。攻击成熟叶子的害虫有卷叶蛾、东方卷叶蛾、蒿尺蠖、神泽氏叶螨。桑虱破坏树皮，而黄拉长金龟子吞噬根部。

台湾的东方美人茶散发出明显的蜂蜜香气和具有强烈辨识度的味道。新竹县这种精致的茶是通过

① Baoyu Han, Dan Mu and Huagang Qin. 2007. 'Integrated pest management of tea gardens in China', *ICOS*, 3, PR-S-04.

② Yukio Ando. 2004. 'The present conditions of pesticide spraying and future condition in Japanese tea', *ICOS*, 2: 74–76; Yoshio Yusa. 2004. 'Current status of pesticide residue analysis methods concerning tea commodities in Japan', *ICOS*, 2: 82–84.

寄生有叶蝉的青心大冇种茶叶经过高度发酵而生产的。发酵过程中，首先产生大量化合物 2，6- 二甲基 -3,7- 辛二烯 -2,6- 二醇。然后产生大量的芳樟醇；芳樟醇氧化物；3,7- 二甲基 -1,5,7- 辛四烯 -3- 醇；2- 苯基乙醇和香叶醇。在膨风茶中，芳香化合物 2- 苯基乙醇；苯基醇；氧化铁；2,6- 二甲基 -3,7- 辛二烯 -2,6- 二醇；3,7- 二甲基 -1,5,7- 二氢芳樟醇 -3- 醇的芳香化合物占比很高。包种茶的香味非常明显，它由未被感染的叶子通过较低程度的发酵制作而成。①

分析表明，在东方美人茶的制作中，叶蝉的滋生导致糖精积累，这是由植物防御对非生物胁迫导致的，与未受该虫害感染的茶叶相比，东方美人的蔗糖、乳糖醇、果糖、肌醇和蜜三糖的含量更高。②此时，茶害虫的存在可能也是一种恩惠，而不单纯是一种祸害。

生物化学家已经确定，当受到食草昆虫如茶尺蠖、茶蚜虫和茶叶蝉的攻击时，茶树中会释放特定易挥发性突子。③叶蝉的滋生反而使大吉岭茶非常出名。同样，日本的试验表明，感染了日本种茶叶蝉的茶树通过诱导化合物 2，6- 二甲基 -3,7- 辛二烯 -2,6- 二醇的产生，会产生类似的芳香效应。这种化合物出现在顶芽和第一、第二叶中，在第二叶中浓度最高。除非茶树被茶叶蝉侵蚀，否则不会生产该化合物，而其他害虫（如黄茶虫）也不会诱导该化合物的产生。④

## 茶树虫害的物理防治

在中国，用扑蝇纸捕捉苍蝇的古老技巧也得到重新改造。在一些茶园，基于一些害虫的颜色趋向性，粘板已经有了不同的配色，主要用于吸引黑色尖刺白蝇和蚜虫的成虫。在一公顷茶园中使用 300 块粘板可以吸引 30 万 ~50 只万成虫，其效果与使用化学杀虫剂相当。⑤在其他地方，生态措施也在不断创新，并且不会留下任何化学残留物。

在日本，鼓风原型机已经成功地完成测试，能每秒吹出 20 米以上的雾气，从而吹掉茶叶上 75% 的虫卵和超过 80% 的神泽蜘蛛成虫，同样能祛除其他茶冠周围的害虫。⑥2002 年，日本国立蔬菜和茶科学
843 研究所研制出一种鼓风机式昆虫诱捕机，其空气流量为每秒 15~20 米，水雾将昆虫从地表的虫草丛吹入捕食袋。2010 年，一种低重心的新型骑乘式昆虫诱捕车被引入坡地茶场。即使在 15° 倾斜角的斜坡上，

① Miharu Ogura, Ikuo Terada, Fumiharu Shirai, Kazuhiko Tokoro, Kuo-Renn Chen, Chun-Liang Chen, Mu-Lien Lin, Bun-ichi Shimizu, Tomomi Kinoshita and Kanzo Sakata. 2004. 'Tracing changes in aromatic characteristics during the processing of the famous Formosan oolong tea Oriental Beauty', *ICOS*, 2: 240–242.

② Jeong-Yong Cho, Bun-ichi Shimizu, Tomomi Kinoshita, Masaharu Mizutani, Kuo-Renn Chen, Chun-Liang Chen and Kanzo Sakata. 2004. 'Chemical profiling in the manufacturing process of Oriental Beauty', *ICOS*, 2: 260–262.

③ Chen Zongmao, Xu Ning, Han Baoyu and Zhao Dongxiang. 2004. 'Chemical communication between tea plant herbivore natural enemies', *ICOS*, 2: 90–93.

④ Akihito Ozawa, Toru Uchiyama andTomomi Kinoshita. 2013. 'Factors affecting the production of diol (2, 6-deimethylocta-3, 7-diene-2, 6-diol) induced by the infestation with the tea green leafhopper *Empoasca onukii* Matsuda in new shoots of tea plants in Japan, parts 1 and 2', *ICOS*, 5, PR-P-9 and PR-P-10.

⑤ Zongmao Chen. 2010. 'The contributions of scientific innovations and environmentally friendly strategies on the development of the Chinese tea industry', *ICOS*, 4, PR-S-10.

⑥ Masahiro Miyazaki, Mitsuyoshi Takeda, Shunji Suzuki, Daisuke Miyama, Takuya Araki, Yasusi Sato, Jun Kageyama and Hitoshi Terada. 2004. 'Development of blower type capture for insect pests of tea plants', *ICOS*, 2: 300–301.

诱捕车也不容易滑移、下降或失去控制。[1] 在日本，类似的机械化策略还包括茶园上方柱子上的风扇，这些风扇被用来抵御虫害。

图 12.4 在静冈县森林边缘的坡地茶园里，风扇会在适当的间隔上自动运转，防止金泽蜘蛛和一些其他种类的害虫爬进树冠筑巢。

## 追求环境友好的生物战

研究表明，有机农业保护了茶田中节肢动物捕食者的物种多样性。[2] 与自然合作而不是对抗，将有利于深刻洞察捕食网络。桑白蚧或桃介壳虫是日本茶树中最具破坏性的害虫之一，为此，静冈县使用了各种杀虫剂，但这被认为加剧了茶叶变色和茶树死亡问题，因为杀虫剂通常对桑虱的捕食者 844
而非虫害更为致命。这些化学物质会直接影响暴露的捕食昆虫却很难影响到桑虱。许多寄生黄蜂、

① Osamu Sumikawa, Takuya Araki, Daisuke Miyama, Hitoshi Terada, Yoshikazu Takewaka, Kimiaki Murai, Eiji Nishino, Seiichi Yoneyama and Koji Wakahara. 2010. 'Development of a blower-type insect trapping machine for sloping tea fields', *ICOS*, 4, PR-P-53.

② Hiroshi Suenaga. 2010. 'The impact of organic farming on the species diversity of soil-dwelling arthropod predators in tea fields in Japan', *ICOS*, 4, PR-P-56.

捕食甲虫、瘿蚊和其他肉食昆虫物种在其猎物桑虱出现时大量涌现。[①]

虽然从有机的角度采摘茶叶代表着一种侵扰和破坏，然而，已有结果显示，精心、定时的采摘实际上可以作为一种茶场的害虫管理方法，因为幼虫和某些害虫的卵，如茶小卷叶蛾（Adoxophyes honmai）、茶卷叶蛾（Homona magnanima）和茶细蛾（Caloptilia theivora）通过恰当的采摘基本上被移除。[②]同样，在日本，人们在茶树及其周边土壤上喷撒米麸，这为侵扰茶害虫的真菌提供了理想的基
845 质，如桑虱、刺粉虱等，致使这些茶害虫的数量在茶田里得到有效控制。[③]2004~2005 年，日本成功测试了用于对抗东方茶毒杆菌的环保替代品。在交配周期中，通过散播性信息素来破坏害虫之间的通信，导致这些害虫的数量减少程度与使用杀虫剂的效果一样。研究还发现，通过引入白胫寡索跳小蜂，桑虱的数量得以减少。[④]

图 12.5　静冈县一个有机茶园里的蜘蛛囊，在这里质量最好的蒸青绿茶和玉露茶与大自然和谐相处。

1912 年印度托克莱的茶叶研究站利用植物生长促进根瘤菌和水泡霉菌来研究生物农药和生物肥料。印度茶叶委员会成立于 1953 年，由商务部负责，是促进印度茶叶产业发展和促进茶叶研究的推动者。大吉岭茶叶研究与发展中心于 1977 年在库尔森成立。成立于 1926 年的印度南部种植者联合协会

① Akihito Ozawa. 2004. ‘Species composition and seasonal prevalece of natural enemies of the mulberry scale Pseudaulacaspis pentagona(Targioni)onteatrees in Shizuoka prefecture, Japan’, *ICOS*, 2: 343–344; Kubota Sakae. 2004. ‘Altitudinal differences in the diapause of the white peach scale Pseudaulacaspis pentagonaintea fields’, *ICOS*, 2: 345–346.

② Shigehiro Kodomari. 2004. ‘The effect of plucking on the occurrence of tea insect pests’, *ICOS*, 2: 347–348.

③ Ryosuke Omata. 2013. ‘Repression of the white peach scale Pseudaulacaspis pentagona (Targioni) and the camellia spiny whitefly Aleurocanthus camelliae Kanmiya & Kasai by spreading rice bran into tea bushes’, *ICOS*, 5, PR-P-66.

④ Akihito Ozawa. 2007. ‘Natural conservation and the biological control of the mulberry scale Pseudaulacaspis pentagona (Targioni) and integrated pest management with communication disruption using the sex pheremones of the tea tortrices’, *ICOS*, 3, PR-P-407.

（UPASI）早就设有茶叶科学研究部门，1999 年发展成为设施完备的茶叶研究所。该协会为来自 7 个地区站的 143 个成员和大约 12000 名会员提供服务。[①]20 世纪 90 年代以来，托克莱的茶叶研究人员一直在探索将本地的昆虫病原真菌——金龟子绿僵菌融入生物农药中的可行性。[②]

在印度东北部的茶园中，每年造成 7%~10% 的农作物损失的红蜘蛛虫，受到各种本土病菌的攻击，如蜡蚧轮枝菌、淡紫色拟青霉菌和尖孢镰刀菌。最近还发现，红蜘蛛虫易受迄今未报告的本地致病真菌多毛菌的影响，在印度东北部不同庄园采集的叶子样本中红蜘蛛虫的百分比感染范围为 0.6~9.4。在托克莱，利用这些天敌来发展环境友好的生物农药的可能性正在探索中。[③]

2007~2009 年，在静冈县茶田进行的一项捕食性昆虫动物研究确定了 9 种捕植螨科，其中 8 种是日本本土物种，即温氏小新绥螨（Neoseiulus womersleyi）、巴氏小新绥螨（Neoseiulus barkeri）、江原钝绥螨（Amblyseius eharai）、东方钝绥螨（Amblyseius orientalis）、四会钝绥螨（Amblyseius obtuserellus）、尼氏真绥螨（Euseius sojaensis）、奇异宽腹绥螨（Gynaeselus liturivorus）和赵氏盲走螨［Typhlodromus（Anthoseius）vulgaris］，以及外来物种智利小植绥螨（Phytoseiulus persimilis）。茶场的物种数量为 1~5 种，最普遍的品种是江原钝绥螨、温氏小新绥螨、尼氏真绥螨和四会钝绥螨。这些物种是茶害虫金泽蜘蛛虫的天敌。[④]

1995 年头茬采摘期间，人们第一次在日本田地里观察到了大红虫在茶芽上游走。这些掠食性小虫捕食了金泽蜘蛛虫、黑柑橘虫、东方茶饼早期幼虫和绿叶蝉以及印度的蜡蚧和桑虱的虫卵。[⑤]粉刺虱是 846
2004 年在京都首次被观察到的茶树上的一种新害虫。它们的天敌黄蜂，在控制粉刺虱的数量上起着重要的作用。[⑥]

图 12.6　东方卷叶蛾，台北昆虫学家吴士纬拍摄。

人们还发现，茶炭疽菌的病变通过该属的附生真菌的对抗竞争减少了一半。这些天然的抗体大量存在于未经人工接种的茶叶上。[⑦]同样，线虫在土壤中的作用

① Chakraborty and Chakraborty (2004); N.K. Jain. 2007. ‘Tea in India’, *ICOS*, 3, JS-02.

② S. Debnath, A. Rahman, Rakhi Phukan, M. Borthakur, M. Sarmah and B.K. Barthakur. 2007. ‘The prospects of termite control in tea plantations of northeast India with native entomopathogenic fungi’, *ICOS*, 3, PR-P-411.

③ S. Debnath. 2004. ‘Natural occurrence of the entomopathogenic fungus *Hirsutella thompsonii* on red spider mite Oligonychus coffeae (Neitner) infesting tea plants *Camellia sinensis* L. (O.) Kuntze in northeast India’, *ICOS* 2: 333–334.

④ Akihito Ozawa, Toru Uchiyama and Shingo Toyoshima. 2010. ‘Studies on the predatory mite fauna (Acari: Phytoseiidae) on tea trees in Shizuoka prefecture, Japan’, *ICOS*, 4, PR-P-50.

⑤ Ryosuke Omata. 2010. ‘Anystis baccarum (Linnaeus) protects tea field against pest insects’, *ICOS*, 4, PR-P-54.

⑥ Koji Yamashita, Atsushi Kasai and Yutaka Yoshiyasu. 2010. ‘Integrated pest management (ipm) for Aleurocanthus spiniferus (Quaintance) (Homoptera) using natural enemies in tea fields’, *ICOS*, 4, PR-P-57.

⑦ Kengo Yamada. 2004. ‘Tea phylloplane fungus antagonistic to tea anthracnose fungus Colletotichum theaesinensis’, *ICOS*, 2: 338–339.

是杀死疤痕幼虫，促使春季茶芽数量增加。这些线虫一般活两年，但当土壤温度低于20℃时，它们的
847 活性会减少。[①] 已经有人尝试用一种“可持续”的杀虫剂而不是用受控制的杀毒剂米伯霉菌来控制神泽氏叶螨（Teranychus Kanzawai）的数量。[②]

中国的生化学家们调查了4月中旬至5月中旬、9月中旬至10月中旬破坏茶园的茶虫分泌的蜜露的化学成分，确定其天然蜜露的生化成分是否可被分离，以便吸引这些虫子的天敌，如草蛉、甲虫寄生虫、瓢虫和食蚜蝇（包括七星瓢虫、中华草蛉、异色瓢虫、大草蛉和门氏食蚜蝇）。[③] 有时，科学知识需要在常识方面进一步拓展。例如，浙江大学茶叶研究所通过使这些虫子感染重组的巴库洛病毒，可以使其达到83%以上的高死亡率。然而，病毒的基因工程破坏了昆虫中形成几丁质等的基本过程，也有可能对地球的自然环境造成不利的后果。[④]

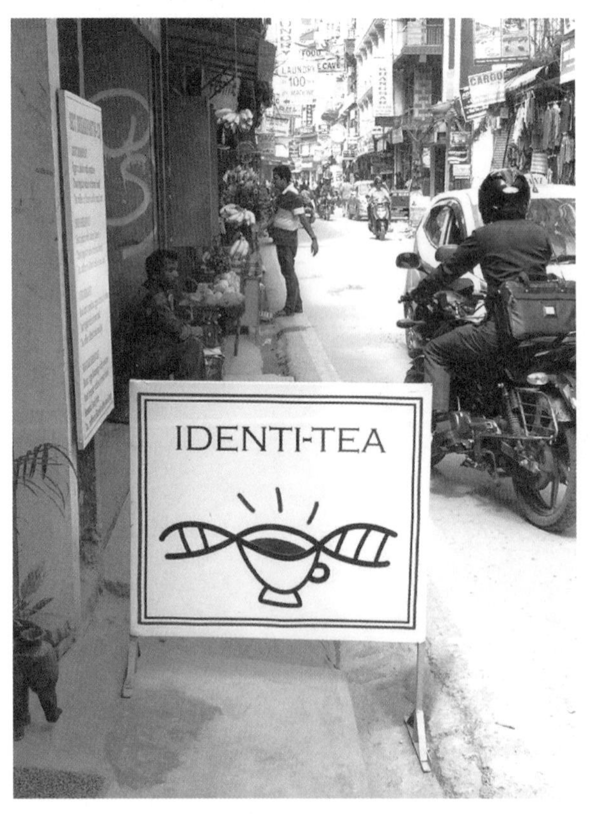

图12.7 加德满都的一个茶摊，有着引人注目的名字和图案

现代茶园一直使用杀虫剂消灭东方卷叶蛾和小茶卷叶蛾，这些杀虫剂通常每年喷洒四到六次，但新的研究表明，使用飞蛾性外激素破坏这些物种的繁殖周期，可以产生同样有效的结果。[⑤] 利用两种昆虫粒状病毒对飞蛾进行生物战的方式也在探索中，可喷的混合物包括同等比例的东方茶卷叶蛾颗粒病毒和小卷叶蛾、黄斑卷叶蛾颗粒病毒，专门攻击飞蛾物种。[⑥] 此外，松毛虫赤眼蜂（Trichogramma dendrolimi）属的黄蜂已被有机茶园用来消灭寄生于小茶卷叶蛾的卵和幼虫。

另一个困扰茶树的害虫是咖啡小爪螨，又名茶红蜘蛛。与使用杀虫剂来对抗蜘蛛虫不同，印度、中国和日本的研究人

① Yukio Ando and Michtiyuki Oishi. 2004. ‘Control of of the scarabaeid larvae Heptophylla picea on tea by the entomopathogenic nematode Steinernema kushidai’, *ICOS*, 2: 340–342.

② Joo Yoo and Min Seuk Lee. 2004. ‘Selected sustainable insecticide about Kanzawa spider mites (Tetranychus kanzawai)’, *ICOS*, 2: 347–348.

③ Han Baoyu and Chen Zongmao. 2004. ‘Secreting rhythm and the components of the tea aphid honeydew and its attracting activity to nine species of natural enemies’, *ICOS*, 2: 86–89.

④ C. Lin, J.L. Lu, J.J. Dong, J. Jin, Y.Y. Du, J.H. Ye and Y.R. Liang. 2007. ‘The suppression of chitin synthase gene expression in *Ectropis obliqua* larvae by the double strand rna insertion method’, *ICOS*, 3, PR-P-410.

⑤ Yasushi Sato. 2001. ‘Integrated management of tea torticids in Japan’, *ICOS*, 1 (ii): 225–228.

⑥ Shoji Asano, Katsuhisa Fukunaga and AkiraTakai. 2001. ‘Development of an insect granulosis virus formation bcgv-1 for controlling both the Oriental tea tortrix Homona magnanima and the lesser tea tortrix Adoxophyes honmai in Japan’, *ICOS*, 1 (ii): 248–251.

员开创性地使用了有机方式，通过传播天然病菌的孢子来防治它们，这些真菌，如蜡蚧轮枝菌、玫色拟青霉、细脚拟青霉和汤氏多毛菌会攻击以茶叶为生的其他小虫。[①] 韦伯虫座孢菌也被用来抵抗柑桔黑刺粉虱。台湾研究人员证实了绿草蛉具有对抗两种蜘蛛虫的功效。[②]

茶绿叶蝉是日本茶树的主要害虫之一，其自然捕食者很少，因此迄今主要通过杀虫剂加以控制这
种害虫数量。日本研究人员在与茶绿叶蝉的斗争中将两种蜘蛛——日本管蛛（Trachelas japonica）和土 848
黄逍遥蛛（Philodromus subaureolus）的作用纳入研究范畴。[③] 同样，日本研究人员也通过引入天然捕食者——捕食性螨来尝试对抗茶树瘿螨。[④]

有机茶农最常用的微生物杀虫剂之一是喷洒的沙林根菌溶液，其能选择性地消灭鳞翅目害虫。然而，与持续的生物进化军备竞赛（ Evolutionary Arms Race）并行的是对苏云金杆菌内的病毒周期性的管控，以便它们同步进化，以克服昆虫的抗药性。[⑤] 人们也以同样的方式使用球孢白僵菌和韦伯虫座孢
菌的可喷溶液。有机茶种植者甚至引入蜘蛛用以捕食茶叶蝉等。已知有超过 290 种这样的捕食性蜘蛛， 849
但目前引入的物种仅包括白银斑蛛（Agryrodes banadea）、八斑鞘腹蛛（Coleosoma octomaculatum）、草间小黑蛛（Erigonidium graminicolum）、迷宫漏斗蛛（Agelena labyrinthica）、斜纹猫蛛（Oxyopes sertatus）和斑管巢蛛（Clubiona reichlini）。

在茶树害虫中已分离出至少 81 种食虫病毒，其中一些已经被用防治害虫、生产有机茶的生物方式，如核多角体病毒，每种病毒都能感染特定的飞蛾物种茶黄毒蛾（Euproctis pseudoconsperso）、黄刺蛾（Cnidocampa flavescens）、油桐尺蛾（Buzura suppressaria）、茶尺蠖（Ectorpis obliqua）。茶尺蠖也可以通过使用病毒和引入寄生蜂的方式被消灭。

桑虱有时也被称为桑白蚧，是一种贪婪的昆虫，但使用杀虫剂消灭这种多噬害虫时，要兼顾最佳使用时间。事实证明，只有在感温性和降水依赖性的代际周期，也就是桑虱最脆弱的时刻，使用杀虫剂才能够有效阻碍其繁殖。[⑥] 黄茶蓟马是攻击茶芽的入侵物种。一旦杀虫剂成功地消灭了所有或大部分的卷叶虫，桑虱和黄茶蓟马会在茶园中再次造成问题，因此，桑虱和黄茶蓟马有时被描述为“二次害虫”。

以同样的方式，通过传播食虫菌球孢白僵菌的孢子，也可以有效地防治茶丽纹象甲（weevil

---

① Muraleedharan N. 2001. ‘Evaluation of three entomopathogenic fungi for the control of red spider mites’, *ICOS*, 1 (ii): 82–85.

② Suh-Neu Hsia. 2001. ‘Effect of the green lacewing Mallada basalis (Walker) on the spider mites *Oligonychus coffeae* (Nietner) and Tetranychus kanzawai (Kishida) on tea plantations’, *ICOS*, 1 (ii): 86–89.

③ Yukio Kosugi. 2001. ‘Predation of two species of spiders Trachelas japonica Bos. et Str. and Philodromus subaureolus Bos. et Str. on the tea green leafhopper Empoasca onukii Matsuda in tea fields’, *ICOS*, 1 (ii): 229–232.

④ Mohammed Mainul Haque, Mitsuyoshi Takedam Yasushi Sato and Yukio Ando. 2001. ‘Abundance and population of Acaphylla theavagrans Kadono (Acari: Eriophydae) in some varieties of tea plants and a report on its predator Amblyseius womersleyi Schicha’, *ICOS*, 1 (ii): 90–93.

⑤ Ahmed H. Badran, Victor M. Guzov, Qing Huai, Melissa M.Kemp, PrashanthVishwanath, WendyKain, Autumn M. Nance, Artem Evdokimov, Farhad Moshiri, Keith H.Turner, PingWang, Thomas Malvar and David R. Liu. 2016. ‘Continuous evolution of Bacillus thuringiensis toxins overcomes insect resistance’, *Nature*, 533 (7601): 58–63.

⑥ Mitsuyoshi Takeda. 2001. ‘Predicting the optimum timing of insecticide application to control the first generation larvae of Pseudaulacapsis pentagona using the day-degree accumulation’, *ICOS*, 1 (ii): 221–224.

Myllocerus aurolineatus）。这种孢子以活的象鼻虫的内脏为食。[①] 有时，一些简单的具有品种抗性的解剖特征的茶叶，如叶面的茸毛密度高、茸毛长、气管密度低的茶叶，可防御刺瘿螨。[②]

## 茶树病症及其治理

许多疾病能影响茶树种植。茶叶病害包括茶炭疽杆菌、茶饼病、[③] 茶白色痂、茶芽枯病、褐色茶枯病、灰色茶枯病、茶外单菌病、茶褐斑、茶煤病。影响茶树茎的病害包括茶白藻病、茶枯梢病、茶马发枯病、茶地衣属、藓类属、茶菟丝子属和槲寄生属。[④]

人们最熟悉的两种茶根病是茶苗病和茶苗冠胆杆菌引发的，茶树的花可能感染紫杉醇。另一种茶
850 叶病是圆形棕色斑点，它导致茶叶产生深色和棕色斑点，并降低产量。[⑤] 对茶种植者来说备受红根病和干木白蚁困扰。

茶叶病引起的真菌病害会使多汁幼叶和嫩茎出现逐渐扩大的圆形斑点，这些斑点与叶子的其余部分相比更透明，还会变色成淡黄色或石灰绿色，之前则变成棕色和黄化。新近被截皮的灌木更容易感染这种疾病。有些茶品种更具抵抗力，但是当灾害发生时，没有一种茶树对这种借空气传播的疾病能完全免疫。许多茶种植者使用含有铜的接触性杀菌剂和系统杀菌剂，如双苯三唑醇、丙酮、三聚体、已唑醇或戊唑醇。当然，使用杀虫剂的缺点之一是菌株的抗药性会随之增强。

斯里兰卡茶叶研究所对 15 处不同的茶叶种植基地进行的研究表明，当茶树感染由真菌坏损外担菌（Exobasidium vexan）引起的疱状叶病时，咖啡因、异溴胺、表儿茶素没食子酸酯（ECG）和素没食子儿茶素没食子酸酯（EGCG）的含量立即达到峰值，但随后随着感染进展的推进而急剧下降。相比之下，在刚被感染时，表儿茶素（EC）和表没食子儿茶素（EGC）的水平就会立即下降，在更具抗药性的茶品种的叶子和茎组织中，表儿茶素和表没食子儿茶素处于一个更高的水平。[⑥]

关于茶多酚对植物致病菌的作用已研究多年。DNA 分子标记的快速迭代已经实验性地用于改善栽培茶树的特性，然而，相较于几个世纪以来更为传统的由种植者采取的选育形式，纯粹自然进化论者可能反对采用这种更为直接的侵入式基因改造手段。

在中国有机茶种植中，人们利用微生物杀菌剂防治由坏损外担菌和茶云纹叶枯病害引起的茶树疱状叶病。第二次世界大战后，疱状叶病对斯里兰卡中部单一栽培模式密集的茶树种植的威胁，正如此

---

① Guangyuan Wu, Mingsen Zeng and Qingsen Wang. 2001. 'Studies on Beauveria bassiana strain 871 and its use against Myllocerus aurolineatus', *ICOS*, 1 (ii): 213216.

② Takashi Mizuta. 2001. 'The fertility difference of the tea rust mite Acaphylla theavagrans on tea cultivars', *ICOS*, 1 (ii): 233–236.

③ 有些资料写作 Gloeosporium theaesinensis 或 Discula theaesinensis。

④ Tzong-Mao Chen and Shin-Fun Chen. 1982 'Diseases of tea and their control in the People's Republic of China', *Plant Disease*, 66 (10): 961–965.

⑤ Takuya Nishijima. 2007. 'The occurrence of tea round brown spot and its influence on the yield of the first tea crop in Shizuoka prefecture, Japan', *ICOS*, 3, PR-P-408.

⑥ Nimal Punyasiri, Sarath Abeysinghe and Vijay Kumar. 2001. 'Chemical and biochemical basis of the resistance and susceptibility of Sri Lankan tea cultivars to blister blight leaf disease (Exobasidium vexans)', *ICOS*, 1 (ii): 94–97.

前咖啡驼孢锈菌在19世纪70年代对斯里兰卡咖啡的威胁一样。在被过度地采摘时茶树特别容易受到这种病原体的影响，但水泡泡菌是用杀菌剂和铜喷雾剂来对抗的。[1]除了采摘季节，有时有机茶种植者也会使用矿物源农药，如波尔多液和石硫合剂作为杀菌剂和杀虫剂。

中国茶叶专家已经对整个茶叶基因组进行了测序，他们分析了茶种质的细胞学、双化学和形态性特征，以识别对茶叶有用的分子标记，[2]最终目标是进行标记辅助选择、受控杂交、利用转基因技术，并通过选择早期发芽、高抗性、高产的茶叶克隆来开发新的品种。[3]在印度，这也是茶作物改
良的目标。[4]在中国、印度和其他地方，茶叶基因组研究内容包括基因机制，这些基因机制可以利 851
用上述机制来增强茶叶采摘[5]后的抗害虫性[6]、耐旱性[7]、基因多样性等，降低病原体的易感性[8]，还可以控制茶中儿茶素合成或多酚含量[9]。

图 12.8　日本一个有机茶园中的健康茶。

旨在考察将根癌农杆菌引入胚性愈伤组织的茶中是否可以增强茶的抗病性的研究已在开展中。[10]基因工程旨在让茶树合成对昆虫有毒的蛋白质，从而提供一种安全的杀虫剂替代品。当然，茶树本身产生的咖啡因，可以阻止昆虫的破坏。一些调查旨在观察具有杀虫特性的蛋白质晶体合成的酸菌基因的引入，是否可以增强茶树对昆虫捕食的抵抗

① Forrest (1985: 13).

② Sun Ni, Ming-Zhe Yao, Liang Chen, Li-Ping Zhao and Xin-Chao Wang. 2012. 'Germ plasm and breeding research of the tea plant based on dna marker approaches', pp. 361–376 in Chen, Apostolides and Chen (op.cit.).

③ Ming-Zhe Yao and Liang Chen. 2012. 'Tea germ plasm and breeding in China', pp. 13–68 in Chen, Apostolides and Chen (op. cit.).

④ Tapan K. Mandal, Amita Bhattacharya, Malathi Laxmikumaran and Paramir Singh Ahuja. 2004. 'Recent advances of tea (Camellia sinensis) biotechnology', Plant Cell, Tissue and Organ Culture, 76: 195–254; Rajan Kumar Mishra and Swati Sen-Mandi. 2004. 'Molecular profiling and development of dna marker associated with drought tolerance in tea clones growing in Darjeeling', *Current Science*, 87 (1): 60–66; Suresh Chandra Das, Sudripta Das and Mridul Hazarika. 2012. 'Breeding of the tea plant (Camellia sinensis) in India', pp. 69–124 in Chen, Apostolides and Chen (op.cit.).

⑤ Katsuyuki Yoshida and Tomō Homma. 2001. 'Isolation of wound/pathogen-inducible cdna from tea by mrna differential display', *ICOS*, 1 (ii): 62–65.

⑥ Zong-Mao Chen, Xiao-Ling Sun and Wen-Xia Dong. 2012. 'Genetics and chemistry of the resistance of the teaplanttopests', pp.343–360 in Chen, Apostolides and Chen (op.cit.).

⑦ Rajan K. Mishra and Swati Sen-Mandi. 2001. 'Genome analysis and isozyme studies for developing molecular markers associated with drought tolerance in tea plants', *ICOS*, 1 (ii): 66–69.

⑧ Jong-In Park, Bong-Soo Kim and Il Sup-Nou. 2001. 'Diversity of catechin synthesis genes in green tea cultivars', *ICOS*, 1 (ii): 129–131.

⑨ T. Tounekti, E. Joubert, I. Hernández and S. MunnéBosch. 2012. 'Improving the polyphenol content of tea', *Critical Reviews in Plant Sciences*, 32 (3): 192–215.

⑩ Michiyo Kato, Misako Kato, Masao Watanabe and Akio Kato. 2001. 'Agrobacterium tumefaciens mediated transformation of embryogenic tea callus', *ICOS*, 1 (ii): 125128.

力，并再次以根瘤农杆菌作为载体。[①]

852 两种发光的绿脓杆菌根圈微生物已证明能产生含铁巨噬细胞和抗生素，对褐腐菌（fomes lamoensis）起抵抗作用，[②] 而短小芽孢杆菌和巨大芽孢杆菌能促进植物生长，抑制茶根腐烂病原体。[③] 为了减轻使用农药带来的影响，一些完全用于蔬菜的杀虫剂也被用于有机茶，如鱼藤酮、苦参碱和对叶百部碱。

## 消费者保护、错综复杂的繁文缛节和全球危机

1924 年，美国农业部的茶叶质检官员乔治・米切尔写道：

> 1883 年以前，美国是世界各茶叶出口国大量掺假茶和伪造茶的倾销地。

1883 年 3 月 2 日，美国制定了保障茶叶质量和纯度的法律，但这项法律的颁布被证明“不令人满意”。1897 年 3 月 2 日，美国又颁布了《防止进口不纯和有害茶的法案》。该法案由财政部落实，1920 年权力移交给农业部。这项法案不允许进口“不适合食用”的茶叶，但至少从 1912 年起，这些措施很大程度上阻止了经人工染色或化学处理的茶叶进入美国。[④] 今天，美国允许的四种可以残留最低限度的杀虫剂包括三氯杀螨醇、草甘膦、克螨特和三氯杀螨砜，由美国食品和药物管理局负责落实环境保护局制定的茶叶残留农药限量标准。[⑤]

1950 年以前，中国使用农药除虫菊酯、鱼藤酮、硫酸铜、波尔多混合物和石灰。1950 年以后，中国引入六氯苯和滴滴涕（DDT），结果导致茶叶出现严重的农药残留问题，直到 1974 年上述两种杀虫剂才被禁止。1960 年，中国引进了杀虫剂敌百虫、敌敌畏、对硫磷和乐果。1963 年，联合国粮食及农业组织和世界卫生组织共同发布的《食品法典》（第一版）提出食品中农药残留安全水平的概念。

20 世纪 70 年代，中国农药库涉及马拉硫磷、三氯杀螨醇、辛硫磷、亚胺硫磷、杀螟松、甲基托布津、二溴氯丙烷、苏金云杆菌、杀螟丹、杀虫脒和乐果。20 世纪 80 年代，中国首选的农药是喹硫磷、苯菌灵、氯氰菊酯、溴氯菊酯、氰戊菊酯、联苯菊酯、哒螨灵和扑虱灵。自 1991 年以来，首选的农药包括联苯菊酯、苯甲酸酯、溴氯菊酯、硫丹、克螨特和鱼藤酮。[⑥]

在中国，第一批有机茶于 1990 年初生产并出口到荷兰。1997 年以来，江西婺源一直在种植有机

---

① Shan Wu，Yurong Liang，Yingying Luo and Jianliang Lu. 2001 ‘The construction of a Bacillus thuringiensis gene expression vector and its transformation in tea plant (Camellia sinensis L.)’，*ICOS*，1 (ii): 54–57.

② Dileep Kumar B.S.，Swarnalee Dutta and Ashim Kumar Mishra. 2004. ‘Biocontrol of brown rot disease and improved crop production of tea by plant growth promoting rhizobacteria’，*ICOS*，2: 98–101.

③ Usha Chakraborty，Merab Basnet，Lhanjey Bhutia and Bishwanath Chakraborty. 2004. ‘Plant growth promoting activityof Bacilluspumilus and Bacillusmegaterium from the tea rhizosphere’，*ICOS*，2: 102–105.

④ George F. Mitchell. 1924. ‘Tea law of the United States’，pp. 158–161 in Rutgers (op.cit.).

⑤ Manik Jayakumar. 2004. ‘Pesticide residue issues in tea: The U.S. perspective’，*ICOS*，2: 77–80.

⑥ Chen Zongmao，Liu Guanming，Luo Fengjian and Tang Fubing. 2004. ‘Pesticide residue in China tea’，*ICOS*，2: 66–69.

茶，当地一批茶叶种植者在中国率先开展天然有机茶种植运动。[1]2003 年，中国 17 853
个地方的 12000 多公顷土地上种植了有机茶，产量达到 8000 吨左右，占全国总产量的 1.1%。从 2002 年开始，中国农业部决定推广有机农业。2003 年 9 月 3 日，中华人民共和国国务院令（第 390 号）发布《中华人民共和国认证认可条例》。2002 年 7 月 25 日，中华人民共和国农业部公告（第 211 号）发布的《〈无公害食品 黄瓜〉等 137 项农业行业标准》中第 123~126 项标准对有机茶、有机茶生产技术规程、有机茶加工技术规程、有机茶产地环境条件做出了规定。大约有 30 个机构被政府批准为有机食品的认证机构，但这些认证机构的权威性并没有得到国际上的承认。[2]

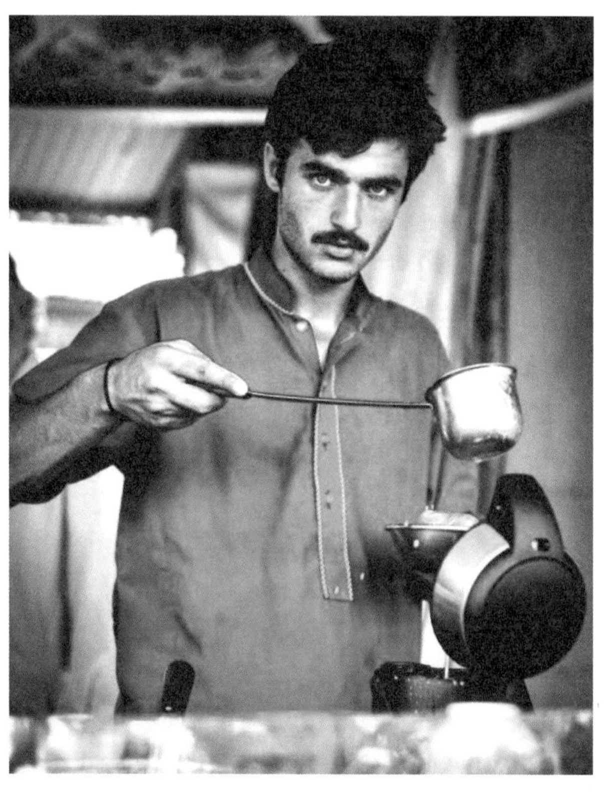

图 12.9 伊斯兰堡的“茶贩”阿尔沙德·汗，2016 年 10 月 16 日，摄影师贾·阿里将这张照片上传至她的 Instagram 账户，并配文为“热茶”。之后，这张照片在巴基斯坦、印度和英国的社交媒体上迅速走红，并被分享了数千次。

随后，又有基于土壤和茶叶样本检测结果的 4 个机构被中国政府批准为有机产品认证机构，其中 3 个机构是政府部门，1 个是私营公司：农业部的中绿华夏有机食品认证中心（COFCC）、中国农业科学院茶叶研究所有机茶研究与发展中心、南京市环保局有机食
品发展中心、万泰认证有限公司。[3]此外，4 家合资企业及外资企业获得了中国政府认可的认证资格： 854
湖南长沙的德国欧克认证协会、江苏南京的瑞士市场生态研究所（IMO）、上海环境标准德国认证有限公司和基于欧盟有机认证的法国企业。[4]

从 1995 年开始，联合国粮食及农业组织和世界卫生组织共同发布有关食品添加剂的指令。[5]1999 年 7 月，欧盟发布了更严格的最高农药残留限量标准，这直接影响了中国农药的使用，据悉自那时起，茶叶中农药的使用量下降。茶叶中“可接受”的农药程度到底是怎样的？这是一个大问题，它大概还取决于使用了哪些特定的化学用品。中国农业部曾经发布了“无污染茶叶生产指南”。

① Chen Yingqun. 2013. ‘Organic is the watchword for tea growers: Western health sensitivities help transform industry in remote county into China’s successful environmentally friendly tea growing area’, *China Daily*, 612 December 2013, pp. 16–17.

② Liuxin, Fu Shangwen, Zhangyu, Su Aimin and Wu Zhichang. 2004. ‘The development of organic tea in Chinese mainland’, *ICOS*, 2: 732–735.

③ Shao-Jun Luo and Yi Lu. 2001. ‘The development of the industry calls for ecological tea gardens’, *ICOS*, 1 (ii): 178–180.

④ Chen Zongmao.2001. ‘Organic tea production in China’, *ICOS*, 1 (iv): 41–44; Stephen Scoones and Laure Elsaesser. 2008. *Organic Agriculture in China: Current Situation and Challenges*. European Commission: EU-China Trade Project.

⑤ T.C.Chaudhuri.2004. ‘Pesticide residues in tea:Aglobal perspective’, *ICOS*, 2: 70–73.

欧洲理事会的四项指令规定了茶叶和所有其他植物或动物食品中允许农药的最大残留量，即No.76/895/EEC、No.86/362/ECC、No.86/363/EEC、No.90/642/EEC 及其修正。[①] 约 150 种农药残留物受到管制。2010 年 10 月 12 日欧盟委员会的第 915/2010 号条例加强了这些法规，该条例促使欧盟在 2011 年、2012 年和 2013 年制定了控制方案，以确保遵守最高水平的农药残留物标准，并评估消费者对植物和动物食品中此类残留物的接触情况。在国际层面，有许多围绕茶叶地理标志和最大残留限量而开展工作的组织机构。[②]

2004 年在德国，一种基于气相色谱的多残留量测定法成为监测农药残留最常用的方法。大多数残留物是可以通过气相色谱法检测出来的，并通过质谱检测加以分析，以检测茶园中使用了哪些不符合普通气相色谱技术检验条件的农用化学品。使用这种联合筛选方法，可在短时间内安全测定茶中的 220 多种农药残留情况。[③] 使用醋酸酯萃取后，通过缓冲盐可以实现相位分离。液相色谱法与欧陆分析科技

图 12.10　日本的一个有机茶园采用了新的生物防治方法，在收获前几周为植物遮阳，黑色薄纱棉布罩子随时备用，茶园生产抹茶、玉露或冠茶之类的茶叶。

---

① Manfred Linkerhägner. 2004. ‘European approach to consort maximum residue levels for pesticides on foodstuffs: Impact and demands of tea trading business’, *ICOS*, 2: 77–80.

② Food and Agriculture Organisation of the United Nations. May 2010. ‘Report of the Nineteenth Session of the Intergovernmental Group on Tea, New Delhi, India, 12–14 May 2010’, *Committee on Commodity Problems, Sixty-eighth Session*, Rome, 14–16 June 2010.

③ Manfred Linkerhägner.2004. ‘Routine pesticide residue analysis on tea: The state-of-the-art method and recent advances’, *ICOS*, 2: 85.

集团的质谱检测可以同时实施，以测试欧洲的农药最大残留水平。[1]最近，农药在电喷检测过程中也发生了电离，[2]茶叶的主要成分也可以通过近红外光谱法进行测量。[3]

2011年，中国“十二五”规划的目标是将中国农业的农药使用量减少20%。[4]2012年，绿色和平
组织从中国九大茶叶公司购买了18个市面上销售的绿茶、乌龙茶和茉莉花茶样品，并由经认可的第三
方实验室对这些样品进行了化学分析。每个茶叶样本都含有至少3种不同农药的残留物。18个样本中
有12个样本显示留有禁用杀虫剂灭多虫、硫丹和氰戊菊酯的痕迹。在测试的18个样本中，有14个样
本被发现含有多菌灵、苯菌灵、腈菌唑、氟硅唑或其他杀虫剂。根据欧盟对农药的分类，这“可能损 855
害生育能力，对未出生的孩子造成伤害或造成遗传性基因损伤”。[5]绿色和平组织倡导坚持大幅度减少
杀虫剂的使用，并指出遵守现行法律就可以杜绝使用禁用的杀虫剂。我们有必要对供应链实施有效的
可追溯性监测，以确保产品合规。

在日本，茶叶生长季节最多可喷洒农药十次，喷洒量和施用时间都严格遵守《食品卫生法》和《农业化学品管理法》，这两个法案还规定了81种农药和化学品在茶叶中的最大残留量。新的生物虫害控制方法也被采用，但其成本令人望而却步、控制效果也很有限。茶卷叶虫的致病菌颗粒体病毒也得以获得。能吹出潮湿的风的鼓风机也被用来物理性捕捉昆虫。

自2000年以来，静冈县针对茶轮斑病一直依赖杀菌剂，包括添加了醌基的抑制剂，如嘧菌脂。
2008年以来，已在茶场中检测出抗硫丹分离物，并很快发现了耐苯甲酰胺的分离物。[6]2004年以来， 856
日本通过热水注入对100种不同农药进行了残留分析，并在使用有机溶剂进行输注的基础上对另外27
种农药进行残留分析，以便与《食品卫生法》和《农业化学品管理法》最大残留限量标准相一致。[7]茶
小卷叶蛾2007年对氟苯二甲酰胺和氯氨酰胺产生抗药性，2011年对二酰胺组的新杀虫剂表现出抗药
性。[8]日本用于茶树种植的二甲基化抑制杀菌剂还有三唑酮、腈菌唑、霉能灵、苯醚甲环唑、叶锈特、

---

① Thomas Anspach and Manfred Linkerhägner. 2004. ‘Determination of agrochemical residues in tea by using an LC-MS/MS-based multi-residue method’, *ICOS*, 2: 335.

② Thomas Anspach and Manfred Linkerhägner. 2007. ‘Modern approaches for the determination of multiple pesticide residues in tea using LC-MS/MS’, *ICOS*, 3, prp-401.

③ Shih-lun Liu, Yung-Sheng Tsai and Andi Shau-mei Ou. 2004. ‘Rapid analysis on major constituents of tea by near-infrared spectroscopy’, *ICOS*, 2: 229–230.

④ Liáng Bǎozhōng 梁宝忠 . 2011. 全面推进专业化统防统治力争“十二五”末化学农药使用量减少20%, Website of the Ministry of Agriculture of the People’s Republic of China< http://www.moa.gov.cn/zwllm/zw dt/201106/t20110615_2030663.htm>。

⑤ Greenpeace 绿色和平 . 2012. *Pesticides: Hidden Ingredients in Chinese Tea*. Amsterdam: Greenpeace International (20 page report)。

⑥ Togawa Masayuki, Nishizima Takuya and Katayama Haruki. 2010. ‘Occurrence of strobilurin resistance of Pestalotiopsis longiseta, the causal fungus of tea grey blight, in Shizuoka prefecture’, *ICOS*, 4, PR-P-52; Naoshi Omatsu, Tsuyoshi Tomihama and Toshiyuki Nonaka. 2010. ‘Occurrence of resistant strains of Pestalotiopsis longiseta (pathogen causing grey blight disease in tea plants) to benzimidazoles and strobilurins fungicides’, *ICOS*, 4, PR-P-58.

⑦ Yoshio Yusa. 2004. ‘Current status of pesticide residue analysis methods concerning tea commodities in Japan’, *ICOS*, 2: 82–84.

⑧ Toru Uchiyama and Akihito Ozawa. 2013. ‘Resistance to diamides, a new class of insecticides, in the lesser tea tortrix *Adoxophyes honmai*Yasuda(Lepidoptera:Tortricidae), collected from tea field in Shizuoka prefecture, Japan’, *ICOS*, 5, PR-P-65.

特富灵和啶斑肟。[①]

一个全新的不只是影响茶的危险是放射性物质的作用。伴随 2011 年 3 月 11 日的地震发生了福岛第一核电站核泄漏事故，放射性铯同位素污染了日本东部的茶厂，并在新的茶芽中被检测到。[②]不
857 只是放射性的铯会毒害绿茶。2006 年 11 月 1 日，对健康有益的绿茶被一个试图隐藏其肮脏秘密和不法行为的行动所利用。俄罗斯联邦安全局前特工亚历山大・利特维年科（Alexander Litvinenko）在伦敦千禧酒店被高放射性、稀有而昂贵的钋（$^{210}Po$）毒害，而钋据称是被加入一杯绿茶中的。三周后，利特维年科死于急性辐射中毒，原因是同位素发出的 α 粒子，这种粒子积聚在他的脾脏和肝脏中。[③]在放射性同位素污染的情况下，无论是无意的还是有意的，我们从事有机农业的所有努力都是毫无意义的。

如果我们不希望无论是个人还是集体贪婪地把茶变成一杯“毒药”，就必须采取措施，确保改变从事农业的方式，并照料好茶园。与我们所喝茶的质量相比，还有很多东西处在危险中。作为一个物种的人类，却肆无忌惮地污染着地球。今天，贪婪驱使化学公司和农民兜售和喷洒尼古丁类化合物、杀菌剂和许多其他杀虫剂，这会严重威胁并导致数千种蜜蜂灭绝。[④]许多种类的蜜蜂是主要的授粉者，在自然界中发挥着不可或缺的作用。贪婪加上完全缺乏良知，促使化学公司制造、贩运和倾倒草膦草和许多其他杀虫剂进入人类和其他物种共同居住的、独一无二的生物圈。

印度一半以上的茶叶产自阿萨姆邦。据报道，阿萨姆邦的气温已经上升，干旱期也变长了。预计中国农作物产量和茶叶收成也将下降，根据联合国政府间气候变化专门委员会关于气候变化的数据，2014 年中国的平均地表温度预计在 21 世纪会上升 2°C~5°C。[⑤]显然，除茶树之外还有更多的物种处于危险之中。

马里兰州格林贝尔特的美国国家航空航天局宣布，2016 年 7 月是有记录以来全球最热的月份。[⑥]

---

① Hohenegger（2006）提到了杀虫剂乙硫磷、甲基毒死蜱、氟氰戊菊酯、杀扑磷，但没有关于中国或日本使用此类杀虫剂的信息，在 2012 年绿色和平组织的研究中，这四种农药中，只有甲基毒死蜱被检测为中国茶叶的残留物，在 18 个中国茶叶样品中有 12 个检测出使用了这种杀虫剂。

② Yuhei Hirono and Kunihiko Nonaka. 2013. ‘Radiocaesium contamination of tea plants caused by the accident of Fukushima Dai-ichi nuclear power station’, *ICOS*, 5, PR-P-55; Naho Komori, Mizuho Kamoshita, Yasuhisa Oya, Kenji Okuno, Takashi Ikka and Akio Morita. 2013. ‘Caesium absorption from root and leaf surface of tea plants (*Camellia sinensis* L.)’, *ICOS*, 5, PR-P-56.

③ 2000 年，利特维年科叛逃到英国寻求政治庇护。他著有《卢比卡扬犯罪团伙》一书，并与人合著了《炸毁俄罗斯：来自内部的恐怖》一书，两本书都出版于 2002 年。如果有关各方选择忽视利特维年科，不去打扰他，这两本书的知名度就会降低 (Александр Литвиненко. 2002. Лубянская преступная группировка: офицер ФСБ даёт показания. New York: grani; Александр Литвиненко & Юрий Фельштинский. 2007. ФСБ Взрывает Россию: Федеральная служба безопасностиорганизатор террористических актов, похищений и убийств (Издание второе, исправленное и дополненное). Tallinn: Eesti Päevaleht, first published in 2002 by Liberty Publishing House in New York)。

④ Scott H. McArt, Christine Urbanowicz, Shaun McCoshum, Rebecca E. Irwin and Lynn S. Adler. 2017. ‘Landscape predictors of pathogen prevalence and range contractions in U.S. bumblebees’, *Proceedings of the Royal Society B*, 284: 20172181.

⑤ Navin Singh Khadka. 2014. ‘Why climate change is bad news for India tea producers’, *BBC News*, *Science & Environment*, 27 March 2014; SiphoKings. 2016. ‘Climate change bad news for tea production’, *Mail & Guardian*, 29 April 2016.

⑥ Charles Ichoku:《2016 年 7 月是有史以来最热的一个月》，2016 年 8 月 19 日，美国国家航空航天局戈达德航天飞行中心，绿地，马里兰州〈http://visibleearth.nasa.gov/view.php ?id=88607〉; Oliver Milman:《美国宇航局：地球正以一千年来前所未有的速度变暖：19 世纪前的温度记录表明，近几十年的变暖与过去一千年的任何时期都不一致》，*The Guardian*，2016 年 8 月 30 日。

一个月后，总部设在日内瓦的联合国机构——世界气象组织发布报告指出，2016 年 8 月是陆地和海洋连续第 16 个月创纪录的高温。2017 年初，世界气象组织宣布，2016 年是有记录以来最热的一年，全球平均气温比工业化前全球温度高出 1.1°C，比 2015 年高出 0.06°C。[①] 858

展望未来，气候科学家已经预测，2017 年将不像 2016 年那么热，在此期间全球气温被厄尔尼诺效应放大。[②] 然而，这个看似令人放心的消息并不能令人宽慰，因为 2017 年全球气温肯定会高于大多数年份，自 1880 年开始测量之时，有记录以来的最热的 17 个年份中有 16 个始于 2001 年，大气中的二氧化碳含量达到 65 万年来的最高水平。[③] 一个设计模型预测，以目前的变暖速度，到 2250 年，化石燃料排放量将有增无减，地球将变得比过去 4.2 亿年任何时候都更温暖。[④] 在人类的有生之年北极冰层以每十年减少 13.2% 的速度消失，而陆地冰正在以每年 286 亿吨的速度融化。随着冰盖的融化，卫星数据证实海平面一直在上升，[⑤] 目前全球海平面年均上升高度为 3.4 毫米。[⑥]

不管是好是坏，预言使我们人类能够承担起守护地球的责任。大约一万年前农业文明曙光出现的那一刻也是人类开始砍伐森林的起点。[⑦] 今天，近东、伊朗高原和印度河盆地的石碑经受住了时间的刻蚀，但大流士的古老宫殿和许多古代城市大部分却是用木头建造的。[⑧] 今天，广袤的伊朗高原的严酷和干旱，与曾经覆盖这些丘陵、山脉和山谷的茂密森林植被的孢粉学记录形成了鲜明对比。严酷而贫瘠的地貌是我们人类对地球无情破坏留下的不可磨灭的罪证，也是被历史学家经常忽视的生物圈的诸多伤痕之一。

文明的兴起和传播不仅剥蚀了美索不达米亚、扎格罗斯山脉和伊朗高原的森林，而且使曾经漫 859
游在这片辽阔土地上的多样化物种灭绝。在罗马时代，欧洲的狮子和其他猎物被猎杀。在欧洲殖民扩张的早期，威尼斯人破坏了曾经厚厚地覆盖于达尔马提亚的原始林地，砍伐了卡拉布里亚、西西

① World Meteorological Organisation. 21 July 2016. *Press Release Number 8: Global climate breaks new records January to June 2016.* Geneva: United Nations〈http:// public.wmo.int/en/media/press-release/global-climat e-breaks-new-records-january-june-2016〉; Publications Board of the World Meteorological Organisation. 2017. *WMO Statement on the State of the Global Climate in 2016* (wmo № 1189). Geneva: World Meteorological Organisation.

② Dana Nuccitelli. 2017. '2017 is so far the second-hottest year on record thanks to global warming', *The Guardian*, 31 July 2017.

③ 然而，最近对阿尔卑斯冰芯的研究表明，通常被用作气候模型的校准点的 1850 年可能并不是最佳的参考年 (Michael Sigl, Nerilie J. Abram, Jacopo Gabrieli, Theo M. Jenk, Dimitri Osmont and Margit Schwikowski. 2018. '19th century glacier retreat in the Alps preceded the emergence of industrial black carbon deposition on high-alpineglaciers', *The Cryosphere*, 12: 3311–3331)。

④ Gavin L. Foster, Dana L. Royer and Daniel J. Lunt. 2017. 'Future climate forcing potentially without precedent in the last 420 million years', *Nature Communications*, 8: 14845.

⑤ Jeff Tollefson. 2017. 'Satellite error hid rising seas: Revised tallies confirm that the rate of sea-level increase is accelerating as Earth warms and ice sheets thaw', *Nature*, 547 (7663): 265–266。在一些远在他乡的朋友不知情的情况下，我放弃了在莱顿大学的教授职位，并在 2010 年加入了伯尔尼大学。2017 年 2 月，我在加德满都一家咖啡店与一位老朋友的交流中表现出了些许轻浮，这使得我在一篇关于栖息地破坏和人类气候变化的新闻报道中被描绘成荷兰第一位气候难民。至少在某种程度上，把我描绘成气候难民并不是完全缺乏事实依据的 (Abhi Subedi. 2017. 'Dust in our eyes: Politicians of all hues have recklessly destroyed Nepal's nature and ecology', *The Kathmandu Post*, 5 March 2017)。

⑥ 数据由美国国家航空航天局戈达德空间研究所提供〈https://climate.nasa.gov〉。

⑦ Michael Williams. 2006. *Deforesting the Earth: From Prehistory to Global Crisis*. Chicago: University of Chicago Press.

⑧ Peter Roger Stuart Moorey.1994. *Ancient Mesopotamian Materials and Industries: The Archaeological Evidence*. Oxford: Oxford University Press.

里岛、亚平宁和加尔加诺的森林，而西班牙人破坏了南部的森林。[1] 自然栖息地的被破坏程度和新物种的灭绝数量在欧洲殖民扩张期间达到了高峰，自那时以来，栖息地的被破坏速度不断加快。

在意大利实业家奥雷利奥·佩奇和苏格兰化学家亚历山大·金主持的会议上创立了罗马俱乐部，这次会议于 1968 年 4 月 7~8 日在罗马林琴学院的法内仙纳庄园（Accademia dei Lincei）举办。[2] 两年后，应瑞士政府的邀请，罗马俱乐部的第一次理事会议于 1970 年 6 月在伯尔尼举行，会上提出了“人类的困境”的提案。[3] 这份文件激发了 1972 年发表的一份极具影响力的报告《增长的极限》。[4] 这份非常真实的关于不断加剧的地球危险的报告催生了 1973 年的好莱坞电影《超世纪谍杀案》（又名《绿色食品》。——编者注），这部世界末日电影以主角的一个可怕发现而终结。

反对者有时声称，罗马俱乐部的预言并没有实现，但这些批评家要么选择性地否认，要么轻率地忽视了自那时以来在这个星球上所展现的事实。物种从地球上永久消亡的严重性，更容易令生活在城市或郊区人造环境中的人们不知所措。今天，大多数人从来没有在真正的原始林地里花费数天时间观察日间节奏的经历，也没有亲眼观察到原始郁郁葱葱的热带雨林中的物种多样性，也没有见证过完好的自然栖息地的生机勃勃，感悟原始自然环境之美。

我们人类一直在以越来越快的速度造成其他物种的灭绝，目前自然栖息地的被破坏程度似乎是无止境的。自 1968 年罗马俱乐部第一次会议以来，已经灭绝的哺乳动物物种包括台湾云豹（Neofelis nebulosa brachyura）、长江白鳍豚（Lipotes vexillifer）、里海虎（Panthera tigris virgata）、爪哇老虎（Panthera tigris sondaica）、日本海狮（Zalophus japonicus）、澳大利亚粗尾鼠（Zyzomys pedunculatus）、沙特羚羊（Gazella saudiya）、桑给巴尔豹（Panthera pardus adersi）、豪勋爵长耳蝙蝠（Nyctophilus howensis）、威斯特姆萨赫勒的弯角大羚羊（Oryx dammah）、圣诞岛伏翼蝙蝠（Pipistrellus murrayi）、菲律宾迪纳加特蓬松尾巴斑鼠（Crateromys australis）、东南亚灰色森林牛（Bos sauveli）、托雷斯海峡的珊瑚裸尾鼠（Melomys rubicola）、阿鲁群岛的阿鲁飞鼠（Pteropus aruensis）、西非黑犀牛（Diceros bicornis longipes）、象牙海岸的维默尔尖鼠（Crocidura wimmeri）、圣诞岛白齿鼩（Crocidura trichura）、
860 墨西哥的圣昆廷袋鼠鼠（Dipodomys gravipes）、新几内亚的特雷佛明貂鼠（Phalanger matanim）、刚果右岸丛林中的布维耶的红疣猴（Piliocolobus bouvieri）、所罗门群岛的山地猴面蝙蝠（Preralopex pulchra）、天使岛老鼠（Peromyscus guardia）和庇里牛斯山羊（Capra pyrenaica pyrenaica）。2010 年，越南最后一头野生爪哇犀牛被偷猎者屠杀，如今在东南亚其他地区，名贵的珍稀动物寥寥无几，那里的自然栖息地还在以疯狂的速度被破坏着。

在同一时期，许多鸟类灭绝了。在旧大陆，阿劳特拉湖的马达加斯加红颈鸊鷉（Tachybaptus

---

① Sytze Bottema, Gertie Entjes-Nieborg and Willem van Zeist, eds. 1990. *Man's Role in the Shaping of the Eastern Mediterranean Landscape*. Rotterdam: August Aimé Balkema.

② Eleonora Barbieri Massini. 2007. *The Legacy of Aurelio Peccei and the Continuing Relevance of his Anticipatory Vision*. Vienna: Protext Verlag and the European Support Centre of the Club of Rome.

③ Hasan Özbekhan, Erich Jantsch and Alexander 'Aleco' N. Christakis. 1970. *The Predicament of Mankind: Quest for Structured Responses to Growing World-wide Complexities and Uncertainties—A Proposal*. Bern:The Club of Rome.

④ Donella H. Meadows, Dennis L. Meadows, Jørgen Randers and William W. Behrens iii. 1972. *The Limits to Growth:a Report for the Club of Rome's project on the Predicament of Mankind*. New York: Universe Books.

rufolavatus）、菲律宾的塔维鸡鸠（Gallicolumba menagei）、泰国的白眼河燕（Pseudochelidon sirintarae）、肯尼亚和索马里的塔纳河扇尾莺（Cisticola restrictus）、意大利灰山鹑（Perdix perdix italica）和菲律宾的迪卡奥犀鸟（Penelopides panini ticaensis）都已灭亡了。在美洲，许多鸟类已经消失，包括哥伦比亚䴙䴘（Podiceps andinus）、巴巴多斯鳞胸嘲鸫（Allenia fusca atlantica）、危地马拉巨䴙䴘（Podilymbus gigas）、尤卡坦海岸的科苏梅尔岛的科兹美鸫鸟（Toxostoma guttatum）、西印度群岛戈纳夫西部形唐纳雀（Calyptophilus tertius abbotti）、瓜达卢佩海燕（Oceanodroma macrodactyla）、北美西部苔原的爱斯基摩勺鹬（Numenius borealis）、巴西小蓝金刚鹦鹉（Cyanopsitta spixii）、洛杉矶县的岛歌雀（Melospiza melodia graminea）、古巴和美国东南部的黑胸虫森莺（Vermivora bachmanii）和佛罗里达州的深色海滩 861
雀（Ammodramus maritimus nigrescens）。

图 12.11　图中心位置描绘的是伟恐鸟（Dinornis giganteus），成年身高超过 3.5 米，而右侧所示的更小的物种，如 Dinornis elephantopus，则向新西兰的第一批人类定居者展示了巨大的、手无寸铁的步行食肉者（亨利・内维尔・赫钦森，1892，《灭绝的怪物：关于一些大型古代动物生命形式的通俗描述》，伦敦：查普曼 & 霍尔出版社，书中插图在第 232~233 页。书的标题回避了这样一个问题：谁才是真正的怪物？是被赶尽杀绝的许多物种，还是人类这个物种？是谁消灭了它们）。

岛屿生态环境特别容易受到人类活动的影响。毛利人在 13 世纪末首次登陆新西兰的第一个半世纪内莫阿的 9 种特有物种就灭绝了。他们猎杀这些巨大的不能飞行和无防御能力的鸟类。这些鸟类比鸵鸟大得多，很容易被捕捉。在同一时期，拉帕努伊的祖先在复活节岛定居后，砍伐了岛上的森林，当地的特有物种也消灭了。受益于荷兰东印度公司的米德尔堡的雅各布・罗赫芬（Jacob Roggeveen）在复活节的星期日即 1722 年的 4 月 5 日发现的正是这个生态被破坏的国度。就在十几年前，他的同胞们在毛里求斯造成了不会飞的渡渡鸟的灭绝，然而，人们并未吸取教训。

自从罗马俱乐部发出警告以来，新西兰北岛皮奥皮奥（Turnagra tanagra）和纽西兰丛异鹩（Xenicus longipes）都已经消失了，仅夏威夷群岛就有十几种特有鸟类濒临灭绝：考爱岛的夏威夷暗鸫（Myadestes myadestinus）、拉奈孤鸫（Myadestes lanaiensis）、瓦岛管舌雀（aroreomyza maculata）、考爱岛管鸹（Akialoa steinegeri）、奥亚吸蜜鸟（Moho braccatus）、莫岛管舌雀（Paroreomyza flammea）、毛岛蜜雀（Melamprosops phaeosoma）、鹦嘴管舌雀（Psittirostra psittacea）、夏威夷乌鸦（Corvus hawaiiensis）、夏威夷管蠬（Hemigna-thusaffinis）、考艾短镰嘴雀（Hemignathus hanapepe）、Maui'akepa鸟（Loxops Ochraceus）和阿卡帕雀鸟（Loxops wolstenholmei）。

在同样的短时间内，许多其他岛屿物种已经消失，这源于环境破坏或外来动物和掠食者的引入，如诺福克岛布布克鹰鸮（Ninox novaeseelandiae undulata）、白胸绣眼鸟（Zosterops albogularis）和诺福克鸫鸟（Turdus poliocephalus poliocephalus）都已经从诺福克岛消失。新喀里多尼亚秧鸡（Gallirallus lafresnayanus）已经灭亡。阿达薮莺（Nesillas aldabrana）和阿米兰特斑鸠（Nesoenas picturata aldabrana）都在塞舌尔消失。阿贵干红莺（Acrocephalus ni joi）和关岛阔嘴鹟（Myiagra freycineti）也已灭绝。

莫雷阿岛苇莺（Acrocephalus caffer longirostris）从莫雷岛消失了，加那利群岛东部的金丝雀岛在兰萨罗特岛和富埃特文图拉岛上消失了，厚嘴地鸽灭绝了。斐济的斑翅秧鸡、密克罗尼西亚的暗辉椋鸟、南太平洋点斑绿鸽同样都被认为是在最近这一时期灭绝了。

许多爬行动物也灭绝了，包括波多黎各的石龙子（Spondylurus monitae）、毛里求斯的雷蛇（Bolyeria multocarinata）、莫桑比克查普曼的变色龙（Rhampholeon chapmanorum）和马耳他的塞耳穆特墙蜥蜴（Podarcis filfdensis ssp. kieselbachi）。在加拉帕戈斯群岛，最后一只被命名为“孤独的乔治”的平塔岛龟（chelonoidis nigra abingdonii）于 2012 年 6 月 24 日孤独地死去。

862 在同一时期，许多两栖动物物种灭绝了，包括澳大利亚东部的胡椒树蛙（Litoria piperata）、厄瓜多尔南部莫罗纳圣地亚哥的短脚蟾蜍（Atelopus halihelos）、哥斯达黎加的金蟾蜍（Incilius periglenes，第一次记载于 1966 年，已经灭绝）、委内瑞拉的五彩蟾蜍（Atelopus sorianoi）、墨西哥的蓝眼睛的水生树蛙（Plectrohyla cyanomma）、澳大利亚南部胃育蛙（Rheobatrachus silus）、哥斯达黎加的霍尔德里奇的蟾蜍（Incilius holdridgei）、墨西哥水生蜥蜴（Pseudoeunycea aquatica）、厄瓜多尔青蛙（Atelopus petersi）和该西珩溅蛙（Atelopus petersi）、坦桑尼亚的奇汉西喷雾蟾蜍（Nectophryroides asperginis）。墨西哥拉霍亚小蝾螈（Thorius minydemus）曾经生活在其附生的凤梨科植物内，其居住的森林被破坏后，它也灭绝了。阿拉巴马州的白泉洞小龙虾（Cambarus veitchorum）已经灭绝，被称为索科罗母潮虫的甲壳类动物也在新墨西哥州灭绝。撒丁岛软体动物 Sardohoratia sulcata 和马拉西亚软体动物 Plectostoma charasense 也永远消失了。

已经濒临灭绝的鱼类包括中华匙吻鲟（Psephurus gladius）、北美五大湖的黑鱼（Coregonus nigripinnis）、莫哈维沙漠的鳉鱼、多瑙河三角洲侏儒虾虎鱼（Knipowitschia cameliae）和巴拉达春鱼（Pseudophoxinus syriacus）。一些鱼类在首次被发现后不久就灭绝了。同样，1971 年在坦桑尼亚首次发现的佩德尔湖蚯蚓也灭绝了。

每年有成百上千的新物种被发现，但无数物种没有被查出。马达加斯加的新果鱼和坦桑尼亚的土虫物种在首次被确认后不久就消失了，这也表明一个更黑暗和更令人震惊的事实，即许多物种在未被发现的情况下就已灭绝了。因为大面积独特的自然栖息地，连同它们所包含的所有物种和生态都被不假思索地残忍破坏了，当然，每个时代都有它的终结之日，就像先知和千禧一代预言家预言诸神之黄昏或者世界末日。然而，在我们的时代那些预测环境末日的人，却不是宗教狂热分子，而是科学家。

自罗马俱乐部第一次会议以来，五分之一（约 77 万平方公里）的亚马孙雨林被肆意破坏。这片新造出的荒原面积远远大于英格兰、苏格兰、荷兰、比利时、德国、卢森堡、奥地利和瑞士的面积总和。地球上第三大岛屿婆罗洲岛难以计数的物种和大部分的罕见自然栖息地遭致了新组建的民族国家——马来西亚和印度尼西亚与文莱的那些贪婪的企业家不可逆转的破坏。大陆和东南亚其他地区的大多数本土物种和独特的自然栖息地都面临着同样的命运。

1988 年 10 月，在向参加罗马俱乐部在巴黎举行的 20 周年会议的代表们讲话时，爱丁堡公爵菲利普亲王指出：

> 没有哪一代人喜欢他们的先知，尤其是那些指出后人错误判断和缺乏远见之后果的先知。罗马俱乐部可以引以为豪的是，它在过去二十年里一直不受欢迎。我希望它将持续许多年，以阐明令人不快的事实，并扰乱自鸣得意和冷漠的良心。[①]

图 12.12　托马斯·罗伯特·马尔萨斯。伦敦威康图书馆所藏肖像画。

1798 年，在罗马俱乐部成立前一个半世纪，托马斯·罗伯特·马尔萨斯已经阐明了一个令人不快的事实，而这个事实一直不受欢迎。其实，除了查尔斯·莱尔和阿尔弗雷德·鲁塞尔·华莱士，马尔萨斯还对达尔文有重大影响，但马尔萨斯的警告仍然经常被漠视。马尔萨斯警告说，不受约束的人口增长将促使贫穷蔓延和世界资源枯竭，除非找到某种办法来遏制全球性人类生殖过剩。[②] 自从他发表《人口论》（*Essay on the* 863

① Alexander King and Bertrand Schneider. 1991. *The First Global Revolution: A Report by the Council of the Club of Rome*. New York: Pantheon Books.

② Thomas Robert Malthus. 1798. *An Essay on the Principle of Population*. London: J. Johnson.

*Principle of Population*）以来，人口增速一直很迅猛，人类足迹已经遍布全球。

我们面临的问题和被迫采取的拯救生物圈的措施很可能是个悲剧，因为最终可能被证明是徒劳
864 的。[①]1833 年，在马尔萨斯发出警告后，英国经济学家威廉·福斯特·劳埃德阐述了关于无法阻挡地掠夺共有自然资源的理论，并举了一个过度使用公地的例子，说明被所有社区成员用来放羊将导致过度放牧。[②]跟随马尔萨斯和劳埃德的脚步，生态学家杰里特·哈丁在 1968 年用“公地的悲剧”来描述在人口过剩和无节制地开发共享资源的情况下集体责任之两难困境。[③]

20 世纪 80 年代，经济学家埃莉诺·克莱尔·奥斯特罗姆研究了瑞士瓦莱州托贝尔小高山村资源共享的规则，以及尼泊尔西部灌溉社区治理状况。[④]在那里，水被视为公共财产，必须由所有人公平分享，并且不得排斥任何社区成员使用。她对瑞士和尼泊尔情况的研究成果以专著形式于 1990 年出版，一些人乐观地声称奥斯特罗姆反驳了“公地的悲剧”,[⑤]而更愤世嫉俗的观点则认为她的这项工作是一厢情愿地夹杂着选择性抽样样本的研究结果。面对人类集体掠夺造成的地球生物圈变化，无论我们承认与否，我们现在都是在一个宏大的实验场中充当试验品。如果我们不及时采取行动或者事情进展不顺
865 利，最终很可能证明马尔萨斯和劳埃德的观点是完全正确的。

---

① Maj Rundlöf, Georg K.S. Andersson, Riccardo Bommarco, Ingemar Fries, Veronica Hederström, Lina Herbertsson, Ove Jonsson, Björn K. Klatt, Thorsten R. Pedersen, Johanna Yourstone and Henrik G. Smith. 2015. ‘Seed coating with a neonicotinoid insecticide negatively affects wild bees’, *Nature*, 521 (7550): 77–80; David Tilman, Michael Clark, David R. Williams, Kaitlin Kimmel, Stephen Polasky and Craig Packer. 2017. ‘Future threats to biodiversity and pathways to their prevention’, *Nature*, 546 (7656): 73–81; Terry P. Hughes, Michele L. Barnes, David R. Bellwood, Joshua E. Cinner, Graeme S. Cumming, Jeremy B.C. Jackson, Joanie Kleypas, Ingrid A. van de Leemput, Janice M. Lough, Tiffany H. Morrison, Stephen R. Palumbi, Egbert H. van Nes and Marten Scheffer. 2017. ‘Coral reefs in the Anthropocene’, *Nature*, 546 (7656): 82–90; Robert M. Pringle. 2017. ‘Upgrading protected areas to conserve wild biodiversity’, *Nature*, 546 (7656): 91–99; Matthew G. Betts, Christopher Wolf, William J. Ripple, Ben Phalan, Kimberley A. Millers, Adam Duarte, Stuart H.M. Butchart and Taal Levi. 2017. ‘Global forest loss disproportionately erodes biodiversity in intact landscapes’, *Nature*, 547 (7664): 441–444; Pamela Z. Kamya, Maria Byrne, Benjamin Mos, Lauren Hall and Symon A. Dworjanyn. 2017. ‘Indirect effects of ocean acidification drive feeding and growth of juvenile crown-of-thorns starfish, Acanthaster planci’, Proceedings of the Royal Society, B 284: 20170778; B.A. Woodcock, J.M. Bullock, R.F. Shore, M.S. Heard, M.G. Pereira, J. Redhead, L. Ridding, H. Dean, D. Sleep, P. Henrys, J. Peyton, S. Hulmes, L. Hulmes, M. Sárospataki, C. Saure, M. Edwards, E. Genersch, S. Knäbe and R.F. Pywell. 2017. ‘Countryspecific effects of neonicotinoid pesticides on honey bees and wild bees’, *Science*, 356 (6345): 1393–1395;N. Tsvetkov, O. Samson-Robert, K. Sood, H.S. Patel, D.A.Malena, P.H.Gajiwala, P.Maciukiewicz, V. Fournier and A. Zayed.2017. ‘Chronicexposure to neonicotinoids reduces honey bee health near corn crops’, *Science*, 356 (6345): 1395–1397; Sarah de Weerdt. 2017. ‘Sea Change: The increasing acidity of our seas is a threat to marine life that for many species may be impossible to overcome’, *Nature*, 550 (7675): S55–S58.

② William Forster Lloyd. 1833. *Two Lectures on the Checks to Population,* delivered before the Universityof Oxford, in Michaelmas term 1832. Oxford: S. Collingwood, printer to the university.

③ Garrett Hardin. 1968. ‘The Tragedy of the Commons’, Science, 162 (3859): 1243–1248. In a similar vein, the former Dutch prime minister Dries van Agt once sardonically quipped that *gedeelde verantwoordelijkheid is géén verantwoordelijkheid* “责任共担意味着没人担责”。

④ 在尼泊尔，奥斯特罗姆被称其为“Lin”的人所铭记。

⑤ Elinor Claire Ostrom, née Awan. 1990. *Governing the Commons: The Evolution of Institutions for Collective Action*. Cambridge: Cambridge University Press.

# 索 引

条约
Anglo-Nepalese wars ( gerebatur 1814–1816 ) 英尼战争（1814~1816 年）
Anglo-Spanish truce ( 1630 ) 488 英西停战（1630 年）
Anhorn von Hartwiss, Nikolaus Ernst Bartholomäus 736 尼古拉斯·厄恩斯特·巴托洛梅乌斯·安霍恩·冯·哈特韦斯
Ānhuī 安徽 province 78, 121, 124, 128, 129, 137, 143, 654 安徽省
Anglo-Dutch wars 404, 407, 411, 412, 413, 417, 419, 421, 423,424, 426, 429, 430, 604–606, 730, 754n 英荷战争
Ānjí white tea ( ānjí báichá 安吉白茶 ) 126 安吉白茶
Ankay, Ankoi, Ankoy 137, 454, 456, 664 安溪
Anne, queen 392, 459, 532, 549 安女王
Anomala corpulenta 840 铜绿色的金龟子
Anſeado dos Ladrones 102 万山群岛
anthracnose 225, 226, 235, 236, 846, 849 植物炭疽病
antibiotic 802, 803, 852 抗生素
antifungal 144, 779, 801, 819 抗真菌（的）
antihistamine, antihistaminic 52, 226 抗组胺（的）
antioxidant, antioxidative 33, 127, 144, 153, 160, 727, 769,770, 775–779, 790, 792, 807 抗氧化的，抗氧化性的
Antwerp 264, 535, 699 安特卫普
Ānxī 安溪 county 130, 131, 831, 856 ( see also Ankay ) 安溪县（参见 Ankay）
anxiety 149, 227, 287, 763, 766, 768 焦虑
Apanteles spp. 840, 849 绒茧蜂属
aphids, Aphidus sp. 840, 842, 847 蚜虫属
Aphillius sp. 847 异色瓢虫
aphrodisiac 362, 363 催情剂
Aphytis sp. 840 黄金蚜小蜂属
apical bud 681 顶芽
Arabia, Arabian, Arabic, Arabs ( country ) 65, 66, 67, 245,258, 288, 328, 468, 470, 473, 480, 500, 677, 740 ( language ) 248, 264, 287, 460, 485, 487n, 707 ( people ) 67,77, 245, 465, 468, 472, 484, 485 阿拉伯，阿拉伯的，阿拉伯国家，阿拉伯语，阿拉伯人
aracha 荒茶 219 荒茶（制作煎茶时未完成的中间半成品）
Arima Harunobu 有馬晴信 ( 1567–1612 ) 241 有马晴信（1567~1612 年）
Arita 71 有田町
Armillaria mellea 748 蜜环菌
aroma cup ( wénxiāngbēi 聞香杯 ) 117, 118 闻香杯
aromatic substances 65, 107, 117, 126, 130, 140, 142, 149, 204,217, 236, 529, 680, 692, 701, 721, 820, 827–832, 834, 836, 842 芳香物质
Arrhenophagus albitibiae 845 寡索跳小蜂
artificial selection 16, 225, 827 人工选择
asahi 朝日（あさひ）224 朝日
asamushi 浅蒸し 211 浅蒸
asanoka 朝香（あさのか）226 朝香
asatsuyu 朝露（あさつゆ）225, 226 朝露
Aschersonia aleyrodis 840 粉虱座壳孢
ascorbic acid 779, 811, 838 抗坏血酸
Ashikaga Takauji 足利尊氏 ( obtinebat 1338–1358 ) 169 足利尊氏（1338~1358 年执政）
Ashikaga Yoshikatsu 足利義勝 ( obtinebat 1471–1473 ) 171 足利义胜（1471~1473 年执政）
Ashikaga Yoshimasa 足利義政 ( obtinebat 1449–1473 ) 166n,171, 172, 174, 178 足利义政（1449~

binomial system of nomenclature 368 双名法
bioflavonoids 769 生物类黄酮
biopesticides 840, 845 生物农药
bird's nest 143 鸟巢
bitter stick tea or bitter nail tea（苦丁茶 kǔdīng chá）152 苦丁茶
bitterness 42, 162, 215, 217, 323, 339, 432, 480, 531, 820 苦味
black tea xi, 133–139, 144–147, 151, 217, 221, 222, 224, 226, 229,236, 237, 380, 448, 450, 456–459, 651–654, 656, 659,664, 667, 675–684, 687, 691–694, 697, 698, 700, 707,715, 721, 724, 725, 730, 731, 733, 734, 738, 740, 743, 745,748, 750, 752, 754, 755, 757, 761, 770, 772–779, 782, 790,791, 797–801, 804, 807, 814–818, 821, 822, 825, 826, 828,829, 831, 834 红茶
black tea in the Chinese sense of 'dark tea' → dark tea（hēichá 黑茶）黑茶
black tea fungus 229 真菌红茶
black tea ice cream 724 红茶
blackware 92, 93, 130, 160, 162 黑瓷
bladder 395, 780 膀胱
Blaeu, Joan 102n, 342 琼・布莱欧
blanc de Chine 96, 97, 115, 273 中国白瓷
blanching 753 蒸青
Blankaart, Steven 401 史蒂文・布兰卡特
Blastobotrys adeninivorans 145 腺嘌呤芽生葡萄酵母
Bleu de France 351 法国蓝
blood, blood pressure 145, 146, 227, 362, 395, 402, 763–768,775, 777, 781, 797–801, 812 血脂、血压
blowers 842, 856 鼓风机
blue and white 67, 71, 72, 75, 84, 104, 264 青花瓷
Blue Brick Tea（qīngzhuānchá 青磚茶）143 青砖茶
Blue Cliff Record 90《碧岩录》
Blue Dragon temple（qīnglóng 青龍）154 青龙寺
Blue Peak（qīngdǐng 青頂）124 青顶
blue tea（qīngchá 青茶）113, 129, 131 青茶
Bó wù zhì 博物志 48《博物志》
bōbà 波霸 813 波霸
Boca do Tigre, Bocca Tigris 386 虎门
Bodhidharma बोधिधमर् 50, 51, 60, 376 菩提达摩
bodhisattva 130, 131, 273 菩萨
Bodin, Jean 560, 561 让・博丹
da Boémia, Martinho → Martin Behaim 马丁・贝海姆
Boerhaave, Herman 494 赫尔曼・波哈夫
de la Boétie, Étienne 562, 563 艾蒂安・德・拉・博伊蒂
Boey Thee, Boey-Thee, Boui Tea → Bohea tea 武夷茶
Bogle, George 755, 756 乔治・博格尔
Buitenzorg 620, 680 茂物
Booca Tigris, Boca do Tigre 386 虎门
Bohea mountains 94, 105, 108, 112, 113, 129, 131, 132, 134, 136,137, 270, 271, 358, 376, 451 武夷山
Bohea, Bohea tea, Bohe, Boui, Boey 94, 105, 108, 112, 113, 129,131, 132, 134, 136, 137, 270, 271, 358, 376, 379, 380, 382,384, 392, 436, 448–453, 456–458, 533, 540, 545, 566–568, 571, 599, 613, 626, 650, 651, 653, 654, 656, 658, 678, 773 武夷茶
Boheasäure 'boheic acid' 773 茶酸
boiling water 27, 34, 35, 39, 63, 88, 90, 116, 219, 220, 279, 323,328, 338, 339, 343, 349, 355, 432, 453, 460, 483, 693–696, 768 开水，沸水
Boiling Water from Various Springs（zhǔquán xiǎopǐn《煮泉小品》98《煮泉小品》

chrysanthemum tea 149 菊花茶
Chrysopa septempunctata 847 大草蛉
Chrysopa sinica 840, 847 中华草岭
Chrysops flavocincta 27 斑虻属苍蝇
chuǎn 荈 49, 50, 52, 53 荈
chūmushi 中蒸し 211 中蒸
chūn chá 春茶 130 春茶
Ch'ungdam ( 忠 湛 / 충 담 , 869–940 ) 232 忠 湛 ( 869~940 年 )
Chun Mee ( zhēnméi 珍眉 ) 108, 124 珍眉
Chusan ( Zhōushān 舟山 ) islands 650 舟山群岛
Cia 41, 280, 285, 286, 293, 346 茶
cià ( Italian ) 41, 280, 285, 286, 293, 346 茶 ( 意大利语 )
Cicindella chinensis 840 中华虎甲
Cima, Ernesto 525 埃内斯托・西玛
Cipangu 249, 258, 260–262, 299, 359, 702, 703 日本
citrus 1, 14, 150, 644, 714, 718, 721, 723, 840, 841, 846 柑橘类
civet, civet cat 499–501 灵猫
Civettictis civetta 501 非洲灵猫
civil disobedience, civil liberties 562, 563, 588 公民不服从，公民自由
Cíxǐ 慈禧 111 慈禧
ciyā चिया ( Nepali ) 360, 365 茶 ( 尼泊尔语 )
Classic of Tea ( Chájīng 茶 經 ) by 陸 羽 Lù Yǔ ( 733–804 AD ) 43 陆羽 ( 733-804 ) 的《茶经》
Cleyer, Andreas 375, 376, 730 安得烈亚斯・克莱耶
climate change 857 气候变化
clotted cream 442, 443 凝脂奶油
Cloud Mist ( yúnwù 雲霧 ) 124 云雾
Clubiona reichlini 849 斑管巢蛛
Clusius, Carolus ( 1526–1609 ) 464, 465 卡洛鲁斯・克鲁修斯
Cnidocampa flavescens 849 黄刺蛾
Co-hong 542, 543, 613, 614, 617 公行
coarse tea ( máochá 毛茶 ) 91, 138, 140 毛茶
coca leaves 153 古柯叶
Cocinella septempunctata 840, 847 七星瓢虫
Cochin 241, 243, 258, 279, 286, 306, 334, 338, 341, 344, 381,659, 699 科钦
Cochin China 286, 334, 338, 341, 381 交趾支那
cocktails 147, 151, 152, 228n, 536, 724, 725, 813, 847 鸡尾酒
cocoa 512, 524, 749, → cacao 可可粉
Coelho, Gaspar 270 加斯帕・科埃略
Coelho, Nicolau 255 尼古拉・科埃略
Coen, Jan Pieterszoon 301, 321, 405, 407 扬・皮特尔松・科恩
Coffea Arabica 473, 474 小粒咖啡
Coffea eugenioides 473 伊德斯种咖啡
coffee 240, 243, 287, 288, 289, 321, 323, 328, 344, 346,355, 360, 362, 363, 364, 366, 388, 390, 391, 400,403, 429, 431, 437, 438, 440, 445–447, 454, 463–498, 500–502, 523, 543–549, 618, 621, 629, 637,638, 646, 660, 684–686, 696, 698, 726, 742, 743,749, 753, 760, 761–766, 792, 800, 808, 810, 823, 840, 850 咖啡
coffee blight 495 咖啡枯萎病
coffee houses 364, 403, 445, 475, 476, 481, 489, 490, 497,548, 549 咖啡馆
coffee plantations 493, 494, 500, 629, 685, 686 咖啡种植园
coffee rust 686 咖啡锈病
cognition 804, 806 认知

征税
eyesight 395 视野
facing tea 657 美容茶
faïence 71 瓷
Falconer, Hugh 631 休・福尔科纳
Fă:ng ฝาง 726, 727 Fă:ng ฝาง（清迈府）芳县
fatigue 52, 768 疲劳
Favoritenstrasse 496, 497 法沃里滕街
Feio, André 102 安德烈・菲奥
fēiqián 飛錢 78 飞钱
female, feminine gender 130, 196, 211, 232, 440, 549, 551, 552, 856 女性，女性性别
Fēng Yǎn 封演 52 封演
Fèngqìng 鳳慶 county 15（云南）凤庆县
Fèngtiān 奉天 78 奉天
fennel 151, 362, 364, 365, 368, 369 茴香
fermentation 33, 95, 119, 121, 128, 129, 133, 134, 136, 138, 139,141, 142, 144, 146, 203, 204, 229, 511, 678, 679, 682, 776,777, 779, 793, 798, 803, 819, 828, 831, 834, 841, 842 发酵
fermented tea in the sense of 'dark tea' hēichá 黑茶 133,138, 143, 146 黑茶
Fernandes, Duarte 258 杜阿尔特・费尔南德斯
Fernando, Merrill Joseph 686–688 梅里尔・约瑟夫・费尔南多
Feronia elephantum 546, 623 "木苹果" 的别称，象橘
fertigation 837, 838 灌溉施肥
fertiliser 219, 226, 733, 836–838 肥料
fever 52, 149, 152, 248, 395, 400, 402, 614, 627 发热
Ficki Tsjaa → hikicha Ficki Tsjaa → hikicha 挽茶
Fiji 495, 861 斐济
finest tippy golden flowery orange pekoe（ftgfop）665 顶级尖金花橙白毫
Fire Blue（huǒqīng 火青）124 火青
First Act of Navigation（13th of September 1660）413《第一航海法案》(1660 年 9 月 13 日)
First Anglo-Burmese War（gerebatur 1824–1826）624, 625, 671 第一次英缅战争（1824~1826 年）
First Anglo-Dutch War（gerebatur 29 May 1652–8 May 1654）404, 407, 411 第一次英荷战争（1652 年 5 月 29 日至 1654 年 5 月 8 日）
First Continental Congress 572 第一次大陆会议
first flush 126, 203, 234, 645, 646, 754 第一茬
First Indochina War（gerebatur 1945–1954）734 第一次印度支那战争（1945~1954 年）
First Opium War（gerebatur 1839–1842）614–617, 635, 668, 672 第一次鸦片战争（1839~1842 年）
First World War 554, 577, 667, 683, 691, 716, 746 第一次世界大战
fiscal bondage, fiscal persecution 579, 581 财政束缚，财政迫害
fish eyes 825 鱼目
five colours porcelain 100 五彩瓷器
'Five Renowned Tea Bushes'（wū dà míngcòng 五大名欉）131 五大名枞
de Flacourt, Étienne 706 埃蒂安・德・弗拉科特
flavonoids 146, 153, 774–776, 788, 792, 799, 801, 802, 819 类黄酮
flavonols 142, 769, 779, 800 黄酮醇
flavonone 128, 769 黄酮酮
"flavour 18, 33, 37, 57, 62, 81, 89, 91, 97, 98, 116, 117, 123, 129–131, 136–140, 147–151, 156, 162, 200, 204, 212–221, 227–229, 288, 333, 364, 433, 436, 446, 451–453, 460, 468, 478,481, 500–503,

针梅
Golden Needle tea 643 金针茶（茶学术语）
Golden Sea Turtle（shuǐ jīnguī 水金龜）132 水金龟
golden tea room 185 黄金茶室
Golden Triangle 726, 272 金三角地区
gòngchá 貢茶→ tribute tea 贡茶
gōngfū 工夫 451, 458 工夫
gōngfū chá 工夫茶 116–118, 458 工夫茶
gòngtú 貢茶→ tribute tea 贡茶
Gorkha, Gorkhali 2, 633–635, 641, 644, 645, 647 廓尔喀，廓尔喀语
Gothenburg 541, 542 哥德堡
gout 340, 343, 395, 431, 447 痛风
goût russe 721 古特·鲁塞（一种调味茶的配方）
Government of India Act（1833）625《印度政府法》（1833）
gozan 五山 170 五山
grades of tea 28, 30, 114, 117, 118, 123, 137, 200, 204, 210, 212,217, 279, 281, 282, 320, 333, 337, 373, 452, 665, 682, 684,816, 825 茶叶等级
grass radical 艸 or 艹 44, 52 草字头艸或艹
Grassé, Pierre 341 皮埃尔·格拉塞
grave offering 48, 126 祭品
Great Depression 554, 692, 734 大萧条
Great Lake（tàihú 太湖）56, 63, 121 太湖
Great Tea Treatise 91《大观茶论》
green coffee extract 808 绿咖啡提取物
green lacewing 847 绿草蛉
green pond hermitage 青塘別業 59 青塘别业
green Pǔ'ěr 37, 97, 139, 140 生普洱
Green Snail Spring（bìluó chūn 碧螺春）108, 121 碧螺春
green tea（lǜchá 綠茶）21, 22, 89, 96, 97, 109, 112, 116–140,142, 146, 149–153, 159, 160, 170, 197, 200, 202, 203, 204,211, 212, 214, 217, 221–229, 234, 236, 239, 331, 376, 379–382, 427, 435, 436, 450–462, 551, 643, 650–659, 667,678, 679, 700, 724–726, 734, 752, 755–757, 765–767, 769,770, 772–804, 807, 811–822, 825–830, 832, 833, 834, 837, 838 绿茶
green tea extract 787–789, 791–796, 798, 800, 801, 808, 809, 819 绿茶提取物
Grey, Charles, 1st earl Grey（1729–1807）84n, 680 查尔斯·格雷，第一代格雷伯爵（1729~1807 年）
Grey, Charles, 2nd earl Grey（obtinebat 1830–1834）84n, 680,681, 817 查尔斯·格雷，第二代格雷伯爵（1830~1834 年在位）
grey tea 452, 664 灰色茶
de Grignan, madame 430 格里尼昂夫人
grijs 'grey' 664 灰色
groen 'green', also Groene Thee, groene thee, groene Thee 113,125, 135, 664 绿茶
grog 150, 724 格罗格
de Groot, Hugo, alias Hugo Grotius 69, 316 胡果·德·格鲁特，别名胡果·格罗提乌斯
Gù Yuánqìng 顧元慶（1487–1565）98, 803 顾元庆（1487~1565 年）
guānbèi 官焙 57 官焙
guǎngcǎi 廣彩 111 广彩
Guǎngdōng 廣東 province → Canton 廣東 province 广东省
Guǎngxī 廣西 province 16, 18, 126, 143, 347, 670 广西
Guǎngyǎ 廣雅 49《广雅》
Guǎngzhōu 廣州→ Canton 广州
Guānyīn 觀音 273 观音
guayusa 153 冬青

Kinki 近畿 region 154, 282 近畿地区
Kircher, Athanasius 345, 346, 358, 397, 398 阿塔纳修斯・基歇尔
kirei sabi 奇麗さび 189 奇丽式寂茶
Kissa Ōrai 喫茶往來 168《喫茶往来》
Kissa Yōjō-ki 喫茶養生記 162《喫茶养生记》
Kitamuki Dōchin 北向道陳（1504–1562）181 北向道陈（1504~1562 年）
Kitti Cha Sangmanee → Sangmanee, Kitti Cha 721 基蒂・查・桑马尼
von Klaproth, Julius 7 朱利叶斯・冯・克拉普罗特
kōan 公案 167 公案
Kobori Enshū 小堀遠州（1579–1647）189, 190 小堀远州（1579~1647 年）
kōcha kinoko 紅茶キノコ 229（日式）真菌红茶
Kōchi 高知 prefecture 139, 221 高知县
Kodama Shintarō 小玉晋太朗 214 小玉晋太郎
Kōfuku 興福 temple 178 兴福寺
koicha 濃茶 197, 292, 293 浓茶
kokedera 苔寺 189, 191 苔寺
kokoro 心 195 心
kola nut 763 可乐果
Koltschitzky, George Franz 496, 497 乔治・弗朗茨・科尔茨基
kōmō 紅毛 ‘red fur’ 303 红毛
kōmō hito 紅毛人 303 红毛人
konacha 粉茶 219 粉末茶
konbu 昆布 214 昆布
konbucha 昆布茶（こんぶちゃ）229 昆布茶
kondōwase 近藤早生（こんどうわせ）225 近藤早生
kong-hu 工夫 [ kɔŋ ˥ hu ˥ ] ‘Congou’ 451, 453, 664, 773 工夫
Kǒngzǐ → Confucius 孔子
kopi luwak 501 猫屎咖啡
Korea, Korean 220, 230–237, 303, 431, 579, 689, 755, 803, 819,825, 827 朝鲜，朝鲜人
Ko:să:pa:n โกษาปาน 432 戈沙班
Kōsan temple 高山寺 163–165, 207 高山寺
Košman, Iuda Antonovič 739, 740 卢达・安东诺维奇・科斯曼
Kōshin Sōsa 江岑宗左（1619–1672）192 江岑宗左（1619-1672）
kōshun 香駿（こうしゅん）212, 225 香骏
Koxinga → Coxinga 国姓爷
Kōẓikkōḍe കോഴിക്കോട് → Calicut 卡普亚
kraak 67, 70–72, 264, 297, 455, 456 克拉克
Kronstadt 677 喀琅施塔得
kǔcài 苦菜 43 苦菜
kūcha 供茶 16 供茶
kucha cultivar → Camellia sinensis, var. kucha 苦茶栽培种→山茶树属苦茶种
kǔdīng chá 苦丁茶 152 苦丁茶
Kūkai 空海（774–835）154, 156, 181 空海（774~835 年）
kukicha 茎茶 219 茎茶
Kulczycki, Jerzy Franciszek → George Franz Koltschitzky 乔治・弗朗茨・科尔茨基 496
Kumamoto 熊本 223 熊本县
Kungfu 451 工夫
Küngga Rapten ཀུན་དགའ་རབ་བརྟན་ 756 格窝
Kuninaka Akira 国中明 214 国中明
Kūnmíng 昆明 77, 118, 828 昆明
Kuomintang 國民黨 106, 726 国民党
kuritawase 栗田早生（くりたわせ）226 栗田早生
Kuroshima 黒島 299 黑岛

Prince Eugène 535 尤金王子
Prinsep, William 628 威廉・普林赛普
Printz Eugenius → Prince Eugène 尤金王子
privacy 57, 351, 575, 578, 588–594 隐居，隐私
private trade 403, 404, 538, 539 私营贸易
privateers 424 私掠船
probiotic properties 33, 34 有益健康的诸多成分
Proclamation for the Suppression of Coffee Houses（1675） 490《封禁咖啡馆公告》（1675 年）
Procopio, Francesco 491, 492 弗朗西斯科・普罗科皮奥
Prolegomenous Variorum to Shénnóng's Herb and Root Classic《神农本草经集注序例》（Shénnóng běncǎo jīng jízhù xùliè 神農本草經集注序例） 39《神农本草经集注序例》
de Pronis, Jacques 706, 712 雅克・德・普洛尼斯
propagation from cuttings 225, 826 扦插繁殖
proper autumn tea（zhèng qiūchá 正秋茶）131 正秋茶
property rights 408, 565, 567, 590, 595 财产权
Protasio → Arima Harunobu 有馬晴信 有马晴信
protectionism 580 贸易保护主义
Protestant work ethic 572 新教工作伦理
Proust, Marcel 554–556 马塞尔・普鲁斯特
Pṛthvī Nārāyaṇ Śāh पृथ्वीनारायणशाह 633 普雷斯夫・尼亚・撒
pruning 15, 228 修枝
Prussian blue 656 普鲁士蓝
pseudo-English 587, 596 伪英语
Pseudomonas 221, 852 绿脓杆菌
Psilotrum 470 一种脱毛膏的名称
psoriasis 787 牛皮癣
psychoactive effects, psychoactive substances 765 精神作用，作用于精神的物质
Pterocypsela indica 46 印度蕨菜
ptisana, ptisánē, πτισάνη 152, 369 珍珠大麦（拉丁语）
Pú 濮 30 濮
pubilimba cultivar → Camellia sinensis, var. pubilimba 山茶树属（异名）
public sector 595, 596 公共部门
Pǔ'ěr 普洱 city 36 普洱市
Pǔ'ěr（Pu-erh）普洱 tea 23, 36, 37, 77, 95, 97, 111, 118, 119, 132,138–146, 726, 745, 770, 779, 798, 799, 814 普洱茶
pǔmǐndiǎn 普閩典 311 普闽典
punch 149, 150, 152, 724, 725 潘趣
Purcell, Henry 549 亨利・珀塞尔
Pushkin, Alexander 675 亚历山大・普希金
Pǔtuó Mountain 普陀山 124 普陀山
Puttabong → Patabong 图克瓦茶园
Pyrenaria buisanensis 385 武威山茶
Pythium 819 腐霉
qahwah 287, 464, 468, 473 قَهْوَة 卡瓦
qahwa khāna 362, 364 قهوه خانه 咖啡馆
Qián Chūnnián 錢椿年→ Gù Yuánqìng 顧元慶 钱椿年，顾元庆
Qiānjiāzhài 千家寨 forest 15 千家寨森林
Qiánlóng 乾隆（imperabat 1735–1795）111, 603, 604, 607, 634 乾隆（1735~1795 年在位）
qiānnián xuě 千年雪 'millennium snow' 127 千年雪
Qīng 清 dynasty（1644–1911）67, 80, 105, 111–114, 125–130,139–143, 246, 302, 308, 603, 608, 617, 641, 655, 670 清朝（1644~1911 年）
qīng 青 120 青

胃病
storage 58, 59, 78, 98, 100, 120, 144, 173, 174, 284, 593, 652,740, 811, 826, 831, 832 存储
storing tea 63, 98, 286, 292 茶叶存储
Streptococcus spp. 221, 803 链球菌
stress 127, 149, 197, 766, 767, 796, 805, 806, 836, 842 压，紧压
Stuyvesant, Peter（obtinebat 1647–1664）409, 412, 413, 417, 439 彼得・斯图维森特（1647~1664 年在位）
Sū Dōngpō 蘇東坡→ Sū Shì 蘇軾 苏东坡（苏轼）
Sū Jìng 蘇敬 52 苏敬
Sū Shì 蘇軾（1037–1101）95, 803 苏轼（1037~1101 年）
suānchá 酸茶 'sour tea' 139 酸茶
Suchard, Philippe（1797–1884）526 菲利普・苏哈德（1797~1884 年）
Suez Canal 649, 676, 678 苏伊士运河
Sufis 474, 485, 492 苏菲派
sugar, sugar candy, sugar cane 147, 149, 152, 323, 328, 331,332, 339, 341, 350–351, 355, 365, 391, 397, 419, 432–440, 447, 448, 453, 459, 460, 630, 644, 677, 680, 681,684, 693–693, 719, 723, 724, 743, 745, 813, 814, 815, 818 糖，糖果，糖罐
Sugar Act（1764）563, 564《食糖法案》（1764）
sugar-free bottled teas, sugar-free canned teas 798 无糖瓶装茶，无糖罐装茶
sugared matcha 811 加糖抹茶
Sugawara no Michizane 菅原道真 169 菅原道真
Sugiki Fusai 杉木普斎（1628–1706）194 杉木普斎（1628~1706 年）
Sugimura Takashi 杉村隆（すぎむらたかし）788 杉村隆
Sugiyama Hikosaburo 杉山彦三郎（1857–1941）225 杉山彦三郎（1857~1941 年）
Suí 隋 dynasty 46, 52 隋朝
sûja སུ་ཇ 88, 89, 757 酥油茶
suki 数寄 176 对风雅的追求
sukisha 数寄者 180 风雅之士
sukiya 数寄屋 176, 282 雅士聚会场所
sukiya-zukuri 数寄屋造り 176 雅士聚会建筑
Sulaimān al-Tājir 65, 66 سليمان التاجر 苏莱曼
Suleiman i（regnabat 1520–1566）474, 475 苏丹苏莱曼一世（1520~1566 年在位）
Sultaness Head, Sultaneſs-head 388, 412, 428, 433 沙特尼斯 - 汉德
sumac 343, 370 漆树
Sumatra 100, 247, 305, 306, 309, 523, 612, 663, 729, 732, 733 苏门答腊
Sumlo, Sunloe → song-lô 鬆羅→松罗
Summer Palace 669 颐和园
Sun Rouge cultivar 225 太阳胭脂栽培种
Sun Yat-sen 孫逸仙 105, 106 孙逸仙
Sunday afternoon tea dances 555 周日下午茶舞会
sunlight 127, 128, 214–218, 304n, 679, 765, 826, 833 日光，日照
Sunphenon® 790 儿茶素（品牌名）
Suntheanine® 767 茶氨酸（品牌名）
Suntory サントリー santorī 150, 798, 810, 812, 813 三得利
Supplemental Pharmacopoeia（Běncǎo shíyí 本草拾遺） 52《本草拾遗》
Surat 136, 306, 366, 390, 426, 429, 433, 447, 448, 609, 612 苏拉特
surgar 362 سرگر 酒伴
Suriname 422, 423, 523 苏里南

Tea and Horse Agency 83 茶马司
tea anthracnose 235, 236, 846, 849 茶的植物炭疽病
tea as a beverage 20–23, 31, 34, 37, 38, 46, 114, 139, 140, 147,232, 329, 630, 675 作为一种饮料的茶
tea auction 698, 699 茶叶拍卖
tea bags 120, 217, 347, 678, 682, 692–696, 731, 816, 817, 822, 836 茶包
tea battles 91 茗战
tea beverages 221, 812 茶饮料
tea blister blight 849 茶饼病
Tea Board of India 845 印度茶叶委员会
tea bombs 731–732 茶叶弹
tea bowl, tea bowls 35, 89, 93, 115, 118, 128, 130, 162, 163, 167,172, 177, 185, 192, 196, 197, 265 茶碗
tea bricks（ jìnyāchá 緊壓茶）139 紧压茶
tea brown blight 849, 850 茶褐枯病
tea brown leaf spot 849 茶棕叶斑
tea bud blight 849 茶芽枯病
tea buds 125, 643, 761, 764, 846, 849 芽茶
Tea by me 759 任我栽（茶树生产线）
tea caddy, tea caddies 54, 172, 192, 197, 208, 292, 294, 658 茶罐
tea cakes 59, 63, 75, 80, 91, 85, 90, 91, 94, 100 茶饼
tea callus 821, 851 茶树的胚性愈伤组织
tea ceremony 60, 90, 92, 93, 115–118, 137, 167, 169, 172, 174,176, 177, 179–200, 209–211, 232–234, 269, 272–283, 443, 754（日本）茶道
tea clippers 614, 649 运茶快船，茶叶帆船
tea clones 733, 749, 850 无性系茶树
tea cloth 173, 197 茶巾
tea cocktails 151, 152, 724 茶鸡尾酒
Tea Committee 114, 626, 628 茶叶委员会
tea concubine 232 茶婢
tea consumption 34, 427, 431, 434, 445, 448, 547, 548, 658,728, 740, 766, 786, 801, 804, 805, 812 茶叶消费
tea curers 121, 620, 626, 627, 656, 737 制茶工
tea cuscuta 849 茶菟丝子属
tea dance 552, 555, 556 茶舞
Tea Discourse（Chápǔ 茶譜）98, 132, 803 茶谱
Tea District Labour Association 671 茶区劳工协会
tea drinking rituals（sarei 茶礼）169 喝茶的礼节
tea etiquette 93, 172, 281 茶的礼仪
Tea Exhibition at Bandoeng（1924）661 万隆茶叶展览会（1924 年）
tea exobasidium blight 849, 850 茶叶枯病
Tea Exporters Association of Sri Lanka 688 斯里兰卡茶叶出口商协会
tea flavonoids 775, 788, 799, 801 茶类黄酮
'Tea for one' 698《一个人的茶》
'Tea for two' 697《两个人的茶》
tea fungus 229 真菌茶
tea garden, tea gardens 169, 185, 211, 212, 215, 218, 233, 552,553, 627, 638, 642, 644, 645, 650, 652, 711, 715, 717, 728,754, 757, 835–860 茶园
tea genome → genome 茶基因组 - 基因组
tea geometrid 839, 842 茶尺蠖
tea geometrid nuclear polyhedrosis virus 840 茶尺蠖核型多角体病毒
tea germ plasm 235, 850 茶树的种质
tea girls（na:ng ná:mcha: นางน้ำชา）329 茶女
tea glass 462, 677, 684, 692, 740, 741, 745 玻璃茶杯
tea granita 724 格兰尼塔奶茶
tea green leafhopper 646, 840–842, 847, 848 茶绿

theaflavin3-O-（3-O-methyl）gallate（tf3meg）777 茶黄素 3-O-（3-O- 甲基）没食子酸酯（$TF_3MeG$）

theaflavin3-O-（3-O-methyl）gallate,3′-gallate（$tf_3MediG$） 777 茶黄素 3-O-（3-O- 甲基）没食子酸酯，3′- 没食子酸酯（$TF_3MediG$）

theaflavins 680, 774–782, 791, 798, 799, 804 茶黄素

theanine 15, 127, 128, 214, 215, 217, 221, 227, 765–768, 767,768, 776, 780, 783, 791, 801, 819, 828 茶氨酸

thearubigins 146, 680, 774–779 茶红素

theasaponins 780 茶皂素

theasinensins 779 茶双没食子儿茶素

Theatrum Anatomicum 314, 315 解剖学实验室

Theatrvm Orbis Terrarvm ſive Novus Atlas 342《新地图集》

thee（Dutch）308, 311, 344, 358, 385, 387, 389, 390, 393, 462 茶（荷兰语）

Thee-boey, Thee-Boey, Thee-Boewy 113, 450–452 武夷茶

Thee-boey Congo 450 工夫茶

Thee-boey-Pegò 450 武夷白毫

Thee-Gaey 450 绿茶

Thee-Songlo 450, 451 松罗茶

theedokter 395 茶博士

theegerei 419 茶具

theehuisjes 419 茶馆

theekamers 419 茶室

theelood 333, 396, 537 茶箔

theeproefstation ‘tea research station’ at Buitenzorg（1893） 680 设在茂物的茶叶研究站（1893 年）

theesalet 548 茶沙龙

theeschip 534 茶船

theetyd 438 茶点时间

theine 761, 762, 765 茶碱

Theobroma cacao 504, 511–515 可可树

theobromine 511, 765, 768, 839 可可碱

Theodat → Diodato 迪奥达托

Theophrastus（Θεόφραστος）( ca. 371–287 bc ) 39, 434 泰奥弗拉斯托斯（约前 371 至前 287 年）

thés dansants 554 茶舞

Thés de l’Eléphant 720 大象茶

Thévenot, Melchisédech 491 默基瑟德・泰夫诺

thick tea 197, 292, 293 浓茶

thin tea 197, 292, 294 薄茶

thin tea containers 292 薄茶器

Third Anglo-Dutch War（6th of April 1672–February 1674）411, 423–426, 430 第三次英荷战争（1672 年 4 月 6 日至 1674 年 2 月）

Third Reich 585 第三帝国

Thirteen Colonies 567, 572, 580, 584, 588, 596, 604, 605 十三州殖民地

Thonbùri: ธนบุรี 328, 329 吞武里府

Thoreau, Henry David 562 亨利・大卫・梭罗

Three Hundred and Sixty Stories of Ancient Masters（Sānbǎi liùshí háng zǔ shī yé chuán qí 三百六十行祖師爺傳奇） 61《三百六十行祖师爷传奇》

threepence 564, 573, 580, 582, 584, 658 三便士

Thunkaij → Twankay Thunkaij → 屯溪茶 屯溪茶（荷兰语）

Tiānjīn 天津 616 天津

Tiānmén 天門 55 天门

Tiānmù 天目 lake 160 天目湖

Tiānmù 天目 mountain 156 天目山

Tiānmù Lake white tea（tiānmùhú báichá 天目湖白茶） 126 天目湖白茶

Tiānshān 天山→ Tengri Tağ تنكرى تاغ 天山

图书在版编目（CIP）数据

茶：一片树叶的传说与历史 /（荷）乔治·范·德瑞姆 (George van Driem) 著；李萍等译 . -- 北京：社会科学文献出版社，2023.2（2023.11 重印）

书名原文：The Tale of Tea：A Comprehensive History of Tea from Prehistoric Times to the Present Day

ISBN 978-7-5228-0396-8

Ⅰ. ①茶… Ⅱ. ①乔… ②李… Ⅲ. ①茶文化－文化史－世界 Ⅳ. ① TS971.21

中国版本图书馆 CIP 数据核字（2022）第 124077 号

地图审图号：GS 京（2022）0115 号（书中地图系原文插附地图）

茶：一片树叶的传说与历史

著　　者 /〔荷〕乔治·范·德瑞姆（George van Driem）
译　　者 / 李　萍　谷文国　周瑞春　王　巍

出 版 人 / 冀祥德
组稿编辑 / 邓泳红
责任编辑 / 吴　敏　张　媛　王　展
责任印制 / 王京美

出　　版 / 社会科学文献出版社·皮书出版分社（010）59367127
甲骨文工作室（分社）59366527
地址：北京市北三环中路甲 29 号院华龙大厦　邮编：100029
网址：www.ssap.com.cn
发　　行 / 社会科学文献出版社（010）59367028
印　　装 / 南京爱德印刷有限公司

规　　格 / 开 本：787mm × 1092mm　1/16
印 张：54.5　字 数：1341 千字
版　　次 / 2023 年 2 月第 1 版　2023 年 11 月第 3 次印刷
书　　号 / ISBN 978-7-5228-0396-8
著作权合同登记号 / 图字 01-2021-0665 号
定　　价 / 368.00 元

读者服务电话：4008918866